HISTOIRE NATURELLE

DU DÉPARTEMENT DES PYRÉNÉES-ORIENTALES,

Par le Docteur LOUIS COMPANYO,

Créateur et Conservateur du Muséum d'Histoire Naturelle de la ville de Perpignan, Ancien Officier de Santé des Armées, Chirurgien de la première ambulance légère du grand quartier-général impérial, Membre de la Société Agricole, Scientifique et Littéraire des Pyrénées-Orientales, et de plusieurs autres sociétés savantes.

TOME SECOND.

PERPIGNAN.

IMPRIMERIE DE J.-B. ALZINE,

Rue des Trois-Rois, 1.

1864.

HISTOIRE NATURELLE

DU DÉPARTEMENT

DES PYRÉNÉES-ORIENTALES.

HISTOIRE NATURELLE

DU DÉPARTEMENT DES PYRÉNÉES-ORIENTALES,

Par le Docteur LOUIS COMPANYO,

Créateur et Conservateur du Muséum d'Histoire Naturelle de la ville de Perpignan, Ancien Officier de Santé des Armées, Chirurgien de la première ambulance légère du grand quartier-général impérial, Membre de la Société Agricole, Scientifique et Littéraire des Pyrénées-Orientales, et de plusieurs autres sociétés savantes.

TOME SECOND.

PERPIGNAN.

IMPRIMERIE DE J.-B. ALZINE,

Rue des Trois-Rois, 1

1864.

HISTOIRE NATURELLE

DU DÉPARTEMENT

DES PYRÉNÉES-ORIENTALES.

TROISIÈME PARTIE.

—

RÈGNE VÉGÉTAL.

Six vallées constituent le département des Pyrénées-Orientales. Chacune d'elles est traversée par un cours d'eau principal, où viennent aboutir des ravins nombreux formés par les reliefs du terrain. Chaque vallée a ses produits distincts et sa végétation différente.

Les montagnes du Capcir, au nord-ouest, forment la vallée de l'Aude, la plus froide et la plus pittoresque du département.

La vallée du Sègre, en Cerdagne, avec ses affluents d'Eyne, d'Err, et de Llo, est la plus accidentée.

Les quatre autres, arrosées par le Tech, le Réart, la Tet et l'Agly, constituent, au débouché des montagnes, la plaine du Roussillon, et viennent former, sur le bord de la mer, cette terre, si fertile en produits de toute sorte, qu'on nomme la *Salanque*.

Ces quatre dernières vallées s'étendent graduellement des bords de la mer jusqu'à la cîme de nos plus hautes montagnes, et, dans l'espace de vingt-huit lieues, elles éprouvent l'effet de températures bien différentes. Il n'est donc pas étonnant que le pays, ainsi constitué, offre une flore des plus variées, et, sans contredit, la plus riche en espèces botaniques; car c'est là que croissent les plantes des Alpes, à côté de celles des Pyrénées, celles des pays glacés du Nord non loin de celles qui habitent les climats brûlants de l'Orient.

La flore des Pyrénées-Orientales offre donc un champ vaste, qui présente des richesses immenses à tous ceux qui voudront l'étudier avec des yeux attentifs.

Nos vallées ont été considérées de tout temps comme une terre privilégiée pour la science des fleurs; à ce titre, elles ont fixé l'attention des savants et attiré les botanistes de toutes les nations. Tournefort, Gouan, Broussonet, Decandole, Pourret, Duby, Montagne, Scherrer, Schimpre, Endrés, Petit, Gay, Bentham, etc., etc., ont tous publié sur la flore du Roussillon des travaux d'un grand intérêt. Plusieurs de nos compatriotes ont également enrichi la science de leurs découvertes : Carrère, Barréra, Bonafos, Aimé Massot, et surtout Xatart et Coder, pharmaciens de mérite, qui, heureusement placés sur les deux versants opposés du Canigou, ont parcouru dans tous les sens nos principales vallées, et en ont rapporté des plantes rares ou inconnues jusqu'alors. C'est avec leur concours que Picot de Lapeyrouse a pu enrichir d'une foule de plantes nouvelles son *Histoire abrégée des Plantes des Pyrénées*, publiée à Toulouse en 1818. Decandole a aussi reçu de Xatart et Coder beaucoup de notes pour les travaux qu'il a publiés.

Cependant, aucun travail d'ensemble n'avait encore été publié sur la flore des Pyrénées-Orientales : il n'existe sur ce sujet que des faits épars, disséminés dans plusieurs ouvrages. Frappé de cette lacune, et voulant mettre à profit les quarante années de courses et de recherches que j'ai faites dans le pays, je me suis décidé à écrire ce volume. Je me suis mis à l'œuvre avec d'autant plus d'ardeur, que, publier l'histoire naturelle de mon département, a été toujours mon désir le plus vif. Mon travail sera incomplet, sans doute; mais il présentera cet avantage, de réunir en un seul faisceau, sous les yeux du lecteur, toutes les plantes découvertes jusqu'ici dans notre petit coin de terre, le plus oriental de la France; il ouvrira la voie pour l'avenir, et facilitera les recherches de ceux qui viendront après nous.

Les hautes montagnes sont en grand nombre dans les Pyrénées-Orientales. Leurs pics couverts de neige et les glaciers des gorges élevées contribuent à refroidir ces hautes régions, et leur donnent un aspect tout particulier. Cette orographie conduit naturellement à diviser le pays en cinq zones botaniques distinctes, qui passent de l'une à l'autre par des transitions insensibles.

Première Zone.

La première zone comprend toutes les terres qui se trouvent au-dessous de 400 mètres d'altitude; la plaine du Roussillon y est comprise en entier.

Cette plaine a une grande étendue; elle est formée par des terres d'alluvion ou *salanque,* et elle offre une végétation admirable. Vers la mer, de belles prairies bordent les dunes; des luzernières fournissent cinq à six coupes par an; les blés y sont de première qualité, et l'on y cultive avec fruit les millets, les maïs, les haricots, les pommes de terre, les lins, etc., etc.

Les monticules qui coupent cette grande plaine sont couverts d'oliviers et de vignes, qui fournissent un vin d'excellente qualité. C'est ce terrain qui donne au pays les principales récoltes.

Sur les bords des cours d'eau, sont établis de beaux jardins, couverts d'arbres fruitiers de toute espèce, entrecoupés de cultures maraîchères.

Cette diversité des cultures fait développer dans cette vaste plaine un nombre considérable de plantes botaniques, dont nous avons indiqué les principales espèces dans le premier volume de cet ouvrage.

D'Ille à Prades, où finit cette première zone, la vallée se resserre; le sol se relève; les montagnes commencent à se montrer, et forment des vallons plus ou moins étendus, cultivés comme la plaine et rendant les mêmes produits. Les flancs de ces basses montagnes sont couverts de bois, où le chêne et l'yeuse dominent. C'est dans cette zone, que nous avons découvert, à Ille, le *Sarothamnus Carlierus*, et dans la vallée du Réart, le *Sarothamnus Jaubertus*.

On y remarque aussi les plantes suivantes :

Ranunculus trilobus, Desf.
Saponaria orientalis, Lin.
Glaucium luteum, Scop.
Medicago Braunii, Gre. et Godr.
Teucrium fruticans, Lin.
Anthyllis cytisoïdes, Lin.
Dorignopsis Gerardi, Boiss.
Cistus crispus, Lin.
Cistus umbellatus, Lin.
Trifolium subterraneum, Lin.
Armeria Ruscinonensis, Girf.
Myricaria Germanica, Desv.
Ramundia Pyrenaïca, Rich.
Centaurea leucantha, Pour.
Andropogon distachion, Lin.
Filago minima, Fries.
Plumbago Europœa, Lin.
Saccharum cylindricum, Lam.
Phragmites gigantea, Gay.; etc., etc., etc.

Deuxième Zone.

La deuxième zone comprend la première ligne de montagnes ; son altitude est de 400 à 600 mètres. Les monts commencent à être plus rapprochés, et laissent entre eux des vallons, qui offrent encore des terres de bonne qualité : on y remarque des prairies et des luzernières. Les céréales y sont moins abondantes ; le seigle, l'orge et l'avoine y forment la principale culture. Mais, si cette zone est moins riche en produits agricoles que la zone précédente, elle lui est supérieure en plantes sauvages. C'est aux confins de cette région, que cessent de végéter la vigne, l'olivier et le figuier.

Parmi les plantes botaniques qui habitent cette zone, on trouve les suivantes :

Fumaria parviflora, Lam.	*Cneorum tricoccon,* Lin.
Cistus lauriefolius, Lin.	*Anthemis montana,* Lin.
Alyssum perousianum, Gay.	*Vicia Pyrenaïca,* Pour.
Alyssum calicinum, Lin.	*Andropogon distachion,* Lin.
Cardamine latifolia, Vahl.	*Scrophularia lucida,* Alli.
Iberis saxatilis, Lin.	*Asphodelus albus,* Willd.
Æthionema saxatile, R. Brown.	*Osmunda regalis,* Lin.
Teesdalia lepidium, Dec.	*Pteris crispa,* Alli.; etc., etc.

Troisième Zone.

La troisième zone renferme les montagnes de 600 à 800 mètres d'altitude; elle donne encore assez de céréales; on y cultive le seigle, l'orge, l'avoine, les pommes de terre.

Les bois de châtaigniers y sont abondants, et font la richesse de la vallée du Tech; c'est la dernière limite du mûrier. Le sarrazin commence à paraître dans les parties supérieures. Des forêts d'une certaine étendue couvrent les pentes de ces montagnes : l'yeuse, le chêne, le frêne et autres essences en composent le fonds.

A cette altitude, la vallée de l'Agly est très-âpre et très-dénudée : les besoins de l'industrie, et le pacage des chèvres, tendent à faire disparaître la maigre végétation qui couvre ces montagnes calcaires.

Dans les quatre vallées de cette zone, la nature géologique du sol varie : les sommets les plus élevés appartiennent à la formation primitive; d'autres sont de nature schisteuse ou calcaire. Ces montagnes laissent dans leurs intervalles de petits vallons, les uns couverts de gazons, et d'autres remplis de bois; elles recèlent des gorges profondes et des vallées étroites, qui nourrissent une foule de plantes pyrénéennes et alpines. S'il ne craint pas trop la fatigue, car le parcours de ces montagnes commence à devenir difficile et pénible, c'est au milieu de cette zone que devra s'installer le naturaliste qui voudra faire une ample moisson de plantes rares, telles que les suivantes :

Ranunculus hederaceus, Lin.
Anemone coronaria, Lin.
Delphinium montanum, Lam.
Dianthus saxifragus, Lin.
Lepidium hirtum, Dec.
Arabis arenosa, Lam.
Erinacea pungens, Boiss.
Potentilla hirta, Lin.
Valeriana tripteris, Lin.
Lithospermum oleæfolium, Lap.
Pimpinella peregrina, Lin.
Saxifraga geranioïdes, Lin.
Saxifraga rotundifolia, Lin.
Polygala amara, Koch.
Scabiosa gramuntia, Lin.
Galium Pyrenaïcum, Gouan.
Veronica aphilla, Lin.
Astragalus depressus, Lin.
Pedicularis rostrata, Lin.
Carex setifolia, Godr.; etc.

Quatrième Zone.

La quatrième zone comprend les montagnes qui s'élèvent de 800 à 1.300 mètres: elles sont couvertes de gazons, pelouses et prairies. Ce sont les terrains les moins productifs pour l'agriculture, mais les plus riches pour la botanique. Là commence à se faire sentir l'influence d'une température froide. On y voit peu de seigle; le sarrazin ou blé noir occupe les lambeaux de terre cultivable ; les pommes de terre y végètent bien, et peut-être sont-elles de meilleure qualité que partout ailleurs. Les forêts, à cette altitude, sont généralement composées de pins de diverses espèces; ils y végètent admirablement. Le hêtre, le bouleau, le noisetier à l'état sauvage, couvrent les pentes des gorges.

La partie supérieure de cette zone est couverte par des tapis de verdure émaillés de fleurs. C'est là que l'on récolte cette masse de plantes alpines et subalpines; là, s'élèvent comme une ceinture, les Rhododendron, ces arbrisseaux toujours verts, dont les fleurs, d'un beau rose, font un effet charmant au milieu d'une nature âpre et déserte : on se croirait transporté dans un champ de rosiers. Ces arbustes s'élèvent de 70 centimètres à un mètre au-dessus du sol; leur corolles sont si délicates, qu'il est difficile de les conserver dans les herbiers.

Dans les intervalles des Rhododendron, et au milieu des ravins, croissent bon nombre de plantes intéressantes, qu'on ne trouve plus sur aucun autre point.

C'est au milieu des gorges de cette zone, que sont établies les *jasses* ou stations, sur lesquelles parquent les bestiaux pendant les grandes chaleurs. Ces troupeaux s'élèvent graduellement, à mesure que la chaleur augmente, et vont brouter, pendant les deux derniers mois de l'été, l'herbe qui croît à la zone supérieure.

Dans cette vaste étendue de montagnes, on peut récolter les plantes suivantes :

Anemone hepatica, Lin.
Aconitum lycoctonum, Lin.
Alyssum Pyrenaïcum, Lapey.
Lonicera Pyrenaïca, Lin.
Hutchinsia alpina, Dec.
Orobus vernus, Lin.
Saxifraga media, Gouan.
Angelica Pyrenæa, Spreng.
Angelica Rasoulii, Gouan.
Lazerpitium latifolium, Lin.
Peucedanum oreoselinum, Mœnc.
Heracleum spondylium, Lin.
Ligusticum Pyrenæum, Gouan.
Onopordum Pyrenaïcum, Dec.
Carlina acanthifolia, Alli.
Aster Alpinus, Lin.
Aronicum doronicum, Rchb.
Aquilegia viscosa, Gouan.
Campanula speciosa, Pourr.
Veronica bellidioïdes, Lin.
Dracocephalum austriacum, Lin.
Hieracium aurantiacum, Lin.
Hieracium Pyrenaïcum, Schult.
Jasione humilis, Pers.; etc.

Cinquième Zone.

La cinquième zone commence à 1.700 mètres d'altitude; les pins et les bouleaux qui vivent à cette élévation sont déjà rabougris, leur végétation est lente et se fait mal; les rhododendron disparaissent. Plus de cultures; les monts sont imposants et sévères. Des blocs de roches primitives couvrent le sol dans certaines parties, et s'y trouvent amoncelés d'une manière effrayante : cahos informe, où tout a été bouleversé, et qui pénètre l'âme d'un sentiment indéfinissable pour cette nature sauvage.

Les plantes subalpines sont les seuls végétaux qui croissent dans cette région. On y remarque des pelouses, rases comme un tapis de billard, ayant une étendue de plusieurs kilomètres; des lacs, alimentés par les neiges perpétuelles, qui couvrent les sommets. Quelques-uns de ces lacs sont d'une étendue considérable, et la plus grande partie fournissent des plantes admirables de beauté. C'est dans l'un d'eux, situé au mont Carlite, qu'a été découverte la *Subularia aquatica*, connue jusqu'alors en Norwége seulement.

Parmi les plantes qu'on trouve dans cette dernière zone, nous citerons les suivantes:

Clematis recta, Lin.
Anemone Alpina, Lin.
Anemone pulsatilla, Lin.
Thalictrum Alpinum, Lin.
Thalictrum minus, Lin.
Adonis Pyrenaïca, Dec.
Ranunculus alpestris, Lin.
Ranunculus glacialis, Lin.
Ranunculus parnassifolius, Lin.
Helleborus viridis, Lin.
Alyssum diffusum, Ten.
Cardamine Alpina, Willd.
Cardamine resedifolia, Lin.
Subularia aquatica, Lin.
Biscutella chichoriifolia, Lois.
Arabis ciliata, Koch.
Saxifraga oppositifolia. Lin.
Saxi. Groenlandica, Lin.
Saxi. pentadactylis, Lapey.
Saxi. luteo purpurea; Lapey.
Drias octopetala, Lin.
Potentilla nivalis, Lapey.
Xatartia scabra, Meiss.
Endressia Pyrenaïca, Gay.
Sesseli libanotis, Koch.
Valeriana Pyrenaïca, Lin.
Eringium Bourgati, Gouan.
Carduus medius, Gouan.
Androsace villosa, Lin.
Senecio leucophillus, Dec.
Senecio incanus, Lapey.
Artemissia mutellina, Vill.
Gentiana Pyrenaïca, Lin.
Gentiana lutea, Lin.
Sibbaldia procumbens, Lin.
Loiseluria procumbens, Desv.
Carex nigra, Alli.
Carex Pyrenaïca, Wahl.
Carex frigida, Alli.; etc., etc.

Les altitudes où commencent et finissent ces zones, dans les différentes vallées, n'offrent rien de bien constant. Néanmoins, en général, à mesure qu'on s'élève, certaines plantes deviennent plus rares, et finissent par disparaître tout-à-fait pour faire place à une végétation nouvelle, qui indique qu'on a changé de région et qu'on est entré dans une altitude supérieure.

Nos études botaniques s'étaient bornées aux plantes phanérogames. Nous avions récolté peu de cryptogames, et cette branche aurait laissé bien à désirer dans notre livre, si nous n'avions eu la bonne fortune de trouver dans nos amis un secours inespéré, pour compléter la flore du pays.

M. le docteur Montagne, membre de l'Institut, un des plus célèbres mycologistes français, a été pour nous un collaborateur obligeant; il nous a livré et permis de publier toutes les notes qu'il avait recueillies, sur cette classe intéressante de végétaux, pendant son long séjour dans les Pyrénées-Orientales. Qu'il reçoive ici l'expression de notre gratitude, pour le bel appoint qu'il apporte à notre travail.

Le commandant Colson, notre jeune et bien regretté ami, s'était aussi occupé de colliger les cryptogames du département, pendant les différentes époques qu'il avait passées en garnison à Perpignan, et il était parvenu à réunir des sujets très-rares. Nous avons fait appel à l'obligeance de Madame veuve Colson, sa bonne et excellente mère, qui s'est fait un plaisir de mettre à notre disposition les fascicules que son fils avait recueillis en Roussillon.

A l'aide de ces deux amis, nous avons pu donner plus d'extension à cette partie de notre flore, et faire connaître des espèces rares, nouvelles, ou peu connues, des cryptogames de notre département.

Ce n'est pas chose facile de composer la flore d'un département, aussi accidenté que celui des Pyrénées-Orientales. Pour dresser un catalogue exact, il a fallu, pendant longtemps, parcourir le pays en tout sens, et, à chaque saison, visiter plusieurs fois les mêmes vallées pour bien saisir les phases de la végétation. C'est ainsi que nous avons pu acquérir une connaissance, sinon complète, du moins très-approximative, des plantes de chaque localité; et, sous ce point de vue, nous pensons que notre travail sera utile aux personnes qui viendront explorer le département. Elles économiseront un temps précieux; car, pour le naturaliste, la chose la plus précieuse c'est le temps. Combien de fois n'avons nous pas vu la plupart des voyageurs, nationaux ou étrangers, suivre, sans s'écarter d'un pouce, les sentiers battus par leurs prédécesseurs, pour se rendre au plus vite dans certaines localités renommées: ils laissaient derrière eux, et à côté du chemin qu'ils parcouraient, les espèces qu'ils allaient chercher au loin. Mais, avec le premier volume de notre *Histoire Naturelle,* où nous avons décrit toutes nos vallées, et la lecture de notre flore, chacun pourra se rendre compte de la station et de l'habitat de toutes les plantes du pays.

Autant qu'il nous a été permis de le faire, nous avons placé à côté du nom scientifique de la plante, son nom catalan ou idiome du pays. Nous avons désigné, avec la plus grande exactitude, les diverses localités habitées par chaque espèce. En outre, nous avons cru utile de donner quelques petites notions sur certaines plantes, au point de vue de leur utilité agricole, de leur emploi en médecine, et de leur usage dans les arts et le commerce.

Notre flore est fondée sur la classification de Decandole; mais nous avons suivi, pour l'arrangement des genres et des espèces, la flore française de MM. Grenier et Godron : cette dernière a le mérite d'être la plus complète et la plus récente. Nous avons également adopté leur synonymie, qui nous a paru la plus consciencieuse et la plus étendue. Pour la cryptogamie, nous ne nous sommes pas écarté du *Botanicon Gallicum,* de M. Duby.

Notre travail se divise donc en six chapitres.

Le premier, traite des plantes vasculaires ; premier embranchement des Dicotylédonées ou Exogènes, première classe, *Thalamiflores.*

Le deuxième, comprend la deuxième classe : *Caliciflores.*

Le troisième, la troisième classe : *Corolliflores.*

Le quatrième, la quatrième classe : *Monochlamidées.*

Le cinquième, le deuxième embranchement des Endogènes phanérogames ou *Monocotylédonées.*

Le sixième, les plantes *Acotylédonées* (cryptogames), qui forment deux embranchements.

Dans le premier, sont compris les végétaux cellulo-vasculaires, où se trouvent les fougères, les équisétacées, les rhizocarpées, les izotées, et les lycopodiacées.

Dans le second, sont compris les végétaux cellulaires, où se trouvent les charracées, les hépatiques, les mousses, les lichens, les hypoxillons, et les champignons.

LISTE ET ABRÉVIATIONS DES NOMS D'AUTEURS

CITÉS DANS CE VOLUME.

Adanson	Adans.
Allioni	Alli.
Anderson	Anders.
Archiac (d')	Arch.
Balbi	Balbi.
Barthélemi	Bart.
Basterot	Bast.
Batsch	Batsch.
Bentham	Benth.
Berge	Berg.
Bieb	Bieb.
Bluff	Bluff.
Boissi	Boiss.
Boreau	Boreau.
Bouchardat	Bouch.
Braun	Braun.
Brebisson (de)	De Brebis.
Brongniat	Brong.
R. Brown	R. Brown.
Bung	Bung.
Bulliard	Bulliard.
Cambecede	Cambe.
Castagne	Castagne.
Chaix	Chaix.
Clairville	Clairv.
Crantz	Crantz.
Creutzer	Creutz.
Cussoni	Cusson.
Dalechamp	Dalech.
Decandole	Dec.
Delile	Delile.
Delise	Delise.
Desfontaine	Desf.
Despréaux	Despréaux
Desvaux	Desv.
Dillen	Dill.
Dickson	Dickson.
Dubi	Dub.
Dufrenoy	Dufr.
Dumortier	Dumort.
Endress	Endr.
Erhritier	Erhr.
Fischer	Fisch.
Florke	Florke.
Fresenius	Fresenius
Fries	Fries.
Gærtn	Gærtn.
Gaudichon	Gaud.
Gay	Gay.
Gmelin	Gmel.
Gouan	Gouan.
Grenier et Godron	Gre. God.
Hænk	Hænk.
Hedwedg	Hedw.
Hoffmansegg	Hoffm.
Hornsch	Horn.
Jacq	Jacq.
Jordan	Jord.
Jussieu	Juss.
Koch	Koch.
Kunth	Kunth.
Kunze	Kunze.
Kutzinger	Kutzing.
Lammark	Lam.

Lapeyrouse ...... Lapey.
Laterrade........ Later.
Leers........... Leers.
Lindley .... Lindl.
Link............ Link.
Linné........... Lin.
Loiseleur........ Lois.
Magnol.......... Magnol.
Merat........... Merat.
Meyer........... Meyer.
Michelii......... Michelii.
Mœnchech....... Mœnch.
Montagne........ Montagne.
Moretti.......... Moretti.
Morisson .... Moris.
Mutel........... Mut.
Nees............ Nees.
Noulet.......... Noul.
Pallas........... Pall.
Persson .... Pers.
Pfeiffer.......... Pfeiff.
Poiret .... Poir.
Pourret .... Pour.
Rambure .... Ram.
Requien......... Requien.
A. Richard....... A. Rich.
C. Richard....... C. Rich.
Risso .... Riss.
Rœmer.......... Rœm.
Salisbury .... Salisb.
Saint-Amans ..... S.-Amans
Saint-Hilaire..... S.-Hilaire
Salzman..... ... Salzm.
Santi .... Santi.
Sauvages .... Sauvages.
Savi .... Savi.
Scherrer .... Scherrer.
Schœffer .... Schœffer.
Schrad.......... Sch.
Schmith......... Schmith.
Schrank......... Schrank.
Schreber .... Schreb.
C. Schultz....... C. Schultz
F. Schultz .... F. Schultz
J. B. Schultz... J. B. Schultz
Scopoli.......... Scop.
Smith........... Smith.
Soleirol......... Soleirol.
Sowerbi......... Sowerbi.
Spach........... Spach.
Sprengel .... Spreng.
Sternberg........ Sternb.
Steven .... Stev.
Tenore.......... Tenore.
Thore........... Thore.
Thuilier......... Thuil.
Timeroy......... Timeroy.
Tournal......... Tournal.
Vaillant......... Vaill.
Ventenat .... Vent.
Villars .... Vill.
Vivier........... Viv.
Wahlberge....... Wahl.
Webber .... Webb.
Wenderoth ...... Wender.
Willd........... Will.
Wulff........... Wulf.

CHAPITRE PREMIER.

PLANTES VASCULAIRES.

Plantes à texture celluleuse et vasculaire, le plus ordinairement pourvues de stomates; feuilles munies de véritables nervures; graines germant avec un ou plusieurs cotylédons.

PREMIER EMBRANCHEMENT.

Dicotylédonées ou Exogènes.

Tige herbacée ou ligneuse, composée de deux parties distinctes qui se développent en sens inverse : 1° du *corps cortical* (écorce), formé d'un épiderme, d'une couche celluleuse, et de couches corticales dont les intérieures sont les plus jeunes (liber); 2° du *corps ligneux*, formé de couches concentriques dont les extérieures sont les plus récentes (exogènes); le centre de la tige parcouru par un canal contenant la moelle, d'où partent en rayonnant des prolongements médullaires à travers les couches ligneuses. (Cette disposition ne se voit bien que dans les plantes arborescentes.) Feuilles parcourues par des nervures, ordinairement très-ramifiées. Fleurs distinctes; enveloppes florales 1-2, le plus souvent formées de parties en nombre quinaire. Organes reproducteurs distincts, constitués par des étamines et des pistils. Embryon pourvu de deux ou de plusieurs cotylédons opposés ou verticillés[1].

PREMIÈRE CLASSE.

Thalamiflores.

Pétales distincts, indépendants du calice, insérés ainsi que les étamines sur le réceptacle. Ovaire libre (supère).

1re FAMILLE. — RENONCULACÉES.

(*Polyandrie*, Linné; *Rosacées* ou *Anomales*, Tournefort.)

GENRE CLÉMATITE, *Clematis*, Lin.

Vulg. *Clématite des haies, Viorne, Vigne blanche, Berceau de la Vierge.* En catalan *Ridorte, Jassemi de Borro* (jasmin d'âne).

1. Clém. droite, *Clem. recta,* Lin., Lois., Mut.

Habite la *Ballanouse del Soula*, vallée du Tech, près Prats-de-Molló. Fleurit en juin et juillet. Rare.

2. Clém. flamme, *Clem. flammula,* Lin., Dec., Dub.

Habite les haies des vignes des environs du *Mas-Fraisse*, près la rivière de la Basse; les haies et le bord des vignes de *Malloles* et de *Cases-de-Pena;* Prades, Villefranche et vallées au pied du Canigou; Arles-sur-Tech, et très-commune à Montferrer. Fleurit tout l'été.

Var. β. *Clem. maritima,* Lin.

Se distingue par les folioles linéaires.

Se trouve dans les gorges des vallons de Collioure et de Banyuls-sur-Mer.

(1) Grenier et Godron, *Flore de France.*

3. Clém. des haies, *Clem. vitalba,* Lin., Dec., Dub.

Habite les haies des propriétés des trois bassins; commune partout. Fleurit en juin et juillet.

4. Clém. à feuilles entières, *Clem. integrifolia,* Lin.

Cette plante indiquée aux Graus d'Olette par Tournefort, ne s'y trouve plus; nous l'y avons cherchée en vain. Cependant, nous ne pensons pas que Tournefort ait mal indiqué l'habitat; car nous avons dans l'herbier du Cabinet d'Histoire Naturelle de la ville, un échantillon, bien conservé, qui porte cette même localité. Donc elle y a été trouvée par d'autres naturalistes. Nous avons vainement cherché, aussi, cette plante sur les escarpements de Fontpédrouse où l'avait récoltée notre ami Colson, capitaine au 67me de Ligne. L'on voit souvent des plantes disparaître, sans cause connue, des lieux qu'elles habitaient autrefois.

Les *Clématites* couvrent les murs de leurs tiges sarmenteuses. Elles sont, avec le Lierre et le Chèvrefeuille, les seules plantes qui représentent, dans nos climats, les immenses et nombreuses Lianes des régions équatoriales. La vétusté disparaît sous leurs rameaux entrelacés et touffus; les pétioles, convertis en vrilles, chargés de feuilles nombreuses, s'accrochent à tout ce qu'ils rencontrent. Les feuilles sont amples, ailées; les folioles presque en cœur, entières, dentées ou un peu lobées. Du milieu de cette sombre verdure, sortent des panicules de fleurs blanches, d'une odeur suave, de peu d'éclat, dont les styles, persistant avec les capsules, s'allongent et forment de très-jolies aigrettes argentées et plumeuses.

La *Clématite des haies* ou *Vigne blanche,* est appelée *Herbe aux Gueux.* Son application sur la peau y détermine une irritation vésicante, et les mendiants s'en servent pour établir sur leurs membres des ulcères factices et exciter la charité des passants.

La *Clématite odorante* ou *flamme,* est préférable pour couvrir les tonnelles et les murs, à cause de l'odeur agréable qu'exhalent les fleurs.

Quelle que soit la causticité des *Clématites*, elles perdent de leur vertu caustique dès qu'elles sont desséchées, puisque, dans beaucoup de contrées, elles sont recueillies par les paysans, et servent de pâture aux bestiaux qui en sont très-friands. Dans le Roussillon, on en fait de petites bottes, qu'on laisse sécher, et qu'on donne au bétail.

Genre Atragène, *Atragene*, Lin.

1. Atr. des Alpes, *Atr. Alpina*, Lin.

Clem. Alpina, Mill.

Habite le Canigou, au lieu appelé le *Roc Blanc*, partie supérieure de la *Comelada*. C'est la seule localité où cette plante se trouve en Roussillon. Elle vit au Llaurenti, parmi les roches des trois pics qui bordent l'étang. Fleurit en juin et juillet.

Genre Pigamon, *Thalictrum*, Lin.; en catalan *Rude dels prats.*

1. Pig. à feuilles d'Ancolie, *Thal. aquilegifolium*, Lin., Dec., Dub.

Vulg. *Colombine panachée.*

Habite les vallées de Llo, d'Eyne, de Bolquère, de Fetges, près Mont-Louis; dans une île formée par la Tet, près le moulin de la Llagone; les bois de Salvanère, de Boucheville, et sur la montagne de *Madres;* la vallée du Tech, à *las Concas*, près Prats-de-Molló; vallée de Vernet, près des torrents. Fleurit de mai à juillet.

2. Pig. des Alpes, *Thal. Alpinum*, Lin., Dec., Voil.

Habite les environs de Mont-Louis, sur le *Cambres-d'Aze;* la vallée de Llo, près la *Font de Carbassés;* la vallée d'Eyne; le Canigou, régions alpines; la vallée du Tech, à la *Coma du Tech;* au Llaurenti, les sommités près des neiges. Fleurit en août et septembre.

3. Pig. fétide, *Thal. fœtidum*, Lin., Dec., Dub.

Thal. styloïdeum, Lin.; *Thal. saxatile*, Vill.

Habite la vallée de Prats-de-Balaguer; les environs de Mont-Louis, et les rochers près du vieux Mont-Louis; en Capcir, sur les débris des roches, près de l'étang de Balcère. Fleurit en juin et juillet.

4. Pig. nain, *Thal. minus*, Lin., Dec., Dub.

Thal. montanum, Wallr.

Habite les fourrés des ravins du bois de Boucheville; la montagne de Glorianes, près la métairie Pallarès; les haies de la vallée de Prats-de-Balaguer; les environs de Mont-Louis, les rochers près du vieux Mont-Louis. Fleurit en juin et juillet.

5. Pig. majeur, *Thal. majus*, Jacq., Rchb.

Thal. elatum, Gaud.; *Thal. ambiguum*, Sch.; *Thal. minus*, Godr.

Habite les bois des Fanges, de Boucheville et de Salvanère, dans les fourrés au bord des torrents. Fleurit en juin et juillet.

6. Pig. lucide, *Thal. lucidum*, Lin., Dec., Dub.

Thal. elatum, Mut.; *Thal. medium*, Jacq.

Habite le bord des ravins et les fourrés des escarpements de la montagne de la *Groseille* au bois de Salvanère. Fleurit en juillet et août.

7. Pig. simple, *Thal. simplex*, Lin., Rchb.

Habite le bord des torrents dans le Capcir; sur les sommets des montagnes de Carlite; le Col de la Perche au-delà de Mont-Louis. Fleurit en juillet et août.

8. Pig. à feuilles étroites, *Thal. angustifolium*, Lin., Dec.

Thal. Bauhini, Crentz.; *Thal. Bauhinianum*, Wallr.

Habite parmi les roches qui bordent l'étang du Llaurenti. Fleurit en juillet et août.

9. Pig. spurium, *Thal. spurium,* Timeroy.

Habite le bois de Boucheville dans les ravins humides et fourrés; mêmes terrains dans les bois de Saint-Martin et de Vira, versant de Rabouillet. Cette espèce pourrait, au premier aspect, être confondue avec le *Thalictrum flavum.* Fleurit en juillet et août.

10. Pig. jaune, *Thal. flavum,* Lin., Dec., Dub.

Commun dans toute la contrée, aussi bien dans la plaine que sur les montagnes; habite, aux environs de Perpignan, les prairies situées au pied de Château-Roussillon, et parmi les fossés et haies des champs qui bordent les canaux d'arrosage. On trouve en Cerdagne, avec le *Flavum,* les deux variétés suivantes.

Var. *β. Thal. angustifolium.*

Cette variété est commune dans les environs de la Llagone, près de Mont-Louis.

Var. *γ. Thal. pauperculum.*

Les prairies de la basse Cerdagne.

11. Pig. tubéreux, *Thal. tuberosum,* Lin., Dec., Dub.

Habite les prairies humides situées au pied de *Costa-Bona;* indiqué près de *Nuria?* Fleurit en juin et juillet.

Les *Thalictrum* appartenant à la famille des Renonculacées, on doit se méfier de leur âcreté; cependant, le *Th. flavum* est, quelquefois, employé en médecine. Sa racine a un goût amer et désagréable, et on la substitue parfois à la Rhubarbe; mais à de plus fortes doses. Les feuilles sont moins purgatives; elles entrent dans les bouillons laxatifs à la dose d'une poignée: de là leur nom de *Rhubarbe des pauvres,* de *fausse rhubarbe;* on leur donne aussi le nom de *Rue des chèvres,* de *Rue des bois.* Les fleurs sont astringentes. Les graines sont amères et astringentes; leur poudre, prise comme du tabac, est préconisée pour arrêter les hémorragies du nez. On en saupoudre aussi les vieux ulcères, pour les modifier et les sécher. Les racines de cette plante ont été employées pour teindre les laines en jaune.

Genre Anémone, *Anemona*, Lin.;

en catalan *Anemona dels prats.*

1. Aném. printanière, *Anem. vernalis*, Lin., Dec., Dub.

Pulsatilla vernalis, Mill.; *Anem. patens*, Mut.

Habite les glacis de la place de Mont-Louis et le *Pla de la Ville;* sur le *Cambres-d'Aze;* les vallées d'Eyne et de Llo; les prairies alpines du Canigou et du Llaurenti. Fleurit en avril et mai.

2. Aném. de Haller, *Anem. Halleri*, Alli., Dec., Dub.

Puls. Halleri, Spreng.

Habite les collines montueuses de Mont-Louis et tous ses environs; le *Bac de Bolquère;* les sommets de la forêt de Salvanère; les gorges de *Costa-Bona*. Fleurit en mai et juin.

3. Aném. pulsatille, *Anem. pulsatilla*, Lin., Dec., Dub.

Puls. vulgaris, Lob.

Vulg. *Fleur de Pâques, Coquelourde, Fleur aux Dames.*

Habite les environs de Mont-Louis; les prairies de la Llagone; le *Bac de Bolquère;* la vallée de Nohèdes; la *Trencada d'Ambulla;* les ravins de *Costa-Bona*. Fleurit de très-bonne heure, en mars et avril. C'est pour cela qu'on lui a donné le nom de *Fleur de Pâques*.

4. Aném. Alpine, *Anem. Alpina*, Dec., Dub., Lin., Mut.

Puls. Alpina, Lois.

Habite le Bac de la montagne de Nohèdes; les vallées d'Eyne et de Llo; le *Pla Guillem;* la *Font de Comps*, dans le bois; le

Llaurenti, près *las Aiguettes,* en montant à l'étang. Fleurit en juin et juillet.

Cette plante présente des variétés nombreuses. On la trouve munie de poils blancs et soyeux, quelquefois glabrescente; les fleurs sont généralement blanches, quelquefois rosées extérieurement, plus ou moins grandes; d'autres fois, tout-à-fait jaunes; cette dernière couleur est la plus rare : Linné en avait fait son *Anem. sulfurea.* Elle n'a pas été maintenue par les auteurs modernes, qui la considèrent comme une variété de l'*Anem. Alpina.*

5. Aném. de Baldo, *Anem. Baldensis,* Lin., Dec., Vill.
Anem. fragifera, Wulf.

Habite le *Cambres-d'Aze,* dans les escarpements des roches, près des neiges; le Canigou, au-dessus des Jasses de Cady; le Llaurenti, parmi les pelouses du bord de l'étang. Fleurit en août.

6. Aném. sauvage, *Anem. sylvestris,* Lin., Dec., Dub., Mut.

Habite les forêts de Boucheville et de Salvanère, parmi les pelouses, près des ravins; les bois de la rive gauche de la Tet, au-dessus de Mont-Louis, où elle est commune au pied des arbres. Fleurit en mai et juin.

7. Aném. sylvie, *Anem. nemorosa,* Lin., Dec., Dub., Lois.
Anem. trifolia, Bast.

Habite les fentes des rochers humides des vallées de Carol, d'Andorre et d'Err; Mont-Louis; le vallon de Prats-de-Molló, à la *Tour de Mir* et au *Bac de la Plana;* sur les prairies humides et ombragées de la vallée de Vernet. Fleurit en mars et avril.

Cette espèce offre deux variétés: l'une à fleurs roses, et l'autre à fleurs pourpres.

8. Aném. renoncule, *An. ranunculoïdes,* Lin., Dec., Dub.

Habite les fourrés des bois de Boucheville et des Fanges; la montagne de Céret, prairies avant d'arriver au Bois de la Ville; prairies ombragées du Llaurenti. Fleurit en mars et avril.

9. Aném. Narcisse, *An. Narcissiflora*, Lin., Dec., Dub.

Habite l'extrémité de la vallée d'Eyne, sur les hauteurs; la vallée de Llo, prairies au bord de la rivière, qui avoisinent la *Jasse d'en Gandaille;* au Canigou, le lieu appelé *Bac de set hómens;* le Llaurenti, près des neiges, au-dessus de l'étang, côté du nord. Fleurit en mai et juin.

10. Aném. couronnée, *Anem. coronaria,* Lin., Dub., Lois.

Habite une prairie du bord de l'Agly, avant d'arriver à la montagne de Saint-Antoine-de-Galamus; les prairies de Vivier et de Fosse. Fleurit au premier printemps.

11. Aném. hépatique, *Anem. hepatica,* Lin., Mut., Lois.; en catalan *Herba del fetje, Buxol, Herba del bajou.*

Hep. triloba, Chaix; *Hep. nobilis,* Rech.

Habite parmi les fourrés du Canigou; les lieux ombragés de la vallée de Vernet; les fourrés de la *Trencada d'Ambulla;* les fourrés ombragés de la vallée de Nohèdes; les environs de Mont-Louis, vers le *Pla de la Ville;* la vallée de Llo, derrière le *Roc del Vidre.* Fleurit en avril et mai.

Le nom d'*Hépatique* lui fut donné, parce que les anciens la croyaient propre à guérir les maladies du foie, de la rate et autres viscères (Gouan).

Il n'est presque aucune plante de cette famille des Renonculacées qui ne soit vénéneuse, et dont l'application sur la peau n'excite des vésicules. Leur suc est très-âcre, et lorsque les animaux en broutent les feuilles, ils en sont très-incommodés; cependant, les Anémones sont loin d'être aussi dangereuses que les Renoncules. Les Anémones sont de très-belles plantes, et leurs fleurs sont fort élégantes et très-variées de couleurs. Une espèce, originaire d'Orient, *Anem. Orientalis,* fait l'ornement de nos jardins, et plusieurs de celles qui croissent sur nos montagnes, si elles étaient soignées dans les parterres, deviendraient de fort jolies fleurs d'agrément. Les *Aném. Pulsatille* et *Narcisse*, sont les plus dangereuses; leurs feuilles appliquées sur la peau, soulèvent l'épiderme et produisent l'effet d'un léger vésicatoire.

Genre Adonide, *Adonis*, Lin.

1. Adon. annuelle ou d'automne, *Adon. autumnalis*, Lin., Dub., Lois.

Adon. micrantha, Dec.

Vulg. *Goutte de sang.*

Habite parmi les moissons qui couvrent le plateau de la *Trencada d'Ambulla*, près Villefranche; la vallée de Vernet, au *Pla del Mont;* la vallée de l'Agly, dans les environs de Saint-Paul; en Cerdagne, les champs ensemencés. Fleurit pendant toute la belle saison.

2. Adon. d'été, *Adon. æstivalis*, Lin., Mut., Lois.

Adon. ambigua, God.; *Adon. dentata*, Dec.

Habite la *Trencada d'Ambulla*, parmi les moissons, et toutes les parties basses cultivées des montagnes secondaires du département.

Var. α. *Adon. miniata*, Jacq.

Vit à mi-côte *d'Ambulla*, dans les fourrés des bois.

Var. β. *Adon. flava*, Vill.

Habite dans les moissons, entre Olette et Villefranche, et aussi sur le plateau *d'Ambulla*.

3. Adon. des Pyrénées, *Ad. Pyrenaïca*, Dec., Dub., Lois.

Habite la vallée d'Eyne, au-dessus du four à chaux. On la trouve aussi dans les gorges du *Cambres-d'Aze*, en face de Mont-

Louis. Quelques sujets vivent sur les escarpements de Salvanère et de Carença; au Llaurenti, près de l'étang. Fleurit fin juin.

Les plantes qui appartiennent à ce genre, avaient été employées en médecine comme apéritives et sudorifiques; elles ne sont plus usitées. Les *Adonis* sont cultivés dans les parterres, pour en composer des massifs. A voir lever cette plante, on la croirait un Pied-d'Alouette. Elle porte le nom vulgaire de *Goutte de sang;* mais il en est plusieurs variétés, de jaunes, de blanches, de rouges, qui réunies font un très-bel effet. Les fleurs ne durent pas longtemps; mais elles se succèdent si rapidement, que les massifs sont toujours agréables. Cette plante ne demande pas beaucoup de soins; elle vient facilement et se sème d'elle-même.

Genre Myosure, *Myosurus,* Lin.

1. Myos. petit, *Myos. minimus,* Lin., Dec., Dub., Lois.

Vulg. *Queue de souris, Ratoncule.*

Habite la vallée du Réart, dans les champs sablonneux inondés par les crues de la rivière; aux environs du *Mas-Malé,* entre l'Hostalet et Calmeilles. Fleurit en avril et mai.

Genre Callianthème, *Callianthemum,* C. A. M.

1. Call. à feuilles de rue, *Call. rutefolium,* C. A. M.

Ranunculus rutefolius, Lin.; *Ran. Bellardi,* Vill.

Habite le Canigou, au pied des escarpements de la *Jasse de las Baques d'en Barnet,* située au tiers supérieur de la montagne, sur le revers septentrional. C'est la seule localité du pays où cette plante existe. Nous ne l'avons rencontrée nulle autre part; elle y est même peu abondante. Fleurit en juillet.

Genre *Ceratocephalus,* Mœnch.

Ce genre se compose d'une seule espèce qui n'a pas été trouvée dans ce département.

GENRE RENONCULE, *Ranunculus*, Lin.;
en catalan *Ranuncle de hort.*

1. Ren. à feuilles de lierre, *Ran. hederaceus,* Lin., Dec., Dub.

Habite les lieux inondés de la Salanque; les prairies humides des Albères, près de *Can Reste*, environs de Saint-Génis; vallée du Tech, prairies des environs d'Arles et de Saint-Laurent-de-Cerdans; les vallées de Cornella-du-Conflent et de Vernet, au bord des ruisseaux. Fleurit en avril et mai.

2. Ren. ololeuque, *Ran. ololeucos,* Loyd.

Ran. Petivieri, Cass.; *Ran. tripartitus*, Dec.

Habite les eaux stagnantes des environs de Perpignan, et des parties basses de Château-Roussillon. Elle fleurit tout l'été.

3. Ren. aquatique, *Ran. aquatilis,* Lin.

Habite les eaux courantes et stagnantes de Céret, d'Ille, *Pla dels Abellans*, et mares des parties basses de la Salanque. Il en existe plusieurs variétés, toutes à feuilles capillaires, qui habitent les eaux plus ou moins limpides. Fleurit toute la belle saison.

4. Ren. thore, *Ran. thora,* Lin., Dec., Dub.

Habite, au Canigou, la vallée de Cady; le sommet de la vallée d'Err, près des eaux; la vallée de Conat, sur les roches de la *Font de Comps;* le sommet de la montagne du Llaurenti, sur les roches, au-dessus de l'étang. Fleurit en juin et juillet.

5. Ren. des Alpes, *Ran. Alpestris,* Lin., Dec., Dub.

Habite la montagne de *Cambres-d'Aze;* les vallées d'Eyne, de Llo, de Carol, dans les eaux qui sortent de l'étang de la *Noux;* la vallée de Nohèdes, près des eaux du ruisseau alimenté par l'étang; le Canigou, dans le vallon de Cady. Fleurit en juillet et août.

6. Ren. des glaciers, *Ran. glacialis,* Lin., Dec., Dub.

Habite les sommets du *Cambres-d'Aze* et de la vallée d'Eyne; la partie supérieure de la vallée de Prats-de-Balaguer, aux escarpements de la *Fosse du Géant;* la vallée de Carença, près des glaciers; le Canigou, au sommet de la *Coma Mitjane;* la *Coma* de la Tet, près des eaux. Fleurit en juillet et août.

7. R. à feuilles d'aconit, *R. aconitifolius,* Lin., Dec., Dub.

Ran. heterophyllus, Lapey.

Habite le vallon de Cady, au Canigou; les roches près de la Tet, au-dessus de la *Borde-Girvés,* environs du *Pla dels Abellans;* dans la vallée du Tech, la montagne de la *Tour de Mir,* près Prats-de-Molló; au Llaurenti, dans les prairies de Mijanés, vers le *Port de Palleres.* Fleurit de mai en août.

8. Ren. à feuilles de platane, *Ran. platanifolius,* Lin.

Ran. aconitifolius, Dec.; *dealbatus,* Lapey.

Habite le milieu des roches du Bac de Bolquère; le Canigou, au *Bac d'en Pou-Dabit.* Fleurit en juin et juillet.

9. Ren. à feuilles de parnassie, *Ran. parnassifolius,* Lin., Dec., Dub.

Habite le fond de la vallée d'Eyne, parmi les éboulis schisteux de la montagne appelée *Collada de Nuria;* mêmes terrains sur la montagne de la *Coma de la Baca,* près *Notre-Dame-de-Nuria.* Fleurit en juillet et août.

10. Ren. amplexicaule, *R. amplexicaulis,* Lin., Dec., Dub.

Habite le fond de la vallée d'Eyne, sur les pentes, à gauche, avant de monter à la *Collada de Nuria;* lè Llaurenti, près de Mijanés, vers le *Port de Palleres.* Fleurit en juillet et août.

11. Ren. à feuilles étroites, *Ran. angustifolius,* Dec., Dub., Lois.

Habite les prairies humides des environs de Mont-Louis; le bord de la rivière, à la Llagone; les bas-fonds de *Notre-Dame de Font-Romeu;* près des ravins de la *Coma* du Tech. Fleurit en juillet et août.

12. Ren. des Pyrénées, *Ran. Pyrenœus,* Lin., Dec., Dub.

Habite les prairies humides des environs de Mont-Louis; les vallées d'Eyne et de Llo; au Canigou, le bord des lacs de Cady *(Estanyols, Clots de Cady, Bassibés);* les pelouses humides, entre les lacs de la vallée de Nohèdes. Fleurit en mai, juin et juillet.

Var. β. *Ran. bupleurifolius,* Dec.

Var. γ. *Ran. plantagineus,* Dec.

Habitent la vallée d'Eyne, surtout, et le Pla de la Ville, près Mont-Louis. Du reste, les deux variétés se trouvent dans les mêmes localités que le *Pyrenœus.*

13. Ren. à feuilles de gramen, *Ran. gramineus,* Lin., Dec., Dub.

Habite les prairies de la *Font dels Asclops,* environs de Mont-Louis; les marécages des environs de la Llagone; les prairies de la vallée de Nohèdes; le bord du ruisseau de la *Font de Comps.* Fleurit en mai, juin et juillet.

14. Ren. flammule, *Ran. flammula,* Lin., Dec., Dub.

Vulg. *Petite Douve.*

Habite les pâturages marécageux du *Pla d'en Pons,* près Mosset; commune près des eaux, dans les vallées de Cornella-du-Conflent et de Vernet; près de Carcanières, en allant au Llaurenti. Fleurit pendant toute la belle saison.

15. Ren. langue, *Ran. lingua,* Lin., Dec., Dub.

Ran. longifolius, Lam.

Habite les mares et les fossés humides des environs de Mont-Louis; les endroits où les eaux croupissent sur la montagne de *Madres;* les marais fangeux des étangs de Nohèdes. Fleurit en juin et juillet.

16. Ren. dorée, *Ran. auricomus,* Lin., Dec., Dub.

Ran. polymorphus, Alli.; *Ran. cassubicus,* Lin.

Habite les prairies des environs de Mont-Louis; au Canigou, les pâturages qu'on trouve avant d'arriver à la *Llapoudère;* le bord des ravins de *Costa-Bona;* les pâturages de la vallée de Nohèdes; les ravins de la forêt de Salvanère. Fleurit au premier printemps.

17. Ren. de montagne, *R. montanus,* Will., Dec., Koch.

Ran. gracilis, Sch.; *Ran. nivalis,* Vill.

Habite la vallée d'Eyne; un bas-fond marécageux, en allant de Mont-Louis à *Font-Romeu;* les parties supérieures de la vallée de Fillols, sur le bord des ravins; au Llaurenti, sur les escarpements qui entourent le lac de Quérigut, et parmi les roches, en montant de Mijanés au *Port de Pallercs.* Fleurit en mai et juin.

Nous avons semé des graines de cette plante dans une terre substantielle; elles ont donné des fleurs doubles très-belles, à coroles dorées.

18. Ren. de Villars, *Ran. Villarsi,* Dec., Koch., Dub.

Ran. montanus, Lois.; *Ran. Lapponicus,* Vill.; *Ran. Gouani,* Rchb.

Habite la vallée d'Eyne; les pâturages avant d'arriver aux parties supérieures de la vallée de Llo; un bas-fond marécageux, en allant de Mont-Louis à *Font-Romeu;* le plateau de Nohèdes, entre les étangs; au Canigou, le bois de Fillols. Fleurit en mai et juin.

19. Ren. de Gouan, *Ran. Gouani,* Will., Dec.

Ran. Pyrenæus, Gouan; *Ran. montanus,* Lois.

Habite, dans la vallée d'Eyne, les pâturages à gauche de la

rivière, avant d'arriver à la *Collada de Nuria;* on la trouve aussi dans les marécages du plateau supérieur de la vallée de Nohèdes, mêlée au *Pyrenæus;* dans les prairies humides des parties élevées du Llaurenti. Fleurit en juillet et août.

20. Ren. âcre, *Ran. acris,* Lin., Dec, Dub.

Habite les pâturages des gorges des Albères; on la voit aussi dans les haies, entre Saint-Génis-des-Fontaines et Sorède; sous Château-Roussillon, environs de Perpignan; les vallées de Prades, de Vernet et de Sahorre, où elle est fort commune. Fleurit toute la belle saison.

21. Ren. des bois, *Ran. sylvaticus,* Thuil.

Ran. nemorosus, Dec.; *Ran. villosus,* Saint-Aman; *Ran. polyanthemos,* des auteurs français; *Ran. napellifolius,* Lois.

Habite les pâturages des bords du Tech, entre Céret et Maureillas; les anses de *Paulille,* et sur les coteaux boisés du centre du département. Fleurit en mai et juin.

22. Ren. rampante, *Ran. repens,* Lin., Dec., Dub.

Habite les prairies humides qui bordent les rivières, dans les trois bassins, et dans toute la Salanque; les environs de Mont-Louis; la vallée de Cornella-du-Conflent, sur le bord des eaux stagnantes. Fleurit toute la belle saison.

23. Ren. bulbeuse, *Ran. bulbosus,* Lin., Dec., Dub.

Habite les prairies des environs de Mont-Louis; les prairies de la montagne de *Madres;* les vallées de Vernet et de Cornella-du-Conflent, sur le bord des fossés et de la route; les prairies des environs de Céret. Fleurit en juin et juillet.

24. R. de Montpellier, *R. Monspelliacus,* Lin., Dec., Dub.

Habite les environs de Mont-Louis, dans les bois et les pâturages de la Motte de Planès; dans la vallée de Prats-de-Molló, les pâturages secs de *Costa-Bona;* les pâturages secs des vallées de Cornella-du-Conflent et de Fillols. Fleurit en juin et juillet.

25. Ren. cerfeuil, *Ran. chærophyllos,* Lin., Dec., Dub.

Ran. insularis, Viv.; *Ran. pedunculatus*, Viv.; *Ran. illyricus*, Poir.

Habite les prairies de la vallée du Réart, au bord de la Cantarana, entre Terrats et l'Hostalet; le vallon de Banyuls-sur-Mer, parmi les champs et prairies vers *Can Raphalet.* Fleurit en mai et juin.

26. Ren. à trois lobes, *Ran. trilobus,* Desf., Dec., Dub.

Ran. Xatartii, Lapey.; *Ran. philonotus*, γ *trilobus*, Lois.

Cette intéressante espèce habite les environs de Port-Vendres, au milieu des prairies qui bordent l'anse de *Paulille;* les pâturages, près de l'embouchure des ravins du vallon de Banyuls-sur-Mer; la plage d'Argelès-sur-Mer, aux environs du *Grau.* Fleurit de mai à juillet.

27. Ren. des mares, *Ran. parviflorus,* Lin., Dec., Dub.

Ran. parvulus, Lapeyr.

Habite les prairies situées au pied des Albères; le vallon de Banyuls-sur-Mer, haies et terrains humides, vers *Can Campa;* les prairies maritimes d'Argelès-sur-Mer. Feurit de mai à juillet.

28. Ren. des champs, *Ran. arvensis,* Lin., Dec., Dub.

Habite les haies de la pépinière de Perpignan, et les champs de toute la plaine; les champs des environs de Mont-Louis et de la Cerdagne; la vallée de Vernet, parmi les moissons. Fleurit de mai à juillet.

29. Ren. hérissée, *Ran. muricatus,* Lin., Dec., Koch.

Ran. lobatus, Mœnch.

Habite les prairies humides des environs de Perpignan, vers la Salanque; les prairies basses de Saint-Nazaire; le vallon de

Port-Vendres, et l'anse de *Paulille*; les champs inondés du vallon de Banyuls-sur-Mer; la vallée de la Tet, entre Nyer et Olette. Fleurit en juin et juillet.

30. Ren. scélérate, *Ran. sceleratus*, Lin., Dec.

Vulg. *Mort aux vaches, Grenouillette des prés, Bassinet des prés.*

Habite les prairies et les champs inondés, près de Canet et la Salanque; les mares et les fossés les plus infects de toutes les parties basses de la plaine. Fleurit toute la belle saison.

Toutes les Renoncules sont âcres et irritantes; en les appliquant sur la peau, elles la rubéfient et produisent un vésicatoire; il n'en est aucune qui ne le dispute à toutes les autres. Ces plantes peuplent nos marais; certaines croissent sur nos montagnes les plus élevées, jusqu'à la région des neiges; leurs fleurs sont très-jolies, et quelques-unes ornent nos parterres. Le nombre et la variété des couleurs que ces fleurs étalent, joints à la régularité de leurs pétales, produisent un des plus beaux coup d'œil que l'on puisse voir. De ces nombreuses espèces, la plus dangereuse est la *Renoncule scélérate* ou *Renoncule sardonique*, plante qui, d'après les anciens, provoque le rire spasmodique, appelé rire sardonique. L'épithète que lui a donné Linné, annonce suffisamment la vénénosité de cette plante, et les dangers auxquels elle expose. Quand on la mâche, elle fait naître des ampoules sur les lèvres et au voile du palais; elle cause une esquinancie factice et une irritation suffoquante; ingérée dans l'estomac, elle l'irrite, le corrode, provoque des vomissements écumeux, sanguinolents, des convulsions. Elle produit le même effet sur tous les animaux, et on a trouvé dans l'estomac de ceux qui en avaient mangé, des signes d'inflammation considérable et le pylore très-resserré. M. Orfila a fait périr des chiens, en introduisant, dans une plaie récente, quelques grains d'extrait de cette espèce de Renoncule. Au récit des historiens, c'est le suc de la *Renoncule thore* qui servait aux Corses pour empoisonner leurs poignards. Pline prétend que le *Limeum*, dont se servaient les Gaulois pour empoisonner leurs flèches, est encore le *Ranunculus thora*. (Voir Gouan.)

Si les Renoncules broutées à l'état frais, sont de très-dangereux poisons pour les bestiaux, il n'en est pas de même, lorsqu'elles sont desséchées et mêlées au foin : elles paraissent alors avoir perdu leur action délétère, et les bestiaux les mangent sans en être incommodés.

La *Renoncule thore* a joui pendant longtemps d'une grande réputation comme un poison très-violent. Avant l'usage des armes à feu, les chasseurs des Alpes et des Pyrénées, trempaient leurs flèches dans son suc. Du temps de Gesner et de Lobel, on le vendait encore, renfermé dans des vessies ou des cornes de bœuf. Haller et d'autres écrivains, pensent qu'il y a eu beaucoup d'exagération dans les effets délétères qu'on lui attribue.

Comme plante d'ornement, le *Ranunculus Asiaticus*, Lin., est une des plus belles. C'est d'elle que nous arrivent toutes les variétés qui sont cultivées dans nos parterres. Cette espèce, rivale de l'Anémone, l'emporte sur celle-ci par la riche variété de ses couleurs. Originaire de l'Asie, elle n'existe dans les jardins d'Europe que depuis le milieu du seizième siècle; elle était cultivée avec soin à Constantinople, sous le règne de Mahomet IV. En passant par les mains des Hollandais, les variétés en furent multipliées à l'infini, et formèrent longtemps pour eux une branche de commerce lucrative. Tous nos jardiniers fleuristes cultivent la *Renoncule Asiatique*, qu'on nomme en catalan *Ranoncle de hort*. Chez nos voisins de la Catalogne, les Renoncules cultivées portent le nom de *Francesillas*.

Genre Ficaire, *Ficaria*, Dill., Nov., Gen.;

en catalan *Herba de las morenas* (herbes des hémorrhoïdes).

1. Fic. renoncule, *Fic. ranunculoïdes*, Monch, S.-Hill.

Ranunculus ficaria, Lin.

Vulg. *Éclairette, Petite Chélidoine.*

Habite les bois ombragés, les fossés humides, les champs inondés; très-commune dans les trois bassins. Fleurit au premier printemps.

La Ficaire était préconisée autrefois contre les tumeurs scrofuleuses, et comme antiscorbutique; on s'en servait, écrasée, contre les hémorragies.

Dans notre département, le vulgaire attribue de grandes vertus à la Renoncule Ficaire pour combattre les hémorroïdes. A cet effet, on arrache une ou plusieurs plantes avec leurs racines bulbeuses; on les suspend sous le manteau de la cheminée, et lorsque la plante est sèche, les hémorroïdes sont guéries. De pareils effets sont bien loin d'être constatés, et ils n'ont d'autre fondement que la crédulité publique.

GENRE POPULAGE, *Caltha*, Lin.

1. Pop. des marais, *Cal. palustris,* Lin., Dec., Koch.

Vulg. *Souci des marais, Souci d'eau.*

Habite le bord des ruisseaux et les prairies humides des environs de Mont-Louis; le Bac de Bolquère; le Canigou; les prairies du vallon de Castell, sous Saint-Martin-du-Canigou. Cette plante fleurit au printemps; la fleur ressemble à une petite Coupe-d'Or: la plante est âcre comme celle de toutes les Renoncules. On se sert peu de cette plante en médecine; on a quelquefois employé les feuilles et les fleurs contre quelques ulcères et l'érysipèle.

GENRE TROLLE, *Trollius*, Linné;

en catalan *Ranuncle de Montanya.*

1. Trolle d'Europe, *Troll. Europæus,* Lin., Dec., Koch.

Vulg. *Bouton d'or, Renoncule des montagnes.*

Habite les prairies et les bords des fossés de toutes les régions du département; les environs de Mont-Louis; le moulin de la

Llagone; le Canigou; Nohèdes; *Costa-Bona;* très-commune partout. Fleurs en globe, d'un beau jaune doré, et formées de plus de cinq pétales. La plante fraîche est aussi dangereuse que les Renoncules. Fleurit de mai en août.

Genre Éranthis.

Ce genre se compose d'une seule plante, qui n'a pas été trouvée dans ce département.

Genre Hellébore, *Helleborus,* Lin.; en catalan *Peu de grifo.*

1. Hell. noir ou Rose de Noël, *Hell. niger,* Lin., Dec., Dub.; en catalan *Rosa de Nadal.*

Habite les gorges exposées au midi, avant d'arriver à la *Jasse de Cady,* au Canigou; les parties basses de la vallée de Valmanya; les gorges bien exposées de la forêt de Salvanère.

On cultive cette plante dans nos parterres, sous le nom de *Rose de Noël,* ce qui indique à peu près l'époque de sa floraison; elle est remarquable à cause de ce fait. Il est très-agréable de voir fleurir dans cette saison et en pleine terre, un végétal reconnaissable à ses feuilles grandes, épaisses, profondément digitées, et à ses belles fleurs, d'abord roses, puis blanches, puis vertes, se conservant longtemps malgré la température de cette époque de l'année.

2. Hell. vert ou pied de griffon, *Hell. viridis,* Lin., Dec., Dub.

Habite le vieux Mont-Louis et la Motte de Planès; Fetges; le bois de la *Ballanouse;* les vallées d'Eyne et de Llo; le Bac de Bolquère; le bois de Salvanère; les vallées de Vernet et de Fillols. Fleurit de mai en juillet.

3. Hell. fétide, *Hell. fœtidus*, Lin., Dec., Koch.; en catalan *Herba fetida.*

Vulg. *Fève de loup, Patte d'ours.*

Habite les vallées profondes de toutes nos montagnes bien exposées au midi, et est très-commun partout. Fleurit de février en avril.

Tous les Hellébores sont regardés avec raison comme très-vénéneux; les bestiaux évitent d'en manger; leurs émanations sont fétides et nauséabondes; leur saveur est amère et désagréable; les abeilles même ne recherchent pas le miel contenu dans leurs nectaires. Dans la médecine antique, les Hellébores ont joué un très-grand rôle; mais la médecine française les a depuis longtemps proscrits de son dispensaire, et il n'y a guère que les empiriques qui en fassent usage.

Dans certaines contrées, les paysans cultivent soigneusement l'Hellébore vert. Ils en récoltent les tiges, les pétioles des feuilles, les font sécher, et lorsqu'ils s'aperçoivent que leurs bêtes à cornes éprouvent ce qu'ils appellent le *mal de l'herbe;* que l'animal ne mange pas, tousse et peut avoir une maladie de poitrine, surtout, si en pinçant le cuir qui recouvre cette partie, il ne se détache pas facilement, ils percent avec une vrille le jabot ou fanon de la bête, le plus près possible du sternum, et insinuent dans le trou fait par l'instrument un morceau de la plante desséchée, de la longueur d'un pouce. Bientôt il se forme un engorgement plus ou moins considérable, qui donne lieu à un abcès, et dès que la suppuration est établie, l'animal guérit promptement.

Chez l'homme, dans les maladies des yeux par vice scrofuleux, dartreux ou autre, on se trouve bien de l'effet vésicant de cette plante, qu'on emploie en la tenant serrée derrière les oreilles : dès que la suppuration s'établit, le résultat est satisfaisant.

GENRE ISOPYRE, *Isopyrum*, Lin.

1. Isop. thalictroide, *Isop. thalictroïdes*, Lin., Dub., Koch.

Helleb. thalictroïdes, Dec.

Habite les lieux ombragés et humides des ravins du bois de Salvanère, et tout près du ruisseau qui traverse les lieux couverts du bois de Boucheville. Fleurit de très-bonne heure.

GENRE GARIDELLE, *Garidella*, Tournef.

1. Gar. fausse nigelle, *Gar. nigellastrum*, Lin., Dec., Dub.

Habite les champs arides de la vallée du Réart, à Terrats et à Trullas; les vignes et champs près de *Cases-de-Pena* et toute la vallée de l'Agly. Fleurit en mai et juin.

GENRE NIGELLE, *Nigella*, Lin.;
en catalan *Armita*.

1. Nig. de Damas, *Nig. Damascena*, Lin., Dec., Dub.

Vulg. *Barbiche, Cheveux de Vénus, Patte d'araignée.*

Habite les propriétés des environs de Perpignan, vers Château-Roussillon; les aspres de tout le pays; *Cases-de-Pena;* les garrigues de Baixas; les haies des vignes de *Força-Real;* en Cerdagne, les champs ensemencés. Fleurit de mai à juin.

La graine de cette plante est noire, âcre et odorante. Bue en dissolution dans le vin, le vulgaire lui attribue la guérison de l'asthme; elle chasse les vents, provoque l'urine; tue les vers, appliquée en cataplasme sur le nombril. Je doute que cette plante ait les propriétés qu'on lui attribue.

2. Nig. cultivée, *Nig. sativa*, Lin., Dec., Dub.

Habite les vallées voisines de Prades. Probablement les graines auront été transportées des jardins dans les propriétés, où la plante s'est propagée. Fleurit en mai et juin.

3. Nig. des champs, *Nig. arvensis*, Lin., Dec., Koch.

Vulg. *Nigelle bâtarde, Poivrette commune.*

Habite parmi les récoltes des terres aspres de tout le pays;

la *Trencada d'Ambulla ;* parmi les haies et les broussailles, à Olette et Villefranche. Fleurit en mai et juin.

4. Nig. d'Espagne, *Nig. Hispanica,* Lin., Lois., Mut.

Habite les environs de Prades, parmi les moissons; dans des conditions identiques aux Masos et à Estoher; nous la retrouvons dans les environs de Céret. Fleurit en juin et juillet.

Genre Ancolie ou Églantine, *Aquilegia,* Lin.; en catalan *Campanes, Viuda, Englantina.*

Vulg. *Bonne femme, Gants de Notre-Dame, Manteau royal.*

1. Anc. vulgaire, *Aquil. vulgaris,* Lin., Dec., Koch.

Habite les environs de Mont-Louis; les vallées d'Eyne et de Llo; le Canigou; les vallées de Vernet et de Castell; la *Quillane* et les *Llansades,* en Capcir. Fleurit en juin et juillet.

Var. *Aquil. viscosa,* Gouan.

Cette belle variété se trouve sur les roches du plateau inférieur de la *Font de Comps,* entre la fontaine et la grande roche qui la domine. Fleurit en juin et juillet.

2. Anc. des Alpes, *Aquil. Alpina,* Lin., Dec., Mut.

Habite les parties supérieures de la vallée d'Eyne, près des neiges; les escarpements supérieurs du *Cambres-d'Aze;* sur les roches du *Pla Guillem;* les sommets de *Costa-Bona* et du Llaurenti. Fleurit en juin, juillet et août.

3. Anc. des Pyrénées, *Aquil. Pyrenaïca,* Dec., Koch.

Aquil. Alpina, Lam.

Habite les gorges élevées du Bac de Bolquère; la vallée d'Eyne; les escarpements du sommet du *Cambres-d'Aze;* au Llaurenti, les gorges du *Sallent,* en montant à l'étang. Fleurit en juillet.

Var. β. *Aquil. decipiens.*

Cette belle variété se trouve aussi sur les escarpements des roches avant d'arriver à la *Font de Comps.* M. Colson me la fit remarquer lorsque nous visitâmes ensemble cette localité. Elle a quelque ressemblance avec l'*Aq. viscosa* de Gouan. Fleurit à la fin de juin.

GENRE PIED D'ALOUETTE OU DAUPHINELLE, *Delphinium,* L.; en catalan *Espuela de caballer.*

Vulg. *Delphinette, Herbe de sainte Athalie.*

1. P. d'Al. consoude, *Del. consolida,* Lin., Dec., Dub.

Se trouve parmi les moissons des terres aspres de la plaine et des Corbières, et des vallées de Prades, Villefranche, Estoher. Fleurit de juin en août.

2. P. d'Al. pubescent, *Del. pubescens,* Dec., Dub., Lois.

Habite les lisières des bois des parties basses de toutes nos montagnes moyennes, surtout d'Arles à Montferrer. Fleurit toute la belle saison.

3. P. d'Al. Oriental, *Del. Orientale,* Gay.

Del. ornatum, Bouch.

Échappée probablement des jardins, cette plante se perpétue dans certaines localités. Cultivée et semée en automne ou au printemps, cette plante, quand elle est double, n'a qu'environ 35 centimètres de hauteur. Elle varie considérablement dans ses couleurs, et ses fleurs durent longtemps, ce qui lui donne l'avantage de garnir les parterres de beaux massifs.

4. P. d'Al. étranger, *Del. peregrinum,* Lin., Lam., Dec.

Habite La Cassagne et les environs de Mont-Louis ; les terrains arides de la vallée de Nohèdes ; les vallons de Prades, d'Arles et

Montferrer; remonte jusqu'à Prats-de-Molló, où elle vit dans les clairières des bois arides. Elle offre des variétés innombrables selon la localité qu'elle habite. Fleurit en juillet et août.

5. P. d'Al. élevé, *Del. elatum,* Lin., Koch.

Del. intermedium, Ait.

Habite les vallées d'Eyne et de Llo; les champs du plateau supérieur de Mont-Louis.

Var. β. *Del. montanum,* Dec.

Habite la vallée d'Eyne, près le four à chaux; la Motte de Planès; les environs de Mont-Louis; le *Clot Destavel,* au Canigou. Fleurit en juillet.

Var. γ. *Del. cardiopetalum,* Dec.

Habite la *Trencada d'Ambulla;* les penchants des collines et les champs arides de la vallée de Nohèdes, entre Ria et Conat; les terrains secs de Fontpédrouse et Mont-Louis. Fleurit en juillet.

6. P. d'Al. staphisaigre, *D. staphisagria,* Lin., Dec., Dub.

Vulg. *Herbe aux poux.*

Habite le vallon de Banyuls-sur-Mer, dans les champs vers *Can Raphalet;* les environs de Prades. Fleurit en juin et juillet.

La médecine n'utilise point ces végétaux, bien que le vulgaire leur suppose une vertu vulnéraire et astringente.

La graine de la *Staphisaigre* sert toutefois, lorsqu'elle est réduite en poudre et mêlée à de l'huile d'olives, à former une pommade qui tue la vermine de la tête des enfants. Nos paysans en font un grand usage, et ils nomment cette poudre *Sabadille.*

La *Staphisaigre* est la seule plante de cette famille employée en médecine; ses graines, d'une saveur âcre et brûlante, constituent un vomitif énergique, mais inusité. En décoction, elles servent à détruire les insectes aptères. Elles contiennent un alcaloïde, *delphine,* très-actif, préconisé contre les affections nerveuses, le tic, les névralgies. On l'emploie en frictions; il faut, cependant, en user avec prudence.

Genre Aconit, *Aconitum,* Lin.; en catalan *Tora, Mata Llop.*

Vulgair. *Casque, Capuche de moine.*

1. Acon. anthora, *Acon. anthora,* Lin., Dec., Lois.

Habite les lieux humides des environs de Mont-Louis; le vallon de la borde Girvès, près de la Tet; les vallées d'Eyne et de Llo; le val de Carol; le bois de la *Mate,* en Capcir; le bois de Salvanère; les gorges alpines du Canigou; Carença; *Costa-Bona;* le pied du grand rocher de la *Font de Comps.* Fleurit de juillet en septembre.

2. Acon. tue loup, *Acon. lycoctonum,* Lin., Dec., Dub.

Habite les environs de Mont-Louis; le bois des Angles, en Capcir; le bois de la montagne de *Madres;* le bois du Randé, au Canigou; la vallée de Conat; la *Font de Comps.* Fleurit de juin en août.

Var. β. *Acon. fallax.*

Se distingue par la tige et les feuilles toutes couvertes de poils jaunâtres.

Habite la vallée du Tech, au-delà de La Preste, vers les pentes de *Costa-Bona.*

Var. γ. *Acon. Pyrenaïcum,* Ser.

A grappes plus étroites, plus allongées; feuilles très-larges, plus découpées et comme pectées; tige peu anguleuse; plante toute couverte de poils jaunâtres; fleurs très-hérissées, d'un jaune vif.

Habite la vallée d'Eyne, au bord de la rivière, après la cascade; la partie supérieure de la vallée de Nyer, près de la rivière, aux environs du village de Mantet.

3. Acon. Napel, *Acon. Napellus,* Lin., Dec., Dub.

Habite les environs de Mont-Louis; la borde Girvés; les ravins du col de la Perche; le bord des eaux de la plaine du Capcir; près des fontaines et des pelouses humides du Canigou; *Costa-Bona;* le bois de Salvanère; commun partout. Fleurit de juin en août.

4. Acon. paniculé, *Acon. paniculatum,* Lam., Dec.

Acon. Cammarum, Vill.; *Acon. variegatum*, Lin.

Habite les ravins de la montagne de *Madres;* les escarpements du bois de Salvanère; plus rare que les autres espèces. Fleurit en juillet et août.

Les Aconits sont regardés par les botanistes, comme contenant un suc vénéneux. Les anciens avaient donné ce nom à un grand nombre de plantes vénéneuses, étrangères à la famille et même au genre des *Aconits* (Gouan). Les véritables Aconits appartiennent à la famille des Renonculacées. Leurs belles couleurs éclatantes, bleu ou jaune dor, et l'élégance de leur port, les font recevoir parmi les plantes d'agrément, malgré leurs propriétés vénéneuses. Certaines contrées de nos montagnes sont émaillées de ces belles plantes. Les anciens avaient déjà observé que les animaux s'en éloignaient, et que, s'ils en mangeaient, ils mouraient bientôt après dans des tourments horribles. Gouan rapporte que la causticité des Aconits est telle, qu'elle imprime à la langue et à la bouche un sentiment de chaleur et d'irritation violentes; il ajoute que deux de ses élèves, voulant s'assurer si cette plante était bien âcre, mâchèrent quelques feuilles de l'*Anthora* et du *Cammarum*, et qu'à l'instant, ils ressentirent une irritation brûlante dans la bouche, qu'ils ne purent dissiper ni avec du sucre ni avec du vinaigre, et qui ne cessa que le soir après une salivation abondante. Ainsi, ces plantes sont aussi dangereuses que les Renoncules, les Larum, etc., etc.

Les qualités malfaisantes des Aconits ont été relatées par les plus anciens naturalistes et les poëtes. Les Gaulois s'en servaient pour empoisonner leurs flèches. Le suc des Aconits fait périr les animaux en peu de temps; et les hommes empoisonnés par ces végétaux meurent avec les symptômes de la plus violente inflammation. L'ouverture des cadavres a fait voir les organes internes, jusqu'au cerveau, et tous les tissus engorgés de sang.

Malgré les propriétés vénéneuses de l'Aconit, il y a eu des médecins qui l'ont administré comme un médicament des plus énergiques dans le traitement de certaines maladies. C'est comme sudorifique que Storck, médecin allemand, l'a administré à des doses très-fractionnées, dans les rhumatismes, la goutte et autres affections chroniques des articulations. Aujourd'hui, ces végétaux sont presque tout-à-fait bannis de la médecine humaine.

GENRE ACTÉE, *Actœa,* Linné;

en catalan *Herba de sant Cristofol.*

1. Act. en épi, *Act. spicata,* Lin., Dec., Rchb.

Habite les environs de Mont-Louis; le bois de Salvanère; Carença; le Canigou; la montagne de *Costa-Bona* et la *Coma du Tech;* la vallée de Vernet-les-Bains, au bois de la ville; la forêt de Boucheville, dans les clairières humides. Fleurit en mai et juin.

Cette plante, quand on la froisse, répand une odeur désagréable; elle est vénéneuse, comme la plupart de celles de cette famille. Ses baies renferment une matière colorante noire.

GENRE PIVOINE, *Pœonia,* Lin.;

en catalan *Llampudul, Ebutiscle, Llamponis.*

1. Piv. officinale, *Pœon. officinalis,* Retz., Dec., Mut.

Habite le plateau supérieur de la montage de *Bassagoude;* les environs de Costujes; la vallée de Saint-Laurent-de-Cerdans. Fleurit en mai.

2. Piv étrangère, *Pœon. peregrina,* Mill., Dec., Lois.

Pœon. paradoxa, Anders.; *Pœon. pubescens* et *bannatica*. Rchb.; *Pœon. officinalis*, Berthol.

Habite le vallon de Banyuls-sur-Mer, au bois des Abeilles; les environs de la Tour de *Madaloch;* le plateau supérieur de *Força-Real,* et les parties supérieures de Caladroy. Fleurit en mai.

Pendant longtemps, les pivoines ont été considérées, en médecine, comme antispasmodiques et antiépileptiques; elles sont, aujourd'hui, bannies de la thérapeutique. Plusieurs espèces exotiques sont communément cultivées pour l'ornement des jardins.

2me Famille. — Berbéridées, *Berberideæ,* Vent.

(*Hexandrie,* L.; *Arbres rosacées,* T.)

Genre Épine-Vinette, *Berberis,* Lin.

1. Ép. vin. commune, *Ber. vulgaris,* Lin., Dec., Rchb.

Habite les haies des bois de toutes nos montagnes moyennes; les bords des propriétés au pied des Albères, et celles de la vallée du Réart. Fleurit en mai et juin.

Le fruit de l'Épine-Vinette est rouge et aigrelet, désaltérant et rafraîchissant. On fait avec ce fruit une limonade fort agréable au goût, qui est très-utile dans les fièvres; on en fait une marmelade qu'on peut donner aux convalescents. L'écorce de la racine, cuite avec du vin blanc, est préconisée contre les maladies du foie. L'écorce du bois donne une teinture jaune analogue à celle de la Gaude. Le fruit, mêlé à de l'eau de riz, est très-utile dans la dyssenterie. Les feuilles fraîches et mâchées, contiennent un suc aigrelet qui désaltère. Cette propriété a fait donner à cette plante le nom d'*Herbe du Botaniste.*

3me Famille. — Nymphéacées, *Nymphœaceæ*, Salisb.

(*Polyandrie monogynie*, L.; *Rosacées*, T.)

Genre Nymphæa, *Nymphœa*, Linné.

Genre Neuphar, *Nymphœa*, Lin.

Les eaux de nos contrées ne sont pas assez profondes ni assez stagnantes pour y faire vivre ces deux genres de plantes; on en cultivait pourtant quelques pieds dans le bassin du jardin botanique de Perpignan. M. Amédée Jaume possède plusieurs individus des deux genres dans l'aquarium de son beau jardin, situé aux environs de Perpignan, où l'on remarque aussi la luxurieuse végétation du *Nelumbium speciosum*, qui s'y développe en plein air comme dans son pays natal.

4me Famille. — Papavéracées, *Papaveracea*, Jussieu.

(*Polyandrie monogynie*, L.; *Rosacées* ou *Cruciformes*, T.)

Genre Pavot, *Papaver*, Lin.;

en catalan *Cascall*.

1. Pav. cultivé ou pavot blanc, *Pap. somniferum*, Lin., Dec., Dub.

Ce Pavot est cultivé dans les jardins; on le trouve quelquefois à l'état sauvage dans quelques localités où la graine aura été apportée accidentellement. Cette plante s'est propagée à *Cases-de-Pena* et à la *Trencada-d'Ambulla*. Fleurit en juin et juillet.

2. Pav. des jardins, *Pap. hortense*, Huss.

Cultivé comme plante d'ornement, et subspontané dans certains lieux. Fleurit en juin.

3. Pav. coquelicot, *Pap. rhœas,* Lin., Dec., Rchb.; en catalan *Roelle* ou *Vermallons.*

Habite au milieu des moissons de toute la plaine; il est quelquefois si abondant dans les aspres, qu'il nuit aux récoltes. Fleurit en mai et juin.

4. Pav. dubium, *Pap. dubium,* Lin., Dec., Rchb.

Habite dans les moissons des terres aspres surtout; *Cases-de-Pena;* la *Trencada-d'Ambulla;* la vallée de Vernet; remonte jusqu'à Olette; toujours dans les récoltes. Fleurit en mai et juin.

5. Pav. argemone, *Pap. argemone,* Lin., Dec., Rchb.

Habite les environs de Prades, parmi les récoltes; les champs stériles de la vallée de Cornella et Vernet; les champs sablonneux, près des torrents, le long des Albères; Céret, et toute cette vallée jusqu'à Prats-de-Molló. Fleurit en mai et juin.

6. Pav. hybride, *Pap. hybridum,* Lin., Dec., Rchb.

Habite tous les lieux stériles; le vallon de Sainte-Catherine, à Baixas; à *Cases-de-Pena;* les environs de Prades et la *Trencada d'Ambulla.* Fleurit en mai et juin.

7. Pav. des Alpes, *Pap. Alpinum,* Lin., Koch., Rchb.

Habite parmi les débris des roches au sommet du *Cambres-d'Aze,* en face Mont-Louis; les mêmes terrains de la *Collada de Nuria,* à l'extrémité de la vallée d'Eyne; les sommités de la montagne de Carença; le Canigou; les sommités des escarpements des *Esquerdes de Roja,* et à *Prats-Cabrère.* Fleurit en juillet et août.

Var. *α. Pap. albiflorum.*

Fleurs blanches, tachées de jaune à la base. Se trouve à l'extrémité de la vallée de Carença. Fleurit en juillet et août.

Var. *β. Pap. flaviflorum; Pap. Pyrenaïcum,* Will.; *Pap. aurantiacum,* Lois.

Fleurs citrinées ou orangées; plante hispide.

Vit plus particulièrement au sommet de la *Coma de la Tet;* sur la crête des roches des *Esquerdes de Roja.*

Le Pavot d'Orient et le Coquelicot, qui est le Pavot de nos champs, présentent un grand nombre de variétés, qu'on obtient par la culture. Ces plantes font l'ornement des parterres, et se font remarquer par l'éclat de leurs couleurs. Dans le Nord de la France, on cultive le Pavot pour en extraire l'huile des graines, qui, dans le commerce, porte le nom d'huile d'*œuillette.* Elle a des qualités bienfaisantes; on peut l'employer pour la cuisine et pour l'éclairage.

Tout le monde sait que l'opium est extrait du Pavot blanc. Son usage remonte à la plus haute antiquité; c'est un des médicaments les plus utiles.

GENRE MÉCONOPSIDE, *Meconopsis,* Vig.

1. Méc. de galles, *Mec. cambrica,* Vic., Dec., Dub.

Pap. cambricum, Lin.

Habite les clairières des bois de sapins, entre la *Font de Comps* et la vallée d'Évol; des localités identiques à la montagne de *Madres.* Fleurit en juin.

Cette plante n'avait pas été observée dans ce département. Nous l'avons récoltée avec M. Colson, en parcourant les sommités de la montagne qui domine la vallée d'Évol. Les vaches en sont très-friandes.

GENRE RÉMÉRIE, *Rœmeria,* Dec.

1. Rém. bâtarde, *Rœm. hybrida,* Dec., Dub., Mut.

Chelidonium hybridum, Lin.; *Glaucium hybridum,* Lois.

Habite le plateau de *Cases-de-Pena,* parmi les moissons et les vignes; les environs de Perpignan, dans les moissons des terrains aspres, surtout sur le plateau de Château-Roussillon et les vignes du *Sarrat d'en Vaquer.* Fleurit en mai et juin.

Genre Glaucion, *Glaucium*, Tournef.;

en catalan *Cascall cornut.*

1. Glauc. jaune, *Glauc. luteum,* Scop., Lois , Mut.

Glauc. flavum, Crantz.; *Glauc. fulvum*, Lois.; *Chelid. glaucium*, Lin.

Habite les environs de Céret, le Boulou et les Albères; *Cases-de-Pena*, derrière le village, dans les champs et dans les vignes; toute la vallée de la Tet, et remonte jusqu'à Serdinya; parmi les terres arides et les décombres de tout le département. Fleurit d'avril à juillet.

2. Glauc. cornu, *Glauc. corniculatum,* Curt.

Chelid. corniculatum, Lin., Dec.; *Glauc. phœniceum*, Will.

Habite *Cases-de-Pena;* la *Trencada d'Ambulla*, près Villefranche; les environs de Perpignan, sur la grève de la rivière; les coteaux de Saint-Sauveur, en allant à Château-Roussillon; les sables de la Basse, près le moulin d'Orle, et dans beaucoup d'autres localités. Fleurit de mai en août.

Genre Chélidoine, *Chelidonium,* Tournefort;

en catalan *Herba saloni, Herba de las borugas.*

1. Chél. éclaire, *Chel. majus,* Lin., Dec., Lam.

Habite les taillis de la pépinière de Perpignan; les haies des champs du vallon de Prades; remonte jusqu'à Fontpédrouse; se retrouve en Cerdagne dans le vallon des Escaldes; les lieux frais à Céret et au pied des Albères; sur les vieux murs et les décombres.

On trouve deux variétés de cette plante, l'une à feuilles laciniées et l'autre à feuilles de chêne. Fleurit toute la belle saison.

On appelle cette plante *Éclaire*, parce qu'on attribuait au suc laiteux qu'elle rend quand on casse ses tiges, la propriété de guérir les taies des yeux. Son suc est âcre, jaune, corrosif et laisse sur les mains des taches difficiles à enlever. Son nom catalan lui vient de la propriété qu'on lui attribue de guérir les verrues en les frictionnant à plusieurs reprises avec le suc frais.

Genre Hypécoon, *Hypecoum*, Tournef.; en catalan *Cumi cornut.*

1. Hyp. couché, *Hyp. procumbens,* Lin., Dec., Dub.

Hyp. glaucescens, Guss.

Habite la vallée de Molitg et Mosset; la vallée de Prats-de-Balaguer; les environs des Bains des Escaldes, en Cerdagne; les moissons des environs de Fontpédrouse, près Mont-Louis. Fleurit en mai et juin.

2. Hyp. à grandes fleurs, *Hyp. grandiflorum,* Bent., Lois., Mut.

Habite parmi les récoltes de la plaine, surtout à la lunette de la porte Canet, localité citée par Tournefort, où il dit qu'il est fort commun, et en effet les champs en sont couverts. Fleurit en avril et mai.

3. Hyp. pendulum, *Hyp. pendulum,* Lin., Dec., Lob.

Habite dans les terres arides et parmi les moissons des environs de Prades, Rabouillet, Sournia et le vallon de la Désix. Fleurit en avril et mai.

5me Famille.—Fumariacées, *Fumariaceæ,* Dec.

(*Diadelphie hexandrie,* L.; *Papavéracées,* Juss.; *Anomales,* T.)

Genre Corydalis, *Corydalis,* Dec.

1. Cor. tubéreuse, *Cor. cava,* Scheweig.

Cor. bulbosa, Pers.; *Cor. tuberosa,* Dec.; *Fumaria bulbosa,* var. α, Lin.

Habite les lieux frais du village de Castell, sous Saint-Martin-du-Canigou; les prairies et les champs frais et ombragés de la vallée de Fillols; les bois de Taulis, près Saint-Marsal. Fleurit en avril et mai.

2. Cor. solide ou bulbeuse, *Cor. solida,* Smitt., Lois.

Cor. bulbosa, Dec.; *Cor. digitata,* Pers.; *Fum. Halleri,* Will.

Habite les prairies humides des environs de Mont-Louis; les ravins et les pâturages des vallées d'Eyne et de Llo.

Var. β. *Cor. integrata,* Godr.

Habite les prairies humides des environs de Villefranche, en allant à Serdinya par la route du *Mas-Nicolau,* rive droite de la Tet.

3. Cor. jaune, *Cor. lutea,* Dec., Mut., Rchb.

Cor. capnoïdes, Pers.; *Fum. lutea,* Lin.; *Fum. capnoïdes,* Alli.; *Capnoïdes lutea,* Gærtn.

Habite les prairies et les ravins des parties moyennes de la montagne de Céret, surtout en montant au bois de la ville par la route du *Mas d'en Fils.* Fleurit au premier printemps.

4. Cor. à vrilles, *Cor. claviculata,* Dec., Rchb.

Fum. claviculata, Lin.

Habite les moissons des aspres de Canet-sur-Mer; les aspres du plateau de Terrats, vallée du Réart. Fleurit toute la belle saison.

5. Cor. à neuf folioles, *Cor. enneaphylla,* Dec., Mut., Lois.

Sarcocapnos enneaphylla, Dec.; *Fum. enneaphylla,* Lin.

Cette plante se reproduit toute l'année sur les murs des fortifications de Villefranche et à la *Trencada d'Ambulla;* sur le rocher près de l'établissement thermal de Vernet-les-Bains, et au *Roc del Grau,* même localité, au midi d'une propriété des Commandants. Fleurit presque toute la belle saison.

GENRE FUMETERRE, *Fumaria,* Lin.;
en catalan *Herba de colom, Fuma terra.*

(Son nom, *Fumeterre,* dérive de l'odeur de fumier qu'elle répand.)

1. Fum. grimpante, *Fum. capreolata,* Lin., Dec.

Fum. media, Dec.

Habite parmi les haies de ronces dans tout le pays; elle remonte assez haut dans les trois vallées; on la trouve aussi dans le vallon de Banyuls-sur-Mer. Fleurit d'avril à juillet.

2. Fum. des murailles, *Fum. muralis*, Sond.

Fum. media, Bast.; *Fum. Petteri*, Guss.; *Fum. Bastardi*, Boreau.

Habite les vignes des environs de *Malloles*, du *Sarrat d'en Vaquer* et du bord de la Basse, au-delà d'Orle. Fleurit d'avril en juin.

3. Fum. des bois, *Fum. agraria*, Lag.

Fum. major, Bedar; *Fum. media*, Dec.

Habite les vignes et friches des environs de Rigarda, les terrains arides et en pente de toute cette contrée, ainsi que les pentes de la vallée d'Estoher. Fleurit d'avril en juin.

4. Fum. officinale, *Fum. officinalis*, Lin., Dec.

Fum. media, Lois.; *Fum. densiflora*, Parlat.

Habite les champs aspres et les vignes des environs de Perpignan, Céret, Prades et toutes les vallées adjacentes aux trois cours d'eau. Fleurit d'avril en juillet.

5. Fum. densiflore, *Fum. densiflora*, Dec.

Fum. micrantha, Lag.; *Fum. prehensibilis*, Kit.

Habite les vignes et terres légères du plateau d'Oms; les vignes et les récoltes des terrains arides de Villefranche. Fleurit de mai à juillet.

6. Fum. de Vaillant, *Fum. Vaillantii*, Lois., Dec.

Fum. Schleicheri, Soyer.

Habite les terrains arides des environs de Fontpédrouse; les vignes en pente du chemin de Saint-Marsal à Arles. Fleurit d'avril en juin.

7. Fum. parviflore, *Fum. parviflora,* Lam., Dec., Dub.

Fum. dentiflora, Dec.; *Fum. leucantha,* Viv.

Habite les moissons et les vignes des environs de Céret et le long des Albères; on la retrouve à Banyuls-sur-Mer, vers *Can Raphalet.* Fleurit de mai à juillet.

8. Fum. en épi, *Fum. spicata,* Lin., Dec., Dub.

Habite les vignes qui bordent l'étang de Salses près la métairie des *Fanals,* appartenant à M. Lacombe Saint-Michel; les vignes et les champs au pied de *Força-Real.* Fleurit en mai et juin.

6me Famille. — Crucifères, *Cruciferæ,* Juss.

(*Tetradynamie,* L.; *Cruciformes,* T.)

Siliqueuses.

Genre Radis, *Raphanus,* Linné; en catalan *Ravac.*

1. Rad. cultivé, *Rap. sativus,* Lin.

Cette plante cultivée, donne un grand nombre de variétés estimées pour la table. Il existe plusieurs variétés de Radis: le blanc, le rouge, le violet, le long, plus ou moins développés; ils sont plus ou moins bons, selon les soins qu'on donne à leur culture, le terrain et la saison. Les marchés en sont constamment pourvus.

La principale propriété médicale du Radis, comme des racines de toutes les Crucifères, est d'être antiscorbutique; on l'administre intérieurement en décoction aqueuse ou en infusion vineuse, sirops, etc., etc. La Rave est stimulante, apéritive et diurétique.

Var. α. *Rap. radicula,* Dec.

Var. β. *Rap. niger,* Dec.

Ces deux variétés diffèrent par la grosseur et la couleur de leurs racines.

2. Rad. sauvage, *Rap. raphantisrum*, Lin., Dec., Lois.; en catalan *Rabanisses*.

Rap. lampsana, Gærtn.

Habite partout, et toujours trop commun dans nos moissons. Dans certaines contrées des aspres, cette plante empêche les récoltes de prospérer. Fleurit en mai et juin.

3. Rad. landra, *Rap. landra*, Moretti.

Habite les vallons de Collioure et de Port-Vendres; commun au bord des ruisseaux et des haies en montant à Consolation, et dans les champs et vignes de toute cette contrée. Fleurit en mai et juin.

4. Rap. des marais, *Rap. maritimus*, Dec., Dub., Rchb.; en catalan *Nabisses*.

Commun au bord des champs, des prairies maritimes et des dunes à Canet et tout le littoral. Fleurit en mai et juin.

Genre Moutarde, *Sinapis*, Linné; en catalan *Mustarda, Mortaya, Mostasse*.

1. Mout. des champs, *Sin. arvensis*, Lin., Dec., Lois.

Habite les haies de la pépinière de Perpignan, le bord des champs et des routes de tout le département. Fleurit toute la belle saison.

2. Mout. giroflée, *Sin. cheiranthus*, Koch.

Brassica cheiranthus, Vill.

Habite les terres sablonneuses et arides de tous les plateaux des aspres; les bords de la Cantarana, à Terrats, en allant à l'Hostalet; les environs de Céret et le long des Albères. Fleurit de mai en août.

On trouve deux variétés bien distinctes.

Var. β. *Sin. cheiranthiflora,* Dec.

Se fait remarquer par une tige plus grêle, peu feuillée; lobes des feuilles aigus, fleurs plus petites. Se trouve dans les environs du Réart, entre la grand'route et le territoire de Trullas.

Var. γ. *Sin. montana,* Dec.

Tiges courtes, nombreuses, presque dénudées de feuilles; fleurs d'un jaune vif; souche brune, rameuse. Nous l'avons observé sur les terres légères des plateaux supérieurs de la vallée du Réart.

3. Mout. blanche, *Sin. alba,* Lin., Dec., Dub.

Sin. hispida, Later.

Habite parmi les récoltes des champsde s aspres et des terres légères; sur les murs près des villages des aspres. Fleurit en mai et juin.

La moutarde, après avoir subi certaines préparations, est un excellent condiment pour la table; elle est excitante et donne de l'appétit. Mais on doit en user avec modération, et ne pas en faire un usage habituel; car alors elle serait nuisible en irritant nos organes digestifs.

Genre Roquette, *Eruca,* Dec.;

en catalan *Ruques, Ruque de hort.*

1. Roq. cultivée, *Er. sativa,* Lam.

Habite parmi les moissons de toutes les terres légères des aspres; les décombres et le bord des routes. Elle est cultivée dans nos jardins. Fleurit en mai et juin.

La Roquette est légèrement aphrodisiaque. Son usage ordinaire est de servir de garniture à la salade. Son goût amer et un peu piquant donne de l'appétit.

GENRE CHOU, *Brassica*, Lin.;
en catalan *Col.*

1. Ch. cultivé, *Br. oleracea*, Lin.

On cultive dans nos jardins plusieurs variétés de cette plante, toutes très-estimées et fort utiles pour nos usages domestiques. Elle est subspontanée dans nos champs, où ses graines sont apportées dans le fumier. Fleurit toute la belle saison.

Le Chou est un excellent aliment, bon, doux et nourrissant, bien capable d'apaiser la faim chez les personnes fortes et robustes, qui font de l'exercice; chez les faibles, il donne des flatuosités et sa digestion devient difficile. A l'état de choucroute, comme on en fait usage dans le Nord, il a perdu ses principes malfaisants, et il ne lui reste que ses qualités nutritives et antiscorbutiques. Je ne sais pourquoi cet usage de manger le Chou fermenté dans le vinaigre n'est pas mis en pratique dans nos grands établissements, casernes, prisons, corporations religieuses. C'est ce qu'on ne saurait trop recommander pour la santé des personnes et pour l'économie de ces établissements.

2. Ch. de Robert, *Br. Robertiana*, Gay.

Br. Balearica, Lois.

Croît dans les haies et parmi les roches des environs de Consolation, territoire de Collioure. Fleurit en mai et juin.

3. Ch. navet, *Br. napus*, Lin.;
en catalan *Naps.*

On cultive plusieurs variétés de Navets qui sont fort estimées pour les usages domestiques. On en trouve de subspontanés dans quelques localités. Fleurit en mai et juin.

La racine du Navet diffère beaucoup dans ses variétés par la forme, la grosseur et la couleur; mais toutes jouissent à peu près des mêmes propriétés. Leur usage principal est d'entrer dans les préparations culinaires, et d'être d'une grande utilité pour la nourriture du bétail. Leur propriété médicale la plus reconnue est d'être diurétique, comme toutes leurs congénères; mais elles sont de difficile digestion. Dans nos jardins, on sème les Navets en toute saison, et nous possédons diverses localités qui les produisent excellents, surtout le territoire d'Odeillo et d'Elne.

4. Ch. navette, *Br. asperifolia,* Lam.

Br. rapa, Koch.

Cette variété, qui est aussi cultivée, est fort bonne; on la trouve parfois subspontanée près des jardins, dans les champs auprès des coteaux de Château-Roussillon. Fleurit en juin et juillet.

5. Ch. noir, *Br. nigra,* Koch.

Sin. nigra, Lin.; *Sin. incana,* Thuil.

Habite les taillis de la pépinière et les fossés des fortifications de la citadelle de Perpignan; les champs stériles des environs de Banyuls-sur-Mer. Fleurit en avril et mai.

Genre Hirschfeldie, *Hirschfeldia,* Mœnch.

1. Hir. adpresse, *Hir. adpressa,* Mœnch.

Sin. incana, Lin.; *Erucastrum incanum,* Koch.

Habite les bords de la Basse, près le Mas-Fraisse; le bord du taillis de la pépinière de Perpignan; le long de la Tet, vers les parties basses de Canet. Fleurit toute la belle saison.

Genre Diplotaxis, *Diplotaxis,* Dec.

1. Dipl. à petites feuilles, *Dipl. tenuifolia,* Dec., Dub.

Sisymbrium tenuifolium, Lin.

Habite les champs, les vignes, les fossés des routes; commune dans le département. Fleurit toute la belle saison.

2. Dipl. des murs, *Dipl. muralis,* Déc., Dub.

Sisym. monense, Thuil.; *Sisym. murale,* Lin.

Habite le bord des champs et des chemins des vallées de Prades, Villefranche, Vernet, Castell et Céret. Fleurit toute la belle saison.

3. Dipl. des vignes, *Dipl. viminea,* Dec., Dub.

Sisym. viminеum, Lin.

Habite le bord des champs, des vignes, des routes des terrains aspres vers le *Sarrat d'en Vaquer; Malloles* et ses environs, près Perpignan; *Cascs-de-Pena* et le long de la vallée de l'Agly; les vallons de Vinça et de Rigarda, vers la chapelle de *Doma-Nova.* Fleurit de mai en juillet.

4. Dipl. roquette, *Dipl. erucoïdes,* Dec., Dub.

Sinapis erucoïdes, Lin.

Commune dans les fortifications de la place et de la citadelle de Perpignan; les vieux murs et les décombres de tout le pays. Fleurit de mai en juillet.

5. Dipl. à bractées, *Dipl. bracteata,* Gre. et Godr.

Sisym. erucastrum, Poll.; *Bra. ochroleuca,* Soy., Will.; *Er. Polichii,* Spen.

Habite les décombres, derrière la citadelle et les champs aux environs de la ville de Perpignan, hors la porte Canet. Fleurit de mai en juillet.

6. Dipl. fausse roquette, *Dipl. erucastrum,* Gre. et Godr.

Bra. erucastrum, Lin.; *Sin. Hispanica,* Thuil.; *Eruc. obtusangulum,* Rchb.; *Sisym. Gallicum,* Lois.

Habite les olivettes de la rive gauche de la Basse, vers Orle, territoire de Perpignan. Fleurit de mai en juillet.

J'ai trouvé un *Brassica erucastrum*, Lin., qui me paraît différer de celui de la plaine, dans la vallée de Llo et au Llaurenti.

Genre Moricandie, *Moricandia*, Dec.

1. Mor. des champs, *Mor. arvensis*, Dec., Dub.

Brass. arvensis, Lin.

Habite les environs de Céret, dans les champs des parties élevées, sur le plateau au-dessus de la ville, vers le *Quinta de M. Vilar*. Fleurit en mai.

Genre Julienne, *Hesperis*, Lin.

1. Jul. des dames, *Hesp. matronalis*, Lin., Dec.

Hesp. inodora, Lin.

Assez commune sur la lisière des bois des parties basses des montagnes moyennes et dans les champs au pied des Albères. Fleurit en mai et juin.

Les belles fleurs blanches et odorantes de cette espèce, lui ont donné place dans nos jardins. Elles se doublent facilement dans une terre substantielle, et forment de grosses touffes de grappes blanches ou violettes qui répandent, surtout vers le soir, une odeur suave.

2. Jul. laciniée, *Hesp. laciniata*, Alli., Dec., Lois.

Hesp. hieracifolia, Vill.

Habite les rochers escarpés de la *Font de Comps*, dans la vallée de Conat. Fleurit en mai et juin.

Genre Malcolmie, *Malcolmia*, R. Brown.

1. Mal. Africaine, *Mal. Africana*, R. Brown.

Hesp. Africana, Lin.; *Hesp. diffusa*, Lam.

Habite les champs près des dunes, surtout le littoral des deux bassins de la Tet et de l'Agly. Fleurit en mai et juin.

2. Mal. parviflore, *Mal. parviflora,* Dec., Dub.

Hesp. ramosissima, Dec.

Habite les champs rocailleux du vallon de Banyuls-sur-Mer; les fentes des rochers en montant à Notre-Dame-de-Consolation; les terres arides des environs de Perpignan. Fleurit d'avril en juin.

3. Mal. littorale, *Mal. littorea,* R. Brown., Dec.

Cheiranthus littoreus, Lin.; *Hesp. littorea,* Lam.

Habite les vallées de l'Agly et de la Tet, sur les dunes, le long de la plage de Torreilles et de Canet. Fleurit de mai en juillet.

4. Mal. maritime, *Mal. maritima,* R. Brown, Dub.

Cheir. maritimus, Lin.; *Hesp. maritima,* Lam.

Habite les sables maritimes, entre l'étang de Salses et la mer, et sur le littoral de Torreilles, Sainte-Marie et Argelès; commune à l'île Sainte-Lucie. Fleurit d'avril en juin.

Genre Mathiole, *Mathiola,* R. Brown.

On a formé ce genre d'une section des giroflées, et on l'a consacré à la mémoire de Mathiole, célèbre commentateur de Dioscoride. Cette plante est cultivée dans nos parterres sous le nom de Giroflée; elle est bisannuelle, et remarquable par ses nombreuses variétés, blanche, rose, rouge, violette, couleur de chair, etc., etc. Les fleurs sont d'une odeur suave très-agréable. Les feuilles obtuses, allongées, diversement découpées, plus ou moins soyeuses ou blanchâtres, donnent à cette plante un port fort agréable.

1. Mat. blanche, *Mat. incana,* R. Brown, Dub.

Cheir. incanus, Lin.; *Hesp. violaria,* Lam.

Habite les bords des champs qui ne sont pas éloignés des dunes dans les vallons de Banyuls-sur-Mer et Collioure. Fleurit en avril et mai.

2. Mat. sinuée, *Mat. sinuata*, R. Brown, Dec., Dub.

Cheir. sinuatus, Lin.

Habite les dunes de la plage, çà et là, sur toute l'étendue du littoral des trois bassins et à l'île Sainte-Lucie. Fleurit en mai et juin.

3. Mat. à trois pointes, *Mat. tricuspidata*, R. Brown.

Cheir. tricuspidatus, Lin.

Habite les sables des bords de la mer, sur la ligne de l'étang de Salses. Fleurit en mai.

4. Mat. triste, *Mat. tristis*, R. Brown, Dec.

Cheir. tristis, Lin.

Habite les lieux stériles et rocailleux des aspres de la vallée du Réart; les roches au bord de la Cantarana, au-dessus de Terrats. Fleurit en avril et mai.

Genre Giroflée, *Cheiranthus*, R. Brown;

en catalan *Violer*.

1. Gir. jaune ou rameau d'or, *Cheir. Cheiri*, Lin., Lam., Dec.

Habite sur les murs des vieilles masures et des fortifications de tout le pays. Cultivée dans les jardins, dans une bonne terre substantielle, elle donne des fleurs doubles, qui sont d'un bel effet. Fleurit d'avril en juin.

Genre Vélar, *Erysimum*, Lin.

Vulg. *Herbe aux Chantres*.

Les plantes de cette famille sont éminemment pectorales; le sirop fait de ces plantes entre dans la composition de tous les loochs. Elles sont très-répandues dans nos campagnes. Les anciens ont parlé d'un *Erysimum* qui n'est pas le nôtre; ils lui attribuaient, d'après M. Hoefer, des qualités éminentes contre les maux de poitrine et la toux. Le nom vulgaire d'*Herbe aux Chantres,* lui vient de ce que son infusion, de même que le sirop auquel elle sert de base, est regardée comme propre à dissiper l'enrouement, et est assez fréquemment employée pour ce motif.

1. Vél. giroflée, *Erys. cheiranthoïdes,* Lin., Dec., Dub.

Habite la vallée du Tech, parmi les moissons des environs de Prats-de-Molló; dans la vallée de la Tet, les lieux stériles des environs de Fontpédrouse. Fleurit de mai en octobre.

2. Vél. des murs, *Erys. murale,* Desf.

Erys. virgatum, Lej.; *Erys. suffruticosum,* Spreng.; *Erys. lanceolatum* α *major,* Dec.

Habite les environs de Mont-Louis, sur les murs de clôture des propriétés et dans les champs parmi les moissons; les environs de Costujes, vallée de Saint-Laurent-de-Cerdans. Fleurit en mai et juin.

3. Vél. effilé, *Erys. virgatum,* Roth.

Habite les escarpements des roches du Llaurenti, vallée de Mijanés, au lieu nommé *los Clots.* Fleurit en juin et juillet.

4. Vél. à fleur de giroflée, *Erys. cheiriflorum,* Wallr.

Erys. strictum, Dec.; *Erys. hieracifolium,* Jacq.

Habite les escarpements calcaires de la vallée de l'Agly, sur les pentes d'Ansignan et de Caramany. Fleurit en mai et juin.

5. Vél. austral, *Erys. australe,* Gay.

Erys. canescens, Dec.; *Cheiranthus hieracifolius;* var. γ, Lois.

Habite sur les roches au pied de toute la chaîne des Albères; les champs stériles du plateau de Céret; parmi les récoltes et sur les rochers des environs de Prats-de-Molló. Fleurit en mai et juin.

6. Vél. jaunâtre, *Erys. ochroleucum,* Dec., Dub.

Cheir. Alpinus, Lam,; *Cheir. erysimoïdes,* Vill.; *Cheir. ochroleucus,* Dec.

Habite les rochers du bois de Salvanère et les parties élevées du Canigou, où il est commun. Fleurit en juin.

Var. β. *Erys. lanceolatum,* R. Brown.

Style plus court que la largeur de la silique; feuilles lancéolées, presque entières.

Habite les sommités des vallées d'Eyne et de Llo. On le trouve aussi sur les escarpements des roches de la *Font de Comps* dans la vallée de Conat; sur le bord des précipices des vallons de Vernet et de Castell. Fleurit en juin et juillet.

Var. γ. *Erys. intermedium,* Gay.

Habite les environs de Mont-Louis et du *Cambres-d'Aze.*

7. Vél. petit, *Erys. pumilum,* God.

Cheir. pumilus, Schleich.

Habite sur les flancs de la montagne, à droite, de la vallée d'Eyne; sur les terres légères des environs de Prats-de-Molló. Fleurit en juin et juillet.

8. Vél. perfolié, *Erys. perfoliatum,* Crantz., Dec.

Br. Orientalis, Lin.; *Br. perfoliata,* Lam.; *Erys. Orientale.* R. Brown.

Habite les roches des sommités du bois de Boucheville; les terres arides de la vallée de Llo; la *Trencada d'Ambulla,* parmi les récoltes. Fleurit en mai et juin.

Genre Sainte-Barbe, *Barbarea,* R. Brown.

Vulg. *Herbe de Sainte-Barbe, Herbe des Charpentiers.*

1. Ste-Bar. vulgaire, *Bar. vulgaris,* R. Brown, Dub.

Erys. barbarea, Lin.

Habite les champs des environs de Céret, les vignes de la montagne Saint-Ferréol et le long des Albères. Fleurit en mai et juin.

La *Barbarea vulgaris* forme, dans nos parterres, d'assez jolis bouquets, par ses fleurs doubles, d'un beau jaune, nombreuses, réunies en épi ou en thyrse à l'extrémité de la tige. Cette plante se rapproche beaucoup, par son amertume et sa vertu antiscorbutique, de la Roquette et du Cresson. Dans quelques pays, elle sert à assaisonner les salades.

2. Ste-Bar. intermédiaire, *Bar. intermedia,* Boreau.

Bar. augustana, Boiss.

Habite les champs des parties basses des environs de Fosse; les bords des ravins du bois de Boucheville. Fleurit en mars et avril.

3. Ste-Bar. sicule, *Bar. sicula,* Presl., Guss.

Habite les prairies et les bords des ruisseaux des environs de Mont-Louis; les prairies et les coteaux frais de la vallée de Llo. Fleurit en juin et juillet.

Var. γ. *Bar. prostrata,* Gay.

Cette variété se trouve particulièrement sur les coteaux du *Pla de Barrés.*

4. Ste-Bar. patule, *Bar. patula,* Fries.

Erys. precox, Dec.

Habite les prairies humides des environs de Mont-Louis; la Motte de Planès et le bas du *Cambres-d'Aze.* Fleurit en mai et juin.

GENRE SISYMBRE, *Sisymbrium,* Lin.

Vulg. *Herbe aux Chantres.*

1. Sis. officinal, *Sis. officinale,* Scop., Dec.

Erys. officinale, Lin.; *Chamæplium officinale*, Wallr.

Habite les vallons de Prades, Villefranche, Vernet et Castell, au bord des champs, sur les fossés des chemins, sur les décombres. Fleurit toute la belle saison.

2. Sis. cornu, *Sis. polyceratium,* Lin., Dec., Dub.

Chamæplium polyceratium, Wallr.

Habite les lieux incultes et stériles, les vieux murs; le long des Albères; Céret; la vallée de l'Agly, entre *Cases-de-Pena* et Estagel. Fleurit de mai en août.

3. Sis. couché, *Sis. supinum,* Lin., Dec. Dub.

Arabis supina, Lam.; *Braya. supina*, Koch.

Habite les terrains sablonneux, le long des ruisseaux des environs de Saint-Paul-de-Fenouillet. Fleurit en mai et juin.

4. Sis. rude, *Sis. asperum,* Lin., Dec., Dub.

Sisymbr. aspera, Spach.; *Nastur. asperum*, Boiss.

Habite les terres sableuses qui ont été inondées, les terres stériles, les lits des rivières et des torrents des trois bassins. Fleurit de mai à juillet.

5. Sis. de Columna, *Sis. Columnæ,* Jacq., Dub., Lois.

Habite le bois de Boucheville; le bord des torrents et des terres stériles des environs de Fosse; toutes les terres aspres de Perpignan; le bord des routes et des champs. Fleurit d'avril à juillet.

On a réuni à cette espèce, comme variétés:

Le *Sis. altissimum* de Lin.

Habite les champs de Banyuls-sur-Mer; la *Trencada d'Ambulla;* les Graus d'Olette; le bord du canal de la forge de Nyer; le bois de Salvanère; Saint-Martin-du-Canigou. Fleurit de mai à juillet.

Et le *Sis. Lœselii,* Thuil.

Habite les vignes et le bord des champs des environs de Baixas. Fleurit d'avril à juin.

6. Sis. alliaire, *Sis. alliaria*, Scop.

Erys. alliaria, Lin.; *Hesp. alliaria*, Lam.; *Alliar. officinalis*, Andrz.

Habite les bords de la rivière de Banyuls-sur-Mer; aux environs de Perpignan, les haies des vignes et les bords du ruisseau de *Malloles;* remonte jusqu'à Mont-Louis, dans les fossés des fortifications. Fleurit d'avril à juillet.

Quand on froisse cette plante, elle répand une forte odeur d'ail.

7. Sis. irio, *Sis. irio,* Lin., Dec., Dub.

Sis. erysimastrum, Lam.

Habite les environs de Perpignan et les haies de la pépinière; le bord des chemins et des propriétés de Villefranche; remonte jusqu'à Mont-Louis, murs des fortifications; remonte jusqu'à Prats-de-Molló, dans le bassin du Tech; on le trouve encore à *Costa-Bona* et au *Pla Guillem*. Fleurit de mai à juillet.

8. Sis. d'Autriche, *Sis. Austriacum,* Jacq., Koch.

Habite les terres arides, le bord des champs et des prairies des environs de Mont-Louis. Fleurit de mai à juillet.

Comme variétés:

Sis. erysimifolium, Pour.

Habite les environs de Rivesaltes.

Sis. acutangulum, Koch.; var. γ et *Sis. Pyrenaïcum,* Vill.

Habitent le bord des prairies et des ruisseaux de La Cabanasse, près Mont-Louis; le sommet du *Cambres-d'Aze;* la *Collada de Nuria*, dans la vallée d'Eyne; le vallon du *Randé,* au Canigou.

9. Sis. très-raide, *Sis. strictissimum,* Lin., Vill., Dec.

Habite les fossés des prairies et des champs des parties élevées de la vallée de Valmanya; le plateau et les pentes des environs de Saint-Marsal. Fleurit en juillet et août.

10. Sis. des sages, *Sis. sophia,* Lin., Dec., Dub.

Sis. parviflorum, Lam.

Habite les champs et les fortifications de la place de Mont-Louis; les lieux incultes et le bord des chemins du plateau supérieur de la montagne de Céret. Fleurit toute la belle saison.

On a vulgairement nommé cette plante *Sagesse des Chirurgiens*, à cause des propriétés médicinales qu'on lui attribuait jadis. Elle est facile à reconnaître par ses feuilles bitripinnatiséquées, à segments linéaires, étroits, légèrement velus; fleurs très-petites, jaunâtres; siliques grêles, cylindriques. Elle croît partout en Europe.

11. Sis. pinnatifide, *Sis. pinnatifidum*, Lin., Dec., Dub.

Sisym. bursifolium, Vill.; *Sis. dentatum*, All.: *Arab. pinnatifida*, Lam.; *Braya. pinnatifida*, Koch.

Habite les sommets de la vallée d'Eyne; les parties supérieures de la vallée d'Évol.

La variété *Sis. bursifolium*, Vill., habite entre les roches des escarpements du *Cambres-d'Aze*; les sommets de *Costa-Bona*.

Genre Huguéninie, *Hugueninia*, Rchb.

1. Hug. à feuilles de tanaisie, *Hug. tanacetifolia*, Rchb., Koch.

Sis. tanacetifolium, Lin.

Habite parmi les roches escarpées de la partie supérieure de la vallée de Prats-de-Balaguer; mêmes terrains, à Carença. Fleurit en juillet et août.

Genre Cresson, *Nasturtium*, R. Brown; en catalan *Creixes*.

1. Cres. officinal, *Nast. officinale*, R. Brown, Dub.

Sis. nasturtium, Lin.

Habite les eaux vives des ruisseaux de tout le département; les eaux des fontaines de nos montagnes, et du Llaurenti. Fleurit toute la belle saison.

Var. γ. *Parvifolium,* Peterm.

Habite tous les ruisseaux de la contrée de Thuir.

2. Cres. sauvage, *Nast. sylvestre,* R. Brown, Dub.

Sis. sylvestre, Lin.; *Brachiolobos sylvestris,* Alli.

Habite les lieux humides de toutes nos montagnes, Prades, Olette, Molitg et Mosset. Nous avons trouvé une belle variété de cette espèce dans les eaux d'une fontaine située au pied d'un rocher près l'étang du Llaurenti.

3. Cres. anceps, *Nast. anceps,* Dec.

Sis. anceps, Walbeub.

Habite plus particulièrement les fossés humides de tout le département; les mares des sources des montagnes; les prairies inondées des vallées basses du Canigou. Fleurit de mai à juillet.

Presque toutes les Crucifères participent plus ou moins des propriétés du Cresson comme antiscorbutique; c'est ce dernier pourtant que l'on emploie le plus en médecine. Ce végétal a un goût piquant et âcre; il est très-diurétique et éminemment antiscorbutique.

Cette plante, si utile contre le scorbut, a été répandue par la nature dans presque tous les pays de la terre. On la trouve en Europe, dans tout l'Orient, en Amérique, au Japon, au Cap de Bonne-Espérance, etc., etc. On la mange crue, en salade, ou comme assaisonnement des viandes rôties. On la cultive en grand dans les terrains inondés, qu'on nomme *cressonnières.*

Genre Arabette, *Arabis,* Lin.

1. Ara. à feuilles de chou, *Ara. brassicæformis,* Wallr.

Bras. Alpina, Lin.; *Erys. Alpinum,* Baumg.

Habite la vallée de Nyer; les coteaux des parties basses de celle de Carença; le territoire de Castell, dans les environs de Saint-Martin-du-Canigou; la *Coma* du Tech. Fleurit de mai à juillet.

2. Ara. des rochers, *Ara. saxatilis,* Alli.

Habite les roches calcaires de la *Font de Comps;* le bois de Salvanère, au pied de la roche de l'*Escale*. Fleurit de mai à juillet.

3. Ara. printanière, *Ara. verna,* R. Brown.

Hesp. verna, Lin.; *Turitis purpurea,* Lam.

Habite les roches arides des vallons de Port-Vendres et de Banyuls-sur-Mer. Fleurit d'avril à juin.

4. Ara. auriculée, *Ara. auriculata,* Lam., Dec., Dub.

Ara. recta, Vill.; *Ara. aspera,* Alli.

Habite la vallée de Conat, en montant à la *Font de Comps,* sur les roches calcaires qu'on trouve à gauche, avant d'arriver au plateau supérieur; à Vernet-les-Bains, en montant au bois de *Pinat;* les roches calcaires du bois communal de Céret. Fleurit en avril et mai.

5. Ara. raide, *Ara. stricta,* Huds., Dec.

Ara. hirta, Lam.; *Turitis Raii,* Vill.

Habite Vernet-les-Bains, en montant au bois de *Pinat*, et sous Saint-Martin-du-Canigou; les rochers ombragés et humides de la vallée de Nohèdes. Fleurit en mai et juin.

6. Ara. à feuilles de serpolet, *Ara. serpillifolia,* Vill., Dec., Dub.

Habite le village de Castell et Saint-Martin-du-Canigou; les Graus d'Olette; le pied de la montagne de Carença. Fleurit en mai et juin.

7. Ara. ciliée, *Ara. ciliata,* Koch.

Habite les sommités de la vallée de Carença, sur les rochers escarpés des environs des lacs. Fleurit en juillet.

Var. β. *Ara. hirsuta,* Koch., Dec.

Cette variété se trouve aux endroits pierreux et stériles des environs de Mont-Louis et sur les fortifications de cette place. Fleurit en juillet.

8. Ara. d'Allioni, *Ara. Allionii,* Dec.

Turit. stricta, Alli.

Habite le bord des champs et des prairies de la vallée de Carol. Elle se trouve aussi dans les clairières des bois du Llaurenti. Fleurit en juin et juillet.

9. Ara. sagittée, *Ara. sagittata,* Dec., Koch.

Ara. virgata, Lois.; *Turit. multiflora,* Lapey.

Habite les rochers de Castell, près Saint-Martin-du-Canigou, et les escarpements pierreux des environs d'Olette. Fleurit en mai et juin.

10. Ara. de Gérard, *Ara. Gerardi,* Bess.

Turit. Gerardi, Bess.

Habite le bord des champs et les fossés des chemins entre Latour et Cassagnes, surtout sur le plateau; le bord des chemins et des champs arides de Vernet-les-Bains et de Castell. Fleurit en avril et mai.

11. Ara. des murs, *Ara. muralis,* Berthol., Dec., Dub.

Ara. scabra, Lois.; *Turit. hirsuta,* var. ε, Vill.

Habite les murs et les rochers du vallon de Prades; les champs et les rochers des environs de Saint-Michel-de-Cuxa; la vallée de Taurinya; les murs et les moissons des environs de Mont-Louis. Fleurit en avril et mai.

12. Ara. perfoliée, *Ara. perfoliata,* Lam., Dec.

Turit. glabra, Lin.; *Sisym. simplicissimum,* Lapey.

Habite les pâturages secs des environs de Mont-Louis; les pelouses arides du plateau supérieur de Carença; les terrains identiques à *Costa-Bona.* Fleurit en juin et juillet.

13. Ara. de thalle, *Ara. thaliana*, Lin., Dec., Dub.

Sisym. thalianum, Guy.; *Conringia thaliana*, Rchb.

Habite les lieux arides des environs de Sainte-Colombe, près Thuir; assez commune dans le vallon de Vernet et de Castell; les environs de Mont-Louis; les champs du vallon de Banyuls-sur-Mer. Fleurit d'avril en août.

14. Ara. des sables, *Ara. arenosa*, Scop., Lam., Dub.

Sisym. arenosum, Lin.

Habite les lieux ombragés du Bac de Bolquère; le bois de Salvanère; commune à la *Font de Comps* et à la montagne *d'Ambulla*. Fleurit toute la belle saison.

15. Ara. des Alpes, *Ara. Alpina*, Lin., Dec., Dub.

Habite les rochers de toutes les sommités de nos montagnes; les vallées d'Eyne, de Llo, Carlite, Carença, *Costa-Bona;* descend dans les vallées inférieures, Nohèdes, environs de Vernet, dans les lieux ombragés. Fleurit en juillet et août.

Une variété très-petite de l'*Arabis Alpina* se trouve au Col de Nuria et au *Cambres-d'Aze*.

16. Ara. paquerette, *Ara. bellidifolia*, Jacq., Lin., Dec.

Habite les pâturages humides de *Costa-Bona;* les pelouses de la partie supérieure de Carença; les escarpements humides du Bac de Bolquère. Fleurit de juin en août.

17. Ara. très-petite, *Ara. pumila*, Jacq., Dub.

Ara. scabra, Dec.; *Ara. nutans*, Lois.

Habite les roches des parties moyennes du Canigou; le vallon du Randé; les roches de la vallée de Prats-de-Balaguer, au-dessus du village; les roches de la montagne du Llaurenti. Fleurit en juin et juillet.

18. Ara. tourette, *Ara. turrita*, Lin., Dec., Lois.

Turit. ochroleuca, Lam.

Habite les rochers et lieux arides des parties basses de la forêt de Boucheville; au territoire de Rabouillet, les roches et les propriétés arides de toute cette région. Fleurit en mai et juin.

Genre Cardamine, *Cardamina,* Lin.

1. Car. de Plumier, *Car. Plumieri,* Vill.

Car. thalictroïdes, Alli.; *Car. Bocconi,* Viv.

Habite les bois et clairières des gorges au-dessus de Saint-Martin-du-Canigou, après avoir dépassé la forêt des Moines, en se dirigeant vers la *Jasse de las Baques d'en Barnet.* Fleurit en juillet et août.

2. Car. à larges feuilles, *Car. latifolia,* Lin., Dec., Lois.

Car. chelidonia, Lam., *Car. raphanifolia,* Pour.

Habite l'île du moulin de la Llagone, près Mont-Louis; le *Pla de Barrés;* le bord des ruisseaux des vallées de Vernet et Fillols; la vallée du Tech, entre La Preste et *Peyre-Feu.* Fleurit de mai à juillet.

3. Car. des prés, *Car. pratensis,* Lin., Dec., Lois.

Vulg. *Cressonnette.*

Habite les prairies et les bois humides des trois bassins. Nous la retrouvons dans les pâturages de la vallée d'Eyne.

La *Cardamine des prés* est quelquefois substituée, dans ses usages, au *Cresson de fontaine.* Ses fleurs sont grandes, blanches et faiblement purpurines; elles se doublent souvent. Cette plante offre quelquefois des bulbilles adventifs. Fleurit de mai à juillet.

4. Car. amère, *Car. amara,* Lin., Vill., Dec.

Habite les environs de Prats-de-Molló; l'île du moulin de la Llagone, près Mont-Louis; les vallées de Llo et d'Eyne; Vernet et Castell; le Bac de Moura, au Canigou. Fleurit de mai à juillet.

5. Car. impatiente, *Car. impatiens,* Lin., Dec., Lois.

Car. apetala, Mœnch.

Habite les bois des environs de Saint-Laurent-de-Cerdans; les environs d'Arles; les bas fonds de la vallée de Nohèdes; les prairies de Vernet-les-Bains. Fleurit de mai à juillet.

6. Car. velue, *Car. hirsuta,* Lin., Dec., Dub.

Habite les lieux cultivés des environs de Céret; les lieux couverts et frais du vallon de Castell; les champs du vallon de Banyuls-sur-Mer, vers *Can Rafalet.* Fleurit en avril et mai.

7. Car. des bois, *Car. sylvatica,* Link., Dub., Koch.

Habite les bois et les pâturages des parties basses des montagnes moyennes des trois bassins; commune sur les pentes de la vallée du Réart. Fleurit de mars à mai.

8. Car. parviflore, *Car. parviflora,* Lin., Dec., Lois.

Habite les prairies humides des environs de Céret, en se rapprochant du Tech. Fleurit en avril et mai.

9. Car. des Alpes, *Car. Alpina,* Will., Dec., Lois.

Car. bellidifolia, Alli.; *Ara. bellidioïdes,* Lam.

Habite les parties humides des régions élevées de la vallée d'Eyne; les parties supérieures de la vallée de Nohèdes; les environs de *Costa-Bona.* Dans cette dernière localité, on trouve des échantillons à fleurs jaunes. Fleurit en juillet et août.

10. Car. à feuilles de réséda, *C. resedifolia,* Lin., Alli., Dec.

Car. heterophylla, Lapey.; *Ara. resedifolia,* Lam.

Habite les régions élevées du Canigou; les environs de Mont-Louis; les vallées d'Eyne et de Llo; les sommités de Carença, où l'on trouve des échantillons très-grands; *Costa-Bona.* Fleurit en juillet et août.

Genre Dentaire, *Dentaria,* Lin.

Le nom de *Dentaria* vient des tubérosités de la racine comparées à celles des dents.

1. Den. digitée, *Den. digitata,* Lam., Dec., Lois.

Habite les environs de Mont-Louis; la Motte de Planès; la *Ballanouse;* la montagne de *Madres;* la vallée du Tech, à Prats-de-Molló et *Costa-Bona*. Fleurit en mai et juin.

2. Den. pinnée, *Den. pinnata,* Lam., Dec., Lois.

Habite les bois touffus près des eaux, entre Taulis et Saint-Marsal; le vallon de Finestret, en remontant vers Vallestavy. Fleurit en avril et mai.

3. Den. bulbifère, *Den. bulbifera,* Lin., Dec., Lois.

Habite le bois de la ville, montagne de Céret, près des torrents, en se rapprochant du puits de la neige; les parties supérieures des Albères et les gorges au-dessus du village de La Roca. Fleurit en mai et juin.

Siliculeuses.

Genre Lunaire, *Lunaria,* Lin.

(De *luna*, lune; par allusion à la forme du fruit.)

1. Lun. vivace, *Lun. rediviva,* Lin., Dec., Dub.

Lun. odorata, Lam.

Habite les clairières de la forêt de Salvanère; les ravins de la forêt de Boucheville; les forêts des montagnes de Nohèdes, entre Comps et Évol. Ici, les échantillons sont monstrueux. Fleurit en mai et juin.

2. Lun. annuelle, *Lun. biennis,* Mœnch., Dub.

Lun. inodora, Lam.; *Lun. annua*, Lin., Dec.

Habite les environs de Prats-de-Molló; les roches au pied de *Costa-Bona;* les roches escarpées au pied du Canigou, dans sa partie septentrionale. Fleurit en mai et juin.

GENRE FARSÉTIE, *Farsetia*, R. Brown.

1. Far. à bouclier, *Far. clypeata*, R. Brown, Dec.

Alys. clypeatum, Lin., Dec., Lois.

Habite les pentes des vignes au bord de la rivière de Saint-Marsal, à mi-chemin de Palalda et des métairies de la *Palma*. Fleurit en avril et mai.

GENRE VÉSICAIRE, *Vesicaria*, Lam.

1. Vés. renflée, *Ves. utriculata*, Lam., Dec., Dub.

Alys. utriculatum, Lin.; Vill.

Habite les sables arides rejetés par les torrents, parmi les pierres et les broussailles, entre Oms et Llinas, vallée du Réart. Fleurit en avril et mai.

GENRE ALYSSE, *Alyssum*, Lin.

1. Alys. blanchâtre, *Alys. incanum*, Lin., Dec., Lois.

Draba cheiranthifolia, Lam.; *Berteroa incana*, Dec.

Habite parmi les sables et les pierres rejetés par les torrents dans la vallée de la Boulsane, au-dessous du bois de Salvanère; les mêmes terrains dans la vallée de la Désix, entre Sournia et Caramany. Fleurit en juin et juillet.

2. Alys. calicinal, *Alys. calycinum*, Lin., Dec., Dub.

Adyseton calycinum, Scop.

Habite les lieux arides et pierreux, particulièrement sur les graviers des torrents dans tout le département. Nous possédons des échantillons de diverses localités ne différant que par la taille. Commun sur la montagne de *Bugarach*. Fleurit en avril et mai.

3. Alys. des champs, *Alys. campestre*, Lin., Dec., Dub.

Habite les terrains sablonneux des torrents de toutes les vallées de nos montagnes moyennes; au milieu des champs arides de Vernet-les-Bains et de Castell. Fleurit en avril et mai.

4. Alys. de montagne, *Alys. montanum,* Lin., Dec., Dub.

Alys. campestre, Pall.; *Alys. montanum,* Scop.

Habite les terrains calcaires de la vallée de l'Agly; les calcaires des bords de la rivière de la vallée de Saint-Marsal. Nous le retrouvons très-petit sur le *Cambres-d'Aze*. Fleurit en mai et juin.

5. Alys. diffus, *Alys. cuneifolium,* Tenor.

Alys. diffusum, Dub.

Habite le sommet du *Cambres-d'Aze;* le sommet de la vallée de Llo; les environs de Notre-Dame de Nuria; le sommet de la vallée de Thuès-entre-Valls, au lieu appelé *Portell de Carença.* Fleurit en juin et juillet.

6. Alys. des Alpes, *Alys. alpestre,* Lin., Vill., Dec.

Habite les parties supérieures de la *Trencada d'Ambulla;* la vallée de Conat; les escarpements des roches en montant à la *Font de Comps;* les roches au-dessus des ruines du château de la vallée de Prats-Balaguer. Fleurit de juin en août.

7. Alys. maritime, *Alys. maritimum,* Lam., Dec., Dub.

Clyp. maritima, Lin.; *Lobularia maritima,* Desv.; *Koniga maritima,* R. Br.

Habite les rochers et les parties sablonneuses de tout le littoral. Il s'avance dans les terres, et on le retrouve dans des terrains identiques des trois bassins, à Céret, Prades et Maury. Commun sur les roches des environs de Port-Vendres; le vallon de Banyuls-sur-Mer, champs vers *Can Campa.* Fleurit d'avril à juillet.

8. Alys. de Lapeyrouse, *Alys. Perusianum,* Gay.

Alys. Laperusianum, Jord.; *Alys. halimifolium,* Lapey.

Habite la *Trencada d'Ambulla;* à Villefranche sur les roches en montant au fort; la vallée de Fulla, dans les fentes des roches calcaires qui bordent la rivière. Fleurit d'avril à juin.

9. Alys. halime, *Alys. halimifolium,* Lin.

Lunaria halimifolia, Alli.

Habite les environs de Villefranche; les calcaires de la *Trencada d'Ambulla*, sur les escarpements de la partie gauche de la route. Cette plante devient très-rare dans cette localité par la dévastation des botanistes; il n'en reste que très-peu de pieds. Elle est plus abondante sur les calcaires de la vallée de la Boulzane, au-dessus de Caudiès. Fleurit d'avril à juin.

10. Alys. épineux, *Alys. spinosum,* Lin., Dec., Dub.

Draba spinosa, Lam.; *Koniga spinosa*, Spach.

Habite les roches calcaires du vallon de Baixas; les roches de *Cases-de-Pena;* Saint-Antoine-de-Galamus; mêmes terrains dans la vallée de Vingrau, et sur presque tous nos calcaires. Fleurit d'avril à juillet.

11. Alys. à gros fruit, *Alys. macrocarpum,* Dec., Dub.

Habite les roches calcaires des environs de Caudiès; les roches des gorges de Saint-Georges, près d'Axat, vallée d'Aude. Fleurit en mai et juin.

12. Alys. des Pyrénées, *Alys. Pyrenaïcum,* Lapey.

Cette plante, découverte par Coder, de Prades, fut envoyée en communication à Lapeyrouse.

Habite *(localité unique en Europe)* les roches escarpées au-dessus de la *Font de Comps.* Il ne reste plus de cette belle et intéressante plante que trois pieds, placés sur les escarpements inaccessibles de la partie supérieure du rocher qui domine la fontaine et qui se trouvent hors de portée de la main de l'homme. Les naturalistes ont dévalisé tous les échantillons qui venaient aux abords du rocher provenant de graines qui se répandaient dans les environs. Si cette plante se conserve, c'est qu'on ne peut atteindre le point où elle croît en ce moment. Un naturaliste anglais offrit à son guide 3 fr. par échantillon; ce malheureux croyant gagner une bonne journée, chercha à escalader le roc, mais il n'alla pas bien loin : il glissa et se fractura la cuisse. Fleurit en juin et juillet.

La Corbeille d'Or, *Alyssum saxatile,* Lin., est cultivée dans les parterres; elle est d'un bel effet, à cause de la précocité de ses nombreuses fleurs d'un beau jaune d'or, ce qui lui a valu son nom.

Genre Clypéole, *Clypeola,* Lin.

1. Clyp. jonthalaspi, *Clyp. jonthalaspi,* **Lin., Dec., Dub.**

Clyp. monosperma, Lam.

Habite les coteaux du vallon de Banyuls-sur-Mer; les ravins et les champs arides des environs de Collioure; les ravins et les lieux sablonneux de la vallée du Réart. Fleurit en mai et juin.

Genre Peltaria, Lin.

Ce genre n'a pas été observé dans ce département.

Genre Drave, *Draba,* Lin.

1. Dra. des Pyrénées, *Dra. Pyrenaïca,* **Lin., Vill., Dec.**

Petrocalis Pyrenaïca, R. Brown.

Habite la montagne de Carlite, au-dessus du *Pla de Bonas-Horas;* le sommet de la vallée de Llo; au Canigou, le sommet de la vallée de *Cady.* C'est une jolie petite plante vivace; feuilles épaisses, à trois lobes, disposées en rosettes; au printemps, fleurs blanches, variées de pourpre. Fleurit d'avril en juin.

2. Dra. aizoon, *Dra. aizoïdes,* **Lin., Dec., Dub.**

Habite la vallée d'Eyne, vers le four à chaux, et au sommet vers la *Collada,* au milieu des débris de roches; au *Cambres-d'Aze,* parmi les éboulis; dans les mêmes terrains au Canigou, et aux *Clots de Cady;* terrains identiques au Llaurenti.

Var. α. *Genuina, Dra. ciliaris,* Dec.

Habite le *Cambres-d'Aze.* Plante remarquable par ses rosettes, formées de feuilles radicales, étroites, lancéolées, garnies de longs cils blancs et raides. Fleurit en mai et juin.

3. Dra. cuspidata, *Dra. cuspidata,* M. Bieb., Tenor.

Habite les escarpements schisteux et les débris de roches, à l'extrémité des vallées d'Eyne et de Llo; le *Cambres-d'Aze;* derrière la citadelle de Mont-Louis, parmi les débris de roches. Fleurit en juillet et août.

4. Dra. tomenteuse, *Dra. tomentosa,* Wahl.

Dra. hirta, Vill.

Habite les environs de Mont-Louis, sur les roches arides du vieux Mont-Louis. Nous l'avons trouvée au Canigou sur les roches du sommet du vallon de *Cady,* à la plate-forme de la première montée; échantillons très-minimes. Fleurit en juillet et août.

5. Dra. des murs, *Dra. muralis,* Lin., Dec., Dub.

Habite le bord des torrents et les champs arides vers l'extrémité du vallon de Banyuls-sur-Mer; les champs des vallons de Prades et d'Estoher. Fleurit en mai et juin.

6. Dra. des bois, *Dra. nemorosa,* Lin., Lois.

Dra. nemoralis, Ehrh.

Habite le vallon de Banyuls-sur-Mer, au bord des ravins vers *Can Campa;* remonte dans la vallée du Tech jusqu'à Prats-de-Molló; dans la vallée de la Tet jusqu'à Mont-Louis, fortifications derrière la citadelle; les roches des parties supérieures du Canigou. Fleurit en mai et juin.

7. Dra. blanchâtre, *Dra. incana,* Lin., Lapey.

Dra. contorta, Ehrh.

Habite les roches des montagnes de Céret et de toute la chaîne des Albères; remonte dans la vallée du Tech jusqu'à *Costa-Bona.* Fleurit en juin et juillet.

8. Dra. printanière, *Dra. verna,* Lin., Dec., Lois.

Erophila vulgaris, Dec., Dub.

Habite les pâturages des environs de Palau-del-Vidre, et le long de la base des Albères; les pâturages des vallons de Vinça et de Prades. Cette espèce, inférieure aux autres par sa beauté, n'a pas moins de charmes particuliers, lorsque vers la fin de février, elle commence à étaler ses jolies rosettes de feuilles cruciformes et dentées, du centre desquelles s'élève une petite tige menue, qui supporte des fleurs blanches presque en corymbe. L'époque de leur apparition ajoute à l'intérêt qu'elles inspirent. Fleurit fin février et avril.

GENRE RORIPE, *Roripa,* Besser.

1\. Ror. à feuilles de cresson, *Ror. nasturtioïdes,* Spach.

Sis. palustre, Leys.; *Sis. hybridum,* Thuil.; *Nast. palustre,* Dec.

Habite les parties humides des plateaux supérieurs des montagnes moyennes, ainsi que les parties basses de toutes nos vallées au bord des eaux vives. Fleurit toute la belle saison.

2\. Ror. des Pyrénées, *Ror. Pyrenaïca,* Spach.

Sis. Pyrenaïcum, Lin.; *Myag. Pyrenaïcum,* Lam.; *Nast. Pyrenaïcum,* R. Br.

Habite les environs de Mont-Louis, les prairies humides et les champs de tout le plateau; les prairies et coteaux du *Pla de la Borde Girvés;* les prairies et terrains légers du village de Castell. Fleurit en juin et juillet.

3\. Ror. amphibie, *Ror. amphibia,* Bess.

Sis. amphibium, Lin.; *Sis. roripa,* Scop.; *Myag. amphibium,* Lois.; *Nast. amphibium,* R. Brown.

Habite le bord des eaux des environs de Mont-Louis; le bord des ruisseaux des parties basses des Albères, et toutes les eaux un peu stagnantes de la base des montagnes. Fleurit en juin et juillet.

4\. Ror. rustique, *Ror. rusticana,* Gre. et Godr.

Cochl. armoracia, Lin.; *Armoracia rusticana,* Fl. der Wett.

Habite les prairies humides des vallées de Fillols et de Cornella-du-Conflent; les fossés des parties basses des plaines de Thuir et de Millas. Fleurit en avril et mai.

Genre Subulaire, *Subularia*, Lin.

1. Sub. aquatique, *Sub. aquatica,* Lin.

Habite l'extrémité méridionale de l'*Estany Llarg* (étang long), situé sur la montagne de Carlite. Fleurit en juillet.

Cette plante très-rare, originaire de la Norwége, fut découverte dans le pays, en 1849, par le docteur Reboud, attaché à l'hôpital militaire de Mont-Louis. Elle ne figure pas dans la *Flore françuise* de Grenier et Godron.

Genre Cochléaria, *Cochlearia,* Lin.

Plante éminemment scorbutique. Son nom lui vient de *cochlear*, cuiller, par allusion à la forme de ses feuilles.

1. Cochl. officinal, *Cochl. officinalis,* Lin., Dec., Lois.

Habite le long du ruisseau de la *Font de Comps.*

Var. β. *Cochl. Pyrenaïca,* Dec.

Se distingue par les feuilles radicales réniformes; grappe fructifère, lâche, allongée. Habite le bord des eaux du sommet de la vallée d'Évol.

Genre Kernère, *Kernera,* Medik.

1. Ker. des rochers, *Ker. saxatilis,* Rchb.

Myag. saxatile, Lin.; *Cochl. saxatilis,* Lam.; *Camel. saxatilis,* Pers.

Habite la descente du bois de Boucheville, vers Fosse; au Canigou, le vallon de la *Llapoudère,* avant d'arriver à *Cady;* les roches escarpées de la *Font de Comps.* Fleurit de mai à fin juillet.

Genre Myagrum, *Myagrum,* Tournef.

1. Myag. perfolié, *Myag. perfoliatum,* Lin., Dub.

Cakil. perfoliata, L'Hér.

Habite les champs cultivés et les moissons de la plaine du *Riveral*. Une variété se trouve dans la vallée de la Cantarana. Fleurit de mai en août.

Genre Caméline, *Camelina*, Crantz.

1. Cam. sauvage, *Cam. sylvestris*, Waltr., Fries.

Cam. sativa, *Cam. pilosa*, Dec.; *Myag. sylvestre*, C. Bauh.

Habite les moissons du plateau de Caladroy et de Latour. Fleurit en juin.

2. Cam. cultivée, *Cam. sativa*, Fries.

Myag. sativum, C. Bauh.

Habite les champs qui bordent la Basse près la métairie Fraisse et les environs de Toulouges. Fleurit en juin et juillet.

Cette plante avait été cultivée par M. Fraisse pour sa graine oléagineuse. Elle s'est très-répandue dans cette localité.

3. Cam. fétide, *Cam. fœtida*, Fries.

Myag. fœtidum, C. Bauh.; *Myag. Bauhini*, Gmel.

Habite parmi les récoltes des vallées du Conflent. Fleurit en juin et juillet.

Genre Neslie, *Neslia*, Desv.

1. Nes. paniculée, *Nes. paniculata*, Desv., Dub.

Myag paniculatum, Lin.; *Rapistrum paniculatum*, Gorts.; *Bunias paniculata*, L'Hér.

Habite les champs et les récoltes près la montagne d'*Ambulla*; les champs de la vallée de Sahorre et du vallon de Vernet-les-Bains; remonte jusqu'à Mont-Louis. Fleurit en mai et juillet.

Genre Calepine, *Calepina*, Adans.

1. Cal. Corvin, *Cal. Corvini*, Desv., Dub.

Bun. cochlearinoïdes, Dec.; *Cram. Corvini*, Alli.; *Myag. erucæfolium*, Vill.; *Myag. bursefolium*, Thuil.

Habite la vallée de l'Agly, les champs situés derrière *Cases-de-Pena* et jusqu'à Estagel; la vallée de Sahorre, les champs vers le *Mas-Paulo*. Fleurit en juin.

GENRE BUNIAS, *Bunias*, R. Brown.

1. Bun. fausse roquette ou roquette des champs, *Bun. erucago*, Lin., Dec., Dub.

Eruca segetum, Tournef.

Habite les champs du vallon de Banyuls-sur-Mer; remonte la vallée du Tech jusqu'à Saint-Laurent-de-Cerdans; dans la vallée de la Tet, Prades et la *Trencada d'Ambulla;* remonte la vallée de l'Agly jusqu'à Caudiès. Fleurit en juin et juillet.

GENRE PASTEL, *Isatis*, Lin.

1. Pastel des teinturiers, *Isatis tinctoria*, Lin.; en catalan *Herba de Sant Falip*.

Habite les champs arides des aspres; le bord des fossés et des routes de la vallée du Réart, entre Villemolaque et Passa; les environs de *Cases-de-Pena*, d'Estagel et de Maury, vallée de l'Agly. Nous le retrouvons sur le plateau de Mont-Louis; aux environs d'Angoustrine et de *Las Escaldas*. Fleurit en mai et juin.

Cette plante devrait être cultivée en grand, car elle plaît beaucoup aux bestiaux. Elle reste fraîche et verte, même sous la neige, pendant les fortes gelées; elle offre alors aux moutons une pâture qu'ils recherchent avec avidité, et les agriculteurs qui la cultivent, comme fourrage, ont l'avantage de la voir se perpétuer par la chute de ses graines; elle se renouvelle ainsi, quoiqu'elle soit annuelle. Depuis l'introduction de l'*Indigo*, on a cessé de la cultiver comme plante tinctoriale.

GENRE BISCUTELLE, *Biscutella*, Lin.; en catalan *Herba de las Llunetas*.

1. Bisc. auriculée, *Bisc. auriculata*, Lin., Dec., Dub.

Habite les champs incultes des basses Corbières, vallée de l'Agly; dans le bassin de la Tet, les champs et le bord des chemins d'Olette, Fontpédrouse et Mont-Louis; les rochers de la *Font de Comps*. Fleurit en mai et juin.

2. Bisc. chicorée, *Bisc. cichoriifolia*, Lois.

Biscutella picridifolia, Lapey.; *Bisc. hispida*, Dec.

Habite les champs et les rochers de la vallée de Llo; le vallon de Castell; Saint-Martin-du-Canigou et ses environs; la *Trencada d'Ambulla*, où elle se trouve communément; la *Font de Comps* Fleurit en mai et juin.

3. Bisc. lisse, *Bisc. levigata*, Lin.

Biscutella didyma, Scop.; *Bisc. variabilis*, Lois.; *Bisc. perennis*, Spach.

Habite sur la route de Mont-Louis, entre Villefranche et Thuès, où elle est assez commune parmi les rochers; sur les pentes et sur les rochers des sommités du Canigou; on la trouve aussi sur les pentes arides du vallon de Vernet-les-Bains et à l'ermitage de Saint-Vincent. Fleurit en mai et juin.

4. Bisc. apule, *Bisc. apula*, Lin.

Cette intéressante espèce habite le plateau supérieur de la *Font de Comps*.

Genre Ibéride, *Iberis*, Lin.

1. Ibé. spatulée, *Ibe. spathulata*, Berg., Dec., Dub.

Iberis carnosa, Lapey.; *Ibe. cepeæfolia*, Pour.

Habite la *Collada de Nuria*, vers le fond de la vallée d'Eyne, parmi les éboulis schisteux, et presque sur tous les sommets de la chaîne en allant vers Carença, et sur diverses sommités du Canigou. Fleurit en juin et juillet.

2. Ibé. aurosica, *Ibe. aurosica*, Vill.

Iberis nana, Alli.; *Ibe. odorata*, Lois.

Cette espèce se trouve aussi dans la vallée d'Eyne. Elle est toutefois plus abondante dans la vallée de Llo, sur les roches escarpées et les éboulis du plateau de la fontaine du Sègre. Fleurit de juin en août.

3. Ibé. dressée, *Ibe. pinnata*, Gouan, Lin., Dec.

Habite les moissons avant d'arriver au plateau de la *Font de Comps;* nous l'avons récoltée dans la vallée du Tech, entre Arles et Montferrer. Fleurit en mai et juin.

4. Ibé. de Bernard, *Ibe. Bernardiana*, Gre. et Godr.

Habite le penchant septentrional de la montagne du *Cambres-d'Aze,* en allant à la *Collada de Nuria.* Fleurit en août et septembre.

5. Ibé. à feuilles de lin, *Ibe. linifolia*, Lin., Dec.

Habite les calcaires de la vallée de Nohèdes, après avoir passé le village; les calcaires de la vallée de l'Agly, entre Fosse et Boucheville. Fleurit en mai.

6. Ibé. de Garrexio, *Ibe. Garrexiana*, Alli., Dub.

Iberis sempervirens, Lapey.

Habite vers le sommet de la vallée d'Eyne; assez commune sur les sommités de la vallée de Llo; l'extrémité de la vallée de Nohèdes; sur la montagne de *Madres;* les sommités du Canigou; *Costa-Bona* et *Pla Guillem.* Fleurit en juillet et août.

7. Ibé. des rochers, *Ibe. saxatilis*, Lin., Dec., Dub.

Habite les fentes des roches calcaires, depuis Estagel jusqu'à Saint-Antoine-de-Galamus et jusques au-delà de Caudiès. Fleurit en avril et mai.

8. Ibé. amère, *Ibe. amara*, Lin., Dec., Dub.

Habite les moissons de la vallée de Conat; les pentes de la *Font de Comps;* les terres légères des environs de Mont-Louis. Fleurit en avril et juin.

Genre Teesdalie, *Teesdalia*, R. Brown.

1. Teesd. nudicaule, *Teesd. nudicaulis*, R. Brown.

Teesdalia iberis, Dec.; *Iberis nudicaulis*, Lin.; *Guepinia nudicaulis*, Bast.; *Thlaspi nudicaule*, Lois.

Habite les lieux sablonneux près des torrents de la plage d'Argelès, et le long des Albères, parmi les sables rejetés par les torrents. Fleurit en avril et mai.

2. Teesd. lepidium, *Teesd. lepidium*, Dec., Dub.

Lepid. nudicaule, Lin.; *Guepinia lepidium*, Dec.

Habite les champs de Vernet-les-Bains et les environs de Cornella-du-Conflent; les lieux sablonneux de la vallée de Fillols; les champs sablonneux d'Argelès, de Port-Vendres et de Banyuls-sur-Mer. Fleurit de mars à mai.

Genre Æthionème, *Æthionema*, R. Brown.

1. Æth. des rochers, *Æth. saxatile*, R. Brown.

Thlas. saxatile, Lin.; *Thlas. marginatum*, Lapey.; *Iberis Pyrenaïca*, Lap.

Habite les roches calcaires de la métairie Carol, en montant au bois de la ville de Céret; les environs de Prats-de-Molló; les calcaires de la vallée de la Tet, après Villefranche, et le vallon de Vernet-les-Bains, en montant au bois de *Pinat*. Fleurit en mai et juin.

Genre Thlaspi, *Thlaspi*, Lin.;

en catalan *Traspic*.

Vulg. *Tabouret*.

1. Thlas. des champs, *Thlas. arvense*, Lin., Dec., Dub.

Habite dans toutes les vallées, parmi les moissons, les décombres, le bord des chemins, sur les murs, depuis la mer jusqu'à Mont-Louis; très-commun partout. Fleurit toute la belle saison.

2. Thlas. des montagnes, *Thlas. montanum*, Lin., Dec., Dub.

Habite les environs de Mont-Louis; le voisinage de la *Jasse d'en Ballaig*, au Canigou; les environs de Prats-de-Molló et la *Tour de Mir*, dans la vallée du Tech. Fleurit en avril et mai.

3. Thlas. perfolié, *Thlas. perfoliatum*, Lin., Dec., Dub.

Habite les coteaux supérieurs de Saint-Ferréol, près Céret; les roches schisteuses des vallées d'Eyne et de Llo; sur les glacis et parmi les décombres, à Mont-Louis. Fleurit en avril et mai.

4. Thlas. alliacé, *Thlas. alliaceum*, Lin., Dec., Dub.

Habite les coteaux, les champs et le bord des fossés de la vallée de l'Agly, entre Saint-Paul et Ansignan; les parties supérieures des coteaux de la vallée du Réart. Fleurit en avril et mai.

5. Thlas. virgatum, *Thlas. virgatum*, Gre. et Godr.

Thlas. brachypetalum, Jord.; *Thlas. alpestre*, Vill.

Habite les environs de la *Jasse du Pla de Bonas-Horas*, près la grande Bouillouse; à *Costa-Bona*, près de la *Jasse d'en Peyrefeu*; la *Jasse dels Horriels*, au Canigou. Fleurit toute la belle saison.

6. Thlas. des Alpes, *Thlas. Alpestre*, Lin., Dec.

Thlas. precox, Mut.

Habite les bas-fonds de la vallée de Llo; les pâturages de Carença; les pâturages des gorges du Canigou, avant d'arriver à la *Font de la Conque*. Fleurit d'avril à juin.

7. Thlas. Alpin, *Thlas. Alpinum*, Jacq.

Thlas. sylvium, God., *Thlas. stylosum*, Mut.

Habite les pâturages et les murs de clôture des environs de Mont-Louis; les roches escarpées des vallées de Carença et de Prats-de-Balaguer. Fleurit en avril et mai.

8. Thlas. à feuilles rondes, *Thlas. rotundifolium*, God.

Ibe. rotundifolia, Lin., *Lepid. rotundifolium*, Alli.; *Hutchin. rotundifolia*, R. Brown.

Habite le vallon de Castell; les parties supérieures de Saint-Martin-du-Canigou, aux environs de la carrière et sommets environnants. Fleurit en mai et juin.

9. Thl. bourse de pasteur, *Thl. bursa pastoris*, Lin., Dec.; en catalan *Bolseta de pastor, Herba del pasarell, del pastorell*.

Vulg. *Tabouret*.

Cap. bursa pastoris, Mœnch.

Très-répandu partout, dans les récoltes, au bord des fossés des chemins et les décombres des trois bassins. Fleurit toute l'année.

Genre Hutchinsie, *Hutchinsia*, R. Brown.

1. Hut. des Alpes, *Hut. Alpina*, R. Brown.

Lepid. Alpinum, Lin.

Habite les environs de Mont-Louis; les sommets du *Cambres-d'Aze;* les parties supérieures des vallées d'Eyne et de Llo; les régions élevées du Canigou, au-dessus de la *Llapoudère;* les rochers du *Pla Guillem*. Fleurit de mai à juillet.

2. Hut. des pierres, *Hut. petrea*, R. Brown.

Lepid. petreum, Lin.

Habite parmi les pierres et les terrains arides de la vallée du Réart; Prades et Villefranche jusqu'à Saint-Martin-du-Canigou. Fleurit toute la belle saison.

3. Hut. couchée, *Hut. procumbens*, Desv., Dub.

Lepid. procumbens, Lin.; *Cap. procumbens*, Fries.

Habite les dunes, les terrains arides et sablonneux des environs de Saint-Cyprien, d'Argelès et de tout le littoral. Fleurit en mars et avril.

Genre Passerage, *Lepidium*, Lin.;

en catalan *Manitort, Nasitort, Manilet salvatge, Pebre burt.*

1. Passer. cultivée, *Lepid. sativum*, Lin.

Vulg. *Cresson alénois.*

Cette plante, cultivée dans nos jardins, et qu'on emploie dans les ménages comme assaisonnement, est connue dans le pays sous le nom de *Manitort;* elle fleurit en mai et juin.

En donnant à cette plante le nom de *passerage,* on lui supposait la propriété de guérir cette maladie : c'est ainsi qu'on perpétue l'erreur par un faux nom. Sa saveur est âcre et se rapproche beaucoup de celle de la *moutarde.* Dans le Nord, elle est employée pour assaisonner les viandes. Tous les bestiaux en mangent les feuilles avec avidité.

2. Passer. des champs, *Lepid. campestre*, R. Brown.

Lepid. aristatum, Lapey.; *Thlas. campestre*, Lin.

Répandue un peu partout, dans les champs, le bord des routes, les décombres, les vieux murs. Fleurit en juin et juillet.

3. Passer. hétérophylle, *Lepid. heterophyllum*, Benth.

Lepid. occidentale, Guy.

Commune dans les pâturages de la vallée d'Eyne.

Var. α. *Lepid. Pyrenaïcum*, Gre. et Godr., nommée par Dec. *Thlaspi heterophyllum.*

Cette variété, assez commune dans les environs de Prats-de-Mollò et de Mont-Louis, diffère de la précédente par ses feuilles presque glabres; plante très-verte.

4. Passer. de Villars, *Lepid. Villarsii*, Gre. et God.

Thlas. hirtum, Vill.

Habite les rigoles sableuses des environs de Mont-Louis; les localités identiques de la vallée de Llo; nous l'avons récoltée sur les terres rejetées par les torrents à *Costa-Bona*. Fleurit en mai et juin.

5. Passer. velue, *Lepid. hirtum*, Dec., Dub.

Thlas. hirtum, Lin., Dec.; *Thlas. campestre*, var. β, Vill.

Commune sur le bord des propriétés arides de la montagne de Céret; aux environs de Mont-Louis et au Llaurenti. Fleurit en mai et juin.

6. Passer. des décombres, *Lepid. ruderale*, Lin., Dub.

Lepid. subulatum, Lapey.; *Thlas. ruderale*, Alli.; *Nast. ruderale*, Scop.

Commune aux environs de Perpignan, habite les champs en friche des asprés, les vieux murs et les décombres; *Cases-de-Pena* jusqu'à Saint-Paul, vallée de l'Agly; Céret et Arles, sur les bords des propriétés et des fossés des chemins. Fleurit en mai et juin.

7. Passer. de Virginie, *Lepid. Virginicum*, Lin., Rchb.

Habite parmi les récoltes des champs entre Flassa et Boucheville; parmi les éboulis calcaires de la vallée de Conat, vers la *Font de Comps*. Fleurit en avril et juin.

8. Passer. à feuilles de gramen, *Lep. graminifolium*, Lin.

Lepid. iberis, Pall.; *Thalas. Pollichii*, Poir.

Habite la Cassagne, aux environs de Mont-Louis; les bords des propriétés des vallées de Carença, Fillols, Vernet-les-Bains, Prades; les environs de Perpignan; le vallon de Banyuls-sur-Mer; commune partout. Fleurit toute la belle saison.

9. Passer. à larges feuilles, *Lepid. latifolium*, Lin., Dec., Dub.

Habite les prairies humides qui bordent les cours d'eau aux environs de Perpignan, de Saint-Féliu, et de Céret; très-commune partout. Nous la retrouvons aux environs de Mont-Louis, et dans les vallées d'Eyne et de Llo. Fleurit de mai à juillet.

10. Passer. drave, *Lepid. draba*, Lin., Dub.

Cochl. draba, Lin., Dec.; *Cardaria drabo*, Desv.

Habite les bords des champs près la Basse et le ruisseau de *Malloles*, aux environs de Perpignan; Vinça, Prades, les vallées de Vernet-les-Bains et Sahorre; Céret et ses environs. Fleurit en mai et juin.

Genre Senebière, *Senebiera*, Pers.

1. Sen. coronope, *Sen. coronopus*, Poir., Dub.

Cochl. coronopus, Lin.; *Coron. Ruellii*, Gærtn.; *Coron. vulgaris*, Desf.

Habite les fossés des routes, les décombres et les lieux stériles de tout le département, et particulièrement les vallées du Conflent. Fleurit en mai et juin.

2. Sen. pinnatifide, *Sen. pinnatifida*, Dec., Dub.

Sen. didyma, Pers.; *Lepid. didymum*, Lin.; *Coron. didyma*, Sm.

Habite, à Perpignan, les bords des champs près de la Basse, vers la métairie Fraisse; elle n'y est pas très-commune. Serait-elle échappée de quelque jardin? Fleurit en juin et juillet.

Genre Cakile, *Cakile*, Tournef.

1. Cak. maritime, *Cak. maritima*, Scop., Dec.

Bunias cakile, Lin.

Très-abondant sur toutes nos plages. Fleurit toute la belle saison.

Genre Morisia, Gay.

Ce genre, établi par Gay, n'a pas été observé dans ce département.

Genre Rapistre, *Rapistrum*, Boerh.

1. Rap. rugueux, *Rap. rugosum*, Alli.. Dub.

Myag. rugosum, Lin.; *Cakile rugosa*, l'Hér.

Habite les champs sablonneux qui longent les dunes de tout le littoral. Fleurit en mai et juin.

2. Rap. d'Orient, *Rap. Orientale*, Dec., Dub.

Myag. orientale, Lin.; *Bunias raphanifolia*, Sibth.

Habite les parties basses du littoral, entre la métairie des *Routes* et Argelès. Fleurit en avril et mai.

Genre Crambe, *Crambe*, Tournef.

1. Cram. maritime, *Cram. maritima*, Lin., Dec., Dub.

Habite le bord des dunes et les prairies maritimes de tout le littoral. Fleurit en mai et juin.

7me Famille.—Capparidées, *Capparideæ*, Juss.

(*Polyandrie*, L.; *Rosacées*, T.; *Capriers*, Juss.)

Genre Caprier, *Capparis*, Lin.;

en catalan *Capres*.

Les *Capriers* sont des plantes herbacées grimpantes, annuelles ou vivaces, des arbrisseaux ou même des arbres. Ils sont originaires des régions tropicales, surtout de l'Afrique et de l'Amérique, et ne s'avancent qu'en petit nombre dans les régions tempérées de l'ancien et du nouveau continent. Le suc d'un grand nombre d'entre eux est anti-scorbutique, et ses propriétés stimulantes sont développées dans les fruits de quelques espèces américaines jusqu'au degré de poison. Les *Capriers* sont cultivés dans nos jardins; l'espèce la plus commune est le *Capp. spinosa*, célèbre dans les annales de la gastronomie.

1. Cap. épineux, *Capp. spinosa*, Lin., Dec., Dub.

Seule espèce cultivée dans certaines localités du département. On pourrait en tirer un meilleur parti, si sa culture était plus étendue, comme le font nos voisins de l'Aude et de l'Hérault. Cette plante exige peu de soins une fois qu'elle a passé sa première année ; sa végétation est luxuriante et donne en abondance des boutons de fleurs pendant toute la belle saison. On fait confire ces boutons dans le vinaigre, et ils servent dans la cuisine à faire la sauce dite aux *capres*.

8me FAMILLE.—CISTINÉES, *Cistineæ*, JUSS., DEC.

(*Polyandrie*, L.; *Rosacées*, T.; *Cistinées*, Juss.)

GENRE CISTE, *Cistus*, Tournef.

en catalan *Motxères*.

1. Cis. en ombelle, *Cis. umbellatus*, Lin.

Heli umbellatum, Mill.; *Halimium umbellatum*, Spach.

Habite les coteaux arides des environs de Prades, de Vernet-les-Bains et de Cornella-du-Conflent, la *Trencada d'Ambulla;* les garrigues entre Ille et *Força-Real*. Fleurit en mai et juin.

2. Cis. alyssoide, *Cis. alyssoïdes*, Lam.

Heli alyssoïdes, Vent.; *Halimi lasianthum*, Spach.

Habite les coteaux arides des environs de Collioure; les pentes au pied de la montagne de la *Tour de la Massane*, vers Argelès. Fleurit en mai et juin.

3. Cis. à feuilles de laurier, *C. laurifolius*, Lin., Dec., Dub.

en catalan *Stepa de montanya, Argenti*.

Ladanium laurifolium, Spach.

Le nom d'*Argenti* est aussi donné par le vulgaire au *Cistus albidus;* mais on distingue ce dernier sous le nom d'*Argenti blanc*.

Habite les collines arides de *Régleille*, aux environs d'Ille; la montagne de *Força-Real;* toutes les montagnes du bas Conflent et remonte dans cette vallée jusqu'à Fontpédrouse; dans la vallée du Tech, jusqu'à mi-route de Prats-de-Molló; dans la vallée de l'Agly, jusquau col Saint-Louis. Fleurit en mai et juin.

4. Cis. ladanifère, *Cis. ladaniferus*, Lin., Dub., Lois.

Ladanium officinarum, Spach.

Habite les parties élevées des montagnes de Rigarda, mêlé au *Laurifolius;* la vallée de Conat, en montant à la *Font de Comps;* la montagne de la *Carbasse*, derrière Saint-Antoine-de-Galamus, près Saint-Paul-de-Fenouillet. Fleurit en mai et juin.

5. Cis. blanchissant, *Cis. albidus*, Lin., Dec., Dub.; en catalan *Estepa blanca, Argenti blanc*, à cause de sa couleur.

Habite les vallons de Prades, Vernet-les-Bains, Cornella-du-Conflent, Castell, et remonte jusqu'au-delà d'Olette; *Cases-de-Pena* et jusqu'à Saint-Paul, dans la vallée de l'Agly; les Albères, Céret et au-delà d'Arles, dans la vallée du Tech; Corbère, Castellnau et les bords de la Cantarana, dans la vallée du Réart. Fleurit en mai et juin.

6. Cis. blanchissant crépu, *Cis. albido crispus*, Delile.

Habite les gorges des montagnes de Saint-Ferréol, près Céret; celles de Llauro et d'Oms, vers la vallée du Réart. Fleurit en mai et juin.

7. Cis. crépu, *Cis. crispus*, Lin., Dec., Dub.

Habite les collines arides au pied des Albères; les environs de Saint-Laurent-de-Cerdans; les collines des basses Corbières. Fleurit en mai et juin.

8. Cis. à feuilles de sauge, *Cis. salviefolius*, Lin., Dec., Dub.

Ledonia peduncularis, Spach.

Habite les coteaux et les garrigues entre *Régleille* et *Força-Real;* les environs de Prades, et jusqu'à Olette; la vallée de Vernet-les-Bains et de Cornella-du-Conflent, *al Roc del Grau;* les coteaux d'Estagel et de Saint-Paul-de-Fenouillet. Fleurit en mai et juin.

9. Cis. à feuilles de peuplier, *Cis. populifolius*, Lin., Dec., Dub.

Ledonia populifolia, Spach.

Habite les gorges de *Régleille*, et les coteaux plantés de vignes; les gorges méridionales de la montagne de *Madres;* les gorges de la *Carbasse,* près Saint-Paul-de-Fenouillet; les gorges arides entre Rabouillet et Sournia; on le retrouve en allant au Llaurenti, après avoir franchi le *Col d'Ares*, et dans les gorges de Quérigut. Fleurit en juin et juillet.

10. Cis. Ledon, *Cis. Ledon*, Lam., Dec., Dub.

Habite les gorges au-dessus de Rigarda, en montant à la chapelle de *Sant-Esteve;* les pentes méridionales de la rive gauche du Tech, entre Céret et Amélie-les-Bains. Fleurit en juin et juillet.

11. Cis. de Montpellier, *Cis. Monspelliensis*, Lin., Dec., Rchb.;
en catalan *Estepa* ou *Moxera*.

Cis. Florentinus, Lam.; *Stephanocarpus Monspelliensis*, Spach.

Habite les vacants de toutes les montagnes moyennes et les plateaux non cultivés de la plaine. Fleurit en mai et juin.

Genre Hélianthème, *Helianthemum*, Tournef.

1. Hél. nilotique, *Hel. niloticum*, Pers., Benth.

Cis. niloticus, Lin.; *Hel. ledifolium*, Will.; *Hel. niloticum* et *ledifolium*, Dun.; *Cis. cledifolius*, Lin.

Habite les Corbières, sur les terrains arides du chemin de La Pradèle en montant au bois des Fanges; les coteaux du vallon de Banyuls-sur-Mer exposés au levant. Fleurit en mai et juin.

2. Hél. à feuilles de saule, *Hel. salicifolium*, Pers., Dun.

Hel. denticulatum, Thib.; *Cis. salicifolius*, Lin.

Habite les coteaux arides et les garrigues de la rive gauche du Tech, entre le territoire du *Vila* de Reynès et Palalda; les coteaux arides près de la mer, vallon de Banyuls-sur-Mer. Fleurit en mai et juin.

3. Hél. hérissé, *Hel. hirtum*, Pers., Dec., Dub.

Cis. hirtus, Lin.

Habite les coteaux arides des basses Corbières; les montagnes de la vallée du Réart; les vallons de Prades, Villefranche et Cornella-du-Conflent. Fleurit en mai et juin.

4. Hél. commun, *Hel. vulgare*, Gærtn., Koch.

Cis. helianthemum, Lin.

Très-commun dans tout le département, à *Cases-de-Pena*, Saint-Antoine-de-Galamus, la *Trencada d'Ambulla*, Céret, Arles, Mont-Louis, le *Cambres-d'Aze*, la *Comarca de las Mulleres*, près *Notre-Dame-de-Nuria*. Fleurit de mai à juillet.

5. Hél. à feuilles de polium, *H. polifolium*, Dec., Dub., Lois.

Hel. Apenninum, Dec.; *Hel. pulverulentum*, Dec.; *Cis. Apenninus* et *polifolius*, Lin.; *Cis. pulverulentus*, Thuil.

Habite les terrains arides de la vallée de Saint-Paul, en montant à la chapelle de Saint-Antoine-de-Galamus; les environs de Prades et la vallée de Conat; les coteaux entre Arles et Prats-de-Molló, dans la vallée du Tech. Fleurit en mai et juin.

6. Hél. d'Italie, *Hel. Italicum*, Pers., Dun.

Cis. Italicus, Lin.; *Rhodax montanus*, Spach.

Habite dans la vallée de la Tet, les coteaux stériles des environs de Prades; dans celle de l'Agly, Estagel et Saint-Paul, et dans celle du Réart, les coteaux entre Thuir et Llauro. Fleurit en mai et juin.

7. Hél. blanc, *Hel. canum*, Dun., Dub., Lois.

Hel marifolium, Dec.; *Hel vineale*, Pers.; *Cis. canus*, Lin.; *Cis. vinealis*, Will; *Cis. marifolius*, Lin.; *Cis. piloselloïdes*, Lapey.

Habite les environs de Prades, la *Trencada d'Ambulla*, les rochers de la *Font de Comps*, le *Cambres-d'Aze; Cases-de-Pena*, dans la vallée de l'Agly; les environs du village du Tech, avant d'arriver à Prats-de-Molló. Fleurit en mai et juin.

8. Hél. à feuilles de marum, *Hel. marifolium*, Lin.

Habite les plateaux supérieurs des montagnes de Saint-Marsal; les fentes des rochers du *Cambres-d'Aze;* la vallée de Conat, sur les escarpements des roches de la *Font de Comps*. Fleurit en juin et juillet.

9. Hél. taché, *Hel. guttatum*, Mill., Dec., Dub.

Hel. eriocaulon, Dun.; *Hel. inconspicuum*, Pers.; *Hel. punctatum*, Will.; *Tuberaria annua*, Spach.; var. β *plantagineum*, Pers.

Habite Port-Vendres et le vallon de Banyuls-sur-Mer, au *Roc de las Abelles;* le long des Albères; la vallée de Saint-Laurent-de-Cerdans; le vallon de Vernet-les-Bains, au bois de *Tixador;* Saint-Martin-du-Canigou. Fleurit en mai et juin.

10. Hél. tubéraire, *Hel. tuberaria*, Mill., Dec., Dub.

Habite les coteaux des basses montagnes entre Céret et Maurellas; les buttes des environs du Perthus. Fleurit en mai et juin.

Les plantes de la famille des Cistinées contiennent un suc gommeux qui suinte des feuilles tendres. Elles sont préconisées pour déterger les plaies; à cet effet, on fait bouillir quelques feuilles avec du vin et on en lave les plaies.

GENRE FUMANE, *Fumana*, Spach.

1. Fum. couchée, *Fum. procumbens*, Gre. et Godr.

Fum. vulgaris, Spach.; *Hel. fumana*, Mill.; *Cis. fumana*, Lin.

Habite les garrigues de Baixas et le vallon de Sainte-Catherine; tout le long de l'Agly jusqu'à Saint-Antoine-de-Galamus; les garrigues de *Força-Real;* Prades et ses environs; la *Trencada d'Ambulla;* le bois de *Pinat,* vallon de Vernet-les-Bains; le vallon de Collioure et la partie inférieure de la chaîne des Albères; Céret et jusqu'à Prats-de-Molló à la *Roca Gallinère.* Fleurit en mai et juin.

2. Fum. de Spach, *Fum. Spachii,* Gre. et Godr.

Fum. vulgaris, Spach.; *Hel. fumana,* var. β Dec.; *Cis. fumana,* Lin.

Diffère peu de la précédente. Habite les terrains arides des bords des vignes et olivettes de Rigarda et *Notre-Dame-de-Doma-Nova.* Fleurit en mai et juin.

3. Fum. grêle, *Fum. lœvipes,* Spach.

Hel. lœvipes, Pers.; *Cis. lœvipes,* Lin.

Habite les calcaires d'Arles, aux environs du *Mas de la Guardia.* Fleurit en mai et juin.

4. Fum. viscide, *Fum. viscida,* Spach.

Hel. glutinosum, Pers.; *Cis. glutinosus,* Lin.

Habite les coteaux stériles entre Arles et Costujes; les coteaux moyens des Albères, entre Céret et la route d'Espagne; les garrigues de Baixas et *Cases-de-Pena;* les lieux stériles du vallon de Prades, Villefranche et Olette. Fleurit en mai et juin.

9me FAMILLE.—VIOLARIÉES, *Violariœ,* Dec.

(*Syngénésie monogamie,* L.; *Cistacées,* Juss.; *Anomales,* Tournef.)

GENRE VIOLETTE, *Viola,* Tournef.;

en catalan *Viola de Bosch.*

1. Viol. des marais, *Viola palustris,* Lin., Dec., Dub.

Habite le Canigou, au sommet de la *Jasse de Cady,* près des lacs *(Estanyols);* le haut de la *Coma du Tech,* près des sources;

les bords des lacs de Carença; les parties humides du bois de Salvanère. Fleurit en mai et juin.

2. Viol. velue, *Viola hirta,* Lin., Dec., Dub.

Habite sur le sommet de la montagne de Céret, au bois de la ville; les environs de Prats-de-Molló. Fleurit en avril.

3. Viol. odorante, *Viola odorata,* Lin., Dec., Dub.

Très-répandue dans tout le département, au milieu des bois, parmi les haies et les buissons. Fleurit en mars.

4. Viol. des bois, *Viola sylvatica,* Fries.

Viola sylvestris, Koch.

Habite les bois des environs de Mont-Louis et la *Motte de Planès;* le vallon de la *Llapoudère,* au Canigou. Fleurit en avril et mai.

5. Viol. étonnante, *Viola mirabilis,* Lin., Dec., Dub.

Habite le bord des bois des parties supérieures de Salvanère. Fleurit en mai et juin.

6. Viol. lancéolée, *Viola lancifolia,* Thore, Mut., Lois.

Viola pumila, Fries.

Habite les bords des prairies marécageuses, près des étangs de Leucate et de Salses. Fleurit en mai et juin. Très-rare.

7. Viol. de chien, *Viola canina,* Lin., Fries.

Viola sylvestris, Lam., var. β *Macrantha ; Viola Montana*, Lin.

Habite la montagne de *Costa-Bona;* le *Pla-Guillem;* les régions alpines de plusieurs vallées du Canigou; la vallée d'Eyne; la vallée d'Évol, parmi les roches humides du revers oriental de la montagne de *Madres;* les parties supérieures de la vallée de Nohèdes; le vallon de Castell, environs de la chapelle de *Saint-Vincent.* Fleurit en juin et juillet.

8. Viol. arborescente, *Viola arborescens,* Lin., Dub., Lois.

Habite un seul point de l'île Sainte-Lucie aux escarpements des salins, rare; plus abondante à la redoute de Montaulieu, à l'extrémité de la *Clape*. Fleurit en septembre et octobre.

9. Viol. biflore, *Viola biflora,* Lin., Dec., Dub.

Habite les parties basses de *Costa-Bona,* aux environs de *Peyrefeu;* les lieux frais et humides du Canigou; les vallées d'Eyne et de Carença; les rochers humides du bois de Salvanère. Fleurit en juin et juillet.

10. Viol. tricolore, *Viola tricolor,* Lin., Dec., Dub.

Habite *Costa-Bona;* diverses localités du Canigou; le plateau de Mont-Louis; la montagne de *Madres;* le bois de Salvanère; le plateau de Saint-Marsal, et sur tous les coteaux frais des montagnes moyennes. Fleurit en juin et juillet. Commune partout

Nous trouvons dans toutes ces localités, la plupart des variétés que cette espèce fournit, et qui ont été si bien observées et décrites par M. Jordan : var. α *pallescens*, var. γ *mediterranea,* var. δ *agrestis,* var. ε *segetalis,* var. ζ *alpestris.*

11. Viol. de Rouen, *V. Rothomagensis.* Desf., Dec., Dub.

Habite les bords des ravins des bois des environs de Taulis; les bois et les prairies des environs de la *Tour de Batéra* sur le pendant de Cortsavi. Fleurit en mai et juin.

12. Viol. du Cénis, *Viola Cenisia,* Lin., Alli., Gay.

Viola valderia, Alli.

Habite l'extrémité de la vallée d'Eyne; la *Collada de Nuria;* la vallée de Llo, au *Pic de Finestrelles;* le Canigou, parmi les éboulis des roches du sommet de la vallée de Valmanya; la montagne de *Costa-Bona;* les roches du *Pla Guillem.* Fleurit en juin et juillet.

13. Viol. cornue. *Viola cornuta,* Lin., Dec., Dub.

Habite les prairies des régions moyennes du Canigou; celles des environs du bois de Salvanère; fort commune dans les prairies du Llaurenti, vallée de Mijanés. Fleurit en juin et juillet.

14. Viol. des champs, *Viola arvensis*, Dec., var. ε.

Commune dans les prairies du vallon de Castell; les vallées de Fillols, de Sahorre et toutes les basses vallées du Canigou. Fleurit en mai et juin.

10me Famille. — Résédacées, *Resedaceæ*, Dec.

(*Dodécandrie*, L.; *Anomales*, T.; *Capparidées*, Juss.)

Genre Réséda, *Reseda*, Lin.

1. Rés. phyteuma, *Res. phyteuma*, Lin., Dec., Dub.

Habite les lieux secs et chauds; les olivettes de *Malloles* et du *Sarrat d'en Vaquer*; les vignes et olivettes du Vernet et tous les environs de Perpignan, la base de *Força-Real*, et remonte la vallée de la Tet jusqu'à Mont-Louis; la vallée du Tech jusqu'à Prats-de-Molló; celle de l'Agly jusqu'à Saint-Paul-de-Fenouillet. Fleurit en juin et juillet.

2. Rés. odorant, *Res. odorata*, Lin., Dec., Dub.

Cultivé dans tous nos parterres et subspontané dans les champs qui n'en sont pas éloignés. Fleurit toute la belle saison.

3. Rés. jaune, *Res. lutea*, Lin., Dec., Dub.

Res. mucronata, Lin.

Habite le vallon de *Sainte-Catherine* et les garrigues de Baixas; le bord des vignes et les lieux pierreux; les murs et les décombres des trois bassins. Nous l'avons récolté à l'île Sainte-Lucie. Fleurit en juin et juillet. Très-commun.

Var. β. *Res. gracilis*, Tenor.

Habite les roches calcaires de la vallée de l'Agly, *Cases-de-Pena*, Estagel et Maury.

4. Rés. blanc, *Res. suffruticulosa*, Lin., Rchb.

Habite les lieux stériles sur toute la ligne du littoral; les coteaux de la plage d'Argelès, Collioure et Banyuls-sur-Mer. Nous l'avons récolté sur la chaussée du canal de La Nouvelle et à l'île Sainte-Lucie. Fleurit toute la belle saison.

5. Rés. glauque, *Res. glauca*, Lin., Dec., Dub.

Habite les roches, à l'entrée de la vallée d'Eyne; les escarpements des roches de la vallée de Llo, près de la *Jasse Verde;* la forêt de Salvanère, au *Roc de l'Escale*. Fleurit de juill. à septembre.

6. Rés. jaunissant, *Res. luteola*, Lin., Dec., Dub.; en catalan *Herba de la gauda*.

Habite les lieux rocailleux et très-arides du vallon de *Sainte-Catherine* près Baixas; *Cases-de-Pena;* les rochers le long de l'Agly jusqu'à Caudiès; remonte jusqu'à Olette dans le bassin de la Tet, et jusqu'au-delà de La Preste dans celui du Tech. Fleurit en juillet et août. Commun partout.

On cultive la Gaude *(R. luteola)* pour la matière colorante jaune qu'elle fournit. Le *R. odorata* est cultivé dans nos parterres pour le parfum de ses fleurs. Ces plantes sont âcres, diurétiques et sudorifiques; elles ne sont plus employées en médecine.

GENRE ASTÉROCARPE, *Asterocarpus*, Neck.

1. Ast. sésamoïde, *Ast. sesamoïdes*, Gay., Schul., Dub.

Habite les pâturages des environs de Mont-Louis; les prairies humides des vallées d'Eyne et de Llo; le *Cambres-d'Aze;* les pâturages des vallées du Canigou; la vallée de Prats-de-Molló, au *Pla de las Egas* (des juments); au Llaurenti, les pâturages de Mijanés. Fleurit en juillet et août.

11me Famille. — Droséracées, *Droseraceæ*, Dec.

(*Pentandrie*, L.; *Rosacées*, T.; *Capparidées*, Juss.)

Genre Rosolis, *Drosera*, Lin.

1. Ros. à feuilles rondes, *D. rotundifolia*, Lin., Dec., Dub.

Habite les lieux tourbeux de nos montagnes; *Costa-Bona*; les pelouses humides du Canigou; les prairies de Mont-Louis; les tourbes au bord des lacs de la vallée de Nohèdes; le vallon de Vernet-les-Bains, au bois de la ville. Fleurit en août.

2. Ros. à longues feuilles, *D. longifolia*, Lin., Hayn., Mut.

Habite les prairies tourbeuses des environs du bois de Salvanère; les prairies humides du premier plateau de la vallée de Prats-de-Balaguer. Fleurit en août et septembre.

Genre Aldrovande, *Aldrovanda*, Monti.

1. Ald. vésiculeuse, *Ald. vesiculosa*, Lin., Lam., Dec.

Cette plante ne se trouve plus dans le pays; nous l'avons cherchée vainement aux environs de Molitg où tous les auteurs, et notamment Pourret, l'avaient signalée. Ce fait tient peut-être à la transformation du sol; car Molitg est aujourd'hui un terrain très-aride où l'on ne voit plus des mares d'eau au milieu desquelles l'avaient trouvée les précédents naturalistes.

Genre Parnassie, *Parnassia*, Tournef.

1. Par. des marais, *Par. palustris*, Lin., Dec., Dub.

Habite les prairies humides des environs de Mont-Louis; les prairies de la vallée d'Eyne; les environs des Angles, en Capcir, dans un marais sur la droite de la route; la vallée du Tech, au bas de *Costa-Bona;* les lieux humides du Canigou. Fleurit en août et septembre.

12me FAMILLE. — POLYGALÉES, *Polygaleæ*, JUSSIEU.

(*Décandrie monogynie*, L.; *Rosacées*, T.; *Bruyères*, Juss.)

GENRE POLYGALA, *Polygala*, Lin.

Vulg. *Herbe au lait.*

1. Pol. vulgaire, *Pol. vulgaris*, Lin., Koch., Rchb.

Habite dans la vallée de la Tet, la *Trencada d'Ambulla*, Vernet, Olette; dans la vallée du Tech, Céret, Arles, Saint-Laurent-de-Cerdans, jusqu'à Prats-de-Molló; dans la vallée de l'Agly, jusqu'à Caudiès. Fleurit en juin.

Deux variétés de cette plante sont reconnues: la var. β *Vestita*, *Pol. pubescens*, Rhod., particulière à la vallée de Saint-Laurent-de-Cerdans; la var. γ *Alpestris*, Koch., n'est pas de ce pays.

2. Pol. amère, *Pol. amara*, Jacq., Lin.

Habite les prairies humides des environs de Mont-Louis et de la vallée d'Eyne; la haute vallée de Vernet-les-Bains, dans les prairies situées à la base du Canigou, vers Castell; la haute vallée de Saint-Laurent-de-Cerdans, en allant vers Serrallongue. Fleurit de mai à juillet.

3. Pol. d'Autriche, *Pol. Austriaca*, Crantz., Lois.

Pol. amara, Koch.; *Pol. uliginosa*, Rchb.; *Pol. myrtifolia*, Fries.

Habite les châtaigneraies de la vallée de Saint-Laurent-de-Cerdans; les environs de Prades et la vallée d'Estoher; remonte jusqu'aux sommets des plus hautes montagnes, car nous l'avons récoltée à la partie la plus élevée du *Cambres-d'Aze*, et dans la vallée de Mijanés en Llaurenti. Fleurit en mai et juin.

4. Pol. des rochers, *Pol. rupestris*, Pour.

Pol. saxatilis, Desf.

Habite les fissures des roches des garrigues de Salses, d'Opol, de *Cases-de-Pena* et d'Estagel. Fleurit fin mai.

5. Pol. de Montpellier, *Pol. Monspeliaca*, Lin., Dec., Dub.

Habite les roches des montagnes inférieures de la vallée de Céret et des parties moyennes des Albères. Fleurit en mai et juin.

6. Pol. à feuilles de buis, *Pol. chamæbuxus*, Lin., Dec., Dub.

Habite les environs de Saint-Marsal, dans les bois en gagnant la vallée de Valmanya; les montagnes de Céret et le long des Albères. Fleurit en mai.

13me Famille.—Frankéniacées, *Frankeniaceæ*, Aug. Saint-Hilaire.

(*Hexandrie*, L.; *Caryophyllées*, Juss.)

Genre Frankénie, *Frankenia*, Lin.

1. Frank. pulvérulente, *Fr. pulverulenta*, Lin., Dec., Dub.

Habite les sables des dunes et les terres arides des bords de la mer; les terres arides du vallon de Banyuls-sur-Mer, vers *Can Campa*. Fleurit en mai et juin.

2. Frank. intermédiaire, *Frank. intermedia*, Dec., Dub.

Frank. hirsuta, Dec.; Flore française.

Habite les mêmes localités que l'espèce précédente; elle est moins répandue pourtant. Fleurit en mai et juin.

14me Famille.—Silénées, *Sileneæ*, Dec., Prod.

(*Pentandrie* ou *Décandrie*, L.; *Rosacées*, T.; *Caryophyllées*, Juss.)

Genre Cucubale, *Cucubalus*, Gærtn.

Vulg. *Coulichon à baies.*

1. Cuc. baccifère, *Cuc. bacciferus*, Lin., Dub., Lois.

Habite les haies des champs et des prairies de la Salanque; les bords des rivières des trois bassins. Fleurit en mai et juin. Commun partout.

GENRE SILÈNE, *Silene*, Lin.

Vulg. *Cornilet.*

1. Sil. renflé, *Sil. inflata*, Sm., Dec., Lois.

Sil. inflata, var. α *vulgaris*, Dec.; *Cucul. Behen*, Lin.

Habite parmi les moissons des aspres; les vignes et les champs de *Malloles;* Céret et toute cette vallée; Collioure, Port-Vendres et Banyuls-sur-Mer; Prades, Vernet-les-Bains, Olette; commun partout avec ses variétés. Fleurit de mai à juillet.

Var. α. *Genuina*, Grc. et Godr.

Var. β. *Minor*, Moris.

2. Sil. maritime, *Sil. maritima*, Will.

Cucul. littoralis, Pers.

Habite les propriétés qui touchent les dunes le long du littoral; très-commun dans les vallons de Collioure et de Banyuls-sur-Mer. Fleurit en mai et juin.

3. Sil. conique, *Sil. conica*, Lin., Dec., Dub.

Commun sur le bord des rivières, des torrents et dans les champs qui ont été inondés par les débordements; les vignes des vallons de Prades et de Cornella-du-Conflent; les vignes de la vallée de l'Agly, entre *Cases-de-Pena*, Estagel et Saint-Paul. Fleurit en juin et juillet.

4. Sil. conoïde, *Sil. conoïdea*, Lin., Dec., Dub.

Moins commun que le précédent. Habite les mêmes localités, mais particulièrement les vignes de *Cases-de-Pena* et d'Estagel. Fleurit à la même époque.

5. Sil. de France, *Sil. Gallica*, Lin., Soyer, Will.

Habite les environs de Toulouges, parmi les moissons et les champs arides vers la métairie Fraisse; les champs et les vignes de la vallée du Réart; les champs du vallon de Banyuls-sur-Mer. Fleurit en juin et juillet.

Deux belles variétés sont fournies par cette espèce: la var. α, remarquable par la grappe fructifiée à capsules dressées, appliquées; les pétales sont tantôt de couleur uniforme, roses ou blancs. *S. sylvestris*, Rchb. —La var. β, tantôt pâle sur les bords et maculée d'une tache purpurine au centre du limbe. *S. quinquevulnera*, Lin. On le trouve dans les mêmes localités.

6. Sil. nocturne, *Sil. nocturna,* Lin., Dec., Lois.

Sil. spicata, Dec., Flore française.

Habite *Malloles* et le *Sarrat d'en Vaquer*, aux environs de Perpignan; *Cases-de-Pena* et Estagel dans la vallée de l'Agly; les vignes et le bord des champs dans les vallons de Prades, de Cornella-du-Conflent et de Vernet-les-Bains. Fleurit en juin et juillet.

7. Sil. cilié, *Sil. ciliata,* Pour., Dec.

Sil. stellata, Lapey.; *Sil. arvatica*, Lagasc.; *Sil. Pourretii*, Poir.

Habite les sommités des vallées d'Eyne, de Llo et du Canigou, le *Pla Guillem* et Carença. Fleurit en juillet et août.

8. Sil. armeria, *Sil. armeria,* Lin., Dec., Dub.

Habite les champs et garrigues des environs de Baixas et du vallon de *Sainte-Catherine;* les lieux arides de la vallée du Réart. Fleurit en juillet et août.

9. Sil. fermé, *Sil. inaperta,* Lin., Dec., Dub.

Sil. polyphylla, Vill.; *Sil. scabra*, Bert.

Habite parmi les ronces des coteaux de Baixas, *Cases-de-Pena* et Estagel; les environs de Maureillas et de Céret; les haies des champs de la vallée du Réart; le *Sarrat de las Guilles*, aux environs de Perpignan; la vallée de Vernet-les-Bains, au *Roc del Grau*, et sur les rochers de Castell. Fleurit en juillet et août.

10. Sil. saxifrage, *Sil. saxifraga,* Lin., Dec., Dub.

Habite les fentes des rochers de presque toutes nos vallées;

l'entrée de la vallée de Llo; celle de Carol; Villefranche; Vernet-les-Bains; *Cases-de-Pena,* Saint-Antoine-de-Galamus. Fleurit de mai en août.

11. Sil. des rochers, *Sil. rupestris,* Lin., Dec., Lois.

Habite les rochers de quelques vallées du Canigou, Saint-Martin-du-Canigou, *Costa-Bona, Pla Guillem, Coma du Tech,* Carença ; les vallées d'Eyne, de Llo et de Carol. Fleurit de juin en août.

12. Sil. acaule, *Sil. acaulis,* Lin., Dec., Dub.

Habite toutes les sommités du Canigou; *Costa-Bona;* la *Coma du Tech;* le *Pla Guillem;* les vallées d'Eyne et de Llo. Fleurit de juin en août.

13. Sil. de Crète, *Sil. Cretica,* Lin., Lois., Moris.

Sil. annulata, Thor.; *Sil. rubella*, Dec.; *Sil. clandestina*, Dub.

Habite Saint-Antoine-de-Galamus; les champs entre Fosse et Boucheville; les environs de Prats-de-Molló; les haies des vignes de *Força-Real.* Fleurit en juin et juillet.

14. Sil. attrape-mouche, *Sil. muscipula,* Lin., Dec., Dub.

Sil. stricta, Lapey.

Habite les vallons de Prades et de Villefranche; la *Trencada d'Ambulla; Cases-de-Pena;* les haies des champs situés au pied des Albères; les buttes et le bord des chemins de tout le pays. Fleurit en juin et juillet.

15. Sil. des prés, *Sil. pratensis,* Gre. et Godr.

Lych. dioïca, Dec.; *Lych. vespertina*, Sibth.; *Lych. pratensis*, Spreng.; *Melandrium pratense*, Rohl.

Habite les environs de Perpignan parmi les récoltes et les prairies, les bords de la pépinière et les fourrés des taillis qui bordent la Tet, les environs de Château-Roussillon; le vallon de Céret; celui de Prades. Fleurit en juin et juillet.

Son nom catalan est *Conivelles*. — Nos paysans en mangent les jeunes pousses, préparées comme les épinards.

16. Sil. diurne, *Sil. diurna*, Gre. et Godr.

Lych. diurna, Sibth.; *Lych. sylvestris*, Hop.; *Melandrium sylvestre*, Rohl.

Habite les haies et les prairies humides des parties basses des trois bassins. Fleurit en mai et juin.

17. Sil. penché, *Sil. nutans*, Lin., Dec., Dub.

Sil. paradoxa, Lapey.; *Sil. infracta*, Waldst.

Habite les fortifications de la place de Mont-Louis; les fourrés du bois de Boucheville; les bords des chemins de la vallée de Vernet-les-Bains et du village de Castell; les parties rocailleuses au pied des Albères. Fleurit en mai et juin.

18. Sil. d'Italie, *Sil. Italica*, Pers., Dec., Dub.

Cucul. Italicus, Lin.; *Cucul. silenoïdes*, Vill.

Habite les lieux stériles des environs d'Olette; le plateau de la *Trencada d'Ambulla;* Céret et ses environs; sur les rochers à *Cases-de-Pena* et à Estagel. Fleurit en mai et juin.

19. Sil. paradoxe, *Sil. paradoxa*, Lin., Dec. Lois.

Habite les roches granitiques des sommets du plateau de Sournia. Fleurit en mai et juin.

20. Sil. otitès, *Sil. otites*, Sm., Dec., Dub.

Cucul. otites, Lin.; *Cucul. parviflorus*, Lam.

Habite les environs de Villefranche, à la *Trencada d'Ambulla;* les coteaux de *Cases-de-Pena;* les coteaux entre Llauro et Oms, vallée du Réart. Fleurit en mai et juin.

GENRE VISCAIRE, *Viscaria*, Rohl.

1. Visc. pourprée, *Visc. purpurea*, Wimm.

Lych. viscaria, Lin.

Habite parmi les moissons des environs de *Cases-de-Pena;* les prairies au bas de Château-Roussillon et le long des coteaux jusqu'à Canet. Fleurit en mai et juin.

2. Visc. des Alpes, *Visc. Alpina,* Fries, Braun.

Lych. Alpina, Lin.

Habite les environs de Mont-Louis; le *Cambres-d'Aze;* la vallée d'Eyne; Carença; les régions supérieures du Canigou; les vallées d'Évol et de Nohèdes. Fleurit en juin et juillet.

GENRE PÉTROCOPTIS, *Petrocoptis,* Braun.

1. Pét. des Pyrénées, *Pet. Pyrenaïca,* Braun.

Lych. Pyrenaïca, Berg.; *Lych. nummularia*, Lapey.

Habite les roches de la partie moyenne de la vallée d'Eyne; les escarpements des roches du *Bac de Bolquère.* Fleurit en août et septembre.

GENRE LYCHNIDE, *Lychnis,* Lin.

1. Lych. fleur de coucou, *Lych. flos cuculli,* Lin., Dec., Lois.

Lych. laciniata, Lam.; *Coronaria flos cuculli*, Braun.

Habite les prairies de la plaine de Thuir; celles des parties basses de la Salanque; celles qui bordent la vallée de l'Agly, à *Cases-de-Pena.* Fleurit en mai et juin.

2. Lych. fleur de Jupiter, *Lych. flos Jovis,* Lam., Dec., Dub.

Agros. flos Jovis, *Coronaria flos Jovis*, Braun.

Habite les prairies des environs de Mont-Louis et de la *Borde-Girvés.* Fleurit en juillet et août.

Genre Agrostème, *Agrostemma*, Lin.; en catalan *Nielle.*

1. Agrost. githago, *Agrost. githago,* Lin., Fries.

Lych. githago, Lam.; *Githago segetum*, Desf.

Habite dans toutes les récoltes, et fort souvent trop commune dans les terres légères, qu'elle infecte. Fleurit en mai et juin.

Cette plante rend le blé peu estimé lorsqu'elle y est trop abondante. On prétend que le pain qu'on fabrique avec la farine du blé où la *nielle* se trouve en trop grande quantité, donne des maux de tête aux personnes qui en font usage.

Genre Saponaire, *Saponaria,* Lin.; en catalan *Sabunette, Sabonarie, Herba Sabonera.*

1. Sap. officinale, *Sap. officinalis,* Lin., Dec., Lois.

Sile. saponaria, Fries.

Habite le bord des fossés humides, les haies, les taillis près des rivières, dans les trois bassins. Fleurit de mai en août. Très-commune partout.

2. Sap. faux basilic, *Sap. ocymoïdes,* Lin., Dec., Dub.

Sap. repens, Lam.

Habite le vieux Mont-Louis; Villefranche; les vallées de Cornella-du-Conflent, de Vernet-les-Bains et de Nohèdes; les lieux rocailleux et humides à Céret et sur la route de Prats-de-Molló; le vallon de Banyuls-sur-Mer; Saint-Antoine-de-Galamus, et la forêt de Boucheville. Fleurit en mai et juin.

3. Sap. orientale, *Sap. orientalis,* Lin., Dec., Dub.

Habite dans les fourrés, vers Château-Roussillon. On l'a signalée à Collioure. Fleurit en juin. Rare.

La *Sap. officinale* mousse quand on la froisse dans l'eau; nos paysans s'en servent pour nettoyer leurs étoffes. En médecine, elle est administrée contre les vieilles affections de la peau; elle est amère, apéritive et tonique.

Genre Gypsophile, *Gypsophila*, Lin.

1. Gyp. des vaches, *Gyp. vaccaria*, Sibth., Moris.

Sapon. vaccaria, Lin.; *Vaccaria vulgaris*, Host.

Habite parmi les roches à *Cases-de-Pena*, Saint-Antoine-de-Galamus, *Força-Real*, la *Trencada d'Ambulla;* les environs de Perpignan, au bord des vignes du *Sarrat d'en Vaquer*. Fleurit en mai et juin.

2. Gyp. des murs, *Gyp. muralis*, Lin., Dec., Dub.

Habite les environs de Villefranche; la vallée de Vernet-les-Bains et Castell; sur la route de Mont-Louis; Céret et la route de Prats-de-Molló; *Cases-de-Pena*. Fleurit de mai en juillet. Commun partout.

Le vulgaire emploie la décoction du *Gyp. muralis* contre les affections graveleuses; elle est fortement diurétique.

3. Gyp. rampant, *Gyp. repens*, Lin., Dec., Dub.

Gyp prostrata, Alli.

Habite les lieux rocailleux des environs de Fontpédrouse; les fentes des rochers entre Prats-de-Molló et La Preste; commun dans la vallée de Mijanés, au Llaurenti. Fleurit en juin et juillet.

Genre Œillet, *Dianthus*, Lin.

1. Œillet saxifrage, *Diant. saxifragus*, Lin.; en catalan *Clavelliner de cinq fo'las*.

Dian. filiformis, Lam.; *Tunica saxifraga*, Scop.

Habite les coteaux arides qui garnissent l'entrée de la vallée de Nohèdes; la vallée de Carença; celle de Céret, en montant au bois de la ville. Fleurit en juin et juillet.

2. Œillet prolifère, *Diant. prolifer,* Lin., Dec., Dub.

Kohlranschia prolifera, Kunth.

Habite les coteaux arides de la métairie Délaya, vers Canet; le bois de la pépinière de Perpignan; *Cases-de-Pena;* les environs de Céret. Fleurit en mai et juin. Commun partout.

3. Œillet barbu, *Diant. barbatus*, Lin., Dec., Dub.; en catalan *Boquet fet.*

Habite les rochers de la *Font de Comps;* les environs de Mont-Louis; entre Arles et le Tech; les prairies de Fosse, près Saint-Paul-de-Fenouillet. Fleurit en juin et juillet. Assez commun.

4. Œillet armeria ou Œillet velu, *Diant. armeria,* Lin., Dec., Dub.

Habite le long de la route de *Cases-de-Pena,* et les bords des fossés et tertres de toute cette contrée. Fleurit en juillet et août. Très-commun.

5. Œillet des Chartreux, *Diant. Carthusianorum,* Lin., Dec., Dub.

Habite les bois de châtaigniers de Saint-Laurent-de-Cerdans; la vallée de Prats-de-Molló, au *Baus de l'Aze;* les environs de Mont-Louis et la *Borde Girvés;* les prairies au pied des Albères; les prairies et les bois de la vallée de Vernet-les-Bains et Castell; la vallée de l'Agly, entre Boucheville et les Fanges. Fleurit de juin à septembre.

On trouve dans les mêmes localités deux variétés de cette espèce: la var. β *Di. congestus*, Lois., et la var. ε *Di. ferrugineus*, Pour.

6. Œillet rouge-brun, *Diant. atrorubens,* Alli.

Diant. sanguineus, Rchb.

Habite les coteaux avant d'arriver au village de Nohèdes; les pentes de Saint-Martin-du-Canigou; la *Font de Comps,* et entre Fosse et Boucheville. Fleurit en juin et août.

7. Œillet de Séguier, *Diant. Seguieri,* Chaix.

Diant. carthusianorum, Alli.; *Diant. collinus*, God.

Habite les pelouses basses du bois de Salvanère; les parties basses de la vallée de Carença; le vallon de Castell, sous Saint-Martin-du-Canigou, et la base de *Costa-Bona.* Fleurit en juillet et août.

8. Œillet atténué, *Diant. attenuatus,* Sm., Lapey.

Diant. Lusitanicus, Brot.; *Diant. Pyrenæus*, Pour.; *Diant. longiflorus*, Lam.

Habite les environs de Mont-Louis, à La Cassagne; la vallée de Vernet-les-Bains, et remonte assez haut sur les contreforts du Canigou; les roches des vallons de Banyuls-sur-Mer et de Collioure. Fleurit de mai à septembre. Commun partout.

9. Œillet hérissé, *Diant. hirtus,* Vill., Dec., Dub.

Diant. attenuatus, var. β Lois.

Habite les vallons de Collioure et Banyuls-sur-Mer, vers *Can Campa;* les gorges des basses Albères, ainsi que celles des basses Corbières. Fleurit en juin et juillet.

10. Œillet de Requien, *Diant. Requienii,* Gre. et Godr.

Habite les mêmes localités que le précédent. On en a fait une espèce nouvelle qu'on a dédiée à M. Requien; peu de chose le différencie du *Dianthus hirtus,* avec lequel on le trouve habituellement. Fleurit en juin et juillet.

11. Œillet piquant, *Diant. pungens,* Lin., Sch., Lapey.

Diant. arenarius, Thuil.; *Diant. furcatus*, Balbi.

Habite les haies des propriétés stériles et les rochers des environs de Collioure et de Banyuls-sur-Mer; les sables maritimes de tout le littoral; les collines le long des Albères jusqu'à Bellegarde; *las Salinas* et le bois de la ville de Céret; les collines qui longent la route d'Olette à Formiguères; la *Trencada d'Ambulla;* la *Font de Comps.* Fleurit en juin et juillet.

12. Œillet brachyanthe, *Diant. brachyanthus*, Boiss.

Diant. pungens, Pour.

Habite les mêmes localités que le précédent, dont il ne diffère que par la taille.

Deux nouvelles variétés ont été faites de cette espèce. Elles peuvent tenir de la localité où elles vivent : l'une, α *genuinus*, Gre. et Godr., remarquable par son calice petit, par ses pétales à limbe entier, une fois plus court que l'onglet, se trouve à l'île Sainte-Lucie, et sur les roches du bord de la mer, entre Salses et Leucate ; la seconde, β *macranthus*, Gre. et Godr., calice deux fois plus gros, pétales à limbe aussi long que l'onglet, entier ou denté, se trouve sur les collines du Perthus et de Bellegarde, et sur celles des basses Corbières.

13. Œillet sans tige, *Diant. subacaulis*, Will., Dec., Lois.

Diant. virgineus, Gouan.

Habite la vallée de Conat, sur les rochers de la *Font de Comps* ; les roches du sommet de *Costa-Bona* ; le *Pla Guillem* ; les *Esquerdes de Roja*, avant de descendre à la *Coma du Tech*. Fleurit en juin et juillet.

14. Œillet neglectus, *Diant. neglectus*, Lois., Koch.

Diant. Alpinus, Vill. ; *Diant. glacialis*, God.

Habite les roches de l'extrémité du vallon de Banyuls-sur-Mer ; les rochers très-escarpés de la *Font de Comps*. Fleurit en juin et juillet.

15. Œillet deltoïde, *Diant. deltoïdes*, Lin., Dec., Dub.

Diant. supinus, Lam.

Habite le chemin de La Llagone ; les fortifications de la place de Mont-Louis ; la vallée de Carença ; les prairies alpines du Canigou. Fleurit de juin à septembre.

16. Œillet sauvage, *Diant. sylvestris,* Wulf., Dec., Koch.; en catalan *Clavalline de cinq follas.*

Diant. caryophyllus et *inodorus*, Lin.; *Diant. virgineus*, Jacq.

Habite les coteaux arides du chemin de Rigarda à *Doma-Nova;* les rochers de la *Font de Comps,* et les penchants méridionaux de *Costa-Bona.* Fleurit en juillet et août.

Cette espèce fournit deux variétés : α *ebracteatus,* Gre. et Godr., β *bracteatus,* Gre. et Godr. Elles se distinguent par la forme des feuilles et du calice. — Si on tenait compte des différences de couleur qu'on rencontre dans le genre œillet, il fournirait des variétés innombrables : elles ne tiennent qu'à la localité et à la nourriture plus ou moins substantielle qu'a reçue le sujet.

17. Œillet virginal, *Diant. virgineus,* Lin., Sm., God.

Diant. caryophyllus, D. tenuifolius, Moril.

Habite les environs de Saint-Antoine-de-Galamus; les coteaux de la *Trencada d'Ambulla* et ceux de la vallée du Réart. Fleurit de juillet à septembre.

18. Œillet giroflée, *Diant. caryophyllus,* Lin., Dec., Dub.

Diant. coronarius, Lam.

Habite dans le vallon de Collioure tous les environs de Consolation; la *Trencada d'Ambulla;* les coteaux arides sur la route de Perpignan à *Cases-de-Pena.* Fleurit en juillet et août.

19. Œillet tener, *Diant. tener,* Balbi.

Diant. sylvestris, Lapey.

Habite les roches calcaires en montant à la *Font de Comps* par la vallée de Conat. Quelques pieds se trouvent aussi parmi les roches au-dessus de la fontaine. Fleurit en juillet et août.

20. Œillet de Montpellier, *D. Monspesulanus,* Lin., Dub.

Dianthus Monspeliacus. Lin.; *Diant. fimbriatus,* var. β Lam.; *Dianthus moriscus,* Tenor.

Habite les rochers des environs de Mont-Louis; la *Trencada d'Ambulla;* les bois du Canigou; le vallon de Rigarda, aux bords de la rivière, près le *Mas-Œillet;* Prats-de-Molló et La Preste. Fleurit en juillet et août.

21. Œillet superbe, *Diant. superbus,* Lin., Dec., Dub.

Diant. fimbriatus, var. α Lam.

Habite les pelouses humides des environs du bois de Boucheville; les pâturages au pied de *Costa-Bona.* Fleurit en juillet et août.

22. Œillet de France, *Diant. Gallicus,* Pers., Dec., Dub.

Diant. arenarius, Thor.

Habite les sables arides des dunes les plus rapprochées des prairies maritimes; sur le littoral entre Sainte-Marie et Canet. Fleurit en juillet et août.

Genre Vélésia.

Ce genre se compose d'une seule espèce (*Vel. regida*) que nous n'avons pas trouvée dans ce département.

15me Famille.—Alsinées, *Alsineæ,* Bartt.

(*Pentandrie* ou *Décandie,* L.; *Rosacées*, T.; *Caryophyllées*, Juss.)

Genre Sagine, *Sagina*, Lin.

1. Sag. couchée, *Sag. procumbens,* Lin., Dec., Rchb.

Commune parmi les récoltes des champs humides et sablonneux. Souvent trop commune, car elle nuit au développement des produits. Fleurit toute la belle saison.

2. Sag. apétale, *Sag. apetala*, Lin., Dec., Rchb.

Sag. urceolata. Viv.

Habite les lieux stériles et sablonneux de tout le département. Fleurit toute la belle saison. Très-commune.

3. Sag. ciliée, *Sag. ciliata,* Fries.

Sag. patula, Jord.

Habite parmi les moissons des champs sablonneux des parties basses de tout le littoral. Fleurit de mai à juillet.

4. Sag. stricta, *Sag. stricta,* Fries, Dec.

Sag. maritima, Loyd.

Habite les prairies humides des parties basses des bassins de la Tet et du Tech, et les fourrés du bord des fossés. Fleurit en mai et juin.

5. Sag. maritime, *Sag. maritima,* Don., Dec., Mut.

Spergula filiformis, Pour.

Habite les prairies maritimes et les dunes humides des trois bassins, sur tout le littoral. Fleurit d'avril en août.

6. Sag. subulée, *Sag. subulata,* Wimm., Koch.

Sperg. subulata, Sw.

Habite la vallée de Saint-Laurent-de-Cerdans, dans les bois situés sur les plateaux; les lieux stériles des environs de Mont-Louis. Fleurit en juin et juillet.

7. Sag. noueuse, *Sag. nodosa,* Fenzl.

Sperg. nodosa, Lin.

Habite les parties marécageuses de Salses et les prairies humides des bords des dunes près Sainte-Marie. Fleurit en juin et juillet.

Genre Buffonie, *Buffonia,* Sauvages.

Vulg. *Herbe de Buffon.*

1. Buff. macrosperme, *Buff. macrosperma,* Gay.

Buff. tenuifolia, Vill.; *Buff. annua*, Dec.

Habite les lieux stériles de l'île Sainte-Lucie; est assez rare entre Sigean et Salses. Fleurit en juillet et août.

2. Buff. à petites feuilles, *Buff. tenuifolia,* Lin., Gay.

Habite les lieux stériles et sablonneux des environs de Perpignan; commune sur le plateau de la chapelle de *Notre-Dame de Pena*. Fleurit en mai.

3. Buff. vivace, *Buff. perennis,* Pour., Benth., Lapey.

Habite la *Trencada d'Ambulla*, et remonte jusqu'aux *Graus d'Olette; Cases-de-Pena*, Estagel et Maury, dans la vallée de l'Agly; sur la route de Perpignan au Boulou. Fleurit en juin et juillet.

GENRE ALSINE, *Alsine,* Wahl.

1. Als. à petites feuilles, *Als. tenuifolia,* Crantz, Fenzel.

Habite, dans la vallée d'Évol, les terrains sablonneux près des torrents; le bois de *Pinat*, dans la vallée de Vernet-les-Bains et Castell; les environs de Prats-de-Molló. Fleurit en juin.

2. Als. mucronée, *Als. mucronata*, Lin., Gouan.

Aren. rostrata, Koch.; *Aren. mucronata*, Dec.; *Aren. mutabilis*, Lapey.

Habite le vallon de Prades, sur les rochers des environs; la vallée de Nohèdes, sur les rochers du premier plateau; au-dessus de Saint-Martin-du-Canigou, les rochers des environs et les lieux stériles. Fleurit en juillet et août.

3. Als. du printemps, *Als. verna,* Bartt., Fenzel.

Aren. verna, Lin.; *Aren. Gerardi*, Will.; *Aren. liniflora*, Jacq.

Habite le plateau supérieur de la *Font de Comps;* les parties élevées du *Cambres-d'Aze;* les sommités de la vallée de Llo; la vallée du Tech, à *Costa-Bona*. Fleurit en mai et juin.

4. Als. recourbée, *Als. recurva,* Wahl., Koch.

Aren. recurva, Alli.; *Sab. recurva*. Rchb.

Habite les lieux rocailleux des extrémités des vallées d'Eyne et de Llo. Fleurit en août et septembre.

5. Als. de Villars, *Als. Villarsii,* M. et K.

Aren. Villarsii, Balb.; *Aren. Austriaca,* Alli.; *Aren. triflora,* Vill.

Habite les éboulis des roches au sommet du *Cambres-d'Aze,* et les terrains analogues vers l'extrémité de la vallée d'Eyne; la montagne du Llaurenti. Fleurit en août et septembre.

6. Als. striée, *Als. striata,* Gre.

Aren. striata, Lin.; *Aren. laricifolia,* Vill.; *Wierzbickia striata,* Rchb.

Habite les sommités du Canigou; la vallée d'Eyne, aux environs du *Pla de la Baguda;* les sommités de la vallée de Llo. Fleurit en août et septembre.

7. Als. de Cherler, *Als. Cherleri,* Fenzel.

Cher. sedoïdes, Lin.

Habite le plateau de Mont-Louis; les sommités des vallées d'Eyne et de Llo; les escarpements des roches de *Costa-Bona.* Fleurit en juillet et août.

Genre Honkeneja, *Honkeneja,* Ehrh.

1. Honk. péploïde, *Honk. peploïdes,* Ehrh., Fenzel.

Aren. peploïdes, Lin.; *Aden. peploïdes,* Raf.; *Halianthus peploïdes,* Fries.

Habite les rochers maritimes des environs de Collioure, Port-Vendres, Consolation et tout le territoire de Banyuls-sur-Mer. Fleurit en août.

Genre Moehringie, *Moehringia,* Lin.

1. Moeh. des mousses, *Moeh. muscosa,* Lin., Dec., Rchb.

Habite les environs de Fontpédrouse, près des ruisseaux; les lieux humides de la vallée de Carença; les environs de Prats-de-Molló, à la *Roca Gallinera.* Fleurit en mai et juin.

2. Moeh. dasyphylle, *Moeh. dasyphylla*, Bruno.

Moeh. ponæ, Fenzel; *Moeh. intermedia*, Lois.; *Arenaria bavarica*, Lin.; *Sabulina ponæ*, Rchb.

Habite les pentes de la montagne de *Madres*, en descendant des bois pour aller aux *Gourgs de Nohèdes*. Fleurit en juin.

3. Moeh. polygonoïde, *Moeh. polygonioïdes*, M. et K.

Arenaria polygonioïdes, Wulf.; *Aren. obtusa*, Alli.; *Stellaria ciliata*, Scop.

Habite les extrémités de la vallée de Carença, et les hautes régions de *Costa-Bona*. Fleurit en juillet.

4. Moeh. trinerviée, *Moeh. trinervia*, Clairv., Rchb.

Aren. trinervia, Lin.

Habite les bords des ruisseaux et lieux humides de la vallée de Nohèdes et d'Urbanya; les lieux ombragés et humides de la vallée de Vernet-les-Bains et de Castell. Fleurit en mai et juin.

5. Moeh. à cinq étamines, *Moeh. pentandra*, Gay.

Habite les lieux humides du vallon de Consolation; le bord des ruisseaux et des fontaines de la vallée de La Vall. Fleurit en mai.

Genre Sabline, *Arenaria*, Lin.

1. Sabl. de montagne, *Aren. montana*. Lin., Dec., Rchb.

Habite les sommités de la vallée d'Évol, et derrière La Preste en montant au *Pla Guillem*. Fleurit en juin et juillet.

2. Sabl. à deux fleurs, *Aren. biflora*, Lin., Dec., Alli.

Aren. biflora et *appetala*, Vill.

Habite les sommités de la vallée d'Eyne, près des neiges; la vallée de Lló; le *Bac de Bolquère*; les sommités de la montagne de *Madres*; au Canigou, la région supérieure de la *Font de la Conque*. Fleurit en juillet et août.

3. Sabl. ciliée, *Aren. ciliata*, Lin., Dec., Rchb.

Aren. multicaulis, Lois.

Habite les rochers escarpés de *Carlite;* les pentes de *Puig-Péric;* la montagne de *Madres*. On la retrouve au sommet du Llaurenti et dans la vallée de Mijanés, vers le *Port de Pallères*. Fleurit en juillet et août.

4. Sabl. à feuilles de serpolet, *Aren. serpyllifolia*, Lin., Dec., Rchb.

Habite les parties moyennes de la montagne de la *Font de Comps*, en montant par Serdinya; les vallées de Vernet-les-Bains et de Sahorre, où elle est commune.

Plusieurs variétés sont fournies par cette plante : α *scabra*, Fenzel, plante plus ou moins pubescente-scabre, habite la *Font de Comps;* β *glutinosa*, Koch, plante pubescente-glanduleuse au sommet, vit à Sahorre; γ *nivalis*, Gre. et God., sépales internes étroitement scarieux aux bords; capsule oblongue, peu ventrue, habite la partie supérieure de la *Font de Comps*.

5. Sabl. cendrée, *Aren. cinerea*, Dec., Dub.

Aren. ruscifolia, Reg.

Habite le plateau supérieur de la *Font de Comps*, où elle est assez abondante. Fleurit en mai et juin.

6. Sabl. hispide, *Aren. hispida*, Lin., Dec.

Habite les penchants méridionaux de la montagne de Mosset; le *Cambres-d'Aze;* le Canigou et les pelouses du *Pla Guillem;* la montagne de *Costa-Bona*. Fleurit en juin et juillet.

7. Sabl. modeste, *Aren. modesta*, Duf., Schultz, Mut.

Habite les vignes et terrains pierreux des environs de Perpignan, vers *Orle* et le *Sarrat de las Guillas*. Fleurit en mai et juin.

8. Sabl. à grande fleur, *Aren. grandiflora*, Alli., Rchb.

Aren. triflora, Lin.; *Aren. juniperifolia*, Vill.; *Aren. saxatilis*, Lapey.

Habite les régions élevées de nos montagnes, le Canigou, Carença, *Madres*, l'extrémité supérieure de *Nohèdes*, *Costa-Bona* et les buttes méridionales de cette région. Fleurit en juin et juillet.

9. Sabl. à quatre rangs, *Aren. tetraquetra*, Lin., Dec.

Habite la vallée de Conat, en montant à la *Font de Comps*, au lieu dit *los Plas*, et au plateau supérieur, où elle forme un gazon très-étendu. Fleurit en juin et juillet.

Cette plante fournit plusieurs variétés. La var. α est commune à la *Font de Comps*.

10. Sabl. purpurescente, *Aren. purpurascens*, Ram.

Dufourea purpurascens, Gre.

Habite les sommités les plus élevées des vallées d'Eyne et de Llo, parmi les éboulis de roches. Fleurit en juillet et août.

Genre Stellaire, *Stellaria*, Lin.

1. Stel. des bois, *Stel. nemorum*, Lin., Dec., Rchb.

Stel. latifolia, Pers.

Habite les lieux humides et ombragés de la vallée de Nohèdes; le bois de Salvanère; les vallées de Fillols et de Taurinya; Céret et les basses montagnes des environs; la vallée de Saint-Laurent-de-Cerdans. Fleurit en juin et juillet.

2. Stel. moyenne ou Mouron des oiseaux, *Stel. media*, Vill., Mut.;

en catalan *Morallons* ou *Murallus*.

Vulg. *Morgeline*, *Alsine*. *Mouron blanc* ou *Mouron des petits oiseaux*.

Habite le pied des vieux murs, les champs, les prairies. Commune dans tout le département. Fleurit toute la belle saison.

Le Mouron dont il est question ici n'est pas le même que le Mouron des champs (*Anagallis arvensis*, Lin.). Plusieurs personnes prennent l'un pour l'autre, et croient pouvoir donner indifféremment les deux espèces aux petits oiseaux. Cette erreur a été fatale à plusieurs volières; nous même avons perdu quarante Canaris en une seule journée, pour leur avoir donné l'*Anagallis* à becqueter. Cette dernière plante est donc un poison pour les oiseaux. La Stellaire ou Morgeline, au contraire, les rafraîchit, et corrige par ses propriétés les inconvénients de la nourriture sèche à laquelle on soumet pendant toute l'année les oiseaux tenus en cage. La Morgeline porte des fleurs blanches, tandis que l'Anagallide porte des fleurs, tantôt d'un rouge de brique, tantôt d'un bleu d'azur variant du bleu au blanc.

3. Stel. holostée, *Stel. holostea*, Lin., Dec., Rchb.

Très-commune partout, dans les taillis, les bois, les haies, le bord des eaux et des chemins, dans les trois bassins. Fleurit en mai et juin.

4. Stel. graminée, *Stel. graminea*, Lin., Dec., Rchb.

Habite les glacis de la citadelle et les environs de Mont-Louis; les environs de La Preste et de Prats-de-Molló; Saint-Martin-du-Canigou, dans les bois, les prairies et au bord des ruisseaux. Fleurit en juin et juillet.

5. Stel. uligineuse, *Stel. uliginosa*, Murr., Rchb.

Stel. aquatica, Ser.; *Larbrea aquatica*, St-Hill.; *Stel. dilleniana*, Leers.

Habite les prairies marécageuses et le bord des eaux des parties basses des montagnes; les prairies humides de la base des Albères. Fleurit en mai et juin.

Genre Holostée, *Holosteum*, Lin.

1. Hol. ombellée, *Hol. umbellatum*, Lin., Gay.

Alsi. umbellata, Dec.; *Arena umbellata*, Clairv.

Habite dans les champs et sur les vieux murs aux environs de Mont-Louis; sur le mur de l'église de La Llagone; la vallée de Vernet-les-Bains et Castell, au bord des champs et au *Pla del Mont;* Saint-Martin-du-Canigou; le vallon d'Arles, au bas de la montagne. Fleurit en mars et avril.

GENRE CÉRAISTE, *Cerastium*, Lin.

Vulg. *Oreille de Souris.*

1. Cer. trigynum, *Cer. trigynum*, Vill., Fenzel.

Stel. cerastoïdes, Lin.; *Stel. radicans*, Lapey,; *Dichodon cerastoïdes*, Rchb.

Habite les pâturages près des neiges au Canigou; le sommet de la vallée d'Eyne, au *Col de Nuria;* le *Pla Guillem;* Carença; la partie supérieure de la *Font de Comps*. Fleurit en juillet et août.

2. Cer. glauque, *Cer. glaucum*, Gre.

Habite les lieux humides de la forêt de Salvanère; le pied des roches et les fourrés du bois de Boucheville; la *Motte de Planès*, près Mont-Louis. Fleurit en avril et mai.

3. Cer. visqueux, *Cer. viscosum*, Lin., Gre.

Cer. glomeratum, Thuil.; *Cer. vulgatum*, Lin.

Habite au milieu des rochers humides des environs de Mont-Louis; la vallée de Conat et à la *Font de Comps*, sur les rochers et au bord des ruisseaux; les environs de Prades; les montagnes de la vallée de Céret jusqu'à Prats-de-Molló. Fleurit de mai à juillet.

4. Cer. brachypetalum, *Cer. brachypetalum*, Desp., Dec.

Cer. strigosum, Fries; *Cer pilosum*, Tenor; *Cer. semidecandram*, Chaub.

Habite le vallon de Prades et tout le Conflent, sur le bord des fossés et dans les champs; la vallée de Céret et de Saint-Laurent-de-Cerdans, dans les champs et le bord des routes. Fleurit en avril et mai.

5. Cer. pentandre, *Cer. semidecandrum*, Lin., Gre.

Cer. viscosum, Pers.; *Cer. pellucidum*, Chaub.; *Cer. arenarium*, Tenor.

Habite la vallée d'Estoher, parmi les rochers en allant à la forge de Llec. Fleurit en juillet.

6. Cer. glutineux, *Cer. glutinosum*, Fries, Koch.

Cer. obscurum, Chaub.; *Cer. pumilum*, Mut.; *Cer. alsinoïdee*, Gre.

Habite les vignes et les collines des environs de La Roca et du Boulou; le bord des vignes situées derrière *Cases-de-Pena*. Fleurit en avril et mai.

7. Cer. vulgaire, *Cer. vulgatum*, Lin., Mut.

Cer viscosum, Dec.; *Cer. triviale*, Link.

Habite les champs et les vignes des environs de Perpignan; remonte assez haut dans les trois bassins; les glacis de la citadelle de Mont-Louis; les vallées de Vernet-les-Bains, de Nohèdes et d'Urbanya; la vallée de Céret. Fleurit toute la belle saison.

8. Cer. des Alpes, *Cer. Alpinum*, Lin.

Habite la vallée d'Eyne; les environs de *Notre-Dame-de-Nuria*; la *Font de Comps;* Carença; toutes les régions élevées du Canigou. Nous l'avons récolté sur la plate-forme du pic, et au sommet de *Costa-Bona;* sur le *Cambres-d'Aze*. Fleurit en août et septembre.

Cette espèce fournit plusieurs variétés : var. α *hirsutum*, var. β *lanatum*, Dec., var. γ *glabatrum*, Hartm. Cette dernière abonde dans la vallée d'Eyne.

9. Cer. des champs, *Cer. arvense*, Lin., Dec., Rchb.

Cer. strictum, Lin.; *Cer. laricifolium*, Vill.; *Cer. Soleiroli*, Dub.; *Cer. Palasii*, Vert.

Commun dans les environs de Céret, les vallons de Prades et de Nohèdes; remonte vers Couat et la *Font de Comps*. Très-commun dans le Capcir et aux environs de Mont-Louis. Fleurit d'avril en juin.

10. Cer. des Pyrénées, *Cer. Pyrenaïcum,* Gay.

Cer. latifolium, Lapey.

Habite le sommet de la vallée de Llo, aux environs du *Pic de Finestrelles;* la vallée d'Eyne, aux environs de la *Collada de Nuria;* les sommités du Canigou. Fleurit en août et septembre.

Genre Malachium, *Malachium,* Fries.

1. Mal. aquatique, *Mal. aquaticum,* Fries.

Cer aquaticum, Lin.; *Stella pentagyna*, God.; *Lurbrea aquatica*, Ser.; *Stel. aquatica*, Scop.

Habite le bord des eaux, à Arles-sur-Tech et Saint-Laurent-de-Cerdans; dans toute la Cerdagne; vallons de Prades et de Vernet-les-Bains. Fleurit en juin et septembre.

Genre Spargoute, *Spergula*, Lin.

Vulg. *Spourier, Fourrage de disette.*

1. Spar. des champs, *Sper. arvensis,* Lin., Dec., Lam.

Commune dans les champs et les vignes de la plaine et des montagnes moyennes de toutes nos vallées. Fleurit en juin et juillet.

2. Spar. pentandre, *Sper. pentandra,* Lin., Dec., Lam.

Habite les environs de Céret et la montagne des Albères; les environs de Prades; les vallées de Vernet-les-Bains et de Fillols. Fleurit en juin et juillet.

3. Spar. de Morisson, *Sper. Morisonii,* Boreau.

Sper. pentandra, Rchb.

Habite les mêmes localités que la précédente, avec laquelle on la confond souvent. Elle est beaucoup plus commune. Fleurit en mai et juin.

La *Spargoute,* comme plante fourragère, produit fort peu, même lorsqu'elle est cultivée; mais les bestiaux en sont friands et la recherchent. Les oiseaux sont aussi très-friands des graines de ces plantes; dans quelques contrées les habitants les récoltent pour en faire du pain.

Genre Spergulaire, *Spergularia,* Pers.

1. Sper. rouge, *Sper. rubra,* Pers.

Aren. rubra, Lin.; *Alsi. rubra,* Walh.; *Sperg. rubra,* God.

Habite les lieux sablonneux des environs de Château-Roussillon; les champs de la métairie Picas, et toutes les terres légères des bords des ravins et des rivières du pays. Fleurit en mai et juin.

2. Sper. salsugine, *Sper. salsuginea,* Fenzel.

Aren. salsuginea, Bung.

Habite les terrains sablonneux et légers de la vallée du Réart. Fleurit en mai et juin.

16me Famille.—Élatinées, *Elatineæ,* Cambe.

(*Octandrie,* L.; *Caryophyllées,* Juss.)

Genre Élatine, *Elatineæ,* Lin.

1. Élat. poivre d'eau, *Elat. hydropiper,* Lin., Vail.

Elat. schkuriana, Hayn.

Habite le bord des eaux en Cerdagne; les mares des environs de Mont-Louis; la *Font dels Asclops;* le bord des torrents de la vallée d'Urbanya. Fleurit en juin et juillet.

2. Élat. velue, *Elat. paludosa,* Seub.

Elat. exhandra, Coss.

Habite les mares et les lieux inondés de la vallée de Saint-Laurent-de-Cerdans; le bord des ravins où coule toujours de l'eau, derrière Saint-Martin-du-Canigou. Fleurit en mai et juin.

3. Élat. fausse Alsine, *Elat. alsinastrum,* Lin., Dec., Vail.

Habite les environs de Mont-Louis; les mares sur la route de Font-Romeu; les mares près des Bouillouses; les environs de la *Jasse d'Évol* et de la montagne de *Madres*. Fleurit toute la belle saison.

17me Famille.—Linées, *Lineæ*, Dec.

(*Pentandrie*, L.; *Caryophyllées*, Juss.; *Caryophyllées*, T.)

Genre Lin, *Linum*, Lin.

1. Lin campanulé, *Lin. campanulatum*, Lin., Dec.

Habite les pentes du *Baus de l'Azc*, près de Prats-de-Molló; le chemin de la *Font de Comps*, en montant par Villefranche; la vallée de Céret, vers le bois de la ville; le vallon de Sainte-Catherine, près Baixas. Fleurit en mai et juin.

2. Lin de France, *Lin. Gallicum*, Lin., Dec.

Lin. aureum, W. et K.

Habite le vallon de Prats-de-Molló; les environs de Villefranche; les rochers de la *Font de Comps;* la vallée de Vernet-les-Bains et Castell, vers le bois de *Pinat* et sous Saint-Martin-du-Canigou. Fleurit en mai et juin.

3. Lin raide, *Lin. strictum*, Lin., Dec., Lob.

Habite les vignes des environs de Perpignan, *Malloles*, le *Sarrat de las Guillas*, les coteaux de Château-Roussillon; le vallon de Sainte-Catherine, près Baixas; la route de Prades à Molitg; Port-Vendres et le vallon de Banyuls-sur-Mer. Fleurit en juin et juillet.

Cette espèce offre trois variétés : α *laxiflorum*; β *cymosum*; γ *axillare*. On les trouve dans nos vallées.

4. Lin maritime, *Lin. maritimum*, Lin., Dec.

Habite les pelouses maritimes de tout le littoral; les vallons de Port-Vendres et de Banyuls-sur-Mer. Nous l'avons récolté à La Nouvelle et à l'île Sainte-Lucie. Fleurit en juillet et août.

5. Lin visqueux, *Lin. viscosum,* Lin., Lapey.

Lin. hirsutum, Dec.

Habite les roches des sommités de la vallée de Saint-Laurent-de-Cerdans; les mêmes terrains dans le vallon de La Manère, à la métairie de la *Cédelle*. Fleurit en juin et juillet.

6. Lin à feuilles menues, *Lin. tenuifolium,* Lin., Dec.

Habite la *Trencada d'Ambulla;* les endroits pierreux et arides des vallées de Nyer et de Cornella-du-Conflent; la vallée de l'Agly, à *Cases-de-Pena* et à Saint-Antoine-de-Galamus. Fleurit en mai et juin.

7. Lin suffruticosum, *Lin. suffruticosum,* Lin., Dec.

Lin. salsoloïdes, Lam.

Habite sur les graviers du Tech, à Céret; les coteaux pierreux des environs de Serdinya; les lieux arides et pierreux du vallon d'Estagel. Fleurit en juin et juillet.

8. Lin de Narbonne, *Lin. Narbonense,* Lin., Dec.

Habite la *Trencada d'Ambulla* et la route d'Olette à Fontpédrouse; les environs d'Arles et la route de Prats-de-Molló, au *Baus de l'Aze;* Saint-Antoine-de-Galamus et le vallon de Sainte-Catherine, près Baixas. Fleurit en mai et juin.

9. Lin à feuilles étroites, *Lin. angustifolium,* Huds.

Lin. Pyrenaïcum, Pour.

Habite les environs de Perpignan, sur les hauteurs des *Sarrats d'en Vaquer* et de *las Guillas;* le vallon de Sainte-Catherine, près Baixas; la vallée d'Eyne; celle de Nohèdes, après avoir passé Ria; les lieux stériles de la vallée de Prats-de-Molló. Fl. en juin et juill.

10. Lin usuel, *Lin. usitatissimum*, Lin., Dec.

Cultivé en grand ; très-répandu à l'état sauvage dans les prairies des environs de la ville et à la pépinière de Perpignan ; les prairies près de la Tet. Fleurit en mai et juin.

On doute encore du véritable lieu natal de cette espèce, quoiqu'elle soit répandue à profusion dans les champs des contrées méridionales. On soupçonne qu'elle s'y est naturalisée.

Outre les grands avantages que le *Lin* procure à la société, ses semences sont encore employées très-utilement dans les arts et la médecine. Elles fournissent, par expression, une huile grasse qui sert dans la peinture ; on la prend aussi intérieurement pour procurer l'expectoration et apaiser le crachement du sang. Le résidu de ces semences sert à engraisser les bestiaux. Ces mêmes semences, macérées dans l'eau, donnent une grande quantité de mucilage adoucissant et émollient, dont l'usage interne convient dans les ardeurs d'urine ; en lavement, ce mucilage adoucit les tranchées, la dyssenterie, calme l'inflammation des viscères. La farine des semences s'emploie dans les cataplasmes émollients et résolutifs. (Voir *Dictionnaire de Botanique pratique*, par le docteur Hoefer.)

11. Lin des Alpes, *Lin. Alpinum*, Lin.

Lin. Austriacum et *montanum*, Dec. ; *Lin. montanum* et *Alpinum*, Mut.

Habite les pâturages des montagnes alpines, *Costa-Bona* et Carença ; le Canigou, près la *Jasse de las Bacas d'en Barnet* ; la vallée de Conat, en montant à la *Font de Comps*, au lieu dit *los Plas*. Fleurit en juillet et août.

12. Lin d'Autriche, *Lin. Austriacum*, Lin., Koch.

Habite parmi les roches de la partie moyenne de la vallée de Nohèdes ; les parties élevées de la montagne de Céret. Fleurit en juin et juillet.

13. Lin purgatif, *Lin. catharticum,* Lin., Dec.

Habite les environs de Mont-Louis; la forêt de Salvanère, en descendant vers celle de Boucheville; les environs de Prats-de-Molló; le vallon de Castell, dans les lieux frais. Fleurit en juin et juillet.

Ce *Lin* a une saveur amère, un peu nauséeuse. Il a été longtemps considéré comme un purgatif légèrement hydragogue; il est aujourd'hui sans usage. On dit cependant qu'employé frais, en infusion, à la dose d'une petite poignée, il purge doucement. Si on augmente la dose, il devient vomitif.

Genre Radiole, *Radiola,* Gmel.

1. Rad. linoïde, *Rad. linoïdes,* Gmel.

Lin. radiola, Lin.

Habite le bord des ruisseaux et les champs inondés pendant l'hiver dans les parties basses des trois bassins; le bord des bois et des taillis dans les endroits humides. Fleurit en juin et juillet.

18me Famille.—Tiliacées, *Tiliaceæ,* Juss.

(*Polyandrie,* L.; *Arbres rosacées,* T.)

Genre Tilleul, *Tilia,* Jussieu; en catalan *Tell.*

1. Till. à larges feuilles, *Til. platyphylla,* Scop., Dec.

Til. grandiflora, Ehrh.; *Til. pauciflora,* Hayn.; *Til. mollis,* Spach.; *Til. corallina,* Ait.; *Til. rubra,* Dec.

Habite les régions moyennes de nos montagnes. C'est un bel arbre qui ne se plaît guère dans la plaine. Fleurit en mai et juin.

2. Till. sylvestre, *Til. sylvestris,* Desf.

Til. parviflora, Ehrh.; *Til. microphylla,* Vent.

Habite les régions basses de nos montagnes et toute la plaine. C'est un bel arbre pour l'ornement des promenades et des parcs. Fleurit en mai et juin.

3. Till. intermédiaire, *Til. intermedia*, Dec.

Habite çà et là sur nos basses montagnes; il se développe moins bien que les deux autres. Fleurit à la même époque.

La belle forme du *Tilleul*, l'élégance et l'épaisseur de son feuillage, qui donne beaucoup d'ombre; l'odeur suave que ses fleurs répandent au printemps; son aptitude à prendre toutes les formes que les ciseaux lui impriment, sont tout autant de titres pour être employé comme un des arbres les plus propres à l'embellissement des promenades publiques. Son bois est tendre, léger; il n'est bon ni pour le chauffage ni pour la charpente; mais il est recherché par les sculpteurs et les luthiers; son charbon est excellent pour la fabrication de la poudre à tirer; les peintres en font usage dans leur art. Après avoir été macérée dans l'eau et convenablement préparée, son écorce sert à fabriquer des cordes, des câbles, des toiles et du papier d'emballage. Les *Tilleuls* de douze à quinze ans sont ceux dont l'écorce est préférée. Le mucilage abondant que contient cette écorce lui donne des qualités nutritives, qui pourraient la faire employer comme alimentaire dans des temps de famine; les feuilles elles-mêmes sont souvent enduites d'un suc mielleux, qui a toutes les propriétés du sirop du sucre de canne. Les Abeilles recherchent les fleurs du *Tilleul*. Ces fleurs passent pour céphaliques et antispasmodiques; on les prend infusées comme du *thé*, pour calmer les douleurs nerveuses. Il est bon d'observer que souvent ce que l'on vend sous le nom de *fleurs de tilleul*, n'est que la grande bractée qui les supporte. Ce n'est point là cette petite fleur qui exhale cet arôme agréable et dans lequel résident les qualités qu'on lui attribue. Les fruits contiennent une amande huileuse, qu'on avait indiquée pour suppléer au *cacao* dans la fabrication du chocolat; le succès n'en a pas été satisfaisant. La sève, retirée par incision, contient une grande quantité de sucre cristallisable; elle fournit par la fermentation une liqueur vineuse assez agréable. Le tronc du *Tilleul* parvient quelquefois à une grosseur très-considérable : on en a vu qui avaient douze mètres de circonférence près de la base et plus de quarante mètres d'élévation. (*Dict. de Botan. pratique*, ouv. cité.)

19me Famille. — Malvacées, *Malvaceæ*, Juss.

(*Monadelphie polyandrie*, L.; *Campanulacées*, T.)

Genre Malope, *Malope*, Lin.

Ce genre ne se trouve pas dans ce département.

Genre Mauve, *Malva*, Lin.; en catalan *Malba*.

1. Mauve alcée, *Mal. alcea*, Lin., Dec., Dub.

Habite les calcaires avant d'arriver à Vingrau par la route de Rivesaltes; les garrigues de Salses vers Opol. Fleurit en juin et juillet.

2. Mauve musquée, *Mal. moschata*, Lin., Dec., Dub.

Habite le long de la route, après Olette, en allant à Mont-Louis et dans tous les parages de la Cerdagne et du Capcir. On la retrouve dans la vallée du Tech sur la route de Prats-de-Molló; aux environs du bois des *Routes* près Saint-Cyprien; aux environs de Quérigut dans le Llaurenti. Fleurit de juin en août.

3. Mauve de Tournefort, *Mal. Tournefortiana*, Lin., Dec., Dub.

Mal. moschata et *tenuifolia*, Guss.

Habite les roches au bord de la mer, vallons de Collioure et de Banyuls-sur-Mer; Villefranche; la vallée de Conat, près du hameau de *Belloch*; les environs de Millas, au bas de la montagne de *Força-Real*, sur le bord des propriétés. Fleurit de mai à juillet.

4. Mauve sauvage, *Mal. sylvestris,* Lin., Dec., Dub.

Mal. vulgaris, Ten.; *Mal. hirsuta*, Viv.

Commune dans tout le département. Fleurit toute la belle saison.

5. Mauve ambigue, *Mal. ambigua,* Guss.

Mal. ribifolia, Viv.

Habite, comme la précédente, toutes les localités du département. On les confondrait facilement si on ni apportait la plus grande attention. Fleurit aussi toute la belle saison.

6. Mauve de Nice, *Mal. Nicœensis,* All., Dub., Lois.

Mal. circinnata, Viv.

Moins commune que les deux précédentes. On la trouve sur le bord des champs, des routes et des vignes de *Cases-de-Pena* et à Maury. Fleurit en juin et juillet.

7. Mauve à feuilles rondes, *Mal. rotundifolia,* Lin., Dec., Dub.

Habite aux environs de Perpignan, les fossés des champs et les bords des chemins; dans la vallée de l'Agly, les environs de Fosse et le chemin de la forêt de Boucheville; dans les vallons de Prades et de Vernet-les-Bains au bord des chemins, des champs et des vignes. Fleurit toute la belle saison.

8. Mauve parviflore, *Mal. parviflora,* Lin., Desf.

Habite les tertres qui bordent les propriétés des vallons de Banyuls-sur-Mer et de Collioure. Nous l'avons aussi trouvée aux environs de *Cases-de-Pena*. Fleurit toute la belle saison.

GENRE LAVATÈRE, *Lavatera*, Lin., Juss.

1. Lav. en arbre, *Lav. arborea,* Lin., Dec., Dub.

Anthema arborea, Presl.

Habite les haies des montagnes calcaires de Pasiols, aux bords du chemin qui conduit au village et sur les calcaires des environs de Maury. Fleurit en mai et juin.

2. Lav. de Crète, *Lav. Cretica,* Lin., Moris.

Lav. sylvestris, Brot.; *Lav. Neapolitana*, Ten.; *Anthema tenoreana* et *Anth. scabra*, Presl.

Habite les terres arides des environs de Rivesaltes. Fleurit en avril, mai et juin.

Elle fut découverte, en 1862, par M. Legrand, conducteur des ponts-et-chaussées, à Perpignan.

3. Lav. de hyères, *Lav. olbia,* Lin., Dec., Dub.

Lav. thuringiaca, Alli.

Habite les vallons de Collioure et de Banyuls-sur-Mer, au bord des torrents et près de leur embouchure. Fleurit en mai et juin.

La var. β *Hispida,* Presl., se trouve à Banyuls-sur-Mer.

4. Lav. maritime, *Lav. maritima,* Gouan, Dec.

Habite les ravins du vallon de Port-Vendres; le bord des fossés de la plage d'Argelès-sur-Mer, et dans les bas-fonds des ravins qui descendent de la *Tour de la Massane.* Fleurit en mai et juin.

5. Lav. trimestre, *Lav. trimestris,* Lin., Dub., Lois.

Lav. grandiflora, Mœnch.; *Stegia lavatera*, Dec.

Habite le long des fossés du petit bois des *Routes,* dépendant de la métairie Jaume, près Saint-Cyprien. Fleurit en juin et juillet.

GENRE GUIMAUVE, *Althea*, Lin.;
en catalan *Malvis, Fragadus.*

1. Guim. officinale, *Alth. officinalis,* Lin., Dec., Dub.

Très-commune dans toutes les terres humides du département, le bord des fossés près de la mer. Fleurit de mai en août.

2. Guim. cannabine, *Alth. cannabina,* Lin., Dec., Dub.

Habite les coteaux arides de *Cases-de-Pena* et le long de la route d'Estagel; les environs de Prades, de Villefranche et la *Trencada d'Ambulla;* le bord des vignes des vallées de Vernet-les-Bains et de Sahorre; remonte jusqu'à Mont-Louis. Fleurit en juin et juillet.

3. Guim. de Narbonne, *Alth. Narbonensis,* Pour., Dec.

Habite la *Trencada d'Ambulla,* parmi les broussailles des ravins. Fleurit en juin et juillet.

Nous avions d'abord considéré cette espèce comme une variété de la précédente; car le peu de différence qui existe entre elles, pourrait dépendre des localités où elles croissent; mais MM. Grenier et Godron ont maintenu leur séparation.

4. Guim. hérissée, *Alth. hirsuta,* Lin., Dec.

Habite les environs de Villefranche et la *Trencada d'Ambulla,* sur le plateau appelé la *Garriga Plana;* nous la trouvons au bord des propriétés des environs de *Força-Real* et sur les coteaux de *Cases-de-Pena*, derrière le village. Fleurit en mai et juin.

GENRE HIBISQUE, *Hibiscus,* Lin., Juss.

1. Hib. rose, *Hib. roseus,* Thor., Dec., Dub.

Hib. palustris, Thor.

Habite les ravins des environs de Banyuls-sur-Mer. Fleurit en juillet et août.

On cultive dans nos parterres plusieurs espèces d'Hibisques; leurs fleurs sont fort agréables et variées.

GENRE ABUTILON, *Abutilon*, Gærtn.; en catalan *Campanetes*.

1. Abut. avicenne, *Abut. avicennæ*, Presl.

Sida abutilon, Lin.

On en cultive diverses espèces pour l'ornement de nos parterres.

20me FAMILLE.—GÉRANIÉES, *Geranieæ*, JUSS.

(*Monadelphie décandrie*, L.; *Rosacées*, T.; *Géraniacées*, Dec.)

GENRE GÉRANIUM, *Geranium*, Lin.; en catalan *Bec de Grua*.

1. Gér. bulbeux, *Ger. tuberosum*, Lin., Dec., Dub.

Habite les haies des fossés humides de toute la Salanque; les taillis de la pépinière de Perpignan, et le long des cours d'eau. Fleurit en avril et mai.

2. Gér. des prés, *Ger. pratense*, Lin., Dec., Dub.

Habite les prairies des environs de Mont-Louis; les vallées d'Eyne, de Carença, de Nohèdes, près des eaux qui descendent de la montagne; le bord de la rivière de Saint-Vincent, vallée de Vernet-les-Bains. Fleurit en juillet et août.

3. Gér. des bois, *Ger. sylvaticum*, L'Hér., Dec., Dub.

Habite les prairies des environs de Mont-Louis; les fourrés du *Bac de Bolquère;* le bois de la *Borde-Girvés;* les bois des environs de Saint-Martin-du-Canigou; la *Tour de Mir,* vallée de Prats-de-Molló. Fleurit de mai à juillet.

4. G. à feuilles d'aconit, *G. aconitifolium*, l'Hér., Dec., Dub.

Ger. rivulare, Vill.

Habite les prairies et le bord des ruisseaux de la Cerdagne; le Canigou; à Saint-Vincent-du-Vernet, parmi les prairies et la lisière des bois; la forêt de Salvanère, sur le bord de la rivière. Fleurit de juin en août.

5. Gér. de Bohême, *Ger. Bohemicum*, Lin., Koch, Moris.

Ger. divaricatum, Lois.

Habite les ravins et les bois des Albères; les prairies et les fossés de la montagne de Céret, en montant au *Puits de la Neige*, et les prairies de la métairie Ribas. Fleurit en mai et juin.

6. Gér. noueux, *Ger. nodosum*, Lin., Dec., Lois.

Habite les environs du bois de Boucheville, au bord des torrents herbeux et ombragés; les châtaigneraies humides de la vallée de Saint-Laurent-de-Cerdans; les clairières de la forêt de Salvanère. Fleurit en juillet et août.

7. Gér livide, *Ger. phæum*, Lin., Dub. Koch.

Habite le bord des ravins et les prairies humides de la forêt de Salvanère; les pentes humides du Canigou et le bord des ravins au-dessus de Saint-Martin-du-Canigou, derrière la forêt des *Moines*. Fleurit en mai et juin.

8. Gér. des marais, *Ger. palustre*, Lin., Dec., Lois.

Habite les prairies et le bord des champs de la Cerdagne; le bois de Salvanère; la vallée de Nohèdes, prairies et bord des torrents après avoir dépassé Ria. Fleurit en juillet et août.

9. Gér. d'Endres, *Ger. Endressi*, Gay.

Habite les lieux fangeux, au bord des eaux et des fossés dans tout le département. Fleurit toute la belle saison.

10. Gér. cendré, *Ger. cinereum*, Cav.. Dec., Dub.

Ger. varium, l'Hér.; *Ger. cineraceum*, Lapey.

Habite les champs situés derrière la porte Canet, près la lunette, à Perpignan; se retrouve dans les environs de Mont-Louis et sur les montagnes moyennes de tout le pays. Fleurit en juin et juillet.

11. Gér. sanguin, *Ger. sanguineum*, Lin., Dub., Dec.

Habite le bord des champs de Prades, Villefranche et Vernet-les-Bains; la vallée de Nohèdes; Céret et ses environs. Fleurit toute la belle saison.

12. Gér. colombier, *Ger. columbinum*, Lin., Lois., Dec.

Hab. les environs de Cabestany; sur la route de Perpignan à Canet, au bord des champs; les coteaux de Saint-Sauveur, près Perpignan; le bas des Albères et les environs de Céret. Fleurit en mai et juin.

13. Gér. disséqué, *Ger. dissectum*, Lin., Dub., Lois.

Habite les bois, les champs et les prairies. Commun dans toutes les vallées, à Vernet-les-Bains, Nohèdes, Molitg, les Albères. Fleurit en mai et juin.

14. Gér. des Pyrénées, *Ger. Pyrenaïcum*, Lin., Dub., Lois.

Habite le vallon de Vernet-les-Bains et de Castell; les parties moyennes du Canigou, au bord des prairies et dans les bois; la vallée de Carença; remonte vers Mont-Louis et ses environs; au *Cambres-d'Aze;* les vallées d'Eyne et de Llo. Fleurit en mai et juin.

15. Gér. mou, *Ger. molle*, Lin., Dec., Lois.

Habite les bois taillis de la pépinière de Perpignan; les prairies et les coteaux de Château-Roussillon; les prairies des parties basses des trois bassins. Fleurit toute la belle saison.

16. Gér. petit, *Ger. pusillum*, Lin., Dec., Dub.

Ger. rotundifolium, Pall.; *Ger. malvæfolium*, Scop.

Habite les champs et les fossés herbeux près la rivière de la Basse, aux environs de la métairie Fraisse, territoire de Toulouges; les bords des tertres de la pépinière de Perpignan; les champs et les prairies situés aux bords des cours d'eau dans les parties basses de la plaine. Fleurit toute la belle saison.

17. Gér. à feuilles rondes, *Ger. rotundifolium*, Lin., Dec., Lois.

Ger. viscidulum, Fries.

Habite le bord des champs sur la vieille route de Cabestany; les environs de Prats-de-Molló; les vallées de Vernet-les-Bains et de Nohèdes; celle de l'Agly. Fleurit toute la belle saison.

18. Gér. divariqué, *Ger. divaricatum*, Ehrh, God., Koch.

Habite les environs de Prats-de-Molló; la vallée de la *Cirérola*, au Canigou; et dans les environs de Saint-Martin-du-Canigou. Fleurit en juin et juillet.

On trouve souvent cette espèce mêlée au *Rotundifolium*.

19. Gér. luisant, *Ger. lucidum*, Lin., Dec., Dub.

Robertium lucidum, Picard.

Habite les chemins et le bord des vignes des environs de Salses; la montagne de Céret, avant d'arriver au bois communal; le vallon de Vernet-les-Bains avant d'arriver à Saint-Martin-du-Canigou; le vallon de Banyuls-sur-Mer, vers *Can Campa*. Fleurit de mai à juill.

20. Gér. de Robert, *Ger. Robertianum*, Lin., Dec., Dub.

Robertium vulgare, Picard.

Habite les haies des bois et des prairies de tout le pays: la Salanque, les terres du centre, la vallée de Vernet-les-Bains, tout le Conflent. Fleurit toute la belle saison. Commun.

Genre Érodium, *Erodium*, l'Hérit.;

en catalan *Bec de Cigonya.*

1. Érod. maritime, *Erod. maritimum*, Sm., Dec., Dub.

Ger. maritimum, Lin.

Habite dans les environs de Salses, au bord des propriétés humides qui se rapprochent des parties souvent inondées par les eaux de l'étang; très-commun dans les environs de l'île Sainte-Lucie. Fleurit en mai et juin.

2. Érod. fausse mauve, *Erod. malacoïdes*, Will., Dec., Dub.

Ger. malacoïdes, Lin.

Habite le bord des champs et des vignes à Villefranche, Vernet-les-Bains, Castell, Saint-Martin-du-Canigou, Prades et Molitg; on le trouve aussi dans les environs de Céret. Fleurit en mai et juin.

3. Érod. chium, *Erod. chium*, Will., Dec., Dub.

Erod. murcinum, Perrey; *Erod. malacoïdes*, Endr.; *Ger. chium*, Lin.

Habite le vallon de Banyuls-sur-Mer; les coteaux aux environs du bois des Abeilles, sur les Albères. Fleurit de juin en août.

4. Érod. de rivage, *Erod. littoreum*, Léman, Dub., Lois.

Erod. cuneatum, Viv.; *Erod. Narbonense*, Delil.

Habite le territoire de Saint-Laurent-de-la-Salanque, au bord des propriétés, et à l'île Sainte-Lucie. Fleurit en juin.

5. Érod. bec de cigogne, *Er. ciconium*, Will., Dec., Dub.

Ger. ciconium, Lin.

Habite les haies des champs aspres près de Château-Roussillon; les environs de Millas, au bas de *Força-Real;* çà et là sur la route de Prades à Mont-Louis; les environs de Rigarda, au bord des propriétés. Fleurit en mai et juin.

6. Érod. musqué, *Erod. moschatum*, l'Hér., Dec., Dub.

Ger. moschatum, Lin.

Habite les champs et le bord des routes du vallon de Banyuls-sur-Mer; les champs et les terres légères des vallons de Vinça et de Prades. Fleurit en mai et juin.

7. Érod. à feuilles de ciguë, *Erod. cicutarium*, l'Hérit., Dub., Koch.

Habite dans les récoltes aux environs de Perpignan, et au bord des chemins dans tout le pays; on le trouve au Llaurenti près de Quérigut. Fleurit de mai à juillet.

8. Érod. Romain, *Erod. Romanum*, Will., Dec., Lois.

Ger. Romanum, Lin.

Commun dans les champs, vignes et terres légères des environs de Perpignan, de la vallée du Réart, de toute la plaine. Fleurit en mars et avril.

9. Érod. des rochers, *Erod. petreum*, Will., Dec., Gouan.

Habite l'ermitage de *Cases-de-Pena*, derrière les rochers escarpés du *Salt de la Donzella* et parmi les roches mouvantes du milieu de la vallée; sur les roches calcaires de la *Font de Comps*, vallée de Llo; sur quelques parties du Canigou, notamment les endroits où le calcaire se montre. Fleurit de mai à juillet.

10. Érod. macradenum, *Erod. macradenum*, l'Hér.

Erod. radicatum, Lapey.; *Erod. glandulosum*, Will.

Habite sur les roches de la partie moyenne de la vallée de Llo, au lieu appelé la *Soulane*, en face du village. Fleurit en juin.

Les plantes de cette famille sont faciles à cultiver, aussi a-t-on multiplié les espèces et les variétés à l'infini à cause de la beauté de leurs fleurs. Les fleuristes en tirent un très-grand parti. Elles sont sans usage en médecine; les animaux ne les mangent point ou du moins ne les recherchent pas, et lorsqu'elles envahissent un champ on les détruit difficilement.

21me Famille. — Hypéricinées, *Hypericineæ*, Dec.

(*Polyadelphie polyandrie*, L.; *Rosacées*, T.; *Hypéricacées*, J.)

Genre Millepertuis, *Hypericum*, Lin.;

en catalan *Trascam*, *Herba de Sant-Joan*, *Transflorina*.

1. Mill. perforé, *Hyp. perforatum*, Lin., Dec., Dub.

Hyp. vulgare, Lam.; *Hyp. officinarum*, Crantz.

Habite les haies, les bois des coteaux secondaires et les terres aspres du département. Fleurit toute la belle saison. Très-commun partout.

2. Mill. pertuis quadrangulaire, *Hyp. quadrangulum*, Lin., Walhenb, Fries.

Hyp. dubium, Leers.; *Hyp. delphinense*, Vill.; *Hyp. maculatum*, Crantz.

Habite les bois de la vallée de Carença; les champs des environs de Mont-Louis; au Canigou, les bois des environs du *Randé;* le vallon de Vernet-les-Bains; la montagne de Céret; le vallon de Collioure, sur le bord du ruisseau de Consolation. Fleurit en mai et juin.

3. Mill. pertuis tétraptère, *Hyp. tetrapterum*, Fries, Koch.

Hyp. quadrangulare, Sm.; *Hyp. quadrangulum*, Dec.; *Hyp. quadrialatum*, Walhenb.

Habite le long des ravins humides de la vallée de Saint-Laurent-de-Cerdans; les lieux frais des bois de Boucheville et des Fanges. Fleurit en juin et juillet.

4. Mill. pertuis couché, *Hyp. humifusum*, Lin., Dec., Dub.

Habite les sables de l'Agly et les ravins qui aboutissent à cette rivière, entre Espira et Estagel; les lieux frais de la vallée de Vernet-les-Bains; les terrains identiques dans les vallons d'Arles et de Saint-Laurent-de-Cerdans. Fleurit toute la belle saison.

5. Mill. pertuis tomenteux, *Hyp. tomentosum*, Lin., Desf., Lois.

Habite les prairies humides de toutes les régions basses, et le long du littoral. Fleurit en juin et juillet.

6. Mill. pertuis à feuilles d'hysope, *Hyp. hysopifolium*, Vill., Dub., Lois.

Hyp. diversifolium, Dec.; *Hyp. elongatum*, Ledeb.

Habite les châtaigneraies des environs de Saint-Laurent-de-Cerdans; les coteaux des vallons de Prades et de Villefranche; le plateau supérieur de la *Trencada d'Ambulla*. Fleurit en juin et juillet.

7. Mill. pertuis beau, *Hyp. pulchrum*, Lin., Dec., Lois., Dub.

Hyp. elegantissimum, Crantz.

Habite les bois et les coteaux des Albères, au-dessus de La Roca et de *Notre-Dame-du-Castell;* les bois et les haies de la montagne de Céret. Fleurit en mai et juin.

8. Mill. pertuis nummulaire, *Hyp. nummularium*, Lin., Vill., Dec.

Habite les fourrés humides du bois de Salvanère; les bords herbeux des ravins de la montagne de *Madres;* les hauts parages de la vallée de Nohèdes. Fleurit en juillet et août.

9. Mill. pertuis velu, *Hyp. hirsutum*, Lin., Dec., Dub., Lois.

Hyp. villosum, Crantz.

Habite les fourrés humides et herbeux du bois de Boucheville, et le long de la Boulzane, après avoir passé *Puylaurens*, jusqu'à Salvanère, où il est commun. Fleurit en juin et juillet.

10. Mill. pertuis de montagne, *Hyp. montanum*, Lin., Dec., Dub.

Habite les bois des basses Albères et des montagnes de Céret; les bois de Castell, vers Saint-Martin-du-Canigou; la vallée de Carença; les environs de Mont-Louis et la *Motte de Planès;* la vallée du Tech, aux environs de Prats-de-Molló et à la *Tour de Mir*. Fleurit toute la belle saison.

11. Mill. pertuis androsème, *Hyp. androsemum*, Lin., Lois.

Hyp. bacciferum, Lam.; *Andra officinale*, Alli.; *And. vulgare*, Gærtn.

Vulg. *Toute Sainte.*

Habite les lieux frais et humides des environs de Céret; la vallée de Nohèdes; le vallon de Vernet-les-Bains, sur les rochers humides. Fleurit en juillet et août.

Genre Élode, *Elodes*, Spach.

1. Él. des marais, *El. palustris*, Spach.

Hyp. elodes, Lin.; *Chironia uliginosa*, Lapey.

Habite les prairies tourbeuses et supérieures de la forêt de Salvanère; la montagne de *Madres;* les terrains tourbeux au-dessus de *Cady*, au Canigou; les bois tourbeux du Llaurenti. Fl. en juin.

22me Famille.—Citracées, *Citraceæ*, Dec.

(*Polyandrie icosandrie*, L.; *Arbres rosacées*, T.)

Genre Citronnier, *Citrus*, Lin.

Les Citronniers décrits par Studel, sont au nombre de vingt-cinq. Celles de ces espèces dont la culture a pris de vastes développements ont donné une si grande quantité de variétés, que leur histoire en est devenue très-difficile. Les botanistes et les horticulteurs ne sont pas d'accord à cet égard, et nous voyons même les travaux successifs d'un même auteur présenter quelquefois, sous ce rapport, des divergences frappantes.

Quant à nous, nous adopterons la classification de Risso et Poiteau *(Histoire naturelle des Orangers)*.

Ce genre est divisé en huit groupes différents.

1. Oranger, *Citrus aurantium*, Ris. (originaire de l'Asie-Orientale);

en catalan *Taronge dols* ou de *Portugal*.

Plusieurs variétés sont cultivées en pleine terre; on a soin, toutefois, lorsque cela est possible, de les abriter contre un mur. Cet arbre se développe fort bien dans le pays; il a même une végétation luxuriante et produit de bons fruits tous les ans.

Généralement nos hivers ne sont pas rigoureux; nous en passons plusieurs dont la température ne descend pas à zéro; les plus rigoureux vont à 6 degrés sous 0. Les jeunes pousses de l'oranger sont alors un peu châtiées, mais l'arbre ne meurt pas.

2. Bigarradier, *Citrus vulgaris*, Ris. (orig. de l'Asie);

en catalan *Taronge agra*.

Beaucoup plus robuste que le premier, il est cultivé et donne une multitude de fruits tous les ans.

On a obtenu aussi plusieurs variétés qui sont plus ou moins estimées; cela dépend de l'épaisseur de leur écorce employée par les confiseurs et nos ménagères.

3. Bergamottier, *Citrus margaritta*, Ris.

Cultivé pour son écorce, qui sert à faire les bonbonnières qu'on connaît sous le nom de *bergamottes*, cet arbre est délicat; il n'est pas très-répandu dans les Pyrénées-Orientales.

4. Limettier, *Citrus limetta*, Ris. (orig. des Indes-Orient.);

en catalan *Llimona dolsa*.

Les Limettiers ressemblent aux Citronniers. Ces arbres ne prennent pas un aussi fort développement; les fruits sont d'un jaune-pâle, ovales-arrondis, mamelonnés; pulpe douceâtre, un peu fade.

5. **Pampelmousse ou Pamplemousse**, *Citrus pampelmos decumanus*, Ris. (originaire de l'Asie).

Les Pamplemousses produisent d'excellents fruits pour confire, fort gros, arrondis, mais aplatis dans le sens de leur longueur, à écorce lisse, très-épaisse, jaune-pâle; pulpe verdâtre, peu abondante.

6. **Lumie**, *Citrus lumia*, Ris.

Les Lumies ne sont pas très-répandues. Elles sont peu estimées, et ne sont pas cultivées dans notre pays.

7. **Limonier**, *Citrus limonium*, Ris. (orig. de l'Asie); en catalan *Llimona agra*.

Celui-ci demande plus de soins. Il faut qu'il soit plus abrité pendant l'hiver; la moindre gelée lui est nuisible et fait périr ses fruits.

Nous cultivons une grande quantité de variétés de ce groupe qui sont plus ou moins estimées.

8. **Cédratier**, *Citrus medica*, Ris. (originaire de l'Asie); en catalan *Cedras*, *Poma d'Adam*.

Les Cédratiers se distinguent par une écorce plus épaisse, plus ferme, très-bonne à confire. Les fruits sont très-gros et verruqueux. Ces arbres sont plus délicats et doivent être à couvert toute la mauvaise saison.

Ici sont comprises les diverses variétés de *Pommes d'Adam* qui sont cultivées.

Ce groupe est en végétation toute l'année; il est constamment en fleur et en fruit, ce qui rend l'arbre plus délicat, et on doit prendre plus de précautions si on veut le conserver.

Dans notre climat où les Orangers et les Citronniers sont cultivés en pleine terre, ils demandent à être abrités pendant l'hiver pour les préserver des gelées; mais peu de chose leur suffit. Pourvu que l'on ait bien chaussé le pied des arbres avec du terreau, des feuilles sèches et du fumier par dessus; pourvu qu'on les ait abrités sous une toiture de planches ou de roseaux, pour garantir les branches de la rosée ou de la neige s'il en tombe (ce qui est très-rare) cela leur suffit. Les personnes qui tiennent beaucoup à conserver leurs Orangers, prennent toutes ces précautions; mais la plupart de nos jardiniers se contentent de bien chausser le pied comme nous l'avons indiqué, et le reste de l'arbre est exposé aux vicissitudes de la température, ce qui l'expose, si l'hiver est rigoureux, à perdre ses jets tendres; mais l'arbre n'en souffre guère, car au printemps il reprend sa végétation et sa vigueur ordinaires.

23me FAMILLE.—ACÉRINÉES, *Acerineæ*, DEC.

(*Polygamie*, L.; *Arbres rosacées*, T.)

GENRE ÉRABLE, *Acer*, Lin.;

en catalan *Erabla, Blada, Blasera.*

1. Érable sycomore, *Acer pseudoplatanus*, Lin., Dec., Dub.

Très-cultivé dans nos pépinières; répandu sur les routes et dans les parcs de tout le pays. Fleurit en mai.

2. Érable à feuilles d'Aubier, *Acer opulifolium*, Vill., Dec., Dub.

Acer opulus, Ait.; *Acer Hispanicum*, Pour.

Habite toutes les forêts des montagnes moyennes; assez répandu dans les gorges de *Força-Real*. Fleurit en mars.

3. Érable de Montpellier, *Acer Monspessulanum*, Lin., Vill., Dub.;

en catalan *Auru negre*.

Acer trilobatum, Lam.

Habite le vallon de Banyuls-sur-Mer, vers *Can Campa*; le long des Albères et la montagne de Céret, dans les ravins; *Cases-de-*

Pena et Saint-Antoine-de-Galamus, vallée de l'Agly; le vallon de Vernet-les-Bains et de Castell; Villefranche et la *Trencada d'Ambulla*. Fleurit en mars et avril.

4. Érable champêtre, *Acer campestre*, Lin., Dec., Dub.; en catalan *Auru blanc*.

Assez commun sur toutes nos montagnes moyennnes, à *Força-Real*, à *Cases-de-Pena*, principalement sur les bords des ravins. Fleurit en mai.

5. Érable plane, *Acer platanoïdes*, Lin., Dec., Dub.

Habite une région assez élevée sur nos montagnes, dans les bois et les ravins. Cet arbre prend de fortes dimensions, surtout lorsqu'il se développe sur les terrains calcaires. Fleurit en avril et mai.

24me Famille. — Ampélidées, *Ampelideæ*, Humb.

(*Pentandrie*, L.: *Arbres rosacées*, T.)

Genre Vigne, *Vitis*, Lin.;

en catalan *Vinya*, *Cep*; *Parra*, lorsqu'on la laisse venir en espalier ou qu'elle est disposée en tonnelle.

1. Vigne vinifère, *Vitis vinifera*, Lin.

Habite, à l'état sauvage, tous les ravins de nos montagnes, et tous les bois des parties basses du département. On fait, de ses tiges, des cannes qu'on nomme *rimeras*. On s'en sert aussi pour attacher les roseaux dont on fait les clôtures des jardins. Ses tiges sont fort souples. Les fruits qu'elle produit dans cet état sauvage sont à grains très-petits et acerbes; on les appelle *llambrusques*.

Nulle part la vigne n'est aussi répandue, ni aussi variée d'espèces que dans le département des Pyrénées-Orientales.

Les vins qu'on y récolte sont très-estimés. Les raisins de bonne qualité sont nombreux. On en compte trente-six variétés, parmi lesquelles cinq espèces de *Muscats*, douze espèces de raisins blancs et dix-neuf espèces de raisins noirs; parmi ces dernières, celles dites *Pica-Polla, Rabeirench, Saint-Antoine, Tarret, Gourmet, Aramon*, sont excellentes et préférées pour la table. Parmi les raisins blancs, deux variétés de *Blanquettes* sont délicieuses, la *Mullana* et l'*Ordinaire;* elles se conservent bien dans le fruitier pendant l'hiver. Le *Chasselas de Fontainebleau*, si estimé à Paris, acquiert dans notre pays une qualité supérieure inconnue aux gourmets parisiens. Avec de telles variétés de raisins, on doit obtenir d'excellentes qualités de vins; et, bien que leur fabrication soit encore livrée à la routine, la réputation de nos vins généreux est connue partout. Les terroirs qui fournissent les meilleures qualités au commerce sont ceux de Banyuls-sur-Mer, Collioure, Rivesaltes, Espira-de-l'Agly, Salses, Baixas, Tautavel, etc. Les vins légers et délicats, ceux qui doivent servir aux usages domestiques, sont ceux de Céret, Oms, Llauro, Terrats, Latour, Cornella-de-la-Rivière, etc. Les vins doux sont le *Muscat*, le *Grenache*, le *Macabéo*, la *Malvoisie*, la *Blanquette*. Les vins généreux, ceux de *Torremila, Banyuls-sur-Mer* et *Rivesaltes*.

Si on se livrait au coupage de ces sortes de vins, on obtiendrait des qualités exquises. La maison Durand est parvenue, avec les vins de nos crus, à imiter parfaitement le vin de Porto, au point que, dans certains pays, le *Porto-Mas-Deu* est plus estimé que celui de Portugal même.

Ainsi, les propriétaires qui voudront augmenter leurs revenus, doivent porter leur attention sur la fabrication et sur le mélange de certaines qualités de raisins propres à produire des vins fins.

On donne le nom de *vin rancio*, au bon vin de tout terroir du pays qui a vieilli de douze à vingt ans dans les tonneaux. Ceux de Banyuls-sur-Mer, de Collioure et de Torremila (ce dernier dans la banlieue de Perpignan) sont les *rancios* les plus renommés.

25me Famille.—Hippocastanées, *Hippocastaneæ*, Dec.

(*Heptandrie*, L.; *Arbres rosacées*, T.)

Genre Marronnier, *Esculus*, Lin.;

en catalan *Castanyer bord*.

1. Marr. d'Inde, *Escul. hippocastanum*, Lin.

Arbre très-beau, qui prend un très-grand développement dans diverses parties du département. Il est employé comme ornement des parcs et des promenades. Fleurit en mai.

Le Marronnier est originaire de l'Asie. Parfaitement naturalisé dans notre climat, il y est remarquable par la précocité de ses feuilles et par la beauté de ses fleurs. Sa graine est féculente et amère; elle peut servir à la nourriture des bestiaux. En Turquie on la donne au cheval, d'où son nom d'*Hippocastanum* (châtaigne de cheval). Sa farine, privée de son principe amer, peut composer un pain propre à la nourriture de l'homme. Sa fécule donne de l'amidon. Le bois du Marronnier d'Inde est de peu de valeur; on en fait des boîtes et des petits meubles de luxe.

26me Famille. — Méliacées, *Meliaceæ*, Juss.

(*Décandrie*, L.; *Arbres rosacées*, T.)

Genre Mélia, *Melia*, Lin.;

en catalan *Jassemi d'America* (jasmin d'Amérique).

1. Mel. azédarach, *Mel. azedarach*, Lin.

Vulg. *Lilas de Perse*.

On le cultive dans le pays comme arbre d'agrément; il forme de belles avenues. Il se couvre, en mai, de belles grappes de fleurs, qui répandent une odeur très-suave. Son bois est utilisé pour la construction.

L'Azédarach est originaire de Perse ou de Syrie. C'est un arbre superbe, qui se fait remarquer par des feuilles élégantes, et par des fleurs violettes en grappe, qui répandent une odeur aussi suave que celle du Lilas. Toutes les parties de ce végétal sont amères, purgatives, vermifuges et vénéneuses à hautes doses. Cet arbre conserve une certaine élégance, même en hiver, lorsqu'il s'est dépouillé de ses feuilles. Ses bouquets de graines se conservent sur l'arbre pendant tout l'hiver; elles sont d'un jaune doré, et servent à faire des chapelets, ce qui a fait donner à cette plante le nom vulgaire de *Pater noster*.

27me Famille.— Balsaminées, *Balsamineæ*, A. Ric.

(*Syngénésie monogynie*, L.; *Anomales*, T.; *Géraniées*, Juss.)

Genre Impatiente, *Impatiens*, Lin.;

en catalan *Balsamina salvatge*.

1. **Imp. ne me touche pas,** *Im. noli tangere*, Lin., Dec., Dub.

Vulg. *Merveille, Herbe de Sainte-Catherine*.

Habite les escarpements très-accidentés du *Bac de Bolquère*; près des fourrés du lac de *Paradelles* et du lac *Noir*, haute vallée de la Tet. Fleurit en juillet.

Une espèce cultivée dans nos parterres, fournit un grand nombre de belles variétés.

28me Famille.— Oxalidées, *Oxalideæ*, Dec.

(*Décandrie pentagynie*, L.; *Campanulacées*, T.; *Géraniées*, Juss.)

Genre Oseille, *Oxalis*, Lin.:

en catalan *Agrella burde, Agrella salvatge*.

1. **Oxa. oseille,** *Oxa. acetosella*, Lin., Dec., Dub.

Vulg. *Surelle, Alleluia, Pain de Coucou*.

Très-répandu dans tout le pays sur le bord des fossés humides et des bois, habite les environs de Perpignan, les vallées de Céret et d'Arles, le vallon de Vernet et Castell. Fleurit en avril et mai.

2. **Oxa. serré,** *Oxa. stricta*, Lin., Dec., Dub.

Oxa. ambigua, Salisb.; *Oxa. lutea* Mœnch.

Habite les cultures un peu humides et les bords herbeux des champs du département. Fleurit toute la belle saison.

5. Oxa. corniculé, *Oxa. corniculata*, Lin., Dec., Dub.

Oxa. villosa, M. Bieb.; *Oxa. pusilla*, Salisb.

Habite aux environs de Perpignan, les haies des champs près de *Malloles;* le vallon de Vernet-les-Bains; la vallée de l'Agly, près *Cases-de-Pena;* le vallon de Banyuls-sur-Mer, vers *Can Raphalet*, où l'on trouve la variété *Villosa*. Fleurit toute la belle saison.

29me Famille.—Zygophyllées, *Zygophylleæ*, R. Br.

(*Décandrie monogynie*, L.; *Rosacées*, T.)

Genre Tribule, *Tribulus*, Lin.

1. Trib. terrestre, *Trib. terrestris*, Lin., Dec., Dub.

Hedysarum miflorum, Lapey.

Vulg. *Croix de Malte.*

Habite les vallons de Port-Vendres et de Banyuls-sur-Mer, au bord des champs; la vallée du Tech, aux environs de Prats-de-Molló; la vallée de la Tet, environs d'Olette, de Nyer et jusqu'à Mont-Louis; le vallon de Vernet-les-Bains, vers le champ de la *Vinyasse*, et dans les environs de Sahorre. Fleurit toute la belle saison.

30me Famille. — Rutacées, *Rutaceæ*, Juss.

(*Décandrie*, L.; *Rosacées*, T.)

Genre Rue, *Ruta*, Lin.; en catalan *Ruda*.

1. Rue de montagne, *Ruta montana*, Clus., Vill., Dec.

Ruta legitima, Jacq.; *Ruta tenuifolia*, Desf.

Habite les garrigues de Baixas et le vallon de Sainte-Catherine; *Cases-de-Pena* et le long de la route jusqu'à Saint-Antoine-de-Galamus; la vallée de Fillols vers les *Miniers*. Fl. en juin et juillet.

2. Rue à feuilles étroites, *Ruta angustifolia,* Pers., Dec., D.

Ruta chalepensis, Vill.

Habite *Cases-de-Pena* et tous ses environs; les vallons de Prades et de Villefranche; *Saint-Vincent,* vallon de Vernet-les-Bains; les *Graus d'Olette;* les environs de Céret et le long des Albères, vallée du Tech. Fleurit en juin et juillet.

3. Rue fétide, *Ruta graveolens,* Lin., Dec., Dub.

Habite les lieux arides des environs de Perpignan et de Céret; les vallons de Prades et de Villefranche; la *Trencada d'Ambulla.* Fleurit en mai et juin.

Genre Dictamne, *Dictamnus,* Lin.

1. Dict. blanc, *Dict. albus,* Lin., Dec., Lois.

Dict. fraxinella, Pers.

Habite le vallon de Sainte-Catherine près Baixas; *Cases-de-Pena* et jusqu'à Saint-Antoine-de-Galamus; les environs de Villefranche et la *Trencada d'Ambulla.* Fleurit en avril et mai.

31me Famille. — Coriariées, *Coriarieæ,* Dec., Prod.

(*Diœcie,* L.)

Genre Corroyère, *Coriaria,* Niss.; en catalan *Redon, Rodon, Fustet, Sumac.*

1. Cor. à feuilles de myrte, *Cor. myrtifolia,* Lin., Dec., D.

Habite le vallon de Sainte-Catherine près Baixas; les coteaux arides de *Cases-de-Pena* et de Saint-Paul; les environs du bois de Boucheville; le bord des vignes du vallon de Cornella-du-Conflent et de Vernet; le bord des ruisseaux et des torrents à Perpignan et à Céret. Fleurit en juin et juillet. Commun partout.

On emploie cette plante pour la tannerie. Ses fruits peuvent servir pour teindre les étoffes en noir: ils sont vénéneux.

CHAPITRE II.

DEUXIÈME CLASSE.

Caliciflores.

Pétales libres ou soudés entre eux, insérés ainsi que les étamines sur le calice. Ovaire libre ou adhérent au tube du calice (infère).

32me FAMILLE.— CÉLASTRINÉES, *Celastrineæ*, R. BR.

(*Pentandrie monogynie*, L.; *Arbres rosacées*, T.; *Nerpruns*, Juss.)

GENRE FUSAIN, *Evonimus*, Tournef.;

en catalan *Barret de Capella*.

1. Fus. d'Europe, *Evon. Europæus*, Lin., Dec.

Evon. vulgaris, Scop.

Très-répandu dans les bois et sur les coteaux de tout le département, à *Cases-de-Pena*, Saint-Antoine-de-Galamus, Prades, Villefranche, le vallon de Vernet-les-Bains et Saint-Martin-du-Canigou, le bas des Albères, Céret, Arles, etc. Fleurit en avril et mai.

Une variété, *Evon. angustifolius*, Companyo, présente quelque différence dans les feuilles qui sont plus étroites; elle se trouve dans les vallons de Port-Vendres et de Banyuls-sur-Mer.

2. Fus. à larges feuilles, *Evon. latifolius*. Scop., Vill., Dec.
Evon. Europæus, var. β Lin.

Habite les escarpements des contreforts du Canigou, sur la route d'Estoher à la forge de M. Vidal. Fleurit en juillet.

33me Famille.—Staphyléacées, *Staphyleaceæ*, Bart.

(*Pentandrie trigynie*, L.; *Arbres rosacées*, T.; *Nerpruns*, Juss.)

Genre Staphylea, *Staphylea*, Lin.

1. Staph. ailé, *Staph. pinnata*, Lin., Dec., Dub.
Staphyllodendron pinnatum, Scop.
Vulg. *Pistolochie sauvage, Nez coupé.*

Habite les escarpements du bois de Saint-Antoine-de-Galamus. Fleurit en mai.

34me Famille. — Ilicinées, *Ilicineæ*, Brong.

(*Tétrandrie tétragynie*, L.; *Nerpruns*, Juss.)

Genre Houx, *Ilex*, Lin.;
en catalan *Grebol*.

1. Houx commun, *Ilex aquifolium*, Lin., Dec., Dub.

Commun dans toutes les lisières des bois de nos montagnes moyennes, les Albères, Oms, Llauro, la chaîne de Thuir à Castelnau, Corbère, Saint-Antoine-de-Galamus, la vallée de Vernet et le long de la Tet jusqu'à Fontpédrouse. Fleurit en mai et juin.

Le Houx est estimé à cause de son bois très-blanc et fort dur, prenant un beau poli. On en fait des manches d'outils; il sert aussi pour la marqueterie. Sa seconde écorce sert à préparer la glu des oiseleurs. On forme de bonnes haies avec cet arbrisseau, et on peut en orner les bosquets à cause de ses feuilles qui sont persistantes et d'un beau vert; ses fruits, d'un rouge éclatant, restent sur la plante pendant tout l'hiver.

35me Famille.—Rhamnées, *Rhamneæ*, R. Brow.

(*Pentandrie monogynie*, L.; *Arbres rosacées*, T.; *Nerpruns*, Juss.)

Genre Jujubier, *Ziziphus*, Tournef.;
en catalan *Ginjoler*; les fruits *Ginjols*.

1. **Jujub. commun**, *Zizi. vulgaris*, Lam.
Ziz. sativa, Desf.; *Ziz. jujuba*, Mill.; *Ziz. sylvestris*, Seg.; *Rham. ziziphus*, Lin.
Vulg. *Arbre de la sagesse*.

Cultivé dans beaucoup de jardins, et subspontané sur les francs-bords de la métairie Guichou, à Canohès et à *las Planes*, près Saint-Estève. Fleurit en juin.

Le Jujubier, originaire de la Syrie, s'est acclimaté dans le Midi, où il prospère admirablement, donne d'excellents fruits, d'un goût agréable et rafraîchissants. On l'emploie dans les tisanes pectorales, et on fait avec ses fruits une pâte qui calme la toux. Cet arbre prend un développement de huit à neuf mètres dans nos environs; il donne beaucoup de fruits dans ce pays; son bois sert à fabriquer des violons et des castagnettes.

Genre Paliure, *Paliurus*, Tournef.;
en catalan *Arn*, *Spinabes*, *Aspinaby*.

1. **Pal. austral**, *Pal. australis*, Rom. et Sch.
Pal. aculeatus, Lam.; *Zizi. paliurus*, Will.; *Rham. paliurus*, Lin.
Vulg. *Epine du Christ*.

Habite les coteaux arides de tout le département. On en fait, autour des champs et des vignes, des clôtures qui sont impénétrables. Fleurit en mai et juin.

Son fruit est considéré comme un astringent propre à arrêter le flux de sang. Le vulgaire se sert des graines pour panser les cautères.

Genre Nerprun, *Rhamnus*, Lin.;

en catalan *Grana d'Avinyo*, *Trauca parols*.

1. Ner. purgatif, *Rham. cathartica*, Lin., Dec., Dub.

Cervispina cathartica, Mœnch.

Habite les haies de toutes les montagnes moyennes; Saint-Antoine-de-Galamus; le bois de Boucheville; le bas des Albères et la montagne de Céret; le vallon de Vernet-les-Bains et de Cornella; Saint-Martin-du-Canigou; la *Font de Comps*. Fleurit en mai et juin.

2. Ner. des rochers, *Rham. saxatilis*, Lin., Vill., Dec.

Habite les roches escarpées du bois de la *Font de Comps* et le *Roc del Mouix*, sur le chemin de Flassa; les environs de Villefranche; au pied des ruines de Saint-Martin-du-Canigou. Fleurit en mai et juin.

3. Ner. des teinturiers, *Rham. infectoria*, Lin., Dec., Dub., Koch.

Rham. tinctorius, Mut.

Habite les coteaux arides des bords de la Tet, entre Villefranche et Serdinya; les *Graus d'Olette;* les vallées d'Arles et de Saint-Laurent-de-Cerdans. Fleurit en mai.

4. Ner. des Alpes, *Rham. Alpina*, Lin., Vill., Dec.

Frangula latifolia, Mill.; *Alaternus Alpinus*, Mœnch.

Habite sur les roches des environs de Mont-Louis; derrière La Preste, en allant à *Peyrefeu;* les escarpements du Canigou, sur la route de la forge Vidal, revers de la vallée de Valmanya. Fleurit en juin.

5. Ner. nain, *Rham. pumila*, Lin.

Habite les rochers escarpés des environs de la *Font de Comps*, collé sur les roches exposées au midi. Fleurit en juin.

6. Ner. alaterne, *Rham. alaternus,* Lin., Dec., Dub.; en catalan *Acader.*

Habite les coteaux du vallon de Banyuls-sur-Mer; les basses Albères; les environs de Villefranche; la *Trencada d'Ambulla;* les garrigues de Baixas et *Cases-de-Pena.* Fleurit en mars et avril.

7. Ner. bourdaine, *Rham. frangula,* Lin., Dub., Lois.

Frangula vulgaris, Rchb.

Habite les lieux frais et ombragés de la montagne de Céret, Arles, le *Baus-de-l'Aze;* les lisières des bois de Saint-Martin-du-Canigou. Fleurit en mai et juin.

Les *Nerpruns* sont en général purgatifs, surtout le *Nerprun cathartique.* L'écorce de ces arbrisseaux est employée pour teindre les étoffes en jaune; les baies, connues sous le nom de *graines d'Avignon*, servent à teindre en vert. Le bois de ces arbustes est dur. L'*Alaterne* est assez gros pour servir à l'ébénisterie. L'écorce du *R. frangula* ou la *Bourdaine,* qu'on nomme *Rhubarbe des paysans,* est employée comme vomitive et purgative : on doit la prescrire avec circonspection.

36me Famille. — Térébinthacées, *Terebinthaceæ,* Juss.

Genre Pistachier, *Pistacia;*

en catalan *Pistaxier;* les fruits *Pistaxes.*

1. Pist. lentisque, *Pist. lentiscus,* Lin., Dec., Dub.; en catalan *Llantiscle, Llampadone, Llampredut.*

Lentiscus vulgaris, Cup.

Commun dans le vallon de Banyuls-sur-Mer, le bas des Albères, Céret et Arles; sur les rochers du vallon de Prades; les environs de Villefranche et le long de la route jusqu'à Olette. Fleurit en avril et mai.

2. Pist. térébinthe, *Pist. terebinthus*, Lin., Dub., Lois.; en catalan *Festuc.*

Tereb. vulgaris, Cup.

Croît spontanément sur toutes nos montagnes moyennes; sur la route de Port-Vendres à Cosperons; dans le vallon de Banyuls-sur-Mer, vers *Can Campa;* dans le vallon de Collioure, à Consolation; au pied des Albères; Céret; coteaux d'Oms et de Llauro; dans le vallon de Prades; remonte jusqu'au-dessus d'Olette; dans la vallée de l'Agly, *Cases-de-Pena* jusqu'à Caudiès. Fleurit en mai.

Cette espèce fournit la térébenthine de Chio.

3. Pist. commun, *Pist. vera*, Lin., Dec., Dub.

Pist. Narbonensis, Lin.; *Pist. reticulata*, Will.

Le *Pistachier commun*, originaire de Syrie, est cultivé dans certaines de nos localités. Il se développe parfaitement dans le vallon de Banyuls-sur-Mer; à Taulis, où nous en avons vu une très-belle plantation, et à la métairie Eychenne, territoire de Perpignan. Ce végétal réussirait dans toute la plaine et les vallées inférieures de nos montagnes, si on voulait s'occuper de sa culture; mais d'autres soins attirent nos travailleurs. Fleurit en mai.

Genre Sumac, *Rhus*, Lin.; en catalan *Fustet*.

1. Sum. des corroyeurs, *Rhus coriaria*, Lin., Dec., Lois.; en catalan *Sumac, Radou.*

Habite les coteaux arides des montagnes moyennes; Baixas et *Cases-de-Pena;* toute la vallée du Réart, sur les coteaux de la Cantarana et d'Oms. Fleurit en mai.

2. Sum. fustet, *Rhus cotinus*, Lin., Dec., Dub.

Cotinus coggygria, Scop.

Habite tous les coteaux de la vallée du Réart; les garrigues de Thuir jusqu'à Corbère, au bord des ravins. Fleurit en juin.

Ces végétaux ont la propriété de produire sur les bêtes à laine qui en mangent, des indigestions souvent mortelles. On les dit astringents, et peuvent arrêter le flux de sang; mais ce sont des poisons qu'il faut employer avec précaution.

Le Sumac des corroyeurs est employé à la tannerie.

Genre Camelée, *Cneorum*, Lin.; en catalan *Buxarol, Garrupa.*

1. Cam. à trois coques, *Cneo. tricoccos,* Lin., Dec., Dub.
Chamelæa tricoccos, Lam.

Habite le plateau de la *Trencada d'Ambulla* et tous ceux de cette contrée; les garrigues de Baixas, de *Cases-de-Pena* jusqu'à Saint-Paul; les coteaux de Salses, et tous les coteaux arides des basses montagnes. Fleurit en mai.

Son bois sert à chauffer les fours, les briqueteries et les fours à chaux.

37me Famille.—Papilionacées, *Papilionaceæ,* Tour.

(*Diadelphie décandrie,* L.; *Légumineuses,* Juss.)

Genre Anagyris, *Anagyris,* Tournef.

1. Ana. fétide, *Ana. fœtida,* Lin., Desf., Guss.
Vulg. *Bois puant.*

Habite les coteaux arides entre Oms et Saint-Marsal; le long de la vallée de Valmanya, revers de Saint-Marsal, en se dirigeant vers Finestret. Fleurit en mai.

Genre Ajonc, *Ulex,* Lin.; en catalan *Argelac raté.*

1. Ajonc d'Europe, *Ulex Europæus,* Sm., Dec., Dub.
Ulex Europæus, var. α Lin.; *Ulex vernalis*, Thore.

Habite les terrains arides, et le bord des vignes du vallon de

Villefranche; la vallée de Conat, en allant à Nohèdes, dans les mêmes conditions. Fleurit en avril.

Dans le pays on nomme cette plante *Argelac raté*, parce qu'elle préserve les semis de glands et de châtaignes de la dent vorace des Rats. A cet effet, on place une petite branche d'Ajonc sur la semence.

2. Ajonc parviflore, *Ulex parviflorus*, Pour.

Ulex australis, Clem.; *Ulex provincialis*, Lois.

Habite les vallons de Banyuls-sur-Mer et de Port-Vendres, les Albères, les montagnes moyennes et tous les coteaux du centre du département. Fleurit en mars et avril.

Les Ajoncs ne servent dans le département des Pyrénées-Orientales, que pour le chauffage domestique; pour calciner la pierre à chaux; la cuisson du pain; les briquetiers en font une grande consommation pour cuire les briques.

Genre Erinacea, *Erinacea*, Clus.

1. Eri. piquant, *Eri. pungens*, Boiss.; en catalan *Coxinets de la Senyora*.

Anthyclis erinacea, Lin.

Habite la vallée de Saint-Laurent-de-Cerdans, sur les terres arides et ombragées de Costujes, au lieu dit *Bac del Fau*. Fleurit en mai et juin.

Cette plante fut découverte par Xatart.

Genre Calycotome, *Calycotoma*, Link.; en catalan *Balac*.

1. Cal. épineux, *Cal. spinosa*, Link., Mor.

Cytisus spinosus, Tournef.; *Sparti. spinosum*, Lin.

Habite tous les coteaux arides du centre du département, des Corbières, des Albères, des vallons de Banyuls-sur-Mer et de Port-Vendres, la vallée de la Tet. Fleurit en mai et juin.

GENRE GENÊT, *Spartium*, Lin.; en catalan *Ginesta*, *Herba de ballester*.

1. Gen. jonc, *Spa. junceum*, Lin., Dub., Lois.

Gen. odorata, Mœnch.; *Gen. juncea*, Lam.; *Spartianthus junceus*, Link.

Habite les coteaux arides entre Perpignan, Château-Roussillon et Canet; toutes les basses Corbières; les coteaux de la vallée du Réart; ceux de *Força-Real;* les vallées de la Tet, à Prades et à Villefranche; celles du Tech. Fleurit en mai et juin.

GENRE SAROTHAMNE, *Sarothamnus*, Wimm.

1. Sarot. de Carlier, *Sarot. Carlierus*, Nobis, Companyo.

Frutex formâ peramœnus, — stipula cylindracea, 1m 20, — 1m 40 alta, striata subnigris lineis suprà viridem corticem currentibus, sulcantibus ramulos superioris anni formatis, ut videtur, scissâ cortice. — Vertex concretus, densus, singularis; ramuli extensi, lenti. — Folia petiolata, ter foliolata, parva; orbiculata in summo, virentia suprà, subsericata infrà. — Flores flavi, corusci, satis magni, spicati secundùm ramulos, petiolati. — Calix parvus, bilabiatus, florem leviter circumdans; legumen satis magnum, extensum, arcuatum, glabrum, fuscum in maturitate; 8—12. Semina, reniforma, subnigra.

Cette plante que nous avons découverte en 1842 sur le plateau de *Régleille*, près d'Ille, où elle est assez répandue parmi le *Cytisus spinosus*, croît aussi, mais en très-petit nombre, sur les escarpements des torrents qui débouchent dans la rivière de Saint-Marsal, près de son confluent avec le Tech, où nous l'avons récoltée. Le docteur Penchinat l'a trouvée, après notre publication, dans le vallon de Banyuls-sur-Mer, au bord de la rivière.

Notre espèce se rapproche de deux plantes de la même famille décrites par Willd dans son *Itin. Hisp.;* mais elle en diffère par ses fleurs plus grandes, ses légumes plus allongés et la disposition de ses feuilles. L'aspect de l'arbuste en général est bien différent. Elle serait voisine encore du *Spar. arboreum* de Desf.; mais elle ne peut lui être comparée, notamment par ses légumes, glabres dans notre espèce, tandis qu'ils sont velus dans celle de Desfontaines.

Cette plante n'est ni alpine ni pyrénéenne puisqu'elle vit sur les plateaux peu élevés du centre du département. Nous l'avons dédiée à notre ami, M. J. Carlier, chirurgien-major en retraite, botaniste très-distingué.

2. Sarot. de Jaubert, *Saròt. Jaubertus*, Nobis, Companyo,

Calix bilabiatus, satis magnus. Flores parvi, aurati, terminales, terni, quaterni et quintuplò umbellati extremis ramusculis, petiolo brevi. Legumen breve, inflatum, pervillosum, cinereo-album 3, 4, 5 seminibus. reniformis, nigris. Suffrutex stipula tenuis, cylindracea. 50 vel 60 cent. alta superantibus ramulis lentis, diffusis, folia 3 foliata per totam longitudinem ramulorum, satis magna, brevissimo petiolo, subacuta, insuper corusca, virentia dùm virida, subter subglauca.

Nous avons découvert cette plante en 1847, sur les escarpements des ravins qui séparent les bois de chêne-vert et de chêne-liége, dont est parsemée la contrée d'Oms et de Llauro; elle y est rare. Sur notre description, le docteur Penchinat l'a récoltée dans le vallon de Banyuls-sur-Mer, sur les escarpements de la rivière.

Les plantes qui ont le plus de rapport avec la nôtre, sont le *Gen. umbellata* de Dec., et le *Spar. umbellatum* de Desf., qui est originaire de la Corse; mais celle-ci en diffère notamment par les feuilles qui sont plus grandes et ternées dans toute la longueur des tiges, tandis que dans l'autre elles sont ternées à la base des rameaux, bifoliées au milieu, et à un foliole au sommet. Les fleurs sont d'un beau jaune-d'or et petites dans notre plante, tandis qu'elles sont plus grandes dans celle de Desfontaines, à pétiole court dans la nôtre et sessile dans l'autre.

Elle se rapprocherait encore du *Gen. candicans* Lin., *Cytisus candicans* Lamark; mais elle en diffère principalement par la tige cylindrique et non cannelée ; par les feuilles ternées et pointues dans notre plante, tandis qu'elles sont obovales dans celle de Linné ; par ses fleurs petites, d'un beau jaune-d'or et disposées en ombelles à l'extrémité des rameaux dans la nôtre, tandis qu'elles sont ramassées sur des pédoncules feuillés et alternes dans celle décrite par Linné.

Nous avons dédié cette espèce nouvelle à notre savant compatriote, M. Jaubert de Passa, correspondant de l'Institut, en souvenir de notre amitié, des heureux moments de notre enfance et du commencement de nos études dans notre ville natale de Céret.

3. Sarot. à balais ou vulgaire, *Sarot. vulgaris,* Wimm.; en catalan *Ginesta verda.*

Sarot. scoparius, Koch.; *Sparti. scoparium,* Lin.; *Citi. scoparius,* Link.; *Genis. scoparia,* Lam.

Habite les haies et les bois de tous les coteaux du centre du département; remonte très-haut dans les trois vallées, Mont-Louis, col Saint-Louis, La Preste, Mosset jusqu'au *Col de Jau.* Fleurit en juin et juillet.

Cette plante rend de grands services à nos agriculteurs; on la sème sur les coteaux pour la propager autant que possible. En hiver, lorsque la neige couvre nos coteaux, les troupeaux ne trouveraient rien à manger, si cette plante qui n'est jamais entièrement couverte par la neige, ne leur procurait une ressource précieuse. Les moutons en broutent les tiges dont ils sont friands.

Le Genêt à balai est précieux encore pour faire des claies et des cabanes propres à la monte des vers à soie. Ces Bombyx le préfèrent aux Cistes à cause de la souplesse de ses rameaux, et aussi parce que le Ciste répand une odeur nauséabonde. Dans certains pays, on extrait du Genêt à balai une filasse grossière dont on fait des cordes et des filets pour la pêche. Nos bergers qui passent la belle saison à la montagne en font leur litière.

4. Sarot. en arbre, *Sarot. arboreus,* Webb.

Sparti. arboreum, Desf.

Habite les coteaux entre Céret et Saint-Marsal, en suivant le chemin du *Vilar de Reynès;* les coteaux de la vallée du Réart; les montagnes de Salses; le long des Corbières; *Cases-de-Pena* et *Força-Real*. Fleurit en mai et juin. Assez commun.

5. Sarot. purgatif, *Sarot. purgans*, Gren. et Godr.

Genist. purgans, Dec.; *Sparti. purgans*, Lin.

Habite les parties élevées des montagnes aux environs de Mont-Louis; les rochers du Canigou; les pelouses rocailleuses et les rocailles des escarpements de *Costa-Bona;* la *Font de Comps*. Fleurit en juin et juillet.

Genre Genêt, *Genista*, Lin.; en catalan *Ginesta*.

1. Gen. ailé, *Gen. sagittalis*, Lin., Dec., Dub.

Gen. herbacea, Lam.; *Gen. racemosa*, Mœnch.; *Spar. sagittale*, Rath.; *Cyt. sagittalis*, Koch.

Habite, aux environs de Mont-Louis, parmi les rochers des collines et des montagnes; les pâturages des vallées d'Eyne et de Llo; le Canigou, au-dessus de Saint-Martin; les environs de Prats-de-Molló; le Llaurenti. Fleurit en mai et juin.

2. Gen. velu, *Gen. pilosa*, Lin., Dec., Lois.; en catalan *Ginesta rampante*.

Gen. repens, Lam.; *Gen. humifusa*, Thor.; *Spart. pilosum*, Roth.; *Genistoides tuberculata*, Mœnch.

Habite les environs de Saint-Martin-du-Canigou; les escarpements entre Olette et Fontpédrouse; la *Solanete de Costa-Bona;* la montagne de Cortsavi, sous la *Tour de Batère*. Fleurit en mai et juin.

3. Gen. des teinturiers, *Gen. tinctoria*, Lin., Dec., Dub.; en catalan *Ginestrola*.

Genistoides tinctoria, Mœnch.; *Spart. tinctorium*, Roth.

Habite les environs de Mont-Louis, le plateau de la *Perche*, la route de Bourg-Madame et toute la Cerdagne; les hauteurs des environs de Prats-de-Molló; La Preste et *Costa-Bona*. Fleurit en juin et juillet.

Cette espèce offre deux variétés: la var. α *genuina*, Gre. et Godr., remarquable par sa tige et ses fruits glabres, se trouve sur le plateau de la *Perche*;—la var. β *lasiocarpa*, Gre. et Godr., a sa tige munie de poils étalés, ses fruits velus-tomenteux. Elle vit dans les environs de la *Font de Comps*.

4. Gen. cendré, *Gen. cinerea*, Dec., Dub., Lois.

Gen. scoparia, Chaix; *Spart. cinereum*, Vill.; *Spart. sphærocarpon*, Lapey.

Habite dans la vallée du Tech, le *Baus de l'Aze*, la montagne de la *Tour de Mir*, les environs de La Preste et toutes les hauteurs; dans la vallée de Conat, au *Plas*, en montant à la *Font de Comps*; Mont-Louis et le *Bac de Bolquère*. Fleurit en mai et juin.

5. Gen. épineux, *Gen. scorpius*, Dec., Dub., Lois.

Gen. spiniflora, Lam.; *Spart. scorpius*, Lin.

Habite, dans la vallée du Tech, Arles et Prats-de-Molló; le vallon de Prades, vers *los Masos*; les environs de Villefranche; la *Trencada d'Ambulla*; *Cases-de-Pena* jusqu'à Saint-Paul; le vallon de Banyuls-sur-Mer. Fleurit en mai et juin.

6. Gen. anglais, *Gen. anglica*, Lin., Dec., Dub.

Gen. minor, Lam.

Habite Mont-Louis et la route de Cerdagne; commun aux environs de Saillagouse et de Llo; la vallée d'Eyne; nous le retrouvons au Llaurenti. Fleurit en mai et juin.

7. Gen. allemand, *Gen. germanica*, Lin., Dec., Dub.

Voglera spinosa, Fl. Der Wett.; *Scorpi spinosus*, Mœnch.

Habite, dans la vallée du Tech, Prats-de-Molló et *Costa-Bona*; les environs de Mont-Louis, près la *Font dels Asclops*, et sur les escarpements du *Bac de Bolquère*. Fleurit en mai et juin.

8. Gen. d'Espagne, *Gen. Hispanica*, Lin., Dec., Dub.

Habite la *Trencada d'Ambulla* et l'entrée de la vallée de Nohèdes; les environs de Mont-Louis; la vallée d'Eyne; le Llaurenti. En revenant de cette dernière localité, nous l'avons trouvé abondamment sur un rocher, au confluent de la *Guette* avec l'*Aude*, près d'Axat. Fleurit en mai et juin.

9. Gen. horrible, *Gen. horrida*, Dec., Dub., Lois.
Spart. horridum, Walh.

Habite la montagne à l'est de Bellegarde, parmi les bois de chênes-liéges; entre Saint-Marsal et Prunet, dans les bois du plateau. Fleurit en juin.

10. Gen. blanchâtre, *Gen. candicans*, Lin., Dub.
Cyti. candicans, Dec.; *Cyti. Monspessulanus*, Gouan; *Teline candicans*, Web.

Habite les montagnes calcaires de Salses, d'Opol et toutes les Corbières; les coteaux arides des vallons de Port-Vendres et de Banyuls-sur-Mer. Fleurit en mai et juin.

Genre Cytise, *Cytisus*, Dec.;
en catalan *Balac*.

1. Cyt. laburne, *Cyt. laburnum*, Lin., Dec., Dub.
Vulg. *Faux ébénier*, *Bois de Lièvre*.

Habite les coteaux calcaires des environs de Saint-Paul et de Caudiès; les environs de *Força-Real*. Fleurit en avril et mai.

2. Cyt. des Alpes, *Cyt. Alpinus*, Mill., Dub., Lois.
Cyt. angustifolius, Mœnch.

Habite le sommet des pentes escarpées de la vallée de Carença; l'extrémité de la vallée de Prats-de-Balaguer, vers le *Roc del Buc*. Fleurit en juillet et août.

3. Cyt. à feuilles sessiles, *Cyt. sessilifolius*, Lin., Dub., Koch.

Habite les coteaux arides de *Força-Real*, la *Trencada d'Ambulla* jusqu'à Olette, dans la vallée de la Tet; *Cases-de-Pena* jusqu'à Saint-Antoine-de-Galamus, vallée de l'Agly; au pied des Albères et dans le vallon de Banyuls-sur-Mer. Fleurit en avril et mai.

4. Cyt. à trois fleurs, *Cyt. triflorus,* L'Hér., Dec., Dub.

Habite dans la vallée d'Argelès-sur-Mer, la forêt de la *Massane;* dans le vallon de Collioure, Consolation; dans celui de Banyuls-sur-Mer, le bord de la rivière; *Cases-de-Pena* et le long des basses Corbières. Fleurit en avril et mai.

5. Cyt. en tête, *Cyt. capitatus,* Jacq., Dec., Koch.

Habite la montagne de *Força-Real*, dans un bois au-dessous de la chapelle; les basses Albères et la montagne de Céret. Fleurit en mai et juin.

6. Cyt. couché, *Cyt. supinus,* Lin., Vill., Koch.

Habite le sommet des escarpements de la montagne de Saint-Laurent-de-Cerdans; les rocailles des environs de Costujes; la *Sadeille*, au-dessus de La Manère, et les environs des tours de *Cabreins*. Fleurit en mai.

GENRE ARGYROLOBIUM, *Argyrolobium*, Eckl.

1. Arg. de Linné, *Arg. Linneanum,* Walh.

Cyt. argenteus, Lin.; *Cajanus argenteus*, Spreng.; *Chasmone argentea,* E. Mey.; *Genista argentea*, Noulet.

Habite le vallon de Sainte-Marguerite, près Baixas; *Cases-de-Pena;* la *Trencada d'Ambulla;* la vallée de Vernet-les-Bains, au bois de *Pinat;* les environs d'Olette; les coteaux de Castelnau et de Corbère, près Thuir. Fleurit en mai.

GENRE ADÉNOCARPE, *Adenocarpus*, Dec.

1. Adé. à grandes fleurs, *Ade. grandiflorus,* Boiss.

Ade. telonensis, Robert.; *Cyti. telonensis*, Lois.

Habite le vallon de Port-Vendres, vers la partie supérieure du Mont-Biar; le vallon de Banyuls-sur-Mer, vers le bois des *Abeilles;* les basses Corbières. Fleurit en mai.

2. Adé. à petites feuilles, *Ade. complicatus,* Gay.

Cyt. complicatus, Dec., Lois.; *Ade. parvifolius,* Dub., Dec.

Habite les escarpements au-dessus de Llech, en montant à la forge de Vidal; les roches très-escarpées au-dessus de Saint-Martin-du-Canigou, à mi-côte en montant à la *Font de la Conque.* Fleurit en juin.

GENRE LUPIN, *Lupinus,* Tournefort;
en catalan *Llobis, Lluissus, Tramusso.*

1. Lup. velu, *Lup. hirsutus,* Lin., Desf., Delil.

Lup. digitatus, Forsk.

Habite les moissons et les vignes des parties arides de la vallée du Réart; les environs de Terrats et de Thuir. Fleurit en mai.

2. Lup. réticulé, *Lup. reticulatus,* Desv.

Lup. angustifolius, Dec.; *Lup. linifolius,* Bor.

Habite dans le vallon de Banyuls-sur-Mer, les champs et les vignes vers *Can Campa.* Fleurit en mai et juin.

3. Lup. à feuilles étroites, *Lup. angustifolius,* Lin., Gært.

Habite dans les vignes et le bord des propriétés au pied de *Força-Real,* en montant à Caladroy. Fleurit en mai.

Une belle variété de cette espèce a été trouvée par M. Penchinat, au bord de la rivière, dans le vallon de Banyuls-sur-Mer.

4. Lup. blanc, *Lup. albus,* Lin.

Cultivé en grand dans la plaine, sa graine est employée pour engraisser le bétail; la plante, mêlée au trèfle incarnat, fournit un excellent fourrage, qu'on donne en hiver aux moutons. Fleurit en mai.

GENRE ONONIS, *Ononis*, Lin.;
en catalan *Gaûs*.

1. Ono. à feuilles rondes, *Ono. rotundifolia,* Lin., Vill., Dec.

Ono. latifolia, Asso.; *Natrix rotundifolia,* Mœnch.

Habite parmi les roches escarpées de la vallée d'Eyne, au-dessous de la *Jasse d'en Dalmau;* les mêmes terrains de la vallée de Llo, à la *Jasse Verda.* Fleurit en juin et juillet.

2. Ono. natrix, *Ono. natrix,* Lin., Dec., Dub.

Habite le vallon de Sainte-Catherine, près Baixas; *Cases-de-Pena;* Saint-Antoine-de-Galamus; les environs de Prades jusqu'à Olette; le bord de la Tet, métairie Picas. Fleurit en mai et juin.

Cette plante fournit plusieurs variétés qui se distinguent par la grandeur des fleurs et par la disposition du calice.

3. Ono. rameux, *Ono. ramosissima,* Desf., Dec., Lois.

Habite les sables des bords de la mer, dans les environs de Torreilles et sur tout le littoral. Fleurit en mai et juin.

Cette plante fournit trois variétés : var. α, *On. vulgaris*, Gre. et Godr.; var. β, *On. gracilis,* Gre. et Godr.; var. γ, *On. arenaria,* Gre. et God. Elles se distinguent par les pédoncules plus ou moins aristés, et par la force plus ou moins grande de la plante. Il faut les examiner de bien près, car elles peuvent être facilement confondues. On les trouve toutes trois sur nos dunes.

4. Ono. visqueux, *Ono. viscosa,* Lin., Dec., Dub.

Habite sur le bord des vignes de *Cases-de-Pena;* les environs d'Estagel, champs avoisinant l'Agly; dans la vallée du Tech, la route d'Arles à Prats-de-Molló; dans la vallée de la Tet, Prades et la *Trencada d'Ambulla;* les environs de Cornella-du-Conflent et de Vernet-les-Bains. Fleurit en mai et juin.

5. Ono. à fleurs courtes, *Ono. breviflora,* Dec., Dub.

Ono. viscosa, var. β Lin., Moris.

Habite les pentes rapides des bords de la rivière dans la vallée de Vernet-les-Bains; les pentes arides des ravins qui aboutissent au Tech, environs de Céret jusqu'à Arles. Fleurit en mai et juin.

6. Ono. pubescent, *Ono. pubescens,* Lin., Dec., Dub.

Habite les parties basses de la Salanque, presque sur les dunes; les sables de l'Agly et les champs près *Cases-de-Pena.* Fleurit en mai et juin.

7. Ono. du mont Cenis, *Ono. Cenisia.* Lin., Alli., Vill.

Habite les sommités de la vallée de Nohèdes; les lieux très-escarpés de la *Font de Comps,* vallée de Conat; parmi les éboulis des roches, au *Cambres-d'Aze.* Fleurit en juillet et août.

8. Ono. récliné, *Ono. reclinata,* Lin., Dec.

Habite la vallée de Conat, à la *Font de Comps;* les champs près des dunes de la plage de Saint-Cyprien. Fleurit en mai et juin.

On fait aussi de cette plante deux variétés : var. α *genuina,* Gre. et Godr. Corolle égalant le calice; feuilles florales ne dépassant pas les fleurs.—Var. β *minor,* Moris. Fleurs de moitié plus petites; corolle plus courte que le calice; gousse courte. Ces variétés se trouvent sur les dunes de tout le littoral.

9. Ono. des champs, *Ono. campestris,* Koch.;
en catalan *Gaûs.*

Ono. spinosa, var. β, Lin.; *O. arvensis,* v. β, Sm.; *Ono. antiquorum,* Vill.; *Ono. legitima,* Delarbre.

Vulg. *Arrête-Bœuf.*

Habite le vallon de Rigarda, sur le sol de la rivière et la route de *Doma-Nova; Cases-de-Pena* et les terrains arides de tout le département. Fleurit en mai et juin.

10. Ono. antique, *Ono. antiquorum,* Lin., Rchb.

Ono. diacantha, Sieb.; *Ono. legitima antiquorum,* Tournef.

Habite les lieux arides des environs de Perpignan, et les coteaux de Château-Roussillon; les haies du Mas-Durand, près Canet; *Cases-de-Pena* et les garrigues de Baixas; le bord des champs, au bas de *Força-Real*. Fleurit en mai et juin.

11. Ono. strié, *Ono. striata,* Gouan, Vill., Dec.

Ono. aggregata, Asso.; *Ono. reclinata,* Lam.

Habite la *Trencada d'Ambulla,* la *Font de Comps* et Saint-Antoine-de-Galamus. Fleurit en mai et juin.

12. Ono. à petites fleurs, *Ono. columnæ,* Alli., Moris., Dub.

Ono. parviflora, Lam.; *Ono. subocculata,* Vill.; *Ono. minutissima,* Jacq.; *Ono. opula,* Tenor.

Habite les escarpements calcaires de la vallée de Caudiès, presque au Col Saint-Louis; la montagne du *Cambres-d'Aze;* le sommet de la vallée de Llo; le vallon de Cornella-du-Conflent et de Vernet-les-Bains, au bois de *Pinat*. Fl. en juin et juillet.

13. Ono. très-petit, *Ono. minutissima,* Lin., Dec., Dub.

Ono. saxatilis, Lam; *Ono barbata,* Cav.

Habite sur le plateau de la *Trencada d'Ambulla;* les Albères; les garrigues de Baixas; les lieux stériles des vignes de *Cases-de-Pena*. Fleurit toute la belle saison.

14. Ono. mitissime, *Ono. mitissima,* Lin., Dub., Lois.

Habite le vallon de Banyuls-sur-Mer, sur les rochers vers le bois des *Abeilles;* la vallée du Tech, entre Arles et Prats-de-Molló, et au *Baus-de-l'Aze*. Fleurit en mai et juin.

15. Ono. à queue de renard, *Ono. alopecuroïdes,* Lin., Dub., Lois.

Habite vers le bas de la vallée de Carença, parmi les roches des escarpements de la montagne, au midi. Fl. en mai et juin.

GENRE ANTHYLLIDE, *Anthyllis,* Lin.

1. Ant. faux cytise, *Ant. Cytisoïdes,* Lin., Dec., Dub.

Habite les schistes qui se décomposent sur les bords escarpés de la rivière de l'Agly, et sur les bords des vignes d'Espira-de-l'Agly et de *Cases-de-Pena* (localité unique). Fleurit en mai et juin.

2. Ant. barbe de Jupiter, *Ant. barba Jovis,* Lin., Dec., Dub.

Habite les terrains sablonneux et arides de la butte de l'*Esparrou,* entre Saint-Nazaire et l'embouchure du Tech; mais les troupeaux l'empêchent de prospérer. Fleurit en mai et juin.

3. Ant. de montagne, *Ant. montana,* Lin., Dec., Dub.

Vulneraria montana, Scop.

Habite sur les roches de la *Font de Comps,* vallée de Conat; *Costa-Bona;* le *Bac del Fau,* près Costujes, vallée de Saint-Laurent-de-Cerdans.

4. Ant. vulnéraire, *Ant. vulneraria,* Lin., Dec., Dub.

Vulneraria anthyllis, Scop.; *Vuln. heterophylla,* Mœnch.

Habite sur les rochers des environs de Mont-Louis; le bois de la partie supérieure de la *Trencada d'Ambulla;* le vallon d'Arles-sur-Tech, sur les roches escarpées du *Mas de la Guardia;* aux environs de Prats-de-Molló, sur la montagne de *Mir.* Fleurit en mai et juin.

Cette plante fournit plusieurs variétés: la var. γ *Rubiflora,* Dec., se trouve sur les roches du *Mas de la Guardia,* près Arles-sur-Tech; la var. δ *Allionii,* Dec., vit dans les environs de Mont-Louis.

5. Ant. à quatre feuilles, *Ant. tetraphylla,* Lin., Dec., Dub.

Vul. tetraphilla, Guss.

Habite aux environs de Perpignan, au midi du *Sarrat d'en Vaquer,* au-dessus de la métairie Saisset, surtout dans la vigne de M. Territ et dans un vacant qui lui est attenant. Fleurit en mai et juin.

Genre Hyménocarpe, *Hymenocarpus*, Savi.

1. Hym. circinnée, *Hym. circinnata*, Savi.;

en catalan *Auzerda borda.*

Med. circinnata, Lin., Dec.

Habite les terrains arides de la vallée de l'Agly, entre *Cases-de-Pena* et Estagel, surtout sur les escarpements des bords de la rivière, en face de la métairie de *Jau*. Fleurit en juin.

Genre Luzerne, *Medicago*, Lin.;

en catalan *Auzerda.*

1. Luz. radiée, *Med. radiata*, Lin., Dub., Lois.

Habite entre Saint-Laurent-de-la-Salanque et Torreilles, sur les sables et dans les champs souvent ravagés par les eaux de l'Agly. Fleurit en juin et juillet.

2. Luz. lupuline, *Med. lupulina*, Lin., Dec., Dub.

Habite le bord de la Tet, à la pépinière de Perpignan; les champs et les vignes du coteau de Saint-Sauveur; le bas des Albères; tous les terrains arides de la vallée de l'Agly. Fleurit de mai à septembre. Commune partout.

3. Luz. falquée, *Med. falcata*, Lin., Dec., Dub.

Med. procumbens.

Habite les parties élevées des environs du bois de Salvanère; les prairies et les champs des environs de Céret ; les pelouses et les bords des champs à Prats-de-Molló ; les bords des propriétés à Baixas et *Cases-de-Pena;* les vallons de Prades, Vernet-les-Bains et Fillols; les champs arides et les pentes de tout le pays. Fleurit de mai à septembre.

4. Luz. falquée cultivée, *Med. falcato-sativa*, Rchb.

Med. media, Pers.

Habite les champs arides et rocailleux des aspres, en compagnie et parmi les *Medicago fulcata* et *sativa*, dont il se distingue par sa gousse beaucoup plus courbée. Fleurit en juin.

5. Luz. cultivée, ***Med. sativa,*** **Lin.**

Cultivée en grand dans tout le pays. A l'état sauvage, elle habite les terres aspres des trois bassins. Fleurit en juin.

6. Luz. à bouclier, ***Med. scutellata,*** **Alli., Dec., Dub., Koch.**

Habite les prairies et les champs cultivés des parties arides des abords de Canet, ainsi que les vignes du *Sarrat de las Guillas*, banlieue de Perpignan. Fleurit en mai et juin.

7. Luz. orbiculaire, ***Med. orbicularis,*** **Alli., Dec., Dub., Lois.**

Commune dans les environs de Port-Vendres et dans le vallon de Banyuls-sur-Mer; à Baixas et *Cases-de-Pena*, dans les vignes; à Perpignan, dans les haies des champs de tous les aspres. Fleurit en mai et juin.

8. Luz. élégante, ***Med. elegans,*** **Jacq., Moris., Guss.**

Med. rugosa, Lam.

Habite les parties herbeuses entre Château-Roussillon et Canet; les bords des vignes de Baixas et *Cases-de-Pena;* les coteaux aux environs de Perpignan. Fleurit en mai et juin.

9. Luz. sous-frutescente, ***M. suffruticosa,*** **Ram., Dub., Lois.**

Habite à La Cabanasse, près Mont-Louis, dans un pré et sur un mur de clôture qui borde le chemin conduisant à Saillagouse; commune dans la vallée d'Eyne; les pentes arides du Canigou; la vallée de Vernet-les-Bains et de Cornella-du-Conflent; les environs de Céret, dans les champs et les vignes parmi les rocailles. Fleurit en juin.

10. Luz. léiocarpe, ***Med. leiocarpa,*** **Benth., Lois.**

Habite les collines au-dessus de *Cases-de-Pena* et de Saint-Antoine-de-Galamus; les parties rocailleuses des environs de Thuir, en montant vers Caixas. Fleurit en mai et juin.

11. Luz. cylindracée, *Med. cylindracea,* Dec.

Med. tornata, β, Lam.; *Med. littoralis,* var. α *breviseta,* Moriss.

Habite entre Argelès et Saint-André, les terres sablonneuses, les champs et les fossés arides. Fleurit en mai et juin.

12. Luz. réticulée, *Med. reticulata,* Benth., Dub., Lois.

Commune dans les vignes et les champs des environs d'Opol; les vignes du haut Vernet, banlieue de Perpignan, et de la rive gauche de l'Agly, à *Cases-de-Pena.* Fleurit en avril et mai.

13. Luz. en disque, *Med. disciformis,* Dec., Dub., Lois.

Habite les vignes, les prairies arides, les terres incultes des vallons de Collioure et de Banyuls-sur-Mer. Fleurit en mai et juin.

14. Luz. couronnée, *Med. coronata,* Lam., Dec., Dub.

Habite les environs de Perpignan, les coteaux de Château-Roussillon, les aspres, les vignes du haut Vernet. Fleurit en mai et juin.

15. Luz. précoce, *Med. præcox,* Dec., Lin., Benth.

Habite les terres arides qui avoisinent les coteaux de Château-Roussillon; Collioure et Banyuls-sur-Mer. Fl. toute la belle saison.

16. Luz. Polycarpe, *Med. Polycarpa,* Will.

Habite les prairies inondées par les torrents qui descendent des Albères entre Saint-André et Saint-Génis; les vallons de Prades, Cornella-du-Conflent et Vernet-les-Bains. Fleurit en mai et juin.

Cette plante offre plusieurs variétés : Var. α *tuberculata*, Gre. et God., remarquable par les épines du fruit réduites à de simples tubercules. Var. β *apiculata*, Gre. et Godr. Épines droites et dont la longueur dépasse à peine la largeur du bord. Ces deux variétés habitent les moissons qui avoisinent le Tech, au Boulou. Var. γ *denticulata*, Gre. et Godr. Épines subulées, crochues, sommets égalant la moitié de la gousse. Cette dernière se trouve dans les moissons des basses Corbières.

17. Luz. bardane, *Med. lappacea,* Lam.

Habite les parties basses des aspres qui bordent la mer. Fleurit en mai et juin.

Cette plante a deux variétés : Var. α *tricycla*, Gre. et Godr. Gousse à 2—4 tours. Varie à courtes et à longues épines.

Var. β *pentacycla,* Gre. et Godr. Gousses à 5 tours. Varie à épines longues et à épines de moitié plus courtes.

18. Luz. ciliaire, *Med. ciliaris,* Will., Dec., Moriss.

Med. intertexta, Dec.

Habite les vignes de Baixas et de *Cases-de-Pena;* les lieux arides des coteaux du centre du département, vallée du Réart. On la trouve aussi sur les roches des environs de Mont-Louis. Fleurit en mai et juin.

19. Luz. tachetée, *Med. maculata,* Will., Dec., Dub.

Med. cordata, Lam.; *Med. arabica,* Alli.

Habite les prairies des parties basses de toute la Salanque et les terres incultes des environs de Perpignan. Fleurit en mai et juin.

20. Luz. naine, *Med. minima,* Lam., Dec., Dub.

Med. hirsuta, Alli.; *Med. rigidula,* Roth.

Habite les champs, les vignes, les fossés et les bords des chemins de toutes les parties arides du département ; le vallon de Banyuls-sur-Mer ; la *Trencada d'Ambulla,* jusqu'à Mont-Louis ; la vallée du Tech, de Céret à Prats-de-Molló. Fleurit en mai et juin.

21. Luz. laciniée, *Med. laciniata,* Alli., Dec., Dub.

Habite les lieux arides et les roches calcaires de Baixas et ses environs. Fleurit en mai et juin.

22. Luz. marine, *M. marina,* Lin., Dec., Dub., Lois., Koch.

Habite la plage de Sainte-Marie, Torreilles, Saint-Cyprien et les environs d'Argelès; le vallon de Port-Vendres, à *Paulille.* Fleurit en mai.

23. Luz. littorale, *Med. littoralis,* Rhod., Lois., Dec., Dub.

Med. arenaria, Then.

Habite les sables des torrents qui débouchent dans toute la plaine. Fleurit en mai et juin.

24. Luz. de Braun, *Med. Braunii,* Gre. et Godr.

Med. littoralis, Tenor.

Habite les sables maritimes des vallons de Port-Vendres et de Banyuls-sur-Mer. Fleurit en mai.

25. Luz. de Gérard, *Med. Gerardi,* Will., Dub., Lois., Koch.

Med. rigidula, Lam.; *Med. villosa,* Dec.

Habite les vallons de Prades et de Villefranche, la *Trencada d'Ambulla,* au *Camp de las Basses;* les environs de Calmellas, vallée du Réart; à Millas, au pied de la montagne de *Força-Real.* Fleurit en mai.

26. Luz. tribuloïde, *Med. tribuloïdes,* Lam., Will., Guss.

Habite les vignes des environs d'Argelès, les sables des dunes et les vignes de l'île Sainte-Lucie. Fleurit en mai et juin.

27. Luz. turbinée, *Med. turbinata,* Will., Dec., Dub.

Med. oliveformis, Guss.

Habite les environs de Prades, dans les champs et parmi les récoltes; elle y est rare. Fleurit en mai et juin.

M. Legrand, botaniste plein de zèle, l'a trouvée l'année dernière dans un champ de blé aux environs de Baixas; mais il n'a pu se procurer qu'une seule plante. L'année prochaine, des recherches plus étendues dans cette localité feront découvrir, nous l'espérons, d'autres sujets de cette rare espèce.

Toutes les espèces de Luzernes sont de bonnes plantes fourragères, et les bestiaux en sont friands. Toutes sont salubres et nutritives; la plupart pourraient entrer dans la composition des prairies, et il est toujours avantageux qu'elles soient nombreuses dans les terres livrées à la pâture. Aucune cependant n'a pu remplacer encore la *Luzerne cultivée*, qui est, à juste titre, la plus importante de nos plantes fourragères. Semée dans une terre d'alluvion, comme nos *salancas* ou nos terres riveraines, elle donne des produits fabuleux et dure plusieurs années. La *Luzerne lupuline*, qui vient si bien partout où il y a du gazon, serait la seconde espèce qu'on devrait multiplier en la cultivant. Elle se rapproche beaucoup de la *Luzerne cultivée* et donnerait de bons résultats.

GENRE TRIGONELLE, *Trigonella*, Lin.; en catalan *Trigonellà*.

1. Tri. fenu-grec, *Tri. fœnum-græcum*, Lin., Dec., Dub.; en catalan *Fenogrec*, *Sinigrec*, *Sàligrec*, *Alfalver*.

Fœnum-græcum officinale, Mœnch.
Vulg. *Saine graine*.

Habite les champs incultes des aspres, aux environs de Perpignan. Fleurit en juin et juillet.

2. Tri. couchée, *Tri. gladiata*, Stev., Koch., Guss.

Tri. prostrata, Dec., Dub.

Habite les vignes et les champs arides entre Salses et La Nouvelle. Fleurit en mai et juin.

3. Tri. de Montpellier, *Tri. Monspeliaca*, Lin., Dec., Dub., Lois.

Habite les vignes du plateau de *Torremila,* aux environs de Perpignan; la vallée de Vernet-les-Bains et de Cornella-du-Conflent, par-dessus le *Camp del Forn;* les vignes des environs de Serdinya; les champs incultes de tous les aspres de la vallée du Réart. Fleurit en juin et juillet.

4. Tri. à plusieurs cornes, *Tri. polycerata,* Lin., Dec., Dub.

Buceras mutica, Mœnch.

Habite parmi les récoltes des environs de Llo et d'Osséja; commune autour de Puycerda, sur les murs de clôture et sur les terres du village de Nyer. Fleurit en juin et juillet.

5. Tri. à pied d'oiseau, *Tri. ornithopodioïdes,* Dec., Dub., Lois.

Trifolium melilotus ornithopodioïdes, Lin.; *Falcatula falsotrifolium,* Brot.

Habite la vallée de l'Agly, parmi les pelouses qui bordent la rivière et les champs entre Espira et Estagel; mêmes terrains sur la grand'route de Perpignan à *Cases-de-Pena.* Fleurit fin mai et juin.

6. Tri. hybride, *Tri. hybrida,* Pour., Dec., Dub.

Med. Pourreti, Noul.

Habite les champs et les coteaux des environs de Saint-Paul; Saint-Antoine-de-Galamus; les environs de Caramany; les terres en pente de la vallée de Nyer, par-dessus le village. Fleurit en juin.

La Trigonelle est cultivée comme plante fourragère dans certaines parties du département. Elle est assez robuste et vient dans les terres médiocres. Son produit n'est pas abondant. Sa graine est tonique; les chevaux ne la dédaignent pas. Sa farine sert à faire des cataplasmes résolutifs. En Orient, où elle est abondante, elle sert à la nourriture de l'homme.

GENRE MÉLILOT, *Melilotus*, Tournefort;
en catalan *Melilot, Trevol olor, Trevol real.*

1. Mel. de Messine, *Mel. Messanensis*, Desf., Dec., Dub., Guss.

Habite les champs et les fossés des prairies entre Salses et Sainte-Marie-la-Mer.

2. Mel. sillonné, *Mel. sulcata*, Desf., Dec., Dub.

Habite les champs arides et les vignes des hauteurs de *Cases-de-Pena* et de Baixas; dans la vallée du Réart, les champs entre la route d'Espagne et Trullas. Fleurit en avril et mai.

3. Mel. d'Italie, *Mel. Italica*, Lam., Dub., Lois.
Mel. rotundifolia, Tenor.; *Trifolium Mel. Italica*, Lin.

Habite les vignes et les bords des champs, le long de la Cantarane, après Terrats, en allant à l'Hostalet. Fleurit en mai.

4. Mel. parviflore, *Mel. parviflora*, Desf., Dec., Dub.
Mel. indica, Alli.

Habite les champs des environs de Baixas; les champs et haies herbeuses des coteaux de Château-Roussillon; dans la Salanque, près des dunes; le bois de *Pinat*, vallon de Vernet-les-Bains; les environs de Prades, vers *los Masos*. Fleurit en mai et juin.

5. Mel. Napolitain, *Mel. Neapolitana*, Tenor., Guss.
Mel. gracilis, Dec., Dub.; *Mel. globosa*, Stev.

Habite les sables près des dunes; les fossés et champs sablonneux des environs de Perpignan; les environs d'Argelès-sur-Mer et Collioure. Fleurit en mai et juin.

6. Mel. officinal, *Mel. officinalis*, Lam., Desf., Lois.
Mel. diffusa, Koch.; *Mel. arvensis*, Wallr.; *Mel. petit-pierreana*, Rchb.

Habite les environs de Perpignan; très-répandu au bord des fossés des jardins Saint-Jacques, et dans toute la plaine sous les coteaux de Château-Roussillon; le vallon de Cornella-du-Conflent, aux alentours de la métairie Reynès. Fleurit en juillet et août.

7. Mel. blanc, *Mel. alba,* Lam., Koch.

Mel. leucantha, Koch., Dub., Lois.

Habite la campagne de Prades, sur toute l'étendue des champs qui bordent la rivière; le vallon de Cornella-du-Conflent, le long du ruisseau de *Montané* et les environs de la vigne *d'en Pigall.* Fleurit en juillet.

8. Mel. macrorhise, *Mel. macrorhiza,* Pers., Godr.

Mel. officinalis, Will.; *Mel. altissima,* Lois.; *Trif. macrorhizum,* Waldst.

Habite toutes les terres basses et les bords des fossés humides des trois bassins. Fleurit de juillet à septembre.

Les Mélilots sont des plantes fort communes dans les pâturages, sur les bords des fossés humides et dans les prairies qui bordent le littoral; mais les animaux ne les recherchent pas. Le *Mélilot officinal* servait à faire des infusions sudorifiques; il ne s'emploie plus aujourd'hui : nous avons d'autres plantes qui lui sont préférées.

Genre Trèfle, *Trifolium,* Lin.;
en catalan *Tribolet.*

1. Trèf. étoilé, *Trif. stellatum,* Lin., Dec., Dub., Lois.. Savi.

Habite les champs aspres de Perpignan, au sortir de la porte Canet; les garrigues de Baixas; les environs de Millas, au pied de *Força-Real;* la vallée de Molitg; les environs de Port-Vendres. Fleurit en mai et juin.

2. Trèf. à feuilles étroites, *Trif. angustifolium,* Lin., Dec., Dub.

Habite les champs, les haies et fossés arides vers la métairie Durand, près Canet; mêmes terrains du vallon de Port-Vendres; les vignes des environs de *Força-Real*, à Millas; les environs de Prades; dans la vallée de Cornella-du-Conflent et de Vernet-les-Bains, aux *Cabanils*. Fleurit en juin et juillet.

3. Trèf. incarnat, *Trif. incarnatum*, Lin., Dec., Dub.; en catalan *Alfé, Faratge, Cireres de Burro.*

Trif. astramineum, Presl.

Habite les parties arides du vallon de Banyuls-sur-Mer, vers *Can Campa*. Spontané dans quelques parties de la Cerdagne. Cultivé partout dans le pays. Fleurit en mai et juin.

Le *Trèfle incarnat* est cultivé en grand dans tout le Roussillon; c'est un excellent fourrage que les bestiaux aiment beaucoup et qu'on leur donne à manger sec pendant l'hiver. On le sème de bonne heure (septembre), et pendant toute la mauvaise saison on conduit le bétail dans les champs ensemencés pour tondre les premières pousses; c'est alors une ressource précieuse pour nos cultivateurs. En février ou mars, on laisse pousser la plante qui fleurit vers les premiers jours de mai; en cet état, on la fauche pour la donner à manger verte aux bestiaux ou pour la conserver sèche comme fourrage d'hiver, ou bien on la laisse mûrir sur pied pour récolter la graine au mois de juillet.

4. Trèf. pourpre, *Trif. purpureum*, Lois., Dec., Dub.

Habite les environs de Mont-Louis; la vallée de Nohèdes, sur le premier plateau en montant aux gourgs; la vallée de Saint-Paul-de-Fenouillet, en montant à Saint-Antoine-de-Galamus. Fleurit en juin et juillet.

5. Trèf. rouge, *Trif. rubens*, Lin., Dec., Dub., Lois.; en catalan *Alfé bord de montanya.*

Habite les pelouses et prairies sèches des environs de Mont-

Louis, le vieux Mont-Louis, la *Motte de Planès;* les lieux arides de la vallée de Vernet-les-Bains et de Cornella-du-Conflent. Fleurit en juin et juillet.

6. Trèf. des Alpes, *Trif. Alpestre,* Lin., Dec., Dub.

Habite les pelouses sèches des environs de *Costa-Bona* et des environs des *Esquerdes de Roja;* mêmes terrains à la *Motte de Planès,* environs de Mont-Louis. Fleurit en juin et juillet.

7. Trèf. velu, *Trif. hirtum,* Alli., Dub., Savi.

Trif. hispidum, Desf.

Habite les environs de Baixas, de Peyrestortes et les vignes des environs de Perpignan situées au haut Vernet; le vallon de Banyuls-sur-Mer, vers *Can Rafalet;* les vallons de Prades et de Vernet-les-Bains, aux *Cabanils;* les environs de Mont-Louis, sur les chemins; le bord des propriétés et des chemins, vallée de Mosset et de Molitg. Fleurit en mai et juin.

8. Trèf. de Cherler, *Trif. Cherleri,* Lin., Dec., Dub., Lois.

Habite les terrains arides près des dunes sur le littoral; très-commun dans le vallon de Banyuls-sur-Mer, vers *Can Campa;* les lieux arides du vallon de Prades; aux environs de Molitg, bord des chemins. Fleurit en mai et juin.

9. Trèf. intermédiaire, *Trif. medium,* Lin., Dec., Dub., Lois.

Trif. flexuosum, Jacq.

Habite les environs de Mont-Louis; la vallée de Nohèdes, sur le premier plateau en montant aux gourgs; le vallon de Vernet-les-Bains, aux environs du ruisseau de M. Reynès; la vallée de la Boulsane, à Montfort et au bois de Salvanère; la vallée du Tech, Prats-de-Molló, *Roca-Gallinera, Pla d'en Pons.* Fleurit en juin et juillet.

10. Trèf. des prés, *Trif. pratense,* Lin., Dec.

Très-commun partout; champs, prairies, bord des fossés herbeux; remonte très-haut, environs de Mont-Louis, la vallée d'Eyne; nous le retrouvons au Llaurenti. Fleurit toute la belle saison.

11. Trèf. jaunâtre, *Trif. ochroleucum,* Lin., Dec., Dub., Lois.

Trif. squarosum, Lin.

Habite les prairies arides de la vallée d'Urbanya; le vallon de Vernet-les-Bains, bois de *Simon;* la vallée de Saint-Laurent-de-Cerdans, pentes arides avant d'arriver au village; la vallée de l'Agly, terrains arides des environs de Saint-Paul et de Saint-Antoine-de-Galamus. Fleurit en juin et juillet.

12. Trèf. maritime, *Trif. maritimum,* Huss., Dub., Lois.

Trif. irregulare, Pour.; *Trif. clypeatum,* Lapey.; *Trif. rigidum,* Savi.

Habite le vallon de Port-Vendres, prairies marécageuses de l'anse de *Paulille;* les environs de Banyuls-sur-Mer, prairies et ravins qui aboutissent à la mer; à Saint-Laurent-de-la-Salanque et Salses, prairies humides. Fleurit en mai et juin.

13. Trèf. panormitain, *Trif. panormitanum,* Presl.

Trif. squarosum, Dec., Dub., Moris.; *Trif. commutatum,* Ledeb.; *Trif. dipsaccum,* Thuil.; *Trif. longistipulatum,* Lois.

Habite les terrains arides du vallon de Collioure; les environs de Rivesaltes, champs arides et berges de l'Agly jusqu'à Estagel. Fleurit en mai et juin.

14. Trèf. bardane, *Trif. lappaceum,* Lin., Dec., D., Lois.

Trif. nervosum, Presl.

Habite les champs et le bord des routes des parties arides du centre du département, Terrats, Ponteilla, Llupia; les environs de Céret, Saint-Laurent-de-Cerdans, le bord des champs arides vers Costujes. Fleurit en mai et juin.

15. Trèf. de Ligurie, *Trif. Ligusticum,* Balb., Dec., Dub.

Trif. arrectisetum, Brot.; *Trif. aristatum,* Link.

Habite les prairies des environs d'Argelès-sur-Mer; les prairies de l'anse de *Paulille*, vallon de Port-Vendres; les champs et prairies du vallon de Banyuls-sur-Mer. Fleurit en mai et juin.

16. Trèf. des champs, *Trif. arvense,* Lin., Dec., Dub., Lois.;

en catalan *Peu de Llebra.*

Commun dans les champs arides et sablonneux des trois bassins; environs de Vinça, chemin de *Doma-Nova* à Rigarda; les vallons de Prades et de Vernet-les-Bains; environs d'Estagel; la base des Albères. Fleurit toute la belle saison.

17. Trèf. pied de Lièvre, *Trif. Lagopus,* Pour., Dub., Dec.

Trif. sylvaticum, Ger.

(Le nom catalan de *Peu de Llebra* conviendrait mieux à cette espèce.)

Très-commun dans toutes les prairies des parties basses des trois bassins; remonte assez haut dans les vallées, Fontpédrouse, Nohèdes, le vallon de Cornella, aux *Cabanils*. A mesure qu'on s'élève dans les vallées, cette plante tend à se rabougrir. Fleurit toute la belle saison.

18. Trèf. à fleurs de thym, *Trif. thymiflorum,* Vill.

Trif. saxatile, Alli., Dec., Dub.

Habite l'extrémité des pentes herbeuses de la vallée d'Urbanya; les pentes arides sous le *Pla Guillem* en montant par La Preste; les environs du Boulou et de Céret. Fleurit en juin et juillet.

19. Trèf. de Boccone, *Trif. Bocconi,* Savi., Dec., Dub., Lois.

Trif. collinum, Bast.; *Trif. gemellum,* Lapey.

Habite les vallons de Collioure et de Banyuls-sur-Mer, environs de *Can Campa;* les coteaux arides de la base des Albères. Fleurit en juin et juillet.

20. Trèf. strié, *Trif. striatum,* Lin., Dec., Dub., Lois.

Habite les prairies de tous les bas fonds du littoral dans les trois bassins; remonte dans la vallée du Tech jusqu'à Prats-de-Molló; dans celle de la Tet jusqu'à Olette. Le rechercher dans les prairies des bords des ravins. Fleurit en juin et juillet.

21. Trèf. scabre, *Trif. scabrum,* Lin., Dec., Dub., Moris.

Habite les fortifications de la Ville-Neuve et tous les environs de Perpignan; le vallon de Banyuls-sur-Mer; les environs de Céret; dans la vallée de la Tet, Millas, pied de *Força-Real,* Prades et ses environs, la vallée de Cornella-du-Conflent, aux *Cabanils;* remonte jusqu'à Mont-Louis. Fleurit en mai et juin.

22. Trèf. enterré, *Trif. subterraneum,* Lin., Dec., Lois.

Habite les pelouses arides et les lisières des champs du vallon de Banyuls-sur-Mer; localités identiques à Vernet-les-Bains. Fleurit en avril et mai.

23. Trèf. fraise, *Trif. fragiferum,* Lin., Dec., Dub., Lois.

Habite les prairies humides des parties basses de la Salanque et les bords des chemins. Fleurit en avril et mai. Commun partout.

24. Trèf. retourné, *Trif. resupinatum,* Lin., Dec., Dub.
Trif. suaveolens, Will.

Habite les parties humides de toute la Salanque, dans les trois bassins; remonte assez haut, et nous le retrouvons dans les prairies des environs de la *Font de Comps.* Fleurit en mai et juin.

25. Trèf. tomenteux, *Trif. tomentosum,* Lin., Dec., Dub.

Habite les terrains herbeux, les bords des champs, les lisières des bois du vallon de Prades, et environs de Villefranche. Fleurit en avril et mai.

26. Trèf. vésiculeux, *Trif. vesiculosum,* Savi., Dec., Lois.

Habite le vallon de Port-Vendres, prairies de *Paulille;* le vallon de Banyuls-sur-Mer, prairies et bord des champs. Fleurit en mai et juin.

27. Trèf. écumeux, *Trif. spumosum,* Lin., Dec., Dub.

Commun dans les pâturages du pied des Albères, sur les bords des fossés et des chemins. Fleurit en mai et juin.

28. Trèf. aggloméré, *Trif. glomeratum,* Lin., Dec., Savi.

Habite les champs arides du vallon de Banyuls-sur-Mer; les basses Albères; *Cases-de-Pena,* bords de la rivière; remonte très-haut dans la vallée de la Tet, car on le trouve sur les pelouses des environs de Mont-Louis; il en est de même dans la vallée du Tech, où il vit dans les environs de Prats-de-Molló. Fleurit en mai et juin.

29. Trèf. uni, *Trif. levigatum,* Desf., Guss.

Trif. strictum, Waldst.

Habite les prairies au pied des Albères, notamment sur les sables rejetés par les ravins. Fleurit en mai et juin.

30. Trèf. de montagne, *Trif. montanum,* Lin., Dec., D.

Habite les prairies et les bois des environs de Mont-Louis; la vallée d'Urbanya; les pâturages et bords herbeux de la montagne de Céret; le vallon de Serdinya; au Llaurenti, dans la vallée de Mijanès. Fleurit en mai et juin.

31. Trèf. alpin, *Trif. alpinum,* Lin., Dec., Dub.

Habite les vallées d'Eyne et de Llo; Mont-Louis; le *Cambres-d'Aze;* les vallées de Nohèdes et de Carença; les pâturages élevés du Canigou; la vallée de la Boulzane, à Salvanère, pâturages et bord des bois. Fleurit en juillet et août.

32. Trèf. de Thal, *Trif. Thalii,* Vill.

Trif. cæspitosum, Reyn.

Habite les parties élevées de la vallée d'Eyne; les pâturages élevés de celle de Llo. Fleurit en août et septembre.

33. Trèf. rampant, *Trif. repens,* Lin., Dec., Lois.

Habite le bord des taillis de la Tet à la pépinière de Perpignan; toute la salanque, prairies des trois bassins; remonte jusqu'aux sommets de nos vallées, à Mont-Louis; les prairies au pied de *Costa-Bona.* Fleurit toute la belle saison.

34. Trèf. noirâtre, *Trif. nigrescens,* Viv., Guss., Moris.

Trif. hybridum, Savi; *Trif. Vaillantii*, Tenor.; *Trif. pallescens*, Dec.

Habite dans tous les aspres de la vallée du Réart, parmi les moissons, sur le bord des champs et des chemins, dans les vignes. Fleurit en mai et juin.

35. Trèf. élégant, *Trif. elegans,* Savi., Dec., Dub.

Trif. hybridum, Desf.; *Trif. Vaillantii*, Poir.

Habite les prairies des environs de Mont-Louis; les bois du plateau de Salvanère; les prairies des vallons supérieurs des Albères. Fleurit fin août.

36. Trèf. hybride, *Trif. hybridum,* Lin., Koch.

Habite la vallée du Tech, derrière La Preste; les pâturages au pied du *Pla Guillem;* les pelouses des environs de Fosse, en montant à la forêt de Boucheville. Fleurit toute la belle saison.

37. Trèf. à petites fleurs, *Trif. parviflorum,* Ehrh., Dub., Benth.

Trif. strictum, Sch.

Habite les prairies sèches des environs de Mont-Louis et les lisières des champs de la basse Cerdagne; la métairie de l'*Arbre sec*, aux Albères; les environs de Maureillas. Fleurit en juin.

38. Trèf. de Perreymond, *Trif. Perreymondi*, Gren.

Trif. parviflorum, Perrey.

Habite les pâturages des environs de la vallée d'Eyne et de la vallée de Prats-de-Balaguer, en montant à *las Nou Fonts*. Fleurit en août.

39. Trèf. filiforme, *Trif. filiforme*, Lin., Savi., Guss.

Trif. micranthum, Viv.; *Trif. capilliforme*, Delile; *Trif. controversum*, Salisb.

Habite les fossés des fortifications de la ville de Perpignan, près la fontaine du *Chat;* les parties herbeuses du bord des chemins dans les trois bassins; les environs d'Olette et de Fontpédrouse; les bords du chemin entre Prats-de-Mollò et La Preste. Fleurit en mai et juin.

40. Trèf. tombant, *Trif. procumbens*, Lin., Savi.

Trif. minus, Sch.; *Trif. filiforme*, Dec., Dub.

Habite les terrains montueux de Château-Roussillon; Céret et les Albères; les nombreux bois de châtaigniers de Saint-Laurent-de-Cerdans; les terrains arides du vallon de Vernet-les-Bains. Fleurit toute la belle saison. Commun partout.

41. Trèf. étalé, *Trif. patens*, Schreb., Desport.

Trif. aureum, Thuil.; *Trif. parisiense*, Dec.; *Trif. chrysanthum*, God.

Habite les prairies humides des terres salanque des trois bassins. Fleurit en juin et juillet.

42. Trèf. des campagnes, *Trif. agrarium*, Lin., Vill.; Sav.

Trif. procumbens, Dec., Dub.

Habite les haies et fossés des champs du Mas-Fraisse, près Toulouges, et les prairies des environs de Perpignan; remonte très-haut, car on le trouve, mais rabougri, au *Cambres-d'Aze* et à *Costa-Bona*. Fleurit toute la belle saison.

43 Trèf. doré, *Trif. aureum,* Poll., Vill.

Trif. agrarium, Sch. ; *Trif. fuscum,* Desv.

Habite les environs de Mont-Louis; les pentes arides de la vallée de Nohèdes; les vallons de *Cases-de-Pena* et d'Estagel; les environs de La Preste; les prairies au pied de *Costa-Bona*. Fleurit en juin et juillet.

44. Trèf. brun, *Trif. badium,* Sch., Dec., Lois.

Trif. spadiceum, Vill.

Habite les prairies humides des environs de Mont-Louis; les vallées de Nohèdes et d'Urbanya; les environs de Villefranche, sur la route de Cornella-du-Conflent. Fleurit en juillet.

45. Trèf. bai, *Trif. spadiceum,* Lin., Dec., Dub.

Trif. litigiosum, Desv.

Habite la montée de la butte *Saint-Pierre;* le fossé de la route entre Vinça et Ille; les terrains arides de la vallée de Vernet-les-Bains et de Cornella-du-Conflent; on le trouve aussi dans les prairies tourbeuses de nos montagnes. Fleurit en juin et juillet.

Tous les Trèfles sont d'excellentes plantes fourragères; aussi la nature les a répandus à profusion. On les trouve partout en abondance; les bestiaux en sont friands et les recherchent.

Genre Dorycnopsis, *Dorycnopsis,* Boiss.

1. Dor. de Gérard, *Dor. Gerardi,* Boiss.

Anctylis Gerardi, Lin., Dec.; *Dor. procumbens,* Lapey.

Habite le bord des champs de la vallée d'Argelès-sur-Mer; Cosperons et le col de *las Portas,* vallons de Collioure et de Port-Vendres; la vallée de La Vall, lisières des bois et bord des champs dans le voisinage de *Notre-Dame-de-Vie*. Fleurit toute la belle saison.

Genre Dorycnie, *Dorycnium,* Tournef.

1. Dor. frutescente, *Dor. suffruticosum,* Vill., Dec., Koc.
Dor. Monspeliensium, Tourn.; *Dor. pentaphyllum,* Rchb.; *Lot. dorycnium,* Lin.

Habite le vallon de Sainte-Catherine près Baixas, haies des vignes et des champs; *Cases-de-Pena* et le long de l'Agly jusqu'à Caudiès; la base de *Força-Real* près Millas; Port-Vendres et ses environs; Céret, Arles, la vallée de Saint-Laurent-de-Cerdans; Prades et la *Trencada d'Ambulla;* le vallon de Vernet-les-Bains; remonte jusqu'au-delà d'Olette. Fleurit en juin et juillet.

2. Dor. herbacée, *Dor. herbaceum,* Vill., Dec.
Dor. subaudum, Rchb.

Habite les prairies maritimes sèches de la plage de Canet et de tout le littoral, particulièrement sur les sables des cours d'eau qui aboutissent à la mer. Fleurit en juin.

Genre Tétragonolobe, *Tetragonolobus,* Scop.

1. Tétr. siliqueux, *Tetr. siliquosus,* Roth., Dub.
Lot. siliquosus, Lin., Dec.

Habite les prairies marécageuses de la Salanque et tout le littoral des trois bassins; se trouve dans le vallon de Banyuls-sur-Mer, aux environs de *Can-d'Amont.* Fleurit en juin et juillet.

Genre Lotier, *Lotus,* Lin.;
en catalan *Corona de Rey.*

1. Lot. droit, *Lot. rectus,* Lin., Dec., Lois.
Dor. rectum, Dec., Dub.; *Boujeanea recta,* Rchb.

Habite les haies qui bordent les fossés du *Cagarell* et les parties basses de Saint-Cyprien; le bord des fossés près la rivière de la Basse, à Perpignan; le vallon de Collioure, à Consolation, et le vallon de Banyuls-sur-Mer. Fleurit en mai et juin.

2. Lot. velu, *Lot. hirsutus,* Lin., Dec., Lois.

Dor. hirsutum, Dec.; *Boujea. hirsuta*, Rchb.

Habite le vallon de Baixas, au ravin de Sainte-Catherine; *Cases-de-Pena;* Saint-Antoine-de-Galamus; le bas des Albères; Céret. Fleurit de mai à juillet.

3. Lot. corniculé, *Lot. corniculatus,* Lin., Dec.

Habite la *Trencada d'Ambulla;* la vallée de l'Agly, à *Cases-de-Pena* et à Saint-Antoine-de-Galamus; le vallon de *Doma-Nova,* près Rigarda. On le trouve aussi près de Canet-sur-Mer, et remonte jusqu'à la vallée d'Eyne, où il est très-rabougri. Fleurit toute la belle saison.

Une variété maritime très-velue se trouve dans les vignes qui se rapprochent de l'étang de Salses; on en a fait le *Lotus Delorti,* Timbal Lagrave, *in Billot.* Cette variété vit à la *Clape,* près Narbonne.

Nous avons trouvé une autre variété, qu'on pourrait appeler *Villosus* par la grande quantité de poils dont cette plante est couverte; elle vit au sommet de la vallée de Nohèdes, et dans le bois de *Pinat,* vallon de Vernet-les-Bains.

Une troisième variété très-alpine, qui diffère essentiellement des deux autres, se trouve dans la vallée de Carol. Elle pourrait constituer une espèce nouvelle, à laquelle nous donnerions le nom de *Lotus minutissimus.*

4. Lot. petit, *Lot. tenuis,* Kif., Guss.

Lot. tenuifolius, Rchb.; *Lot. decumbens*, Forsk.

Habite les prairies humides du littoral. Fleurit de juin en août.

Nous avons rapporté de la vallée de Nohèdes, prairies tourbeuses du premier plateau, une variété qui se rapporte parfaitement au *Lotus tenuifolius* de Rchb.

5. Lot. d'Allion, *Lot. Allionii,* Desv.

Lot. cytisoïdes, Dec.; *Lot. prostratus*, Desf.

Habite les prairies du bord de la mer dans la vallée d'Argelès; les vallons de Collioure et de Banyuls; on le trouve aussi à la *Trencada d'Ambulla*. Fleurit en mai et juin.

6. Lot. pied d'oiseau, *Lot. ornithopodioïdes*, Lin., Dec., Dub.

Habite les parties basses de tout le littoral, champs, bord des fossés et prairies les plus rapprochés du bord de la mer. Fleurit en avril et mai.

Les Lotiers sont généralement regardés comme de bonnes et utiles plantes pour le bétail; ils sont même recherchés dans les pâturages, mais on ne peut pas en constituer des prairies spéciales, ces plantes n'étant pas assez productives.

Genre Astragale, *Astragalus*, Lin.

1. Astr. étoilé, *Astr. stella*, Gouan.

Ast. stellatus, Lam.

Habite les pâturages de la plaine et les coteaux de Château-Roussillon; nous l'avons aussi trouvé dans les pâturages des montagnes secondaires du Llaurenti. Fleurit en mai.

2. Astr. sésame, *Astr. sesameus*, Lin., Desf., Dec.

Habite les champs incultes des environs de Peyrestortes, *Cases-de-Pena*, Baixas, Estagel, Saint-Paul. Fleurit en mai.

3. Astr. en hameçon, *Astr. hamosus*, Lin., Vill., Desf.

Ast. Monspeliacus, Clus.

Habite *Cases-de-Pena*, Estagel, Maury; les fortifications de la Ville-Neuve, à Perpignan; les Albères; les sables des rivières, à Saint-Féliu, Ille, Prades; la *Trencada d'Ambulla*. Fleurit en avril et mai. Très-commun partout.

4. Astr. réglisse, *Astr. glycyphyllos*, Lin., Dec., Koch.

Habite les environs de Mont-Louis, à la *Coba Litcha;* la région alpine des montagnes de Carença et de *Costa-Bona;* les clairières des bois au sommet de la montagne de Céret; les bois humides du vallon de Vernet-les-Bains, à une certaine élévation. Fleurit de mai à juillet.

Le peuple confond cette plante avec celle de la *Réglisse officinale,* qui n'existe pas dans le pays.

5. Astr. de Narbonne, *Astr. Narbonensis,* Gouan.

Habite les coteaux entre Salses et La Nouvelle; au *Pas du Loup,* près Sigean, et à l'île Sainte-Lucie. Fleurit en juin et juillet.

6. Astr. pourpre, *Astr. purpureus,* Lam., Dec., Dub.

Astr. glaux, Vill.

Habite les pâturages des parties moyennes du Canigou, en montant par Cortsavi, et en allant à *Cady* par la traverse de Saint-Martin-du-Canigou; les environs de la *Font de la Conque.* Fleurit en juin et juillet.

7. Astr. glaux, *Astr. glaux,* Lin., Dec., Dub.

Habite la montagne de Céret, au-dessus du *Mas-Carol,* en montant au *Puits de la Neige;* signalée aux environs de Bellegarde par Tournefort. Fleurit en juin.

8. Astr. hypoglote, *Astr. hypoglotis,* Lin., Dec., Dub.

Astr. arenarius, Gmel; *Astr. onobrychis,* Poll.

Habite la lisière des bois herbeux entre Mosset et Salvanère, et les pâturages de cette région, où il n'est pas commun. Fl. en juill.

9. Astr. esparcette, *Astr. onobrychis,* Lin., Vill., Dec.

Habite les pâturages au bas du vieux Mont-Louis et les prairies sèches du Capcir. Fleurit en juin.

10. Astr. de Montpellier, *Astr. Monspessulanus,* Lin., Vill.

Habite les pâturages des environs de Mont-Louis et de toute la Cerdagne; le vallon d'Ille et ses environs; les pâturages secs de la vallée de Cornella-du-Conflent et de Vernet-les-Bains; la vallée de l'Agly, environs d'Estagel. Fleurit en mai et juin.

11. Astr. blanchâtre, *Astr. incanus,* **Lin., Gouan, Vill.**

Habite parmi les éboulis des roches au sommet du *Cambres-d'Aze;* les vallées d'Eyne, de Llo et toutes les parties subalpines de la chaîne, le *Col de las Nou Fonts,* les crêtes de la *Fosse du Géant, Costa-Bona.* Fleurit en juin et juillet.

12. Astr. déprimé, *Astr. depressus,* **Lin., Vill., Dec.**

Habite les pâturages des hautes régions aux environs du *Bac de Bolquère;* les pelouses à mi-côte de la vallée de Prats-de-Balaguer. Fleurit en juillet.

13. Astr. tragacanthe, *Astr. tragacantha,* **Lin., Lois., Guss.**

Astr. massiliensis, Lam.

Habite les sables maritimes des environs de l'étang de Salses, de La Nouvelle et de l'île Sainte-Lucie. Fleurit en mai.

14. Astr. aristé, *Ast. aristatus,* **L'Hér., Dec., Dub.**

Astr. sempervirens, Lam.; *Astr. tragacantha,* Vill.; *Phaca aristata,* Clerc.

Habite sur les escarpements, parmi les roches du *Bac de Bolquère;* les pâturages élevés de la montagne de *Madres;* les pelouses du *Col d'Ares,* en allant au Llaurenti. Fleurit en juillet.

GENRE OXITROPIS, *Oxitropis,* Dec.

1. Oxi. des champs, *Oxi. campestris,* **Dec., Dub., God.**

Oxi. campestris, Lin.; *Oxi. uralensis,* Will.; *Phaca campestris,* Walh.

Habite à mi-côte de *Costa-Bona* et le revers méridional du Canigou, parmi les pâturages des lieux découverts; les clairières des bois de la *Font de Comps;* les pâturages de la vallée d'Eyne; abondant au Llaurenti. Fleurit en juillet et août.

2. Oxi. fétide, *Oxi. fetida,* Dec., Dub., God.

Astr. fetidus, Vill ; *Astr. Halleri*, Alli.; *Phaca viscosa*, Clairv.

Très-rare au fond de la vallée d'Eyne, à mi-côte du *Col de Nuria*. Fleurit en juillet et août.

3. Oxi. de Haller, *Oxi. Halleri,* Bung., Koch.

Oxi. uralensis, Dec.; *Oxi. intricans*, Thom.; *Phaca uralensis*, Wahl.

Habite les pâturages élevés du Canigou; la vallée de la *Coma du Tech;* les escarpements des *Esquerdes de Roja;* le *Pla Guillem;* la vallée d'Eyne, montagne à gauche du *Col de Nuria;* le *Cambres-d'Aze;* la *Font de Comps;* le Llaurenti. Fleurit en juin et juillet.

4. Oxi. des Pyrénées, *Oxi. Pyrenaïca,* Gren. et Godr.

Oxi. montana, Benth.; *Astr. montanus*, Lapey.

Habite les pâturages de la vallée d'Eyne; les escarpements de la montagne du *Cambres-d'Aze;* au Llaurenti, les roches des environs de l'étang. Fleurit en juillet et août.

5. Oxi. des montagnes, *Oxi. montana,* Dec., Dub., God.

Astr. montanus, Lin.; *Phaca montana*, Crantz.

Habite les pâturages du *Clot du Cambres-d'Aze,* et le sommet de la vallée de Llo. Fleurit en juillet et août.

6. Oxi. poilue, *Oxi. pilosa,* Dec., Dub., God.

Habite sur le Canigou, la gorge à droite avant d'arriver à la *Llapoudère,* la vallée de *Cady*, les rocailles près des ravins; les environs de Nuria, en descendant par le *Col de las Nou Fonts;* à *Costa-Bona*. Fleurit en juillet et août.

Genre Phaque, *Phaca,* Lin.

1. Pha. des Alpes, *Pha. Alpina,* Wulf., Vill., Dec.

Colutea Alpina, Lam.

Habite les bords herbeux des ravins des vallées d'Eyne, d'Err, de Llo; les parties élevées de la vallée de Carença, parmi les roches des lieux ombragés; les clairières du bois de Salvanère; le Llaurenti. Fleurit en juin et juillet.

2. Pha. astragale, *Pha. astragalina,* Dec., Dub., Lois.

Pha. minima, Clairv.; *Astr. Alpinus,* Lin.

Habite la vallée d'Eyne, sur la colline à droite, après avoir passé la fontaine au-dessus de la cascade, près des neiges; les bois des environs de Nuria. Fleurit en juillet et août.

3. Pha. australe, *Pha. australis,* Lin., Dec., Dub.

Pha. Alleri, Vill.; *Colutea australis,* Lam.

Habite les sommets du *Cambres-d'Aze;* les rochers de la vallée de Mont-Louis; les roches à l'entrée de la vallée d'Eyne. Fleurit en juillet et août.

4. Pha. de Gérard, *Pha. Gerardi,* Vill.

Pha. glabræ, Clar.

Habite parmi les roches des sommités de Carença; le plateau du *Camp-Magre;* les pelouses et le sommet de *Costa-Bona.* Fleurit en juillet et août.

GENRE BISERRULE, *Biserrula,* Lin.

1. Bis. pélecine, *Bis. pelecinus,* Lin., Dec., Desf.

Habite la *Trencada d'Ambulla;* le plateau de Château-Roussillon, au bord des fossés des propriétés; la vallée de la Tet, sous *Força-Real;* la vallée de l'Agly, environs de Cassagnes. Fl. en mai et juin.

GENRE BAGUENAUDIER, *Colutea,* Lin.

1. Bag. arborescent. *Col. arborescens,* Lin., Dec., Dub.

Habite les roches des environs d'Estagel; celles de la montagne des environs de Villefranche; indiqué par Lapeyrouse sur les rochers des environs de Montbolo, près Arles. Fl. en mai et juin.

2. Bag. frutescent, *Col. frutescens,* Lin.
Sutherlandia frutescens, R. Brown.

Cette plante, originaire des Antilles, orne nos parterres; elle y est d'un fort joli effet. Voici comment nous la possédons : je trouvai, en 1844, deux gousses d'une légumineuse parmi le coton qui enveloppait des flacons renfermant des serpents envoyés des Antilles par le docteur Pagès, officier de santé de la marine. Ces graines furent confiées, avec recommandation, à M. Aleron; elles produisirent quatre arbustes d'un beau port et d'un aspect élégant; deux pieds ont donné de belles fleurs d'un rouge éclatant, relevé par le feuillage blanc-argenté de l'arbuste; quelques gousses ont mûri, et leurs graines ont propagé ce bel arbuste dans le département. C'est une belle plante d'ornement qui n'est pas très-délicate.

Genre Acacia, *Robinia,* Dec.

1. Aca. pseud-acacia, *Rob. pseud-acacia,* Lin.

Naturalisé, et maintenant subspontané et cultivé sous une foule de variétés, cet arbre est appelé à jouer un très-beau rôle dans ce pays, dès qu'on aura reconnu son utilité dans les arts industriels. Employé en haie entourant une propriété qu'on veut défendre, aucun arbre ne saurait le remplacer; sa végétation est vigoureuse, et la multiplicité des pousses qu'il donne, et qui atteignent une hauteur considérable, peut même abriter la propriété contre l'impétuosité des vents. Il doit être récépé tous les quatre ans, et fournit du bois de chauffage qui peut être employé de suite, car il brûle parfaitement quoique vert.

L'Acacia, employé comme bois taillis sur le bord de nos rivières, vaut infiniment mieux que le Saule; sa racine est pénétrante, et, dans les terres sablonneuses, elle descend à une profondeur considérable, s'étend à de grandes distances et donne des rejetons qui mettent la propriété à l'abri des ravages des courants. Ses tiges flexibles se couchent facilement et, recouvertes par le limon, donnent bientôt naissance à une infinité de jeunes plants si épais qu'il est difficile d'aborder les francs-bords qui en sont couverts. Toutes les parties basses de la *Salanca*, tous les bords des rivières et des torrents devraient être bordés d'Acacias; toutes nos plaines marécageuses, au lieu d'être plantées de Tamarix *(Tamarix Gallica)*, devraient être couvertes d'Acacias. Cet arbre y prospérerait bien mieux, défendrait les propriétés contre les inondations et retiendrait le limon.

Si l'on voulait avoir de plus longs renseignements sur les avantages de la culture de l'Acacia, nous renvoyons le lecteur à la notice publiée par M. le baron d'Haussez, ancien ministre de la marine, dans le *Journal d'Agriculture pratique*, n° 4, octobre 1844.

Genre Galega, *Galega*, Tournef.

1\. Gal. officinal, *Gal. officinalis,* Lin.

Habite les prairies et le bord des fossés de la vallée d'Argelès; en se rapprochant du pied des Albères, on le trouve, çà et là, jusqu'à Céret. Fleurit en juillet.

Genre Réglisse, *Glycyrrhiza,* Lin.

1\. Rég. glabre, *Gly. glabra,* Lin.

Cette plante, dont il existe deux échantillons de l'ancien Herbier ne portant pas d'indication, ne vit pas, à l'état sauvage, dans le pays et n'y est pas non plus cultivée. Le peuple prend pour de la Réglisse la racine de l'*Astragalus glycyphyllos* commun sur nos montagnes.

Genre Psoralier, *Psoralea,* Lin.

1\. Pso. bitumineux, *Pso. bituminosa,* Lin., Dec., Dub.

Commun sur le bord des chemins et des propriétés de tout le département. Cette plante remonte très-haut dans toutes les vallées, car on la trouve jusqu'aux régions alpines. Fleurit en juin et juillet.

2\. Pso. plumeux, *Pso plumosa,* Rchb.

Pso bituminosa, β *latifolia*, Moris.; *Pso. Palæstina*, Moris.

On trouve cette plante, qu'on a érigée en espèce, çà et là, dans quelques parties du département; notamment à Banyuls-sur-Mer et le long des Albères, et aussi entre Prades et Estoher. Fleurit en juillet et août.

Genre Haricot, *Phaseolus*, Lin.;

en catalan *Monjeta, Monjeta menuda, Monjil*, selon les espèces.

1. Har. commun, *Pha. vulgaris*, Lin.

On cultive plusieurs variétés de cette plante; sa graine rend de très-grands services comme substance alimentaire; son fourrage est très-estimé pour la nourriture des bestiaux. Toutes les terres arrosables du *Riveral* sont employées à la culture de cette légumineuse: c'est un produit qui donne de l'aisance dans ces contrées.

Genre Vesce, *Vicia*, Lin.;

en catalan *Vessa*.

1. Ves. cultivée, *Vic. sativa*, Lin., Koch.

Cette plante est cultivée en grand dans les terres aspres comme fourrage. Sa graine sert à nourrir la volaille, les pigeons surtout en sont friands. Subspontanée, croît sur les bords de la Tet, dans les bosquets de la pépinière de Perpignan; les moissons et les bords des champs de tout le pays. Fleurit en mai.

Deux variétés sont fournies par cette espèce: Var. α *vulgaris*, Gre. et Godr. Gousse de 40 mill. sur 9; folioles petites et étroites. Var. β *macrocarpa*, Moris. Gousse de 60 millim. sur 12; folioles plus grandes.—Ces deux variétés se trouvent dans les mêmes lieux que la *Vesse cultivée*.

2. Ves. à feuilles étroites, *Vic. angustifolia*, Roth., Koch.

Vic. polymorpha, Godr.

Habite le territoire de Perpignan, aux abords de la Basse, près la métairie Fraisse; les bords des champs et des prairies de

Château-Roussillon ; le vallon de Banyuls-sur-Mer, parmi les moissons et le bord des haies ; on la trouve dans les trois bassins. On pourrait faire de cette plante plusieurs variétés par la forme des feuilles et par celle des gousses. Fleurit en mai et juin.

3. Ves. fausse gesse, *Vic. lathyroïdes*, Lin., Dec., Dub.

Wiggersia lathyroïdes, Fl. Der Wet.; *Vic. minima*, Riv., Lam.

Habite le territoire de Sorède, dans les champs graveleux inondés par la crue des torrents qui descendent des montagnes des Albères; dans la vallée de la Tet, sur les roches escarpées de la *Trencada d'Ambulla* et de la route de Mont-Louis. Fleurit en avril et mai.

4. Ves. des Pyrénées, *Vic. Pyrenaïca*, Pour., Dec., Dub.

Vic. fagonii, Lapey.

Commune dans les pâturages de la vallée d'Eyne et sur les bords de la rivière. Nous la retrouvons aussi dans quelques localités de la plaine, notamment au bord des champs humides de la métairie Fraisse, près la Basse; commune dans les prairies du Llaurenti. Fleurit toute la belle saison.

5. Ves. à deux fruits, *Vic. amphicarpa*, Dorth., Dec., Dub.

Habite parmi les moissons de tout le vallon de Banyuls-sur-Mer et le pied de la chaîne des Albères; les champs arides de la vallée du Réart. Fleurit en avril et mai.

6. Ves. étrangère, *Vic. peregrina*, Lin., Dec., Dub.

Vic. leptophylla, Raf.; *Vic. megalosperma*, Bieb.

Habite les terres humides des parties basses du littoral; le bord des fossés et des champs à Salses, Sainte-Marie-la-Mer, Canet, Saint-Cyprien, Argelès, Port-Vendres. Fleurit en mai et juin.

7. Ves. jaune, *Vic. lutea*, Lin., Dec., Dub.

Wiggersia lutea, Fl. Der Wett.

Habite les champs du territoire de Perpignan; Prades, Villefranche, la *Trencada d'Ambulla*, la vallée de Vernet-les-Bains; Canavelles; le vallon de Banyuls-sur-Mer, et toute la vallée du Tech jusqu'à Prats-de-Molló. Fleurit en mai et juin.

Une variété très-belle se trouve aux environs de Mont-Louis, dans une prairie sèche, qui est la première à droite en montant à l'*Abeurador*.

8. Ves. hybride, *Vic. hybrida,* Lin., Dec., Dub.

Habite les prairies et les moissons des parties basses des trois vallées principales, et remonte assez haut dans celle de la Tet, puisqu'on la trouve à Fontpédrouse. Fleurit en mai et juin.

9. Ves. fève, *Vic. faba,* Lin.;
en catalan *Faba.*

On connaît les grands services que rend cette légumineuse comme graine alimentaire : son usage est très-répandu. Dans certains cantons, on sème une variété de Fève naine, abondante en gousses; elle est employée à la nourriture des bestiaux; son nom catalan est *Fabouli*. Fleurit en mai.

10. Ves. de Narbonne, *Vic. Narbonensis,* Lin., Dec., D.

Habite la lisière des bois près les cours d'eau; les champs et les moissons contigus aux jardins Saint-Jacques; les coteaux de Saint-Sauveur, territoire de Perpignan. Fleurit en mai et juin.

11. Ves. de Bithynie, *Vic. Bithynica,* Lin., Dec., Lois.
Lathy. Bithynicus, Lam.

Commune dans les haies et parmi les moissons des parties élevées de la plaine; les champs et les vignes des basses Corbières. Fleurit en mai et juin.

12. Ves. des haies, *Vic. sepium,* Lin., Dec.
Wiggersia sepium, Fl. Der Wett.

Habite le long de la Tet jusqu'à Mont-Louis, parmi les haies et les champs; dans la vallée de l'Agly, St-Antoine-de-Galamus; dans la vallée du Tech, fourrés herbeux et bord des taillis. Fleurit toute la belle saison.

13. Ves. de Hongrie, *Vic. Pannonica,* Jacq., Dub.

Vic. purpurascens, Dec.; *Vic. striata,* Bieb.; *Vic. uncinata,* Rchb.; *Vic. nissoliana,* Thuil.; *Viscoïdes hirsuta,* Mœnch.

Habite les vignes et les moissons des parties arides, à *Cases-de-Pena,* environs de Baixas et Espira-de-l'Agly; la vallée du Réart, mêmes terrains. Fleurit en mai et juin.

14. Ves. argentée, *Vic. argentea,* Lapey., Dec., Dub.

Habite les fourrés herbeux au pied des bois de Salvanère et de Boucheville; dans la vallée de la Tet, haies des environs de Font-pédrouse. Fleurit en juillet.

15. Ves. esparcette, *Vic. onobrychioïdes,* Lin., Dec., Dub.

Habite les prairies et haies des champs des environs de Mont-Louis; à Villefranche, la *Trencada d'Ambulla;* la vallée de Cornella-du-Conflent et de Vernet-les-Bains; parmi les récoltes de toute la partie aspre du département. Fleurit d'avril à septembre.

16. Ves. des buissons, *Vic. dumetorum,* Lin., Dec., Dub.

Habite les haies, les fourrés et les buissons du bois de Salvanère, toujours près des ravins; les prairies et champs des environs du bois des *Fanges.* Fleurit en juillet et août.

Toutes les Vesces sont des plantes fourragères que les bestiaux recherchent. La *Vesce cultivée* est semée dans les terres légères pour son fourrage; on la fauche après sa floraison et avant que la graine soit mûre, et alors qu'elle est sèche elle fournit un excellent fourrage. Sa graine est employée pour engraisser la volaille.

Genre Cracque, *Cracca*, Riv.

1. Cra. grande, *Cra. major*, Franken.

Vicia cracca, Lin.

Habite le vallon de Rigarda, au bord des propriétés et des fossés; les vallons de Prades, Villefranche et Vernet-les-Bains, conditions identiques; le pied des Albères. Fleurit toute la belle saison.

2. Cra. de Gérard, *Cra. Gerardi*, Gre. et Godr.

Vic. Gerardi, Wil.; *Vic. Gallo provincialis*, Poir.; *Vic. cassubica*, Lapey.; *Vic. Candolleana*, Tenor.

Habite les environs de Mont-Louis et toute la Cerdagne, parmi les moissons; les champs du vallon de Vernet-les-Bains; les environs de Céret; dans la vallée de l'Agly, à Estagel et Saint-Paul, champs et moissons. Fleurit en juin et juillet.

3. Cra. à petites feuilles, *Cra. tenuifolia*, Gre. et Godr.

Vic. tenuifolia, Roth.

Habite Mont-Louis et ses environs; le vallon de Cornella-du-Conflent, dans les vignes; les environs de Perpignan, champs, parmi les moissons des parties arides. Fleurit de juin en août.

4. Cra. variable, *Cra. varia*, Gre. et Godr.

Vic. varia, Host.; *Vic. tenuifolia*, Desv.; *Vic. polyphylla*, Rchb.; *Vic. dasycarpa*, Tenor.; *Vic. pseudocracca*, Mer.

Habite les vignes et les moissons de toutes les basses Corbières, et les champs des parties aspres de la vallée du Réart, Fourques, Terrats, etc. Fleurit en mai et juin.

5. Cra. pourpre-noir, *Cra. atro-purpurea*, Gre. et Godr.

Vic. atro-purpurea, Desf.; *Vic. perennis*, Dec.; *Vic. Bengalensis*, Lin.

Habite parmi les moissons des environs de Perpignan; le long des basses Albères jusqu'à Céret; les vallons de Collioure et de Banyuls-sur-Mer. Fleurit en mai et juin.

6. Cra. à une fleur, *Cra. monanthos,* Gre. et Godr.

Ervum monanthos, Lin.; *Erv. stipulaceum*, Bast.; *Vic. articulata,* Will.; *Vic. multifida*, Wallr.; *Lathyrus monanthos,* Will.; *Lens monantha*, Mœnch.

Habite les champs des environs de Perpignan et de Château-Roussillon; les bords de la rivière de la Tet, et remonte dans cette vallée jusqu'à La Cassagne, près Mont-Louis. Fleurit en avril et mai.

7. Cra. à deux graines, *Cra. disperma,* Gre. et Godr.

Vic. disperma, Dec.; *Vic. parviflora*, Lois.; *Erv. parviflorum*, Bertol.

Habite les vallons de Collioure et de Banyuls-sur-Mer, parmi les sables des bords des torrents et les champs ravagés par les eaux. Fleurit en avril et mai.

8. Cra. petite, *Cra. minor,* Riv.

Erv. hirsutum, Lin.; *Vic. hirsuta*, Koch.; *Vic. parviflora*, Lapey.; *Ervilia, vulgaris*, Godr.

Commune au pied de *Força-Real* et à Millas, champs et bords des vignes; le long de la vallée de la Tet jusqu'à Mont-Louis; les bords herbeux de la pépinière de Perpignan; la vallée de Vernet-les-Bains et de Cornella-du-Conflent. Fleurit d'avril à juillet.

GENRE ERVUM, *Ervum,* Lin.

1. Erv. à quatre graines, *Erv. tetraspermum,* Lin., Dec.

Vic. tetrasperma, Mœnch.; *Vic. gemella,* Crantz.

Habite les moissons des environs de Perpignan; le bord des bois et des buissons de la Salanque; nous le trouvons jusqu'à Olette; dans la vallée du Tech, environs de Céret et d'Arles. Fleurit en avril et juin.

2. Erv. grèle, *Erv. gracile,* Dec.

Erv. tenuifolium, Lag.; *Erv. longifolium*, Tenor.; *Erv. aristatum*, Raf.; *Vic. laxiflora*, Brot.; *Vic. gracilis,* Lois.

Habite les bois de la pépinière de Perpignan, sur les bords de la Tet; les lieux arides et fourrés des coteaux de Saint-Sauveur et de Château-Roussillon; les environs de Port-Vendres. Fleurit en mai et juin.

GENRE ERVILIE, *Ervilia*, Link.;
en catalan *Nantilla burda* ou *Bessa.*

1. Erv. cultivée, *Erv. sativa,* Link.

Erv. ervilia, Lin.; *Vic. ervilia*, Will.; *Erv. plicatum*, Mœnch.

Habite les moissons et le bord des vignes, entre Rivesaltes et *Cases-de-Pena,* le long de l'Agly; les vallons de Prades, Vernet-les-Bains et Cornella-du-Conflent, parmi les récoltes; la vallée du Réart, champs et vignes. Fleurit en mai et juin.

GENRE LENTILLE, *Lens*, Tournef.;
en catalan *Lentillas, Nentillas.*

1. Lent. comestible, *Lens esculenta,* Mœnch.

Erv. lens, Lin.; *Cicer lens*, Will.

Cette plante est cultivée sur toutes nos basses montagnes, particulièrement sur les Corbières. Depuis quelque temps on la sème sur nos bonnes terres, et on en retire d'abondantes récoltes. La Lentille fournit un excellent légume, très-estimé comme aliment léger. Fleurit en mai.

2. Lent. noirâtre, *Lens, nigricans,* Godr.

Erv. nigricans, Bieb.; *Erv. lentoïdes*, Tenor.

Habite quelques points du département, le pied de *Força-Real,* à *Cases-de-Pena,* parmi les buissons. Fleurit en juin.

GENRE CHICHE, *Cicer*, Lin.;
en catalan *Siurons, Garvanço.*

1. Chi. commun, *Cic. arietinum,* Lin.

Cultivé dans les lieux arides. Nos voisins d'outre-monts en consomment beaucoup; aussi le cultivent-ils en grand. Fleurit en juillet et août.

Genre Pois, *Pisum,* Lin.;
en catalan *Pesol.*

1. Pois cultivé, *Pis. sativum,* Lin.

Cultivé sous une très-grande quantité de variétés.

Var. α *saccharatum,* Sering. Cette variété est la plus répandue et la plus estimée; son fruit est gros et sucré. On l'appelle en catalan *Pesol molla.*

Var. β *macrocarpum,* Sering. Moins estimée que la précédente, on l'appelle en catalan *Tire becs.*

2. Pois des champs, *Pis. arvense,* Lin.;
en catalan *Cayretes.*

Cultivé dans certaines localités de nos montagnes moyennes. Cette espèce est d'une cuisson difficile; elle a toujours un goût sauvage, elle est peu estimée. Subspontanée parmi les récoltes des terrains aspres. Fleurit en mai et juillet.

3. Pois élé, *Pis. elatius,* Bieb.;
en catalan *Pesol bord.*

Pis. granulatum, Loyd.; *Pis. biflorum,* Guss.; *Pis. arvense,* Moris.

Habite les parties rocailleuses de la *Trencada d'Ambulla;* les calcaires des bords de l'Agly, entre *La Fou* et Ansignan. Fleurit en juin et juillet.

Genre Gesse, *Lathyrus,* Lin.;
en catalan *Herba de la Gode.*

1. Ges. clymène, *Lat. clymenum,* Lin.

Lat. tenuifolius, Moris.; *Clymenum uncinatum,* Mœnch.

Habite les vallons de Banyuls-sur-Mer, Collioure et le bas des Albères, lieux arides, haies des bois et des vignes; environs de Perpignan, haies du *Sarrat de las Guillas; Cases-de-Pena* et Baixas, ravins. Fleurit en mai et juin.

2. Ges. articulée, *Lat. articulatus,* Lin., Dec.

Climenum bicolor, Mœnch.

Habite les torrents des environs de l'ermitage de Consolation; les haies des vignes du vallon de Collioure; à Banyuls-sur-Mer, vers *Can Campa; Cases-de-Pena;* Baixas; environs de Canet, vers le Mas-Durand. Fleurit en mai et juin.

3. Ges. jaunâtre, *Lat. ochrus,* Dec., Dub., Lois.

Lat. currentifolius, Pisum ochrus, Lin.; *Ochr. uniflorus,* Mœnch.; *Ochr. pallida,* Pers.

Habite les moissons, les vignes et les olivettes des parties montueuses des aspres; les environs de *Malloles* et le *Sarrat d'en Vaquer,* territoire de Perpignan; Baixas et *Cases-de-Pena;* les garrigues de la vallée du Réart. Fleurit en avril.

4. Ges. sans feuilles, *Lat. aphaca,* Lin., Dec., Dub.

Lat. segetum, Lam.

Habite les haies des champs des environs de Céret; les coteaux de Château-Roussillon; les haies des vignes et des champs des environs de Baixas; les lieux arides du vallon de Vernet-les-Bains; les bords herbeux de la pépinière de Perpignan; les moissons de tous les aspres. Fleurit en mai et juin.

5. Ges. de Nissole, *Lat. Nissolia,* Lin., Dec., Dub.

Nis. uniflora, Mœnch.

Habite les champs de la métairie Fraisse, près Toulouges; les vallons de Port-Vendres et de Banyuls-sur-Mer, dans les récoltes et les haies. Fleurit en mai et juin.

6. Ges. velue, *Lat. hirsutus,* Lin., Dec., Lois., Dub.

Habite parmi les moissons des terrains montueux et rocailleux de tous les aspres, les coteaux de Château-Roussillon, Terrats, Llupia, Thuir, le vallon de Prades et la vallée de l'Agly. Fleurit en mai et juin.

7. Ges. chiche, *Lat. cicera,* Lin., Dec., Dub.

Lat. erythrinus, Presl.; *Lat. dubius,* Tenor.

Vulg. *Jarrosse, petite Gesse.*

Habite les récoltes de la plaine de Perpignan à Ille, et les aspres de la vallée du Réart. Fleurit en mai et juin.

8. Ges. cultivée, *Lat. sativus,* Lin., Dec., Dub.; en catalan *Guixo;* prononcez *Guiches.*

Vulg. *Gesse blanche.*

Commune dans les moissons, les lisières des taillis et des bois des trois bassins, où elle s'est répandue. Cultivée dans beaucoup de localités comme fourrage. Fleurit en mai et juin.

9. Ges. annuelle, *Lat. annuus,* Lin., Dec., Dub.

Lat. Hispanicus, Riv.

Habite dans la vallée de l'Agly, quelques localités des environs de Maury et de Saint-Paul, parmi les haies des vignes et les ronces des endroits rocailleux; mêmes terrains au pied de *Força-Real;* dans les environs de Perpignan, haies des vignes, Château-Roussillon et le *Sarrat d'en Vaquer.* Fleurit en mai et juin.

10. Ges. sauvage, *Lat. sylvestris,* Lin., Dec., Lois.

Habite dans les environs de Perpignan, haies, champs, vignes et olivettes du *Sarrat d'en Vaquer, Malloles, Orle;* Baixas; *Cases-de-Pena;* la montagne de *Força-Real;* le vallon de Banyuls-sur-Mer. Fleurit de mai à août.

11. Ges. à feuilles variables, *Lat. heterophyllus*, Lin., Wahlenb.

Lat. intermedius, Wallr.

Habite les bois des Albères au-dessus de Sorède et de Laroque; Céret et Arles, parmi les ronces et les rocailles. Fleurit en juin et juillet.

12. Ges. à larges feuilles, *Lat. latifolius*, Lin.

Habite le vallon de Villefranche, à la *Baudeta; Cases-de-Pena* et *Força-Real*, buissons des ravins des vignes; la vallée d'Argelès, roches du bord du *Grau;* le vallon de Banyuls-sur-Mer, au *Vall d'en Pou*. Fleurit en juin et juillet.

13. Ges. rude, *Lat. cirrhosus*, Sering *in Dec.*, Dub., Lois.

Habite les aspres et les bords des vignes des environs de *Força-Real*, de Rodez, de Rigarda; les vallons de Prades et de Villefranche, de Cornella-du-Conflent et de Vernet-les-Bains; remonte le long de la vallée de la Tet, et en aucun lieu cette Gesse ne paraît avec une végétation plus luxuriante que dans les environs de Fontpédrouse, et sur une roche immense au-dessus de La Cassagne, au bord de la Tet. Fleurit en juin et juillet.

14. Ges. tubéreuse, *Lat. tuberosus*, Lin., Dec., Dub.

Vulg. *Gland de terre.*

Habite dans les environs de Perpignan, les champs rocailleux et montueux; dans la vallée de l'Agly, les bois de Saint-Antoine-de-Galamus, et les bords de la rivière, entre le pont de *La Fou* et Ansignan; la vallée de Cornella-du-Conflent et de Vernet-les-Bains; les bois du *Pla Guillem;* la *Font de Comps*, parmi les roches. Fleurit en juin et juillet.

15. Ges. du printemps, *Lat. vernus*, Wimm., Godr.

Oro. vernus, Lin.

Habite la vallée de Llo, dans les fourrés des bois près de la rivière; les environs de Mont-Louis; les bois de Salvanère et de Boucheville; les bois de la *Font de Comps;* le Llaurenti. Fleurit en avril et mai.

16. Gess. multiflore, *Lat. variegatus,* **Gre. et Godr.**

Oro. variegatus, Tenor.; *Oro. Pyrenaïcus,* Scop.; *Oro. venetus,* Mill.; *Oro. serotinus,* Presl.

Habite dans les vallons de Vinça et de Prades, le bord des ravins, les ronces qui bordent les vignes, les terres incultes et rocailleuses. Fleurit en mai et juin.

17. Ges. de montagne, *Lat. montanus,* **Gre. et Godr.**

Oro. luteus, Lin., Dec.; *Oro. montanus,* Scop.; *Oro. Tournefortii,* Lapey.

Habite le *Pla dels Abellans*, au lieu dit *Forat de la Chimanella,* terrain très-escarpé de la haute vallée de la Tet; les environs des mines de Batère, vallée du Tech, et aussi le sommet de la montagne du village de La Manère; plus abondant au Llaurenti. Fleurit en juillet et août.

18. Ges. des marais, *Lat. palustris,* **Lin., Dec., Dub.**

Oro. palustris, Rchb.

Habite les prairies humides et les moissons des vallons de Collioure et de Banyuls-sur-Mer. Fleurit en juillet et août.

19. Ges. Macrorhize, *Lat. macrorhizus,* **Wimm.**

Oro. tuberosus, Lin.

Habite le vallon de Vernet-les-Bains, et les forêts de toute la base du Canigou. Fleurit en juin.

20. Ges. noire, *Lat. niger,* **Wimm.**

Oro. niger, Lin.; *Oro. tristis,* Lang. *in Rchb.*

Habite les bois à l'entrée de la vallée de Nohèdes; les bois des environs de Mont-Louis et du Capcir; très-commune dans les vallons de Villefranche et de Vernet-les-Bains. Fleurit de mai à juillet.

21. Ges. des prés, *Lat. pratensis,* Lin., Dec., Dub.

Habite les bords de la pépinière de Perpignan ; remonte le long de la rivière de la Tet, dans les taillis ; commune dans le vallon de Vernet-les-Bains ; les bois et prairies du second plateau de la vallée de Nohèdes ; la *Font de Comps ;* nous l'avons trouvée à la *Coma du Tech.* Fleurit en juin et juillet.

22. Ges. asphodéloïde, *Lat. asphodeloïdes,* Gre. et Godr.

Oro. asphodeloïdes, Gouan.; *Oro. albus,* Lin.; *Oro. pannonicus,* Jacq.; *Oro. austriacus,* Crantz.; *Oro. ensifolius,* var. β Lapey.

Habite les bois très-escarpés de la *Trencada d'Ambulla,* où cette plante n'est pas très-commune ; les terrains incultes des montagnes de Céret et de Maureillas. Fleurit en mai et juin.

23. Ges. canescente, *Lat. canescens,* Gre. et Godr.

Oron. canescens, Lin.; *Oro. filiformis,* Lam.; *Oro. vicioïdes,* Vill.; *Oro. angustifolius,* Vill.

Habite dans le vallon de Villefranche, les lieux arides et escarpés de la montagne Saint-Jacques ; les terres rocailleuses en jachère de la *Trencada d'Ambulla.* Fleurit en mai et juin.

24. Ges. anguleuse, *Lat. angulatus,* Lin., Will., Dec.

Lat. longepedunculatus, Ledeb.; *Lat. hexædrus,* Chaub. et Bory.

Habite dans la vallée de l'Agly, *Cases-de-Pena,* le vallon de Sainte-Catherine près Baixas ; les moissons et les vignes de tous les aspres du département ; la vallée de Vernet-les-Bains et de Cornella-du-Conflent, bord des vignes, champs arides et parmi les moissons. Fleurit en mai et juin.

25. Ges. sphérique, *Lat. sphæricus,* Retz., Dec., Dub.

Lat. coccineus, Alli.; *Lat. angulatus,* Sibth.

Habite dans la vallée du Tech, les champs des environs de Céret; dans la vallée de la Tet, les environs de Prades, et remonte jusqu'à Mont-Louis, parmi les moissons; cours de la rivière de la Basse, près Perpignan, champs et haies; les lieux arides des vallons de Port-Vendres et de Banyuls-sur-Mer. Fleurit en mai et jùin.

26. Ges. à feuilles cachées, *Lat. inconspicuus,* Lin., Dub.

Lat. axillaris, Lam.; *Lat. micranthus,* Gérard.

Habite les moissons des environs du Mas-Fraisse, près Toulouges; celles de Thuir et des environs de Baixas; les vignes et les champs des environs de Prades. Fleurit en juin et juillet.

27. Ges. à feuilles sétacées, *Lat. setifolius,* Lin., Dec., Dub.

Habite les lieux arides, le bord des vignes et des torrents des environs de *Cases-de-Pena;* les pentes arides et rocailleuses des vallons de Villefranche et de Cornella-du-Conflent. Fleurit en avril et mai.

28. Ges. ciliée, *Lat. ciliatus,* Guss.

Oro. saxatilis, Vent., Pers., Dec.

Habite les escarpements des calcaires entre Baixas et *Cases-de-Pena;* mêmes terrains, entre Maury et Saint-Antoine-de-Galamus; les calcaires de Salses et d'Opol; la *Trencada d'Ambulla.* Fleurit en avril et mai.

GENRE SCORPIURE, *Scorpiurus,* Lin.; en catalan *Herba de l'Huruga* (chenille).

1. Scor. velu, *Scor. subvillosa,* Lin., Desf., Dec.

Habite les champs et fossés qui bordent l'Agly dans les environs de *Cases-de-Pena* et d'Estagel; le bord des vignes de Millas, au pied de *Força-Real.* Fleurit en avril et mai.

Deux variétés sont produites par cette espèce :

Var. α *genuina*, Gre. et Godr. Gousses noires et épines allongées. Cette variété se trouve aux environs de Perpignan.

Var. β *eriocarpa*, Moris. Gousses brièvement hérissées à épines plus courtes. Vit au pied de *Força-Real*.

2. Scor. vermiculé, *Scor. vermiculata*, Lin., Dec., Dub.

Scorpioïdes vermiculata, Mœnch.

Habite les vignes et champs de tout le département, surtout vers le *Sarrat de las Guillas, Sainte-Barbe, Malloles*, territoires de Perpignan ; Baixas, *Cases-de-Pena* et le pied de *Força-Real*. Fleurit en mai et juin. Commun partout.

Genre Coronille, *Coronilla*, Neck.

1. Cor. emerus, *Cor. emerus*, Lin., Dec., Dub.

Emerus cesalpini, Tournef.

Habite la *Trencada d'Ambulla*, Vernet-les-Bains et Saint-Martin-du-Canigou ; le plateau de la *Font de Comps; Cases-de-Pena* et la montagne de *Força-Real*. Fleurit en avril et mai.

2. Cor. glauque, *Cor. glauca*, Lin., Dec., Lois.

Habite Saint-Antoine-de-Galamus; les environs de *Cases-de-Pena;* Castelnau et Corbère, sur la butte du *Mouton;* Céret et Arles sur les rochers du *Mas de la Guardia*. Fleurit en mai et juin.

3. Cor. Valentine, *Cor. Valentina*, Lin., Guss., Moriss.

Cor. stipularis, Lam.

Habite les roches calcaires de *Cases-de-Pena; Força-Real;* les montagnes du *Calce* de Thuir et de Castelnau. Un échantillon de l'ancien Herbier porte : « Montagne de Carol, Nas, Eyne. » Fleurit en mai et juin.

4. Cor. vaginale, *Cor. vaginalis*, Lam., Wallr., Koch.

Cor. minima, Jacq.; *Cor. montana*, Schr.

Habite les roches calcaires de Baixas et de *Cases-de-Pena;* la *Trencada d'Ambulla* et auprès de Serdinya. Fleurit en juin.

5. Cor. naine, *Cor. minima,* Lin., Vill., Lam.

Habite les roches des environs d'Opol et de Salses; les vallons de Prades et de Villefranche, entre les roches; le vallon de Vernet-les-Bains, au bois de *Pinat;* le vallon de Banyuls-sur-Mer, sur les roches de la montagne des *Abeilles.* Fleurit en mai.

Cette espèce fournit deux variétés :

Var. α *genuina,* Gre. et Godr. Folioles obovées; tiges plus couchées, plus grêles. Vit au bois de *Pinat.*

Var. β *Australis,* Gre. et Godr. Folioles oblongues-cunéiformes; tiges plus dressées, plus longuement frutescentes. Cette dernière variété se trouve à Banyuls-sur-Mer.

6. Cor. jonc, *Cor. juncea,* Lin., Dec., Dub.

Habite le plateau de la *Trencada d'Ambulla;* le pied de *Força-Real.* Fleurit en avril et mai.

7. Cor. bigarrée, *Cor. varia,* Lin., Dec., Dub.

Habite le bois de Saint-Antoine-de-Galamus et les montagnes des environs; la forêt de Boucheville; la partie moyenne de *Força-Real,* dans le bois; les collines des environs de Céret. Fleurit en avril et mai.

8. Cor. faux scorpion, *Cor. scorpioïdes,* Koch.

Orn. scorpioïdes, Lin.; *Orn. trifoliatus,* Lam.; *Ornithopodium scorpioïdes,* All.; *Arthrolobium scorpioïdes,* Dec.; *Scorpioïdes Matthioli,* Dod.

Habite les moissons des environs de Baixas et de *Cases-de-Pena;* les tertres des environs de Costujes; la vallée de Saint-Laurent-de-Cerdans. Fleurit en mai et juin.

GENRE PIED D'OISEAU, *Ornithopus*, Desv.

en catalan *Peu d'Ausell.*

1. Pied d'ois. sans bractées, *Orn. ebracteatus*, Brot., Pers., Lois.

Orn. durus, Dec.; *Orn. exstipulatus*, Thore; *Orn. nudiflorus*, Lag.; *Orn. pigmeus*, Viv.; *Arthrolobium ebracteatum*, Dec.

Commun dans les champs sablonneux, parmi les moissons et les sables des ravins des vallons de Collioure et de Banyuls-sur-Mer; parmi les moissons à Peyrestortes, Baixas, *Cases-de-Pena.* Fleurit en avril et mai.

2. Pied d'ois. très-petit, *Orn. perpusillus*, Lin., Vill., Dec.

Habite les champs, les récoltes, les vignes des terrains aspres et sablonneux des environs de Perpignan; les terres sablonneuses des vallons de Port-Vendres et de Banyuls-sur-Mer. Fleurit en mai et juin.

3 Pied d'ois. comprimé, *Orn. compressus*, Lin., Desf., Dec.

Ornithopodium compressum, Alli.; *Scorpioïdes leguminosa*, Dalech.

Habite le vallon de Banyuls-sur-Mer, dans les vignes vers *Can Rafalet;* les terres légères au pied de toute la chaine des Albères. Fleurit en avril et mai.

GENRE HIPPOCRÈPE, *Hippocrepis*, Lin.

Vulg. *Fer à cheval.*

1. Hip. en tête, *Hip. comosa*, Lin., Dec., Dub.

Hip. perennis, Lam.

Vulg. *Fer à cheval à chevelure.*

Habite la *Trencada d'Ambulla;* remonte la vallée de la Tet jusqu'à Fontpédrouse; les garrigues de Baixas et de *Notre-Dame-de-Pena.* Fleurit en avril et mai.

2. Hip. glauque, *Hip. glauca,* Tenor., Guss.

Hip. scorpioïdes, Requien.

Habite les garrigues de Thuir, Sainte-Colombe et tout le *Calce* jusqu'à Corbère; les garrigues de Baixas. Fleurit en avril et mai. Assez commun.

3. Hip. cilié, *Hip. ciliata,* Will., Dub., Lois.

Hip. annua, Lag.; *Hip. multisiliquosa,* Vill.

Habite les vignes entre Salses et Perpignan; les vignes et les champs incultes du plateau de Château-Roussillon; dans la vallée de la Tet, les environs de Prades, Olette, Fontpédrouse. On retrouve cette plante au *Cambres-d'Aze,* où elle est très-minime. Fleurit d'avril à juin.

4. Hip. à un fruit, *Hip. unisiliquosa,* Lin., Dec., Dub.

Habite les vignes du haut Vernet et de Torremila près Perpignan; Baixas et *Cases-de-Pena;* Salses et Opol, bord des vignes et des champs rocailleux et incultes. Fleurit en avril et mai.

GENRE SÉCURIGÈRE, *Securigera,* Dec.

1. Séc. coronille, *Sec. coronilla,* Dec., Dub., Lois.

Coro. securidaca, Lin.; *Securidaca legitima,* Gœrtn.

Habite les vignes et champs des environs de Baixas, de Peyrestortes, et tous les aspres de cette contrée; commune dans les récoltes. Fleurit en juin et juillet.

GENRE SAINFOIN, *Hedysarum,* Lin.; en catalan *Faratje.*

1. Sain. humble, *Hed. humile.*

Hed. confertum, Desf.; *Hed. fontanessi,* Boiss.; *Ono. conferta,* Dec.

Habite les vignes du haut Vernet, près Perpignan; les vignes et garrigues des parties élevées de Salses, d'Opol et pentes des Corbières. Fleurit en mai.

2. Sain. en tête, *Hed. capitatum*, Desf.

Hed. spinosissimum, Dec.

Habite au pied de la tour de Tautavel, le bord des torrents et des vignes; mêmes terrains à *Cases-de-Pena*, rive gauche de la rivière; la montagne de Saint-Antoine-de-Galamus. Fl. en mai et juin.

On cultive comme plante d'ornement dans les parterres, l'*Hedysarum coronarium* ou *Sainfoin d'Espagne*. Dans bien des terres des aspres cette plante devrait être cultivée; elle l'est avec beaucoup de succès à Malte. Sans ce végétal, on ne pourrait nourrir dans cette île que quelques moutons ou quelques chèvres, encore seraient-ils exposés à mourir de faim pendant l'été, époque où la plupart des plantes fourragères se dessèchent complétement; tandis qu'avec le secours de ce sainfoin on y élève un nombre de bestiaux suffisant pour les besoins de la population. Le *Sainfoin d'Espagne* est vivace et pourrait durer plusieurs années; mais, à Malte, on le cultive comme le Trèfle en France, c'est-à-dire qu'on ne le laisse subsister qu'un an. Ainsi, après la seconde coupe on le retourne pour mettre une autre culture à sa place, le plus souvent du froment ou de l'orge. Il en résulte une augmentation de terre végétale, si rare dans cette île, qu'on est obligé d'y ajouter une portion de roche pulvérisée. (Bosc.)

Il est à désirer qu'à l'exemple de Malte, la culture de ce sainfoin s'étende dans tous nos terrains aspres et calcaires; car cette plante se plaît beaucoup sur les terres légères et rocailleuses, les plus arides et les plus brûlées par le soleil, et y donne les plus belles récoltes. Opol, Vingrau, *Cases-de-Pena*, *Força-Real*, Baixas, etc., pourraient tirer un fort bon parti de cette culture.

Genre Esparcette, *Onobrychis*, Tournef.; en catalan *Esparcet*.

1. Esp. cultivée, *Ono. sativa*, Lam., Koch.

Ono. sativa, Lam., Koch.; *Ono. vineæfolia*, Scop.; *Ono. spicata*, Mœnch.; *Ono. vulgaris*, God.; *Hedy. onobrychis*, Lin.

Vulg. *Herbe éternelle*, *Pellagra*.

Cultivée sur toutes les terres aspres du département, elle s'est répandue dans certaines localités et y vit à l'état sauvage, surtout sur les escarpements du *Roc del Tabal* à la *Sadèlle*, territoire de La Manère, et aux environs de Costujes. Fleurit en mai.

2. Esp. couchée, *Ono. supina,* Dec., Dub., Lois.

Hedy. supinum, Chaix ; *Hedy. herbaceum*, Lapey.

Habite la *Trencada d'Ambulla;* la vallée de Saint-Laurent-de-Cerdans, dans les terres arides avant d'arriver au village de Costujes. Fleurit en mai.

3. Esp. des rochers, *Ono. saxatilis,* Alli., Dec., Dub.

Hedy. saxatile, Lin.

Habite dans la vallée de l'Agly, vignes et bords des champs entre Estagel et Maury; dans le vallon de Costujes, terres incultes aux environs du village; les vignes avant d'arriver à Sigean, sur la route de l'île Sainte-Lucie. Fleurit en mai et juin.

4. Esp. crête de coq, *Ono. caput galli,* Lam., Dec., Dub.

Hedy. caput galli, Lin.

Habite les pentes stériles de la *Font de Comps*, entre le plateau et la fontaine; les parties basses du bois de Salvanère. Fleurit en juin.

38me Famille. — Césalpinées, *Cesalpineæ,* R. Brow.

(*Polygamie trigynie*, L.; *Légumineuses*, Juss.)

Genre Gainier, *Cercis,* Lin.

Vulg. *Arbre de Judée.*

1. Gai. commun, *Cer. siliquastrum,* Lin., Vill., Dec.

Naturalisé depuis longtemps dans le pays, où il végète parfaitement; il sert à orner les bosquets et les massifs. Son bois est fort dur, veiné et susceptible de prendre un très-beau poli. Fleurit au premier printemps.

GENRE CAROUBIER, *Ceratonia*, Lin.

1. Car. à silique, *Cer. siliqua*, Lin.;
en catalan *Garrofé;* les fruits *Garrofas.*

Cultivé dans quelques jardins et à la pépinière de Perpignan. Cet arbre viendrait fort bien dans les gorges de nos basses montagnes, surtout dans les vallons d'Argelès, Collioure, Port-Vendres; Banyuls-sur-Mer; il y végèterait aussi bien qu'en Espagne, où il est d'un produit immense. Les siliques servent à nourrir les bestiaux. Fleurit en mai.

39me FAMILLE. — AMYGDALÉES, *Amygdaleæ*, JUSS.

(*Icosandrie monogynie*, L.; *Arbres rosacées*, T.; *Rosacées*, J.)

GENRE AMANDIER, *Amygdalus*, Lin.

1. Am. commun, *Am. communis*, Lin.;
en catalan *Ametller;* les fruits *Ametllas.*

Cultivé dans le pays, mais pas en assez grande quantité, il est un très-grand nombre de terrains où il serait bon de propager cet arbre. Outre les fruits qui sont d'un revenu considérable, son bois serait d'une grande utilité dans les contrées où l'on manque de combustible. L'Amandier croît spontanément dans diverses localités du département. Ce sont probablement des amandes qui ont été apportées dans ces lieux, et l'arbre s'y est reproduit par les rejetons et par les fruits mêmes. Fleurit en février.

Nous avons plusieurs variétés d'Amandiers :

1° L'Amandier commun doux, *Amygd. ossea dulcis*, Serr.;
2° L'Amandier commun amer, *Amygd. amara*, Serr.;
3° L'Amandier à grosse coque, *Amygd. macrocarpa*, Serr.;

4° L'Amandier fragile, *Amygd. fragilis*, Serr., (en catalan *Amellà de Dama* ou *Mollana.*)

2. Am. pêcher, *Am. persica*, Lin.;

en catalan *Presaguer;* les fruits *Presecs.*

Le Pêcher est originaire de la Perse. Il est cultivé en grand dans les Pyrénées-Orientales; son fruit est l'objet d'un commerce très-important. Perpignan, Ille, Céret sont les localités les plus renommées, tant pour l'abondance, que pour la beauté et la saveur des pêches qu'elles produisent.

On distingue les nombreuses variétés de pêches cultivées dans le pays en deux ordres principaux : les pêches *proprement dites* ou *molles*, dont la chair se détache du noyau et dont la peau s'enlève avec facilité; les *alberges* ou *pavie*, dont la chair ferme est adhérente au noyau et dont la peau s'enlève plus difficilement.

Il y a encore deux variétés de Pêchers :

1° *Amygdalo-Persica*, Dub. Drupe à sarcocarpe charnu, succulent, mais bivalve; en catalan *Albarjó.*

2° *Persica-Levis*, Dec. Fruit glabre; en catalan *Brugnon*. Cette variété, que la greffe a modifiée, a besoin d'être très-mûre pour être bonne; autrement elle est très-acerbe et d'un goût sauvage qui est détestable. Elle est excellente pour confire.

Genre Prunier, *Prunus*, Lin.

1. Pru. abricotier, *Pru. Armeniaca*, Lin.;

en catalan *Abricoter;* les fruits *Abricots.*

L'Abricotier, originaire de l'Arménie, est cultivé en grand dans le département; la greffe en a modifié le fruit. Il existe plusieurs bonnes variétés, qui diffèrent par la couleur, la grosseur et le goût. Dans certaines localités, on en trouve à l'état sauvage; mais les fruits ne sont pas mangeables. L'amande de l'Abricotier est ordinairement amère. Dans certaines localités de nos basses montagnes, on cultive une variété dont l'amande est douce; le fruit est petit et mûrit de très-bonne heure. Cette variété devrait être améliorée par la greffe; car tous les fruits précoces sont très-recherchés.

Le *Prunus briantiaca,* Vill., ne se trouve pas dans ce département.

2. Pru. domestique, *Pru. domestica,* Lin.;
en catalan *Poroner;* les fruits *Poronas.*

Cultivé dans nos jardins. Les variétés de cette espèce sont aussi très-nombreuses.

3. Pru. cerisier, *Pru. cerasifera,* Ehrh.

C'est une des nombreuses variétés sauvages du Prunier. Elle habite les fentes des rochers très-escarpés des contreforts du Canigou, aux environs de la forge de Llech. Fleurit en avril.

4. Pru. insititia, *Pru. insititia,* Lin.
Pru. domestica, var. β Dec.

Habite les haies des vignes, des ruisseaux et des champs de la montagne et de la plaine. On le confond avec le Prunellier. Fleurit en mars.

5. Pru. à fruit, *Pru. fruticans,* Weihe.

C'est une variété sauvage qu'il est bien difficile de distinguer de ses deux voisines, et qui vit dans les escarpements des roches des vallées de Saint-Laurent-de-Cerdans et de Costujes. Fleurit en mai.

6. Pru. épineux, *Pru. spinosa,* Lin.;
en catalan *Aranyoner;* les fruits *Aranyos.*
Vulg. *Prunellier noir, Buisson noir.*

Habite les haies et buissons; les lisières des bois et des fossés des propriétés; commun dans tout le département. On en fait des haies; mais ses racines stolonifères et traçantes, se répandent dans la propriété, ce qui est un grand inconvénient.

7. Pru. mérisier, *Pru. avium*, Lin.

Cerasus avium, Dec.

Habite diverses localités de nos montagnes, où il prospère bien. Son fruit mûrit très-tard; il est toujours acerbe. Fl. en avril et mai.

8. Pru. cerise, *Pru. cerasus*, Lin.;
en catalan *Cirerer;* les fruits *Cireras.*

Cultivé en grand dans le département, le Cerisier donne un très-grand nombre de variétés qui se font remarquer par la grosseur et la saveur des fruits. Céret et ses environs sont réputés pour la culture de cet arbre, et pour la précocité de certaines espèces : les Cerises, dites de *Saint-Georges,* y sont déjà bonnes au 20 avril. Elles donnent de grands bénéfices aux cultivateurs, qui les vendent jusqu'à 5 fr. le kilogramme pour l'exportation. Toutes les collines et les ravins de nos basses montagnes exposées au midi devraient être plantées en Cerisiers, et surtout en Cerises précoces. Nous recommandons cette culture, dont on pourrait améliorer la greffe.—M. Jaubert de Passa, dans son domaine du *Monestir,* cultive de très-belles cerises.

9. Pru. mahaleb, *Pru. mahaleb,* Lin.

Ceras. mahaleb, Mill.

Vulg. *Boix de Sainte-Lucie, Prunier odorant.*

Habite les gorges de la *Trencada d'Ambulla;* aux environs d'Olette dans les gorges, et sur les roches situées au pied du *Cambres-d'Aze.* Fleurit en mai.

10. Pru. à grappes, *Pru. padus,* Lin.

Ceras. padus, Dec.

Habite l'île du moulin de La Llagone près Mont-Louis; plusieurs gorges alpines de nos montagnes. Fleurit en mai.

40me Famille. — Rosacées, *Rosaceæ*, Juss.

(*Icosandrie*, L.; *Rosacées*, T.)

Genre Spirée, *Spirea*, Lin.

1. Spi. filipendule, *Spi. filipendula*, Lin.

Habite les prairies des diverses régions de la plaine ainsi que de la montagne; la vallée de Cornella-du-Conflent, où elle est commune à la prairie de las *Molas;* à Canet; sous Château-Roussillon, et les prairies qui bordent la Basse, aux environs de Perpignan. Fleurit en juin et juillet.

2. Spi. ulmaire, *Spi. ulmaria*, Lin., Dec.

Vulg. *La Reine des prés.*

Aussi commune que la précédente espèce, habite sur le bord des ruisseaux et dans les prairies humides des vallées fraîches d'Arles, Vernet-les-Bains, Mont-Louis, les bois de Salvanère et de Boucheville, le Llaurenti. Fleurit en juin et juillet.

3. Spi. barbe de bouc, *Spi. aruncus*, Lin., Dec., Tournef.

Habite les régions supérieures à l'extrémité de la *Coma du Tech;* le vallon de la *Llapoudère*, au Canigou; le *Bac de Bolquère;* les environs de Mont-Louis; commune dans les lieux très-escarpés du Llaurenti. Fleurit en juin et juillet.

4. Spi. à feuilles d'hypericum, *Spi. hypericifolia*, Lin., Dec.

Habite les prairies maritimes et sablonneuses, les taillis près des cours d'eau de Canet, Salses et Saint-Hippolyte. Fleurit en mai.

Genre Driade, *Drias*, Lin.

1. Dri. à huit pétales, *Dri. octopetala*, Lin., Dec., Lam.

Habite les régions très-froides; le sommet du *Cambres-d'Aze;*

les parties élevées de la vallée de Nohèdes, à la descente du *Pla del Art*, le *Col de Portes*, dans la vallée d'Évol; les sommets entre Carença et Nuria; le Canigou, au *Clot d'Estavol* et au *Mané del Or*. Fleurit en juillet et août.

GENRE BENOÎTE, *Geum*, Lin.

1. Ben. commune, *Geum urbanum*, Lin., Dec.

Vulg. *Herbe de Saint-Benoît*.

Habite le moulin de La Llagone, près Mont-Louis, et tout le long de la Tet; les prairies et ravins du vallon de Vernet-les-Bains et de la base du Canigou; les environs de Céret; la vallée de Saint-Laurent-de-Cerdans. Fleurit en juillet et août. Commune.

2. Ben. des ruisseaux, *Geum rivale*, Lin., Dec.

Habite le vallon de Collioure, au torrent de l'ermitage de Consolation; *Costa-Bona;* le Canigou, au torrent de la *Cirerole;* les prairies humides de Mont-Louis et de la forêt de Boucheville. Fleurit en mai et juin.

3. Ben. des forêts, *Geum sylvaticum*, Pour., Dec.

Geum Atlanticum, Desf.

Habite les clairières des bois des basses montagnes; les Albères; les bois et le bord des propriétés de la vallée du Réart; les bois des environs de Castell et de Saint-Martin-du-Canigou. Fleurit en juin et juillet.

4. Ben. des Pyrénées, *Geum Pyrenaïcum*, Will., Dec.

Geum Tournefortii, Lapey.

Habite les prairies des environs de Mont-Louis; les prairies et le bord des torrents de la vallée de Llo. Fleurit en juillet.

5. Ben. inclinée, *Geum inclinatum*, Sch., Koch.

Geum Thomasianum, Ser.

Habite les roches granitiques au sommet du plateau de la

montagne de Sournia, sur la route de cette commune à Prades. Fleurit en juillet et août.

6. Ben. rampante, *Geum reptans*, Lin., Dec., Barr.

Habite le sommet de la vallée de Carença; les sommets des monts qui conduisent à Nuria. Fleurit en juillet et août.

Genre Sibbaldie, *Sibbaldia*, Lin.

1. Sib. couchée, *Sib. procumbens*, Lin., Dec., Lam.

Habite l'extrémité de la vallée d'Eyne; les sommets escarpés des monts entre la vallée d'Eyne et le *Pla du Camp Magre;* au Canigou, les sommets du *Pla Guillem*, près la *Jasse de la Font de la Perdiu.* Fleurit en juillet et août.

Genre Potentille, *Potentilla*, Lin.

1. Pot. fraisier, *Pot. fragariastrum*, Ehrh., Pers.

Pot. fragaria, Dec.; *Pot. fragarioïdes*, Vill.; *Fragaria sterilis*, Lin.

Habite les bois arides des montagnes moyennes; Rigarda et toute cette contrée; les bois de toute la gorge du vallon de Joch; la gorge de Valmanya. Fleurit en avril et mai.

2. Pot. petite fleur, *Pot. micranta*, Raimond *in Dec.*

Habite les collines au-dessus de Saint-Marsal; les bois des environs de Taulis; le plateau de Saint-Laurent-de-Cerdans. Fleurit en mai.

3. Pot. brillante, *Pot. splendens*, Raimond *in Dec.*

Pot. Vaillantii, Nestl.; *Pot. hybrida*, Wallr.

Habite les fourrés du bois de Salvanère, près des ravins; le bois de Boucheville; la *Coma de Jau*, vallée de Molitg, dans les lieux frais; les ravins des parties moyennes du Canigou. Fleurit en mai et juin.

4. Pot. blanche, *Pot. alba,* Lin., Dec.

Habite les pelouses de la face méridionale de *Costa-Bona;* les bois des parties moyennes du Canigou, côté de Valmanya; la forêt de Salvanère; la montagne de *Madres.* Fleurit en juillet.

5. Pot. luisante, *Pot. nitida,* Lin., Will., Dec.

Cette belle plante n'avait pas encore été trouvée dans notre département; nous l'avions récoltée sur les escarpements de la *Ventaillole,* dans le Llaurenti, en allant vers l'étang d'Artigues. En 1853, faisant une excursion aux sources de la Tet, nous la découvrîmes sur un rocher aux environs de la grande Bouillouse, rive gauche, tout près du bois qui garnit cette rive. Fl. en août.

6. Pot. ascendante, *Pot. caulescens,* Lin., Dec.

Pot. petiolata, God.

Habite dans la forêt de la *Font de Comps,* la *Coba del Faitj* et la *Coba de las Possas* (puces); dans la vallée d'Eyne, les prairies arides vers la *Jasse d'en Dalmau;* commune au Llaurenti. Fleurit en juin et juillet.

7. Pot. des neiges, *Pot. nivalis,* Lap., Dec.

Pot. caulescens, β nivalis, Serr.; *Pot. valderia,* Vill.; *Pot. lupinoïdes,* Will.; *Pot. integrifolia,* Lapey.

Habite les sommets de la vallée d'Eyne, et le *Pic de Finestrelles,* dans la vallée de Llo; le Canigou, en montant à la cheminée du pic; les roches du sommet de *Costa-Bona;* les sommets de la vallée de Prats-Balaguer, où elle tapisse les roches du *Col de las Nou Fonts;* le Llaurenti. Fleurit fin août.

8. Pot. à grande fleur, *Pot. grandiflora,* Lin., Dec., Hall.

Habite les sommités du vallon de La Manère; la vallée de Saint-Laurent-de-Cerdans, au bois de la ville. Fleurit en juillet et août.

9. Pot. subacaule, *Pot. subacaulis,* Lin., Dec.

Pot. incana, Lam.; *Pot. velutina,* Lehmann; *Pot. grandiflora,* Scop.

Habite dans le vallon de Banyuls-sur-Mer, les lisières des bois des parties arides; nous la trouvons, mais très-rabougrie, sur les pentes les plus élevées de nos montagnes, au *Cambres-d'Aze* et à l'extrémité de la *Collada de Nuria* dans la vallée d'Eyne. Fleurit en juillet.

10. Pot. opaque, *Pot. opaca,* Lin., Dec.

Habite les pâturages et clairières des bois du Canigou, le *Pla Guillem,* Mont-Louis, le *Cambres-d'Aze,* la vallée d'Eyne, la montagne de *Madres* et les sommités de Nohèdes; la forêt de Salvanère, et le Llaurenti. Fleurit en juin et juillet.

11. Pot. du printemps, *Pot. verna,* Lin., Dec.

Pot. filiformis, Vill.; *Pot. serotina,* Vill.; *Pot. subacaulis,* Lapey.

Habite les collines des environs de Mont-Louis; les vallées d'Eyne, de Llo et d'Err; les pelouses arides du vallon de Vernet-les-Bains; dans les sentiers de la *Font de Comps.* Fleurit en mai et en août.

12. Pot. dorée, *Pot. aurea,* Lin., Dec.

Pot. Halleri, Ser.

Habite les pelouses humides des vallées d'Eyne et de Carença; les débris de roches de la *Font de Comps;* le Canigou; *Costa-Bona,* plus particulièrement aux environs des lieux où séjourne le bétail; fort commune aux environs de la *Jasse de Cady.* Fleurit en juillet et août.

13. Pot. des Pyrénées, *Pot. Pyrenaïca,* Raimond *in Dec.*

Pot. ascendens, Lapey.

Cette rare espèce se trouve, mais en petit nombre, au fond de la vallée d'Eyne; plus commune au Llaurenti, vallée de *Mijanés,* aux environs de la *Jasse d'Outournon.* Fleurit en août.

14. Pot. intermédiaire, *Pot. intermedia,* Lin., Dec.

Habite les clairières humides du bois de Salvanère et tout le long des ravins. Fleurit en juillet et août.

15. Pot. multifide, *Pot. multifida,* Lin., Mut., Ser.

Habite la vallée de Molitg, à la *Coma de Jau,* sur le bord des ravins avant d'arriver au bois de la *Moline;* les prairies humides et les ravins de la forêt de Salvanère. Fleurit en juin et juillet.

16. Pot. tormentille, *Pot. tormentilla,* Nestl.

Tor. erecta, Lin.; *Tor. officinalis,* Lapey.; *Pot. tuberosa,* Renault.

Habite les pelouses sèches du vallon de Cornella-du-Conflent; le bord des champs, des sentiers et des prairies de Vernet-les-Bains, Castell et Saint-Martin-du-Canigou; le bord des ravins en montant au *Caillau de Mosset;* les pelouses du bois de Salvanère; les environs de Prats-de-Molló. Fleurit en juin et juillet.

17. Pot. rampante, *Pot. reptans,* Lin., Dec.

Vulg. *Quinte feuille.*

Commune partout, sur les bords herbeux de *Malloles,* de la Basse et de la pépinière de Perpignan; des vallées de Céret, de Vernet-les-Bains, de l'Agly. Fleurit de juin en août.

18. Pot. anserine, *Pot. anserina,* Lin., Dec.

Vulg. *Herbe aux oies, Argentine.*

Habite le bord des prairies humides et des fossés sous Château-Roussillon; les prairies des parties basses de Canet et de Saint-Nazaire; les bords des fossés humides des vallons de Vinça et de Prades. Fleurit en mai et juin.

19. Pot. des rochers, *Pot. rupestris,* Lin., Dec , Jacq.

Habite les bois de Boucheville et de Salvanère; les environs de

Saint-Martin-du-Canigou; le vallon de Vernet-les-Bains, à l'ermitage de Saint-Vincent; les coteaux des environs de Prades; le bois de la ville à Saint-Laurent-de-Cerdans. Fleurit en juin et juillet.

20. Pot. argentée, *Pot. argentea,* Lin., Dec.

Habite les environs de Mont-Louis; la vallée de Carença, vers les parties inférieures; la vallée de Vernet-les-Bains et de Cornella-du-Conflent, dans les champs, prairies et bords des chemins; Céret, Arles, Saint-Laurent-de-Cerdans, La Manère. Fleurit en juin et juillet.

21. Pot. droite, *Pot. recta,* Lin., Dec.

Habite parmi les fourrés des terrains arides qui avoisinent la forêt de Boucheville; les coteaux exposés au midi de la forêt de Salvanère. Fleurit en juin et juillet.

22. Pot. hérissée, *Pot. hirta,* Lin., Dec.

Pot. pilosa, Dec.; *Pot. pedata,* Nestl.

Habite les pentes arides des environs de Saint-Marsal et le chemin de cette commune à Amélie-les-Bains; le vallon de Collioure, aux environs de Consolation; Port-Vendres, près le fort Saint-Elme; le vallon de Banyuls-sur-Mer; les environs de Prades, de Molitg et de Mosset; le vallon de Vernet-les-Bains, sur le chemin qui conduit au bois *Tixador;* nous la trouvons à la vallée d'Eyne, mais tout-à-fait minime. Fleurit en juin et juillet.

23. Pot. frutescente, *Pot. fruticosa,* Lin., Dec.

Pot. prostrata, Lapey.

Assez abondante dans la vallée d'Eyne, au-dessus de la cascade, sur les pelouses et sur les penchants exposés au nord. Fleurit en juillet et août.

Genre Comaret, *Comarum*, Lin.

1. Com. des marais, *Com. palustre*, Lin., Dec.

Poten. comarum, Scop.

Habite le bord des ruisseaux et des prairies humides des bois des Fanges et de Boucheville; les prairies tourbeuses des environs de Mont-Louis et du *Bac de Bolquère*. Fleurit en juin et juillet.

Genre Fraisier, *Fragaria*, Lin.;

en catalan *Maduxera;* les fruits *Maduxes*.

1. Frais. commun, *Fra. vesca*, Lin., Dec., Lam.

Habite les coteaux des parties basses et fraîches de nos montagnes. Il s'élève toutefois à de grandes hauteurs sur les versants méridionaux, puisque nous le trouvons abondamment aux bords des forêts de Salvanère et de Boucheville, et nulle part en aussi grande quantité qu'au bois des Fanges. Fleurit en mai et juin.

2. Fra. des collines, *Fra. collina*, Ehrh., Koch.

Fra. colycina, Lois.; *Fra. Breslingia*, Duch.

Cette espèce est commune dans les bois des parties basses des Corbières. Fleurit en mai et juin.

Le Fraisier est cultivé en grand dans nos jardins, ainsi que toutes ses variétés. C'est une branche de commerce assez lucrative, aujourd'hui que les chemins de fer peuvent transporter ces baies à de grandes distances dans un court espace de temps, et au moment surtout où ce fruit n'a pas encore mûri ailleurs; car, dans nos environs, il est très-précoce, grâce à notre douce température. Les racines de fraisier sont diurétiques. Les baies, dont les variétés sont très-nombreuses et très-estimées comme fruits de table, servent à divers usages : on en fait des conserves, des confitures, des liqueurs, des glaces qui sont très-rafraîchissantes.

GENRE RONCE, *Rubus*, Lin.;

en catalan *Arsa*, *Romaguera;* le fruit *Mora salvatge*.

1. Ronce des rochers, *Rub. saxatilis*, Lin., Dec., Dub.

Habite les roches de Saint-Antoine-de-Galamus; la forêt de Boucheville; les parties moyennes du Canigou; la *Font de Comps*, parmi les débris des roches dites la *Tartarassa*. Fl. en mai et juin.

2. Ronce à fruit bleu, *Rub. cæsius*, Lin., Dec., Dub.

Habite le bord des murs et des chemins ombragés des environs de Prats-de-Molló; les clairières des bois de Vernet-les-Bains et de Castell. Fleurit de mai à juillet. Très-commune partout.

3. Ronce serpent, *Rub. serpens*, Gre. et Godr.

Rub. cæsius, *E. hispidus*, Weih. et Nees.; *Rub. corylifolius*, Dec.

Habite sur tous les plateaux des environs de Prades, Los Masos, Estoher, dans les terres stériles, vignes et bord des champs. Cette plante paraît se plaire parmi les végétaux qui croissent autour d'elle. Fleurit en juin et juillet.

4. Ronce des bois, *Rub. nemorosus*, Hayn.

Rub. corylifolius, Dec.; *Rub. dumetorum*, var. *sylvestris*, Godr.

Habite les collines des aspres, lieux secs et arides exposés au midi. Fleurit en mai et juin.

5. Ronce glanduleuse, *Rub. glandulosus*, Bellard, Dec.

Rub. Bellardi, Weih.; *Rub. hybridus*, Vill.; *Rub. hirtus*, Waldst.

Habite les bois ombragés des régions moyennes; Saint-Martin-du-Canigou; la vallée de Valmanya. Fleurit en juin et juillet.

6. Ronce velue, *Rub. hirtus*, Weih. et Nees.

Rub. glandulosus, Rchb.

Habite les terres stériles et les bois des premiers coteaux de la vallée du Réart; les garrigues de Baixas et de Saint-Estève. Fleurit en juin et juillet.

7. Ronce cotonneuse, *Rub. tomentosus,* Borckh.

Rub. canescens, Dec.; *Rub. argenteus,* Gmel.

Habite les terres arides et les bois des basses montagnes; les environs de Céret et d'Arles; les plateaux du bassin du Réart, terres et bois des environs de la Cantarane; le vallon de Castell, près Saint-Martin-du-Canigou. Fleurit en juin et juillet.

8. Ronce des collines, *Rub. collinus,* Dec., Dub., Lois.

Habite les parties arides des montagnes moyennes, Llauro, Oms, La Bastide; les environs de Prades jusqu'à Olette; nous la trouvons aux environs de Perpignan, sur les *Sarrats d'en Vaquer* et de *Sainte-Barbe*. Fleurit en juin et juillet.

9. Ronce à diverses couleurs, *Rub. discolor,* Weih.

Rub. fruticosus, Sm.; *Rub. abruptus,* Lindl.; *Rub. candicans,* Fries.

Habite sur les tas de pierres qui bordent les vignes et les champs des plateaux de la vallée du Réart, et sur ceux de la vallée de la Tet, à Saint-Estève et en remontant vers *Força-Real*. Fleurit en juin et juillet.

10. Ronce frutescente, *Rub. fruticosus,* Lin., Wahlberg.

Rub. plicatus et fastigiatus, Weih.; *Rub. nitidus,* Sm.

Habite les haies, les bois, les buissons de toutes les terres aspres. Elle est très-répandue. Les fruits sont grands, de couleur cerise-foncé; ils approcheraient du fruit du Framboisier s'ils en avaient l'arôme. Fleurit en juin et juillet.

11. Ronce framboisier, *Rub. idæus,* Lin., Dec., Dub.

Le Framboisier est très-commun dans toutes les parties des régions alpines. Les fruits sont recherchés par tout le monde, tant pour leur goût agréable que pour leur odeur suave.

« Les plantes du genre *Rubus*, disent Gilet et Magne, se ressemblent autant par leurs propriétés médicinales que par leurs caractères botaniques. Elles ne constituent, malgré les efforts que l'on a faits pour y distinguer de nombreuses espèces, que quelques types bien déterminés, et toutes ont à peu près la même utilité et les mêmes inconvénients. Toutes ont des feuilles amères, alimentaires pour les herbivores, et utilisées pour faire des décoctions astringentes que l'on emploie en gargarisme, surtout contre les maladies de la bouche et contre les angines. Toutes ont des fruits astringents et aromatiques dont on fait un sirop *(sirop de mûres)* d'un usage fréquent en médecine. Le fruit du *Rubus idæus* (framboise), fort intéressant au point de vue de l'économie domestique est bien connu; enfin, les tiges, celles surtout du *Rubus fruticosus*, fendues et privées de leur moelle, servent à lier les cercles. Toutes les Ronces nuisent dans les prairies et les céréales, par leurs épines, et les variétés à tiges radicantes s'étendent promptement. Le Framboisier du Canada, *Rubus odoratus*, est cultivé dans les bosquets. »

GENRE ROSIER, *Rosa*, Lin.;

en catalan *Roser;* les fleurs *Rosas.*

1. Rosier de provins, *Ros. gallica*, Lin., Dec.;

en catalan *Rosa de vinya.*

Habite dans les bas-fonds et sur les bords des vignes du centre du département, particulièrement Castelnau, Camélas et toute cette ligne de montagnes; on le cultive aussi dans le vallon de Vernet-les-Bains. On vend les fleurs aux pharmaciens. Bon nombre de terres vagues pourraient être plantées de Rosiers de cette espèce, qui donneraient un bon revenu.

2. Ros. à feuilles de pimprenelle, *Ros. pimpinellifolia*, Ser., Dec., Koch.

Habite le bois des *Moines*, au-dessus de Saint-Martin-du-Canigou; Boucheville; les forêts entre la *Font de Comps* et la vallée d'Évol; les environs de Mont-Louis; le *Bac de Bolquère;* les vallées d'Eyne et de Llo; assez fréquent dans les bois du Llaurenti, toujours parmi les rocailles. Fleurit en juin et juillet.

3. Ros. des champs, *Ros. arvensis,* Huds., Lin., Dec.

Habite les lieux exposés au midi aux environs de Costujes; se trouve sur toute la chaîne jusqu'au-delà de La Manère, dans les haies des champs de la métairie *del Bux*. Fleurit en juin.

4. Ros. toujours vert, *Ros. semper virens,* Lin., Dec.

Rosa moschata, Dec.

Habite le bois de Boucheville, où il est rare; se trouve plus communément dans les bois des Albères, et surtout sur les hauteurs du vallon de Banyuls-sur-Mer. Fleurit en mai et juin.

5. Ros. des Alpes, *Ros. Alpina,* Lin., Dec.

Ros. Pyrenaïca, Gouan.

Habite les environs de Mont-Louis; la vallée d'Eyne; celle de Llo; la montagne de *Madres;* la forêt de Salvanère; les sommités du Canigou; fort commun au Llaurenti. Fleurit en juin et juillet.

6. Ros. à feuilles purpurines, *Ros. rubrifolia,* Vill.

Habite les fourrés du bois de Salvanère; les bois de la montagne de *Madres* et les hauteurs des montagnes de Nohèdes, vers la vallée d'Évol, toujours parmi les rocailles. Fleurit en juin.

7. Ros. de chien, *Ros. canina,* Lin.;

en catalan *Despolla balitras, Englantina, Garraveras, Tapa culs.*

Habite les haies des champs, des vignes, des fossés; partout très-commun dans le département. Le fruit se nomme en catalan *Despolla balitras* à cause de la démangeaison insupportable que sa graine occasionne à la peau lorsqu'elle y est en contact; et *Tapa culs*, à cause de sa vertu astringente. Fleurit de mai en août.

8. Ros. tomenteux, ***Ros. tomentosa,*** **Smith.**

Ros. mollissima, Willd.

Habite les bois, les haies, où il forme des buissons sur les plateaux et les petites collines des aspres du centre du département, surtout dans la vallée du Réart. Fleurit en mai et juin.

9. Ros. pommier, ***Ros. pomifera,*** **Herm., Koch.**

Ros. villosa, Wulf.

Habite les haies et les bois du vallon de Prades; la vallée de Vernet-les-Bains et de Cornella-du-Conflent, à Castell, vers Saint-Martin-du-Canigou, avant d'arriver aux ruines, surtout sur le penchant du précipice; remonte vers Olette, Fontpédrouse, Mont-Louis et chemin de Font-Romeu. Fleurit en juin et juillet.

10. Ros. rubigineux, ***Ros. rubiginosa,*** **Lin., Red.**

Habite les broussailles et les anfractuosités des roches au *Bac de Bolquère;* le plateau de Boucheville; Saint-Laurent-de-Cerdans; Costujes; les parties élevées du vallon de Banyuls-sur-Mer. Fleurit de mai à juillet. —M. Thuilier a donné le nom de *Ros. sepium* à une variété de cette espèce qui est abondante sur les rochers de la citadelle de Mont-Louis.

GENRE AIGREMOINE, *Agrimonia*, Tournef.; en catalan *Agrimonia*.

1. Aig. eupatoire, ***Agri. eupatoria,*** **Lin., Dec., Lam.;** en catalan *Herba de Sant-Guillem*.

Habite les haies et les fossés de toutes les parties arides de la plaine et de la montagne. Fleurit de juin en août. Commune.

2. Aig. odorante, *Agr. odorata*, Miller, Dec., Koch.

Habite les vallées moyennes et fraîches de nos montagnes; les bords des ruisseaux de la forêt de Boucheville; les bois ombragés du vallon de Vernet-les-Bains; la montagne de Céret, à l'entrée du bois de la ville. Fleurit de juin en août.

Cette plante exhale une odeur de térébenthine. L'Aigremoine est astringente. Elle est employée en décoction, à l'intérieur, comme tonique; à l'extérieur, pour nettoyer les plaies, comme détersive, et comme résolutive pour les luxations et les foulures.

GENRE PIMPRENELLE, *Poterium*, Lin.; en catalan *Pimpinella*.

1. Pim. dictyocarpe, *Pot. dictyocarpum*, Spach.

Pot. sanguisorba, Lin.

Habite les environs de Mont-Louis; les ravins et les bois de toute la vallée de la Tet; le vallon de Castell, près Saint-Martin-du-Canigou; dans la vallée du Tech, Céret, Arles, Saint-Laurent-de-Cerdans, la *Coma du Tech*. Fleurit de juin en août.

2. Pim. muriquée, *Pot. muricatum*, Spach.

Pot. sanguisorba, Lin.; *Pot. polygamum*, Will. et Koch.

Habite les bois des montagnes moyennes, souvent avec l'espèce précédente; les pentes arides des coteaux de Château-Roussillon et les autres coteaux des environs de Perpignan. Fleurit de juin en août.

3. Pim. de Magnol, *Pot. Magnolii*, Spach.

Habite les lieux arides des environs de *Cases-de-Pena* et d'Estagel; les garrigues de Baixas, Salses et Opol. Il faut la cueillir en fruit pour la bien distinguer des autres espèces. Fleurit de juin en août.

Genre Sanguisorbe, *Sanguisorba*, Lin.

1. San. officinale, *San. officinalis*, Lin., Dec., Dub.

Habite le Canigou, au bord des ruisseaux avant d'arriver à la *Llapoudère*, en montant à *Cady;* les prairies des environs de Mont-Louis; la forêt de Boucheville et les environs de Fossa; les bords herbeux de la Basse, à Perpignan. Fleurit en juin et juillet.

Genre Alchemille, *Alchemilla*, Tournef.

1. Alc. des Alpes, *Alc. Alpina*, Lin., Dec., Clus.

Habite les environs de Mont-Louis; la vallée d'Eyne; la *Font de Comps*, au pied de la grande roche au-dessus de la fontaine; la vallée de Vernet-les-Bains et Castell, près Saint-Martin-du-Canigou; *Costa-Bona*. Fleurit en mai et juin.

2. Alc. vulgaire, *Alc. vulgaris*, Lin., Dec., Clus.

Vulg. *Mantelet des Dames, Patte de Lapin.*

Habite les environs de Mont-Louis, au bord des eaux; la vallée de Nohèdes, sur le deuxième plateau; la vallée de Vernet-les-Bains, à Castell et à Saint-Martin-du-Canigou; la vallée du Tech, à Arles, Saint-Laurent-de-Cerdans et environs de Prats-de-Molló. Fleurit de mai en août.

3. Alc. des Pyrénées, *Alc. Pyrenaïca*, Lin.

Alc. fissa, Schum.

Habite sur les sommets des roches les plus escarpées de la *Font de Comps;* sur une roche très-escarpée derrière *Costa-Bona*, entre cette montagne et le sommet de la *Coma du Tech*. Fleurit en juillet et août.

4. Alc. à cinq feuilles, *Alc. pentaphyllea*, Lin., Dec.

Habite le Canigou, à l'extrémité de la vallée de Valmanya, entre les roches près des glaciers. Fleurit en juillet et août.

5. Alc. des champs, *Alc. arvensis*, Scop., Dec.
Aphanes arvensis, Lin.

Habite les champs et les terres légères sablonneuses, parmi les moissons entre Saint-Paul et Fosse, en allant à la forêt de Boucheville. Fleurit de mai à juillet.

41me Famille. — Pomacées, *Pomaceæ*, Bartt.

(*Icosandrie*, L.; *Rosacées*, T.; *Rosacées*, Juss.)

Genre Néflier, *Mespilus*, Lin.;

en catalan *Nespler* ou *Nesprer;* les fruits *Nespras.*

1. Néf. commun, *Mes. Germanica*, Lin., Dec.

Habite, à l'état sauvage, près l'étang de *Paradelles*, à l'extrémité du *Bac de Bolquère*, et dans les environs de l'*Étang Noir*, sur le plateau des Bouillouses. Fleurit en mai.

Cultivé dans nos jardins, il donne des fruits plus ou moins savoureux. On est parvenu, au moyen de la greffe, à obtenir des fruits plus gros et meilleurs.

Genre Aubépine, *Cratægus*, Lin.;

en catalan, les fruits, *Pometas de la Mare de Deu.*

1. Aub. sauvage, *Crat. oxyacantha*, Lin., Koch.
Crat. oxyacanthoïdes, Thuill.; *Mespil. oxyacanthoïdes*, Dec.

Habite les haies, les buissons, les ravins de la plaine et des montagnes moyennes. Très-répandue; on en forme des haies pour défendre les propriétés. Fleurit en mai; fruits en septembre.

2. Aub. monogyque, *Crat. monogyna*, Jacq., Koch.
Mesp. oxyacantha, Dec.

Habite les mêmes localités que la précédente espèce, et paraît en être une variété qui ne prend pas un si fort développement. Fleurit un peu plus tard, fin mai; fruits en octobre.

3. Aub. azérolier, *Crat. azarolus*, Lin., Dec.;
en catalan *Asaroler;* le fruit *Asarolas.*

Mesp. azonia et azareolus, Spach.

Cultivée dans quelques jardins. En greffant l'*Azérolier* sur l'*Oxyacantha,* on obtient des fruits très-estimés qui servent aux confiseurs. Lorsque les fruits sont mûrs et frais, ils sont fort agréables. Fleurit en mai; fruits en septembre.

Genre Cotonnier, *Cotoneaster,* Medik.

1. Cot. buisson ardent, *Cot. pyracantha*, Spach.;
en catalan *Pometas del Diable.*

Mesp. pyracantha, Lin.

Habite les haies et les bords des torrents des montagnes moyennes, surtout dans la vallée du Réart et tous les pays aspres. Les inondations en amènent les graines dans la plaine, particulièrement dans les taillis qui bordent les rivières. Ces arbustes y produisent un bel effet par leurs fruits rouges qui se conservent pendant tout l'hiver sur la plante; nos paysans apellent ces fruits *Pometas del Diable,* à cause de leur amertume et par opposition aux fruits de l'Aubépine, qui sont doux.

2. Cot. vulgaire, *Cot. vulgaris*, Lindl.

Mesp. cotoneaster, Lin.

Habite la *Trencada d'Ambulla;* les bois de Saint-Antoine-de-Galamus; la chaîne des Corbières, parmi les roches; les ravins de la montagne de *Madres;* le Llaurenti. Fleurit en avril et mai; fruits en août et septembre.

3. Cot. tomenteux, *Cot. tomentosa*, Lindl.

Mesp. eriocarpa, Dec.; *Mesp. tomentosa,* Will.

Habite entre les roches du plateau supérieur de la *Font de Comps;* les anfractuosités des roches des bois de Boucheville et de Salvanère. Fleurit en mai; fruits en août et septembre.

Genre Coignassier, *Cydonia*, Tournef.;
en catalan *Codonyer;* les fruits *Codonys.*

1. Coi. vulgaire, *Cyd. vulgaris,* P.

Habite, à l'état sauvage, dans les rocailles du *Calce* de Thuir, du côté du *Mas-Curel;* les escarpements des roches de la Cantarana. Cultivé dans tous nos jardins, on a obtenu par la greffe plusieurs variétés remarquables. Les Coings ont une saveur âpre, astringente; la pulpe prend, par la cuisson, un goût un peu sucré, aromatique. On en fait des confitures, des pâtes, des gelées, des marmelades, des sirops très-agréables, en l'associant au sucre. Les graines sont très-mucilagineuses; on les emploie dans certaines affections des yeux. Fleurit en mai; fruits en septembre.

Genre Poirier, *Pyrus*, Lin.

1. Poi. ordinaire, *Pyr. communis*, Lin., Dec.;
en catalan *Parer* ou *Parer bort;* les fruits *Peras.*

Subspontané sur tous les coteaux de nos basses montagnes. S'il n'est pas tourmenté, il devient un arbre de sept à huit mètres de hauteur. Cet arbre produit un fruit petit, acerbe, qui n'est mangeable que lorsqu'il est flétri par les gelées. Dans cet état sauvage, on nomme ce poirier, en catalan, *Parilloner* et les fruits *Parillons.*

2. Poi. amandier, *Pyr. amygdaliformis*, Vill.

Pyr. sylvestris, Magnol; *Pyr. salicifolia*, Lois.

Paraît n'être qu'une variété du précédent. Rabougri et très-épineux, il vit dans les mêmes localités; les fruits sont encore plus mauvais. Fleurit en avril et mai; fruits en septembre.

Le *Poirier cultivé* fournit une grande quantité de variétés qu'on a obtenues par les semis et modifiées par la greffe. Ces fruits sont très-estimés et d'un usage général. Il est donc essentiel de multiplier les bonnes espèces, en s'attachant surtout à celles qui peuvent se conserver pour l'hiver; car ce pays, qui produit une quantité de fruits excellents pour l'été, n'est pas rétribué comme il devrait l'être pour les fruits d'hiver. Le Nord, sous ce rapport, est mieux partagé que le Midi.

Genre Sorbier, *Sorbus*, Lin.;

en catalan *Salvier, Server;* les fruits *Selvis.*

1. Sor. cormier, *Sor. domestica*, Lin., Dec.

Pyr. domestica, Smith.; *Pyr. sorbus*, Gœrtn.; *Cormus domestica*, Spach.

Cultivé dans beaucoup de propriétés des basses montagnes et de la plaine, dans les vignes surtout. Fl. en mai; fruits en septembre.

2. Sor. des oiseleurs, *Sor. aucuparia*, Lin., Dec., Crantz.;
en catalan *Salvier salvatge.*

Pyr. aucuparia, Gœrtn.

Habite les régions les plus élevées; le Canigou, régions subalpines; le *Cambres-d'Aze;* les vallées d'Eyne et de Llo; très-abondant derrière le *Mas del Bux,* environs de Prats-de-Molló. Fleurit en mai et juin; fruits en septembre et octobre.

3. Sor. alouchier, *Sor. aria*, Crantz, Koch.;
en catalan *Muxera borda.*

Cratægus aria, α Lin.

Habite les gorges des environs de Mont-Louis; le pied du *Cambres-d'Azè;* les bois escarpés de la vallée de Llo; le Canigou, revers de Valmanya; Prats-de-Molló et La Preste. Fleurit en mai; fruits en septembre.

4. Sor. torminal, *Sor. torminalis*, Crantz, Koch.

Crat. torminalis, Lin.; *Pyr. torminalis*, Ehrh.

Habite les roches qui bordent les bois de la rivière du Sègre dans la vallée de Llo; les bois qui couvrent les pentes escarpées entre les Bouillouses et le *Mal-Pas;* les roches du contrefort du Canigou, vers la forge de Llec. Fl. en mai; fr. en septembre.

5. Sor. petit néflier, *Sor. chamœmespilus*, Crantz, Koch.

Pyr. chamœmespilus, Lindl.; *Crat. chamœmespilus*, Jacq.

Habite les escarpements des monts qui entourent le *Pla dels Abellans* et le *Bac de Bolquère*, partie supérieure; les roches des gorges du Canigou, vers la forge de Llech. Fleurit en juin; fruits en septembre.

Genre Amelanchier, *Amelanchier*, Medik.

1. Ame. commun, *Ame. vulgaris*, Mœnch., Dub.

Crat. amelanchier, Dec.; *Aronia rotundifolia*, Pers.

Habite les roches de la *Trencada d'Ambulla;* les terres arides de Vernet-les-Bains et de Castell; la montagne des Graus d'Olette; les environs du village du Tech, au *Baus de l'Aze*. Fleurit en avril et mai; fruits en août.

42me Famille. — Grenadier, *Granateœ,* Don.

(*Icosandrie,* L.; *Arbres rosacées,* T.; *Myrthes,* Juss.)

Genre Grenadier, *Punica*, Tournef.

1. Gren. commun, *Punica granatum*, Lin.;

en catalan *Malgraner;* les fruits *Malgranas,* par corruption *Mangranas.*

Habite les haies des champs, des vignes et des grand'routes; partout à l'état sauvage. Cultivé dans les jardins et amélioré par la greffe, cet arbuste donne des fruits qui sont très-estimés et qu'on exporte dans le Nord de la France. Cet arbre, dont le produit est considérable, devrait être cultivé plus en grand.

43me Famille. — Onagrariées, *Onagrarieœ,* Dec.

(*Octandrie,* L.; *Rosacées,* T.; *Onagres,* Juss.)

Genre Épilobe, *Epilobium*, Lin.

1. Épi. des Alpes, *Epi. Alpinum*, Lin., Dec., Dub.

Epi. anagallidifolium, Lam.

Habite les lieux humides de l'extrémité de la vallée d'Eyne; Carença; le Canigou, parties hautes, bord des eaux; les escarpements des roches humides de la *Font de Comps*. Fleurit en juillet et août.

2. Épi. des marais, *Epi. palustre*, Lin., Dec., Dub.

Habite les parties basses et humides des vallées de Nohèdes et d'Urbanya; les fourrés bourbeux des forêts de Salvanère et de Boucheville; le long des ruisseaux de la montagne de *Madres*. Fleurit de juin en août.

3. Épi. tétragone, *Epi. tetragonum*, Lin., Koch.

Epi. ramosissimum, Mœnch.

Habite les bois des montagnes moyennes, parties humides et bord des ruisseaux; dans certains ruisseaux de la Salanque. Fleurit de juin en août.

4. Épi. rose, *Epi. roseum*, Schreb., Fries.

Habite les ravins frais de *Cases-de-Pena;* Saint-Antoine-de-Galamus, près la rivière; les lieux frais de la vallée de Vernet-les-Bains et de Castell; les vallées d'Eyne et de Llo, au bord des eaux vives. Parmi les sujets pris dans ces deux vallées, nous trouvons une variété qui se rapporte parfaitement à l'*Epilobium alpestre* de Smith. Fleurit en juin et juillet.

5. Épi. de montagne, *Epi. montanum*, Lin., Dec., Dub.

Habite Saint-Martin-du-Canigou, les lieux frais de la forêt des *Moines;* le bois de Boucheville, le long du ruisseau. Fleurit en juillet et août.

6. Épi. lancéolé, *Epi. lanceolatum*, Sebast. et Maur.

Epi. nitidum, Host.

Habite les terrains arides, les bords des champs et les fossés secs des propriétés entre Salses et Sigean. Fleurit en juillet et août.

7. Épi. velu, *Epi. hirsutum*, Lin., Dec., Lois.

Epi. aquaticum, Thuill.; *Epi. amplexicaule*, Lam.

Habite le territoire de Perpignan, bords des ruisseaux, haies et fossés, *Malloles*, les bords de la Basse; dans toute la Salanque; la vallée de l'Agly, entre Saint-Martin et Le Vivier, lieux humides. Fleurit de juin en août.

8. Épi. en épi, *Epi. spicatum*, Lam., Dec., Dub.

Epi. Gesneri, Vill.; *Epi. angustifolium*, Lin.; *Epi. latifolium*, Roth., *Chamænerion angustifolium*, Scop.

Habite les environs de Mont-Louis, bord des eaux; le *Bac de Bolquère*, parmi les roches humides; le Canigou; La Preste et *Costa-Bona*, bord des eaux. Fleurit en juillet et août.

9. Épi. à feuilles de romarin, *Epi. rosmarinifolium*, Hœnck. *in Jacq.*

Epi. angustifolium, var. α Lin; *Epi. angustifolium*, Lam.; *Epi. angustissimum*, Berthol.; *Chamenerion palustre*, Scop.; *Lysimachia chamenerion*, C. Bauh.

Habite les environs de Mont-Louis, au bord des eaux. Fleurit en juillet.

10 Épi. de Fleischer, *Epi. Fleischeri*, Hochst., Koch.

Epi. denticulatum, Wenderoth; *Epi. angustifolium*, var. γ Lin; *Epi. angustissimum*, Rchb.; *Epi. dodonæi*, Vill.

Cette intéressante espèce vit dans les fourrés des ravins du bois de Salvanère. Fleurit en août.

Genre Onagre, *OEnothera*, Lin.

1. Ona. bisannuelle, *OEnot. biennis*, Lin., Lam.

Habite les bords de la Basse, près la métairie Fraisse; les bords de la Tet, dans les taillis de la pépinière de Perpignan; les environs de l'étang du *Bordigol*, près Torreilles; les parties basses des environs de Salses. Il paraît que cette plante a échappé des jardins et qu'elle s'est ainsi naturalisée. Fl. de juin à septembre.

2. Ona. muriquée, *OEnot. muricata*, Lin.

OEnot. parviflora, Gmel.

Habite les mêmes localités que la précédente espèce, avec laquelle on la confond souvent. Fleurit de juin à septembre.

Genre Isnardrie, *Isnardria*, Lin.

1. Isna. des marais, *Isna. palustris*, Lin., Dec., Dub.

Ludwigia nitida, Spreng.

Habite les sables humides des ruisseaux aux environs de Saint-Génis; le territoire de Toulouges, fossés de la vieille Basse, au-delà d'Orle, lieux couverts. Fleurit en juillet et août.

Genre Circée, *Circæa*, Lin.

1. Cir. des parisiens, *Cir. Lutetiana*, Lin., Dec., Dub.

Cir. major, Lam.

Habite les lieux humides des environs de Rigarda; la vallée de Prades, de Cornella-du-Conflent et de Vernet-les-Bains, dans les ravins couverts et humides; les lieux frais des environs de Prats-de-Molló. Fleurit de juin en août.

2. Cir. des Alpes, *Cir. Alpina*, Lin., Lois., Koch.

Cir. minima, Lin.

Habite les lieux ombragés et humides des vallées d'Eyne et de Llo. Fleurit en juin et juillet.

44me Famille. — Haloragées, *Halorageæ*, R. Brown.

(*Monœcie*, L.; *Cruciformes*, T.; *Nayades*, Juss.)

Genre Myriophylle, *Myriophyllum*, Vaill.

1. Myr. verticillée, *Myr. verticillatum*, Lin., Koch.

Habite les eaux stagnantes des parties basses de la Salanque. Fleurit de juin en août.

2. Myr. en épi, *Myr. spicatum*. Lin., Dec., Dub.

Habite les mêmes lieux que l'espèce précédente; plus abondante dans les parties de la Salanque qui sont souvent inondées. Fleurit de juin en août.

Genre Macre, *Trapa*, Lin.

1. Mac. nageante, *Trapa natans*, Lin., Dec., Dub.

Habite dans les canaux où l'eau est stagnante, aux environs de Salses; à l'*Agulla de la Mar*, entre *Vall-Rich* et l'*Esparrou*. Fleurit en juin et juillet.

45me Famille. — Hippuridées, *Hippurideæ*, Link.

(*Monandrie monogynie*, L.; *Nayades*, Juss.)

Genre Pesse, *Hippuris*, Lin.

1. Pesse vulgaire, *Hippuris vulgaris*, Lin., Dec., Dub.

Habite les marais de l'étang de Salses aux abords de la *Font-Dame*; à Canet près du *Cagarell* et à l'*Agulla de la Mar*. Fleurit en juillet et août.

46me Famille. — Callitrichinées, *Callitrichineæ*, Link.

(*Monandrie digynie*, L.; *Nayades*, Juss.)

Genre Callitriche, *Callitriche*, Lin.

1. Cal. des étangs, *Cal. stagnalis*, Scop.

Habite les marais des parties basses de la Salanque; les eaux peu courantes de la vallée de Prades, de Cornella-du-Conflent et de Vernet-les-Bains. Fleurit de mai à septembre.

2. Cal. du printemps, *Cal. verna,* Kutzing.

Cal. vernalis, Koch.

Habite les marais des parties basses des trois bassins. Fleurit au printemps et en automne.

47me Famille. — Cératophyllées, *Ceratophylleæ,* Gray.

(*Monœcie,* L.; *Nayades,* Juss.)

Genre Cornifle, *Ceratophyllum,* Lin.

1. Cor. submergé, *Cer. submersum,* Lin., Dec., Dub.

Cer. muticum, Cham.

Habite dans le ruisseau de *Conangles* aux environs de Mont-Louis, et dans beaucoup d'eaux stagnantes de la plaine. Fleurit en juillet et août.

2. Cor. nageant, *Cer. demersum,* Lin., Dec., Dub.

Cer. oxyacanthum, Cham.

Habite comme la précédente espèce, dans les ruisseaux et dans beaucoup d'eaux stagnantes de la Salanque. Fl. en juillet et août.

48me Famille. — Lythrariées, *Lythrariecæ,* Juss.

(*Dodécandrie,* L.; *Rosacées,* T.; *Salicaires,* Juss.)

Genre Salicaire, *Lythrum,* Lin.

1. Sali. commune, *Lyth. salicaria,* Lin., Dec., Dub.

Habite les fossés humides et le bord des eaux des parties basses des trois bassins; le ruisseau de *Malloles* et la rivière de la Basse, près Perpignan; le vallon de Collioure, ruisseau de Consolation; le vallon de Vernet-les-Bains; celui de Céret; partout commune au bord des eaux. Fleurit de juin à septembre.

2. Sali. à feuilles d'hyssope, *Lyth. hyssopifolia,* Lin., Dec.

Hyssopifolia sive, Gratiola minor, C. Bauh.

Habite, dans la plaine, les lieux humides, les fossés, les mares, les champs submergés en hiver; les prairies de *Paulille,* entre Port-Vendres et Banyuls-sur-Mer. Fleurit de mai à septembre.

3. Sali. à deux bractées, *Lyth. bibracteatum,* Salzm., Dec.

Lyth. tribracteatum, Salzm.; *Lyth. thymifolia,* Berthol.; *Lyth. Salzmanni,* Jord.

Habite les champs inondés pendant l'hiver et les sables des torrents qui descendent des Albères dans les environs de Saint-Génis et de Sorède. Fleurit en mai et juin.

4. Sali. à feuilles de thym, *Lyth. thymifolia,* Lin., Dec., Lois.

Lyth. thymifolium, Gouan.; *Thymifolia maritima,* Bauh.

Habite les pâturages humides de Sainte-Marie, Torreilles et les parties basses de Canet; les prairies des bords des dunes de Saint-Cyprien et d'Argelès. Fleurit en mai et juin.

Genre Peplide, *Peplis,* Lin.

1. Pep. pourprier, *Pep. portula,* Lin., Dec., Dub.

Habite les haies qui ont été inondées pendant l'hiver dans toute la Salanque; remonte dans les terres qui se trouvent dans les mêmes conditions jusqu'au vallon de Prades, à Cornella-du-Conflent et à Vernet-les-Bains; dans la vallée du Tech, jusqu'aux environs de Prats-de-Molló. Fleurit de juin à septembre.

2. Pep. dressé, *Pep. erecta,* Req., Moris.

Pep. tithymaloïdes, Berthol.; *Pep. nummulariæfolia,* Jord.; *Lythrum nummulariæfolium,* Lois.

Habite les mares des environs de Salses et les prairies maritimes qui bordent l'étang vers la métairie de M. Saléta; les environs de La Nouvelle et l'île Sainte-Lucie. Fleurit en juin et juillet.

49me Famille. — Tamariscinées, *Tamariscineæ*, A. Saint-Hilaire.

(*Pentandrie triginie*, L.; *Campaniformes*, T.)

Genre Tamarix, *Tamarix*, Desv.; en catalan *Tamariu*.

1. Tam. de France, *Tam. Gallia*, Lin., Webb., Guss.

Tam. Canariensis, Will.; *Tam. Senegalensis*, Dec.; *Tamariscus Narbonensis*, Lob.; *Tam. pentandra*, Lam.; *Tam. Gallicus*, Alli.

Habite les fossés des champs et des prairies qui bordent les dunes de toute la Salanque, et dans beaucoup de propriétés des plaines du littoral. Fleurit de juin en août.

2. Tam. d'Afrique, *Tam. Africana*, Poir., Desf., Dec.

Habite toutes les parties basses de nos salanques dans les trois bassins. Fleurit en juillet et août.

Cette espèce demeure petite et on l'emploie dans les terres inondées pour retenir le limon. A cet effet, on la plante en lignes serrées, distantes d'un mètre l'une de l'autre. Cela suffit pour faire obstacle aux courants et retenir la vase, qui se dépose sur le terrain qu'on a ainsi traité. On arrache les Tamarix quand les dépôts de vase sont suffisants pour mettre le sol au-dessus des eaux.

Genre Myricaire, *Myricaria*, Desv.

1. Myr. d'Allemagne, *Myr. Germanica*, Desv., Dub., Koch.

Myr. squamosa, Rchb.; *Tam. Germanica*, Lin.; *Tam. Germanicus*, Scop.

Habite, à Perpignan, le long de la rivière de la Tet, et les bords du canal de l'*Escouridou*, à la hauteur du bastion Saint-Dominique; à Millas, les bords de la rivière, près du pont; aux environs d'Ille, sous *Régleille*, et dans beaucoup d'îlots le long de la Tet. Fleurit en juillet.

50me Famille. — Myrtacées, *Myrtaceæ*, R. Brown.

(*Icosandrie monogynie*, L.; *Arbres rosacées*, T.; *Myrtes*, Juss.)

Genre Myrte, *Myrtus*, Lin., Dec., Dub.

1. Myr. commun, *Myr. communis*, Lin., Dec., Dub.;
en catalan *Murtra*.

Habite les garrigues et les vignes du plateau de Saint-Estève; le bord des vignes de tout le haut Vernet, près Perpignan; le vallon de Banyuls-sur-Mer, dans les terres incultes et sur le bord des ravins; l'île Sainte-Lucie. Fleurit en mai et juin.

51me Famille.—Cucurbitacées, *Cucurbitaceæ*, Juss.

(*Monœcie*, L.; *Campanulacées*, T.)

Genre Bryone, *Bryonia*, Lin.

1. Bry. dioïque, *Bry. dioïca*, Jacq., Dec., Dub.;
en catalan *Carbacina*.

Commune dans les haies des champs, des vignes, sur le bord des routes et sur toutes les parties aspres du département. Fleurit en avril et mai.

La grosse racine de cette cucurbitacée porte le nom vulgaire de *Navet du Diable*. Elle est amère, vireuse et nauséabonde. On l'employait autrefois contre les hydropisies et contre les rhumatismes; aujourd'hui on ne s'en sert guère. Elle pousse des jets considérables, et les haies en sont bientôt couvertes. Nos paysans cueillent les jets tendres, les font cuire et les mangent comme des asperges. Il ne faut pas les confondre avec les jeunes pousses du Houblon, qu'on nomme *Vidalbes*, et qu'on mange également bouillies et assaisonnées en salade, en guise d'asperges.

Genre Momordique, *Ecballium*, C. Rich.

1. Mom. élastique, *Ecb. elaterium*, Rich.;
en catalan *Cogombre salvatge.*

Ecb. agreste, Rchb.; *Momord. elaterium*, Lin.; *Elat. cordifolium*, Mœnch.

Habite les fossés des fortifications de la ville et de la citadelle de Perpignan, les collines de Château-Roussillon, et près des bâtiments en ruines et dans les endroits où l'on dépose les décombres. Fleurit en mai; les fruits sont mûrs fin juill. et août.

La racine de cette plante est amère et nauséabonde. On l'employait aussi contre les hydropisies. Les feuilles bouillies et étendues sur les plaies de mauvaise nature qui attaquent les extrémités inférieures, en changent l'aspect; on lave aussi la plaie avec l'eau qui a servi à faire bouillir les feuilles : elle agit comme détersive et tonique.

Les fruits éclatent et vous jettent les graines à la figure si l'on marche sur la plante pour y rechercher des insectes, surtout le *Gonioctena decempunctata* de Déjean.

2. Mom. balsamine, *Ecb. balsamina*, Lin.

Cette plante, originaire de l'Inde, est cultivée dans quelques parterres. Vivace, tige grimpante, végétation luxuriante, couvrant les tonnelles; fleurs petites, insignifiantes; fruit curieux, oblong, très-verruqueux, s'ouvrant de lui-même à la maturité, et montrant son intérieur qui est d'un beau rouge; les graines sont noires, ce qui produit un bel effet. Ce fruit, digéré dans de l'huile d'olives, forme une pommade employée comme dépurative, astringente, détersive, dans les plaies de mauvaise nature et dans les plaies récentes faites par un instrument tranchant; elle les cicatrise comme par enchantement.

Genre Cucumère, *Cucumis*, Lin.;

en catalan *Cogombre*.

1. Cuc. vert, *Cuc. viridis*, Lin.

Cultivée en grand dans nos jardins potagers, cette plante offre plusieurs variétés qui se distinguent par la forme des fruits et par leur couleur; les fruits sont très-estimés, et, dans les ménages, on les accommode de diverses manières. Les jeunes Concombres, cueillis avant leur maturité, et confits dans le vinaigre avec différents aromates, acquièrent une saveur piquante, agréable, propre à exciter l'appétit; on en fait un grand usage sur nos tables sous le nom de *Cornichons*. Fleurit en mai et juin.

Les pharmaciens préparent avec les Concombres mûrs une pommade très-adoucissante.

2. Cuc. long, *Cuc. sativus*, Lin.

en catalan *Cogombre llarg*.

Habite nos jardins potagers où sa culture n'est pas assez étendue. Sa chair plus tendre et plus fine que celle du Concombre ordinaire, est d'un meilleur goût lorsqu'elle est confite au vinaigre.

3. Cuc. serpent, *Cuc. flexuosus*, Lin.

Cette plante, cultivée pour sa forme bizarre, longue, mince et flexueuse, qui ressemble à un serpent, se confit aussi dans le vinaigre; sa chair est fort délicate et estimée.

4. Cuc. pastèque, *Cuc. citrullus*, Serr.

Cultivée en grand, cette espèce fournit deux variétés:

Var. α *Cuc. pasteca*, Serr. (en catalan *Pasteca*). Peau verte, à hachures jaunâtres; chair blanche; graines noires. Cette variété sert à faire de la confiture pour les ménages.

Var. β Cuc. melon d'eau, *Cuc. jace*, Serr. (en catalan *Cindri*). Peau d'un vert un peu jaunâtre; chair rosée, très-juteuse. Pendant les grandes chaleurs, on en mange avec plaisir, à cause de l'abondance de son jus sucré, qui est très-rafraîchissant, surtout si on a eu la précaution de le mettre à rafraîchir dans un puits.

5. Cuc. melon, *Cuc. melo*, Lin.;

en catalan *Malô*.

Cultivé très en grand; c'est une branche de commerce d'exportation très-lucrative. Les variétés en sont nombreuses; les plus estimées sont : le *Cantaloup;* le *Melon des Carmes;* le *Melon sucrin de Tours;* le *Melon gros* et *petit prescot;* le *Melon boule de Siam*, qui prend des proportions colossales; le *Melon ananas*, qui, quoique petit, n'en est pas moins estimé pour le goût délicieux de sa chair lorsqu'il est mûr, ce qui est facile à reconnaître, car il se détache alors du pédoncule.

Le *Melon délicieux* ou *blanc d'Espagne*, très-beau, à chair légèrement rosée et très-sucrée. Cette variété est d'une grande ressource; elle se conserve pendant tout l'hiver, et on peut en manger même jusqu'à Pâques, si on a le soin d'en récolter convenablement les produits et de les tenir suspendus dans un lieu sec.

Genre Calebasse, *Cucurbita*, Lin.

1. Cal. commune, *Cuc. vulgaris*, Lin.;

en catalan *Carbassa;* les jeunes fruits *Carbassous*.

On cultive un grand nombre de variétés de cette espèce. Elles servent de nourriture à l'homme et aux animaux; les fruits encore jeunes sont apprêtés de diverses façons et servis sur nos tables; ils sont fort estimés. Les jeunes tiges, bouillies, accommodées en salade, sont fort bonnes; on les prépare aussi sautées au beurre. Les fruits, à leur maturité, sont conservés dans les greniers et servent à la nourriture du bétail pendant l'hiver.

2. Cal. très-grande, *Cuc. maxima* ou *lagenaria*, Lin.;

en catalan *Carbassa saginera*.

Cultivée en grand. Grosse, déprimée; sa chair, généralement jaune, est fort bonne à manger; on en prépare des mets variés, et nos paysans en font un grand usage. Cette Courge fournit diverses variétés remarquables par la forme plus ou moins allongée : cette dernière se nomme en catalan *Rabaquet.*

La *Courge des Pèlerins*, en catalan *Carbassa vinatera*, est très-productive, et sert à couvrir les tonnelles; on la fait aussi grimper sur les arbres. Son fruit, qui est déprimé au milieu, sert, lorsqu'il est mûr, à faire des gourdes et à divers autres usages.

On cultive encore la *Courge trompette*, qui est très-allongée; la partie inférieure se dilate et forme un pavillon de cor.

La *Courge massue* est aussi cultivée; sa forme lui a fait donner ce nom. Ces deux dernières ne servent pas à grand'chose.

Nous voyons encore dans les jardins une infinité de petites espèces ou de variétés qu'on cultive par agrément, et qui sont d'une multitude de formes ou de couleurs bizarres très-variées, ressemblant à des poires ou à des oranges, rubanées ou panachées de vert, de jaune ou de blanc; mais ces variétés ne servent qu'à amuser l'enfance ou à orner les cheminées des appartements.

52me FAMILLE. — PORTULACÉES, *Portulaceæ*, JUSS.

(*Dodécandrie*, L.; *Rosacées*, T.; *Portulacées*, Juss.)

GENRE POURPRIER, *Portulaca*, Tournef.; en catalan *Verdelague.*

1. Pour. commun, *Port. oleracea*, Lin., Dec.

Commun dans les jardins et les champs de la plaine qui s'arrosent. Les habitants de nos campagnes mangent les jeunes pousses en salade, ou bien en guise d'oseille dans les ragoûts.

Une variété moins estimée, que nous nommerons *Port. minima*, Nobis, à cause de sa chétivité, habite les terres arides de tout le département. Elle est moins développée que la première, qui se ressent de la culture et des bonnes terres où elle croît. Cette variété est désignée en catalan sous le nom de *Verdelague salvatge.* Fleurit de mai à septembre.

Genre Montia, *Montia*, Lin.

1. Mon. petit, *Mon. minor*, Gmel., Guss., Koch.

Mont. fontana, Lin.; *Mont. arvensis*, Wallr.; *Mont. aquatica minor*, Micheli; *Port. arvensis*, Bauh.

Habite le bord des fossés des eaux vives de la contrée de Thuir; les marais fangeux et le bord des fossés humides de la Salanque; la vallée de Prades, de Vernet-les-Bains et jusqu'aux environs de Mont-Louis, dans les terres et fossés humides. Fleurit en avril et mai.

2. Mon. rivularis, *Mon. rivularis*, Gmel, Koch.

Mon. fontana, Lin.; *Mon. aquatica major*, Micheli.

Habite les mares au pied de *Costa-Bona;* quelques pelouses humides des bas-fonds du Canigou, au-dessus de Castell; les prairies humides, et le long des ruisseaux d'eaux vives de la vallée de Cornella-du-Conflent et de Vernet-les-Bains. Fleurit de juillet à septembre.

53me Famille. — Paronychiées, *Paronychieæ*, Saint-Hilaire.

(*Pentandrie et Décandrie*, L.; *Portulacées et Amaranthacées*, Juss.)

Genre Polycarpe, *Polycarpon*, Lœfl. *in Lin.*

1. Pol. tetra, *Pol. tetraphyllum*, Lin., Dec.

Mallugo tetraphylla, Lin.

Habite les sables près des dunes des territoires d'Argelès, Port-Vendres et Banyuls-sur-Mer; le bord des routes des environs de Perpignan, le *Sarrat d'en Vaquer* et les vignes de *Malloles;* Vernet-les-Bains et Cornella-du-Conflent; Céret, Arles et Saint-Laurent-de-Cerdans, bord des chemins et champs sablonneux. Fleurit de mai à juillet.

2. Pol. peploïde, *Pol. peploïdes*, Dec., Dub.

Habite sur les rochers des bords de la mer, à Argelès, Collioure, Port-Vendres et le vallon de Banyuls-sur-Mer. Fleurit en juillet.

Genre Leflingie, *Lœflingia*, Lin.

1. Lef. d'Espagne, *Lœf. Hispanica*, Lin., Dec.

Habite les terrains sablonneux non loin de la mer sur tout le littoral. Fleurit en mai et juin.

Genre Télèphe, *Telephium*, Lin.

1. Tel. d'imperati, *Tel. imperati*, Lin., Dec., Lam.

Habite le vallon de Sainte-Catherine près Baixas, *Cases-de-Pena*, Saint-Antoine-de-Galamus; tout le bas des Albères, Céret et environs; Prades, la *Trencada d'Ambulla*, Vernet-les-Bains; remonte jusqu'à Nyer, les Graus d'Olette et Fontpédrouse. Fleurit en juin et juillet.

Genre Paronyque, *Paronychia*, Tournef.

1. Par. hérissée, *Par. echinata*, Lam., Dec.

Habite les terrains arides de *Cases-de-Pena*, parmi les éboulis de roches, sur la grande pente, au-dessous de la chapelle. Fleurit en juin.

2. Par. argentée, *Par. argentea*, Lam., Dec.
Illecebrum paronychia, Lin.; *Par. Hispanica* et *argentea*, Lam.

Habite le vieux champ-de-mars de Perpignan; tout le long du littoral, dans les champs près des dunes; les vallons de Collioure et de Banyuls-sur-Mer. Fleurit de mai à juin.

3. Par. à feuilles de renouée, *Par. polygonifolia*, Dec.
Ille. polygonifolia, Vill.

Habite les garrigues de Thuir, vers Castelnau; les environs de

Mont-Louis, sur le chemin de Font-Romeu; le Canigou, sur les pelouses sèches et élevées; la *Font de Comps*, parmi les roches. Fleurit de juillet à septembre.

4. Par. en tête, *Par. capitata*, Lam., Dec.
Illc. capitatum, Lin.

Habite les sables des torrents à Saint-Laurent-de-Cerdans; le plateau inférieur de la vallée de Nohèdes; les parties basses des montagnes en allant à Mont-Louis. Fleurit de mai à juin.

La var. β *serpyllifolia*, Dec., habite le *Cambres-d'Aze;* l'entrée de la vallée d'Eyne et celle de Llo; on la retrouve dans le vallon de Vernet-les-Bains, à la *Garriga Plana*.

5. Par. nivea, *Par. nivea*, Dec., Dub.
Illc. niveum, Pers.

Habite les bords de la mer, entre Saint-Laurent et Leucate; La Nouvelle et l'île Sainte-Lucie. Fleurit en mai et juin.

Genre Illécèbre, *Illecebrum*, Lin.

1. Illé. verticillée, *Illc. verticillatum*, Lin., Dec., Dub.

Habite les sables humides des torrents des environs de Terrats et de Llupia; les environs de Fosse et de Boucheville, et les torrents qui débouchent à l'Agly, entre Saint-Paul et Caramany. Fleurit en mai et juin.

Genre Herniaire, *Herniaria*, Tournef.

1. Her. glabre, *Her. glabra*, Lin., Dec.

Habite les champs arides de tout le département et le long des chemins sablonneux; près la Tet, au vieux champ-de-mars de Perpignan; mêmes stations, avant et après le pont de l'Agly, sur la route de Salses; dans la vallée du Tech, à Céret, Saint-Laurent-de-Cerdans, La Manère; nous la retrouvons aux environs de Mont-Louis. Fleurit de juin à septembre.

2. Her. velue, *Her. hirsuta*, Lin., Dec.

Par. pubescens, Dec.

Habite les sables des torrents, vallons de Sorède et de Banyuls-sur-Mer; la vallée de Vernet-les-Bains et de Cornella-du-Conflent, lieux arides; Serdinya, Olette, Nyer, la vallée d'Eyne, le plateau de la *Perche*, toujours sur les terrains sablonneux. Fleurit de juin à septembre.

3. Her. cendrée, *Her. cinerea*, Dec., Dub.

Habite les terres légères de la vallée du Réart, notamment depuis le *Mas-Deu* jusqu'à Saint-Nazaire. Fleurit en juillet et août.

4. Her. blanchâtre, *Her. incana*, Lam., Dec.

Habite les terres sablonneuses de tout le pays; les lieux incultes des environs de Saint-Paul et de Fosse. Fleurit en juillet et août.

5. Her. à larges feuilles, *Her. latifolia*, Lapey.

Her. Pyrenaïca, Gay.

Habite les terrains sablonneux près des torrents aux environs d'Argelès-sur-Mer; les lieux identiques des vallons de Collioure et de Banyuls-sur-Mer; la vallée de Prades jusqu'à Olette, toujours sur les sables des torrents. Fleurit en juillet et août.

6. Her. des Alpes, *Her. Álpina*, Vill., Lois.

Her. alpestris, Lam.

Habite les pentes supérieures du *Cambres-d'Aze;* les pentes du dernier plateau de la vallée de Llo, au-dessus de la fontaine du Sègre; très-rabougrie. Fleurit en juillet et août.

Genre Corrigiole, *Corrigiola*, Lin.

1. Cor. des rivages, *Cor. littoralis*, Lin., Dec., Lam.

Habite les terrains sablonneux de la Salanque; le lit des torrents des montagnes des Albères; les environs de Perpignan,

Sarrat de las Guillas; Millas, Vinça, Prades, sur les sables des torrents et des rivières. Fleurit de juin à septembre.

2. Cor. à feuilles de télèphe, *Cor. telephiifolia,* Pour., Lapey.

Habite les terres arides et sablonneuses des environs de Perpignan; très-commune dans les vignes du vallon de Banyuls-sur-Mer; les terres légères des environs du Boulou; le bord des champs à Prades; le vallon de Vernet-les-Bains, à Saint-Vincent. Fleurit en juin et juillet.

Genre Scélèranthe, *Scelcranthus,* Lin.

1. Scé. annuel, *Sce. annuus,* Lin., Dec., Gœrtn.

Habite les vignes et les champs arides de tout le département; très-commun dans les environs de Prades, de Vernet-les-Bains et d'Olette. Fleurit de juin à septembre.

2. Scé. polycarpe, *Sce. polycarpus,* Dec.

Habite les environs de Perpignan, au midi du *Sarrat d'en Vaquer;* les ravins des coteaux de Château-Roussillon; les vignes du vallon de Banyuls-sur-Mer. Fleurit en juin et juillet.

3. Scé. vivace, *Sce. perennis,* Lin., Dec., Vail.

Habite les champs d'orge des environs de Mont-Louis et toute la Cerdagne; la vallée de Céret, dans les torrents restés à sec; la vallée de Vernet-les-Bains, à Castell et dans les environs de Saint-Martin-du-Canigou. Fleurit en juin et octobre.

54me Famille.— Crassulacées, *Crassulaceæ,* Dec.

(*Pentandrie* et *Décandrie,* L.; *Rosacées,* T.; *Joubarbes,* Juss.)

Genre Tillée, *Tillea,* Micheli.

1. Til. des mousses, *Til. muscosa,* Lin., Dec., Dub.

Habite les sables d'Argelès-sur-Mer, vers le *Grau;* les terrains sablonneux et les rigoles des champs aspres sur la route de Canet. Fleurit en mai et juin.

Genre Bulliarde, *Bulliarda,* Dec.

Ce genre, établi en l'honneur du botaniste français Bulliard, n'a pas été observé dans le département.

Genre Orpin, *Sedum,* Lin.;

en catalan *Crespinel, Herba de la roca, Semper viva, Herba de la cremadura.*

1. Orp. rhodiole, *Sed. rhodiola,* Dec., Dub.

Sed. roseum, Scop.; *Rhod. rosea,* Lin.; *Rhod. odorata,* Lam.

Habite les environs de Saint-Marsal, au bord des propriétés où se trouvent des pierres amoncelées; dans la vallée de la Tet, sur le sommet des montagnes, près d'Escaro. Fleurit en juin et juillet.

2. Orp. très-grand, *Sed. maximum,* Suter.

Sed. latifolium, Berth; *Sed. telephium,* var. β Lin.

Habite les châtaigneraies de Saint-Laurent-de-Cerdans, parmi les pierres des terrains arides; en remontant la vallée du Tech, on le trouve jusqu'au-delà de La Preste; à Mont-Louis, moulin de La Llagone. Fleurit en juillet.

3. Orp. orpin, *Sed. telephium,* Lin.

Sed. purpurascens, Koch.

Habite Mont-Louis et Fontpédrouse, sur les rochers; les bords escarpés de la rivière de Rigarda, près du *Gourg Colomer.* Fleurit en juillet.

4. Orp. anacampseros, *Sed. anacampseros,* Lin., Dec., Dub.

Habite les environs de Mont-Louis et l'île du moulin de La

Llagone; les gorges de la *Fosse du Géant,* au sommet de la vallée de Prats-de-Balaguer; au Llaurenti, les escarpements des bords de l'étang. Fleurit en juillet et août.

5. Orp. étoilé, *Sed. stellatum,* Lin., Dec., Dub.

Habite les monts stériles du vallon de Collioure et le long des Albères; les environs de *Notre-Dame-de-Vie,* au-dessus d'Argelès. Fleurit en juin et juillet.

6. Orp. noirâtre, *Sed. atratum,* Lin., Dec., Dub.

Habite les sommets des monts au-dessus de Consolation et d'Argelès; la vallée de Fillols; le Canigou, escarpements des roches près Saint-Martin, et dans les environs de Mont-Louis. Fleurit en juillet et août.

7. Orp. annuel, *Sed. annuum,* Lin., Koch.

Sed. saxatile, Dec.; *Sed. divaricatum,* Lapey.

Habite les roches granitiques du Canigou; l'extrémité de la vallée de Valmanya; les environs d'Escaro; la vallée de Fulla; *Costa-Bona;* la *Bentaillole* du Llaurenti. Fleurit en juin et juillet.

8. Orp. velu, *Sed. villosum,* Lin., Dec., Dub.

Habite dans la vallée de la Tet, sur les rochers des environs de Mont-Louis, sur les rocailles du bois de la *Mata,* les environs des gourgs de Nohèdes; dans les prairies du bas de la *Solanette,* près *Peyrefeu* et à la *Coma du Tech.* Fl. en juillet et août.

9. Orp. hérissé, *Sed. hirsutum,* Alli., Dec., Dub.

Habite la vallée de la Tet, sur les rochers des environs de Font-Romeu et sur les roches escarpées des environs du *Gourg Negre;* le vallon de Collioure, sur les roches au-dessus de Consolation. Fleurit en juin et juillet.

10. Orp. blanc, *Sed. album,* Lin., Dec., Dub.

Habite les rochers des environs de *Cases-de-Pena;* les vieux murs et les toits des vieilles masures de tout le pays; les garrigues des environs de *Notre-Dame-de-Vie*, vallée de La Vall, près Argelès; les environs de *Notre-Dame-du-Castell*, près Sorède. Fleurit en mai et juin.

11. Orp. micrantum, *Sed. micrantum,* **Bast., Lois.**

Sed. turgidum, Ram. *in Dec.; Sed. album,* var. β *micranthum,* Dec.; *Sed. clusianum,* Guss.

Habite les mêmes lieux que la précédente espèce, et s'en distingue par ses dimensions de moitié plus petites. Il est assez abondant dans la vallée de Vernet-les-Bains et de Castell, aux environs de Saint-Martin-du-Canigou. Fleurit en juin et juillet.

12. Orp. anglais, *Sed. anglicum,* **Huds., Dec., Dub.**

Sed. Guettardi, Vill.

Habite les terres arides et pierreuses de *Notre-Dame-de-Vie*, près Argelès, et divers points de la chaîne des Albères; remonte la vallée du Tech jusqu'aux environs de Prats-de-Molló. Fleurit en juin et juillet.

13. Orp. à feuilles épaisses, *Sed. dasyphyllum,* **Lin., Dec., Moris.**

Habite sur les murs des fortifications de Mont-Louis; les vieux murs et les rochers de la vallée de Vernet-les-Bains et de Castell; mêmes stations à la vallée de Céret. Nous l'avons récolté dans la vallée de l'Agly, sur les rochers humides qui bordent la rivière. Fleurit en juin et juillet.

14. Orp. à feuilles courtes, *Sed. brevifolium,* **Dec., Dub.**

Sed. sphæricum, Lapey.

Habite les roches des bois aux environs de Font-Romeu; le moulin de La Llagone, près Mont-Louis; le Canigou, où il est commun; la vallée de Vernet-les-Bains et de Castell, sur les vieux murs et les rochers. Fleurit en juillet et août.

15. Orp. âcre, *Sed. acre,* Lin., Dec., Dub.

Commun partout, depuis le littoral jusqu'aux parties les plus élevées de nos montagnes, dans les prairies, sur les roches et les terres stériles. Fleurit en juin et juillet.

16. Orp. du bois de Boulogne, *Sed. Boloniense,* Lois., Godr., Mut.

Sed. sexangulare, Dec.; *Sed. neglectum,* Tenor.

Habite les environs de Prats-de-Molló, en montant à la *Tour de Mir;* les roches derrière La Preste; la *Coma du Tech,* sur les roches escarpées de la rive droite. Fleurit en juin et juillet.

17. Orp. réfléchi, *Sed. reflexum,* Lin., Dec., Dub.

Habite sur les roches des environs d'Oms; les escarpements des roches du plateau de Saint-Marsal, et dans le haut de la vallée de Valmanya. Fleurit en juillet et août.

Une variété plus robuste et trapue est fournie par cette plante; c'est le *Sed. rupestre,* Lin.

18. Orp. très-élevé, *Sed. altissimum,* Poir., Dec.

Sed. ochroleucum, Vill.; *Sed. Nicæense,* Alli.

Habite Prades et Vernet-les-Bains, sur les monts arides; la vallée d'Argelès-sur-Mer; les terres arides et les roches de celle de La Vall; Céret, Saint-Laurent-de-Cerdans et Arles; très-commun à l'île Sainte-Lucie. Fleurit en juin et juillet.

19. Orp. à pétales droits, *Sed. anopetalum,* Dec., Dub.

Sed. Hispanicum, Dec.; *Sed. rupestre,* Vill.

Habite les vallées de Cornella-du-Conflent, Vernet-les-Bains, Fillols, sur les graviers rejetés par les torrents; tout le bas des Albères jusqu'à Céret, Arles et Prats-de-Molló, toujours sur les graviers. Fleurit en juin et juillet.

GENRE JOUBARBE, *Semper vivum,* Lin.

1. Jou. des toits, *Semper viv. tectorum,* Lin., Dec., Dub.

Habite partout : les vieux murs, les toits des vieilles habitations, les rochers couverts de mousse, à Céret, Arles, Saint-Laurent-de-Cerdans, Villefranche, Vernet-les-Bains, etc., etc. Fleurit en juin et juillet. Très-commune.

2. Jou. des montagnes, *Semper viv. montanum,* Lin., Dec.

Habite les sommets de la vallée de Nohèdes, les parties élevées du Canigou, le *Pla Guillem, Costa-Bona.* Fleurit en juillet et août.

3. Jou. nid d'araignée, *Sem. viv. arachnoïdeum,* Lin., Dec., Dub.

Habite sur les rochers des environs de Mont-Louis; le vallon de Vernet-les-Bains, en montant à Saint-Martin-du-Canigou, dans les fentes des rochers; les roches des vallées de Prats-de-Molló et de La Preste; au Llaurenti, les roches près de l'étang. Fleurit en juin et août.

GENRE OMBILIC, *Umbilicus,* Dec.

1. Omb. pendant, *Umb. pendulinus,* Dec., Dub.

Cotyledon umbilicus, Lin.

Habite sur les rocailles et les fourrés du ravin de *Notre-Dame-de-Vie,* près d'Argelès; la vallée de Vernet-les-Bains et de Castell, sur les rocailles des ravins. Fleurit en mai et juin.

2. Omb. faux sedum, *Umb. sedoïdes,* Dec. *in Dub.*

Cotyl. sedoïdes, Dec.; *Cotyl. sediformis,* Lin.

Habite les sommets des montagnes des environs de Mont-Louis;

le *Cambres-d'Aze;* les vallées d'Eyne et de Llo; le *Col de Nuria* et tous les sommets de ces hautes régions; les sommets de *Carlite;* la *Coma de la Tet;* le Canigou, vallée de *Cady*, après le dernier lac, sur les roches *dels Isards;* les sommités du *Pla Guillem; Costa-Bona;* le Llaurenti, vallée de *Mijanés;* forme partout de grandes touffes. Fleurit en juillet et août.

55me Famille. — Cactées, *Cacteæ*, Dec.

(*Icosandrie*, L.; *Cactées*, Juss.)

Genre Cactée, *Cactus*, Lin.;

on nomme les fruits en catalan *Figas de Mahó.*

1. Cac. à piquants, *Cac. opuntia,* Lin., Dec., Dub.

Cette plante, originaire de l'Amérique, s'est naturalisée dans le département. Probablement, elle a été importée des îles Baléares, où elle est très-abondante. C'est parce qu'elle nous vient de ce pays qu'on lui donne le nom de *Figuier de Mahon.* On en forme des haies impénétrables autour des vignes; mais les fruits ne mûrissent jamais bien, tandis que les plantes soignées dans nos parterres donnent des fruits très-bons. Lorsque les hivers sont trop rigoureux, et que la température descend à six degrés sous zéro, les feuilles se flétrissent, mais la racine ne meurt pas. On conserve dans les serres, les diverses espèces qu'on cultive dans nos parterres.

56me Famille. — Ficoïdées, *Ficoïdeæ*, Dec.

(*Icosandrie*, L.; *Ficoïdées*, Juss.)

Cette famille qui se compose d'un genre, *Mesembrianthemum*, Lin., et de deux espèces, n'a pas de représentant dans les Pyrénées-Orientales.

57me Famille. — Grossulariées, *Grossularieæ*, Dec.

(*Pentandrie*, L.; *Arbres rosacées*, T.; *Cactées*, Juss.)

Genre Groseiller, *Ribes*, Lin.

1. Gros. noir, *Rib. nigrum*, Lin., Dec., Dub.; en catalan *Grozella negra*.

Habite dans les friches du bois de Salvanère et les environs des forges de Montfort; autour des roches escarpées du *Gourg Negre;* dans la vallée de la Tet, sur le plateau des Bouillouses. Fleurit en avril et mai; fruits en septembre.

2. Gros. des Alpes, *Rib. Alpinum*, Lin., Dec., Dub.

Habite le bois de Salvanère, sur une butte à laquelle on a donné le nom de la *Groseille*, à cause de l'abondance de cette plante; au-dessous de la *Jasse de Cady*, au Canigou, sur les roches. Fleurit en mai; fruits en août.

3. Gros. rouge, *Rib. rubrum*, Lin., Dec., Dub.; en catalan *Grozella vermella*.

Habite les environs de Saint-Martin-du-Canigou, les bois des environs de Mont-Louis. Échappé probablement des jardins. Fleurit en mai; fruits en août.

4. Gros. des rochers, *Rib. petræum*, Wulf. *in Jacq.*, Dec., Dub.

Habite la montagne de Céret, au bois de la ville, les bords des torrents; les roches du bois communal de Saint-Laurent-de-Cerdans; les bords du torrent de la *Circrole*, au Canigou; les anfractuosités des roches du bois communal de Vernet-les-Bains. Fleurit en mai; fruits en septembre.

58me Famille. — Saxifragées, *Saxifrageæ*, Juss.

(*Décandrie*, L.; *Rosacées* et *Infundiliformes*, T.; *Saxifragées*, Juss.)

Genre Saxifrage, *Saxifraga*, Lin.

1. Saxi. étoilée, *Saxi. stellaris*, Lin., Dec., Dub.

Habite les parties humides du *Bac de Bolquère*, en se rapprochant du *Pla de Bonas-Horas;* les montagnes de la vallée d'Eyne; le bord des sources de la vallée de Nohèdes; *Costa-Bona;* le Canigou, vallée de *Cady*, auprès des sources. Fleurit en juillet et août.

La var. β *Sax. Clusii*, Gouan, *Leucanthemifolia*, Lapey., habite les parties supérieures des vallées d'Eyne et de Llo, près des sources qui coulent des neiges.

2. Saxi. à feuilles en coin, *Saxi. cuneifolia*, Lin., Dec.

Habite parmi les mousses entre les roches humides des parties élevées de *Costa-Bona;* l'extrémité de la vallée de Mosset, près de l'ancien couvent de *Jau;* les lieux humides du haut Llaurenti. Fleurit en juillet et août.

3. Saxi. velue, *Saxi. hirsuta*, Lin., Dec., Lapey.

Habite les rochers humides des torrents de la partie supérieure de la vallée de Carença. Fleurit en juin.

4. Saxi. à feuilles rondes, *Saxi. rotundifolia*, Lin., Dec.

Habite les parties humides de la vallée d'Eyne et du *Bac de Bolquère;* au Canigou, le long des eaux vives; les environs de La Preste et la *Solanete de Costa-Bona;* les lieux humides du bois de Salvanère; on la retrouve dans le vallon de Castell, à la digue du ruisseau de *las Asqueras;* elle est très-commune au Llaurenti, dans les bois tourbeux. Fleurit en juin et juillet.

5. Saxi. œil de bouc, *Saxi. hirculus*, Lin., Dec., Dub.

Habite les tourbières des bois du Llaurenti. Fl. en juin et juill.

6. Saxi. rude, *Saxi. aspera,* Lin., Dec., Dub.

Habite parmi les débris des roches du *Cambres-d'Aze;* les sommités de la vallée d'Eyne; le Canigou, au *Pla Guillem,* parmi les roches des parties élevées. Fleurit en juillet et août.

La var. β *Saxi. Bryoïdes,* Lin., vit à l'extrémité de la vallée de Llo et dans celle de Carença.

7. Saxi. faux aizoon, *Saxi. aizoïdes,* Lin., Dec., Dub.

Saxi. autumnalis, Lin.

Habite parmi les terres tourbeuses de la vallée d'Eyne, au bord des torrents; les tourbes du *Bosch Negre,* en Llaurenti. Fleurit en juillet et août.

8. Saxi. grenue, *Saxi. granulata,* Lin., Lapey.

Saxi. cernua, Lapey.

Habite les prairies et les roches humides des environs de Mont-Louis; la vallée de Carença; la montagne de *Madres;* la vallée de Vernet-les-Bains, à Castell, sur les roches; la *Font de Comps.* Fleurit en mai et juin.

La var. β *penduliflora,* se trouve dans cette dernière localité.

9. Saxi. à trois doigts, *Saxi. tridactylites,* Lin., Dec.

Habite les parties arides de la vallée du Réart, entre la Cantarana et Oms, dans les sables des torrents ou sur les sables rejetés par les inondations. Fleurit en mars et avril.

10. Saxi. des pierres, *Saxi. petræa,* Lin., Dec., Dub.

Saxi. rupestris, Lapey.; *Saxi. Scopolii,* Vill.; *Saxi. ascendens,* Jacq.; *Saxi. Bellardi,* Alli.; *Saxi. controversa,* Sternb.

Habite les anfractuosités des roches humides de *Costa-Bona.* Fleurit en juillet et août.

Nous possédons un échantillon de cette espèce qui porte sur l'étiquette la signature de Gouan.

11. Saxi. géranium, *Saxi. geranioïdes,* Lin., Dec., Gouan.

Saxi. palmata, Lapey.

Habite la vallée de Nohèdes, entre les pierres au bord de l'étang Noir; la vallée d'Eyne; le Canigou; les environs de Prats-de-Molló; partout parmi les roches humides. Fleurit en juin et juillet.

La var. β *Saxi. ladanifera,* Lapey., se trouve à *Costa-Bona,* et au Canigou, près la *Cabane de l'Allemand.*

12. Saxi. pedatifide, *Saxi. pedatifida,* Smith.

Saxi. ladanifera, var. β Dub.

Habite les sommités du Canigou, où elle forme de larges touffes de gazon. Fleurit en juillet et août.

13. Saxi. obscure, *Saxi. obscura,* Gre. et Godr.

Saxi. mixta, var. Lapey.

Habite les roches au fond de la vallée d'Eyne; le sommet du *Cambres-d'Aze;* au Canigou, la partie supérieure des torrents de la *Comelade.* Fleurit en juillet et août.

14. Saxi. à cinq doits, *Saxi. pentadactylis,* Lapey., Mut.

Habite les sommets des vallées de Llo et d'Eyne; le *Cambres-d'Aze;* les environs de l'étang de la *Noux; Costa-Bona;* au Canigou, les sommets de la *Comelade.* Fleurit en juillet et août.

15. Saxi. nerveuse, *Saxi. nervosa,* Lapey.

Saxi. palmata, Lapey.

Habite sur les rochers les plus élevés de la vallée d'Eyne; sur les roches et au bord des eaux des parties supérieures de la montagne de *Madres;* fréquente sur les parties supérieures et au bord de l'étang du Llaurenti. Fleurit en juillet et août.

16. Saxi. ascendente, *Saxi. ascendens,* Lin., Dec., Dub.

Saxi. aquatica, Lapey.; *Saxi. petræa,* Gouan.

Habite les bords des ruisseaux des vallées d'Eyne et de Llo;

le *Cambres-d'Aze;* le Canigou, à la *Llapoudère* et au *Pas de Cady; Costa-Bona* et la *Coma du Tech*, toujours sur le bord des eaux. Fleurit en juin et juillet.

17. Saxi. à feuilles de bugle, *Saxi. ajugæfolia,* Lin., Dec., Dub.

Habite les sommités du Canigou; la partie supérieure de la vallée de Carença; le *Cambres-d'Aze* et la vallée d'Eyne, toujours près des eaux qui proviennent des neiges. Nous l'avons récoltée aussi au Llaurenti, près le *Roc Blanc*. Fleurit en juillet et août.

18. Saxi. en tête, *Saxi. capitata,* Lapey., Dub.

Saxi. ajugæfolia, var. β Dec.; *Saxi. ascendens,* var. γ Lin.

Cette singulière espèce se trouve mêlée avec les deux précédentes, toujours dans les mêmes localités, jamais dans d'autres lieux, ce qui l'a faite considérer par les auteurs comme une variété.

19. Saxi. pubescente, *Saxi. pubescens,* Pour., Dec., Dub.

Saxi. mixta, Lapey. et *Ciliaris,* Lapey. au Supplément.

Habite la montagne de *Costa-Bona* et la *Coma du Tech;* le Canigou; les sommités du *Pla Guillem;* les roches supérieures de Carença; le *Cambres-d'Aze* et la vallée d'Eyne. Fleurit en juin et juillet.

20. Saxi. du Groenland, *Saxi. Groenlandica,* Lin., Dec., D.

Saxi. cespitosa, Koch.

Habite le sommet des roches escarpées derrière le *Pic de Costa-Bona;* le Canigou, au-dessus des étangs de *Cady;* les vallées d'Eyne et de Llo; les roches au-dessus des étangs de Carlite; commune au Llaurenti. Cette espèce forme partout des touffes de gazon. Fleurit en juillet et août.

21. Saxi. sillonnée, *Sax. exarata,* Vill., Alli., Lapey.

Saxi. hypnoïdes, Alli.

Habite les sommités des vallées les plus froides; le Canigou, vers l'extrémité de la vallée de *Cady ;* à *Costa-Bona*, vers les escarpements des roches du sommet de la *Coma du Tech ;* le sommet du *Cambres-d'Aze;* les vallées d'Eyne, de Llo et de Carol, toujours aux sommités; le Llaurenti. Fleurit en juillet et août.

22. Saxi. embrouillée, *Saxi. intricata*, Lapey., Dec.

Habite tous les hauts sommets des montagnes : *Costa-Bona*, le *Pla Guillem*, le Canigou, sur les roches et les pelouses élevées; les vallées d'Eyne, de Carol et de *Vall Marans*. Fleurit en juillet et août.

23. Saxi. muscoïde, *Saxi. muscoïdes,* Wulf. *in Jacq.*, Dec., Dub.

Saxi. Pyrenaïca, Vill.; *Saxi. cæspitosa,* Lapey.

Habite parmi les pierres humides des vallées d'Eyne et de Llo ; le Canigou, derrière le *Maner de l'Or;* la *Conque de la Llapoudère ;* parmi les roches humides de la montée du *Cap de la Roquette;* la vallée de Nohèdes, roches auprès de l'étang Noir. Fleurit en juillet et août.

La var. *Cespitosa* de Lapeyrouse, se trouve dans la vallée d'Eyne.

Cette plante fournit en outre quatre variétés qui se distinguent par les feuilles et la tige. Nous trouvons à Eyne et à Llo, la var. φ *Moschata* de Wulf, plante couverte de poils courts et visqueux.

24. Saxi. androsacée, *Saxi. androsacea,* Lin., Dec., Dub.

Saxi. Pyrenaïca, Scop.

Habite les sommets de la vallée d'Eyne ; le Canigou, au-dessus du *Roc dels Isards; Costa-Bona* et le *Pla Guillem*, près des neiges, où elle forme de larges touffes. Fleurit en juillet et août.

25. Saxi. à feuilles planes, *Saxi. planifolia*, Lapey., Dec., Dub.

Saxi. muscoïdes, Alli.

Habite l'extrémité de la vallée d'Eyne et de Llo; le *Cambres-d'Aze,* toujours au pied des neiges; l'extrémité de *Costa-Bona;* le Canigou, au fond de la vallée de *Cady,* après *los Estanyols* (les étangs), et surtout sur le *Roc dels Isards* (roche des Isards). Cette roche porte ce nom, parce que souvent ces Antilopes s'y reposent autour. Fleurit en juillet et août.

26. Saxi. faux sedum, *Sax. sedoïdes,* Lin., Lapey., Dec.

Habite les parties supérieures de la vallée d'Eyne; les sommets du *Cambres-d'Aze;* les roches entre les pelouses des étangs de Carlite. Fleurit en juin et juillet.

27. Saxi. hypnoïde, *Saxi. hypnoïdes,* Lin., Dec., Vill.

Habite le vallon de Collioure, sur les roches humides au-dessus de Consolation; les ravins humides des environs de la *Tour de la Massane;* l'entrée de la vallée de Nohèdes, au-dessus du ruisseau. Fleurit en mai et juin.

28. Saxi. aizoon, *Saxi. aizoon,* Jacq., Dec., Dub.

Saxi. recta, Lapey.

Habite sur les rochers des environs de Mont-Louis; le plateau de la *Font de Comps;* le Canigou, plateaux inférieurs au-dessus de Saint-Martin; *Costa-Bona,* auprès de *Peyrefeu.* Fleurit en juin et juillet.

29. Saxi. cotylédon, *Saxi. cotyledon,* Lin.

Saxi. pyramidalis, Lapey.

Habite les rochers les plus élevés de la *Collada de Nuria,* vallée d'Eyne; sur les roches les plus escarpées du *Col de las Nou Fonts,* à l'extrémité de la vallée de Prats-de-Balaguer; derrière *Costa-Bona,* sur les rochers les plus escarpés; au Llaurenti, vallée de *Mijanés.* Fleurit en juillet et août.

30. Saxi. à longues feuilles, *S. longifolia.* Lapey., Dec., D.

Habite les rochers du *Bordelat*, à l'extrémité du vallon de La Manère, où elle est rare ; plus abondante sur les roches élevées du revers espagnol. Fleurit en août.

31. Saxi. en bandelette, *Saxi. lingulata*, Bess., Berthol.

Nous avons trouvé cette espèce sur les rochers des environs de *Notre-Dame-de-Nuria*, en Espagne. Cette plante est fort recherchée par les Espagnols, qui lui attribuent la vertu de rendre les femmes stériles. L'autorité, au dire de la personne qui me la vit cueillir, veille à ce qu'on n'en fasse pas usage. Fleurit fin août.

32. Saxi. caliciflore, *Saxi. media*, Gouan., Dec., Lam.

Saxi. caliciflora, Lapey.; *Saxi. diapensoïdes*, Lapey. au Supplément.

Habite sur les débris des roches de la *Font de Comps ;* le sommet du *Cambres-d'Aze*, parmi les éboulis des roches jusqu'au bas de la montagne; la vallée de Llo ; la *Comarca de las Mulleres*, près *Nuria; Costa-Bona;* le Canigou, toujours parmi les débris des roches. Fleurit en juin et juillet.

33. Saxi. jaune et pourpre, *Saxi. luteo purpurea*, Lapey., Dec.

Habite le *Roc de Sant-Féliu*, à l'entrée de la vallée de Llo, sur les grands rochers exposés au nord. Le meilleur moment pour cueillir cette plante en bonne floraison, c'est vers le 15 juin.

34. Saxi. bleuâtre, *Saxi. cæsia*, Lin., Dec.

Saxi. recurvifolia, Lapey.

Habite les parties moyennes des vallées de Llo et d'Err; les roches humides de la vallée d'Eyne; le Canigou, avant d'arriver au vallon de *Cady*, sur les rochers. Fleurit en juillet et août.

35. Saxi. à feuilles opposées, *Saxi. oppositifolia*, Lin., Dec., Dub.

Habite à l'extrémité de la vallée d'Eyne, dans les fentes des rochers; les sommets du *Cambres-d'Aze;* les roches de la partie supérieure de *Costa-Bona;* le Canigou, sur la plate-forme du pic; le Llaurenti, rochers près de l'étang. Fleurit en juin et juillet.

36. Saxi. retuse, *Saxi. retusa.*

Saxi. imbricata, Lam.; *Saxi. purpurea*, Alli.

Habite les plus hauts sommets du Llaurenti, entre les roches qui entourent l'étang, surtout autour du *Roc Blanc*. Fleurit en juillet et août.

Genre Dorine, *Chrysosplenium,* Lin.

1. Dor. à feuilles alternes, *Chry. alternifolium,* Lin., Dec., Dub.

Habite les mares des ruisseaux ombragés, entre La Bastide et Saint-Marsal, arrondissement de Céret. Fleurit de mars en mai.

2. Dor. à feuilles opposées, *Chry. oppositifolium,* Lin., Dec., Dub.

Habite les lieux humides avant d'entrer dans la vallée d'Eyne; les environs de La Bastide, près Saint-Marsal; la vallée de Vernet-les-Bains et Castell, sur les lieux fangeux et le bord des ruisseaux où l'eau n'est pas très-courante. Fleurit en mai et juin.

La décoction des Dorines a été préconisée comme appéritive et vulnéraire.

59me Famille. — Ombellifères, *Ombelliferea,* Juss.

(*Pentandrie digynie,* L.; *Ombellifères,* T.)

Genre Carotte, *Daucus,* Lin.;

en catalan *Pastanaga, Carotta.*

1. Carotte commune, *Dau. carotta,* Lin.

Habite parmi les moissons, les bords des champs, des vignes et des prairies. Fleurit de mai à septembre. Commune partout.

Cultivée dans les jardins. Cette espèce est la souche de toutes les variétés qui servent aux usages domestiques.

2. Caro. maritime, *Dau. maritimus,* Lam., Dec., Dub.

Dau. parviflorus, Guss.; *D. gingidium,* var. β Berthol.

Habite les prairies et les champs les plus rapprochés des dunes de tout le littoral, surtout dans les vallons de Port-Vendres et de Banyuls-sur-Mer. Fleurit en mai et juin.

3. Caro. dentelée, *Dau. serratus,* Moris.

Habite presque les mêmes localités que l'espèce précédente; toutefois elle s'éloigne plus des bords de la mer, et se trouve plus particulièrement dans les champs du bas Canet. Fleurit en mai et juin.

4. Caro. grande, *Dau. maximus,* Desf., Salis.

Dau. mauritanicus, Lam.

Habite toute la région des aspres, les champs, les vignes, les plateaux incultes. Fleurit d'avril à juin.

5. Caro. gingidium, *Dau. gingidium,* Lin., Dec., Guss.

Dau. Hispanicus, Gouan.

Habite sur les rochers de la côte, près de la mer, aux environs d'Argelès; les vallons de Collioure et de Banyuls-sur-Mer; à Canet, champs non loin des dunes; remonte jusqu'aux environs de Perpignan. Fleurit en juin et juillet.

Genre Orlaya, *Orlaya,* Hoffm.

1. Orla. à grande fleur, *Orla. grandiflora,* Hoffm, Dec., Dub.

Caucalis grandiflora, Lin.; *Dau. grandiflorus,* Scop.; *Platyspermum grandiflorum,* Mert. et Koch.

Habite les environs de Baixas et de *Cases-de-Pena*, parmi les moissons et les vignes; les vignes et les champs en friche du haut Vernet de Perpignan; les récoltes de la vallée de Cornella-du-Conflent et de Vernet-les-Bains. Fleurit de mai à juillet. Très-commune partout.

2. Orla. platycarpe, *Orla. platycarpos*, Koch., Dec.

Cauca. platycarpos, Lin.

Habite les champs des parties arides des environs de Perpignan, parmi les moissons et les vignes; *Cases-de-Pena*, Baixas, Estagel; Prades, Cornella-du-Conflent, Castell, Saint-Martin-du-Canigou, Serdinya, Olette, jusqu'à Fontpédrouse. Fleurit en juin et juillet.

3. Orla. maritime, *Orla. maritima*, Koch., Dec., Moris.

Cau. maritima, Gouan.; *Cauca. pumilæ*, Gouan.; *Dau. maritimus*, Gœrtn.; *Dau. muricatus*, var. β *maritimus*, Lin.

Habite les sables des dunes entre Salses, Leucate et l'île Sainte-Lucie; nous la trouvons aussi sur notre littoral, prairies rapprochées de la mer. Fleurit en mai et juin.

Genre Turgenie, *Turgenia*, Hoffm.

1. Tur. à larges feuilles, *Tur. latifolia*, Hoffm., Dub.

Cau. latifolia, Lin.

Habite les champs, le bord des chemins, les vignes des basses Corbières; Salses; Opol, et jusqu'à Vingrau; le bord des vignes et des moissons des plateaux de Baixas et de la base de *Força-Real*. Fleurit en mai et juin.

Genre Caucalide, *Caulis*, Hoffm.

1. Cau. fausse carotte, *Cau. daucoïdes*, Lin., Dec., Dub.

Cau. leptophylla, Poll.; *Dau. platycarpos*, Scop.

Habite les champs, parmi les moissons, du vallon Sainte-Catherine, près Baixas; *Cases-de-Pena*, et le long de la vallée jusqu'au delà d'Estagel; parmi les récoltes des buttes qui avoisinent Perpignan; les vignes et les champs en friche de tout le haut Vernet, banlieue de Perpignan; Cornella-du-Conflent; Olette et Fontpédrouse; la vallée du Tech, Céret jusqu'à Prats-de-Molló, au milieu des récoltes. Fleurit en juin et juillet.

2. Cau. leptophyle, *Cau. leptophyla,* Lin., Dub., Berthol.

Cau. parviflora, Lam.; *Cau. humilis,* Jacq.

Habite tous les terrains aspres du plateau de Château-Roussillon, les champs et vignes de *Malloles,* territoire de Perpignan; Baixas et *Cases-de-Pena;* les environs de la métairie de *Jau* et d'Estagel, parmi les moissons, les vignes et les terres en friche; toute la vallée du Réart. Fleurit en juin et juillet.

Genre Torile, *Torilis,* Hoffm.

1. Tor. anthrisque, *Tor. anthriscus.* Gmel., Hoffm.

Tor. rubella, Mœnch.; *Tordylium anthriscus,* Lin.

Habite les champs, le bord des routes, les haies de toute la contrée. Fleurit de mai à juillet.

2. Tor. d'Helvétie, *Tor. Helvetica,* Gmel., Dec.

Tor. infesta, Wallr.; *Cau. Helvetica,* Jacq.; *Cau. segetum,* Thuill.

Habite partout, comme l'espèce précédente: Baixas, *Cases-de-Pena,* et toute la vallée de l'Agly; Prades et Cornella-du-Conflent. Fleurit de juin en août.

3. Tor. hétérophylle, *Tor. heterophylla,* Guss., Dec.

Cau. linearifolia, Requien; *Cau. parviflora,* Bast.

Habite les lieux arides, les champs, les vignes, les coteaux de la vallée du Boulou et de Céret; se trouve aussi dans les bas-fonds de Baixas et de Rivesaltes. Fleurit en mai et juin.

4. Tor. noueux, *Tor. nodosa,* Gœrtn., Dub.

Tordylium nodosum, Lin.; *Cau. nodiflora,* Lam.

Habite les champs des environs de Château-Roussillon et des coteaux de Saint-Sauveur; les champs, vignes et terres arides de Rigarda, Vinça, Prades, et toute cette contrée. Fl. en mai et juin.

GENRE BIFORE, *Bifora,* Hoffm.

1. Bif. testiculée, *Bif. testiculata,* Dec., Berthol.

Bif. dicocca, Hoffm.; *Bif. flosculosa,* Bieb.; *Coriandrum testiculatum,* Lin.

Habite toutes les terres légères et aspres des basses Corbières; Salses et toute cette contrée, depuis l'Agly; les vignes de Rivesaltes et d'Opol. Fleurit en avril et mai.

GENRE CORIANDRE, *Coriandrum,* Lin.;
en catalan *Herba de las Granyotas.*

1. Cori. commune, *Cori. sativum,* Lin.

Subspontanée dans quelques localités très-restreintes, où les graines auront été transportées accidentellement. Cultivée dans quelques jardins, cette plante s'y développe fort bien; mais elle répand une odeur fétide qui est très-désagréable. Fl. en mai et juin.

GENRE ELOEOSELINUM, *Elæoselinum,* Koch.

N'a pas de représentant dans le département.

GENRE THAPSIE, *Thapsia,* Tournef.

1. Tha. velue, *Tha. villosa,* Lin., Gouan., Dec.

Habite sur tout le littoral, sables de Canet, Saint-Cyprien, Collioure, Banyuls-sur-Mer; remonte jusque sur les collines des premiers plateaux de Baixas, Caladroy, *Força-Real.* Fleurit en juin et juillet. Commune.

GENRE LASER, *Lascrpitium,* Lin.

1. Las. à larges feuilles, *Las. latifolium,* Lin., Vill., Alli.;
en catalan *Tiburers.*

Habite les bois et les pâturages des coteaux qui environnent Mont-Louis; les vallées d'Eyne et de Llo; les coteaux et les champs du dernier plateau avant d'arriver à la *Font de Comps;* le Canigou; Prats-de-Molló, à la *Tour de Mir* et sur les pentes des environs de la citadelle; commun dans les bois et les pâturages du Llaurenti. Fleurit en juillet et août.

Cette plante offre deux variétés:

Var. α *Las. glabrum*, Crantz., se distingue par les feuilles glabres; *Las. libanotis*, Lam., se trouve à la *Font de Comps.*

Var. β *Las. asperum*, Soy., Will. Feuilles hérissées en-dessous et sur les pétioles, de poils raides et tuberculeux à la base; *Las. asperum*, Crantz., *Las. cervaria*, Gmel., est assez commun à Saint-Martin-du-Canigou et au bois *dels Manerus.*

2. Las. de France, *Las. Gallicum,* C. Bauh., Vill.

Las. trifurcatum, Lam; *Las. cuneatum*, Mœnch.

Habite les coteaux arides de tous les environs de Perpignan; à Villefranche, la *Trencada d'Ambulla* et les bords des vignes; les environs de Saint-Antoine-de-Galamus; dans la vallée du Tech, les environs d'Arles, la *Tour de Cos*, La Manère et Prats-de-Molló. Fleurit en juin et juillet.

3. Las. siler, *Las. siler,* Lin., Vill., Dec.

Las. montanum, Lam.; *Siler montanum*, Crantz.; *Lig. garganicum*, Tenor.

Habite les plateaux de la *Font de Comps;* les environs de la forêt de Boucheville et les prairies exposées au midi aux environs du bois des *Fanges.* Fleurit en juillet et août.

4. Las. prutenicum, *Las. prutenicum,* Lam., Vill., Dec.

Las. selinoïdes, Crantz.; *Las. Gallicum*, Scop.; *Selinum palustre*, Sut.

Habite les vignes et le bord des chemins des environs de Villefranche; les pelouses des parties basses du bois de Salvanère; la forêt de Boucheville, le long du ruisseau qui traverse le bois pour se jeter dans la Boulzane. Fleurit en juillet et août.

Genre Siler, *Siler,* Scop.

1. Siler à trois lobes, *Siler trilobum,* Scop., Dec.

Siler aquilegifolium, Gœrtn.; *Las. aquilegifolium,* Jacq.; *Angelica aquilegifolia,* Lam.

Habite les expositions chaudes au pied de *Costa-Bona;* les pâturages des régions moyennes du Canigou; les plateaux inférieurs de la *Font de Comps;* les environs de Mont-Louis. Fleurit en juin et juillet.

Genre Levisticum, *Levisticum,* Koch.

1. Lev. officinal, *Lev. officinale,* Koch., Dec.

Ligusticum levisticum, Lin.

Habite parmi les moissons et dans les prairies qui environnent Mont-Louis; les hautes régions du Canigou; le Capcir; fort commun dans les prairies des hautes régions du Llaurenti. Fleurit en juillet.

Genre Angélique, *Angelica,* Lin.

1. Ang. sauvage, *Ang. sylvestris,* Lin.;

en catalan *Herba del corn, Coscoll bord.*

Imperatoria sylvestris, Dec.; *Selinum sylvestre,* Crantz.

Habite les bois et les pâturages des régions moyennes; les environs de Prats-de-Molló; le Canigou, au-dessus de Saint-Martin; derrière la montagne de la *Carbassa,* près Saint-Antoine-de-Galamus. Les inondations en amènent des graines qui se développent fort bien dans les taillis qui bordent nos cours d'eau de la plaine. Fleurit en juillet et août.

Les habitants du pays confondent à tort l'*Angélique sauvage* avec le *Melopospermum cicutarium,* qui est le vrai *Coscoll,* et dont on mange les jeunes pousses en salade.

2. Ang de Razouls, *Ang. Razulii,* Gouan., Dec., Dub.

Ang. ebulifolia, Lapey.

Habite les prairies des environs de Mont-Louis; les bords de la Tet, au-dessus des Bouillouses, entre Carlite et la *Coma de la Tet;* le *Pla dels Abellans,* parmi les roches qui sont près de la cabane, rive droite; les prairies humides des environs de Formiguères, en Capcir; les prairies du Llaurenti. Fleurit en juillet et août.

3. Ang. des Pyrénées, *Ang. Pyrenæa,* Spreng., Dub., God.

Seseli Pyrenæum, Lin.; *Selinum Pyrenæum,* Gouan.; *Seli. Lachenalii,* Gmel.; *Pucedanum Pyrenæum,* Lois.

Habite les prairies et les bords des ruisseaux des environs de Mont-Louis; les fourrés des vallées d'Eyne et de Llo; les prairies alpines de *Costa-Bona,* du *Pla Guillem* et du Canigou; au Llaurenti, *las Ayguetas* et les prairies de la *Muller d'en Jau.* Fleurit en juillet et août.

Genre Selin, *Selinum,* Lin.

1. Selin à feuilles de carvi, *Seli. carvifolium,* Lin., Dec.

Seli. angulatum, Lam.

Habite les bois humides et les prairies des régions alpines de nos montagnes; le Canigou; la vallée d'Eyne; les prairies des environs de Fontrabiouse, en Capcir; commun au Llaurenti. Fleurit en juillet et août.

Genre Aneth, *Anethum,* Hoffm.

1. Aneth odorant, *Anet. graveolens,* Lin., Koch.; en catalan *Fonoll, Aneth.*

Selinum anethum, Roth.; *Pastinaca anethum,* Rom. et Schult.

Habite parmi les récoltes qui ne sont pas éloignées des dunes; aux environs d'Argelès; à Banyuls-sur-Mer, vers *Can Rafalet;* aux environs de Canet, pâturages du *Mas-Durand.* Fleurit en mai et juin.

GENRE PEUCEDAN, *Peucedanum,* Koch.

1. Peu. officinal, *Peu. officinale,* Lin., Poll., Alli.; en catalan *Fonoll de Porc.*

Peu. Italicum, Rchb.; *Selinum peucedanum,* Wigg.

Habite les pâturages humides et le bord des eaux de la forêt de Boucheville, les prairies humides de Saint-Martin et les environs de Fosse. Fleurit en juillet et août.

2. Peu. Parisien, *Peu. Parisiense,* Dec., Dub., Coss.

Peu. officinale, Thuill.; *Peu. Gallicum,* Pers.; *Peu. alpestre,* Desv.

Habite les bois humides et le bord des eaux du bois des *Fanges* et ses environs; les terrains humides qui bordent la Boulsane, en remontant de Caudiès vers La Pradelle. Fleurit en juillet et août.

3. Peu. cervaria, *Peu. cervaria,* Lapey., Koch.

Athamanta cervaria, Lin.; *Seli. cervaria,* Crantz.; *Cervaria glauca,* Gaud.; *Cervaria Rivini,* Gærtn.

Habite la *Trencada d'Ambulla;* les environs de Prades; remonte jusqu'à Olette, Fontpédrouse et Mont-Louis; la vallée d'Eyne, lieux stériles. Fleurit en juillet et août.

4. Peu. oreoselinum, *Peu. oreoselinum,* Mœnch., Koch.; en catalan *Herbatut de Xinxas.*

Atham. oreoselinum, Lin.; *Selinum oreoselinum,* Scop.; *Oreoselinum nigrum,* Delarb.; *Cervaria oreoselinum,* God.

Habite la forêt de Boucheville et les coteaux qui environnent le bois; les hauteurs des environs de Bellegarde, Céret, Amélie-les-Bains, Prats-de-Molló; les environs de Fontpédrouse, sur les hauteurs avant d'arriver au village; les châtaigneraies des environs de Castell et de Saint-Martin-du-Canigou. Fleurit en août et septembre.

5. Peu. venetum, *Peu. venetum,* Koch.

Seli. venetum, Spreng.; *Seli. argenteum,* Alli.; *Cervaria alsatica,* var. β God.

Habite les environs de Mont-Louis; la vallée d'Eyne; les prairies du Capcir, vers Fontrabiouse; les pâturages de la montagne de *Madres;* les vignes entre Cornella-du-Conflent et Villefranche. Fleurit d'août en octobre.

6. Peu. à feuilles de carvi, *Peu. carvifolium,* Vill., Koch.

Seli. chabræi, Jacq.; *Palimbia chabræi,* Dec.; *Selinum palustre,* Thuill.; *Ligusticum decussatum,* Mœnch.

Habite les prairies humides de la base des Albères et de nos basses montagnes; Saint-Génis; Le Boulou; Maureillas; Céret; Arles; la vallée de la Tet, environs de Rigarda, et jusqu'à Prades. Fleurit en juillet et août.

7. Peu. ostrutium, *Peu. ostrutium,* Koch.

Impera. ostrutium, Lin.; *Seli. imperatoria,* Alli.

Habite les environs de Mont-Louis et la petite île du moulin de La Llagone; les bois humides des environs de *Cady,* au Canigou; dans la vallée de Molitg, à *Jau*, entre les rocailles humides; la *Tartarassa* de la *Font de Comps;* le Llaurenti, parmi les rocailles. Fleurit en juillet et août.

Genre Férule, *Ferula,* Tournef.

1. Fér. nodiflore, *Fer. nodiflora,* Lin., Sibth., en catalan *Canya ferla.*

Fer. communis, Desf.

Habite les pâturages arides des montagnes; le Canigou, près Saint-Martin; le premier plateau de la *Font de Comps;* Nohèdes, pâturages du premier plateau, à peu de distance du village; commune au Llaurenti. Fleurit en juillet et août.

2. Fér. ferulago, *Fer. ferulago,* Lin., Desf., Dec.

Fer. nodiflora, Jacq.; *Fer. sulcata,* Berthol.; *Ferulago nodiflora,* Mert.; *Ferulago galbanifera,* Koch.

Habite les pâturages qui se rapprochent de la mer, dans les

environs de Saint-Cyprien et d'Argelès; plus abondante dans le vallon de Banyuls-sur-Mer. Fleurit en juin et juillet.

Les plantes de cette famille, qui croissent en Orient *(Feru. assa fetida, Feru. Orientalis)*, donnent une gomme résine connue dans le commerce sous le nom de *Merde du Diable*, et dans les dispensaires sous celui d'*Assa fetida*. Cette gomme est employée en médecine sous diverses formes. On l'obtient en incisant le collet de la racine de ces plantes.

Genre Opopanax, *Opopanax*, Koch.

Vulg. *Remède universel.*

1. Opo. chironium, *Opo. chironium*, Koch., Dec., Moris.

Pastinaca opopanax, Lin.; *Pas. altissima*, Lam.; *Fer. opopanax*, Spreng.; *Laserpi chironium*, Lin. et Gouan.

Habite les lieux arides des basses montagnes; les environs du Perthus; Céret et ses environs; le plateau de Château-Roussillon; les pâturages de Canet; les versants de *Força-Real*. Fleurit en juin et juillet.

L'*Opopanax* fournit, en Orient, une gomme résine employée en médecine comme antispasmodique et emmenagogue.

Genre Panais, *Pastinaca*, Lin.;

en catalan *Pastanaga salvatge, Xirividis.*

1. Pan. commun, *Past. sativa*, Lin., Dec.

Habite les pâturages secs de la plaine des Aspres; les buttes des environs de Perpignan et le haut Vernet; Baixas et *Cases-de-Pena;* les environs de Céret; Prades, Villefranche et Cornella-du-Conflent, dans les vignes et le bord des propriétés. Fleurit en juin et juillet.

Cette plante est cultivée dans nos jardins potagers.

2. Pan. urens, *Past. urens*, Requien.

Habite tous les lieux arides et incultes des bas plateaux de la vallée du Réart; les terres incultes et le bord des vignes de la base de *Força-Real.* Fleurit en mai et juin.

Genre Berce, *Heracleum,* Lin.

1. Ber. commune, ***Her.*** *spondylium,* Lin., Dec.; en catalan *Cano, Pampes, Bersel.*

Habite les prairies des environs de Mont-Louis et celles de la Cerdagne; les prairies humides, les torrents et parmi les rocailles humides du Canigou; les ravins de la *Solanete,* à *Costa-Bona.* Fleurit de juin en octobre.

2. Ber. panacée, ***Her.*** *panaces,* Lin., Dec., Berthol.; en catalan *Pampes* ou *Panaces.*

Her. dubium, Tenor.

Habite presque les mêmes localités; seulement elle est plus fréquente sur les pâturages secs et sur les pentes des collines. On nourrit les porcs avec les feuilles, qu'on fait bouillir avec du son. Fleurit de juin en octobre.

3. Ber. des Pyrénées, ***Her.*** *Pyrenaïcum,* Lam., Dec., Dub.

Her. amplifolium, Lapey.; *Her. Alpinum,* var. β *Pyrenaïcum,* Pers.; *Her. pollinianum,* Berthol.; *Her. asperum,* Mert; *Hi. panaces,* Koch.

Habite les prairies des environs de Mont-Louis et de la *Borde Girvés;* les prairies de la plaine de Formiguères, en Capcir; celles de la vallée de Llo; la vallée de Vernet-les-Bains, à Castell et à Saint-Vincent; les pâturages des environs de Prats-de-Molló. Fleurit en juillet et août.

Les Berces croissent habituellement dans les prairies, ou sur les pâturages des montagnes; les animaux ne les recherchent point, leur odeur forte en est la cause; elles sont donc plutôt nuisibles qu'utiles comme plantes fourragères, et la place qu'elles occupent dans les prairies serait mieux employée par d'autres plantes plus goûtées par le bétail.

Genre Tordyle, *Tordylium*, Lin.

1. Tord. commun, *Tord. maximum*, Lin., Dec.

Heracl. tordylium, Spreng.

Habite le bord des chemins et les collines arides des environs de Perpignan; dans la vallée du Réart, Fourques, Llauro, terres incultes; les environs de Prats-de-Molló; dans la vallée de la Tet, Olette, Fontpédrouse, le bord des torrents aux environs de Sauto. Fleurit en juillet et août.

Genre Gaya, *Gaya*, Gaud.

1. Gay. simple, *Gay. simplex*, Gaud., Dec.

Laserp. simplex, Lin.; *Ligust. simplex*, Alli.; *Pachypleurum simplex*, Rchb.

Habite *Las Conques de Cady*, près des neiges; au *Cambres-d'Aze*, revers méridional, sur le plateau près des neiges; environs de *Nuria*. Fleurit en juillet et août.

Genre Crithme, *Crithmum*, Lin.

1. Crit. maritime, *Crit. maritimum*, Lin., Dec.; en catalan *Fonoll mari, Callemus*.

Cachris maritima, Spreng.

Habite les rochers près de la mer, entre Argelès, Collioure et Banyuls. Fleurit en juillet et août.

Dans le pays, on confit les jeunes pousses dans le vinaigre; arrosées d'un peu d'huile d'olives, on les mange comme assaisonnement; elles ont un goût aromatique fort agréable.

Genre Endresse, *Endressia*, Gay.

1. End. des Pyrénées, *End. Pyrenaïca*, Gay.

Laserp. simplex, Lapey.; *Ligust. simplex*, Benth.; *Meum Pyrenaïcum*, Gay.

Habite les prairies des environs de Mont-Louis et celles de la vallée d'Eyne; fort commune dans les prairies du Capcir. Fleurit en juillet et août.

GENRE MEUM, *Meum*, Tournef.

1. Meum athamante, *Meum athamanticum*, Jacq.; en catalan *Sistre*.

Atham. meum, Lin.; *Ligust. meum*, Alli.; *Seseli meum*, Scop.

Habite les prairies humides des environs de Mont-Louis; les vallées d'Eyne et de Llo; les environs des Bouillouses; les prairies humides du Canigou; les pelouses des environs des lacs d'Évol et de Nohèdes. Fleurit en juillet et août.

Les feuilles de cette plante ont une forte odeur aromatique; les bestiaux la recherchent, et lorsqu'elle est abondante dans une prairie, le foin conserve son odeur et il est alors très-estimé. La racine et la graine de cette plante sont sudorifiques et carminatives.

GENRE SILAUS, *Silaus*, Besser.

1. Sil. des prés, *Sil. pratensis*, Besser, Koch.

Peucedanum silaus, Lin.; *Peuced. pratense*, Lam.; *Ligusticum silaus*, Dub.

Habite les prairies humides des montagnes qui environnent Mont-Louis; les bas-fonds de la *Borde Girvès;* le Canigou, pâturages et bords des ruisseaux des environs du *Randé;* les prairies de la vallée de *Mijanés*, au Llaurenti. Fleurit en juillet et août.

GENRE LIVÊCHE, *Ligusticum*, Lin.

1. Liv. des Pyrénées, *Ligust. Pyrenæum*, Gouan.

Cnidium Pyrenæum, Spreng.

Habite les prairies des environs de Mont-Louis, et les fortifications de cette place; la vallée d'Eyne; les prairies du Capcir, dans le bois de Matemale; la *Trencada d'Ambulla;* Vernet-les-Bains et les prairies de Prades. Fleurit en août et septembre.

Genre Athamanta, *Athamanta*, Koch.

1. Atha. de Crète, *Atha. Cretensis*, Lin., Dec., Mert.

Libanotis Cretensis, Scop.

Habite les parties rocheuses des environs de Mont-Louis; les bois des bords du Sègre, vallée de Llo. Fleurit en juin et juillet.

Genre Trochiscantes, *Trochiscanta*, Koch.

Ce genre se compose d'une seule espèce qui n'a pas été observée dans le département.

Genre Cnidium, *Cnidium*, Cusson.

1. Cnid. faux céleri, *Cnid. apioïdes*, Spreng., Dec., Lig., Lob., Vill.

Ligust. apioïdes, Lam.; *Ligust. cicutæfolium*, Vill.; *Ligust. silaïfolium*, God.; *Laserpi. silaïfolium*, Jacq.; *Lig. Lobelii*, Vill.

Habite les pâturages des régions basses de nos montagnes, Céret, Arles, les environs de Prades; les pâturages des environs de Mosset; la vallée de Cornella-du-Conflent. Fleurit en juillet.

Genre Dethawia, *Dethawia*, Endel.

Ce genre se compose d'une espèce qui n'a pas été trouvée dans le département.

Genre Xatardia, *Xatardia*, Meissn.

Petitia, Gay.

1. Xata. scabra, *Xata. scabra*, Meissn.

Selinum scabrum, Lapey.; *Angelica scabra*, Petit; *Petitia scabra*, Gay.

Habite les éboulis des roches du fond de la vallée d'Eyne, près la *Collada de Nuria*. On trouve cette plante sur les deux revers de cette montagne; on la trouve aussi à la *Coma de la Baca*, dans les éboulis, près les sommités de la vallée de Carença. Les bestiaux en sont très-friands. Fleurit en août.

GENRE SESELI, *Seseli*, Lin.;

Vulg. *Herbe aux Biches*.

1. Ses. tortueux, *Ses. tortuosum*, Lin., Vill., Dec.

Ses. glaucum, Sanguin; *Ses. massiliense*, Cæsalp.

Habite les environs de Collioure et de Port-Vendres, sur les terres schisteuses des coteaux incultes; les garrigues et le bord des vignes du vallon de Banyuls-sur-Mer. Fleurit en juin et juillet.

2. Ses. elatum, *Ses. elatum*, Lin., Gouan.

Ses. Gouani, Koch.

Habite les coteaux incultes du vallon de Banyuls-sur-Mer; les pelouses de la montagne de Céret, environs du bois de la ville. Fleurit en août et septembre.

3. Ses. des montagnes, *Ses. montanum*, Lin., Dec., God.

Ses. glaucum, Saint-Amans; *Ses. multicaule*, Jacq.

Habite les prairies des environs de Mont-Louis; les sommités du *Cambres-d'Aze;* le vallon de Vernet-les-Bains, sur les rochers des établissements thermaux; les pâturages et fossés des environs de Rigarda; les prairies des environs de Prats-de-Molló. Fleurit en août et septembre.

4. Ses. libanote, *Ses. libanotis*, Koch.

Athamanta libanotis, Lin.; *Libanotis daucoïdes*, Scop.; *Liba. montana*, Alli.; *Liba. vulgaris*, Dec.

Habite les pelouses humides et le bord des chemins du Capcir; les fossés et les prairies de la Cerdagne; les régions moyennes du Canigou. Fleurit en juillet et août.

GENRE BRIGNOLIA.

Ce genre, originaire de la Corse, n'a pas été observé dans le département.

Genre Fenouil, *Feniculum*, Hoffm.;
en catalan *Fonoll de castanyas.*

1. Fen. commun, *Feni. vulgare,* Gœrtn., Dec.
Feni. officinale, Alli.

Habite partout: les haies des vignes et des champs, les fossés des fortifications de Perpignan; abondant dans tout le département. Fleurit de juillet à septembre.

Dans le pays, cette plante est utile à bien des choses : sa graine est carminative, aromatique et excitante; les jeunes pousses cuites avec des haricots servent d'aliment; elle sert à aromatiser les châtaignes qu'on mange bouillies; les tiges sèches sont employées en guise de fausset pour boucher les trous pratiqués sur le fond des tonneaux pour en déguster le vin.

Genre Æthuse, *Æthusa*, Lin.

1. Æth. petite ciguë, *Æth. cynapium,* Lin., Dec., Koch.;
en catalan *Gibert de Culobra.*

Habite les moissons, les haies, les vignes et les champs des aspres et des collines des basses montagnes. Fleurit en août et septembre. Très-commune partout.

La *Petite Ciguë* est une plante très-dangereuse, parce que le commun peut facilement la confondre avec le Persil ou avec le Cerfeuil, les feuilles se ressemblant beaucoup. Souvent son usage en guise de Persil occasionne des accidents graves. Mais, pour peu qu'on y fasse attention, il est facile de la reconnaître; on n'a qu'à froisser quelques feuilles entre les doigts, et bientôt l'odeur désagréable, vireuse camphrée, qui se dégage de la Ciguë, la dénote aussitôt.

Genre Œnanthe, *Œnanthe,* Lin.

1. Œnan. safranée, *Œnan crocata,* Lin., Dec., Berthol.
Vulg. *Navet du Diable.*

Habite les mares près de Saint-Cyprien et d'Argelès-sur-Mer; les prairies qui bordent les eaux aux environs de Prades. Fleurit en juin et juillet.

2. Ænan. à feuilles de pimpinelle, *Ænan. pimpinelloïdes,* Lin., Dec.

Ænan. chærophylloïdes, Pourret.

Habite les prairies qui ont été inondées dans les parties basses du littoral; la vallée d'Argelès-sur-Mer; Collioure et Banyuls; on la retrouve dans les parties élevées, à la *Font de Comps* et à Costujes. Fleurit en juin et juillet.

3. Ænan. à feuilles de peucedan, *Ænan. peucedanifolia,* Poll., Dec.

Ænan. Pollichii, Gmel.; *Ænan. filipenduloïdes,* Thuil.

Habite les prairies humides des parties basses du littoral; on la retrouve dans les prairies de la vallée de Nohèdes et au *Cambres-d'Aze.* Fleurit en juin et juillet.

4. Ænan. fistuleuse, *Ænan. fistulosa,* Lin., Dec.

Habite les mares et fossés des environs de l'étang du *Bordigol,* près Torreilles, ainsi que dans les mares qui avoisinent les bords de l'étang de Salses. Fleurit en juin et juillet.

5. Ænan. globuleuse, *Ænan. globulosa,* Lin., Desf., Alli.

Phellandrium globulosum, Berthol.

Habite les bords des étangs et des mares le long du littoral; Canet, Saint-Cyprien, Argelès et Banyuls-sur-Mer. Fleurit en mai et juin.

6. Ænan. phellandrie, *Ænan. phellandrium,* Dec., Lam.

Phel. aquaticum, Lin.; *Ligusti. phellandrium,* Crantz.

Vulg. *Ciguë aquatique.*

Habite les mares et les fossés du littoral; les prairies humides des parties basses de Salses. Fleurit en juillet et août.

Toutes les plantes du genre Œnanthe sont vénéneuses, par conséquent dangereuses. On doit faire la plus grande attention pour ne pas les laisser multiplier dans les prairies; car, quoique desséchées, elles contiennent toujours un principe délétère qui peut être nuisible aux bestiaux; fraîches, elles ont en général une odeur si forte que les animaux s'en éloignent et ne les broutent point.

Genre Buplèvre, *Buplevrum,* Lin.

1. Bup. à feuilles rondes, *Bup. rotundifolium,* Lin., Dec.

Bup. perfoliatum, Lam.

Vulg. *Oreille de lièvre.*

Habite les champs arides entre Thuir, Llupia et Terrats; les vignes et champs des environs de *Cases-de-Pena;* les vallons de Rigarda, Prades et Villefranche, dans les vignes et les champs arides; les environs de Prats-de-Molló; le Llaurenti, vallée de *Mijanés,* parmi les récoltes. Fleurit en juin et juillet.

2. Bup. protractum, *Bup. protractum,* Link., Dec.

Bub. subovatum, Link.; *Bup. rotundifolium,* Brot.; *Bup. rotundifolium,* var. β *intermedium,* Lois.

Habite les terres calcaires du plateau de Baixas; *Cases-de-Pena* et les environs d'Estagel, dans les vignes et les champs. Fleurit en juin et juillet.

3. Bup. à longues feuilles, *Bup. longifolia,* Lin., Vill., Dec.

Habite sur les roches calcaires et arides exposées au midi, avant d'arriver à la *Font de Comps,* vallée de Conat. Fleurit en juin et juillet.

4. Bup. anguleux, *Bup. angulosum*, Lin.

Bup. Pyrenaïcum, Gouan.; *Bup. Pyrenaïcum*, Will.

Habite les roches calcaires du *Pla de l'Ours*, entre la *Font de Comps* et la vallée d'Évol; dans le Llaurenti sur les roches des environs de *Mijanés*, prairies à gauche de la route qui conduit au *Port de Pallères*. Fleurit en juillet et août.

5. Bup. étoilé, *Bup. stellatum*, Lin., Vill., Alli.

Bup. petræum, Rchb.

Habite les fentes des roches, à l'extrémité de la vallée d'Eyne, revers espagnol; les roches escarpées, à droite du *Col de las Nou Fonts*, revers espagnol. Fleurit en août et septembre.

6. Bup. à feuilles de renoncule, *Bup. ranunculoïdes*, Lin., Dec., Dub.

Bup. angulosum, Spreng.; *Bup. baldense*, Host.

Habite les pâturages de l'extrémité de la vallée d'Eyne; ceux du *Prat Cabrera*, au Canigou; du *Col de la Regina*, vallée de Carença; les pâturages de la *Font de Comps*. Fleurit en août et septembre.

Une variété, *Bup. Alpinum*, Nobis, Colson, habite les pentes méridionales entre La Preste et le *Pla Guillem*.

Var. β *Bup. caricinum*, Dec. Feuilles inférieures très-étroites pliées en deux, les supérieures linéaires-lancéolées; fleurs et ombelles plus petites. *Bup. caricifolium*, Rchb.; *Bup. repens*, Lapey. Se trouve aux pâturages du *Prat Cabrera*, au Canigou.

7. Bup. des rochers, *Bup. petræum*, Lin., Vill.

Bup graminifolium, Walh.; *Bup. incurvum*, Bell.

Habite *Costa-Bona*, à mi-côte du penchant méridional, en allant du grand ravin vers la *Comarca* du Tech. Fl. en juillet et août.

8. Bup. à feuilles de gramen, *Bup. gramineum*, Vill.

Bup. ranunculoïdes, Gouan.; *Bup. diversifolium*, Bochel; *Bup. cernuum*, Tenor.; *Bup. exaltatum*, Koch.; *Bup. rigidum*, Zeit.

Habite les roches escarpées, au-delà des bains de La Preste, en allant à *Peyrefeu;* dans les environs de Villefranche, au milieu des roches de la *Trencada-d'Ambulla.* Fleurit en juillet et août.

9. Bup. ligneux, *Bup. fruticescens,* Lin., Lam.

Tenoria fruticescens, Spreng.

Habite les roches des environs de Sigean, sur la gauche de la route ; les rochers des environs de la *Font Estramer,* territoire de Salses. Fleurit en juin et juillet.

10. Bup. jonc, *Bup. junceum,* Lin., Vill., Alli.

Bup. baldense, Waldst.; *Bup. trifidum,* Tenor.; *Isophyllum junceum,* Hoff.

Habite la *Trencada d'Ambulla ;* le vallon de Corneilla-du-Conflent, sur le bord des vignes; celui de Sainte-Catherine, entre Baixas et *Cases-de-Pena.* Fleurit en juin et juillet.

11. Bup. glauque, *Bup. glaucum,* Rob., Dec., Dub.

Odontites glauca, Rœm. et Schults.

Habite les sables non loin de la mer, à Canet et Argelès; plus commun à l'île Sainte-Lucie. Fleurit en mai et juin.

12. Bup. rigide, *Bup. rigidum,* Lin., Gouan., Lam.

Habite la vallée de l'Agly, *Cases-de-Pena,* Estagel, Maury ; le vallon de Sainte-Catherine, près Baixas. Fleurit en juin et juillet.

13. Bup. en feux, *Bup. falcatum,* Lin., Dec., Jacq.

Habite le vallon de Prades ; la *Trencada d'Ambulla;* le Canigou, au-dessus de Saint-Martin ; le Vernet-les-Bains, bois de *Pinat* et *dels Maneras.* Fleurit de juillet à octobre.

14. Bup. frutescent, *Bup. fruticosum,* Lin., Gouan., Vill.

Habite tous les coteaux arides ; *Cases-de-Pena ;* Estagel ; Saint-Antoine-de-Galamus ; les coteaux de Saint-Sauveur et les sables de la Tet, aux environs de Perpignan; la vallée du Réart; les roches des environs de Céret. Commun partout. Fleurit de juin à septembre.

GENRE BERLE, *Sium*, Lin.

1. Ber. à larges feuilles, *Siu. latifolium*, Lin., Dec., Jacq.; en catalan *Escreeido*.

Habite les fossés des prairies et lieux humides des parties basses de tout le littoral; l'*Agouille de la Mar*, entre Bages et l'*Esparou*. Fleurit en juillet.

GENRE BERULE, *Berula*, Koch.

1. Ber. à feuilles étroites, *Ber. angustifolia*, Koch.

Sium angustifolium, Lin.; *Sium berula*, Gouan.

Habite la vallée de Vernet-les-Bains, sur le bord des fossés et des canaux humides; le bord des fossés et prairies humides des parties basses de Château-Roussillon, environs de Perpignan. Fleurit en juillet.

GENRE BOUCAGE, *Pimpinella*, Lin.

1. Bou. à grandes feuilles, *Pim. magna*, Lin., Dec., Koch.

Pim. major, Gouan.; *Tragoselinum majus*, Lam.

Habite les pâturages et les bords des ravins des parties basses de nos montagnes; à Céret, les prairies du bord du Tech; à Vernet-les-Bains, les prairies de Saint-Vinçent. Il est rare dans les hautes régions; il vit parmi les pâturages des environs de Mont-Louis. Une variété fort remarquable, à ombelle rouge, croît dans le vallon de Saint-Laurent-de-Cerdans. Fl. en mai et juin.

2. Bou. saxifrage, *Pim. saxifraga*, Lin , Dec., Koch.

Tragoselinum minus, Lam.

Habite les pâturages des environs de Mont-Louis; Olette;

Vernet-les-Bains, dans les pâturages secs; dans la vallée du Tech, les pâturages des environs de La Preste; au Llaurenti, près le *Port de Pallères*. Fleurit en juillet et août.

3. Bou. tragium, *Pim. tragium*, Vill., Dec., Dub.

Pim. canescens, Lois.; *Tragium columnæ*, Spreng.

Habite le vallon de Prades; la *Trencada d'Ambulla* et Villefranche, sur les roches des environs de la citadelle et sur la montagne Saint-Jacques; parmi les rocailles de *Força-Real* et de *Cases-de-Pena*. Fleurit en juin et juillet.

Genre Bunium, *Bunium*, Lin.

1. Bun. verticillé, *Bun. verticillatum*, Gre. et Godr.

Carum verticillatum, Koch.; *Sison verticillatum*, Lin.; *Sium verticillatum*, Lam.

Habite les prairies des environs du pont de *Conangles*, en Cerdagne; les prairies humides de la vallée de Vernet-les-Bains et de Cornella-du-Conflent; les prairies et bords des eaux des environs d'Arles-sur-Tech. Fleurit de juin à septembre.

2. Bun. carvi, *Bun. carvi*, Bieb.

Carum carvi, Lin.; *Apium carvi*, Crantz.; *Seseli carum*, Scop.

Habite les prairies des environs de Mont-Louis; la vallée d'Urbanya, au bord du ruisseau; les prairies des vallées de Vernet-les-Bains et de Fillols; aux environs de La Preste, bords des canaux et les prairies. Fleurit en avril et mai.

3. Bun. bulbocastanum, *Bun. bulbocastanum*, Lin., Dec.

Bun. minus, Gouan.; *Carum bulbocastanum*, Koch.; *Sium bulbocastanum*, Spreng.; *Scandix bulbocastanum*, Mœnch.

Habite les champs des environs de Mont-Louis; la vallée de Carença; celle de Vernet-les-Bains et de Castell, lieux ombragés. Fleurit en juin et juillet.

La var. β *Bunium minus* de Gouan, habite les prairies sous *Costa-Bona.*

Genre Ægopodium, *Ægopodium,* Lin.

1. Ægo. podagraria, *Ægo. podagraria,* Lin.

Sison podagraria, Spreng.; *Tragoselinum angelica,* Lam.; *Pimpinella angelicefolia,* Lam.; *Seseli ægopodium,* Scop.

Vulg. *Pied de chèvre.*

Habite les prairies et les bords des champs, dans les lieux frais sur les parties basses des montagnes, Arles, Saint-Laurent-de-Cerdans, Prades et ses environs; les prairies basses de la forêt de Boucheville; les prairies au bord de la rivière dans les environs de Saint-Paul. Fleurit en mai et juin.

Genre Ammi, *Ammi,* Tournefort.

1. Am. majeur, *Am. majus,* Lin., Dec., Desf.

Am. diversifolium, Noulet.; *Am. vulgare,* Dod.; *Apium ammi,* Crantz.

Habite les champs et les prairies près des dunes; les prairies maritimes aux environs de l'étang du *Bordigol,* à Torreilles; les champs sous Château-Roussillon. Fleurit en juin et juillet.

2. Am. visnage, *Am. visnaga,* Lam., Dec.

Daucus visnaga, Lin.; *Visnaga daucoïdes,* Gœrtn.

Vulg. *Herbe aux cure-dents.*

Habite dans la vallée du Réart, parmi les récoltes et les bords des vignes des terres légères; terrains identiques aux environs d'Opol; très-abondant à l'île Sainte-Lucie. Fleurit en juin et juillet.

Genre Sison, *Sison,* Lagasc.

1. Sis. amome, *Sis. amomum,* Lin., Dec., Dub.

Sium amomum, Roth.; *Sium aromaticum,* Lam.; *Seseli amomum,* Scop.

Habite la vallée du Réart, au bord des champs et des vignes

de Trullas, Terrats et toute la contrée de Thuir; champs aux environs de Salses. Fleurit en juin et juillet.

Genre Falcaria, *Falcaria*, Riv.

1. Fal. de Rivin, *Fal. Rivini*, Host., Dec.

Sium falcaria, Lin.; *Seseli falcaria*, Scop.; *Drepanophyllum falcaria*, Lois ; *Critamus agrestis*, Bess.

Habite les champs, les haies et les vignes des environs de Baixas et de *Cases-de-Pena;* au pied de la montagne de *Força-Real*, bord des vignes et terres stériles. Fleurit en juillet et août.

Genre Ptychotis, *Ptychotis*, Koch.

1. Pty. hétérophylle, *Pty. heterophylla*, Koch., Dec.

Pty. bunius, Rchb.; *Seseli saxifragum*, Lin.; *Seseli bunius*, Vill.; *Æthusa montana*, Lam.; *Critamus heterophyllus*, Mert.

Habite les lieux stériles des vallons de Prades et de Villefranche; les terres légères, les bords des champs de Serdinya et d'Olette; dans la vallée du Tech, sur la route d'Arles et aux environs de Prats-de-Molló; au Canigou, prairies qui bordent les torrents, parties moyennes de la montagne. Fleurit en juillet et août.

Genre Helosciadium, *Helosciadium*, Koch.

1. Hel. nodiflore, *Hel. nodiflorum*, Koch., Dec.

Sium nodiflorum, Lin.; *Seseli nodiflorum*, Scop.

Habite les fossés et les lieux inondés des parties basses de la Salanque. Fleurit en juillet et août.

2. Hel. rampant, *Hel. repens*, Koch., Dub.

Sium repens, Lin.

Habite les mêmes localités que l'espèce précédente. Fleurit en juillet et août.

GENRE TRINIA, *Trinia*, Hoffm.

1. Tri. vulgaire, *Tri. vulgaris*, Dec., Koch.

Tri. glaberrima, Dub.; *Tri. pumila* et *glauca*, Rchb.; *Tri. henningii*, Mert.; *Pimp. dioica*, Lin.; *Pimp. pumila*, Jacq.; *Seseli dioïcum*, Vill.

Habite les basses Corbières, les garrigues de Baixas et de *Cases-de-Pena;* se retrouve à la *Font de Comps*, sur les calcaires du premier plateau. Fleurit en mai et juin.

GENRE PERSIL, *Petroselinum*, Hoffm.; en catalan *Gibert, Julibert.*

1. Per. des jachères, *Pet. segetum*, Koch., Dec.; en catalan *Gibert bord.*

Sison segetum, Lin.; *Sium segetum*, Lam.

On trouve cette plante dans quelques localités près des villages. Il est probable que les graines y ont été apportées accidentellement. Elle aime les lieux humides. Fleurit en mai et juin.

2. Per. commun, *Pet. sativum*, Hoffm.; en catalan *Gibert de hort.*

Apium petroselinum, Lin.; *Apium vulgare*, Lam.

Cultivée en grand dans nos jardins, cette plante s'y développe fort bien; on y remarque plusieurs variétés, dues probablement aux soins de la culture. Son usage est très-étendu comme plante d'assaisonnement. Dans le Roussillon, les hivers, en général, n'étant pas rigoureux, la végétation de cette plante ne souffre point et se perpétue toute l'année. Devenue un objet d'exportation, nos jardiniers la soignent bien et en expédient considérablement dans le Nord. Fleurit en mai et juin.

GENRE CÉLERI, *Apium*, Hoffm. en catalan *Apit.*

1. Céleri odorant, *Apium graveolens*, Lin., Dec.; en catalan *Apit bord.*

Seseli graveolens, Scop.; *Sium apium*, Roth.

Habite le bord des eaux vives de toute la plaine; les fossés des marais de Salses. Cette plante a une végétation admirable dans tous les lieux que baignent les eaux salines de la fontaine *Estramer* et de la *Font-Dame*. Fleurit de juin à septembre.

Cette espèce a subi des modifications considérables par la culture, et l'on a obtenu plusieurs variétés employées dans l'art culinaire. Le Céleri comestible, *Apium sativum,* en catalan *Apit de hort,* est cultivé en grand dans nos jardins maraîchers; c'est un objet d'exportation considérable.

GENRE CIGUE, *Cicuta,* Lin.

1. Ciguë vireuse, *Cicuta virosa,* Lin.; en catalan *Tora pudenta, Gibertassa.*

Cicutaria aquatica, Lam.

Vulg. *Ciguë aquatique, Ciguë des eaux.*

Habite les lieux humides des environs de Mont-Louis et de toute la Cerdagne; les environs de Saint-Martin près de Fosse; à Perpignan, le bosquet de la promenade des platanes, tout près du ruisseau. Fleurit en juillet et août.

Cette plante est la plus vénéneuse de toutes les Ombellifères. Le suc jaune contenu dans la racine passe pour être très-actif. J'ai vu mourir, à Madrid, un médecin aide-major de la garde impériale, pour avoir mangé des feuilles de Ciguë vireuse qu'il avait mises dans une orange; il mourut dans des convulsions atroces, que tous les soins de ses camarades ne purent calmer.

Personne n'ignore que Socrate fut condamné à boire la Ciguë. On n'a pu savoir si le suc meurtrier fut exprimé de la Ciguë vireuse ou de la grande Ciguë *(Conium maculatum),* les deux espèces vivant en Grèce, comme elles vivent en Roussillon.

GENRE SCANDIX, *Scandix,* Gœrtn.

1. Scan. peigne de Vénus, *Scan. pecten Veneris,* Lin. Dec.

Myrrhis pecten Veneris, Alli.; *Chœrophyllum rostratum,* Lam.

Habite les moissons de tout le pays, surtout les terres argileuses des lunettes de la porte Canet, à Perpignan. Fleurit en mai et juin.

2. Scan. d'Espagne, *Scan. Hispanica,* Boiss.

Habite les champs et les garrigues des parties élevées de Cabestany et de Saint-Nazaire. Fleurit en juin et juillet.

3. Scan. austral, *Scan. australis,* Lin., Dec., Desf.

Myrrhis australis, Alli.; *Willia australis,* Hoffm.

Habite le vallon de Port-Vendres, aux anses de *Paulille;* le vallon de Banyuls-sur-Mer, au *Vall d'en Pou.* (Colson.)

Genre Anthriscus, *Anthriscus,* Hoffm.

1. Ant. commun, *Ant. vulgaris,* Pers., Dub., Lois.

Scandix anthriscus, Lin.; *Caucalis æquicolorum,* Alli.; *Cau. scandix,* Scop.; *Cau. scandicina,* Roth.; *Myrrhis chærophyllea,* Lam.; *Torillis anthriscus,* Gærtn.

Habite les champs, les bords des routes, non loin de la Tet, dans toutes les régions basses et ombragées. Cette plante répand une odeur repoussante et désagréable lorsqu'elle est froissée. Fleurit en mai et juin.

2. Ant. cerfeuil, *Ant. cerefolium,* Hoffm.; en catalan *Cerfoll.*

Scan. cerefolium, Lin.; *Chærofil. sativum,* Lam.; *Cerefolium sativum,* Bess.

Se trouve souvent spontané dans certaines localités; mais il est probable que les graines y ont été apportées accidentellement. Cultivé dans nos jardins, on en obtient plusieurs variétés. Il est, comme le persil, d'un usage très-répandu et l'objet d'une grande exportation dans le Nord.

3. Ant. sauvage, *Ant. sylvestris,* Hoffm., Dec.

Ant. elatior, Bess.; *Chærophyllum sylvestre,* Lin.

Habite les haies et les bois des basses montagnes, lieux frais et ombragés; Céret et ses environs; la vallée de Vernet-les-Bains et Castell, près les haies des champs et au bord des ruisseaux. Fleurit en mai et juin.

Cette plante produit trois variétés qu'on distingue par la forme des feuilles. Chaque localité en fournit qui diffèrent quelque peu, et on pourrait en augmenter le nombre.

Var. α *genuina,* Gre. et Godr. Feuilles tripennatiséquées, à segments divisés en lanières rapprochées. *Ant. sylvestris,* Dub. Vit partout où se trouve l'*Ant. sylvestris.*

Var. β. Feuilles bipennatiséquées, à segments peu divisés, et à lobes plus larges. *Ant. alpestris,* Koch. Se trouve à Castell et Vernet-les-Bains.

GENRE CONOPODIUM, *Conopodium,* Dec.

1. Cono. dénudé, *Cono. denudatum,* Koch., Dub.

Bunium majus, Gouan.; *Bun. flexuosum,* Sm.; *Myrrhis capillifolia,* Guss.

Habite les champs et les récoltes des environs de Mont-Louis; champs en jachère et moissons entre la *Font de Comps* et la *Collada de Jujols.* Une variété minime et très-remarquable se trouve au revers méridional du *Cambres-d'Aze.* Fleurit en juin et juillet.

GENRE CHŒROPHYLLUM, *Chœrophyllum,* Lin.

1. Chœ. bulbeux, *Chœ. bulbosum,* Lin., Dec., Dub.

Myrrhis bulbosa, Spreng.; *Scandix bulbosa,* Roth.

Habite les haies des bords des champs et les lisières des bois, parmi les broussailles, dans les terres basses et sablonneuses. Fleurit en mai et juin.

2. Chœ. doré, *Chœ. aureum,* Lin., Vill., Dub.

Myrrhis aurea, Spreng.; *Scandix aurea,* Roth.

Habite les lieux couverts et herbeux des environs de Mont-Louis; les bas-fonds herbeux des bois de Salvanère et de Boucheville;

les éclaircies du bois de la ville de Céret, près des torrents. Fleurit en juin et juillet.

3. Chœ. hérissé, *Chœ. hirsutum,* Lin., Dec., Dub.

Chœ. palustre, Lam.; *Chœ. cicutaria,* Vill.; *Anthriscus cicutaria,* Dub.; *Myrrhis hirsuta,* Spreng.; *Scandix hirsuta,* Scop.

Habite les lieux humides des environs de Mont-Louis; la vallée d'Eyne, prairies auprès de la *Cascade;* les pâturages des parties moyennes de Carença; le vallon de Vernet-les-Bains, prairies de Saint-Vincent. Fleurit en juin et juillet.

4. Chœ. penché, *Chœ. temulum,* Lin., Dec.

Myr. temula, Spreng.; *Scandix nutans,* Mœnch.; *Scan. temula,* Roth.

Habite les parties montueuses et les bords des fossés des prairies entre Fosse et le bois de Boucheville; les prairies et fossés des environs de Mont-Louis. Fleurit en juin et juillet.

Genre Myrrhis, *Myrrhis,* Scop.

1. Myr. odorant, *Myr. odorata,* Scop., Dub., Lois.

Scan. odorata, Lin.; *Chærophyllum odoratum,* Vill.

Habite les pâturages de la région moyenne des montagnes; les lieux frais et ombragés des bois des Fanges et de Boucheville; la montagne de Céret, bords des châtaigneraies, dans les lieux frais; à Saint-Laurent-de-Cerdans, bords des ravins ombragés. Fleurit en juin et juillet.

Genre Pleurospermum, *Pleurospermum,* Hoffm.

1. Pleu. d'Autriche, *Pleu. Austriacum,* Hoffm., Mert.

Ligust. Austriacum, Lin.; *Ligust. Gmelini,* Vill.

Habite les régions élevées du Llaurenti. Cette plante n'a pas été trouvée sur nos montagnes. Fleurit en juin et juillet.

Genre Moloposprermum, *Molospermum,* Koch.

1. Molo. à feuilles de ciguë, *Mol. cicutarium,* Dec., Berthol.;
en catalan *Coscoll.*

Molo. Peloponesiacum, Mert.; *Ligust. Peloponesiacum,* Lin.; *Ligust. Peloponense,* Vill.; *Ligust. cicutarium,* Lam.

Habite les parties les plus escarpées du Canigou; les vallées de Carença, de Prats-de-Balaguer, d'Eyne et d'Err; les lieux les plus escarpés du *Bac de Bolquère,* après la *Borde-Girvés; Costa-Bona;* le Llaurenti. Fleurit en juin et juillet.

Les habitants du pays aiment passionnément les jeunes pousses de cette plante qu'on mange en salade. Cependant, beaucoup la répugnent parce qu'elle a un goût fortement aromatique que l'on compare à l'odeur de punaise, ce qui est une erreur. C'est par erreur, aussi, qu'on la confond avec l'*Angélique sauvage,* et qu'on la désigne sous ce nom.

Genre Physospermum, *Physospermum,* Cussone.

Ce genre se compose d'une seule espèce qui ne se trouve pas dans le département.

Genre Echinophora, *Echinophora,* Tournef.

1. Echi. épineux, *Echi spinosa,* Lin., Desf., Alli.

Habite les sables maritimes du littoral entre Port-Vendres et Banyuls-sur-Mer, et surtout les dunes du *Barcarés,* près Saint-Laurent-de-la-Salanque. Fleurit en juillet et août.

Genre Maceron, *Smyrnium,* Lin.

1. Mac. commun, *Smyr. olusatrum,* Lin., Desf., Dec.;
en catalan *Saliandra.*

Smyr. Matthioli, Tournef.

Très-commun dans les fossés des fortifications de la place et de la citadelle de Perpignan, les bords des haies des champs, les fourrés de la pépinière et de la promenade des platanes. Fleurit en mai et juin.

GENRE CONIUM, *Conium*, Lin.;

en catalan *Gibertassa, Jubertassa.*

Vulg. *Ciguë commune, Grande Ciguë.*

1. Con. grande ciguë, *Con. maculatum*, Lin., Dub., Koch.

Cicuta major, Lam.; *Coriandrum cicuta*, Crantz.; *Cor. maculatum*, Roth.

Habite les fossés, les bords des champs et les taillis près des cours d'eau de la plaine et de la montagne. Fleurit en juillet et août.

Les qualités malfaisantes que la médecine a su rendre utiles dans certaines maladies, ont fait seules la réputation de cette plante; autrement elle eût été oubliée dans les lieux incultes, le long des masures, et au milieu des décombres où elle est assez commune. Par les taches livides de son écorce, semblables à celles de la peau d'un serpent, la nature semble nous avertir de ses propriétés dangereuses. On sait que la Ciguë, chez les Athéniens, fournissait un poison pour faire périr ceux que l'aréopage avait condamnés à mort. Plusieurs auteurs pensent que notre grande Ciguë est l'espèce dont on exprimait le breuvage mortel. Cette assertion nous paraît au moins douteuse, Dioscoride et les autres botanistes de son siècle ayant exposé les propriétés et les usages de cette plante, plutôt que son caractère. Quoi qu'il en soit, l'aspect repoussant de cette plante, son odeur nauséeuse, vireuse, spécifique, analogue à celle des souris, ou à l'odeur du cuivre chauffé dans la main; sa saveur amère, désagréable; l'âcreté de toutes ses parties, de sa racine surtout, qui détermine rapidement l'inflammation et le gonflement de la langue, sont un indice certain de ses qualités délétères.

Les Chèvres et les Moutons peuvent cependant la brouter sans inconvénient. Plusieurs Oiseaux, et les Étourneaux en particulier, se nourrissent même de ses semences. Mais, pour l'homme et les autres espèces d'animaux, elle est un poison très-dangereux.

La racine, les feuilles et le suc de la grande Ciguë, longtemps considérés comme adoucissants, calmants, résolutifs, désobstruants, etc., etc., étaient employés dans les chutes de l'anus, dans les douleurs des yeux, contre la goutte, le rhumatisme, l'erysipèle et autres exanthèmes ; on lui attribuait même la propriété de détruire les désirs vénériens. Stœrck a préconisé l'emploi de cette plante vireuse dans le traitement des maladies chroniques de tous genres, et surtout contre les squirrhes et les cancers. Il est peu de médicaments sur lesquels on ait autant écrit que sur la grande Ciguë, et qui aient fait naître des opinions aussi diamétralement opposées en thérapeutique. La Ciguë, comme tous les poisons végétaux, offre une grande anomalie dans sa manière d'agir sur les propriétés vitales, suivant l'idiosyncrasie des individus. On administre le suc exprimé, l'extrait, la poudre et l'infusion de Ciguë ; on en fait encore des cataplasmes, des infusions et macérations vineuses, acéteuses, laiteuses et huileuses, qu'on emploie comme topiques dans plusieurs maladies.

GENRE CACHRYS, *Cachrys*, Tournef.

1. Cac. lisse, *Cac. levigata*, Lam., Dec., Dub.

Cac. Morissoni, Alli.; *Cac. libanotis*, Gouan.

Habite les taillis qui bordent la Tet, entre Perpignan et Saint-Féliu ; dans quelques vallons après *Cases-de-Pena*, parmi les roches au bord des vignes ; fort commun à l'île Sainte-Lucie. Fleurit en juin et juillet.

GENRE HYDROCOTYLE, *Hydrocotyle*, Tournef.

1. Hyd. commun, *Hyd. vulgaris*, Lin., Dec., Dub.

Hyd. Schkuhriana, Rchb.

Habite les lieux frais et inondés; les prairies qui bordent la rivière entre Elne et Argelès-sur-Mer. Fleurit en juillet.

Genre Astrance, *Astrantia,* Lin.

1. Ast. à grandes feuilles, *Ast. major,* Lin., Vill., Dec.
Ast. nigra, Scop.

Habite les prairies des environs de Mont-Louis; la vallée d'Eyne; le *Bac de Bolquère;* Carença; la vallée de Vernet-les-Bains et de Cornella-du-Conflent, dans les prairies et les rocailles des torrents; la vallée d'Arles, prairies au bord du Tech. Fleurit en juillet et août.

2. Ast. à petites feuilles, *Ast. minor,* Lin., Dec., Dub.

Moins abondante que l'espèce précédente, elle vit sur les pelouses alpines du Canigou, la *Coma du Tech* et derrière le pic de *Costa-Bona.* Fleurit en juillet et août.

Genre Panicaut, *Eryngium,* Lin.; en catalan *Panicau, Cart corredor.*

1. Pan. de Bourgat, *Ery. Bourgati,* Gouan., Dec., Dub.
Ery. amethystinum, Lam.

Habite les environs de Mont-Louis, vis-à-vis le village de Felges; le plateau de la *Perche;* les vallées d'Eyne et de Llo; toute la Cerdagne et les sommités du Capcir. Fleurit en juillet et août.

2. Pan. des champs, *Ery. campestre,* Lin., Dec., Jacq.

Habite les olivettes, les champs, le bord des routes, les fortifications de la place et de la citadelle de Perpignan; partout dans les trois bassins. Fleurit en août et septembre.

3. Pan. maritime, *Ery. maritimum,* Lin., Desf., Alli.

Habite les sables maritimes près Canet, Saint-Cyprien, Collioure, Banyuls-sur-Mer; l'embouchure de l'Agly; la chaussée du port de La Nouvelle et l'île Sainte-Lucie. Fleurit en juillet et août. Très-commun partout.

GENRE SANICLE, *Sanicula*, Tournef.

1. San. d'Europe, *San. Europœa,* Lin., Dec.

San. officinalis, Gouan.; *Caucalis sanicula*, Crantz.

Habite les prairies, les fossés et les bords des taillis inondés de toutes les parties basses de la Salanque. Fleurit en mai et juin.

60me FAMILLE. — ARALIACÉES, *Araliaceæ,* JUSS.

(*Pentandrie*, L.; *Arbres rosacées*, T.; *Chèvrefeuilles*, Juss.; *Caprifoliacées*, Dec.)

GENRE LIERRE, *Hedera*, Lin.; en catalan *Elra, Edra.*

1. Lierre commun, *Hed. helix,* Lin., Dec., Dub.

Habite les haies, attaché aux vieux arbres et aux vieux murs, dans tout le département.

Cette plante, dont les feuilles sont assez coriaces et qui restent vertes toute l'année, n'était guère employée que pour entretenir les exutoires, ce qui lui avait fait donner le nom d'*Herbe aux cautères*. Les graines ou les baies sont noires; elles sont purgatives et produisent des vomissements à ceux qui en mangent : la médecine les a bannies de son dispensaire. Le Lierre nuit aux arbres auxquels il s'attache. Aujourd'hui on l'emploie à garnir les bordures des plates-bandes des parterres, afin de les avoir toujours vertes et d'un agréable effet lorsqu'elles sont souvent taillées. Les feuilles sont amères; mais cependant elles sont recherchées par les bestiaux, et les baies sont la proie des Merles et des Grives.

61me Famille. — Cornées, *Corneæ,* Dec.

(*Tétrandrie,* L.; *Arbres rosacées,* T.; *Chèvrefeuilles,* Juss.; *Caprifoliacées,* Dec.)

Genre Cornouiller, *Cornus,* Lin.; en catalan *Sangonella.*

1. Cor. mâle, *Cor. mas,* Lin., Lam., Dec.

Habite les haies et les bois de toutes les parties arides des basses montagnes; la vallée du Réart; les environs de Céret; Prades; la vallée de Vernet-les-Bains, à Castell, vers Saint-Martin-du-Canigou. Fl. en mars et avril; fruits en septembre.

2. Cor. sanguin, *Cor. sanguinea,* Lin., Dec., Dub.; en catalan *Sanguinella.*

Habite la *Trencada d'Ambulla;* toutes les haies des terres aspres et les bords des ruisseaux de la plaine; *Malloles* et la rivière de la Basse, près Perpignan. Fl. en mai et juin; fruits en septembre.

Le bois du Cornouiller n'est guère usité dans notre pays; cependant il est dur, prend un beau poli, et pourrait servir à faire des manches d'outils. Les fruits du *Cornouiller mâle,* après leur parfaite mâturité, sont assez agréables au goût; les oiseaux les recherchent.

62me Famille. — Loranthacées, *Loranthecæ,* Juss.

(*Diœcie,* L.; *Arbres monopétales,* T.; *Chèvrefeuilles,* Juss.; *Caprifoliacées,* Dec.)

Genre Guy, *Viscum,* Tournef.

1. Guy commun, *Visc. album,* Lin., Dec., Dub.

Habite en parasite sur les arbres, les Pommiers surtout; mais dans le département nous ne l'avons trouvé que sur les Pins de la vallée d'Évol, au pied de la montagne de *Madres;* les bois de la *Font de Comps;* il est très-commun dans la vallée de Fillols et à *Balaig,* au pied du Canigou. Fleurit en mars et avril.

Genre Arceutobium, *Arceutobium,* Bieb.

1. Arc. de l'oxycèdre, *Arc. oxycedri,* Bieb.

Viscum oxycedri, Dec.

Habite sur les Genévriers des basses montagnes de la vallée du Réart; les garrigues des environs du village de Caladroy; sur les Genévriers des garrigues du château de M. de Ginestous. Fleurit en juin et juillet.

Les *Guy* et les *Arceutobium* vivent aux dépens des arbres sur lesquels ils s'attachent; on devrait donc les détruire. Les animaux broutent la plante; les fruits servent de nourriture aux oiseaux; du reste ils servent encore à faire de la glu.

63me Famille. — Caprifoliacées, *Caprifoliaceæ,* A. Rich.

(*Pentandrie,* L.; *Chèvrefeuilles,* Juss.; *Caprifoliacées,* Dec.)

Genre Adoxe, *Adoxa,* Lin.

1. Ado. moschatelle, *Ado. moschatellina,* Lin., Dec., D.

Habite les ravins très-couverts et humides de la vallée du Réart; l'ermitage de *Sant-Amans* et les environs de Saint-Marsal. Cette plante répand une forte odeur de musc. Fleurit en mars et avril.

Genre Sureau, *Sambucus,* Tournef.; en catalan *Sahuc.*

1. Sur. hièble, *Sam. ebulus,* Lin., Dec., Dub.; en catalan *Ebul,* prononcez *Eboul.*

Habite sur le bord des propriétés et des canaux d'arrosage, partout où l'on amasse des immondices; les fossés de la promenade des platanes, de la pépinière et des fortifications de la ville de Perpignan; sur le bord des torrents des trois bassins; partout très-commun. Fleurit en mai et juin; fruits en août et septembre.

L'Hièble répand une odeur vireuse si forte, qu'on le dit propre à éloigner les charançons des céréales. Nos cultivateurs le coupent au pied et en recouvrent les tas de blé; les oiseaux sont friands de sa graine.

2. Sur. noir, *Sam. nigra,* Lin., Dec., Dub.

Très-commun sur les bords des jardins potagers dont il forme les clôtures, les haies des champs et les bords des torrents. Une var. β *Sam. laciniata,* est cultivée à la pépinière de Perpignan. Fleurit en mai et juin; fruits en septembre.

Le *Sureau noir* ou *officinal* est l'espèce la plus commune. Le bois est très-dur; les jeunes rameaux fistuleux sont remplis d'une moelle abondante et blanche; les enfants font des sarbacanes avec le tube débarrassé de sa moelle. Les baies, l'écorce et la racine sont purgatives. Les fleurs sont employées en infusion comme sudorifiques et résolutives; on les met aussi dans le vinaigre pour lui donner une saveur plus agréable : c'est le *vinaigre surat;* on les mêle avec le moût de raisin pour communiquer au vin une odeur de muscat.

3. Sur. à grappes, *Sam. racemosa,* Lin., Dec., Dub

Habite les bois des environs de Mont-Louis; les parties moyennes de la vallée de Carença; la vallée de Prats-de-Balaguer; au Canigou, les bois près la forge de Llec; la forêt de Salvanère; il est cultivé dans les parterres. Fleurit en avril et mai; fruits en août et septembre.

Genre Viorne, *Viburnum,* Lin.

1. Vior. laurier thym, *Vib. tinus,* Lin., Dec., Dub.; en catalan *Llaurer bord.*

Habite les montagnes de Saint-Paul et de Saint-Antoine-de-Galamus; Maureillas; la fontaine alcalino-ferrugineuse de Saint-Martin près le Boulou, et tous les ravins sous le fort Bellegarde; la *Trencada d'Ambulla.* Fleurit en mars; fruits en septembre.

2. Vior. manciane, *Vib. lantana,* Lin., Dec., Dub.

Vior. tomentosum, Lam.

Habite *Cases-de-Pena* et Saint-Antoine-de-Galamus, dans les ravins et le bord des vignes; le vallon de Prades et la *Trencada d'Ambulla;* la vallée de Vernet-les-Bains et Castell; Céret et ses environs; la *Roca Gallinera,* près Prats-de-Molló. Fleurit en avril et mai; fruits en août et septembre.

3. Vior. obier, *Vib. opulus,* Lin., Dec., Dub.

Vior. lobatum, Lam.; *Opulus glandulosus,* Mœnch.

Habite les collines et les ravins des basses montagnes; la base des Albères; les collines au centre de la vallée du Réart; la vallée de Vernet-les-Bains et de Cornella-du-Conflent, dans les bois et au bord des ravins. Fleurit en mai; fruits en septembre.

Ce genre fournit à l'ornement des parterres diverses plantes: la plus connue est la Boule de Neige, *Vib. sterilis.* Les fruits de l'*Obier* sont recherchés par les oiseaux. Ceux de la *Manciane* sont mangés par les peuples du Nord.

Genre Chèvrefeuille, *Lonicera,* Lin.; en catalan *Patimanetas.*

1. Chèvref. entrelacé, *Lon. implexa,* Ait.

Lon. balearica, Viv., Dec.

Habite les propriétés et les vignes qui bordent le chemin de Saint-Marsal à Amélie-les-Bains; les ravins des environs de Céret; les bords des vignes de Villefranche et de la *Trencada d'Ambulla.* Fleurit en mai; fruits en août.

2. Chèvref. des jardins, *Lon. caprifolium,* Lin., Dec., Dub.

Lon. pallida, Host.

Habite les haies des vignes, des coteaux de Saint-Sauveur, du *Sarrat d'en Vaquer,* le bord du ruisseau de *Malloles* et de la Basse, près Perpignan; Céret et Arles; Prades, Villefranche et Olette. Cette plante est commune partout. Fleurit en mai et juin.

3. Chèvref. d'Étrurie, *Lon. Etrusca,* Santi., Dec.

Lon. periclymenum, Gouan.

Habite les bords du ruisseau de *Malloles,* les haies de la *Passion-Vieille* et les vignes du *Moulin d'en Vignals*, aux environs de Perpignan; le vallon de Vernet-les-Bains; les environs de Prats-de-Molló. Fleurit en juillet et août.

4. Chèvref. des bois, *Lon. periclymenum,* Lin., Dec., Dub.

Habite les ravins de la vallée de Saint-Laurent-de-Cerdans; les bords des propriétés des environs de Céret; les ravins de la vallée de Vernet-les-Bains et Castell; la *Trencada d'Ambulla.* Fleurit de juin en août.

5. Chèvref. xylostéon, *Lon. xylosteum,* Lin., Dec., Dub.

Habite les haies et les ravins des environs de Mont-Louis et de Carença; les montagnes de la vallée du Tech, entre La Preste et *Costa-Bona;* le Canigou, dans les ravins des régions alpines. Fleurit en mai et juin.

6. Chèvref. à baies noires, *Lon. nigra,* Lin., Dec., Dub.

Habite les rochers du vieux Mont-Louis et les bois des environs; les bords des bois des vallées d'Eyne et de Llo; les haies et torrents de la vallée de Carença. Fleurit en mai et juin.

7. Chèvref. des Pyrénées, *Lon. Pyrenaïca,* Lin., Dec., Dub.

Habite les rochers avant d'arriver à la *Font de Comps* par la route de Flassa; les vallées d'Eyne et de Llo; le *Bac del Fau,* près Costujes; la *Tour de Mir,* environs de Prats-de-Molló; la vallée de l'Agly, à Saint-Antoine-de-Galamus et au pont de la *Fou*. Une variété plus rabougrie et à feuilles plus petites vit au *Roc del Mouix*, près la *Font de Comps*. Fleurit en juin et juillet.

8. Chèvref. des Alpes, *Lon. Alpigena,* Lin., Dec., Dub.

Habite le Canigou parmi les rocailles des ravins et dans les bois; l'île du moulin de La Llagone, près Mont-Louis; le bois des Angles, sur la route du Capcir; la vallée d'Eyne, sur les rocailles. Fleurit en mai et juin.

9. Chrèvref. à baies bleues, *Lon. cœrulea,* Lin., Dec., Dub.

Habite les fossés des fortifications de la citadelle de Mont-Louis, et l'île du moulin de La Llagone. Fleurit en mai et juin.

On cultive plusieurs espèces de Chèvrefeuilles dans les parterres; la plupart servent à garnir les tonnelles, à couvrir les murs. Les fleurs sont assez précoces et durent assez longtemps; elles ont la propriété d'être béchiques, car elles contiennent assez de miel, et les Abeilles en sont très-friandes. Les tiges, après leur dessiccation, peuvent être employées à faire des tuyaux de pipe.

64me Famille. — Rubiacées, *Rubiaceæ,* Juss.

(*Tétandrie,* Lin.; *Campaniformes,* T.; *Rubiacées,* Juss.)

Genre Garance, *Rubia,* Lin.

1. Gar. étrangère, *Rub. peregrina,* Lin., Dec., Dub.

Habite *Cases-de-Pena,* les garrigues de Baixas et le vallon de Sainte-Catherine; le chemin de *Doma-Nova* à Rigarda, murs des vignes; les environs de Céret et toute la vallée du Tech. Fleurit de mai à juillet.

2. Gar. des teinturiers, *Rub. tinctorum,* Lin., Dec., Dub.; en catalan *Roja.*

Habite les buttes du *Sarrat d'en Vaquer* et du *Sarrat de las Guillas,* près Perpignan; toute la contrée de Thuir et d'Elne, où elle était cultivée jadis, elle y est commune dans les haies des champs et des vignes; la vallée de Cornella-du-Conflent et de Vernet-les-Bains, dans les châtaigneraies, parmi les pierres. Fleurit en mai et juin.

GENRE CAILLELAIT, *Galium,* Lin.

1. Cail. croisette, *Gal. cruciatum,* Scop., Dec., Dub.

Valantia cruciata, Lin.; *Vaillantia cruciata,* Lam.

Habite les fossés, buissons et prairies de toutes les parties basses des trois bassins. Nous le retrouvons aux parties élevées de la *Font de Comps,* de Mont-Louis et du Canigou. Fleurit en mai et juin.

2. Cail. printanier, *Gal. vernum,* Scop., Dec., Dub.

Valantia glabra, Lin.

Habite les glacis des fortifications de Mont-Louis, la route de Font-Romeu, la vallée d'Eyne, la *Font de Comps,* le Canigou, la vallée de Vernet-les-Bains et de Cornella-du-Conflent; Céret et toute la vallée du Tech jusqu'au-dessus de La Preste. Fleurit en mai et juin.

3. Cail. à feuilles rondes, *Gal. rotundifolium,* Lin., Dec.

Asperula levigata, var. β, Lam.

Habite parmi les roches granitiques de la vallée d'Eyne; le long des ravins de la forêt de Salvanère; au milieu des roches et dans les ravins de la montagne de *Madres;* les environs de Formiguères, en Capcir, et le Llaurenti, dans les bois. Fleurit en mai et juin.

4. Cail. boréal, *Gal. boreale,* Lin., Dec., Dub.

Habite les lieux humides des bois de Boucheville et des Fanges; parmi les fourrés humides de la forêt de Saint-Martin, près de Fosse et de Rabouillet. Fleurit en juin et juillet.

5. Cail. glauque, *Gal. glaucum,* Lin., Dec., Lois.

Gal. campanulatum, Vill.; *Asperula galioïdes,* M., B.

Habite les environs de Baixas, au vallon de Sainte-Catherine; les vallons de Prades et de Villefranche; les environs de Céret et la vallée du Tech jusqu'au *Baus de l'Aze.* Fleurit en juin et juillet.

6. Cail. jaune, *Gal. verum,* Lin., Dec., Dub.

Gal. Luteum, Lam.

Habite les haies des champs et le bord des chemins près *Malloles;* les coteaux de Saint-Sauveur, près Château-Roussillon, environs de Perpignan; partout, dans les trois bassins. Fleurit en mai, juin et septembre.

7. Cail. décoloré, *Gal. decolorans,* Gre. et Godr.

Gal. ochroleucum, Rochel.; *Gal. vero-mollugo,* Wallr.; *Gal. verum,* B. KS.

Habite la vallée de Cornella-du-Conflent, au bord des champs; vallée de Céret, haies des ravins et bord des champs. Fleurit en juin et juillet.

8. Cail. approchant, *Gal. approximatum,* Gre. et Godr.

Gal. vero-mollugo, Lecq. et Lamotte; *Gal. erecto-verum,* Gre. et Godr.

Habite les haies des environs de Baixas; les bords de la rivière de la Basse, prairies et champs humides de l'ancienne Basse, près la métairie Fraisse. Fleurit en juin et juillet.

9. Cail. pourpre, *Gal. purpureum,* Lin., Dub., Lois.

Gal. rubrum, Dec.

Habite les coteaux de Château-Roussillon, vers Canet; le *Sarrat d'en Vaquer,* vers la métairie Grosset, territoire de Perpignan. Fleurit en juin et juillet.

10. Cail. des bois, *Gal. sylvaticum,* Lin., Dec., Dub.

Habite le vallon de Prats-de-Molló et les environs de La Preste; la vallée de Saint-Laurent-de-Cerdans, dans les bois de châtaigniers; la vallée de Cornella-du-Conflent et Vernet-les-Bains, dans les châtaigneraies. Fleurit en juin et juillet.

Cette espèce fournit plusieurs variétés :

Var. α *Lugdunense,* feuilles courtes, rétrécies à la base, à peine glauques en dessus, très-glauques en dessous; vit à Vernet-les-Bains.

Var. γ *Pyrenaïcum,* feuilles allongées, lancéolées, noircissant un peu par la dessiccation; pédicelles fructifères divariqués; se trouve aux environs de La Preste.

11. Cail. lisse, *Gal. levigatum,* Lin., Vill.

Gal. aristatum, Lin.; *Gal. linifolium,* Lam.

Habite la vallée de Prades et la *Trencada d'Ambulla.* Fleurit en juin et juillet.

12. Cail. maritime, *Gal. maritimum,* Lin., Dec., Dub.

Gal. villosum, Lam.

Habite depuis le bord de la mer jusqu'aux parties les plus élevées des trois bassins: Perpignan, Prades, Olette et Mont-Louis, vallée de la Tet; Céret, Arles et Prats-de-Molló, vallée du Tech; *Cases-de-Pena,* Saint-Paul et Caudiès, vallée de l'Agly. Fleurit en juin et juillet.

13. Cail. ailé, *Gal. elatum,* Thuil., Jord.

Gal. mollugo, Coss. et Germ.; *Gal. mallugo,* B. Lois.; *Gal. sylvaticum,* Vill.; *Gal. mollugo,* Lin.

Habite les clairières des taillis, sur les bords des cours d'eau et des prairies des parties basses des trois bassins. Fleurit en juillet et août.

14. Cail. dressé, *Gal. erectum,* Huds., Dec., Dub.

Gal. album, Vill.; *Gal. mollugo,* Lin.; *Gal. lucidum,* Koch.

Habite aux environs de Perpignan, les bords du ruisseau de *Malloles,* vers les vignes; la butte du *Sarrat de las Guillas;* les bords de la Basse, vers Toulouges et la métairie Fraisse; au pied des Albères, haies des propriétés. Fleurit en mai et juin.

15. Cail. à feuilles menues, *Gal. corrudæfolium,* Vill., Jord.

Gal. tenuifolium, Dec.; *Gal. lucidum,* Alli.; *Gal. provinciale,* Lam.

Habite la vallée de l'Agly, après *Cases-de-Pena,* en remontant vers Estagel et Saint-Paul, bord des vignes et terres en friche. Fleurit en juin et juillet.

16. Cail. cendré, *Gal. cinereum,* Alli., Lois., Jord.

Gal. pallidum, Presl.

Habite les roches de l'extrémité de la vallée de Moligt, aux alentours des ruines de l'ancienne abbaye de *Jau.* Fl. en juin et juill.

17. Cail. papilleux, *Gal. papillosum,* Lapey.

Habite les parties supérieures de la vallée du Réart, au bord des propriétés et dans les pâturages; la *Trencada d'Ambulla,* dans les friches arides; la vallée de Conat, parmi les rocailles, en montant à la *Font de Comps.* Fleurit en juin et juillet.

18. Cail. de montagne, *Gal. montanum,* Vill.

Gal. leve, Thuil.; *Gal. umbellatum,* Lam.

Habite les environs de Mont-Louis, sur le bord des prairies et des fossés des champs; la vallée d'Eyne; sommités du Llaurenti. Fleurit en juin.

19. Cail. petit, *Gal. pusillum,* Lin., Vill., Gouan.

Gal. pumilum, Lam.; *Gal. cœspitosum,* Lam.

Habite les escarpements des roches derrière *Costa-Bona*; la *Tartarassa* (amas de blocs granitiques roulés) du *Pla Guillem*, du côté du *Cap de la Roquette* et de la *Font de la Perdiu*. Fleurit en juillet et août.

20. Cail. des Pyrénées, *Gal. Pyrenaïcum*, Gouan., Lin., Dec.

Gal. muscoïdes, Lam.

Habite l'extrémité de la vallée d'Eyne, parmi les schistes, au-dessus de la fontaine glacée; sommités du *Cambres-d'Aze;* au Canigou, *Cady* et la *Porteille de Mantet; Costa-Bona*, derrière les grands rochers du sommet. Fleurit en juin et juillet.

21. Cail. mégalosperme, *Gal. megalospermum*, Vill., Dec.

Gal. Villarsii, Requien.

Habite le sommet de la *Collada de Nuria*, vallée d'Eyne, parmi les éboulis des roches schisteuses, près des neiges; le Canigou, en montant vers la *Porteille de Mantet*. Fleurit en juillet et août.

22. Cail. cométerrhizon, *Gal. cometerrhizon*, Lapey.

Gal. suaveolens, Lapey. au Supplément.

Habite l'extrémité de la vallée d'Eyne; le sommet de celle de Llo, au pic de Finestreilles; Carença, parties élevées, et tous les sommets de la chaîne jusqu'à *Costa-Bona*, en passant par le *Pla du Camp Magre*. Fleurit en août et septembre.

23. Cail. des rochers, *Gal. saxatile*, Lin., Koch., Fries.

Gal. hercynicum, Weigg.

Habite sur les débris des roches granitiques, avant d'arriver au *Pla Guillem*, en montant par Prats-de-Molló; on le retrouve dans la vallée d'Eyne, parmi les roches; au *Cambres-d'Aze*, parmi les éboulis. Fleurit en juin et juillet.

24. Cail. des marais, *Gal. palustre*, Lin., Dec., Dub.

Habite Canet et tout le littoral, dans les fossés des prairies marécageuses; vallée de Céret, dans les bois humides et les ravins des châtaigneraies; vallée de Cornella-du-Conflent et de Vernet-les-Bains, parmi les aulnes du bois de la *Barnouse*. Fleurit de mai à juillet.

25. Cail. fangeux, *Gal. uliginosum,* Lin., Dec., Koch.

Gal. spinulosum, Merat.

Habite toute la région basse des trois bassins; prairies maritimes et clairières des taillis. Fleurit de mai en août.

26. Cail. Parisien, *Gal. parisiense,* Lin., Jord.

Habite les coteaux arides, entre Saint-Martin et la forêt de Boucheville; la vallée de l'Agly; les terres incultes et coteaux des vallons de Collioure et de Banyuls-sur-Mer, vers *Can Campa.* Fleurit en juin et juillet.

27. Cail. decipiens, *Gal. decipiens*, Jord.

Habite les terres incultes des environs de Port-Vendres et de Banyuls-sur-Mer. Fleurit en juin et juillet.

Cette espèce a beaucoup de rapports avec la précédente.

28. Cail. aparine, *Gal. aparine*, Lin., Dec., Dub.; en catalan *Sanna llenga.*

Gal. intermedium, Merat; *Aparine hispidia*, Mœnch.

Habite, dans les trois bassins, haies des champs, bords des chemins, parmi les buissons des lieux fourrés de toute la contrée. Fleurit de mai à septembre.

29. Cail. anis sucré, *Gal. saccharatum*, Alli., Dec., Dub.

Vaill. aparine, Lin.

Habite toutes les terres incultes de Baixas; *Cases-de-Pena,* haies et fossés des champs et des vignes. Fleurit en mai et juin.

30. Cail. verticillé, *Gal. verticillatum*, Danth., Dec., Lois.

Gal. verticilliflorum, Pourret.

Habite toute la région aride de la plaine du Réart, jusqu'au pied des premières montagnes; le pied des Albères, jusqu'à Céret; les environs de Prades, sur les terres légères des hauteurs. Fleurit en mai et juin.

31. Cail. des murailles, *Gal. murale*, Alli., Dec., Dub.

Gal. minimum, Roem.; *Gal. fragile*, Pourret; *Sherardia muralis*, Lin ; *Vaillantia filiformis*, Tenor.; *Callipeltis muralis*, Moris.; *Aspera nutans*, Mœnch.

Habite le plateau du haut Vernet de Perpignan; Baixas, *Cases-de-Pena* et toutes les garrigues vers Espira, Opol et Salses. Fleurit en avril et mai.

Genre Vaillantie, *Vaillantia*, Dec.

1. Vail. des murailles, *Vail. muralis*, Lin., Dec., Dub.

Habite sur les pentes méridionales couvertes de débris de roches calcaires à *Notre-Dame-de-Pena*. Fleurit en juin.

Genre Asperule, *Asperula*, Lin.

1. Aspe. odorante, *Aspe. odorata*, Lin., Dec., Dub.

Habite le pied des Albères, entre Saint-Génis et La Roca, parmi les haies, les fossés et les buissons; les environs de Céret, au pied de la montagne, dans les mêmes conditions. Fleurit en mai.

2. Aspe. à esquinancie, *Aspe. cynanchica*, Lin., Dec., D.; en catalan *Herba á esquinencia* et *Herba de la grava*.

Aspe. multiflora, Lapey.

Habite les lieux stériles de *Cases-de-Pena;* Baixas et terroir de *las Fonts*, sur les garrigues: *Notre-Dame-de-Doma-Nova*, près

Rigarda, et partout dans les terres incultes. Fleurit en juin et juillet.

3. Aspe. des teinturiers, *Aspe. tinctoria*, Lin., Dec., Dub.

Habite les haies ombragées des jardins Saint-Jacques. Fleurit en juin.

La var. β *adherens* ou *Asp. Pyrenaïca*, Lapey., à corolle ordinairement trifide, se trouve dans les environs de Mont-Louis.

4. Aspe. hérissée, *Aspe. hirta*, Ram., Dec., Dub.

Habite les fentes des rochers derrière l'ermitage de Saint-Antoine-de-Galamus; les pentes incultes du vallon de Prades. Fleurit en juin et juillet.

5. Aspe. lisse, *Aspe. levigata*, Lin., Dec., Dub.

Gal. rotundifolium, var. β Lin.

Habite les environs de Saint-Paul, au bord des champs et des vignes, en montant à Saint-Antoine-de-Galamus. Fleurit en juin.

6. Aspe. des champs, *Aspe. arvensis*, Lin., Dec., Dub.

Habite parmi les récoltes des environs de Mont-Louis; le bord des propriétés du vallon de Vernet-les-Bains; les champs incultes des environs de Prades et de tout le Conflent. Fl. en avril et mai.

Genre Sherardia, *Sherardia*, Lin.

1. Sher. des champs, *Sher. arvensis*, Lin., Dec., Dub.

Habite la vallée de Céret, parmi les moissons; la vallée de la Tet jusqu'à Mont-Louis, et partout dans les champs et les vignes. Fleurit en juillet.

Genre Crucianelle, *Crucianella*, Lin.

1. Cru. maritime, *Cru. maritima*, Lin., Dec., Dub.

Rubeola maritima, Mœnch.

Habite les sables maritimes de Canet et de tout le littoral jusqu'à Banyuls-sur-Mer. Fleurit en juin.

2. Cru. à larges feuilles, *Cru. latifolia*, Lin., Dec., Dub.

Habite dans tous les bas-fonds et sur les terres légères de la vallée du Réart; les terres aspres du plateau de Château-Roussillon; les terres légères des environs de Baixas. Fleurit en mai et juin.

La var. β *Monspeliaca*, Lin., qui se fait remarquer par les feuilles inférieures obovées, oblongues ou lancéolées, 5—6 par verticille, se trouve plus particulièrement à Château-Roussillon.

3. Cru. à feuilles étroites, *Cru. angustifolia*, Lin., Dec., Dub.

Rubæola linearifolia, Mœnch.

Habite le vallon de Port-Vendres, et de Banyuls-sur-Mer, vers la ville d'amont; les lieux stériles des environs de Céret; la vallée du Tech jusqu'à Prats-de-Molló; dans la vallée de la Tet, Prades, Villefranche, jusqu'à Olette, le vallon de Vernet-les-Bains, lieux incultes sur les coteaux. Fleurit en mai et juin.

65me FAMILLE. — VALÉRIANÉES, *Valerianeæ*, DEC.

(*Monogynie et Triandrie*, L.; *Infundibuliformes*, T.; *Dipsacées*, Juss.)

GENRE CENTRANTHE, *Centranthus*, Dec.

1. Cen. à feuilles étroites, *Cen. angustifolius*, Dec., Dub., Lois.

Valeriana angustifolia, Cav.; *Val. rubra*, var β Lin.; *V. monandra*, Vill.

Habite dans la vallée de l'Agly, à *Cases-de-Pena*, à Saint-Paul, à Saint-Antoine-de-Galamus, parmi les bois et sur les rochers; Villefranche, au-dessus de la citadelle et les bords des terres cultivées jusqu'aux Graus d'Olette; la vallée de Céret jusqu'à Prats-de-Molló. Fleurit de mai à juillet.

2. Cen. rouge, *Cen. ruber*, Dec., Lois.

Cen. latifolius, Dufr.; *Valeriana rubra*, var. α Lin.

Elle est cultivée dans nos parterres, et vit sur les escarpements calcaires des montagnes de Baixas, *Cases-de-Pena*, Saint-Antoine-de-Galamus. Fleurit de mai en août.

3. Cen. chausse-trape, *Cen. calcitrapa*, Dufr., Dec., Dub.

Val. calcitrapa, Lin.

Habite les vignes de tous les terrains calcaires de Salses, Baixas, *Cases-de-Pena*, *Força-Real*, lieux arides et chauds exposés au midi; la montagne des Graus d'Olette jusqu'à Fontpédrouse. Fleurit en mai et juin.

Genre Valériane, *Valeriana*, Lin.; en catalan *Valeriana*.

1. Val. officinale, *Val. officinalis*, Lin., Lam., Dec.

Habite les bois humides des régions moyennes; les Albères, Céret, Arles; le vallon de Prades et la vallée de Vernet-les-Bains, à Castell, dans les bois; la forêt de Boucheville et Saint-Martin, lieux humides. Fleurit en juillet et août.

2. Val. phu, *Val. phu*, Lin., Dec., Dub.

Habite les ravins près des habitations de *Cases-de-Pena;* les roches humides de Saint-Paul, près le pont de la *Fou;* sur les murs des environs de Vernet-les-Bains et de Castell; le vallon de Prats-de-Molló, sur les calcaires de la *Roca Gallinera*. Fleurit en mai et juin.

3. Val. des Pyrénées, *Val. Pyrenaïca*, Lin., Dec., Dub.

Habite les environs de Mont-Louis, fossés vis-à-vis le village de Fetges; les fourrés humides des vallées d'Eyne, de Llo et de Carença; les ravins de la forêt de Salvanère; *Costa-Bona*. Cette plante est commune et d'une végétation luxuriante au Llaurenti. Nous l'avons trouvée, à notre grand étonnement, sur les bords des ruisseaux des prairies de Castell, près Vernet-les-Bains, car elle avait été indiquée comme habitant toujours les régions subalpines. Fleurit en juin et juillet.

4. Val. dioïque, *Val. dioïca*, Lin., Dec., Dub.

Habite la montagne de *Salangoy*, vallée de Llo, près la butte du *Roc del Cabrer;* même vallée, vers le *Col de Creu,* dans les parties humides; les prairies humides de la forêt de Salvanère. Fleurit en juillet et août.

5. Val. à feuille de globulaire, *Val. globulariæfolia*, Ram., Dec., Dub.

Val. heterophylla, Lois.; *Val. glauca*, Lapey.; *Saponaria bellidifolia*, Lap.

Habite les escarpements des roches humides qui bordent la rive gauche de la rivière, au milieu de la vallée d'Eyne; la vallée de Conat, au-dessus de la *Font de Comps;* les ravins de la montagne de *Madres;* les ravins des parties moyennes de *Costa-Bona;* assez commune au Llaurenti. Fleurit en juin et août.

6. Val. à trois ailes, *Val. tripteris*, Lin., Dec., Dub.

Habite les glacis de la citadelle de Mont-Louis; le bois de la *Motte de Planès;* le *Cambres-d'Aze;* le Canigou, où elle est commune; *Costa-Bona;* on la retrouve dans le vallon de Castell. Fleurit de mai à juillet.

La var. β *intermedia,* Wallr., qui se distingue par les feuilles caulinaires ternées, se trouve dans le bois de la *Motte de Planès.*

7. Val. des montagnes, *Val. montana*, Lin., Dec., Dub.

Val. rotundifolia, Vill.; *Val. montana, saxatilis, phu*, Lapey.

Habite sur les rochers des environs de Mont-Louis, et particulièrement sur les roches escarpées qui bordent la rivière, quand elle débouche près de La Cassagne; sur les roches humides de la vallée de Nohèdes; le *Bac de la Font de Comps;* les environs de Prats-de-Molló. Fleurit en juin et juillet.

GENRE VALÉRIANELLE, *Valerianella*, Poll.; en catalan *Margaridetas*.

Vulg. *Mâches, Doucettes.*

1. Val. olitoria, *Val. olitoria*, **Poll., Dec., Duf.**

Val. locusta α *olitoria*, Lin.; *Val. olitoria*, Will.; *Fedia olitoria*, Walh ; *Fedia locusta*, Rchb.

Vulg. *Mâche cultivée.*

Habite les terres légères et gravuleuses de tout le département. On la mange en salade pendant l'hiver et le printemps. Fleurit en mars et avril.

2. Val. carénée, *Val. carinata*, **Lois., Dufr., Dec.**

Fedia carinata, Rchb.

Cette plante habite les mêmes localités que l'espèce précédente. Elle est fort commune dans les vallées de Cornella-du-Conflent et de Fillols, dans les champs, sur les terres légères et ombragées. Fleurit en avril et mai.

3. Val. auriculée, *Val. auriculata*, **Dec., Lois., Rchb.**

Val. dentata, Dufr.; *Val rimosa*, Bast.; *Val. locusta* δ, *dentata*, Lin.; *Fedia olitoria*, Mert.

Habite tout le riveral de Millas, Vinça, Prades, dans les terrains frais, les moissons et les bords des champs. Nous retrouvons cette espèce dans les champs de la basse Cerdagne, à Llo, à Bourg-Madame. Fleurit en juin et juillet.

4. Val. naine, *Val. pumila*, **Dec., Dufr.**

Val. membranacea, Lois ; *Val. locusta*, β *mutica*, Lin.; *Val. pumila*, Wild ; *Fedia sphærocarpa*, Guss.

Habite les champs, parmi les moissons, dans les environs de Saint-Paul et de Fosse. On trouve aussi cette espèce le long de la vallée de l'Agly, à Ansignan et aux environs de ce village. Fleurit en mai.

5. Val. hérissée, *Val. echinata*, Dec., Dufr.

Val. echinata, Lin.; *Fedia echinata*, Walh.

Habite les environs de Céret, dans les champs, sur la route de Maureillas et la plaine Saint-Georges; les champs des vallons de Prades et de Villefranche; au bord des champs près Saint-Vincent, dans la vallée de Cornella-du-Conflent et de Vernet-les-Bains. Fleurit en avril et mai.

6. Val. de Morison, *Val. Morisonii*, Dec.

Val. dentata, Koch.; *Val. mixta*, Dufr.; *Val. pubescens*, Merat; *Val. mixta*, Lin.; *Fedia dentata*, Wallr.; *Fed. mixta*, Walh.; *Fed. Morisonii*, Spreng.

Habite les champs et les terres légères des vallons de Vinça et de Prades; les champs de la basse Cerdagne, aux environs de Saillagouse. Fleurit en juillet et août.

7. Val. à fruit velu, *Val. eriocarpa*, Desv., Dufr., Lois.

Fedia eriocarpa, Rchb.; *Fed. regulosa*, Spreng.; *Fed. campanulata*, Presl.

Habite la vallée de Céret, au bord des propriétés cultivées, en montant à la *Font d'en Dauder;* Prades, Cornella-du-Conflent et Vernet-les-Bains, champs et bord des vignes dans les lieux frais et ombragés. Fleurit en avril et mai.

8. Val. couronnée, *Val. coronata*, Dec., Dufr., Rchb.

Val. hamata, Bast.; *Val. locusta*, var. γ *coronata*, Lin.; *Val. coronata*, Will.; *Fedia coronata*, Walh.

Cette espèce est commune à la base de *Força-Real*, Pézilla, Caladroy et le long du riveral, champs et moissons. Fleurit en juin et juillet.

9. Val. discoïde, *Val. discoïdea*, Lois., Dufr., Dec.

Val. coronata, Dec.; *Val. locusta γ discoïdea*, Lin.; *Val. discoïdea*, Will.; *Fedia coronata*, Gærtn.; *Fedia discoïdea*, Walh.; *Fedia sicula*, Guss.

Habite les champs cultivés et parmi les moissons du centre du département; les chemins de Céret, Banyuls-dels-Aspres, Tresserre, le Monastir, Fourques et lieux environnants. Fleurit en mai et juin.

10. Val. vésiculeuse, *Val. vesicaria*, Mœnch., Dec., Dufr.

Val. locusta β vesicaria, Lin.; *Val. vesicaria*, Will.; *Fedia vesicaria*, Walh.

Habite dans les champs et parmi les récoltes de la vallée du Réart, bords herbeux de la rivière dans toute cette plaine. Fleurit en mai et juin.

Les Mâches sont une grande ressource comme salades d'hiver. Elles sont très-rustiques et se trouvent dans les terres en culture et dans les prairies; elles sont communes partout, et dans notre département on les vend sous le nom de *Margaridetas*. Dans certains pays on les cultive.

66me Famille. — Dipsacées, *Dipsaceæ*, Dec.

(*Tetrandrie*, L.; *Flosculeuses*, T.; *Dipsacées*, Juss.)

Genre Cardère, *Dipsacus*, Tournef.; en catalan *Carda de parayre*.

1. Card. sauvage, *Dips. sylvestris*, Mill., Dec., Dub.

Dips. sylvestris, var. α Lin.

Habite les bords des champs et les bords des routes de toute la région basse de la plaine, et sur les bords des ruisseaux. Fleurit en juillet et août. Commune partout.

2. Card. laciniée, *Dips. laciniatus*, Lin., Dec., Dub.

Habite les bords des champs, les tertres et toutes les terres *aspres* du département. Fleurit en juillet. Sa fleur est toujours blanche.

3. Card. à foulon, *Dips. fullonum,* Mill., Dec., Dub.

Cultivée seulement, dans le pays, à Saint-Génis et à Palau-del-Vidre. Fleurit en juillet et août.

Les Cardères ne sont pas usitées dans la médecine moderne. Les jeunes tiges et les feuilles sont amères, et la racine a été employée anciennement comme apéritive. Lorsque ces plantes se multiplient dans les prairies, elles y portent un grand dommage à cause de leur grand développement. Les têtes du *Cardère à foulon* servent à préparer les étoffes de drap, et les tiges sont employées, comme les roseaux, à faire des bobines.

Genre Cephalaria, *Cephalaria,* Schrad.

1. Ceph. velue, *Ceph. pilosa,* Gre. et Godr.

Ceph. appendiculata, Schrad.; *Dipsacus pilosus,* Lin.

Habite les bords des champs et des prairies rocailleuses des environs de Rigarda, en allant à *Doma-Nova;* le bois de Salvanère et le long de la Boulsane, parmi les rocailles et les bois de ses bords. Fleurit de juillet à septembre.

2. Ceph. alpine, *Ceph. alpina,* Schrad., Dub.

Scabiosa alpina, Lin.

Habite les environs de Mont-Louis, sur les prairies et les bords des champs; le Canigou, dans les escarpements des roches qui bordent les torrents de la montagne de *Tretzevents.* Fleurit en juillet et août.

3. Ceph. à fleurs blanches, *Ceph. leucantha,* Schrad., Dub.

Sca. leucantha, Lin.

Habite dans la vallée de l'Agly, *Cases-de-Pena,* Estagel, Saint-

Antoine-de-Galamus, parmi les roches calcaires; dans la vallée de la Tet, Prades, Villefranche, la *Trencada d'Ambulla,* jusqu'aux Graus d'Olette; dans la vallée du Tech, Céret, Arles, jusqu'au *Baus de l'Aze;* vallon de Collioure, à Consolation; Port-Vendres, au *Col del Mitj*, et le chemin de Cosperons, par le *Col Perdigué.* Fleurit en juillet et août.

GENRE KNAUTIA, *Knautia,* Coult.

1. Kna. hybride, *Kna. hybrida,* Coult., Dub.

Sca. hybrida, Alli., Dec.; *Sca. lyrata*, Lam.

Habite parmi les moissons et les bords des champs incultes de toute la plaine des *Aspres*. Fleurit en mai et juin.

2. Kna. des champs, *Kna. arvensis,* Koch., Dub.

Sca. arvensis, Lin.; *Kna. arvensis*, Coult.; *Kna. communis*, God.; *Kna. vulgaris*, Döll.; *Kna. variabilis*, Schultz.; *Sca. polymorpha*, Schmidt.

Habite les lieux pierreux et les bords des propriétés des environs de Mont-Louis; le long du *Bac de Bolquère* et des propriétés de la *Borde-Girvés;* les environs de Céret, Arles et jusqu'à Prats-de-Molló. Fleurit en juillet et août.

On trouve à Fontpédrouse une variété de cette espèce qui est très-velue et dont les feuilles sont très-découpées. Dans toutes les stations, le *Kna. arvensis* offre des variétés très-remarquables.

3. Kna. à feuilles de cardère, *Kna. dipsacifolia,* Host.

Kna. sylvatica, Dub.; *Scabi. sylvatica*, Lin.

Cette espèce se plaît au bord des eaux. On la trouve dans les prairies et sur le bord des ruisseaux aux environs du moulin de La Llagone, près Mont-Louis, et dans les mêmes conditions à Salvanère et à Boucheville. Fleurit en juillet et août.

4. Kna. à longues feuilles, *Kna. longifolia,* Koch.

Sca. longifolia, W. K.; *Sca. sylvatica*, var. β, Dec.

Habite les sentiers humides qui longent la rivière de Rigarda, aux environs du village; les bas-fonds de Glorianes, sur les prairies et les bords humides des champs. Fleurit en juin et juillet.

5. Kna. timeroyi, *Kna. timeroyi*, Jord.

Habite les lisières des bois de Salvanère et de Boucheville, et les fourrés qui dépendent de la rivière de la Boulzane. Fleurit en juillet.

6. Kna. des collines, *Kna. collina*, Rey., Dec.

Kna. arvensis β *collina*, Dub.

Habite la *Trencada d'Ambulla*, où elle est commune, ainsi que le long de la Tet jusqu'à Olette. Fleurit en juillet.

GENRE SCABIEUSE, *Scabiosa*, Lin.;
en catalan *Scabiosa*.

1. Sca. à feuilles de gramen, *Sca. graminifolia*, Lin., Dec., Dub.

Habite les pentes arides des environs de Saint-Marsal, en montant par la vallée de Valmanya. Fleurit en juillet et août.

2. Sca. étoilée, *Sca. stellata*, Lin., Dec., Dub.

Sca. Monspelliensis, Jacq.; *Sca. simplex*, Dec., Lois.

Cette belle plante se trouve sur les pentes des environs de Collioure et dans le ravin qui conduit à Consolation. Fleurit en mai et juin.

3. Sca. d'Ucraine, *Sca. Ucranica*, Lin., Dec., Dub.

Sca. Gmelini, Saint-Hilaire; *Sca. alba*, Scop.; *Sca. eburnea*, Fl. de Grèce; *Sca. argentea*, Desf.

Habite les champs des terrains calcaires des environs de Castelnau et des villages de Corbère-d'Amont et de Corbère-d'Avail. Fleurit en juillet et août.

4. Sca. maritime, *Sca. maritima,* Lin., Dec., Dub.

Sca. grandiflora, Scop.; *Sca. ambigua,* Tenor.; *Sca. acutiflora,* Rchb.; *Sca. calyptocarpa,* Saint-Aman; *Sca. setifera,* Lam.

Habite les vallons de Collioure, Port-Vendres et Banyuls-sur-Mer. Commune aux bords des propriétés et des chemins. Fleurit en juin et juillet.

La var. β *atropurpurea,* dont les fleurs sont très-grandes, d'un pourpre plus ou moins foncé, habite les parties basses au bord des prairies maritimes.

5. Sca. colombaire, *Sca. columbaria,* Lin., Dec., Dub.

Habite les collines du vallon de Vernet-les-Bains et le long de la vallée de la Tet, jusqu'à Fontpédrouse et les environs de Mont-Louis. Fleurit de juin à septembre.

La var. β *vestita*, plante blanche argentée-soyeuse, *Sca. Pyrenaïca,* Alli., Dec., qui est une variété fort remarquable de cette plante, vit sur les pentes rocailleuses des vallées d'Eyne, de Llo, de Carença, et à *Costa-Bona.*

6. Sca. jaunâtre, *Sca. ochroleuca,* Lin., Dec.

Habite les champs et les bords des chemins du vallon de Prades; les champs et parmi les récoltes des vallons de Molitg et de Mosset. Fleurit en juin et juillet.

7. Sca. affinis, *Sca. affinis,* Gre. et Godr.

Habite les clairières du bois de Salvanère, parties moyennes; les bords des torrents qui dépendent de cette région presque jusqu'à la forêt de Boucheville. Fleurit en juillet et août.

8. Sca. à feuilles luisantes, *Sca. lucida,* Vill., Dec., Dub.

Sca. stricta, W. K.

Habite les terres en pente et arides au-dessus de Castell, en montant au Canigou. Fleurit en juillet et août.

9. Sca. de Gramont, *Sca. Gramuntia,* Lin., Dec., Lois.

Habite le vallon de Vinça, sur les pentes des champs de Rigarda; les environs de Perpignan, sur les bords des fossés des champs vers le Mas-Fraisse, près la Basse; Saint-Antoine-de-Galamus; les fossés des fortifications de la place et de la citadelle de Mont-Louis; la *Trencada d'Ambulla* et lieux voisins; les champs des vallons de Collioure, de Port-Vendres et de Banyuls-sur-Mer. Fleurit en juillet.

10. Sca. odorante, *Sca. suaveolens,* Desf., Dec., Dub.

Sca. canescens, W. K.

Habite les bords des champs des lieux arides et rocailleux; les moissons de toute la plaine des *Aspres.* Fleurit en août et septembre.

11. Sca. succise, *Sca. succisa,* Lin., Dec., Dub.

Succisa pratensis, Mœnch.

Habite la vallée de la Tet, au milieu des prairies souvent inondées de la *Borde-Girvés;* le plateau de Mont-Louis, dans les rigoles des prairies; le vallon de Vernet-les-Bains, prairies au bord des eaux; prairies au bord de la rivière de Rigarda. Fleurit en août et septembre.

Les Scabieuses, peu usitées en médecine, ont eu pendant longtemps une grande réputation, fondée sur des idées superstitieuses. Leur nom vulgaire leur vient des propriétés qu'on leur attribuait de guérir la gale. On attribue encore aux Scabieuses des qualités sudorifiques, vulnéraires, détersives, anti-vénériennes, expectorantes, etc.

Les animaux ne les recherchent point, et quand elles sont trop nombreuses dans les prairies, elles y sont nuisibles.

Les Scabieuses sont cultivées; les semis ont donné quelques espèces à couleurs tranchantes, pourpres surtout, qui font l'ornement des parterres.

67me Famille. — Synanthérées, *Synanthereæ*, C. Rich.

(*Syngénésie*, L.; *Composées*, Dec.; *Synanthérées*, C. Rich.)

Genre Eupatoire, *Eupatorium*, Lin.

Vulg. *Chanvrin*, *Herbe de Sainte-Cunégonde*.

1. Eup. à feuilles de chanvre, *Eup. cannabinum*, Lin., Dec.

Commune sur le bord des ruisseaux de tout le département et des torrents de toutes nos montagnes, avant d'atteindre la région des pins; à Collioure et Consolation ; à Argelès, bords du *Grau;* dans toute la Salanque, et la vallée du Réart, sur le bord des torrents. Fleurit en juin et juillet.

Genre Adénostyles, *Adenostyles*, Cass.

1. Adé. velue, *Ade. albifrons*, Rchb., Koch.

Ade. albida, Cass.; *Cacalia albifrons*, Lin.; *Ca. hirsuta*, Vill.; *Ca. Alliaria*, Gouan.; *Ca. tomentosa*, Jacq.; *Ca. petasites*, Lam.

Habite le bord des ravins humides et parmi les roches de la vallée de Llo; le *Bac de Bolquère;* la vallée de Carença, parmi les roches du bord du ravin; la vallée de Nohèdes, près des *Gourgs;* le Canigou; *Costa-Bona;* abondant au Llaurenti. Fleurit en juillet et août.

2. Adé. des Alpes, *Ade. Alpina*, Bluff., Koch.

Ade. viridis, Cass.; *Ade. glabra*, Dec.; *Ca. Alpina*, Jacq.; *Ca. glabra*, Vill.; *Ca. Alliariæfolia*, Lam.; *Tussilago cacalia*, Scop.

Habite les roches humides de l'extrémité de la vallée d'Eyne; en Capcir, les bords de l'Aude, et les pâturages entre Fontrabiouse et le *Col d'Ares;* les roches du bord des torrents, à l'extrémité de *Costa-Bona*. Fleurit en juillet et août.

GENRE HOMOGYNE, *Homogyne*, Cass.

1. Hom. des Alpes, *Hom. Alpina*, Cass., Dec., Koch.

Tussilago Alpina, Lin.

Habite les bords des lacs des parties élevées, *las Concas* du Canigou; les pâturages des bords des étangs de Carlite; le bord des Bouillouses, et les escarpements humides du *Bac de Bolquère*. Se trouve aussi près Saint-Sauveur, vallon de La Preste, en montant au *Pla Guillem*. Fleurit en juillet et août.

GENRE PETASITE, *Petasites*, Tournef.

1. Pet. officinal, *Pet. officinalis*, Mœnch., Koch.

Pet. vulgaris, Desf.; *Tussilago petasites*, Hop.; *Tus. petasites*, Lin.; *Tus. hybrida*, Lin.

Habite les environs de Mont-Louis, prairies et bords des ruisseaux; vallée de Carença, les roches du bord de la rivière, vers la partie moyenne; vallée de Nohèdes, les pâturages du premier plateau; prairies et bords des ruisseaux de la montagne de Céret; assez abondant partout. Fleurit en avril et mai.

2. Pet. des neiges, *Pet. niveus*, Braun., Cass.

Tus. nivea, Vill.; *Tus. frigida*, Vill.; *Tus. paradoxa*, Retz.

Habite les pâturages humides et les bords des ruisseaux du Canigou, en montant par Prats-de-Molló au *Pla Guillem*, où il est assez rare. On trouve plus communément cette plante, dans la plaine de la Cerdagne, au bord des eaux. Fl. en avril et mai.

3. Pet. parfumé, *Pet. fragrans*, Presl.

Nardosmia fragrans, Rchb.; *Nar. denticulata*, Cass.; *Cacalia Alliariæfolia*, Poir.; *Tus. fragrans*, Vill.

Vulg. *Héliotrope d'hiver*.

Habite les pâturages humides de la plaine de la Cerdagne; le pied de la montagne de *Madres*, versant du Capcir, au bord des ruisseaux et des prairies humides; le Canigou, ravins de la *Cirerola*. Fleurit en février et mars. Cultivé dans les jardins.

GENRE TUSSILAGE, *Tussilago,* Lin.

1. Tus. commun, *Tus. farfara,* Lin., Dec.;

en catalan *Peu de Mula, Peu de Polli, Peu de Caball, Pote de Caball, Ungla de Caball.*

Tus. vulgaris, Lam.

Vulg. *Pas-d'Ane, Herbe de Saint-Quirien.*

Habite les environs de Mont-Louis, au bord des ruisseaux abrités; les bois humides des bords du Sègre, rive gauche, vallée de Llo; commun sur les terres argileuses et humides des environs d'Escaro; toutes les gorges humides des montagnes moyennes de la vallée de Vernet-les-Bains; vallée du Tech, Céret, Arles et Saint-Laurent-de-Cerdans. Fleurit en mars et avril.

GENRE VERGE-D'OR, *Solidago,* Lin.

1. Verge-d'Or commune, *Sol. virgo aurea,* Lin., Dec., Koch.

Habite tous les endroits humides, même les lieux incultes; les environs de Mont-Louis, et toutes les vallées en descendant vers la plaine, Carença, Vernet-les-Bains, Cornella-du-Conflent, Fillols, Prades; toute la plaine; Collioure, Port-Vendres, Banyuls-sur-Mer, le bas des Albères, Céret, Arles, etc. Fleurit en juillet et août.

Quatre variétés sont signalées dans cette espèce :

Var. α *vulgaris,* Koch. Calathides de moyenne grandeur, en grappe oblongue, composée; pédicelles munis de bractéoles éparses; feuilles caulinaires lancéolées, pubescentes en-dessous. Se trouve mêlée avec la précédente.

Var. β *reticulata,* Dec. Calathides bien plus petites, agglomérées au sommet des rameaux et formant une grappe pyramidale; pédicelles très-courts, couverts de bractéoles imbriquées; feuilles caulinaires lancéolées, pubescentes en dessous, réticulées, rugueuses. *Sca. reticulata,* Lapey. Se trouve sur la route de *Doma-Nova,* près de Rigarda.

Var. γ *minuta*, Gaud. Calathides du double plus grandes que dans la var. α, en grappe simple; pédicelles munis de 1—2 bractéoles; feuilles caulinaires étroitement lancéolées, pubescentes sur les deux faces. *Sol. minuta*, Vill. Se trouve au bord des *Estanyols*, au Canigou, à l'extrémité de la vallée de *Cady*.

Var. δ *nudiflora*, Dec. Calathides petites, en grappe composée, lâche; feuilles caulinaires ovales, brusquement contractées en pétiole, glabres. *Sol. nudiflora*, Viv.; *Sol. virga aurea*, var. *latifolia*, Koch. Se trouve au bord des prairies humides et des bois au-dessus de Saint-Martin-du-Canigou, en montant à la *Font de la Conque*.

Genre Linosyris, *Linosyris*, Lob.

1. Lino. vulgaire, *Lino. vulgaris*, Dec., Koch.

Chrysocoma linosyris, Lin.; *Crinitaria linosyris*, Less.

Habite le bord des bois des parties élevées des montagnes moyennes, près des cours d'eau ou des parties humides; les escarpements du *Bac de Bolquère;* les bords des ruisseaux de la montagne de *Madres;* près des ravins de la forêt de Salvanère. Fleurit en août et septembre.

Genre Phagnalon, *Phagnalon*, Cass.

1. Phag. blanchâtre, *Phag. sordidum*, Dec., Moris.

Phag. tricephalon, Cass.; *Gnapha sordidum*, Lin.; *Gnapha conyzoïdeum*, Lam.; *Conyza sordida*, Lin.

Habite sur les murs des fortifications de la Ville-Neuve, à Perpignan; la *Trencada d'Ambulla;* la vallée de Vernet-les-Bains, au *Roc del Grau*, à Castell, à Saint-Martin-du-Canigou; Céret et ses environs, etc., etc. Fleurit en mai et juin.

2. Phag. des rochers, *Phag. saxatile*, Cass., Dec.

Phag. subdentatum, Cass.; *Conyza saxatilis*, Lin.

Habite la vallée de la Tet, à Prades, sur les buttes en allant aux Masos; à Villefranche, la *Trencada d'Ambulla* et le petit sentier conduisant au fort; à Olette, sur les rochers et sur les murs; sur les rochers de la vallée de Céret, Arles et jusqu'à Prats-de-Molló; les vallons de Port-Vendres et de Banyuls-sur-Mer, sur les rochers et les vieux murs. Fleurit de juin en août.

GENRE CONYZE, *Conyza,* Less.

1. Con. ambigue, *Con. ambigua,* Dec., Dub., Lois.

Erigeron crispum, Pourret; *Eri. linifolium,* Will.; *Eri. drœbachense,* Sav.; *Dimorphantes ambigua,* Presl.; *Eschenbachia ambigua,* Moris.

Habite les champs sablonneux et incultes du plateau de Château-Roussillon; les grèves des torrents qui descendent des basses montagnes; les champs arides de la vallée de Vernet-les-Bains et de Castell. Fleurit en juillet et août.

GENRE ÉRIGÉRON, *Erigeron,* Lin.

1. Érig. du Canada, *Eri. Canadensis,* Lin., Dec.

Erig. paniculatum, Lam.

Cette plante est répandue dans tout le pays, sur les terres cultivées, les bords des ruisseaux, des torrents et des rivières, remonte même jusqu'aux parties élevées du département. On la trouve dans les environs de Mont-Louis. Fl. de juillet à septembre. Commune partout.

2. Érig. âcre, *Erig. acris,* Lin., Dec., Lam.

Habite les bords de la rivière de la Basse, champs humides de la métairie Fraisse; parties basses de la Salanque; partout dans les trois bassins. Fleurit de juin en août.

3. Érig. des Alpes, *Erig. Alpinus,* Lin., Vill., Lois.

Habite la vallée d'Eyne, près de la cascade; le sommet du

Cambres-d'Aze; la vallée de Nohèdes, près des *Gourgs;* la vallée de Carença; le Canigou et le *Pla Guillem; Costa-Bona.* Fleurit en juillet et août.

4. Érig. uniflore, *Erig. uniflorus,* Lin., Vill., Lois.

Erig. Alpinum, var. γ Dec.

Habite le bord des eaux de l'extrémité de la vallée d'Eyne; le *Cambres-d'Aze,* près les eaux des neiges; les bords de l'étang de la Nous, dans la vallée de Carol. Fleurit en août et septembre.

Genre Stenactis, *Stenactis*, Nees.

Se compose d'une seule espèce, *Sten. annua,* Nees., Dec., qui n'a pas été observée dans le département.

Genre Aster, *Aster,* Nees.

1. Ast. des Alpes, *Ast. Alpinus,* Lin., Vill., Dec.

Habite la vallée d'Eyne, le *Cambres-d'Aze,* la *Font de Comps,* dans les pâturages frais; au Canigou et à *Costa-Bona,* pâturages alpins; au *Port de Palleres,* en Llaurenti. Fleurit de juillet à septembre.

2. Ast. amellus, *Ast. amellus,* Lin., Pol., Vill.

Ast. amelloïdes, Rœm.; *Amellus officinalis,* Gatt.

Habite les pâturages arides des terrains calcaires de la montagne de *Madres;* les vallées de Nohèdes et d'Évol, parmi les pâturages secs. Fleurit de juillet à septembre.

3. Ast. des lieux salés, *Ast. tripolium,* Lin., Dec., Moris.

Ast. palustris, Lam.; *Tripolium vulgare,* Nees.

Habite le vallon de Port-Vendres, à Cosperons; le vallon de Banyuls-sur-Mer, au-dessous du *Col de Nère Carnère;* les marais de Salses, de La Nouvelle et l'île Sainte-Lucie. Fleurit de juillet à septembre.

4. Ast. âcre, *Ast. acris,* Lin., Vill., Dec.

Ast. sedifolius, Lin.; *Ast. hyssopifolius*, Cav.; *Galatella punctata,* Dec.; *Gal. hyssopifolia*, Nees.

Habite les terres humides de toute la Salanque; commun dans les trois bassins. Fleurit en juillet et août.

5. Ast. à trois nervures, *Ast. trinervis,* Desf., Soy., Will.

Ast. acris, Will.; *Ast. acris β trinervis,* Pers.; *Galactella rigida,* Cass.; *Galact. acris,* Nees.

Habite les terres stériles des environs de Prades; commun à la *Trencada d'Ambulla.* Fleurit en juillet et août.

GENRE BELLIDIASTRUM, *Bellidiastrum,* Michelli.

1. Belli. de Michel, *Belli. Michelii,* Cass., Dec., Dub.

Belli. montanum, Bluff.; *Doronium bellidiastrum*, Lin.; *Arnica bellidiastrum,* Vill.; *Aster bellidiastrum,* Scop.; *Margarita bellidiastrum,* Gaud.

Habite le vallon de Port-Vendres, pâturages des environs de *Paulille;* le vallon de Banyuls-sur-Mer, champs et pâturages de *Can Reig.* Fleurit en juin et juillet.

GENRE BELLIUM, *Bellium,* Lin.

Se compose d'une seule espèce, *Bel. bellidioïdes,* Lin., qui n'a pas été observée dans le département.

GENRE PAQUERETTE, *Bellis*, Lin.

1. Paq. annuelle, *Bellis annua,* Lin., Dec., Desf.

Bellis dentata, Dec.; *Bellium bellidioïdes,* Desf.; *Bellium dentatum*, Viv

Habite les pâturages des trois bassins. Fleurit en mai et juin.

2. Paq. commune, *Bellis perennis,* Lin., Dec., Lam.; en catalan *Margarideta.*

Vulg. *Petite Paquerette.*

Habite les gazons et les pâturages de la plaine et de la montagne. Fleurit toute la belle saison. Commune partout.

3. Paq. sauvage, *Bellis sylvestris,* Cir., Dec., Dub.

Habite les environs de Port-Vendres et le vallon de Banyuls-sur-Mer, au milieu des prairies et sur le bord des champs herbeux. Fleurit en juin et juillet.

Genre Doronic, *Doronicum,* Lin.

1. Dor. à feuilles de plantin, *Dor. plantagineum,* Lin., Dec.

Habite les bois ombragés, au-dessus de la *Borde-Girvés*, vers le *Pla dels Abellans;* les escarpements boisés du *Bac de Bolquère;* très-commun au Llaurenti. Fleurit en mai et juin.

2. Doro. pardalianches, *Doro. pardalianches,* Will., Scop.

Doro. cordatum, Lam.; *Doro. procurrens*, Dumort; *Doro. scorpioïdes*, Lapey.

Habite les bois des environs de Mont-Louis et les pelouses de la vallée d'Eyne; la montagne de *Madres;* les vallées de Castell et de Fillols, dans les bois; la vallée de Céret, à l'extrémité du bois de la ville, dans les fourrés. Fleurit en mai et juin.

3. Doro. d'Autriche, *Doro. Austriacum,* Jacq., Dec., Dub.

Arnica Austriaca, Hop.

Habite les pâturages de la vallée d'Eyne et du *Bac de Bolquère;* la vallée de Carença; le Canigou, avant d'arriver aux *Estanyols;* les environs de Prats-de-Molló et de La Preste. On retrouve cette plante, mais d'une taille très-minime, au sommet du *Cambres-d'Azc* et au Llaurenti. Fleurit en juillet et août.

Genre Aronic, *Aronicum,* Neck.

1. Aro. doronic, *Aro. doronicum,* Rchb., Dec.

Arnica doronicum, Jacq.; *Arni. stiriaca*, Vill.; *Arni. Clusii*, Alli.; *Doro. hirsutum*, Lam.; *Grammarthron biligulatum*, Cass.

Habite les grandes roches humides de la vallée d'Eyne; au Canigou, le *Bac du Clot d'Estavell;* au *Cambres-d'Aze,* les fentes des rochers; au *Bac de Bolquère,* et au Llaurenti. Fl. en juillet et août.

2. Aro. faux scorpion, *Aro. scorpioïdes,* Dec., Koch.

Arnica scorpioïdes, Lin.; *Doro. grandiflorum,* Lam.; *Grammarthron scorpioïdes,* Cass.

Habite les bois ombragés des parties hautes de la *Borde-Girvés,* près Mont-Louis; le *Pla dels Abellans,* sur la rive gauche de la Tet; la vallée de Carença, parties supérieures; la vallée de Fillols, dans les bois. Fleurit en juillet et août.

Cette espèce fournit deux variétés :

Var. α *genuinum.* Pédoncules munis de poils aigus, entremêlés de poils obtus et épaissis au sommet. Se trouve mêlée à la précédente.

Var. β *Pyrenaïca,* Gay. Pédoncules couverts de poils épaissis, obtus et colorés au sommet. Cette variété vit au *Pla dels Abellans.*

Genre Arnique, *Arnica,* Lin.

Vulg. *Panacée des chutes.*

1. Arni. de montagne, *Arni. montana,* Lin., Dec.; en catalan *Tabaco de montanya, Alop, Tabaco de pastor.*

Doroni oppositifolium, Lam.

Habite les pelouses fourrées du *Pla de Barrés,* près Mont-Louis; les bois de la *Borde-Girvés* et du *Pla dels Abellans;* le Canigou, au *Bac de set Hómens.* Fleurit en juin et juillet.

Deux variétés sont fournies par cette espèce :

Var. α *genuina.* Feuilles oblongues, obovées. On la trouve au *Bac de set Hómens,* au Canigou.

Var. β *angustifolia,* Dub. Feuilles lancéolées. Les pédoncules sont pourvus de bractées herbacées, alternées, écartées, qui se voient rarement dans la var. α *Cineraria cernua,* Thor. Elle se trouve au *Bac de Bolquère,* sur les pentes du *Pla dels Abellans.*

L'Arnica fournit à la médecine ses fleurs et sa racine. On l'administre en infusion, en poudre et en teinture contre les rhumatismes, la paralysie, l'amaurose. Elle est souvent employée en infusion pour prévenir les suites de fortes secousses, des chutes, et en cataplasmes comme résolutive après les mêmes accidents. L'Arnica est excitante, sternutatoire et vomitive.

GENRE SÉNEÇON, *Senecio*, Lessing.

1. Séne. commun, *Sene. vulgaris*, Lin.;
en catalan *Herba de cardina.*

Habite les jardins, les terres cultivées, les bords des ruisseaux; partout dans les trois bassins. Fleurit toute l'année.

2. Séne. visqueux, *Sene. viscosus*, Lin., Dec.

Habite les lieux incultes des environs de Mont-Louis, et toutes les vallées de la Tet, du Tech et de l'Agly. Fleurit de juillet en octobre. Commun partout.

3. Séne. des bois, *Sene. sylvaticus*, Lin., Vill., Dec.
Sene. lividus, Nolte.

Habite le *Bac de Bolquère;* la montagne de *Madres;* partout dans les bois des trois bassins. Fleurit en juillet et août.

4. Séne. livide, *Sene. lividus*, Lin., Dec., Lois.
Sene. fœniculaceus, Tenor.; *Sene. trilobus*, Sibth.; *Sene. nebrodensis*, Dec.

Habite les clairières des bois de Salvanère et des Fanges, sur les bords des fossés et des torrents; sous *Força-Real*, environs de Millas; le vallon de Collioure, près Consolation. Fleurit en mai.

Deux variétés sont fournies par cette plante :

Var. α *genuinus*. Plante presque glabre; calathide à 20—25 fleurs. *Sene. nebrodensis*, Dec., fl. franç.; *Sene. lividus*, α Dec., Prod. Se trouve à *Força-Real*.

Var. β *major*. Plante velue, glanduleuse, surtout sur les pédoncules; calathides plus grandes, à 30—40 fleurs. *Sene. fœniculaceus*, Dec. Se trouve à Consolation.

5. Séne. à feuilles épaisses, *Sene. crassifolius*, Will., Dec.
Jacobæa maritima, *Senecionis folio crasso et Lucido massiliensis*, Tournef.

Habite les pelouses des bords de la mer, entre l'étang de Salses, sur la chaussée qui conduit à Leucate; dans les environs du *Grau* d'Argelès. Fleurit en avril et mai.

6. Séne. de France, *Sene. Gallicus,* Chaix, Dec., Guss.

Sene. squalidus, Will.; *Sene. laxiflorus,* Viv.; *Sene. exquameus,* Brot.; *Sene. difficilis,* L. Dufour.

Habite les vignes et les terres stériles des environs de Perpignan, *Malloles,* les coteaux de Château-Roussillon; Baixas et *Cases-de-Pena;* la base de *Força-Real.* Fleurit de mai à juillet.

7. Séne. à feuilles d'Adonis, *Sene. Adonidifolius,* Lois.

Sene. Artemisiæfolius, Pers.; *S. tenuifolius,* Dec.; *S. abrotanifolius,* Gouan.

Habite les glacis des fortifications de Mont-Louis; les vallées de Carol et de Carença; celle de Molitg et de Mosset, *à Jau;* la vallée de Vernet-les-Bains, à Saint-Martin-du-Canigou; la forêt de Salvanère. Fleurit en juillet et août.

8. Séne. aquatique, *Sene. aquaticus,* Huds., Dec., Koch.

Sene. Jacobæa aquaticus, Gaud.

Habite les bords des fossés couverts et les prairies des environs de la forêt de Boucheville; le vallon d'Arles, au pied de la *Majoral;* les environs des marais de Salses, et l'île Sainte-Lucie. On le retrouve au bord des étangs de Carença. Fl. en juillet et août.

Deux variétés sont fournies par cette plante:

Var. α *genuinus.* Feuilles inférieures entières, dentées ou crénelées, les moyennes lyrées. Vit dans les marais de Salses.

Var. β *pennatifidus.* Feuilles inférieures lyrées; les moyennes profondément divisées. *Sene. barbareæfolius,* Rchb. Se trouve à l'île Sainte-Lucie.

9. Séne. Jacobée, *Sene. Jacobæa,* Lin., Koch.;

en catalan *Herba de la Fita, Donzell del Canigó.*

Sene. neglectus, Desv.

Vulg. *Herbe dorée, Fleur de Saint-Jacques, Herbe de Jacob.*

Habite les prairies, les haies, les fourrés, toutes les pelouses et les bois des montagnes moyennes; même la plaine; remonte dans les vallées supérieures; parmi les bois et les prairies de la vallée de Llo. Fleurit en juillet et août.

10. Séne. à feuilles de roquette, *Sene. erucæfolius,* **Lin., Huds., Poll.**

Habite les bords du ruisseau de *Malloles,* après les ruines, territoire de Perpignan; *Cases-de-Pena* et Saint-Paul; vallée de Céret, Arles et Saint-Laurent-de-Cerdans, sur les roches; à Costujes, *Can d'Amont.* Fleurit en juin.

Deux variétés sont fournies par cette plante:

Var. α *genuinus.* Feuilles pennatilobées, à segments lancéolés, dentés; le supérieur plus grand. Vit dans les mêmes localités.

Var. β *tenuifolius,* Dec. Feuilles bipennatilobées, à segments tous linéaires, entiers ou dentés. *Sene. tenuifolius,* Jacq. Se trouve dans la vallée de *Mijanés,* au Llaurenti.

11. Séne. cinéraire, *Sene. cineraria,* **Dec., Moris.**

Sene. maritimus, Rchb.; *Cineraria maritima,* Lin.; *Cine. ceratophylla,* Cyr.

Habite sur les rochers du cap Biar et le long de la côte dans le vallon de Banyuls-sur-Mer; très-commun sur la côte de l'île Sainte-Lucie. Fleurit en juin et juillet.

12. Séne. à feuilles blanches, *Sene. leucophyllus,* **Dec., Dub., Lois.**

Sene. incanus, Lapey.; *Sene. palmatus,* Lapey.; *Jacobæa, incana, Pyrenaïca, saxatilis* et *latifolia,* Tournef.

Habite la vallée d'Eyne, à la *Collada de Nuria;* la *Coma de la Grave,* vallée de Llo; le sommet de la vallée de Prats-de-Balaguer; le *Cambres-d'Aze,* face septentrionale; la *Coma du Tech; Costa-Bona;* les sommités du Canigou, parmi les débris des roches. Fleurit en août et septembre.

13. Séne. blanchâtre, *Sene. incanus,* Lin., Vill., Dec.

Senc. parviflorus, Alli.

Habite sur les rochers du *Pla Guillem;* le *Cambres-d'Aze;* la vallée d'Eyne, montée de la *Collada de Nuria;* la *Font de Comps;* les *Asquerdes de Roja, Coma du Tech;* les régions moins élevées que l'espèce précédente. Fleurit en juillet et août.

14. Séne. velu, *Sene. paludosus,* Lin., Dec., Rchb.

Habite au bord de la rivière de la vallée de Carença; près des torrents des vallées d'Eyne et de Llo; vallée de l'Agly, bords de la rivière qui traverse le bois de Boucheville; à Saint-Antoine-de-Galamus, dans le bois près de la rivière. Fl. en juillet et août.

15. Séne. sarrasin, *Sene. saracenicus,* Lin., Gouan., Vill.

Sene. Fuschii, Gmel.; *Sene. alpestris,* Gaud.; *Solidago saracenica,* Fusc.

Habite les bois qui environnent le village des Angles, et les clairières du bois de la *Mata,* près Formiguères, en Capcir. Fleurit en juillet et août.

16. Séne. jacquinianus, *Sene. jacquinianus,* Rchb., Godr.

Sene. nemorensis, Jacq. *Sene. nemorensis,* var. β *odorus*, Koch.; *Sene. commutatus,* var. *nemorensis,* Spenner; *Sene. fontanus,* Wallr.

Habite les châtaigneraies des basses montagnes, entre Bellegarde et Céret; s'élève jusqu'à mi-côte des mamelons très-accidentés de cette région. Fleurit en juillet et août.

17. Séne. doria, *Sene. doria,* Lin., Gouan., Vill.

Sene. carnosus, Lam.; *Alisma Monspeliensium, sive doria,* J. Bauh.

Habite les pâturages et le bord des ruisseaux de la vallée d'Estoher et Llech. Fleurit en juillet et août.

18. Séne. de Tournefort, *S. Tournefortii,* Lapey., Dec., D.

Sene. nemorensis α, Gouan; *Sene. persicæfolius,* Ramond; *Jacobæa Pyrenaïca persicæfolia,* Tournef.

Habite la vallée d'Eyne, près des eaux; la montagne de *Madres;* les pâturages humides du Canigou; *Costa-Bona* et la *Coma du Tech;* les prairies du Llaurenti et du *Port de Palleres*. Fleurit en juillet et août.

19. Séne. doronic, *Sene. doronicum*, Lin., Vill., Scop.

Solidago doronicum, Lin.; *Cineraria cordifolia*, Lapey.; *Cine. longifolia β uniflora*, Lapey.; *Lepicaune tomentosa*, Lapey.; *Arnica doronicum*, Benth.

Habite les environs de Mont-Louis et le *Bac de Bolquère*, dans les fourrés herbeux; la vallée de Conat, bois de la *Font de Comps;* la vallée de Nohèdes, pâturages ombragés; au Llaurenti, dans les bois. Fleurit en juillet et août.

20. Séne. de Gérard, *Sene. Gerardi*, Gre. et Godr.

Sene. lanatus, Lecoq et Lamotte; *Sene. doronicum γ rotundifolius*, Dec.

Habite les lieux humides des vallons de Prades et de Catllar; les plateaux inférieurs de la vallée de Nohèdes. Fleurit en juin.

• 21. Séne. à feuilles spatulées, *Sene. spatulæfolius*, Dec.

Sene. nemorensis, Poll.; *Cineraria spatulæfolia*, Gmel.; *Cin. lanceolata*, Lam.; *Cin. campestris*, Dec.; *Cin. integrifolia*, Thuil.

Habite sur les rochers des environs de Fontpédrouse; la vallée de Moligt et Mosset, en montant à *Jau*, près des canaux, parmi les roches; très-commun au Llaurenti, sur les rochers. Fleurit en juin.

22. Séne. des Pyrénées, *Sene. Pyrenaïcus*, Grenier et Godron.

Sene. brachychætus β discoïdeus, Dec.

Habite les clairières des bois des environs de Mont-Louis; la base du *Cambres-d'Aze*, parmi les broussailles. Fleurit en août.

Genre Ligulaire, *Ligularia,* Cass.

1. Lig. de Sibérie, *Lig. Sibirica,* Cass., Dec., Koch.

Cineraria Sibirica, Lin.; *Cin. cacaliformis,* Lam.; *Hoppea Sibirica,* Rchb.

Habite en Capcir, aux environs de Puyvalador et au pont de l'Aude, avant d'arriver à Formiguères, dans une île formée par cette rivière. Commune aux environs de la *Butte de la Groseille,* dans le bois de Salvanère. Fleurit en juillet et août.

Genre Armoise, *Artemisia,* Lin.

1. Armo. absinthe, *Art. absinthium,* Lin., Dec., Gaud.; en catalan *Donzell.*

Absinthium vulgare, Gærtn.

Vulg. *Absinthe.*

Habite les taillis de la pépinière de Perpignan et dans les bois qui bordent la rivière de la Tet, où elle est commune; les vallées de Prades, de Vernet-les-Bains, Cornella-du-Conflent, au bord des champs; remonte jusqu'à Mont-Louis, sur les murs des fortifications de la place; la vallée du Tech, le bas des Albères, Céret, Arles et Prats-de-Molló. Fleurit en juillet et août.

Cette plante, très-amère et très-aromatique, est employée en infusion dans le vin ou dans l'eau comme vermifuge ou apéritive. Elle est surtout employée à fabriquer l'*absinthe,* liqueur funeste, prise en trop grande quantité.

2. Armo. camphrée, *Arte. camphorata,* Vill., Lois.

Arte. corymbosa, Lam.; *Arte. subcanescens,* Vill.; *Arte. rupestris,* Scop.

Habite les coteaux des environs de Céret; la *Trencada d'Ambulla* et Villefranche, aux environs de la citadelle; le vallon de Vernet-les-Bains, au bois de *Pinat;* remonte vers Nyer et Olette, sur les rochers. Fleurit en août et septembre.

3. Armo. blanchâtre, *Arte. incanescens*, Jord.

Arte. camphorata, Koch.; *Arte. camphorata* β *garganica*, Tenor.; *Arte. saxatilis*, Rchb.

Habite les coteaux arides de *Cases-de-Pena*, Estagel, *Força-Real;* à Villefranche, les coteaux en montant à la citadelle. Fleurit en avril et septembre.

4. Armo. mutelline, *Arte. mutellina*, Vill., Dec., Gaud.

Arte. rupestris, Alli.; *Arte. glacialis*, Wulf.; *Absinthium laxum*, Lam.

Habite le sommet du *Cambres-d'Aze*, en face Mont-Louis; les sommités de la vallée de Llo; au Canigou, le long de la cheminée du pic. Fleurit en juillet et août.

5. Armo. glaciale, *Arte. glacialis*, Lin., Vill., Alli.

Absinthium congestum, Lam ; *Abs. glaciale*, Lam.

Habite le sommet du *Cambres-d'Aze* et les roches de l'extrémité de la vallée de Prats-de-Balaguer; les roches les plus élevées du *Pla Guillem*. Fleurit en juillet et août.

6. Armo. commune, *Arte. vulgaris*, Lin., Dec., Lob.; en catalan *Artemisa, Artemeya.*

Habite partout dans la plaine; les bords des bois et des routes de toutes les montagnes moyennes du département. Cette plante est emménagogue. Fleurit en août et septembre.

7. Armo. en épi, *Arte. spicata*, Wulf., Dec., Lois.

Arte. boccone, Alli.

Habite les environs de Mont-Louis; la *Collada de Nuria*, vallée d'Eyne; le vallon de Prats-de-Molló, dans les bois, les bords des torrents et les lieux frais des parties les plus élevées. Fleurit en juillet et août.

8. Armo. noirâtre, *Arte. atrata*, Lam.

Arte. tanacetifolia, Alli.; *Absinthium tanacetifolium*, Gærtn.

Habite les rochers du plateau du *Coral*, environs de Prats-de-Molló. Fleurit en juillet et août.

9. Armo. des champs, *Arte. campestris*, Lin., Wallr., Dec.

Habite les environs de Fontpédrouse et les graviers des vallées de la Tet; la vallée de Vernet-les-Bains et Fuilla, sur les sables rejetés par les torrents; dans la vallée du Tech, Céret, Arles, et remonte jusqu'aux *Baus de l'Aze*. Fleurit en juillet et août.

Trois variétés sont signalées :

Var. α *genuina*. Feuilles à peine charnues, à lanières fines, carénées en dessous. (SCHULTZ.) Vit mêlée à la précédente.

Var. β *Alpina*, Dec. Plante naine, à panicule à peine rameuse. Se trouve sur les tertres de la vallée de Carença.

Var. γ *maritima*, Loyd. Feuilles charnues, à lanières plus courtes et plus larges, convexes et non carénées en dessous; jeunes pousses très-velues; capitules généralement plus gros. *Art. crithmifolia*, Dec. Vit dans les environs d'Argelès.

10. Armo. glutineuse, *Arte. glutinosa*, Gay, Dec.

Arte. campestris, var. *glutinosa*, Tenor.

Habite les bords de l'étang de Salses, et, à Leucate, le long de la mer; commune sur les côtes de l'île Sainte-Lucie. Fleurit en août.

11. Armo. de France, *Arte. Gallica*, Will., Dec., Lois.

Arte. maritima β, Lam.; *Arte. palmata*, Lapey.; *Absinthium seriphium, tenuifolium*, J. Baub.

Habite le vallon de Port-Vendres, sur les rochers au bord de la mer; commune à l'île Sainte-Lucie et au phare de La Nouvelle. Fleurit en août.

Le genre Armoise renferme des plantes amères, aromatiques et vermifuges. Les sommités fleuries sont données en infusion pour faciliter la transpiration et pour exciter les estomacs paresseux.

L'*Armoise commune* est l'espèce la plus employée. L'*Absinthe*, qui appartient aussi à ce genre, est celle qui est la plus appropriée contre les vers; on la fait digérer dans du vin, et quoiqu'elle laisse un goût amer très-prononcé, les enfants s'en accommodent assez. Son usage comme liqueur excitante, est devenu trop vulgaire; on ne saurait la prendre avec trop de précaution, car elle peut produire de très-mauvais effets.

Genre Tanaisie, *Tanacetum*, Less.;

en catalan *Tanaride* ou *Tanaveillas*, *Herba de Santa-Maria*.

1. Tana. commune, *Tana. vulgare*, Lin., Dec., Koch.

Vulg. *Barbotine, Herbe aux vers, Herbe amère.*

Habite la lisière des bois, le bord des routes et les lieux incultes de nos montagnes moyennes; elle est même assez abondante dans la plaine, vers les lieux où se trouvent des pierres et des décombres amoncelés; sur la grève des rivières et dans les taillis qui les bordent. Fleurit de juin en août.

Cette plante est d'une saveur amère; elle contient une huile âcre, volatile et jaunâtre, que lui enlèvent également l'eau et l'alcool. Elle a des propriétés toniques et stimulantes; sa décoction et principalement ses semences, sont recommandées contre les vers ascarides.

2. Tana. annuelle, *Tana. annuum*, Lin., Gouan.

Balsamita annua, Dec.

Habite les sables des torrents des environs de Saint-Laurent-de-Cerdans et de La Manère. Fleurit en juillet et août.

3. Tana. balsamite, *Tana. balsamita*, Lin., Vill., Moris.

Balsamita major, Desf.; *Bals. vulgaris*, Will.; *Pyrethrum tanacetum*, Dec.
Vulg. *Herbe au coq, Menthe coq.*

Habite les champs sous Bellegarde, vers la Jonquère, où Pourret l'a trouvée. Nous l'avons récoltée dans la vallée de Fillols, au bord des champs près du village; nous ne l'avons vue dans aucune autre localité. Fleurit en juillet et août.

La Balsamite est cultivée dans nos jardins à cause de son odeur balsamique très-agréable et de ses propriétés stomachiques et carminatives. On s'en sert pour aromatiser les liqueurs.

Genre Plagius, *Plagius*, L'Hér.

1. Pla. ageratifolius, *Pla. ageratifolius*, L'Hér.

Chrysantemum flosculosum, Lin.; *Balsamita ageratifolia*, Desf.; *Balsa. corymbosa*, Salzm.

Nous trouvons le *Chrysanthemum flosculosum*, Lin., dont on a fait le *Plagius ageratifolius*, sur les sables déposés par les ravins dans la vallée de Valmanya, et dans celle du Tech, entre Arles et Montferrer. Fleurit en juin.

Genre Leucanthème, *Leucanthemum*, Tournef.

Vulg. *Grande Marguerite.*

1. Leu. commun, *Leu. vulgare*, Lam., Dec.

Chrysanthemum leucanthemum, Lin.

Habite les prairies et les bords des fossés des environs de Mont-Louis; toutes les vallées de la Tet; Vernet-les-Bains et Castell, dans les prés; les environs de Perpignan, sous Château-Roussillon; Céret, Arles et Prats-de-Molló, vallée du Tech. Fleurit en juin et juillet.

2. Leu. pâle, *Leu. pallens*, Dec.

Chrysant. pallens, Gay; *Chrysant. montanum*, Perrey.

Commun sur les coteaux des basses Corbières et de toutes les basses montagnes du département; les bords des champs à Saint-Laurent-de-Cerdans et à Costujes. Fleurit en mai et juin.

3. Leu. très-grand, *Leu. maximum*, Dec.

Chrysant. maximum, Ramond; *Chrysant. heterophyllum*, Will.; *Chrysant. lanceolatum*, Pers.; *Chrysant. montanum*, Alli.; *Chrysanth. montanum* β *heterophyllum*, Koch.; *Chrysant. grandiflorum*, Lapey.; *Phalacrodiscus montanus*, Less.; *Bellis Pyrenaïca latissimo folioflore maximo*, Dodart.

Habite les parties élevées du Canigou, avant d'arriver au *Pas de Cady;* la *Font de Comps;* les environs de Prats-de-Molló. Fleurit en juin et juillet.

4. Leu. des montagnes, *Leu. montanum*, Dec.

Chrysant. montanum, Lin.; *Chrysant. montanum* γ *saxicola*, Koch.; *Chrysant. graciticaule*, Lin., Dufour; *Leucanthemum montanum minus*, Tournef.; *Bellis montana minor*, Magnol.

Commun dans les bois de Saint-Antoine-de-Galamus et de la rive droite de l'Agly, après le pont de la *Fou;* les environs de Saint-Laurent-de-Cerdans, et remonte jusqu'au pied de *Costa-Bona*. Fleurit en juin et juillet.

5. Leu. à feuilles de gramen, *Leu. graminifolium*, Lam.

Chrysanth. graminifolium, Lin.; *Phalacrodiscus graminifolius*, Less.; *Leu. graminifolio*, Tournef.; *Bellis montana gramineis foliis*, Magnol.

Habite les coteaux du vallon de Prades; la *Trencada d'Ambulla;* les coteaux des basses Albères jusqu'à Céret. Fl. en juin et juillet.

6. Leu. palme, *Leu. palmatum*, Lam.

Leu. Cebennense, Dec.; *Chrysant. Monspeliense*, Lin.; *Phalacrodiscus Monspeliensis*, C. H. Schultz.

Habite les coteaux des environs de Prats-de-Molló, en montant vers *Notre-Dame-du-Coral*. Fleurit en juillet et août.

7. Leu. des Alpes, *Leu. Alpinum*, Lam.

Chrysant. Alpinum, Lin.; *Pyrethrum Alpinum*, Will.; *Tanacetum Alpinum*, C. H. Schultz.

Habite le sommet du *Cambres-d'Aze;* les parties supérieures des vallées d'Eyne et de Llo; celle de Prats-de-Balaguer, le *Col de las Nou Fonts;* Carença; le Canigou; *Costa-Bona* et la *Coma du Tech*, sur les rochers. Fleurit en juillet et août.

On trouve dans les mêmes localités une variété dont la fleur est pourpre.

8. Leu. tomenteux, *Leu. tomentosum,* Gre. et Godr.

Chrysant. tomentosum, Lois.; *Pyret. tomentosum* et *Pyret. minimum*, Dec.

Signalée de Corse seulement, cette espèce a été trouvée sur le Canigou, au lieu dit *los Basibés*. Fleurit en juillet et août.

9. Leu. en corymbes, *Leu. corymbosum,* Gre. et Godr.

Chrysant. corymbosum, Lin.; *Crysant. corymbiferum*, Lin.; *Pyret. corymbosum*, Willd.; *Matricaria inodora*, Lam.; *Tanacetum corymbosum*, C. H., Sch.

Habite la *Trencada d'Ambulla* et lieux environnants. Fleurit de juin en août.

10. Leu. matricaire, *Leu. parthenium,* Gre. et Godr.

Chrysant. parthenium, Pers.; *Pyret. parthenium*, Sm.; *Matricaria parthenium*, Lin.; *Matri. odorata*, Lam.; *Tanacetum parthenium*, C. H., Sch.

Habite sur les graviers des rivières et des torrents de la vallée de l'Agly, et au pied des Albères. Fleurit en juillet et août.

Genre Chrysanthème, *Chrysanthemum,* Tournef.

1. Chry. des moissons, *Chry. segetum,* Lin., Dec., Poll.

Xanthophthalenum segetum, C. H., Sch.

Habite les champs, vignes, olivettes des environs de *Malloles* et des coteaux avoisinant cette localité, territoire de Perpignan; les coteaux du vallon de Collioure. Fleurit de juin en août.

2. Chry. de Myconis, *Chry. Myconis,* Lin., Desf., Dec.

Pyret. myconis, Mœnch.; *Coleostephus myconis*, Coss.

Habite les champs cultivés et les moissons du plateau de Château-Roussillon; les vallons de Collioure, Port-Vendres et Banyuls-sur-Mer, dans les champs et sur les terres incultes. Fleurit de juin en août.

Genre Pinardia, *Pinardia,* Less.

1. Pin. couronnée, *Pin. coronaria,* Less., Koch.

Chrysant. coronarium, Lin.

Habite la lisière des bois des environs de Bellegarde et du Perthus; on la retrouve dans les environs de Prats-de-Molló, sur les calcaires de la montagne de la *Tour de Mir.* Fleurit de juin à septembre.

Genre Nananthea, *Nananthea,* Dec.

Ce genre se compose d'une seule espèce, *Nananth. perpusilla*, Dec., qui n'a pas été trouvée dans le département.

Genre Matricaire, *Matricaria,* Lin.

1. Mat. camomille, *Mat. chamomilla,* Lin., Dec., Koch.; en catalan *Camomilla.*

Chamomilla officinalis, Koch.; *Leucanthemum chamæmelum,* Lam.

Habite le bord des champs, des fossés et des chemins; partout dans les trois bassins. Fleurit d'avril en août. Très-commune.

2. Mat. inodore, *Mat. inodora,* Lin., Vill., Fries.

Chrysant. inodorum, Lin.; *Pyret. inodorum,* Sm.; *Chamomilla inodora,* C. Koch.; *Tripleurospermum inodorum,* C. H., Sch.

Comme la précédente, cette plante est commune partout, dans les champs, les vignes et olivettes. On la trouve aussi dans les champs de la plaine de la Cerdagne et du Capcir. Fleurit de juin en octobre.

Genre Camomille, *Chamomilla*, Godr.

1. Cam. noble ou romaine, *Cha. nobilis*, Godr.

Anthemis nobilis, Lin.; *Anthe. odorata*, Lam.; *Chamæmelum nobilis*, Alli.; *Ormenis nobilis*, Gay.

Habite les terres cultivées des plateaux de la vallée du Réart, Canohès, Pontella; partout commune dans les trois bassins. Fleurit de juin en octobre.

2. Cam. mixte, *Cha. mixta*, Gre. et Godr.

Anthemis mixta, Lin.; *Ant. coronopifolia*, Willd.; *Ant. austriaca*, Lapey.; *Chamæmelum mixtum*, Alli.; *Ormenis bicolor*, Cass.; *Orm. mixta*, Dec.; *Maruta mixta*, Moris.

Habite les environs de Prades, Villefranche et le long de la vallée de la Tet jusqu'à Olette, les champs incultes et les alluvions des torrents; les mêmes terrains dans la vallée du Réart et tout le centre de cette région. Fleurit en mai et juin.

Les plantes de ce genre sont améres et aromatiques. La Camomille Romaine, *Cha. nobilis*, est celle qui est la plus estimée. C'est elle qui est ordinairement employée comme tonique, stomachique, vermifuge et fébrifuge. Dans le département, ces qualités médicamenteuses sont accordées à un haut degré à la *Camomille officinale (matricaria chamomilla).*

Genre Anthémis, *Anthemis*, Lin.

1. Ant. des champs, *Ant. arvensis*, Lin., Koch., Moris.

Ant. agrestis, Wallr.; *Chamæmelum arvense*, Alli.
Vulg. *Œil de Vache.*

Commune partout, aux bords des champs et des routes, dans les récoltes, auxquelles elle fait un grand mal parce qu'elle s'y développe à profusion. Fleurit de mai à septembre.

Cette espèce fournit deux variétés :

Var. α *genuina*. Pédoncules non dilatés à la maturité. *Anth. arvensis*, Dec. Vit dans les mêmes localités que la précédente.

Var. β *incrassata*, Boiss. Pédoncules à la fin très-épaissis, largement fistuleux; plante plus robuste. *Anth. incrassata*, Lois.; *Anth. diffusa*, Salzm.; *Anth. nicæensis*, Will. Cette variété est très-commune sur les fortifications de la Ville-Neuve et de la citadelle de Perpignan.

2. Ant. puante, *Ant. cotula*, Lin., Dec., Koch.; en catalan *Bulitg*.

Ant. fetida, Lam.; *Ant. psorosperma*, Ten.; *Maruta cotula*, Dec.; *Mar. fetida*, Cass.; *Mar. vulgaris*, Bluff.; *Chamæmelum cotula*, Alli.

Habite les champs cultivés et les terrains aspres; la vallée de Saint-Laurent-de-Cerdans et Costujes; fort commune à Prades et à Vernet-les-Bains. Fleurit de mai à septembre.

3. Ant. maritime, *Ant. maritima*, Lin., Gouan., Desf.

Chamæmelum maritimum, Bauh.

Habite sur les sables maritimes, entre Saint-Laurent-de-la-Salanque et l'étang de Salses, le long de la chaussée, et sur les sables de tout le littoral. Fleurit de mai en août.

4. Ant. de montagne, *Ant. montana*, Lin., Guss., Gay.

Habite les champs et les prairies des environs de Mont-Louis; les pâturages de la vallée d'Eyne; on la voit dans toutes les vallées qui avoisinent la Tet, à Vernet-les-Bains, au-delà du *Roc del Grau* et à Saint-Martin-du-Canigou; dans la vallée de l'Agly, la forêt de Boucheville; dans celle du Tech, à Collioure, les Albères, Céret et jusqu'à Prats-de-Molló. Fleurit en août et septembre.

Genre Cota, *Cota*, Gay.

1. Cota très-élevée, *Cota altissima*, Gay.

Anthe. altissima, Lin.; *Anthe. cota*, Vill.; *Anthe. peregrina*, Dec.; *Chamæmelum cota*, Alli.

Habite les champs cultivés et les moissons des environs de Perpignan, surtout vers la Salanque; remonte dans la vallée de la Tet jusqu'à Olette, champs et bords des routes; elle est moins commune dans les vallées du Tech et de l'Agly. Fl. de mai en août.

2. Cota des teinturiers, *Cota tinctoria,* Gay.

Anthe. tinctoria, Lin.

Habite les coteaux calcaires de Baixas et de *Cases-de-Pena;* la *Trencada d'Ambulla*, et remonte jusqu'aux plateaux de Mont-Louis; commune dans les récoltes au village de Sauto; on la trouve aussi dans la vallée du Réart. Fleurit de juin en août.

3. Cota triumfetti, *Cota triumfetti,* Gay.

Anthe. triumfetti, Alli.; *Anthe. Austriaca,* Dec.; *Chamæmelum triumfetti,* Alli.; *Chrysant. coronarium,* Lapey.

Habite les parties arides et montueuses sous Bellegarde et Le Perthus, et le long des buttes de la vallée du Tech jusqu'à Prats-de-Molló; se retrouve dans la vallée de la Tet aux environs de Prades et jusqu'à Olette, dans les champs. Fl. en juillet et août.

Genre Anacycle, *Anacyclus,* Pers.

1. Ana. en massue, *Ana. clavatus,* Pers., Dec., Moris.

Ana. tomentosus, Dec.; *Ana. pubescens,* Rchb.; *Anthe. tomentosa,* Gouan; *Anthe. clavata,* Desf.; *Anthe. pubescens,* Will.; *Chamæmelum tomentosum,* Alli.

Habite les terres légères des aspres des environs de Perpignan et tout le centre du département; remonte les cours d'eau jusqu'à Prats-de-Molló, et dans la vallée de la Tet jusqu'à Olette. Fleurit en juillet et août.

2. Ana. radié, *Ana. radiatus,* Lois., Dec.

Ana. bicolor, Pers.; *Anthe. Valentina,* Lin.

Habite presque les mêmes localités que l'espèce précédente, plus particulièrement sur la grève des torrents et des rivières des trois bassins. Fleurit en juillet et août.

3. Ana. de Valence, *Ana. Valentinus,* Lin., Dec., Dub.

Ana. hirsutus, Lam.

Habite les bords de la rivière de la Tet dans les environs de Perpignan, et le long de ce cours d'eau jusqu'à Prades, dans les champs; la vallée du Tech, environs du Boulou et de Céret; la vallée de l'Agly, champs non loin de la rivière. Fleurit en juillet et août.

Genre Diotis, *Diotis,* Desf.

1. Dio. très-blanche, *Dio. candidissima,* Desf., Dec., Moris.

Athanasia maritima, Lin.; *Santolina maritima,* S. M.; *Sant. tomentosa,* Lam.; *Otanthus maritimus,* Link. et Hoffm.

Habite le littoral et ne s'éloigne pas des sables maritimes où elle forme de fortes touffes, à Argelès, Collioure, Banyuls-sur-Mer; elle se trouve aussi à l'île Sainte-Lucie. Fl. en juin et juillet.

Genre Santoline, *Santolina,* Tournef.

Vulg. *La garde-robe.*

1. San. faux-cyprès, *San. chamæcyparissus,* Lin., Dec., Moris.

Habite les environs de *Notre-Dame-de-Pena,* le long de l'Agly, sur les bords des champs et des chemins; les environs de Salses; la vallée du Tech, environs d'Arles et de Montferrer. Fleurit en juin et juillet.

Deux variétés sont fournies par cette espèce :

Var. α *incana.* Feuilles et rameaux couverts d'un tomentum blanc et dense. *Sant. incana,* Lam. Se trouve dans les environs d'Arles.

Var. β *squarrosa,* Dec. Feuilles et rameaux moins velus, d'un vert blanchâtre. *Sant. squarrosa,* Will. Se trouve à *Notre-Dame-de-Pena.*

2. San. verte, *San. viridis,* Will., Dec.

Habite les environs de Salses, sur la route de Narbonne, bord des champs et sur les éboulis calcaires; fort commune à Sigean. Fleurit en juillet et août.

3. San. à dents de peigne, *San. pectinata,* Lag., Benth.

Habite les environs de Prats-de-Mollò, au *Roc de las Abellas;* on la trouve aussi près de Costujes, Montferrer, Cortsavi, sur les bords des propriétés; très-commune aux environs de l'ermitage de *Sant-Anyol.* Fleurit en juillet et août.

Genre Achillée, *Achillea,* Lin.

1. Ach. cotonneuse, *Ach. tomentosa,* Lin., Vill., Dec.

Habite le plateau supérieur de la *Trencada d'Ambulla;* les coteaux arides derrière La Preste et ses environs. Fleurit en mai et juin.

2. Ach. odorante, *Ach. odorata,* Lin., Dec., Koch.

Habite la vallée de la Tet, aux environs de Prades, la *Trencada d'Ambulla* et jusqu'aux environs d'Olette et Fontpédrouse; la vallée de Nohèdes, sur les roches du premier plateau. Fleurit en juin et juillet.

3. Ach. mille feuilles, *Ach. millefolium,* Lin.

Vulg. *Mille feuilles, Sourcis de Vénus.*

Habite partout : les bords des propriétés, les fossés des champs, les bords des chemins, même à de grandes élévations, puisqu'on la trouve dans les vallées d'Eyne et de Llo. Fleurit tout l'été.

Deux variétés sont fournies par cette espèce :

Var. α *genuina.* Feuilles à segments un peu écartés, tri-quinquefides, à lanières linéaires-lancéolées; calathides plus grandes. Se trouve dans la vallée du Tech.

Var. β *setacea*, Koch. Feuilles à segments plus rapprochés, divisés en lanières plus nombreuses et plus fines; calathides de moitié plus petites. *Achi. setacea*, Wald. Se trouve dans les environs de *Cases-de-Pena*.

4. Ach. à feuilles de tanaisie, *Ach. tanacetifolia*, Alli., Vill., Dec.

Ach. ambigua, Poll.; *Ach. magna*, Roch.

Habite le bord des ravins des bois de Salvanère et de Boucheville; les sommités de La Manère; Prats-de-Molló, près *Notre-Dame-du-Coral*. Fleurit en juillet et août.

5. Ach. noble, *Ach. nobilis*, Lin., Vill., Dec.

Habite Saint-Antoine-de-Galamus, près Saint-Paul; les pentes des montagnes au-dessus de Prades; remonte la vallée de la Tet jusqu'aux environs de Mont-Louis; la vallée de Vernet-les-Bains et Castell; le Canigou, aux environs du *Randé;* la vallée du Tech, Céret, Arles, jusqu'au *Baus de l'Aze*, près Prats-de-Molló. Fleurit en juillet et août.

6. Ach. à feuilles de camomille, *Ach. chamæmelifolia*, Pour., Dec.

Ach. capillata, *falcata* et *recurvifolia*, Lapey.

Habite la *Trencada d'Ambulla;* le vallon de Vernet-les-Bains, sur les rochers près des établissements; la vallée de Nohèdes, très-commune près la fontaine de l'*Aram*, en remontant vers les plateaux; la *Font de Comps;* la vallée du Tech, Céret jusqu'à Prats-de-Molló. Fleurit en juillet et août.

La var. *Achi. falcata* de Lapeyrouse, se trouve sur les roches du centre de la vallée de Llo.

7. Ach. eupatoire, *Ach. ageratum*, Lin., Gouan., Vill.

Ach. viscosa, Lam.

Habite les terres arides et sablonneuses du centre du département, non loin des cours d'eau. Fleurit en juillet et août.

8. Ach. ptarmique, *Ach. ptarmica,* Lin., Dec., Koch.

Ptarmica vulgaris, Clus.

Habite les pelouses humides des montagnes, à la *Coma du Tech,* à *Costa-Bona;* la vallée de la Tet, vers Mont-Louis; la *Borde-Girvés;* la vallée d'Eyne; la montagne de *Madres;* le bois de Salvanère. Fleurit de juin en août.

9. Ach. des Pyrénées, *Ach. Pyrenaïca,* Sibth.

Ptarmica vulgaris, β *pubescens,* Dec.

Habite les pelouses du fonds de la vallée d'Eyne, où elle est très-rare. Fleurit en juillet et août.

10. Ach. naine, *Ach. nana.* Lin., Vill., Alli.

Ach. lanata, Lam.; *Ptarmica nana,* Dec.

Habite les parties supérieures du Canigou et divers pics de la chaîne, en allant de *Costa-Bona* à *Nuria* par Carença; la *Fosse du Géant* et la *Coma de la Baca.* Fleurit en juillet et août.

Genre Bident, *Bidens,* Lin.

1. Bid. tripartite *Bid. tripartita,* Lin., Dec.

Bid. canabina, Lam.

Habite les lieux humides, les fossés, les prairies inondées de Vernet-les-Bains, Castell, Saint-Martin-du-Canigou; mêmes lieux aux environs de Prats-de-Molló; la vallée de l'Agly, environs de Fosse, en allant à la forêt de Boucheville. Fleurit toute la belle saison.

2. Bid. penchée, *Bid. cernua,* Lin., Dec.

Habite les lieux humides de toute la région basse des trois bassins. Fleurit de juillet à octobre.

GENRE HÉLIANTHE, *Helianthus*, Lam.

1. Hél. annuel ou tournesol, *Hel. annuus*, Lin.

Vulg. *Soleil, Tournesol.*

Cultivé pour l'ornement des jardins à cause du bel éclat de ses fleurs. Les graines, grosses et nombreuses, servent de nourriture pour engraisser les volailles, et les oiseaux en sont friands; on en retire une huile grasse. Les feuilles servent à nourrir les vaches. L'écorce de la tige, haute de deux mètres, peut être préparée comme le chanvre et servir aux mêmes usages. Cette plante n'est pas assez répandue. Fleurit en août et septembre.

2. Hél. topinambour, *Hel. tuberosus*, Lin.; en catalan *Nyama*.

Vulg. *Poire de terre.*

Cette plante, originaire du Chili, est cultivée plus en grand que l'espèce précédente. Ses tubercules, qui ont l'aspect des pommes de terre, ne sont pas aussi estimés; cependant ils rendent de grands services, car tous les bestiaux les aiment avec passion; on les donne plus particulièrement aux vaches et aux brebis, dont ils augmentent le lait; on pourrait en faire de l'eau-de-vie. Les feuilles, vertes ou sèches, sont pour les bestiaux une saine et abondante nourriture. Les tiges peuvent servir à chauffer les fours. Les *Topinambours* ont le goût de l'artichaut, et peuvent être accommodés de diverses façons pour la nourriture de l'homme. Fleurit fin août et septembre.

GENRE KERNERIA, *Kerneria*, Mœnch.

1. Ker. bipinnée, *Ker. bipinnata*, Gre. et Godr.

Bid. bipinnata, Lin.

Habite les champs cultivés et humides près des cours d'eau de toute la plaine. Fleurit en septembre.

GENRE BUPHTHALMUM, *Buphthalmum*, Lin.

Vulg. *Œil de Bœuf.*

1. Bup. à feuilles de saule, *Bup. Salicifolium*, Lin., Gouan.

Habite les calcaires derrière Saint-Martin-du-Canigou et le pied de la *Tour de Batère,* versants de Cortsavi. Fleurit en juin et juillet.

GENRE ASTÉRISQUE, *Asteriscus,* Mœnch.

Vulg. *Astérolide.*

1. Ast. maritime, *Ast. maritimus,* Mœnch., Dec.

Buphthalmum maritimum, Lin.; *Nauplius maritimus,* Cass.

Habite sur les rochers du bord de la mer entre Argelès et Collioure. Fleurit en juillet et août.

2. Ast. aquatique, *Ast. aquaticus,* Mœnch., Dec.

Buph. aquaticum, Lin.; *Nauplius aquaticus,* Cass.

Habite les environs de Prades, parmi les pierres, aux endroits frais; Villefranche, à la *Trencada d'Ambulla; Cases-de-Pena,* près des torrents. Fleurit en juin et juillet.

3. Ast. épineux, *Ast. spinosus,* Gre. et Godr.

Buph. spinosum, Lin.; *Buph. astroïdeum,* Viv.; *Pallenis spinosa,* Cass.

Habite les garrigues de Baixas, *Cases-de-Pena, Força-Real;* les terrains incultes des environs de Perpignan, Château-Roussillon, *Sarrat d'en Vaquer, Sarrat de las Guillas* et *Malloles;* partout dans les trois bassins. Fleurit de juin en août.

GENRE CORVISARTIA, *Corvisartia,* Merat.

1. Corv. aulnée, *Cor. helenium,* Merat.

Inula helenium, Lin.; *Ast. helenium,* Scop.; *Ast. officinalis,* Alli.

Vulg. *Aromate germanique, Aunée, OEil de Cheval.*

Habite les bois frais du pied des Albères; les environs de Céret; la vallée de Saint-Laurent-de-Cerdans. Fleurit de juin en août.

GENRE AUNÉE, *Inula,* Lin.

1. Aun. coniza, *Inu. coniza,* Dec.

Coniza squarrosa, Lin.; *Con. vulgaris,* Lam.

Habite les clairières des bois, les bords des champs, le pied des murs de clôture, aux environs de Prats-de-Mollò, de La Preste, La Manère, Costujes et St-Laurent-de-Cerdans. Fl. de juin en août.

2. Aun. bifrons, *Inu. bifrons,* Lin., Dec., Dub.

Inu. glomeliflora, Lam.; *Aster bifrons,* Alli.; *Coniza bifrons,* Gouan.

Habite le bord des torrents des bois de Salvanère et de Boucheville, parmi les broussailles rejetées par les eaux. Fleurit en juillet et août.

3. Aun. à feuilles de spirée, *Inu. spirœifolia,* Lin.

Inu. squarrosa, Lin., Gouan.; *Inu. bubonion,* Jacq.; *Inu. Germanica,* Vill.; *Ast. bubonium,* Scop.

Habite les environs de Collioure, sur les collines et le long de cette région jusqu'à Banyuls-sur-Mer. Fleurit en juillet et août.

4. Aun. hérissée, *Inu. hirta,* Lin., Vill., Dec.

Inu. montana, Poll.; *Ast. hirtus,* Scop.

Habite les régions basses du Canigou, Saint-Martin et les versants méridionaux du côté de Cortsavi; les haies des champs des environs de Prades; les bords humides des torrents des environs de Fosse et de Saint-Martin. Fleurit de juin en août.

5. Aun. à feuilles de saule, *Inu. salicina,* Lin., Vill., Dec.

Ast. salicinus, Scop.

Habite la région moyenne des montagnes, près des torrents, aux environs de Costujes et de Saint-Laurent-de-Cerdans. Fleurit de juin en août.

6. Aun. de Vaillant, *Inu. Vaillantii,* Vill., Dec., Dub.

Inu. cinerea, Lam.; *Ast. Vaillantii,* Alli.

Habite la vallée d'Eyne, versant espagnol de la *Collada de Nuria;* Carença, expositions méridionales. Fleurit en août et septembre.

7. Aun. à feuilles de Crithme, *Inu. crithmoïdes*, Lin., Dec., Dub.

Limbarda tricuspis, Cass.; *Senecio crithmifolius*, Scop.

Habite les prairies et lieux humides qui ont été inondés pendant l'hiver, près des dunes, sur les bords de l'étang de Salses; les bords du canal de La Nouvelle, côté opposé au phare; l'île Sainte-Lucie. Fleurit en juin et août.

8. Aun. de montagne, *Inu. montana*, Lin., Gouan., Vill.

Ast. montanus, Alli.

Habite les terrains rocailleux et arides de la vallée de Saint-Marsal; Prats-de-Molló; Costujes; la vallée de Conat, en montant à la *Font de Comps*, au lieu dit *los Rocatells*. Fl. de juin en août.

9. Aun. hélénoïde, *Inu. helenioïdes*, Dec., Dub., Lois.

Inu. oculus christi, Lapey.

Habite les Corbières, entre Estagel et Saint-Paul; le vallon de Prades; Ria; Belloch; la vallée de Finestret et Estoher; le vallon de Cornella-du-Conflent, au *Camp del Forn;* on la trouve aussi en Cerdagne, aux environs d'Estavar. Fleurit en mai et juin.

L'Aunée, *Inu. Helenium*, à laquelle on a donné le nom de *Quinquina indigène*, est utilisée en médecine. Elle est vermifuge, stomachique, tonique; on la donne en poudre, en décoction ou en extrait. C'est surtout dans la médecine vétérinaire qu'on en fait usage à cause de son prix peu élevé; c'est la racine qui est employée.

GENRE PULICAIRE, *Pulicaria*, Gærtn.

1. Pul. odorante, *Pul. odora*, Rchb., Moris., Guss.

Inu. odora, Lin.

Habite Saint-Antoine-de-Galamus; les vallons de Collioure, Port-Vendres et tous les coteaux de Banyuls-sur-Mer. Fleurit en juillet et août.

2. Pul. dyssentérique, ***Pul. dyssenterica,*** **Gærtn.**

Inu. dyssenterica, Lin.; *Inu. conyzæa,* Lam.; *Ast. dyssenterica,* Alli.

Habite les champs près des fossés humides de *Malloles*, les environs du *Sarrat d'en Vaquer*, les parties basses de Château-Roussillon, et lieux humides près Perpignan. Fl. de juin en août.

3. Pul. commune, ***Pul. vulgaris,*** **Gærtn.**

Inu. pulicaria, Lin.; *Ast. pulicarius,* Alli.

Habite les fossés desséchés et les prairies humides qui se rapprochent de la mer. Fleurit en août et septembre.

4. Pul. de Sicile, ***Pul. Sicula,*** **Moris.**

Erige. siculum, Lin.; *Inu. chrysocomoïdes,* Poir.; *Coniza sicula,* Will.; *Solidago pratensis,* Savi.; *Jasonia discoïdea,* Cass.; *Jas. sicula,* Dec.; *Tubilium siculum,* Fisch.

Cette espèce est aussi commune et habite les mêmes lieux que la précédente. Fleurit d'août en octobre.

Genre Cupulaire, *Cupularia,* Gre. et Godr.

1. Cup. fétide, ***Cup. graveolens,*** **Gre. et Godr.**

Erige. graveolens, Lin.; *Solid. graveolens,* Lam ; *Inu. graveolens,* Desf.

Habite les champs près des eaux des environs de Prades; les ravins sur la route de Villefranche à Olette; les champs et le bord des vignes du vallon de Banyuls-sur-Mer; le bord des propriétés des environs de Prats-de-Molló. Fleurit en août et septembre.

2. Cup. visqueuse, ***Cup. viscosa,*** **Gre. et Godr.**

Erige. viscosum, Lin.; *Solid. viscosa,* Lam.; *Inu. viscosa,* Ait. Keiw.; *Pul. viscosa,* Koch.

Habite les parties basses de Château-Roussillon et de tout le littoral; les parties humides des bords du Tech, environs du Boulou et de Céret; les bords des champs et prairies des environs de Prades et de Villefranche. Fleurit en août et septembre.

Genre Jasonia, *Jasonia*, Dec.

1. Jas. glutineuse, *Jas. glutinosa*, Dec.

Jas. saxatilis, Guss ; *Erige. glutinosum*, Lin., *Inu. saxatilis*, Lam.; *Chrysocoma saxatilis*, Dec.; *Chiliadenus camphoratus*, Cass.; *Orsina camphorata*, Berthol.

Habite, dans la vallée de la Tet, Prades, Villefranche, Olette, parmi les rocailles, au bord des propriétés; le vallon de Cornella-du-Conflent, près des canaux d'arrosage; les environs d'Arles jusqu'à Prats-de-Molló. Fleurit en juillet et août.

2. Jas. tubéreuse, *Jas. tuberosa*, Dec.

Jas. tuberosa, Cass.; *Erige. tuberosum*, Lin.; *Inu. tuberosa*, Lam.; *Ast. punctatus*, Lapey.

Habite le territoire de Prats-de-Molló, sur les terres de la briqueterie de *Can Pobil*, près du *Coral*, où cette plante est abondante. Fleurit en juillet et août.

Genre Hélichryse, *Helichrysum*, Dec.

1. Hél. des sables, *Hel. arenarium*, Dec., Koch.

Gnaph. arenarium, Lin.

Habite le lit des rivières des trois bassins, parmi les graviers et les sables rejetés par les inondations. Fleurit en juillet et août.

2. Hél. couchée, *Hel. decumbens*, Camb., Dec.

Gnaph. decumbens, Lag.; *Gnaph. rupestre*, Pour.

Habite les vallons de Port-Vendres et de Banyuls-sur-Mer, sur les rochers du littoral; très-commune à l'île Sainte-Lucie. Fleurit en mai.

3. Hél. stæchas, *Hel. stæchas*, Dec., Camb., Dub.

Gnaph. stæchas, Lin.; *Gnaph. citrinum*, Lam.

Habite les roches calcaires de *Cases-de-Pena*, Saint-Antoine-de-Galamus; *Força-Real;* Prades, Villefranche, jusqu'aux Graus d'Olette, sur les rochers et les bords des propriétés; Céret, Arles et jusqu'au *Baus de l'Aze;* les environs de Banyuls-sur-Mer et de Collioure. Fleurit en juin et juillet. Commune partout.

4. Hél. serotinum, ***Hel serotinum,*** **Bois.**

Habite la vallée de la Tet, sur les sables de la rivière, Perpignan, Saint-Féliu, Ille, Prades, jusqu'à Olette; dans la vallée du Tech, Collioure, les Albères, Céret; très-fréquente à l'île Sainte-Lucie. Fleurit en mai et juin.

5. Hél. à feuilles étroites, ***Hel. angustifolium,*** **Dec., Salis.**

Hel. italicum, Guss.; *Gnaph. italicum*, Guss., Roth ; *Gnaph. angustifolium*, Lois.; *Gnaph. stœchas*, Sibth.; *Elichrysum angustissimo folio*, Tournef.

Habite les environs de Collioure, les roches des bords des vignes de Consolation; les terres calcaires des hauteurs de Céret; les tertres des vignes de Prades. Fleurit en mai et juin.

Genre Gnaphale, *Gnaphalium,* Don.

1. Gna. jaunâtre, ***Gna. luteo album,*** **Lin., Dec., Koch.**

Habite les bords de la Tet, métairie Picas; les champs et bords des chemins près la rivière de la Basse, en allant à la métairie Fraisse; les vallées d'Ille, Prades, Vernet-les-Bains, Castell, Nyer, Olette, dans les champs et sur les roches; la montagne de la *Majoral,* à Arles et route de Saint-Laurent-de-Cerdans. Fleurit de juin en août.

2. Gna. des bois, ***Gna. sylvaticum,*** **Lin., Koch.**

Gna. rectum, Sm.

Habite les bois des régions moyennes du Canigou; le bois de Salvanère; la montagne de *Madres;* les roches de la *Font de Comps;* les montagnes de la rive gauche du Tech, au-dessus de La Preste; on le trouve aussi au Llaurenti. Fleurit de juin à septembre.

3. Gna. de Norwége, *Gna. Norvegiacum*, Gunn., Koch.

Gna. sylvaticum, S. M.; *Gna. fuscatum*, Pers.; *Gna. fuscum*, Lam.; *Gna. medium*, Vill.

Habite les éboulis de roches des hauteurs de Fontpédrouse; la face septentrionale du *Cambres-d'Aze*, où cette plante est moins développée. Fleurit en juillet et août.

4. Gna. des marais, *Gna. uliginosum*, Lin., Dec.

Gna. ramosum, Lam.

Habite les champs et les bords des torrents des environs de Prats-de-Molló; la vallée de Vernet-les-Bains, rocailles des environs du bois de la *Barnouse* et sur les sables des torrents. Fleurit en juin et juillet.

5. Gna. redressé, *Gna. supinum*, Lin., Vill., Dec.

Gna. pusillum, Hœnk.; *Gna. fuscum*, Scop.; *Omalotheca supina*, Cass.

Habite le sommet du *Cambres-d'Aze;* la vallée d'Eyne; le sommet de la *Collada de Nuria*, au nord; les régions élevées du Canigou; le *Pla Guillem*, aux environs du *Cap de la Roquette;* le Llaurenti. Fleurit en juillet et août.

Genre Antennaria, *Antennaria*, R. Brown.

1. Ant. carpatica, *Ant. carpatica*, Bluff. et Fing.

Gna. carpaticum, Walh.; *Gna. Alpinum*, Vill.

Habite parmi les roches des sommets élevés de la vallée d'Eyne; les sommets du Canigou, face septentrionale, parmi les débris de roches, particulièrement dans la gorge de la *Comelade*. Fleurit en juillet et août.

2. Ant. dioïque, *Ant. dioïca*, Gærtn.

Gna. dioïcum, Lin.

Vulg. *Pied de Chat, Herbe blanche, OEil de Chien.*

Habite les glacis des fortifications de Mont-Louis; la région subalpine du Canigou; le *Pla Guillem;* le bas de la gorge de la *Comelade; Costa-Bona.* Fleurit en juillet et août.

Une particularité remarquable dans cette espèce, c'est que les fleurs mâles sont blanches et les femelles purpurines.

GENRE LEONTOPODIUM, *Leontopodium,* R. Brown.

1. Leon. des Alpes, *Leon. Alpinum,* Cass., Dec.

Leon. umbellatum, Bluff. et Fing.; *Filago leontopodium,* Lin.; *Gna. leontopodium,* Scop.; *Antennaria leontopodium,* Gærtn.

Habite l'extrémité de la vallée d'Eyne, parmi les éboulis de roches, à gauche, avant de gravir la montée du *Col de Nuria;* le sommet de la vallée de Prats-de-Balaguer, escarpements du *Roc del Buc.* Fleurit en juillet et août.

GENRE FILAGO, *Filago,* Tournef.

Vulg. *Cotonnière.*

1. Fil. spatule, *Fil. spathulata,* Presl., Jord.

Fil. Jussiæi, Cass. et Germ.; *Fil. pyramidata,* Vill.; *Fil. pyramidata* β *spathulata,* Parlat.; *Fil. Germanica* β *spathulata,* Dec.

Habite les champs et les vignes des environs de *Cases-de-Pena,* Estagel et toute cette vallée; *Força-Real,* etc. Fl. en juillet et août.

2. Fil. d'Allemagne, *Fil. Germanica,* Lin., Vill., Cass.; en catalan *Herba del Berm.*

Gna. Germanicum. Will.

Habite les champs et les moissons des terrains aspres, Llupia, Terrats et tout le parcours de la Cantarane; Collioure et Port-Vendres. Fleurit en juillet et août.

Cette plante offre deux variétés :

Var. α *lutescens.* Plante couverte d'un tomentum d'un blanc jaunâtre ou verdâtre. *Fil. lutescens,* Jord. Vit dans le vallon de Port-Vendres.

Var. β *canescens*. Plante couverte d'un tomentum blanc. *Fil. canescens*, Jord. Se trouve plus particulièrement entre Terrats et Fourques.

3. Fil. des champs, *Fil. arvensis,* Lin., Vill., Lam.; en catalan *Herba de las Borogas.*

Gna. arvense, Will.; *Oglifa arvensis*, Cass.; *Achoriterium arvense*, Bluff.

Habite les terrains sablonneux et incultes des bords des rivières de la Salanque; les bords de la rivière de la Basse, champs de la métairie Fraisse; se retrouve dans les vallées d'Eyne et de Llo. Fleurit en juin et juillet.

4. Fil. neglecta, *Fil. neglecta,* Dec.

Gna. neglectum, Soy., Will.; *Gna. gallico uliginosum*, Billot; *Oglifa Soyerii*, Godr.

Habite les bords des torrents desséchés des vallées du centre du département, au pied des montagnes d'Oms, Llauro, et au-dessous de Castelnau et Camélas, dans le lit des rivières de ces deux villages. Fleurit en juillet et août.

5. Fil. nain, *Fil. minima,* Fries., Koch.

Fil. montana, Dec; *Gna. minimum*, Sm.; *Gna. montanum*, Huds.; *Xerotium montanum*, Bluff. et Fing.; *Logfia lanceolata*, Cass.

Habite les champs, les moissons et les terres légères des aspres de toute la plaine; *Cases-de-Pena*, Baixas, *Força-Real*, et tout le bas du *Calce* de Thuir. Fleurit en juin et juillet.

Genre Logfia, *Logfia,* Cass.

1. Log subulata, *Log. subulata,* Cass.

Log. Gallica, Coss. et Germ.: *Fil. Gallica*, Lin.; *Fil. filiformis*, Lam.; *Gna. Gallicus*, Huds.; *Xerotium Gallicum*, Bluff.

Habite les champs des aspres ravagés par les courants dans les crues du Réart, sur toute l'étendue de cette vallée jusqu'aux environs de Saint-Nazaire. Fleurit de juin en août.

GENRE MICROPE, *Micropus*, Lin.

1. Mic. dressé, *Mic. erectus*, Lin., Dec., Dub.

Habite les coteaux arides des Corbières, *Cases-de-Pena*, Estagel, Maury; les champs et les pentes sèches entre Olette et Mont-Louis. Fleurit en juin et juillet.

2. Mic. bombycinus, *Mic. bombycinus*, Lag., Dec.

Habite les champs des aspres des environs de Baixas; les pentes arides des environs de *Força-Real*, et le long des buttes calcaires de Camélas à Thuir. Fleurit en juin.

GENRE ÉVAX, *Evax*, Gærtn.

1. Évax pygmée, *Evax pygmæa*, Pers., Koch.

Evax umbellata, Gærtn.; *Fil. pygmæa*, Lin.; *Fil. acaulis*, Alli.; *Gnaphalium pygmæum*, Lam.; *Micropus pygmæus*, Desf.

Habite sur les rochers du bord de la mer, aux anses de *Paulille;* dans les mares desséchées des environs de Salses, et les sables des champs qui avoisinent Cabestany. Fleurit en juin et juillet.

GENRE CARPÉSIE, *Carpesium*, Lin.

1. Car. penchée, *Car. cernuum*, Lin., Vill., Dec.

Habite la lisière des bois de l'entrée de la vallée de Llo, en remontant la rivière, rive gauche; les environs de Prats-de-Molló, à la *Tour de Mir* et au Mas-Xatart. Fleurit en juillet et août.

GENRE SOUCI, *Calendula*, Neck.

1. Sou. des champs, *Cal. arvensis*, Lin., Dec.

Cal. ceratosperma, Viv.

Vulg. *Petit Souci*.

Commun partout, dans les vignes et les champs du Vernet,

près Perpignan, les olivettes et les champs de *Malloles*, et dans les vallées basses de tout le pays. Fleurit de mai à septembre.

On cultive dans les parterres, comme plante d'agrément, le *Souci officinal*. Ses belles coroles jaunes, nombreuses, et qui durent longtemps, le font estimer. Il se multiplie très-facilement. Nos paysans l'appellent *Maraveilla*. On le conserve dans les officines, quoique son emploi soit aujourd'hui très-restreint, et on l'administre en infusion comme excitant.

Genre Boulette, *Echinops*, Lin.

1. Boul. à tête ronde, *Echi. sphærocephalus*, Lin., Vill.

Echi. multiflorus, Lam.

Habite les bords de la route et des sentiers entre Prades, Villefranche, Olette et Mont-Louis; les environs du vieux Mont-Louis; les sentiers de la vallée de Llo; les bords des chemins de la vallée de Cornella-du-Conflent et de Vernet-les-Bains. Fleurit en juillet et août.

2. Boul. Ritro, *Echi. Ritro*, Lin., Vill., Dec.

Echi. pauciflorus, Lam.

Habite les bords des chemins et les haies des propriétés à Canet, *Malloles*, les fossés des fortifications et tous les environs de Perpignan; les vallées de Prades, de Taurinya et les mines de Fillols; les vallons de Collioure, Port-Vendres et Banyuls-sur-Mer; tous les terrains incultes du département. Fleurit de juin en août.

Dans le Nord on cultive les *Echinops* comme plantes d'agrément. Ils sont trop communs ici, surtout le *Ritro*, pour qu'on prenne cette peine.

Genre Galactite, *Galactites*, Mœnch.

1. Gal. cotonneuse, *Gal. tomentosa*, Mœnch., Dec., Dub.

Centaurea galactites, Lin.; *Cnicus galactites*, Lois.; *Carduus galactites*, Chaub. et Bor., *Calcitrapa galactites*, Lam.

Répandue dans tout le département, cette plante vit sur les grand'routes, dans les fossés, au bord des propriétés et dans les terres cultivées. Nous trouvons une variété à fleur blanche. Fleurit de juin en août.

GENRE TRYMNE, *Trymnus,* Cass.

1. Try. leucographe, *Try. leucographus,* Cass., Dec., Koch.

Carduus leucographus, Lin.; *Cirsium maculatum*, Lam.

Habite les terres incultes du centre du département, le plateau de Terrats et de Fourques; le vallon de Banyuls-sur-Mer, vers *Can Campa.* Fleurit en mai et juin.

GENRE SILYBE, *Silybum,* Vaill.

Vulg. *Épine blanche, Lait de Notre-Dame, Chardon argenté.*

1. Sil. chardon Marie, *Sil. Marianum,* Gærtn., Dub., Dec.

Sil. maculatum, Mœnch.; *Carduus Marianus*, Lin.; *Cirsium maculatum*, Scop.; *Cartamus maculatus*, Lam.

Habite les olivettes de *Malloles* et les environs des deux *Sarrats d'en Vaquer* et de *las Guillas;* les parties basses et incultes de la *Trencada d'Ambulla*. Fleurit en juillet et août.

Ce Chardon est comestible. Ses tiges, ses feuilles, comme son réceptacle, sont charnus et tendres, et peuvent être mangés cuits et en salade.

GENRE ONOPORDE, *Onopordon,* Vaill.

Vulg. *Pet d'Ane.*

1. Ono. acanthe, *Ono. acanthium,* Lin., Dec.

Habite les fossés des fortifications de la citadelle et de la ville de Perpignan; le bord des routes et près des villages, vers les lieux où sont amoncelés des décombres; partout dans les trois bassins. Très-commun. Fleurit en juillet et août.

2. Ono. d'Illyrie, *Ono. Illyricum,* Lin., Vill., Dec.

Ono. elongatum, Lam.; *Ono. horridum*, Viv.

Habite les fossés des fortifications de la citadelle et de la ville de Perpignan, tant extérieurement qu'intérieurement; les bords des routes de tout le pays; commun partout. Fleurit en juin et juillet.

Cette espèce porte aussi le nom catalan de *Carchofa de Burro,* dénomination qui s'applique à tous les chardons à grosse tête.

3. Ono. sans tige, *Ono. acaule,* Lin., Dec.

Ono. Pyrenaïcum, Dec.; *Ono. acaulon*, Lapey.

Habite la vallée de Conat, au sud-ouest du plateau de la *Font de Comps,* dans les champs; les champs cultivés du plateau supérieur d'Escaro, sur la rive droite de la Tet, où il est commun; le plateau d'*Ambulla,* près Villefranche. Fleurit en juin.

GENRE ARTICHAUT, *Cynará,* Vaill.

1. Art. commun, *Cyn. cardunculus,* Lin., Dec., Desf.; en catalan *Carchofa á fló caulere.*

Cyn. sylvestris α, Lam.; *Cyn scolimus*, var. β, Gouan.; *Cyn. horrida*, Sibth.; *Cyn. spinosissima*, Presl.; *Cyn. Corsica* et *Cyn. humilis*, Viv.

Habite sur les calcaires de Salses, au bord des vignes; les terres de plusieurs métairies des coteaux de Château-Roussillon.

Cette plante croît assez abondamment sur les Corbières et dans divers lieux isolés. On utilise les étamines, qu'on ramasse avec soin, pour cailler le lait. En catalan, on nomme ces étamines *fló caulere* (fleur à cailler).

Cette plante est le type des Cardes et des Artichauts. La culture et les soins donnés à ce végétal, lui ont valu les propriétés de le rendre alimentaire. Nulle autre part, en France, il ne prospère comme dans le rayon de Perpignan, et ces deux plantes, cultivées très en grand sont l'objet, l'artichaut surtout, d'un commerce d'exportation considérable. Notre douce température favorise leur végétation, et dès le mois de novembre, nous voyons paraître sur nos marchés des masses d'Artichauts et de Cardes, et cela se continue jusqu'en juillet.

GENRE NOTOBASIS, *Notobasis,* Cass.

Ce genre se compose d'une seule espèce qui n'a pas été trouvée dans le département.

GENRE PICNOMON, *Picnomon,* Lob.

1. Pic. acarna, *Pic. acarna,* Cass., Moriss., Boiss.

Carduus acarna, Lin.; *Cnicus acarna,* Vill. et Lin.; *Cirsium acarna,* Mœnch.

Habite les lieux incultes de la vallée de la Tet; la base de *Força-Real;* les environs de Villefranche; la *Font de la Barjoane,* à la montagne d'*Ambulla;* dans la vallée du Réart, les environs du *Monestir del Camp,* près le Boulou. Fleurit en juin et juillet.

GENRE CIRSE, *Cirsium*, Tournef.

1. Cir. lancéolé, *Cir. lanceolatum*, Scop., Dec.

Carduus lanceolatus, Lin.; *Car. vulgaris*, Savi.; *Cnicus lanceolatus*, Hoffm.; *Eriolepis lanceolata*, Cass.

Habite le bord des chemins, les lieux incultes, tous les plateaux de nos basses montagnes, et les aspres de la vallée du Réart. Fleurit de juin à septembre. Commun.

Cette espèce fournit deux variétés :

Var. α *genuinum,* Gre. et Godr. Feuilles vertes des deux côtés, pennatipartites, munies en dessus de spinules éparses. Commun dans tout le plateau du Réart.

Var. β *hypoleucum,* Dec. Feuilles blanches aranéeuses en dessous, le plus souvent pennatifides, couvertes de spinules en dessus. *Cir. nemorale,* Rech. Se trouve dans les environs du Boulou.

2. Cir. crinitum, *Cir. crinitum*, Boiss. *in Dec.*

3. Cir. hérissé, *Cir. echinatum*, Dec., Dub.

Carduus echinatus, Desf.; *Cnicus echinatus*, Huds.

Ces deux espèces n'ont pas été trouvées dans le département; mais elles sont assez abondantes dans les vignes et les lieux stériles de l'île Sainte-Lucie, en entrant par La Nouvelle, à gauche du canal, vers le nord. Fleurit en juillet et août.

4. Cir. féroce, *Cir. ferox*, Dec., Dub.

Carduus ferox, Lam.; *Car. Bonjarti*, Savi.; *Cnicus ferox*, Lin.; *Eriolepis ferox*, Cass.

Habite les coteaux calcaires et les lieux incultes des basses Corbières, les bords des vignes, des routes, des champs aspres, les garrigues; partout trop abondant. Fleurit en juillet et août.

5. Cir. odontolepis, *Cir. odontolepis*, Boiss.

Habite les vignes et les garrigues du vallon de Collioure, en montant à Consolation. On le confondrait avec le *Ferox*, dont il a le port; mais il est plus voisin par ses caractères du *Cir. eriophorum*. Fleurit en juillet et août.

6. Cir. à tête laineuse, *Cir. eriophorum*, Scop., Dec.

Carduus eriophorus, Lin.; *Cnicus eriophorus*, Hoffm.

Vulg. *Chardon des Ânes*.

On le trouve dans les lieux incultes de la plaine et des montagnes; dans les terres aspres de tout le département; dans la vallée de la Tet, jusqu'aux environs de Mont-Louis; dans celle du Tech, jusqu'à Prats-de-Molló; dans les calcaires de la vallée de l'Agly, jusqu'au-delà de Caudiès. Fleurit en juillet et août.

7. Cir. des marais, *Cir. palustre*, Scop., Dec.

Carduus palustris, Lin.; *Cnicus palustris*, Hoffm.

Habite les lieux humides des vallées de nos montagnes moyennes; dans la plaine, les bords de la rivière de la Basse, vers Toulouges, et les prairies de Canohès et de Thuir. Fl. en juin et juillet.

Cette espèce fournit deux variétés :

La var. β *torphaceum*, Gre. et Godr. Plante grêle, à rameaux non ailés sous les calathides. Se trouve dans les lieux tourbeux des gorges de *Madres* et du Capcir.

8. Cir. palustre-Montpellier, *Cir. palustre-Monspessulanum*, Gre. et Godr.

Habite les pelouses tourbeuses de la vallée d'Eyne, vers la cascade; les pelouses de la *Coma de la Tet*, et les bords de cette rivière. Fleurit en août.

9. Cir. de Montpellier, *Cir. Monspessulanum*, Alli., Dec., Dub.

Cir. compactum, Lam.; *Carduus Monspessulanus*, Lin., Gouan.; *Cnicus Monspessulanus*, Will.

Habite les bords humides de la rivière de la Basse, près la métairie Fraisse; toutes nos vallées basses, près des eaux; au Canigou, les tourbières du *Randé;* à Mont-Louis, le bord des fossés de La Cassagne; le *Cap de Creu*, sur la route du Capcir; les lieux humides de la *Font de Comps;* Saint-Paul, près le pont de la *Fou;* les environs de Prats-de-Molló. Fleurit en juillet.

10. Cir. des potagers, *Cir. oleraceum*, Scop., Dec.

Carduus oleraceus, Vill.; *Car. acanthifolius*, Lam.; *Cnicus oleraceus*, Lin.; *Cnicus pratensis*, Lam.

Habite les bords des cours d'eau et des champs de la plaine; les prairies humides des régions moyennes des montagnes; il est fort commun. Fleurit en juin et juillet.

11. Cir. erisithale, *Cir. erisithales*, Scop., Gaud., Koch.

Cir. glutinosum, Lam.; *Cir. ochroleucum*, Dec.; *Carduus erisithales*, Lam.; *Cnicus erisithales*, Lin.

Habite le bord des fossés, les prairies et la lisière des bois des parties élevées des montagnes; le bois communal de Céret; la montagne de la *Majoral*, à Arles; Saint-Laurent-de-Cerdans; au-dessus de Saint-Martin-du-Canigou; le bord des torrents de la forêt de Boucheville. Fleurit en juillet et août.

12. Cir. rivulare, *Cir. rivulare*, Link., Koch.

Cir. tricephalodes, Dec.; *Carduus tricephalodes*, Lam.; *Car. erisithales*, Vill.; *Car. rivularis*, Jacq.; *Cnicus rivularis*, Will.

Habite la base de *Costa-Bona*, près des ravins, et les prairies de toute cette région. Fleurit en juillet et août.

13. Cir. très-épineux, *Cir. spinosissimum*, Scop., Dec., Dub.

Carduus spinosissimus, Vill.; *Car. comosus*, Lam.; *Cnicus spinosissimus*, Lin.; *Carthamus involucratus*, Lam.

Habite le plateau de *Régleille*, environs d'Ille; la base de *Força-Réal*, bord des vignes et terres incultes; les garrigues de Baixas et de *Cases-de-Pena;* Salses, et toutes nos montagnes calcaires. Fleurit en juillet.

14. Cir. glabre, *Cir. glabrum*, Dec., Dub.

Cir. spinosissimum, Benth.; *Carduus glaber*, Stend.; *Cnicus spinosissimus*, Lapey.

Habite le bord des fossés et les lisières des bois des parties élevées de nos montagnes; Saint-Laurent-de-Cerdans, près des fontaines, dans les châtaigneraies; le Canigou, au bord des torrents, après avoir passé le bois des *Moines;* la montagne de *Madres*, au pied des neiges. Fleurit de juin en août.

15. Cir. sans tige, *Cir. acaule*, Alli., Dec.

Cir. Allionii, Spen.; *Card. acaulis*, Lin.; *Cnicus acaulis*, Hoffm.

Habite le haut des vallées, bords des propriétés et des sentiers; les bois de la ville de Céret et de Saint-Laurent-de-Cerdans; les vallées de Castell, de Fillols et de Sahorre; les environs du bois de Salvanère; les sommités qui avoisinent Mont-Louis et le *Col de la Perche;* fort commun au *Port de Palleres,* en Llaurenti. — On en mange le réceptacle cuit à l'eau et assaisonné d'huile d'olive. Fleurit de juin en août.

16. Cir. des champs, *Cir. arvense,* Scop., Lam., Dec.; en catalan *Calcide.*

Serratula arvensis, Lin.

Vulg. *Chardon hemorroïdal.*

Très-commun partout, dans les champs ensemencés, où il est très-nuisible par ses racines traçantes qui le rendent très-vivace; dans les vignes et les terres en friche de la plaine et des montagnes. Fleurit de juin en août.

GENRE CHARDON, *Carduus,* Gærtn.

1. Cha. à fleurs petites, *Car. tenuiflorus,* Curt., Sm., Dec.

Car. microcephalus, Gaud.; *Car. acanthoïdes,* Thuil.

Habite le bord des chemins; les fossés des fortifications de la ville et de la citadelle de Perpignan; les lieux incultes; le pied des vieux murs et les amas de décombres. Fleurit de juin en août. Partout très-commun.

2. Cha. pycnocéphale, *Car. pycnocephalus,* Lin., Jacq., Dec.

Habite les lieux incultes de tous les aspres; le bord des chemins à Baixas et *Cases-de-Pena;* le plateau de Château-Roussillon et Cabestany. Fleurit de juin en août.

3. Cha. crépu, *Car. crispus,* Lin., Vill., Dec.

Habite à Perpignan, les bords des champs et des chemins en dehors de la porte Canet, les fortifications de la citadelle et des lunettes qui l'avoisinent; les terres incultes des aspres. Fleurit en juillet et août.

4. Cha. à feuilles d'acanthe, *Car. acanthoïdes,* Lin., Godr.

Car. polyanthemos, Dœll.

Habite les bords des champs et des chemins, et les lieux arides de tout le département. Fleurit en juillet et août.

5. Cha. à têtes penchées, *Car. nutans,* Lin., Dec.

Car. macrocephalus, Saint-Amans.

Habite les lieux incultes de *Cases-de-Pena; Força-Real;* les garrigues de Salses; les environs de Prats-de-Molló; la *Trencada d'Ambulla;* Fontpédrouse, et Mont-Louis. Fleurit en juillet et août.

6. Cha. noirâtre, *Car. nigrescens,* Vill. Jord.

Car. recurvatus, Jord.

Habite la base des montagnes moyennes; les lieux arides; commun dans le vallon de Vernet-les-Bains, au bord des châtaigneraies et des chemins. Fleurit en juin et juillet.

7. Cha. vivariensis, *Car. vivariensis,* Jord.

Car. nigrescens, Lecq. et Lamotte.

Habite les lieux incultes de la base des Albères, entre le Boulou et Céret; la route d'Arles à Prats-de-Molló, sur les vacants après le pont du *Pas del Llop;* dans la vallée de la Tet, Prades, Villefranche, Olette, les environs des Graus, Fontpédrouse, aux bords des sentiers. Fleurit en juillet et août.

8. Cha. hamulosus, *Car. hamulosus,* Ehrh., Koch., Will.

Car. spinigerus, Jord.; *Car. acanthoïdes,* Lois.

Habite les lieux incultes des montagnes; les roches des Graus d'Olette; les environs de Mont-Louis; le *Col de la Perche,* route de Saillagouse. Fleurit en juin et juillet.

9. Cha. à feuilles de carline, *Car. carlinæfolius,* Lam., Dec., Dub.

Habite la vallée de Llo, près la *Jasse du Collet de Dalt;* la vallée d'Eyne, partie supérieure de la cascade, à droite de la rivière, parmi les éboulis de roches. Fleurit en juillet et août.

10. Cha. intermédiaire, *Car. medius,* Gouan., Dec., Lois.

Cir. inclinatum, Lam.; *Cnicus Gouani,* Will.; *Cnicus argemone,* Lapey.

Habite les prairies des parties moyennes du Canigou, avant d'arriver au *Randé;* entre La Preste et *Costa-Bona;* les prairies basses de *Peyrefeu;* les parties supérieures de la montagne de la *Flotte,* à Arles. Fleurit en juillet.

11. Cha. fausse carline, *Car. carlinoïdes,* Gouan., Dec.

Cir. paniculatum, Lam.; *Carlina Pyrenaïca,* Lin.

Habite la vallée d'Eyne, où elle est assez abondante à peu de distance du four-à-chaux; plus rare à *Costa-Bona,* derrière le pic, parmi les éboulis de roches, en allant vers la *Coma du Tech.* Fleurit en juillet et août.

Genre Cardoncelle, *Carduncellus,* Adans.

1. Car. doux, *Card. mitissimus,* Dec., Lois.

Carthamus mitissimus, Lin.; *Carth. carduncellus,* Saint-Amans; *Onobroma mitissimum,* Spreng.

Habite les champs incultes de la vallée du Réart, aux environs de Passa et du *Monestir;* les calcaires des environs d'Opol et de *Cases-de-Pena.* Fleurit en mai et juin.

2. Car. de Montpellier, *Card. Monspeliensium,* Alli., Dec., Lois.

Carthamus carduncellus, Lin.; *Cnicus longifolius,* Lam.; *Onobroma Monspelliense,* Spreng.

Habite les coteaux calcaires des environs du pont de la *Fou,* près Saint-Paul; assez commun à la tuilerie de *Can Pobil,* aux environs de Prats-de-Molló. Fleurit en juin et juillet.

Genre Rhapontic, *Rhaponticum*, Dec.

1. Rha. cynaroïde, *Rha. cynaroïdes*, Less., Dec.

Cnicus centauroïdes, Lin.; *Cnicus inermis*, Will.; *Cnicus cynara*, Lam.; *Serratula cynaroïdes*, Dec.; *Stemmacantha cynaroïdes*, Cass.

Habite le vallon de Saint-Laurent-de-Cerdans, au-dessus du moulin de l'*Estada;* le Canigou, parmi les pâturages du *Randé;* les environs de Font-Romeu, pelouses au nord de la chapelle; les pâturages du Llaurenti. Fleurit en juillet et août.

2. Rha. helenifolium, *Rha. helenifolium*, Gre. et Godr.

Centaurea rhapontica, Vill.; *Rhaponticum folio helenii incano*, Bauh.; *Centaurium majus folio helenii*, Tournef.

Habite les pâturages auprès des ravins du bois de Salvanère. Fleurit en juillet et août.

Genre Centaurée, *Centaurea*, Lin.

1. Cent. amère, *Cent. amara*, Lin., Thuil., Dec.

Cent. serrotina, Boreau.; *Jacea supina*, Lam.; *Rhaponticum serrotinum*, Dubois.

Habite les lieux arides des environs de Perpignan; Château-Roussillon; *Cases-de-Pena; Força-Real;* les Albères; Villefranche; Vernet-les-Bains; partout très-commune. Fleurit de juin à septembre.

2. Cent. jacée, *Cent. jacœa*, Lin , Dec.

Cyanus jacœa, Fl. Well.

Habite les prairies, les bois et les vacants près Mont-Louis; les pâturages des environs de Prats-de-Molló; commune dans les prairies et au bord des propriétés de Vernet-les-Bains. Fleurit en mai et juin.

3. Cent. noirâtre, *Cent. nigrescens*, Will.

Habite parmi les roches des lieux ombragés des environs de Mont-Louis; les pâturages frais qui avoisinent le bois de Salvanère. Fleurit en juin et juillet.

4. Cent. noire, *Cent. nigra,* Lin., Dec., Koch.

Jacœa nigra, Cass.; *Cyanus niger,* Gærtn.; *Rhaponticum ciliatum,* Lam.

Habite le bord des prairies montagneuses des environs d'Arles; les prairies des environs de Prats-de-Molló; la vallée de Cornella-du-Conflent et de Vernet-les-Bains. Fleurit en juillet et août. Très-commune.

5. Cent. nigro solsticialis, *Cent. nigro solsticialis,* Gre. et Godr.

Cent. mutabilis, Saint-Amans.

Habite les environs de la *Trencada d'Ambulla;* les terres incultes et les bords des châtaigneraies de la vallée de Cornella-du-Conflent et de Vernet-les-Bains. Fleurit en juillet et août.

6. Cent. pectinée, *Cent. pectinata,* Lin., Gouan, Vill.

Habite les haies des champs qui bordent la rivière de la Basse, près la métairie Fraisse; Rigarda; la *Trencada d'Ambulla;* Saint-Martin-du-Canigou; les Graus d'Olette; Fontpédrouse; les fortifications de la place de Mont-Louis; le Boulou, Céret, Arles, Prats-de-Molló, le *Baus de l'Aze.* Fleurit en juillet et août.

7. Cent. uniflore, *Cent. uniflora,* Lin., Gouan, Vill.

Habite çà et là, les pelouses sèches des sommets de Carença, en allant vers *Nuria;* pas abondante. Fleurit en août.

8. Cent. nervosa, *Cent. nervosa,* Will., Koch.

Cent. phrigida, Vill.; *Jacœa plumosa,* Lam.

Habite le bord des prairies de la route de Prats-de-Molló à La Preste; les pelouses de la vallée de Carença; les prairies du plateau de Mont-Louis. Fleurit en juillet et août.

9. Cent. pullata, *Cent. pullata,* Lin., Gouan, Vill.

Jacæa involucrata, Lam ; *Cyanus pullatus,* Gærtn.

Habite dans la vallée du Réart, les terres légères des environs de Pollestres et les buttes qui bordent le cours de la rivière, vers le moulin à vent du Réart, sur la route d'Espagne. Fleurit en mai.

10. Cent. de montagne, *Cent. montana,* Lin., Poll., Vill.

Jacæa alata, Lam.

Habite les roches du premier plateau de la vallée de Nohèdes; les parties élevées de la montagne de Saint-Antoine-de-Galamus. Fleurit en juillet et août.

11. Cent. bleuet, *Cent. cyanus,* Lin.; en catalan *Llums.*

Jacæa segetum, Lam.; *Cyanus arvensis,* Mœnch.; *Cyanus vulgaris,* Cass.

Commune partout, dans les champs ensemencés, parmi les moissons. Fleurit en juin et juillet.

On appelle vulgairement le Bluet, *Barbeau, Casse lunettes.* Il passait autrefois pour ophthalmique et entrait dans la composition des collires; aujourd'hui il n'est plus employé.

12. Cent. scabieuse, *Cent. scabiosa,* Lin., Dec.

Cent. sylvatica, Pour.; *Jacæa scabiosa,* Lam.

Habite les coteaux de Château-Roussillon; *Cases-de-Pena;* la base de *Força-Real;* les environs de La Preste, sur le bord des chemins et dans les champs de sarrasin; Mont-Louis, parmi les récoltes. Fleurit en juillet et août.

13. Cent. chicorée, *Cent. intybacea,* Lam., Dec., Dub.

Cheirolophus pinnatifidus, Cass.

Habite les roches calcaires de *Cases-de-Pena,* Estagel, Saint-Antoine-de-Galamus; les calcaires *d'el Motó* de Corbère et du *Calce* de Thuir; se trouve aussi sur les calcaires de l'île Sainte-Lucie. Fleurit en juillet.

14. Cent. corymbosa, *Cent. corymbosa,* Pour.

Habite les roches des environs de Prades; le bord des vignes de Villefranche. Fleurit en juin.

15. Cent. bleuâtre, *Cent. cærulescens,* Will., Dec.

Habite le vallon de Collioure, sur les rochers et le bord des vignes; le vallon de Banyuls-sur-Mer, roches escarpées du littoral et terres arides non loin du rivage. Fleurit en juin.

16. Cent. leucophæa, *Cent. leucophæa,* Jord.

Cent. paniculata, Vill.; *Cent. paniculata γ subindivisa,* Dec.

Habite les collines des environs de Prades; plus abondante sur la montagne des Graus d'Olette et de Canaveilles. Fleurit en juillet et août.

17. Cent. paniculée, *Cent. paniculata,* Lin., Dec., Gouan.

Jacæa paniculata, Lam.

Habite dans la vallée du Tech, Céret, Arles et Prats-de-Molló; dans la vallée de la Tet, Prades, Villefranche, sur les vieux murs et le bord des vignes; vallon de Vernet-les-Bains, au bois de *Pinat;* dans la vallée de l'Agly, les roches calcaires de *Cases-de-Pena* et de Saint-Paul. Fleurit en juillet.

18. Cent. des collines, *Cent. collina,* Lin., Dec., Dub.

Habite les coteaux et les bords des vignes des environs de Perpignan, la *Passion-Vieille, Sarrat d'en Vaquer, Orle;* Baixas, *Cases-de-Pena,* Estagel, Maury, Saint-Paul; champs aux environs de Prades et bord des chemins de Serdinya et d'Olette; commune dans les vignes de Sainte-Lucie et de Sigean. Fleurit en juillet.

19. Cent. à feuilles de laitron, *Cent. sonchifolia,* Lin., Dec.

Calcitrapa sonchifolia, Lam.; *Seridia sonchifolia,* Cas.

Habite les pentes incultes exposées au midi à *Cases-de-Pena*, Baixas, *Força-Real;* les calcaires des environs de Salses, d'Opol, et le long de la chaîne jusqu'à Tautavel. Fleurit en juillet.

20. Cent. rude, *Cent. aspera,* Lin., Vill., Dec.

Cent. parviflora, Lam.; *Cent. isnardi,* Alli.; *Cent. seridis,* Lois.; *Seridia microcephala,* Cass.

Habite les collines, les bords des champs et des vignes de Baixas, *Cases-de-Pena, Força-Real;* les lieux arides des coteaux de Saint-Sauveur et de Château-Roussillon, les glacis des fortifications et des lunettes de Perpignan; Prades, la *Trencada d'Ambulla,* Graus d'Olette et Mont-Louis; très-répandue sur les calcaires de l'île Sainte-Lucie. Fleurit de juin à septembre.

21. Cent. aspero-calcitrapa, *Cent. aspero-calcitrapa,* Cre. et Godr.

Cent. hybrida, Chaix.

Habite le vallon de Sainte-Catherine, à Baixas, bord des vignes et garrigues; bord des vignes entre Sigean et l'île Sainte-Lucie. Fleurit en juin et juillet.

22. Cent. calcitrapo-aspera, *Cent. calcitrapo-aspera,* Gre. et Godr.

Cent. calcitropoïdes, Gouan; *Cent. calcitrapa* β, Vill.; *Calcitrapa Pouzini,* Dec.

Habite dans les environs de Perpignan, les champs et les olivettes de *Malloles;* les terres incultes et les bords des vignes des environs de Baixas; les buttes qui avoisinent *Cases-de-Pena.* Fleurit en août et septembre.

23. Cent. chausse-trape, *Cent. calcitrapa,* Lin., Dec.; en catalan *Cagatrepa, Cap bossoda.*

Calcitrapa stellata, Lam.; *Calcitrapa hypophæstum,* Gærtn.

Habite les bords des propriétés, olivettes, champs, vignes, prairies et les glacis des fortifications de Perpignan ; très-commune dans tout le département. Fleurit en juillet et août.

24. Cent. de Malte, *Cent. Melitensis,* Lin., Gouan, Moris.

Cent. apula, Lam.; *Cent. sessiliflora,* Lam., Fl. française ; *Triplocentron Melitense,* Cass.

Habite le vallon de Banyuls-sur-Mer, bords des champs et des chemins ; les terres arides de La Roca, Saint-Génis, le Boulou et Maureillas ; assez commune sur les calcaires des environs de la *Font Estramer,* près Salses, et à l'île Sainte-Lucie. Fleurit en juillet et août.

25. Cent. du solstice, *Cent. solsticialis,* Lin., Vill., Dec.

Calcitrapa solsticialis, Lam.

Habite les bords des champs, des vignes, des routes et les fortifications de la ville et de la citadelle de Perpignan ; partout trop commune. Fleurit en août et septembre.

Genre Microlonchus, *Microlonchus,* Dec.

1. Micr. de Salamanque, *Micr. Salmanticus,* Dec., Webb.

Cent. Salmantica, Lin.; *Cent. splendens,* Lapey.; *Calcitrapa altissima,* Lam.; *Calcitrapa brevissima,* Mœnch.; *Mantisalca elegans,* Cass.

Habite aux environs de Perpignan, les coteaux de Saint-Sauveur et de Château-Roussillon, les fortifications de la ville, de la citadelle et des lunettes ; les bords des routes et des champs à *Cases-de-Pena* et *Força-Real ;* fort commune dans tout le département. Fleurit en juin et juillet.

Genre Kentrophyllum, *Kentrophyllum,* Neck.

1. Ken. bleuâtre, *Ken. cæruleum,* Gre. et Godr.

Carthamus cæruleus, Lin.; *Carduncellus cæruleus,* Presl.; *Onobroma cæruleum,* Gærtn.

Habite les champs incultes et les bords des chemins au pied des Albères, le Boulou, Céret; les gorges de la rive gauche de l'Agly, à *Cases-de-Pena;* les environs de Prades, coteaux en montant à Molitg. Fleurit en juillet.

2. Ken. laineux, *Ken. lanatum,* Dec., Dub., Godr.

Carthamus lanatus, Lin.; *Centaurea lanata*, Dec., *Carduncellus lanatus*, Moris.; *Atractylis lanata*, Scop.

Habite les champs des environs de Passa et du *Monestir,* rive droite de la rivière des *Miracles*. Fleurit en août.

GENRE CNICUS, *Cnicus,* Vaill.

1. Cni. béni, *Cni. benedictus,* Lin., Gærtn., Dub.;
en catalan *Cardo santo.*

Centaurea benedicta, Lin.; *Calcitrapa lanuginosa*, Lam.

Vulg. *Chardon béni.*

Habite la butte du *Moulin-à-Vent*, sur la route d'Elne, territoire de Perpignan; les environs de Collioure, et toute la région; les terrains arides des Aspres; bords des chemins, champs et terres incultes des environs de Passa, Villemolaque, le Boulou. Fleurit de mai à juillet. Commun partout.

GENRE CRUPINE, *Crupina,* Cass.

1. Cru. vulgaire, *Cru. vulgaris,* Cass., Dec.

Centaurea crupina, Lin.; *Cent. acuta*, Lam.; *Serratula crupina*, Vill.

Habite les lieux stériles et pierreux des environs de Perpignan, coteaux de Saint-Sauveur; vignes et friches sur la route de Millas et au pied de *Força-Real;* les calcaires de Baixas et de *Cases-de-Pena;* Estagel, bords des vignes et des chemins, et presque dans toutes les basses Corbières; Prades, Villefranche et jusqu'à Mont-Louis. Fleurit en juin et juillet.

Genre Serratule, *Serratula*, Dec.

1. Ser. des teinturiers, *Ser. tinctoria*, Lin., Dec., Dub.

Carduus tinctorius, Scop.

Habite les bois du vallon de Vernet-les-Bains; le bord des champs des environs de Céret; les sommités des buttes qui avoisinent les bois de Boucheville et des Fanges; très-commune dans les prairies et les bois du Capcir. Fleurit en juillet et août.

2. Ser. hétérophylle, *Ser. heterophylla*, Desf., Dec., Dub.

Carduus lycopifolius, Vill.; *Klassea heterophylla*, Cass.

Habite les sommités des montagnes du *Caillau de Mosset*, tout le long de la vallée jusqu'à *Jau*, et aux environs du bois de Salvanère. Fleurit en juin et juillet.

Genre Jurinea, *Jurinea*, Cass.

1. Jur. Bocconi, *Jur. Bocconi*, Guss.

Serratula Bocconi, Guss.; *Ser. humilis*, Dec.; *Carduus mollis*, Gouan.

Habite les sommets des monts entre Rabouillet et Sournia, revers oriental du bois de Boucheville. Fleurit en juillet et août. Très-rare.

2. Jur. des Pyrénées, *Jur. Pyrenaïca*, Grc. et Godr.

Jur. humilis β, Dec.; *Serratula mollis*, Cav.; *Carduus mollis*, Lapey.

Habite l'extrémité de la vallée d'Eyne, près d'une jasse abandonnée, avant d'arriver au *Pla de la Baguda*, et sur le revers de la *Collada de Nuria*. Fleurit en août. Très-rare.

Genre Leuzée, *Leuzea*, Dec.

1. Leu. conifère, *Leu. conifera*, Dec., Dub., Lois.

Centaurea conifera, Lin.

Habite les éboulis calcaires de *Cases-de-Pena* à Estagel; la

Trencada d'Ambulla; le long des vignes qui bordent le chemin de Villefranche à *Notre-Dame-de-Vie*. Fleurit en mai et juin.

GENRE BÉRARDIA, *Berardia,* Vill.

Se compose d'une seule espèce, *Ber. subacaulis,* Vill, qui n'a pas été trouvée dans le département.

GENRE SAUSSURÉE, *Saussurea,* Dec.

1. Sau. macrophylla, *Sau. macrophylla,* Saut., Zeit.

Serratula Alpina, Lapey.

Habite la vallée de Conat, sur les roches calcaires en montant à la *Font de Comps;* la montagne de *Madres*, versant du Capcir; la vallée d'Eyne, calcaires des environs du four à chaux. Fleurit en juillet et août.

GENRE STÆHELINA, *Stæhelina,* Dec.

1. Stæ. douteux, *Stæ. Dubia,* Lin., Dec., Dub.

Serratula Dubia, Brot.; *Ser. conica,* Lam.; *Ser. rosmarinifolia,* Cass.

Habite les coteaux des environs de *Cases-de-Pena;* les bords des vignes et les terres incultes au pied de *Força-Real*. Fleurit en mai et juin.

GENRE CHAMÆPEUCE, *Chamæpeuce,* Dec.

Ce genre se compose d'une seule espèce, *Cha. casabone,* Dec., qui n'a pas été trouvée dans le département.

GENRE CARLINE, *Carlina,* Tournef.

1. Car. vulgaire, *Car. vulgaris,* Lin., Dec., Lam.

Habite les fossés des fortifications de la ville et de la citadelle de Perpignan; les bords des chemins et des champs, et tous les lieux arides du département. Fleurit en juin et juillet. Commune.

2. Car. laineuse, *Car. lanata,* Lin., Dec., Desf.

Habite les fortifications de la place de Perpignan et les champs derrière la porte Canet; Château-Roussillon, lieux incultes; *Cases-de-Pena,* Espira-de-l'Agly, champs et bords des chemins; le Boulou, Céret; environs de Prades. Fleurit en juillet et août. Très-commune partout.

3. Car. en corymbe, *Car. corymbosa,* Lin., Vill., Dec.

Car. radiata, Viv.

Habite dans les environs de Perpignan, le bord des chemins et des propiétés incultes de *Malloles,* du *Sarrat de las Guillas,* du *Sarrat d'en Vaquer,* et toutes les parties arides du département jusqu'à la hauteur d'Olette; les environs de Collioure, sur les tertres de cette région. Fleurit en juin et juillet.

4. Car. acaule, *Car. acaulis,* Lin., Gaud., Koch.

Car. chamæleon, Vill.; *Car. caulescens,* Lam.; *Car. subacaulis,* Dec.; *Car. Alpina,* Jacq.

Commune sur les tertres et les bords des chemins des environs de Mont-Louis; les lieux arides et rocailleux des régions alpines du Canigou; les terres incultes du deuxième plateau de Nohèdes. Fleurit en août et septembre.

5. Car. à feuilles d'acanthe, *Car. acanthifolia,* Alli., Dec., Koch.

Car. chardousse, Vill.; *Car. acaulis,* Lam.

Habite les plateaux des environs de Mont-Louis et toute la Cerdagne; la vallée d'Eyne; Carença; le Canigou; tous les sommets des monts, en allant de *Costa-Bona* à *Nuria.* Fleurit en août et septembre.

Nos montagnards mangent le réceptacle de la fleur en guise de culs d'artichauts.

Genre Atractyle, *Atractylis,* Lin.

1. Atr. humble, *Atr. humilis,* Lin., Dec., Dub.

Circellium humile, Gærtn.

Habite les garrigues de Thuir, les calcaires des environs de Castelnau et de Corbère; les pentes méridionales de Bellegarde. Fleurit en juillet.

Genre Bardane, *Lappa,* Tournef.;
en catalan *Llaparasse negra.*

1. Bar. petite, *Lap. minor,* Dec.

Habite les bords des chemins et des fossés des parties basses et ombragées de la plaine; les pâturages gras et frais de la vallée de Cornella-du-Conflent et de Vernet-les-Bains. Fleurit de juin en août.

2. Bar. grande, *Lap. major,* Dec.

Lap. officinalis, Alli.; *Arcticum lappa,* Will.

Vulg. *Herbe aux teigneux.*

Habite les prairies humides, les bords des chemins et les taillis qui bordent les cours d'eau des trois bassins. Fleurit en juillet et août.

3. Bar. tomenteuse, *Lap. tomentosa,* Lam., Dec.

Arcticum bardana, Will.

Se trouve dans les mêmes localités que les deux espèces précédentes et sont quelquefois réunies dans les mêmes touffes. Fleurit en juillet et août.

Genre Xeranthème, *Xeranthemum,* Tournef.;
en catalan *Immortelle groga.*

1. Xer. annuelle, *Xer. annuum,* Lin., Dec., Gay.

Xer. radiatum, Lam.; *Xer. ornatum,* Cass.

Habite les terrains calcaires des environs de Villefranche; très-commune sur le plateau de la *Trencada d'Ambulla;* commune près de *Cases-de-Pena.* Fleurit en juin et juillet.

2. Xer. à fleurs fermées, *Xer. inapertum,* Will., Gaud.

Xer. annuum, var. β, Lin.; *Xer. erectum,* Præsl.

Habite les coteaux incultes des environs de Rigarda et de Vinça; le bord des vignes des coteaux de Prades; la *Trencada d'Ambulla;* coteaux et bord des chemins à Serdinya et aux Graus d'Olette. Fleurit en juin et juillet.

3. Xer. à fleurs cylindriques, *Xer. cylindraceum,* Sibth. en catalan *Herba de las morenas* (des hémorroïdes).

Xer. inapertum, Dec.; *Xer. sesamoïdes,* Gay.; *Chardinia cylindrica,* Desv.; *Xeroloma fetidum,* Cass.

Habite les bords des champs, des vignes et les coteaux qui avoisinent Saint-Paul; les coteaux et les vignes près de Prades; les terres incultes du vallon d'Estoher. Fleurit en juin et juillet.

2me Sous-Famille. — Liguliflores, *Liguliflorеæ,* Endl.

(*Semiflosculeuses,* T.; *Chicoracées,* Juss., Dec.)

Calathides à fleurs toutes hermaphrodites, homogames, rayonnantes, fendues en long et disposées en languette (ligulées) à cinq dents.

3e Division. — Chicoracées.

Genre Cupidone, *Catananche,* Vaill.

1. Cup. bleue, *Cat. cœrulea,* Lin., Dec., Dub.

Habite les coteaux et les bords des vignes qui avoisinent Prades; la *Trencada d'Ambulla;* les Graus d'Olette; les environs de Sahorre; les lieux arides, les bords des chemins et des vignes de la vallée de Cornella-du-Conflent et de Vernet-les-Bains. Fleurit en juin.

Genre Chicorée, *Cichorium*, Lin.

1. Chi. sauvage, *Cic. intybus*, Lin., Dec., Dub.; en catalan *Mastaguera*.

Habite les terres rocailleuses, les vignes surtout; les bords des champs et des chemins à Château-Roussillon; les vignes du Vernet, près Perpignan; partout très-commune dans les trois bassins. Fleurit en juillet et août.

2. Chi. divariquée, *Cic. divaricatum*, Schousb., Will.

Habite les mêmes localités que la précédente espèce, et fleurit à la même époque.

Ces deux espèces fournissent une bonne salade pendant l'hiver, connue sous le nom catalan de *Mastagueras;* ce sont les jeunes pousses de la plante, qu'on retire d'entre les cailloux des vignes. Elles sont alors blanches, très-tendres et n'ont pas encore d'amertume. Nos campagnardes en apportent sur nos marchés. Ces mêmes plantes ne sont plus bonnes lorsqu'elles ont grandi.

On cultive dans nos jardins plusieurs variétés de Chicorées; ce sont les meilleures salades d'hiver. On a soin de les attacher avec des liens de saule ou de jonc, de les chausser de terre pour les faire blanchir, et c'est dans cet état qu'elles sont expédiées dans le Nord, sous le nom d'*Escarole* et d'*Endive.* C'est une branche de commerce très-considérable pour Perpignan.

Genre Tolpis, *Tolpis,* Gærtn.

1. Tol. barbu, *Tol. barbata,* Will., Lois., Dec.

Tol. umbellata, Berth.; *Tol. crinita,* Low. *in Dec.; Crepis barbata,* Lin.; *Drepania barbata,* Desf.

Habite les vignes près de Rivesaltes; la vallée de Cornella-du-Conflent et de Vernet-les-Bains, au *Roc del Grau;* les environs de Saint-Martin-du-Canigou. Fleurit en mai et juin.

2. Tol. virgata, *Tol. virgata,* Berthol.

Tol. altissima, Pers.; *Tol. sexaristata,* Riv.; *Crepis altissima,* Balbi.; *Crep. ambigua, Crep. virgata,* Desf.; *Drepania ambigua,* Dec.; *Schmidtia ambigua,* Cass.

Cette espèce est moins commune que la précédente; elle habite les mêmes localités, et fleurit de juin à septembre.

GENRE HÉDYPNOÏS, *Hedypnoïs,* Tournef.

1. Héd. polymorphe, *Hed. polymorpha,* Dec.

Habite les terres arides des environs de Perpignan, à *Malloles* et dans les vignes qui bordent la rivière de la Basse, vers *Orle;* le vallon de Collioure, bord des vignes et friches près Consolation. Fleurit en mai et juin.

Cette espèce présente deux variétés :

La var. β *diffusa.* Tige diffuse, plus ou moins rameuse; pédoncules non renflés; calathides glabres. *Hed. Monspeliensis,* Will. Se trouve dans les fourrés de la *Trencada d'Ambulla* et sur les coteaux herbeux des environs de Prades. La *Diffusa* compte une sous-variété dont les calathides sont hérissées, *Hed. Rhagadioloïdes,* Lin. Elle se trouve dans les environs du Boulou et dans le vallon de Banyuls-sur-Mer, vers *Can Campa.*

GENRE HYOSERIS, *Hyoseris,* Juss.

1. Hyos. rude, *Hyos. scabra,* Lin., Dec., Dub.

Hyos. microcephala, Cass.; *Hedypnoïs scabra,* Less.; *Rhagadiolus scabra,* Alli.

Habite les lieux incultes de la vallée du Réart, vers Calmeilles; les coteaux arides des environs de Prades, et le long de la route de Mont-Louis jusqu'à Fontpédrouse, sur les roches et parmi les broussailles. Fleurit en mai et juin.

2. Hyos. radié, *Hyos. radiata,* Lin., Dec., Dub.

Habite les terres arides des environs de Perpignan, et les coteaux Saint-Sauveur; Baixas; le vallon de Collioure, terres incultes du bord de la mer; Montesquieu, au pied des Albères. Fleurit en mai et juin.

Genre Rhagadiolus, *Rhagadiolus,* Tournef.

1. Rha. étoilé, *Rha. stellatus,* Dec.

Habite les lieux incultes et les vignes arides entre *Cases-de-Pena,* Estagel, jusqu'à Saint-Antoine-de-Galamus; le vallon de Banyuls-sur-Mer, abondant vers *Can Campa.* Fl. en mai et juin.

Cette plante fournit quatre variétés :

La var. α *leiocarpus,* Dec., feuilles inférieures oblongues, lancéolées, dentées, se trouve dans les vallons du Conflent, entre Rigarda et Prades.

La var. δ *edulis,* Dec., qui a les feuilles inférieures longues, lyrées, à lobe terminal très-grand, orbiculaire et denté, se trouve dans les vignes de l'île Sainte-Lucie, au nord.

Genre Arnoseris, *Arnoseris,* Gærtn.

1. Arn. petit, *Arn. pusilla,* Gærtn., Dec.

Hyoseris minima, Lin,; *Lampsana pusilla,* Will.; *Lamp. minima* et *gracilis,* Lam.

Habite les parties arides de la région moyenne de la vallée du Réart; les vignes et terrains incultes du plateau de la Cantarana, en allant aux *Hostalets.* Fleurit en juin et juillet.

Genre Aposeris, *Aposeris,* Neck.

1. Apo. fétide, *Apo. fetida,* Less., Dec., Koch.

Hyoseris fetida, Lin.; *Lampsana fetida,* Scop.

Habite les clairières des bois entre Mont-Louis et Formiguères; le bord des propriétés et du chemin du *Col d'Ares,* en allant du Capcir au Llaurenti. Fleurit en juillet et août.

GENRE LAMPSANE, *Lampsana*, Lin.

1. Lamp. commune, *Lamp. communis*, Lin., Dec., Dub.

Très-commune dans les terres légères des aspres des trois grandes vallées, et dans quelques-unes des vallées adjacentes. Fleurit de juin en août.

GENRE HYPOCHÉRIS, *Hypochœris*, Lin.

1. Hyp. glabre, *Hyp. glabra*, Lin., Dec., Dub.

Hyp. minima, Cyr.; *Seriola Ætnensis*, Lapey.

Habite les champs sablonneux et souvent inondés qui bordent les cours d'eau des trois bassins; les terres légères et les bords des vignes; partout. Fleurit en juillet et août.

Cette espèce offre trois variétés :

La var. β *loiseleuriana*, Godr., qui se distingue par ses akènes tous atténués en bec, par l'avortement de ceux du disque, dont on retrouve ordinairement les vestiges, vit sur le bord des ravins des vignes de la rive gauche de l'Agly, à *Cases-de-Pena*.

2. Hyp. radicata, *Hyp. radicata*, Lin., Dec., Dub.

Vulg. *Herbe à l'épervier*.

Habite les prairies et les champs au bord des cours d'eau des trois bassins; remonte la vallée de la Tet jusqu'à Mont-Louis; celle du Tech jusqu'au pied de *Costa-Bona;* fort commune dans la vallée de Cornella-du-Conflent et de Vernet-les-Bains. Fleurit en juillet et août.

3. Hyp. tachée, *Hyp. maculata*, Lin., Dec., Dub.

Achyrophorus maculatus, Scop.

Habite les prairies basses des environs de Perpignan, et dans une grande partie de la Salanque; on la trouve aussi dans quelques vallons du Réart; abonde sur les prairies et les terres en friche de la vallée de Cornella-du-Conflent et de Vernet-les-Bains. Fleurit en juin et juillet.

4. Hyp. à une fleur, *Hyp. uniflora,* Vill., Dec.

Hyp. helvetica, Wulf.; *Archyrophorus helveticus,* Dec.; *Archyr. uniflorus,* Bluff. et Fing.

Habite les lieux incultes et les champs arides des environs de Mont-Louis; les clairières des bois sur le chemin de Mont-Louis à Formiguères, surtout au bois des Angles. Fleurit en août et septembre.

GENRE SÉRIOLE, *Seriola,* Lin.

1. Ser. de l'Etna, *Ser. Ætnensis,* Lin., Dec., Dub.

Ser. urens, Alli.; *Ser. depressa,* Viv.

Habite les coteaux du haut Vernet, près Perpignan; les friches, les bords des vignes et les champs de Baixas; la base de la montagne de *Força-Real.* Fleurit en juin et juillet.

GENRE ROBERTIA, *Robertia,* Dec.

Ce genre se compose d'une seule espèce qui n'a pas été trouvée dans le département.

GENRE THRINCIA, *Thrincia,* Roth.

1. Thr. hérissée, *Thr. hirta,* Roth., Dec., Dub.

Thr. Leyseri, Wallr.; *Thr. hirta, hispida, Leyseri,* Dec.; *Leontodon hirtum,* Lin.; *Leon. saxatile,* Lam.; *Leon. major, hirtum saxatile,* Merat.; *Leon. taraxacoïdes,* Merat.; *Apargia hyoseroïdes,* Vest.; *Hyoseris taraxacoïdes,* Vill.; *Rhagadiolus taraxacoïdes,* Alli.

Habite aux environs de Perpignan, les champs sablonneux et humides sous Château-Roussillon et les ravins du coteau Saint-Sauveur; les terrains incultes et sablonneux de tout le pays; les terres légères et sablonneuses de la vallée de Cornella-du-Conflent et de Vernet-les-Bains; on la retrouve jusqu'à Fontpédrouse. Fleurit en juillet et août.

2. Thr. hispide, *Thr. hispida,* Roth., Dec., Dub.

Thr. taraxacoïdes, Gaud.; *Thr. Maroccana,* Pers.; *T. Mauritanica,* Spreng.; *Hyoseris hispida,* Schousb.

Habite les champs sablonneux et humides du vallon de Banyuls-sur-Mer; le long des Albères, au bord des torrents qui débouchent dans la plaine; on la trouve jusqu'à Prats-de-Molló, çà et là, au bord des ravins. Fleurit en juin et juillet.

3. Thr. tubéreuse, *Thr. tuberosa,* Dec., Dub.

Thr. grumosa, Brot.; *Apargia tuberosa,* Will.; *Apar. bulbosa,* Balbi.; *Leontodon tuberosum,* Lin.; *Picris tuberosa,* Alli.

Habite les vallées de l'Agly et du Tech, parmi les éboulis de rocailles et les sables entraînés par les torrents et rejetés dans les champs. Fleurit en juillet et août.

Genre Dent de Lion, *Leontodon,* Lin.

1. Dent de Lion d'automne, *Leon. autumnalis,* Lin, Dec., Dub.

Hedipnoïs autumnalis, Vill.; *Picris autumnalis,* Alli.

Habite les prairies des environs de Mont-Louis et dans toute la Cerdagne. Fleurit en juillet et août.

Cette plante fournit deux variétés :

La var. β *Leon. pratensis,* Koch., se fait remarquer par l'involucre et les pédoncules rameux tout couverts de longs poils bruns, *Oporina pratensis,* Less.; se trouve dans les pelouses et les champs des environs du hameau de Bolquère, sur le plateau de Mont-Louis.

2. Dent de Lion pissenlit, *Leon. taraxaci,* Lois.

Leon. montanum, Lam.; *Hiermium taraxaci,* Lin.; *Picris taraxaci,* Alli.; *Hedypnoïs taraxaci,* Vill.; *Aspargia taraxaci,* Will.

Habite sur les débris de roches amoncelés par les torrents; la forêt de Salvanère et tous ses environs; la vallée d'Évol, sur les débris des roches de la montagne de *Madres;* elle est toujours grêle dans cette région. Cette plante se trouve plus belle et d'une végétation plus vigoureuse dans les ravins du vallon de Vernet-les-Bains. Fleurit en juillet et août.

3. Dent de Lion des Pyrénées, *Leon. Pyrenaïcus,* Gouan.

Leon. squammosum, Lam.; *Leon. Alpinum,* Lois.; *Apargia Alpina,* Will.; *Picris saxatilis,* Alli.; *Hedypnoïs Pyrenaïca,* Vill.; *Oporina Pyrenaïca,* C. H., Schultz.

Habite les parties élevées des vallées de Nohèdes et d'Urbanya; les pâturages d'Eyne et de Llo; les pelouses alpines du Canigou; la *Coma du Tech* et les pâturages de *Costa-Bona;* commune au Llaurenti. Fleurit en juillet et août.

Cette plante fournit une variété remarquable par les fleurs de couleur orangée. La var. β *Leon aurantiacus,* Koch., se trouve à l'extrémité de la vallée d'Eyne.

4. Dent de Lion Protée, *Leon. Proteiformis,* Vill., Godr.

Leon. hastile, Koch.

Habite les parties arides près Saint-Paul; les coteaux, aux bords des chemins et des champs près Caudiès. Fleurit de juin en août.

5. Dent de Lion de Villars, *Leon. Villarsii,* Lois., Dec.

Leon. hirtum, Vill.; *Picris hirta,* Alli.; *Apargia Villarsii,* Will.

Habite les parties exposées au midi de la *Trencada d'Ambulla;* les coteaux des environs d'Olette et de Serdinya; les vignes entre Estagel et Maury. Fleurit en juillet et août.

6. Dent de Lion crépue, *Leon. crispus,* Vill., Dec., Dub.

Leon. pratense, Lam.; *Leon. saxatilis,* Rchb.; *Apargia crispa,* Will.; *Ap. saxatilis,* Tenor.; *Ap. tergestina,* Hop.

Habite les terres arides et légères près Prades; les vignes des environs d'Estoher; les coteaux de Rigarda et de *Doma-Nova;*

les collines exposées au midi du vallon de Vernet-les-Bains, où elle paraît se plaire. Fleurit en juin et juillet.

Genre Picride, *Picris*, Juss.

1. Pic. pauciflore, *Pic. pauciflora*, Will., Dec., Dub.

Pic. Chaixii, Poir.; *Pic. grandiflora*, Tenor.; *Crepis lappacea*, Will.; *Cre. Sprengeriana*, Alli.; *Medicusia lappacea*, Rchb.

Habite les terres incultes des environs de Serdinya; les rochers près d'Olette et des Graus; on la trouve dans cette gorge de la Tet jusqu'à Fontpédrouse. Fleurit en juin et juillet.

2. Pic. stricta, *Pic. stricta*, Jord.

Pic. hispidissima, Lecoq et Lamotte.

Habite les garrigues, les vignes et les olivettes de la vallée du Réart. Fleurit en juillet et août.

3. Pic. fausse épervière, *Pic. hieracioïdes*, Lin., Dec., Dub.

Crepis virgata, Lapey.; *Pic. lappacea* et *scabra*, Lapey.

Habite aux environs de Perpignan, les lieux ravinés du coteau de Saint-Sauveur, et parmi les broussailles des champs de Château-Roussillon; les bords des châtaigneraies de la vallée de Cornella-du-Conflent et de Vernet-les-Bains; fort commune sur les tertres près d'Olette et de Fontpédrouse. Fleurit en juillet et août.

4. Pic. des Pyrénées, *Pic. Pyrenaïca*, Lin., Gouan, Vill.

Pic. tuberosa, Lapey.; *Pic. crepoïdes*, Sauter.; *Pic. sonchoïdes*, Rchb.

Habite les bords des fossés humides et parmi les broussailles des environs de Mont-Louis; les bords des champs, des sentiers, parmi les broussailles de la vallée de Cornella-du-Conflent et de Vernet-les-Bains; fort commune au Llaurenti. Fleurit de juillet à septembre.

5. Pic. en corymbe, *Pic. corymbosa,* Gre. et Godr.

Habite les lieux incultes des ravines qui avoisinent Château-Roussillon; les bords des vignes et des garrigues du haut Vernet de Perpignan; Baixas et *Cases-de-Pena.* Fleurit en juillet et août.

Genre Helminthie, *Helminthia,* Juss.

1. Hel. fausse viperine, *Hel. echioïdes,* Gærtn., Dec., Dub.

Picris echioïdes, Lin.

Habite le bord des propriétés qui bordent la rivière de la Basse au territoire de Toulouges; les luzernières du *riveral,* le long de la Tet, et les prairies des environs de Perpignan. Fleurit en juillet et août.

Genre Urosperme, *Urospermum.* Juss.

1. Uros. de Dalechamp, *Uros. Dalechampii,* Desf., Dec., Dub.

Tragopogon Dalechampii, Lin.; *Arnopogon Dalechampii,* Will.

Habite les prairies des environs de Perpignan, les olivettes de *Malloles,* les champs et prairies aux bords de la rivière de la Basse; les champs et vignes au pied de *Força-Real;* le territoire de Prades; les champs et prairies de la vallée de Cornella-du-Conflent et de Vernet-les-Bains; le vallon de Port-Vendres et au pied des Albères, champs et vignes. Fleurit en juin et juillet.

2. Uros. faux picris, *Uros. picroïdes,* Desf., Dec., Dub.

Tragopogon picroïdes, Lin.; *Arnopogon picroïdes,* Will.

Habite les lieux exposés au midi à la *Trencada d'Ambulla;* les bords des champs, les lisières des vignes et des chemins au pied de *Força-Real;* mêmes terrains à *Cases-de-Pena* et le long de la vallée de l'Agly jusqu'à Saint-Paul. Fleurit en juin et juillet.

La var. β *Ur. asperum,* Dub., est remarquable par sa tige

subuniflore, ses feuilles supérieures presque entières. Elle est commune dans les ravins des vignes de la rive gauche de l'Agly, à *Cases-de-Pena*.

Genre Scorsonère, *Scorsonera*, Lin.

1. Scor. velue, *Scor. hirsuta*, Lin., Dec., Dub.

Scor. eriocarpa, Gouan.; *Lasiospora hirsuta*, Cass.; *Geropogon calyculatus*, Lin.; *Ger. hirsutus*, Alli.; *Galasia Jaquini*, Cass.; *Hieracium capillaceum*, Alli.

Habite les prairies de la vallée du Tech, entre Prats-de-Molló et La Preste; dans la vallée de la Tet, tout le bas Conflent, Vinça, Prades, prairies et champs. Fleurit en mai et juin.

2. Scor. d'Autriche, *Scor. Austriaca*, Will., Boreau.

Scor. humilis, Jacq.

Habite les roches humides des environs de Mont-Louis; commune dans les forêts de Salvanère et de Boucheville. Fl. en juin.

3. Scor. basse, *Scor. humilis*, Lin., Koch.

Scor. plantaginea et *macrorrhiza*, Sch.; *Scor. plantaginea*, Boreau; *Scor. nervosa*, var. α Lam.; *Scor. angustifolia*, Dec.; *Scor. angustifolia* et *Scor. graminifolia*, Dub.

Habite les prairies des environs de Mont-Louis; fort commune dans les prairies de la *Borde-Girvés*, sur les rives de la Tet; au Canigou, prairies du *Randé*. Fleurit en mai et juin.

4. Scor. parviflore, *Scor. parviflora*, Jacq., Will.

Scor. caricifolia, Pall.; *Scor. angustifolia*, var. β *provincialis*, Dub.

Habite les prairies de Rigarda et de Vinça, vallée de la Tet; prairies et bord des champs du Boulou, Céret et Arles. Fleurit en mai et juin.

5. Scor. aristée, *Scor. aristata*, Ram., Dub.

Scor. grandiflora, Lapey.

Habite dans la vallée de la Tet, les gorges de la *Trencada d'Ambulla;* dans la vallée de l'Agly, sur les bords des ravins des vignes et des friches à *Cases-de-Pena.* Fleurit en juin.

6. Scor. d'Espagne, *Scor. Hispanica*, Lin., Dec., Koch.; en catalan *Scorsonera* ou *Salsifi de Espanya.*

Habite quelques prairies des environs de Perpignan. Échappée probablement des jardins, où elle est cultivée et où l'on en voit plusieurs variétés. Fleurit de mai en août.

GENRE PODOSPERME, *Podospermum,* Dec.

1. Pod. lacinié, *Pod. laciniatum,* Dec., Dub., Koch.

Pod. muricatum, Dec.; *Scorsonera laciniata,* Lin.; *Scor. petiolaris,* Lapey.; *Scor. octangularis,* Will.; *Scor. paucifida,* Lam.; *Scor. muricata,* Balb.

Habite les champs, les prairies et les glacis des fortifications de Mont-Louis; les bords des champs cultivés près Villefranche; les prairies de Saint-Laurent-de-Cerdans; les bords des champs et des chemins des environs de Costujes. Fleurit de mai à juillet.

Cette plante fournit plusieurs variétés :

La var. β *integrifolia*, qui se fait remarquer par les feuilles linéaires, entières, dépourvues de segments, *S. pinifolia,* Gouan, se trouve dans les environs de Costujes.

Var. δ *latifolia.* Feuilles à segments ovales et même suborbiculaires, peu nombreux, à sommet souvent recourbé; folioles extérieures du péricline ordinairement mutiques au sommet et entourées d'un petit flocon de laine blanche, *S. resedifolia,* Gouan, vit au bord des champs cultivés des environs de Villefranche.

2. Pod. couché, *Pod. decumbens,* Gre. et God.

Pod. calcitrapæfolium, Dec.; *Scor. decumbens,* Guss.; *Scor. resedifolia,* Lois.

Habite les prairies arides et les glacis des fortifications de Perpignan; la vallée de Conat, champs des environs du hameau de

Belloch; les bords des champs de Villefranche; commun à la *Trencada d'Ambulla;* les éboulis de roches de la montagne de Nohèdes. Fleurit de juin en août.

Genre Salsifis, *Tragopogon,* Lin.

1. Salsi. des prés ou barbe de bouc, *Trago. pratensis,* Lin., Dec., Dub.

Trago. Baylei, Lecoq et Lamotte.

Habite les prairies qui bordent la Tet dans toute la plaine; les prairies et champs de la vallée du Tech; les gorges de la *Trencada d'Ambulla;* les champs et les prairies de la vallée de Cornella-du-Conflent et de Vernet-les-Bains. Fl. en mai et juin. Très-commun partout.

2. Salsi. Oriental, *Trago. Orientalis,* Lin., Boreau.

Trago. undulatum, β *Orientale,* Dec.; *Trago. undulatus,* Rchb.

Habite les mêmes localités que l'espèce précédente, avec laquelle on la confond souvent si on n'y apporte la plus grande attention. Fleurit en mai et juin.

3. Salsi. à feuilles de safran, *Trago. crocifolius,* Lin., Dec., Dub.

Habite le vallon de Port-Vendres, aux environs de Cosperons; le vallon de Banyuls-sur-Mer, au *Mas-Reig;* les champs de la vallée de Cornella-du-Conflent et de Vernet-les-Bains. Fleurit en juin et juillet.

4. Salsi. stenophylle, *Trago. stenophyllus,* Jord.

Habite les lieux couverts et herbeux des collines qui avoisinent Prades, vers le vallon d'Estoher; les champs des environs de Céret. Fleurit en juin.

5. Salsi. commun, *Trago. porrifolius,* Lin., Jord.; en catalan *Chiribides.*

Cultivée dans nos jardins sous le nom de *Salsifis,* cette plante fournit une racine bisannuelle, qui ressemble à celle de la Scorsonère, mais qui est plus délicate et qui a un meilleur goût; aussi est elle plus estimée. On la mange en friture ou en sauce.

6. Salsi. austral, *Trago. australis,* Jord.

Trago. porrifolius, Dec.

Habite les terrains arides aux environs du *Sarrat d'en Vaquer* et du *Sarrat de las Guillas,* banlieue de Perpignan; la vallée du Réart, champs et bords des fossés dans toute cette plaine. Fleurit en mai et juin.

7. Salsi. majeur, *Trago. major,* Jacq., Dec., Dub.

Habite les prairies et les bords des champs sous Château-Roussillon; champs et prairies des bords du Tech, au pied des Albères, jusqu'au Boulou. Fleurit en juin et juillet.

8. Salsi. velu, *Trago. hirsutus,* Gouan, Dec.

Geropogon hirsutum, Lin.

Habite la vallée du Réart, sur les collines gazonnées des environs du *Mas-Deu;* les collines de cette vallée, le long de la rivière, jusqu'à *Notre-Dame-du-Col.* Fleurit en mai.

Genre Geropogon, *Geropogon,* Lin.

Ce genre se compose d'une seule espèce qui n'a pas été trouvée dans le département.

Genre Chondrille, *Chondrilla,* Lin.

1. Chon. jonc, *Chon. juncea,* Lin., Dec., Dub., Lois.

Habite les terres sablonneuses amenées par les torrents dans le bas de la vallée de Carença; les environs de Fontpédrouse, Olette, Serdinya, Vernet-les-Bains et Rigarda; dans la vallée de l'Agly, Estagel et Saint-Paul; dans la vallée du Tech, les vignes au pied des Albères, Céret, Arles et jusqu'au village du Tech. Fleurit de mai à septembre. Commune partout.

Cette plante fournit deux variétés :

Var. γ *latifolia,* Koch, qui se distingue par sa plante plus robuste et ses feuilles caulinaires elliptiques-lancéolées, vit sur les terres sablonneuses du vallon de Rigarda.

Genre Willementia, *Willementia,* Neck.

1. Wil. apargioïde, ***Wil. apargioïdes,*** **Cass.**

Wil. hieracioïdes, Moun.; *Hieracium stipitatum,* Jacq.; *Wibelia apargioïdes,* Röbling; *Crepis apargioïdes,* Will.; *Peltidium apargioïdes,* Zoll.; *Zollikoferia apargioïdes,* Nees.; *Zol. peltidium,* Gaud.; *Barkausia apargioïdes,* Spreng.; *Chondrilla stipitata,* C. H. Schultz.

Habite les montagnes du Capcir, particulièrement les pâturages de *Balcère,* où elle est rare; au Llaurenti, les pâturages de *Mijanés,* où elle est plus commune. Fleurit en août.

Genre Pissenlit, *Taraxacum,* Juss.; en catalan *Pixellit* (générique).

1. Pissen. officinal, ***Tarax. officinale,*** **Wigg., Vill.**

Tarax. dens leonis, Desf.; *Tarax. vulgare,* Schrank.; *Tarax. leontodon,* Dumort.; *Leontodon taraxacum,* Lin.; *Leon. vulgare,* Lam.; *Leon. officinalis,* With.

Commun dans les terrains sablonneux et légers des trois bassins. Fleurit toute la belle saison.

2. Pissen. lisse, ***Tarax. levigatum,*** **Dec., Dub., Boreau.**

Habite les pelouses et les lieux arides des trois bassins. Fleurit d'avril à juin.

3. Pissen. leucosperme, ***Tarax. leucospermum,*** **Jord.**

Habite les fentes des roches calcaires de Salses et d'Opol; les roches calcaires de *Cases-de-Pena,* aux environs de l'ermitage. Fleurit en avril et mai.

4. Pissen. gymnanthum, *Tarax. gymnanthum,* Dec.

Tarax. autumnale, Castagne ; *Leontodon gymnanthum,* Link.

Habite dans le vallon de Collioure, les champs et les terres légères, les bords des vignes et des torrents parmi les éboulis. Fleurit en septembre et octobre.

5. Piss. à feuilles ovales, *Tarax. obovatum,* Dec., Dub.

Leontodon obovatus, Will.

Habite dans les environs de Perpignan, les terres incultes et légères de la *Passion-Vieille,* de *Malloles* et les vignes d'*Orle;* les terres légères et sablonneuses du bassin du Réart. Fleurit de mai à septembre.

6. Pissen. des marais, *Tarax. palustre,* Dec., Dub., Bor.

Hedypnoïs paludosa, Scop.

Habite les prairies basses et les champs humides des trois bassins, où il est très-commun ; nous l'avons récolté sur les pelouses sablonneuses et humides de la vallée d'Eyne, près la *Jasse d'en Dalmau.* Fleurit de juin à septembre.

GENRE LAITUE, *Lactuca,* Lin.

1. Lai. très-rameuse, *Lact. ramosissima,* Gre. et Godr.

Prenantes ramosissima, Alli.

Habite les tertres et les terres incultes des penchants méridionaux des environs d'Oms, vallée du Réart. Fleurit en juin et juillet.

2. Lai. osier, *Lact. viminea,* Linck., Koch.

Phœnicopus decurrens, Cass.; *Phœnopus vimineus,* Dec.; *Prenanthes viminea,* Lin.; *Chondrilla viminea* et *sessiliflora,* Lam.

Commune dans les vallées de la Tet, du Tech et de l'Agly, dans les vignes, les champs incultes, les bords des chemins, partout ; remonte jusqu'à Mont-Louis et Prats-de-Molló. Fleurit en juillet et août.

3. Lai. à feuilles de saule, ***Lact. saligna,*** **Lin., Dec., Dub.**

Chondrilla crepoïdes, Lapey.

Habite les terrains en pente et arides de la vallée de Cornella-du-Conflent et de Vernet-les-Bains; champs des environs de la forge de Nyer; champs et bords des chemins d'Olette; les pentes des ravins de la montagne des Graus d'Olette. Fleurit en juillet et août.

4. Lai. scariole, ***Lact. scariola.*** **Lin., Lois.**

Lact. sylvestris, Lam.

Habite les bords des fossés humides, le ruisseau de *Malloles* et les environs de Château-Roussillon; quelquefois dans les lieux arides de la *Trencada d'Ambulla; Cases-de-Pena,* près du ruisseau et bords des vignes; la vallée du Tech, jusqu'à Prats-de-Molló. Fleurit de juin à septembre.

5. Lai. vireuse, ***Lact. virosa,*** **Lin., Dec., Dub.**

Habite les lieux incultes et pierreux, les bords des chemins et des champs des trois bassins; le vallon de Vernet-les-Bains. Fleurit de juin à septembre.

6. Lai. cultivée, ***Lact. sativa,*** **Lin., Dec., Dub.**

Subspontanée dans les champs qui environnent les jardins et les habitations.

Cultivée en grand, la laitue est une branche de commerce très-lucrative; elle est exportée par masses considérables, pendant l'hiver surtout. Deux variétés principales sont cultivées, la *Laitue pommée* et la *romaine.* Chacune a produit une quantité de sous-variétés qui sont toutes estimées. Elles sont alimentaires tant qu'elles sont jeunes; mais dès qu'elles sont montées, elles renferment un suc qui est narcotique, d'où l'on retire la *tridace* ou *lactucarium,* moins actif pourtant que celui qui est extrait de la *Laitue vireuse.*

7. Lai. des murs, *Lact. muralis,* Fresenius, Koch.

Prenanthes muralis, Lin.; *Chondrilla muralis,* Lam.; *Mycelis angulosa,* Cass; *Mycelis muralis,* Rchb.; *Cicerbita muralis,* Wallr.; *Phœnixopus muralis,* Koch.

Habite les murs des vignes, et les terres incultes des environs de Rigarda et de *Doma-Nova;* la route de Prades à Fontpédrouse; la *Trencada d'Ambulla*, Villefranche, Serdinya, Olette, la montagne des Graus, Thuès et Canaveilles, partout commune; les bords des vignes et les terres légères de *Cases-de-Pena;* la vallée du Réart; le vallon de Céret, sur les murs et les terres légères, toujours commune. Fleurit en juillet et août.

8. Lai. de Plumier, *Lact. Plumieri,* Gre. et Godr.

Sonchus Plumieri, Lin.; *Mulgedium Plumieri,* Dec.

Habite les fossés humides des environs de Mont-Louis; les anfractuosités des roches du *Bac de Bolquère;* les bords des ruisseaux des vallées d'Eyne et de Llo; les ravins de la partie supérieure de la vallée de Carença; près des eaux des régions élevées du Canigou; la *Coma du Tech* et *Costa-Bona*, parmi les pâturages humides; le Llaurenti, prairies du *Trau de la Muller d'en Jau.* Fleurit en juillet et août.

9. Lai. vivace, *Lact. perennis,* Lin., Dec., Dub.

Lactuca sonchoïdes, Lapey.

Habite les fentes des rochers de la *Trencada d'Ambulla;* les escarpements des roches le long de la route de Mont-Louis; le vallon de Port-Vendres; *Cases-de-Pena*, et toutes les parties calcaires des diverses vallées du pays. Fleurit en mai et juillet.

10. Lait. très-tendre, *Lact. tenerrima*, Pourret, Dec.

Lact. segusiana, Balbi.

Habite les bords des vignes et sur les rochers des vallons de Collioure, Port-Vendres et Banyuls-sur-Mer; dans la vallée du Tech, mêmes terrains à Céret, Arles et route de Prats-de-Molló;

dans la vallée de la Tet, Vinça, Prades, Villefranche, Olette, jusqu'à Mont-Louis, Cornella-du-Conflent et Vernet-les-Bains, bords des chemins; dans la vallée de l'Agly, *Cases-de-Pena* jusqu'à Saint-Paul. Fleurit en juin et juillet. Commune partout.

GENRE PRENANTHE, *Prenanthes*, Lin.

1. Pre. pourpre, *Pren. purpurea*, Lin., Dec., Dub.

Chondrilla purpurea, Lam.

Habite la forêt de la *Motte de Planès*, près Mont-Louis; le *Bac de Bolquère;* le Canigou, dans les bois et sur les rochers; les environs de Prats-de-Molló, la *Tour de Mir* et *Costa-Bona*. Fleurit en juillet et août.

GENRE LAITRON, *Sonchus*, Lin.; en catalan *Llatisso*.

1. Lait. très-tendre, *Son. tenerrimus*, Lin., Guss., Moris.

Son. pectinatus, Dec.

Habite sur les roches maritimes des vallons de Port-Vendres et de Bauyuls-sur-Mer; le vallon de Collioure, roches et vignes de Consolation, roches au bord de la mer et sur les murs des fortifications. Fleurit en mai et juin.

2. Lait. des potagers, *Son. oleraceus*, Lin., Koch., Bor.

Son. oleraceus, var. α Dec.; *Son. levis*, Vill.; *Son. ciliatus*, Lam.; *Lepicaune spinulosa*, Lapey.

Vulg. *Lait d'âne, Palais de lièvre.*

Habite les jardins, les terres grasses et cultivées, partout dans les trois bassins, même sur les montagnes, à une certaine élévation, Céret, Saint-Laurent-de-Cerdans, Nyer, Olette. Fleurit toute la belle saison.

3. Lait. rude, *Son. asper,* Vill., Koch., Boreau.

Son. oleraceus γ–δ Lin.; *Son. oleraceus,* β Dec.; *Son. spinosus*, Lam.; *Son. fallax*, Wallr.

On trouve cette espèce dans les mêmes localités que la précédente. Fleurit toute la belle saison.

4. Lait. des champs, *Son. arvensis,* Lin., Dec., Dub.

Habite les champs cultivés sous Château-Roussillon; les bords des fossés des champs près la rivière de la Basse, aux environs de Perpignan; le vallon de Céret; la vallée de Cornella-du-Conflent et de Vernet-les-Bains; partout dans les trois bassins. Fleurit de juin à septembre. Très-commun.

5. Lait. maritime, *Son. maritimus,* Lin., Dec., Dub.

Habite les bords des fossés humides des prairies maritimes de tout le littoral dans les trois bassins; les champs des vallons de Collioure, Port-Vendres et Banyuls-sur-Mer; nous retrouvons cette espèce à Saint-Paul et à l'île Sainte-Lucie. Fleurit en juillet et août.

6. Lait. des marais, *Son. palustris,* Lin., Dec., Dub.

Habite les champs aux abords de la rivière de la Basse, près Perpignan; les prairies qui bordent l'Agly, près Rivesaltes; les prairies marécageuses de la Cerdagne et du Capcir; commun dans les prairies tourbeuses du Llaurenti. Fleurit en juillet et août.

GENRE MULGEDIUM, *Mulgedium,* Cass.

1. Mul. des Alpes, *Mul. Alpinum,* Less., Dec., Leoq. et Lamot.

Sonchus Alpinus, Lin.; *Son. montanus,* Lam.; *Son. cœrulescens,* Smitz.; *Son. canadensis,* Lapey.; *Aracium Alpinum,* Monn.; *Cicerbita Alpina,* Wallr.; *Hieracium cœruleum,* Scop.; *Garacium Alpinum* et *Soyeria Alpina,* Gre. et Godr.

Habite les prairies humides des environs de Mont-Louis; les roches humides du *Bac de Bolquère;* les pelouses humides de la vallée d'Eyne; le Canigou; *Costa-Bona;* les prairies et les bords des ravins du Llaurenti. Fleurit en juillet et août.

GENRE PICRIDE, *Picridium,* Desf.

1. Picr. vulgaire, *Picr. vulgare,* Desf., Dec., Dub.

Scorsonera picroïdes, Lin.; *Sonchus picroïdes,* Alli.

Habite les bords des vignes et des chemins des vallons de Collioure, Port-Vendres et Banyuls-sur-Mer; les vignes, sentiers et terres incultes de la base de *Força-Real;* les bords des vignes de *Cases-de-Pena;* les expositions chaudes à Villefranche, Cornella-du-Conflent, Nyer, Olette et jusqu'à Mont-Louis. Fleurit en mai et juin.

GENRE ZACINTHE, *Zacintha,* Tournef.

Ce genre se compose d'une seule espèce qui n'a pas été trouvée dans le département.

GENRE PTEROTHECA, *Pterotheca,* Cass.

1. Pte. de Nîmes, *Pte. Nemausensis,* Cass., Koch., Dub.

Crepis Nemausensis, Gouan.; *Cre. nuda,* Lam.; *Andryalia Nemausensis,* Vill.; *Andr. nudicaulis,* Lam.; *Lagoseris Nemausensis et bifida,* Koch.; *Trichocrepis bifida,* Vis.; *Hieracium sanctum,* Lin.

Habite sur la route d'Estagel à Saint-Paul, les collines et bords des vignes de toute cette contrée. Fleurit en mai et juin.

GENRE CRÉPIDE, *Crepis,* Lin.

1. Crép. à feuilles de pissenlit, *Crep. taraxacifolia,* Thuil., Koch.

Crep. taurinensis, Will.; *Crep. tectorum,* Vill.; *Crep. præcox,* Balbi.; *Barkhausia taraxacifolia,* Dec.; *Crep. cinerea,* Desf.; *Crep. scabra,* Will.

Habite les vignes et les coteaux qui avoisinent Prades; les prairies près Mosset; le bord des vignes de Villefranche. Fleurit en mai et juin.

Cette espèce fournit une variété, β *intybacea, Barkhausia intybacea,* Dec., qui se fait remarquer par ses feuilles caulinaires supérieures, à oreillettes larges, arrondies et dentées; péricline glabre. Se trouve particulièrement aux environs de Villefranche.

2. Crép. fétide, *Crep. fetida,* Lin.

Barkhausia fetida, Dec.; *Crep. glandulosa*, Guss.; *Barkhausia glandulosa*, Presl.; *Bar. zacintha*, Margot et Reut. *in Dec.*

Habite les terres incultes de la vallée de Cornella-du-Conflent et de Vernet-les-Bains; Villefranche, Olette, les Graus, la route de Mont-Louis et ses environs, sur les rochers et les terres incultes. Fleurit de juin en août.

Cette plante fraîche répand une odeur très-forte d'acide prussique. Quand on a cueilli plusieurs échantillons, cette odeur s'attache aux mains, et persiste malgré le lavage. La racine surtout paraît être la partie où cette odeur est plus concentrée.

3. Crép. blanchâtre, *Crep. albida,* Vill., Alli., Lois.

Barkhausia albida, Cass.; *Picridium albidum*, Dec.; *Lepicaune albida*, Lap.

Habite les champs du plateau de la *Trencada d'Ambulla;* les roches calcaires du chemin de la *Font de Comps,* vallée de Conat. Fleurit de juin en août.

4. Crép. bulbeuse, *Crep. bulbosa,* Cass., Koch.

Leontodon bulbosum, Lin.; *Prenanthes bulbosa*, Dec.; *Hieracium bulbosum*, Will.; *Hie. tuberosum*, Savi; *Hie. stoloniferum*, Viv.; *Ætheorriza bulbosa*, Cass.

Habite le vallon de Banyuls-sur-Mer, terres et friches près *Can Rafalet.* Fleurit en mai et juin.

5. Crép. dorée, *Crep. aurea,* Cass., Koch., Dec.

Hieracium aureum, Scop.; *Leontodon aureum*, Lin.; *Geracium aureum*, Rchb.

Habite les terres cultivées et les prairies des environs de Mont-Louis. Fleurit en juillet et août.

6. Crép. bisannuelle, *Crep. biennis,* Lin., Dec., Dub.

Habite les prairies situées près de la rivière à Nyer; celles des parties basses d'Olette; les environs des Graus et les prairies qui longent la Tet jusqu'à Fontpédrouse. Fleurit en mai et juin.

7. Crép. verte, *Crep. virens*, Vill., Lois.

Crep. virens et *stricta*, Dec.; *Crep. polymorpha*, Wallr.; *Crep. cernua*, Tenor.; *Crep. neglecta*, Lin.; *Crep. pennatifida*, Will.

Habite les champs situés le long de la rivière de la Basse, aux environs de Perpignan, et les pâturages du territoire de Toulouges. Fleurit toute la belle saison.

8. Crép. des toits, *Crep. tectorum*, Lin., Dec., Dub.

Crep. dioscoridis, Poll.; *Crep. Lachenalli*, Gochn.

Habite les lieux sablonneux près des cours d'eau des trois bassins. Fleurit de juin en août.

9. Crép. belle, *Crep. pulchra*, Lin., Koch., Dec.

Prenanthes pulchra, Dec.; *Pren. hieracifolia*, Will.; *Chondrilla pulchra*, Lam.; *Lampsana pulchra*, Vill.; *Intybellia pulchra*, Monn.; *Scleropyllum pulchrum*, Gaud.; *Phæcasium lampsanoïdes*, Cass.

Habite le bord des vignes et des chemins des vallons de Port-Vendres et de Collioure; les champs, vignes et friches à la base des Albères. Fleurit de mai à juillet.

10. Crép. très-petite, *Crep. pygmæa*, Lin., Dec.

Hieracium prunellæfolium, Gouan.; *Hier. pumilum*, Lin.; *Leontodon dentatum*, Lin.; *Omocline prunellæfolium*, Monn.; *Lepicaune prunellæfolium*, Lapey.

Habite le fond de la vallée d'Eyne, parmi les éboulis de la *Collada de Nuria* et les éboulis mouvants de la *Coma de la Baca*. Fleurit en juillet et août.

11. Crép. fausse lampsane, *Crep. lampsanoïdes*, Fröll. *in* Dec.

Hieracium lampsanoïdes, Gouan.; *Soyeria lampsanoïdes*, Monn.

Habite les parties élevées du Canigou, pâturages près du *Cap de la Roquette;* les sommités de la chaîne qui s'étend de *Costa-Bona* à Carença; les environs de Mont-Louis. Fleurit en juillet.

12. Crép. à feuilles de succise, *Crep. succisæfolia,* Tausch., Koch.

Crep. hieracioïdes, Will.; *Hieracium succisæfolium,* Alli.; *Hier. integrifolium,* Lois.; *Omocline succisæfolia,* Monn.

Habite les environs de la *Coma du Tech,* parmi les roches des *Esquerdes de Roja;* les roches humides des bords de la rivière, près la forge de Mantet; la partie supérieure de la *Font de Comps;* les bois près de la *Bentaillole,* au Llaurenti. Fleurit en juillet et août.

Cette espèce fournit deux variétés :

Var. α *mollis.* Tige et feuilles poilues. *Hieracium molle,* Jacq. Habite la *Coma du Tech.* Xatart l'avait communiquée à Lapeyrouse, qui l'avait nommée *Hieracium altissimum.*

13. Crép. fausse blaptaire, *Crep. blaptaroïdes,* Vill., Dec.

Crep. Austriaca, Alli.; *Hieracium blaptaroïdes,* Lin.; *Hier. Pyrenaïcum,* Will.; *Lepicaune multicaulis et turbinata,* Lapey.; *Soyeria blaptaroïdes,* Monn.

Habite sur les rochers qui avoisinent Mont-Louis; la *Motte de Planès* et le *Cambres-d'Aze,* dans les bois; le *Bac de Bolquère,* parmi les roches; très-abondante dans les bois du Llaurenti. Fleurit en juin et juillet.

GENRE SOYERIA, *Soyeria,* Monn.

1. Soy. de montagne, *Soy. montana,* Monn.

Crepis montana, Rchb.; *Hieracium montanum,* Jacq.; *Hypocheris montana,* Lin.; *Andryala pontana,* Vill.

Habite vers le milieu de la vallée d'Eyne, parmi les roches, les broussailles et les fourrés herbeux; la vallée de *Mijanés,* sur les roches des *Clots de Paillères,* en Llaurenti. Fleurit en juillet.

2. Soy. des marais, *Soy. paludosa,* **Godr.**

Crepis paludosa, Mœnch.; *Hieracium paludosum,* Lin.; *Geracium paludosum,* Rchb.; *Aracium paludosum,* Monn.

Habite les prairies et les ravins humides, à mi-côte du *Pla Guillem,* en montant par La Preste; les ravins herbeux et humides des sommités de la forêt de Salvanère. Fleurit de juin en août.

GENRE ÉPERVIÈRE, *Hieracium,* Lin.

1. Éper. piloselle, *Hier. pilosella,* **Lin., Dec., Dub.**

Vulg. *Oreille de souris* et *Veluette.*

Très-commune dans les diverses vallées du département, celle de Cornella-du-Conflent et de Vernet-les-Bains surtout. On retrouve cette plante sur les montagnes des environs de Mont-Louis, et à la *Font de Comps,* vallée de Conat. Fleurit toute la belle saison.

Cette plante fournit trois variétés :

Var. α *virescens,* Fries, remarquable par les feuilles à peine blanchâtres en dessous; coroles extérieures concolores. Stolons allongés. Se trouve sur les roches de la *Font de Comps.*

Var. β *nigrescens,* Fries, se distingue par ses feuilles de la var. précédente; calathide couverte de poils noirs et glanduleux très-abondants. Habite les environs de Mont-Louis.

2. Éper. piloselline, *Hier. pilosellinum,* **F. Schultz.**

Hier. fallacino-pilosella, F. Schultz.; *Hier. fratris,* C. Schultz.; *Hier. bifurcum,* Koch.

Habite les environs de Prats-de-Molló, au pied de la *Tour de Mir.* Fleurit en mai et juin.

3. Éper. orangée, *Hier. aurantiacum,* **Lin., Dec., Dub.**

Habite les sommets de la montagne de *Madres;* les clairières du bois de la *Mata,* en Capcir; la vallée de *Mijanés,* parmi les roches de *Frontclls,* près le *Port de Palleres,* au Llaurenti. Fleurit en juin et juillet.

4. Éper. auricule, *Hier. auricula,* Lin., Dec., Dub.

Hier. dubium, Dub.

Vulg. *Grande oreille de rat.*

Habite les lieux humides du vallon de Vernet-les-Bains; près des ravins humides de la *Font de Comps;* remonte jusqu'aux environs de Mont-Louis. Nous avons trouvé cette espèce au *Cambres-d'Aze.* Fleurit en juillet et août.

5. Éper. élancée, *Hier. prealtum,* Vill.

Hier. piloselloïdes, Dec.; *Hier. florentinum*, Spreng.; *Hier. Bauhini*, Bess.

Habite, au Canigou, sur les graviers déposés par les torrents, avant d'arriver à la région des pins; à Carença, mêmes terrains; les graviers des torrents des environs de Fontpédrouse. Fleurit en juin et juillet.

6. Éper. naine, *Hier. pumilum,* Lapey.

Hier. breviscapum, Dec.; *Hier. angustifolium* β *corderi*, Dec.; *Hier. Candollei*, Monn.; *Hier. Wahlii*, Fröll.

Habite les escarpements des roches du Canigou, en montant à la plate-forme; les sommets du *Cambres-d'Aze;* la vallée d'Eyne, à la *Collada de Nuria;* les sommets de Carença; les parties supérieures de *Costa-Bona.* Fleurit en août.

7. Éper. des glaciers, *Hier. glaciale,* Lachn.

Hier. angustifolium, Vill; *Hier auricula*, var. γ Dub.; *Hier. breviscapum*, Gaud.

Habite le *Cambres-d'Aze,* près des glaciers; la vallée d'Eyne, au *Pla de la Baguda,* près des neiges; l'extrémité de la vallée de Carença. Fleurit en juillet et août.

8. Éper. à feuille de statice, *Hier. staticefolium,* Vill., Alli.

Habite les terres sablonneuses et les bords des torrents du vallon de Mosset, vers le *Caillau;* les collines de la gorge d'Estoher, vers la forge de Llech. Fleurit en juin et juillet.

9. Éper. glauque, *Hier. glaucum,* Alli., Dec., Dub.

Hier. porrifolium, Vill.

Habite l'extrémité de la vallée de Carol, sur les rochers qui bordent la rivière de *Font-Vive;* les roches escarpées qui avoisinent l'étang de la Nous. Fleurit en août et septembre.

10. Éper. velue, *Hier. villosum,* Lin., Dec., Dub.

Hier. flexuosum, W. K. Hung.

Habite les lieux arides et sablonneux au pied de *Costa-Bona;* les terres incultes de la vallée de Cornella-du-Conflent et de Vernet-les-Bains. Fleurit en juillet.

11. Éper. des rochers, *Hier. saxatile,* Vill., Dec., Dub.

Hier. Lawsonii, Vill.; *Hier. barbatum,* Lois.; *Hier. Scopulorum,* Lapey.

Habite les rochers des environs de Mont-Louis; les escarpements des roches au centre du *Bac de Bolquère.* Fleurit en juin et juillet.

12. Éper. faux melinet, *Hier. cerinthoïdes,* Lin., Fries.

Hier. longifolium, Hier. flexuosum, α Gaud.; *Hier. flexuosum*, Lapey.; *Hier. Lapeyrousii,* var. δ, Fröll. *in Dec.*

Habite les roches des sommités du *Bac de Bolquère;* les escarpements de la *Coma du Tech;* n'est pas rare au Llaurenti. Fleurit en août et septembre.

13. Éper. olivâtre, *Hier. olivaceum,* Gre. et Godr.

Hier. Pyrenaïcum, Schultz.

Habite le vallon de Collioure, sentiers et bords des vignes des environs de Consolation; la *Trencada d'Ambulla,* rochers avant d'arriver au plateau. Fleurit en mai et juin.

14. Éper. néo-cerinthe, *Hier. neo-cerinthe,* Fries.

Hier. cerinthoïdes, Gouan.; *Hier. rhomboïdale*, Lapey.; *Hier. elongatum*, Lapey.; *Hier. croaticum* et *glaucum*, Lapey.; *Hier. altissimum*, Lapey.; *Hier. cordifolium*, Fries.; *Hier. Lapeyrousii,* Fröll.

Commune dans les fourrés du *Bac de Bolquère;* sur les fortifications de la citadelle de Mont-Louis; les environs de Prats-de-Molló, au pied de la *Tour de Mir*. Fleurit en juin et juillet.

15. Éper. composée, *Hier. compositum*, Lap., Dec., Dub.

Habite les pâturages de Prats-de-Molló, et jusqu'à La Preste, les prairies au long du Tech. Fleurit en juin et juillet.

16. Éper. ailée, *Hier. alatum,* Lapey.

Habite les éboulis de roches à l'extrémité de la vallée d'Eyne. Fleurit en août.

17. Éper. des Alpes, *Hier. Alpinum,* Lin., Dec., Dub.

Hier. Halleri, Vill.; *Hier. hybrido*, Fries.

Habite les sommets de la vallée d'Eyne; l'extrémité du *Cambres-d'Aze;* les roches élevées de la vallée de Prats-de-Balaguer. Fleurit en août et septembre.

18. Éper. embrassante, *Hier. amplexicaule*, Lin., Dec., Dub.

Hier. humile, Lapey.; *Hier. elongatum*, Endress.; *Hier. cordifolium*, Fries.; *Lepicaune balsamea*, Lapey.

Habite le bord des vignes des environs de Villefranche; les friches de la *Trencada d'Ambulla;* Saint-Vincent, vallon de Vernet-les-Bains; sur les rochers et sur les murs des fortifications de Mont-Louis; Prats-de-Molló, à la *Roca Gallinera*. Fleurit en juillet.

19. Éper. à feuilles de pulmonaire, *Hier. pulmonarioïdes*, Vill., Fries, Koch.

Habite les environs de Mont-Louis, au pied des roches humides et près des ravins. Fleurit en juillet.

20. Éper. laineuse, *Hier. lanatum,* Vill., Dec., Dub.

Hier. tomentosum, Alli.; *Hier. verbascifolium*, Pers.; *Andrialia lanata*, Lin.

Habite les sommets des vallées de Llo, d'Eyne, de Prats-de-Balaguer et de Carença. Fleurit en août.

21. Éper. de Gouget, *Hier. Gougetianum,* Gre. et Godr.

Habite sur la crête des Albères. Cette espèce fut découverte par M. Gouget, chirurgien-major, en garnison à Perpignan. Fleurit en juin et juillet.

22. Éper. recouverte, *Hier. vestitum,* Gre. et Godr.

Habite les rochers et les prairies sèches des environs de Mont-Louis; les pelouses près Prats-de-Molló. Fleurit en juillet et août.

23. Éper. glauque, *Hier. cæsium,* Fries.

Habite les parties montueuses et arides de la vallée du Réart, aux environs de Llinas, Calmelles, Montoriol et *Notre-Dame-du-Col.* Fleurit en juin et juillet.

24. Éper. des murs, *Hier. murorum,* Lin., Fries.

Habite, dans la vallée du Tech, sur les rochers de Céret, Arles, Saint-Laurent-de-Cerdans, *Costa-Bona ;* dans la vallée de la Tet, les montagnes de Villefranche, le vallon de Vernet-les-Bains, les Graus d'Olette, les bois de sapins de la *Font de Comps,* les fortifications et les rochers de Mont-Louis. Fl. de juin à septembre.

Cette plante fournit huit variétés :

La var. β *Hier. polisissimum,* se fait remarquer par la quantité de poils qui la recouvrent, surtout sur les pétioles et à la base des tiges. Nous l'avons rapportée de *Costa-Bona.*

Var. δ *nemorense,* remarquable par les rameaux et pédoncules plus dressés que dans le type, ce qui donne au corymbe une forme un peu tyrsoïde; feuilles oblongues, plus minces et plus pâles, à pétiole plus long et plus étroit; tige non fistuleuse. *H. nemorense*, Jord. Nous l'avons récoltée dans les bois de sapins aux environs de la *Font de Comps.*

25. Éper. des bois, *Hier. sylvaticum,* Lam., Gouan, Dec.

Hier. vulgatum, Fries.; *Hier. argillaceum*, Jord.; *Hier. sylvicola*, Lin.

Habite les bois des régions basses du Canigou; les clairières des parties basses de la forêt de Salvanère; les forêts au bas des montagnes de la vallée du Réart. Fleurit en juin et juillet.

Cette plante offre plusieurs variétés remarquables par des dispositions particulières. La var. ε *approximatum,* se fait remarquer par les pédoncules plus allongés, pauciflores, bien moins fastigiés; feuilles plus profondément dentées. *H. approximatum,* Jord. Vit au bois de Salvanère.

26. Éper. noble, *Hier. nobile,* Gre. et Godr.

Habite sur les rochers au pied des montagnes de la vallée du Réart; les coteaux en friche de la *Trencada d'Ambulla;* sur les rochers qui bordent la route, près d'Olette; la base de la montagne des Graus. Fleurit en juin et juillet.

27. Éper. de Jacquin, *Hier. Jacquini,* Vill., Dec., Dub.

Hier. humile, Host.; *Hier. pumilum*, Jacq.

Habite les environs de Mont-Louis, sur les roches du vieux Mont-Louis; les bois de la *Motte de Planès;* les escarpements des roches au centre du *Bac de Bolquère.* Fleurit en juin et juillet.

28. Éper. blanchâtre, *Hier. albidum,* Vill., Dec., Fries.

Hier. intybaccum, Wulf. *in Jacq.*

Habite, au Canigou, les prairies avant d'arriver au *Collet Vert* et près de la *Llapoudère;* la vallée de Carença, dans les bois de la partie moyenne; assez commune dans les pâturages de *Palleres,* en Llaurenti. Fleurit en juillet et août.

29. Éper. faux prenanthe, *Hier. prenanthoïdes,* Vill., Dec.

Hier. spicatum, Alli.; *Hier. sabaudum,* Lapey.

Habite le bord des ravins, parmi les broussailles des parties supérieures du Canigou; le vallon de Cornella-du-Conflent, au *Fontanal;* parmi les fourrés des bois de la *Font de Comps;* dans la vallée du Tech, *Costa-Bona* et la *Coma du Tech.* Fleurit en juillet et août.

30. Éper. des Pyrénées, *Hier. Pyrenaïcum,* Jord.

Hier. valdepilosum, Fries.; *Hier. villosum,* Lapey.; *Hier. Lapeyrousii,* var. β *villosum,* Fröll.; *Hier. lanceolatum,* Lapey.

Habite les fissures des roches du *Bac de Bolquère;* les escarpements des roches de la montagne de *Madres;* les roches qui avoisinent la *Tour de Batère,* vallon de Cortsavi; assez fréquente au Llaurenti. Fleurit en août et septembre.

31. Éper. boréale, *Hier. boreale,* Fries., Koch.

Hier. sabaudum, Lin.; *Hier. sylvestre,* Tausch.; *Hier. sylvaticum,* Lapey.; *Hier. hirsutum,* Boreau; *Hier. denudatum,* Lapey.

Habite sur les rochers des environs de Mont-Louis; les rochers de la *Ballanouse* à la *Motte de Planès;* les escarpements des roches du *Bac de Bolquère,* à la hauteur du *Pla de Barrés.* Fleurit en août et septembre.

32. Éper. de Savoie, *Hier. Sabaudum,* Lin., Alli., Fries.

Hier. depauperatum, Jord.

Habite les pâturages des parties basses de *Costa-Bona;* le Canigou, pâturages et bord des ruisseaux des parties moyennes, au *Randé;* les prairies des environs de Mont-Louis; les fourrés du *Bac de Bolquère.* Fleurit en août et septembre.

33. Éper. velue, *Hier. hirsutum,* Bernh., Fries., Fröll.

Habite le bord des chemins et les pâturages près Prats-de-Molló. Fleurit en septembre.

34. Éper. en ombelle, ***Hier. umbellatum,*** **Lin., Fries, Dec.**

Hier. cordifolium, Lapey.

Habite, dans la vallée de la Tet, la *Trencada d'Ambulla,* le bord des vignes et les terres incultes de Villefranche ; les champs arides et le bord des chemins de la vallée de Cornella-du-Conflent et de Vernet-les-Bains. Fleurit en août et septembre.

GENRE ANDRYALE, *Andryala,* Lin.

1. And. sinuée, ***And. sinuata,*** **Lin., Dec., Dub.**

And. integrifolia, Lin.; *And. parviflora*, Lam.; *And. corymbosa*, Lam.; *And. lanata*, Vill.; *Rothia runcinata* et *cheiranthifolia*, Lapey.; *Sonchus lanatus*, Dalech.

Commune dans les trois bassins, sur les collines, les terres légères, arides et sablonneuses; la vallée de Cornella-du-Conflent et de Vernet-les-Bains; les environs d'Olette; la vallée du Réart; partout. Fleurit en juin et juillet.

2. And. ragusine, ***And. ragusina,*** **Lin.**

And. lyrata, Pourret.; *And. laciniata*, Lam.; *Rothia corymbosa*, Lapey.

Habite le bord des vignes et les terres sablonneuses de la vallée de l'Agly; très-commune à *Cases-de-Pena;* les sables de la rivière de la Tet, d'Ille à Perpignan; les bords de l'étang de Vilanova; les environs de Céret. Fleurit en juin et juillet.

Var. β *incana,* remarquable par les calathides plus petites; les feuilles caulinaires très-entières, aiguës; tige ordinairement très-rameuse. *And. incana,* Dec. Commune dans les sables déposés par la rivière de la Tet au pied de la butte de *Régleille* près Ille.

GENRE SCOLYME, *Scolymus,* Lin.

1. Scol. taché, ***Scol. maculatus,*** **Lin., Dec., Dub.**

Habite le plateau de Château-Roussillon; les champs et les olivettes des Aspres qui avoisinent Perpignan ; les champs et le bord des chemins de la vallée du Réart. Fleurit en juillet et août.

2. Scol. d'Espagne, *Scol. Hispanicus*, Lin., Dec., Dub.

Myscolus microcephalus, Coss.; *Scol. Theophrasti Narbonensis*, Clus.

Habite les fortifications de la ville et de la citadelle de Perpignan; le bord des routes et des fossés des champs de toute la contrée et des trois bassins. Fleurit en juin et juillet.

3. Scol. à grandes fleurs, *Scol. grandiflorus*, Desf., Lapey.

Myscolus megalocephalus, Cass.

Habite le vallon de Collioure, et abonde sur les bords du sentier de traverse qu'on prend dès qu'on est arrivé au sommet de la dernière montée, en venant de Perpignan pour descendre à Collioure; les champs et les bords des chemins du vallon de Banyuls-sur-Mer. Fleurit en juillet et août.

68me Famille. — Ambrosiacées, *Ambrosiaceæ*, Link.

(*Monœcie*, Lin.; *Flosculeuses*, Tournef.; *Corymbifères*, Juss.)

Genre Glouteron ou Lampourde, *Xanthium*, Tournef.

1. Glou. aux écrouelles, *Xan. strumarium*, Lin., Dec.

Xanthium vulgare, Lam.

Habite sur les décombres amassés près des fortifications de Perpignan; les bords des routes et des fossés; sur les sables des cours d'eau. Fleurit de juin à septembre. Commun.

2. Glou. à gros fruit, *Xan. macrocarpum*, Dec., Dub., Lois.

Xan. orientale, Lin.; *Xan. echinatum*, Wallr.

Habite les bords des routes et des fossés, les champs sablonneux de la Salanque, vers les dunes des trois bassins. Fleurit de juin en août.

3. Glou. épineux, *Xan. spinosum*, Lin., Dec., Moris.

Habite les champs et les olivettes arides; le bord des chemins; les terres qui dominent les fortifications de Villefranche; les vallons de Banyuls-sur-Mer et de Collioure; les environs de Prats-de-Molló; les fossés des fortifications de Perpignan. Fl. en août et septembre. Commun partout.

Genre Ambrosie, *Ambrosia*, Tournef.

Ce genre se compose d'une seule espèce, *Ambrosia tenuifolia*, Spreng., qui n'a pas été trouvée dans le département.

69me Famille. — Lobéliacées, *Lobeliaceæ*, Juss.

(*Singénésie monogamie*, Lin.; *Campanulacées*, Juss.)

Genre Lobélie, *Lobelia*, Lin.

1. Lob. brûlante, *Lob. urens*, Lin., Dec., Dub.

Habite les terrains en pente, sablonneux et humides, en allant de Fosse au bois de Boucheville. Fleurit en juin.

Genre Laurentie, *Laurentia*, Neck.

Ce genre, composé de deux espèces, n'a pas de représentant dans le département.

70me Famille. — Campanulacées, *Campanulaceæ*, Juss.

(*Pentandrie*, Lin.; *Campaniformes*, Tour.; *Campanulacées*, Juss.)

Genre Jasione, *Jasione*, Lin.

1. Jas. de montagne, *Jas. montana*, Lin., Dec., Dub.

Jasione undulata, Lam.

Habite les vignes et les bords des champs arides de Baixas, de *Cases-de-Pena* et de Saint-Antoine-de-Galamus; dans la vallée de la Tet, les vignes et les terres arides de Vinça, Prades, jusqu'à Fontpédrouse, les bois et châtaigneraies de Vernet-les-Bains; dans la vallée du Tech, le Boulou, Céret, Saint-Laurent-de-Cerdans, Prats-de-Molló. Fleurit de juin en octobre.

2. Jas. vivace, *Jas. perennis,* Lam., Dec., Dub., Lois.

Habite les bois des environs de la *Font de Comps* et de Mont-Louis; le bois de Boucheville. Fleurit de juin en août.

Var. β *pygmæa.* Plante de 5 à 7 centimètres, remarquable par ses feuilles caulinaires oblongues, lancéolées et un peu obtuses. On l'a souvent confondue par la taille avec la *Jas. humilis;* mais elle n'est pas aussi alpine. Vit dans les mêmes localités.

3. Jas. petite, *Jas. humilis,* Pers., Dec., Dub.

Jas. perennis, β Lapey.; *Jas. montana,* β *humilis*, Pers.; *Phyteuma crispa,* Pourret.

Habite le sommet du *Cambres-d'Aze;* la vallée d'Eyne, au *Col de Nuria;* la vallée de Llo; le plateau des Bouillouses; les éboulis de Carlite; la montagne de Carença; *Costa-Bona;* les sommités du Canigou, où elle est abondante. Fleurit en août et septembre.

Genre Raiponce, *Phyteuma,* Lin.

1. Rai. pauciflore, *Phy. pauciflorum,* Lin., Dec., Dub.

Phy. pauciflora et *glodulariæfolia,* Hoppe et Sternb.

Habite la vallée d'Eyne; les environs de Nuria; les sommités de *Madres,* en Capcir; le Canigou, à la *Coma Mitjane;* la vallée du Tech, près de la source et sur les escarpements des roches des *Esquerdes de Roja.* Fleurit en juillet et août.

2. Rai. hémisphérique, *Phy. hemisphæricum,* Lin., Dec.

Phy. Michelii, Lap.; *Phy. graminifolium,* Sieb.; *Phy. intermedium,* Hegets.

Habite les pelouses du plateau d'Évol, près du lac; les pâturages des environs de Mont-Louis; le centre de la vallée d'Eyne;

le Canigou, parmi les pâturages; la *Font de Comps,* au milieu des roches humides. Fleurit en juillet et août.

En herborisant dans la vallée de Llo, nous avons trouvé un *Phyteuma* parmi les fentes des rochers humides des parties supérieures. Cette plante se rapproche beaucoup du *Phyteuma charmelii,* Vill. Elle a le même port; les fleurs, en capitule globuleux, ont le même aspect; même disposition des feuilles radicales et caulinaires, longuement pétiolées, ovales, acuminées et étroitement lancéolées, devenant plus étroites en s'élevant sur la tige. Il existe seulement au centre des feuilles radicales, qui sont assez nombreuses, six dents très-prononcées, trois de chaque côté de la feuille. Serait-ce une nouvelle espèce?

3. Rai. orbiculaire, *Phy. orbiculare,* Lin., Dec., Dub.

Phy. Scheuchzeri, Lapey.

Habite les prairies élevées du Canigou; fort commune dans les lieux humides de la *Font de Comps.* Fleurit en juin.

Cette espèce fournit cinq variétés, dont deux vivent dans le département.

La var. γ *elypticum,* dont les feuilles radicales et caulinaires, sont oblongues, obtuses, vit dans les mêmes localités et à Saint-Antoine-de-Galamus.

La var. δ *decipiens,* remarquable par la tige haute de 10 cent., les feuilles étroitement lancéolées, obscurément crénelées, hérissées de poils, les caulinaires subobtuses, les fleurs rosées, habite les parties élevées du *Cambres-d'Aze,* la partie supérieure de la vallée d'Eyne et *Costa-Bona,* près des eaux. Cette variété se rapproche beaucoup du *Phyteuma serratum,* Viv., et au premier abord nous l'avions pris pour lui.

4. Rai. à feuilles de scorsonère, *Phy. scorsoneræfolium,* Vill., Dec., Dub.

Phy. Michelii, Alli.; *Phy. persicæfolia,* Hoppe.; *Phy. scorsoneræfolium* et *Michelii,* A. Dec.

Habite les fentes des rochers vers le sommet de la vallée d'Err; les parties élevées et rocheuses du village de Costujes. Fleurit de juin en août.

5. Rai. à feuilles de bétoine, *Phy. betonicæfolium,* Vill., Dec., Dub.

Habite les prairies du vallon de Castell et les environs de Saint-Martin-du-Canigou. Fleurit en juillet. Très-rare.

6. Rai. en épi, *Phy. spicatum,* Lin., Dec., Dub.

Habite le Canigou, au bord des lacs; en Capcir, au lieu dit *Estany Negre;* les environs de Prats-de-Molló, au lieu dit le *Bac de la Plana.* Fleurit en juillet.

7. Rai. noire, *Phy. nigrum,* Sm., Dec.

Phy. ovale, Hoppe.; *Phy. persicæfolium,* Dec.

Habite les prairies des environs de Mont-Louis; celles de la *Borde-Girvés,* sur les bords de la Tet. Fleurit en juin.

8. Rai. de Haller, *Phy. Halleri,* Alli., Dec., Dub.

Phy. ovatum, Schmidt; *Phy. hurticæfolium,* Claire.

Habite le Canigou, au *Bac de Moura;* les lieux humides et ombragés de *Costa-Bona.* Fleurit en juillet.

Genre Spéculaire, *Specularia,* Heist.

1. Spé. miroir, *Spe. speculum,* A. Dec.

Prismatocarpus speculum, L'Hérit.; *Campanula speculum,* Lin.

Vulg. *Miroir de Vénus.*

Habite dans les champs et parmi les récoltes de tout le Conflent; les champs et récoltes du vallon de Céret. Fleurit en juin et juillet.

2. Spé. hybride, *Spe. hybrida,* A. Dec.

Prismat. hybridus, L'Hérit.; *Prismat. confertus,* Mœnch.; *Camp. hybrida,* Lin.; *Camp. spuria,* Pall.

Habite le vallon de Collioure, dans les vignes qui bordent le chemin de Consolation; les parties moyennes de toutes les Albères. Fleurit en mai.

3. Spé. en faux, *Spe. falcata*, A. Dec.

Prismat. falcatus, Tenor.; *Camp. falcata*, Roem.

Habite la vallée d'Argelès, bord des vignes et lisière des bois en montant à la *Tour de la Massane*. Fleurit en mai.

Genre Campanule, *Campanula*, Lin.

1. Cam. carillon, *Cam. medium*, Lin., Dec., Dub.

Cam. grandiflora, Lam.; *Viola Mariana*, Clus.

Habite la vallée de Saint-Paul, sur les bords de la rivière; l'ermitage de Saint-Antoine-de-Galamus, dans les bois près de l'Agly; les haies et torrents de la vallée de Carença. Fleurit en juillet et août.

2. Cam. spécieuse, *Cam. speciosa*, Pour., Dec., Dub.

Cam. longifolia, Lapey.; *Cam. bicaulis*, Lapey.

Habite les fentes des rochers de la *Trencada d'Ambulla;* la *Font de Comps*, parmi les débris de roches au pied de la *Tartarassa;* la *Roca Gallinera*, environs de Prats-de-Molló; La Manère, au *Bourdalat*. Fleurit en juin et juillet.

3. Cam. agglomérée, *Cam. glomerata*, Lin., Dec., Dub.

Trachelium minus, Lob.

Habite les prairies des environs de Mont-Louis; les escarpements de la vallée de Carença; *Costa-Bona*, vers la *Coma du Tech*. Fleurit de juin à septembre.

4. Cam. en épi, *Cam. spicata*, Lin., Vill., Dec.

Habite le bord des ravins et les prairies des montagnes moyennes; les environs de Saint-Martin-du-Canigou; la route de Mont-Louis à Fontpédrouse; la vallée du Tech, derrière La Preste. Fleurit en juillet et août.

5. Cam. à larges feuilles, *Cam. latifolia,* Lin., Dec., Dub.

Trachelium majus, Clus.

Habite les roches escarpées de la vallée de Prats-de-Balaguer, dans les bois par-dessus *Hamet*, et parmi les roches de la *Fosse du Géant,* à l'extrémité de cette même vallée. Fl. en juin et juillet.

6. Cam. gantelée, *Cam. trachelium,* Lin., Dec., Dub.

Trachelium vulgare, Clus.

Habite les champs du vallon de Prades; la *Trencada d'Ambulla;* le vallon de Vernet-les-Bains; les bords du chemin de la *Font de Comps;* les bois de Boucheville et de Salvanère; les environs de Prats-de-Molló; le Canigou. Fleurit en juillet et août. Commune.

Cette espèce fournit une variété qui a le calice hérissé, var. β *dasycarpa*. Commune à la *Font de Comps.*

7. Cam. fausse raiponce, *Cam. rapunculoïdes,* Lin., Dec.

Cam. tracheloïdes, Rchb.; *Cam rapunculoïdes* et *contracta*, Mut.; *Cam. crenata*, Link.

Habite les roches qui bordent la rivière de Rigarda et les bords des vignes; le vallon de Vernet-les-Bains; les parties arides de la vallée de Nohèdes; la vallée du Tech, à la *Majoral* d'Arles, et près Prats-de-Molló; les coteaux incultes de la métairie Durand, vers Canet. L'espèce qui croît dans cette dernière localité constitue une variété; les feuilles et la tige sont beaucoup plus hispides. Fleurit en juillet et août.

8. Cam. érine, *Cam. erinus,* Lin., Dec., Dub.

Wahlenbergia erinus, Link.; *Roncelia erinus*. Dumort.

Habite les terres incultes de la vallée de la Tet, Vernet-les-Bains, Olette, Thuès, Fontpédrouse et sur la route de Mont-Louis; la vallée de l'Agly, Maury et Saint-Paul; la vallée du Tech, Saint-Laurent-de-Cerdans, le *Baus de l'Aze,* près Prats-de-Molló. Fleurit en mai et juin.

9. Cam. rhomboïdale, *Cam. rhomboïdalis,* Lin., Dec.

Cam. rhomboïdea, Will.

Habite les environs de Mont-Louis; le *Pla dels Abellans;* les pâturages et les coteaux de la vallée d'Eyne; Carença; *Costa-Bona* et la *Coma du Tech;* les pâturages du Llaurenti et de *Mijanés.* Fleurit en juin et juillet.

10. Cam. lancéolée, *Cam. lanceolata,* Lapey.

Cam. rhomboïdalis, Auct. Gall., Endress.

Habite les roches escarpées du *Bac de Bolquère* et du *Pla dels Abellans,* environs de Mont-Louis; les sommités de la vallée de Carença; le Llaurenti, pâturages des bords de l'étang et environs de *Mijanés.* Fleurit en juin et juillet.

11. Cam. à feuilles de lin, *Cam. linifolia,* Lam., Dec.

Cam. Scheuchzeri, Lois.; *Cam. rotundifolia*, var. β Vill.

Habite sur les rochers de la *Ballanouse,* près Mont-Louis; la vallée d'Eyne, sur les rochers près la cascade; la vallée du Tech, environs de La Preste; le Llaurenti. Fleurit de juin en août.

12. Cam. de Baumgarten, *Cam. Baumgartenii,* Beck.

Cam. rotundifolia, var. β *reniformis*, Pers.; *Cam. rotundifolia*, var. δ *lancifolia*, Koch.

Habite les escarpements au centre du *Bac de Bolquère,* près Mont-Louis. Fleurit en juillet et août.

13. Cam. à feuilles rondes, *Cam. rotundifolia,* Lin., Dec.

Habite sur les roches humides qui bordent la rivière de Rigarda; le Canigou, roches humides des torrents; les environs de La Preste, parmi les rochers. Fleurit de juin en août.

Une variété, β *velutina,* observée par le docteur Reboud, a les feuilles couvertes d'un duvet blanc tomenteux; la panicule étroite, racémiforme, unilatérale; pédoncules dressés. *Cam. Reboudiana,* Nob., Gre. et Godr., habite les environs de Mont-Louis.

14. Cam. de Scheuchzer, *Cam. Scheuchzerii,* Vill., Koch.

Habite les régions alpines du Canigou; les environs de Mont-Louis; les roches humides du *Bac de Bolquère;* les vallées d'Eyne et de Llo; le *Cambres-d'Aze.* Fleurit en juillet et août.

Les deux variétés fournies par cette plante, sous le nom de *Glabra*, var. α, et sous celui de *Hirta*, var. β, se trouvent dans les mêmes localités.

15. Cam. gazonnante, *Cam. cæspitosa,* Scop.

Cam. Bocconi, Vill.; *Cam. Bellardi*, Alli.

Habite parmi les roches des parties élevées de la vallée de Nohèdes; les fentes des rochers au sommet du *Cambres-d'Aze,* la vallée du Tech, sur les rochers derrière *Costa-Bona.* Fleurit en juillet et août.

Une variété fort remarquable par sa tige noueuse, beaucoup plus grande et plus allongée, vit dans les environs de La Preste, et se rapporte assez à la description de la *Cam. elatinus,* Lin.

16. Cam. très-petite, *Cam. pusilla,* Hænk.

Cam. pusilla, Auct. German.; *Cam. cæspitosa*, Vill.

Habite la lisière des bois, en montant à *Cady* par la vallée de Cortsavi; parmi les roches du *Cambres-d'Aze;* le sommet de la vallée de Prats-de-Balaguer, sur les rochers qui avoisinent l'*Estanyol.* Fleurit en juillet et août.

17. Cam. raiponce, *Cam. rapunculus,* Lin., Will., Dec.; en catalan *Rapunxu.*

Habite Saint-Antoine-de-Galamus, et le long de l'Agly jusqu'à Caudiès; toutes les parties moyennes de nos montagnes; la *Trencada d'Ambulla* et le vallon de Vernet-les-Bains; Céret, Arles et jusqu'à Prats-de-Molló; commune dans les pâturages, à Olette, Fontpédrouse; le bois de Salvanère; le Llaurenti. Fleurit de mai en août.

18. Cam. étalée, *Cam. patula,* Lin., Dec., Lois.

Cam. bellidifolia, Lapey.; *Cam. decurrens*, Lin.

Habite les pelouses et les bois des montagnes moyennes; Saint-Martin, Fosse, les bois de Boucheville et de Salvanère; prairies et bords des torrents au Llaurenti. Fleurit de mai à juillet.

19. Cam. à feuilles de pêcher, *Cam. persicifolia*, Lin., Dec.

Cam. media, Dod.

Commune dans les environs de Villefranche et à la *Trencada d'Ambulla;* prairies de Vernet-les-Bains et de Mont-Louis; dans la vallée du Tech, Arles, Saint-Laurent-de-Cerdans, Prats-de-Molló. Fleurit en juin et juillet.

Nous trouvons à la *Trencada d'Ambulla* une variété de cette espèce qui a le calice très-velu, que Timbal-Lagrave a nommée *Cam. subpyrenaïca.*

Une autre variété fort remarquable se trouve sur les prairies montueuses de la *Font de Comps.*

20. Cam. du mont Cenis, *Cam. Cenisia,* Lin., Alli., Vill.

Habite les parties très-élevées de la vallée de la Tet, au-dessus du plateau des Bouillouses; l'extrémité de la vallée d'Eyne, sur les roches du *Cirque.* Fleurit en juillet et août.

On cultive dans nos parterres plusieurs Campanules pour leurs fleurs, belles et nombreuses, dont on ombrage les tonnelles. La racine et les feuilles de la *Cam. raiponce* sont alimentaires, et peuvent être mangées en guise de salade.

GENRE WAHLENBERGIE, *Wahlenbergia,* Schrad.

1. Wahl. à feuilles de lierre, *Wahl. hederacea,* Rchb., Dec.

Cam. hederacea, Lin.

Habite les parties humides et ombragées de toutes nos montagnes moyennes; le village de Fosse, en montant à la forêt de Boucheville; les bois des environs de Saint-Laurent-de-Cerdans; ceux de La Manère. Fleurit en juin et juillet.

71me Famille. — Vacciniées, *Vaccinieæ*, Dec.

(*Octandrie monogynie*, L.; *Arbres monopétales*, T.; *Bruyères*, Juss.)

Genre Airelle, *Vaccinium*, Lin.

1. Air. myrtille, *Vac. myrtillus*, Lin., Dec., Dub.;
en catalan *Nabin, Rims de pastor, Abajus.*

Habite près des ravins humides de toutes nos montagnes; les bois de la vallée de Carença; Mont-Louis; le Canigou, aux environs du *Randé*. Fleurit en mai.

2. Air. fangeuse, *Vac. uliginosum*, Lin., Dec., Dub.

Habite les lieux humides du vallon de *Cady*, au Canigou; la vallée du Tech, sur les escarpements des roches humides près de la source; les tourbières de *Costa-Bona*. Fl. en juin et juillet.

3. Air. framboise, *Vac. vitis idea*, Lin., Dec., Dub.

Habite les pâturages au pied du *Pla Guillem;* le Canigou, au-dessus de Saint-Martin; la base de la montagne de *Madres;* fort commune au Llaurenti. Fleurit en mai et juin.

Le fruit de ces trois espèces est mûr en septembre.

Genre Caneberge, *Oxycoccos*, Tournef.

1. Can. vulgaire, *Oxy. vulgaris*, Pers., Lois.
Vaxini oxycoccos, Lin.

Habite les prairies tourbeuses de la région moyenne du Canigou; la montagne de *Madres;* la vallée de Carença; les tourbières du Llaurenti. Fleurit de juin en août.

72me Famille. — Éricinées, *Ericineæ*, Desv.

(*Octandrie monogynie*, L.; *Arbres monopétales*, T.; *Bruyères*, Juss.)

Genre Arbousier, *Arbutus*, Tournef.

1. Arb. commun, *Arb. unedo*, Lin., Lam., Dec.;
en catalan *Llipoter, Arbosser;* les fruits *Llipotes, Arbossos.*

Habite nos montagnes moyennes ; les bois des environs de Montoriol, Oms, Llauro, Céret, Saint-Antoine-de-Galamus et toutes les basses Corbières. — Le fruit est porté à Perpignan et l'on en fait des confitures.

On cultive cet arbuste dans nos parterres pour son élégance. Les feuilles sont persistantes et d'un beau vert, ce qui contraste singulièrement avec le fruit globuleux, d'un rouge vif. Cet arbuste est en végétation toute l'année, de sorte qu'on le voit toujours couvert de fleurs et de fruits à divers degrés de maturité, de couleur verte d'abord, qui, à mesure qu'ils grossissent, prennent une couleur jaune et deviennent entièrement rouges lorsqu'ils sont tout-à-fait mûrs, ce qui donne un aspect charmant à ce végétal.

Genre Arctostaphylos, *Arctostaphyllos,* Adans.

1. Arct. des Alpes, *Arct. Alpina,* Spreng., Koch.

Arbutus Alpina, Lin.

Habite les rochers humides et ombragés des régions alpines du Canigou; la *Coma du Tech;* les rochers près des étangs de Carlite; la montagne de *Madres;* le Llaurenti. Fleurit en mai; fruits en août et septembre.

2. Arct. officinal ou raisin d'ours, *Arct. officinalis,* Wim. et Grap.;

en catalan *Buxarolas, Farinells.*

Arbutus uva ursi, Lin.

Habite les environs de Mont-Louis; Carença; *Madres;* la *Font de Comps;* les pentes méridionales du Canigou; *Costa-Bona* et les *Esquerdes de Roja;* les Corbières. Fleurit en avril et mai; fruits en août et septembre.

Genre Andromède, *Andromeda,* Lin.

1. And. à feuilles de polium, *And. polyfolia,* Lin., Dec.

Habite parmi les roches humides qui bordent l'étang du Llaurenti, et dans les lieux tourbeux de cette montagne. Nous n'avons pas trouvé cette plante sur les montagnes de notre département. Fleurit en mai et juin; fruits en septembre.

Genre Callune, *Calluna,* Salisb.

1. Cal. commune, *Cal. vulgaris,* Salisb.;

en catalan *Bruc, Bruguera.*

Cal. erica, Dec.; *Erica vulgaris,* Lin.

Habite les coteaux arides de toutes nos basses montagnes. Fleurit de juillet à septembre.

Genre Bruyère, *Erica,* Lin.

1. Bru. tetralis, *Eri. tetralis,* Lin., Dec., Dub.

Nous possédons cette plante dans l'ancien Herbier de la ville, avec l'indication *Butte de l'Esparrou,* ce qui se rapporterait assez avec celle donnée par Lapeyrouse; mais nous l'avons cherchée inutilement dans cette localité et dans tout le voisinage. Il faut dire que la culture a singulièrement modifié tout ce territoire. Nous avons vainement cherché aussi dans les environs d'Elne, l'*Erica multiflora* et l'*Erica umbelliflora*, citées par Loiseleur. Cette contrée n'a aucune plante de cette famille; elles ont sans doute disparu par la même cause.

2. Bru. cendrée, *Eri. cinerea,* Lin., Dec., Dub.

Eri. viridis purpurea, Gouan.

Habite les buttes calcaires qui avoisinent Corbère et les terrains aspres et montueux de la vallée du Réart. Fleurit tout l'été.

3. Bru. en arbre, *Eri. arborea,* Lin., Dec., Dub.

Habite toutes les montagnes moyennes, surtout sur les pentes qui des Albères se dirigent vers la mer, Banyuls, Consolation,

Argelès; Céret jusqu'à Prats-de-Molló; les montagnes des vallées du Réart et de la Tet. Fleurit en mai.

4. Bru. à balais, *Eri. scoparia,* Lin., Dec., Dub.

Habite les garrigues des parties basses des Corbières; toute la chaîne des Albères; les garrigues de la vallée du Réart; Céret et route de Prats-de-Molló; les environs de Villefranche et route de Mont-Louis. Fleurit en mai et juin.

Genre Phyllodoce, *Phyllodocia,* Don.

Genre Dabécie, *Dabœcia,* Don.

Ces deux genres, se composant chacun d'une seule espèce, n'ont pas été trouvés dans le département.

Genre Azalée, *Loiseleuria,* Desv.

1. Aza. couchée, *Lois. procumbens,* Desv., Lois., Dec.; en catalan *Herba de la graba* (herbe de la gravelle).

Aza. procumbens, Lin.

Habite les sommités de nos montagnes; la vallée d'Eyne; le *Cambres-d'Aze;* la vallée de Carol; les *Lacs de la Nous;* les plateaux entre Eyne, Carença et *Costa-Bona;* le Canigou. Fleurit en juin et juillet.

Genre Rosage, *Rhododendron,* Lin.

1. Ros. ferrugineux, *Rho. ferrugineum,* Lin., Dec., Dub.

Habite les parties élevées de la région des sapins; les environs de Mont-Louis; le *Bac de Bolquère;* le plateau des Bouillouses; les vallées d'Eyne et de Llo; le Canigou et *Costa-Bona.* Fleurit en juillet.

73me Famille. — Pyrolacées, *Pyrolaceæ*, Lindl.

(*Décandrie monogynie*, L.; *Rosacées*, T.; *Bruyères*, Juss.)

Genre Pyrole, *Pyrola*, Tournef.

1. Pyr. à feuilles rondes, *Pyr. rotundifolia*, Lin., Dec.

Habite Prats-de-Molló, parmi les broussailles; *Costa-Bona;* les fourrés du *Bac de Bolquère;* les vallées d'Eyne et de Llo; le Llaurenti, près le lac supérieur. Fleurit en juin et juillet.

2. Pyr. mineure, *Pyr. minor*, Lin., Dec., Dub.

Pyr. rosea, Smit.

Habite dans les bois, les fourrés et les lieux humides des parties moyennes de la vallée de Carença; la montagne de *Madres*, parmi les *rhododendrons*. Fleurit en juin et juillet.

3. Pyr. unilatérale, *Pyr. secunda*, Lin., Dec., Dub.

Pyr. secunda et *hybrida*, Vill.

Habite le Canigou; les vallées de Carença, d'Eyne et de Llo, parmi les *rhododendrons;* les bois de la *Font de Comps;* les parties supérieures de la vallée de Nohèdes; le Llaurenti, en montant à l'étang d'Artigues. Fleurit en juin et juillet.

4. Pyr. uniflore, *Pyr. uniflora*, Lin., Dec., Dub.

Pyr. Halleri, Vill.; *Moneses grandiflora*, Salisb.

Habite les bois des environs de Mont-Louis; la vallée de Llo; la montagne de *Madres;* la *Collada de Jujols*, chemin de la *Font de Comps*, par Olette, toujours dans les fourrés humides; le Llaurenti. Fleurit en juin et juillet.

74me Famille. — Monotropées, *Monotropeæ*, Nutt.

(*Décandrie monognie*, L.)

Cette famille se compose d'un seul genre, *Monotropa*, L., ne comprenant qu'une seule espèce, *Mon. hypopithys*, L., qui n'a pas été trouvée dans le département.

CHAPITRE III.

TROISIÈME CLASSE.

Corolliflores.

Calice formé de sépales plus ou moins soudés à la base. Corolle gamopétale, hypogyne, insérée sur le réceptacle et distincte du calice. Étamines insérées sur la corolle. Ovaire libre.

75me FAMILLE. — LENTIBULAIRES. *Lentibularieæ*, C. RICH.

(*Diandrie*, L.; *Personnées*, T., Dec.; *Lysimachiées*, Juss.)

GENRE GRASSETTE, *Pinguicula*, Tournef.

1. Gras. commune, *Pin. vulgaris*, Lin., Dec , Dub.; en catalan *Viola de bosch*.

Pin. Gesneri, J. B. Schultz.

Vulg. *Herbe grasse*, *Langue d'Oie*.

Habite les bois et haies de la plaine et de la montagne; les tertres de la fontaine glacée de la vallée d'Eyne; la vallée de Llo; près des ravins de la vallée de Carença; le Canigou; les *Canals de Leca*, près Cortsavi; Vernet-les-Bains, au bois de la ville. Fleurit de mars à juin. Commune partout.

2. Gras. leptocère, *Pin. leptoceras,* Rchb.

Pin. longifolia, Gaud.

Habite sur toutes les hautes régions; le plateau des Bouillouses et près des étangs de Carlite; la *Coma de la Tet*. Fleurit en juin et juillet.

3. Gras. à grande fleur, *Pin. grandiflora*, Lam., Dec., Dub.

Habite les pelouses des environs des lacs de Nohèdes et d'Évol; le Canigou, dans les pâturages humides de la vallée de *Cady;* le *Bac de la Plana,* près Prats-de-Mollò; le Llaurenti. Fleurit en juin et juillet.

4. Gras. des Alpes, *Pin. Alpina*, Lin., Dec., Dub.

Pin. flavescens, Schrad.; *Pin. villosa* et *Alpina*, Vill.; *Pin. alpestris*, Pers.; *Pin. brachyloba*, Rchb.

Habite les pâturages de la vallée d'Eyne; les prairies de la *Bentaillole,* en Llaurenti. Fleurit en juillet.

GENRE UTRICULAIRE, *Utricularia,* Lin.

Ce genre se compose de quatre espèces, qui manquent dans le département; du moins, nous ne les avons pas trouvées dans nos herborisations.

76me FAMILLE. — PRIMULACÉES, *Primulaceæ,* VENT.

(*Pentandrie,* L.; *Infundibuliformes*, T.; *Lysimachiées*, Juss.)

GENRE HOTTONIE, *Hottonia,* Lin.

Se compose d'une seule espèce qui n'a pas été observée dans le département.

Genre Primevère, *Primula*, Lin.; en catalan *Primavera*.

1. Pri. à grande fleur, *Pri. grandiflora*, Lam., Dec., Lois.

Pri. acaulis, Jacq.; *Pri. veris γ acaulis*, Lin.

Habite les bois de la vallée de Nohèdes, et ceux du *Pla de l'Ours* qui se rapprochent de la vallée d'Évol. Fleurit en avril.

2. Pri. officinale, *Pri. officinalis*, Jacq.

Pri. veris, Will.; *Pri. veris α officinalis*, Lin.

Habite les prairies du plateau de la vallée d'Évol et des environs de Mont-Louis; la *Trencada d'Ambulla;* les vallons de Vernet-les-Bains et de Castell; La Preste. Fleurit en mars et avril.

Une variété à feuilles blanches, tomenteuses en dessous, et plus décidément en cœur à la base; corolle dépassant à peine le calice, enflé et vésiculeux, nommée *Primula suaveolens* par Berthol, vit dans les environs de La Preste et de Costujes.

3. Pri. embrouillée, *Pri. intricata*, Gre. et Godr.

Habite les régions alpines du Canigou, pâturages du plateau de *Cady;* pâturages et bord des eaux des environs de Mont-Louis et de la vallée d'Eyne. Fleurit en juillet.

4. Pri. élevée, *Pri. elatior*, Jacq., Dec., Dub.

Pri. veris β elatior, Lin.

Habite les environs de La Preste, sur le bord des fossés et des prairies vers *Peyrefeu;* le Canigou; les pâturages au-dessous du *Pla Guillem*. Fleurit en mars et avril.

5. Pri. oreille d'ours, *Pri. auricula*, Lin., Dec., Dub.; en catalan *Herba del cocut*.

Pri. lutea, Vill.

Habite le Canigou, pâturages au sommet du vallon de *Cady*, près les *Estanyols*. Fleurit en mai et juin.

6. Pri. visqueuse, *Pri. viscosa*, Vill.

Pri. villosa, Jacq.; *Pri. hirsuta*, Alli.

Habite les fentes des rochers au Canigou; *Costa-Bona*, pâturages au-dessus de la *Solaneta*; la vallée d'Eyne et le *Cambres-d'Aze;* commune au Llaurenti. Fleurit en mai et juin.

7. Pri. à larges feuilles, *Pri. latifolia*, Lapey., Koch.

Pri. viscosa, Alli.; *Pri. hirsuta*, Vill.

Habite les prairies au centre de la vallée d'Eyne; le *Cambres-d'Aze;* les pâturages du plateau de Carença; *Costa-Bona;* les prairies des plateaux alpins du Canigou. Fleurit en juin et juillet.

8. Pri. à feuilles entières, *Pri. integrifolia*, Lin., Dec.

Pri. candolleanna, Rchb.

Habite les pâturages de la vallée de Carol; les prairies au bord des lacs de Carlite; la *Coma de Vall Marans;* la montagne de *Madres;* la vallée d'Eyne; le *Cambres-d'Aze;* la *Coma du Tech; Costa-Bona;* le Llaurenti. Fleurit en juillet et août.

Genre Gregoria, *Gregoria*, Dub.

1. Gre. de Vitalien, *Gre. Vitaliana*, Dub., Dec.

Pri. Vitaliana, Lin.; *Aretia Vitaliana*, Lin.; *Androsace lutea*, Lam.

Habite la *Collada de Nuria*, au fond de la vallée d'Eyne; le *Cambres-d'Aze* et tous les sommets des montagnes jusqu'à Carença; la vallée du Tech, à la *Gallinassa* et aux *Set Hómens;* les sommités du Canigou. Fleurit en juin et juillet.

Genre Androsace, *Androsace*, Tournef.

1. And. imbriquée, *And. imbricata*, Lam., Dec., Dub.

And. argentea, Gærtn.; *And. tomentosa*, Schl.; *And. aretia et argentea*, Lapey.; *Aretia argentea*, Lois.

Habite les sommets de la vallée de Llo; la vallée d'Eyne; la *Collada de Nuria;* le Canigou, dans les fentes des roches; le *Pla*

Guillem; le *Cambres-d'Aze;* l'extrémité de la vallée de Fillols. Fleurit en juin et juillet.

2. And. villeuse, *And. villosa,* Lin., Dec., Dub.

Habite le sommet du *Cambres-d'Aze;* les sommités des vallées d'Eyne et de Llo; tous les sommets jusqu'à Carença; les roches de la *Font de Comps;* le Llaurenti. Fleurit en juin et juillet.

3. And. carnée, *And. carnea,* Lin., Dec., Dub.

Habite le sommet de la vallée d'Eyne; le *Cambres-d'Aze;* la vallée de Carol; les régions alpines du Canigou; la *Coma du Tech* et les sommités de *Costa-Bona.* Fleurit en juillet et août.

4. And. à feuilles obtuses, *And. obtusifolia,* Alli., Dub.

And. lactea, Vill.; *And. chamæjasme* γ Dec.

Habite sur les roches de la *Font de Comps,* au lieu appelé *los Plas,* où elle est commune; le sommet de la montagne de *Madres.* Fleurit en juillet et août.

5. And. très-grande, *And. maxima,* Lin., Dec., Dub.

Habite les champs aux environs de la *Trencada d'Ambulla;* les terres près de *Belloch,* à l'entrée de la vallée de Conat; les terres incultes qui avoisinent Mont-Louis; les vallons de Collioure et de Banyuls-sur-Mer. Fleurit en avril et mai.

Genre Cyclamen, *Cyclamen,* Tournef.

Vulg. *Pain de Pourceau.*

1. Cyc. repandum, *Cyc. repandum,* Sibth., Guss.

Cyc. vernum, J. Gay.; *Cyc. hederæfolium,* Ait.; *Cyc. ficariifolium,* Rchb.

Habite les pâturages des bords de l'Agly; Saint-Antoine-de-Galamus, vers le fond du bois. Cette plante paraît de très-bonne heure, au premier printemps. Les porcs en sont très-friands et finiront par la détruire.

On cultive dans les parterres diverses espèces de Cyclamens, à cause de la bizarrerie de leurs fleurs; quelques-unes sont dignes d'intérêt.

Genre Soldanelle, *Soldanella*, Tournef.

1. Sol. des Alpes, *Sol. Alpina*, Lin., Dec., Dub.

Sol. montana, Lecoq. et Lamotte.

Habite les prairies humides au milieu de la vallée d'Eyne; les lieux frais et élevés du Canigou; la *Coma du Tech* et la *Solaneta de Costa-Bona*. Fleurit en juillet et août.

Genre Glaux, *Glaux*, Tournef.

1. Glaux maritime, *Glaux maritima*, Lin., Dec., Dub.

Habite les bords marécageux de l'étang de Salses; les pâturages près les salins de Saint-Laurent-de-la-Salanque et de l'île Sainte-Lucie. Fleurit en juin.

Genre Asterolinum, *Asterolinum*, Link. et Hoffm.

1. Ast. étoilé, *Ast. stellatum*, Link. et Hoffm., Dub.

Lysimachia linum stellatum, Lin.

Habite les terres sablonneuses entre Salses et Perpignan; les terrains identiques de la vallée d'Argelès et du vallon de Banyuls-sur-Mer; les sables humides rejetés par les torrents entre Fulla et Sahorre; au pied de *Força-Real*. Fleurit en mai et juin.

Genre Lysimaque, *Lysimachia*, Lin.

1. Lys. éphémère, *Lys. ephemerum*, Lin., Dec., Dub.

Lys. glauca, Mœnch.

Habite le bord des eaux du vallon de Prades; la vallée de Vernet-les-Bains et de Cornella-du-Conflent, fontaine et torrent de la *Barjoane;* Serdinya, bord du canal et sur un tertre à droite de la route de Mont-Louis, en sortant du village; les Graus d'Olette, au bord d'une fontaine. Cette plante abonde sur les pentes humides du bel établissement de M. Bouis, à Thuès. Céret, prairies qui bordent le Tech. Fleurit en juillet.

2. Lys. commun, *Lys. vulgaris*, Lin., Dec., Dub.

Habite les environs de la rivière de la Basse; le ruisseau de *Malloles* et le bord des ruisseaux de toute la contrée de Perpignan; nous le retrouvons à Mont-Louis. Fleurit en juin et juillet.

3. Lys. nummulaire, *Lys. nummularia*, Lin., Dec., Dub.

Habite les bords des fossés humides de toute la Salanque. Fleurit en juin et juillet.

4. Lys. des bois, *Lys. nemorum*, Lin., Dec., Dub.

Lerouxia nemorum, Merat.

Habite la lisière des bois des basses montagnes; la vallée de Vernet-les-Bains et de Cornella-du-Conflent; les fossés humides et les bois des environs de Céret, et de la route d'Arles à Prats-de-Molló. Fleurit en juin et juillet.

Genre Trientalis, *Trientalis*, Lin.

Ce genre se compose d'une seule espèce, qui n'a pas été trouvée dans le département.

Genre Coris, *Coris*, Tournef.

1. Cor. de Montpellier, *Cor. Monspelliensis*, Lin., Dec., D.

Habite les coteaux de *Cases-de-Pena;* la route d'Estagel; Saint-Antoine-de-Galamus; les environs de Costujes; le vallon de Banyuls-sur-Mer, et près de Consolation. Fleurit en avril et mai.

Genre Centenille, *Centunculus*, Lin.

1. Cen. naine, *Cen. minimus*, Lin., Dec., Dub.

Habite les lieux sablonneux au pied des Albères, entre Argelès et Céret, surtout sur les sables rejetés par les torrents ; les terrains identiques de Prats-de-Molló. Fleurit en juin et juillet.

Genre Mouron, *Anagallis*, Tournef.

1. Mou. des champs, *Ana. arvensis,* Lin., Dub., Lois.

Habite les champs, les haies, les jardins ; fort commun partout. Fleurit toute la belle saison.

Cette plante produit trois variétés :

Var. α *phœnicea,* Lam., remarquable par ses fleurs rouges, ordinairement ciliées-glanduleuses aux bords.

Var. β *cærulea,* Lam. ; fleurs bleues, ordinairement non ciliées-glanduleuses.

Ces deux variétés se trouvent dans les mêmes localités, et les fleurs sont souvent de nuances bien différentes.

Var. γ *micrantha,* Gre. et Godr. ; fleurs non ciliées-glanduleuses, ne dépassant pas le calice. Vit aux environs de la *Font de Comps.*

Le *Mouron* dont il est question ici, n'est pas le même que celui nommé vulgairement *Mouron des petits oiseaux.* Les personnes étrangères à la botanique les confondent souvent, au grand détriment des volières ; car, les *Anagallis* empoisonnent les petits oiseaux. (Voir ce que nous avons dit à ce sujet, page 125 de ce volume.)

2. Mou. délicat, *Ana. tenella,* Lin., Dec., Dub.

Habite les terrains humides des environs du pont de la *Fou,* près Saint-Paul. Fleurit de juin en août.

Genre Samole, *Samolus,* Tournef.

1. Sam. de Valerand, *Sam. Valerandi,* Lin., Dec., Dub.

Habite sous Château-Roussillon, dans les fossés humides ; les fossés qui avoisinent la scierie de marbre de M. Fraisse, près la

Basse; Céret, Arles et le *Baus de l'Aze,* route de Prats-de-Molló; le vallon de Vernet-les-Bains, dans les lieux humides près des établissements; les lieux humides de l'établissement thermal de M. Bouis, à Thuès. Fleurit de juin en août.

77me Famille. — Ébénacées, *Ebenaceæ,* Vent.

(*Polygamie,* L.; *Arbres monopétales,* T.; *Plaqueminiers,* Juss.)

Genre Diospyros ou Plaqueminier, *Diospyros,* Lin.

1. Dios. lotus, *Dios. lotus,* Lin., Dec., Dub.

Le Plaqueminier est cultivé à la pépinière de Perpignan, dans les parcs et dans les parterres: c'est un arbre d'ornement, de taille médiocre; son bois est assez dur pour servir à la fabrication de toute sorte d'ustensiles. Le bois d'ébène est fourni par une espèce de ce genre qui croît à Madagascar, le *Diospyros ebenus.* Ses baies sont astringentes.

78me Famille. — Styracées, *Styraceæ,* Rich.

(*Décandrie,* L.; *Arbres monopétales,* T.; *Plaqueminiers,* Juss.; *Ébénacées,* Dec.)

Genre Alibousier, *Styras,* Tournef.

Ce genre n'a pas été trouvé dans le département.

69me Famille. — Oléacées, *Oleaceæ,* Lindl.

(*Diandrie ou Polygamie,* L.; *Arbres monopétales ou Arbres à étamines,* T.; *Jasminées,* Juss.)

Genre Frêne, *Fraxinus,* Lin.

1. Frê. commun, *Fra. excelsior,* Lin., Dec., Dub.; en catalan *Freixe.*

Habite les ravins et les gorges de toutes nos montagnes; planté sur les routes et les promenades, il est cultivé en grand dans nos pépinières. Fleurit en mars et avril.

Cette espèce fournit trois variétés :

La var. β *australis*, Gay.; folioles plus étroites, oblongues, lancéolées. Vit dans les gorges des environs de Thuès.

La var. γ *monophyla*, Desf. Toutes les paires latérales des folioles nulles; la foliole terminale seule développée. Vit dans les environs du bois de Boucheville.

2. Frê. oxyphylle, *Fra. oxyphylla,* Bieb., Dec.

Moins commun que le précédent, cet arbre vit dans les gorges arides de la vallée du Réart, et acquiert un moindre développement. Fleurit en mars et avril.

Cette espèce fournit trois variétés :

La var. β *rostrata*, Guss., samare lancéolée, aiguë et souvent mucronée par le style au sommet, vit sur les bords de la Cantarana.

3. Frê. à manne, *Fra. ornus,* Lin.

Fra. florifera, Scop.; *Ornus Europea*, Pers.

Habite les ravins de la base de *Força-Real;* les environs de *Cases-de-Pena*, et les garrigues de Baixas. Fleurit en avril et mai.

Cette espèce fournit une variété :

Var. β *argentea*, Lois. Les feuilles sont blanchâtres-argentées. Vit dans les ravins de *Cases-de-Pena*.

C'est sur les Frênes qu'on récolte, dans certaines années, des masses de cantharides (*Lytta vesicatoria*, Fabr.).

GENRE LILAS, *Lilac*, Tournef.;
en catalan *Lilla*.

1. Lil. commun, *Lil. vulgaris,* Lam., Dec., Dub.

Syringa vulgaris, Lin.

Il est cultivé dans nos parterres comme plante d'agrément; ses belles fleurs viennent de très-bonne heure. Le Lilas de Perse (*Lilac Persica*), est aussi cultivé dans nos parterres.

Genre Olivier, *Olea*, Tournef.

1. Oliv. d'Europe, *Olea Europæa*, Lin., Dec., Dub.; en catalan, l'arbre *Oliu*, le fruit *Oliva*.

Cultivé en grand dans le département, son fruit produit une huile excellente, qu'aucune autre n'a pu encore remplacer. C'est une des récoltes les plus précieuses du pays.

L'olivier, comme tous les arbres cultivés, produit une grande quantité d'espèces qui se distinguent par la taille et le port de l'arbre, la couleur, la forme, la grosseur et la précocité du fruit. Il se plaît sur les coteaux exposés au soleil, et vient fort bien dans les terrains pierreux; il s'accommode aussi d'un sol gras et fertile, mais l'huile qu'il donne alors est de moins bonne qualité. La connaissance de l'Olivier et de ses usages remonte jusqu'à la plus haute antiquité : la *Genèse* en fait mention en plusieurs endroits. On croit généralement que les Phocéens, qui fondèrent Marseille, environ six cents ans avant Jésus-Christ, y apportèrent l'olivier et la vigne, qui de là se répandirent dans les Gaules et dans l'Italie.

Nos garrigues sont couvertes d'oliviers sauvages qui y croissent spontanément; en catalan on les nomme *Olivastre*. C'est un arbre généralement rabougri, qui ne se développe pas aussi bien que l'olivier cultivé; néanmoins il produit une très-grande quantité de fruits très-petits, avec lesquels on fait de la très-bonne huile. On greffe, dans le pays, l'olivier cultivé sur l'olivier sauvage.

L'Olivier fleurit au printemps; ses fruits sont mûrs en automne, et on les récolte dans les mois de novembre et décembre.

Les olives fraîches sont d'une amertume et d'une âpreté insupportables, qu'on leur fait perdre en les faisant macérer pendant deux ou trois heures dans une forte lessive de soude; après quoi on les laisse tremper plusieurs jours dans de l'eau fraîche qu'on renouvelle fréquemment. Il ne reste plus ensuite qu'à les saler légèrement. Les olives ainsi préparées, sont excellentes à manger; elles sont servies sur toutes les tables, et sont l'objet d'un grand commerce.

Un grand nombre d'insectes vivent aux dépens de l'Olivier et lui sont très-nuisibles, parmi lesquels une sorte de mouche, la *Musca oleæ,* Fabricius, ou *Oscinis oleæ,* Latreille, qui se loge dans les olives, en mange la substance, et en fait périr des quantités énormes, sans qu'aucun procédé ait pu jusqu'à ce jour débarrasser l'agriculture de ce fléau. Nous avons publié dans le onzième bulletin de la Société Agricole, Scientifique et Littéraire des Pyrénées-Orientales, des *Observations sur les Insectes nuisibles aux Oliviers dans le département des Pyrénés-Orientales.* Nous renvoyons le lecteur à ce mémoire pour y puiser de plus amples détails.

Genre Philaria, *Phillyrea,* Tournef.

1. Phi. à feuilles étroites, *Phi. angustifolia,* Lin., Dec., Dub.

Habite les haies des ravins des basses montagnes; la vallée du Réart; Banyuls-sur-Mer; le pied des Albères; Céret et route de Prats-de-Molló ; Villefranche ; *Força-Real ; Cases-de-Pena*, et Saint-Paul. Fleurit en avril et mai; fruits en septembre.

2. Phi. moyenne, *Phi. media,* Lin., Guss., Berth.

Phi. latifolia, Dub.; *Phi. latifolia* et *media,* Lois.

Habite les mêmes localités que l'espèce précédente; elle est moins développée. Fleurit en avril et mai; fruits en septembre.

Ces arbrisseaux sont cultivés dans les parterres comme plantes d'ornement.

Genre Troëne, *Ligustrum,* Tournef.

1. Tro. vulgaire, *Lig. vulgare,* Lin., Dec., Dub.; en catalan *Olivella.*

Habite les haies et les buissons de toutes les basses montagnes; ses fleurs sont odorantes, et à cause de cela les floriculteurs se sont emparés de sa culture. Fleurit en mai; fruits en septembre.

80me Famille.—Jasminées, *Jasmineæ,* R. Brow., Gre.

(*Diandrie,* L.; *Arbres monopétales,* T.; *Jasminées,* Juss.)

Genre Jasmin, *Jasminum,* Tournef.; en catalan *Jasemi.*

1. Jas. frutescent, *Jas. fruticans,* Lin., Dec., Dub.; en catalan *Jasemi grog.*

Habite les haies des terrains arides de toute la contrée dans la banlieue de Perpignan, *Malloles,* le *Sarrat d'en Vaquer,* la *Passion Vieille; Cases-de-Pena, Força-Real;* partout très-commun. Ses fleurs jaunes sont nombreuses le long de la tige; mais sans odeur. Ses graines sont rouges. Fleurit en mai; fruits en août.

On cultive diverses espèces de Jasmins blancs dans les jardins comme plantes d'ornement. Les fleurs ont une odeur très-suave et servent à la parfumerie.

81me Famille. — Apocynacées, *Apocynaceæ,* Lindl.

(*Pentandrie,* L.; *Arbres rosacés ou Infundibuliformes,* T.; *Apocynées,* Juss.)

Genre Pervenche, *Vinca,* Lin.

1. Per. petite, *Vin. minor,* Lin., Dec., Dub.

Habite les haies et les bois des parties basses des Albères; les mêmes terrains au pied des Corbières. Fleurit de très-bonne heure, en février et mars.

2. Per. grande, *Vin. major*, Lin., Dec., Dub.

Habite les haies des champs, des vignes et les bords des ruisseaux, à *Malloles* et à Château-Roussillon; les haies des jardins Saint-Jacques; les lieux frais et ombragés de toute la contrée de Perpignan. Fleurit en mars et juin.

3. Per. moyenne, *Vin. media*, Link. et Hoffm.

Vin. acutiflora, Berth.

Habite les haies des vignes, des champs, et parmi les fourrés herbeux des vallons de Collioure, Port-Vendres et Banyuls-sur-Mer; les haies des vignes des environs de Prades; le vallon de Vernet-les-Bains, dans les bois. Fleurit en avril et mai.

Genre Laurier-Rose, *Nerium*, Lin.

1. Laurier-Rose commun, *Ner. oleander*, Lin., Dec., Dub.; en catalan *Llaurer rose*.

Cultivé dans les jardins comme plante d'ornement. Fleurit toute la belle saison.

82me Famille. — Asclépiadées, *Asclepiadeæ*, R. Brow., Gre.

(*Pentandrie*, L.; *Campaniformes*, T.; *Apocynées*. Juss.)

Genre Cynanchum, *Cynanchum*. Lin.

1. Cyn. aigu, *Cyn. acutum*, Lin., Lois., Clus.

Habite les bords des champs et des vignes du vallon de Banyuls-sur-Mer, et l'île Sainte-Lucie. Fleurit en juillet et août.

Cette plante fournit une variété remarquable par ses feuilles grandes, larges en cœur à la base, obtuses; quelquefois, aussi larges que longues. Var. β *Cyn. Monspeliaca*, Gre. et Godr.; *Cyn. Monspeliense*, Lin. Vit à l'île Sainte-Lucie.

GENRE DOMPTE-VENIN, *Vincetoxicum*, Mœnch.; en catalan *Herba del Bri.*

1. Dom.-ven. officinal, *Vin. officinale,* Mœnch., Dec.

Asclepias vincetoxicum, Lin.; *Asc. alba,* Lam.; *Cynanchum vincetoxicum*, R. Brow.

Habite sur toutes nos garrigues et sur les bords des vignes de *Força-Real,* Baixas, *Cases-de-Pena,* Saint-Antoine-de-Galamus; la *Trencada d'Ambulla,* la *Font de Comps,* la route de Mont-Louis et sur les roches du vieux Mont-Louis. Fleurit de juin en août.

2. Dom.-ven. lâche, *Vin. laxum,* Gre. et Godr.

Cynanchum laxum, Bartl.; *Cyn. medium*, Koch.

Habite les lieux très-pierreux de la région moyenne, particulièrement les environs des Graus d'Olette et la montagne de Canaveilles. Fleurit en août.

3. Dom.-ven. noir, *Vin. nigrum,* Mœnch., Dec.

Cynanchum nigrum, R. Brow.; *Asclepias nigra*, Lin.

Habite les environs de Collioure; Consolation; le vallon de Banyuls-sur-Mer, à la *Vila d'amont* et le chemin du *Mas-Ventous;* la *Trencada d'Ambulla; Cases-de-Pena; Força-Real;* les garrigues de Baixas; le *Mas de la Guardia,* près d'Arles. Fl. en mai et juin.

GENRE ASCLÉPIADE, *Asclepias,* Lin.

1. Asc. cornue, *Asc. cornuti,* Decaisne.

Asc. Syriaca, Lin.

Cultivée dans les jardins, cette plante est d'un bel effet à cause de ses fleurs en grappe, qui ont une odeur agréable, et de ses gousses qui se conservent longtemps vertes. Fleurit en juillet.

GENRE GOMPHOCARPUS, *Gomphocarpus,* R. Brown.

Ce genre n'a qu'une seule espèce, *Gom. fructicosus,* R. Brown, qui n'a pas été trouvée dans le département.

83me FAMILLE.—GENTIANACÉES, *Gentianaceæ*, LINDL.

(*Pentandrie ou Octandrie*, L.; *Campaniformes ou Infundibuliformes*, T.; *Gentianées*, Juss.

GENRE ERYTHREA, *Erythrea*, Renealm.

1. Ery. pulchella, *Ery. pulchella*, Horn.

Ery. ramosissima, Pers.; *Ery. Pyrenaïca*, Pers.; *Chi. pulchella*, S. Wartz.; *Chi. intermedia*, Merat.; *Gent. ramosissima*, Vill.; *Gent. centaurium*, Lin.

Habite les lieux humides du Canigou, les prairies du *Pas de Cady*, avant d'arriver aux *Jasses*. Fleurit de juin à septembre.

2. Ery. centaurée, *Ery. centaurium*, Pers.;
en catalan *Centaura, Flor varmella.*

Chironia centaurium, Dec.; *Gentiana centaurium*, Lin.

Habite les prairies humides de la Salanque; celles de Céret, Arles et Saint-Laurent-de-Cerdans; les champs et les prairies de la vallée de Cornella-du-Conflent et de Vernet-les-Bains. Fleurit en juin et juillet. Employée comme fébrifuge.

3. Ery. à larges feuilles, *Ery. latifolia*, Smith.

Ery. arenaria, Presl.

Habite les prairies du littoral près des dunes, et très-commune à l'île Sainte-Lucie. Fleurit en juin et juillet.

4. Ery. en épi, *Ery. spicata*, Pers.

Chironia spicata, Will.; *Gentiana spicata*, Lin.

Habite les vignes des bords de la rivière de l'Agly, à *Cases-de-Pena*. Fleurit en juillet et août.

5. Ery. maritime, *Ery. maritima*, Pers.;
en catalan *Herba de sant Domingó.*

Chi. maritima, Will.; *Chi. accidentalis*, Dec.; *Ery. accidentalis*, Ram.; *Gentiana maritima*, Lin.

Habite les prairies humides du littoral, particulièrement aux environs de Canet. Fleurit en juin et juillet.

GENRE CICENDIE, *Cicendia,* Adans.

1. Cic. filiforme, *Cic. filiformis,* Delarbre.

Exacum filiforme, Will.; *Gentiana filiformis,* Lin.; *Microcala filiformis,* Link.

Habite les prairies marécageuses qui bordent l'étang de Salses et les environs de La Nouvelle. Fleurit de juin à septembre.

2. Cic. très-petite, *Cic. pusilla,* Griseb.

Cic. Candolii, Griseb.; *Exacum pusillum,* Dec.; *Exa. pusillum,* β Dec.; *Exa. Vaillantii,* Lois.; *Exa. Candolii,* Bast.; *Erythrea luteola,* Pers.; *Gentiana pusilla,* Lam.

Habite les prairies qui bordent la plage d'Argelès, et celles aux bords de la mer du vallon de Banyuls. Fleurit à la même époque.

GENRE CHLORE, *Chlora,* Lin.

1. Chl. perfoliée, *Chl. perfoliata,* Lin., Dec., Dub.

Gentiana perfoliata, Lin.

Habite sur les murs et les pentes arides à *Cases-de-Pena, Força-Real,* Olette, la vallée de Vernet-les-Bains et de Cornella-du-Conflent. Fleurit de juin en août.

Deux variétés sont fournies par cette espèce :

Var. β *Chl. acuminata,* Rchb. Segments du calice linéaires, égalant presque la corolle. *Chl. intermedia,* Tenor. Vit à *Cases-de-Pena.*

Var. γ *Chl. grandiflora,* Griseb. Corolle 2-3 fois aussi longue que le calice. Style bifide. Vit à Olette.

2. Chl. imperfoliée, *Chl. imperfoliata,* Lin., Griseb.

Chl. sessilifolia, Desv.

Habite le vallon de Banyuls, dans les sables des torrents qui aboutissent à la mer; les prairies des environs de Canohès. Fleurit en juillet.

GENRE GENTIANE, *Gentiana*, Tournef.;
en catalan *Llansada, Gensana*.

1. Gen. jaune, *Gen. lutea*, Lin., Dec., Dub.

Habite les prairies des environs de Mont-Louis et de toute cette région; les vallées d'Eyne et de Llo; le *Bac de Bolquère;* le Canigou; *Costa-Bona;* partout dans les prairies et les bois. Fleurit en juillet et août.

2. Gen. de Burser, *Gen. Burseri*, Lapey., Dec., Dub.
Gen. punctata, Vill.; *Gen. biloba*, Dec.

Habite la forêt de la *Mata*, près Les Angles, en Capcir; la vallée de Llo; le Canigou, sous le *Roc dels Isards*, aux *Abeuradors;* la *Solaneta de Costa-Bona*. Fleurit en juin et juillet.

3. Gen. ponctuée, *Gen. punctata*, Lin., Dec., Dub
Gen. purpurea, Vill.

Habite les pentes un peu arides de la vallée d'Eyne; les sommets de la vallée de Carença; las *Conques*, à Prats-de-Molló. Fleurit en juillet et août.

4. Gen. pneumonanthe, *Gen. pneumonanthe*, Lin., Dec., Dub.

Habite les pâturages et les friches de la plaine du Capcir; le vallon de Vernet-les-Bains, sur le chemin du bois *Tixador;* parmi les bruyères des environs de La Manère. Fleurit de juillet à septembre.

5. Gen. acaule, *Gen. acaulis*, Lin., Dec., Dub.
Gen. excisa, Presl.

Habite les prairies montueuses qui avoisinent Mont-Louis ; tous les sommets de la chaîne du Canigou ; le *Pla Guillem ; Costa-Bona* ; le bois de la ville, à Céret, près le puits de la *Neige*. Fl. en mai et juin.

Cette espèce fournit trois variétés :

Var. α *latifolia*. Feuilles largement elliptiques, à peine une fois plus longues que larges. *Gent. acaulis*, Vill. Vit à Mont-Louis.

Var. β *media*. Feuilles lancéolées ou elliptiques, 2-3 fois aussi longues que larges. *Gent. acaulis* et *angustifolia*, Vill. Vit près du lac d'Évol.

Var. γ *parvifolia*. Feuilles petites (1-2 centimètres de long), presque aussi larges que longues, un peu molles, jaunissant par la dessication ; fleur subsessile ; forme exclusivement très-alpine. *Gent. alpina*, Vill. Vit à la *Coma du Tech*.

Les diverses stations qu'habite cette plante lui donnent différentes formes, ce qui rend douteuses ces variétés, et avec MM. Grenier et Godron, nous nous rangeons à l'opinion de M. Grisebach, qui les réunit toutes, en y comprenant même la forme dont Villars a fait son *Gent. alpina*.

6. Gen. des Pyrénées, *Gen. Pyrenaïca*, Lin., Dec., Gouan.

Habite les sommets des environs de Mont-Louis ; le *Col de la Perche ;* le *Cambres-d'Aze ;* les vallées d'Eyne et de Llo ; le Canigou ; la vallée de Carença ; la *Coma du Tech ;* derrière *Costa-Bona ;* la forêt de Salvanère ; la *Bentaillole*, en Llaurenti. Fleurit de juin à septembre.

7. Gen. printanière, *Gen. verna*, Lin., Dec., Dub.

Habite les glacis de la place et de la citadelle de Mont-Louis ; la vallée d'Eyne ; les pelouses du plateau qui sépare le lac d'Évol de ceux de Nohèdes ; les pelouses des environs de la *Font de Comps ;* celles de la vallée de Carença ; le Canigou. Fleurit de mai en août.

Cette espèce fournit deux variétés :

La var. γ *Gent. brachyphylla*, Vill., se trouve au *Col d'Ares*, en Capcir et à Mont-Louis.

8. Gen. champêtre, *Gen. campestris*, Lin., Dec., Dub.

Habite les pâturages de la région des sapins, au Canigou; les environs de la *Llapoudère;* les pâturages du plateau de Nohèdes, entre les lacs; les prairies entre Prats-de-Molló et La Preste. Fleurit en juillet et août.

9. Gen. des neiges, *Gen. nivalis*, Lin., Dec., Dub.

Gen. minima, Vill.

Habite les prairies des environs de Mont-Louis; le *Cambres-d'Aze;* le Canigou; l'extrémité de la vallée de Valmanya. Fleurit en juillet et août.

10. Gen. utriculeuse, *Gen. utriculosa*, Lin., Dec., Dub.

Habite les prairies humides et les bords des ruisseaux de nos montagnes; la *Coma du Tech; Costa-Bona;* la vallée d'Eyne; la montagne de *Madres*, et le Llaurenti. Fleurit en mai et juin.

11. Gen. ciliée, *Gen. ciliata*, Lin., Dec., Dub.

Habite les pelouses humides des régions moyennes de nos montagnes; le bois de Boucheville; les environs de Salvanère; les bois près Prats-de-Molló. Fleurit en juillet et août.

Toutes les Gentianes sont amères. On les emploie comme toniques, fébrifuges et vermifuges. La racine de la *Gentiane jaune* est la plus usitée. Lorsque ces plantes sont en fleur, les pelouses de nos montagnes sont admirables à voir le matin.

Genre Swertie, *Swertia*, Lin.

1. Swer. vivace, *Swer. perennis*, Lin., Dec., Dub.

Habite les prairies humides des environs de Mont-Louis; les prairies tourbeuses des bas-fonds de Font-Romeu; les terrains identiques entre les lacs d'Évol et de Nohèdes; les prairies de *Costa-Bona;* le Llaurenti et *Mijanès*, dans les prairies inondées. Fleurit en août et septembre.

GENRE MÉNYANTHE, *Menyanthes,* Tournef.

1. Mén. trèfle d'eau, *Men. trifoliata,* Lin , Dec., Dub.

Habite les pâturages tourbeux du *Vall Marans,* près les Bouillouses ; les prairies qui bordent le lac de *Balcère,* en Capcir ; les prairies tourbeuses de *Mijanés,* en Llaurenti. Fl. en avril et mai.

GENRE LIMANTHEMUM, *Limanthemum,* Gmel.

Ce genre se compose d'une seule espèce, *Lim. nymphoïdes,* Link., qui ne vit pas sur nos cours d'eau.

84me FAMILLE. — POLÉMONIACÉES, *Polemoniaceæ,* VENT.

(*Pentandrie,* L.; *Infundibuliformes,* T.; *Polémoines,* Juss.)

GENRE POLÉMOINE, *Polemonium,* Tournef.

1. Pol. bleu, *Pol. cœruleum,* Lin., Dec., Dub.

Cette plante est cultivée dans quelques parterres ; je ne l'ai jamais vue dans les champs. Fleurit en mai.

85me FAMILLE. — CONVOLVULACÉES, *Convolvulaceæ,* VENT.

(*Pentandrie,* L.; *Campaniformes,* T.; *Liserons,* Juss.)

GENRE LISERON, *Convolvulus,* Lin.

1. Lis. des haies, *Con. sepium,* Lin., Dec., Dub.; en catalan *Campanetas de la Mare de Deu.*

Habite les haies des vignes, des champs, des jardins ; tous les buissons sont couverts de cette plante et de ses nombreuses corolles blanches. Fleurit de juin en octobre.

2. Lis. soldanelle, *Con. soldanella,* Lin., Dec., Dub.;
en catalan *Campanillas, Campanetas.*

Habite sur les sables maritimes du vallon de Banyuls-sur-Mer, et dans les environs d'Argelès. Fleurit en juin et juillet.

3. Lis. des champs, *Con. arvensis,* Lin., Dec., Dub.

Habite parmi les récoltes des champs un peu gras; les haies et les bords des chemins; un peu partout. Fleurit en juin et juillet.

Cette espèce fournit une variété qui tient peut-être à la localité; les fleurs sont moins grandes, la plante plus grêle; elle se trouve dans les champs arides des aspres. *Con. minimus,* Nob.

4. Lis. à feuilles de guimauve, *Con. althæoïdes,* Lin., Dec., Dub.

Habite les haies des champs et des vignes situés au bord de la Basse, vers le Mas-Fraisse; le *Surrat d'en Vaquer; Cases-de-Pena; Força-Real;* la *Trencada d'Ambulla;* Port-Vendres; Banyuls-sur-Mer, vers *Can Campa.* Fleurit en mai et juin.

Une variété fort remarquable, à feuilles et tige très-argentées et soyeuses, *Con. argyræus,* Dec., se trouve dans les vignes de la colline de *Puig-Joan,* près la fontaine d'Amour, à Perpignan.

5. Lis. laineux ou des rochers, *Con. lanuginosus,* Desf., Choisy. *in Dec.*

Con. saxatilis, Vahl.; *Con. capitatus,* Cav.

Habite les rochers escarpés qui bordent la route de *Cases-de-Pena* à Estagel, après avoir dépassé l'ermitage; les environs d'Elne. Fleurit en juin et juillet.

Nous possédons dans l'Herbier de la ville deux exemplaires de cette plante, dont l'un étiqueté *Con. hirsutus,* Gouan, a été donné par Gouan. Cet échantillon est très-laineux, et il appartient à la flore du Montserrat (Espagne).

L'autre est étiqueté *Con. capitatus,* Pourret. Cet échantillon, qui appartient à la même localité, a été donné par Pourret. Ces deux exemplaires ont beaucoup de rapport entre eux, et doivent être considérés comme des variétés du *Lanuginosus*.

6. Lis. de Biscaye, *Con. Cantabrica,* Lin., Dec., Dub.

Habite les vignes du Vernet de Perpignan, et le long de l'Agly jusqu'à *Cases-de-Pena;* le pied de *Força-Real;* le long des Albères; Collioure; Banyuls-sur-Mer; Villefranche et ses environs; le vallon de Vernet-les-Bains, et celui de Nyer. Fleurit en mai et juin.

7. Lis. rayé, *Con. lineatus,* Lin., Dec., Dub.

Con. intermedius, Lois.

Habite parmi les roches des ravins de *Cases-de-Pena;* Saint-Antoine-de-Galamus; la *Trencada d'Ambulla;* Collioure et Port-Vendres, au bord des vignes; Céret; Arles, au pied de la *Majoral.* Fleurit en mai et juin.

8. Lis. de Sicile, *Con. Siculus,* Lin., Dec., Dub.

Habite les olivettes de *Cases-de-Pena;* les vignes du vallon de Banyuls-sur-Mer, vers *Can Raphalet;* les terres arides entre Le Boulou et le *Monestir del Camp.* Fleurit en mai.

9. Lis à trois couleurs, *Con. tricolor,* Lin., Dec., Dub.

Cultivée dans les jardins avec plusieurs autres variétés plus ou moins belles, cette espèce fleurit toute la belle saison; on en couvre les tonnelles.

J'ai introduit dans le département, une espèce à feuilles cordiformes très-grandes. Cette plante est d'une vigueur admirable; chaque pédoncule porte ordinairement trois fleurs campanulées, du diamètre de seize centimètres, blanches et répandant une odeur de tubéreuse très-suave; les fleurs sont très-nombreuses et durent jusqu'aux premières gelées. La graine m'a été envoyée d'Égypte par mon fils, médecin de la compagnie du Canal maritime de Suez.

Genre Cresse, *Cressa*, Lin.

Ce genre se compose d'une seule espèce, *Cre. cretica*, Lin., qui n'a pas été observée dans le département.

Genre Cuscute, *Cuscuta*, Tournef.; en catalan *Rebul*.

1. Cus. à fleurs lâches, *Cus. densiflora*, Soy., Will., Lois.
Cus. epilinum, Weih.; *Epilinella cuscutoïdes*, Pfeiff.

Habite la vallée de Vernet-les-Bains et les vallons voisins, sur le lin et surtout sur le lin usuel. Fleurit en juillet et août.

2. Cus. à grandes fleurs ou d'Europe, *Cus. Europæa*, Lin., Lois.
Cus. major, Dec.; *Cus. vulgaris*, Pers.; *Cus. epithymum*, Thuil.
Vulg. *Cheveux de Vénus*.

Habite *Força-Real*, *Cases-de-Pena*, les environs de Vernet-les-Bains, les Graus d'Olette. Attaque plusieurs plantes, surtout les horties, les chanvres, les chardons, etc. Fleurit en juin et juill.

3. Cus. à petites fleurs, *Cus. epithymum*, Lin., Sm., Cass.
Cus. minor, Dec.

Habite les plateaux arides de *Cases-de-Pena;* les environs de Villefranche; sur la route de Mont-Louis; le *Baus de l'Aze*, près Prats-de-Molló. Attaque le genêt à balais, le serpolet et autres plantes. Fleurit en juillet et août.

4. Cus. blanche, *Cus. alba*, Presl., Guss., Berth.

Habite les terres arides des basses Albères. Attaque le serpolet, les bruyères et autres plantes. Fleurit en juillet.

5. Cus. à corymbes, *Cus. corymbosa*, R. et Pav., Choisy.
Cus. hassiaca, Pfeiff; *Cus. suaveolens*, Sering.; *Cus lustriaca*, Requien; *Engelmannia suaveolens*, Pfeiff.

Habite la base de *Força-Real,* Baixas et *Cases-de-Pena.* Vit sur divers médicago ; depuis peu nous voyons attaquer le *Medicago sativa* par cette espèce. Fleurit en juillet et août.

6. Cus. monogyne, *Cus. monogyna,* Wahl., Dec.

Habite les vallées de Vernet-les-Bains et de Prats-de-Molló. Vit sur le *Genesta sagittalis* et sur le *Daucus carrota.* Fleurit en juillet et août.

Les Cuscutes sont des plantes parasites, dont la semence germe d'abord en terre ; elles poussent ensuite une tige filiforme qui se détache de la racine, cherche des plantes auxquelles elle puisse s'accrocher, s'y attache, y enfonce de petits suçoirs pour en tirer sa nourriture, ne pouvant plus en tirer de la racine dont elle est séparée. Les Cuscutes périraient, si elles ne trouvaient pas à vivre aux dépens des autres plantes.

86me Famille. — Ramondiacées, *Ramondiaceæ,* Gre. et Godr.

(*Pentandrie,* L. ; *Infundibuliformes,* T. ; *Solanées,* Juss.)

Genre Ramondie, *Ramondia,* Rich. *in Pers.*

1. Ram. des Pyrénées, *Ram. Pyrenaïca,* Rich., Dec., Desv.

Verbascum myconi, Lin. ; *Myconia borraginea,* Lapey. ; *Chaixia myconi,* Lapey.

Habite, dans la vallée du Tech, le *Mas de la Guardia,* à Arles, sur les roches calcaires et escarpées faisant face au nord ; la route d'Arles à Cortsavi, sur les calcaires qui bordent les précipices de la *Fou ;* Prats-de-Molló, vers la *Roca Gallinera,* toujours sur les calcaires et faisant face au nord. Nous n'avons retrouvé cette plante que dans la vallée de Nohèdes ; sur les escarpements calcaires de la rive gauche d'un ruisseau qui coule entre *Vallans* et Nohèdes ; ici, comme partout, sur les roches exposées au nord. Fleurit en mai et juin.

87me Famille. — Borraginées, *Borragineæ*, Juss.

(*Pentandrie*, L.; *Infundibuliformes*, T.; *Solanées*, Juss.)

Genre Mélinet, *Cerinthe*, Tournef.

1. Mél. rude, *Cer. aspera*, Roth., Will., Dec.

Cer. major, Lam.; *Cer. major*, β Lin.

Habite les fossés et les bords des chemins de la Salanque; les terrains gras du *Riveral;* abonde à l'île Sainte-Lucie. Fleurit en juin et juillet.

Genre Bourrache, *Borrago*, Tournef.; en catalan *Borayna*.

1. Bou. officinale, *Bor. officinalis*, Lin.

Habite les jardins, les champs, les haies de tous les terrains, et dans toutes les vallées du département. Fleurit en juin et juillet.

La Bourrache est calmante et facilite l'expectoration; elle est légèrement sudorifique; les fleurs et plus encore les feuilles sont employées en infusion dans les affections catarrhales.

Genre Consoude, *Symphytum*, Tournef.

1. Con. officinale, *Sym. officinale*, Lin., Dec., Fries.

Habite les terrains gras, les prairies, les bords des champs et les fossés humides de la Salanque. Fleurit en mai et juin.

2. Con. tubéreuse, *Sym. tuberosum*, Lin., Vill., Dec.

Habite les prairies d'Argelès-sur-Mer; les environs de Perpignan, sur les bords de la rivière de la Tet, les fossés et taillis près la pépinière; les prairies humides et les fossés des plaines des trois bassins. Fleurit en avril et mai.

Genre Buglosse, *Anchusa*, Lin.

1. Bug. officinale, *Anc. officinalis,* Lin., Berth., Dec.; en catalan *Buglosa.*

Anc. angustifolia, Vill.; *Anc. arvalis,* Rchb.

Habite les coteaux de Château-Roussillon, le *Sarrat d'en Vaquer,* les vignes du Vernet de Perpignan, les ruines de diverses chapelles détruites, *Malloles* et divers autres lieux; commune dans tout le département. Fleurit en mai et juin.

2. Bug. ondulée, *Anc. undulata,* Lin., Guss., Berth.

Anc. nigricans, Brot.

Habite les vignes et les champs montueux des aspres près Perpignan; les terres légères et arides de la vallée du Réart. Fleurit en mai et juin.

3. Bug. d'Italie, *Anc. Italica,* Retz., Dec., Berth.

Anc. officinalis, Gouan.; *Anc. paniculata,* Ait.; *Anc. paniculata, azurea* et *Italica,* Rchb.; *Buglossum officinale,* Lam.

Habite les vignes et les champs pierreux et arides de toute la contrée; les terrains aspres de la porte Canet et les bords des champs qui avoisinent la lunette, à Perpignan; la vallée du Réart; le bord des vignes à *Força-Real,* Baixas, *Cases-de-Pena* et Estagel. Fleurit de mai à juillet.

4. Bug. toujours verte, *Anc. semper virens,* Lin., Dec., Berth.

Buglossum semper virens, Alli.; *Omphalodes semper virens,* Don.; *Caryolopha semper virens,* Fisch.

Habite les haies des champs et les fossés ombragés du plateau Saint-Sauveur, en allant à Château-Roussillon; les champs au pied des Albères. Fleurit en mai et juin.

5. Bug. des champs, *Anc. arvensis,* Bieb.

Lycopsis arvensis, Lin.

Habite parmi les moissons de tout le département. Fleurit de mai à septembre.

GENRE NONÉE, *Nonea,* Medik.

1. Non. blanche, *Non. alba,* Dec.

Non. ventricosa, Gris.; *Non. sibthorpiana*, Don.; *Anchusa ventricosa*, Sibth.; *Lycopsis sibthorpiana*, Ram.

Habite les vignes de *Cases-de-Pena*, dans les ravins et parmi les broussailles de toute cette contrée; les vignes des ravins de Baixas; *Força-Real*. Fleurit en mai et juin.

GENRE ALKANNA, *Alkanna,* Tausch.

1. Alk. jaune, *Alk. lutea,* Dec., Prod.

Non. lutea, Dec.; *Lithospermum orientale*, Lois.; *Anchusa lutea*, Berth.

Habite les vallons de Port-Vendres et de Banyuls-sur-Mer, au bord des champs et des vignes. Cette plante est commune sur tous nos terrains aspres. Fleurit en mai et juin.

2. Alk. des teinturiers, *Alk. tinctoria,* Tausch., Dec.

Lithospermum tinctorium, Lin.; *Buglos. tinctorium*, Lam.; *Anc. tinctoria*, Desf.; *Anc. Monspeliaca*, J. B.

Habite les vignes du *Sarrat d'en Vaquer* et les vignes du haut Vernet, banlieue de Perpignan; les vallons de Collioure et de Port-Vendres, dans les vignes et friches. Fleurit en mai et juin.

GENRE ORCANETTE, *Onosma,* Lin.

1. Orc. fausse viperine, *Ono. echioïdes,* Lin., Vill., Koch.

Cerinthe echioïdes, Scop

Habite les champs arides de Saint-André et sur les sables de la rivière; les terres arides de Saint-Laurent-de-Cerdans, Costujes et Prats-de-Molló; mêmes terrains à Villefranche, la *Trencada d'Ambulla* et Olette. Fleurit en juin et juillet.

Genre Gremil, *Lithospermum*, Tournef.

1. Gre. frutescent, *Lit. fruticosum*, Lin., Dec., Dub.; en catalan *Peu* ou *Pata de Colom*.

Habite les parties arides de tout le département, dans les vignes et les champs; *Cases-de-Pena*, *Força-Real*, Prades, Villefranche et jusqu'à Olette. Fleurit en mai et juin.

2. Gre. à feuilles d'olivier, *Lit. oleæfolium*, Lapey., Dub., Lois.

Habite sur les roches escarpées qui bordent la rivière de l'ermitage de *Sant-Anyol*, et sur les roches du *Camp de Bassagoude*, frontière d'Espagne, près Costujes (localités uniques). Fleurit en juin.

3. Gre. violet, *Lit. purpureo-cœruleum*, Lin., Dec., Gaud.
Lit. violaceum, Lam.

Habite les haies aux environs de Céret et au pied des Albères; Villefranche; le vallon de Vernet-les-Bains, au bois de *Pinat*. Fleurit en mai et juin.

4. Gre. officinal, *Lit. officinale*, Lin., Dec.

Habite les bords du ruisseau de *Malloles*, la pépinière et la rivière de la Basse, territoire de Perpignan; le vallon de Prades, partout dans cette contrée. Fleurit en mai et juin. Très-commun.

5. Gre. des champs, *Lit. arvense*, Lin., Dec., Billot.

Habite les haies des champs sablonneux de la basse Salanque; les environs de Prades, où il est commun. Fleurit en avril et mai.

6. Gre. de la Pouille, *Lit. Apulum*, Wahl., Dec., Berth.
Myosotis Apula, Lin.; *Myosotis lutea*, Lam.

Habite les environs de *Malloles*, près Perpignan; *Força-Real*, Baixas, *Cases-de-Pena*, champs et bord des propriétés; le vallon de Cornella-du-Conflent, bord des champs. Fleurit en mai et juin.

Genre Viperine, *Echium*, Tournef.; en catalan *Alcansa, Buglosa salvatge.*

1. Vip. d'Italie, *Ech. Italicum,* Lin., Alli., Berth.

Ech. Pyrenaïcum, Desf.; *Ech. pyramidale* et *luteum*, Lapey.; *Ech. asperrimum*, Lam.; *Ech. pyramidatum*, Dec.; *Ech. violaceum*, Vill.

Habite le bord des champs et des vignes qui avoisinent Château-Roussillon; le plateau des aspres, en sortant par la porte Canet; champs et vignes du Mas-Fraisse; les glacis de la citadelle de Perpignan; remonte jusqu'aux environs de Mont-Louis. Fleurit de mai à juillet.

2. Vip. vulgaire, *Ech. vulgare,* Lin., Dec.; en catalan *Llenga de llebra.*

Vulg. *Herbe aux vipères.*

Habite les champs, les vignes, les bords des fossés et des routes de toute la plaine du Roussillon. Fleurit de mai à juillet.

3. Vip. pustuleuse, *Ech. pustulatum,* Sibth., Guss.

Habite les champs et les vignes des aspres; les fossés de la route entre Perpignan et Millas; les coteaux de Château-Roussillon; les coteaux arides du vallon de Prades. Fleurit de mai à juillet.

4. Vip. de Crète, *Ech. Creticum,* Lin., Dec.

Ech. australe, Lam.

Habite les terres incultes des environs du *Mas-Deu*, vallée du Réart; les coteaux de la *Trencada d'Ambulla ;* les environs d'Olette, et le vallon de Nyer. Fleurit en juin et juillet.

5. Vip. à feuilles de plantain, *Ech. plantagineum,* Lin., Dec., Berth.

Ech. violaceum, Lapey.; *Ech. Creticum*, Lam.; *Ech. Lusitanicum*, Alli.

Habite les terres vagues et bords des vignes des vallons de Collioure et de Banyuls-sur-Mer; les coteaux et les vignes des environs de Château-Roussillon. Fleurit en juin et juillet.

6. Vip. à grand calice, *Ech. calycinum,* Viv., Dec., Dub.

Ech. prostratum, Tenor.; *Ech. parviflorum,* Roth.; *Ech. ovatum,* Poir.

Habite, à Perpignan, les champs des environs de la lunette neuve, et sur la route de Vilanova-de-la-Raho. Fleurit en avril et mai.

GENRE PULMONAIRE, *Pulmonaria,* Tournef.

1. Pul. à feuilles étroites, *Pul. angustifolia,* Lin., Clus.

Pul. azurea, Bess.; *Pul. Clusii,* Baumg.; *Pul.* 3 *Austriaca,* Clus.

Habite les lieux montueux de la vallée du Réart et les bords humides de cette rivière, aux environs de la métairie Llinas; les bois du Llaurenti. Fleurit en mai et juin.

2. Pul. tubéreuse, *Pul. tuberosa,* Schrank., Link.

Pul. angustifolia, Mert.; *Pul. officinalis,* Thuil.; *Pul. vulgaris,* Merat.; *Pul. variabilis,* Godr.; *Pul. ovalis,* Bast.; *Pul. mollis,* Guepin.; *Pul.* 3 *pannonica,* Clus.

Habite les bois, les fossés humides, les bords des champs, dans tout le département. Fleurit en avril et mai.

3. Pul. saccharata, *Pul. saccharata,* Mill., Mert., Koch.

Pul. grandiflora, Dec.; *Pul. affinis,* Jord.

Habite les bois de la vallée de Vernet-les-Bains et de Cornella-du-Conflent, particulièrement dans le bois *Tixador;* les ravins de Saint-Laurent-de-Cerdans. Fleurit en avril et mai.

4. Pul. officinale, *Pul. officinalis,* Lin., Poll., Vill.

Habite les bois frais de nos montagnes moyennes; commune dans plusieurs de nos vallées, Arles, Vernet-les-Bains, Saint-Paul. Fleurit en avril et mai.

5. Pul. molle, *Pul. mollis,* Wolff., Wirceb.

Pul. media, Host.

Habite les bois humides du Canigou ; les ravins de la station de la *Jasse de las Bagues d'en Barnet* ; les bois du Llaurenti. Fleurit en avril et mai.

Genre Scorpionne, *Myosotis*, Lin.;

en catalan *Ull de perdiu.*

Vulg. *Oreille de souris, Scorpion, Ne m'oubliez pas.*

1. Scor. des marais, *Myos. palustris,* Wither., Fries.

Myos. scorpioïdes β palustris, Lin.; *Myos. perennis,* Dec.

Habite les champs sablonneux et humides des environs de Perpignan, la pépinière et les bords de la Basse; le vallon de Prades; Cornella-du-Conflent; Vernet-les-Bains, au lieu dit la *Barnouse.* Fleurit de mai à juillet.

Cette plante fournit trois variétés :

Var. α *genuina.* Tige non rampante à la base, à poils étalés. *Myos. palustris,* Rchb. Vit avec la précédente.

Var. β *strigulosa,* Mert. Tige non rampante à la base, plus grêle, plus raide, bleuâtre inférieurement, glabre ou munie de poils appliqués. *Myos. strigulosa,* Rchb. Vit dans le vallon de Prades.

2. Scor. lingulata, *Myos. lingulata,* Schm., Fries.

Myos. cæspitosa, Schultz.

Habite les terres basses souvent inondées de tout le département. Fleurit de juin en août.

3. Scor. raide, *Myos. stricta,* Link., Fries., Koch.;

en catalan *Peu de pardal.*

Myos. arvensis, Rchb.; *Myos. arenaria,* Schrad.

Habite les champs sablonneux qui bordent la rivière de la Basse, aux environs du Mas-Fraisse; les champs de la Salanque, et près les cours d'eau des trois bassins; les champs sablonneux de la vallée de Nohèdes et de la *Font de Comps.* Fleurit d'avril en août.

4. Scor. changeante, *Myos. versicolor,* Pers., Mert., Fries.

Habite tous les champs sablonneux de la plaine. Fleurit d'avril à juillet.

5. Scor. hispide, *Myos. hispida,* Schlecht., Berth.

Myos. collina, Rchb.

Habite les terres incultes, sablonneuses et arides de la vallée du Réart, et tous les aspres de la plaine. Fleurit d'avril à juin.

6. Scor. intermédiaire, *Myos. intermedia,* Link., Koch.

Myos. scorpioïdes α *arvensis,* Lin.; *Myos. arvensis,* Roth.

Habite çà et là, dans tous les terrains incultes du département. Fleurit d'avril en octobre.

7. Scor. des forêts, *Myos. sylvatica,* Hoffm.

Myos. perennis β *sylvatica,* Dec.

Habite les endroits humides et ombragés, même des montagnes, de tout le département. Fleurit d'avril à juillet.

8. Scor. des Alpes, *Myos. Alpestris,* Schmidt., Mert.

Myos. odorata, Poir.; *Myos. suaveolens,* Waldt.; *Myos. lithospermifolia,* Hornem.; *Myos. montana,* Bieb.

Habite au fond de la vallée d'Eyne, sur la *Collada de Nuria;* l'extrémité de la vallée de Nohèdes; la *Font de Comps;* le Canigou, au pied des roches du *Pla Guillem.* Fleurit en juillet et août.

9. Scor. des Pyrénées, *Myos. Pyrenaïca,* Pour.

Myos. Alpina, Lapey.; *Myos. alpestris,* Salisb.; *Myos. nana,* Sm.; *Myos. olympica,* Boiss.

Habite le sommet du *Cambres-d'Aze;* Mont-Louis; la vallée de Llo; les sommités des monts qui se joignent au Canigou, *las Nou Fonts,* Carença et *Costa-Bona.* Fleurit en juillet et août.

GENRE ERITRICHIUM, *Eritrichium*, Schrad.

Ce genre se compose d'une seule espèce qui n'a pas été observée dans le département.

GENRE ECHINOSPERME, *Echinospermum*, Swartz.

1. Ech. petite bardane, *Ech. lappula*, Lehm.

Myos. lappula, Scop.; *Cynoglos Clusii*, Lois.; *Rochelia lappula*, Rœm.; *Lappula myosotis*, Mœnch.

Habite les terrains arides près la Basse, à la hauteur du Mas-Fraisse et vers le Soler. Fleurit en juin et juillet.

GENRE CYNOGLOSSE, *Cynoglossum*, Tournef.; en catalan *Maneula*.

Vulgair. *Langue de chien*.

1. Cyn. à feuilles de giroflée, *Cyn. cheirifolium*, Lin., Gouan.

Cyn. argenteum, Lam.

Habite les bords des fossés des terres aspres et les bords des chemins de tout le département. Fleurit en mai et juin.

2. Cyn. petite, *Cyn. pictum*, Ait., Dec., Berth.

Cyn. apenninum, Gouan.; *Cyn. Creticum*, Vill.; *Cyn. amplexicaule*, Lam.

Habite les champs et les haies de la plaine, vers Vilanova-de-la-Raho et près de l'étang; le bord des chemins aux environs de Rigarda; la vallée de Vernet-les-Bains et de Castell, dans les bois. Fleurit en mai et juin.

3. Cyn. officinale, *Cyn. officinale*, Lin., Dec.

Habite sur le bord des chemins, dans les champs arides et les bois, partout; remonte dans les vallées jusqu'à Mont-Louis, Prats-de-Molló, Saint-Antoine-de-Galamus. Fleurit en mai et juin.

4. Cyn. de montagne, ***Cyn. montanum,*** **Lam., Dec., Gaud.**

Cyn. sylvaticum, Hænk.; *Cyn. pellucidum*, Lapey.

Habite sur la lisière des bois de Boucheville et de Salvanère; le plateau de la *Trencada d'Ambulla*. Fleurit de mai à juillet.

5. Cyn. de Dioscoride, ***Cyn. Dioscoridis,*** **Vill., Lor. et Dur.**

Cyn. Xatartii, Gay.

Habite les champs et la lisière des bois aux sommités de la montagne de Céret; les environs de Prats-de-Molló, au *Baus de l'Aze*. Fleurit en juin et juillet.

Genre Omphalode, *Omphalodes,* Tournef.

1. Omph. du printemps, ***Omph. verna,*** **Mœnch., Koch., Dec.**

Cyn. omphalodes, Lin.; *Picotia verna*, Rœm.

Cultivé dans les parterres, on en fait des bordures qui sont d'un superbe effet. Au printemps, ces plantes se couvrent de fleurs à corolle bleue émaillée qui se succèdent pendant longtemps. Fleurit de mars à mai.

2. Omph. à feuilles de lin, ***Omph. linifolia,*** **Mœnch.**

Cyn. linifolia, Lin.

Habite les rochers du vallon de Banyuls-sur-Mer. Cette plante est cultivée dans quelques parterres pour la beauté de sa corolle blanche. Fleurit de mars à mai.

Genre Rapette, *Asperugo,* Tournef.

1. Rap. couchée, ***Asp. procumbens,*** **Lin., Dec.**

Habite les haies et les fossés des jardins Saint-Jacques; sur les décombres et près des vieux murs de tout le département. Fleurit en mai et juin.

GENRE HÉLIOTROPE, *Heliotropium*, Lin.;
en catalan *Eliotropu*.

1. Hél. d'Europe, *Hel. Europæum*, Lin., Dec., Jacq.
Vulg. *Herbe aux verrues.*

Habite les champs, les vignes et tous les lieux arides du département. Fleurit de mai à septembre.

2. Hél. couché, *Hel. supinum*, Lin., Gouan., Dec.

Habite les terres légères et sablonneuses; les bords des torrents et des rivières; partout. Fleurit de juin en août.

3. Hél. de Curaçao, *Hel. Curassavicum*, Lin., Dec.

Habite les bords des routes, des sentiers et les sables maritimes dés environs de La Nouvelle et de l'île Sainte-Lucie. Fleurit en juillet. Cette plante demande beaucoup de soins pour sa dessication.

La culture a produit des variétés remarquables d'Héliotropes; elles sont très-estimées pour leurs nombreuses fleurs qui se maintiennent pendant toute la belle saison, même en hiver lorsqu'elles sont abritées, et par la suavité de leur odeur, qu'on utilise dans la parfumerie.

88me FAMILLE. — SOLANÉES, *Solaneæ*, JUSS.

(*Pentandrie*, L.; *Infundibuliformes* ou *Campaniformes*, T.)

GENRE LYCIET, *Lycium*, Lin.

1. Lyc. de Barbarie, *Lyc. Barbarum*, Lin., Dec.
Lyc. Europæum, Gouan.; *Rhamnus cortice albo Monspeliensis*, Magnol.

Habite les haies, les buissons, les champs et les vignes de tout le département; remonte, dans la vallée de la Tet, jusqu'à Font-pédrouse. Fleurit de juin en août.

2. Lyc. Méditerranéen, *Lyc. Mediterraneum,* **Dunal.**

Lyc. Europæum, Lin.

Habite les vignes qui bordent l'Agly, aux environs de *Cases-de-Pena;* le vallon de Banyuls-sur-Mer; les bords des champs de la plage d'Argelès. Fleurit en mai et juin.

3. Lyc. d'Afrique, *Lyc. Afrum,* Lin., Berth., Lam.

Habite les haies des champs et des vignes de tous les environs de Perpignan. Fleurit en mai et juin.

Genre Morelle, *Solanum,* Lin.

1. Mor. velue, *Sol. villosum,* Lam., Dunal., Koch.; en catalan *Morella.*

Sol. nigrum villosum, Lin.

Habite les lieux incultes et arides à *Cases-de-Pena,* la base de *Força-Real* et les haies des vignes des environs de Perpignan. Fleurit de juin à septembre.

2. Mor. noire, *Sol. nigrum,* Lin., Dec.; en catalan *Moranella.*

Vulg. *Raisin de loup, Herbe des magiciens, Crève chiens.*

Habite les champs arides, les décombres, les bâtisses en ruine, *Malloles* et tout le département. Fleurit de mai à septembre.

Cette plante offre trois variétés; deux vivent dans le département :

Var. β *Sol. chlorocarpum,* Spen. A baies jaunes, d'autres d'un jaune-verdâtre. On a fait de cette dernière le *Sol. luteo virescens,* Gmel. Je crois qu'en récoltant cette plante à divers degrés de maturité on aurait les deux variétés; car elles ne diffèrent que par la couleur des baies. Vit à *Malloles.*

Var. γ *Sol. miniatum*, Mert. et Koch. Baies rouges et petites. Elle est commune à la *Trencada d'Ambulla.*

3. Mor. pomme de terre, *Sol. tuberosum*, Lin.;
en catalan *Patana*, *Trofa*.

Cultivée partout dans le département en variétés innombrables. La *Pomme de terre* rend de très-grands services comme plante alimentaire; c'est un objet de grande exportation. Celles qui sont cultivées sur les montagnes sont plus savoureuses et plus estimées.

4. Mor. pomme d'amour, *Sol. lycopersicum*, Lin.;
en calalan *Tomata*.

Cultivée dans nos jardins très en grand, on en fait un extrait à diverses formes qui est exporté. Cette plante offre plusieurs variétés qui se distinguent par la forme du fruit, rond ou long, strié ou sans stries. C'est un objet de commerce très-important pour nos jardiniers.

5. Mor. aubergine, *Sol. melongena*, Lin.;
en catalan *Albargini*.

Cultivée très en grand, l'*Aubergine* rend aussi de bons services comme plante alimentaire; on l'accommode de diverses façons. On la conserve pour les ragoûts d'hiver, en la coupant par tranches minces qu'on fait sécher et que l'on conserve dans des boîtes.

6. Mor. de Sodome, *Sol. Sodomeum*, Lin., Moriss.

Cette plante est cultivée dans quelques parterres à cause de ses fleurs et de ses fruits qui sont jaunes à la maturité et d'un bel effet.

7. Mor. douce amère, *Sol. dulcamara*, Lin., Dec.;
en catalan *Sulanum*.

Sol. scandens, Lam.

Habite les bois, les bords des propriétés et des ruisseaux. Sa tige, ligneuse et sarmenteuse, grimpe sur les buissons et s'attache aux troncs des arbres. Commune dans tout le département. Fleurit toute la belle saison.

La *Douce-Amère* est dépurative et calmante. Sa tige est employée en décoction pour combattre les affections du système lymphatique, dartres, etc.; ses feuilles, préparées en cataplasmes, calment les douleurs; les fruits sont vénéneux.

On cultive dans les parterres une grande variété de plantes de cette famille, à cause des fleurs et de l'originalité de leurs fruits. Elles ont toutes des qualités plus ou moins délétères.

Dans cette même famille, on cultive plusieurs variétés de Poivrons (*capsicum*, Tournefort), dont on fait un grand usage dans le Midi pour exciter l'appétit; mais il faut en user avec modération, ce qui n'arrive pas toujours.

GENRE COQUERET, *Physalis,* Lin.

1. Coq. officinal, *Phy. alkekengi,* Lin., Dec., Koch.

Habite les haies des champs et des vignes de *Cases-de-Pena*, Baixas et Estagel; sous les Albères, aux environs du Boulou et de Céret; les environs de Rigarda, et le vallon de Vernet-les-Bains. Fleurit de mai à juillet.

GENRE ATROPE, *Atropa,* Lin.

1. Atro. belladone, *Atro. belladona,* Lin., Dec.

Belladona baccifera, Lam.

Habite la lisière des bois dans les montagnes; les haies des propriétés, aux environs de La Preste; le vallon de Banyuls-sur-Mer, au bord des vignes. Fleurit en juin et juillet.

La Belladone a reçu ce nom de l'usage que faisaient autrefois les dames italiennes de l'eau distillée de cette plante, pour entretenir la blancheur et l'éclat de leur teint; le nom d'*Atropa* (de *Atropos*, l'une des trois Parques) pour faire allusion à la propriété vénéneuse de la Belladone. Les baies sont un violent narcotique, qui cause le délire, l'assoupissement et la mort, au milieu des plus affreux accidents. Plusieurs personnes, et particulièrement des enfants, séduits par la douceur apparente de ces fruits, qui ont la forme et la couleur d'une Cerise-guigne, en ont été empoisonnés. On remédie à l'injection récente de ce poison par les vomitifs et les boissons acidulées. Malgré ses qualités funestes, la médecine a su tirer d'excellents spécifiques de la Belladone. Ses fruits et ses racines, donnés à des doses très-faibles, soit en pilules, soit mêlés avec du sucre en poudre, agissent énergiquement contre la coqueluche et les toux convulsives. Ses feuilles et ses fruits, employés à l'extérieur, sont calmants : on les applique sur les hémorroïdes et le cancer; on en compose une pommade avec le saindoux, pour les durillons des mamelles et les ulcères carcinomateux. Une qualité singulière que possède la Belladone, et dont la connaissance est due au hasard, est de dilater la pupille d'une manière considérable. Les praticiens ont mis cette propriété à profit pour certaines opérations de l'œil. Quelques auteurs avancent que les feuilles de cette plante sont broutées par les lapins, les moutons et les cochons; les limaçons la rongent avec avidité.

Genre Endormie, *Datura*, Lin.

1. End. commune, *Dat. stramonium*, Lin.;

en catalan *Pudens, Figuera de infern.*

Vulg. *Stramoine, Pomme épineuse, Herbe aux sorciers, Trompette du jugement.*

Habite les bords des routes et des champs, les décombres, les fossés des fortifications de la place et de la citadelle de Perpignan; partout très-commune. Fleurit en juillet et août.

Cette plante fournit deux variétés :

Var. α *genuina*. Plante entièrement verte; corolles blanches. Vit partout avec la précédente.

Var. β *chalibea*, Koch. Tige, pétioles, nervures des feuilles et calice violacés; corolles de même couleur. *Datura tatula*, Lin. Elle a été découverte dans les prairies de Bages, par M. le docteur Aimé Massot; nous l'avons trouvée récemment sur les fortifications de la Ville-Neuve, à Perpignan, où l'on avait remué beaucoup de terre.

2. End. metel, *Dat. metel,* **Lin.**

Habite le vallon de Banyuls-sur-Mer, aux bords de la rivière et des propriétés. Originaire de l'Asie, comment s'est-elle naturalisée dans cette seule localité? Fleurit en juillet et août.

3. End. fastueuse, *Dat. fastuosa,* **Lin.;**
en catalan *Tunica de Cristo.*

Cette espèce, qui vit en Égypte, nous a été apportée d'Espagne; elle est cultivée dans nos jardins. Cette plante, remarquable par ses belles fleurs à long tube évasé en trompette, d'un beau pourpre-violet en dehors, d'un blanc de lait en dedans, d'une odeur assez agréable, voit sa corolle se doubler, se tripler même quelquefois; on dirait alors de longs tubes emboîtés les uns dans les autres; hétéromorphie d'un effet superbe. Les feuilles et les fleurs desséchées sont roulées en cigarettes, et préférées à celles du *Datura stramonium,* âcres et nauséeuses. Fleurit en juillet et août.

Le *Datura stramonium* est un des plus puissants narcotiques que l'on connaisse, et en même temps un des plus dangereux. Pris intérieurement, il produit des vertiges, la perte momentanée de la mémoire, un délire souvent furieux, une soif ardente, des convulsions, une sorte d'ivresse, la paralysie des membres, etc. Ses semences, infusées dans du vin, amènent un sommeil léthargique. Les courtisanes de l'Inde, d'après Acosta et Garet, font prendre à ceux qui ont le malheur de tomber entre leurs mains, un demi gros de cette semence en poudre dans quelque liqueur agréable, afin de les jeter dans une stupeur léthargique, et de profiter de leur délire pour les voler. On a vu, à Paris, une bande de filous se servir de cette même poudre mêlée avec du tabac, pour exécuter leurs vols avec plus de facilité; des voleurs de grand chemin en ont fait le même usage dans du vin, pour endormir et dépouiller sans obstacle les voyageurs.

Dans plusieurs contrées de l'Europe, on donne tous les jours plein un dé à coudre de ces semences aux cochons qu'on veut engraisser. Ces animaux acquièrent par là un appétit plus vif; dorment plus longtemps, et parviennent bientôt à un embonpoint considérable. On dit que quelques maquignons emploient les mêmes moyens pour les chevaux amaigris.

Quelque délétères que soient les propriétés de cette plante, des médecins ont osé la prescrire, et souvent avec succès, contre certaines affections rebelles, entre autres contre l'épilepsie et les convulsions. On l'emploie aussi en cigarettes pour calmer l'état spasmodique des poumons dans les affections asthmatiques.

Genre Jusquiame, *Hyoscyamus*, Lin.

1. Jus. noire, *Hyos. niger,* Lin., Dec.;
en catalan *Herba d'era* (aire).

Habite les pentes arides du château de Caladroy; les décombres et les vieux murs de tout le département. Fleurit en août.

Cette plante paraît se plaire sur les sols à dépiquer, ce qui lui a valu son nom catalan : *Herba d'Era.* Dans le pays on attribue à la graine de *Jusquiame* la propriété de guérir les dents cariées; nos paysans en font un grand usage. A cet effet, ils brûlent de la graine sur des charbons ardents, et au moyen d'un entonnoir ils dirigent la fumée qui se dégage sur la dent malade, dans laquelle ils prétendent qu'est logé un vers rongeur. La présence de petites larves contenues dans des graines cariées et que la chaleur fait sortir, a entretenu cette erreur. Quoi qu'il en soit, il faut user de ce moyen avec précaution, pour éviter les fâcheux effets que pourrait produire la vapeur si elle était respirée en quantité un peu considérable.

2. Jus. blanche, *Hyos. albus,* Lin., Gouan., Dunal.
Hyos. albus major, Magnol.

Habite les parties arides et sablonneuses de la vallée du Réart. Fleurit de mai en août.

3. Jus. grande, *Hyos. major,* Mill., Dunal., Dec.

Hyos. albus, var. β Lin.; *Hyos. varians,* Viv.; *Hyos. aureus,* Gouan.; *Hyos. creticus luteus major,* Magnol.; *Hyos. major, albo similis umbilica floris atro-purpureo,* Tournef.

Habite sur les vieux murs qui avoisinent Céret; Saint-Jean-Pla-de-Corts; les environs des carrières de marbre, à Baixas. Fleurit de mai en août.

La Jusquiame est, dans toutes ses parties, un des poisons végétaux les plus redoutables pour l'homme. C'est un puissant narcotique, dont les seules émanations, respirées un peu trop longtemps, peuvent produire la stupeur, des tremblements convulsifs, un assoupissement léthargique, le délire, etc. Un des symptômes les plus caractéristiques, est une forte constriction de la gorge. Les propriétés vénéneuses de la Jusquiame, se retrouvent dans sa racine qui, dans quelques circonstances, ayant été prise pour celle du *Panais,* a déterminé des accidents fâcheux; elles existent également dans ses graines. En médecine, on emploie la Jusquiame à l'état frais, et préparée en extrait; les feuilles de cette plante, appliquées, cuites, sur les tumeurs goutteuses et rhumatismales, agissent comme calmant; ses graines servent principalement au même titre, pour calmer les douleurs dentaires. L'extrait se donne à très-faible dose à l'intérieur.

89me Famille. — Verbascées, *Verbasceæ,* Bartt.

(*Pentandrie* ou *Didynamie,* L.; *Infundibuliformes,* T.; *Solanées,* Juss.)

Genre Molène, *Verbascum,* Lin.

1. Mol. bouillon-blanc, *Ver. thapsus,* Lin., Fries.; en catalan *Herba de sant Joan.*

Ver. alatum, Lam.; *Ver. densiflorum,* Poll.; *Ver. Schraderi,* Mey.; *Ver. neglectum,* Guss.

Habite les lieux incultes, les champs, les haies, les bords des routes; partout très-commune dans les trois bassins. Fleurit de mai en août.

2. Mol. de montagne, *Ver. montanum,* Schrad., Berth.

Ver. crassifolium, Schleider.

Habite, dans la vallée de l'Agly, les bords des chemins et des champs d'Estagel et de Maury; dans la vallée de la Tet, les terres incultes de Prades, Villefranche et Olette. Fleurit de juin en août.

3. Mol. thapsiforme, *Ver. thapsiforme,* Schrad., Mert.

Ver. thapsus, Poll.

Habite les terres incultes aux environs de Céret, Arles, Saint-Laurent-de-Cerdans et Costujes. Fleurit en juillet et août.

4. Mol. australe, *Ver. australe,* Schrad., Dec.

Ver. phlomoïdes β *semidecurrens*, Mert. et Koch.

Habite les basses montagnes de la vallée du Réart, parmi les rocailles et les haies des propriétés. Fleurit en juillet et août.

5. Mol. sinuée, *Ver. sinuatum,* Lin., Vill., Dec.

Ver. scabrum, Presl.

Habite les champs, les lieux incultes et les bords des chemins de toute la plaine du Roussillon. Fleurit en juillet et août.

6. Mol. de Boherhaave, *Ver. Boherhaavi,* Lin.

Ver. majale, Dec.; *Ver. phlomoïdes*, Alli.; *Ver. blattariæ foliis, nigrum, amplioribus floribus luteis, apicibus purpurascentibus*, Boher.

Habite les lieux incultes dans la plaine de la vallée du Réart; Baixas et *Cases-de-Pena,* au milieu des vignes et au bord des champs; Prades et Olette. Fleurit en juillet et août.

7. Mol. pulvérulente, *Ver. pulverulentum,* Vill., Dec.

Ver. phlomoïdes, Thuil.; *Ver. floccosum*, Waldst.; *Ver. heterophyllum* Moretti.; *Ver. laxiflorum*, Presl.

Habite les lieux arides et rocailleux qui bordent la Basse, aux environs d'*Orle; Cases-de-Pena;* Saint-Antoine-de-Galamus; les terres en friche du vallon de Cornella-du-Conflent. Fleurit de juin en août.

8. Mol. lychnite, *Ver. lychnitis,* Lin., Vill., Dec.

Habite les bois et les coteaux arides de toutes nos vallées, et remonte jusqu'à Mont-Louis. Fleurit de juin en août.

9. Mol. noire, *Ver. nigrum,* Lin., Vill., Dec.

Habite les terres incultes du vallon de Saint-Laurent-de-Cerdans, sur le bord des chemins et sur les penchants de la rivière; les sables de la rivière de la Tet et les taillis de la pépinière de Perpignan. Fleurit de juin en août.

10. Mol. de Chaix, *Ver. Chaixii,* Vill., Dec., Schrad.

Ver. urticæfolium, Lam.; *Ver. Gallicum,* Will.; *Ver. Monspessulanum,* Pers.; *Ver. dentatum,* Lapey.

Habite, dans la vallée du Tech, Céret, Arles et Prats-de-Molló, au *Baus de l'Aze;* les bords des chemins et des vignes de Prades, Villefranche, Olette et Fontpédrouse. Fleurit de juin en août.

11. Mol. herbe aux mites, *Ver. blattaria,* Lin., Vill., Thuil.

Habite les fossés et les champs humides qui bordent la Basse, vers le Mas-Fraisse; les bords du ruisseau de *Malloles;* Saint-Laurent-de-Cerdans et Vernet-les-Bains, dans les châtaigneraies. Fleurit toute la belle saison.

Les fleurs des *Molènes* sont employées en médecine comme béchiques, calmantes et sudorifiques; on fait avec les fleurs une infusion qui est agréable. Les semences et les tiges contiennent un suc narcotique; écrasées et jetées dans un vivier, elles enivrent les poissons et finissent par les empoisonner.

Le genre Molène, *Verbascum,* Tournef., fournit un grand nombre d'hybrides, individus inféconds, réunissant les caractères des espèces qui ont concouru à les former. Il serait impossible, à cause de leur diversité et du peu de fixité de leurs caractères, de les classer dans un tableau synoptique. Leur nombre est indéterminé. On leur donne ordinairement un nom formé par celui des espèces dont ils se rapprochent le plus par leurs caractères. MM. Grenier et Godron, dans leur excellent ouvrage, en portent le nombre à dix-huit espèces bien constatées.

Genre Celsia, *Celsia*, Lin.

Ce genre se compose d'une seule espèce qui n'a pas été observée dans le département.

90me Famille. — Scrophulariacées, *Scrophulariaceæ*, Benth.

(*Didynamie angiospermie*, L.; *Scrophulaires* ou *Pédiculaires*, Juss.; *Personnées* ou *Rhinanthacées*, Dec.)

Genre Scrophulaire, *Scrophularia*, Tournef.

1. Scr. voyageuse, *Scr. peregrina*, Lin., Dec., Dub.

Scr. geminiflora, Lam.

Habite les lieux humides, les bois, les haies à la base des montagnes moyennes; Saint-Laurent-de-Cerdans; les vallons de Port-Vendres et de Banyuls-sur-Mer, vers *Can Campa*. Fleurit en mai et juin.

2. Scr. des Alpes, *Scr. Alpestris*, Gay., Benth., Dec.

Scr. Scopoli, Dec.; *Scr. betonicæfolia*, Lapey.

Habite les prairies et le bord des ravins de la plaine de Formiguères, en Capcir; les environs de Mont-Louis; le Canigou, au bord des eaux; les environs de Prats-de-Molló; le Llaurenti, dans les bois humides. Fleurit en juin et juillet.

3. Scr. noueuse, *Scr. nodosa,* Lin., Dec., Dub.

Habite les bois, les bords des chemins et les lieux humides de nos montagnes; les environs de Mont-Louis; la montagne de *Madres;* la montagne de Nohèdes; le bois de Salvanère; le vallon de Vernet-les-Bains. Fleurit de juin en août.

4. Scr. aquatique, *Scr. aquatica,* Lin., Benth., Dec.; en catalan *Setja.*

Scr. Balbisii, Hornm.; *Scr. auriculata,* Alli.; *Scr. betonicæfolia,* Viv.; *Scr. oblongifolia,* Lois.

Habite le long des ruisseaux et les haies humides de toute la plaine. Fleurit en juin et juillet. On se sert des feuilles fraîches de cette plante pour cicatriser les plaies.

5. Scr. luisante, *Scr. lucida,* Lin., Benth., Dec.

Scr. glauca, Sibth.

Habite le vallon de Saint-Laurent-de-Cerdans, dans les fossés humides des châtaigneraies. Fleurit en juillet et août.

6. Scr. canine, *Scr. canina,* Lin., Dec., Dub.

Scr. lucida, Alli.; *Scr. multifida,* Lam.

Habite les bords de la Tet, à la pépinière de Perpignan; le vallon de Rigarda, au bord des champs; la *Trencada d'Ambulla* et Vernet-les-Bains; le vallon de Banyuls-sur-Mer, au bord des ravins. Fleurit de juin et août.

Genre Muflier, *Antirrhinum,* Tournef.

1. Muf. oronce ou rubicond, *Ant. orontium,* Lin., Dec.

Habite dans tout le pays, les champs, les haies, les chemins de la plaine et de la montagne; Prats-de-Molló; Villefranche; Font-pédrouse. Fleurit en juin et juillet.

2. Muf. à grandes fleurs, *Ant. majus,* Lin., Dec., Dub.

Très-répandu dans les champs, les haies, les fossés de tout le département. Fleurit de mai en août.

3. Muf. tortueux, *Ant. tortuosum,* Dec., Benth., Mill.

Habite les champs et le bord des chemins des environs de Saint-Paul; les escarpements qui bordent la route d'Amélie-les-Bains, sous les fortifications de la citadelle. Fleurit en mai et juin.

4. Muf. à larges feuilles, *Ant. latifolium,* Dec., Benth., Mill.

Habite les haies des vignes du *Sarrat d'en Vaquer,* et le bord du ruisseau de la ville, à Perpignan; Villefranche, sur les glacis des fortifications. Fleurit de juin à septembre.

5. Muf. toujours vert, *Ant. semper virens,* Lapey., Dec., Dub.

Habite sur les murs des fortifications et les glacis de la Ville-Neuve, à Perpignan. Fleurit de mai en août.

6. Muf. à feuilles d'azaret, *Ant. azarina,* Lin., Dec., Dub.

Habite les rochers de nos montagnes; Céret, Arles, Prats-de-Molló; *Força-Real;* la *Trencada d'Ambulla;* la vallée de Vernet-les-Bains et Saint-Martin-du-Canigou; remonte jusqu'à Mont-Louis; *Cases-de-Pena* et Saint-Antoine-de-Galamus. Fleurit de mai à juillet.

GENRE ANARRHINE, *Anarrhinum,* Desf.

1. Ana. à feuilles de paquerette, *Ana. bellidifolium,* Desf., Dec., Dub.

Habite sur les roches qui bordent la rivière de Rigarda; le long de la Tet, depuis Prades jusqu'à Fontpédrouse; la vallée du Tech, Céret, Arles et Prats-de-Molló; la vallée de l'Agly, *Cases-de-Pena,* Estagel et Saint-Paul. Fleurit de juin en août.

Genre Linaire, *Linaria*, Tournef.

1. Lin. cymbalaire, *Lin. cymbalaria*, Mill., Dec., Dub.

Ant. cymbalaria, Lin.; *Ant. hederæfolium*, Poir.

Habite sur les rochers et sur les murs aux environs de Villefranche; le pied de la *Majoral*, à Arles; les roches humides près de l'Agly, à Saint-Antoine-de-Galamus. Fleurit toute la belle saison.

2. Lin. velvote, *Lin. spuria*, Mill., Dec., Dub.

Ant. spurium, Lin.

Habite les bords de la Basse, près la scierie de marbre du Mas-Fraisse; le vallon de Cornella-du-Conflent, aux *Cabanils;* ceux de Saint-Laurent-de-Cerdans et de Costujes, sur les rochers près des cours d'eau. Fleurit toute la belle saison.

3. Lin. élatine, *Lin. elatine*, Desf., Dec., Dub.

Ant. elatine, Lin.

Habite les champs qui bordent la rivière de la Basse, les environs de Château-Roussillon; les vallons de Collioure, Port-Vendres et Banyuls-sur-Mer; le pied des Albères, Maureillas, Céret et Amélie-les-Bains. Fleurit toute la belle saison.

4. Lin. vulgaire, *Lin. vulgaris*, Mœnch., Dec., Dub.

Lin. genistifolia, Benth.; *Ant. linaria*, Lin.; *Ant. commune*, Lam.

Habite les champs des environs de Planès, à gauche de Mont-Louis; le Canigou, aux alentours du *Randé;* les hauteurs du vallon de Saint-Laurent-de-Cerdans; Collioure, dans le ravin de Consolation; Prades, près des ruisseaux. Fleurit de juillet à septembre.

5. Lin. d'Italie, *Lin. Italica*, Trev., Chav., Benth.

Lin. genistifolia, Dec.; *Lin. angustifolia*, Rchb.; *Ant. genistifolium*, Vill.; *Ant. polygalæfolium*, Poir.; *Ant. angustifolium*, Lois.; *Ant. Bauhini*, Gaud.

Habite les hauteurs des environs de Perpignan, dans les vignes;

les mêmes terrains à *Cases-de-Pena* et à Estagel; le vallon de Collioure, à Consolation; les anses de *Paulille*, à Port-Vendres; Banyuls-sur-Mer, près de la rivière. Fleurit de juin à septembre.

6. Lin. de Pélissier, *Lin. Pelisseriana,* Dec., Dub., Lois.

Ant. Pelisserianum, Lin.; *Ant. gracile,* Pers.

Habite les champs sablonneux de Banyuls-sur-Mer; les sables des torrents au pied des Albères. Fleurit toute la belle saison.

7. Lin. des champs, *Lin. arvensis,* Desf., Dec., Dub.

Ant. arvense, var. α Lin.

Habite dans toutes les vignes arides, et très-répandue dans celles du vallon de Banyuls-sur-Mer. Fleurit de juin en août.

8. Lin. simple, *Lin. simplex,* Dec., Dub., Lois.

Ant. arvense, var. β Lin.; *Ant. simplex,* Will.; *Ant. parviflorum,* Jacq.

Habite les lieux arides de *Cases-de-Pena* et des environs d'Estagel; les vallons de Collioure et de Banyuls-sur-Mer; les champs arides des coteaux de Prades. Fleurit de juin en août.

9. Lin. micranthe, *Lin. micrantha,* Spr., Chav., Benth.

Habite les vignes des environs d'Opol et de Salses; les vignes de l'île Sainte-Lucie. Fleurit de juin en août.

10. Lin. sparte, *Lin. spartea,* Hoffm. et Link.

Lin. juncea, Desf.; *Ant. sparteum,* Lin.; *Ant. junceum,* Lin.

Habite tout le Conflent, dans les champs, parmi les récoltes. Fleurit de juin en août.

11. Lin. de Chalep, *Lin. Chalepensis,* Mill., Dec., Dub.

Ant. Chalepense, Lin.; *Ant. album,* Lam.

Habite les champs arides des environs de Céret, Maureillas et le Boulou. Fleurit en avril et mai.

12. Lin. striée, *Lin. striata,* Dec., Chav., Dub.

Lin. Monspessulana, Dum.; *Lin. repens,* Stend.; *Ant. Monspessulanum* et *repens,* Lin.; *Ant. striatum,* Lam.; *Ant. galioïdes,* Lam.

Habite les coteaux aux bords de la rivière de Rigarda; remonte jusqu'à Mont-Louis; les coteaux et vignes de la vallée de l'Agly, jusqu'à Caudiès; sur les vieux murs des environs d'Arles et de Saint-Laurent-de-Cerdans. Fleurit en juillet et août.

13. Lin. ternée, *Lin. triphylla,* Mill., Dec., Dub.

Ant. triphyllum, Lin.

Cultivée dans les jardins, cette plante ne se trouve pas à l'état sauvage dans notre département. Ses fleurs sont agréables et durent longtemps.

14. Lin. à feuilles de thym, *Lin. thymifolia,* Dec., Dub., Lois.

Ant. thymifolium, Walh.

Habite les champs sablonneux et arides qui bordent la rivière de Nohèdes, à l'entrée de la vallée; les champs sablonneux du littoral, à Saint-Nazaire et aux environs de Collioure. Fleurit de mai à juin.

15. Lin. des Alpes, *Lin. Alpina,* Dec., Dub., Lois.

Ant. Alpinum, Lin.

Habite les plateaux supérieurs des vallées de Nohèdes, d'Évol et d'Eyne; le *Cambres-d'Aze;* les régions élevées du Canigou; commune au Llaurenti. Fleurit fin août.

16. Lin. couchée, *Lin. supina,* Desf., Dec., Dub.

Lin. maritima, Dec.; *Lin. Thuilierii,* Merat.; *Ant. supinum,* Lin.; *Ant. bipunctatum,* Thuil.; *Ant. maritimum,* Poir.

Habite les terres vagues des environs de Mont-Louis; le vallon de Vernet-les-Bains; Saint-Antoine-de-Galamus; le sommet de la montagne de Céret. Fleurit de juin à septembre.

Cette plante fournit une variété remarquable, *Lin. Pyrenaïca*, Dec., qui se distingue par des tiges plus fortes et plus élevées, par son inflorescence plus fortement pubescente-glanduleuse. Elle se trouve sur les pentes du *Cambres-d'Aze*, à Vernet-les-Bains et à Nohèdes.

17. Lin. naine, *Lin. minor,* Desf., Dec., Dub.

Ant. minus, Lin.

Habite sur les terrains maigres des coteaux de la plaine. Fleurit toute la belle saison.

18. Lin. à feuilles rouges, *Lin. rubrifolia,* Dec., Chav., Dub.

Ant. filiforme, Poir.

Habite la partie supérieure de la *Font de Comps,* sur les terrains stériles du revers de Flassa. Fleurit en juin.

19. Lin. à feuilles d'origan, *Lin. origanifolia,* Dec., Chav., Dub.

Habite les terres légères de *Cases-de-Pena,* de Saint-Antoine-de-Galamus, de la *Font de Comps.* Nous l'avons récoltée à une station très-élevée, sur le *Port de la Comarca de las Mulleres,* près de *Nuria.* Fleurit d'avril à juillet.

20. Lin. velue, *Lin. villosa,* Dec., Chav., Benth.

Ant. villosum, Lin.; *Ant. oppositifolium,* Poir.

Habite les terrains en pente près des torrents, aux environs de Caudiès et de Saint-Paul. Fleurit en mai et juin.

Genre Gratiole, *Gratiola,* Lin.

1. Gra. officinale, *Gra. officinalis,* Lin., Dec., Dub.

Vulg. *Herbe au pauvre homme.*

Habite les terres inondées pendant l'hiver aux environs de

Torreilles, vers l'Agly; les prairies humides des environs de Collioure. Nous l'avons trouvée dans les pâturages humides près de Cortsavi. Fleurit en mai et juin.

Genre Lindernie, *Lindernia*, Alli.

1. Lin. pyxidaire, *Lin. pyxidaria,* Alli., Lin., Dec.

Capraria gratioloïdes, Lin.

Habite les prairies tourbeuses de la vallée de Valmanya, et des environs de Saint-Marsal; assez fréquente dans les tourbières du Llaurenti. Fleurit en juin et juillet.

Genre Véronique, *Veronica*, Tournef.; en catalan *Veronica.*

1. Vér. en épi, *Ver. spicata,* Lin., Dec., Dub.

Ver. longifolia et spicata, Lois.

Habite les terrains arides et sablonneux à la base de nos montagnes; les environs de Céret; la vallée d'Estoher. Nous avons rapporté de la vallée d'Err, une variété très-minime de cette espèce. Fleurit en juin et juillet.

2. Vér. petit chêne, *Ver. teucrium,* Lin., Benth., Coss.

Habite les lieux arides qui avoisinent Mont-Louis; la *Trencada d'Ambulla;* le vallon de Vernet-les-Bains; *Cases-de-Pena* et Estagel; les environs de Céret; le vallon de Collioure. Fleurit en juillet.

Cette plante offre trois variétés :

La var. γ *vestita* est couverte de poils, qui la rendent blanchâtre-pubescente. *Val. pilosa,* Lois. Vit dans le vallon de Collioure, vers Consolation.

3. Vér. couchée, *Ver. prostrata,* Lin., Dec., Dub.

Ver. dentata, Schrad.; *Ver. latifolia* γ *Dubia*, Lap.; *Ver. Lutetiana*, Ram.

Habite les pentes arides et rocailleuses des bois de Boucheville et de Salvanère. Fleurit en juillet.

4. Vér. chamédryte, *Ver. chamædrys,* Lin., Dec., Dub.
Vulg *Fausse germandrée.*

Habite les glacis des fortifications de Mont-Louis; les bois des environs du Canigou; commune dans les trois bassins et dans les bois du Llaurenti. Fleurit en mai et juin.

Une variété de cette plante vit dans le pays. La tige est pubescente dans toute sa surface, avec deux rangées plus saillantes de poils. *Ver. pilosa,* Benth., Will. Se trouve dans les environs de Prats-de-Molló.

5. Vér. à feuille d'ortie, *Ver. urticæfolia,* Lin., Jacq., Dec.
Ver. latifolia, Lam.

Habite les bords des torrents de la vallée de Valmanya, près du village; les bois des régions alpines du Canigou et le vallon de *Cady;* les environs de Mont-Louis, à la *Motte de Planès;* les sommités de la vallée de Carença; la *Roca Gallinera,* près Prats-de-Molló. Fleurit en juin et juillet.

6. Vér. beccabunga, *Ver. beccabunga,* Lin., Dec., Dub.
Vulg. *Cressonnière, Salade de chouette.*

Habite au bord des ruisseaux d'eaux vives de tout le département. Nous la trouvons jusqu'à Mont-Louis; dans les fossés des champs et des prairies de Prades; la vallée de Vernet-les-Bains et de Cornella-du-Conflent. Fleurit toute la belle saison.

7. Vér. mouron d'eau, *Ver. anagallis,* Lin., Dec., Dub.

Habite les parties humides et les fossés sous Château-Roussillon, vers la métairie Picas; le vallon de Banyuls-sur-Mer, au bord des torrents humides; les environs de Céret, sur les terres de même condition; le vallon de Vernet-les-Bains et la base du Canigou. Fleurit toute la belle saison.

8. Vér. anagalloïde, *Ver. anagalloïdes,* Guss.

Habite les mêmes lieux que l'espèce précédente, avec laquelle on la confondait, et qui en diffère par les feuilles, qui sont entières ou à peine dentées, étroitement lancéolées ou sublinéaires, aiguës. Fleurit toute la belle saison.

9. Vér. à écussons, *Ver. scutellata,* Lin., Dec., Dub.

Habite les prairies humides et inondées pendant l'hiver; çà et là sur tout le littoral. On la trouve aussi dans les prairies tourbeuses des environs de Mont-Louis et au Llaurenti. Fleurit toute la belle saison.

10. Vér. de montagne, *Ver. montana,* Lin., Dec., Dub.

Habite les pâturages humides et ombragés des bois de Boucheville et de Salvanère; la montagne de *Madres;* le Canigou, dans les mêmes conditions; la vallée de Mosset, prairies au *Col de Jau;* les environs d'Arles-sur-Tech. Fleurit en mai et juin.

11. Vér. sans feuilles, *Ver. aphylla,* Lin., Dec., Dub.

Ver. subacaulis et *nudicaulis*, Lam.; *Ver. depauperata*, W., K.

Habite les rocailles humides de la vallée d'Eyne; la vallée de Carença, au bord des ruisseaux; la montagne de *Madres;* la *Font de Comps,* dans les bois et parmi les rochers. Fleurit en juillet et août.

12. Vér. officinale, *Ver. officinalis,* Lin., Dec., Dub.

Vulg. *Thé d'Europe.*

Habite les bois, les bords des chemins, les fossés; Mont-Louis; la vallée de Llo; Saint-Antoine-de-Galamus; Saint-Laurent-de-Cerdans, et *Vilaroja.* Fleurit en juin et juillet.

13. Vér. nummulaire, *Ver. nummularia*, Gouan, Dec.

Ver. irregularis, Lapey.

Habite les environs de Mont-Louis; le *Cambres-d'Aze,* sur les sommets qui l'unissent à la vallée d'Eyne; le *Col de Nuria;* la vallée de Prats-de-Balaguer; le Canigou, près de la *Llapoudère.* Fleurit en juin et juillet.

14. Vér. ligneuse, *Ver. fruticulosa*, Lin., Benth., Dub.

Habite sur les rochers des environs de Mont-Louis, surtout au vieux Mont-Louis; les rochers des parties alpines du Canigou. Fleurit de juillet à septembre.

Cette espèce présente deux variétés :

La var. β *pilosa*, grappe couverte dans toutes ses parties de poils articulés, non glanduleux; fleurs d'un beau bleu, avec la gorge purpurine. *Ver. saxatilis*, Jacq. Se trouve sur les parties élevées de la vallée de Nohèdes.

15. Vér. à feuilles de paquerette, *Ver. bellidioïdes*, Lin., Dec., Dub.

Habite les pâturages de la vallée d'Eyne; le *Cambres-d'Aze;* les pâturages élevés du Canigou; le *Pla Guillem*, au pied des roches humides; *Costa-Bona*, pelouses humides; le Llaurenti, au *Port de Palleres*. Fleurit de juin en août.

16. Vér. des Alpes, *Ver. Alpina*, Lin., Dec., Dub.

Ver. herniarioïdes, Pour.; *Ver. pumila*, Alli.; *Ver. integrifolia*, Will.

Habite les pâturages élevés des vallées d'Eyne et de Llo; les pâturages humides du Canigou; le *Pla Guillem;* la *Font de Comps*, sur les roches humides. Fleurit en août et septembre.

17. Vér. à feuilles de serpolet, *Ver. serpyllifolia*, Lin., Dec., Dub.

Habite les pâturages humides qui avoisinent Mont-Louis; *Costa-Bona*, sur les pentes de la *Coma du Tech;* les prairies humides de Saint-Laurent-de-Cerdans. Fleurit toute la belle saison.

18. Vér. de pona, *Ver. ponæ*, Gouan, Dec., Dub.

Habite les pâturages près Mont-Louis et l'île du moulin de La Llagone; le *Pla Guillem;* la montagne de *Madres;* le Llaurenti. Fleurit en juin et juillet.

19. Vér. étrangère, *Ver. peregrina,* Lin., Dec., Dub.

Ver. romana, Lin.; *Ver. Marylandica,* Lin.; *Ver. carnulosa,* Lam.; *Ver. levis,* Lam.

Habite les pentes méridionales rocheuses et humides des bois de Boucheville et des Fanges; les bords des fossés et des champs du *riveral* de Saint-Féliu et de Millas. Fleurit d'avril à juin.

20. Vér. des champs, *Ver. arvensis,* Lin., Dec., Dub.

Ver. polyanthos, Thuil.; *Ver. Bellardi,* Alli.

Habite les champs, les jardins des environs de Perpignan et de toute la contrée; remonte jusqu'à Vernet-les-Bains et Mont-Louis; Céret et ses environs, Arles et Saint-Laurent-de-Cerdans. Fleurit toute la belle saison.

21. Vér. à trois lobes, *Ver. triphyllos,* Lin., Dec., Dub.

Ver. digitata, Lam.

Habite les champs sablonneux de la vallée de Saint-Laurent-de-Cerdans; les environs d'Arles et de Céret; le vallon de Vernet-les-Bains. Fleurit au premier printemps.

22. Vér. précoce, *Ver. præcox,* Alli., Dec., Dub.

Ver. ocymifolia, Thuil.

Habite les terres légères et sablonneuses de toute la vallée du Réart, et surtout celles aux bords de la Cantarana. Fleurit en mars et avril.

23. Vér. persica, *Ver. persica,* Poir.

Ver. Buxbaumii, Ten.; *Ver. filiformis,* Dec.; *Ver. hospita,* M. K.; *Ver. Tournefortii,* Gmel.

Habite parmi les récoltes et dans les champs qui bordent la rivière de la Basse; les champs cultivés des coteaux de Château-Roussillon et de Saint-Sauveur. Fleurit en avril et mai.

24. Vér. rustique, *Ver. agrestis,* Lin., Dec., Dub.

Ver. pulchella, Bast.

Habite parmi les cultures des champs de toute la plaine; les champs cultivés des vallées de Vernet-les-Bains et de Fulla. Fleurit toute la belle saison.

25. Vér. à feuilles de lierre, *Ver. hederæfolia,* Lin., Dec., Dub.

Habite partout, dans les champs cultivés, le bord des chemins de tout le département; dans les bois des environs de Mont-Louis. Fleurit de mars à juin.

26. Vér. cymbalaire, *Ver. cymbalaria,* Bodard, Dec.

Ver. cymbalariæfolia, Walh.; *Ver. panormitana,* Tineo.

Habite les prairies maritimes de tout le littoral. Fleurit au premier printemps.

Genre Sibthorpia, *Sibthorpia,* Lin.

Genre Limosella, *Limosella,* Lin.

Ces deux genres, se composant chacun d'une seule espèce, n'ont pas été observés dans le département.

Genre Érine, *Erinus,* Lin.

1. Éri. des Alpes, *Eri. Alpinus,* Lin., Dec., Dub.

Habite sur le *Roc del Barral,* dans le vallon de Cornella-du-Conflent; la *Font de Comps,* sur les rochers; la montagne de Céret, sur les rochers du bois de la ville. Fleurit de juin en août.

Genre Digitale, *Digitalis,* Tournef.

1. Digi. pourprée, *Digi. purpurea,* Lin., Dec., Dub.

Vulg. *Gants de Notre-Dame.*

Cette plante n'existe pas à l'état sauvage dans le département. Nous l'avons récoltée dans les bois qui bordent le chemin de *Mijanés* au *Port de Palleres,* en Llaurenti. Elle est cultivée dans quelques jardins de Perpignan. Fleurit en juillet.

2. Digi. jaune, ***Digi. lutea,*** **Lin., Lois., Benth.**

Digi. parviflora, Alli.

Habite les bois des environs de Mont-Louis, et des vallées d'Eyne et de Llo; la vallée de Vernet-les-Bains, au bois de *Pinat;* les pâturages de certaines gorges du Canigou; le Llaurenti. Fleurit en juillet et août.

3. Digi. à grande fleur, ***Digi. grandiflora,*** **Alli., Lam., Dec.**

Digi. ambigua, Murr.; *Digi. lutea,* Poll.; *Digi. ochroleuca,* Jacq.

Habite les bois et les haies fourrées des champs, entre Saint-Martin et Fosse; le bois de Boucheville, le long du ruisseau. Fleurit de juin en août.

Cette plante offre deux variétés. Leur différence existe dans les lobes de la lèvre inférieure, qui sont aiguës dans la var. α *acutiloba, Digi. ambigua,* Sturm, et obtus dans la var. β *obtusiloba, Digi. ochroleuca,* Rchb. Vivent dans les même localités.

GENRE EUPHRAISE, *Euphrasia,* Tournef.; en catalan *Eufrasia.*

Vulgair. *Brise lunettes, Luminet.*

1. Euph. officinale, ***Euph. officinalis,*** **Lin., Dec., Dub.**

Habite le bord des vignes et des champs en friche à la base des montagnes moyennes; très-commune dans toutes les vallées des trois bassins. Fleurit de juin en août.

Cette plante offre trois variétés, qui se distinguent par le développement plus ou moins grand des fleurs.

Var. α, fleurs grandes. *Euph. grandiflora,* Soyer, Will.

Var. β, fleurs médiocres. *Euph. intermedia,* Soyer, Will.

Var. γ, fleurs petites. *Euph. parviflora,* Soyer, Will.

On trouve ces trois variétés dans les mêmes localités que l'espèce principale.

2. Euph. némorose ou des bois, *Euph. nemorosa*, Pers., Rchb.

Habite les pelouses des bassins de la Tet et du Tech; commune partout et à toutes les hauteurs; les vignes et terres vagues à Rigarda, Prades et Villefranche; Céret, Arles et Saint-Laurent-de-Cerdans; *Costa-Bona*, les *Esquerdes de Roja*; toutes les hauteurs jusqu'à Carença, le Canigou et les environs de Mont-Louis. Fleurit en juillet et août.

Cette espèce offre quatre variétés, dont les trois premières α, β et γ, ont les mêmes caractères et se désignent par les mêmes noms qui distinguent les variétés de l'espèce précédente. Quant à la quatrième variété, δ *Euph. Alpina*, Lam., elle se distingue par les feuilles étroitement oblongues ou lancéolées, à dents subobtuses; les florales glabres, étroitement lancéolées, uni-bi-tridentées et en cœur à la base; fleurs grandes.

Ces quatre variétés se trouvent aux environs de Mont-Louis, aux sommités de Carença, à la vallée de Llo et à la *Collada de Nuria*.

L'*Euphraise* a joui d'une grande réputation comme pouvant agir sur le cerveau; elle a été employée dans les ophthalmies chroniques avec relâchement. Elle n'est plus usitée de nos jours.

Genre Odontite, *Odontites*, Hall., Pers.

1. Odon. rouge, *Odon. rubra*, Pers., Benth.

Euph. odontites, Lin.; *Euph. verna*, Bell.; *Bartsia odontites*, Smith.; *Odontites verna*, Rchb.

Habite la base de toutes nos montagnes, parmi les récoltes et dans les vignes; Céret, Arles et Prats-de-Molló; Prades et Vernet-les-Bains; Maury et Saint-Paul. Nous la retrouvons à Mont-Louis et au *Bac de Bolquère*. Fleurit en juin et juillet.

2. Odon. sérotine, *Odon. serotina*, Rchb.

Odon. vulgaris, Hev.; *Euph. serotina*, Lam.; *Euph. odontites*, Dub.; *Euph. odontites*, var. β Lois.; *Bartsia serotina*, Berth.

Habite les terres en friche, les champs et les vignes de la vallée du Réart; les mêmes localités des environs de Rigarda, vallée de la Tet. Fleurit en juillet et août.

3. Odon. visqueuse, *Odon. viscosa,* Rchb., Benth.

Euph. viscosa, Lin.

Habite le vallon de Port-Vendres, anse de *Paulille;* les vignes et champs de Banyuls-sur-Mer; les châtaigneraies de Saint-Laurent-de-Cerdans; la *Trencada d'Ambutla;* le vallon de Vernet-les-Bains, au bois de *Pinat.* Fleurit de juillet à septembre.

4. Odon. jaune, *Odon. lutea,* Rchb., Benth.

Euph. lutea, Lin.; *Euph. linifolia,* Lin.; *Euph. lutea* et *linifolia,* Dec.; *Euph. levis,* Galer.

Habite tous les coteaux des basses montagnes, Rigarda, Prades, Vernet-les-Bains, Céret et Arles, *Cases-de-Pena* et Estagel. Fleurit de juillet à septembre.

Genre Bartsie, *Bartsia,* Lin.

1. Bar. des Alpes, *Bar. Alpina,* Lin., Dec., Dub.

Rhinanthus Alpina, Lam.

Habite les terres en pente entre Fontpédrouse et Mont-Louis; la vallée d'Eyne; le Canigou, dans les bois près du *Maner del Or;* les bois du Llaurenti. Fleurit en juin et juillet.

2. Bar. en épi, *Bar. spicata,* Ram., Dec., Dub.

Bar. Fagonii, Lapey.

Habite la montagne de Céret, dans les friches avant d'arriver au bois de la ville; Saint-Laurent-de-Cerdans, lisière des bois; Rigarda, dans les ravins du bois Saint-Sauveur. Fleurit en juillet et août.

Genre Trixago, *Trixago,* Stev.

1. Tri. apula, *Tri. apula,* Stev., Benth.

Bar. trixago, Lin.; *Bar. maxima,* et *versicolor,* Pers.; *Bar. bicolor,* Dec.; *Rhinanthus trixago,* Lin.; *Rhin. maritima,* Lam.

Habite le vallon de Port-Vendres, aux environs de l'anse de *Paulille;* Banyuls-sur-Mer, prairies, champs et vignes. Fleurit de mai à juillet.

Genre Eufragia, *Eufragia,* Griseb.

Ce genre se compose de deux espèces qui n'ont pas été observées dans le département.

Genre Rhinanthe, *Rhinanthus,* Lin.

1. Rhi. à grandes fleurs, *Rhi. major,* Ehrh., Benth.

Rhi. hirsuta, Lam.; *Rhi. cristagalli* γ Lin.; *Rhi. cristagalli* et *alectorolophus,* Lois.; *Rhi. villosus,* Pers.; *Alectorolophus grandiflorus,* Wallr.; *Alec. major* et *hirsutus,* Rchb.

Habite les prairies et les champs des environs de Mont-Louis, ainsi que les glacis des fortifications de la place; dans la vallée du Tech, les prairies de Saint-Laurent-de-Cerdans et de Prats-de-Molló; les parties basses du Canigou; le vallon de Vernet-les-Bains, champs et vignes. Fleurit de mai à juillet. Très-commun.

2. Rhi. à petites fleurs, *Rhi. minor,* Ehrh., Benth., Lois.

Rhi. glaber, Lam.; *Rhi. cristagalli,* var. α et β Lin.; *Alectorolophus parviflorus,* Wallr.

Habite les prairies humides et les champs à la base des montagnes moyennes. Fleurit en mai et juin.

Genre Pédiculaire, *Pedicularis,* Tournef.

Vulg. *Herbe aux poux.*

1. Péd. en anneaux ou verticillée, *Ped. verticillata,* Lin., Dec., Dub.

Habite le *Col de la Perche,* au milieu des pelouses humides; les environs de Mont-Louis, à La Llagone; le bois de Salvanère; Nohèdes; Carença; la *Font de Comps;* toutes les sommités de nos régions alpines; le Llaurenti. Fleurit en juillet et août.

2. Péd. feuillée; *Ped. foliosa,* Lin., Dec., Dub.

Habite les pelouses humides des environs de Mont-Louis; le *Bac de Bolquère;* les vallées d'Eyne et de Nohèdes, parmi les roches humides; les régions moyennes du Canigou; le *Pla Guillem,* près des ravins; Prats-de-Molló; la *Coma du Tech;* les bois du Llaurenti. Fleurit de juin en août.

3. Péd. des marais, *Ped. palustris,* Lin., Dec., Dub.

Habite les prairies et les bords des ravins de la montagne de Céret, près le puits de la *Neige,* au Mas-Carol; Prats-de-Molló, pâturages humides des environs de la *Tour de Mir.* Fleurit de mai à juillet.

4. Péd. des forêts, *Ped. sylvatica,* Lin., Dec., Dub.

Habite les pâturages humides près Mont-Louis; le *Bac de Bolquère,* parmi les bois et les pelouses humides; les environs de Prats-de-Molló, vers le Coral; la vallée de Nohèdes, pâturages du second plateau; commune au Llaurenti. Fleurit de mai à juillet.

5. Péd. chevelue, *Ped. comosa,* Lin., Dec., Dub.

Habite les prairies des environs de Mont-Louis; les pâturages humides de la vallée d'Eyne; Carença, auprès des ravins; parmi les roches de la *Tartarassa* de la *Font de Comps;* la vallée d'Évol; le Canigou, au plateau de *Cady;* la *Coma du Tech;* les *Canals de Leca,* près Cortsavi, où elle a été trouvée par M. Aimé Massot. Fleurit en juillet et août.

6. Péd. des Pyrénées, *Ped. Pyrenaïca,* Gay., Endr.

Ped. incarnata et *gyroflexa,* Lapey.

Habite les parties supérieures de la vallée d'Eyne; les pelouses du *Cambres-d'Aze;* les pâturages qui avoisinent le *Col de las Nou Fonts;* les environs de Prats-de-Molló, près la *Tour de Mir;* le Canigou, sur le plateau de *Cady;* la vallée de Galba, en Capcir;

le Llaurenti, sur les pâturages près de l'étang. Fleurit en juillet et août.

Cette espèce fournit une var., β *lasiocalix,* remarquable par ses fleurs en épi allongé, le calice un peu laineux, la ligne de poils de la tige nulle et remplacée par quelques poils épars. *P. mixta,* Gre. Se trouve dans les pâturages des environs de Mont-Louis, et dans les bois de Saint-Pierre-dels-Forcats et de Planès.

7. Péd. à long bec, *Ped. rostrata,* Lin., Dec., Dub.

Habite les prairies de l'île du moulin de La Llagone, près Mont-Louis; le *Cambres-d'Aze;* les pâturages de la vallée d'Eyne; les parties supérieures des vallées d'Évol et de Nohèdes; le Canigou, pâturages du *Pla Guillem;* la *Coma du Tech;* les prairies de *Mijanés,* en Llaurenti. Fleurit en juillet et août.

8. Péd. à fibres renflées, *Ped. tuberosa,* Lin., Dec., Dub.

Ped. gyroflexa, var. β Vill.

Habite les prairies de *Costa-Bona;* les pâturages des environs de Prats-de-Molló, à la base de la *Tour de Mir;* les pâturages de la forêt de Salvanère; les prairies de Nohèdes; les pâturages du Capcir; le Llaurenti. Fleurit en juillet et août.

Genre Mélampyre, *Melampyrum,* Tournef.

1. Mél. à crêtes, *Mel. cristatum,* Lin., Dec., Dub.

Habite les éboulis de granit dans la vallée de Saint-Laurent-de-Cerdans, et du village de Vilaroja. Fleurit de juin en août. Très-commun.

2. Mél. des champs, *Mel. arvense,* Lin., Dec., Dub.

Habite les parties basses des montagnes, parmi les taillis et les clairières des bois du vallon de Rigarda; Fosse, Saint-Martin et la forêt de Boucheville. Fleurit en juin et juillet.

3. Mél. des prés, *Mel. pratense,* Lin., Dec., Dub.

Mel. vulgatum, Pers.

Habite les prairies et les taillis à la base de nos montagnes secondaires. Fleurit en juin et juillet.

4. Mél. des bois, *Mel. sylvaticum,* Lin., Dec., Dub.

Habite les forêts du Capcir, aux environs de Formiguères, et celles du *Col d'Ares;* mais il est plus abondant dans le Llaurenti. Fleurit en juillet et août.

GENRE TOZZIA, *Tozzia,* Lin.

Ce genre se compose d'une seule espèce, qui n'a pas de représentant dans le département.

91me FAMILLE. — OROBANCHÉES, *Orobancheæ,* LINDL.

(*Didynamie-Angiospermie,* L.; *Personnées,* T.; *Pédiculaires,* Juss.; *Rhinanthacées,* Dec.)

GENRE PHÉLIPÉE, *Phelipæa,* C. A. Mayer.

1. Phé. bleue, *Phe. cærulea,* C. A. Meyer, Dec.

Orob. cærulea, Vill.

Habite la *Trencada d'Ambulla;* les environs de Céret, et partout où vit l'*Achillea mille-folium,* ainsi que le *Trèfle rayonnant* et le *Trèfle des prés.* Fleurit en juin et juillet.

2. Phé. césia, *Phe. cæsia,* Reut. *in Dec.*

Orob. cæsia, Guss.

Habite le vallon de Banyuls-sur-Mer, sur les racines de l'*Artemisia Gallica.* Fleurit en juin.

3. Phé. lavandulacée, *Phe. lavandulacea,* F. Schultz, Alli.

Orob. lavandulacea, Rchb.; *Orob. comosa,* Dub.; *Or. vagabunda,* Vauch.

Habite les environs de Caladroy, dans les friches où vit abondamment le *Thapsia villosa* et le *Psoralea bituminosa.* Fl. en mai.

4. Phé. de Mutel, *Phe. Muteli,* Reut. *in Dec.*

Oro. Muteli, F. Schultz ; *Oro. comosa,* Lois.; *Oro. nana,* Noem.; Rchb.

Habite les collines et les champs des vallons d'Argelès, Collioure, Port-Vendres, Banyuls-sur-Mer, et vit sur certaines légumineuses. Fleurit en avril et mai.

5. Phé. rameuse, *Phe. ramosa,* C. A. Meyer.

Oro. ramosa, Lin.; *Oro. du chanvre,* Vauch.

Habite toutes les vallées où le chanvre est cultivé. Mais un fait digne de remarque, c'est qu'ayant semé en 1852, au jardin d'essai de la pépinière départementale, des graines de chanvre géant apportées de la Chine par M. Itier, nous vîmes se développer sur cette plante, qui avait déjà atteint la hauteur de trois mètres, la *Phelipœa ramosa.* Cette parasite avait-elle été apportée de la Chine mêlée à la graine qui nous avait été donnée? Nous sommes porté à le croire; car on ne cultive pas le chanvre aux alentours de Perpignan; c'est à plusieurs lieues de distance, dans le Conflent et dans le Vallespir, que cette plante est cultivée.

Genre Orobanche, *Orobanche,* Lin.

1. Orob. du spartium, *Orob. rapum,* Thuill., Reut.

Oro. major, Lam.; *Oro. fetida,* Lapey.; *Oro. du cytise à balais,* Vauch.

Habite les collines calcaires de *Cases-de-Pena, Força-Real,* Baixas et les Corbières. Fleurit en mai et juin.

La var. *β bracteosa,* Reut., qui se distingue par des bractées plus longues et formant une houpe conique au sommet de la tige, se trouve dans le vallon de Collioure et sur les Albères; elle vit sur les racines du *Sarothamnus scoparius.*

2. Orob. couleur de sang, *Orob. cruenta,* Berth., Reut.

Oro. ulicis, Desmo.; *Oro. Lobelii,* Noul.; *Oro. gracilis,* Smith.; *Oro. vulgaris,* Gaud.; *Oro. major,* Dub.; *Oro. caryophyllacea,* Schl.; *Oro. fetida,* Lapey.; *Oro. du genêt des teinturiers,* Vauch.; (Rchb. l'a désignée sous la dénomination de *Oro. cruenta* et *gracilis.*)

Habite le bord des vignes de *Força-Real* et de *Cases-de-Pena;* commune à la *Trencada d'Ambulla*, où vivent certains *Lotus.* Fleurit en juin et juillet.

3. Orob. panachée, *Orob. variegata,* Wallr., Reut.

Oro. fetida, Dec.; *Oro. du genêt cendré,* Vauch.

Habite les coteaux des Albères, de la vallée du Réart et de Caladroy, où vivent certains *Genêts.* Fleurit en mai et juin.

4. Orob. de la fève, *Orob. speciosa,* Dec., Lois.

Oro. pruinosa, Lapey.; *Oro. alba,* Mut.; *Oro. de la fève,* Vauch.

Habite la vallée de Prats-de-Molló, où elle est si commune, qu'elle empêche les fèves cultivées de prospérer; elle s'étend sur les environs de La Preste, où elle exerce les mêmes ravages. Elle est moins abondante aux environs de Collioure et de Port-Vendres. Fleurit en juin et juillet.

5. Orob. du caillelait, *Orob. galii (Orob. du galium mollugo)* Vauch., Dub., Reut.

Oro. vulgaris, Dec.; *Oro. bipontina,* Schultz.; *Oro. caryophyllacea,* Rchb.; *Oro. incurva,* Benth.

Habite la lisière des bois et des champs, les glacis des fortifications de la citadelle et des lunettes de Perpignan, partout où vivent des *Gallium.* Fleurit en juin et juillet.

La var. *β ligustri,* Suard, qui se distingue par les bractées plus longues, les lobes de la corolle à peine denticulés, filets un peu moins velus, stigmate jaune-citron, plante pâle, se trouve à *Força-Real* et à la *Trencada d'Ambulla.*

6. Orob. du serpolet, *Or. epithymum,* Dec., Dub., Lois.

Oro. sparsiflora, Wallr.; *Oro. du thym serpolet,* Vauch.

Habite les coteaux entre Saint-Marsal et Arles; Saint-Laurent-de-Cerdans; Costujes; *Força-Real;* Saint-Antoine-de-Galamus. Vit sur les *Thymus* et les *Satureia.* Fleurit en juin et juillet.

7. Orob. de la scabieuse, *Orob. scabiosæ*, Koch., Reut.

Habite les coteaux des environs de Rigarda; les pâturages des montagnes moyennes de la vallée du Réart, à la métairie Llinas et au village de Montoriol, etc. Cette plante vit sur les racines des *Scabieuses* et de la *Menthe sauvage*. Fleurit en mai et juin.

8. Orob. fuligineuse, *Orob. fuliginosa*, Reut. *in Dec.*

Habite l'île Sainte-Lucie, près des salins, sur les coteaux où vit en abondance le *Senecio cineraria*. Nous n'avons pas trouvé l'*Orob. fuligineuse* dans le vallon de Banyuls-sur-Mer, où se trouve le *Sen. cineraria*. Fleurit en juin.

9. Orob. colombaire, *Orob. columbaria* (Orob. de la Scabieuse colombaire), Vauch.

Oro. concolor, Dub.

Habite les pâturages des parties basses de *Doma-Nova*, dans le vallon du *Riu-Fayés*, et sur les bords des propriétés où vit la *Scabiosa columbaria* et la *Mentha arvensis*. Fleurit en juin

10. Orob. de la germandrée, *Orob. teucrii*, Hol. et Sch.

Oro. atro-rubeus, Schultz.

Habite la vallée de Saint-Laurent-de-Cerdans; les environs de Costujes; les parties basses des vallées de Carença et de Prats-de-Balaguer, où vivent divers *Teucrium* et des *Serpillum*. Fleurit en juin.

11. Orob. de l'échinops, *Orob. ritro*. Gre. et Godr.

Habite les olivettes de *Malloles*; tous les champs des buttes des environs de Perpignan; les coteaux de la vallée du Réart où vit l'*Echinops ritro*. Fleurit en juillet.

12. Orob. rouge, *Orob. rubens*, Wallr., Koch.

Oro. de la luzerne cultivée, Vauch.; *Oro. medicaginis*, Dub.

Habite les champs de luzerne de la Salanque et du Riveral;

les environs de Vernet-les-Bains, Vinça, Baixas et *Cases-de-Pena;* les champs près Prats-de-Molló où vit le *Medicago falcata.* Fleurit en mai et juin.

13. Orob. majeure, *Orob. major,* Lin., Fries, Wahlberg.

Oro. elatior, Sutton.; *Oro. de la centaurée scabieuse,* Vauch.; *Oro. stigmatodes,* Wim.

Habite les garrigues de Baixas, de *Força-Real,* de *Cases-de-Pena,* où vivent des *Centaurées* et des *Scabieuses.* Nous l'avons récoltée dans les environs de Céret, sur les racines du *Genista scoparia.* Très-commune dans le vallon de Vernet-les-Bains. Fleurit en juin.

14. Orob. de l'armoise, *Orob. artemisiæ* (Or. de l'Artémise des champs, Vauch.), Gaud.

Oro. loricata, Rchb.; *Oro. flavæ,* Koch., Noulet.

Habite les coteaux au bord de la route, entre Olette et Mont-Louis, où vit l'*Artémise des champs.* Nous l'avons récoltée aussi dans les taillis de la pépinière de Perpignan. Fl. en juin et juillet.

15. Orob. de la sauge, *Orob. salviæ,* F. Schultz.

Oro. alpestris, F. Schultz.

Habite les environs de Costujes, de Vilaroja et les bords des champs du *Mas del Bux,* où la *Salvia glutinosa* est commune. Fleurit en juin.

16. Orob. du lierre, *Orob. hederæ* (Or. du Lierre, Vauch.)

Habite les haies des jardins Saint-Jacques et de Saint-Estève, banlieue de Perpignan, sur les racines du *Hedera helix,* qui croît en abondance dans ces lieux, et qu'on laisse grimper sur les arbres. Fleurit en juin.

17. Orob. mineure, *Orob. minor,* Sutton, Dec., Dub.

Oro. du trèfle des prés, Vauch.; *Oro. Alsatica,* Kirschl.; *Oro. macrocepala,* Schultz.

Habite les prairies et les champs de toute la Salanque où croissent certains trèfles. Très-commune dans les vallées de Cornella-du-Conflent et de Fillols. Fleurit en juin et juillet.

Une variété, β *flavescens*, dont les fleurs sont jaunâtres et concolores; vit sur les prairies maritimes du littoral et à l'île Sainte-Lucie, où croît l'*Orlaya maritima.*

18. Orob. du panicaut, *Orob. amethystea,* Thuil., Koch.

Oro. eryngii, Oro. de l'eryngium des champs, Vauch.; *Oro. elatior,* Dec.

Habite les bords des champs et des chemins des parties aspres du département, et sur les dunes maritimes où croissent les *Eryngium campestre* et *maritimum*. Fleurit en juin et juillet.

Genre Lathrée, *Lathræa,* Lin.

1. Lat. écailleuse, *Lat. squammaria,* Lin., Dec., Dub.

Habite les forêts des environs de Saint-Martin-du-Canigou et du vallon de Taurinya; Villefranche, parmi les arbres du bord de la Tet; Prats-de-Molló, à la *Roca del Gorb*. Fleurit en avril et mai.

Genre Clandestine, *Clandestina,* Tournef.

1. Clan. souterraine ou à fleurs droites, *Clan. rectiflora,* Lam., Reut.

Lathræa clandestina, Lin.

Habite les forêts de chênes-verts de la rive gauche du Tech, chemin du *Vilar* à Saint-Marsal; le vallon de *Mijanés*, dans les bois du *Pla d'en Bosch*, avant d'arriver à *Frontells*, en descendant la montagne de l'étang du Llaurenti. Fleurit en juin et juillet.

92me Famille. — Labiées, *Labiatæ,* Juss.

(*Diandrie et Didynamie gymnospermie,* L.; *Labiées,* T. et Juss.)

Genre Lavande, *Lavandula,* Lin.

1. Lav. stæchas, *Lav. stæchas,* Lin., Alli., Dec.

Stæchas purpurea, Tournef.

Habite toutes les collines de nos montagnes moyennes; Salses, Opol, *Cases-de-Pena*, *Força-Real*, Baixas, Saint-Paul, Prades et route de Mont-Louis jusqu'à Fontpédrouse; Vernet-les-Bains, Collioure, Banyuls-sur-Mer, le pied des Albères, Céret, Arles, jusqu'au village du Tech. Fleurit en mai et juin.

2. Lav. commune, *Lav. spica,* Lin., Desf., Koch.; en catalan *Aspic.*

Lav. vera, Dec.; *Lav. Pyrenaïca,* Dec.; *Lav. officinalis,* Chaix.; *Lav. angustifolia,* Mœnch.

Habite toutes les garrigues des montagnes moyennes du département. Cette espèce s'élève plus haut que la précédente. Fleurit en juillet et août.

Une variété à feuilles plus larges, à tige moins élevée et à fleurs plus grandes, *L. Pyrenaïca,* Dec., vit sur les calcaires de la vallée de Conat, en montant à la *Font de Comps,* au lieu dit *los Plas.*

Les Lavandes sont cultivées comme plantes d'ornement et comme plantes médicinales; elles sont souvent employées comme vulnéraires, stomachiques, carminatives, cordiales et emménagogues; on en extrait une huile essentielle employée dans la parfumerie. L'*essence de lavande* a une odeur très-forte et sent le camphre.

Genre Menthe, *Mentha,* Lin.

1. Men. à feuilles rondes, *Men. rotundifolia,* Lin., Dec.

Men. rugosa, Lam.; *Men. macrostachia,* Ten.; *Men. neglecta,* Ten.

Habite les bords des champs, des ruisseaux, les prairies humides; trop commune partout. Fleurit en juillet et août.

2. Men. sauvage, *Men. sylvestris,* Lin., Fries, Dec.

Men. sylvestris, α *vulgaris,* Koch.; *Men. nemorosa,* Will.; *Men. velutina* et *gratissima,* Lej.

Habite le bord des prairies et des ruisseaux ombragés; partout dans les trois bassins. Fleurit en juillet et août.

3. Men. verte, *Men. viridis,* Lin., Vill., Thuill.

Habite les ravins à la base de la montagne de Céret; à Finestret et à Rigarda, sur le bord des champs et dans les friches. Fleurit en août et septembre.

Cette plante fournit trois variétés :

La var. γ *canescens,* Fries, remarquable par ses feuilles pubescentes en dessus, blanches-soyeuses en dessous, se trouve dans la contrée de Rigarda.

4. Men. aquatique, *Men. aquatica,* Lin., Benth., Guss.; en catalan *Mentraste.*

Men. hirsuta, Dec.; *Men. sativa,* Suc.; *Men. palustris spicata,* Riv.

Habite le bord des champs et des fossés humides, les taillis qui bordent les cours d'eau dans tout le département. Fleurit en juillet et août.

Cette espèce fournit deux variétés :

Var. α *genuina.* Feuilles munies de poils épars ou presque glabres. *Men. aquatica,* β *nemorosa,* Fries.

Var. β *hirsuta,* Koch. Les feuilles sont plus petites, couvertes de longs poils blancs, presque tomenteuses.

Ces deux variétés se trouvent dans les mêmes localités de l'espèce principale.

5. Men. cultivée, *Men. sativa,* Lin., Sol., Fries.; en catalan *Menta de hort.*

Men. verticillata, Riv.

Cultivée dans tous les potagers; subspontanée dans quelques endroits, mais toujours près des jardins d'où elle s'est échappée. Fleurit en août et septembre.

6. Men. des jardins, *Men. gentilis,* Lin., Suc., Dec.

Men. rubra, Sol.; *Men. procumbens,* Thuil.

Habite la vallée de Saint-Laurent-de-Cerdans, au bord des prairies près de la rivière. Fleurit en juillet et août.

7. Men. des champs, *Men. arvensis,* Lin., Sol., Dec.

Habite le bord des champs et des prairies du Conflent, Prades, Villefranche, la vallée de Cornella-du-Conflent et de Vernet-les-Bains. Fleurit en juillet et août.

8. Men. pouliot, *Men. pulegium,* Lin., Sol., Dec.; en catalan *Puliot.*

Pulegium vulgare, Mill.

Habite les environs de Villefranche, au bord des ruisseaux; le pied des Albères, et à Céret, sur le bord des prairies et des fossés humides. Fleurit en juillet et août.

Genre Preslia, *Preslia* (Opitz *in Bot. Zeit.).*

1. Pres. à feuilles étroites, *Pres. cervina,* Fresen, Bent.

Mentha cervina, Lin.; *Pulegium cervinum,* Mill.; *Pul. angustifolium,* Riv.

Habite les champs humides, les bords des fossés, près des cours d'eau des trois bassins. Fleurit en juillet et août.

Genre Lycope, *Lycopus,* Lin.

1. Lyc. d'Europe, *Lyc. Europœus,* Lin., Dec.

Lyc. palustris, Lam.

Habite les bords des ruisseaux et les champs humides. Commune partout dans les trois bassins. Fleurit en juillet et août.

Genre Origan, *Origanum,* Mœnch.

1. Ori. commun, *Ori. vulgare,* Lin., Dec.; en catalan *Majorana.*

Habite les bords des bois, des champs et des ravins, au pied des montagnes moyennes; partout dans les trois bassins. Fleurit en juillet et août.

Une var., *β prismaticum,* Gaud., à fleurs en épis allongés, prismatiques, se trouve dans les mêmes localités que l'espèce.

Cette plante, cultivée dans nos parterres, sert à faire des bordures qui sont d'un bel effet.

Genre Thym, *Thymus*, Benth.

1. Thy. commun, *Thy. vulgaris*, Lin., Vill., Dec.;

en catalan *Frigoleta*.

Habite les coteaux de tout le département, *Cases-de-Pena*, *Força-Real*, les garrigues de Baixas, Prades et ses environs, Collioure et Banyuls-sur-Mer. Fleurit de mai à septembre.

2. Thy. serpolet, *Thy. serpillum*, Lin., Fries, Rchb.;

en catalan *Cerfoll de montanya*.

Thy. serpillum, Godr.; *Thy. reflexus*, Lej.

Habite les coteaux des montagnes, Vernet-les-Bains, Castell, remonte jusqu'à Mont-Louis, le *Cambres-d'Aze*, les vallées d'Eyne et de Llo, tous les sommets du Canigou, *Costa-Bona*, etc., etc. Fleurit de juillet à septembre.

Cette espèce fournit trois variétés :

Var. α *Linnæanus*. Feuilles obovées-cunéiformes, plus courtes que les entre-nœuds. Commune à Vernet-les-Bains.

Var. β *angustifolius*, Pers. Feuilles linéaires-cunéiformes, plus courtes que les entre-nœuds. Vit aux environs de Mont-Louis.

Var. γ *confertus*. Feuilles linéaires-cunéiformes, plus longues que les entre-nœuds, très-rapprochées et produisant souvent des faisceaux de feuilles à leur aisselle. Vit au Canigou et au *Cambres-d'Aze*.

3. Thy. chamædrys, *Thy. chamædrys*, Fries.

Thy. serpillum, Pers ; *Thy. serpillum*, var. β Lin.; *Thy. serpillum*, var. α *chamædrys*, Koch.; *Cunila thymoïdes*, Lin.

Habite les terres arides des environs de Mont-Louis et de la vallée de Lló. Fleurit de juillet à septembre.

GENRE HYSOPE, *Hyssopus*, Lin.

1. Hys. officinale, *Hys. officinalis*, Lin., Vill., Dec.; en catalan *Hysop*.

Habite les terres sablonneuses et arides des bords de la Tet; toutes les collines des montagnes moyennes, parmi les roches; presque dans tout le département. Fleurit en juillet et août.

2. Hys. aristée, *Hys. aristatus*, Godr.

Désignée par M. le docteur Reboud, sur les bords de la Tet à La Cassagne, rochers de la rive gauche, dans la direction de Sautó. Nous avons parcouru toute cette région sans trouver cette plante; cependant, nous tenions de M. Reboud même les indications que nous signalons. Il avait cru même que nous la trouverions parmi les échantillons qu'il nous avait donnés de l'*Hysope officinale*.

GENRE SARRIETTE, *Satureia*, Lin.

1. Sar. des jardins, *Sat. hortensis*, Lin., Vill., Dec.; en catalan *Sarriette*.

Cultivée dans tous les jardins, cette plante sert à aromatiser diverses choses. Fleurit de juin à septembre.

2. Sar. de montagne, *Sat. montana*, Lin., Vill., Dec.

Habite les parties arides des vallées d'Eyne et de Llo; la montagne de *Madres;* le bois de Salvanère et le plateau de Carença. Fleurit en juillet et août.

GENRE MICROMERIE, *Micromeria*, Benth.

1. Mic. julienne, *Micro. juliana*, Benth., Koch.
Satureia juliana, Lin.

Habite les coteaux arides de *Cases-de-Pena* et les environs d'Estagel; les coteaux de Vingrau, Salses et Opol. Fleurit en juillet et août.

Genre Calaminthe, *Calamintha*, Mœnch.

1. Cal. à grandes fleurs, *Cal. grandiflora*, Mœnch, Gaud.

Calamintha montana, β Lam.; *Melissa grandiflora*, Lin.; *Thymus grandiflorus*, Scopol.

Habite les coteaux de Fosse, de Saint-Martin et de Vivier, parmi les bois et le bord des propriétés; le *Bac de Bolquère;* le bois de Salvanère, dans les fourrés et parmi les broussailles; le bois *Nègre,* en Llaurenti. Fleurit en juillet et août.

2. Cal. officinale, *Cal. officinalis,* Mœnch, Koch, Boreau.

Cal. sylvatica, Bromfield; *Melissa calamintha*, Lin.

Habite les coteaux arides et pierreux de nos basses montagnes; *Cases-de-Pena; Força-Real;* la vallée de Cornella-du-Conflent; Vernet-les-Bains, Castell, Saint-Martin-du-Canigou. Fleurit en août et septembre.

3. Cal. à feuilles de menthe, *Cal. menthæfolia,* Host., Bor.

Cal. umbrosa, Rchb.; *Cal. ascendens*, Jord.; *Cal. officinalis*, Benth.; *Cal. officinalis*, β Koch.; *Melissa intermedia*, Lej.; *Thymus calamintha*, Sm.

Habite les coteaux arides et pierreux, les terres vagues des basses montagnes; *Cases-de-Pena;* les environs de Prades; Villefranche; Vernet-les-Bains. Fleurit de juin à septembre.

4. Cal. cataire, *Cal. nepeta,* Link et Hoffm., Koch.

Cal. parviflora, Lam.; *Cal. trichotoma*, Mœnch.; *Melissa nepeta*, Lin.; *Mel. cretica*, Alli.; *Thymus nepeta*, Sm.

Habite les coteaux arides et pierreux, parmi les calcaires; surtout à Arles, au pied de la *Majoral* et ses environs; la *Trencada d'Ambulla* et sur la montagne Saint-Jacques, à Villefranche; Saint-Martin-du-Canigou, vers la carrière. Fl. en juillet et août.

5. Cal. des Alpes, *Cal. Alpina,* Lam., Gaud., Koch.

Thymus Alpinus, Lin.; *Acinos Alpinus*, Mœnch; *Melissa Alpina*, Benth.

Habite les sommets de la montagne de *Madres*, de la forêt de Salvanère, de Carença; la montagne de Céret; Arles; le village de Castell et les environs de Saint-Martin-du-Canigou, à l'extrémité de la forêt dite des *Moines*. Fleurit en juillet et août.

6. Cal. des champs, *Cal. acinos,* Clairv. *in Gaud.*

Cal. arvensis, Lam.; *Thymus acinos,* Lin.; *Melissa acinos,* Benth.; *Acinos vulgaris,* Pers.

Habite toutes les collines des montagnes moyennes dans les trois bassins; remonte jusqu'à Mont-Louis; Prats-de-Molló; le *Col Saint-Louis*, à Caudiès; le bord des propriétés et les terres en friche. Fleurit en juillet.

7. Cal. clinopode, *Cal. clinopodium,* Benth.

Clinopodium vulgare, Lin.

Habite les lieux incultes, le bord des champs, parmi les buissons, les haies, partout sur les basses montagnes, la vallée du Réart et surtout dans tout le Conflent. Fleurit en juillet et août.

Genre Mélisse, *Melissa,* Lin.

1. Mél. officinale, *Mel. officinalis,* Lin., Dec., Gaud.; en catalan *Citronella.*

Mel. cordifolia, Pers.; *Mel. altissima,* Sibth.

Généralement cultivée dans les jardins. Nous trouvons cette plante subspontanée sur quelques coteaux de nos montagnes moyennes, dans les lieux ombragés. Fleurit de juin en août.

Genre Hormielle, *Horminum,* Lin.

1 Hor. des Pyrénées, *Hor. Pyrenaïcum*, Lin., Gaud.

Mel. Pyrenaïca, Will.; *Mel. Pyrenaïca caule brevi plantaginis folio,* Magn.

Habite sur les calcaires, à l'entrée de la vallée d'Eyne, où elle est rare; elle est plus abondante sur les escarpements de la montagne de *Madres*, en face le Capcir. Fleurit en juin et juillet.

Genre Romarin, *Rosmarinus,* Lin.

1. Rom. officinal, *Ros. officinalis,* Lin., Vill., Dec.; en catalan *Romani.*

Habite partout, sur les coteaux calcaires surtout; les haies des vignes et des champs. On multiplie cette plante à cause des abeilles, qui aiment à butiner sur ses fleurs, et qui donnent à notre miel, si connu sous le nom de *Miel de Narbonne,* cette saveur agréable qui le distingue. Fleurit dès les premiers beaux jours.

Genre Sauge, *Salvia,* Lin.

1. Sau. officinale, *Sal. officinalis,* Lin., Vill., Dec.; en catalan *Salvia.*

Cultivée dans beaucoup de jardins, la *Sauge officinale* vit subspontanée sur le plateau supérieur de la *Font de Comps* et au lieu dit *los Plas,* en montant par la route de Villefranche et de Conat. Fleurit en juin et juillet.

2. Sau. verticillée, *Sal. verticillata,* Lin., Dec., Rchb.; en catalan *Salvia de montanya.*

Habite les coteaux des Corbières; Fosse et ses environs; les alentours de Collioure et de Port-Vendres. Fl. en juillet et août.

3. Sau. sclarée, *Sal. sclarea,* Lin., Vill., Dec.

Habite le bord des champs et des coteaux aux territoires de Cornella-du-Conflent et de Vernet-les-Bains; le bord des propriétés des environs d'Elne; les terres incultes de Saint-Génis. Fleurit en juin et juillet.

4. Sau. d'Éthiopie, *Sal. Æthiopis,* Lin., Vill., Dec.

Habite les terres incultes, le bord des chemins, les haies des champs de la vallée du Réart, entre Terrats et l'*Hospitalet,* non loin de la Cantarana. Fleurit en juillet et août.

5. Sau. glutineuse, *Sal. glutinosa.* Lin., Vill., Dec.

Habite les haies et les champs ombragés; le bord des chemins frais, à Saint-Laurent-de-Cerdans, Vilaroja, Costujes, La Manéra, Serrallongue, Banyuls-sur-Mer. Fleurit en juin et juillet.

6. Sau. des prés, *Sal. pratensis,* Lin., Dec., Fries.

Habite les prairies, le bord des champs, les fossés des fortifications; très-commune dans tout le département. Fleurit de mai à juillet.

7. Sau. à feuilles de verveine, *Sal. verbenaca,* Lin., Vill.

Sal. clandestina, Lin.

Habite le vallon de Port-Vendres, aux environs de Cosperons; le pied des Albères; les environs de Céret; la base de *Força-Real;* Prades et ses environs; la vallée de Vernet-les-Bains et de Cornella-du-Conflent; remonte jusqu'à Mont-Louis. Fleurit de mai en août.

Une variété moins développée que la précédente, vit dans les parties basses du Canigou. Elle a un grand rapport avec la *Sal. clandestine* de Linné.

8. Sau. à feuilles d'hormin, *Sal. horminoïdes,* Pour.

Sal. multifida, Sibth.; *Sal. clandestina,* Vill.; *Sal. verbenaca,* Mert.; *Sal. Sibthorpii,* Chaub.; *Sal. pallidiflora,* Saint-Amans.

Habite les coteaux arides, le bord des champs, les haies de la vallée du Réart, entre Terrats et Oms; quelques coteaux pierreux des Albères. Fleurit de mai à septembre.

Genre Cataire, *Nepeta,* Lin.

1. Cat. lancéolée, *Nep. lanceolata,* Lam., Dec., Lois.

Nep. graveolens, Vill.; *Nep. nepetella,* Alli.; *Nep. Austriaca,* Host.; *Nep. angustifolia Minor, Hispanica,* Barr.

Habite les bords des champs et des prairies des environs de Mont-Louis; les coteaux méridionaux de la montagne de *Madres;*

le premier plateau de Nohèdes ; les clairières du bois de Salvanère. Fleurit en juillet et août.

2. Cat. népételle, *Nep. nepetella,* Lin., Lam., Dec.

Habite le bord des champs et les coteaux qui avoisinent Molitg et Mosset. Fleurit en juin et juillet.

3. Cat. cataire, *Nep. cataria,* Lin., Vill., Dec.

Nep. vulgaris, Lam.; *Cat. vulgaris,* Mœnch.

Vulg. *Herbe aux chats.*

Habite le bord des chemins, des champs, les terres en friche dans les trois bassins ; très-commune aux Albères, Céret, Prades, Villefranche, Nohèdes ; remonte jusqu'à Mont-Louis ; commune aussi sur le bord des chemins du Llaurenti. Fl. de juin en août.

4. Cat. à larges feuilles, *Nep. latifolia,* Dec., Dub., Lois.

Nep. grandiflora et *violacea,* Lapey.

Habite les prairies et les bords des propriétés qui avoisinent Mont-Louis, le vieux Mont-Louis surtout ; toute la Cerdagne ; les prairies de la montagne de *Madres ;* les environs de Formiguères et les prairies de tout le Capcir ; le Llaurenti. Fleurit en août et septembre.

5. Cat. nue, *Nep. nuda,* Lin., Dec.. Dub.

Nep. violacea, Vill.; *Nep. pannonica,* Jacq.; *Nep. paniculata,* Crantz.

Habite les lieux pierreux et arides des environs de Mont-Louis ; le bord des pâturages près de La Llagone ; les régions moyennes du Canigou, près des ravins. Fleurit en août.

Genre Dracocéphale, *Dracocephalum,* Lin.

1. Dra. d'Autriche, *Dra. Austriacum,* Lin., Vill., Dec.

Ruischiana spicata, Mill.

Habite la partie supérieure de la *Font de Comps,* au pied du rocher de la *Coba del Fatj,* seule localité. Fleurit en mai et juin.

Depuis quelques années, cette plante a tout-à-fait disparu de la *Font de Comps*. La rapacité des botanistes allemands, qui prennent jusqu'à quatre et cinq cents échantillons des bonnes espèces, l'a complètement anéantie. Tel aurait été le destin de l'*Alyssum Pyrenaicum*, si quelques sujets ne se fussent conservés hors des atteintes de la main de l'homme, sur le rocher surplombant de cette fontaine.

GENRE GLÉCHOME, *Glechoma*, Lin.

1. Glé. à feuilles de lierre, *Gle. hederacea*, Lin , Dec.

Calamintha hederacea, Scop.; *Nep. glechoma*, Benth.

Habite les lieux ombragés au pied de nos montagnes; Arles; Céret; la vallée de Vernet-les-Bains et de Cornella-du-Conflent; les environs de la forêt de Boucheville. Fleurit en avril et mai.

Cette plante fournit deux variétés :

La var. β *Gle. hirsuta*, Godr., remarquable par le calice plus long que la moitié du tube de la corolle, plante velue, vit dans les environs du bois de Boucheville.

GENRE LAMIER, *Lamium*, Lin.

1. Lam. embrassant, *Lam. amplexicaule*, Lin., Dec., Koch.

Galeobdolan amplexicaule, Mœnch.; *Pollichia amplexicaulis*, Will.

Habite les lieux incultes, les bords des champs et des prairies des trois bassins du département. Fleurit toute la belle saison. Très-commun partout.

2. Lam. hybride, *Lam. hybridum*, Vill., Thuil., Dec.

Lam. dissectum, With.; *Lam. incisum*, Will.; *Lam. confertum*, Fries.; *Lam. rubrum minus folici profunde incisis*, Tournef.

Habite les terres cultivées de toute la vallée du Réart; les coteaux au pied des Albères. Fleurit en avril et mai.

3. Lam. pourpre, *Lam. purpureum*, Lin., Dec., Koch.

Habite le bord des champs et les lieux cultivés dans les trois bassins. Fleurit toute la belle saison.

4. Lam. taché, *Lam. maculatum,* Lin., Dec., Koch.

Lam. hirsutum, Lam.; *Lam. lævigatum,* Lin.; *Lam. stonoliferum,* Lapey.; *L. grandiflorum,* Pour.; *L. album,* var. β Poll.; *L. rubrum,* Wallr.

Habite les lieux frais et ombragés des trois bassins; Vernet-les-Bains et Castell; on le trouve aussi sur les roches du *Pla Guillem.* Fleurit toute la belle saison.

5. Lam. blanc, *Lam. album,* Lin., Dec., Koch.; en catalan *Astrigol blanc, Flor de astriga.*

Vulg. *Ortie blanche.*

Habite les bois taillis, les fourrés herbeux, partout dans les trois bassins; remonte sur nos montagnes jusqu'aux environs de Mont-Louis; le Canigou; *Costa-Bona.* Fleurit en avril et mai.

Les fleurs de ce Lamier, connues dans la pharmacie sous le nom de *fleurs d'ortie blanche,* sont employées contre l'aménorrhée.

6. Lam. flexueux, *Lam. flexuosum,* Tenor., Berth.

Lam. petitinum, Gay.

Habite la pépinière de Perpignan, près des ruisseaux et des taillis ombragés; les haies et taillis ombragés des trois bassins; on le trouve aux environs de Prats-de-Molló. Fl. en avril et mai.

7. Lam. jaune, *Lam. galeobdolon,* Crantz, Benth.

Galeopsis galeobdolon, Lin.; *Galeobdolon luteum,* Huds.; *Cardiaca sylvatica,* Lam.; *Leomaris galeobdolon,* Scop.; *Pollichia galeobdolon,* Will.

Habite les bois des montagnes, Salvanère et Boucheville; le second plateau de Nohèdes; Saint-Laurent-de-Cerdans et La Manère. Fleurit en mai et juin.

Genre Agripaume, *Leonurus,* Lin.

1. Agri. cardiaque, *Leo. cardiaca,* Lin., Dec., Koch.

Cardiaca trilobata, Lam.

Habite les pâturages secs des environs de Saint-Laurent-de-Cerdans; les décombres et les vieilles masures de la vallée du Réart. Fleurit de juin en août.

Genre Galéope, *Galeopsis*, Lin.

1. Gal. à feuilles étroites, *Gal. angustifolia*, Ehrh., Hoff.

Gal. ladanum, Vill.

Habite les vignes et les terres légères des environs de Prades; Vernet-les-Bains et toute cette région; *Cases-de-Pena*, Estagel et Maury, dans les vignes et les terres sablonneuses; Céret, Maureillas et la base des Albères, sur les terres légères. Fleurit de juillet à septembre.

Deux variétés appartiennent à cette espèce :

Var. α *genuina*. Dents du calice longuement subulées; plante verte. Vit à *Cases-de-Pena*.

Var. β *arenaria*, Gre. et Godr. Dents du calice plus courtes; plante blanchâtre et parfois glanduleuse dans le haut. *Galeopsis canescens*, Schult. Vit à Prades et à Vernet-les-Bains.

2. Gal. intermédiaire, *Gal. intermedia*, Vill.

Gal. parviflora, Lam.; *Gal. ladanum*, Guss.

Habite le bord des champs du vallon de Prades; les pentes arides du vallon de Vernet-les-Bains; remonte jusqu'à Mont-Louis; le bord des champs, à Arles et Céret; les terres légères et les vignes des vallons de Collioure et de Banyuls-sur-Mer. Fleurit de juin à septembre.

3. Gal. veloutée, *Gal. dubia*, Leers., Godr.

Gal. villosa, Huds.; *Gal. ochroleuca*, Lam.; *Gal. prostrata*, Vill.; *Gal. cannabina*, Poll.

Habite les prairies et les bords des champs près Saint-Laurent-de-Cerdans; les champs et le bord des bois au pied des montagnes de Rigarda et de Finestret. Fleurit en juillet et août.

4. Gal. des Pyrénées, *Gal. Pyrenaïca,* Bartl., Billot.

Habite les vignes des vallons de Collioure, Port-Vendres, Cosperons, Banyuls-sur-Mer; les vignes qui longent les Albères; sous Bellegarde, où cette plante abonde; les vignes de Villefranche; les terres d'Olette, et jusqu'à Mont-Louis; on la retrouve, mais très-minime, sur le *Cambres-d'Aze,* la *Collada de Nuria* et le *Col de las Nou Fonts,* parmi les rocailles. Fleurit en août et septembre.

5. Gal. tétrahit, *Gal. tetrahit,* Lin., Vill., Dec.

Tetrahit nodosum, Mœnch.

Habite les champs et les vignes du vallon de Vernet-les-Bains; les terres légères et les vignes des environs de Vinça et de Rigarda. Fleurit en juillet et août.

6. Gal. à fleurs jaunes, *Gal. sulfurea,* Jordan.

Habite les bords des bois, les fossés herbeux et les vignes des basses Albères; Céret et ses environs, sur les terrains identiques; Saint-Laurent-de-Cerdans et Costujes, sur les terres légères. Fleurit en août et septembre.

Genre Stachyde ou Épiaire, *Stachys,* Lin.

1. Sta. d'Allemagne, *Sta. Germanica,* Lin., Vill., Dec.

Sta. tomentosa, Gat.; *Sta. lanata,* Crantz.

Habite les coteaux calcaires de Salses, Opol et Estagel; les pentes des coteaux qui avoisinent Saint-Paul; les calcaires de la route d'Ansignan, après avoir passé le pont de la *Fou,* rive droite de l'Agly. Fleurit en juin et juillet.

2. Sta. d'héraclée, *Sta. heraclea,* Alli., Dec., Lois.; en catalan *Herba de Sant-Antoni.*

Sta. barbata, Lapey.; *Sta. phlomoïdes,* Will.; *Sta. betonicæfolia,* Pers.; *Sta. barbigera,* Viv.

Habite les coteaux du *Calce* de Thuir, Castelnau et Camélas; les coteaux de la partie supérieure de la vallée de Conat, en montant à la *Font de Comps;* les environs de Prats-de-Molló, sur la montagne de la *Tour de Mir;* Costujes et ses environs; la *Sadelle* de La Manère. Fleurit en juin et juillet.

3. Sta. des Alpes, *Sta. Alpina,* Lin., Vill., Dec.

Habite les champs incultes des environs de Fosse; les coteaux de Vivier et de Saint-Martin; les clairières du bois de Boucheville; la *Solaneta de Costa-Bona.* Fleurit en juillet et août.

4. Sta. des bois, *Sta. sylvatica,* Lin., Dec., Koch.

Habite les champs montueux, les bois et les lieux ombragés, partout dans les trois bassins; Prats-de-Molló; Vernet-les-Bains; Saint-Paul. Fleurit de juin en août.

5. Sta des marais, *Sta. palustris,* Lin., Dec., Koch.

Habite le bord des ruisseaux et les champs humides du *Riveral,* depuis Perpignan jusqu'à Ille. Fleurit de juin en août. Commune.

6. Sta. des champs, *Sta. arvensis,* Lin., Dec., Lois.

Glecoma marubiastrum, Vill.; *Cardiaca arvensis,* Lam.

Habite les vignes des environs du *Cap Cerbère,* dans le vallon de Banyuls-sur-Mer; les champs et les vignes des environs de Port-Vendres et de Collioure. Fleurit de juin en octobre.

7. Sta. annuelle, *Sta. annua,* Lin., Dec., Benth.

Sta. nervosa, Gat.; *Betonica annua,* Lin.

Habite l'ermitage de Saint-Antoine-de-Galamus, dans les bois près de la rivière; la *Trencada d'Ambulla,* sous le *Cortal-Paris;* les haies des vignes au pied des Albères. Fleurit de juillet en octobre.

8. Sta. maritime, *Sta. maritima,* Lin., Gouan, Lam.

Habite les vignes du Vernet et de *Malloles*, banlieue de Perpignan; les environs d'Argelès; les vallons de Port-Vendres, Collioure et Banyuls-sur-Mer, au bord des vignes et des champs. Fleurit en mai et juin.

9. Sta. redressée, *Sta. recta,* Lin., Benth., Koch.

Sta. sideritis, Vill.; *Sta. procumbens*, Lam.; *Sta. bufonia*, Thuil.; *Betonica hirta*, Gouan.; *Sideritis hirsuta*, Gouan.

Habite les environs d'Olette et jusqu'aux éboulis de Fontpédrouse; la *Trencada d'Ambulla;* la vallée de Cornella-du-Conflent et de Vernet-les-Bains, dans les champs sablonneux et les vignes; *Cases-de-Pena* et Estagel, sur les sables des ravins. Fleurit de juin en août.

Cette plante fournit trois variétés, dont deux vivent dans le département :

Var. α *genuina*. Feuilles ovales ou elliptiques; épi allongé et interrompu. Vit aux environs de Fontpédrouse.

Var. β *angustifolia*. Feuilles linéaires-lancéolées, moins crénelées et même entières à la base; épi allongé, interrompu. Vit à la *Trencada d'Ambulla*.

Genre Bétoine, *Betonica,* Lin.

1. Bét. officinale, *Bet. officinalis,* Lin., Vill., Dec.

Bet. stricta, Ait.; *Bet. hirta*, Leys.; *Sta. betonica*, Benth.

Habite les vignes et les terres légères des trois bassins. Fleurit de juin en août.

Genre Ballote, *Ballota,* Lin.

1. Bal. fétide, *Bal. fetida,* Lam., Dec., Fries.

Bet. nigra, Sm.

Habite les bords des routes, des haies et des champs; partout très-commune dans les trois bassins; remonte jusqu'à Mont-Louis. Fleurit de juin en août.

Genre Philomide, *Phlomis*, Lin.

1. Phl. laineuse, *Phl. lychnitis*, Lin., Vill., Lam.

Phl. fructicosa, Lapey.

Habite les terres stériles, les bords des vignes, les coteaux calcaires de *Força-Real*, Baixas, *Cases-de-Pena*, Estagel, Saint-Antoine-de-Galamus; les garrigues de Salses et d'Opol; l'île Sainte-Lucie. Fleurit en mai et juin. Commune partout.

2. Phl. hérissée, *Phl. herba venti*, Lin., Vill., Lam.

Habite le bord des propriétés de la butte du *Moulin-à-Vent*, le bord des vignes et des chemins des coteaux de Saint-Sauveur, Château-Roussillon, les *Sarrats d'en Vaquer* et *de las Guillas*, *Malloles*, toutes ces localités situées aux alentours de Perpignan; on la trouve encore sur les terres vagues de la plaine du Roussillon et à l'île Sainte-Lucie. Fleurit en mai et juin. Commune.

Genre Crapaudine, *Sideritis*, Lin.

1. Cra. Romaine, *Sid. Romana*, Lin., Vill., Desf.

Sid. spathulata, Lam.; *Burgsdorffia rigida*, Mœnch.

Habite les garrigues de Baixas et le vallon de Sainte-Catherine; *Cases-de-Pena*; les garrigues de Thuir; les coteaux incultes qui avoisinent Perpignan; Villefranche, à la *Font d'en Cornet*, en allant vers Conat; Collioure, Port-Vendres et Banyuls-sur-Mer. Fleurit en juin et juillet.

2. Cra. hérissée, *Sid. hirsuta*, Lin., Lam., Lapey.

Sid tomentosa, Pour.; *Sid. scordioïdes*, var. *lanata* et *latifolia*, Benth.; *Sid. scordioïdes*, δ *hirsuta*, Dec.; *Betonica hirta*, Gouan.

Habite les garrigues de Salses, Opol, *Cases-de-Pena*, Estagel et Saint-Paul; les vallons de Collioure, Port-Vendres et Banyuls-sur-Mer; les calcaires de Castelnau et de Corbère, près Thuir. Fleurit en juin et juillet.

3. Cra. crénelée, *Sid. scordioïdes,* Lin., Vill., Lam.

Sid. scordioïdes, var. β et γ Dec.; *Sid. hirsuta,* Gouan; *Sid. fruticulosa,* Pour.

Habite les pentes arides de Prades, Estoher et Villefranche; le bord des champs entre Maury et Saint-Paul; garrigues de *Força-Real,* Baixas et *Cases-de-Pena;* se retrouve près de Mont-Louis et à Prats-de-Molló. Fleurit en juin et juillet.

4. Cra. à feuilles d'hysope, *Sid. hyssopifolia,* Lin., Dec., Gaud.

Sid. Alpina, Vill.; *Sid. Pyrenaïca,* Poir.; *Sid. crenata,* Lapey.; *Sid. incana,* Gouan; *Sid. scordioïdes,* Koch.

Habite la *Font de Comps,* champs sur les revers de Flassa; la vallée d'Eyne; la montagne de *Madres;* le *Cambres-d'Aze.* Fleurit en juillet et août.

Nous possédons un échantillon donné par Gouan, qui a beaucoup de rapport avec le précédent. Cet échantillon a été récolté au Montserrat, en Espagne.

GENRE MARRUBE, *Marrubium,* Lin.

1. Mar. vulgaire, *Mar. vulgare,* Lin., Dec., Koch.

Habite le bord des routes et des champs; le pied des fortifications de la place et de la citadelle de Perpignan, et la pépinière de la ville; partout dans les trois bassins. Fleurit de juin en août.

GENRE MÉLITTE, *Melittis,* Lin.

1. Mél. à feuilles de mélisse, *Mel. melissophyllum,* Lin., Dec., Koch.

Mel. grandiflora, Sm.

Habite les calcaires du *Pont de la Fou,* en Fenouillet; Prades et ses environs; la *Trencada d'Ambulla;* les calcaires qui avoisinent Saint-Martin-du-Canigou; la *Motte de Planès,* près Mont-Louis; Prats-de-Molló, près la montagne du *Mir.* Fleurit de juin en août.

Genre Toque, *Scutellaria*, Lin.

1. Toq. Alpine, *Scut. Alpina,* Lin., Vill., Alli.

Habite la partie supérieure de la vallée de Nohèdes; les pentes méridionales du *Cambres-d'Aze,* parmi les éboulis de roches; la vallée d'Eyne; la *Comarca de las Mulleres,* près Nuria. Fleurit en juillet et août.

2. Toq. scutellaire, *Scut. galericulata,* Lin., Vill., Dec.

Cassida galericulata, Scop.

Habite au bord des ravins humides et ombragés de la vallée de l'Agly, entre Saint-Paul, Fosse et Le Vivier. Fl. en juin et juillet.

Genre Brunelle, *Brunella,* Tournef.

1. Bru. à feuilles d'hysope, *Bru. hyssopifolia,* C. Bauh., Gouan;

en catalan *Herba del balzem.*

Prunella hyssopifolia, Lin.

Habite les pentes arides et ombragées de la vallée du Tech, à Saint-Laurent-de-Cerdans et aux environs de Costujes. Fleurit de mai en août.

On cultive cette plante pour l'ornement de nos jardins.

2. Bru. vulgaire, *Bru. vulgaris,* Mœnch.;

en catalan *Herba del traydor.*

Prunella vulgaris, Lin.

Habite les lieux humides et ombragés de toute la plaine; les bords de la rivière de la Basse et près des eaux vives; les régions inférieures de toutes nos montagnes. Fleurit de juin en août.

Cette plante offre deux variétés :

Var. α *genuina,* Godr. Feuilles toutes entières. Vit dans les mêmes localités de la plante mère.

Var. β *pennatifida,* Godr. Feuilles supérieures pennatifides, à lobes ascendants. *Prunella laciniata,* var. γ Lin.; *Prunella pen-*

natifida, Pers. Cette variété vit plus particulièrement dans les lieux secs du vallon de Vernet-les-Bains.

3. Bru. à fleurs blanchâtres, *Bru. alba*, Pol., Koch.

Habite les coteaux calcaires de *Força-Real*, Baixas, *Cases-de-Pena*, Estagel, Opol, Vingrau, Salses. Fleurit en juin et juillet.

Cette plante fournit deux variétés, dont une se trouve dans notre voisinage :

Var. β *pennatifida*, Koch. A les feuilles pennatifides. *Prunella laciniata*, Lin. Vit sur les terres basses du Mas-Durand, à Canet.

4. Bru. à grandes fleurs. *Bru. grandiflora*, Mœnch, Dec.

Prunella grandiflora, Jacq.; *Pru. vulgaris*, β *grandiflora*, Lin.

Habite les lieux arides de la vallée d'Arles-sur-Tech; les vallons de Prades et de Vernet-les-Bains; la vallée de l'Agly entre Saint-Paul et la forêt de Boucheville. Fleurit de juin en août.

On a fait trois variétés de cette plante. Deux vivent dans le département :

La var. β *pennatifida*, Koch., dont les feuilles sont pennatifides, à lobes ascendants, vit à l'ermitage de Saint-Antoine-de-Galamus et dans les bois de Boucheville et de Salvanère.

La var. γ *Pyrenaïca*, Gre. et Godr., fort remarquable par ses feuilles hastées, à oreillettes saillantes et étalées horizontalement, se trouve dans la vallée d'Eyne, à l'entrée du *Bac de Bolquère* et à *Costa-Bona*.

Genre Prassium, *Prassium*, Lin.

Ce genre se compose d'une seule espèce, *Pr. majus*, Lin., qui n'a pas été observée dans ce département.

Genre Basilic, *Ocymum*, Lin.; en catalan *Enfalga*.

Les Basilics sont tous exotiques et originaires des parties chaudes de l'ancien continent. Ils comprennent une quarantaine d'espèces, dont quelques-unes sont cultivées à cause de leur excellente odeur. L'espèce la plus généralement cultivée, est le Basilic nain *(Ocymum minimum,* Lin.), petit basiliç que l'on tient sur les fenêtres pour jouir de son odeur aromatique. Il forme de jolies petites touffes en boule; ses feuilles sont petites, ovales, vertes ou violettes, suivant les variétés, et forment une touffe épaisse, haute à peine de 20 centimètres. On cultive plus particulièrement dans les jardins le Basilic commun *(Ocymum basilicum,* Lin.); sa tige est haute d'environ 33 centimètres, carrée, rameuse, rougeâtre; ses feuilles sont d'un vert-foncé; ses fleurs sont blanches ou purpurines, en épis verticillés à l'extrémité de la tige. Cette espèce est cultivée fort communément à cause de son odeur aromatique, et sert dans les apprêts culinaires, aux mêmes usages que le Thym. On a introduit dans le pays une espèce de Basilic, dont les graines avaient été prises près la fontaine de Moïse, en Égypte. Cette plante s'élève à la hauteur d'un mètre et répand une odeur très-agréable.

Quelques personnes prennent l'infusion des feuilles de basilic comme du thé, pour les maux de tête, etc. Les abeilles en recherchent les fleurs.

Les Basilics aiment la chaleur; et si l'on veut en jouir longtemps, il faut les tondre en boule au moment de la floraison.

On a donné le nom de *Basilic sauvage* à plusieurs plantes de la famille des *Labiées,* telles que les *Clinopodes,* les *Thyms*, etc.

Genre Bugle, *Ajuga,* Lin.

1. Bug. rampante, *Aju. reptans,* Lin., Dec., Koch.

Bugula reptans, Lam.

Habite les clairières des bois de nos basses montagnes; on la trouve aussi dans les prairies, mais moins abondante. Fleurit en mai et juin.

2. Bug. pyramidale, *Aju. pyramidalis,* Lin., Vill., Dec.

Bug. pyramidalis, Mill.

Habite les pâturages humides de *Costa-Bona*, près des *Jasses;* les environs de Mont-Louis; les bois de Salvanère et de Boucheville; le Canigou, aux *Horiets;* le Llaurenti. Fleurit en mai et juin.

3. Bug. de Genève, *Aju. Genevensis,* Lin., Vill., Dec.

Bugula Alpina, Alli.

Habite les environs de Prats-de-Molló, parmi les pâturages de la montagne de *Mir;* les coteaux près de La Preste; les pâturages secs de la base du Canigou; abondante au Llaurenti. Fleurit de mai à juillet.

4. Bug. petite ivette, *Aju. chamæpitys,* Schreb., Dec., Koch.

Teucrium chamæpitys, Lin.; *Bugula chamæpitys*, Alli.; *Chamæpitis trifida*, Dumort.

Habite les coteaux de *Cases-de-Pena* et de Saint-Antoine-de-Galamus; la *Font de Comps;* les terrains arides de la vallée de Cornella-du-Conflent et de Vernet-les-Bains. Fleurit de mai en octobre.

5. Bug. musquée, *Aju. iva,* Schreb., Dec., Guss.; en catalan *Iva, Iveta.*

Teuc. iva, Lin.; *Teuc. moschatum*, Lam.

Habite sur les calcaires de Salses, Opol, *Cases-de-Pena* et *Força-Real;* très-commune à l'île Sainte-Lucie. Fleurit de mai à juillet.

Genre Germandrée, *Teucrium*, Lin.

1. Ger. ligneuse, *Teu. fruticans,* Lin., Dec., Desf.

Habite le vallon de Banyuls-sur-Mer, au bord des vignes, vers *Can Raphalet;* les coteaux et les vignes du *Cap Cerbère,* vers *Can Honorat.* Cette plante s'était reproduite avec une végétation vigoureuse sur les remparts de la Ville-Neuve, bastion du Jardin des Plantes, à Perpignan; mais ces remparts ont été bouleversés pour construire la porte impériale et former les terre-pleins des fortifications. Fleurit en mai et juin.

2. Ger. fausse-ivette, *Teu. pseudo-chamæpitys,* Lin., Dec.

Habite les coteaux qui avoisinent Argelès et le bord des vignes près Consolation. Fleurit en mai.

3. Ger. botryde, *Teu. botrys,* Lin., Dec.

Chamædrys botrys, Mœnch.

Habite la vallée de l'Agly, dans les vignes de *Cases-de-Pena* et d'Estagel; la vallée de Vernet-les-Bains et de Cornella-du-Conflent; les terres stériles du Boulou, Céret et Arles; le Llaurenti, à *Mijanés* et *Palleres.* Fleurit de juillet à septembre.

4. Ger. aquatique, *Teu. scordium,* Lin., Dec.; en catalan *Herba Daufinera.*

Teucrium palustre, Lam.; *Chamædrys scordium,* Mœnch.
Vulg. *Chamarras.*

Habite les prairies humides situées à la base de toutes nos montagnes; les fossés des champs à Ille et à Vinça. Fleurit de juin en août.

5. Ger. lanugineuse, *Teu. scordioïdes,* Schreb., Benth.

Teu. lanuginosum, Hoffm. et Link.

Habite les sables maritimes de la plage de Salses, entre l'étang et la mer; très-commune à l'île Sainte-Lucie. Fleurit en juillet.

6. Ger. des bois, *Teu. Scorodonia,* Lin., Dec.

Teu. sylvestre, Lam.; *Scorodonia heteromalla,* Mœnch.
Vulg. *Sauge des bois.*

Habite le vallon de Banyuls-sur-Mer, au bord de la rivière; Collioure, près Consolation; les coteaux qui avoisinent la rivière de La Vall, près d'Argelès; les bois des environs de Rigarda; Vernet-les-Bains, et remonte jusqu'à Mont-Louis. Fleurit de juin à septembre.

7. Ger. petit-chêne, *Teu. chamædrys,* Lin., Dec.; en catalan *Herba de Sant-Domingo.*

Teu. officinale, Lam.; *Chamædrys officinalis,* Mœnch.
Vulg. *Chenette, Thériaque d'Angleterre.*

Habite les coteaux arides de toute la vallée du Réart; ceux du vallon de Vernet-les-Bains; les bois et les rochers qui avoisinent Mont-Louis. Fleurit toute la belle saison.

8. Ger. luisante, *Teu. lucidum,* Lin., Schreb., Alli.

Chamædrys lucida, Mœnch.

Habite la vallée de Saint-Laurent-de-Cerdans, sur les coteaux et parmi les châtaigneraies. Fleurit de juin en août.

9. Ger. jaune, *Teu. flavum,* Lin., Schreb., Alli.

Chamædrys flava, Mœnch.

Habite la *Trencada d'Ambulla* et les coteaux qui avoisinent Villefranche; *Cases-de-Pena* et les coteaux environnants; l'île Sainte-Lucie. Fleurit en juillet et août.

10. Ger. des Pyrénées, *Teu. pyrenaïcum,* Lin., Dec., Dub.

Teu. reptans, Pour.; *Polium Pyrenaïcum,* Mill.

Habite sur les roches calcaires du *Mas de la Guardia*, près Arles-sur-Tech; la vallée de Saint-Laurent-de-Cerdans; les coteaux des environs de Costujes; les coteaux qui avoisinent Saint-Antoine-de-Galamus, et surtout au pic de Bugarach, près la source de l'Agly. Fleurit en juin et juillet.

11. Ger. de montagne, *Teu. montanum,* Lin., Dec., Koch.

Polium montanum, Mill.

Habite les montagnes qui avoisinent Saint-Antoine-de-Galamus, Caudiès et Fosse; toutes les basses montagnes de la vallée du Réart. Fleurit de juin en août.

12. Ger. dorée, *Teu. aureum,* Schreb., Lapey.

Teu. flavicans, Lam.; *Teu. tomentosum,* Vill.; *Polium aureum,* Mœnch.

Habite les coteaux de Collioure et de Banyuls-sur-Mer; ceux de Salses et de *Cases-de-Pena,* et toutes les Corbières; Villefranche et la *Trencada d'Ambulla;* le bois de *Pinat,* vallée de Vernet-les-Bains; les coteaux de Céret, Arles et Prats-de-Molló. Fleurit de juin en août.

13. Ger. blanc de neige, *Teu. polium,* Lin., Alli., Vill.

Teu. pseudo-hyssopus, Schreb.

Habite les calcaires de Baixas, *Força-Real, Cases-de-Pena;* les coteaux et bord des vignes de Salses; les coteaux qui avoisinent Céret et Arles; les calcaires du *Mas de la Guardia;* Collioure et ses environs; les collines de Banyuls-sur-Mer; est très-répandue à l'île Sainte-Lucie. Fleurit de juin en août.

Toutes les plantes de ce genre sont amères, aromatiques, toniques, excitantes; le *Petit-Chêne* a une certaine importance comme fébrifuge.

93me Famille. — Acanthacées, *Acanthaceæ,* R. Br.

(*Didynamie angiospermie,* L.; *Personnées,* T.; *Acanthées,* Juss.)

Genre Acanthe, *Achanthus,* Tournef.

1. Acan. douce, *Acan. mollis,* Lin., Dec., Dub.; en catalan *Herba carnera.*

Habite sur le rempart d'un bastion de la citadelle de Perpignan; très-abondante à l'île Sainte-Lucie. Cultivée dans presque tous nos jardins.

2. Acan. épineuse, *Acan. spinosus,* Lin.

Cultivée dans quelques jardins.

94me Famille.—Verbénacées, *Verbenaceæ*, Juss.

(*Didynamie*, L.; *Labiées* ou *Arbres monopétales*, T.; *Gatiliers*, Juss., *Pyrénacées*, Dec.)

Genre Verveine, *Verbena*, Tournef.

1. Ver. officinale, *Verb. officinalis*, Lin., Dec., Dub.

Habite les champs, sur le bord des routes, les haies, partout dans les trois bassins. Fleurit toute la belle saison.

La var. β *prostrata*, diffère par sa tige étalée et couchée. Elle vit dans les terrains sablonneux de la Salanque.

Genre Gatilier, *Vitex*, Lin.

1. Gat. agneau-chaste, *Vit. agnus-castus*, Lin., Dec., Dub.; en catalan *Herba de las xinxas*.

Habite les vallons de Collioure et de Banyuls-sur-Mer, au bord des torrents et des chemins, où cette plante est très-commune; Perpignan, sur la route de Toulouges à la *Cararassa*, et au bord des olivettes. Fleurit de juin à juillet.

On cultive cet arbrisseau à cause de son élégance, et on en forme des massifs dans les bosquets.

95me Famille. — Plantaginées, *Plantagineæ*, Juss.

(*Tétandrie*, L.; *Infundibuliformes*, T.; *Plantins*, Juss.; *Plantaginées*, Dec.

Genre Plantin, *Plantago*, Lin.

1. Plan. à grandes feuilles, *Plan. major*, Lin., Dec.; en catalan *Plantatje*.

Habite le bord des fossés humides et des chemins, les champs, les prairies des trois bassins. Fleurit de juillet en octobre.

2. Plan. intermédiaire, *Plan. intermedia,* Gilib., Dec., D.

Plan. major, Bertol.

Habite les sables maritimes du vallon de Banyuls-sur-Mer; les prairies et les champs sablonneux de la plaine des trois bassins. Fleurit toute la belle saison.

3. Plan. moyen, *Plan. media,* Lin., Dec., Dub.

Habite les prairies de tout le littoral dans les trois bassins; les champs au pied de nos montagnes, Céret et Arles; le vallon de Vernet-les-Bains. Fleurit en mai et juin.

4. Plan. corne de cerf, *Plan. coronopus,* Lin., Dec., Dub.

Coronopus hortensis, Magnol.

Habite le bord de la Tet, près le Mas-Picas, sous Château-Roussillon; les prairies et le bord des fossés de toute la plaine; la vallée de Cornella-du-Conflent et de Vernet-les-Bains; l'île Sainte-Lucie. Fleurit en mai et juin.

On y a reconnu quatre variétés :

La var. α *vulgaris*, Gre. et Godr. Feuilles non charnues, à rachis étroit, linéaire, uninervié, à segments étroits, allongés; pédoncules ascendants. Vit sur les sables maritimes de l'étang de Salses et à l'île Sainte-Lucie.

La var. δ *integrata*, Gre. et Godr. Feuilles charnues, ciliées ou glabres, étroites, linéaires, acuminées, entières ou à peine dentées. Vit sur les sables à l'embouchure de la Tet.

5. Plan. crassifolia, *Plan. crassifolia,* Forsk.

Plan. maritima, Desf.; *Plan. tertifolia*, Sieb.; *Plan. recurvata*, Koch; *Coronopus maritima major*, Magnol.

Habite les plages maritimes entre Collioure et Banyuls-sur-Mer; quelquefois mêlé aux touffes du *Plantago maritima* les plus rapprochées de la mer, avec lesquelles on le confond souvent. Fleurit en juillet et août.

6. Plan. maritime, *Plan. maritima,* Lin., Sm., Ledeb.

Plan. graminea, Lam.

Habite les environs de Collioure, Port-Vendres, Banyuls-sur-Mer, sur les roches au bord de la mer; les plages d'Argelès et de Perpignan. Dans ces deux dernières localités, les feuilles de cette plante sont moins larges, ce qui a pu contribuer à lui faire donner par Lamarck la dénomination de *Plantago graminea.* Fleurit de juin à septembre.

7. Plan. serpentin, *Plan. serpentina,* Vill.

Plan. Wulfenii, Mert. et Koch; *Plan. integralis,* Gaud.; *Plan. coronopus, δ integralis,* Dec.; *Plan. maritima,* Koch; *Coron. serpentina,* Magn.

Habite sur les roches calcaires, le long du bassin de Saint-Paul et de Caudiès; les environs de Mont-Louis; la montagne de *Madres;* le *Col de Riga,* à l'extrémité de la *Perche;* les alentours de Collioure; le Llaurenti. Fleurit en juillet et août.

8. Plan. des Alpes, *Plan. Alpina,* Lin., Dec., Dub.

Plan. avina, Vill.

Habite les pâturages élevés des vallées d'Eyne et de Llo; la montagne de *Madres;* le Llaurenti. Fleurit en juillet et août.

9. Plan. en alêne, *Plan. subulata,* Lin., Desf., Guss.

Plan. pungens, Lapey.; *Holosteum massiliense,* Baub.

Habite les régions basses du Canigou; la *Trencada d'Ambulla;* remonte jusqu'à Mont-Louis, glacis de la place et roches des environs; le plateau supérieur de la vallée de Nohèdes; les roches maritimes des vallons de Collioure et de Banyuls-sur-Mer. Dans cette dernière localité, la plante est moins développée. Fleurit en mai et juin.

Cette espèce fournit deux variétés, dont une se trouve dans le département.

La var. α *genuina*, Gre. et Godr., épi cylindrique-oblong, habite Collioure, Port-Vendres et Banyuls-sur-Mer.

10. Plan. en carène, *Plan. carinata*, Schrad., Mert.

Plan subulata, Wulf.; *Plan. serpentina*, Koch.

Habite les haies et les tufs du coteau Saint-Sauveur, aux environs de Perpignan; la vallée d'Argelès et le vallon de Port-Vendres; la vallée de la Tet, près Prades, Vernet-les-Bains, Olette et jusqu'aux glacis des fortifications de Mont-Louis; la vallée de Carol, sur les roches près l'étang de la *Nous*. Fleurit de juillet à septembre.

Cette plante fournit deux variétés :

Var. α *genuina*, Gre. et Godr., épi et feuilles allongés; habite les environs de Perpignan.

Var. β *depauperata*, Gre. et Godr., épi ovoïde, pauciflore; feuilles courtes; plante naine. *Plantago capitellata*, Ram., vit dans la vallée de Carol.

11. Plan. pied de lièvre, *Plan. lagopus*, Lin., Dec., Dub.

Plan. arvensis, Presl.; *Plan. intermedia*, Lapey.; *Pl. eriostachya*, Tenor.; *Plan. lusitanica*, Lin.

Habite les champs et prairies humides des parties basses des trois bassins. Fleurit en mai et juin.

12. Plan. lancéolé, *Plan. lanceolata*, Lin., Dec.;
en catalan *Plantatge burd*.

Habite la vallée de Céret, dans les prairies et le bord des fossés; les prairies et champs du vallon de Vernet-les-Bains; toutes les prairies des environs de Perpignan, et les prairies maritimes, où l'on trouve deux de ses variétés. Fleurit d'avril en octobre.

Cette espèce fournit quatre variétés, dont trois se trouvent dans le département.

Var. α *genuina*, Gre. et Godr., tige et feuilles glabres ou presque glabres; épi oblong. Se trouve avec l'espèce type.

Var. β *maritima*, Gre. et Godr., tige munie de poils appliqués; feuilles étroites, couvertes de poils étalés; épi oblong. Vit dans les prairies maritimes.

Var. γ *montana*, Gre. et Godr. A la forme de la variété β, mais plus grêle et à épi globuleux; habite le Canigou, au vallon de *Cady*.

13. Plan. argenté, *Plan. argentea,* Chaix *in Will.*

Plan. Gerardi, Pour.; *Plan. victorialis*, Poir.; *Plan. Alpina*, Gouan; *Plan. angustifolia argentea è rupe victoriæ*, Tournef.

Habite les environs de Mont-Louis; le *Cambres-d'Aze;* le vallon de la *Borde-Girvés ;* la vallée d'Eyne; le Canigou; la *Coma du Tech; Costa-Bona.* Fleurit en juillet et août.

14. Plan. blanchâtre, *Plan. albicans,* Lin., Vill., Desf.

Habite partout, sur les coteaux de Saint-Sauveur et toutes les terres arides des alentours de Perpignan; Baixas et *Cases-de-Pena;* les vallons de Collioure et de Banyuls-sur-Mer, vers *Can Campu;* toutes les montagnes très-élevées, le Canigou, vallons de *Cady,* du *Randé* et le *Cap de la Roquette;* le *Pla Guillem.* Fl. en mai et juin.

15. Plan. de Bellard, *Plan. Bellardi,* Alli., Guss., Berth.

Plan. pilosa, Pour.; *Plan. holostea*, Lam.

Habite les vallons de Collioure et de Port-Vendres; le long des Albèresjusqu'à Céret, sur les rochers et les sables. Fl. en mai et juin.

16. Plan. monosperme, *Plan. monosperma,* Pour.

Plan. argentea, Lam.; *Plan. sericea*, Benth.

Habite la vallée d'Eyne; la montagne de la *Calme,* qui domine le *Bac de Bolquère;* le Canigou, dans les *Estanyols* situés à l'extrémité du vallon de *Cady.* Fleurit en juillet et août.

17. Plan. à courtes bractées, *Plan. psyllium,* Lin., Dec.

Plan. sicula, Presl.

Vulg. *Herbe aux puces.*

Habite sur les rochers des environs d'Argelès, et sur les roches maritimes des vallons de Collioure et de Banyuls-sur-Mer. Fleurit en juillet et août.

18. Plan. des sables, *Plan. arenaria,* Waldst et Kit, Dec.

Plan. indica, Lin.

Habite partout dans les trois bassins, sur les sables rejetés par les cours d'eau; remonte assez haut, puisqu'on le trouve à la *Trencada d'Ambulla*, au lieu dit la *Cogollera;* aux environs de Mont-Louis, et presque à Prats-de-Molló. Fl. de juin en août.

19. Plan. sous ligneux, *Plan. cynops,* Lin., Desf., Dec.

Plan. suffruticosa, Lam.; *Plan. Genevensis,* Poir.

Habite les garrigues de Baixas et toutes celles de la vallée du Réart; les vallons de Prades et de Vernet-les-Bains; les rochers des Graus d'Olette, et surtout le plateau de la *Font de Comps*. Fleurit en juin et juillet.

Genre Littorelle, *Littorella,* Lin.

1. Lit. des lacs, *Lit. lacustris,* Lin., Dec., Koch.

Plan. uniflora, Lin.

Habite les mares desséchées qui avoisinent Saint-Cyprien; les localités analogues aux environs de la métairie des *Routes,* appartenant à M. Jaume, et à la métairie Boluix. Fl. de mai à juillet.

96me Famille.—Plumbaginées, *Plumbagineæ,* Endl.

(*Pentandrie,* L.; *Infundibuliformes,* T.; *Dentelaires,* Juss.; *Plumbaginées,* Dec.)

Genre Armérie, *Armeria,* Will.

1. Arm. maritime, *Arm. maritima,* Will., Fries, Ebel.

Statice armeria, Sm.; *Sta. maritima,* Mill.; *Sta. cæspitosa,* Poir.

Vulg. *Gazon d'Olympe.*

Habite le sommet des monts entre Prades et Rabouillet, où cette plante est commune dans les prairies. On la cultive dans les parterres pour en former des bordures. Fleurit en mai et juin.

2. Arm. du Roussillon, *Arm. Ruscinonensis,* **Gir., Boiss.**

Habite sur les rochers maritimes qui avoisinent Collioure; les vallons de Port-Vendres et de Banyuls-sur-Mer. Très-commune. Fleurit en mai et juin.

3. Arm. à feuilles de plantin, *Arm. plantaginea,* **Will.**

Arm. rigida, Wallr.; *Arm. arenaria*, Ebel.; *Sta. plantaginea*, Alli.; *Sta. arenaria*, Pers.

Habite les coteaux de Saint-Sauveur, vers Château-Roussillon; le vallon de Collioure; les environs d'Olette; Mont-Louis et ses alentours; commune à la *Borde-Girvés,* sur les prairies qui bordent la Tet; les vallées d'Eyne et de Llo; *Costa-Bona.* Fleurit de juillet à septembre.

4. Arm. à feuilles de beuplèvre, *Arm. bupleuroïdes,* **Gre. et Godr.**

Arm. alliacea, Mut.; *Arm. rigida*, var. β Wallr.; *Sta. alliacea*, Will.

Habite les environs de Collioure, et le vallon de Banyuls-sur-Mer, au bord des champs. Fleurit en juin et juillet.

5. Arm. des Alpes, *Arm. Alpina,* **Will., Mert.**

Sta. Alpina, Hop.; *Sta. armeria*, Scop.; *Sta. armeria*, var. *Alpina*, Dec.; *Sta. montana*, Mill.

Habite les pentes du *Cambres-d'Aze;* les environs de Mont-Louis; la vallée d'Eyne; le Canigou et le *Pla Guillem.* Fleurit en juillet et août.

Genre Statice, *Statice,* Will.

1. Sta. sinué, *Sta. sinuata,* **Lin., Desf., Bertol.**

Habite les marais de l'île Sainte-Lucie et de Leucate. Fleurit en mai et juin. Très-abondant.

2. Sta. Behen ou limonium, *Sta. limonium,* **Lin., Sm., K.**

Sta. limonium scanica, Fries; *Sta. pseudo-limonium*, Rchb.

Habite toute les plages du littoral; les fonds marécageux de Canet, Saint-Nazaire, Saint-Cyprien; les prairies des environs de *Vall-Rich,* près l'étang de Vilanova-de-la-Raho, les bords du canal de l'île Sainte-Lucie. Fleurit en juillet et août.

3. Sta. sérotine, *Sta. serotina,* Rchb.

Sta. limonium, Desf.; *Sta. limonium*, α *genuina*, Boiss.; *Sta. Gmelini*, K.

Habite les bords des marais de toutes nos plages et les prairies maritimes; abondant dans les prairies de Mme Jouy-d'Arnaud, près Alénya et à *Vall-Rich*. Fleurit de juillet à septembre.

4. Sta. à feuilles de lychnide, *Sta. lychnidifolia,* Gir., Lloyd.

Sta. Willdenowiana, Poir.; *Sta. auriculæfolia*, Benth.; *Sta. auriculæ-ursifolia*, Pour.; *Limonium lusitanicum auriculæ-ursifolio*, Tournef.

Habite les plages maritimes du littoral; très-commun à l'île Sainte-Lucie et marais voisins. Fleurit de juillet à septembre.

5. Sta. confus, *Sta. confusa.* Gre. et Godr.

Sta. globulariæfolia, Dec.

Habite les pâturages de l'île Sainte-Lucie et les plages qui l'avoisinent. Fleurit en juillet et août.

6. Sta. à fleurs denses, *Sta. densiflora,* Guss.

Sta. Scopoliana, Berth.; *Sta. oleæfolia*, Tenor.; *Sta. oxylæpis*, Boiss.

Habite l'île Sainte-Lucie, sur le talus du canal; les taillis qui bordent le canal, à La Nouvelle. Fleurit en juillet et août.

7. Sta. de Girard, *Sta. Girardiana,* Guss.

Sta. densiflora, Gir.; *Sta. auriculæfolia*, Dec.; *Sta. Wildenowii*, Lois.

Habite les prairies maritimes et les talus des fossés de l'île Sainte-Lucie; les prairies inondées pendant l'hiver aux environs de La Nouvelle, où il est très-commun; les prairies maritimes de Saint-Nazaire et de Canet. Fleurit en juillet et août.

8. Sta. de Durieu, *Sta. Duriuscula,* Gir., Boiss.

Sta. Willdenowiana, Rchb.

Habite parmi les tamarix, à La Nouvelle; les prairies maritimes de l'île Sainte-Lucie; les plages de Leucate. Fl. en juin et juillet.

Ici doivent prendre place deux Statices nouveaux, qui ne figurent point dans la *Flore de France* de MM. Grenier et Godron. L'une de ces deux plantes fut découverte par moi dans les prairies maritimes de l'île Sainte-Lucie. Je la pris d'abord pour une variété du *Statice bellidifolia,* mais j'avais des doutes. Je l'envoyai à M. Billot, avec cette annotation : *Variété à observer.* Ce botaniste écrivit au sujet de cette plante dans les *Archives de la Flore de France et d'Allemagne,* p. 338 :

« M. Grenier et moi avons reçu en même temps, lui de M. Delort, et moi de M. Companyo, un Statice sous le nom de *Statice bellidifolia,* Smith; mais, ayant reconnu dans la plante française une espèce distincte et du *Statice bellidifolia* et du *Stat. duriuscula,* dont elle est bien plus voisine, nous avons employé les documents que nous avons reçus de ces deux botanistes, à donner de cette plante une diagnose qui permette de la distinguer de ses congénères, et nous avons dédié en outre cette espèce à M. Companyo, à qui la Collection des Centuries est redevable de tant de belles plantes de ce genre. »

L'autre plante fut découverte par M. Delort, de Narbonne, à quelque distance de l'île Sainte-Lucie, et sur laquelle M. Billot dit :

« J'ajoute aussi la description d'une autre espèce voisine, découverte par M. Delort, nommée par lui *Statice cuspidata,* et qu'il a envoyée à M. Grenier. »

9. Sta. de Companyo, *Sta. Companyonis,* Gre. et Billot.

« Fleurs en panicule large, lâche, très-rameuse, *toujours plus longue que la tige;* rameaux *un peu épais,* fermes, allongés et un peu recourbés; épillets ordinairement biflores, *un peu renflés,* écartés (un peu moins que dans le *Stat. duriuscula), formant de longs épis lâches et étalés, et occupant toute la longueur des rameaux;*

bractée externe *ovale, lancéolée, subobtuse, trois fois plus courte* que l'interne; celle-ci oblongue, obtuse, *brune-verdâtre;* arrondie sur le dos, étroitement bordée d'une marge scarieuse *roussâtre* ou *d'un blanc pâle;* calices et feuilles du *Stat. duriuscula;* tiges *plus robustes, plus épaisses,* à articulations *plus courtes et plus fortement coudées.* — La couleur grisâtre de cette plante, les tiges et les rameaux plus robustes et plus épais, les épillets plus renflés et un peu plus rapprochés, à bractées un peu moins scarieuses, lui donnent un port très-distinct de celui du *Stat. duriuscula,* avec lequel elle a été confondue. D'après M. Delort, M. de Girard prenait cette espèce pour le *Stat. bellidifolia,* Sibth. et Smith.; mais ce dernier nom doit rester à la plante de Gouan, qui a la priorité. »

Habite parmi les tamarix qui bordent la rive gauche du canal de la Robine, à La Nouvelle, et dans les prairies maritimes de l'île Sainte-Lucie, situées vers l'extrémité de l'île, près du canal, après avoir dépassé le château. Fleurit fin mai et juin.

10. Sta. aigu, *Sta. cuspidata,* Delort, mss.

« Fleurs en panicule, presque étroite, peu étalée, rameuse, *ne dépassant pas la longueur de la tige et souvent plus courte qu'elle;* rameaux grêles, un peu plus courts et un peu plus recourbés que dans le *Stat. duriuscula;* épillets bi-triflores, un peu renflés, *rapprochés sur la moitié terminale des rameaux, et laissant ainsi l'autre moitié entièrement nue,* de manière à constituer des *grappes denses et courtes;* bractée externe ovale, aiguë, *trois fois plus courte* que l'interne; celle-ci oblongue, obtuse, brune, arrondie sur le dos, étroitement bornée d'une marge blanche scarieuse. Feuilles, les unes *obovées-aiguës;* les autres *oblongues-spatulées et souvent plus ou moins acuminées, toutes terminées par un long mucron qui égale 2-1 millimètres.* Tige et souche grêles, comme dans le *Stat. duriuscula,* ce qui suffit déjà pour le distinguer du *Stat. Companyonis.* — Les rameaux plus courts, un peu plus recourbés, nus à la base, et à fleurs fasciculées vers leur extrémité, forment une panicule un peu plus dense et d'un aspect tout différent de celui du *Stat. duriuscula*, dont il est très-voisin. Les feuilles, du reste, sont caractéristiques dans cette espèce. »

Habite les pâturages maritimes du *Mas-Eldépal*, entre Gruissan et la redoute de Montolieu, à quelque distance de l'île Sainte-Lucie. Fleurit au commencement de juin.

11. Sta. nain, *Sta. minuta*, Lin., Lam., Poir.

Sta. limonium, var. 3 Gérard.

Habite parmi les tamarix qui bordent les prairies maritimes de l'île Sainte-Lucie, et les pâturages des bords de la mer entre Leucate, Saint-Laurent-de-la-Salanque et Salses. Fleurit en juin.

12. Sta. rayé, *Sta. virgata*, Will., Boiss.

Sta. oleifolia, Pour.; *Sta. reticulata*, Gouan; *Sta. viminea*, Schrad.; *Sta. Smithii*, Tenor.; *Sta. cordata*, Desf.; *Sta. dichotoma*, Guss.

Habite les bords de la mer, dans les schistes décomposés du *Cap Ullastrell*, anses de *Paulille*, près Port-Vendres; le bord des étangs salés de l'île Sainte-Lucie, et sur le talus du canal de la Robine, qui traverse cette île. Fleurit en août et septembre.

13. Sta. en réseau, *Sta. articulata*, Lois., Dec., Bertol.

Sta. cordata, Alli.

Habite tous les marais des environs de Leucate et de La Nouvelle; les pâturages et les taillis de l'extrémité de l'île Sainte-Lucie. Fleurit en juin.

14. Sta. à feuilles de pâquerette, *Sta. bellidifolia*, Dec., Gouan.

Sta. caspia, Will.; *Sta. dichotoma*, Moris.; *Sta. reticulata*, Bieb.; *Limonium parvum bellidis minoris folio*, Magn.; *Sta. reticulata*, Rchb.

Habite les prairies maritimes des environs de l'île Sainte-Lucie et de La Nouvelle; les parties basses de la Salanque, prairies baignées par la mer, à Sainte-Marie. Fleurit en juillet et août.

15. Sta. fausse vipérine, *Sta. echioïdes*, Lin., Gouan, Dec.

Sta. aspera, Lam.; *Sta. aristata*, Sibth. et Sm.; *Limonium minus annuum bullatis foliis vel echioïdes*, Magn.

Habite parmi les roches mouvantes des environs de l'ermitage de *Cases-de-Pena*; très-commun vers l'extrémité de l'île Sainte-Lucie; dans les taillis de tamarix qui bordent le canal de La Nouvelle. Fleurit en mai et juin.

16. Sta. férule, *Sta. ferulacea*, Lin., Desf., Brot.

Limonium Hispanicum multifido folio, Tournef.

Habite les prairies arides et élevées de l'île Sainte-Lucie. Fleurit en juillet et août.

17. Sta. diffus, *Sta. diffusa*, Pour., Dec., Will.

Habite les prairies maritimes de l'île Sainte-Lucie, rive droite du canal; les prairies de La Nouvelle, rive gauche du canal. Fleurit en août. Excessivement abondant.

Genre Limoniastre, *Limoniastrum*, Mœnch.

1. Lim. monopétale, *Lim. monopetalum*, Boiss. *in Dec.*

Limoniastrum articulatum, Mœnch.; *Statice monopetala*, Lin.; *Limonium siculum*, Mill.

Habite les marais qui bordent la chaussée du port de La Nouvelle, côté opposé au phare; les plages et talus du canal qui avoisinent l'île Sainte-Lucie. Fleurit de juin à septembre. Abondant.

Genre Dentelaire, *Plumbago*, Tournef.

1. Dent. d'Europe, *Plum. Europæa*, Lin., Dec., Desf.

Habite la *Trencada d'Ambulla*; l'extrémité de la vallée de Nohèdes, parmi les roches; *Cases-de-Pena*, roches près de l'ermitage; l'île Sainte-Lucie, roches qui bordent le jardin avant d'arriver à la fontaine. Fleurit en août et septembre.

97me Famille. — Globulariées, *Globularieæ*, Dec.

(*Tétrandie*, L.; *Flosculeuses*, T.; *Protées*, Juss.; *Globulaires*, Dec.)

Genre Globulaire, *Globularia*, Lin.

1. Glo. commune, *Glo. vulgaris*, Lin., Dec., Dub.

Habite les coteaux de la vallée de l'Agly, près Saint-Paul; les environs de Prades; Villefranche; la vallée de Vernet-les-Bains, au bois de *Pinat;* la vallée du Tech, aux environs de Céret, Arles, Saint-Laurent-de-Cerdans, Prats-de-Molló et la *Roca Gallinera*. Fleurit d'avril à juin.

2. Glo. à tige nue, *Glo. nudicaulis*, Lin., Dec., Dub.

Habite la *Trencada d'Ambulla;* la *Font de Comps;* la vallée d'Eyne; le *Cambres-d'Aze;* sur les roches du *Mas de la Guardia*, près d'Arles; Prats-de-Molló, à la *Roca Gallinera;* Saint-Antoine-de-Galamus. Fleurit de juin en août.

3. Glo. à feuilles en cœur, *Glo. cordifolia*, Lin., Dec., D.

Glo. minima, Vill.

Habite les coteaux arides de la vallée d'Eyne; le *Cambres-d'Aze;* le *Pla del Llop*, près La Manère; le *Col de las Tortes*, près Fontpédrouse; les rochers de *Cases-de-Pena;* les environs de Prats-de-Molló. Fleurit de mai à juillet.

Une variété fournie par cette plante, se fait remarquer par ses feuilles plus étroites, souvent entières au sommet, pédoncules dépassant peu ou point les feuilles. *Glob. nana*, Lam. Vit sur le versant espagnol de la vallée d'Eyne, près Nuria.

4. Glo. turbit, *Glo. alypum*, Lin., Dec., Dub.

Habite toutes les roches calcaires de *Cases-de-Pena;* Saint-Antoine-de-Galamus; la *Trencada d'Ambulla;* le pied des Albères; les environs de Céret; sur les roches de la route de Prats-de-Molló. Fleurit en avril et mai. Partout très-commune.

CHAPITRE IV.

QUATRIÈME CLASSE.

Monochlamydées.

Périgone nul, rudimentaire ou simple, et herbacé ou pétaloïde, libre ou soudé à l'ovaire (double dans quelques genres).

98me FAMILLE.—PHYTOLACCÉES, *Phytolacceæ*, R. BR.

(*Décandrie*, L.; *Rosacées*, T.; *Arroches*, Juss.; *Chénopodées*, Dec.)

GENRE PHYTOLAQUE, *Phytolacca*, Lin.

1. Phy. décandre, *Phy. decandra*, Lin., Dec., Dub.

Habite les environs de Saint-Génis-des-Fontaines et de Saint-André, au pied des Albères, où elle est tout-à-fait naturalisée. Fleurit en mai; fruits en septembre.

Cette plante, originaire de la Caroline et de la Virginie, fut probablement cultivée dans le jardin de l'abbaye de Saint-Génis, dont les religieux s'adonnaient à la culture de beaucoup de plantes exotiques. Les graines auront été répandues accidentellement dans la campagne, où elles ont trouvé une terre et un climat propices; car la plante s'y développe d'une manière admirable et sa végétation est très-luxuriante. Sa tige et ses feuilles sont fort épaisses et gélatineuses; on pourrait en tirer bon parti comme engrais, et dès qu'elle commence à fleurir, elle pourrait être enfouie, comme on le fait pour les lupins.

99me Famille. — Amaranthacées, *Amaranthaceæ*, R. Brown.

(*Monœcie* ou *Triandrie*, L.; *Rosacées*, T.; *Amaranthacées* ou *Chénopodées*, Dec.)

Genre Amaranthe, *Amaranthus*, Lin.; en catalan *Amaranta*.

1. Ama. penchée, *Ama. deflexus*, Lin.

Amaranthus prostratus, Balb.; *Ama. spicatus*, Bast.; *Ama. deflexus* et *prostratus*, Will.; *Albersia prostrata*, Kunth.; *Alb. deflexa*, Gre.; *Euxolus deflexus*, Raf.

Habite les fortifications de la Ville-Neuve et de la citadelle de Perpignan; les bords des routes; partout dans les trois bassins, surtout sur les lieux où l'on dépose des décombres. Fleurit de juin à septembre.

2. Ama. blette, *Ama. blitum*, Lin., Dec., Dub.

Ama. ascendens, Lois.; *Albersia blitum*, Kunth.

Habite les terres incultes et cultivées, les fortifications, les bords des champs et des chemins, partout. Cette plante se plaît aussi sur les décombres et dans le voisinage des habitations rurales. Fleurit de juin à septembre.

3. Ama. sauvage, *Ama. sylvestris*, Desf., Dec., Dub.

Ama. viridis, Lin.

Habite *Cases-de-Pena* et *Força-Real*, parmi les rocailles, sur les vieux murs, les décombres, les balayures des sols à dépiquer, partout. Fleurit de juillet à septembre.

4. Ama. étalée, *Ama. patulus*, Bertol.

Ama. incurvatus, Gre. et Godr.; *Ama. Timeroyi*, Jord.; *Ama. chlorostachys*, Coss.

Habite sur les sables rejetés par les torrents dans la vallée d'Argelès, au pied des Albères; dans les vallées du Réart et de l'Agly. Fleurit en août.

5. Ama. en zigzag, *Ama. retroflexus,* Lin., Dec., Dub.

Ama. spicatus, Lam.

Habite aux environs de Perpignan, dans les vignes, champs et olivettes; les vignes du Vernet et de Salses; les vallons de Prades et de Vernet-les-Bains, sur les terres cultivées; Céret et Prats-de-Molló, près des torrents desséchés. Cette plante se plaît aussi sur les décombres. Fleurit de juin à septembre.

6. Ama. blanche, *Ama. albus,* Lin., Dec., Dub.

Habite les champs et les vignes de *Malloles,* aux environs de Perpignan; les vignes et terres légères des environs de Château-Roussillon; les vallons de Collioure et de Banyuls-sur-Mer. Fleurit en août et septembre.

Genre Polycnème, *Polycnemum,* Lin.

1. Pol. grand, *Pol. majus,* Al. Braun *in Koch.*

Habite les champs au pied du *Calce* de Thuir et de Castelnau; les champs et les olivettes entre *Cases-de-Pena* et Estagel. Fleurit de juillet à septembre.

100me Famille.—Salsolacées, *Salsolaceæ,* B. Juss.

(*Fleurs à étamines,* T.; *Arroches,* Juss.; *Chénopodées,* Dec.)

Genre Arroche, *Atriplex,* Tournef.; en catalan *Blet.*

1. Arr. des jardins, *Atri. hortensis,* Lin., Dec., Dub.

Vulg. *Belle-Dame, Bonne-Dame, Follette.*

Subspontanée dans quelques champs, non loin des jardins. Fleurit en juin et juillet.

Cette plante est cultivée dans les jardins ; elle est intéressante au point de vue culinaire, et a des qualités analogues à celles de l'épinard. Les graines, au contraire, sont émétiques et purgatives ; mais on n'en fait plus usage en thérapeutique.

2. Arr. de Tartarie, *Atri. microstheca,* Moq. *in Dec.*

Atri. veneta, Moq.; *Atri. tatarica,* Lois.

Habite les terres sablonneuses du littoral et l'île Sainte-Lucie, environs des salines. Fleurit en août et septembre.

3. Arr. rosée, *Atri. rosea,* Lin., Dec., Dub.

Atri. laciniata, Wahlg.

Habite les sables maritimes des environs de Saint-Cyprien, Saint-Nazaire, Canet, Sainte-Marie et Salses ; les alentours des sols à dépiquer dans toute la Salanque ; les murs et les décombres des vieilles masures. Fleurit en août et septembre.

4. Arr. à feuilles épaisses, *Atri. crassifolia,* C. A. Mey.

Atri. rosea, Babingt.; *Atri. rosea,* var. β, γ, δ Moq.

Habite le long du littoral, sur les sables maritimes ; les bords de l'étang du *Bordigol*, à Torreilles ; à Sainte-Marie, près des mares d'eau ; à Saint-Laurent-de-la-Salanque. Fleurit en août et septembre.

5. Arr. laciniée, *Atri. laciniata,* Lin.

Atri. calothecam, Fries; *Atri. tatarica,* Lois.; *Atri. marina,* Dod.

Habite les sables maritimes et les terres du littoral inondées pendant l'hiver, où elle forme de grandes touffes. Fleurit de juillet à septembre.

6. Arr. halime, *Atri. halimus,* Lin., Dec., Dub.

Habite les fossés et les sables des prairies les plus rapprochées de la mer ; Collioure et Banyuls-sur-Mer ; l'île Sainte-Lucie. Fleurit en août et septembre.

7. Arr. en fer de lance, *Atri. hastata,* Lin., Dec., Dub.

Atriplex patula, Smith.; *Atri. patulam genuinam,* Spect., Dub.; *Atri. latifolia,* Wahlbg.

Habite le bord des salines de Saint-Laurent-de-la-Salanque; le bord des champs près de la mer; partout sur les décombres, dans les trois bassins; l'île Sainte-Lucie. Fl. en août et septembre.

Cette plante offre quatre variétés :

Var. α *genuina,* Godr.

Var. β *heterosperma,* Godr.

Var. γ *salina,* Vallr.

Var. δ *microsperma,* W. K.

Ces variétés sont distinctes par la forme et la grandeur des graines, et par les feuilles plus ou moins charnues. On les trouve toutes dans les mêmes localités du type, excepté la quatrième, qui est constante aux bords de la mer.

8. Arr. étalée, *Atri. patula,* Lin., Fries, Ledeb.

Atri. hastatam, Smith.; *Atri. angustifolia,* Smith.

Habite les parties basses de Canet, Saint-Cyprien et Torreilles, au bord des champs et des prairies; partout dans les trois bassins, sur les chemins et parmi les cultures. Fl. en août et septembre.

Cette plante compte trois variétés :

Var. α *genuina,* Godr. Divisions du périgone planes, à peine tuberculeuses, plus longues que la graine,; plante robuste, rameuse de la base au sommet, diffuse.

Var. β *muricata,* Ledeb. Divisions du périgone très-tuberculeuses, égalant la graine; feuilles plus dentées; tige raide; dressée.

Var. γ *angustissima,* Vallr. Tige grêle et naine; divisions du périgone à peine tuberculeuses; feuilles toutes linéaires, entières.

Les trois variétés se trouvent indistinctement dans les mêmes localités du type.

9. Arr. littorale, *Atri littoralis,* Lin., Wahlbg., Fries.

Habite sur toutes les plages maritimes de notre littoral, ainsi que le long des eaux dans l'intérieur des terres. Fleurit en juillet et août.

Cette espèce fournit une variété :

Var. β *serrata,* Moq. Toutes les feuilles, surtout les moyennes et les supérieures, élargies, sublancéolées, finement dentées ou sinuées dentées. Se trouve particulièrement sur le bord des eaux des terrains gras.

Genre Obione, *Obione,* Gærtn.

1. Obi. pourprier, *Obi. portulacoïdes,* Moq. *in Dec.*

Atriplex portulacoïdes, Lin.; *Halimus portulacoïdes,* Koch.

Habite les prairies maritimes aux environs de l'étang de Saint-Nazaire et d'Alénya; les terres inondées qui avoisinent l'étang de Salses; l'île Sainte-Lucie, près des salins. Fleurit de juin en août.

Genre Épinard, *Spinacia,* Tournef.; en catalan *Aspinart.*

1. Épi. glabre, *Spi. glabra,* Mill., Moq. *in Dec.*

Spi. inermis, Mœnch.; *Spi. oleracea,* var. β Lin.

2. Épi. commun, *Spi. oleracea,* Lin., Mill.

Spi. spinosa, Mœnch.

Vulg. *Gros Épinard, Épinard de Hollande.*

Ces deux espèces, qui ont à peu près les mêmes caractères, sont cultivées dans nos jardins potagers et se trouvent subspontanées autour des habitations.

Originaires de l'Orient, les Épinards, introduits d'abord en Espagne par les Arabes, sont aujourd'hui répandus partout. On en mange les feuilles cuites, hachées et apprêtées de diverses manières. C'est un aliment agréable et sain, mais peu nourrissant; il tient le ventre libre et convient aux personnes habituellement constipées, d'où vient qu'on a nommé l'Épinard, le *balai de l'estomac.*

GENRE BETTE, *Beta,* Tournef.

1. Bet. commune, *Bet. vulgaris,* Lin., Dec., Koch.; en catalan *Bleda.*

Vulg. *Poirée.*

Est cultivée dans les jardins potagers et vit subspontanée autour des habitations. Fleurit de juillet à septembre.

Cette plante fournit trois variétés :

Var. α *cicla,* Lin. *(Poirée blanche).* Racine dure, peu développée; nervures moyennes des feuilles très-charnues.

Var. β *rapacea,* Koch. *(Betterave).* Racine grosse, charnue, fusiforme, à chair rouge, jaune ou blanchâtre. Cultivée en grand dans le pays pour la nourriture des bestiaux.

Var. γ *hirsuta,* Guss. Feuilles inférieures et bas de la tige hérissés; racine grêle et dure. Habite les anses maritimes du vallon de Banyuls-sur-Mer. Rare.

La Bette est une plante potagère qu'on emploie à divers usages. On cultive de préférence la variété *Cicla,* dont on utilise les côtes ou nervure médiane des feuilles dans la cuisine. La variété la plus usuelle est la *Rapacea* ou *Betterave,* qui non-seulement sert à l'usage domestique, mais encore à nourrir les bestiaux. On extrait de la Betterave la plus grande partie du sucre qui se consomme en France, et avec les résidus on fabrique des alcools qui ont une certaine valeur.

2. Bet. maritime, *Bet. maritima,* Lin., Dec., Koch.

Habite les environs de Salses, sur les bords de l'étang; les bords des prairies et des fossés de la métairie Saléta; les prairies souvent inondées par les eaux de la fontaine *Estramer.* On la trouve sur tout le littoral des trois bassins. Fleurit de juin à septembre.

GENRE ANSERINE, *Chenopodium*, Lin.

1. Ans. ambrosie, *Che. ambrosioïdes*, Lin., Dec., Dub.

Ambrina ambrosioïdes, Spach.

Vulg. *Thé du Mexique.*

Habite aux environs de Perpignan, sur les décombres, les vieux murs, les terres légères et sablonneuses; les champs cultivés de la vallée de Vernet-les-Bains; dans la vallée du Tech, aux environs de Céret; remonte jusqu'à Prats-de-Molló. Fleurit en août.

2. Ans. botryde, *Che. botrys*, Lin., Dec., Dub.; en catalan *Herba del Curch*.

Botrydium aromaticum, Spach ; *Ambrina botrys*, Moq.

Vulg. *Mille-graine, Patte-d'oiseau.*

Habite les lieux stériles, les vacans au bord des cours d'eau de toute la contrée; remonte, dans la vallée de la Tet, jusqu'à Font-pédrouse; dans celle du Tech, jusqu'à Prats-de-Molló. Fleurit en juillet et août.

3. Ans. à plusieurs semences, *Che. polyspermum*, Lin., Dec., Dub.

Che. acutifolium, Sm.

Habite les champs cultivés des environs de Perpignan; les taillis aux bords des cours d'eau; les bords de la Basse, près la métairie Fraisse; partout dans les trois bassins. Fleurit en août et septembre.

Cette plante a deux variétés :

Var. α *spicatum*, Moq. Remarquable par ses grappes dressées, spiciformes.

Var. β *cymosum*, Chev. Grappes dichotomes, à rameaux supérieurs allongés, très-étalés.

On trouve ces deux variétés dans les mêmes localités que le type.

4. Ans. fétide, *Che. vulvaria,* Lin., Dec., Dub.

Che. fetidum, Lam.; *Che. olidum,* Curt.

Habite sur les décombres, le bord des routes, les fossés des fortifications, partout dans les trois bassins; l'île Sainte-Lucie. Fleurit en juillet et août.

5. Ans. à feuilles de figuier, *Che. ficifolium,* Sm., Dec.

Che. viride, Curt.; *Che. serotinum,* Huds.

Habite les prairies des bords de la Basse, près la métairie Fraisse; le bord des étangs salés de tout le littoral; partout dans les trois bassins. Fleurit en août et septembre.

6. Ans. blanche, *Che. album,* Lin., Lois., Koch.

Che. leiospermum, Dec., Dub.

Habite les plaines maritimes de tout le littoral, les bords des routes et des champs de toute la plaine, les décombres et le voisinage des habitations rurales. Fleurit en août et septembre. Très-commune.

Cette plante fournit trois variétés :

Var. α *commune.* Plante blanche-farineuse: glomérules gros, en épis épais, compactes, dressés. On la trouve partout.

Var. β *viride,* Thuil. Feuilles vertes, luisantes, à peine farineuses; glomérules disposés en cime lâche.

Var. γ *lanceolatum,* Muhlb *in Willd.* Feuilles vertes, ovales-lancéolées ou lancéolées, entières; grappes allongées, lâchement interrompues.

Ces deux dernières vivent sur le bord des propriétés de la métairie Saléta, à Salses, près la *Font-Dame.*

7. Ans. à feuilles d'obier, *Che. opulifolium,* Schrad *in Dec.*

Habite les décombres, le pied des vieux murs, les sables des rivières, partout dans les trois bassins. Fleurit toute la belle saison.

8. Ans. hybride, *Che. hybridum,* Lin., Dec., Dub.

Che. angulosum, Lam ; *Che. stramoniifolium* Chev.

Habite les champs cultivés, les bords des routes et des chemins de la plaine et de la montagne, partout dans les trois bassins. Fleurit en juillet et août.

9. Ans. des villes, *Che. urbicum,* Lin., Dec., Dub., Lois.

Che. deltoïdeum, Lam.; *Che. chrysomelanospermum,* Zucc.; *Che. melanospermum,* Wallr.

Habite le bord des champs, au pied des murs, sur les décombres des villes, près des étangs salés. Fleurit en août et septembre. Très-commune partout.

Cette plante fournit une variété :

Var. β *intermedium,* M. K. Les feuilles sont sinuées-dentées, à dents plus longuement acuminées. Elle vit au bord des salins de Saint-Laurent-de-la-Salanque et de l'île Sainte-Lucie.

10. Ans. des murailles, *Che. murale,* Lin., Dec., Dub.

Habite le bord des routes et des champs, sur les remparts des fortifications, sur les décombres et au pied des murs des vieilles bâtisses, partout. Fleurit de juillet à septembre.

11. Ans. glauque, *Che. glaucum,* Lin., Dec., Dub., Lois.; en catalan *Moll farinell.*

Blitum glaucum, Koch.

Habite les champs cultivés, les fossés des routes, les sables des rivières, les décombres; les environs de Collioure, Port-Vendres et Banyuls-sur-Mer; partout dans les trois bassins. Fleurit de juin à septembre.

12. Ans. rougeâtre, *Che. rubrum,* Lin., Dec., Dub.

Blitum rubrum, Rchb.

Habite les marais de Salses, de Saint-Cyprien et de tout le littoral; les champs, les décombres, les fumiers, partout; remonte dans les vallées jusqu'à Mont-Louis. Fl. de juillet à septembre.

Cette plante fournit deux variétés :

Var. β *crassifolium*, Moq. Tige couchée ou ascendante; feuilles rhomboïdales ou ovales-rhomboïdales, les supérieures lancéolées, entières, toutes un peu épaisses et charnues; grappes disposées en épi interrompu et presque sans feuilles; calice un peu charnu et souvent rouge à la maturité. Vit sur les bords de la mer.

Var. γ *spatulatum*, Coss. et Ger. Feuilles presque toutes oblongues-spatulées; glomérules, la plupart en têtes axillaires. Vit sur les décombres.

13. Ans. Bon-Henri, *Che. Bonus-Henricus*, Lin., Dec.; en catalan *Sarrous*.

Blitum Bonus-Henricus, Rchb.

Habite les parties élevées de nos montagnes, surtout près des *Jasses* où parquent les bestiaux; les vallées d'Eyne, d'Évol et de Nohèdes, près des cabanes; le Canigou, à la *Llapoudère* et à *Cady*; *Costa-Bona* et la *Coma du Tech*. Fleurit de juin à septembre.

Genre Blite, *Blitum*, Tournef.

1. Bli. effilée, *Bli. virgatum*, Lin., Dec., Dub.

Vulg. *Blette allongée, Épinard-Fraise.*

Habite le voisinage des vieilles masures, les décombres, le bord des chemins arides, les fortifications de la citadelle de Perpignan; remonte jusqu'à Mont-Louis, où elle vit sur les glacis de la place. Fleurit de juin en août.

2. Bli. en tête, *Bli. capitatum*, Lin., Dec., Dub.

Habite les lieux arides de la côte Saint-Sauveur et les champs qui avoisinent les jardins Saint-Jacques; les marais desséchés des environs de Salses; le bord des champs de la métairie Saléta, près la *Font-Dame*. Fleurit de juin en août.

Genre Roubiève, *Roubieva*, Moq.

1. Rou. divisée, *Rou. multifida*, Moq.

Chenopodium multifidum, Lin.; *Ambrina pinnatisecta*, Spach.

Habite les éboulis calcaires, face méridionale de l'ermitage de *Cases-de-Pena*. Fleurit en août et septembre.

Genre Kochie. *Kochia*, Roth *in Schrad.*

1. Koc. couchée, *Koc. prostrata*, Schrad, Moq.

Salsola prostrata, Lin.; *Chenopodium camphoratæfolium*, Pour.; *Che. angustanum*, Alli.

Habite les environs de Perpignan, sur les terres en friche de la côte Saint-Sauveur et les fortifications de la citadelle; les coteaux de *Cases-de-Pena;* les environs de Prades, Villefranche et Olette. Nous la trouvons aussi sur la plage d'Argelès. Fleurit en août et septembre.

2. Koc. des sables, *Koc. arenaria*, Roth.

Salsola arenaria, W. K.; *Sal. tenuifolia*, M. B.; *Sal. dasyantha*, Palb.; *Chenopodium arenarium*, Gærtn.

Habite sur les sables de l'Agly, entre Estagel et Saint-Paul; les environs d'Ille, sur les sables de la Tet, dans l'anse de *Régleille*. Fleurit en août et septembre.

3. Koc. velue, *Koc. hirsuta*, Nolte.

Echinopsilon hirsutus, Moq.; *Chenopodium hirsutum*, Lin.; *Salsola hirsuta*, Lin.; *Suæda hirsuta*, Rchb.; *Willemetia hirsuta*, Moq.

Habite près des mares salées de toute notre plage; très-abondante aux environs des salins de Saint-Laurent-de-la-Salanque; les marais de La Nouvelle et de l'île Sainte-Lucie. Fleurit en août et septembre.

GENRE CAMPHRÉE, *Camphorosma*, Lin.

1. Cam. de Montpellier, *Cam. Monspelliaca*, Lin., Dec.; en catalan *Cama rotj*, *Saruscla vermella*.

Habite, aux environs de Perpignan, sur les terres arides, les haies des champs, des vignes, sur le bord des routes, les fortifications de la place; remonte dans les vallées très-élevées; les vallons de Collioure et Port-Vendres; partout. Fleurit en août et septembre.

GENRE CORISPERME, *Corispermum*, Ant. Juss.

1. Cor. à feuilles d'Hysope, *Cor. hyssopifolium*, Lin., Dec.

Habite les bords des chemins et des champs arides; les escarpements de la route d'Estagel à Saint-Paul; les pentes arides de *Cases-de-Pena* et de *Força-Real*. Fleurit en juillet et août.

Cette plante fournit une variété :

Var. β *bracteosa*. Bractées ovales, acuminées ou seulement aiguës, courtes, rapprochées en épi court et ovoïde. Vit mêlée partout avec le type dans les mêmes localités.

GENRE SALICORNE, *Salicornia*, Tournef.

1. Sal. herbacée, *Sal. herbacea*, Lin., Dec., Dub.; en catalan *Salicorn*.

Sal. annua, Engl.

Habite les marais salants et toutes les parties du littoral dans les trois bassins; La Nouvelle et l'île Sainte-Lucie. Fleurit en août et septembre.

2. Sal. ligneuse, *Sal. fruticosa*, Lin., Dec., Dub.

Habite les marais salants près Canet, Saint-Nazaire, Argelès, Collioure, Banyuls-sur-Mer, Salses, l'île Sainte-Lucie. Fleurit de juillet à septembre.

Cette espèce offre une variété :

Var. β *radicans*, Smith. On la reconnait à sa taille plus petite, basse, à rameaux radicants, à épis plus minces. Vit près l'étang de Saint-Nazaire.

3. Sal. à gros épi, *Sal. macrostachya*, Moric., Dub.

Habite les terres aux bords de la mer qui sont souvent inondées et qui restent un peu marécageuses; La Nouvelle et l'île Sainte-Lucie. Fleurit en juillet et août.

Genre Suéda, *Suæda*, Forsk.

1. Sué. ligneuse, *Suæ. fruticosa*, Forsk., Moq.

Chenopodium fruticosum, Lin.; *Salsola fruticosa*, Lin.; *Schoberia fruticosa*, C. A. Mey. *in Ledeb.*

Habite les marais des environs de Sainte-Marie; les sables maritimes près de Salses; les marais salants de l'île Sainte-Lucie. Fleurit de mai à juillet.

2. Sué. maritime, *Suæ. maritima*, Dumort.

Schoberia maritima, C. A. Mey.; *Salsola maritima*, Poir.; *Chenopodina maritima*, Moq.; *Chenopodinum maritimum*, Lin.

Habite les marais des environs de l'étang de Salses; les terres basses de La Nouvelle, et les marais de l'île Sainte-Lucie. Fleurit en juillet et août.

3. Sué. brillante, *Suæ. splendens*, Gre. et Godr.

Chenopodina splendens, Gre.; *Che. setigera*, Moq.; *Salsola splendens*, Pour.; *Chenopodium setigerum*, Dec.; *Suæda setigera*, Moq.; *Schroberia setigera*, C. A. Mey.

Habite les marais des environs de Salses; les bords des salines de Saint-Laurent-de-la-Salanque; les salins de l'île Sainte-Lucie. Fleurit en juillet et août.

Genre Soude, *Salsola,* Gærtn.

1. Soud. épineuse, *Sal. kali,* Lin., Dec., Dub.

Sal. dedumbens, Lam.

Habite les terres souvent inondées par la mer, entre l'étang Saint-Nazaire et Saint-Cyprien; les marais de La Nouvelle et de l'île Sainte-Lucie. Fleurit en août et septembre.

Cette espèce fournit une variété :

Var. β *calvescens.* Se fait remarquer par sa plante glabre dans toutes ses parties; ailes du périgone ordinairement rudimentaires. Vit à l'île Sainte-Lucie.

2. Soud. à épines, *Sal. tragus,* Lin.

Sal. kali, γ *tenuifolia,* Monq.; *Sal. decumbens,* Lam.

Habite les sables maritimes des environs de Salses; les bords de la mer, à Banyuls; les marais salants de l'île Sainte-Lucie. Fleurit en août et septembre.

3. Soud. commune, *Sal. soda,* Lin., Dec., Dub.

Sal. longifolia, Lam.

Habite le vallon de Banyuls-sur-Mer; les terres souvent inondées qui avoisinent l'étang de Saint-Nazaire; les sables maritimes de Salses; les marais de l'île Sainte-Lucie. Fleurit en août et septembre.

101me Famille.—Polygonées, *Poligoneæ,* Juss.

(*Hexandrie* et *Octandrie,* L.; *Fleurs à étamines,* T.; *Polygonées,* J.

Genre Oxyrie, *Oxyria,* Hill.

1. Oxy. digyne, *Oxy. digyna,* Campd., Dub.

Rumex digynus, Lin.; *Rheum digynum,* Wahlb.; *Lapathum digynum,* Lam.

Habite les régions très-alpines, la vallée d'Eyne, au *Col de Nuria;* le *Col de las Nou-Fonts;* le Canigou, à *Bassibés* et à la *Comelade;* le *Cambres-d'Aze.* Fleurit en juillet et août.

Genre Patience, *Rumex,* Lin.

1. Pat. maritime, *Rum. maritimus,* Lin., Dec., Dub.

Lopathum minus, Lam.

Habite les bords des fossés des champs qui avoisinent les prairies de la métairie Saléta, près la *Font-Dame*. Fleurit de juillet à septembre.

2. Pat. violon ou sinuée, *Rum. pulcher,* Lin., Dec,, Dub.

Lapathum sinuatum, Lam.

Habite les bords des routes et des champs des environs de Perpignan, et les fossés des fortifications; Céret et le long de la route jusqu'à Prats-de-Molló; Prades, Villefranche et Olette. Fleurit de juin en août.

Cette plante offre une variété, β *hirtus*. Plante couverte sur les tiges et les feuilles, surtout inférieurement, de poils courts, gros, pailleux, cartilagineux et quelquefois presque moux; feuilles souvent oblongues et très-légèrement ou même nullement panduriformes. Vit dans les mêmes localités que le type.

3. Pat. de Fries, *Rum. Friesii,* Gre. et Godr.

Rum. obtusifolius, Dec.; *Rum. divaricatus*, Fries; *Lopath. sylvestre*, Lam.

Habite les pâturages humides et le bord des prairies à la base de nos montagnes; les vallons de Rigarda et de Finestret. Fleurit en juillet et août.

Cette espèce fournit la variété β *discolor*, Kock., dont les jeunes rameaux, pétioles et nervures des feuilles sont plus ou moins rouges. On la trouve dans les mêmes localités que le type.

4. Pat. agglomérée, *Rum. conglomeratus,* Marr., Koch.

Rum. verticillatus, Vill.; *Rum. nemolapathum*, Ehrh.

Habite les prairies basses de nos montagnes; au bord des eaux des vallons de Finestret, Estoher, Cornella-du-Conflent, Vernet-les-Bains et Castell. Fleurit de juillet à septembre.

5. Pat. aiguë, *Rum. acutus,* Lin., Fries.

Rum. pratensis, M. K.; *Rum. cristatus,* Wallr.

Habite les champs humides qui longent la rivière de la Basse, au territoire de Toulouges; les prairies humides du Soler, Thuir, Canohès, etc., etc. Fleurit en juillet et août.

6. Pat. frisée, *Rum. crispus,* Lin., Dec., Dub.

Lapathum crispum, Lam.

Habite les prairies, les champs humides des environs de Perpignan; les fossés humides des fortifications de la Ville-Neuve; tout le riveral jusqu'à Prades. Fleurit en juillet et août.

7. Pat. des jardins, *Rum. patientia,* Lin., Dec., Dub.; en catalan *Llengua de Bou.*

Lapathum hortense, Lam.

Habite les jardins, les champs, les prairies humides et les fossés; partout fort commune. Fleurit en juillet et août.

8. Pat. des Alpes, *Rum. Alpinus,* Lin., Dec., Dub.

Lapathum Alpinum, Lam.

Habite les bords de la rivière qui traverse le bois de Salvanère et les torrents qui y aboutissent; les pâturages humides de la vallée d'Eyne; le Canigou, à la *Jasse de la Llapoudère,* et partout où séjourne le bétail. Fleurit en août.

9. Pat. à tête de bœuf, *Rum. bucephalophorus,* Lin., Dec., Dub.

Lapathum bucephalophorum, Lam.

Habite les vignes des vallons de Port-Vendres et de Banyuls-sur-Mer; les champs et vignes situés à la base des Albères, jusqu'à Céret. Fleurit en mai et juin.

MM. Grenier et Godron ont reconnu sept variétés dans cette espèce. Nous n'en avons rémarqué aucune dans le département.

10. Pat. de Mauritanie, *Rum. tingitanus*, Lin., Dec., Dub.

Habite la gorge de *Notre-Dame-de-Pena*, à mi-côte, en montant à l'ermitage; les champs des environs d'Argelès, vers la vallée de La Vall. Fleurit en juillet.

11. Pat. à écussons, *Rum. scutatus*, Lin., Dec., Dub.

Lapathum scutatum, Lam.

Habite la *Trencada d'Ambulla*, parmi les débris des marbres près des carrières; à Baixas, parmi les roches des garrigues et des marbreries. Fleurit de mai à juillet.

12. Pat. à feuilles de gouet, *Rum. arifolius*, Alli., Dec., Dub.

Rum. montanus, Poir.; *Rum. Hispanica*, Gmel.

Habite les bords des torrents des environs de *Cases-de-Pena*; les lieux frais et ombragés du bois de Boucheville; la butte de la *Groseille*, au bois de Salvanère; le Canigou, au *Bac de Moura*. Fleurit en juillet.

13. Pat. à feuilles embrassantes, *Rum. amplexicaulis*, Lapey., Dec., Dub.

Habite les parties humides du bois de Salvanère; les prairies de la basse Cerdagne; les *Aiguettes*, au Llaurenti. Fleurit en août et septembre.

14. Pat. oseille, *Rum. acetosa*, Lin., Dec., Dub.; en catalan *Agrella*.

Rum. pseudo-acetosa, Bertol.; *Lapathum pratense*, Lam.

Vulg. *Oseille commune.*

Habite les champs des environs de *Malloles*, près Perpignan; Céret et Arles, prairies au bord du Tech; Prades; les prairies de la vallée de Cornella-du-Conflent et de Vernet-les-Bains. Fleurit en mai et juin.

Les qualités salubres de l'Oseille, sa saveur acide, rafraîchissante, l'ont fait passer des prés dans nos jardins potagers, où la culture adoucit la grande acidité de l'oseille sauvage. On en distingue plusieurs variétés, telles que l'*Oseille à larges feuilles* ou *Oseille commune;* celle à *larges feuilles obtuses* ou *Oseille de Hollande;* celle à *larges feuilles glauques* ou *Oseille d'Italie*, etc. Toutes ces espèces sont employées dans l'art culinaire, et présentent un assaisonnement agréable. Les feuilles de l'Oseille sont peu nourrissantes; mais elles rafraîchissent. Elles se donnent en infusion dans le scorbut, les fièvres bilieuses continues ou intermittentes, etc., etc.

15. Pat. thyrsoïde, *Rum. thyrsoïdes,* Desf., Bertol. Guss.

Rum. intermedius, Dec.

Habite les garrigues des Corbières, Estagel, Maury et Saint-Paul; les prairies de Villefranche; parmi les rocailles de la *Trencada d'Ambulla*. Fleurit en mai et juin.

16. Pat. à petite-Oseille, *Rum. acetosella,* Lin., Dec., Dub.; en catalan *Agrella borda* ou *salvatje*.

Lapathum arvense, Lam.

Habite les champs des environs de Perpignan, à *Malloles;* les environs de la Basse, vers Toulouges; les champs et fossés des vallons de Céret et d'Arles; les champs sablonneux et les prairies du vallon de Prades. Fleurit en mai et juin.

Genre Renouée, *Polygonum,* Lin.

1. Ren. bistorte, *Pol. bistorta,* Lin., Dec., Dub.; en catalan *Presaguera*.

Habite les prairies des environs de Mont-Louis; les prairies de la *Borde-Girvés* et du *Pla dels Abellans;* les prairies humides des régions alpines du Canigou. Fleurit de mai à juillet.

2. Ren. vivipare, *Pol. viviparum,* Lin., Dec., Dub.

Habite le bord des eaux du plateau de Mont-Louis; les environs de *Font-Romeu;* la vallée d'Eyne; la base du grand rocher de la *Font de Comps;* les prairies et le bord des eaux de *Costa-Bona.* Fleurit en juin et juillet.

3. Ren. amphibie, *Pol. amphibium,* Lin., Dec., Dub.

Habite les eaux stagnantes des fossés de la citadelle de Perpignan; les fossés des parties basses sous Château-Roussillon; les prairies inondées des environs du *Grau* d'Argelès. Fleurit de juin en août.

Cette plante présente deux variétés :

Var. α *natans,* Mœnch. Tige flottante et radicante aux nœuds inférieurs, souvent rameuse; feuilles lisses; gaînes non ciliées. Vit dans les fossés de la citadelle de Perpignan.

Var. β *terrestris,* Mœnch. Tige dressée, souvent simple; feuilles rudes et brièvement hérissées sur les deux faces; gaînes ciliées. Vit dans les prairies d'Argelès.

4. Ren. à feuilles de patience, *Pol. lapathifolium,* Lin., Smith, Fries.

Pol. turgidum, Thuill.

Habite les parties humides près la rivière de la Tet, entre Perpignan et Canet; toutes les mares des trois bassins. Fleurit de juillet à septembre.

On a reconnu quatre variétés dans cette espèce; deux se trouvent dans le département.

Var. α *genuinum,* Fries. Épis courts, compactes, dressés; étamines égalant le périgone; fruits très-grands, opaques; feuilles ovales-lancéolées ou lancéolées, ordinairement maculées de noir au milieu. Vit sous Château-Roussillon.

Var. δ *incanum,* Dec. Feuilles blanches, tomenteuses en dessous. Vit dans les mares près du *Bordigol,* à Torreilles.

5. Ren. persicaire, *Pol. persicaria,* Lin., Fries, Dec.

Habite les champs humides qui avoisinent la Basse, vers le Mas-Fraisse; les parties humides et les fossés des champs et des prairies; partout dans les trois bassins. Fl. de juin à septembre.

On a reconnu trois variétés dans cette espèce :

Var. α *genuinum;* var. β *elatum;* var. γ *incanum.* On les trouve mêlées avec le type dans les mêmes localités.

6. Ren. serrulatum, *Pol. serrulatum,* Lag., Guss., Bertol.

Pol. salicifolium, Brouss.

Habite les prairies marécageuses de l'île Sainte-Lucie et les environs de La Nouvelle. Fleurit de juin à septembre.

7. Ren. fluette, *Pol. minus,* Huds.

Pol. pusillum, Lam.; *Pol. angustifolium*, Roth.

Habite les prairies humides de la Salanque, et les mares des trois bassins. Fleurit de juillet à septembre.

8. Ren. poivre-d'eau, *Pol. hydropiper,* Lin., Dec., Dub.; en catalan *Pebre de Aygua.*

Habite les terres humides et les fossés de tout le littoral. Fleurit de juin à octobre.

9. Ren. hydropiper-noueux, *Pol. hydropiperi-nodosum,* Rchb.

Pol. laxum, Rchb.; *Pol. miti-lapathifolium*, Fries.

Habite les bords des fossés humides et les mares de tous les bas-fonds du bassin de la Tet. Fleurit en août et septembre.

10. Ren. maritime, *Pol. maritimum,* Lin., Dec., Dub.

Habite les sables maritimes de tout le littoral, depuis Salses jusqu'à Banyuls-sur-Mer; très-commune à l'île Sainte-Lucie. Fleurit toute la belle saison.

11. Ren. de Robert, *Pol. Roberti,* Lois.

Pol. intermedium, Robert.

Habite les sables maritimes et les lieux humides qui avoisinent le littoral dans les trois bassins. Fleurit de juin en août.

12. Ren. des petits oiseaux, *Pol. aviculare,* Lin., Dec.; en catalan *Passa cami.*

Habite sur les murs du cimetière de Mont-Louis et les terres arides des environs; le bord des chemins de Prades, Villefranche et Vernet-les-Bains. Fleurit de juin à octobre.

Cette espèce offre trois variétés; deux sont dans le département.

Var. β *erectum,* Roth. Tige dressée; feuilles larges, ovales-lancéolées ou oblongues. Vit aux environs de Mont-Louis.

Var. γ *arenarium,* Lois. Feuilles sublinéaires, presque nulles au sommet des rameaux grêles, très-allongées, dressées ou étalées. Vit sur les sables de Banyuls-sur-Mer.

13. Ren. des sables, *Pol. arenarium,* W. K.

Pol. pulchellum, Lois.

Habite sur les sables maritimes des environs de Salses, et à l'île Sainte-Lucie. Fleurit en août.

14. Ren. liseron, *Pol. convolvulus,* Lin., Dec., Dub.

Habite les champs, parmi les moissons des hautes plaines de la vallée du Réart; tout le Conflent; les coteaux des environs de Prades; le vallon de Vernet-les-Bains. Fleurit toute la belle saison.

15. Ren. des buissons, *Pol. dumetorum,* Lin., Dec., Dub.

Habite toutes les haies des propriétés situées à la base des Albères; le bord des propriétés aux environs de Céret; les vallons de Prades et de Vernet-les-Bains. Fleurit de juin à septembre.

16. Ren. des Alpes, *Pol. Alpinum,* Alli., Dec., Dub.

Pol. divaricatum, Vill.

Habite les vallées d'Eyne et de Nohèdes; les environs des Bains-Bouis, près Thuès; les pâturages élevés du Canigou; Prats-de-Molló; la *Coma du Tech;* les parties élevées du Llaurenti. Fleurit en août et septembre.

17. Ren. sarrazin, *Pol. fagopirum,* Lin.., Dec., Dub.; en catalan *Fajol.*

Pol. pyramidatum, Lois.; *Fagopirum vulgare*, Rees; *Fagopi esculentum*, Mœnch.

Vulg. *Blé noir, Blé sarrazin.*

Habite les prairies alpines du Canigou. Fleurit en août.

Cultivée sur toutes nos montagnes, cette plante fournit une semence triangulaire d'un brun-noirâtre, dont la farine blanche donne un pain noir, gras, lourd et indigeste.

18. Ren. de Tartarie, *Pol. tataricum,* Lin., Lois, Godr.

Fagopirum tataricum, Gærtn.; *Fagopi dentatum*, Mœnch.

Habite sur toutes nos montagnes alpines, où cette espèce est cultivée de préférence parce qu'elle supporte mieux les froids. Fleurit en juillet et août.

Les Renouées qui croissent mêlées les unes aux autres dans les lieux très-humides, sur le bord des fossés et le long des rivières, forment ensemble plusieurs variétés hybrides. Elles demandent une étude particulière pour en distinguer les espèces.

La racine de la *Bistorte* est employée comme astringente, tonique, amère. La graine du *Sarrazin*, connue sous le nom de *Blé noir,* est très-utilisée pour la nourriture des animaux; réduites en farine, ces graines contribuent à la nourriture de l'homme dans certaines contrées: le pain qu'on en fait, toutefois, est très-lourd. Cette farine, préparée en bouillie, est légère et rafraîchissante, très-bonne surtout lorsqu'on y ajoute une portion de lait.

102me Famille. — Daphnoïdées, *Daphnoïdeæ*, Vent.

(*Octandrie*, L.; *Arbres monopétales*, T.; *Thymélées*, Juss.)

Genre Garou, *Daphne*, Lin.

1. Gar. bois-gentil, *Dap. mezereum*, Lin., Dec., Dub.; en catalan *Tintarell*.

Habite les bois de La Bastide et de Saint-Marsal; les bois du Canigou; Prats-de-Molló, à la *Roca del Gorp;* la *Font de Comps;* tous les aspres du département, surtout la vallée du Réart. Fleurit en mars et avril.

2. Gar. lauréole, *Dap. laureola*, Lin., Dec., Dub.; en catalan *Olivareta*.

Dap. multiflora, Grat. *in Gay*.

Habite la montagne de Céret; le sommet de la *Trencada d'Ambulla;* le Canigou, à *las Carboneras de Fillols;* le Llaurenti. Fleurit de février en avril.

3. Gar. des Alpes, *Dap. Alpina*, Lin., Dec., Dub.

Habite les sommets de la vallée d'Eyne; le *Cambres-d'Aze;* les parties supérieures du Canigou, à la *Llapoudère* et à *Cady;* le Llaurenti, près l'étang. Fleurit en mai et juin.

4. Gar. camêlée, *Dap. cneorum*, Lin., Dec., Dub.

Habite les éboulis du centre de la vallée d'Eyne; les sommets du *Cambres-d'Aze*. Fleurit en juin et juillet.

5. Gar. gnide, *Dap. gnidium*, Lin., Dec., Dub., Lois.

Vulg. *Garou, Saint-Bois*.

Habite les terres incultes, à Port-Vendres et à Banyuls-sur-Mer; la base des Albères; Céret et Arles; *Cases-de-Pena;* la vallée du Réart; les terres vagues du Mas-Durand, près Canet. Fleurit de juin à septembre.

Les plantes de cette famille sont âcres, irritantes et rubéfiantes. L'écorce du Garou, macérée dans le vinaigre, est employée comme vésicatoire; mais elle agit avec bien plus de lenteur et moins de force que les cantharides. On en prépare une pommade pour entretenir les cautères et les vésicatoires.

Les Daphnées servent aussi à la décoration des parterres; leurs fleurs en grappe répandent une odeur très-suave; sont très-précoces, et durent longtemps.

Genre Passerine, *Passerina*, Lin.

1. Pas. annuelle, *Pas. annua*, Spren., Koch., Lois.

Vulg. *Herbe de l'Hirondelle.*

Habite les champs arides de toute la partie méridionale de la vallée du Réart. Fleurit de juillet à septembre.

2. Pas. thymelée, *Pas. thymelea*, Dec., Dub., Lois.

Daphne thymelea, Lin.; *Dap. sanamunda*, Alli.

Habite les pentes arides entre Ria et Conat; les environs de la citadelle de Villefranche; le plateau de la *Trencada d'Ambulla;* les champs entre Vernet-les-Bains et Fillols; les Albères, à la base de la montagne du fort de Bellegarde. Fleurit en juin et juillet.

3. Pas. dioïque, *Pas. dioïca*, Ram., Dec., Dub.

Pas. empetrifolia, Lap ; *Daphne dioïca*, Gouan ; *Dap. calycina*, Berg.

Habite la *Trencada d'Ambulla;* le vallon de Vernet-les-Bains, *Roc del Grau*, près les établissements thermaux; la *Font de Comps*, au *Roc del Mouix;* les environs de Cortsavi, au *Roc de las Abellas*. Fleurit en mai et juin.

4. Pas. des teinturiers, *Pas. tinctoria*, Pour., Lapey.

Pas. hirsuta, Asso.

Habite sur les roches des Corbières, dans les environs de Caudiès. Fleurit en mars et avril.

5. Pas. hérissée, *Pas. hirsuta,* Lin., Dec., Dub.

Habite les environs de Collioure, Port-Vendres et Banyuls-sur-Mer, sur la plage et sur la montagne, jusqu'au pied de la *Tour de la Massane;* très-abondante à l'île Sainte-Lucie. Fleurit d'avril en octobre.

Cette plante fournit une variété, *β vestita,* à feuilles serrées et blanches-tomenteuses sur les deux faces. Elle vit sur les rochers de la côte, à Banyuls-sur-Mer.

103me Famille. — Laurinées, *Laurineæ,* Dec.

(*Ennéandrie,* Lin.; *Arbres monopétales,* Tourn.; *Lauriers,* Juss.; *Laurinées,* Dec.)

Genre Laurier, *Laurus,* Tournef.

1. Laur. des poëtes, *Laur. nobilis,* Lin., Dec., Dub.; en catalan *Llaurer.*

Habite les jardins, les parcs, les promenades, où il forme des allées toujours vertes et très-remarquables par le beau développement que prend cet arbre dans notre pays. Son feuillage touffu abrite les plantations horticoles contre l'impétuosité des vents. Fleurit en mars, et produit une grande quantité de baies, qui ne sont pas utilisées.

2. Laur. camphrier, *Laur. camphora,* Lin.

Cet arbre, originaire du Japon et des Indes-Orientales, est cultivé dans le parterre de M. Testory, pharmacien, à Perpignan. Il a souffert pendant les deux premières années et il a eu de la peine à s'acclimater; mais, depuis trois ans, il a pris un grand développement, et il est aujourd'hui très-vigoureux.

104me Famille. — Santalacées, *Santalaceæ*, R. Br.

(*Diœcie* et *Pentandrie*, Lin.; *Éléagnées*, Dec.;
Calef, Juss.)

Genre Thésion, *Thesium*, Lin.

1. Thés. des Alpes, *Thes. Alpinum*, Lin., Dec., Dub.

Habite les sommités de la vallée de Lló; le Canigou, sur les rochers des environs de la *Font de la Conque;* les parties élevées du *Pla Guillem, als Rocaters;* les environs de Cortsavi, au *Roc de las Abellas*. Fleurit en juin et juillet.

2. Thés. divarigué, *Thes. divaricatum*, Jun., Koch, Bor.

Habite les coteaux arides de la vallée du Réart; le vallon de Vernet-les-Bains; les environs d'Olette, sur la montagne des *Graus*. Fleurit de juin en août.

3. Thés. intermédiaire, *Thes. intermedium*, Schrad, Koch.

Thes. lynophyllum, Rchb.

Habite les champs arides du vallon de Vernet-les-Bains; la *Trencada d'Ambulla;* les vallons de Banyuls-sur-Mer, Cosperons, Port-Vendres et les environs du fort Saint-Elme. Fleurit en juillet et août.

Genre Osyris, *Osyris*, Lin.

1. Osy. blanc, *Osy. alba*, Lin., Dec., Dub.

Habite les bords des vignes, des champs, des chemins, et les parties arides de tout le département. Fleurit en avril et mai; fruits en juillet et août.

105me FAMILLE.—ÉLÉAGNÉES, *Elæagneæ*, R. BROWN.

(*Diœcie* et *Tétrandie*, Lin.; *Calef*, Juss.; *Éléagnées*, Dec.)

GENRE ARGOUSIER, *Hippophae*, Lin.

1. Arg. faux nerprun, *Hip. rhamnoïdes*, Lin., Dec., Dub.

Habite les bords des bois et des torrents des Albères; les parties élevées de la vallée du Réart. Fleurit en avril; fruits en août.

GENRE CALEF, *Elæagnus*, Lin.

1. Cal. à feuilles étroites, *Elæ. angustifolius*, Lin., Dec.; en catalan *Aybra de vida*.

Vulg. *Arbre du Paradis*.

Habite les coteaux calcaires de Baixas; les environs de Collioure. Fleurit en mai; fruits en septembre.

Cet arbrisseau est cultivé dans les jardins sous le nom de *Mirrhié*, à cause de l'odeur de myrrhe que répandent ses fleurs, et qui se fait sentir à de grandes distances.

106me FAMILLE.—CYTINÉES, *Cytineæ*, A. BRONG.

(*Gynandrie*, L.; *Aristoloches*, Juss.)

GENRE CYTINET, *Cytinus*, Lin.

1. Cyt. hypociste, *Cyt. hypocistis*, Lin., Dec., Dub.

Azarum hypocistis, Lin.

Habite la vallée de l'Agly, sur les racines du *Cystus laurifolius*; la vallée de Rigarda, à Saint-Sauveur, dans le bois, où croissent en abondance des cystes; le vallon de Cornella-du-Conflent, où il vit sur cette même plante; le vallon de Port-Vendres, sur les cystes, entre les forts Saint-Elme et Dugomier. Fleurit en avril et mai.

107me FAMILLE.--ARISTOLOCHIÉES, *Aristolochiæ*, JUS.

(*Gynandrie*, L.; *Personnées*, T.; *Aristoloches*, Juss.)

GENRE ASARET, *Asarum*, Tournef.

1. Asa. d'Europe, *Asa. Europæum*, Lin., Dec., Dub.; en catalan. *Adzari*.

Vulg. *Cabaret*, *Oreille d'homme*.

Habite les bois des environs de La Bastide et de Saint-Marsal; la vallée de Valmanya, dans les bois entre Vallestavi et Valmanya. Fleurit en avril et mai.

GENRE ARISTOLOCHE, *Aristolochia*, Tournef.

1. Aris. clématite, *Aris. clematitis*, Lin., Dec., Dub.

Habite les bords des routes, des vignes, les fossés des fortifications; commune partout dans les trois bassins. Fleurit en mai et juin.

2. Aris. fibreuse, *Aris. pistolochia*, Lin., Dec., Dub.

Habite les vignes des environs de Prades et de Villefranche; les lieux arides et chauds de la vallée de Cornella-du-Conflent et de Vernet-les-Bains; le bord des vignes et les terres incultes au pied de *Força-Real*, *Cases-de-Pena*, Baixas, etc., etc. Fleurit en avril et mai.

3. Aris. ronde, *Aris. rotunda*, Lin., Dec., Dub.

Habite les vignes des garrigues de Baixas et de *Cases-de-Pena;* les terres arides et les vignes qui longent la Tet jusqu'à Villefranche; les terres incultes et les vignes de la vallée du Réart. Fleurit en avril et mai.

4. Aris. longue, *Aris. longa*, Lin., Dec., Dub.

Habite les haies des terres arides, à Céret et Arles; la *Trencada d'Ambulla;* Saint-Martin-du-Canigou; toute la plaine, au bord des haies de roseaux qui bordent les champs. Fleurit en avril et mai.

108me Famille.—Empétrées, *Empetreæ,* Nuttal.

(*Diœcie* et *Triandrie,* L.; *Bruyères,* Juss.)

Genre Camarine, *Empetrum,* Tournef.

1. Cam. à fruits noirs, *Emp. nigrum,* Lin., Dec., Dub.

Habite les roches humides de la *Serra del Bouc,* au Canigou; les roches des parties les plus élevées du *Pla Guillem.* Fleurit en avril et mai.

109me Famille.—Euphorbiacées, *Euphorbiaceæ,* Jus.

(*Dodécandrie,* L.; *Campanulacées,* T.; *Euphorbes,* Juss.)

Genre Euphorbe, *Euphorbia,* Lin.

1. Eup. chamesyce, *Eup. chamæsyce,* Lin., Vill., Dec.; en catalan *Llatreza, Mal d'ulls* (maux d'yeux).

Eup. thymifolia, Lois.; *Eup. massiliensis,* Dec.; *Tith. nummularius,* Lam.

Habite les terres arides de la vallée de la Tet, jusqu'au plateau *d'Ambulla;* les environs de Saint-Martin-du-Canigou; la vallée de Nyer; les vallons de Collioure et de Banyuls-sur-Mer. Fleurit en mai et juin.

2. Eup. péplide, *Eup. peplis,* Lin., Dec., Dub.

Tithymalus auriculatus, Lam.

Habite sur les sables maritimes, à Banyuls et à Port-Vendres; le long de la côte, dans les trois bassins. Fleurit en juin et juillet.

3. Eup. réveille-matin, *Eup. helioscopia,* Lin., Dec.

Tithymalus helioscopius, Lam.

Habite les lieux cultivés du vallon de Banyuls-sur-Mer; la vallée de l'Agly; celle de la Tet; remonte jusqu'à Villefranche. Fleurit toute la belle saison, Commun.

4. Eup. à larges feuilles, *Eup. platyphylla,* Lin., Koch.

Habite les champs de la plaine du Réart; les terres cultivées des environs de Céret; les vallons du Conflent, Rigarda, Vinça, Prades. Fleurit en juillet et août.

5. Eup. serré, *Eup. stricta,* Lin., Sm., Koch.

Eup. serrulata, Thuill.; *Eup. micrantha,* Bieb.; *Eup. coderiana,* Dec.

Habite les champs cultivés, les olivettes et le bord des fossés de toute la plaine, dans les trois bassins. Fleurit toute la belle saison.

6. Eup. pubescent, *Eup. pubescens,* Desf., Dec., Dub.

Eup. pilosa, Brot.

Habite les fossés des fortifications de Perpignan; les vallons d'Argelès, Saint-Laurent-de-Cerdans, Costujes et Villaroja; Prades et ses environs. Fleurit en juin et juillet.

Cette plante compte deux variétés :

Var. α *genuina.* Les feuilles sont couvertes de longs poils mous et étalés. Se trouve avec le type.

Var. β *subglabra,* Gre. et Godr. Feuilles presques glabres, ainsi que les capsules. Vit à Costujes.

7. Eup. poilu, *Eup. pilosa,* Lin., Dec., Dub.

Eup. illirica, Lois.; *Eup. procera,* Koch.; *Eup. paniculata,* Lois.

Habite les champs du vallon de Banyuls-sur-Mer; le vallon de Saint-Martin-de-Fenollar, au Boulou. Fleurit en juin et juillet.

8. Eup. des marais, *Eup. palustris,* Lin., Dec., Dub.

Habite les parties basses de la plaine; les bords de la rivière, sous Château-Roussillon; les ruines de *Malloles* et les olivettes voisines. Fleurit de mai à juillet.

9. Eup. d'Irlande, *Eup. hyberna,* Lin., Dec., Dub.

Eup. carniolica, Lapey.

Habite les bords de la Tet, après avoir passé la *Borde-Girvés,* près Mont-Louis; le Canigou; la vallée de Fillols aux environs de la *Jassette;* la *Trencada d'Ambulla;* les vignes près de Villefranche. Fleurit en juin.

10. Eup. doux, *Eup. dulcis,* Lin., Jacq., Dub.

Eup. solisequa, Rchb.; *Eup. purpurata,* Thuill.; *Eup. carniolica,* Dec.

Habite les bois des Albères; les bois des montagnes de la vallée du Réart; le vallon de Castell, près Saint-Martin-du-Canigou; les environs de Mont-Louis. Fleurit en avril et mai.

11. Eup. verruqueux, *Eup. verrucosa,* Lin., Dec., Koch.

Eup. dulcis, Sibth.

Habite les environs de Prades, Estoher et toute cette région; à la *Sadella* de La Manère. Fleurit en mai et juin.

12. Eup. jaunâtre, *Eup. flavicoma,* Dec., Lois.

Eup. pilosa, Vill.; *Eup. suffruticulosa,* Lecoq et Lamot.; *Eup. verrucosa, β flavescens,* Benth.

Habite les terres arides et calcaires des environs de Salses et d'Opol; le plateau de Leucate; l'île Sainte-Lucie. Fleurit en mai et juin.

13. Eup. épineux, *Eup. spinosa,* Lin., Dec., Dub.

Eup. pungens, Lam.

Habite les rocailles des bords de la mer, à Collioure et à Banuyls; les roches maritimes de La Nouvelle. Fl. en avril et mai.

14. Eup. de Gérard, *Eup. Gerardiana,* Jacq., Dec., Dub.

Eup linearifolia, Lam.; *Eup. esula,* Thuill.; *Eup. Seguieri,* Vill.; *Tithymalus rupestris,* Lam.

Habite les pâturages élevés de la Cerdagne, au *Col de Riga* et à Saillagouse; la *Roca Gallinera*, environs de Prats-de-Molló; les terres incultes des environs de Villefranche. Fleurit en août.

Cette plante produit trois variétés; deux vivent dans le département :

Var. α *genuina*. Remarquable par ses feuilles linéaires-oblongues. Vit à Villefranche.

Var. β *tenuifolia*, Grc. et Godr. Les feuilles sont étroites et linéaires. Vit au *Col de Riga*.

15. Eup. sapinette, *Eup. pithyusa*, Lin., Dec., Dub.

Eup. mucronata, Lapey.; *Tithymalus acutifolius*, Lam.

Habite les sables maritimes à Collioure, Banyuls, Port-Vendres et le fort Mailly; les environs de Salses; l'île Sainte-Lucie. Fleurit de juin en août.

Cette espèce offre deux variétés :

La var. α *genuina*, remarquable par les feuilles caulinaires supérieures linéaires-lancéolées. Vit au fort Mailly, à Port-Vendres.

16. Eup. de Nice, *Eup. Niciensis*, Alli., Dec., Dub.

Eup. oleæfolia, Gouan; *Eup. amygdaloïdes*, Lam.; *Eup. myrsinites*, Brot.

Habite les bords des vignes et des champs dans toutes les plaines des trois bassins; remonte même jusqu'à Olette et Fontpédrouse, dans la vallée de la Tet; Arles et une partie de la route de Prats-de-Molló, dans la vallée du Tech; Maury et Caudiès, dans celle de l'Agly. Fleurit en juin.

17. Eup. ésule, *Eup. esula*, Lin., Dub., Koch., Godr.

Eup. salicifolia, Dec.; *Eup. amygdaloïdes*, Dubois; *Eup. Niciensis*, S^t-Am.; *Eup. mosana*, Lej.

Habite les bords de l'Agly, aux environs d'Estagel; les vignes des garrigues de Salses et d'Opol; Prades et la *Trencada d'Ambulla*. Nous le retrouvons sur les terres légères des environs de Mont-Louis. Fleurit en mai et juin.

Cette plante présente trois variétés; deux habitent le département :

La var. *α genuina*, à feuilles oblongues-lancéolées, vit sur les bords de l'Agly.

La var. *β lanceolata*, Gre. et Godr., à feuilles lancéolées, vit à Salses.

18. Eup. à feuilles menues, *Eup. tenuifolia*, Lam., Dec.

Eup. graminifolia, Vill.; *Eup. leptophylla*, Vill.; *Eup. gracilis*, Lois.

Habite les coteaux arides, les vignes de Banyuls-sur-Mer et de Port-Vendres; les coteaux de la vallée du Réart. Fleurit en mai et juin.

19. Eup. de Terracine, *Eup. Terracina*, Lin., Guss., Ber.

Eup. provincialis, Will.; *Eup. affinis*, Dec.; *Eup. ramosissima*, Lois.; *Eup. Neapolitana*, Ten.; *Eup. seticornis*, Poir.; *Eup. Italica*, Ten.; *Eup. valentina*, Ortega.

Habite les coteaux des environs de Collioure, Port-Vendres et Banyuls-sur-Mer; Le Boulou et Céret, dans les champs; le vallon de Prades; Villefranche, Nyer et les Graus d'Olette; l'île Sainte-Lucie. Fleurit toute la belle saison.

20. Eup. denté, *Eup. serrata*, Lin., Desf., Vill.

Tithymalus serratus, Lam.

Habite les vignes de *Cases-de-Pena* et de *Força-Real;* la *Trencada d'Ambulla;* Prades; la vallée de Nohèdes, près du village; la vallée de Vernet-les-Bains, au bois de *Pinat*. Fleurit en mai et juin.

21. Eup. petit-cyprès, *Eup. cyparissias*, Lin., Dec., Bill.

Habite les champs, les bords des routes et des sentiers, partout dans les trois bassins; remonte jusqu'à Saint-Marsal, Mont-Louis, la *Font de Comps,* le vallon de *Jau,* aux environs de Mosset. Fleurit en mars et avril.

22. Eup. fluet, *Eup. exigua,* Lin., Dec., Fries.

Habite les champs, les vignes, partout dans le département; surtout aux environs de Collioure. Fleurit toute la belle saison.

23. Eup. mucroné, *Eup. falcata,* Lin., Vill., Desf.

Eup. mucronata, Lam.; *Eup. obscura,* Lois.

Habite les champs et les vignes de *Cases-de-Pena* et d'Estagel; les environs de *Força-Real;* les vignes des garrigues de Thuir; les vignes et terres arides de Collioure. Fleurit toute la belle saison.

24. Eup. des vignes, *Eup. peplus,* Lin., Dec., Gærtn.

Habite les champs, parmi les récoltes et les vignes des aspres, dans toute la plaine; les coteaux de la vallée du Réart. Fleurit de mai à juillet.

25. Eup. à double ombelle, *Eup. biumbellata,* Poir., Desf., Lois.

Eup. segetalis, var. γ Dec.

Habite l'extrémité orientale de la chaîne des Albères, aux vallons de Collioure, Port-Vendres et Banyuls-sur-Mer; Argelès, Céret, Le Boulou, vignes et champs. Fleurit en mai et juin.

26. Eup. des moissons, *Eup. segetalis,* Lin., Koch, Bert.

Habite les cultures et les coteaux du vallon de Banyuls-sur-Mer; les ruines de *Malloles* et lieux voisins; la *Trencada d'Ambulla,* et tous les coteaux arides du département. Fleurit en juin et juillet.

27. Eup. linaire, *Eup. pinea,* Lin., Guss., Koch.

Eup. cespitosa, Tenor.; *Eup. linifolia,* Tenor.; *Eup. portlandica,* Salis; *Eup. artaudiana,* Dec.; *Eup. ragusana,* Rchb.

Habite les roches maritimes de Port-Vendres et de Banyuls; les environs de Prades; la *Trencada d'Ambulla.* Fleurit en avril et mai.

28. Eup. des bois, *Eup. amygdaloïdes,* Lin., Sm., Koch.

Eup. sylvatica, Jacq.

Habite les châtaigneraies de Saint-Laurent-de-Cerdans et de Céret; les coteaux des environs de Prades; la vallée de Vernet-les-Bains et Castell, dans les bois. Fleurit en avril et mai.

29. Eup. des vallons, *Eup. characias,* Lin., Dec., Dub.

Tithymalus purpureus, Lam.

Habite le bord des routes, les sentiers des propriétés et les champs arides des environs de Perpignan; les vallons de Port-Vendres et de Banyuls-sur-Mer; la base des Albères jusqu'à Céret; *Cases-de-Pena* et Estagel; Prades et les terres arides de tout le Conflent. Fleurit en avril et mai.

30. Eup. épurge, *Eup. lathyris,* Lin., Dec.;
en catalan *Caga mutxu.*

Habite les terres du *Mas d'en Clart,* à Argelès; le vallon de Banyuls-sur-Mer, au bord de la rivière; les terres légères de La Roca et du Boulou. Fleurit en mai et juin.

Cette plante est cultivée dans nos parterres. Ses graines sont âcres et ont un effet purgatif très-violent. Elles doivent leurs propriétés à une huile grasse, qui, par son odeur et sa saveur, se rapproche beaucoup de l'huile de Croton, sans toutefois être aussi active.

Les Euphorbes, en général, contiennent un suc laiteux, âcre et irritant, qui agit, appliqué sur la peau, comme vésicant et rubéfiant. Ce suc, appliqué sur les verrues, en diverses reprises, finit par les faire disparaître.

Tous les Euphorbes peuvent être considérés comme possédant des propriétés analogues à celles de l'*Épurge*, et comme ils sont répandus partout, ils peuvent rendre des services; mais aussi leurs effets peuvent être dangereux, si leur emploi n'est fait avec la plus grande prudence, car, administrés sans précaution, ils peuvent produire des empoisonnements.

Ce genre renferme des espèces exotiques très-variées, à formes excessivement bizarres. La culture d'ornement s'est emparée de quelques-unes.

Genre Mercuriale, *Mercurialis*, Tournef.

1. Mer. vivace, *Mer. perennis*, Lin., Dec., Koch.

Vulg. *Chou de chien, Mercuriale des montagnes.*

Habite les coteaux boisés, les haies des champs et les terres cultivées dans les trois bassins. Fleurit en avril et mai.

2. Mer. annuelle, *Mer. annua*, Lin., Dec., Dub.; en catalan *Murtarols, Matroraje.*

Vulg. *Foirole, Foirande, Vignole*, etc.

Habite les haies, les bois, les terres cultivées, les bords des chemins, partout dans les trois bassins. Fleurit toute la belle saison.

Nos paysans emploient cette plante, cuite, en cataplasmes sur le ventre, dans les cas d'inflammation.

3. Mer. ambiguë, *Mer. ambigua*, Lin., Lam., Dec.

Mer. annua β ambigua, Dub.

Habite les terres des environs de *Can Raphalet*, vallon de Banyuls-sur-Mer; toute la plaine de la vallée du Réart. Fleurit de mai en août.

4. Mer. cotonneuse, *Mer. tomentosa*, Lin., Lam., Dec.

Habite les garrigues des environs de Baixas, *Cases-de-Pena*, Saint-Antoine-de-Galamus; les environs de Perpignan, partout sur les terres arides et sablonneuses, le lit des rivières et des torrents; Prades, Céret, Argelès, Banyuls-sur-Mer. Fleurit en avril et mai.

Genre Crozophore, *Crozophora*, Neck.

1. Cro. des teinturiers, *Cro. tinctoria*, Juss. *in Spreng.*

Croton. tinctorium, Lam.

Habite les champs, les terres arides, les olivettes et les vignes des environs de Perpignan; la vallée du Réart; *Cases-de-Pena;* la *Font de Comps.* Fleurit en juin et juillet.

GENRE BUIS, *Buxus,* Tournef.

1. Buis toujours vert, *Bux.sempervirens,* Lin., Dec., Bill.; en catalan *Bux.*

Habite les garrigues et les montagnes calcaires de tout le département. Fleurit en mars et avril.

Le Buis est susceptible de prendre le plus beau poli. Il est recherché pour l'ébénisterie, par les graveurs et les tabletiers. On dépeuple nos montagnes en arrachant ces végétaux pour en recueillir la racine, qui est employée à la fabrication des tabatières et autres ustensiles.

Le Buis qui partout ailleurs est un arbrisseau triste, rabougri, écrasé entre les roches, qui n'ose s'élancer ni s'épandre, prend des proportions assez considérables dans notre département, et particulièrement à l'ermitage de Saint-Antoine-de-Galamus. Nous avons dit, dans le premier volume de cette *Histoire naturelle,* page 205, que les habitants de Saint-Paul, voulant, en un jour de fête, décorer leur place publique, abattirent un Buis qui était parvenu à plus de vingt mètres de hauteur.

Les feuilles de buis, auxquelles on attribue des propriétés sudorifiques, sont quelquefois employées par les brasseurs comme succédanées du Houblon; mais elles n'en possèdent pas l'agréable amertume, et leur âcreté a excité une juste défiance. C'est sans doute à cette qualité que le Buis doit d'être respecté par les animaux.

GENRE RICIN, *Ricinus,* Lin.

1. Ricin commun, *Ricinus communis,* Lin.; en catalan *Herba de las taupas.*

Cultivé dans quelques jardins, ce végétal prend un développement considérable dans notre département, et si les essais faits à Paris pour nourrir la chenille qui vit sur cette plante en Chine et qui donne une si bonne et si forte soie, réussissent, nul endroit n'est plus propre à la culture du Ricin que le Roussillon ; car, bien que cette plante soit annuelle en Europe, elle est ici persistante, et passe souvent plusieurs hivers sans souffrir.

Les semences du Ricin contiennent une huile grasse, émulsive, analogue à celle des amandes. Elle est douce, émolliente, relâchante, et constitue un bon purgatif; mais il est très-important, avant d'extraire l'huile, de séparer l'embryon de la semence, car cet organe, essentiellement vénéneux, convertirait cette huile en un purgatif des plus violents et des plus dangereux. Les semences entières, avalées, même en très-petites quantités, occasionnent de très-grands ravages dans l'estomac.

110me Famille.—Morées, *Moreæ,* Endl.

(*Monœcie,* L.; *Amentacées,* T.; *Orties,* Juss.; *Urticées,* Dec.)

Genre Murier, *Morus,* Tournef.

1. Mûr. blanc. *Mor. alba,* Lin., Dec., Dub.;

en catalan, l'arbre, *Amorera;* les fruits, *Amoras.*

Morus candida, Dod.

Originaire d'Orient, la culture et la greffe ont singulièrement modifié et bonifié cette espèce végétale. Plusieurs variétés sont cultivées très en grand dans le département, principalement pour l'éducation des vers-à-soie.

2. Mûr. noir, *Mor. nigra,* Lin., Dec., Dub.

Originaire de l'Asie, cette espèce a subi, comme le *Mûrier blanc*, les effets de la culture. Il est aussi cultivé en grand pour servir aux mêmes usages.

3. Mûr. multicaule, ***Mor. multicaulis,*** **Perrotat.**

Mor. tatarica, Desf.; *Mor. cucullata,* Bonafous.

Cultivé dans nos contrées, il s'y reproduit spontanément. Le *Mûrier multicaule* est originaire de la Chine, où il paraît habiter les lieux élevés. Il fut introduit en Europe par M. Perrotat, qui, en 1821, en porta des pieds de Manille à l'île Bourbon, d'où il en transporta à Cayenne et ensuite en France. Introduit dans notre pays par M. le professeur Bonafos, il fut recommandé pour l'éducation du *Trivoltini.* Cette éducation réussit parfaitement entre les mains de Mme Augé, qui, pendant trois années de suite, obtint de très-belles chambrées avec ce bombix. Mais les soins trop minutieux qu'exigent trois éducations dans la même saison, ont fait abandonner l'éducation de ce ver. On avait pensé que le *Multicaule,* dont la feuille est précoce et tendre, pourrait servir à la nourriture des autres espèces; mais on a été forcé de l'abandonner, parce qu'elle donnait la dyssenterie aux chenilles qui en étaient nourries.

Genre Broussonet, *Broussonetia,* Ventenat.

1. Broussonétie à papier, ***Brouss. papyrifera,*** **Ventenat.**

Morus papyrifera, Lin.

Vulg. *Mûrier à papier.*

Originaire du Japon, ce très-bel arbre s'est acclimaté dans les Pyrénées-Orientales, où il se reproduit spontanément à la pépinière et à la promenade des platanes de Perpignan. Il est cultivé dans les pépinières et les jardins, pour l'ornement des routes et des promenades publiques.

Le *Mûrier à papier* a été séparé des Mûriers pour constituer un genre nouveau en l'honneur du naturaliste Broussonet, professeur de botanique à l'École de Médecine de Montpellier. — On prépare avec l'écorce intérieure de cet arbre un papier fort en usage en Orient, et des étoffes foulées et ornées d'empreintes, de feuillages et de dessins bizarres.

GENRE FIGUIER, *Ficus,* Tournefort.

1. Fig. commun, *Fic. carica,* Tournef.;
en catalan, l'arbre, *Figuera;* les fruits, *Figas.*

Habite, à l'état sauvage, les terres calcaires et rocailleuses de diverses parties du département; il produit des fruits qui ne sont pas bons à manger. Un pied de Figuier sauvage vit dans une fissure de la partie supérieure du clocher de la cathédrale de Perpignan, et il est dans cet endroit depuis plus d'un siècle.

Le *Figuier commun*, sous l'influence de la culture et de la greffe, a produit des variétés nombreuses, très-différentes par la forme, la couleur, la saveur et la douceur des fruits; il est cultivé partout, et fait l'objet d'un commerce très-étendu et lucratif.

111me FAMILLE.—CELTIDÉES, *Celtideæ,* ENDL.

(*Polygamie,* Lin.; *Arbres rosacées,* Tournef.; *Amentacées,* Juss.)

GENRE MICOCOULIER, *Celtis,* Tournef.

1. Micoc. austral, *Cel. australis,* Lin., Dec., Dub.;
en catalan *Lladoner.*

Vulg. *Bois de Perpignan, Fabrecaulier, Fabreguier.*

Habite, à l'état sauvage, sur les basses régions de nos montagnes, dans les fissures des roches calcaires surtout. Fleurit en avril; les fruits sont mûrs en septembre.

Cet arbre est cultivé très en grand dans le département, surtout à Sorède, pour la fabrication des manches de fouet et des cannes, connus à Paris sous le nom de *Bois de Perpignan.* On en fait aussi des carcans pour les bêtes à cornes, et la charronnerie s'en est emparée pour construire des voitures légères. Pour ces diverses fabrications on élève ce végétal en taillis, qu'on coupe tous les dix ou douze ans; chaque pied fournit plusieurs jets.

Le Micocoulier prend de belles proportions lorsqu'on l'abandonne à lui-même; il s'élève à 15 et 20 mètres de hauteur. Il ne paraît pas craindre beaucoup le froid; car, à Prats-de-Molló, contrée très-froide, la place du marché est entourée de Micocouliers d'un port magnifique et d'une grosseur extraordinaire. On les a laissé venir en plein vent sans les élaguer.

112me Famille.—Ulmacées, *Ulmaceæ*, Mirbel.

(*Pentandrie*, Lin.; *Arbres monopétales*, T.; *Amentacées*, Juss.)

Genre Orme, *Ulmus*, Lin.

1. Orme commun, *Ulmus campestris*, Smith, Engl.; en catalan *Hum*.

Vulg. *Orme, Ormeau.*

Habite, subspontané, dans certaines vallées, où il prend des proportions colossales. Ses graines, apportées dans la plaine par les inondations, l'ont reproduit dans la Salanque, où il prospère fort bien et y devient un très-bel arbre.

Autrefois, on plantait l'*Orme commun* sur les places publiques de nos villages, en face la porte de l'église. On voit encore de ces plantations dans plusieurs communes des Pyrénées-Orientales, notamment à Sahorre, où un bel orme, plusieurs fois centenaire, couvre de ses branches la place du village, et se fait admirer par sa puissante végétation.

L'Orme occupe le premier rang dans les plantations des routes, des promenades et des lieux publics. On fait grand usage de son bois pour le charronnage, la charpente, les constructions maritimes, etc.; mais ces avantages sont quelque peu amoindris par l'inconvénient qu'il présente de se creuser fréquemment. De plus, il est attaqué par de redoutables insectes, qui percent son tronc, s'y logent et y développent la pourriture.

On compte trois variétés d'Ormes :

Var. α *nuda*, Koch (en catalan *Olmissa*). Écorce des rameaux lisse. Vit dans le bois de la pépinière de Perpignan.

Var. β *suberosa*, Koch. Écorce des rameaux ailée-subéreuse. Vit dans les haies des champs des aspres.

Var. γ *corylifolia*, Host. Feuilles largement ovales, scabres supérieurement; à dents larges; samores obovales ou oblongues. Vit dans les propriétés du *Riveral*.

2. Orme de montagne, *Ulmus montana*, Smith, Engl.

Ulmus nitens, Mœnch.

Habite la vallée du Réart, dans les gorges des montagnes près des ravins. Il est aussi cultivé dans les pépinières, et sert aux mêmes usages que le précédent. Fleurit en mars et avril.

3. Orme cilié, *Ulmus effusa*, Will., Dec.

Ulmus octandra, Sck.

Habite les coteaux calcaires du département; toutes les Corbières. Cette espèce est plus robuste et ne prend pas un si grand développement. Fleurit en mars et avril.

Les Ormes sont cultivés pour leur bois très-dur, qui sert au charronnage. Les branches sont souvent bifurquées ou trifurquées, et servent à faire des fourches. Les feuilles sont très-recherchées par le bétail et sont nourrissantes.

113me Famille.—Urticées, *Urticeæ*, Dec.

(*Polygamie* et *Monœcie*, L.; *Fleurs à étamines*, T.; *Orties*, Juss.)

Genre Ortie, *Urtica*, Tournef.

1. Ort. brûlante, *Urt. urens*, Lin., Dec., Dub.; en catalan *Astrigol*.

Vulg. *Ortie grièche*, *Petite Ortie*.

Habite les fortifications de la ville et de la citadelle de Perpignan, aux endroits où sont déposés les décombres; le long des routes; les champs; partout dans les trois bassins. Fleurit toute la belle saison.

2. Ort. membraneuse, *Urt. membranacea,* Poir., Will.

Urtica caudata, Brot.

Habite les environs de Perpignan, les fossés des fortifications et des champs; les bords des cours d'eau; la cour de l'Hôpital, à la buanderie; partout dans les trois bassins. Fleurit en avril et mai.

3. Ort. dioïque, *Urt. dioica,* Lin., Dec., Dub.

Vulg. *Grande Ortie.*

Habite les environs de la ville, les fortifications de la Ville-Neuve, les champs et les routes; très-répandue partout. Fleurit de juillet à septembre.

Cette espèce a deux variétés :

La var. β *atrovirens,* Requiem, à feuilles ovales et même suborbiculaires inférieurement, à dents plus profondes, à pétiole plus long et presque égal au limbe, à poils peu nombreux et plus gros, plus renflés à la base, ainsi que cela se voit aussi sur la tige, à stipules plus larges, vit à *Costa-Bona* et à la *Jasse d'en Peyrefeu,* près des tas de bouses de vaches.

La var. γ *hispida,* Dec., à feuilles ovales et même suborbiculaires inférieurement, à dents très-profondes, à pétiole court comme dans le type, à poils extrêmement nombreux sur les feuilles et sur la tige, à stipules plus larges, vit aux environs de la *Font de Comps.*

4. Ort. pilulifère, *Urt. pilulifera,* Lin., Dec., Dub.

Habite les fossés des fortifications, les bords des champs et des cours d'eau, partout dans les trois bassins. Fleurit en mai et juin.

On faisait autrefois usage des Orties pour combattre certaines affections. On fouettait avec une poignée de tiges de cette plante les parties sur lesquelles on voulait produire une dérivation. Les feuilles et surtout les tiges des Orties sont couvertes de glandes surmontées de poils fistuleux piquants, qui sécrètent une liqueur corrosive, brûlante. Cette liqueur s'introduit dans la plaie faite par les poils, et, pour peu qu'on prolonge cette action, on produit une inflammation qui se couvre de flictènes; ce moyen est aujourd'hui abandonné, et on se sert de la moutarde pour atteindre le même but.

Les Orties servent à nourrir les bestiaux; dès qu'elles sont fanées, elles ne sont plus piquantes. Leurs feuilles cuites, mêlées au petit-son, servent à nourrir les dindonneaux. Leurs graines sont très-recherchées par la volaille. Les tiges des Orties sont fibreuses et utilisées pour faire des cordes.

On a encore donné le nom d'Ortie à plusieurs plantes de familles et de genres différents. Ainsi on a appelé :

Ortie blanche, le Lamier (*Lamium album,* Lin.);
Ortie chanvre ou Chanvrine, une espèce de *Galeopsis;*
Ortie morte, la Mercuriale annuelle;
Ortie nègre, le *Dalechampia scandens;*
Ortie rouge, le *Galeopsis galeobdolon,* etc.

GENRE PARIÉTAIRE, *Parietaria,* Tournef.

1. Pari. dressée, *Pari. erecta,* M. K., Dtsch., Koch.; en catalan *Herba de Nostra-Dona* ou *de la Mare de Deu.*

Parietaria officinalis, Dec.

Habite les fentes des roches, le pied des vieux murs, les lieux où l'on dépose des immondices; partout dans les trois bassins. Fleurit toute la belle saison.

2. Pari. diffuse, *Pari. diffusa,* M. K., Dtsch., Koch.

Parietaria officinalis, Sm.; *Pari. judaïca,* Dec.

Habite les bords des fossés où pourrissent des végétaux; le pied des vieilles bâtisses, dans les trois bassins. Fleurit de juillet en octobre.

Cette espèce fournit une variété :

Var. β *fallax*. Feuilles lancéolées-oblongues; tige presque simple, plus ou moins dressée, grêle et plus ou moins couchée. Vit avec le type.

3. Pari. du Portugal, *Pari. Lusitanica*, Lin., Dec., Dub.

Habite les bords des champs des environs de Banyuls-sur-Mer; *Cases-de-Pena*, au midi, au pied des murs de l'ermitage. Fleurit en mai et juin.

Les Pariétaires sont émollientes et rafraîchissantes; elles sont regardées comme diurétiques, à cause du sel de nitre qu'elles contiennent, et qui se dissout dans l'eau quand on les fait infuser quelque temps.

Genre Théligone, *Theligonum*, Lin

1. Thé. étalé, *The. cynocrambe*, Lin., Dec., Dub.

Habite les bords des propriétés à Banyuls-sur-Mer, vers *Can Campa*, à l'*Ollastrada* (coteau couvert d'oliviers sauvages, qu'on appelle dans le pays *Ollastres*); le vallon de Saint-Martin, près Maureillas. Fleurit en mai.

114me Famille.—Cannabinées, *Cannabineæ*, Endl.

(*Diœcie*, L.; *Fleurs à étamines;* T.; *Orties*, Juss.; *Urticées*, Dec.)

Genre Chanvre, *Cannabis*, Tournef.

1. Chanv. cultivé, *Can. sativa*, Lin., Dec., Dub.;
en catalan *Canem*.

Cultivé en grand dans le Conflent et le Vallespir. Fleurit de juin à septembre.

Une espèce de Chanvre, apportée de la Chine, sous le nom de *Cannabis gigantea*, a été cultivée dans le pays, et cette culture a parfaitement réussi; mais la filasse en était très-grossière, et le rouissage ne la détachait pas bien de sa grosse et longue tige. Cette difficulté a fait renoncer à sa culture.

Le Chanvre est une plante annuelle originaire de l'Asie-Médiane; il est cultivé de temps immémorial en France et dans toute l'Europe, où il croît assez spontanément. Employé dès la plus haute antiquité à la confection de toutes sortes de cordes, le Chanvre n'a pu être obtenu que dans les temps modernes en assez belle qualité pour faire de la toile. L'histoire cite comme une rareté les deux chemises de toile de chanvre que possédait Catherine de Médicis.

A l'état frais, le Chanvre répand une odeur vireuse. Après la production de la filasse, sa tige (*chènevotte*) est à peu près sans usage; le seul parti qu'on en puisse tirer est d'en faire des allumettes. La graine de Chanvre, connue sous le nom de *chènevis*, est d'une utilité journalière et très-variée. On en extrait une excellente huile à brûler, bonne pour la peinture grossière et la fabrication du savon noir. Le marc qui reste après l'extraction de l'huile, sert à engraisser les porcs. Les fermières mêlent, en hiver, les graines de chanvre à la nourriture de leurs poules, pour les échauffer et les faire pondre, et tous les oiseaux de la famille des Fringilles en sont très-friands.

Dans tout l'Orient, on fume les feuilles de chanvre en les mêlant à celles du tabac; elles procurent une ivresse plus dangereuse que celle de l'opium. C'est avec le chanvre qu'on prépare un extrait connu sous le nom de *hachih*.

Le Chanvre, jadis employé en médecine comme résolutif, a été complétement banni de la thérapeutique.

Genre Houblon, *Humulus*, Lin.

1. Houb. commun, *Hum. lupulus*, Lin., Dec., Dub.; en catalan *Bidaule*.

Habite les haies et les buissons des taillis près des cours d'eau. Partout dans le département.

Cette plante n'est pas cultivée dans notre pays; elle y est très-commune. On mange les jeunes pousses en guise d'asperges.

Elle est, dans le Nord, l'objet d'une grande culture pour la préparation de la bière.

Ses tiges, longues et volubiles, la rendent propre à garnir les tonnelles.

Tous les bestiaux la recherchent.

115me Famille.—Juglandées, *Juglandeæ,* Dec.

(*Monœcie,* L.; *Amentacées,* T.; *Térébinthacées,* Juss.)

Genre Noyer, *Juglans,* Lin.

1. Noy. commun, *Jugl. regia,* Lin., Dec., Dub.;

en catalan, l'arbre, *Noguer;* les fruits, *Nogas.*

Cultivé dans tout le département pour ses fruits qu'on exporte, et dont on néglige d'extraire l'huile, comme cela se pratique dans certaines régions de la France.

2. Noy. noir, *Jugl. nigra,* Lin.

Cet arbre ne devient pas si beau que le *Noyer commun;* il est cultivé dans quelques bosquets. La pépinière de la ville de Perpignan en possède un très-beau; les fruits sont très-durs et n'ont presque pas de pulpe.

Le Noyer est aussi bien cultivé pour son bois que pour ses fruits. L'ébénisterie s'en est emparée; le bois très-dur et agréablement veiné, prend un fort beau poli; son écorce sert à la teinture; ses feuilles sont stimulantes, résolutives, toniques, et leur décoction est employée dans la médecine pour combattre certaines affections lymphatiques; ses fruits verts servent à préparer un extrait qui est vermifuge; digéré dans l'esprit de vin, on en fait une liqueur fort agréable, qui est stomachique; il sert aussi à donner au vin un certain goût, et les marchands de vin en tirent un excellent parti. Les fruits mûrs sont alimentaires; on en retire, par expression, une huile grasse qui sert à divers usages.

116me Famille.—Cupulifères, *Cupuliferæ*, A. Rich.

(*Monœcie*, L.; *Amentacées*, T.; *Amentacées*, Juss.)

Genre Hêtre, *Fagus*, Tournef.

1. Hêt. commun, *Fag. sylvatica*, Lin., Dec., Dub.; en catalan *Fatj*.

Vulg. *Fayard*, *Fou*.

Habite les montagnes de notre département, où il prend de belles proportions; le bois de la ville de Céret; les Albères; le Canigou; Salvanère; Boucheville, etc. Fleurit en avril; fruits en septembre.

Le bois de Hêtre est dur. Il sert à l'ébénisterie commune; mais il s'altère facilement. Il est excellent pour le chauffage. Les fruits, connus sous le nom vulgaire de *Faines*, servent à engraisser les porcs et la volaille.

Genre Chataignier, *Castanea*, Tournef.

1. Chât. commun, *Cast. vulgaris*, Lam., Dec., Lois.; en catalan, l'arbre, *Castanyer*; les fruits, *Castanyas*.

Castanea vesca, Gærtn.; *Fagus castanea*, Lin.

Habite nos montagnes, dans un sol léger et profond; de préférence sur les terrains siliceux, et réussit moins bien dans les plaines et dans un sol calcaire, gras ou aquatique. Il abonde surtout sur les montagnes de Céret, Arles, Saint-Laurent-de-Cerdans, les basses montagnes du Conflent et certaines vallées du Canigou. Il est cultivé très en grand dans le département; les plantations, divisées en coupes régulières, sont taillées tous les huit ou quinze ans, selon qu'on veut avoir des cercles ou de la douelle. C'est un commerce d'exportation considérable, qui, tous les ans, va en augmentant, à cause de la grande extension de la culture de la vigne.

Comme tous les végétaux dont la culture s'est emparée, le Châtaignier a fourni beaucoup de variétés, qui ont été améliorées par les soins de la terre et par la greffe. Les fruits sont un aliment sain et abondant. Qui ne connaît les marrons dits de Lyon? Dans le centre de la France, les châtaignes entrent pour la plus grande part dans la nourriture des pauvres gens, qui les font rôtir ou bouillir, et en composent même une sorte de pain.

GENRE CHÊNE, *Quercus*, Tournef.;
en catalan *Rura.*

1. Chê. à fleurs sessiles, *Quer. sessiliflora,* Sm., Dec.;
en catalan *Rura blanc.*

Quercus microcarpa, Lapey.

Habite la vallée de Vernet-les-Bains; celle de Saint-Laurent-de-Cerdans; les montagnes de la vallée du Réart. Fleurit en avril et mai; fruits en septembre et octobre.

2. Chê. pubescent, *Quer. pubescens,* Will., Dec., Dub.

Quercus lanuginosa, Thuill.

Habite la plaine, aux bords des propriétés, et quelques forêts sur les flancs de nos basses montagnes. Fleurit en avril et mai; fruits en septembre et octobre.

3. Chê. à fruits pédonculés, *Quer. pedunculata,* Ehrh.;
en catalan *Rura moulla.*

Quer. racemosa, Lam.; *Quer. robur*, Lin.

Vulg. *Chêne blanc, Sécoudal.*

Habite les flancs de nos montagnes moyennes; assez répandu dans la plaine; abondant à la vallée de Fillols. Fleurit en avril et mai; fruits en août et septembre.

Les fruits de cette espèce sont très-estimés; ils sont gros et mûrissent de meilleure heure. On en engraisse les cochons.

4. Chê. de l'Apennin, *Quer. Apennina,* Lam., Dec.; en catalan *Rura nègre.*

Habite les parties supérieures de la vallée du Réart. Fleurit en avril et mai; fruits en septembre et octobre.

Cette espèce est d'un vert sombre; l'arbre est touffu, presque rabougri.

5. Chê. pyramidal, *Quer. fastigiata,* Lam., Dec., Dub.

Habite les parties basses de la vallée de Saint-Laurent-de-Cerdans; les environs de Costujes; il n'y est pas très-répandu. Fleurit en avril et mai; fruits en septembre et octobre.

M. Guiraud de Saint-Marsal en avait planté quelques sujets à sa campagne près Château-Roussillon. Ils avaient bien réussi.

6. Chê. tauzin, *Quer. tozza,* Bosc, Dec., Dub.

Quercus humilis, Dec.; *Quer. cerris,* γ Dec.; *Quer. Pyrenaïca,* Will.; *Quer. stolonifera,* Lapey.; *Quer. nigra,* Thore.; *Quer. tauzin,* Pers.; *Quer. brossa,* Bosc.

Habite les garrigues et les bords des ravins des environs de Rigarda; à Finestret, au bord des propriétés. Fleurit en mai; fruits en septembre et octobre.

7. Chê. liége, *Quer. suber,* Lin., Dec., Dub.; en catalan *Siure.*

Habite les vallons de toutes nos montagnes moyennes et méridionales. Fleurit en mai; fruits en septembre et octobre.

Cultivé en grand aux Albères, Collioure, Sorède, Le Boulou, Maureillas, Céret, Arles, la vallée du Réart, Oms, Llauró, et toute cette région. Son écorce est l'objet d'un grand commerce, soit brute, soit convertie en bouchons de diverses espèces, qu'on expédie dans le Nord. Les forêts de cet arbre sont très-productives et font la richesse des propriétaires qui le cultivent. Son bois sert au chauffage; ses fruits à engraisser les cochons.

8. Chê. vert ou Yeuse, *Quer. ilex*, Lin., Dec., Dub.;
en catalan *Alzina.*

Quercus ilex et *alzia*, Lapey.; *Quer. calycina* et *expansa*, Poir.

Les flancs de nos montagnes moyennes, sont couverts de chênes de cette espèce; il y a des forêts considérables qui sont exploitées par coupes réglées. Son bois sert au charronnage parce qu'il est très-dur; il sert aussi à faire du charbon et au chauffage domestique. Le *Chêne vert* ne prend pas un développement aussi considérable que les autres chênes; il est beaucoup plus sombre. Ses fruits sont estimés pour engraisser les bestiaux. Son écorce est employée pour la tannerie. Fleurit en mai; fruits en septembre.

9. Chê. au kermès, *Quer. coccifera*, Lin., Dec., Dub.;
en catalan *Garulla.*

Habite les plateaux calcaires du centre du département. Cette espèce est très-répandue sur les garrigues de Thuir, tout le plateau du Réart, les plateaux de *Cases-de-Pena*, Salses, Baixas, etc., etc. Son écorce sert à la préparation des cuirs; son bois, à chauffer les fours. Fleurit en mai; fruits en septembre.

Genre Coudrier, *Corylus*, Tournef.

1. Coud. noisetier, *Cory. avellana*, Lin., Dec., Dub.;
en catalan, l'arbre, *Avallaner;* les fruits, *Avallanas.*

Habite toutes les régions alpines de nos montagnes, où il forme des bois de très-grande étendue; les environs de Mont-Louis; le *Bac de Bolquère;* le *Pla dels Abellans;* les vallées de Prats-de-Balaguer et de Carença, etc. Fleurit en mai; fruits en août et septembre.

Cultivé en grand dans les environs de Céret, Arles, Oms et Llauró. Toutes les vignes et les torrents en sont bordés. Le fruit est une récolte précieuse pour ces localités; on en exporte des quantités considérables.

Genre Charme, *Carpinus*, Lin.

1. Char. commun, *Carp. betulus,* Lin., Dec., Dub.

Habite les montagnes de la vallée du Réart, sur les bords des forêts et près des ravins; les environs de Céret et les Albères. Fleurit en avril et mai; fruits en juillet et août.

Genre Ostrye, *Ostrya,* Mich.

1. Ost. à feuilles de Charme, *Ost. carpinifolia,* Scopo.

Ostrya vulgaris, Will.; *Carpinus ostrya,* Lin.

Habite les montagnes de Finestret, Estoher, Saint-Martin-du-Canigou, aux bords des bois et sur les bords des torrents. Fleurit en avril et mai; fruits en août.

117me Famille.—Salicinées, *Amentacearum,* Juss.

(*Diœcie,* L.; *Amentacées,* T.; *Amentacées,* Juss.)

Genre Saule, *Salix,* Tournef.;

en catalan *Salze.*

1. Saul. à cinq étamines, *Sal. pentandra,* Lin., Dec., Dub.

Habite les lieux humides de nos hautes vallées; les environs de Mont-Louis; les bois de Salvanère et de Boucheville, au bord des ruisseaux. Fleurit en mai et juin.

2. Saul. fragile, *Sal. fragilis,* Lin., Dec., Dub.

Salix decipiens, Hoffm.

Habite les lieux humides des régions un peu élevées, les Albères, la montagne de Céret, près des ravins; au bord des eaux, dans les taillis de la Tet, à Ille et Vinça. Fleurit en avril et mai.

3. Saul. blanc, *Sal. alba,* Lin., Dec., Dub.

Habite les vallons de nos montagnes; Vernet-les-Bains, Prades et une grande partie du Conflent. Fleurit en avril et mai.

Cette espèce fournit une variété :

Var. β *vitellina*, Serr. (en catalan *Bims*). Les rameaux plus grêles, plus flexueux, d'un beau jaune. Il est cultivé en taillis dans plusieurs localités, et sert à faire des corbeilles et des paniers.

4. Saul. pleureur, *Sal. babylonica*, Lin., Dec., Dub.

Salix propendens, Serr.

Habite le bord des eaux, près des fontaines et des réservoirs, près les habitations.

Cette espèce, propre à ombrager les pièces d'eau des parcs et des jardins, est cultivée à cet effet et prend un superbe développement dans notre climat. Elle est originaire de l'Orient.

5. Saul. amygdalin, *Sal. amygdalina*, Lin., Dec., Lois.

Sal. triandra, Dub.

Habite les propriétés du bord du Tech, au Boulou, Céret et jusqu'à Prats-de-Molló. On le retrouve en Capcir, sur le Bord de l'Aude. Fleurit en avril et mai.

Cette espèce forme deux variétés, qui se trouvent avec le type :

Var. α *discolor*. Ne diffère que par les feuilles, qui sont glauques en dessous.

Var. β *concolor*. Feuilles vertes ou à peine glauques en dessous.

6. Saul. olivâtre, *Sal. undulata*, Ehrh., Koch., Coss.

Salix incerta, Lapey.; *Sal. triandra-viminalis*, β Wimm.

Habite le bord des eaux, dans toute la plaine. On en forme des taillis sur le bord des rivières. Fleurit en avril et mai.

7. Saul. blanchâtre, *Sal. incana*, Schrn., Koch.; en catalan *Bim*.

Salix lavandulæfolia, Lapey.; *Sal. riparia*, Will.; *Sal. angustifolia*, Poir.; *Sal. rosmarinifolia*, Gouan.; *Sal. viminalis*, Vill.

Habite le bord des torrents qui descendent des montagnes, dans tout le Conflent. On en forme des oseraies, pour ses tiges très-flexibles, employées comme liens, et qu'on nomme en catalan *Bims*. Fleurit en mai et juin.

8. Saul. à une étamine, *Sal. purpurea,* Lin., Koch, Fries; en catalan *Salze bimaner.*

Salix monandra, Hoffm.

Habite les bords humides des champs, des ruisseaux, des cours d'eau. Il devient un assez grand arbre lorsqu'on le laisse se développer; mais ordinairement on le maintient en taillis et on l'emploie dans la vannerie. Fleurit en mai et juin.

Cette espèce forme trois variétés; deux vivent dans le pays :

Var. α *gracilis*. Les chatons sont très-grêles. Vit en Conflent.

Var. β *lambertina*. Chatons gros; feuilles grandes et larges. Vit sous *Régleille,* près Ille.

9. Saul. monadelphe, *Sal. rubra,* Huds., Lois., Koch.

Salix olivacea et *membranacea*, Thuill.

Habite les graviers des rivières du Conflent et du Vallespir. On le taille aussi pour ses rameaux flexibles, qu'on emploie dans la vannerie. Fleurit en avril.

10. Saul. à longues feuilles, *Sal. viminalis,* Lin., Dec.

Salix longifolia, Lam.; *Sal. virescens*, Vil.

Habite les bords des ruisseaux, et entoure les champs dans toute la plaine. Fleurit en avril et mai.

11. Saul. cendré, *Sal. cinerea,* Lin., Dub., Koch.

Salix acuminata, Mill.; *Sal. rufinervis*, Dec.; *Sal. aquatica*, Sm.; *Sal. lanata*, Vill.; *Sal. spadicea*, Mut.; *Sal. caprea*, Thuill.

Habite la base des contreforts du Canigou dans tout le haut Conflent; le *Pla d'en Pons* de la vallée de Jau, près Mosset. Fleurit en avril et mai.

12. Saul. à grandes feuilles, *Sal. grandifolia*, Ser., Dec.

Salix cinerescens, Will.; *Sal. appendiculata*, Vill.; *Sal. sphacelata*, Lois.

Habite les parties élevées de la montagne de Céret, sur le bord des ravins et dans les champs humides. Fleurit en mai et juin.

13. Saul. marceau, *Sal. caprea*, Lin., Dec., Dub.

Salix acuminata et *ulmifolia*, Thuill.; *Sal. aurigerana*, Lap.; *Sal. hybrida*, Vill.; *Sal. tomentosa*, Serr.; *Sal. sphacelata*, Will.

Habite le bord du ruisseau de *Malloles;* commun près Mont-Louis. Fleurit en février et mars.

14. Saul. rampant, *Sal. repens*, Lin., Dub., Vill.

Salix depressa et *arenaria*, Dec.

Habite les bords des ruisseaux qui descendent de la montagne de la *Groseille*, à Salvanère; les gorges et les torrents du Canigou; très-commun au Llaurenti. Fleurit en avril et mai.

15. Saul. glabre, *Sal. arbuscula*, Lin., Wbg.

Salix fetida, Schl.; *Sal. myrtiloïdes*, Vill.; *Sal. formosa*, Lois.; *Sal. prunifolia* et *formosa*, Lapey.

Habite au bord des eaux, au sommet des vallées d'Eyne et de Carol. Fleurit en juillet.

16. Saul. à feuilles d'arbousier, *Sal. myrsinites*, Lin., Vill.

Salix arbutifolia, Will.

Habite le bord des torrents de la montagne de *Madres;* le bois de la *Mata*, en Capcir, près des tourbières. Fleurit en juillet.

Cette espèce fournit une variété remarquable par ses feuilles longuement velues, *β villosa*. Vit au bois de la *Mata*.

17. Saul. des Pyrénées, *Sal. Pyrenaïca*, Gouan, Dup.

Salix ciliata, Dec.

Habite les vallées d'Eyne et de Lló; les bords des torrents de la montagne de *Madres;* toutes les hautes régions du Canigou. Fleurit en juillet.

18. Saul. réticulé, *Sal. reticulata,* Lin., Dec., Dub.

Habite l'extrémité de la vallée d'Err, près des torrents; au Llaurenti, près l'étang. Fleurit en juillet et août.

19. Saul. émoussé, *Sal. retusa,* Lin., Dec., Dub.

Sal. serpyllifolia, Scop.

Habite le bord des eaux dans les gorges du *Cambres-d'Aze;* l'extrémité de la vallée de Lló; le Llaurenti. Fleurit en juillet et août.

20. Saul. herbacé, *Sal. herbacea,* Lin., Dec., Dub.

Habite les environs de l'étang de la Nous, près du torrent; le bord des eaux des régions élevées du Canigou; le Llaurenti, parmi les roches de l'étang. Fleurit en juillet et août.

GENRE PEUPLIER, *Populus,* Tournef.;
en catalan *Poll.*

1. Peup. tremble, *Pop. tremula,* Lin., Dec., Dub.;
en catalan *Poll blanc, Aybra blanc.*

Habite les bords des cours d'eau de toutes nos montagnes; çà et là, dans la plaine, où il prend un fort bel accroissement. Fleurit en mars et avril.

2. Peup. blanc, *Pop. alba,* Lin., Dec., Dub., Lois.;
en catalan *Aybra blanc.*

Habite les bords des champs, des cours d'eau et des prairies humides de la plaine et de la montagne. Fleurit en mars et avril.

3. Peup. grisâtre, *Pop. canescens,* Smith, Dec., Dub.

Pop. alba-tremula, Krause.

Habite les bords des ravins des basses montagnes. On le taille pour avoir beaucoup de rejetons, qui se couvrent de feuilles serrées; on le fait manger aux vaches, qui en sont très-friandes, et c'est une grande ressource pour les bestiaux des montagnards. Fleurit en mars et avril.

4. Peup. de Virginie, *Pop. Virginiana,* Desf., Dub., Coss.

Pop. monilifera, Lois.

Habite toute la plaine, au bord des champs et des cours d'eau. Cet arbre s'élève beaucoup; a un port majestueux, et ses branches sont très-étalées. Il croît d'une manière prodigieuse; vient très-bien de bouture. Fleurit en mars et avril.

5. Peup. noir, *Pop. nigra,* Lin., Dec., Dub.

Habite les cours d'eau, les promenades. On le plante pour former des allées. Fleurit en mars et avril.

6. Peup. d'Italie, *Pop. pyramidalis,* Rosier *in Lam.*

Pop. fastigiata, Poir.; *Pop. dilatata,* Ait.

Habite le long des cours d'eau, où il s'élève beaucoup. On le plante ordinairement dans les avenues des propriétés rurales. Fleurit en mars et avril. Très-commun.

118me Famille. — Platanées, *Plataneæ,* Lestib.

(*Monœcie,* L.; *Amentacées,* T.; *Amentacées,* Juss.)

Genre Platane, *Platanus,* Lin.

1. Plat. oriental, *Plat. orientalis,* Lin., Dec., Dub.; en catalan *Platana.*

Habite les promenades, le bord des routes, les champs, dans tout le département. Originaire d'Orient, il vit ici comme dans son pays natal. Cet arbre, dans notre climat, prend un très-beau développement : c'est un végétal superbe. J'en ai planté un taillis sur le bord de la Tet, à la pépinière de la ville, que j'ai espacé de trois mètres, et il est devenu très-beau. On le taille tous les trois ans, et donne un produit très-avantageux. Fleurit en avril et mai; fruits en septembre.

119me FAMILLE. — BÉTULACÉES, *Betulaceæ*, ENDL.

(*Monœcie*, L.; *Amentacées*, T.; *Amentacées*, Juss.)

GENRE BOULEAU, *Betula*, Tournef.; en catalan *Bes*.

1. Boul. blanc, *Bet. alba*, Lin., Dec., Dub., Lois.

Habite les forêts de nos montagnes, presque à la région des pins; il vient très-bien sur les flancs méridionaux du Canigou. Planté dans la plaine, il y prend un plus beau développement : il a réussi parfaitement à la pépinière de la ville. Fleurit en avril et mai; fruits en août et septembre.

2. Boul. pubescent, *Bet. pubescens*, Erhrb., Dec., Koch.

Habite des régions plus élevées que celui qui précède, et ne prend pas un aussi beau développement : les gorges des environs de *Cady*, au Canigou; les parties élevées de Carença, au pied du *Cambres-d'Aze*. Fleurit en avril et mai; fruits en septembre.

GENRE AULNE, *Alnus*, Tournef.

1. Aul. vert, *Aln. viridis*, Dec., Dub., Lois.; en catalan *Bern*.

Betula viridis, Vill.; *Bet. ovata*, Dec.

Habite les rigoles des montagnes de La Tour-de-Carol; les environs de l'étang de la Nous, surtout près des ravins et parmi les roches humides; le Llaurenti. Fleurit en mai et juin; fruits en août.

2. Aul. glutineux, *Aln. glutinosa,* Gærtn., Dec., Dub.

Betula alnus, var. α *glutinosa*, Lin.; *Bet. glutinosa*, Vill.

Habite les bords des cours d'eau de la plaine et des basses montagnes. On le taille souvent, pour en former des taillis. Les feuilles servent à nourrir le bétail; bouillies avec du son, on en nourrit les porcs, qui en sont friands. Dans la montagne, on les fait sécher pour les donner à manger pendant l'hiver. Fleurit en mars; fruits en septembre.

3. Aul. blanchâtre, *Aln. incana,* Dec., Dub.

Betula incana, Rich.

Habite les terres basses et très-tourbeuses de Toulouges, Thuir, Le Soler. Il y avait autrefois de grands bois de cette essence, qu'on cultivait en taillis. La culture les a fait disparaître; il en reste encore quelques parties. Fleurit en février et mars; fr. en août.

Cette espèce fournit une variété, β *pinnatifida*, qui a les feuilles incisées-pinnatifides et à divisions obtuses. Vit avec le type.

120me Famille.—Myricées, *Myriceæ,* Ach. Rich.

(*Diœcie*, L.; *Amentacées*, Juss.)

Genre Myrica, *Myrica*, Linné.

Cette famille se compose d'un seul genre et d'une seule espèce, *Myrica gale,* qui n'existe pas dans ce département.

121me Famille.—Abiétinées, *Abietineæ,* L. C. Rich.

(*Monœcie*, L.; *Amentacées*, T.; *Conifères*, Juss.)

Genre Pin, *Pinus,* Lin.

1. Pin sauvage, *Pin. sylvestris,* Lin., Dec., Koch; en catalan *Py.*

Pinus rubra, Mill.; *Pin. mughus*, Jacq.

Habite les flancs de toutes nos montagnes ; il constitue la base des forêts qui s'y développent. Fleurit en mai.

2. Pin noir, *Pin. pumilio,* Hœnke, Waldst.

Pin. sylvestris, δ *pumilio,* Gaud.; *Pin. mughus,* Scop.

Habite les tourbières du *Bac de Bolquère;* les bords des lacs de la montagne de Carlite ; les environs de Porté, vallée de Carol ; les roches qui avoisinent les étangs de *Campardos.* Cette espèce est très-rabougrie Fleurit en juillet.

3. Pin. à crochets, *Pin. uncinata,* Ram. *in Dec.,* Gaud.

Pin. sylvestris, δ Vill.; *Pin. sanguinea,* Lapey.

Habite les vallées du Canigou, particulièrement au bois de Fillols; les gorges des montagnes du *Pla de l'Ours*, entre la *Font de Comps* et la vallée d'Évol. Cette espèce est peu répandue, et son feuillage est très-sombre. Fleurit en juin et juillet.

4. Pin laricio, *Pin. laricio,* Poir., Dec., Koch.

Pin. maritima, Ait.

Ce Pin a été introduit depuis quelque temps dans ce département, et constitue quelques forêts où il se développe fort bien. Habite aux environs de Fillols ; la montagne de Sahorre ; le bas des Albères, près de la mer, où il paraît se plaire davantage, car sa végétation est plus vigoureuse que celle des arbres plantés sur la montagne. Fleurit en mai.

Trois variétés sont fournies par cet arbre ; elles ne vivent pas dans notre département.

5. Pin d'Alep, *Pin. Halepensis,* Mill., Desf., Dec.

Ce Pin est cultivé dans quelques localités de la plaine, où il se développe admirablement. Il devrait être propagé, avec le *Laricio,* dans les terres vagues qui bordent le littoral ; ils formeraient des forêts qui seraient d'une grande ressource pour le pays. Fleurit en mai.

6. Pin pignon, ***Pin. pinea,*** **Lin., Dec., Guss., Koch.**

Pin. sativa, Bauh.

Habite les environs de Saint-Génis, au pied des Albères. Il existe dans cette localité une belle forêt très-étendue de cette essence; elle est en plein rapport. Les forêts de cette espèce sont plus répandues et bien plus considérables sur les revers espagnols de nos montagnes. Cultivé, çà et là, dans quelques propriétés du pays, comme arbre d'agrément, il s'y développe avec beaucoup de succès. Fleurit en mai.

7. Pin pinaster, ***Pin. pinaster,*** **Soland, Bertol., Guss.**

Pin. maritima, Lam.; *Pin. syrtica,* Thore.

Introduit depuis peu dans le département, où il se développe fort bien près des dunes, entre Argelès et Collioure, sur les collines. Fleurit en mai.

8. Pin vulgaire, ***Pin. picea,*** **Lin., Vill., Gaud.**

Pin. pectinata, Lam.; *Pin. abies,* Duroi.; *Abies vulgaris,* Poir.; *Abies pectinata,* Dec.

Habite toutes nos montagnes. C'est le plus commun, et il constitue la plus grande partie de nos forêts. Fleurit en mai.

9. Pin sapin, ***Pin. abies,*** **Lin., Vill., Gaud., Koch;**
en catalan ***Abet.***

Pin. excelsa, Lam.; *Pin. picea,* Duroi.; *Abies excelsa,* Dec.

Habite les flancs de nos montagnes, où il forme des forêts considérables, exploitées en coupes régulières; la montagne de Céret, au bois de la ville. Fleurit en mai.

10. Pin mélèze, ***Pin. larix,*** **Lin., Gaud., Koch.**

Abies larix, Lam.; *Larix Europæa,* Dec ; *Larix decidua,* Mill.; *Larix vulgaris,* Fisch.

Cnltivé dans les parterres, les promenades et dans quelques localités de nos montagnes. Fleurit en juin.

11. Pin cèdre, *Pin. cedrus,* Lin.

Ce Pin est très peu répandu. On ne le voit que dans quelques jardins d'agrément, où il se développe d'une manière admirable. On y remarque aussi divers autres Pins étrangers qui viennent plus ou moins bien.

Les Pins sont cultivés dans les Pyrénées-Orientales, pour leur bois, qui sert aux constructions et au chauffage. On ne retire pas de ces arbres, comme dans d'autres contrées, les matières appelées térébenthine, desquelles on extrait la résine, la colophane, l'essence. Il est certain que si on se livrait à cette industrie, nos forêts de pins rendraient les mêmes services que les Pins des Landes.

122me Fam.—Cupressinées, *Cupressineæ,* L. C. Rich.

(*Diœcie,* L.; *Arbres à étamines,* T.; *Conifères,* Juss.)

Genre Genévrier, *Juniperus,* Lin.

1. Gen. commun, *Jun. communis,* Lin., Dec., Koch; en catalan *Ginebra.*

Habite les terres arides, les coteaux de toutes nos montagnes moyennes, la vallée du Réart, *Força-Real,* Caladroy, Vernet-les-Bains, Fillols, etc. Fleurit en avril.

Les baies du Genévrier, digérées dans l'alcool et sucrées, fournissent une liqueur stomachique très-agréable.

2. Gen. des Alpes, *Jun. Alpina,* Clus.

Juniperus nana, Will.; *Jun. communis, γ Alpina,* Gaud.

Habite le Canigou, dans quelques vallées sous le *Pla Guillem,* par Saint-Sauveur; la vallée de Valmanya, avant d'arriver au village. Fleurit en juillet. Arbuste très-rabougri.

3. Gen. oxycèdre, *Jun. oxycedrus,* Lin., Vill., Gouan.

Jun. rufescens, Link; *Jun. major Monspelliensium,* Lob.

Habite les montagnes de la vallée du Réart; les lieux arides des coteaux de Céret, Oms, Llauró; les garrigues d'Opol et de toutes les Corbières; les vallées de Cornella et de Fillols. Fleurit en mai.

4. Gen. de Phénicie, *Jun. Phenicia,* Lin., Vill., Gouan.

Jun. Lycia, Lin.; *Jun. tetragona,* Mœnch.; *Sabina maj. Monspell.*, Nagn.

Habite tous les coteaux des basses Albères; ceux des environs du Boulou jusqu'à Céret; les coteaux de Saint-Luc et tous les monts des parties basses du Réart; la *Trencada d'Ambulla;* les basses Corbières. Fleurit en mai.

On extrait de son bois une huile empyreumatique, connue sous le nom d'*huile de çade.*

5. Gen. sabine, *Jun. sabina,* Lin., Vill., Dec.;
en catalan *Sabina.*

Habite toutes les montagnes des basses Corbières, *Cases-de-Pena;* les garrigues de Baixas; la montagne de *Força-Real;* une partie de la vallée du Réart, dans les terres les plus arides. Son bois sert à chauffer les fours. Fleurit en mai.

Genre If, *Taxus,* Tournef.

1. If commun, *Taxus baccata,* Lin., Dec., Koch;
en catalan *If, Teix.*

Habite les forêts des Albères, surtout la gorge de Sorède; quelques parties de la montagne de Céret et de St-Marsal. Fl. en avril.

Les Tuya, les Cyprès sont cultivés dans les jardins, et y prospèrent.

123me Famille.—Gnétacées, *Gnetaceæ,* Lindl,

(*Diœcie,* Lin.; *Conifères,* Juss.)

Genre Éphédra, *Ephedra,* Lin.

1. Eph. à deux épis, *Eph. distachya,* Lin., Gouan, Dec.

Eph. vulgaris, A. Rich.; *Uva marina Monspelliensium,* Lob.

Habite les sables maritimes de la vallée de Banyuls; les coteaux des environs de Salses; l'île Sainte-Lucie. Fleurit de mars à juin.

Son fruit, appelé *raisin de mer,* est aigrelet, agréable au goût et rafraichissant.

CHAPITRE V.

DEUXIÈME EMBRANCHEMENT.

Endogènes phanérogames
ou Monocotylédonées.

Tige ordinairement herbacée, très-rarement ligneuse, non séparable en deux zones distinctes d'écorce et de bois, constituée par des faisceaux fibro-vasculaires épars dans le tissu cellulaire et ne formant pas de couches concentriques. Feuilles à nervures presque toujours simples et parallèles, souvent longuement engaînantes à la base. Fleurs distinctes; enveloppes florales (périgone) formées de parties ordinairement en nombre ternaire, souvent remplacées par des bractées ou des soies, ou nulles. Organes reproducteurs distincts, constitués par des étamines et des pistils. Embryon composé de parties distinctes, pourvu d'un seul cotylédon.

124me FAMILLE.—ALISMACÉES, *Alismaceæ*, R. BROWN.

(*Monœcie* et *Hexandrie*, L.; *Rosacées*, T.; *Joncs*, Juss.)

GENRE FLUTEAU, *Alisma*, Lin.

1. Flut. à feuilles de parnassie, *Al. parnassifolia*, Lin., Dec.

Habite les marais fangeux de Salses, entre la métairie Saléta et les eaux de la fontaine *Estramer*. Fleurit en août et septembre.

2. Flut. plantin, *Alis. plantago,* Lin., Dec., Dub.

Vulg. *Pain de grenouilles.*

Habite les étangs, les mares, les fossés de toutes les basses terres, dans les trois bassins. Fleurit en juillet et août.

Trois variétés sont fournies par cette plante :

Var. α *latifolium*. Feuilles ovales, plus ou moins acuminées, arrondies ou en cœur à la base.

Var. β *lanceolatum*, Rchb. Feuilles lancéolées, atténuées aux deux extrémités.

Var. γ *graminifolium*, Ehrh. Feuilles lancéolées-linéaires ou linéaires graminiformes, flottantes.

Les trois variétés se trouvent confondues avec le type, dans nos marais.

3. Flut. arqué, *Alis. arcuatum,* Michalet.

Alis. lanceolatum, With.

Habite dans la vase de l'*Agulla de la Mar* et les fossés des prairies de Thuir. Fleurit de juillet à septembre.

4. Flut. renoncule, *Alis. ranunculoïdes,* Lin., Dec., Dub.

Habite les ruisseaux bourbeux des parties basses de Saint-Cyprien. Fleurit de juin à septembre.

5. Flut. flottant, *Alis. natans,* Lin., Dec., Dub.

Habite les mares du *Bac de Bolquère* et les tourbes de la *Coma de la Tet*. Fleurit de juin à septembre.

Genre Damasonium, *Damasonium,* Juss.

1. Dam. étoilé, *Dam. stellatum,* Pers.

Dam. vulgare, Coss.; *Actinocarpus damasonium,* Sm.; *Alis. damasonium,* L.

Habite les mares du *Bordigol* et celles qui avoisinent l'étang de Salses. Fleurit de juin à septembre.

Genre Sagittaire, *Sagittaria,* Lin.

1. Sag. aquatique, *Sag. sagittæfolia,* Lin., Dec., Dub.

Habite l'*Agulla de la Mar,* entre *Vall-Rich* et la mer. Fleurit de juin en août.

125me Famille.—Butomées, *Butomeæ,* Rich.

(*Ennéandrie,* Lin.; *Rosacées,* Tournef.; *Joncs,* Juss.)

Genre Butome, *Butomus,* Lin.

1. But. ombelle, *But. umbellatus,* Lin., Dec., Dub.; en catalan *Llinassa.*

Vulg. *Jonc fleuri.*

Habite l'*Agulla de la Mar,* entre l'étang de Villeneuve, *Vall-Rich* et l'*Esparrou.* Fleurit de juin en août.

126me Famille.—Colchicacées, *Colchicaceæ,* Dec.

(*Hexandrie triginie,* L.; *Liliacées,* T.; *Colchicacées,* Juss.)

Genre Bulbocode, *Bulbocodium,* Lin.

1. Bul. du printemps, *Bul. vernum,* Lin., Dec., Dub.

Habite les hauts sommets; le Carlite, près des neiges; la *Collada de Nuria;* le Canigou, à l'extrémité de *Cady; Tretzevents,* près des neiges. Fleurit en mars et avril.

Genre Mérendère, *Merendera,* Ram.

1. Mer. bulbocode, *Mer. bulbocodium,* Ram.

Bulbocodium autumnale, Lapey.

Habite les pâturages de la vallée de Carol, aux environs de la Nous; ceux du haut plateau du *Col de Jau.* Fl. en août et septèm.

Genre Colchique, *Colchicum,* Tournef.

1. Col. d'automne, *Col. autumnale,* Lin., Dec., Dub.

Habite les pâturages humides des environs de Mont-Louis; le *Bac de Bolquère*, les prairies du bois de Salvanère; le Llaurenti. Fleurit en août et septembre.

2. Col. des Alpes, *Col. Alpinum,* Dec., Dub., Lois.

Col. montanum, Alli.

Habite les pâturages du plateau de la montagne de *Madres;* les bords des étangs de *Balcère;* les sommités du Llaurenti. Fleurit en juillet et août.

Genre Vératre, *Veratrum,* Tournef.

1. Ver. blanc, *Ver. album,* Lin., Dec., Dub.;
en catalan *Baladra, Peu de Llop.*

Habite les parties alpines de la chaîne; le Canigou, pâturages de *Cady;* le *Pla Guillem; Costa-Bona;* la *Coma du Tech;* les environs de Mont-Louis, pâturages de Saint-Thomas; les vallées d'Eyne et de Lló; le Llaurenti, au *Mijanés.* Fleurit en juillet et août.

Une variété β, fort remarquable par les fleurs d'un vert-gai, *Ver. lobelianum,* Bernh, se trouve dans diverses stations de nos montagnes, avec le type.

Genre Narthécie, *Narthecium,* Mohrng.

1. Nar. brise-os, *Nar. ossifragum,* Huds., Lois.

Abama ossifraga, Dec.; *Anther. ossifragum,* Lin.; *Tofiel. ossifraga,* Nem.

Habite les pâturages humides de la *Coma de Vall-Marans;* les abords des Bouillouses; les pâturages du *Col de Jau;* la forêt de Salvanère, au bord des eaux. Fleurit en juillet.

Genre Tofieldie, *Tofieldia,* Huds.

1. Tofi. calyculée ou à colerette, *Tofi. calyculata,* Koch, Wahlg.

Tofi. palustris, Huds.; *Anthericum calyculatum,* Lin.; *Narthecium iridifolium,* Hall.; *Helonias borealis,* Will.

Habite les pâturages au centre de la vallée d'Eyne; les environs de Mont-Louis; le *Bac du Mir,* à Prats-de-Molló. Fleurit en juillet et août.

127me Famille.—Liliacées, *Liliaceæ,* Dec.

(*Hexandrie,* L.; *Liliacées,* T.; *Liliacées,* Juss.)

Genre Tulipe, *Tulipa,* Tournef.;

en catalan *Tulipa.*

1. Tul. de Lécluse, *Tul. clusiana,* Dec., Dub., Lois.

Habite le bois de Saint-Antoine-de-Galamus; les bois des parties moyennes des Albères; le bois de la ville, à Céret. Fleurit en avril et mai.

2. Tul. œil-de-soleil, *Tul. oculus solis,* St-Amans, Dec., D.

Tul. acutiflora, Pour.

Habite les pâturages de la vallée de Jau, le *Caillau* de Mosset; le bois de Salvanère; les pâturages de la forêt de Boucheville. Fleurit en mars et avril.

3. Tul. précoce, *Tul. præcox,* Tenor., Bertol.

Habite les bois à mi-côte de la montagne de *Força-Real,* où elle est rare; plus abondante dans les bois de Maureillas et de Céret. Fleurit en avril.

4. Tul. sauvage, *Tul. sylvestris,* Lin., Dec., Dub.

Habite les bois qui avoisinent Mont-Louis; signalée à Peyrestortes, près Perpignan, où nous ne l'avons pas trouvée; commune au Llaurenti, dans les bois du *Boutadiol.* Fleurit en mai.

5. Tul. de Cels, *Tul. Celsiana,* Dec., Dub., Lois.

Habite le vallon de Collioure, au-dessus de Consolation, à *Taillefer;* Argelès-sur-Mer. Fleurit en avril.

6. Tul. des jardins, *suavè olens,* Lin.

Cultivée dans nos parterres, avec un grand nombre de ses variétés, elle fait les délices de beaucoup d'amateurs.

Genre Fritillaire, *Fritillaria,* Lin.

1. Fri. méléagre, *Fri. meleagris,* Lin., Dec., Dub.; en catalan *Corona imperiale.*

Habite la *Trencada d'Ambulla;* les bois de Saint-Martin et de Fosse; la vallée de Nohèdes, prairies humides près du village. Fleurit en avril.

Cette espèce, cultivée dans les jardins, présente plusieurs variétés, relativement à la couleur du fond et des taches, qui imitent assez bien les teintes d'une Pintade, *Numidea meleagris,* Lin.

2. Fri. des Pyrénées, *Fri. Pyrenaïca,* Lin., Dec.

Fri. Aquitanica et *Pyrenæa,* Clus.

Habite les environs de Mont-Louis; le *Bac de Bolquère;* le plateau des Bouillouses, dans les bois de la rive gauche; la vallée d'Eyne. Fleurit en juin et juillet.

Genre Lis, *Lilium,* Lin.; en catalan *Lliry.*

1. Lis pompon, *Lil. pomponicum,* Lin., Dec., Dub.

Cultivé dans nos parterres; nous ne l'avons pas trouvé sur nos montagnes. Fleurit en mai et juin.

2. Lis des Pyrénées, *Lil. Pyrenaïcum,* Gouan, Dec., Dub.

Habite les environs de Mont-Louis, à la cheminée des pêcheurs; le *Bac de Bolquère;* les roches près les étangs de Carlite; le Canigou, au *Bac de set Hómens;* la vallée de Carença, roches près des lacs; *Costa-Bona;* le Llaurenti, à *las Llisses,* près de l'étang. Fleurit en juin et juillet.

3. Lis martagon, *Lil. martagon,* Lin., Dec., Dub.;

en catalan *Lliry, Consolta.*

Habite la vallée d'Eyne; le *Bac de Bolquère;* la *Coma du Tech;* le *Bac de la Plana;* la *Tour de Mir,* près Prats-de-Molló; Saint-Martin-du-Canigou; la *Trencada d'Ambulla;* la *Font de Comps,* parmi les roches. Fleurit en juin et juillet.

4. Lis orangé, *Lil. croceum,* Chaix, Rœm.;

en catalan *Lliry groc.*

Lil. bulbiferum, Dec.

Habite les bords de la Tet, au-dessous des Bouillouses, près du lac noir; le Canigou, au *Randé,* et dans les gorges de *Tretzevents;* les roches de la forêt de Salvanère et des environs de Montfort. Fleurit en juin et juillet.

5. Lis blanc, *Lil. candidum,* Lin., Dec.. Dub.;

en catalan *Lliry blanc.*

Deux variétés de cette espèce sont cultivées, et font l'ornement des parterres et des jardins. Le *Lis des Pyrénées* et le *Martagon* sont aussi cultivés par quelques amateurs. Ces deux espèces sont plus délicates et se ressentent de la température de la plaine; elles finissent par se perdre, si on n'a le soin de remplacer les oignons par de nouveaux sujets pris sur nos montagnes.

Genre Lloydie, *Lloydia,* Salisbu.

1. Lloy. tardive, *Lloy. serotina,* Rchb., Koch.

Anthericum serotinum, Lin.; *Phalangium serotinum,* Lam.

Habite les anfractuosités des roches de la montagne de Batère, à quelque distance de la tour; les éboulis de roches à la *Comelade;* les roches de la partie supérieure du bois de Salvanère, près le *Roc de l'Escale.* Fleurit en juillet et août.

Genre Uropétale, *Uropetalum*, Gawl.

1. Uro. tardif, *Uro. serotinum*, Gawl., Rœm.

Hyacinthus serotinus, Lin ; *Lachenalia serotina*, Will.

Habite, à *Cases-de-Pena*, parmi les roches calcaires du premier plateau; *Força-Real;* la *Trencada d'Ambulla;* la montagne de Saint-Jacques, à Villefranche; les vallons de Collioure et Port-Vendres; les environs de Prats-de-Molló. Fleurit en juin et juillet.

Genre Urigène, *Urigena*, Steinh.

1. Uri. scille, *Uri. scilla*, Steinh., Kunth.

Scilla maritima, Lin.; *Ornithogalum maritimum*, Lam.

Cette plante ne se trouve pas subspontanée. Je l'ai cultivée à la pépinière de la ville, où elle se développe fort bien. L'oignon m'avait été apporté de l'Algérie.

2. Uri. ondulée, *Uri. undulata*, Kunth.

Scilla undulata, Desf.

Cultivée dans les parterres. Sa fleur n'est pas très-belle, et, malgré cela, elle est assez répandue. Fleurit en mai et juin.

Genre Scille, *Scilla*, Lin.

1. Scil. d'automne, *Scil. autumnalis*, Lin., Dec., Dub.

Habite les pentes herbeuses de *Força-Real;* les haies du château de Caladroy; les bords des champs de la vallée du Réart; le vallon de Collioure, derrière le fort carré, en allant vers l'anse de l'*Olla;* Port-Vendres et Banyuls-sur-Mer, vers *Can Campa*. Fleurit en août et septembre.

2. Scil. fausse-hyacinthe, *Scil. hyacinthoides*, Lin., Gouan.

Scil Italica, Dec.

Cette plante ne se trouve pas subspontanée dans notre département; elle est cultivée et très-répandue dans les parterres, à cause de sa jolie fleur. Fleurit en avril et mai.

3. Scil. d'Italie, *Scil. Italica,* Lin., Lois., Bertol.

Scil. Bertolonii, Dub.

Cette espèce habite dans nos parterres et jardins, où elle est cultivée pour ses fleurs. Fleurit en avril et mai.

4. Scil. du printemps, *Scil. verna,* Huds., Lois., Lapey.

Scil. umbellata, Ram.; *Scil. pratensis,* Berg.

Habite les environs de Mont-Louis, dans les bois de la *Motte de Planès;* les bois de la montagne de *Madres;* la forêt de Salvanère. Fleurit en avril et mai.

5. Scil. lis-hyacinthe, *Scil. lilio-hyacinthus,* Lin., Dec., Dub.

Ornithogalum-squamosum, Lam.

Habite les bois qui avoisinent La Bastide, au lieu appelé l'*Aire d'en Cascabell;* en Capcir, près l'étang de *Balcère;* les environs de Prats-de-Molló, à la *Soulane;* la *Roca del Gorb,* près l'ermitage du *Coral.* Fleurit en avril et mai.

Genre Adenoscille, *Adenoscilla,* Gre. et Godr.

1. Ade. à deux feuilles, *Ade. bifolia,* Gre. et Godr.

Scilla bifolia, Lin.

Habite les pâturages et les bois qui avoisinent la forêt de Salvanère, et les pâturages du *Caillau* de Mosset. Fleurit en mai et juin.

Genre Ornithogale, *Ornithogalum,* Lin.

1. Orni. de Narbonne, *Orni. Narbonense,* Lin., Dec., Dub.

Orni. stachyoïdes, Koch; *Orni. Pyrenaïcum,* Bor; *Orni. luteum,* Vill.

Habite les champs et les jardins des environs de Perpignan et toute la plaine; les champs, à Prades; à Vernet-les-Bains, dans les bois frais; les rochers des bords de la route d'Olette à Mont-Louis. Fleurit en mai et juin.

2. Orni. des Pyrénées, *Orni. Pyrenaïcum*, Lin., Dec., D.

Orni. sulfureum, Schults ; *Orni flavescens*, Lam.

Habite les bords des champs du plateau de Mont-Louis; parmi les rochers de la vallée de Lló; la *Solaneta de Costa-Bona;* le Canigou, pâturages du *Randé*, et ceux du *Pla Guillem*. Fleurit en mai et juin.

3. Orni. divergent, *Orni. divergens*, Bor., Godr.

Habite les bords des prairies de la Salanque les plus rapprochées des dunes; les bords des pâturages du *Cagarell*, près Canet; Saint-Cyprien et Argelès-sur-Mer. Fleurit en avril et mai.

4. Orni. ombellé, *Orni. umbellatum*. Lin., Dec., Dub.

Habite les fortifications de Mont-Louis, hors ville, vis-à-vis du village de Fetges; le vallon de Cornella-du-Conflent, dans les champs; même dans les champs de la plaine du Roussillon. Fleurit en avril et mai.

Avec le type, nous trouvons dans les champs de la plaine une variété de cette espèce, signalée: var. β *angustifolia*. Les feuilles sont très-étroites et dressées. *Orni. angustifolium*, Bor.

5. Orni. à feuilles menues, *Orni. tenuifolium*, Guss., Godr.

Habite les environs de Collioure; la montagne de Saint-Antoine-de-Galamus, parmi les roches; près les sources de l'Agly, sous le pic de Bugarach. Fleurit en mai et juin.

6. Orni. d'Arabie, *Orni. Arabicum*, Lin., Dec., Dub.

Habite les bords des champs, à Prades; la vallée d'Estoher, pâturages des bords de la rivière; les bois des collines au-dessus de *Régleille*, près Ille. Cette plante était abondante sur les bastions de la place de Collioure; elle y a tout-à-fait disparu. Fleurit en avril et mai.

Un échantillon de l'ancien Herbier de la ville, porte l'indication de *Régleille*, près la rivière, où cette plante ne se trouve plus; mais elle vit dans les garrigues des monts au-dessus de cette localité.

Genre Gagée, *Gagea*, Salisb.

1. Gag. jaune, *Gag. lutea*, Schull., Koch., Dub.

Ornithogalum luteum, Lin.; *Orni. luteum*, β *sylvaticum*, Will.; *Orni. sylvaticum*, Pers.

Habite le vallon de la *Borde-Girvès*, sur la Tet, au-dessus de Mont-Louis; les pâturages frais de la vallée d'Eyne; le Canigou, au bord des eaux, à *Cady*. Fleurit en mai et juin.

2. Gag. de Liottard, *Gag. Liottardi*, Schultz, Koch.

Gag. fistulosa, Dub.; *Ornithogalum Liottardi*, Sternb.; *Orni. fistulosum*, Ram ; *Orni. Bohemicum*, Lois.

Habite la *Collada de Nuria*, vallée d'Eyne; les pâturages de la *Coma de la Tet*, à *Vall-Marans;* les pentes méridionales du Canigou. Fleurit en juin et juillet.

3. Gag. des champs, *Gag. arvensis*, Schultz., Koch.

Gag. villosa, Dub.; *Ornithogalum arvense*, Pers.; *Orni. minimum*, Dec.; *Orni. villosum*, M. B.

Habite les environs de Fosse, dans les prairies et le bord des champs de toute cette localité; les champs et le long des chemins qui bordent la rivière de la Basse, métairie Fraisse, près Toulouges. Fleurit en avril et mai.

Genre Ail, *Allium*, Lin.; en catalan *Ail*.

1. Ail commun, *Alli. sativum*, Lin., Dec., Dub.

Porrum sativum, Rchb.

Cultivé très en grand dans tout le département; subspontané dans quelques localités, où la graine aura été apportée accidentellement. Fleurit en juillet.

2. Ail rocambole, *Alli. scorodophrasum,* Lin., Dec., Dub.

Porrum scorodophrasum, Rchb.

Vulg. *Rocambole.*

Habite les terres sablonneuses de Saint-Nazaire; les pentes méridionales du *Sarrat de las Guillas,* près Perpignan; les terres arides de Saint-Laurent-de-la-Salanque. Fleurit en mai et juin.

3. Ail des vignes, *Alli. vineale,* Lin., Dec., Dub.; en catalan *Ail de Culobra.*

Alli. vineale et *littoreum,* Lois.

Habite partout: les champs, les vignes, sur les collines de tout le département. Fleurit en juin et juillet.

4. Ail porreau, *Alli. porrum,* Lin., Dec., Dub.; en catalan *Porrou.*

Porrum commune, Rchb.

Cultivé très en grand pour les usages domestiques. C'est un objet d'exportation assez lucratif. Fleurit en juillet et août.

5. Ail faux-porreau, *Alli. ampeloprasum,* Lin., Dec., Dub.

Porrum ampeloprasum, Rchb.

Habite les vignes de Salses et de l'île Sainte-Lucie. Cultivé pour les usages domestiques. Fleurit en juillet et août.

6. Ail polyanthe, *Alli. polyanthum,* Rœm., Bor.

Alli. multiflorum, Dec.

Habite les vignes et les champs arides de Château-Roussillon, de Canet, de Cabestany; les vignes du *Sarrat d'en Vaquer,* près Perpignan; les terres arides de Baixas et de *Cases-de-Pena.* Fleurit en juin et juillet.

7. Ail rond, *Alli. rotundum,* Lin., Dec., Dub.

Habite les champs et les vignes des coteaux de la vallée du Réart. Fleurit en juin et juillet.

8. Ail à fleurs aiguës, *Alli. acutiflorum,* Lois., Dec., Dub.

Habite toutes les terres aspres se rapprochant de la mer; Saint-Nazaire; le haut plateau de Canet. Fleurit en mai et juin.

9. Ail à tête ronde, *Alli. sphærocephalon,* Lin., Dec., Dub.

Alli. Desegliséi, Bor.; *Alli. descendens,* Hall.

Habite les terres arides et les vignes de *Cases-de-Pena;* les bords des champs, d'Arles à Montferrer; le vallon de Finestret, à *Sahilla;* les coteaux de Prades; les terres incultes de Vernet-les-Bains; les vignes de Villefranche à Olette. Fleurit de juin en août.

10. Ail descendant, *Alli. descendens,* Lin., Hall., Guss.

Alli. eminens, Gre.

Habite les terres arides qui se rapprochent des dunes de Canet jusqu'à Collioure. Fleurit en mai et juin.

11. Ail échalote, *Alli. ascalonicum,* Lin., Dec., Dub.; en catalan *Xalote.*

Vulg. *Échalote.*

Cultivé pour les usages domestiques dans tous les potagers. Fleurit en juin et juillet.

12. Ail oignon, *Alli. cepa,* Lin., Dec., Dub.; en catalan *Ceba.*

Vulg. *Oignon.*

Cultivé très en grand pour les usages domestiques, l'Oignon est un sujet d'exportation considérable, surtout pour les villages de Toulouges, Le Soler et la banlieue de Perpignan, où l'on voit toutes les terres arrosables converties en carrés plantés d'oignons, que l'on porte sur le marché de Perpignan et que des charrettes transportent au loin.

13. Ail civette, *Alli. schœnoprasum,* Lin., Dec., Dub.; en catalan *Ciboleta.*

Habite les bords des champs, entre Perpignan et *Cases-de-Pena;* la *Trencada d'Ambulla;* les environs de Mont-Louis; la vallée d'Eyne, sur les roches humides. Cette espèce est cultivée dans quelques jardins. Fleurit en juin et juillet.

14. Ail faux-moly, *Alli. chamæmoly,* Lin., Dec., Dub.

Habite le vallon de Collioure, dans les vignes et les bords des champs; les vignes d'Argelès et Sorède, au pied des Albères. Fleurit en mars et avril.

15. Ail cilié, *Alli. subhirsutum,* Lin., Dec., Dub.

Alli. subhirsutum et *graminifolium*, Lois.

Habite les vignes des environs de Salses qui se rapprochent le plus de l'étang; l'île Sainte-Lucie, dans les vignes et les terres vagues des salins. Fleurit en avril et mai.

16. Ail trigone ou à trois faces, *Alli. triquetrum,* Lin., Dec., Dub.

Habite le vallon de Collioure, à Consolation; Port-Vendres, vignes et champs, à *Paulille;* Banyuls-sur-Mer, sur les bords de la rivière; Cosperons, dans les vignes; Prades et Villefranche, vignes. Fleurit en avril et mai.

17. Ail rosé, *Alli. roseum,* Lin., Dec., Dub.

Habite les vallons de Collioure, Port-Vendres et Banyuls-sur-Mer, dans les vignes et les bords des champs; les vignes du haut Vernet, de Perpignan, Baixas et *Cases-de-Pena;* remonte dans la vallée de l'Agly jusqu'à Caudiès, et dans celle de la Tet, jusqu'à Olette. Fleurit en mars et avril.

Cette espèce fournit la variété *β bulbiferum,* dont l'ombelle est formée de bulbilles sessiles et entremêlés de quelques fleurs. *Alli. carneum* de Bertol. Vit plus particulièrement dans les vignes de Baixas et de *Cases-de-Pena.*

18. Ail Napolitain, *Alli. Neapolitanum,* Cyrill., Guss., Bertol.

Alli. album, Savi.

Habite les vignes et les terres cultivées du vallon de Banyuls-sur-Mer; la vallée de l'Agly, à Saint-Martin et à Vira; assez fréquent à l'île Sainte-Lucie. Fleurit en avril et mai.

19. Ail magique, *Alli. nigrum,* Lin., Dec., Dub.

Alli. Monspessulanum, Gouan: *Alli. magicum*, Dec.

Habite les terres incultes des bords des torrents de la vallée du Réart, ainsi que dans les vignes; les bords des champs entre Elne et Argelès. Fleurit en mai.

Cette espèce est excessivement commune à Montpellier. On la vend par petits paquets, que les ménagères achettent pour les mettre dans les ragoûts, surtout dans les soupes grasses.

20. Ail des ours, *Alli. ursinum,* Lin., Dec., Dub.

Habite les pâturages et la lisière des bois; la forêt de Salvanère; les bois des parties basses de la montagne de *Madres;* les pâturages du *Caillau* de Mosset; les bois du Llaurenti. Fleurit en mai et juin.

21. Ail victoriale ou serpentin, *Alli. victorialis,* Lin., Dec., Dub.

Alli. plantaginense, Lam.

Habite Mont-Louis, sur les bords de la Tet; les prairies du moulin de la Llagone; les pâturages du *Pla de Barrés;* les prairies de la *Borde-Girvés;* la vallée d'Eyne; la montagne de *Madres;* la forêt de Salvanère; le Canigou, au *Bac de set Hómens;* les pâturages de la *Comelade;* les prairies de *Costa-Bona;* le Llaurenti. Fleurit en juin et juillet.

22. Ail des lieux cultivés, *Alli. oleraceum,* Lin., Dec., D.

Alli. virescens, Lam.; *Alli. parviflorum*, Thuill.; *Porrum oleraceum*, Mœnch.

Habite les champs et les bords des vignes des environs de Perpignan; les garrigues et les terres arides de la vallée du Réart. Fleurit en juillet et août.

23. Ail caréné, *Alli. carinatum,* Lin., Dec., Dub.

Alli. flexum, W. B.

Habite les vignes du Vernet, près Perpignan; les vignes et terres en friche de Salses; les vignes et les terres près des salins à l'île Sainte-Lucie. Fleurit en juin et juillet.

Une variété, β *consimile,* Jordan, se rapporte à cette plante. Elle se distingue par la fleur, d'un rose pâle, un peu plus allongée; étamines moins saillantes et ne dépassant que peu le périgone, même après la fécondation; bulbilles plus courbés et plus acuminés au sommet; tige plus élevée. Vit dans les mêmes localités que le type.

24. Ail jaune, *Alli. flavum,* Lin., Dec., Dub.

Habite les garrigues et les vignes de Baixas; *Força-Real; Cases-de-Pena,* et toute la vallée de l'Agly, jusqu'à Saint-Paul. Fleurit en juin et juillet.

25. Ail paniculé, *Alli. paniculatum,* Lin., Bast.

Alli. intermedium, Dec.; *Alli. longispathum,* Red.; *Alli. pallens,* Dec., fl. fr.; *Alli. Monspessulanum,* Will.

Habite les vignes du Vernet, près Perpignan, Baixas, *Cases-de-Pena,* Estagel; les vignes et champs, à Prades et Villefranche. Fleurit en juin et juillet.

Cette espèce produit une variété, β *pallens,* qui se distingue par l'ombelle plus serrée, plus arrondie; fleurs d'un blanc sale; anthères presque exsertes; style plus court. *Alli. pallens,* Lin. Cette variété se trouve dans les vignes du Vernet, près Perpignan; à *Malloles;* au *Sarrat d'en Vaquer,* et sur les vignes qui bordent la route de Perpignan à Canet.

26. Ail musqué, *Alli. moschatum,* Lin., Dec., Dub.

Alli. setaceum, W. K.

Habite les vignes de *Cases-de-Pena* et d'Estagel, sur les calcaires; la base de *Força-Real;* les vignes des coteaux de Prades, Villefranche et les environs des Graus d'Olette. Fl. en juin et juillet.

Genre Nothoscordum, *Nothoscordum,* Kunth.

Ce genre, qui se compose d'une seule espèce, *Noth. fragrans,* n'a pas été observé dans ce département.

Genre Érythrone, *Erythronium,* Lin.

1. Éry. dent de chien, *Ery. dens canis,* Lin., Dec., Dub.; en catalan *Monjeta salvatje.*

Habite le *Pla de Barrés,* près Mont-Louis; la vallée d'Eyne; bois de la vallée de Lló; les pelouses élevées du Canigou; Prats-de-Molló, au *Pla de las Eguas* et à *Rocas rojas.* Fleurit de mai à juillet.

Genre Endymion, *Endymion,* Dumort.

1. Endy. nutans, *Endy. nutans,* Dumort.

Endy. nutans, Link.; *Scilla nutans,* Lin.; *Hyacinthus non scriptus,* Lin.; *Hya. non scriptus et cernuus,* Thuill.; *Hya. Anglicus,* Ray.; *Hya. pratensis,* Lam.

Habite les vignes, les champs aspres des environs de Perpignan, et toute la plaine aride des trois bassins. Fleurit en mai.

Genre Hyacinthe, *Hyacinthus,* Tournef.; en catalan *Jacintó.*

1. Hya. oriental, *Hya. orientalis,* Lin., Dec., Dub.

Hya. provincialis, Jord.

Cultivée dans les jardins, cette plante ne se trouve pas à l'état subspontané dans le département des Pyrénées-Orientales.

2. Hya. blanchâtre, *Hya. Albulus*, Jord.

Ne se trouve pas non plus subspontané dans le pays.

3. Hya. améthyste, *Hya. amethystinus*, Lin., Dec., Dub.

Habite le bord des bois et les prairies des montagnes moyennes; les environs de Saint-Martin-du-Canigou; les abords des forêts de Boucheville et des Fanges. Fleurit en juin.

Genre Belleval, *Bellevalia*, Lapey.

1. Bell. Romaine, *Bell. Romana*, Rchb.; Kunth.

Bell. operculata et *appendiculata*, Lapey.; *Hyacinthus Romanus*, Lin.

Habite les prairies humides des parties basses du littoral, Argelès, Saint-Nazaire, Saint-Laurent-de-la-Salanque, Salses, l'île Sainte-Lucie. Fleurit en avril et mai.

Genre Muscari, *Muscari*, Tournef.

1. Musc. à grappe, *Musc. racemosum*, Dec., Guss., Bor.

Hya. racemosus, Lin.; *Hya. botryoïdes*, Mill.; *Botryanthus odorus*, Kunth.

Habite les vignes et les champs de tous les environs de Perpignan; les terres identiques de tout le département, dans les trois bassins. Fleurit en février et mars.

2. Musc. négligé, *Musc. neglectum*, Guss., Bor.

Botryanthus neglectus, Kunth.

Habite les terrains calcaires, vignes et champs, à *Cases-de-Pena*, *Força-Real*, la *Trencada d'Ambulla*, et presque dans tous les aspres. Fleurit en mars.

3. Musc. botride, *Musc. botryoïdes*, Dec., Bor., Dub.

Hyacinthus botryoïdes, Lin.; *Botryanthus vulgaris*, Kunth.

Habite, à Perpignan, les champs et vignes hors la porte Canet, routes d'Elne, de Cabestany, de Canet; *Malloles*, champs et vignes. Fleurit en mars et avril.

4. Musc. de Lelièvre, *Musc. Lelievrii*, Bor.

Habite les mêmes localités que le *Musc. botryoïdes*. Il est moins commun; sa floraison est plus précoce. Fleurit en février et mars.

5. Musc. à toupet, *Musc. comosum*, Mill., Dec., Dub.

Hyacinthus comosus, Lin.; *Bellevalia comosa*, Kunth.

Vulg. *Ail à toupet*.

Habite les champs et les vignes de Perpignan, *Malloles, Sarrat d'en Vaquer*, les environs des lunettes de la porte Canet, Prades et toute cette contrée. Fleurit en mai et juin.

GENRE HÉMÉROCALLE, *Hemerocallis*, Lin.

1. Hém. safranée, *Hem. fulva*, Lin., Dec., Dub.

Habite les rochers des environs de Collioure, sur le bord de la mer; les débris calcaires près les bains de La Preste; les environs de Saint-Paul, à la montagne de la *Roca del Gorb*, près de l'Agly. Fleurit en mai et juin.

Cette plante est cultivée dans nos parterres pour sa belle fleur, ainsi que l'*Hem. flava*, sous le nom de *Lis jaune;* ce dernier ne se trouve pas subspontané dans le département.

GENRE PARADIS, *Paradisia*, Mazz.

1. Par. lis de saint Bruno, *Par. liliastrum*, Bertol., Koch.

Antericum liliastrum, Lin.; *Hemerocallis liliastrum*, Lin.; *Phalangium liliastrum*, Lam.; *Czarkia liliastrum*, Andz.

Habite la partie supérieure de la vallée de Nohèdes, près l'étang noir; dans les fissures des roches de la vallée d'Eyne; le *Baus de l'Aze*, près Prats-de-Molló; le Llaurenti. Fleurit en juillet.

GENRE PHALANGÈRE, *Phalangium*, Tournef.

1. Phal. simple, *Phal. liliago*, Schreb., Dec.

Anthericum liliago, Lin.

Habite parmi les roches qui bordent la route de Mont-Louis; les vallées d'Eyne et de Lló; la *Trencada d'Ambulla;* le vallon de Vernet-les-Bains; la *Soulane,* près Prats-de-Molló; *Costa-Bona.* Fleurit en mai et juin.

2. Phal. rameux, *Phal. ramosum,* Lam., Dec., Dub.

Anthericum ramosum, Lam.

Vulg. *Herbe à l'araignée.*

Habite parmi les débris de roches, à *Cases-de-Pena* et à Saint-Antoine-de-Galamus; les vallées de Thuès et de Canaveilles; sur les roches de la *Tour de Batère,* près Cortsavi. Fleurit en juin et juillet.

GENRE SIMÉTHIS, *Simethis,* Kunth.

1. Sim. à feuilles planes, *Sim. planifolia,* Gre. et Godr.

Sim. bicolor, Kunth.; *Anthericum planifolium,* Lin.; *Anth. ericetorum,* Berg.; *Anth. bicolor,* Desf.; *Phalangium planifolium,* Pers.

Habite les pentes orientales du vallon de Banyuls-sur-Mer, dans les bois; assez fréquente au bois des Abeilles. Fleurit en mars et avril.

GENRE ASPHODÈLE, *Asphodelus,* Lin.; en catalan *Asfodèle.*

1. Asph. fistuleux, *Asph. fistulosus,* Lin., Dec., Dub.

Habite les remparts de la Ville-Neuve, à Perpignan, surtout sur la courtine de la porte Magenta; les environs de Collioure. Fleurit en mai.

2. Asph. à gros fruit, *Asph. microcarpus,* Viv., Lois.

Asph. ramosus, Lin.

Habite les vallons de Collioure, Port-Vendres et Banyuls-sur-Mer, anse de *Paulille* et Consolation; *Cases-de-Pena;* les garrigues de Baixas; *Força-Real;* Saint-Antoine-de-Galamus. Fleurit en mai.

3. Asph. sub-alpin, *Asph. subalpinus,* Gre. et Godr.

As. Delphinensis, Gre. et Godr.; *As. ramosus,* Lapey.; *As. neglectus,* Rœm.

Habite le vallon de Taurinya; les pâturages du Canigou; ceux de Saint-Martin-du-Canigou; *Costa-Bona;* les prairies de la *Comelade.* Fleurit en juillet.

4. Asph. blanc, *Asph. albus,* Will., Dec., Dub.

Asph. ramosus, Lin.

Vulg. *Bâton blanc.*

Habite le Canigou, sous la *Tour de Batère,* près Saint-Marsal; le pied du Canigou, près des mines de Fillols; le *Roc de l'Ours,* vallée d'Évol; les roches de l'extrémité de la vallée de Nohèdes, près l'étang étoilé. Fleurit en juillet.

On cultive dans nos parterres l'*Asphodelus luteus,* connu sous le nom de *Bâton de Jacob.*

GENRE APHYLANTE, *Aphylantes,* Tournef.

1. Aph. de Montpellier, *Aph. Monspelliensis,* Lin., Dec.

Habite les bords des vignes et des garrigues de Baixas; *Cases-de-Pena; Força-Real;* les environs de Perpignan; Prades; la *Trencada d'Ambulla;* commun partout. Fleurit en mai.

128me FAMILLE. — SMILACÉES, *Smilaceæ,* R. BROWN.

(*Hexandrie* ou *Diœcie,* L.; *Cruciformes* ou *Campanulacées,* T.; *Asparaginées,* Juss.)

GENRE PARISETTE, *Paris,* Lin.

Vulg. *Raisin de Renard, Étrangle-Loup.*

1. Par. à quatre feuilles, *Par. quadrifolia,* Lin., Dec.

Habite la *Ballanouse de la Motte de Planès;* la vallée d'Eyne, au *Pré de Guillo;* le *Bac de Bolquère,* toujours dans les endroits ombragés et humides; à *las Concas* de Prats-de-Molló. Fl. en mai.

Genre Streptope, *Streptopus*, L. C. Rich.

1. Stre. embrassant, *Stre. amplexifolius*, Dec., Dub., Mert.

Stre. distortus, Lois.; *Uvullaria amplexifolia*, Lin.; *Convallaria dichotoma*, Lin.

Habite les fourrés du *Bac de Bolquère;* la vallée de Saint-Laurent-de-Cerdans, lieux humides du bois de la ville; le vallon de Vernet-les-Bains, dans les châtaigneraies; les gorges du *Randé*, au Canigou. Fleurit en juillet.

Genre Polygonatum, *Polygonatum*, Tournef.

1. Pol. vulgaire, *Pol. vulgare*, Desf., Reb., Lois.

Convallaria polygonatum, Lin.

Vulg. *Sceau de Salomon, Grenouillet.*

Habite les fourrés du bois de Boucheville; les bois des parties basses du Canigou; le vallon de Vernet-les-Bains, au bois de la ville. Fleurit en mai et juin.

2. Pol. à plusieurs fleurs, *Pol. multiflorum*, Alli., Red.

Convallaria multiflora, Lin.

Habite le vallon de Collioure, au-dessus de Consolation; la montagne de Céret, à l'entrée du bois de la ville, près le Mas-Carol; la vallée de Cornella-du-Conflent et de Vernet-les-Bains, dans les bois. Fleurit en mai et juin.

3. Pol. verticillé, *Pol. verticillatum*, Alli., Red., Lois.

Convallaria verticillata, Lin.

Habite le *Bac de Bolquère;* le Canigou, au *Bac de Moura;* les bois de La Bastide et de Saint-Marsal. Fleurit en mai et juin.

Ces trois plantes sont cultivées dans nos parterres, à cause de l'odeur fort suave qu'elles répandent, et la précocité de leurs fleurs, qui durent longtemps lorsqu'elles sont sur une bonne terre substantielle.

GENRE MUGUET, *Convallaria*, Lin.
en catalan *Trenca l'os.*

1. Mug. du mois de mai, *Conv. majolis,* Dec., Dub., Lois.

Polygonatum majale, Alli.

Habite les bois frais de Vira, Fosse et Boucheville; les prairies du plateau de Rabouillet et de Sournia, dans les endroits frais. Fleurit en mai et juin.

GENRE MAIANTHÈME, *Maianthemum,* Wiggers.

1. Mai. à deux feuilles, *Mai. bifolium,* Dec., Dub., Lois.

Convallaria bifolia, Lin.

Habite les bois humides de La Bastide; les prairies et les bois de Fosse et des Fanges. Fleurit en mai et juin.

GENRE ASPERGE, *Asparagus,* Lin.;
en catalan *Asparech.*

1. Asp. officinal, *Asp. officinalis,* Lin., Dec., Dub.;
en catalan *Asparech de hort.*

Cultivé partout dans les jardins; subspontané dans le vallon de Banyuls, sur les roches qui avoisinent la mer. Fleurit en août et septembre.

Cette plante donne deux variétés :

Var. α *maritimus,* Lin. Tige couchée à sa base ou décombante; rameaux foliiformes courts et assez épais; plante peu élevée. Vit sur les bords des vignes à Collioure, Port-Vendres et Banyuls.

Var. β *campestris.* Tige dressée; rameaux foliiformes moux, plus fins et plus longs que dans la variété précédente. Vit le long des Albères, au bord des champs, dans les haies; vignes du haut Vernet, près Perpignan.

2. Asp. à feuilles aiguës, *Asp. acutifolius,* Lin., Desf., Dec.;
en catalan *Asparaguera, Asparech salvatje.*

Asp. corruda, Scop.

Habite partout, au bord des routes, des chemins, des vignes et des champs, parmi les ronces des haies. Fleurit en septembre.

GENRE FRAGON, *Ruscus,* Lin.

1. Frag. piquant, *Rus. aculeatus,* Lin, Desf., Sm.; en catalan *Mate aranyas, Pique aranyas.*

Vulg. *Houx-Frêlon.*

Habite les bords des vignes, des champs, des chemins, dans tout le département. Fleurit en mars et avril.

GENRE SMILAX, *Smilax,* Lin.

1. Smi. rude, *Smi. aspera,* Lin., Sibth.

Habite les collines des basses montagnes, sur les murs en pierre, les haies des champs et des vignes; Perpignan, vignes d'*Orle;* Céret et ses environs; Rigarda, vignes vers *Doma-Nova,* et partout dans les trois bassins. Fleurit en septembre.

Cette plante produit deux variétés:

Var. α *genuina.* Feuilles épineuses sur les bords et sur la nervure dorsale. *Smi. aspera,* Dec. Vit avec le type sur toutes les parties aspres déjà signalées.

Var. β *mauritanica.* Feuilles plus grandes, généralement plus arrondies, le plus souvent inermes; plante plus robuste. *Smi. mauritanica,* Desf. Vit particulièrement à Collioure et ses environs; au pied de la montagne de Saint-Ferréol, à Céret.

129me FAMILLE.—DIOSCORÉES, *Dioscoreæ,* R. BROWN.

(*Diœcie,* L.; *Campanulacées,* T.; *Asparaginées,* Juss.)

GENRE TAMISIER, *Tamus,* Lin.

1. Tam. commun, *Tam. communis,* Lin., Dec., Dub.

Habite, à Céret, les bords des champs et des vignes, parmi les buissons; la vallée de Vernet-les-Bains et de Cornella-du-Conflent, haies et bois. Fleurit en mars et avril. Très-commun.

130me Famille.—Irridées, *Irrideæ,* Juss.

Genre Safran, *Crocus,* Lin.;
en catalan *Safra.*

1. Safr. printanier, *Cro. vernus,* Alli., Vill., Schrad.

Cro. triphyllus et *multiflorus,* Emer *in Lois.; Cro. sativus,* β *vernus,* Lin.

Habite le vieux Mont-Louis; la vallée d'Eyne; les pâturages des environs des Bouillouses; le Canigou; *Costa-Bona.* Les fleurs paraissent immédiatement après la fonte des neiges.

2. Safr. nudiflore, *Cro. nudiflorus,* Sm., Ræm., Lapey.

Cro. multifidus, Ramon.

Habite les prairies élevées qui avoisinent Mont-Louis; la *Coma de la Tet,* sous les contreforts de Carlite; le *Pla Guillem.* Fleurit en août et septembre.

Les plantes de Safran sont cultivées dans nos parterres pour les belles corolles très-précoces des unes et la floraison des autres dans l'arrière saison. Parmi ces dernières, se trouve le *Safran commun* ou *Crocus sativus*, cultivé en grand, autrefois, dans diverses localités du département. Ses stigmates sont employés dans la teinture, et comme condiment. Cette culture a été abandonnée depuis longtemps, nous ne savons trop pourquoi.

Genre Trichonème, *Trichonema,* Ker.

1. Tri. bulbocode, *Tri. bulbocodium,* Rchb., Moris.

Ixia bulbocodium, Lin.; *Romulea bulbocodium,* Seb.

Habite l'ermitage de Consolation, sous les tilleuls. Fleurit de très-bonne heure, en février.

2. Tri. columnæ, *Tri. columnæ,* Rchb., Babingt.

Trich. bulbocodium, Sm.; *Romulea columnæ,* Seb.; *Ixia minima,* Tenor.; *Ixia bulbocodium,* Dec.

Habite les gazons des environs de Collioure et de Consolation; Port-Vendres, au bord des champs et des vignes; à Salses, près de la fontaine *Estramer*, les bords des vignes et sur les garrigues. Fleurit en mars et avril.

Genre Iris, *Iris*, Lin.

1. Iris chaméiris, *Iris chamæiris*, Bertol., Savi.; en catalan *Lliry grog*, *Boga*.

Iris pumila, Vill.

Habite le bord des vignes du *Sarrat de las Guillas*, du *Sarrat d'en Vaquer*, les environs de *Malloles*. Fleurit en avril.

2. Iris jaunâtre, *Iris lutescens*, Lam.

Habite la vallée de l'Agly, après *Cases-de-Pena*, dans les fentes des roches calcaires; *Força-Real*; la *Trencada d'Ambulla* et Villefranche, parmi les roches. Fleurit en mars et avril.

3. Iris olbiensis, *Iris olbiensis*, Hénon.

Iris pumila, Savi.; *Iris Italica*, Parl.

Habite les parties rocheuses de *Cases-de-Pena*; à mi-côte de *Força-Real*; toute la vallée de l'Agly; les environs de Collioure, vers Consolation. Fleurit en avril.

4. Iris d'Allemagne, *Iris Germanica*, Lin., Vill., Schrad. en catalan *Lliry blanc*.

Habite parmi les roches des garrigues d'Opol; les garrigues et le bord des vignes de Castelnau et le *Calce* de Thuir. Fleurit en mai.

5. Iris de Florence, *Iris Florentina*, Lin., Desf., Dec.

Habite les haies des vignes des coteaux Saint-Sauveur et du *Sarrat d'en Vaquer*, près Perpignan; les coteaux des environs de Salses. Fleurit en mai.

6. Iris faux-acore, *Iris pseudacorus*, Lin., Dec., Lois.; en catalan *Boga*.

Iris lutea, Lam.

Habite les bords humides de la rivière de la Basse, près la métairie Fraisse; les prairies humides de Canohès et de Thuir; les fossés des prairies de la Salanque; les prairies et fossés des trois bassins. Fleurit en juin.

7. Iris très-fétide, *Iris fetidissima,* Lin., Lam., Desf.

Vulg. *Iris à odeur de gigot, Glayeul puant.*

Habite les bois et les haies humides de toutes les parties basses des trois bassins; les prairies des environs de Perpignan, et partout dans la plaine. Fleurit en mai et juin.

8. Iris bâtard, *Iris spuria,* Lin., Dec., Schrad.

Iris maritima, Lam.; *Iris graminea,* Less.

Habite les prairies des parties basses et les bords des marécages de Canet; les fossés des propriétés basses de Saint-Cyprien; Saint-Laurent-de-la-Salanque. Fleurit en juin.

9. Iris graminé, *Iris graminea,* Lin., Lam., Schrad.

Habite les prairies et le bord des eaux entre Saint-Laurent-de-la-Salanque et les salins. Fleurit en mai.

10. Iris faux-xyphium, *Iris xyphioïdes,* Ehrh., Dec., Lap.

Habite les lieux humides et le bord des eaux des parties alpines du Canigou; la vallée de Carença; la forêt de Salvanère; la *Soulane* de Prats-de-Molló. Fleurit en juillet et août.

11. Iris xyphium, *Iris xyphium,* Ehrh., Will.

Habite les prairies du littoral, entre Saint-Cyprien et la mer; les prairies maritimes d'Argelès. Fleurit en juin.

Genre Hermodacte, *Hermodactylus,* Tournef.

1. Her. tubéreux, *Her. tuberosus,* Salisb.

Iris tuberosa, Lin.

Cultivé dans les parterres pour la suavité de ses fleurs.

Genre Gynandriris, *Gynandriris,* Parl.

Ce genre se compose d'une seule espèce, qui ne vit pas dans le département.

Genre Glayeul, *Gladiolus,* Lin.

en catalan *Bruyol.*

1. Glay. d'Illyrie, *Glad. Illyricus,* Koch., Sturm.

Glad. communis, var. *parviflorus,* Bast.

Habite les environs de Port-Vendres, dans les terres vagues et parmi les bruyères, le fort Saint-Elme et le Mas de *Roumani.* Fleurit en mai.

2. Glay. commun, *Glad. communis,* Lin., Gaud.

Habite les champs, parmi les moissons, dans toute la contrée. Fleurit en mai.

3. Glay. des récoltes, *Glad. segetum,* Gawl., Koch.

Glad. Italicus, Gaud.; *Glad. communis,* Desf.

Habite les terres calcaires, champs et vignes, à Salses, le Vernet de Perpignan, *Cases-de-Pena,* Estagel, Baixas, *Força-Real;* les environs de Villefranche, champs et vignes. Fleurit en mai.

131me Famille.—Amaryllidées, *Amaryllideæ,* R. Br.

(*Hexandrie,* L.; *Liliacées,* T.; *Narcissées,* Juss.)

Genre Perce-Neige, *Galanthus,* Lin.

1. Perce-neige des Parisiens, *Gal. nivalis,* Lin., Dec., Dub.

Habite les environs de Mont-Louis, sur les bords de la Tet; le *Bac de Bolquère;* la *Borde-Girvés;* les lieux frais du bois de La Bastide; le Canigou; paraît de suite après la fonte des neiges. Fleurit en mars et avril.

Genre Nivéole, *Leucoium*, Lin.

1. Niv. du printemps, *Leuc. vernum*, Lin., Dec., Dub.

Erinosma vernum, Herbert; *Nivaria verna*, Mœnch.

Habite les prairies des environs de Mont-Louis; la *Borde-Girvés;* le Canigou, pâturages avant d'arriver au *Randé.* Fleurit en mars et avril.

2. Niv. d'été, *Leuc. æstivum*, Lin., Dec., Dub.

Leucoium autumnale, Gouan.

Habite les prairies qui bordent la Tet, près Perpignan; les pâturages du pied des Albères et d'Argelès. Fl. en mai et juin.

Genre Sternbergia, *Sternbergia*, W. K.

Ce genre se compose d'une seule plante, *Stern. lutea*, Gawl., qui n'est pas subspontanée dans le département; elle est cultivée sous le nom de *Croix de Saint-Jacques.*

Genre Narcisse, *Narcissus*, Lin.; en catalan *Narcisce.*

1. Nar. bulbocode, *Nar. bulbocodium*, Lin., Dec., Dub.

Corbularia bulbocodium, Haw.

Habite les anses de *Paulille*, à Port-Vendres; les prairies qui bordent la rivière, à Prades et à Villefranche. Fleurit en avril.

2. Nar. faux-narcisse, *Nar. pseudo-narcissus*, Lin., Dec., Dub.

Nar. major, Lois.; *Nar. radians*, Lapey.; *Nar. festalis*, Salisb.; *Ajax pseudo-narcissus*, Haw.

Habite les prairies qui avoisinent Mont-Louis et la *Borde-Girvés;* la vallée de Nohèdes, près des lacs; le Canigou, au *Bac d'Estavol.* Fleurit en avril et mai.

Cette espèce présente diverses variétés qui se distinguent par les couleurs de la fleur. La plus remarquable est la var. *β bicolor*, Lapey., qui a les périgonales d'un jaune-soufré très-pâle. Vit dans les prairies de la *Font dels Asclops*, près Mont-Louis; le Canigou; *Costa-Bona;* le bois de Saint-Antoine-de-Galamus, près la rivière.

3. Nar. majeur, *Nar. major*, Curt., Dec.

Nar. Hispanicus, Gouan; *Nar. grandiflorus*, Salisb.; *Ajax major*, Haw.; *Ajax grandiflorus*, Salisb.

Habite les pâturages de la partie supérieure de la vallée de Nohèdes, près des lacs, où il est très-commun; les prairies qui bordent la Tet, à Mont-Louis; les prairies du *Randé*, au Canigou. Fleurit en avril et mai.

4. Nar. non-pareil, *Nar. incomparabilis*, Mill., Dec., Dub.

Nar. odorus, Gouan; *Nar. Gouani*, Roth.; *Queltia incomparabilis*, Haw.; *Quel. fetida*, Herb.

Habite les prairies au pied du Canigou, dans la vallée d'Estoher; les pâturages du premier plateau de la vallée de Nohèdes; ceux du *Caillau* de Mosset. Fleurit en avril et mai.

5. Nar. des poëtes, *Nar. poëticus*, Lin., Dec., Dub.

Nar. angustifolius, Lois.

Vulg. *Herbe de la Vierge.*

Habite les prairies du plateau de Mont-Louis; les prairies alpines du Canigou; tous les pâturages du Capcir; les prairies des vallées d'Évol et de Nohèdes. Fleurit en avril et mai.

6. Nar. à deux fleurs, *Nar. biflorus*, Curt., Dec., Dub.

Cette espèce habite les parterres, où on la cultive; nous ne l'avons pas trouvée subspontanée dans nos prairies.

7. Nar. à feuilles de jonc, *Nar. juncifolius*, Req., Lois.

Nar. Requienii, Ræm.; *Queltia Juncifolia*, Herb.; *Nar. jonquilla*, Lapey.; *Nar. jonquilla*, var. δ Dec.

Habite les vallons de Port-Vendres et de Banyuls-sur-Mer; les pâturages au pied des Albères; la montagne de Céret; Prats-de-Molló, pâturages près du Tech. Fleurit en avril et mai.

8. Nar. jonquille, *Nar. jonquilla,* Lin., Dec., Dub.

Habite le vallon de Port-Vendres, au *Mas-Roumani;* le vallon de Banyuls-sur-Mer, dans les pâturages du *Col d'en Pere Carnera;* Cortsavi, au *Roc de las Abellas,* près la tour de Batère; les rochers des environs de Villefranche. Fleurit en avril.

Cette espèce est cultivée dans nos parterres, et très-estimée à cause de l'odeur suave de sa fleur.

9. Nar. tazette, *Nar. tazetta,* Lin., Dec., Dub.

Habite toutes nos prairies maritimes, où il est fort commun; le vallon de Port-Vendres, aux anses de *Paulille.* Fleurit en mars. Cette plante fournit plusieurs variétés, qu'on trouve avec le type.

Genre Pancrace, *Pancratium,* Lin.

1. Pan. maritime, *Pan. maritimum,* Lin., Dec., Dub.

Habite les prairies maritimes de Canet, Saint-Nazaire, Saint-Cyprien, Argelès; les vallons de Collioure et Port-Vendres, sur les rochers et aux anses de *Paulille;* Banyuls, pentes et coteaux, au bord de la mer à *Can Talé.* Fleurit de juillet à septembre.

132me Famille.—Orchidées, *Orchideæ,* Juss.

(*Gynandrie,* L.; *Anomales,* T.)

Genre Sabot, *Cypripedium,* Lin.

1. Sab. de la Vierge, *Cyp. calceolus,* Lin., Dec., Dub.

Habite les pâturages humides des environs de Mosset, près la rivière; les pentes herbeuses et méridionales du bois de Salvanère. Fleurit en juin et juillet.

Genre Spiranthe, *Spiranthes,* L. C. Rich., Coss.

1. Spi. d'été, *Spi. æstivalis,* Rich., Coss.

Neottia æstivalis, Dec.; *Ophrys æstivalis,* Lam.

Habite les prairies humides de la vallée de Nohèdes, avant d'arriver au premier plateau. Fleurit en juillet et août.

2. Spi. d'automne, *Spi. autumnalis,* Rich., Coss.

Neottia spiralis, Swartz.; *Ophrys spiralis,* Lin.; *Epipactis spiralis,* Crantz.

Habite les bois frais des environs de la *Borde-Girvés* et du *Pla dels Abellans;* les pelouses du *Pla de l'Ours,* entre la *Font de Comps* et la *Jasse d'Évol.* Fleurit d'août à octobre.

Genre Goodyère, *Goodyera,* R. Brown.

1. Good. rampante, *Good. repens,* R. Brown.

Neottia repens, Swartz.; *Satyrium repens,* Lin.; *Ophrys cernua,* Thore.; *Serapias repens,* Vill.

Habite les prairies et les bois qui bordent la Boulzane, entre les forêts de Boucheville et des Fanges. Fleurit en juillet et août.

Genre Céphalanthère, *Cephalanthera,* L. C. Rich.

1. Ceph. blanc de neige, *Ceph. ensifolia,* Rich., Coss.

Ceph. xylophyllum, Rchb.; *Epipactis ensifolia,* Swartz.; *Serapias ensifolia,* Mur.; *Ser. xylophyllum,* Lin.

Habite les pâturages et les bois humides des environs de Saint-Paul et de Caudiès. Fleurit en mai et juin.

2. Ceph. à grande fleur, *Ceph. grandiflora,* Bab., Rchb.

Ceph. pallens, Rich.; *Ceph. lancifolia,* Coss.; *Serapias grandiflora,* Lin.; *Ser. lancifolia,* Mur.; *Ser. nivea,* Chaix.; *Epipactis lancifolia,* Dec.; *Epip. pallens,* Will.

Habite les pâturages de la *Coma*, à Prats-de-Molló; la *Tour de Mir,* sur les pelouses humides du levant. Fleurit en mai et juin.

3. Ceph. rouge, *Ceph. rubra,* Rich., Coss.

Epipactis rubra, Alli.; *Serapias rubra,* Lin.

Habite les prairies basses et humides près du Tech, à Prats-de-Molló; les prairies au pied des Albères, près Argelès. Fleurit en juin et juillet.

Genre Épipactis, *Epipactis,* L. C. Rich.

1. Épi. à larges feuilles, *Epi. latifolia,* Alli., Koch, Bor.

Serapias latifolia, Lin.

Habite la *Motte de Planès,* dans les environs de Mont-Louis; les bois du vallon de Vernet-les-Bains; Céret et Arles, dans les bois au pied des montagnes; la *Roca Gallinera,* à Prats-de-Molló. Fleurit en juillet et août.

2. Épi. rougeâtre, *Epi. atrorubens,* Hoffm., Bor.

Epi. rubiginosa, Koch.; *Serapias microphylla,* Merat.

Habite les pâturages du Canigou, vallée de Valmanya; les environs de Prats-de-Molló; assez commun dans les prairies du Llaurenti. Fleurit en juin et juillet.

3. Épi. microphylle, *Epi. microphylla,* Swartz., Bor.

Epi. latifolia, β *microphylla,* Dec.; *Serapias microphylla,* Ehrh.

Habite les prairies qui avoisinent le bois des Fanges; les pâturages de la forêt de Salvanère; ceux de la *Tour de Mir,* près Prats-de-Molló. Fleurit en juin et juillet.

4. Épi. des marais, *Epi. palustris,* Crantz., Dec., Dub.

Epi. longifolia, Schmidt; *Serapias longifolia,* Lin.; *Ser. palustris,* Scop.

Habite les prairies humides au pied des Albères; les marécages d'Argelès; les prairies des environs d'Arles; les pâturages près la rivière, entre Prats-de-Molló et La Preste. Fleurit en juin et juillet.

GENRE LISTÈRE, *Listera*, R. Brown.

1. List. ovale, *List. ovata*, R. Brown.

Epipactis ovata, Crantz.; *Ophrys ovata*, Lin.; *Neottia ovata*, Bluff.

Habite les roches humides situées au centre du *Bac de Bolquère;* les bords du bois de Boucheville; les pâturages du *Xatart,* à Prats-de-Molló. Fleurit de mai à juillet.

2. List. en cœur, *List. cordata*, R. Brown.

Epipactis cordata, Alli.; *Ophrys cordata*, Lin.; *Neottia cordata*, Rich.

Habite les pelouses et les bois de la *Font de Comps;* les bois et les pâturages de la vallée d'Évol. Fleurit de mai à juillet.

GENRE NÉOTTIE, *Neottia*, L. C. Rich.

1. Néot. nid d'oiseau, *Neot. nidus avis*, Rich.

Epipactis nidus avis, Crantz.; *Ophrys nidus avis*, Lin.

Habite les bords des ruisseaux où croissent l'Aune commun, *Alnus glutinosa*, vallée d'Arles et de Saint-Laurent-de-Cerdans; les pâturages entre Saint-Paul et Caudiès. Fleurit en mai et juin.

GENRE LIMODORE, *Limodorum*, L. C. Rich.

1. Lim. à feuilles avortées, *Lim. abortivum*, Swartz., Dec., Dub.

Orchis abortiva, Lin.

Habite les bois qui avoisinent Céret; le vallon de Collioure, dans les bois; la base de la *Trencada d'Ambulla,* parmi les broussailles. Fleurit de mai à juillet.

GENRE ÉPIPOGIUM, *Epipogium*, Gmel.

Ce genre se compose d'une seule espèce, *Epipogium Gmelini*, Rich., qui n'a pas été trouvée dans le département.

Genre Coralline, *Corallorhiza,* Hall.

1. Cor. de Haller, *Cor. innata,* R. Brown.

Cor. Halleri, Rich.; *Orchis corallorhiza,* Lin.; *Cymb. corallorhiza,* Sw.

Habite les bois des montagnes de Nohèdes, en allant vers le *Pla de l'Ours,* vallée d'Évol; les bois et pâturages de Fossa et de Vira, près Saint-Paul. Fleurit de juin en août.

Genre Liparis, *Liparis,* L. C. Rich.

1. Lip. de Lésel, *Lip. Lœselii,* Rich., Coss.

Sturmia Lœselii, Rchb.; *Malaxis Lœselii,* Swartz.; *Ophrys Lœselii,* Lin.; *Oph. liliifolia,* Vill.

Habite les prairies humides qui bordent la Désix dans le vallon de Rabouillet. Fleurit en juin et juillet.

Cette toute petite Orchidée passerait inaperçue, si on n'apportait la plus grande attention dans sa recherche.

Genre Malaxe, *Malaxis,* Swartz.

1. Mal. des marais, *Mal. paludosa,* Swartz., Coss.

Habite les mêmes localités que l'espèce précédente. Ces deux plantes ont une si grande ressemblance, qu'on les confondrait, si les fleurs ne venaient en aide pour les distinguer. Fleurit en juin et juillet.

Genre Helléborine, *Serapias,* Lin.

1. Hell. en cœur, *Sera. cordigera,* Lin., Dec., Dub.

Hell. cordigera, Seb. et Maur.

Habite les bois et les pâturages des montagnes moyennes entre Oms et Saint-Marsal; la *Tour de Mir,* près Prats-de-Molló. Fleurit d'avril à juin.

2. Hell. à longs pétales, *Sera. longipetala,* Poll., Ten.

Ser. pseudo-cordigera, Moris.; *Ser. oxiglottis,* Rchb.; *Ser. lancifera,* S^{t}-Am.; *Ser. hirsuta,* Lapey.; *Hell. longipetala,* Ten.; *Hell. pseudo-cordigera,* Seb.

Habite les pâturages des montagnes de Nohèdes, sur le premier plateau; assez fréquente sur les pelouses en pente du bois de la ville, à Saint-Laurent-de-Cerdans. Fleurit en mai et juin.

3. Hell. à languette, *Ser. lingua,* Lin., Dec., Dub., Lois.

Ser. glabra, Lapey.

Habite les prairies des environs de Collioure et de Port-Vendres; les châtaigneraies, à Céret; les prairies et châtaigneraies de la vallée de Cornella-du-Conflent et de Vernet-les-Bains; les pâturages au pied de la *Tour de Mir,* à Prats-de-Molló. Fleurit en mai et juin.

4. Hell. cachée, *Sera. oscultata,* Gay., Cavalier.

Ser. parviflora, Pral.; *Ser. laxiflora,* Rchb.; *Ser. columna,* Aunier.

Habite les prairies de la vallée de Cornella-du-Conflent, Vernet les-Bains et Castell. Fleurit en mai.

Genre Acéras, *Aceras,* R. Brown.

1. Acé. homme pendu, *Ace. anthropophora,* R. Br., Godr.

Ophrys anthropophora, Lin.; *Loroglossum anthropophorum,* Rich.; *Himantoglossum anthropophorum,* Spr.

Habite les prairies des environs de Saint-Paul et celles de la petite plaine de Fosse; les pâturages du *Xatart,* près Prats-de-Molló. Fleurit en mai.

2. Acé. à fleurs lâches, *Ace. densiflora,* Boiss.

Ace. intacta, Rchb.; *Ace. secundiflora,* Lindl.; *Satyrium maculatum,* Desf.; *Sat. densiflorum,* Brot.; *Orchis intacta,* Link ; *Orch. atlandica,* Will.; *Orch. secundiflora,* Bertol.; *Himanantoglossum secundiflorum,* Rchb.; *Ophrys densiflora,* Desf.

Habite les prairies des environs de Perpignan, sous Château-Roussillon; la métairie Fraisse, à Toulouges; les pâturages d'Argelès et de Collioure. Fleurit en avril et mai.

3. Acé. barbe de bouc, *Ace. hircina*, Lindl., Rchb.

Satyrium hircinum, Lin.; *Orchis hircina*, Crantz.; *Loroglossum hircinum*, Rich.; *Himantoglossum hircinum*, Spr.

Habite les pelouses des environs de Rigarda; les pâturages de la vallée de Finestret; les pelouses de la vallée de Lló, près l'habitation de M. Girvés. Fleurit en juin et juillet.

4. Acé. pyramidal, *Ace. pyramidalis*, Rchb.

Orch. pyramidalis, Lin.; *Orch. condensata*, Desf.; *Anac. pyramidalis*, Rich.

Habite les prairies des environs de Mont-Louis; les pelouses de la *Borde-Girvés*, sur les bords de la Tet. Fleurit de mai à juillet.

Genre Orchis, *Orchis*, Lin.

1. Orch. papillon, *Orch. papilionacea*, Lin., Dec., Dub.

Orchis rubra, Lois.

Habite les prairies de Saint-Paul; les pâturages de Fosse et de Saint-Martin, même vallée. Fleurit en mai et juin.

2. Orch. bouffon, *Orch. morio*, Lin., Dec., Dub.

Habite les prairies qui bordent la rivière de la Basse, vers la métairie Fraisse; les prairies de Toulouges, Canohès et Thuir. Fleurit en mai et juin.

3. Orch. peint, *Orch. picta*, Lois., Rob.

Habite les prairies de Saint-Cyprien; le vallon de Port-Vendres; les pâturages de Saint-Paul. Fleurit en avril.

4. Orch. brûlé, *Orch. ustulata*, Lin., Dec., Dub., Lois.

Habite les prairies des environs de Mont-Louis; les pâturages du bois de Boucheville, près la maison du garde; les prairies de Prats-de-Molló; le Canigou, à *Caret*, près Mantet. Fleurit en mai et juin.

5. Orch. punaise, *Orch. coriophora*, Lin., Dec., Dub.

Habite les pâturages secs qui avoisinent Mont-Louis; les prairies de la vallée de Vernet-les-Bains et de Castell. Fl. en mai et juin.

Cette espèce présente une variété, β *fragrans*, Pallas, remarquable par l'éperon égalant le labelle, ordinairement un peu plus long et plus denté; fleurs à odeur agréable. Vit avec le type.

6. Orch. singe, *Orch. simia*, Lam., Dec., Dub.

Orch. tephrosanthos, Vill.

Habite les pelouses sèches de Saint-Paul; celles de Fosse et du bois de Boucheville; les coteaux des environs de Prats-de-Molló, à la base de la montagne du *Mir*. Fleurit en mai et juin.

7. Orch. militaire, *Orch. militaris*, Lin., Jacq.

Orch. rivini, Gouan; *Orch. galeata*, Lam; *Orch. tephrosanthos*, var. β Lois.; *Orch. cinerea*, Schrank; *Orch. mimusops*, Thuill.

Habite les prairies et les pelouses des basses montagnes dans les trois bassins, particulièrement aux environs de Saint-Paul. Fleurit en mai et juin.

8. Orch. pourpre, *Orch. purpurea*, Huds., Rchb.

Or. fusca, Jacq.; *Or. militaris*, Dec.; *Or. militaris*, var. β *purpurea*, Huds.

Habite les prairies de Mont-Louis; celles de la *Borde-Girvés;* les pâturages de Mosset; les bords de la rivière, à Estoher; les prairies de Prades. Fleurit en mai et juin.

9. Orch. globuleux, *Orch. globosa*, Lin., Dec., Dub.

Habite les pâturages du Capcir; ceux de la montagne de *Madres;* très-abondant sur les prairies de *Mijanés* et de *Palleres*, en Llaurenti. Fleurit en juillet et août.

10. Orch. mâle, *Orch. mascula*, Lin., Dec., Dub.; en catalan *Pentacoste*, *Salep*.

Habite les bois de la montagne de Maureillas; ceux de Castell; les pâturages de Saint-Paul et de Fosse. Fleurit en mai et juin.

11. Orch. de Provence, *Orch. Provincialis*, Balb., Dec.

Habite les pâturages des vallons de Collioure, Port-Vendres et les bois voisins; les prairies qui avoisinent la forêt de Salvanère. Fleurit en avril et juin.

12. Orch. à fleurs lâches, *Orch. laxiflora*, Lam., Dec.

Orch. ensifolia, Vill.; *Orch. laxiflora*, var. α et β Lois.

Habite les prairies de la vallée de Nohèdes; les pâturages du Conflent, Prades, Vinça; les prairies et les bois de la vallée de Cornella-du-Conflent, Vernet-les-Bains et Castell; les environs de Banyuls-sur-Mer. Fleurit en mai et juin.

13. Orch. des marais, *Orch. palustris*, Jacq., Bor., Lecoq et Lamot.

Orch. laxiflora, var. γ et δ Lois.; *Orch. mediterranea*, Guss.

Habite les pâturages du riveral, le long de la Tet, sur les deux rives, jusqu'à Ille; les prairies humides sous Château-Roussillon. Fleurit en mai et juin.

14. Orch. à larges feuilles, *Orch. latifolia*, Lin., Fries; en catalan *Testicol de ca*.

Habite les prairies des environs d'Urbanya, vallée de Nohèdes, où elle est assez abondante; la vallée de Prats-de-Molló, pâturages *del Xatart*. Fleurit en mai et juin.

15. Orch. incarnat, *Orch. incarnata*, Lin., Fries, Koch.

Orch. divaricata, Chaud.

Habite les prairies des environs de Mosset; les pâturages qui bordent la rivière, le long de la vallée de Jau, vers le *Pla d'en Pons*. Fleurit en mai et juin.

16. Orch. tacheté, *Orch. maculata*, Lin., Dec., Dub.

Habite le vallon de Vernet-les-Bains, près Saint-Vincent. Fleurit en juin.

17. Orch. à deux feuilles, ***Orch. bifolia,*** **Lin., Dec., Dub.**

Satyrium bifolium, Whlb.; *Habenaria bifolia*, Ait.; *Gymnadenia bifolia*, Mey.; *Platanthera bifolia*, Rchb.; *Plat. solstitialis*, Bœnngh.

Habite les bois de châtaigniers de Saint-Laurent-de-Cerdans; les châtaigneraies de Cornella-du-Conflent et de Vernet-lès-Bains; les pâturages des environs de Mont-Louis. Fleurit en mai et juin.

18. Orch. à long éperon, ***Orch. conopsea,*** **Lin., Dec., Dub., Lois.**

Gymnadenia conopsea, R. Brown; *Orch. Pyrenaïca*, Philippe *in Lit.*

Habite les prairies sèches des environs de Mont-Louis; les pâturages de la forêt de Salvanère; les prairies qui avoisinent le bois de Boucheville. Fleurit en juin et juillet.

19. Orch. odorant, ***Orch. odoratissima,*** **Lin., Dec., Dub.**

Gymnadenia odoratissima, Rich.

Habite les prairies arides entre Fosse et Boucheville; les pâturages près Saint-Martin; les prairies et pelouses du vallon de Jau, au *Pla d'en Pons*, près Mosset. Fleurit en mai et juin.

20. Orch. vert, ***Orch. viridis,*** **Crantz., Dec., Dub.**

Satyrium viride, Lin.; *Gymnadenia viridis*, Rich.; *Habenaria viridis*, R. Brown; *Platanthera viridis*, Lindl.

Habite les pâturages et les pelouses de Prats-de-Molló et de La Preste; assez fréquent au *Coral*, dans les pâturages de *Can Poubill*, et au *Bosch Negre*, en Llaurenti. Fleurit en juin et juillet.

21. Orch. blanchâtre, ***Orch. albida,*** **Scop., Dec., Dub.**

Satyrium albidum, Lin.; *Habenaria albida*, Sw.; *Gymnadenia albida*, Rich.; *Cœloglossum albidum*, Hartm.; *Platanthera albida*, Lindl.

Habite les pâturages du bois des *Moines*, au-dessus de Saint-Martin-du-Canigou; les pelouses du *Pla Guillem*, par La Preste; les pâturages du plateau supérieur de Nohèdes. Fleurit en juillet et août.

Genre Herminie, *Herminium,* Rich.

1. Herm. cachée, *Herm. clandestinum,* Gre. et Godr.

Herm. monorchis, R. Brown ; *Ophrys monorchis,* Lin.

Habite les coteaux boisés du *Vilar,* près Saint-Paul, le long du chemin qui conduit à Saint-Marsal; les bois du *Pla d'en Bosch,* au Llaurenti. Fleurit en mai et juillet.

Genre Nigritelle, *Nigritella,* Rich.

1. Nigr. à feuilles étroites, *Nigr. angustifolia,* Rich., K.

Nigr. nigra, Rchb.; *Satyrium nigrum,* Lin.; *Orchis nigra,* Scopol.

Habite les prairies des régions élevées, aux environs de Mont-Louis; le Canigou, à *Caret,* près Mantet. Fleurit en juin et juillet.

Genre Ophrys, *Ophrys,* Lin.

1. Oph. araignée, *Oph. aranifera,* Huds., Coss., Koch.

Oph. aranifera et *pseudo-speculum,* Dec.

Habite les collines de la vallée du Réart, parmi les bruyères et les bois. Fleurit en mai et juin.

Cette espèce fournit une variété, β *atrata,* Lindl., remarquable par le labelle longuement velu-velouté, portant à la base deux bosses coniques porrigées, et latéralement deux dents qui la rendent subtrilobée. Vit dans les bois des Albères.

2. Oph. frêlon, *Oph. arachnites,* Reich., Koch., Will.

Oph. fuciflora, Rchb.

Habite les coteaux et les pâturages des basses montagnes, entre Fosse et la forêt de Boucheville; les coteaux de la *Carbasse,* près Saint-Antoine-de-Galamus. Fleurit en mai et juin.

3. Oph. abeille, *Oph. apifera,* Huds., Dec., Dub.

Habite les prairies de Saint-Paul, de Saint-Martin et de Fosse; celles qui bordent la rivière de la Basse, à Toulouges, Canohès, Thuir. Fleurit en mai et juin.

4. Oph. acuminé, *Oph. scolopax,* Cav., Mut., Billot.

Habite les prairies de Caudiès et de Saint-Paul; les pâturages et les coteaux qui avoisinent la source de l'Agly, au pied du *Pic de Bugarach.* Fleurit en mai et juin.

5. Oph. mouche, *Oph. muscifera,* Huds., Rchb., Koch.

Oph. myodes, Jacq.

Habite les collines et les prairies de Saint-Paul; les pâturages et les coteaux de Fosse et de Boucheville. Fleurit en mai et juin.

6. Oph. brun, *Oph. fusca,* Link *in Schard.*

Oph. lutea, Biv.; *Xph. funerea,* Viv.; *Oph. myodes,* Lapey.

Habite les bois et les prairies des environs de La Preste; les parties moyennes du Canigou; les pâturages de Mont-Louis; les prairies de Prades et de Vernet-les-Bains. Fl. en juin et juillet.

133me Famille. — Hydrocharidées, *Hydrocharideæ,* L. C. Rich.

(*Diæcie* et *Polyandrie,* L.; *Morènes,* Juss.)

Genre Morrène, *Hydrocharis,* Lin.

1. Mor. aquatique, *Hyd. morsus,* Rané, Lin., Dec., Dub.

Habite les prairies tourbeuses du bois de Salvanère et diverses mares de la Boulzane, entre Salvanère et Caudiès. Fleurit en juillet et août.

Genre Stratiote, *Stratiotes,* Lin.

Ce genre, qui se compose d'une seule espèce, *Stratiotes aloïdes,* Lin., n'a pas été observé dans ce département.

Genre Valisnerie, *Valisneria,* Mich.

1. Valis en spirale, *Valis. spiralis,* Lin., Dec., Dub.

Les eaux de ce département ne possèdent pas cette plante, qui est très-commune dans le Canal du Midi.

134me Famille.—Juncaginées, *Juncagineæ*, Rich.

(*Hexandrie*, L.; *Rosacées*, T.; *Joncs*, Juss.)

Genre Triglochin, *Triglochin*, Lin.

1. Tri. des marais, *Tri. palustre*, Lin., Dec., Dub.

Habite le bord des eaux et les prairies tourbeuses des environs de Mont-Louis; les eaux stagnantes de la *Coma de la Tet* et des Bouillouses; les prairies tourbeuses du Canigou et du *Pla Guillem*. Fleurit en juin et juillet.

2. Tri. de Barrelier, *Tri. Barrelieri*, Lois., Dec., Dub.

Habite les marécages de Salses et les mares du littoral; les bords de l'étang, entre Saint-Laurent et Leuçate; les marais de l'île Sainte-Lucie. Fleurit en avril et mai.

3. Tri. maritime, *Tri. maritimum*, Lin., Dec., Dub.

Habite les marais salants des parties basses; Saint-Laurent-de-la-Salanque; Salses; Canet, au *Cagarell;* l'île Sainte-Lucie. Fleurit en mai et juin.

Genre Scheuchzeria, *Scheuchzeria*, Lin.

1. Scheu. des marais, *Scheu. palustris*, Lin., Dec., Dub.

Habite les lacs du plateau de Carlite; les mares et les prairies tourbeuses du *Pla de Bonas Horas*, près la grande Bouillouse, où cette plante abonde. Fleurit en juin et juillet.

135me Famille.—Potamées, *Potameæ*, Juss.

(*Tétrandrie*, L.; *Cruciformes*, T.; *Naïades*, Juss.)

Genre Potamot ou Épi d'Eau, *Potamogeton*, Lin.

1. Pot. nageant, *Pot. natans*, Lin., Dec., Dub.

Pot. plantago, Bast.

Habite les eaux stagnantes des environs de Mont-Louis; les Bouillouses et les mares du Capcir. Fleurit en juillet et août.

2. Pot. flottant, *Pot. fluitans,* Roth., Koch. Dec.

Pot. natans, var. β Dub.

Habite les mares des parties basses de la plaine; l'*Agulla de la Mar;* les flaques d'eau des marais qui avoisinent l'étang de Villeneuve-de-la-Raho et du *Cagarell,* près Canet. Fleurit en juillet et septembre.

3. Pot. gramen, *Pot. gramineus,* Lin., Koch.

Pot. heterophyllum, Dec.; *Pot. variifolium,* Thore.; *Pot. fluitans,* Dec.; *Pot. hybridum,* Thuill.; *Pot. augustanum,* Balb.

Habite les marais du Capcir, aux environs des lacs de Balcère. Fleurit en août.

4. Pot. plantin, *Pot. plantagineus,* Ducros.

Pot. Hornemanni, Mey.

Habite les marais des Bouillouses et les mares de la Cerdagne. Fleurit en juillet et août.

5. Pot. fluet, *Pot. pusillus,* Lin., Dec., Dub.

Habite les marécages de Salses, les fossés et les mares des prairies maritimes. Fleurit de juin en août.

6. Pot. à dents de peigne, *Pot. pectinatus,* Lin., Dec.

Habite les mares et les tourbières du Canigou, dans le vallon de *Cady.* Fleurit en juillet et août.

GENRE ZANICHELLE, *Zanichellia,* Lin.

1. Zani. des marais, *Zani. palustris,* Lin., Will., Lloyd.

Habite les eaux stagnantes des marais de Salses et de l'île Sainte-Lucie. Fleurit en mai et juin.

2. Zani. dentée, *Zani. dentata,* Will., Lloyd.

Zani. repens, Bor.; *Zani. palustris,* Fries.

Habite les mêmes localités que l'espèce précédente. Nous la trouvons aussi dans les mares de nos basses montagnes. Fleurit de mai à juillet.

GENRE ALTHÉNIA, *Althenia,* Petit.

Ce genre se compose d'une seule espèce, *Al. filiformis,* qui n'a pas été observée dans les eaux du département.

136me FAMILLE. — NAJADÉES, *Najadeœ,* LINK.

(*Monœcie* et *Diœcie,* L.; *Najades,* Juss.)

GENRE CAULINIE, *Caulinia,* Willd.

1. Caul. fragile, *Caul. fragilis,* Will.

Caul. minor, Coss. et Germ.; *Ittnera minor,* Gmel.; *Najas minor,* Alli.; *Najas subulata,* Thuill.

Habite les eaux de la *Font Estramer*, qui se jettent dans les marécages de Salses. Fleurit de juillet à septembre.

GENRE NAJADE, *Najas,* Will.

1. Naj. majeure, *Naj. major,* Roth., Dec., Dub.

Naj. marina, α Lin.; *Naj. fluviatilis,* Lam.; *Naj. monosperma,* Will.; *Ittnera najas,* Gmel.

Habite les ruisseaux d'eau vive de la plaine de Thuir, Millas et Ille. Fleurit de juillet à septembre.

137me FAMILLE. — ZOSTÉRACÉES, *Zosteraceœ,* ADR. DE JUSSIEU.

(*Gynandrie,* L.; *Aroïdées,* Juss.)

GENRE POSIDONIE, *Posidonia,* Kæning.

Ce genre se compose d'une seule espèce, *Pos. Caulini,* Kæning., qui habite le fond des mers; nos recherches n'ont pu la découvrir sur nos côtes.

Genre Ruppie, *Ruppia*, Lin.

1. Rup. maritime, *Rup. maritima,* Lin., Koch., Fries.

Rup. spiralis, Dum.

Habite les rivages de Banyuls-sur-Mer; les bas-fonds de nos mers. Les filets traînants en amènent quelquefois. Fleurit en août et septembre.

Genre Zostère, *Zostera,* Lin.

1. Zost. de mer, *Zost. marina,* Lin., Dec., Dub.; en catalan *Alga de mar, Palla de mar.*

Phucagrostris minor, Caul.; *Alga marina*, Lam.

Habite les bas-fonds de la mer, sur tout le littoral; elle vit aussi dans nos étangs salés. La mer en rejette des masses considérables, qui s'accumulent sur les rivages et se couvrent de sable. Fleurit en juin et juillet.

On avait essayé, en dernier lieu, de mêler cette matière à la pâte du gros papier, pour en faire du carton. Ce procédé, inventé par M. Courtais, instituteur à Port-Vendres, donnait du beau carton. Je ne sais pourquoi cette invention n'a pas eu de suite ni pourquoi l'inventeur en est resté aux premières épreuves.

2. Zost. naine, *Zost. nana,* Roth., Koch., Lloyd.

Zost. pumila, Le Gall.; *Zost. uninervis*, Rchb.

Habite les bords rocailleux de la mer, dans les vallons de Collioure, Port-Vendres et Banyuls. Cette espèce est moins abondante que la précédente. Fleurit en juin et juillet.

138me Famille. — Lemnacées, *Lemnaceæ*, Dub.

(*Monœcie,* L.; *Najades,* Juss.)

Genre Lentille d'Eau, *Lemna*, Lin.

1. Lentille d'Eau à trois sillons, *Lem. trisulca*, Lin., Dec.

Habite les mares des prairies inondées par l'eau de la *Font Estramer*, au voisinage de la maison du garde des pêcheries de M. Lloubes, à Salses. Fleurit en avril et mai.

2. Lentille d'Eau mineure, *Lem. minor*, Lin., Dec., Dub.

Habite la surface des eaux stagnantes des fossés, des prairies et des champs, sous Château-Roussillon. Fleurit en avril et mai.

3. Lentille d'Eau bossue, *Lem. gibba*, Lin., Dec., Dub.

Telmatophace gibba, Schleid.

Habite la surface des eaux stagnantes des fossés de la Ville-Neuve, à Perpignan, et les parties de la rivière de la Basse où l'eau est peu courante. La surface des fossés de la Ville-Neuve en est tout-à-fait couverte. Fleurit en août et septembre.

4. Lentille d'Eau à racines nombreuses, *Lem. polyrhiza*, Lin., Dec., Dub.

Spirodela polyrhiza, Schleid.; *Telmatophace polyrhiza*, Godr.

Habite les mares des prairies qui avoisinent les étangs de *Balcère* et de *Camporells*, en Capcir. Fleurit en juin et juillet.

Cette espèce est grande; les frondes vertes en dessus et rougeâtres en dessous, assez épaisses. Elle n'est pas très-abondante dans cette localité.

139me FAMILLE.—AROÏDÉES, *Aroïdeæ*, JUSS.

(*Gynandrie*, L.; *Personnées*, T.)

GENRE GOUET, *Arum*, Lin.

1. Gou. taché, *Ar. maculatum*, Lin., Lois.

Ar. vulgare, Lam.; *Ar. Pyrenaïcum*, Lapey.

Habite les haies ombragées des montagnes moyennes, à Saint-Laurent-de-Cerdans, Costouges; Finestret; Estoher; le bois des Fanges. Fleurit en avril et mai; fruits en août et septembre.

2. Gou. d'Italie, *Ar. Italicum*, Mill., Dec., Dub.;
en catalan *Gujol.*

Habite les bords des champs, les taillis, les bois, partout dans les trois bassins. Fleurit en avril et mai.

3. Gou. à capuchon, *Ar. arisarum*, Lin., Dec., Dub.;
en catalan *Gallarote, Cacaracac.*

Arisa vulgare, Rchb.

Habite les bords des champs et des vignes du vallon de Banyuls-sur-Mer. Fleurit au printemps et en automne.

GENRE CALLA, *Calla*, Lin.

1. Cal. des marais, *Cal. palustris*, Lin., Dec., Dub.

Cette plante est cultivée sous le nom d'*Arum colocalia.*

GENRE ACORUS, *Acorus*, Lin.

1. Aco. odorant, *Aco. calamus*, Lin., Dec., Dub.

Habite les marais de toutes les parties basses de la Salanque. Fleurit en juin et juillet.

140me FAMILLE.—TYPHACÉES, *Typhæ*, JUSS.

(*Monœcie;* L.; *Fleurs à étamines*, T.; *Massettes*, Juss.)

GENRE MASSETTE, *Typha*, Lin.

en catalan *Massa d'Aygua, Massette.*

1. Mass. à larges feuilles, *Typ. latifolia*, Lin., Dec., Dub.

Typha media, Dec.; *Typ. angustifolia*, Lois.

Toutes les mares et les bords des ruisseaux sont couverts de cette plante; l'étang de Salses; l'étang du *Bordigol;* l'étang du *Cagarell;* sous Château-Roussillon; partout. Fl. de juin en août.

2. Mass. à feuilles étroites, *Typ. angustifolia*, Lin., Dec.

Typha minor, Lois.

Habite les mêmes localités que l'espèce précédente, et les rigoles où l'eau séjourne dans l'intérieur des terres. Fleurit de juin en août.

Les plantes de cette famille sont très-mauvaises comme fourrage. On utilise les feuilles pour empailler les chaises, pour faire des paillassons, et pour couvrir les chaumières; on les emploie aussi comme litière pour faire du fumier.

Genre Rubanier, *Sparganium*, Lin.

1. Rub. rameux, *Spar. ramosum*, Huds., Dec., Dub.

Habite les bords des ruisseaux et des mares de tout le littoral; les ruisseaux vaseux de toute la plaine. Fleurit de juin en août.

2. Rub. nageant, *Spar. natans*, Lin., Dec., Fries.

Habite les étangs au pied de la montagne de Carlite, près la *Jasse du Pla de Bonas Horas*. Fleurit en juillet et août.

3. Rub. très-petit, *Spar. minimum*, Fries, Bauh.

Spar. natans, Rchb.

Habite les eaux stagnantes du plateau des Bouillouses; les étangs de Carlite, et la *Coma de Vall-Marans*. Fleurit en août.

141me Famille.—Joncées, *Junceæ*, Dec.

(*Hexandrie*, L.; *Rosacées*, T.; *Joncs*, Juss.)

Genre Jonc, *Juncus*, Lin.

en catalan *Junc*.

1. Jonc commun, *Junc. conglomeratus*, Lin., Dec., Lois.

Juncus communis, var. α E. Mey.

Habite les bords des fossés et les prairies humides du littoral; les bords des marécages et les terres humides de tout le pays. Fleurit de juin en août.

2. Jonc épars, *Jun. effusus*, Lin., Dec., Lois.

Juncus communis, var. β E. Mey.

Habite tout le littoral, au bord des ruisseaux et tous les lieux humides. Cette espèce a beaucoup de rapports avec la précédente. Fleurit de juin en août.

3. Jonc diffus, *Jun. diffusus*, Hoppe., Koch.

Habite le bord des eaux et les mares qui avoisinent Mont-Louis. Cette espèce est très-rare dans la plaine. Fleurit en juillet et août.

4. Jonc glauque, *Jun. glaucus*, Ehrh., Dec., Dub.

Juncus inflexus, Leers.; *Jun. tenax*, Poir.

Habite le bord des eaux du Riveral, les canaux d'arrosage, les mares; le vallon de Vernet-les-Bains, au *Pla del Mon*, dans les tourbières; Cornella-du-Conflent, au *Prat d'en Baille* et à la *Barnouse*. Fleurit en juillet et août.

5. Jonc paniculé, *Jun. paniculatus*, Hoppe., Koch.

Juncus glaucus, Salzm.

Habite les marais de Saint-Laurent-de-la-Salanque; ceux de Salses; le *Bordigol*; les mares de Canet; l'île Sainte-Lucie. Fleurit en juillet et août.

6. Jonc filiforme, *Jun. filiformis*, Lin., Dec., Dub.

Juncus arcticus, Lapey.

Habite sur les rochers des hautes montagnes qui sont humectés par les eaux; le bord des mares près des neiges. Fleurit en juin et juillet.

7. Jonc aigu, *Jun. acutus*, Lam., Lin., Dec.

Habite les mares et les fossés du littoral, dans les trois bassins; abondant partout. Fleurit en mai et juin.

8. Jonc maritime, *Jun. maritimus*, Lam., Dec., Dub.; en catalan *Junc mari*.

Juncus acutus, var. β Lin.; *Jun. rigidus*, Desf.; *Jun. scirpoïdes*, Dunal.

Habite les dunes et les fossés des prairies maritimes du littoral. Fleurit de juin en août.

9. Jonc de Jacquin, *Jun. Jacquini*, Lin., Dec., Dub.

Juncus atratus, Lam.; *Jun. biglumis*, Jacq.

Habite les bords des mares de toutes nos montagnes; le long des ruisseaux qui en descendent. Fleurit en août et septembre.

10. Jonc à trois glumes, *Jun. triglumis*, Lin., Dec., Dub.

Habite le bord des mares et sur les roches humides des montagnes de la région subalpine; le Canigou, où il est abondant près des *Estanyols;* la montagne de Carlite, près des lacs et sur les roches. Fleurit en août et septembre.

11. Jonc à trois pointes, *Jun. trifidus*, Lin., Dec., Dub.

Juncus Hostii, Tausch.

Habite les sommités du Canigou, sur les rochers humides, près des mares et des tourbières; les vallées d'Eyne et de Llô, près des eaux; le bassin des Bouillouses et ceux de Carlite; la *Coma de la Tet*. Fleurit en août.

12. Jonc nain, *Jun. pygmæus*, Thuil., Dec., Dub.

Juncus nanus, Dubois.

Habite le bord des mares, des fossés, des prairies du littoral, dans les trois bassins. Nous le trouvons aussi près des mares et des prairies tourbeuses de nos montagnes. Fleurit de mai à juillet.

13. Jonc en tête, *Jun. capitatus*, Weig., Lois.

Juncus ericetorum, Poll.; *Jun. triandus*, Gouan; *Jun. mutabilis*, Cav.

Habite les mares et les fossés humides des parties basses de nos montagnes moyennes; les sables humides rejetés par les torrents de ces mêmes localités; les environs de Castell; la montagne des Graus de Canaveilles. Fleurit en juin et juillet.

14. Jonc cétacé, ***Jun. supinus,*** **Mœnch., Roth., Dub.**

Juncus bulbosus, Lin.; *Jun. uliginosus*, Mey.; *Jun. setifolius*, Ehrh.; *Jun. subverticillatus*, Wulf. *in Jacq.*; *Jun. verticillatus*, Pers.; *Jun. fasciculatus*, Schranch.; *Jun. afinis*, Gaud.

Habite les lieux humides et les bords des prairies au pied de nos montagnes : Céret, Arles, Saint-Laurent-de-Cerdans, Prades, Mosset, Villefranche, etc. Fleurit de juin en août.

Cette espèce fournit deux variétés. La var. β *repens,* à tiges décombantes et radicantes, qui est le *Jun. uliginosus,* Roth., vit sur les prairies des environs de Mosset.

15. Jonc lamprocarpe, ***Jun. lamprocarpus,*** **Ehrh., Dub., Lois.**

Juncus aquaticus, Roth.; *Jun. sylvaticus*, Dec.; *Jun. articulatus*, Fries; *Jun articulatus*, var. α et β Lin.

Habite le bord des eaux stagnantes et les fossés aux environs de l'*Esparrou,* près Canet; Salses; les prairies d'Argelès; le bord des eaux des parties basses des montagnes. Fleurit de juin en août.

Cette espèce fournit une variété, β *macrocephala,* remarquable par ses tiges presque dressées; capitules peu nombreux (2-4), du double plus gros que dans le type. Habite les prairies d'Argelès.

16. Jonc lagenaire, ***Jun. lagenarius,*** **Gay.**

Juncus repens, Requi.; *Jun. acutiflorus*, var. γ *repens*, Labarpe.

Habite les lieux humides les plus rapprochés des dunes dans tout le littoral; l'île Sainte-Lucie. Fleurit en mai et juin.

17. Jonc strié, ***Jun. striatus,*** **Schousb., Rœm.**

Juncus Fontanelii, Gay *in Laharpe*, *Jun. articulatus*, Desf

Habite les fossés et les prairies humides de la Salanque, dans les trois bassins; l'île Sainte-Lucie. Fleurit en mai et juin.

18. Jonc des bois, ***Jun. sylvaticus,*** **Reich., Koch.**

Juncus acutiflorus, Ehrh.; *Jun. articulatus*, var. γ Lin.

Habite les marais et les lieux humides des prairies maritimes, et le bord des fossés des prairies de la plaine de Canohès, Thuir, Toulouges. Fleurit de juin en août.

19. Jonc des Alpes, *Jun. Alpinus*, Vill., Dec., Dub.

Jun. fusco-ater, Schreb.; *Jun. hustulatus*, Hoppe.; *Jun. nodulosus*. Wahl.; *Jun. alpestris*, Hartm.

Habite les régions élevées du Canigou; le vallon de la *Llapoudère*, au bord des eaux; les parties humides du *Pla Guillem;* la vallée d'Eyne; le plateau du Carlite; Mont-Louis. Fleurit en juillet et août.

20. Jonc à fleurs obtuses, *Jun. obtusiflorus*, Ehrh., Dub., Lois.

Juncus articulatus, Dec.

Habite les lieux humides et marécageux du littoral; les marécages et les fossés des prairies des montagnes moyennes. Fleurit de juin en août.

21. Jonc rude, *Jun. squarrosus*, Lin., Dec., Dub.

Habite les marais du *Bordigol*, près Torreilles; les parties basses de Canet et de Salses; les tourbières de tout le département. Fleurit en juin et juillet.

22. Jonc multiflore, *Jun. multiflorus,* Desf., Viv., Guss.

Habite le voisinage des salins et des marais salants des trois bassins; l'île Sainte-Lucie. Fleurit en mai et juin.

23. Jonc comprimé, *Jun. compressus*, Jacq., Koch.

Juncus bulbosus. Lin.

Habite les bords des ravins des environs de Saint-Martin-du-Canigou; les prairies humides qui bordent la Castellane, dans le vallon de Jau. Fleurit de juin à septembre.

24. Jonc de Gérard, *Jun. Gerardi*, Lois., Dec., Dub.

Jun. attenuatus, Viv.; *Jun. nitidiflorus*, L. Duf.; *Jun. bottnicus*, Wahlbg.; *Jun. cœnosus*, Rich ; *Jun. bulbosus*, β Wahlbg.

Habite les prairies humides qui avoisinent les salins de Saint-Laurent-de-la-Salanque. Nous retrouvons cette espèce dans les prairies humides de Mont-Louis. Fleurit de juin en août.

25. Jonc inondé, *Jun. tenageia*, Lin., Dec., Dub.

Juncus Vaillantii, Thuill.

Habite toutes les parties sablonneuses du littoral, inondées une grande partie de l'année, dans les trois bassins; l'île Sainte-Lucie. Se retrouve près des fossés humides de Mont-Louis. Fleurit de juin en août.

26. Jonc des crapauds, *Jun. bufonius*, Lin., Dec., Dub.

Habite les lieux humides et inondés des parties basses du littoral; les prairies de Thuir, Canohès, Saint-Nazaire et Saint-Cyprien. Fleurit de mai en août.

Avec cette espèce vit une variété, β *fasciculatus*, Bertol., dont les rameaux sont plus courts, plus épais; les fleurs plus rapprochées en fascicules. Vit avec le type.

GENRE LUZULE, *Luzula*, Dec.

1. Luz. velue, *Luz. pilosa* Will., Koch.

Luzula vernalis, Dec.; *Juncus pilosus*, Lin.; *Jun. vernalis*, Ehrh.; *Jun. luzulinus*, Vill.; *Jun. luzula*, Krock.

Habite les lieux humides et tourbeux des plateaux supérieurs: Mont-Louis, la *Borde-Girvés*, les pâturages à l'extrémité de la vallée de Prats-de-Balaguer. Fleurit en mars et avril.

2. Luz. de Forster, *Luz. Forsteri*, Dec., Dub., Lois.

Juncus Forsteri, Smith.; *Jun. nemorosus*, Lam.

Habite les parties humides des bois qui avoisinent Saint-Martin-de-Fenouillet; les localités identiques de la forêt de Boucheville; les forêts à la base du Canigou. Fleurit en avril et mai.

3. Luz. jaunâtre, *Luz. flavescens,* Gaud., Dec., Dub.

Luzula Hostii, Desv.; *Juncus flavescens,* Host.

Habite les tourbières des régions alpines du Canigou, parmi les pins, au *Randé,* à la *Llapoudère;* les bois humides et le bord des rigoles de la vallée de Carença. Fleurit en juin et juillet.

4. Luz. des bois, *Luz. sylvatica,* Gaud., Rœm.

Luzula maxima, Dec.; *Juncus sylvaticus*, Huds.; *Jun. maximus,* Reich.; *Juncus latifolius,* Wulf.; *Jun. pilosus,* Vill.

Habite les bois humides, les mares et les tourbières des montagnes moyennes, à Saint-Laurent-de-Cerdans, aux environs de La Preste; à la *Font de Comps*, dans les bois sous la *Tartarassa.* Fleurit en mai et juin.

5. Luz. de Desvaux, *Luz. Desvauxii,* Kunth., Bor.

Luzula glabrata, Desv.

Habite les forêts et les pâturages humides de la vallée de Valmanya; les pâturages du *Roc de l'Ours,* vallé d'Évol; les environs de Prats-de-Molló. Fleurit en juillet et août.

6. Luz. baie, *Luz. spadicea,* Dec., Dub., Lois.

Juncus spadiceus, Vill.

Habite les bords des lacs au sommet du Canigou; les environs des Bouillouses et la *Coma de la Tet.* Fleurit en juillet et août.

7. Luz. blanchâtre, *Luz. albida,* Dec., Dub. Lois.

Juncus albidus, Hoffm.

Habite les forêts de la rive droite du plateau des Bouillouses; les tourbières de la *Calme;* la *Coma de la Tet;* les pâturages du plateau de la *Llapoudère.* Fleurit en juillet et août.

8. Luz. blanche, *Luz. nivea,* Dec., Dub., Lecoq et Lamot.

Juncus niveus, Lin.

Habite les tourbières de la forêt de Boucheville; les tourbières du Canigou, avant d'arriver à la *Llapoudère;* les lieux ombragés, à *Costa-Bona;* les lieux humides et ombragés du vallon de Castell et Saint-Martin-du-Canigou. Fleurit en juillet et août.

9. Luz. jaune, *Luz. lutea,* Dec., Dub.

Juncus luteus, Alli.

Habite les régions les plus élevées du Canigou; le *Cambres-d'Aze;* les vallées d'Eyne et de Lló; le plateau de la Nous; les bords des étangs de Balcère, en Capcir; le Llaurenti. Fleurit en juillet et août.

10. Luz. champêtre, *Luz. campestris,* Dec., Dub., Lois.

Juncus campestris, var. α Lin.; *Jun. nemorosus*, Host.

Habite les pâturages des pentes de la vallée d'Eyne; les lieux arides du *Pla de Bonas Horas;* les pâturages des parties moyennes de la vallée de Carença. Fleurit en mai et juin.

Nous trouvons dans les tourbières des localités où vit cette espèce, une variété α, dont les feuilles sont très-larges.

11. Luz. en épi, *Luz. spicata,* Dec., Dub., Lois.

Juncus spicatus, Lin.

Habite les environs de Mont-Louis; le plateau de Carlite, près des mares; le Canigou, mares des *Clots*, derrière le grand pic. Fleurit en juillet et août.

12. Luz. pédiforme, *Luz. pediformis,* Dec., Dub., Lois.

Juncus pediformis, Vill.

Habite les mares de la face méridionale du Canigou, vers la *Font de la Conque;* le *Cambres-d'Aze*. Fleurit en août et septembre.

142me Famille.—Cypéracées, *Cyperoïdeæ*, Juss.

(*Triandrie*, L.; *Fleurs à étamines*, T.; *Souchets*, Juss.)

Genre Souchet, *Cyperus*, Lin.

1\. Souc. long, *Cyp. longus*, Lin., Desf., Dec.

Habite le bord des eaux; les fossés; les prairies humides du littoral, dans les trois bassins; les bords des fossés des prairies des basses montagnes; la vallée de Céret; celle de Cornella-du-Conflent et de Vernet-les-Bains. Fleurit en juillet et août.

2\. Souc. de Bade, *Cyp. Badius*, Desf., Rchb., Koch.

Cyperus brachystachys, Presl.; *Cyp. thermalis*, Dumort.

Habite les mêmes localités que l'espèce précédente; abonde dans les environs de Salses, et est assez fréquent au milieu des prairies maritimes qui avoisinent le Grau d'Argelès; l'île Sainte-Lucie. Fleurit en juillet et août.

3\. Souc. à forme d'olive, *Cyp. olivaris*, Targ-Tozz.

Cyperus rotundus, Dec.; *Cyp. esculentus*, Gouan; *Cyp. radicosus*, Sibth,; *Cyp. tetrastachys*, Desf.

Habite les pâturages et les bords des fossés du Riveral et de la Salanque; les sables humides des cours d'eau; les bords des champs qui avoisinent la rivière de la Basse, à la métairie Fraisse. Fleurit en août et septembre.

4\. Souc. brun, *Cyp. fuscus*, Lin., Dec., Mert.

Cyperus glaber, Lapey.

Habite les prairies et les sables qui bordent la rivière de la Tet, près Perpignan; les sables humides rejetés par les torrents au pied des Albères; Céret; la vallée de Cornella-du-Conflent et de Vernet-les-Bains. Fleurit en juillet et août.

5. Souc. schénoïde, *Cyp. schœnoïdes,* Griseb., Rum.

Schœnus mucronatus, Lin.; *Mariscus mucronatus,* Presl.; *Galilea mucronata,* Parl.

Habite les marais des environs de Saint-Cyprien; les fossés des *Routes,* métairie de M. Jaume; le vallon de Collioure, sables du torrent de Consolation; fort commun sur la plage d'Argelès et à l'île Sainte-Lucie. Fleurit en juin et juillet.

6. Souc. de Monti, *Cyp. Monti,* Lin., Dec., Mert.

Cyperus glaber, Vill.; *Pycreus Monti,* Rchb.

Habite les marais qui avoisinent Salses; les bords des fossés et les prairies de la métairie Saléta, vers la *Font-Dame.* Fleurit en juillet et août.

7. Souc. jaunâtre, *Cyp. flavescens,* Lin., Dec., Mert.

Habite le bord des eaux stagnantes, les sables humides, dans toute la plaine; les abords de la Basse et les sables de la Tet, à Perpignan; les sables humides des torrents à Céret, Le Boulou, Prades, Molitg. Fleurit en juillet et août.

8. Souc. globuleux, *Cyp. globosus,* Alli., Bertol.

Cyperus fascicularis, Dec.; *Cyp. vulgaris,* Kunth.

Habite les prairies humides des parties basses de Château-Roussillon; les prairies de Canohès et de Thuir; les bords humides des rigoles, près la Tet, dans le *Riveral.* Fleurit de juillet à septembre.

Genre Choin, *Schœnus,* Lin.

1. Choin noirâtre, *Schœ. nigricans,* Lin., Dec., Dub.

Chœtophora nigricans, Kunth.; *Juncus lithospermi semine,* Magnol.

Habite les marais et les prairies maritimes de Canet, Sainte-Marie, et les parties basses de Château-Roussillon. On le retrouve dans les tourbières des parties supérieures, au Canigou, à Évol et à Prats-de-Balaguer. Fleurit en mai et juin.

Genre Cladium, *Cladium,* Patr. Brown.

1. Clad. des marais, *Clad. mariscus,* R. Brown., Gaud.

Schœnus mariscus, Lin.; *Cladium Germanicum,* Schrad.

Habite les bords des fossés, les prairies maritimes de tout le littoral. Fleurit en juillet et août.

Genre Linaigrette, *Eriophorum,* Lin.

1. Linai. des Alpes, *Erio. Alpinum,* Lin., Dec., Mert.

Linagrostis Alpina, Scop.

Habite les pelouses humides des régions alpines du Canigou et de Carença; les pâturages tourbeux de la *Coma de la Tet,* les Bouillouses, *Madres, Costa-Bona.* Fleurit en avril et mai.

2. Linai. de Scheuchzer, *Erio. Scheuchzeri,* Hoppe, Mert. et Koch.

Erio. capitatum, Host.; *Erio. Alpinum,* Vill.

Habite au Canigou, le vallon de *Cady,* et les tourbières près des *Estanyols,* sous le *Roc dels Isards;* les marécages de la Nous, vallée de Carol. Fleurit en juillet et août.

3. Linai. engainée, *Erio. vaginatum,* Lin., Vill., Dec.

Linagrostis vaginata, Scopol.

Habite le Canigou, en montant à *Cady* par Castell, derrière la métairie à droite du chemin, dans une prairie humide; les pâturages tourbeux du plateau des Bouillouses. Fl. en mai et juin.

4. Linai. à feuilles étroites, *Erio. angustifolium,* Roth., Dec., Mert.

Erio. polystachyon, α Lin.

Habite les pelouses humides et alpines du Canigou; les environs de Mont-Louis; les tourbières de la *Coma de la Tet.* Fleurit en mai et juin.

Cette plante fournit trois variétés; une seule se trouve sur nos montagnes:

Var. γ *Alpinum*, Gaud. Remarquable par les capitules moins nombreux; feuilles caulinaires presque réduites à un acumen triquêtre; plante de deux à trois décimètres. *Eri. gracile* de Sm. Vit à la *Coma de la Tet*.

5. Linai. à larges feuilles, *Erio. latifolium*, Hoppe, Mert. et Koch.

Erio. polystachyon, Dec.; *Erio. pubescens*, Sm.; *Linagrostis paniculata*, α Lam.; *Carex alopecuros*, Lapey.

Habite le plateau de Mont-Louis, près des eaux; les prairies de La Llagone, et les *Cortals;* les pâturages de la vallée de Carol. Fleurit en mai et juin.

Genre Fuirena, *Fuirena*, Roth.

Ce genre se compose d'une seule espèce, *Fui. pubescens,* Kunth., qui n'a pas été observée dans le département.

Genre Scirpe, *Scirpus*, Lin.

1. Scir. des bois, *Scir. sylvaticus,* Lin., Dec., Mert. et Koch.

Habite les bords des prairies humides et des champs de toute la contrée; les bords de la rivière de la Basse; les marécages des diverses plages. Fleurit en juin et juillet.

2. Scir. maritime, *Scir. maritimus,* Lin., Dec., Mert. et Koch.

Scir. tuberosus, Desf.; *Scir. macrostachys*, Willd.

Habite les bords des prairies humides et les marécages de tout le littoral; les fossés et les sables des cours d'eau de la plaine. Fleurit en juillet et août.

3. Scir. jonc, *Scir. holoschœnus,* Lin., Desf., Dec.

Isolepis holoschœnus, Rœm. et Schult.

Habite les prairies maritimes des environs de Salses; celles de la plaine et du littoral; remonte dans les vallées du Tech, les prairies de Céret et d'Arles; dans celles de la Tet, les prairies du *Riveral*, Prades et Olette; dans le vallon de Cornella-du-Conflent, sables du torrent de *Salloberas*. Fl. en juillet et août.

Cette plante offre trois variétés; deux se trouvent dans notre département:

Var. α *genuinus.* Anthèse composée, à capitules gros, pédonculés; plante robuste. *Holoschœnus vulgaris,* Link. Vit avec la plante mère aux marais de Salses.

Var. β *australis,* Koch. Anthèse simple, à capitules peu nombreux, petits, de la grosseur d'un pois, l'un sessile, les autres pédonculés. *Scir. australis,* Lin. Vit dans les prairies qui avoisinent le Tech, à Céret.

4. Scir. des lacs, *Scir. lacustris,* Lin., Dec., Dub.

Habite toutes les prairies souvent inondées du littoral; les marécages de Salses; les marais du *Cagarell,* près Canet. Fleurit en juin et juillet.

Cette plante fournit deux variétés; une se trouve dans le pays:

Var. β *digynus,* Godr. Se fait remarquer par deux stigmates; akènes plus petits, plans en dessus, convexes en dessous, non trigone; plante moins élevée, d'un vert glauque, croissant dans les lieux inondés pendant l'hiver. *Scir. tabernæ-montani,* Gmel. Vit dans les environs du *Cagarell.*

5. Scir. triangulaire, *Scir. triqueter,* Lin.

Scir. littoralis, Schrad.; *Scir. fimbrisetus,* Delile; *Helco. littorale,* Rchb.

Habite les bas-fonds marécageux et les bords des fossés des prairies maritimes, à Salses; les parties basses de l'île Sainte-Lucie. Fleurit en juin et juillet.

6. Scir. mucroné, *Scir. mucronatus*, Lin., Dec., Mert.

Scir. glomeratus, Scopol.

Habite les bords des fossés des prairies maritimes, à Canet; les mares et fossés des prairies, à Argelès. Fleurit en juillet et août.

7. Scir. sétacé, *Scir. setaceus*, Lin., Dec., Mert. et Koch.

Isolepis setacea, R. Brown.

Habite les terrains sablonneux et humides des cours d'eau; les prairies humides de la montagne de Céret; le vallon de Cornella-du-Conflent, à la *Barnouse;* les environs de La Cassagne, près Mont-Louis, prairies non loin de la rivière. Fleurit en juillet et août.

8. Scir. flottant, *Scir. fluitans*, Lin., Dec., Mert. et Koch.

Isolepis fluitans, R. Brown; *Dichostilis fluitans*, Rchb; *Eleocharis fluitans*, Hook.

Habite les fossés des propriétés et les marécages de Saint-Cyprien; les environs de la métairie Jaume; les marécages des bords de l'étang de Salses. Fleurit de juillet à septembre.

9. Scir. très-petit, *Scir. parvulus*, Rœm. et Schult.

Scir. translucens, Le Gall.; *Limnochloa parvula*, Rchb.; *Bæothryon nanum*, Dietr.

Habite les prairies voisines de la mer et souvent inondées, à Saint-Nazaire, Argelès, Banyuls. Fleurit de juillet à septembre.

10. Scir. gazonnant, *Scir. cæspitosus*, Lin., Dec., Mert. et Koch.

Limnochloa cæspitosa, Rchb.; *Bæothryon cæspitosum*, Dietr.

Habite les parties basses du littoral, dans les prairies et les sables inondés; se retrouve sur les bords des lacs de nos montagnes, à Nohèdes, *Madres*, le Capcir. Les tiges n'acquièrent que le quart de la hauteur ordinaire. Fleurit en mai et juin.

Genre Eleocharis, *Eleocharis,* R. Brown.

1. Ele. des marais, *Ele. palustris,* R. Brown, Bertol.

Scirpus palustris, Lin.; *Scir. glaucescens,* Merat.

Habite les marais et les fossés des prairies maritimes; les mares et les sables des canaux d'arrosage du *Riveral,* près la Tet; les sables humides des vallées de Vernet-les-Bains, Arles et Saint-Laurent-de-Cerdans. Fleurit de juin en août.

2. Ele. à un glume, *Ele. uniglumis,* Koch., Godr., Parl.

Scir. uniglumis, Link.

Habite les tourbières des environs de Mont-Louis; les prairies humides du Capcir, et le plateau des Bouillouses. Fleurit en juillet et août.

3. Ele. aciculaire, *Ele. acicularis,* R. Brown, Bertol.

Scir. acicularis, Lin.; *Isolepis acicularis,* Schlecht.; *Limnochloa acicularis,* Rchb.; *Scirpidium aciculare,* Nées.

Habite les sables humides des cours d'eau de la plaine; le bord des mares de l'intérieur des terres; se retrouve dans quelques tourbières de nos montagnes, à Saint-Laurent-de-Cerdans et à Céret; dans la vallée de Finestret, près les cours d'eau. Fleurit de juin en août.

Genre Fimbristylis, *Fimbristylis,* Vahl.

Ce genre se compose d'une seule espèce, *Fim. laxa,* Vahl., qui n'a pas été remarquée dans notre département.

Genre Rhynchospore, *Rhynchospora,* Vahl.

1. Rhyn. blanche, *Rhyn. alba,* Vahl., Bertol.

Schenus albus, Lin.

Habite les prairies du *Riveral,* qui avoisinent la Tet; les bords tourbeux de la Basse, près Toulouges; les prairies humides qui bordent le Tech, à Elne et à Argelès. Fleurit de juin en août.

Genre Elyne, *Elyna,* Schrad.

1. Ely. en épi, *Ely. spicata,* Schrad., Mert. et Koch.

Carex Bellardi, All.; *Car. myosuroïdes,* Vill.; *Kobresia scirpina,* Willd; *Scirpus Bellardi,* Wahlenb.

Habite les bords des prairies alpines du Canigou et le sommet du *Cambres d'Aze;* la vallée d'Eyne; les prairies tourbeuses de la Nous, vallée de Carol; le Llaurenti. Fleurit de juin en août.

Genre Carex, *Carex,* Mich.

1. Car. dioïque, *Car. dioïca,* Lin., Sm., Dec.

Car. limneona, Host.; *Car. Linnæi,* Desgl.

Habite les prairies tourbeuses du Capcir; les vallées d'Eyne et de Lló; les prairies au pied du *Cambres-d'Aze;* celles de *Costa-Bona.* Fleurit en mai et juin.

2. Car. de Davall, *Car. Davalliana,* Sm., Dec., Gaud.

Habite les prairies humides de Lló et de toute la Cerdagne; les pâturages des régions alpines du Canigou. Fl. en mai et juin.

3. Car. pulier, *Car. pulicaris,* Lin., Sm., Dec.

Habite les pâturages humides du plateau d'Évol, parmi les tourbières, entre l'étang Noir et ceux de Nohèdes; les prairies de la montagne de *Madres;* les fossés des prairies de Mont-Louis. Fleurit en mai et juin.

4. Car. des Pyrénées, *Car. Pyrenaïca,* Wahl., Will., Pers.

Car. fontaneliana et *ramondiana,* Dec.; *Car. marchandiana* et *denudata,* Lapey.; *Car. acutissima,* Desgl. *in Lois.*

Habite les plateaux alpins du Canigou, à *Cady,* près des *Estanyols* et à *Bassibés;* les pâturages de la partie supérieure de la *Comelade;* le ruisseau de la *Font de la Perdiu*, au *Pla Guillem;* le *Cambres-d'Aze;* les pâturages de la Nous, vallée de Carol; ceux de *Palleres,* en Llaurenti. Fleurit en juillet et août.

5. Car. à quatre fleurs, *Car. pauciflora*, Lightf., Sm.

Car. leucoglochin, Lin.; *Car. patula*, Huds.

Habite le vallon de *Cady*, dans les pâturages et près des rigoles; la montagne de *Madres*, prairies et bord des bois humides. Fleurit en juillet.

6. Car. des rochers, *Car. rupestris*, Alli., Dec., Dub.

Car. petræa, Wahl.; *Car. Dufourii*, Lapey.

Habite dans les fissures des rochers de nos hautes montagnes, où il forme des touffes; au Canigou, roches avant d'arriver à *Cady; Costa-Bona* et la *Coma du Tech;* la montagne de *Madres;* les roches en entrant dans la vallée d'Eyne; les rochers du Llaurenti. Fleurit en juillet et août.

7. Car. à longue racine, *Car. chordorrhiza*, Ehrh. *in Lin.*, Dec.

Habite la vallée d'Estoher, dans les tourbières et les pâturages de la forge de Llech, sur les flancs méridionaux du Canigou. Fleurit en juin et juillet.

8. Car. fétide, *Car. fetida*, Vill., Alli., Dec.

Car. lobata et *baldensis*, Vill.

Habite les pâturages humides des montagnes: Carença, Prats-Balaguer, près l'*Estanyol, Madres*. Fleurit en juillet et août.

9. Car. divisé, *Car. divisa*, Huds., Sm., Dec.

Car. splendens, Pers.; *Car. schœnoïdes*, Desf.; *Car. cuspidata*, Bertol.

Habite les prairies humides du littoral; les prairies de la plaine du Roussillon : Canohès, Toulouges, Thuir. On le retrouve dans les prairies des montagnes. Fleurit en mai et juin.

10. Car. à feuilles soyeuses, *Car. setifolia*, God.

Habite les sables arides du littoral; les prairies sablonneuses et arides de la Salanque; les sables des cours d'eau; les bords de la Tet, à Perpignan; le lit du Tech, au Boulou et Céret; le lit de l'Agly, à Espira et *Cases-de-Pena*. Fleurit en avril et mai.

11. Car. à deux épis, *Car. disticha*, Huds., Dec., Dub.

Car. intermedia, Good.; *Car. arenaria*, Vill.; *Car. spicata*, Poll.; *Car. multiformis*, Thuil.

Habite les prairies humides de la plaine; les pelouses humides des basses montagnes, et fort commun dans les tourbières. Fleurit en mai et juin.

12. Car. des sables, *Car. arenaria*, Lin., Sm., Dec.

Habite les sables maritimes d'Argelès; les fossés de la citadelle de Mont-Louis; les pâturages arides et sablonneux du Capcir, vers le *Col d'Ares*. Fleurit en juin et juillet.

13. Car. de Schreber, *Car. Schreberi*, Schrank., Dec.

Car. precox, Schreb.; *Car. tenella*, Thuil.

Habite les sables des rivières et des torrents de la plaine et des montagnes; les coteaux et les bois; la vallée de Vernet-les-Bains et de Castell, dans les châtaigneraies. Fleurit en avril et mai.

14. Car. brize, *Car. brizoïdes*, Lin., Dec., Dub.

Habite les haies des champs et des prairies, à Céret et Arles; les bords des champs et les coteaux des environs de Prades, Olette et Mont-Louis. Fleurit en mai et juin.

15. Car. compacte, *Car. vulpina*, Lin., Dec., Dub.

Car. spicata, Thuil.

Habite les prairies, les fossés et les marais du littoral; les prairies et tourbières de tout le département; les pâturages gras et parmi les châtaigneraies du vallon de Vernet-les-Bains. Fleurit en mai et juin.

16. Car. des haies, *Car. muricata,* Lin., Dec.

Car. canescens, Leers.

Habite les sables des bords de la mer, dans les trois bassins; les prairies de la plaine et les fossés qui ont été inondés; les prairies et les bois des environs de Prades; les bois et les châtaigneraies de Cornella-du-Conflent et de Vernet-les-Bains; les environs de Mont-Louis. Fleurit en mai et juin. Commun.

Cette plante fournit deux variétés, dont une se trouve dans le département :

Var. β *virens,* Koch. Épi plus grêle, interrompu à la base; écailles d'un blanc verdâtre. Vit dans les pâturages de Vernet-les-Bains.

17. Car. interrompu, *Car. divulsa,* Good., Dec., Dub.

Car. canescens, Thuil.

Habite les terres sablonneuses non loin de la mer; les sables des rivières et les bois; parmi les châtaigneraies et les bois de la vallée de Vernet-les-Bains et de Fillols. Fleurit en mai et juin.

18. Car. en panicule, *Car. paniculata,* Lin., Dec., Dub.

Habite les prairies maritimes et humides; les marais de Salses; les mares du *Bordigol,* du *Cagarell,* de Saint-Cyprien et d'Argelès. On le trouve aussi sur le bord des eaux, à *Costa-Bona,* au *Bac de Bolquère,* et à la forêt de Salvanère. Fleurit en juin et juillet.

19. Car. arrondi, *Car. tereliuscula,* Good., Dec., Dub.

Car. paniculata, β Poll ; *Car. diandra,* Roth.

Habite les prairies tourbeuses des environs du *Cagarell,* à Canet et à Salses. On le trouve dans les tourbières des montagnes, où il forme de grandes touffes. Fleurit en mai et juin.

20. Car. allongé, *Car. elongata,* Lin., Dec., Dub.

Car. divergens, Thuil.; *Car. multicaulis,* Ehrh.

Habite les prairies très-humides de Canohès et de Thuir, et les rigoles où l'eau est stagnante, dans toute la plaine. On le retrouve dans les fossés des fortifications de Mont-Louis. Fleurit en mai et juin.

21. Car. velu, *Car. leporina*, Lin., Vill., Koch.

Car. ovalis, Good.

Habite les prairies humides de la plaine; les bords des fossés, des bois et canaux d'arrosage; sur les montagnes : à *las Concas*, à Prats-de-Molló; la montagne de *Set Hómens*, au Canigou; la *Coma du Tech*, près des eaux, au pied de la montagne de *Roja*. Fleurit en mai et juin.

22. Car. blanchâtre, *Car. canescens*, Lin., Koch.

Car. cinerea, Poll.; *Car. Richardi*, Thuil.

Habite les tourbières des prairies de la plaine; les fossés où l'eau croupit, à Thuir et Toulouges, le Boulou et environs de Céret. Fleurit en mai et juin.

23. Car. espacé, *Car. remota*, Lin., Dec., Dub.

Habite le bord des cours d'eau, au milieu des sables humides, et le bord des bois de la plaine, dans les trois bassins. On le retrouve dans les prairies de *Can Pobill*, à Prats-de-Molló; dans les lieux frais de la vallée de Vernet-les-Bains et de Fillols. Fleurit en mai et juin.

24. Car. de Link, *Car. Linkii*. Sch., Parl.

Car. ginomane, Bertol.; *Car. tuberosa*, Desgl.; *Car. distachia*, Lois.

Habite les coteaux des environs de Collioure, Port-Vendres et Banyuls-sur-Mer; les sables des environs d'Argelès; les pâturages du plateau supérieur de Canet, Château-Roussillon, coteau de Saint-Sauveur. Fleurit en avril et mai.

25. Car. courbé, *Car. curvula*, Alli., Vill., Lapey.

Car. tripartita, Alli.

Habite le sommet de la vallée de Carença; les pâturages de Prats-Balaguer; le *Cambres-d'Aze;* la vallée d'Eyne; les rochers des environs de Carlite; les rochers du Canigou; *Costa-Bona,* parmi les rocailles; les coteaux des environs de La Preste; le Llaurenti. Fleurit en juillet et août.

26. Car. à deux couleurs, *Car. bicolor,* Alli., Dec., Lois.

Car. androgyna, Balb.; *Car. cenisia,* Balb.

Habite les environs des lacs de *Cady,* au Canigou; les pelouses entre La Preste et la *Tour de Mir.* Fleurit en juillet et août.

Ce Carex est fort petit et forme des touffes assez grandes près des bouses de vache.

27. Car. de Goodenow, *Car. Goodenowii,* Gay.

Car. cæspitosa, Good.; *Car. vulgaris,* Fries.; *Car. acuta* et *nigra,* Lin.

Habite les prairies humides de la Salanque; le bord des fossés où l'eau séjourne dans toute la plaine. On le trouve sur nos montagnes, à une certaine élévation : à *las Concas* de Prats-de-Molló, dans les pâturages frais; les pâturages de *Peyrefeu,* près La Preste; le Canigou, sur le bord des eaux; les pâturages de *Palleres,* en Llaurenti. Fleurit en juillet.

28. Car. raide, *Car. stricta,* Good., Dec., Gaud.

Car. cæspitosa, Gay.; *Car. melanochloros,* Thuil.

Habite les marécages des montagnes moyennes; assez commun à Arles et Saint-Laurent-de-Cerdans, dans les prairies tourbeuses; *las Concas* de Prats-de-Molló; le Canigou; la vallée de Vernet-les-Bains et de Castell, dans les prairies et près des ravins; les prairies de *Palleres,* en Llaurenti. Fleurit en mai et juin.

29. Car. à trois nervures, *Car. trinervis,* Desgl., Pers.

Habite les sables marécageux entre Salses et Saint-Laurent-de-la-Salanque; les sables des dunes entre le *Cagarell* et la mer; les prairies sablonneuses et humides de Saint-Cyprien. Fleurit de juin en août.

30. Car. aigu, *Car. acuta,* Fries., Gaud., Koch.

Car. acuta β *rufa,* Lin.; *Car. gracilis,* Curt.; *Car. virens,* Thuil.

Habite les marais du littoral, dans les trois bassins; les bords des canaux, des rivières et des torrents. On le trouve aussi sur les prairies marécageuses du Capcir. Fleurit en mai.

31. Car. glauque, *Car. glauca,* Scop., Dec., Anders.

Car. recurva, Huds.

Habite les prairies humides de Thuir et de Canohès; tout le *Riveral,* sur les bords des rigoles; les prairies des environs d'Arles; celles de Prats-de-Molló; la vallée de Cornella-du-Conflent, Vernet-les-Bains et Castell, prairies humides et bords des torrents. On le retrouve au bord des canaux, en Cerdagne; dans les prairies de Mont-Louis. Fleurit en avril et mai.

32. Car. très-grand, *Car. maxima,* Scop., Desf., Dec.

Car. pendula, Huds.; *Car. agastachys,* Ehrh.

Habite les taillis qui bordent la rivière de la Basse, vers Toulouges; les bois et fossés humides des prairies de la plaine. Fleurit en juin. Commun.

33. Car. blanc, *Car. alba,* Scop., Dec., Dub.

Car. argentea, Chaix.; *Car. nemorosa,* Schrank.

Habite les bois des basses Corbières, aux environs de Saint-Paul, à la *Carbasse;* les monts près Maury, parmi les garrouilles et les steppes, où il forme de petites touffes. Fleurit en avril et mai.

34. Car. capillaire, *Car. capillaris,* Lin., Vill., Sm.

Habite parmi les roches du plateau supérieur de la montagne de la *Tour de Mir;* au Canigou, les roches de la *Comelade,* et les éboulis de l'extrémité de *Cady.* Fleurit en juin et juillet.

35. Car. pâle, *Car. pallescens,* Lin., Dec., Koch.

Habite la lisière des bois, les prairies et les pâturages des basses montagnes, où il est très-commun; les environs de Prats-de-Molló; la *Font dels Asclops,* près Mont-Louis; le plateau de Nohèdes; la *Font de Comps;* les pâturages du Canigou. Fleurit en mai et juin.

36. Car. poilu, *Car. pilosa,* Scop., Alli., Dec.

Habite les clairières des bois de Jau, au-dessus de Mosset; la forêt de Salvanère; les bords des ravins du bois de Boucheville. Fleurit en mai.

37. Car. à panicule, *Car. panicea,* Lin., Dec., Koch.

Car. mucronata, Less.

Habite les prairies humides des bords de la mer; les prairies et tourbières de toute la plaine. On le retrouve au milieu des prairies de Mont-Louis; parmi les pâturages du Capcir, de Vernet-les-Bains et de Castell. Fleurit en mai et juin. Très-commun.

38. Car. en deuil, *Car. atrata,* Lin., Vill., Sm.

Car. aterrima, Hoppe; *Car. atrata,* β *dubia,* Gaud.

Habite les prairies tourbeuses et le bord des fossés des parties alpines du Canigou; le bord des *Estanyols;* le *Pla-Guillem;* Prats-Balaguer; le *Cambres-d'Aze;* les prairies du Capcir; le Llaurenti. Fleurit en juillet et août.

39. Car. noir, *Car. nigra,* Alli., Dec., Koch.

Car. parviflora, Dec.; *Car. saxatilis,* Scop.; *Car. atrata,* γ *nigra,* Gaud.

Habite les pâturages de *Costa-Bona;* la *Coma du Tech;* la montagne de *Roja;* le *Pla Guillem;* les pelouses humides du Canigou; celles de l'extrémité de la vallée de Nohèdes; les environs de Mont-Louis; le *Cambres-d'Aze;* le Capcir; le Llaurenti. Fleurit en mai.

40. Car. précoce, *Car. præcox,* Jacq., Dec., Koch.

Car. verna, Vill.; *Car. umbrosa,* Host.; *Car. montana,* Poll.

Habite les garrigues et les bois de la vallée du Réart, et les pâturages des bords des ravins qui aboutissent à cette rivière; les garrigues de Baixas et d'Estagel; les châtaigneraies de la vallée de Cornella-du-Conflent et de Vernet-les-Bains. On le retrouve à la *Roca Gallinera* de Prats-de-Molló, et dans le bois de Salvanère. Fleurit en avril et mai.

41. Car. tomenteux, *Car. tomentosa,* Lin., Dec., Dub.

Habite les haies du vallon de Sainte-Catherine, à Baixas; les bords des vignes, à *Cases-de-Pena;* les garrigues d'Estagel; les bois de Saint-Antoine-de-Galamus et de la *Carbasse,* à Saint-Paul; les châtaigneraies de la vallée de Vernet-les-Bains et de Castell; le Llaurenti, au *Bosch Nègre.* Fleurit en mai et juin.

42. Car. à pilules, *Car. pilulifera,* Lin., Dec., Dub.

Car. filiformis, Poll.

Habite dans les environs de Céret, les lisières des propriétés, les garrigues et les bois; les coteaux arides d'Arles et de Saint-Laurent-de-Cerdans; les pelouses des environs de Cornella-du-Conflent et de Castell; les coteaux du Llaurenti. Fleurit en avril et mai.

43. Car. des bruyères, *Car. ericetorum,* Poll., Dec., Dub.

Car. ciliata, Will.

Habite les garrigues des Graus d'Olette, le long de la route jusqu'à Fontpédrouse; le premier plateau de la vallée de Nohèdes. Nous le retrouvons sur le Canigou, parmi les roches, à *Bassibés* et au pied du *Cambres-d'Aze;* la vallée d'Eyne. Fleurit en mai et juin.

44. Car. de montagne, *Car. montana,* Lin., Vill., Dec.

Car. collina, Will.

Habite le bois de Saint-Antoine-de-Galamus et les garrigues de toute cette région; les coteaux de la rive droite de l'Agly, vers Ansignan. Fleurit en avril et mai.

45. Car. de Haller, *Car. Halleriana,* Asso.

Car. alpestris, Alli.; *Car. ginobosis,* Vill.; *Car. diversiflora,* Host.

Habite les coteaux du vallon de Banyuls-sur-Mer; la chaîne des coteaux de Baixas, *Cases-de-Pena,* Estagel, Opol et toutes les Corbières; la vallée de Vernet-les-Bains et de Castell, dans les prairies sous Saint-Martin-du-Canigou et au bois de *Pinat.* Fleurit en mars et avril.

46. Car. clandestin, *Car. humilis,* Leyss., Vill., Dec.

Car. clandestina, Good.

Habite les coteaux des Corbières, à partir de Salses jusqu'à Saint-Antoine-de-Galamus; Baixas; les coteaux de la vallée du Réart, et les bois de chêne-liége de cette région, où il reste très-petit et comme rabougri. Fleurit en mars et avril.

Une var., β *Car. purpurea,* Lapeyrouse, vit dans les éboulis des roches, au sommet de la *Comclade,* au Canigou.

47. Car. digité, *Car. digitata,* Lin., Dub., Lois.

Habite les ravins de la rive gauche de l'Agly, à *Cases-de-Pena,* parmi les sables de la rivière qui garnissent les anses; les bords des vignes de cette région, et les coteaux qui avoisinent Espira. Fleurit en avril et mai.

48. Car. pied d'oiseau, *Car. ornithopoda,* Will., Dub.

Car. pedata, Vill.

Ce Carex habite presque les mêmes localités que le précédent; mais il est plus alpin, puisqu'on le trouve aussi au *Bac de la Plana,* à Prats-de-Molló; dans le bois de Salvanère, et dans les fossés de la place de Mont-Louis; assez fréquent en Llaurenti. Fleurit en mai et juin.

49. Car. des frimats, *Car. frigida,* Alli., Vill., Dec.

Habite sur les roches des *Canals de Leca,* près Cortsavi; les rochers de la partie supérieure de *Costa-Bona;* les roches du *Pla*

Guillem; le Canigou, sur les rochers qui dominent *Cady*. Fleurit en juillet et août.

50. Car. ferrugineux, *Car. ferruginea*, Scop., Koch, Parl.

Car. Scopoliana, Will.; *Car. Scopoli*, Gaud.; *Car. spadicea*, Host.; *Car. Milichhoferi*, Will.; *Car. erecta*, Dec.

Habite les hauteurs des environs de Mont-Louis; la vallée d'Eyne; les plateaux de Carlite. Fleurit en juin et juillet.

51. Car. toujours vert, *Car. sempervirens*, Vill., Dub., Lois.

Car. ferruginea, Dec.; *Car. variegata*, Lam.; *Car. varia*, Host.; *Car. firma*, β *subalpia*, Wahlenb.

Habite les pelouses des environs de Mont-Louis; le *Col de la Perche;* la vallée d'Eyne; la partie supérieure de Carença; le Canigou, pelouses de *Tretzevents;* les sommets du Llaurenti. Fleurit en juillet et août.

52. Car. très-petit, *Car. tenuis*, Host., Koch.

Car. brachystachys, Schranch.; *Car. linearis*, Clairv.; *Car. valesiaca*, Sut.

Habite les roches calcaires de la montagne de Conat, à la *Font de Comps;* les roches du *Bordelat*, près La Manère. Fleurit en mai et juin.

53. Car. des bois, *Car. sylvatica*, Huds., Gaud., Koch.

Car. patula, Scop.; *Car. drimeia*, Ehrh.; *Car. capillaris*, Leers.

Habite les Albères; à *Notre-Dame-de-Vie* et à *Notre-Dame-del-Castell*, près Sorède; les coteaux du Boulou, Maureillas, Céret. Remonte jusqu'à Prats-de-Molló, à *las Concas;* les environs de Prades; le vallon de Cornella-du-Conflent, dans les châtaigneraies. Fleurit en juin.

54. Car. appauvri, *Car. depauperata*, Good., Sm., Dec.

Car. ventricosa, Curt.; *Car. monilifera*, Thuill.

Habite les haies des propriétés et les bois de Fosse et du Vivier; la forêt de Boucheville; celle des Fanges et les pâturages voisins. Fleurit en mai et juin.

55. Car. jaunâtre, *Car. flava,* Lin., Dec., Gaud.

Habite les prairies de toute la plaine et des basses montagnes; les bords des fossés humides des champs; la vallée de Cornella-du-Conflent et de Vernet-les-Bains, dans les bois et les châtaigneraies; les pâturages et les fossés de la place de Mont-Louis; les prairies de la vallée d'Eyne. Dans ces dernières localités, sa taille se rabougrit. Fleurit de mai à juillet.

56. Car. de Oeder, *Car, Oederi,* Ehrh., Koch.

Car. flava, var. β Dec.

Habite les sables des canaux et des rivières; les tourbières des prairies de Vernet-les-Bains et de Castell; les prairies humides d'Arles et de Saint-Laurent-de-Cerdans. Fleurit de mai à juillet. Commun partout.

57. Car. espacé, *Car. distans,* Lin., Dec., Koch., Anders.

Habite les fossés des prairies et les marécages du littoral; les champs et les pâturages de la plaine; le vallon de Vernet-les-Bains à *Saint-Vincent,* près de *Sairou.* Se retrouve dans les prairies et les tourbières des montagnes, à Mont-Louis, au Capcir. Fleurit en mai et juin.

58. Car. à deux nervures, *Car. binervis,* Sm., Lois., Koch.

Habite les terres sablonneuses de l'embouchure de l'Agly; les sables des landes de Saint-Laurent-de-la-Salanque, celles du *Barcarès* et des salins. Fleurit en mai et juin.

59. Car. étendu, *Car. extensa,* Good., Dec., Sm.

Car. nervosa, Desf.

Habite les sables maritimes, à Argelès, Collioure, Banyuls; l'île Sainte-Lucie, où il est abondant. Fleurit en juin et juillet.

60. Car. faux-souchet, *Car. pseudo-cyperus*, Lin., Dec., Gaud.

Habite les tourbières et les pâturages des marais de Salses; Canet, sur le bord des fossés tourbeux du *Cagarell*. On le trouve moins abondant dans les prairies humides de Saint-Cyprien et d'Argelès. Fleurit en juin et juillet.

61. Car. ampoulé, *Car. ampullacea*, Good., Dec., Gaud.

Car. obtusangula, Ehrh.; *Car. rostrata*, With.; *Car. longifolia*, Thuill.; *Car. bifurca*, Schrank.

Habite les bords des ruisseaux et les mares des prairies de la plaine; les eaux croupissantes des prairies du *Riveral;* les bords de la Basse, où l'eau est dormante, à Perpignan. Fleurit en juin.

62. Car. en vessie, *Car. vesicaria*, Lin., Dec., Koch.

Car. inflata, Huds.

Habite les bords des fossés humides de la plaine du *Riveral;* les prairies humides de l'intérieur des terres; les prairies des environs de Mont-Louis, à l'île du moulin de La Llagone. Fleurit en juin et juillet. Commun.

63. Car. des marais, *Car. paludosa*, Good., Dec., Gaud.

Car. acutiformis, Ehrb.; *Car. ringens*, Thuill.

Habite les environs d'Elne, dans les prairies et les ruisseaux le long du Tech, et les canaux qui en dérivent; les pâturages de Saint-Cyprien; les bords de la Tet; les prairies de la Salanque, et celles du *Riveral*, jusqu'aux environs de Prades; les fossés et les prairies qui bordent la Basse; Espira-de-l'Agly; sur les bords du canal du moulin. Fleurit en mai.

64. Car. des rives, *Car. riparia*, Curt., Dec., Gaud.

Car. crassa, Ehrh.

Habite les bords de la Tet, dans les parties où existent des mares; les bords de la Basse; les prairies de Toulouges, Canohès, Thuir; les rigoles du *Riveral*. Fleurit en mai et juin. Commun.

65. Car. filiforme, *Car. filiformis,* Lin., Dec., Gaud.

Habite les tourbières des environs de la Nous, vallée de Carol; le bord des étangs du plateau de Carlite. Fleurit en juillet et août.

66. Car. hérissé, *Car. hirta,* Lin., Dec., Gaud.

Habite les sables humides des rivières, dans la plaine et sur les montagnes; les bords de la Tet, à Perpignan et à Château-Roussillon; la vallée de l'Agly, prairies sablonneuses de la Salanque; la vallée du Tech, prairies des environs du Boulou; les pâturages secs des environs de Cornella-du-Conflent, et ceux de Fillols. On trouve ce Carex très-rabougri sur le *Cambres-d'Aze.* Fleurit en mai et juin.

143me Famille. — Graminées, *Gramineæ,* Juss.

(*Triandrie,* L.; *Plantes à étamines,* T.)

Genre Leersie, *Leersia,* Soland.

1. Leer. à fleurs de riz, *Leer. oryzoïdes,* Sol., Dec., Dub.

Phalaris oryzoïdes, Lin.; *Homalocenchrus oryzoïdes,* Poll.; *Asprella oryzoïdes,* Lam.

Vulg. *Faux riz.*

Habite les bords des cours d'eau, les prairies inondées, les ilots de tout le littoral; les taillis, les marécages de Salses, Canet, Saint-Nazaire, Argelès. Son chaume est rude; nonobstant cela, les bestiaux le mangent avec avidité. Fleurit en août et septemb.

Genre Phalaris, *Phalaris,* P. Beauv.

Vulg. *Alpiste.*

1. Pha. des Canaries, *Pha. Canariensis,* Lin., Sm., Desf.

Habite les bords des chemins, les lisières des champs et des vignes, à Salses; le vallon de Banyuls-sur-Mer, aux bords des champs et des vignes; commun à l'île Sainte-Lucie et à La Nouvelle. Fleurit en avril et mai.

2. Pha. petit, *Pha. minor,* Retz., Guss., Bertol.

Pha. bulbosa, Desf.; *Pha. aquatica,* Ait.

Habite les bords des champs et des prairies basses, à Canet; Saint-Nazaire, Argelès. Fleurit en mai et juin.

3. Pha. tronqué, *Pha. truncata,* Guss., Bertol., Parl.

Pha. aquatica, Desf.

Habite les prairies humides et les bords des fossés des plages de Canet, d'Argelès et de Port-Vendres. Fleurit en mai et juin.

4. Pha. paradoxal, *Pha. paradoxa,* Lin., Schrad., Desf.

Pha. præmorsa, Lam.

Habite les champs cultivés, parmi les récoltes; la lisière des bois et des vignes, entre Perpignan et La Nouvelle; les champs de la plaine des Aspres; commun à l'île Sainte-Lucie. Fleurit en avril et mai.

5. Pha. à forme de roseau, *Pha. arundinacea,* Lin., Schrad., Vill.

Arundo colorata, Willd.; *Calamagrostis colorata,* Dec.; *Baldingera colorata,* F. der Wett.; *Baldingera arundinacea,* Dum.; *Digraphis arundinacea,* Tr.

Habite les bords des canaux de la Salanque et de toute la plaine; les marécages de Salses, Canet, Argelès; les environs de Villefranche. Fleurit en juin et juillet. Commun partout.

Genre Hierochloa, *Hierochloa,* Gmel.

Ce genre ne renferme qu'une seule espèce, *Hieroch. borealis,* Rœm. et Schultz, qui n'a pas été trouvée dans le département.

Genre Anthoxanthe, *Anthoxanthum*, Lin.

1. Anth. odorante, *Anth. odoratum*, Lin., Dec., Dub.

Phalaris ciliata, Pourret.

Habite les prairies arrosées, les bords des fossés et des cours d'eau de la plaine et des montagnes. Partout fort commune. Fleurit en mai et juin.

Cette graminée compose une grande partie des prairies naturelles du département.

2. Anth. de Puell, *Anth. Puelii*, Lecoq. et Lamot.

Anth. odoratum β *laxiflorum*, Saint-Amans; *Anth. odoratum* β *nanum*, Lloyd.; *Anth. aristatum*, Bor.

Habite les bords des champs et des vignes de la vallée du Réart; les champs sablonneux de tous les Aspres, même parmi les récoltes. Fleurit en juin et juillet.

Genre Mibora, *Mibora*, Adans.

1. Mib. du printemps, *Mib. verna*, P. Beauv., Mert.

Mib. minima, Coss.; *Agrostis minima*, Lin.; *Chamagrostis minima*, Borck.; *Knappia agrostidea*, Sm.; *Sturmia verna*, Pres.

Habite, au premier printemps, dans les vignes et les olivettes de *Malloles;* les champs et les vignes de tous les Aspres du département. On trouve cette petite graminée par touffes très-serrées et très-abondantes en fleurs en mars et avril.

Genre Crypsis, *Crypsis*, Ait.

1. Cryp. vulpin, *Cryp. alopecuroïdes*, Schrad., Dec., Dub.

Habite les champs inondés pendant l'hiver, dans les bas-fonds de Saint-Nazaire et de Saint-Cyprien. Fleurit en août et septembre.

2. Cryp. choin, *Cryp. schœnoides*, Lam., Desf., Dec.

Phleum schœnoïdes, Lin.

Habite les sables humides du littoral, et les bords des fossés. Fleurit en juillet et août. Partout très-commun.

3. Cryp. piquant, *Cryp. aculeata,* Ait., Desf., Dec.

Schœnus aculeatus, Lin.; *Phleum schœnoïdes,* Jacq.

Habite les terrains humides et sablonneux de tout le littoral; très-commun aussi à l'île Sainte-Lucie. Fleurit en juillet et août.

Genre Phléole, *Phleum,* Lin.

1. Phlé. des prairies, *Phle. pratense,* Lin., Desf., Dec.

Phle. Bertolonii, Dec.

Habite les prairies, les bords des champs et des canaux de la plaine, dans les trois bassins. Remonte les vallées et se trouve sur les prairies des montagnes, même sur les pâturages du *Pla Guillem;* les prairies et les bords des champs à Vernet-les-Bains et à Castell. Fleurit en juillet et août.

Cette plante fournit deux variétés, dont une se trouve dans le département :

Var. β *nodosum,* Gaud., Se fait remarquer par sa souche tuberculeuse. Vit sur les prairies de Vernet-les-Bains et à Castell.

2. Phlé. de Bœhmeri, *Phle. Bœhmeri,* Wibel., Schrad.

Phle. phalaroïdes, Kœl.; *Phle. phaloris,* Pers.; *Phalaris phlœoïdes,* Lin.; *Chilochloa Bœhmeri,* P. Beauv.

Habite les coteaux des environs de Salses; Opol; *Cases-de-Pena,* et toute la vallée de l'Agly, sur les coteaux calcaires et arides; les coteaux de Villefranche; les Graus d'Olette et de Canaveilles, près l'établissement thermal de M. Bouis; Fontpédrouse et Mont-Louis, sur les friches arides. Fleurit en juin et juillet.

3. Phlé. rude, *Phle. asperum,* Jacq., Vill., Schrad.

Phle. viride, Alli.; *Phle. paniculatum,* Huds.; *Phalaris aspera,* Retz.; *Chilochloa aspera,* P. Beauv.

Habite les sables des cours d'eau; les champs sablonneux de la plaine de la vallée du Réart, au *Mas-Deu,* Terrats et *Llinas.* Fleurit en avril et mai.

4. Phlé. des Alpes, *Phle. Alpinum,* Lin., Vill., Lam.

Phle. commutatum, Gaud.

Habite les prairies alpines du Canigou, à la *Font de la Conque;* la *Coma du Tech; Costa-Bona;* les pâturages et les coteaux de la *Font de Comps;* les environs de Mont-Louis; la *Borde-Girvés;* les pâturages du *Pla de Bonas Horas*. Fleurit de juin en août.

5. Phlé. de Michel, *Phle. Michelii,* Alli., Schrad., Mert.

Phle. phalaroïdeum, Vill.; *Phle. ambiguum*, Ten.; *Chilochloa Michelii*, Rchb.; *Phalaris Alpina*, Dec.

Habite les pâturages des environs de Mont-Louis; les prairies et les coteaux de Saint-Pierre-dels-Forcats; les pâturages au pied du *Cambres-d'Aze*. Fleurit en juillet et août.

6. Phlé. des sables, *Phle. arenarium,* Lin., Schrad., Mert.

Phalaris arenaria, Huds.; *Crypsis arenaria*, Desf.; *Chilochloa arenaria*, P. Beauv.; *Acnodon arenarius*, Link.

Habite les sables maritimes, à Banyuls; la plage d'Argelès; les prairies et les terres sablonneuses de Saint-Nazaire et de Canet. Fleurit en mai et juin.

7. Phlé. petite, *Phle. tenue,* Schrad., Lois., Mert.

Phalaris bulbosa, Lin.; *Phal. cylindrica*, Dec.; *Achnodonton tenue* et *Bellardi*, P. Beauv.

Habite les prairies et les bords herbeux des champs, à Argelès, Collioure et Banyuls; les prairies de Sainte-Marie; les champs et les prairies de Salses. Fleurit en mai et juin.

Les Phléoles sont des plantes fourragères assez communes dans les prairies et les herbages. Celle des prés est considérée comme une des plus utiles; elle occupe presque seule les prairies lorsqu'elles sont basses et humides. C'est un excellent fourrage pour tous les bestiaux, particulièrement pour les chevaux, qui en sont très-friands. Cette plante se montre de bonne heure et peut être coupée trois fois dans l'été, dès que l'épi commence à paraître. La *Phléole noueuse*, variété de la *Phléole des prés*, est très-estimée des troupeaux; sa multiplication est prodigieuse. Les cochons recherchent avec avidité ses racines bulbeuses, et bouleversent, pour les obtenir, le terrain où elles se trouvent.

Genre Vulpin, *Alopecurus*, Lin.

1. Vul. des prés, *Alop. pratensis*, Lin., Vill., Desf.

Habite les prairies, les champs, les bords des vignes de toute la plaine, dans les trois bassins. Remonte dans les vallées: on le trouve à Céret, Arles et route de Prats-de-Molló; dans la vallée de Cornella-du-Conflent et de Vernet-les-Bains, parmi les pâturages. Fleurit en mai et juin. Commun partout.

2. Vul. agreste, *Alop. agrestis*, Lin., Vill., Desf.

Habite les champs et les prairies humides de toute la contrée; fort commun dans les prairies de Vernet-les-Bains, Castell, Fillols; le Boulou, Céret et Arles, prairies près du Tech. Fleurit en juin.

3. Vul. géniculé, *Alop. geniculatus*, Lin., Vill., Desf.

Habite les prairies et les champs humides de la plaine; les prairies et les champs des environs de Mont-Louis et de toute la Cerdagne, surtout dans les lieux où l'eau croupit. Fleurit de mai en août.

4. Vul. fauve, *Alop. fulvus*, Sm., Gaud., Rchb.

Alop. paludosus, Mert.

Habite les lieux humides des environs de Mont-Louis; les tourbières du *Bac de Bolquère;* les prairies de *Pallercs*, en Llaurenti. Fleurit de mai en août.

5. Vul. bulbeux, *Alop. bulbosus*, Lin., Sm., Dec.

Habite toutes les prairies humides des terres salanque des trois bassins; les prairies et les bords des fossés du *Riveral* et de toute la haute plaine; les prairies et les bords des champs du vallon de Banyuls-sur-Mer; Céret, Arles et Prats-de-Molló, dans les prairies; Prades, Olette et Mont-Louis. Fleurit en mai et juin. Commun partout.

6. Vul. utriculé, *Alop. utriculatus,* Pers., Mert., Koch.

Phalaris utriculata, Lin.

Habite les prairies qui bordent la rivière, à Olette et Fontpédrouse; les environs de Mont-Louis et toute la Cerdagne; les prairies du Llaurenti. Fleurit en mai et juin.

7. Vul. de Gérard, *Alop. Gerardi,* Vill., Dub., Parl.

Alop. capitatus, Lam.; *Phleum Gerardi*, All.; *Colobachne Gerardi*, Link.

Habite les pâturages du *Cambres-d'Aze;* les prairies tourbeuses de la vallée d'Eyne, vers le centre; les pâturages de la vallée de Carol; les environs du lac de la Nous; le sommet du Llaurenti. Fleurit en juillet et août.

Les Vulpins sont des graminées recherchées par tous les bestiaux; ils se trouvent dans les prairies et sur les terres cultivées. Le *Vulpin des prés* est le plus estimé; très-commun dans la plupart des prairies fraîches, il pousse de bonne heure des tiges et des feuilles assez fortes et assez nombreuses, pour pouvoir fournir plusieurs coupes abondantes. C'est un excellent fourrage, que les chevaux recherchent avec avidité.

Le *Vulpin géniculé* se plaît dans les marais tourbeux, les fossés et les mares. Cette plante est un très-bon pâturage pour les chevaux, les vaches et les moutons. Sa multiplication serait très-utile sur les terrains souvent occupés par des plantes inutiles. Ce Vulpin sert à combler les marais tourbeux.

Genre Seslerie, *Sesleria,* Scopol.

1. Sesl. bleue, *Sesl. cœrulea,* Arduin., Vill., Dec.

Cynosurus cœruleus, Lin.

Habite les coteaux calcaires de Salses, *Cases-de-Pena*, *Força-*

Real; les garrigues de Thuir, Castelnau; les coteaux de la vallée du Réart et de la Cantarane. Fleurit en mars et avril. Cette plante est très-commune.

Genre Oreochloa, *Oreochloa*, Link.

1. Oreo. disticha, *Oreo. disticha,* Link.

Sesleria disticha, Pers.; *Poa disticha*, Wulf.; *Poa seslerioïdes*, Lois.

Habite les sommets élevés de la chaîne; au Canigou, les roches à l'extrémité de *Cady;* à Carença, les parties les plus élevées; dans la vallée d'Eyne, la *Collada de Nuria;* les roches de la fontaine du Sègre, vallée de Lló. Fleurit en juillet et août.

Genre Échinaire, *Echinaria,* Desf.

1. Échi. en tête, *Echi. capitata,* Desf., Dec., Dub.

Cenchrus capitatus, Lin.; *Sesleria echinata*, Lam.

Habite les parties supérieures du plateau d'*Ambulla,* parmi les récoltes et sur les terres en friche et arides. Fleurit en mai et juin.

Genre Tragus, *Tragus,* Hall.

1. Tra. en grappe, *Tra. racemosus,* Hall., Desf., Dec.

Cenchrus racemosus, Lin.; *Lappago racemosa*, Willd.

Habite les champs et les coteaux arides de Banyuls-sur-Mer; les coteaux de Baixas, *Cases-de-Pena, Força-Real;* la *Trencada d'Ambulla;* la vallée de Cornella-du-Conflent et de Fillols, vers la mine; les coteaux des Graus d'Olette et de Canaveilles. Fleurit en juin et juillet.

Genre Setaire, *Setaria,* P. Beauv.

1. Set. glauque, *Set. glauca,* P. Beauv., Godr., Guss.

Panicum glaucum. Lin; *Pani. levigatum*, var β Lam.

Habite les champs sablonneux et les bords des vignes des environs de Perpignan, Château-Roussillon, le *Sarral d'en Vaquer* et le Vernet, même territoire; Vinça, Prades, Olette; Prats-de-Molló; l'île Sainte-Lucie. Fleurit en juin et juillet. Commun.

2. Set. vert, *Set. viridis,* P. Beauv., Godr.

Panicum viride, Lin.; *Pani. reclinatum*, Vill.; *Pani. levigatum*, Lam.

Habite les champs cultivés et toutes les terres légères de la plaine de la Salanque, parmi les céréales, les millets et toutes les récoltes, qu'il infecte; la vallée de Cornella-du-Conflent et de Vernet-les-Bains; les terres légères de Céret et d'Arles. Fleurit en juin et juillet. Très-commun.

3. Set. douteux, *Set. ambigua,* Guss., Godr.

Habite les terres arides et les coteaux entre Perpignan et Salses; les coteaux et les vignes qui bordent la route de Salses à La Nouvelle; l'île Sainte-Lucie. Fleurit de juin en août.

4. Set. verticillé, *Set. verticillata,* P. Beauv., Godr., Guss.; en catalan *Cua de Guilla.*

Panicum verticillatum, Lin.; *Pani. asperum*, Lam.

Habite les sables des rivières et des torrents de la plaine et de la montagne; les terres cultivées du *Riveral;* les vallons de Vinça et de Prades; la vallée de Cornella-du-Conflent et de Vernet-les-Bains; Le Boulou, Céret et Arles. Fleurit de juin en août. Commun partout et fort incommode.

5. Set. d'Italie, *Set. Italica,* P. Beauv., Koch.

Panicum Italicum, Lin.; *Pani. maritimum*, Lam.

Vulg. *Petit millet à épis.*

Cultivée dans les fermes de la plaine, cette plante, originaire de l'Inde, s'est parfaitement naturalisée dans notre département.

Genre Panic, *Panicum,* Lin.

1. Pan. capillaire, *Pan. capillare,* Lin., Dec., Dub.

Habite les champs humides du *Riveral;* la plaine de Thuir; les environs de Prades et une grande partie du Conflent. Fleurit en juillet et août.

2. Pan. petit millet, *Pan. miliaceum*, Lin., Dec., Dub.; en catalan *Mill.*

Cette plante, originaire de l'Inde, s'est parfaitement acclimatée dans le département. Le *Petit-Millet* est cultivé partout, et il est d'une grande utilité pour nourrir les oiseaux et engraisser la volaille. Il n'entre guère dans la nourriture de l'homme, qu'autant que d'autres céréales plus précieuses viennent à lui manquer. Fleurit en juillet et août.

3. Pan. pied de coq, *Pan. crus-galli,* Lin., Vill., Desf.; en catalan *Sarrell.*

Echinochloa crus-galli, P. Beauv.

Habite les champs humides, les bords des fossés de toute la plaine, et le pied des basses montagnes. Il est très-incommode dans les luzernes, les prairies et même dans les champs cultivés. Commun partout, sa graine est très-estimée des oiseaux; les Cailles en sont très-friandes, elle les engraisse beaucoup. Fleurit en juillet et août.

4. Pan. sanguin, *Pan. sanguinale,* Lin., Desf., Mert.

Dactylon sanguinale, Vill.; *Digitaria sanguinalis*, Scop.; *Paspalum sanguinale*, Lam.; *Syntherisma vulgare*, Schrad.

Habite les coteaux arides qui avoisinent Villefranche; les coteaux et les vignes des vallées de Cornella-du-Conflent et de Fillols; les coteaux arides et les bords des propriétés des vallons de Nyer et d'Olette; les vignes et pentes incultes des environs de Céret. Fleurit de juillet à septembre.

5. Pan. glabre, *Pan. glabrum,* Gaud., Koch.

Digitaria glabra, Rœm.; *Dig. humifusa*, Pers.; *Dig. filiformis*, Kœl.; *Paspalum ambiguum*, Dec.; *Syntherisma glabrum*, Schrad.

Habite toutes les terres sablonneuses et légères de la plaine, dans les trois bassins. Très-commun. Fl. en août et septembre.

GENRE CYNODON, *Cynodon*, Rich.

1. Cyn. dactyle, *Cyn. dactylon*, Pers., Dub.

Panicum dactylon, Lin.; *Digitaria dactylon*, Scop.; *Dig. stonolifera*, Schrad.; *Paspalum dactylon*, Dec.; *Dactylon officinale*, Vill.

Vulg. *Gros chien-dent*.

Habite les bords des routes, des champs, des vignes, toutes les terres arides des trois bassins; les champs, les vignes du Boulou, et tous les coteaux jusqu'à Saint-Ferréol, près Céret; la vallée de Cornella-du-Conflent. Très-commun et fort incommode par sa végétation gazonnante; chaque nœud forme une nouvelle plante. Fleurit de juin à septembre.

GENRE SPARTINE, *Spartina*, Schreb.

1. Spar. à diverses couleurs, *Spar. versicolor*, Fabre, Walpers.

Spar. duriœi, Parlat.

Habite les prairies marécageuses et les bords des fossés du littoral; les marais de Salses; Torreilles, au *Bordigol;* Canet, au *Cagarell*, et toutes les eaux bourbeuses, à Saint-Nazaire, Argelès, Banyuls-sur-Mer. Fleurit en août et septembre.

GENRE BARBON, *Andropogon*, Lin.

1. Bar. velu, *And. ischœmum*, Lin., Vill., Dec.

Habite les vignes et les champs arides de *Cases-de-Pena;* les ravins qui avoisinent la tour de Tautavel; les champs et les terres incultes de *Força-Real;* les garrigues de Corbère, Castelnau et Thuir; les pâturages de la vallée de Cornella-du-Conflent et de Vernet-les-Bains. Fleurit de juin en août.

2. Bar. à deux épis, *And. distachyon*, Lin., Schrad., Alli.

Habite les vignes des coteaux calcaires de Salses; les bords de la route de Perpignan à La Nouvelle; les coteaux de Collioure et de Port-Vendres; les vignes et les champs des coteaux de Banyuls-sur-Mer; le vallon de Cornella-du-Conflent, au bas de *Caroles*, où il est rare. Fleurit de juin à septembre.

3. Bar. d'Allion, *And. Allionii*, Dec., Dub., Lois.

And. contortum, Desf.; *Heteropogon Allionii*, Rœm.; *Heter. glaber*, Pers.

Habite les vignes et les bords des champs des environs de Collioure; à Port-Vendres, le chemin de la Croix-Blanche; le vallon de Banyuls-sur-Mer, coteaux et bords des vignes du *Mas-Retg*. Fleurit en août et septembre. Très-commun.

4. Bar. paniculé, *And. gryllus*, Lin., Schrad., Vill.

Chrysopogon gryllus, Trin.; *Pollinia gryllus*, Spreng.; *Apluda gryllus*, P. Beauv.

Habite les coteaux stériles des Albères, près Argelès et Sorède; toute la vallée du Réart, au bord des vignes et sur les garrigues; les coteaux de Céret; ceux de Prades; la *Trencada d'Ambulla*, et jusqu'à Olette. Fleurit en juin et juillet.

5. Bar. hérissé, *And. hirtum*, Lin., Alli., Desf.

Habite les champs, les vignes et les coteaux arides de Salses, *Cases-de-Pena*, Saint-Antoine-de-Galamus, *Força-Real;* les coteaux de Vinça, Prades, Villefranche; le vallon de Vernet-les-Bains, au *Roc del Grau;* les vignes d'Olette et les coteaux de Fontpédrouse. Fleurit de juin en août. Très-commun.

6. Bar. pubescent, *And. pubescens*, Vir., Rchb., Koch.

And. giganteum, Ten.; *And. solieri*, Requien.

Habite les coteaux de Port-Vendres; les coteaux arides de Céret et d'Arles; les environs de Prades; à Villefranche, le fossé méridional de la citadelle et les coteaux de *Notre-Dame-de-Vic*. Fleurit de juin à septembre.

Genre Sorghum, *Sorghum*, Pers.

1. Sorg. d'Alep, *Sorg. Halepense,* Pers., Bertol., Guss.

Holcus Halepensis, Lin.; *Andropogon Halepensis*, Sibth.; *And. arundinaceus*, Scopol.

Cette plante, cultivée dans le principe, s'est répandue sur nos coteaux calcaires. On la trouve à Saint-Antoine-de-Galamus et à *Cases-de-Pena;* dans la vallée du Tech, jusqu'à Prats-de-Molló, et dans celle de la Tet, jusqu'à Fontpédrouse. Fleurit de juillet à septembre.

On a essayé la culture d'une autre espèce de Sorgo, Sorg. à sucre, *Sorg. saccharatum,* P.; mais les résultats n'ayant pas donné les bénéfices qu'on en attendait, elle a été abandonnée.

Genre Erianthus, *Erianthus*, Rich.

1. Eri. de Ravenne, *Eri. Ravenne,* P. Beauv., Parl.

Andropogon Ravenne, Lin.

Habite les sables aux bords de l'étang de Salses, sur la chaussée qui conduit à Leucate, entre l'étang et la mer. Fleurit en septembre et octobre.

Genre Imperata, *Imperata,* Cyrill.

1. Imp. cylindrique, *Imp. cylindrica,* P. Beauv., Mert.

Lagurus cylindricus, Lin.; *Saccharum cylindricum*, Lam.

Habite les sables de l'Agly, à *Cases-de-Pena,* dans les anses que forme la rivière; les sables des bords du canal qui alimente les moulins de Mme de Contade; les environs du pont de la *Fou,* à Saint-Paul, sur les bords du canal. Fleurit en juin et juillet.

Genre Roseau, *Arundo,* Lin.

1. Ros. cultivé, *Arun. donax,* Lin., Vill., Schrad.; en catalan *Canya.*

Donax arundinaceus, P. Beauv.; *Scolochloa donax*, Gaud.; *Scol. arundinacea*, Mert.

Commun dans tout le département. On forme avec cette graminée, dans la Salanque et sur le voisinage des rivières, des bordures pour préserver les champs sujets aux inondations et pour empêcher les courants de raviner les propriétés. Son chaume est employé à divers usages. On forme, avec les roseaux, des clôtures, des couvertures de toits, des claies pour les plafonds; ils sont exportés pour les fabriques de draps; on en chauffe les fours à briques, etc., etc. Fleurit en septembre et octobre.

2. Ros. pliniana, *Arun. pliniana,* Turr., Bertol.

Arun. mauritanica, Desf.; *Calamagrostis donaciformis,* Lois.; *Donax mauritanicus,* Rœm.

Habite les marécages des bords du canal de la *Font Estramer,* près Salses, où il est fort rare; abondant à l'île Sainte-Lucie. Fleurit en septembre et octobre.

Genre Phragmites, *Phragmites,* Trin.

1. Phra. commune, *Phra. communis,* Trin., Mert., Gaud.

Arundo phragmites, Lin.

Habite les marais du littoral; toutes les rigoles où l'eau est un peu stagnante, dans les trois bassins. Fleurit en août et septembre.

Cette espèce fournit trois variétés, qui vivent dans notre pays:

Var. α *vulgaris.* Épillets bruns, pluriflores. Vit près des mares au bord de la mer.

Var. β *flavescens,* Cust. Épillets jaunâtres, pluriflores; plante plus grande. Vit près des cours d'eau.

Var. γ *nigricans.* Épillets noirs, subuniflores; plante naine et grêle. Vit dans les taillis éloignés des eaux.

2. Phra. géante, *Phra. gigantea,* Gay *in Endres.*

Phra. isiacus, Kunth.; *Arundo maxima,* Forsk.; *Arun. isiaca* Delil.; *Arun. altissima,* Benth.

Cette belle graminée ne vit en Europe que dans une seule

localité du département des Pyrénées-Orientales, dans le gouffre que forme la fontaine *Estramer*, au sortir des roches de la montagne de Salses. Quelques pieds se développent dans les marais où se jette l'eau de cette fontaine, en face de la maison du garde des pêcheries de M. Lloubes. Fleurit en septembre.

GENRE CALAMAGROSTIS, *Calamagrostis*, Adans.

1. Cal. petit, *Cal. epigeios*, Roth., Dec., Dub.

Arundo epigeios, Lin.

Habite les bois humides des basses montagnes; les environs de Castell et de Saint-Martin-du-Canigou; les collines qui avoisinent Arles et Saint-Laurent-de-Cerdans, près des rigoles. Fleurit en juillet et août.

2. Cal. lancéolé, *Cal. lanceolata*, Roth., Dec., Dub.

Arundo calamagrostis, Lin.

Habite les bords humides du Tech et de la Tet, dans les terres de salanque, et dans les prairies humides de cette région; Elne, Argelès, Canet, Sainte-Marie. Fleurit en juillet et août.

3. Cal. à feuilles de roseau, *Cal. arundinacea*, Roth., Dec.

Cal. sylvatica, Dec.; *Cal. pyramidalis*, Host.; *Agrostis arundinacea*, Lin.; *Arundo sylvatica*, Schrad.; *Deyeuxia sylvatica*, Kunth.

Habite les bois et les pentes des régions alpines du Canigou, à la montagne de *Set Hómens;* le *Pla Guillem;* Carença; la vallée d'Eyne; le *Bac de Bolquère;* les pelouses de *Madres;* le Llaurenti. Fleurit en juillet et août.

GENRE AMPÉLODESMOS, *Ampelodesmos*, Link.

Ce genre ne fournit qu'une seule espèce, *Amp. tenax*, Link., qui n'a pas été trouvée dans le département.

Genre Psamma, *Psamma*, P. Beauv.

1. Psam. des sables, *Psam. arenaria*, Rœm. et Schult.

Psam. littoralis, P. Beauv.; *Arundo arenaria*, Lin.; *Calamagrostis arenaria*, Roth.; *Amenophila arundinacea*, Host.

Habite les sables du littoral : Salses, Saint-Laurent-de-la-Salanque, Sainte-Marie, très-abondant à Canet, Argelès, Collioure et Banyuls. Fleurit en mai et juin. Commun partout.

Genre Agrostis, *Agrostis*, Lin.

1. Agr. blanc, *Agr. alba*, Lin., Schrad., Dec.

Arundo stonolifera, Lin.

Habite les bords des ruisseaux, les prairies humides, les taillis des cours d'eau de toute la contrée; les prairies de la Salanque. Remonte, dans la vallée du Tech, jusqu'à Prats-de-Molló ; dans celle de la Tet, Vinça, Prades et Olette, Vernet-les-Bains et Castell. Fleurit en juin et juillet. Très-commun.

Cette plante offre trois variétés; deux se trouvent dans le département :

Var. α *genuina*, Godr. Chaumes rampants à la base; panicule oblongue et lâche, quelquefois blanchâtre. Vit dans les taillis qui bordent les cours d'eau.

Var. γ *maritima*, Mey. Chaumes dressés, grêles et raides; panicule très-étroite, spiciforme, compacte, le plus souvent d'un blanc fauve; feuilles plus courtes et plus étroites, raides et glauques. Vit sur les sables de l'embouchure des rivières.

2. Agr. verticillé, *Agr. verticillata*, Vill., Bertol.

Agr. stonolifera, Lin.; *Agr. aquatica*, Pourret.

Habite les rigoles des prairies; les bords des haies des propriétés de la Salanque, dans les trois bassins; sur les roches, à Banyuls-sur-Mer. Nous le retrouvons dans les prairies de Vernet-les-Bains, Olette, Mont-Louis, la *Borde-Girvés*, et aux environs de Prats-de-Molló. Fleurit de juin à septembre.

3. Agr. vulgaire, *Agr. vulgaris*, With., Sm., Schrad.

Agr. capillaris, Vill.; *Agr. stonolifera*, Lin.

Habite les pâturages secs des bords de la mer; les champs arides; les bois des basses montagnes; les terres élevées de Canet; Château-Roussillon; les environs de Céret; les coteaux de Prades, Villefranche, Vernet-les-Bains, Olette et Fontpédrouse. Fleurit en juin et juillet. Commun.

4. Agr. des olivettes, *Agr. olivetorum*, Gre. et Godr.

Habite les sables maritimes, les champs, les vignes des vallons de Banyuls et de Port-Vendres; l'île Sainte-Lucie. Fleurit en juin.

5. Agr. des chiens, *Agr. canina*, Lin., Sm., Dec.

Trichodium caninum, Schrad.; *Agrantus canina*, P. Beauv.

Habite les prairies humides, les bords des fossés et des chemins, les bois, à Céret, Arles, Saint-Laurent-de-Cerdans; les terres sablonneuses de la plaine; Prades; Cornella-du-Conflent, Fillols et Vernet-les-Bains. Fleurit en juillet et août. Commun.

Cette plante offre deux variétés, qu'on trouve avec le type, et qui se distinguent par la couleur des feuilles :

Var. α *genuina*. Feuilles vertes.

Var. β *glauca*. Feuilles glauques. *Agr. vinealis* de Desv.

6. Agr. sétacé, *Agr. setacea*, Curt., Sm., Babingt.

Agr. filiformis, Bast.; *Trichodium setaceum*, Rœm.; *Vilfa setacea*, P. Beauv; *Arundo capillata*, Chaub.

Habite les bords des chemins et des champs de la vallée de Vernet-les-Bains et particulièrement au bois *Tixador*. Fleurit en juillet et août.

7. Agr. des Alpes, *Agr. Alpina*, Scop., Mert., Parl.

Agr. Pyrenaïca, Pour.; *Agr. festucoïdes*, Vill.; *Agr. filiformis*, Vill.; *Agr. Schleicheri*, Jord. et Verlot.; *Agr. rupestris*, Dub.; *Trichodium rupestre*, Schrad.

Habite les régions alpines de nos montagnes, particulièrement les pelouses et fentes des rochers des sommets de *Cady*, au Canigou ; *Costa-Bona;* le *Cambres-d'Aze;* les pelouses et les bois de la *Font de Comps;* dans les pelouses et sur les rochers de la montagne de *Madres*.. Fleurit en juillet et août.

8. Agr. éventé, *Agr. spica-venti,* Lin., Vill., Dec.

Apera spica-venti, P. Beauv.; *Anemagrostis spica-venti,* Trin.

Habite parmi les récoltes des champs du *Riveral;* les prairies et champs à Vinça, Prades et tout le Conflent; Villefranche, dans les fentes des roches calcaires. On le trouve le long de la vallée de la Tet, jusqu'à Mont-Louis; au vallon de Banyuls-sur-Mer, où il est commun, dans les champs vers *Can Retj*. Fleurit en juillet.

9. Agr. interrompu, *Agr. interrupta,* Lin., Schrad., Dec.

Apera interrupta, P. Beauv.; *Anemagrostis interrupta,* Trin.

Habite les terres sablonneuses des alentours de Perpignan ; les champs du coteau Saint-Sauveur. Remonte assez haut dans les vallées; on le trouve dans les environs du *Baus de l'Aze*, et sur les roches gazonnées de la *Font de Comps*. Fleurit en juin et juillet.

Genre Sporobole, *Sporobolus,* R. Brown.

1. Spor. piquant, *Spor. pungens,* Kunth., Gris.

Agrostis pungens, Schreb.; *Vilfa pungens,* P. Beauv.

Habite les sables des dunes et les canaux des prairies maritimes à Argelès, Collioure, Port-Vendres et Banyuls. Fleurit en juillet et août. Très-commun.

Genre Gastridie, *Gastridium,* P. Beauv.

1. Gast. lendier, *Gast. lendigerum,* Gaud., Lois., Guss.

Milium lendigerum, Lin.; *Gast. australe,* P. Beauv.; *Agrostis lendigera,* Dec.; *Agr. ventricosa,* Gouan ; *Agr. panicea,* Lam.

Habite les champs, les haies et les bords des chemins près

Perpignan; le plateau Saint-Sauveur; les champs de Château-Roussillon; les champs et les bords de la route entre Perpignan et Elne, où il est très-commun. Fleurit en mai et juin.

GENRE POLYPOGON, *Polypogon*, Desf.

1. Poly. de Montpellier, *Poly. Monspeliense,* Desf., Dec.

Alopecurus Monspeliensis, Lin.; *Alop. paniceus*, Lam.; *Phleum crinitum*, Schreb.

Habite les champs sablonneux et les prairies des environs de Perpignan; le plateau de Canet et de Saint-Nazaire; Argelès; la vallée du Réart, dans les champs ensemencés de seigle, qu'il infecte, et y empêche les moissons de prospérer; la vallée de Cornella-du-Conflent et de Vernet-les-Bains, dans les champs et les bords des chemins. Fleurit en mai et juin.

2. Poly. maritime, *Poly. maritimum,* Willd., Dec., Dub.

Habite les prairies humides et les fossés des champs du littoral, dans les trois bassins. Fleurit en mai.

3. Poly. du littoral, *Poly. littorale,* Sm., Mert.

Poly. elongatus, Lag.; *Poly. lagascæ*, Rœm.; *Agrostis littoralis*, Sm.; *Agr. lutosa*, Poir.

Habite les sables maritimes du *Barcarès*, vers les salins; les marécages qui avoisinent l'étang de Saint-Nazaire. Fleurit en juin et juillet.

GENRE LAGURIER, *Lagurus*, Lin.

1. Lag. ovale, *Lag. ovatus*, Lin., Vill., Desf.

Habite les prairies du littoral; les vignes, les olivettes; commun dans toute la plaine; *Cases-de-Pena; Força-Real;* Collioure. Nous le retrouvons à de grandes hauteurs, dans les vallées : à Nohèdes, près des lacs; la vallée d'Eyne; le *Cambres-d'Aze,* etc., etc. Il est très-rabougri dans ces dernières localités. Fleurit en mai et juin.

Genre Stipe, *Stipa*, Lin.

1. Sti. tortillée, *Sti. tortilis*, Desf., Dec., Dub.

Sti. humilis, Brot.

Habite les bords des vignes, des champs et des terres incultes du plateau de Perpignan; à Canet et Saint-Nazaire; les mêmes terrains, à Argelès; à Collioure, les glacis du fort *Miradou;* à Port-Vendres, vers Cosperons; à Banyuls-sur-Mer, au *Mas Retj.* Fleurit en avril et mai. Très-commune.

2. Sti. joncière, *Sti. juncea*, Lin., Alli., Vill.

Habite les terres en pente de *Cases-de-Pena* et de *Força-Real;* le *Calce* de Thuir; les environs de Prades, sur les pentes au midi; la *Trencada d'Ambulla;* sur les rochers près de Costujes. Fleurit en mai et juin.

3. Sti. capillaire, *Sti. capillata*, Lin., Schrad., Vill.

Habite les lieux arides et sur les calcaires de Salses, Opol; *Cases-de-Pena,* aux environs de la chapelle; les pentes rocheuses de *Força-Real;* les bois des montagnes moyennes. Fleurit en juillet et août.

4. Sti. empennée, *Sti. pennata*, Lin., Vill., Desf.

Habite les roches qui bordent l'Agly, sous le village de *Cases-de-Pena;* la *Trencada d'Ambulla;* la vallée de Conat, sur les calcaires, à mi-côte de la *Font de Comps;* les environs du *Baus de l'Aze,* près Prats-de-Molló; l'île Sainte-Lucie. Fleurit en juillet.

Genre Aristelle, *Aristella*, Bertol.

1. Aris. à feuilles de brome, *Aris. bromoïdes*, Bertol., Boiss.

Stipa aristella, Lin.; *Agrostis bromoïdes*, Lin.; *Andropogon hermaphroditum*, Pour.

Habite les terres rocailleuses et vagues de Salses; le terroir du

Vernet, à Perpignan; *Cases-de-Pena; Força-Real;* Saint-Laurent-de-Cerdans; Costujes, toujours sur les terrains arides, où elle forme des touffes assez fortes. Fleurit en juin.

Genre Lasiagrostis, *Lasiagrostis*, Link.

1. Lasi. calamagrostis, *Lasi. calamagrostis,* Link., Rchb., Koch.

Agrostis calamagrostis, Lin.; *Calamagrostis argentea,* Dec.; *Stipa calamagrostis,* Walhenb.; *Achanterum calamagrostis,* P. Beauv.

Habite la partie supérieure de la vallée de Prats-de-Balaguer, parmi les rocailles; les environs du Cirque, à l'extrémité de la vallée d'Eyne, dans les éboulis. Fleurit de juin en août.

Genre Piptatherum, *Piptatherum,* P. Beauv.

1. Pip. bleuâtre, *Pip. cærulescens,* P. Beauv., Boiss.

Milium cærulescens, Desf.; *Urachne cærulescens,* Trin.

Habite les terres incultes qui avoisinent la citadelle de Villefranche; le vallon de Cornella-du-Conflent; les vignes et terres stériles du vallon de Collioure; les champs, vignes et coteaux près de la mer, à Banyuls. Fleurit en avril et mai. Très-commun.

2. Pip. paradoxal, *Pip. paradoxum,* P. Beauv., Boiss.

Milium paradoxum, Lin.; *Urachne virescens,* Trin.

Habite les mêmes localités que l'espèce précédente, et fleurit à la même époque.

3. Pip. à plusieurs fleurs, *Pip. multiflorum,* P. Beauv.

Milium multiflorum, Cav.; *Agrostis miliacea,* Lin.; *Urachne parviflora,* Trin.

Habite les champs arides et les terres vagues de *Cases-de-Pena*, Espira, Baixas, *Força-Real;* le *Calce* de Thuir; la vallée du Réart; Prades, Villefranche et jusqu'à Fontpédrouse; Céret et jusqu'au *Pas du Loup,* dans la vallée du Tech. Fleurit de juin à septembre.

GENRE MILLET, *Milium*, Lin.

1. Mil. épars, *Mil. effusum*, Lin., Vill., Sm.

Agrostis effusa, Dec.

Habite la lisière des taillis qui bordent les cours d'eau de la plaine; les bois et les terres humides des basses montagues : La Roca, Le Boulou, Maureillas, Céret, Millas, Ille et tout le Conflent; les bois de la vallée de Cornella-du-Conflent et de Vernet-les-Bains. Fleurit en mai et juin. Très-commun.

GENRE AIROPSIS, *Airopsis*, P. Beauv.

1. Air. globuleux, *Air. globosa*, Desv., Dec., Lois.

Aira globosa, Thore.; *Milium tenellum*, Cav.

Habite sur les sables arides de la plage du *Barcarès*, vers les salins. Je l'ai aussi trouvé sur les sables qui avoisinent l'étang de Saint-Nazaire.

Cette toute petite graminée fleurit de très-bonne heure; en mars elle est déjà en fleur.

GENRE ANTINORIA, *Antinoria*, Parl.

Ce genre se compose d'une seule espèce, *Ant. agrostidea*, Parl., qui n'a pas été observée dans le département.

GENRE MOLINERIA, *Molineria*, Parl.

Se compose aussi d'une seule espèce, *Moli. minuta*, Parl., plante de la Corse, qui n'a pas été trouvée dans le département.

GENRE CORYNEPHORUS, *Corynephorus*, P. Beauv.

1. Cory. blanchâtre, *Cory. canescens*, P. Beauv., Koch.

Aira canescens, Lin.; *Aira variegata*, Saint-Amans.

Habite les friches et pentes exposées au midi, à *Cases-de-Pena*,

Estagel; la *Trencada d'Ambulla;* les Graus d'Olette; la route de Prats-de-Molló, au *Baus de l'Aze;* les sables maritimes des environs de Banyuls. Fleurit en juillet et août.

Cette plante fournit deux variétés :

Var. α *genuina.* Chaumes dressés, allongés. Vit à la *Trencada d'Ambulla.*

Var. β *maritima,* Gre. et Godr. Chaumes étalés, genouillés, très-courts; panicule petite. Vit à Banyuls-sur-Mer.

2. Cory. articulé, *Cory. articulatus,* P. Beauv.

Aira articulata, Desf.; *Aira hybrida,* Gaud.

Habite les sables maritimes des environs d'Argelès et de Collioure; le vallon de Banyuls, sur les sables maritimes des diverses anses de cette région. Fleurit en avril et mai.

3. Cory. fasciculé, *Cory. fasciculatus,* Boiss. et Reut.

Aira C. articulatus β *gracilis,* Parl.; *Articulata* β *gracilis,* Desf.

Habite les champs du plateau Saint-Sauveur, près Perpignan; les lieux arides de la *Trencada d'Ambulla;* les champs et les coteaux des vallons de Collioure, Port-Vendres et Banyuls. Fleurit en juin.

GENRE AIRA, *Aira,* Lin.

1. Aira à forme d'œillet, *Aira caryophyllea,* Lin., Dec., Lois.

Avena caryophyllea, Wigg.; *Airopsis caryophyllea,* Fries.

Habite les sables arides des rivières et des ravins des basses montagnes; les champs sablonneux de la plaine; très-répandue dans les terres sablonneuses et légères de la vallée du Réart; sur les bords de la route et des champs de la vallée de Cornella-du-Conflent et de Vernet-les-Bains. Fleurit en mai et juin.

2. Aira cupaniana, *Aira cupaniana,* Guss., Parl.

Aira caryophyllea γ *intermedia,* Mutel.

Habite les sables maritimes de Canet et d'Argelès; l'île Sainte-Lucie. Fleurit en avril et mai.

3. Aira précoce, *Aira præcox,* Lin., Dec., Lois.

Avena præcox, P. Beauv.; *Airopsis præcox,* Lin., Dec., Lois.

Habite les terres sablonneuses à l'embouchure de nos rivières: Saint-Laurent-de-la-Salanque, Torreilles, Canet et Saint-Cyprien. Fleurit en avril et mai.

Genre Deschamps, *Deschampsia*, P. Beauv.

1. Des. gazonnante, *Des. cæspitosa,* P. Beauv., Parl.

Aira cæspitosa, Lin.

Habite les terres sablonneuses du plateau de Château-Roussillon; les bords des champs, des vignes et parmi les buissons de la vallée du Réart; sur les roches du vallon de Vernet-les-Bains. Nous la retrouvons aussi sur les régions alpines du Canigou. Fleurit en juin et juillet.

Cette plante présente trois variétés, dont une vit dans le pays:

Var. β *pallida.* Épillets plus petits, d'un vert blanchâtre. Vit dans la vallée du Réart.

2. Des. moyenne, *Des. media,* Rœm. et Schult., Parl.

Des. juncea, P. Beauv.; *Aira media,* Gouan; *Aira juncea,* Vill.; *Aira setacea,* Pour.; *Schismus Gouani,* Trin.

Habite les lieux incultes des coteaux de Salses, Opol, Peyrestortes, *Cases-de-Pena, Força-Real;* les bords des vignes et les coteaux du vallon de Banyuls-sur-Mer; la vallée du Réart; les environs de Céret. Fleurit en juin et juillet.

3. Des. de Thuilier, *Des. Thuilieri,* Gre. et Godr.

Aira discolor, Thuil.; *Aira uliginosa,* Weihe; *Aira montana,* Desv.

Habite les prairies tourbeuses et les fossés humides du littoral, dans les trois bassins. Fleurit en juillet et août.

4. Des. flexueuse, *Des. flexuosa,* Griseb

Aira flexuosa, Lin.; *Avena flexuosa,* Mert. et Koch.

Habite les champs et les vignes de *Força-Real, Cases-de-Pena,* Saint-Antoine-de-Galamus; la base du *Pic de Bugarach;* les taillis au bord des cours d'eau, et les sables arides des rivières de toute la plaine; Prades et ses environs; la vallée de Cornella-du-Conflent et de Castell, à Saint-Martin-du-Canigou. Fleurit de juin en août.

Genre Ventenata, *Ventenata,* Kæl.

1. Vent. avoine, *Vent. avenacea,* Kæl., Parl.

Avena tenuis, Mœnch.; *Ave. triaristata,* Vill.; *Bromus triflorus,* Poll.; *Triselum tenue,* Rœm.; *Tris. striatum,* Pers.; *Holcus biaristatus,* Wigg.

Habite les coteaux, les vignes, les champs de Banyuls-sur-Mer; les coteaux de Salses, Opol, *Cases-de-Pena,* Maury, Saint-Paul; les coteaux et garrigues de la vallée du Réart; les pentes de *Notre-Dame-de-Vie,* près Villefranche. Fleurit en juin.

Genre Avoine, *Avena,* Lin.

1. Avoi. cultivée, *Ave. sativa,* Lin.

Cultivée en grand dans le département, pour la nourriture du bétail.

2. Avoi. orientale, *Ave. orientalis,* Schreb.

Ave. racemosa, Thuil.

Cultivée aussi dans quelques parties du département, avec d'autres variétés.

3. Avoi. rude, *Ave. strigosa,* Schreb., Schrad.

Ave. nervosa, Lam.; *Danthonia strigosa,* P. Beauv.

Habite dans les champs cultivés, parmi les récoltes, particulièrement dans les terres aspres, où on la trouve à foison, au point d'empêcher les récoltes de prospérer. Fl. en juin et juillet.

4. Avoi. barbue, *Ave. barbata,* Brot., Pral.

Ave. hirsuta, Roth.; *Ave. hirtula,* Lag.; *Ave. atherantha,* Presl.

Habite les coteaux stériles des Corbières; *Cases-de-Pena;* la vallée du Réart, sur tous les coteaux; Céret, coteaux de tous les environs. Fleurit en juin et juillet.

5. Avoi. folle, *Ave. fatua,* Lin., Schrad., Sm.;

en catalan *Cogola,* prononcez *Couyoule.*

Habite les prairies et les moissons, qu'elle infecte; les bords des champs et des chemins, dans les trois bassins. Fleurit en juin et juillet.

6. Avoi. stérile, *Ave. sterilis,* Lin., Schrad., Dec.

Habite les champs, les olivettes, les pâturages de tous les terrains aspres du département. Fleurit en juin et juillet.

7. Avoi. filifolia, *Ave. filifolia,* Lag., Boiss., Esp.

Ave. convoluta, Presl.; *Ave. fallax,* Ten.; *Ave. striata,* Vis.

Habite les champs et les bords des fossés de toute la plaine: Thuir, Canohès, Château-Roussillon, les environs d'Elne, la plaine de Taxó, Argelès, etc. Fleurit de juin en août.

8. Avoi. toujours verte, *Ave. sempervirens,* Vill., Dec., Mut.

Ave. striata, Lam.

Habite les pentes et les pâturages de la montagne du *Mir,* près Prats-de-Molló; le Canigou, au *Pla Guillem* et à la *Llapoudère;* les pâturages des vallées de Carença, d'Eyne et de Lló. Fleurit en juillet et août.

9. Avoi. de montagne, *Ave. montana,* Vill., Mut., Parl.

Ave. sedenensis, Dec.; *Ave. sempervirens,* Lap.; *Ave. fallax,* Rœm. et Schult.

Habite, au Canigou, les pâturages du *Randé,* les roches des environs de *Cady;* les pâturages de Carença; les prairies et roches au milieu de la vallée d'Eyne. Fleurit en juillet et août.

10. Avoi. de Scheuchzer, *Ave. Scheuchzeri,* Alli., Rchb.

Ave. versicolor, Vill.; *Ave. glauca,* Lapey.

Habite les régions alpines du Canigou et du *Pla Guillem;* les terres incultes et les bois de la montagne de *Madres;* les pâturages secs de la *Font de Comps,* et parmi les roches de la *Tartarassa.* Fleurit en juillet et août.

11. Avoi. pubescente, *Ave. pubescens,* Lin., Schrad., Dec.

Habite les pâturages secs de la plaine et des montagnes; les glacis de la citadelle de Mont-Louis; les champs du plateau de Fetges, près Mont-Louis. Fleurit en juin et juillet.

12. Avoi. sesquitertia, *Ave. sesquitertia,* Lin., Godr.

Ave. amethystina, Dec.

Habite les coteaux arides et les ravins de toute la contrée de *Cases-de-Pena;* parmi les roches de la *Trencada d'Ambulla;* les environs de Prats-de-Molló. Fleurit en juin et juillet.

13. Avoi. brome, *Ave. bromoïdes,* Gouan, Lois., Koch.

Ave. pratensis, β Dec.

Habite les coteaux de toute la vallée du Réart; les environs de Prades; les champs et les coteaux de Molitg et Mosset; la *Trencada d'Ambulla.* Fleurit en juin.

14. Avoi. des prés, *Ave. pratensis,* Lin., Schrad., Dec.

Ave. longifolia, Requien et Dec.; *Ave. Requienii,* Mutel.

Habite les pâturages de la vallée du Réart; les terres incultes des environs de Prats-Balaguer; les châtaigneraies et le bord des champs du vallon de Vernet-les-Bains. Fleurit de juin en août. Très-commune.

Genre Arrhenathère, *Arrhenatherum,* P. Beauv.

1. Arrh. élevée, *Arrh. elatius,* Mert. et Koch., Gaud.

Arrh. avenaceum, P. Beauv.; *Avena elatior*, Lin.; *Ave. alba*, Dec.; *Holcus avenaceus*, Scop.

Vulg. *Fenasse*, ou *Ray-grass des Français.*

Habite les terres stériles, les pâturages secs, la lisière des bois, parmi les buissons, les tertres de tous les coteaux de la plaine et des basses montagnes; la vallée de Cornella-du-Conflent et de Vernet-les-Bains. Fleurit en juin et juillet. Très-commune.

Genre Trisetum, *Trisetum,* Pers.

1. Tris. négligé, *Tris. neglectum,* Rœm et Schult., Boiss.

Avena panicea, Lam.; *Ave. neglecta*, Savi.

Habite les coteaux calcaires de Salses, ceux qui bordent la route de Salses à La Nouvelle; fort commun à l'île Sainte-Lucie. Fleurit en avril et mai.

2. Tris. jaunâtre, *Tris. flavescens,* P. Beauv., Pral.

Tris. pratense, Pers.; *Avena flavescens*, Lin.

Habite les prairies, les pâturages, les bois de la plaine et des basses montagnes; très-commun dans les bois et sur les bords des champs de la vallée de Cornella-du-Conflent et de Vernet-les-Bains. Fleurit en juin et juillet.

3. Tri. à feuilles distiques, *Tri. distichophyllum ,* P. Beauv., Pral.

Tri. brevifolium, Rœm.; *Avena distichophylla*, Vill.; *Ave. brevifolia*, Host.; *Ave. disticha*, Lam.

Habite les régions supérieures du Canigou, dans les pâturages et les rochers de *Tretzevents;* sur les roches de Carença; les parties supérieures de la fontaine du Sègre, à l'extrémité de la vallée de Lló. Fleurit en août.

Genre Houque, *Holcus,* Lin.

1. Hou. laineuse, *Hol. lanatus,* Lin., Desf., Lois.

Avena lanata, Kœl.; *Aira holcus lanatus*, Vill.

Habite les champs, les prairies et les bords des fossés de toutes les parties basses de la plaine et des montagnes. Fleurit de juin en août. Très-commune.

2. Hou. molle, *Hol. mollis,* Lin., Desf., Lois.

Avena mollis, Kœl.; *Aira holcus mollis*, Vill.

Habite les terres sablonneuses, la lisière des bois et des taillis de toute la plaine. Fleurit en juillet et août.

Genre Koelerie, *Kœleria,* Pers.

1. Kœl. en crête, *Kœl. cristata,* Pers., Dec., Dub.

Aira cristata, Lin.; *Poa cristata*, Will.; *Festuca cristata*, Vill.

Habite les prairies de toutes les terres salanques des trois bassins; les champs et les prairies de la plaine et du *Riveral;* les champs et les bords des chemins de la vallée de Cornella-du-Conflent et de Vernet-les-Bains; commune à l'entrée de la vallée de Ló. Fleurit en juin et juillet.

Cette plante offre deux variétés qui vivent dans le département:

Var. α *genuina*. Panicule cylindrique, oblongue, assez épaisse. Se trouve avec le type.

Var. β *gracilis,* Pers. Panicule serrée, étroite, presque linéaire. Vit à Vernet-les-Bains.

2. Kœl. sétacée, *Kœl. setacea,* Pers.

Habite les pentes incultes des montagnes de la vallée du Réart; le plateau d'*Ambulla;* les Graus de Thuès; les pâturages de la *Font de Comps;* le Canigou, à *Cady;* la vallée d'Eyne, vers la cascade. Fleurit de juin en août.

Cette plante présente trois variétés; une est constante dans le département :

Var. *β ciliata*. Remarquable par les épillets glabres, à glumelle inférieure ciliée sur la carène; chaumes toujours pubescents au sommet. Vit sur le Canigou, à la *Jasse de Cady*, et à la vallée d'Eyne.

3. Kœl. velue, *Kœl. villosa*, Pers., Dec., Lois.

Kœl. Barrelieri, Ten.; *Phalaris ciliata*, Pour.; *Pha. pubescens*, Lam.; *Aira pubescens*, Vahl.

Habite toutes les terres sablonneuses et fraîches du littoral; les bords des chemins, les chaumes et les fossés; les champs et les bords des chemins entre Villefranche et Cornella-du-Conflent; les terres et coteaux aux bords de la mer, à Banyuls. Fleurit en mai et juin.

4. Kœl. phléoïde, *Kœl. phleoïdes*, Pers., Dec., Dub.

Festuca phleoïdes, Vill.; *Fest. cristata*, Lin.; *Lophochloa phleoïdes*, Rchb.

Habite les prairies maritimes; les fossés, près des joncs, dans tout le littoral; les prés salés, à quelque distance de la mer. Fleurit en juin et juillet.

Genre Catabrosse, *Catabrossa*, P. Beauv.

1. Cat. aquatique, *Cat. aquatica*, P. Beauv., Fries.

Aira aquatica, Lin.; *Poa airoïdes*, Kœl.; *Glyceria airoïdes*, Rchb.; *Colpodium aquaticum*, Trin

Habite les marécages et les fossés des prairies de tout le littoral. Fleurit en juin et juillet.

Genre Glycerie, *Glyceria*, R. Brown.

1. Gly. flottante, *Gly. fluitans*, R. Brown.

Festuca fluitans, Lin.; *Poa fluitans*, Kœl.

Habite les marais tourbeux des environs de Salses; les fossés et marécages de Canet et de Saint-Nazaire; les marécages de Thuir; la vallée de Cornella-du-Conflent et de Vernet-les-Bains, dans les eaux dormantes. Fleurit en mai et juin.

2. Gly. plissée, *Gly. plicata*, Fries., Koch., Godr.

Gly. fluitans, Guss.; *Gly. hybrida*, Towns.; *Poa Barrelieri*, Riv.

Habite les fossés et les marécages de la plaine, aux environs de l'étang du *Bordigol*, et à Saint-Cyprien. Nous la retrouvons dans les tourbières des montagnes, au Canigou, à Mont-Louis. Fleurit de mai à juillet.

3. Gly. fausse ivraie, *Gly. loliacea,* Godr.

Festuca loliacea, Huds.; *Fest. phœnix*, Thuil.; *Poa loliacea*, Kœl.; *Lolium festucaceum*, Link.; *Schœnodorus loliaceus*, Rœm.; *Brachypodium loliaceum*, Fries.

Habite les prairies grasses de la Cerdagne, aux environs de Lló, Saillagouse, Bourg-Madame. Fleurit en mai et juin.

4. Gly. aquatique, *Gly. aquatica,* Wahlb., Sm.

Gly. spectabilis, Mert.; *Poa aquatica*, Lin.

Habite les bords des marécages de Canet et de Saint-Cyprien; les bords fangeux des rivières de la plaine. On la retrouve sur les prairies tourbeuses de nos montagnes. Fleurit de juin en août.

5. Gly. à forme de festuque, *Gly. festucœformis,* Heynh.

Gly. capillaris, Mert.; *Poa festucœformis*, Host ; *Poa Mediterranea*, Chaub.; *Puccinellia festucœformis*, Parl.

Habite les prairies marécageuses du littoral; les prairies très-humides de la plaine; les marais de Thuir et de Canohès; l'île Sainte-Lucie. Fleurit en juin et juillet.

6. Gly. convoluta, *Gly. convoluta,* Fries., Godr.

Gly. distans, Guss.; *Gly. festucœformis*, Guss.; *Festuca convoluta*, Kunt.; *Atropis convoluta*, Gris.; *Puccinelia Gussonii*, Parl.; *Poa maritima*, Pour.

Habite la côte de Salses, entre l'étang et la mer; les sables maritimes des environs de l'*Esparrou;* La Nouvelle; l'île Sainte-Lucie. Fleurit en juin et juillet.

GENRE SCHISME, *Schismus,* P. Beauv.

1. Schi. marginé, *Schi. marginatus,* P. Beauv., Kunth.

Festuca calycina, Lin.; *Kœleria calycina*, Dec.

Habite les terres légères de la porte Canet, à Perpignan; les terres arides et les fossés de la citadelle et des lunettes de la ville, vers Canet et Cabestany. Fleurit en juin.

GENRE SCLEROCHLOA, *Sclerochloa,* P. Beauv.

1. Scle. dure, *Scle. dura,* P. Beauv., Gaud.

Cynosurus durus, Lin ; *Poa dura*, Scop.; *Festuca dura*, Vill.

Habite les champs et les bords des chemins des terres légères de la vallée du Réart; les pâturages secs qui bordent cette rivière, particulièrement sur ceux où l'eau a séjourné pendant l'hiver. Fleurit en mai et juin.

GENRE PATURIN, *Poa,* Lin.

1. Patu. annuel, *Poa, annua,* Lin., Dec., Lois.

Trop commun partout, dans les cultures et près des habitations: aux environs de Perpignan, champs et vignes; à Vinça et Prades, les champs en culture; la vallée de Vernet-les-Bains et de Cornella-du-Conflent, dans les champs et les châtaigneraies; Céret, Arles et Saint-Laurent-de-Cerdans, dans les champs et les châtaigneraies. Fleurit d'avril à octobre.

2. Patu. mou, *Poa laxa,* Hœnke., Schrad., Mert.

Poa flexuosa, Sm.; *Poa elegans*, Dec.

Habite à l'extrémité de la vallée d'Eyne, près des neiges; les pâturages du plateau de Carlite; la *Coma de Vall-Marans,* sur les roches humides, toujours près des neiges. Fleurit en juillet et août.

3. Patu. des bois, *Poa nemoralis,* Lin., Dec., Lois.

Poa cinerea, Vill.

Habite partout : dans les prairies de la plaine, les fossés, les pâturages et les bois des montagnes. Fleurit de juin en août.

Cette plante offre trois variétés, dont une se trouve dans le département :

Var. γ *Alpina*. Épillets, à 3-4 fleurs, dépassant les glumes; panicule étroite et peu fournie; plante peu élevée, raide, ordinairement glauque. *Poa glauca*, Dec. Vit sur les pâturages du Canigou et à la vallée d'Eyne.

4. Patu. des Alpes, *Poa Alpina*, Lin., Vill., Dec.

Poa divaricata, Vill.

Habite les pâturages de toute la région alpine du Canigou, à la *Jasse de Cady;* les sommets de *Costa-Bona;* toutes les sommités de la vallée de Carença; la vallée de Prats-de-Balaguer; le *Cambres-d'Aze; Nuria;* la vallée d'Eyne; la *Coma de la Tet;* la *Font de Comps*. Fleurit en juillet et août.

Deux variétés sont produites par cette plante; une vit dans le département :

Var. β *brevifolia*, Dec. Panicule petite, dense; feuilles courtes, plus raides. Vit dans la vallée d'Eyne, parmi les pâturages du *Pla de la Baguda*.

5. Patu. bulbeux, *Poa bulbosa*, Lin., Dec., Lois.

Habite la lisière des bois, les terres incultes, commun partout; *Malloles*, coteau Saint-Sauveur, Château-Roussillon; Le Boulou, Maurellas, Céret; Prades; les vallées de Vernet-les-Bains et de Fillols. Fleurit en mai et juin.

6. Patu. comprimé, *Poa compressa*, Lin., Dec., Lois.

Habite les pâturages secs et les champs sablonneux du littoral et de toute la plaine; les vieux murs, à Céret, Arles, Saint-Laurent-de-Cerdans; Vinça, Prades, la vallée de Cornella-du-Conflent et de Vernet-les-Bains. Fleurit en juin et juillet. Très-commun.

7. Patu. distichophylle, *Poa distichophylla*, Gaud., Mert.

Poa cenisia, Alli.; *Poa cinerea*, Vill.; *Poa flexuosa*, Host.

Habite les roches du sommet de la vallée de Carença, et à l'extrémité de celle de Prats-de-Balaguer, au *Col de las Nou Fonts*. Fleurit en juillet et août.

8. Patu. des prés, *Poa pratensis*, Lin., Dec., Lois.

Habite les prairies grasses de toute la plaine; les bords des champs et des chemins; partout très-commun. Fleurit en mai et juin.

Cette plante présente deux variétés :

Var. α *vulgaris*, Gaud. Feuilles planes; les radicales presque aussi larges que les caulinaires.

Var. β *angustifolia*, Sm. Feuilles radicales ou roulées-sétacées, beaucoup plus étroites que les caulinaires.

Ces deux variétés se trouvent partout avec le type.

9. Patu. trivial, *Poa trivialis*, Lin., Sm., Dub.

Poa scabra, Ehrh.; *Poa dubia*, Leers.

Habite les prairies, les champs, les lieux frais, partout très-commun. Ce Paturin compose la moitié des prairies de la plaine et des montagnes. Fleurit en juin et juillet.

10. Patu. de Suède, *Poa Sudetica*, Hœnke, Schrad.

Poa sylvatica, Vill.; *Poa trinervata*, Dec.; *Poa rubens*, Mœnch.; *Poa Willemetiana*, Godfrin.; *Festuca compressa*, Dec.

Habite les prairies et le bord des fossés des champs du littoral; les pâturages et les champs du *Riveral*; les bois, prairies et pâturages des montagnes. Fleurit en juin et juillet. Très-commun.

Genre Eragrostis, *Eragrostis*, P. Beauv.

1. Erag. à longs épillets, *Erag. megastachia*, Link., Guss.

Brisa eragrostis, Lin.; *Poa megastachia*, Kœl.

Habite partout : les fossés, les bords des champs, des chemins et les prairies sablonneuses de toute la plaine et des montagnes. Remonte, dans les vallées, jusqu'à Prats-de-Molló; Prades; la vallée de Cornella-du-Conflent et de Vernet-les-Bains, lieux sablonneux; Olette; Fontpédrouse. Fleurit en juin et juillet. Commun.

2. Erag. faux paturin, *Erag. poœoïdes,* P. Beauv., Guss., Boiss.

Erag. poæformis, Link.; *Poa eragrostis,* Lin.

Très-commun dans tous les lieux sablonneux, surtout sur les sables des rivières et des torrents. Fleurit en juillet et août.

3. Erag. poilu, *Erag. pilosa,* P. Beauv., Guss., Pral.

Erag. verticillata, Rœm.; *Poa pilosa,* Lin.; *Poa eragrostis,* Alli.

Habite communément sur les lieux sablonneux de la vallée du Réart; la vallée de Cornella-du-Conflent et de Vernet-les-Bains, sur les terres légères et les sables des torrents. Fleurit en juillet et août.

Genre Brize, *Briza,* Lin.

1. Bri. à gros épillets, *Bri. maxima,* Lin., Desf., Dec.

Bri. Monspessulana, Gouan; *Bri. rubra,* Lam.; *Bri. major,* Presl.

Habite les bords des chemins, des vignes et les terres légères des trois bassins : Salses, Opol, *Cases-de-Pena, Força-Real,* Saint-Antoine-de-Galamus, Collioure, Port-Vendres, Banyuls-sur-Mer. Fleurit en mai et juin.

2. Bri. commune, *Bri. media,* Lin., Dec., Lois.

Bri. tremula, Kœl.; *Bri. lutescens,* Foucault.

Habite dans les bois, sur les coteaux incultes, au bord des propriétés, parmi les ronces, partout dans les trois bassins; les pâturages secs de la vallée de Cornella-du-Conflent et de Vernet-les-Bains. Fleurit en juin et juillet.

3. Bri. petite, *Bri. minor,* Lin., Desf., Lois.

Bri. virens, Dec.

Cette espèce se rapproche plus de la montagne. Elle habite les champs sablonneux de la partie supérieure de la vallée du Réart; les environs de Céret, Vernet-les-Bains, Olette, jusqu'à Mont-Louis. Fleurit en mai et juin.

Genre Mélique, *Melica,* Lin.

1. Mél. de Magnol, *Mel. Magnolii,* Gre. et Godr.

Mel. ciliata, Vill.; *Gramen montanum avenaceum lanuginosum,* Magnol.

Habite les coteaux arides de Salses, Opol, *Cases-de-Pena,* Baixas, *Força-Real;* les garrigues de Cabestany et de Canet; les coteaux des environs de Perpignan : Moulin-à-Vent et Passion-Vieille, etc., etc. Fleurit en avril et mai.

2. Mél. ciliée, *Mel. ciliata,* Lin., Poll., Wahlenb.

Habite les coteaux de Saint-Sauveur, la butte du Moulin-à-Vent, parmi les ronces aux bords des propriétés; les pentes pierreuses et sèches de *Cases-de-Pena,* Estagel, Saint-Paul; *Força-Real;* la *Trencada d'Ambulla;* Olette; Céret, et les coteaux sur la route jusqu'aux environs de Prats-de-Mollò, toujours parmi les ronces et les rocailles. Fleurit en juin et juillet.

3. Mél. nebrodensis, *Mel. nebrodensis,* Parl., Guss.

Mel. ciliata, Godr.

Habite les parties arides de la *Trencada d'Ambulla;* le vallon de Vernet-les-Bains; les Graus d'Olette; Fontpédrouse et Mont-Louis; les coteaux des environs de Céret. Fl. en juin et juillet.

4. Mél. de Bauhin, *Mel. Bauhini,* Alli., Dec., Lois.

Mel. setacea, Presl.; *Mel. amethystina,* Pour.

Habite les garrigues de tous nos coteaux; les terres en friche des Aspres, notamment dans la vallée du Réart, où cette plante est très-commune. Fleurit en avril et mai.

5. Mél. majeure, *Mel. major*, Sibth., Sm., Parl.

Mel. pyramidalis, Bertol.; *Mel. nutans*, Savi.; *Mel. australis*, Colson; *Mel. minuta*, γ *latifolia*, Colson.

Habite les terres arides et rocailleuses à *Cases-de-Pena* et à Estagel; les garrigues d'Opol et de Salses; le long de la route de Narbonne, sur les coteaux et le bord des vignes; fréquente à l'île Sainte-Lucie. Fleurit en avril et mai.

6. Mél. petite, *Mel. minuta*, Lin.

Mel. pyramidalis, Lam.; *Mel. ramosa*, Vill.; *Mel. aspera*, Desf.; *Mel. nutans*, Cav.

Habite toutes les pentes des basses Corbières; les garrigues de Salses, Baixas, *Cases-de-Pena*, *Força-Real;* celles de Thuir; la vallée du Réart; tous les lieux secs et arides près Perpignan, toujours sur les débris de roches. Fleurit en mai et juin.

7. Mél. nutans, *Mel. nutans*, Lin., Vill., Lois.

Mel. montana, Huds.

Habite la lisière des bois et les garrigues, parmi les rocailles, dans toutes les basses montagnes; les environs d'Oms, Llauró, Céret; la *Trencada d'Ambulla;* les Graus de Canaveilles. Fleurit en mai et juin.

8. Mél. uniflore, *Mel. uniflora*, Retz., Dec., Lois.

Mel. Lobelii, Vill.

Habite les garrigues entre Perpignan et Saint-Nazaire; Canet, bord des vignes et terres vagues de tout ce plateau; la vallée de Céret, sur les coteaux et les vignes de Saint-Ferréol; les lieux ombragés de la vallée de Vernet-les-Bains et de Castell. Fleurit en juin et juillet.

Genre Sphénope, *Sphenopus*, Trin.

1. Sphé. de Gouan, *Sph. Gouani*, Trin.

Sph. divaricatus, Rchb.; *Poa divaricata*, Gouan.; *Schlerochloa divaricata*, P. Beauv.; *Schl. expansa*, Link.; *Festuca expansa*, Kunth.

Habite les prairies et les plages souvent inondées pendant l'hiver, à Salses, Sainte-Marie, Canet, Saint-Nazaire, Saint-Cyprien, toujours sur les terres *salobres*. Fleurit en avril et mai.

GENRE SCLEROPOA, *Scleropoa,* Gris.

1. Scle. maritime, *Scle. maritima,* Parl.

Scle. maritima, Link.; *Triticum maritimum,* Lin.; *Festuca maritima,* Dec.; *Fest. robusta,* Mutel.; *Poa maritima,* Pour.; *Brachypodium maritimum,* Rœm.

Habite les sables du littoral. Fleurit en juin.

2. Scle. hemipoa, *Scle. hemipoa,* Parl.

Scle. hemipoa, Guss.; *Festuca hemipoa,* Delile; *Triticum hemipoa,* Delile; *Poa rigida,* var. β Bertol.

Comme la précédente, cette espèce est fort commune sur les sables de toute la côte. Fleurit en juin.

3. Scle. rigide, *Scle. rigida,* Gris.

Scle. rigida, Link.; *Poa rigida,* Lin.; *Festuca rigida,* Kunth.

Habite les terres sablonneuses du coteau de Château-Roussillon; les terres arides du plateau de Saint-Nazaire; les coteaux des environs d'Argelès; la vallée de Cornella-du-Conflent et de Vernet-les-Bains, sur les terres sèches et arides, où cette plante est commune. Fleurit en mai et juin.

GENRE ÆLUROPE, *Æluropus,* Trin.

1. Ælu. littoral, *Ælu. littoralis,* Parl., Ledeb.

Dactylis littoralis, Willd.; *Dact. maritima,* Schrad.; *Poa littoralis,* Gouan; *Calotheca littoralis,* Spreng.

Habite les parties humides et sablonneuses, près les fossés des prairies maritimes de tout le littoral; l'île Sainte-Lucie. Fleurit de mai en août.

Genre Dactyle, *Dactylis*, Lin.

1. Dact. pelotonné, *Dact. glomerata*, Lin., Dec., Lois.

Festuca glomerata, Vill.

Habite les prairies et les champs arides; le bord des fossés herbeux de la plaine et des montagnes; les bois de la vallée du Réart, et ceux des petites collines du Vallespir et du Conflent. Fleurit en juin et juillet.

Genre Diplachne, *Diplachne*, P. Beauv.

1. Dip. tardif, *Dip. serotina*, Link., Rchb.

Fest. serotina, Lin.; *Molinia serotina*, Mert.; *Schenodorus serotinus*, Ræm.

Habite les coteaux arides des environs de Perpignan; les garrigues de la vallée du Réart; les coteaux près de Prades; le bord des vignes des coteaux de Villefranche; les terres incultes de la vallée de Cornella-du-Conflent et de Vernet-les-Bains, sur les roches qui avoisinent l'établissement. Fleurit en mai et juin.

Genre Molinie, *Molinia*, Schrank.

1. Mol. bleuâtre, *Mol. cœrulea*, Mœnch.

Mol. altissima, Link.; *Mol. minor*, Hol.; *Aira cœrulea*, Lin.; *Melica cœrulea*, Lin.; *Festuca cœrulea*, Dec.; *Arundo agrostis*, Lapey.

Habite les prairies et les pâturages de la plaine; aux environs de Perpignan : la butte du Moulin-à-Vent, le *Surrat d'en Vaquer*, le haut Vernet, sur les bords des champs et des vignes; les prairies du vallon de Cornella-du-Conflent. Fleurit en mai et juin.

Genre Danthonie, *Danthonia*, Dec.

1. Dant. incliné, *Dant. decumbens*, Dec., Dub.

Festuca decumbens, Lin.; *Poa decumbens*, Scop.; *Bromus decumbens*, Kœl.; *Triodia decumbens*, P. Beauv.

Habite les pâturages et les bois des basses montagnes; les friches et les terres arides des plateaux et de la plaine de la vallée du Réart, ainsi que les sables des torrents et de la rivière de cette vallée. Fleurit en juin et juillet.

GENRE CYNOSURE, *Cynosurus,* Lin.

1. Cyn. crêté, *Cyn. cristatus.* Lin., Vill., Dec.

Habite tous les pâturages secs des plateaux de Canet et de Saint-Nazaire; les prairies sablonneuses du littoral; Argelès; Collioure; Port-Vendres. On le retrouve dans les pâturages des montagnes. C'est un excellent fourrage très-recherché du bétail. Fleurit en juin et juillet.

2. Cyn. hérissé, *Cyn. echinatus,* Lin., Vill., Dec.

Chrysurus echinatus, P. Beauv.; *Phalona echinata,* Dumort.

Habite les vignes et les champs de Collioure, Port-Vendres et Banyuls-sur-Mer; les vignes et les champs au pied des Albères, Palau-del-Vidre, La Roca et Le Boulou; très-commun dans les récoltes, au bord des chemins et les terres en friche, à Prades, la *Trencada d'Ambulla,* Villefranche et Olette. Fl. en mai et juin.

3. Cyn. doré, *Cyn. aureus,* Lin., Lam., Desf.

Lamarkia aurea, Mœnch.; *Chrysurus cynosuroïdes,* Pers.; *Chrys. aureus,* Spreng.

Habite les bords des vignes, des champs, des chemins et les terres en friche, à Collioure, Port-Vendres, Banyuls-sur-Mer, Argelès, Saint-Nazaire. Fleurit en avril et mai.

GENRE VULPIE, *Vulpia,* Gmel.

1. Vul. pseudomyuros, *Vul. pseudomyuros,* Soy.-Willm.

Vul. myuros, Gm.; *Festuca pseudomyuros,* Soy.-Willm.; *Fest. myuros,* Poll.

Habite les terres sablonneuses et stériles des plateaux de Canet, Saint-Nazaire, Argelès et Collioure. On la trouve aussi aux bords des champs et des vignes de cette région. Fleurit en mai et juin. Commune.

2. Vul. queue de rat, *Vul. myuros,* Rchb.

Vul. ciliata, Link.; *Vul. pilosa,* Gm.; *Fest. myuros,* Lin.; *Fest. ciliata,* Pers.

Habite les terres incultes des plateaux de Château-Roussillon, Canet et Saint-Nazaire, ainsi que les bords des champs, des vignes et des chemins de toute cette région; les sables arides et des torrents de la vallée du Réart; les pentes et les terrains incultes de *Cases-de-Pena;* les coteaux du vallon de Vernet-les-Bains. Fleurit en mai et juin. Très-commune.

3. Vul. genouillée, *Vul. geniculata,* Link., Boiss., Parl.

Festuca geniculata, Willd.; *Fest. stipoïdes,* Lois.; *Bromus geniculatus,* Lin.

Habite les prairies tourbeuses de tout le littoral, où elle prend de grandes proportions. On la trouve aussi sur les bords des vignes, des champs, des terres incultes, à Argelès, Collioure, Port-Vendres et Banyuls-sur-Mer. Fleurit en mai et juin.

C'est un excellent pâturage, qui est recherché et mangé avec avidité par tout le bétail. On pourrait en tirer un bon parti, en le semant sur les terres qui sont souvent inondées; car sa végétation sur ces terrains, est luxuriante.

4. Vul. faux brome, *Vul. bromoïdes,* Rech., Godr.

Vul. membranacea, Link.; *Vul. uniglumis,* Parl.; *Festuca bromoïdes,* Lin.; *Fest. agrestis,* Lois.; *Fest. longiseta,* Brot.; *Fest. Willemetii,* Savi.; *Fest. uniglumis,* Soland.

Habite les plages arides du littoral et les plateaux sablonneux qui les avoisinent. On la trouve aussi sur les bords des chemins et des propriétés. Fleurit en mai et juin.

5. Vul. de Michel, *Vul. Michelii,* Rchb., Boiss.

Festuca Michelii, Bertol.; *Bromus Michelii,* Sav.; *Kœleria macilenta,* Dec.; *Avena puberula,* Guss.; *Trisetum puberulum,* Ten.; *Avell. Michelii,* Parl.

Habite les coteaux et les terres incultes de *Cases-de-Pena* jusqu'à Saint-Paul; ceux du *Calce* de Thuir; les coteaux et les terres incultes de la vallée du Réart. Fleurit en avril et mai.

Genre Festuque, *Festuca*, Lin.

1. Fest. des brebis, *Fest. ovina*, Lin., Fries., Lois.

Habite les prairies et les pâturages des montagnes, le Canigou, *Costa-Bona*, le *Pla Guillem*, le *Cambres-d'Aze*, la vallée d'Eyne, le plateau du Carlite; commune au Llaurenti. Fl. en mai et juin.

Cette plante est très-recherchée par les bestiaux, et elle devrait être cultivée dans les prairies, car c'est un excellent fourrage. Elle constitue une grande partie des prairies de la vallée de Vernet-les-Bains et de Castell.

Cette espèce offre deux variétés :

Var. α *genuina*. Plante de 2-3 décimètres; panicule allongée. Vit dans les prairies du village de Castell.

Var. β *Alpina*, Gre. et Godr. Plante de 1 décimètre, à panicule plus courte. Vit sur les hautes montagnes.

2. Fest. de Haller, *Fest. Halleri*, Alli., Vill., Dec.

Habite les pâturages subalpins; les sommités du *Cambres-d'Aze;* la *Coma de la Tet;* le Canigou, pâturages à l'extrémité de la *Jasse de Cady;* la montagne de *Tretzevents*, dans les pâturages et parmi les roches. Fleurit en juillet et août.

3. Fest. durette, *Fest. duriuscula*, Lin., Vill., Pol.

Fest. ovina, Schrad.; *Fest. stricta*, Host.; *Fest. Lemanii*, Bast.

Habite les pâturages secs des coteaux des montagnes; les friches, le bord des haies et parmi les buissons, à Saint-Laurent-de-Cerdans, Prats-de-Molló, La Preste; les pâturages du vallon de Finestret; Olette et Fontpédrouse. Fleurit en mai et juin. Très-recherchée par le bétail.

Cette plante offre quatre variétés; deux vivent dans le pays :

Var. α *genuina*, Godr. Feuilles vertes; épillets glabres; plante assez élevée. Se trouve avec le type.

Var. γ *glauca*, Koch. Feuilles glauques, beaucoup plus courtes que les chaumes; épillets glabres. Vit à La Preste.

4. Fest. confuse, *Fest. indigesta,* Boiss.

Fest. duriuscula, var. β Bois.

Habite les pâturages de *Cady,* au Canigou ; le *Pla Guillem;* les pelouses et les pâturages des vallées de Carença et de Prats-de-Balaguer. Fleurit en août.

5. Fest. rouge, *Fest. rubra,* Lin., Vill., Sm.

Fest. heteromalla, Pour.

Habite parmi les pâturages des montagnes et des vallées ; les bords des haies et des chemins ; partout dans les lieux frais. Fleurit en mai et juin. Commune.

6. Fest. hétérophylle, *Fest. heterophylla,* Lam., Vill., Dec.

Fest. duriuscula, Lin.

Habite les bois des basses vallées qui entourent le Canigou : Finestret, Espira-du-Conflent, Estoher, Cornella-du-Conflent, Fillols et Vernet-les-Bains, où elle est commune. Fleurit en juin et juillet.

7. Fest. naine, *Fest. pumila,* Chaix. *in Vill.,* Schrad.

Fest. varia, Pers. ; *Schœnodorus pumilus,* Rœm.

Habite les parties les plus élevées des montagnes : sur le Canigou, les roches près la cheminée du pic et à *Tretzevents;* l'extrémité de la vallée de Carol, roches aux environs des étangs de la Nous. Fleurit en juillet et août.

8. Fest. variable, *Fest. varia,* Hœnk., Schrad., Mert.

Habite les pâturages de Prats-de-Molló, de *Costa-Bona,* du *Pla Guillem,* le Canigou, Mont-Louis, le *Cambres-d'Aze,* et la vallée d'Eyne. Fleurit en août.

Cette espèce, qui est très-commune dans ces régions, offre trois variétés distinctes :

Var. α *genuina*. Épillets panachés de vert, de violet et de jaune; feuilles filiformes. Vit dans les pâturages de *Costa-Bona*.

Var. β *flavescens*, Gaud. Épillets entièrement jaunes; feuilles filiformes. Vit au *Pla Guillem*.

Var. γ *eskia*, Gre. et Godr. Épillets comme dans la variété α; feuilles jonciformes, du double plus épaisses et plus raides que dans les formes précédentes. Vit au *Col de Nuria*, vallée d'Eyne.

9. Fest. jaunâtre, *Fest. flavescens*, Bell., Dec., Parl.; en catalan *Gispet*.

Fest. flavescens, β Bertol.

Habite le Canigou; la vallée d'Eyne : tous les plateaux de la chaîne, à cette élévation, en sont couverts. Bien que le chaume soit un peu rude et les feuilles un peu âpres, les bestiaux en sont friands. Fleurit en juillet.

10. Fest. velue, *Fest. pilosa*, Hall., Parl.

Fest. rhætica Sut.; *Fest. poæformis*, Host.; *Fest. nebrodensis*, Jan.; *Schœnodorus poæformis*, Rœm.

Habite les sommets du Canigou; les pelouses du sommet du *Cambres-d'Aze*. Fleurit en août.

11. Fest. baie, *Fest. spadicea*, Lin., Vill., Dec.

Fest. aurea, Lam.; *Fest. compressa*, Dec.; *Poa Gerardi*, All.; *Poa montana*, Delarbre; *Schœnodorus spadiceus*, Rœm.; *Anthoxanthum paniculatum*, Li.

Habite les pâturages et le bord des propriétés, à Port-Vendres et Banyuls-sur-Mer; beaucoup plus commune sur les pâturages élevés de nos montages, à *Cady*, au Canigou; sur les rochers et les pâturages de la *Comelade;* le sommet de *Costa-Bona;* le *Pla Guillem;* la vallée d'Eyne, à la *Collada de Nuria*. Fleurit en juillet et août.

12. Fest. roseau, *Fest. arundinacea*, Schreb., Dec.

Fest. phœnix, Vill.; *Fest. elatior*, Lin.; *Poa phœnix*, Scop.; *Bromus inermis*, Breb.; *Schœnodorus elatior*, Rœm.

Habite les fossés et les prairies maritimes; le bord des marécages; partout dans les trois bassins. Fleurit en juin et juillet.

13. Fest. des prés, *Fest. pratensis,* Huds., Sm., Gaud.

Fest. elatior, Lin.; *Fest. heteromalla*, Pour.; *Schœnodorus pratensis*. Rœm.

Habite les prairies du littoral, de la plaine et du *Riveral;* les prairies et les pâturages des montagnes; partout fort commune. Fleurit en juin et juillet.

14. Fest. géante, *Fest. gigantea,* Vill., Mert. et Koch., Gaud.

Bromus giganteus, Lin.

Habite les environs d'Argelès, au bord du *Grau;* les parties humides des bois des basses Albères; le vallon de Finestret, prairies au bord de la rivière; la vallée de Vernet-les-Bains et de Castell, dans les bois près des torrents. Fl. en juin et juillet.

Genre Brome, *Bromus,* Lin.

1. Bro. des toits, *Bro. tectorum,* Lin., Vill., Dec.

Bro. avenaceus, Pour.

Habite les terres incultes, les garrigues, les vieux murs, le long des chemins, sur les vieux toits; partout dans le département. Fleurit en mai et juin.

2. Bro. stérile, *Bro. sterilis,* Lin., Vill., Dec.

Bro. jubatus, Ten.

Habite les coteaux calcaires, les bords des vignes et des chemins; les terres vagues, à Baixas, *Cases-de-Pena, Força-Real,* Opol, Salses; la vallée du Réart; le vallon de Vernet-les-Bains. Fleurit de mai à septembre. Très-commun.

3. Bro. très-grand, *Bro. maximus,* Desf., Bertol., Boiss.

Bro. Madritensis, Dub.

Habite les terres en friche; les coteaux des vallons d'Espira et de *Cases-de-Pena*, rive gauche de l'Agly; les bords des vignes et des champs; dans les ravins de toute cette contrée. Fleurit en avril et mai.

Cette plante offre deux variétés :

Var. α *minor*, Boiss. Panicule dressée, compacte, à rameaux courts; épillets plus petits.

Var. β *Gussoni*, Parl. Panicule penchée au sommet, lâche, à rameaux allongés et divisés, réunis au nombre de 4-6 aux nœuds inférieurs.—Ces deux variétés se trouvent sur les mêmes terrains que le type.

4. Bro. de Madrid, *Bro. Madritensis*, Lin., Schrad., Guss.

Bro. polystachyus, Dec.; *Bro. rubens*, Desv.; *Bro. maximus*, Bast.; *Bro. diandrus*, Curt.; *Bro. scaberrimus*, Ten.

Habite les terres en friche et les coteaux de la vallée de l'Agly: Estagel, Maury, Saint-Paul, au bord des vignes et au pied des murs en pierre qui séparent les propriétés, sur les vieux murs; la vallée de Villefranche, aux bords des champs et des vignes. Fleurit en mai et juin.

5. Bro. rougeâtre, *Bro. rubens*, Lin., Desf., Dec.

Fest. rubens, Pers.

Habite les lieux incultes, les coteaux, le bord des vignes des environs de Salses, et le Vernet près Perpignan; les coteaux qui avoisinent Céret; le plateau central de la vallée du Réart; en Conflent, le bord des vignes et les coteaux, Vinça, Prades, Villefranche, Cornella et Fillols. Fleurit en mai et juin. Commun.

6. Bro. scabre, *Bro. asper*, Lin., Sm., Dec.

Bro. nemorosus, Vill.; *Bro. montanus*, Poll.; *Bro. nemoralis*, Huds.; *Bro. hirsutus*, Curt.; *Bro. dumetorum*, Lam.; *Fest. aspera*, Mert.

Habite la lisière des bois des basses montagnes; les coteaux incultes, à Céret, Arles, Cortsavi, Saint-Laurent-de-Cerdans,

Costujes; Rigarda, Finestret, Prades, Villefranche. Fleurit en juin et juillet. Commun partout.

7. Bro. droit, *Bro. erectus.* Huds., Sm., Schrad.

Bro. perennis, Vill.; *Bro. arvensis*, Poll.; *Bro. glaucus*, Lapey.; *Fest. montana*, Mert.

Habite les prairies sèches, les récoltes, les haies des champs et des vignes, les coteaux incultes de la plaine du Roussillon; Céret et Arles; Cornella-du-Conflent et Vernet-les-Bains. Fleurit en mai et juin. Commun.

Genre Serrafalcus, *Serrafalcus,* Parl.

1. Ser. seigle, *Ser. secalinus,* Godr., Bab., Parl.

Bro. secalinus, Lin.; *Bro. villosus*, Weig.

Habite les champs de blé et toutes les récoltes de la plaine de la Salanque, de la haute plaine du Roussillon et du *Riveral,* dans les trois bassins. Fleurit en juin et juillet. Commun.

Cette espèce fournit deux variétés :

Var. α *microstachys,* Godr. Épillets petits, ovales, pauciflores, glabres ou pubescents-veloutés.

Var. β *multiflorus,* Sm. Épillets gros, multiflores, lancéolés, tantôt glabres, tantôt velus-veloutés.

Ces deux variétés vivent dans les environs de Perpignan.

2. Ser. des champs, *Ser. arvensis,* Godr., Parl.

Bro. arvensis, Lin.; *Bro. versicolor* Poll.; *Bro. multiflorus*, Weig.

Habite les luzernières du littoral, les champs cultivés de la Salanque et de la plaine, dans les trois bassins. Fleurit en juin et juillet. Très-commun.

3. Ser. changeant, *Ser. commutatus,* Godr., Bab., Parl.

Bro. commutatus, Schrad ; *Bro. pratensis*, Ehrh.; *Bro. racemosus*, Sm.; *Bro. simplex*, Gaud.

Habite les prairies de la Salanque, dans les trois bassins, les prairies et les champs de toute la plaine; parmi les récoltes et le bord des rigoles de tout le *Riveral*. Fleurit en mai et juin.

4. Ser. orge, *Ser. hordeaceus,* Gre. et Godron.

Bro. hordeaceus, Lin.; *Bro. mollis*, var. *hordeaceus*, Fries.; *Bro. mollis*, γ *Thominii*, Breb.; *Bro. arenarius* Thomine; *Bro. hordeaceus panicula erecta coarctata*, Lin.

Habite les champs, les coteaux, le bord des vignes de tout le Conflent; très-commun dans la vallée de Cornella-du-Conflent et de Vernet-les-Bains. Fleurit en mai.

5. Ser. mou, *Ser. mollis,* Parl., Godr., Bab.

Bro. mollis, Lin.

Habite les prairies maritimes, les prairies de la plaine, le bord des chemins; la vallée de Cornella-du-Conflent et de Vernet-les-Bains. Fleurit en mai et juin. Très-commun.

6. Ser. de Lloyd, *Ser. Lloydianus,* Gre. et Godr.

Bro. divaricatus, Lloyd.; *Bro. molliformis*, Lloyd.; *Bro. confertus*, Bor.

Habite les sables maritimes, à Saint-Laurent-de-la-Salanque, Canet, Argelès, Banyuls. Fleurit en mai et juin.

7. Ser. évasé, *Ser. patulus,* Parl.

Bro. patulus, Mert.; *Bro. commutatus*, Bieb.

Habite les coteaux de la vallée du Réart, parmi les bruyères; les sables des cours d'eau de la vallée de l'Agly, et le bord des vignes. Fleurit en juin.

8. Ser. rude, *Ser. squarosus,* Bab., Parl.

Bro. squarosus, Lin.; *Bro. Wolgensis*, Bieb.

Habite partout: les terres incultes, le bord des haies, parmi les pierres mouvantes, à *Cases-de-Pena,* Baixas, *Força-Real,* la *Trencada d'Ambulla*, etc. Fleurit en mai et juin. Très-commun.

9. Ser. macrostachys, *Ser. macrostachys,* Parl.

Bro. macrostachys, Desf.; *Bro. lanceolatus,* Roth.; *Bro. divaricatus,* Rohde *in Lois.*

Habite les pentes rocheuses, le bord des vignes, parmi les ronces et les pierres des garrigues calcaires, à Salses, *Cases-de-Pena,* Saint-Antoine-de-Galamus; la partie supérieure de la vallée du Réart. Fleurit en mai.

Genre Orge, *Hordeum,* Lin.; en catalan *Ordi.*

1. Orge vulgaire, *Hord. vulgare,* Lin.

Cultivée dans toute la plaine, cette plante fournit un aliment sain pour tout le bétail, soit en vert, soit lorsque le grain est formé. Fleurit en mai et juin.

2. Orge à six rangs, *Hord. hexastichon,* Lin.

Cultivée en Cerdagne et en Capcir, cette espèce rend les mêmes services que la précédente. Fleurit en juin et juillet.

3. Orge distique, *Hord. distichum,* Lin.

Cultivé sur les basses montagnes sous le nom d'*Orge de Mars,* il a les mêmes qualités et rend les mêmes services que les deux espèces précédentes, quoique plus précoce. Fl. en avril et mai.

4. Orge des murs, *Hord. murinum,* Lin., Dec., Dub.

Habite les haies des propriétés, les pelouses, les bords des chemins, partout dans la plaine et jusqu'à une certaine élévation de nos montagnes; les fossés des fortifications de la ville et de la citadelle de Perpignan; la vallée de Cornella-du-Conflent et de Vernet-les-Bains, au bord des chemins. Fleurit en mai et juin.

Cette espèce offre deux variétés, dont une se trouve dans le département :

Var. β *major.* Glume interne des épillets latéraux linéairelancéolée, ciliée des deux côtés; épi plus gros. *Hord. leporinum*, Link. Vit dans la vallée de Cornella-du-Conflent et de Vernet-les-Bains.

5. Orge faux seigle, *Hord. secalinum*, Schreb., Dec., Dub.
Hord. pratense, Huds.

Habite toutes les prairies maritimes; les plateaux de Canet, Saint-Nazaire, Argelès; les prairies de toute la plaine. Fleurit en juin et juillet. Très-commun.

6. Orge maritime, *Hord. maritimum*, With., Dec., Dub.
Hord. geniculatum, Alli.

Habite les sables des dunes et les prairies sablonneuses du littoral; abondant à Argelès, Collioure, Port-Vendres, Banyuls-sur-Mer. Fleurit en mai et juin.

L'Orge rend de grands services à l'agriculture par sa végétation très-rapide, qui permet de le cultiver dans les contrées où l'été est court. Comme fourrage, il alimente, en vert, le bétail. Sa graine fournit un aliment sain pour la nourriture des chevaux, et remplace avec avantage l'avoine dans les pays méridionaux. Quoique sa fécule soit abondante, puisqu'elle fournit les trois quarts de son poids, le pain préparé avec sa farine est lourd, grossier, moins nourrissant que celui de seigle et de froment. L'Orge concassé est d'une digestion facile, et, c'est de cette manière, qu'il est employé avec avantage pour nourrir les animaux malades ou convalescents. Dans cet état, c'est la meilleure nourriture pour engraisser les volailles.

La décoction d'Orge est une tisane rafraîchissante, qui est employée dans toutes les maladies aiguës. Dépouillée de son enveloppe, cette graine prend le nom d'*Orge mondé*. Si elle est arrondie, comme on la prépare en Allemagne, elle prend le nom d'*Orge perlé*. L'Orge, macéré pendant deux jours, retiré de l'eau, germé à l'air libre et desséché dans des étuves, s'appelle *Orge tourillé*. L'Orge est parfaitement connu des Brasseurs; il est l'ingrédient le plus ordinaire de la bière.

Genre Elyme, *Elymus*, Lin.

1. Ely. à crinière, *Ely. crinitus,* Schreb., Bertol., Koch.

Hord. crinitum, Desf ; *Hord. jubatum*, Dec.

Habite toutes les collines de Salses; Opol; les Corbières; *Cases-de-Pena;* Estagel; Saint-Paul; *Força-Real;* le centre de la vallée du Réart; la *Trencada d'Ambulla.* Fleurit en mai et juin. Comm.

2. Ely. d'Europe, *Ely. Europæus.* Lin., Dec., Dub.

Hord. cylindricum, Mur.; *Hord. sylvaticum*, Huds.; *Hord. Europæum*, Alli.; *Hord. montanum*, Schrank.; *Cuviera Europæa*, Kœl.

Habite le bord des propriétés et les garrigues de toute la plaine; les coteaux boisés de la vallée du Réart. Fleurit en juin et juillet.

3. Ely. des sables, *Ely. arenarius,* Lin., Schrad.

Habite les sables qui avoisinent l'*Esparrou*, près Canet; la plage d'Argelès; les environs de Collioure et de Banyuls-sur-Mer. Fleurit en juin et juillet.

Genre Seigle, *Secale,* Lin.

1. Seig. cultivé, *Sec. cereale,* Lin.;

en catalan *Sègle.*

Cultivé dans tout le département, sur les terres légères et sur les montagnes, avec diverses variétés, plus ou moins fertiles. Fleurit en mai et juin.

Le Seigle forme la nourriture des habitants des montagnes, et constitue le pain de ces contrées, qui est plus ou moins bon, selon qu'on emploie la farine blutée à divers degrés. Ce pain est toujours lourd sur l'estomac.

Genre Froment, *Triticum,* P. Beauv.

1. Fro. velu, *Tri. villosum,* P. Beauv., Mert.

Sec. villosum, Lin.; *Hord. ciliatum*, Lam.

Habite la butte du *Sarrat d'en Vaquer*, dans les vignes, le bord des haies des champs, les terres en friche ; à *Cases-de-Pena*, les coteaux et le bord des vignes ; dans la vallée du Réart, les coteaux couverts de bruyères. Fleurit en mai et juin.

2. **Fro. vulgaire,** ***Tri. vulgare,*** **Vill.;**

en catalan *Blat, Froment.*

Cultivé en grand avec diverses autres variétés.

3. **Fro. enflé,** ***Tri. turgidum,*** **Lin.;**

en catalan *Blat de semen.*

Cultivé plus particulièrement dans la Salanque.

4. **Fro. épautre,** ***Tri. spelta,*** **Lin.;**

en catalan *Blat.*

Cultivé plus particulièrement dans les parties froides du département, à Caudiès, etc.

5. **Fro. à une coque,** ***Tri. monococcum,*** **Lin.**

Cultivée vers Olette et Fontpédrouse, cette espèce ne produit pas beaucoup, ce qui dépend peut-être du climat.

6. **Fro. ovoïde,** ***Tri. ovatum,*** **Gre. et Godr.;**

en catalan *Blat del diable.*

Ægilops ovata, Lin.; *Ægilops geniculata*, Roth.; *Phleum ægilops*, Scop.

Habite les coteaux stériles, les bords des vignes et des chemins, à Collioure, Port-Vendres, Banyuls-sur-Mer ; les coteaux des environs de Perpignan : la *Passion-Vieille, Malloles; Cases-de-Pena* et toute cette région ; vignes et friches, à *Força-Real;* la *Trencada d'Ambulla* et Villefranche, sur les bords des chemins et des vignes. Fleurit en mai et juin. Très-commun.

7. **Fro. à trois arêtes,** ***Tri. triaristatum,*** **Gre. et Godr.**

Ægilops triaristata, Willd.; *Ægil. ovata*, Roth.; *Ægil. neglecta*, Requien.

Habite presque les mêmes localités que l'espèce précédente, et particulièrement Port-Vendres, Peyrestortes, l'île Sainte-Lucie. Fleurit en juin.

8. Fro. allongé, *Tri. triunciale,* Gre. et Godr.

Ægilops triuncialis, Lin.; *Ægil. triaristata*, Bertol.; *Ægil. elongata*, Lam.; *Ægil. echinata*, Presl.

Habite les coteaux secs et incultes, ainsi que le bord des vignes, à Salses, *Cases-de-Pena,* Baixas et *Força-Real;* Prades, la *Trencada d'Ambulla,* Olette, le vallon de Vernet-les-Bains. Fleurit en juin.

Genre Agropyrum, *Agropyrum,* P. Beauv.

1. Agr. à feuilles de jonc, *Agr. junceum,* P. Beauv.

Tri. junceum, Lin.; *Tri. farctum*, Viv.

Habite les champs sablonneux et arides, et les sables maritimes de la côte d'Argelès; le vallon de Banyuls, sur les coteaux et les sables les plus rapprochés de la mer. Fleurit en juin.

2. Agr. scirpeum, *Agr. scirpeum,* Presl., Parl.

Tri. scirpeum, Guss.

Habite les marais saumâtres de Salses; Saint-Laurent-de-la-Salanque, vers les salins; les marais des environs de Canet, au *Cagarell* et aux alentours de la butte de l'*Esparrou;* assez fréquent à l'île Sainte-Lucie. Fleurit en juin.

3. Agr. aigu, *Agr. acutum,* Rœm. et Schult.

Tri. acutum, Dec.; *Tri. laxum*, Fries.

Habite les sables maritimes des environs de Collioure et de Port-Vendres; les sables des bords de la mer et les coteaux qui avoisinent Banyuls. Fleurit en juin.

4. Agr. piquant, *Agr. pungens,* Rœm. et Schult.

Tri. pungens, Pers.; *Tri. repens*, γ Sm.

Habite les prairies grasses de la Salanque; les sables humides des dunes de tout le littoral; les coteaux de Château-Roussillon. On le retrouve dans le vallon de Vernet-les-Bains, sur les coteaux et au bord des vignes. Fleurit en juin et juillet.

5. Agr. pycnanthum, *Agr. pycnanthum,* Gre. et Godr.

Tri. pycnanthum, Godr.; *Tri. glaucum,* Breb.

Habite les sables du littoral, à Salses et sur toute la ligne, dans les trois bassins. Fleurit en mai et juin.

6. Agr. des champs, *Agr. campestre,* Gre. et Godr.

Agr. glaucum, Rchb.

Habite les terres incultes du plateau supérieur de Canet, de Saint-Nazaire, d'Argelès, et les bords des champs et des vignes qui les avoisinent. Fleurit en mai et juin.

7. Agr. rampant, *Agr. repens,* P. Beauv., Parl.

Tri. repens, Lin.; *Braconnotia officinarum,* Godr.

Habite les terres cultivées, parmi les récoltes, le bord des fossés, les prairies et luzernières, partout dans la plaine des trois bassins; la vallée de Cornella-du-Conflent et de Vernet-les-Bains, sur les coteaux et le bord des vignes. Fleurit en juin et juillet.

8. Agr. des chiens, *Agr. caninum,* Rœm. et Schult.

Elymus caninus, Lin.; *Triticum caninum,* Huds.; *Tri. sepium,* Lam.; *Braconnotia elymoïdes,* Godr.

Trop commun dans toutes les terres cultivées, les prairies, les fossés des champs et des fortifications, partout. Fleurit en juin.

Genre Brachipode, *Brachipodium,* P. Beauv.

1. Bra. des bois, *Bra. sylvaticum,* Rœm. et Schult.

Brachipodium gracile, P. Beauv.; *Triticum sylvaticum,* Dec.; *Bromus dumosus,* Vill.; *Brom. sylvaticus,* Poll.; *Festuca sylvatica,* Kœl.

Habite les coteaux et les terres en friche de Salses, Baixas, *Força-Real;* les environs de Perpignan : à *Malloles,* au *Sarrat de las Guillas,* au bord des vignes et sur les terres en friche; les coteaux de Saint-Sauveur, vignes et bord des champs. Fleurit en juin et juillet.

2. Bra. rameux, *Bra. ramosum,* Rœm. et Schult.

Brachipod. Plukenetii, Link.; *Tri. cespitosum,* Dec.; *Bro. ramosus,* Lin.; *Festuca cespitosa,* Desf.

Habite les coteaux arides qui avoisinent la mer, à Salses, Canet, Port-Vendres, Banyuls. Fleurit en mai et juin.

GENRE IVRAIE, *Lolium,* Lin.

1. Ivr. vivace, *Lol. perenne,* Lin., Dec., Lois.

Habite les champs, les prairies; les bords des chemins, partout dans les trois bassins. Fleurit de juin à octobre.

On a remarqué dans cette plante quatre variétés; deux se trouvent sur nos terres :

Var. β *tenue,* Schrad. Épi grêle et lâche, presque subulé; épillets formés de 3-4 fleurs; plante grêle. Vit snr les mêmes localités que le type.

Var. γ *cristatum,* Pers. Épi large, ovale, fourni d'épillets contigus et disposés sur deux rangs. Vit particulièrement dans les prairies.

2. Ivr. à plusieurs fleurs, *Lol. multiflorum,* Lam., Dec., Gaud.

Habite les prairies, les champs, les luzernières, les bords des fossés, parmi les récoltes, dans tout le *Riveral* des trois bassins. Fleurit en mai et juin. Très-commun.

3. Ivr. raide, *Lol. strictum,* Presl., Ledeb.; en catalan *Margall.*

Lolium rigidum, Gaud.; *Lol. amargal,* Delort.

Habite les champs et les terres cultivées dans toute la plaine des trois bassins. Fleurit en mai et juin.

Cette plante offre trois variétés; nous n'en connaissons, dans ce département, qu'une bien caractérisée :

Var. β *maritimum*, Gre. et Godr. Épi subulé; plante robuste. Vit sur les parties basses de Château-Roussillon.

4. Ivr. linicole, *Lol. linicola*, Sond. *in Koch*, Ledeb.
Lolium arvense, Schrad.; *Lol. tenue*, Noulet.

Habite les champs semés de lin, dans la contrée de Thuir, où cette plante est cultivée en grand, ainsi que dans tout le *Riveral*. Fleurit en juin et juillet.

5. Ivr. enivrante, *Lol. temulentum*, Lin., Dec., Lois.; en catalan *Jall, Zizenie*.

Trop commune dans les champs de blé de tout le département. Son abondance, en certaines années, nuit à cette récolte, surtout dans les terrains un peu maigres. Fleurit en juin et juillet.

Les graines de cette dernière espèce sont narcotiques, lorsqu'elles sont mêlées en trop grande quantité à la farine; elles peuvent déterminer des accidents fâcheux, tels que vertiges, tremblements nerveux, et même des empoisonnements. Il est donc très essentiel de détruire cette plante, ou de l'empêcher de se trop multiplier dans les champs ensemencés.

Les Anglais appellent l'Ivraie : *Ray-gras*. Elle est propre à former des gazons. Dans les sols frais, elle constitue des prairies de bonne qualité; elle convient à former des pâturages. Elle a la propriété de repousser avec facilité sous la dent des bestiaux; elle se fortifie d'autant plus, qu'elle est broutée et piétinée davantage.

Genre Gaudinia, *Gaudinia*, P. Beauv.

1. Gau. fragile, *Gau. fragilis*, P. Beauv., Mert. et Koch.
Avena fragilis, Lin.

Habite les champs sablonneux du plateau de Saint-Nazaire; les environs de Perpignan, champs près des lunettes de la porte Canet, *Malloles* et toute cette région; les terres légères et sablonneuses de la vallée du Réart. Fleurit en mai.

GENRE NARDURUS, *Nardurus,* Rchb. *in Godr.*

1. Nar. de Lachenal, *Nar. Lachenalii,* Godr.

Nardurus, poa, Boiss.; *Festuca Lachenalii,* Koch.

Habite les sables du lit de la Tet, depuis Ille jusqu'à Perpignan; les sables rejetés par les torrents, les bords des cours d'eau de l'Agly, à Estagel et à *Cases-de-Pena;* les terres sablonneuses de toute la plaine de la vallée du Réart. Fleurit de mai à juillet.

GENRE LEPTURUS, *Lepturus,* R. Brown.

1. Lept. cylindrique, *Lept. cylindricus,* Trin., Parl., Koch.

Rottbollia cylindrica, Vill.; *Rottb. subulata,* Savi.; *Monerma subulata,* P. Beauv.

Habite la plage du *Barcarès* et Saint-Laurent-de-la-Salanque, sur les dunes, vers les salins, où il est commun; la plage de Canet, dans les lieux souvent inondés pendant l'hiver. Fleurit en mai et juin.

2. Lept. recourbé, *Lept. incurvatus,* Trin., Mert. et Koch.

Ægilops incurvata, Lin.; *Rottbollia incurvata,* Lin.; *Ophiurus incurvatus,* P. Beauv.

Habite les coteaux et les sables maritimes, à Collioure; Port-Vendres, sur les coteaux du *Cap Biar;* les coteaux et les champs incultes du vallon de Banyuls-sur-Mer. Fleurit en mai et juin.

3. Lept. filiforme, *Lept. filiformis,* Trin., Parl., Koch.

Rottbollia incurvata, var. β Dec.; *Rottb. filiformis,* Roth., *Rottb. erecta,* Savi.; *Ophiurus filiformis,* Rœm.

Habite les terres sablonneuses et les sables maritimes de tout le littoral. Fleurit en mai et juin.

GENRE PSILURUS, *Psilurus,* Lin.

1. Psi. nard, *Psi. nardoides,* Trin., Mert. et Koch.

Nardus aristata, Lin.; *Rottbollia monandra*, Cav.; *Monerma monandra*, P. Beauv.

Habite les coteaux arides de l'*Esparrou*, à Saint-Nazaire; les terres sablonneuses et arides du plateau supérieur de Canet. Fleurit en mai et juin.

GENRE NARD, *Nardus,* Lin.

1. Nard raide, *Nard. stricta,* Lin., Vill., Dec.

Habite les pâturages des montagnes; au Canigou, le sommet de *Cady*, près les *Estanyols;* les pâturages du *Pla Guillem;* les plateaux d'Évol et de *Madres;* la montagne de la *Groseille,* forêt de Salvanère; les pâturages de la *Font de Comps;* les pelouses de *Palleres,* en Llaurenti. Fleurit en juin et juillet.

CHAPITRE VI.

PLANTES ACOTYLÉDONÉES.

Grand embranchement du règne végétal, qui comprend toutes les plantes que l'on a tour à tour désignées sous les noms de CRYPTOGAMES, AGAMES, etc., etc.

Linné comprenait sous la dénomination de *Cryptogames* toutes les plantes de la 24me classe de son système sexuel, soit que ces plantes, au lieu de pistils et d'étamines, ne lui offrissent que des organes peu apparents et des fonctions douteuses, soit qu'elles se montrassent privées de tout appareil propre à la fécondation. Leur mode de reproduction était alors inconnu; il est encore douteux pour quelques-unes.

L'illustre auteur de la *Méthode Naturelle* a formé de ces végétaux une classe à part, qu'il a désignée par l'épithète d'ACOTYLÉDONÉS.

La fécondation dans les plantes *acotylédonées* a été étudiée par plusieurs botanistes. Il faut arriver à Dillen, Vaillant, à Micheli surtout, qui est considéré comme le père de la *cryptogamie,* pour trouver des notions justes sur un grand nombre de plantes de cet ordre. Les travaux successifs des savants botanistes de toutes les nations, ont porté la science au degré d'élévation où nous la voyons aujourd'hui. Nos contemporains surtout, par leurs admirables et consciencieux travaux, ont acquis des notions très-positives sur l'organisation des plantes cryptogames [1], notions principalement dues au perfectionnement des microscopes, qui ont conduit à une classification plus rationnelle, et leur nombre, très-restreint, s'est tellement accru depuis ce perfectionnement, qu'elles forment, aujourd'hui, près de la cinquième partie des végétaux connus.

Parmi les botanistes modernes, MM. Decaisne et Thuret ont reconnu trois modes de fécondation dans les *Acotylédonées :*

1° Dans les plantes semi-vasculaires (les *Fougères,* les *Prêles*) la sporule, placée dans des circonstances favorables à son développement, produit un pro-embryon, prothallium ou pseudo-cotylédon, sur lequel se développe l'organe mâle, anthéridie, et a lieu la fécondation;

2° Dans les plantes cellulaires supérieures (les *Mousses,* les *Characées*) l'anthérozoïde agit sur l'appareil femelle avant la dissémination des sporules;

3° Enfin, dans les *Algues,* les *Fucus,* l'action de l'organe mâle a lieu après la dissémination des sémicules, mais avant leur développement, leur germination.

Ces plantes sont exclusivement cellulaires, ou deviennent cellulo-vasculaires à une certaine époque. — Elles forment deux embranchements.

(1) Pour de plus amples renseignements sur l'organisation des végétaux de cet ordre, voir les articles *Cryptogames, Mousses, Lichens, Champignons,* par le célèbre micographe français, M. Montagne, de l'Institut, dans le *Dictionnaire d'Histoire Naturelle,* par Charles d'Orbigny.

PREMIER EMBRANCHEMENT.

Végétaux Cellulo-Vasculaires.

D'abord exclusivement cellulaires, ces végétaux sont, après la germination, pourvus de vaisseaux. Ils ont des racines, des tiges et des feuilles. Leur accroissement se fait par l'extension d'un axe plus ou moins apparent.

144me FAMILLE.—FOUGÈRES, *Filices,* JUSS.

GENRE BOTRYCHE, *Botrychium,* Swarts *in Schard.*

1. Bot. lunaire, *Bot. lunaria,* Sm., Dec., Dub.

Osmunda lunaria, Lin.

Habite les pâturages de nos montagnes, les haies des propriétés, le bord des rigoles, sur les régions sous-alpines du Canigou, au *Randé,* aux environs de Mont-Louis, au bois de Salvanère. Fleurit en mai et juin.

GENRE OPHIOGLOSSE, *Ophioglossum,* Lin.

1. Ophi. vulgaire, *Ophi. vulgatum,* Lin., Dec., Dub.

Vulg. *Langue de Serpent, Herbe sans couture.*

Habite les bois, les prairies humides, les ravins ombragés, à la base des montages, à Céret et Arles; les environs de Rigarda, au pied des murs où suinte de l'eau; dans les ravins du chemin de la forge de Llech. Fleurit en juin et juillet.

GENRE OSMONDE, *Osmunda,* Lin.

1. Osm. royale, *Osm. regalis,* Lin., Dec., Dub.

Habite les tourbières des basses montagnes, aux environs de Glorianes; les bois humides, à Rigarda, bords de la rivière, vers le *Gourc Colomer;* les bords humides des torrents ombragés; à Collioure, dans le torrent qui descend de Consolation, près de la chapelle. Fleurit de mai à septembre.

Genre Doradille, *Ceterach,* Bauh.

1. Dor. des officines, *Ceter. officinarum,* Will., Dec., Dub.; en catalan *Dauradille, Ceterach.*

Asplenium ceterach, Lin., *Grammitis ceterach,* Wartz.; *Gymnogramma ceterach,* Spreng.

Habite dans les fentes des murs en pierres sèches ou suinte de l'eau, les pierres humides ou ombragées, les bois humides, au pied des arbres : à Arles, à Saint-Laurent-de-Cerdans; à Rigarda, près du ruisseau; au *Bac de Bolquère,* sur les vieux arbres et sur les rochers; aux environs de l'établissement de M. Bouis, à Thuès; à Collioure, près de Notre-Dame-de-Consolation. Fleurit de mai à octobre.

Cette plante varie beaucoup par la grandeur des feuilles, selon les localités où elle vit.

Genre Nothocléna, *Nothoclæna,* R. Brown.

1. Noth. marante, *Noth. marantæ,* R. Brown.

Ceterach marantæ, Dec.; *Acrostichum marantæ,* Lin.

Habite dans les fentes des roches humides qui bordent les torrents des Graus d'Olette; sur les roches de la montagne de Nohèdes; les environs de Glorianes; les Graus de Thuès, sur la montagne de l'établissement Bouis. Fleurit en avril et mai.

Genre Polypode, *Polypodium,* Lin.

1. Pol. vulgaire, *Pol. vulgare,* Lin., Dec., Dub.

Habite les murs où suinte de l'eau; les bords des canaux; les troncs d'arbres des lieux humides; les régions moyennes de nos montagnes; assez commun sur les parties humides des Graus de

Thuès, à l'établissement Bouis; la vallée de Glorianes; la forge de Llech; la *Trencada d'Ambulla;* Banyuls-sur-Mer; les environs de l'ermitage de Consolation. Fleurit en juillet.

Cette espèce présente trois variétés; deux se trouvent dans le département :

Var. α *genuinum.* Segments des frondes, entiers ou presque entiers.

Var. β *serratum.* Segments des frondes dentés.

On trouve ces deux variétés avec le type.

2. Pol. phégoptère, *Pol. phœgopteris,* Lin., Dec., Dub.

Habite les lieux humides qui bordent les ravins des montagnes, à Arles, Prats-de-Molló, La Bastide, Batère, Glorianes, Mont-Louis. Fleurit en juillet.

3. Pol. dryoptère, *Pol. dryopteris,* Lin., Dec., Dub.

Habite les roches calcaires qui avoisinent le ruisseau, à l'entrée de la vallée de Nohèdes; les ravins de la métairie Pallarès, montagne de Glorianes; les Graus de Thuès, dans les fissures des roches qui dominent l'établissement Bouis. Fleurit de juin à septembre.

Deux variétés fort remarquables appartiennent à cette espèce, et toutes les deux se trouvent à la montagne de Thuès :

Var. α *genuinum.* Plante grêle et molle, étalée, non glanduleuse; rhizome mince.

Var. β *calcareum,* Sm. Plante raide, pubescente-glanduleuse; rhizome ordinairement épais.

Genre Grammitis, *Grammitis,* Swartz.

1. Gram. leptophylle, *Gram. leptophyllum,* Sw., Will.

Polypodium leptophyllum, Lin.

Habite sur les murs, à l'ombre, qui bordent le ruisseau de Collioure à Consolation; Port-Vendres; Banyuls-sur-Mer; Céret; Arles, rochers du *Mas de la Guardia;* Prats-de-Molló; La Preste, rochers au bord du Tech; les rochers humides des vallées de Glorianes et de Llech. Fleurit de mars à mai.

Genre Woodsie, *Woodsia*, R. Brown.

1. Wood. hyperborée, *Wood. hyperborea*, R. Brown, Koch, Dub.

Habite le Canigou, sur les fentes des roches du grand bassin de la forge de Llech; sur les roches des bois de la vallée de Prats-de-Balaguer; Mont-Louis, roches de la *Font dels Asclops;* entre les roches de la *Tartarassa* de la *Font de Comps; Palleres,* en Llaurenti. Fleurit en juillet et août.

Genre Aspidie, *Aspidium*, R. Brown.

1. Asp. lonchite, *Asp. lonchitis*, Swartz, Koch, Lois.

Polypodium lonchitis, Lin.; *Polystichum lonchitis*, Roth.

Habite les bois des montagnes; au Canigou, sur les roches exposées au nord; dans la vallée d'Eyne, près le four à chaux; la montagne de *Madres;* la forêt de Salvanère. Fleurit en juillet.

2. Asp. à piquants, *Asp. aculeatum*, Dœll., Koch.

Polystichum aculeatum, Roth.; *Polypodium aculeatum*, Lin.; *Nephrodium aculeatum*, Coss. et Germ.

Habite les bois humides des montagnes; les roches qui bordent les torrents de la métairie Pallarès, à Glorianes; la montagne de la *Soulane,* à Prats-de-Molló. Fleurit de juin à septembre.

Genre Polystic, *Polysticum*, Roth.

1. Pol. thélyptère, *Pol. thelypteris*, Roth., Dec., Koch.

Aspidium thelypteris, Sw.; *Polypodium thelypteris*, Lin.; *Acrosticum thelypteris*, Lin.; *Nephrodium thelypteris*, Stremp.

Habite parmi les roches qui encombrent les ravins de la montagne de Glorianes; les rochers des environs de la forge de Llech; ceux du *Baus de l'Aze,* près Prats-de-Molló. Fl. de juin à septem.

2. Pol. oréoptère, *Pol. oreopteris*, Dec., Dub.

Aspidium oreopteris, Sw.; *Polypodium oreopteris*, Ehrh.; *Pol. pterioïdes*, Vill.; *Lastrea oreopteris*, Presl.

Habite les lieux humides et ombragés des environs de Mont-Louis; les fourrés du *Bac de Bolquère;* la montagne de *Madres;* la forêt de Salvanère; le bois *Negre*, en Llaurenti. Fleurit de juin en août.

3. Pol. fougère-mâle, *Pol. filix-mas*, Roth., Dec., Koch; en catalan *Falguera.*

Aspidium filix-mas, Sw.; *Polypodium filix-mas*, Lin.; *Nephrodium filix-mas*, Stremp.

Habite les buissons, les friches, les garrigues, les ravins de toutes les montagnes; les Albères, Céret, Arles, Prats-de-Molló; la montagne de Glorianes; tous les contreforts du Canigou; la vallée du Réart; les Corbières. Fleurit de juin à septembre. Commun partout.

Cette plante, desséchée, est utilisée pour la litière des bestiaux. Les pauvres gens en garnissent leur paillasse; elle est beaucoup plus saine que la Zostère ou Paille de Mer.

La racine de la Fougère-mâle est vermifuge, et rend de grands services à la médecine.

4. Pol. à crête, *Pol. cristatum*, Roth., Dec., Koch.

Polystichum callipteris, Dec.; *Aspidium cristatum*, Sw.; *Polypodium cristatum*, Lin.; *Lastrea cristata*, Presl.; *Nephrodium callipteris*, Coss et Ger.

Habite parmi les bois et les roches, à Costujes, Saint-Laurent-de-Cerdans, La Manère; les contreforts du Canigou, à Llech; la montagne de Glorianes, etc. Fleurit en juillet et août.

5. Pol. épineux, *Pol. spinulosum*, Dec., Koch.

Polysticum dilatatum, Dec.; *Aspidium spinulosum*, Doll.; *Asp. dilatatum*, Godr.; *Polypodium cristatum*, Vill.; *Nephrodium cristatum*, Coss et Germ.

Habite les roches et les ravins ombragés de nos montagnes moyennes; les bois entre Olette et Formiguères; les environs de Mont-Louis; la forêt de Salvanère. Fleurit de juin à septembre.

6. Pol. raide, *Pol. rigidum,* Dec., Dub.

Aspidium rigidum, Sw.; *Asp. distans*, Viv.; *Asp. pallidum*, Bory.; *Asp. pallens*, Gay.; *Polypodium rigidum*, Hoffm.; *Pol. fragrans*, Vill.; *Pol. Villarsii*, Bell.; *Lastrera rigida*, Presl.

Habite les ravins de la montagne d'Estoher; les bois qui avoisinent la forge de Llech et les parties moyennes du Canigou; les forêts de Salvanère et de Boucheville. Fl. de juillet à septembre.

Genre Cystoptère, *Cystopteris,* Bernh *in Schard.*

1. Cyst. fragile, *Cyst. fragilis,* Bernh, Coss et Germ.

Aspidium fragile, Dec.; *Polypodium fragile*, Lin.; *Polypod. polymorphum*, Vill.; *Cyathea fragilis*, Godr.

Habite les roches ombragées des sommités des monts; les environs de Prats-de-Molló; la *Font de Comps;* la vallée d'Estoher; l'entrée de la vallée de Nohèdes; la vallée d'Eyne; l'entrée de la vallée de Lló; le Llaurenti. Fleurit tout l'été.

Cette plante est très-remarquable par la multiplicité des formes, et les variations des lobes et des lobules des feuilles, qui passent insensiblement de l'une à l'autre, sans qu'il soit possible de constituer des variétés.

2. Cyst. des Alpes, *Cyst. Alpina,* Link., Koch.

Cystopteris regia, Koch; *Aspidium Alpinum*, Will.; *Polypodium Alpinum*, Wulf.

Habite sur toutes les hauteurs subalpines; le Canigou, au pic de *Tretzevents;* les sommets des vallées de Carença, de Prats-de-Balaguer, d'Eyne et de Lló; les sommets du Llaurenti. Fleurit en juillet et août.

Genre Doradille, *Asplenium*, Lin.

1. Dora. fougère-femelle, *Aspl. filix-femina*, Bernh *in Schrad.*, Koch.

Polypodium filix-femina, Lin.; *Athyrium filix-femina*, Roth.; *Aspidium filix-femina*, Sw.; *Cystopteris filix-femina*, Coss et Germ.

Habite toute la montagne de Glorianes et de Llech; les vallons de Valmanya; les coteaux et les garrigues du Conflent; les Graus d'Olette et de Thuès; les bois de Fontpédrouse et des environs de Mont-Louis. Fleurit de juin à septembre.

2. Dora. de Haller, *Aspl. Halleri*, Dec., Dub.

Aspidium Halleri, Will.; *Anthyrium fontanum*, Dec.

Habite parmi les roches des ravins ombragés de la montagne de Glorianes et de Rigarda; la vallée de Valmanya; les bois de La Bastide, de Boucheville et de Salvanère; les Graus d'Olette, de Canaveilles et de Thuès. Fleurit de juin à septembre.

Cette espèce fournit une variété, β *Asplen. fontanum*, Dec., remarquable par ses segments ovales-tronqués à la base, paraissant entiers, mais divisés en 3-5 lobes contigus et arrondis, entiers ou denticulés. Vit sur la montagne qui domine l'établissement thermal Bouis, aux Graus de Thuès, et à Olette.

3. Dora. lancéolée, *Aspl. lanceolatum*, Huds., Dec., Dub.

Asplenium Billotii, Schultz; *Aspl. cuneatum*, Schultz.

Habite sur les roches humides des gorges escarpées de la vallée d'Estoher, vers la forge de Llech; celles au-dessus de St-Martin-du-Canigou et aux Graus de Thuès. Fleurit de mai à septembre.

Cette espèce donne une variété, β *Aspl. obovatum*, Viv., avec les caractères: lobes largement obovés-suborbiculaires, obscurément crénelés, à dents très-courtes et subobtuses. Vit dans les gorges de Thuès, entre l'établissement Bouis et le village.

4. Dora. trichomane, *Aspl. trichomanes*, Lin., Dec., Dub.

Habite les fentes des roches à l'ombre, à l'entrée de la vallée d'Eyne; la montagne de *Madres;* le bois de Salvanère, et les Graus de Thuès. Fleurit en été.

5. Dora. verte, *Aspl. viride,* Huds., Dec., Dub.

Habite les bois ombragés entre la *Font de Comps* et la vallée d'Évol; les bois de la montagne de *Madres,* et les Graus d'Olette. Fleurit de juin à septembre.

6. Dora. septentrionale, *Aspl. septentrionale,* Dec., Sw.

Habite sur les roches granitiques et très-escarpées des Graus d'Olette, Canaveilles et Thuès, près l'établissement de M. Bouis; les rochers des montagnes des Albères; Céret; les roches des environs de La Manère; le *Baus de l'Aze.* Fleurit en été.

7. Dora. rue des murailles, *Aspl. ruta-muraria,* Lin., Dec.

Habite les fentes des roches des environs de Saint-Antoine-de-Galamus, et des montagnes qui avoisinent la *Carbasse;* au *Pic de Bugarach*, où est la source de l'Agly; les roches de la *Font de Comps;* le Llaurenti. Fleurit toute la belle saison.

8. Dora. capillaire-noir, *Aspl. adianthum-nigrum,* Lin., Dec., Dub.

Habite les fentes des roches de la montagne de Glorianes; les environs de Prades; la *Trencada d'Ambulla;* Saint-Martin-du-Canigou; la *Font de Comps;* les Graus de Thuès; Mont-Louis. Fleurit tout l'été.

Une variété, β *Aspl. serpentini,* Koch, dont les lobes sont plus étroits, plus écartés, plus profondément et plus finement incisés-lobulés, vit aux Graus de Thuès et à la *Font de Comps.*

Genre Scolopendre, *Scolopendrium,* Smith.

1. Scolo. officinale, *Scolo. officinale,* Sm., Dec., Dub.

Scolo. officinarum, Sw.; *Scolo. phyllitis,* Roth.; *Aspl. scolopendrium,* Lin.

Habite dans les ravins ombragés et humides, entre les roches où suinte de l'eau, sur toutes nos montagnes; dans les vieux puits et les noria, à Collioure; les roches Saint-Georges, près d'Axat, où elle est d'une grandeur monstrueuse. Nous l'avons récoltée dans cette localité, en revenant du Llaurenti et en suivant le cours de l'Aude. Fleurit en été.

2. Scolo. hémionite, *Scolo. hemionitis*, Sw., Will., Lois.

Scolo. sagittatum, Dec.

Habite les vieux murs et les roches humides et ombragées de nos basses montagnes; entre les assises des vieux puits. Fleurit en avril et mai.

Genre Blechnum, *Blechnum*, Roth.

1. Blech. en épi, *Blech. spicant*, Roth., Dec., Dub.

Blech. boreale, Sw. *in Schrad.*; *Osmunda spicant*, Lin.

Habite parmi les roches humides et les bois des flancs du Canigou; la base de la *Comelade;* le chemin de la forge de Llech; la vallée de Valmanya; la forêt de Salvanère. Fl. de juin en août.

Genre Ptéris, *Pteris*, Lin.

1. Ptér. aigle impérial, *Pter. aquilina*, Lin., Dec., Dub.

Habite la montagne de Céret, Maureillas, les Albères, dans les champs et les ravins; la montagne de Rigarda et de Glorianes, où elle est très-commune. Fleurit en avril et mai.

Genre Capillaire, *Adianthum*, Lin.

1. Capill. commun, *Adi. capillus veneris*, Lin., Dec., D.

Habite les roches humides qui avoisinent Céret, Collioure, Banyuls-sur-Mer; la montagne de Rigarda; les Graus de Thuès, à l'établissement Bouis, où il est très-beau et commun; dans les cavernes, les vieux puits, etc. Fleurit en juin et juillet.

GENRE ALLOSURE, *Allosurus,* Bernh *in Schrad.*

1. Allo. crépu, *Allo. crispus,* Bernh, Koch.

Pteris crispa, Alli.; *Onoclea crispa,* Hoffm.; *Acrosticum crispum,* Vill.; *Osmunda crispa,* Lin.

Habite les lieux pierreux et humides, au sommet du Canigou; la *Coma du Tech;* les roches de l'extrémité supérieure de la vallée de Nohèdes; dans les fentes des rochers, au Llaurenti. Fleurit en juillet et août.

GENRE CHEILANTE, *Cheilantes,* Sw.

1. Cheil. odorant, *Cheil. odora,* Sw., Lois.

Adianthum odorum et *fragrans,* Dec.; *Polypodium fragrans,* Lin.; *Pteris acrostica,* Balb.

Habite le vallon de Collioure, parmi les roches humides, les murs de clôture qui bordent le ruisseau de Collioure à Consolation; les ruisseaux qui descendent de la montagne, aux environs de Céret et d'Arles; Rigarda; Vernet-les-Bains; les fentes des rochers de la montagne qui domine l'établissement de M. Bouis, à Thuès. Fleurit d'avril à juin.

GENRE HYMENOPHYLUM, *Hymenophylum,* Smith.

Ce genre, qui se compose d'une seule espèce, *Hyme. tunbridgense,* Sm., n'a pas été trouvé dans ce département.

145me FAMILLE.—ÉQUISÉTACÉES, *Equisetaceæ,* RICH.

GENRE PRÊLE, *Equisetum,* Lin.

1. Prêle des champs, *Equis. arvense,* Lin., Dec., Dub.; en catalan *Sannua, Cua de Caball.*

Habite les champs gras de la plaine de Perpignan, vers la Salanque, où cette plante est commune. On la trouve aussi sur les tourbières des montagnes, à la vallée d'Eyne, etc. Fleurit en avril.

2. Prêle telmateya, *Equi. telmateya,* Ehrh., Koch, Dec.

Equi. fluviatile, Smith.; *Equi. eburneum,* Roth.

Habite le bord des ruisseaux, les lieux humides, sous Château-Roussillon; tous les lieux humides de la Salanque; les bords de la Basse, près Perpignan; les tourbières des montagnes. Fleurit en mars et avril.

3. Prêle des forêts, *Equi. sylvaticum,* Lin., Dec., Dub.
en catalan *Sannua borda.*

Habite les parties humides des bois de la région alpine; la *Font de Comps;* le bois de Salvanère; les forêts de Nohèdes; les environs de Fontpédrouse; Prats-de-Balaguer; les forêts du Capcir. Fleurit en avril et juin.

4. Prêle des marais, *Equi. palustre,* Lin., Dec., Dub.
Equi. tuberosum, Dec.

Habite les marécages de toute la Salanque; les bords de l'*Agulla del Mar;* les fossés des propriétés de Saint-Cyprien, vers les *Routes.* Fleurit en été.

5. Prêle des bourbiers, *Equi. limosum,* Lin., Dec., Dub.

Habite les marais de toutes les parties qui se rapprochent le plus de la mer. Fleurit en mai et juin.

6. Prêle d'hiver, *Equi. hyemale,* Lin., Dec., Dub.;
en catalan *Asperete.*

Habite les terrains tourbeux, les lieux sablonneux, les bords des fossés et des rivières, dans la Salanque. Nous la trouvons dans les bois humides et les fossés, à Mont-Louis, à la vallée d'Eyne, au bois de Salvanère. Fleurit en mars et en mai.

Cette plante sert à polir les bois et plusieurs métaux.

7. Prêle rameuse, *Equi. ramosum,* Schl., Dec., Koch.
Equisetum campanulatum, Poir.; *Equi. elongatum* et *pannonicum*, Will.; *Equi. ramosissimum*, Desf.; *Equi. hyemale* et *elongatum*, Doll.

Habite sur les sables des rivières, à leur embouchure, et sur les prairies sablonneuses du littoral. Fleurit de mars à mai.

Les Prêles sont nuisibles dans les pâturages où elles croissent. Ce sont des plantes difficiles à détruire; car elles prospèrent dans tous les sols humides. Elles sont très-fibreuses, peu nutritives, très-indigestes et irritantes; en général, elles produisent les mauvais effets que déterminent les plantes marécageuses. Anciennement, la médecine les employait comme astringentes contre les pertes de sang, les dyssenteries. Elles ne sont plus usitées de nos jours.

146e FAMILLE.—RHIZOCARPÉES, *Rhizocarpeæ*, BATSCH, ou MARSILÉACÉES, R. BROWN.

Les *Marsiléacées* vivent dans les lieux humides ou dans l'eau. Le rhizome et les feuilles meurent tous les ans; mais les extrémités du rhizome portent des bourgeons, qui, au printemps, produisent une nouvelle plante.

GENRE MARSILÉE, *Marsilea*, Lin.

1. Marsi. à quatre feuilles, *Marsi. quadrifoliata*, Lin.
Marsilea quadrifolia, Dec.

Habite le bord des mares de la *Font Dame*, à Salses. Signalée, par Pourret, sur les roches humides de la montagne de *Madres*, où je ne l'ai pas trouvée. Fleurit de juin à septembre.

GENRE PILULAIRE, *Pilularia*, Lin.

1. Pil. globuleuse, *Pil. globulifera*, Lin., Dec., Dub.

Habite les mares des parties basses de la Salanque qui sont souvent inondées pendant l'hiver et qui restent vaseuses. Fl. en été.

GENRE SALVINIE, *Salvinia*, Michel.

1. Salvi. nageante, *Salvi. natans*, Hoffm., Dec., Dub.
Marsilea natans, Lin.

Habite les marais du *Cagarell*, à Canet. Nous l'avons prise dans les bourbiers qui avoisinent l'étang de Carença. Fleurit en été.

147me Famille.—Isoétées, *Isoeteæ*, Richard.

Genre Isoète,

1. Isoète des lacs, *Isoet. palustris*, Lin., Dec., Dub.

Habite les mares de la grande Bouillouse; le lac de *Paradelles*, à l'extrémité de la *Calme;* les marais du lac d'Aude, en Capcir. Fleurit d'août en octobre.

2. Isoète sétacée, *Isoet. setacea*, Delille, Dec., Moris.

Habite les marais de Salses, et dans les mares formées par les eaux de la fontaine *Estramer*, près des pêcheries de M. Lloubes. Fleurit en été.

148me Famille.—Lycopodiacées, *Lycopodiaceæ*, L. C. Rich.

Genre Lycopode, *Lycopodium*, Lin.

1. Lyc. sélage, *Lyc. selago*, Lin., Dec., Dub.

Habite les bois humides et parmi les roches des régions alpines du Canigou; les bois de la vallée de Valmanya; ceux des environs de Saint-Marsal et de la *Tour de Batère;* ceux qui avoisinent la forge de Llech, vallée d'Estoher; à *Palleres*, en Llaurenti. Fleurit en été.

2. Lyc. des marais, *Lyc. inundatum*, Lin., Dec., Dub.

Habite les tourbières du plateau de Carlite. Fleurit en été.

3. Lyc. à feuilles de genévrier, *Lyc. annotinum*, Lin., Dub., Lois.

Lyc. juniperifolium, Dec.

Habite les bois de la vallée de Fillols; ceux de Flagels, vallée de Taurinya; ceux de la partie supérieure de la vallée de Valmanya. Fleurit en été.

4. Lyc. chamæcyparissus, *Lyc. chamæcyparissus,* A. Br., Dol., Koch.

Lyc. complanatum, Dec.

Habite le pied des arbres de la forêt de la *Mata,* en Capcir. Fleurit en été.

5. Lyc. à massue, *Lyc. clavatum,* Lin., Dec., Dub.

Habite les forêts de pins, à la *Font de Comps;* les forêts du *Pla de l'Ours,* sur les hauteurs de Nohèdes; celles de la vallée d'Évol et de la montagne de *Madres.* Fleurit en été.

La poudre de Lycopode a été employée par les médecins contre la colique néphrétique, la dyssenterie et le scorbut. Aujourd'hui, elle n'est usitée que pour cicatriser les excoriations qui se produisent, chez les enfants très-gras, aux plis du cou et des cuisses. On lui donne le nom de *Soufre végétal,* parce qu'elle a la propriété de s'enflammer avec la plus grande facilité. On l'emploie dans les feux d'artifice, et sur les théâtres.

Genre Sélaginelle, *Selaginella,* Spring.

1. Sélagi. faux-sélage, *Selagi. spinulosa,* A. Br., Dol., Koch.

Lycopodium selaginoïdes, Lin.

Habite les pâturages des hautes régions du Canigou, aux sommets de *Tretzevents;* les pâturages des bois de la vallée de Prats-de-Balaguer; les pâturages de la montagne de *Madres.* Fleurit en août.

2. Sélagi. denticulée, *Selagi. denticulata,* Koch.

Lycopodium denticulatum, Lin.

Habite les collines de nos basses montagnes; la vallée du Réart; les collines des environs de Saint-Paul, vers Saint-Antoine-de-Galamus; les parties basses des Albères. Fleurit en avril et mai.

DEUXIÈME EMBRANCHEMENT.

Végétaux cellulaires.

Toujours composés exclusivement de tissu cellulaire, ces végétaux sont très-divers par leur forme et par leur organisation. Quelques-uns, les Lichens, les Algues, les Champignons, sont dépourvus d'organes fondamentaux (racine, tige, feuilles) proprement dits : ils absorbent et croissent par toute leur surface ; les autres, les Mousses, certaines Hépatiques, les Characées, ressemblent aux végétaux cellulo-vasculaires : ils présentent des organes fondamentaux, racine, tige et feuilles, mais ils sont dépourvus de stomates.

Dans quelques espèces, les plus inférieures, les organes de la reproduction ne sont pas distincts de ceux de la nutrition. A une certaine époque, toutes les cellules composant la plante peuvent devenir appareil reproducteur.

149me FAMILLE.—CHARACÉES, *Characeæ*, RICH.

GENRE CHARAGNE, *Chara*, Lin.

1. Cha. commune, *Cha. vulgaris*, Lin.

Habite les fossés où l'eau est stagnante dans la plaine de Toulouges, Le Soler, les prairies de Thuir et de Canohès. Fl. en été.

2. Cha. hérissée, *Cha. hispida*, Lin.

Habite les eaux des lacs de Carença, et dans quelques tourbières des hauts plateaux. Fleurit en été.

3. Cha. duvetée, *Cha. tomentosa*, Lin.

Habite les eaux des marais et des fossés marécageux des environs de Salses; les abords des marais de la *Font-Dame,* au milieu des mares. Fleurit en été.

4. Cha. flexible, *Cha. flexilis,* Lin.

Habite les fossés des prairies basses qui avoisinent Prades, vers la rivière; les fossés où l'eau séjourne et qui est peu courante, à Vernet-les-Bains. Fleurit en été.

Les espèces du genre Charagne ne sont pas d'une grande utilité; elles ne sont pas broutées par les bestiaux, et répandent une très-mauvaise odeur, lorsque les eaux où elles vivent se dessèchent. On s'en sert pourtant pour polir les bois et nettoyer les métaux.

150me Famille.—Hépatiques, *Hepaticeæ,* Juss.

Les *Hépatiques* sont de petites plantes terrestres, aquatiques ou parasites, consistant en des expansions vertes, foliacées. Elles ont de la ressemblance, les unes, aux Lichens, étant plus herbacées et moins coriaces, elles portent le nom d'Hépatiques foliacées, membraneuses, ou Lichénoïdes; les autres, ressemblent plutôt à des Mousses, et ont quelquefois des tiges garnies de petites feuilles disposées comme elles, et sont appelées Hépatiques foliolées, caulescentes ou muscoïdes.

Les Hépatiques font, par leur forme et leur couleur, le passage des Mousses aux Lichens. Elles croissent, de même, dans les lieux inondés, dans les bois ombragés et humides, contre les murailles, sur les rochers où suinte de l'eau, dans les puits et sur les troncs d'arbres. Elles fructifient au printemps ou en été; quelques-unes, cependant, ne laissent apparaître leur capsule qu'en hiver.

Ce sont des plantes généralement petites, difficiles à conserver, molles et pourrissant avec facilité; elles sont sans utilité, et sans aucun usage, soit économique, soit industriel.

Ces plantes avaient été très-négligées par les anciens; leur nombre était fort limité. Linné, qui les réunissait aux Algues, n'en connaissait que quarante-quatre espèces.— Jussieu en fit le premier un ordre naturel, qu'il distingua très-bien des Mousses, et qu'il divisa en six genres. Depuis cette époque, la science a fait tant de progrès, que le nombre des plantes de cette famille s'est accru d'une manière considérable, puisque les ouvrages les plus récents portent leur nombre à plus de douze cents espèces, réparties dans environ soixante genres.

Genre Riccie, *Riccia,* Micheli.

1. Ricc. très-petite, *Ricc. minima,* Lin., Mich.

Habite les eaux des marécages de Salses, et les fossés où l'eau séjourne. On voit flotter cette petite plante sur les eaux de ces parages. Fleurit en été.

2. Ricc. glauque, *Ricc. glauca,* Lin., Dill., Vail.

Habite sur la terre humide des parties basses de la plaine, où elle forme de petites rosettes glauques, qui ont la forme d'une croix de Malte. Fleurit en été.

3. Ricc. flottante, *Ricc. fluitans,* Lin., Mich., Dill.

Habite sur les eaux stagnantes de Salses et du *Cagarell,* où on la voit flotter à leur surface. Nous l'avons aussi trouvée sur les lacs des montagnes. Fleurit en été.

Les feuilles de cette espèce, sont d'un beau vert, dichotomes et épaisses sur les bords.

Genre Sphérocarpe, *Spherocarpus*, Bellardi.

1. Sphé. de Micheli, *Sphe. Michelii*, Bell.

Habite sur les terres humides, où elle forme de petites rosettes, d'un vert jaunâtre, à petites folioles, arrondies, tronquées au sommet, presque transparentes. Elle est assez commune sur les terres sablonneuses et humides; mais elle est si petite qu'il est difficile de la trouver. Fleurit en été.

Genre Corsinie, *Corsinia*, Raddi.

1. Cors. marchantioïdes, *Cors. marchantioïdes*, Raddi.

Ce sont de si petites plantes, qu'on les découvre assez difficilement au pied des arbres, dans les lieux humides et ombragés, où elles forment des groupes. Leur fronde est radiée et réticulée, à 2-3 lobes. Cette plante est sans importance.

Genre Marchantie, *Marchantia*, Micheli.

Les Marchanties ressemblent aux Lichens. Elles ont leurs feuilles larges, appliquées sur le sol et y adhèrent par des radicelles. Leur fructification est disposée en forme d'ombrelle ou de parasol. Elles croissent sur la terre et sur les rochers humides, dans les lieux ombragés.

1. March. polymorphe, *March. polymorpha*, Lin.

Habite les crevasses des roches humides; les torrents ombragés du Canigou, du *Bac de Bolquère* et de la forêt de Salvanère. Les fructifications, avant d'être entièrement mûres, ressemblent à de petits champignons. Fleurit en été.

2. March. croisette, *March. cruciata*, Lin., Dill.

Habite Saint-Martin-du-Canigou, sur les roches où suinte de l'eau. Le réceptacle a quatre digitations ou segments profonds, qui ressemblent à une croix; les feuilles sont lobées et blanchâtres en dessous. Fleurit en été.

3. March. hémisphérique, *March. hemisphærica,* Lin.

Habite sur la terre humide, dans les gorges des basses montagnes. Elle a les feuilles obcordées, à lobes crépus, très peu prononcés; son ombelle est hémisphérique. Fleurit en été.

Genre Targione, *Targionia,* Lin., Dec., Mich.

1. Tar. hypophylle, *Tar. hypophylla,* Lin.

Habite les lieux ombragés et humides, les chemins creux de nos montagnes; les roches humides couvertes de terre végétale, dans le vallon de Vernet-les-Bains; les ravins de Finestret; les environs d'Arles. Les feuilles sont petites, oblongues, d'un vert noirâtre; sa fronde est oblongue, spatulée au sommet. Cette petite plante répand une odeur bitumineuse très-prononcée. Fleurit au printemps.

Genre Anthocère, *Anthoceros,* Lin., Dill., Dec.

1. Anth. ponctué, *Anth. punctatus,* Lin., Dill.

Habite sur la terre des prairies humides des basses montagnes: à Céret, Arles, Vernet-les-Bains. Plante très-petite, formant des rosettes, du centre desquelles s'élèvent des capsules d'environ trois centimètres; les feuilles sont petites et ondulées sur les bords. Fleurit en été.

Genre Jungermanne, *Jungermannia,* Lin.

Ce genre est le plus nombreux de cette famille. Ce sont de petites herbes terrestres ou parasites, à feuillages ou expansions, tantôt simples et d'une seule pièce, incisées diversement, portant des fleurs sur la superficie et sur les marges; tantôt de plusieurs pièces, les folioles imbriquées ou distiques; tantôt, les fleurs axillaires ou terminales assises au sommet des feuilles.

Linné n'en connaissait qu'une quarantaine d'espèces; aujourd'hui, les progrès de la science cryptogamique en a porté le nombre à plus de trois cents.

Croissant principalement en Europe et en Amérique, elles ont été réparties, par divers auteurs, en plusieurs sections. Aucune de ces espèces n'intéresse ni les arts ni la culture.

1. Jung. épiphylle, *Jung. epiphylla,* Lin., Mich.

Habite sur la racine des vieux arbres, dans les lieux humides des basses montagnes; sur la terre au bord des petits ruisseaux. Sa tige part du milieu de ses feuilles, qui sont larges et sinuées. Fleurit au printemps.

2. Jung. à plusieurs divisions, *Jung. multifida,* Lin., Till.

Habite les bois humides; les ravins de nos montagnes; sur la terre humide; aux Graus d'Olette et de Thuès, dans les lieux ombragés. Les feuilles sont sans nervures, multifides; les capsules, dans les bifurcations des lobes. Fleurit au printemps.

3. Jung. à feuilles de tamarisque, *Jung. tamariscifolia,* Lin., Mich., Dill.

Habite les bois très-humides du Canigou; le *Bac de Bolquère;* le pied des arbres, près des petits ruisseaux. Elle ressemble à une Mousse. On la trouve rarement avec ses capsules. Fleurit en automne.

4. Jung. châton, *Jung. julacea,* Lightf.

Trouvée par M. Montagne à la vallée d'Eyne. Fl. en septembre.

5. Jung. crénelée, *Jung. crenulata,* Smith.

Commune partout.

151me FAMILLE. — MOUSSES, *Musci*, LIN.

Les *Mousses* sont des plantes acotylédones, annuelles ou vivaces, rarement acaules, et privées de feuilles; au contraire, souvent elles sont formées d'une tige, tantôt simple, tantôt rameuse, toujours verte, garnie de petites feuilles très-rapprochées, sessiles, imbriquées ou éparses, alternes ou opposées; fleurs très-petites, terminales ou latérales, pourvues des deux sexes.

De même que les autres cryptogames, les Mousses ont été longtemps négligées par les botanistes, ou confondues avec les familles voisines, que tant de gens confondent encore de nos jours.

Tournefort est le premier botaniste qui a séparé et distingué les Mousses des Lichens. Vaillant en a donné de bonnes descriptions. Dillen fit faire de grands progrès à la science, par la publication de son immense ouvrage: *Historia Muscorum*.

Les immortels travaux d'Hedwig ont jeté un grand jour sur l'anatomie et la physiologie des Mousses. C'est lui qui a mis hors de doute la présence des deux sexes dans ces plantes.

Les Mousses vivent sous tous les climats et dans les localités les plus diverses : depuis l'équateur jusqu'aux deux pôles, sur les plus hautes montagnes, comme dans les vallées les plus profondes et les plus vastes plaines; elles recouvrent les rochers, la terre et les troncs des arbres. Elles sont d'autant plus abondantes, que la végétation des plantes acotylédonées est moins vigoureuse. Les Mousses semblent créées pour orner et donner la vie aux vastes contrées qu'elles habitent, lorsque la nature paraît morte par l'absence de végétation des plantes supérieures.

GENRE POLYTRICH, *Polytrichum*, Hedw.

1. Pol. genévrier, *Pol. juniperifolium*, Swartz., Hedw., Brid., Hook.

Pol. juniperifolium, Hoff.; Dec. fl. fr. suppl. 1275; *Pol. commune*, var. β Lin., Dill.

Habite les bruyères, les coteaux et les bois des environs de Baixas, *Cases-de-Pena*, Saint-Antoine-de-Galamus, où il est commun. Fructifie au printemps.

2. Pol. genévrier, *Pol. juniperium*, var. *strictum*, De Brebis. Mousse de la Normandie.

Pol. juniperium, var. *gracile*, Wahlenb.; *Pol. strictum*, Menz., Lin., Dec. fl. fr. 1274.

Cette variété vit dans les mêmes localités que le type.

3. Pol. à poil blanc, *Pol. piliferum*, Schreb., Hedw., Brid., Dec. fl. fr. 1273.

Pol. commune, var. γ Lin., Dill.

Habite les coteaux calcaires et arides; les bruyères du *Calce* de Thuir; Castelnau; Estagel, et toutes les Corbières. Fructifie au printemps.

4. Pol. commun, *Pol. commune*, Lin., Hedw., Brid., Hook., Dec. fl. fr. 1272, Vaill., Dill., De Brebis. Mousse de la Normandie.

Habite les lieux marécageux des régions alpines; les bois de pins et les bruyères humides de la *Font de Comps* et des bois de Prats-de-Balaguer; les environs de Mont-Louis; La Preste. Fructifie au printemps.

5. Pol. orange, *Pol. aurantiacum,* Hoppe.

Pol. nigrescens, Desf., Dec. fl fr. 1279.

Habite le premier plateau du *Cambres-d'Aze,* parmi les bruyères et les bois de sapins; à Llech; les bois de sapins du Canigou. Fructifie au printemps.

6. Pol. élégant, *Pol. formosum,* Dec. fl. fr. 1276.

Pol. formosum, Hedw., Brid , Schew., Zench., De Brebis. Mous. de la Normandie.

Habite les bois et les coteaux des montagnes moyennes; Saint-Marsal; les bois ombragés de La Bastide; la vallée de Valmanya. Fructifie en été.

7. Pol. des Alpes, *Pol. Alpinum,* Dec. fl. fr. 1277, Lin., Hedw., Dill., Hall.

Habite les forêts des hautes montagnes, le Canigou, *Costa-Bona,* les vallées d'Eyne et de Lló, les sommets du Carlite et de *Madres,* où il est commun. Fructifie en été.

8. Pol. à urne, *Pol. urnigerum,* Lin., Hedw., Dec. fl. fr. 1280, De Brebis. Mous. de la Normandie.

Pol. dubium, Scop., Dill.

Habite les bois, les bruyères, les coteaux rocailleux de la vallée supérieure du Réart; les bois de la partie moyenne de la *Font de Comps.* Fructifie en automne.

9. Pol. à feuilles d'aloès, *Pol. aloïdes,* Hedw., Menz., Brid., Dec. fl. fr. 1271.

Minium polytrichoïdes, β Lin., Dill.

Habite parmi les pins et les bruyères des montagnes moyennes, à la vallée de Valmanya, à Carença, à La Preste. On le trouve aussi sur les bords des fossés et des chemins de ces mêmes localités. Fructifie en automne.

10. Pol. arrondi, *Pol. subrotundum*, Huds., Dec. fl. fr. 1269.

Pol. pumilum, Sw., Hedw., Dill., Vaill.

Habite les bois des montagnes; les terres incultes qui avoisinent la forge de Llech et Valmanya; les environs de Cortsavi. Fructifie en hiver.—Cette toute petite Mousse est commune, mais difficile à trouver.

11. Pol. nain, *Pol. nanum*, Hedw., Hook., Dec., fl. fr. 1268.

Pol. subrotundum, Huds.; *Pol. pumilum*, Sw.

Cette espèce habite les mêmes localités que la précédente; elle est aussi très-petite, et on se la procure difficilement. Fructifie en hiver.

12. Pol. ondulé, *Pol. undulatum*, Hedw.

Oligotrichum undulatum, Dec. fl. fr. 1281; *Catharinea undulata*, Brid.; *Bryum undulatum*, Lin., Dill., Vaill.

Habite le sol des bois touffus qui avoisinent Saint-Martin-du-Canigou et dans les gorges de cette région, où il forme de grosses touffes. Nous l'avons aussi trouvé dans les environs de Prats-de-Molló. Fructifie en hiver.

13. Pol. de la forêt noire, *Pol. hercyninum*, Hedw., Brid.

Oligotrichum hercyninum, Dec. fl. fr. 1282, Hoff.

Habite les tourbières du *Bac de Bolquère;* les endroits très-humides, à *Madres* et Nohèdes, où il est commun. Fructifie en automne. Cette espèce vit au milieu des broussailles; sa petitesse est un obstacle pour se la procurer.

Genre Barthramie, *Barthramia*, Brid.

1. Bar. de Haller, *Bar. Halleriana*, Hedw., Dec. fl. fr. 1321.

Bryum laterale, Hoff.; *Bry. recurvum*, Jacq.

Habite parmi les pierres et les rochers des montagnes, au Canigou, à *Costa-Bona*, à Prats-Balaguer. Elle forme de grosses touffes d'un vert jaunâtre. Fructifie au printemps.

2. Bar. crépue, *Bar. crispa*, Dec. fl. fr. 1317.

Bar. crispa, Brid.; *Bar. hercynina*, Flœrke; *Bryum lacerum*, Vill., var. β Vul., Dec.

Habite les mêmes localités que l'espèce précédente; elle est moins touffue, moins élevée et se plaît entre les rochers. Fructifie en automne.

3. Bar. pomiforme, *Bar. pomiformis*, Turn., Brid.

Bar. minor, Hooker; *Bar. vulgaris*, Dec. fl. fr. 1316; *Bryum pomiforme*, Lin., Dill.

Habite sur la terre, où elle forme de larges touffes, peu élevées; sur les roches humides de toutes nos basses montagnes; dans les ravins de la plaine, à Céret, Arles, Prades. Fructifie au printemps.

4. Bar. d'Œder, *Bar. OEderi*, Swert. *in Schrad.*

Bar. OEderi, Dec. fl. fr. 1319; *Bryum pomiforme*, γ Vill.

Habite les parties les plus élevées de nos montagnes, sur les rochers humides et ombragés; au Canigou, à la montagne de *Set Hómens;* à Carença, sur les rochers près des lacs; la vallée de Lló; sur les roches qui avoisinent la *Nous*, vallée de Carol. Fructifie en été.

5. Bar. à feuilles droites, *Bar. ithyphylla*, Dec. fl. fr. 1318, Brid.

Bar. pomiformis, Hedw., Sw.; *Bryum pomiferum*, var. β Vill , Hall., Hedr.

Habite les roches humides et ombragées, particulièrement dans les fentes où s'accumule du sable; sur les terres sablonneuses et humides, au pied des roches, après La Preste, à *Peyrefeu, Costa-*

Bona, la *Coma du Tech*, Prats-de-Balaguer, et au pied du *Cambres-d'Aze*. Fructifie au printemps. Cette espèce est très-petite.

6. Bar. des fontaines, *Bar. fontana*, Swartz., Schwagr., De Breb. Mous. de la Normandie, Dec. fl. fr. 1320.

Philonetis fontana, Brid.; *Mnium fontanum*, Lin.

Habite les prairies marécageuses des montagnes moyennes; près les rigoles des fontaines; le premier plateau de Nohèdes; à la *Font de Comps;* au-dessus de Saint-Martin-du-Canigou. Fructifie en été.

7. Bar. des fontaines, var. *falcata*, De Brebis. Mous. de la Normandie.

Bar. falcata, Hook.; *Philonetis fontana*, var *falcata*, Brid.

Habite les bords des ruisseaux des environs de Vernet-les-Bains et de Castell; les châtaigneraies humides près Saint-Martin-du-Canigou, où elle forme de grosses touffes. Fructifie au printemps.

GENRE FUNAIRE, *Funaria*, Schreb., Hedw.

1. Fun. hygrométrique, *Fun. hygrometrica*, Hedw., Dec. fl. fr. 1289, Hook.

Mnium hygrometricum, Lin., Vaill., Dill.

Habite sur la terre humide, où elle forme de larges touffes; sur les bords des fossés humides de la plaine et des montagnes. Cette plante se plaît près des charbonnières, sur la terre qu'on rejette lorsqu'on les défait; sur les toits des cabanes, et sur les vieux murs. Fructifie au printemps.

2. Fun. de Muhlenberg, *Fun. Muhlenbergii*, Hedw., Brid., Dec. fl. fr. 1290, Hook., De Br. Mous. de la Norm.

Habite sur les rochers recouverts de terre, où elle forme de petites touffes, qui ont un aspect rougeâtre; la vallée du Réart, près de Llinas et du *Mas-Coste*. Fructifie au printemps.

GENRE ZYGODON, *Zygodon,* Hook. et Tayl.

Nous n'avons pas trouvé dans ce département de sujet appartenant à ce genre, qui ne se compose que de deux espèces.

GENRE BRY, *Bryum,* Hook. et Tayl.

1. Bry doré, *Bry. trichodes,* Lin.

Mæsia uliginosa, Hedw.; Dec. fl. fr. 1295; *Mnium trichodes,* Hoff.

Habite les tourbières du second plateau de Nohèdes; les prairies très-humides du *Randé,* au Canigou, et les pâturages tourbeux du *Bac de Bolquère.* Fructifie au printemps.

2. Bry à trois faces, *Bry. triquetrum,* Turn.

Mæsia longiseta, Hedw.; Dec. fl. fr. 1294; *Mnium triquetrum,* Lin.; *Diplolamium longisetum,* Web. et Mohr.

Habite les mêmes localités que l'espèce précédente. Fructifie au printemps.

3. Bry androgin, *Bry. androgynum,* Dec. fl. fr. 1302, Hedw.

Mnium androgynum, Lin., Hoff., Dill.

Habite tous les bois ombragés et humides, sur le sol, sur les troncs des vieux arbres. Cette plante forme de larges touffes; mais elle reste très-petite, et on la trouve rarement avec le fruit.

4. Bry des marais, *Bry. palustre,* Sw., Dec. fl. fr. 1303.

Mnium palustre, Lin., Hedw., De Breb. Mous. de la Normandie.

Habite les prairies et les bois humides à la base des montagnes: aux Albères, Céret, Arles, Finestret, Vernet-les-Bains et Fillols. Fructifie au printemps.

5. Bry en rosette, *Bry. roseum,* Schreb., Dec. fl. fr. 1312, Dill.

Habite les garrigues et les bois humides de la partie supérieure de la vallée du Réart : à Oms, Taillet, et tous les bois de cette région, surtout sur les bords des ravins humides. Cette toute petite Mousse fructifie très-rarement.

6. Bry en lanière, *Bry. ligulatum,* Schreb., Schewartz., Dec. fl. fr. 1315, De Breb. Mous. de la Normandie.

Bryum polla ligulata, Brid.; *Mnium undulatum,* Hedw., Vaill., Dill.

Habite les lieux humides et ombragés de nos basses montagnes; les fossés et les rigoles où coule de l'eau, à Arles; dans les châtaigneraies, à Saint-Laurent-de-Cerdans; dans les bois qui avoisinent Prades et la vallée d'Estoher. Fructifie au printemps.

Cette belle Mousse est assez commune; ses touffes sont grandes et étalées; ses feuilles sont larges et lui donnent un bel aspect.

7. Bry hornum, *Bry. hornum,* Schwartz, Lin., De Breb. Mous. de la Normandie.

Bryum stellatum, Dec. fl. fr. 1310.

Habite les bois et les coteaux humides et ombragés des environs de La Bastide et de Saint-Marsal; ceux de Glorianes, de Valmanya et de la vallée d'Estoher. Fructifie au printemps.

8. Bry à long bec, *Bry. rostratum,* Schrad., Dec. fl. fr. 1314, Hook., De Breb. Mous. de la Normandie.

Mnium rostratum, Hoffm.; Schaw; *Mni. longirostratum,* Brid.

Habite parmi les rochers, où il forme de petites touffes effilées; les lieux humides et ombragés; les coteaux de la vallée de Conat, le sommet de la *Trencada d'Ambulla ;* Saint-Martin-du-Canigou, et l'entrée de la vallée de Nohèdes. Fructifie au printemps.

9. Bry pointu, *Bry. cuspidatum,* Schreb., Dec. fl. fr. 1313, De Breb. Mous. de la Normandie.

Mnium cuspidatum, Hedw.; *Mni. serpyllifolium,* β Lin.; *Mnium geniculatum,* Vill.

Habite les bosquets et les prairies humides, sur la terre, dans les bas-fonds de nos vallées, à Mosset, Finestret, Glorianes, Arles, Cortsavi. Fructifie au printemps. — Cette jolie Mousse pousse de longs jets, garnis de larges feuilles, qui lui donnent un bel aspect.

10. Bry ponctué, *Bry. punctatum,* Schreb., Dec. fl. fr. 1311, De Breb. Mous. de la Normandie.

Mnium punctatum, Hedw.; *Mni. serpyllifolium,* α Lin., Hoff., Ger., Dill.

Habite, par grandes masses fort épaisses, dans les bois humides et ombragés, à *Madres,* aux environs de Formiguères; les bois des alentours de Mont-Louis. Fructifie en automne.

11. Bry pyriforme, *Bry. pyriforme,* Sw., Mull., Dec. fl. fr. 1297.

Bryum aureum, Schreb.; *Mnium pyriforme,* Lin.; Hoff.; *Webrera pyriformis,* Hedw., Dill.

Habite les terres sablonneuses et humides qui avoisinent Canet, Saint-Nazaire et Saint-Cyprien. Cette Mousse forme de petites touffes vertes et est en fleurs presque toute l'année.

12. Bry argenté, *Bry. argenteum,* Lin., Hedw., Sw., Dec. fl. fr. 1300, De Breb. Mous. de la Normandie.

Mnium argenteum, Hoff., Germ., Dill.

Habite les murs, les toits des masures et des cabanes de nos basses montagnes; les bords des fossés de la vallée du Réart; la vallée de Valmanya, et Mosset. Fructifie au printemps.

13. Bry capillaire, *Bry. capillare,* Lin., Hedw., Swartz, Dec. fl. fr. 1305, Hoff., Germ., Dill., Vaill.

Habite les lieux frais de nos basses montagnes; les fossés humides; les troncs pourris des vieux arbres, aux Albères, à la montagne de Céret, à Fillols, à Vernet-les-Bains et à Castell. Fructifie au printemps.

14. Bry en gazon, *Bry. cæspititium*, Lin., Dec. fl. fr. 1304, Hedw., Swartz.

Pohlia imbricata, Schwartz, Dill., Vaill.

Habite les toits, les couvertures de chaume, les vieilles murailles. Cette Mousse existe par touffes serrées et d'une taille peu élevée dans tous les bas-fonds des vallées; on la trouve même dans la plaine, lorsque les pluies sont fréquentes. Fruct. au printemps.

15. Bry en toupie, *Bry. turbinatum*, Sw., Dec. fl. fr. 1307.

Mnium turbinatum, Hedw., Dill.

Habite les lieux sablonneux et humides des torrents qui avoisinent Mont-Louis, à la base du *Cambres-d'Aze*, et sur les sables du bas de la *Motte de Planès*. Fructifie en hiver.

16. Bry ventru, *Bry. ventricosum*, Dicks, Swartz, Dec. fl. fr. 1308.

Bryum triquetrum, Huds., Vill., Hedw.; *Bry. pseudo-triquetrum*, Schw., Dill.

Habite les amas tourbeux des hauts plateaux de La Perche; les environs des Bouillouses et de la *Coma de la Tet*. Fructifie au printemps.

17. Bry de Schleicher, *Bry. Schleicheri*, Schw. *in Hedw.*, Dec. fl. fr. 1307.

Bryum Alpinum, Vill.

Habite les pelouses humides des parties supérieures du Canigou, à *Cady;* celles du *Pla Guillem*, de *Costa-Bona*, de Carença. Fructifie en automne.

18. Bry jaunâtre, *Bry. lutescens*, Huds., Hedws., Dill., Vail.

Habite les roches couvertes de terre et humides des environs de Cortsavi; les fissures des calcaires de *Cases-de-Pena*, Estagel, Maury et Saint-Antoine-de-Galamus. Fructifie au printemps.

19. Bry des Alpes, *Bry. Alpinum*, Lin., Schw., Brid., Dec. fl. fr. 1298, Dill., Vill., De Brebis. Mous. de la Normandie.

Habite les fentes humides des roches, au sommet de nos montagnes; le Canigou, à *Tretzevents* et au *Buc de Set Hómens; Costa-Bona;* sur les roches du *Pla Guillem*. Fructifie en été.

20. Bry annuel, *Bry. annotinum*, Hedw.

Bryum decipiens, Dec. fl. fr. 1301; *Trentepohlia erecta*, Roth., Hoffm.; *Mnium annotinum*, Lin., Vill.

Habite les lieux humides; les bords des fossés; sur les sables près des eaux stagnantes, à la *Borde-Girvés;* les mares qui avoisinent le *Pla dels Abellans;* celles du *riveral* de Carlite. Fructifie en été.

21. Bry penché, *Bry. nutans*, Schreb., Dec. fl. fr. 1296.

Webera nutans, Hedw., Dill.; *Mnium nutans*, Hoffm.

Habite les lieux secs, les garrigues, parmi les bruyères et les rocailles, dans la vallée du Réart. On trouve quelquefois cette Mousse au bord des mares qui se forment dans les ravins de cette même contrée. Fructifie en été.

22. Bry allongé, *Bry. elongatum*, Dicks.

Bry. longicollum, Sw., Dec. fl. fr. suppl. 1296; *Pholia elongata*, Hedw.

Habite dans les bois, sur les rochers, sur la terre, et dans les chemins creux des montagnes: Saint-Marsal, Valmanya, La Preste et *Costa-Bona*. Cette espèce est fort minime, et quoique très-abondante, on la trouve difficilement. Fructifie en été.

23. Bry frais, *Bry crudum*, Dec. fl. fr. 1309, Vill.

Mnium crudum, Lin., Hedw., Dill.

Habite les lieux humides des régions alpines; le *Cambres-d'Aze*, les vallées d'Eyne et de Lló, la *Coma de la Tet*. Cette Mousse forme de petites touffes serrées, rougeâtres, peu élevées. Fr. en automne.

Genre Timmie, *Timmia*, Hedw.

1. Tim. polytriche, *Tim. polytrichoïdes*, Brid.

Var. β *lutescens*, Brid.; *Timmia Austriaca*, Hedw., Dec. fl. fr. 1292.

Habite les bois ombragés des hauts plateaux; sur les rochers humides et ombragés, à *Madres*, au bois de la *Mata* et dans les bois qui avoisinent Formiguères, en Capcir. Fructifie en été.

Genre Daltonia, *Daltonia*, Hook.

Ce genre se compose de deux espèces, *Dalt. pennata* et *Dalt. heteromala*, qui n'ont pas été trouvées dans ce département.

Genre Neckère, *Neckera*, Hedw.

1. Nec. empennée, *Nec. pennata*, Hedw., Dec. fl. fr. 1395, Brid.

Fontinalis pennata, Lin.; *Hypnum pennatum*, Hoff., Dill, Vaill.

Cette superbe Mousse croît sur les vieux troncs des arbres, les chênes surtout, dans les gorges des Albères; sur la montagne de Céret; Saint-Laurent-de-Cerdans, la vallée de Rigarda. Fructifie en été. On la récolte pour servir aux emballages des objets délicats.

2. Nec. naine, *Nec. pumila*, Hedw., Sm., Mong. et Nestl., Dec. fl. fr. 1394, Hook., De Brebiss. Mouss. de la Normandie.

Hypnum pennatum, Dicks.

Habite sur le tronc des arbres des forêts alpines; à Prats-de-Balaguer, au *Cambres-d'Aze*; à la montagne de *Madres;* à la partie supérieure de Nohèdes. Fructifie en hiver.

3. Nec. crispée, *Nec. crispa*, Hedw., Dec. fl. fr. 1394, De Brebis. Mous. de la Normandie, Brid., Hook.

Hypnum crispum, Lin., Dill.

Habite les troncs des arbres, les rochers, sur la terre humide des forêts; à la *Font de Comps;* aux bois des environs du *Pla de l'Ours*, et dans ceux de l'extrémité de la vallée d'Évol. Elle est récoltée pour les emballages. Fructifie en hiver.

4. Nec. sarmenteuse, *Nec. viticulosa,* Hedw., Dec. fl. fr. 1392, De Brebis. Mous. de la Normandie.

Anomodon viticulosum, Hook.; *Hypnum viticulosum*, Lin.

Habite les forêts des montagnes, sur les troncs des arbres, sur les pierres humides, de Mont-Louis à *Font-Romeu*, et sur tout ce plateau. Fructifie au printemps. On la récolte aussi pour servir aux emballages.

5. Nec. court-pendue, *Nec. curtipendula,* Hedw., Dec. fl. fr. 1391, Brid.

Hypnum curtipendulum, Lin.; *Anomodon curtipendulum*, Hook.

Habite les lieux ombragés, au pied des arbres, sur la terre humide des forêts des montagnes moyennes; à La Preste; à La Bastide, près Saint-Marsal, et dans le vallon de Rigarda. Fructifie en hiver.

Genre Fontinale, *Fontinalis,* Hedw., Lin.

1. Font. incombustible, *Font. antipyretica,* Lin., Hedw., Brid., Dec. fl. fr. 1397, Dill., Vaill., De Brebiss. Mous. de la Normandie.

Habite dans les eaux claires et courantes des vallées de Nohèdes et d'Évol; à Carença; au Canigou. Elle y forme de longs brins touffus, attachés aux pierres et aux racines des arbres. Fructifie en hiver.

2. Font. écailleuse, *Font. squammosa,* Lin., Hedw., Dec. fl. fr. 1398, Moug. et Nestl., Dill., De Breb. Mous. de la Normandie.

Habite les ruisseaux rocailleux de la montagne de Céret; à Maureillas; les vallées des Albères, Sorède, La Roca. Nous l'avons trouvée dans le ruisseau qui traverse la forêt de Boucheville. Fructifie en été.

GENRE HOOKÉRIE, *Hookeria*, Smith *in Lin.*

1. Hook. luisante, *Hook. lucens*, Sm., Hook., De Brebis. Mous. de la Normandie.

Leskea lucens, Dec. fl. fr. 1324, Schw., *Hypnum lucens*, Lin., Zench, Hedw., Thur.

Habite les bois humides de la montagne de Saint-Laurent-de-Cerdans et de tout ce plateau, au pied des arbres, où elle forme de grandes touffes vertes, très-belles. Cette Mousse est dans toute sa splendeur en hiver.

GENRE HYPNE, *Hypnum*, Hedw., Lin.

1. Hyp. aplati, *Hyp. complanatum*, Lin., Hook.

Leskea complanata, Hedw., Schwaeger, Dec. fl. fr. 1526, Dill.

Habite les troncs d'arbres, les murs, les rochers, partout dans le bas des vallées: Céret, Arles, Vinça, Prades, Vernet-les-Bains. Cette Mousse est commune et d'un bel effet; mais sa fructification est très-rare.

2. Hyp. trichomane, *Hyp. trichomanoïdes*, Schreb.

Leskea trichomanoïdes, Dec. fl. fr. 1525, Loyll., Moug. et Nestl., Dill., De Brebis. Mous. de la Normandie.

Cette espèce habite les mêmes localités que le *Complanatum*. Elle lui ressemble beaucoup, et on la confondrait souvent, si ses tiges plus courtes, ses rameaux moux, grêles et moins allongés, ne la distinguaient de la précédente. Fructifie en hiver.

3. Hyp. dentelé, *Hyp. denticulatum*, Lin., Hook., Dec. fl. fr. 1390, De brebis. Mous. de la Normandie.

Hypnum sylvaticum, Lin., Schw., Dill.

Habite dans les bois, au pied des arbres, sur la terre, et sur les rochers ombragés et humides de toutes les montagnes moyennes; les gorges des Albères; le bois communal, à Céret; le bois de la ville, à Vernet-les-Bains. Fructifie en été.

4. Hyp. des rives, *Hyp. riparium,* Lin., Dec. fl. fr. 1587, Hedw.

Hypnum longifolium, Brid., Dill.

Habite les bords des ruisseaux et des rivières, sur les pierres et les pieux plantés pour faire des barrages, dans les parties basses de nos vallées; à Vinça, Finestret, Vernet-les-Bains; Céret, Arles. Fructifie en été.

5. Hyp. ondulé, *Hyp. undulatum,* Lin., Dec. fl. fr. 1388, De Brebis. Mous. de la Normandie, Hedw., Brid., Lamk.

Hypnum crispum, var. α Lam., Dill., Moris.

Habite dans les bois, au pied des arbres, tous les lieux converts des basses vallées : Arles, Céret, Rigarda, Estoher, la vallée de Fulhà. Cette jolie Mousse, qui est d'un vert-gai, fructifie en été.

6. Hyp. arbrisseau, *Hyp. dendroïdes,* Lin.

Leska dendroïdes Hedw., Dec. fl. fr. 1332; *Climacium dendroïdes,* Schw. supl. Dill.

Cette Mousse habite les prairies tourbeuses; les bords des bois herbeux et humides; le bois des Fanges, où elle est commune; la forêt de Boucheville; les pâturages de Nohèdes. Elle forme de belles touffes très-serrées et feuillées, et fructifie au printemps.

7. Hyp. à queue de renard, *Hyp. alopecurum,* Hedw., Lin., Brid., Dec. fl. fr. 1376, De Brebis. Mous. de la Normandie.

Habite les bois humides des plateaux supérieurs; les rochers et sur la terre; le bois du *Randé,* au Canigou; les roches humides de la *Coma de la Tet;* les bois de *Font-Romeu;* celui de *Madres* et sur toute la crête de cette montagne. Fructifie en hiver.

8. Hyp. pur, *Hyp. purum*, Min., Hedw., Brid., Dec. fl. fr. 1342, De Brebis. Mous. de la Normandie.

Cette Mousse habite partout : les bois, les prairies humides, sur la terre. Elle est très-abondante. Sa tige, longue et rameuse, la rend propre à l'emballage. Elle habite plus particulièrement les environs de Formiguères, la *Coma de la Tet,* les bois près des Bouillouses et du *Bac de Bolquère.* Fructifie en automne.

9. Hyp. de Schreber, *Hyp. Schreberi*, Will., Hook., De Brebis. Mous. de la Normandie.

Hypnum muticum, Sw., Dec. fl. fr. 1341, Vaill., Dill.

Habite les mêmes localités que l'espèce précédente, pourrait servir aux mêmes usages. Ses tiges, touffues et souples, sont aussi longues et bien feuillées. Fructifie en hiver.

10. Hyp. des murs, *Hyp. murale*, Dicks., Hedw., Brid., Dec. fl. fr. 1383, De Breb. Mous. de la Normandie.

Hypnum abreviatum, Hedw.

Habite les toits en chaume des masures des montagnes, les vieux murs, les buttes en terre. Cette Mousse est commune dans nos vallées; on la trouve par petites touffes très-serrées. Fructifie en hiver.

11. Hyp. trainant, *Hyp. serpens*, Lin., Dec. fl. fr. 1379, Hedw.

Hypnum subtile, Dicks., Dill., Vaill.

Habite sur la terre, les troncs pourris d'arbres, les pierres, les prairies, tous les lieux humides et ombragés des basses vallées; au *Mas de la Guardia*, à Arles; à Saint-Laurent-de-Cerdans; à Serralongue; à La Manère. Fructifie en été.

12. Hyp. en plume, *Hyp. plumosum,* Lin., Dec. fl. fr. 1371, Schw., Hook.

Habite sur les rochers et au pied des arbres du plateau de Mont-Louis; à la *Motte de Planès;* le pied du *Cambres-d'Aze;* les bois et les pâturages de La Llagonne. Fructifie en automne.

13. Hyp. roussâtre, *Hyp. rufescens,* Dec. fl. fr. suppl. 1344, Dicks., Sm., Web. et Mohr., Brid.

Hypnum nitens, Lin.

Habite les pâturages tourbeux et les rochers humides des gorges de Prats-de-Balaguer et de Carença; les pâturages des environs du gourg d'Évol. Ses tiges sont droites, longues de 12 à 15 centim., divisées et feuillées. Cette espèce est fort jolie, mais elle fructifie rarement.

14. Hyp. soyeux, *Hyp. sericeum,* Lin.

Leskea sericea, Dec. fl. fr. 1331, Hedw., Brid.

Cette Mousse vit sur les troncs d'arbres, les rochers, les murs, les toits, sur toutes nos basses montagnes, à Saint-Antoine-de-Galamus, Boucheville, Serdinya, Arles, Saint-Laurent-de-Cerdans; elle fructifie en hiver.

15. Hyp jaunâtre. *Hyp. lutescens,* Huds., Hedw., Brid., Dec. fl. fr. 1370, De Brebis. Mous. de la Norm.

Habite les terres calcaires et arides, les lieux secs, le pied des arbres et arbustes, parmi les pierres, à *Cases-de-Pena, Força-Real,* les garrigues de Thuir et de Castelnau, celles de la vallée du Réart. Fructifie en hiver.

16. Hyp. blanchâtre, *Hyp. albicans,* Neck., Hedw., Brid., Dec. fl. fr. 1369, Dill., Vail., De Brebis. Mous. de la Normandie.

Cette Mousse habite les mêmes localités que l'espèce précédente; seulement elle vit de préférence sur les terres sablonneuses de ces mêmes lieux, et au pied des arbres. Fructifie en hiver.

17. Hyp. ombragé, *Hyp. umbratum*, Dec. fl. fr. suppl. 1335, Sm., Hedw., Web. et Mohr., Moug. et Nestl.

Habite sur la terre et sur les rochers des forêts touffues qui avoisinent la forge de Llech, ainsi que les forêts de la *Font de Comps* et du *Pla de l'Ours*. Fructifie au printemps.

18. Hyp. éclatant, *Hyp. splendens*, Hedw., Dec. fl. fr. 1335, De Brebis. Mous. de la Normandie.

Hypnum parietinum, Lin., Schw., Vaill., Dill.

Habite les bois, les coteaux ombragés des Corbières, aux environs de Saint-Antoine-de-Galamus; les garrigues de la *Carbasse*, parmi les arbustes et sur la terre. Ses tiges sont longues, très-rameuses, d'un vert très-brillant. Fructifie au printemps.

19. Hyp. tamarix. *Hyp. tamariscinum*, Hedw., Dec. fl. fr. 1334, De Brebis. Mous. de la Normandie, Brid.

Hypnum proliferum, Lin., Sw., Dill.

Habite les bois de toutes les gorges de nos montagnes, et les pâturages humides de ces localités; le bois *dels Pinats*, à Vernet-les-Bains; ceux de la forge de Llech et de La Bastide. Cette Mousse est très-rameuse, et elle fructifie en hiver.

20. Hyp. queue de souris, *Hyp. myurum*, Poll., Brid., Dec. fl. fr. 1374, De Breb. Mous. de la Normandie.

Hypnum curvatum, Sw.; *Hyp. myosuroïdes*, Hedw.

Habite sur le tronc des arbres des forêts qui avoisinent Mont-Louis; les forêts de la *Calme* et du *Bac de Bolquère;* celles du Capcir. Fructifie en hiver.

21. Hyp. queue de rat, *Hyp. myosuroïdes*, Lin., Dec. fl. fr. 1375, De Breb. Mous. de la Normandie, Brid., Dill.

Cette Mousse habite les mêmes localités que l'espèce précédente, sur les rochers humides et ombragés, très-rarement sur les troncs des arbres. Fructifie en automne.

22. Hyp. des sapins, *Hyp. abietinum,* Dec. fl. fr. 1336, Lin., Hedw., Brid., Lamk. dict.

Habite les bois de sapins, sur la terre, à la montagne de Céret, à la *Font de Comps,* à la forge de Llech, dans les bois de Fillols et de Sahorre. Fructifie rarement.

23. Hyp. allongé, *Hyp. prælongum,* Lin., Dec. fl. fr. 1337, De Brebis. Mous. de la Normandie, Hedw., Brid., Dill., Vaill.

Habite les forêts ombragées, sur la terre, au pied des arbres, sur les troncs pourris, forêts des Fanges, Boucheville et Salvanère. Cette Mousse est commune; elle forme de grandes touffes de couleur vert sombre, et fructifie au printemps.

24. Hyp. fourgon, *Hyp. rutabulum,* Lin., Hedw., Brid., Dec. fl. fr. 1368, De Brebis. Mous. de la Norm., Dill., Vaill.

Habite les forêts à l'entrée des gorges de nos montagnes; sur la terre, les vieux murs, les toits des masures et des cabanes, les troncs d'arbres, à Taurinya, Fillols, Sahorre, Nohèdes. Cette espèce est commune; elle est d'un vert gai, et fructifie en hiver.

25. Hyp. velouté, *Hyp. velutinum,* Lin., Dec. fl. fr. 1382.

Hypnum intricatum, Hedw., Dill.

Habite les bois, les pâturages, sur la terre, sur les troncs d'arbres, dans les vallées de Nohèdes, de Valmanya, et aux environs de La Preste, vers *Peyrefeu.* Cette Mousse croît en larges touffes, d'un vert soyeux et d'un superbe aspect; elle est très-commune, et fructifie en hiver.

26. Hyp. des peupliers, *Hyp. populeum,* Hedw., Dec. fl. fr. suppl. 1371.

Hypnum implexum, Turn., Sw.; *Hyp. viride,* Lam.

Habite à l'entrée des vallées, dans les lieux sombres, à Vernet-les-Bains, Olette, Prats-Balaguer, etc., sur les rochers ombragés, les troncs des arbres, surtout des peupliers. Cette petite Mousse y forme de larges tapis, peu élevés; elle fructifie en hiver.

27. Hyp. fragon, *Hyp. rusciforme,* Weiss., Brid., Dec. fl. fr. 1386, De Brebis. Mous. de la Normandie.

Hypnum ruscifolium, Rech., Hook.; *Hyp. riparioides,* Hedw., Dill., Moug. et Nestl.

Habite les bois très-humides, les bords des ruisseaux, sur les pierres, les pieux des barrages des canaux, dans toutes les gorges de nos montagnes. Cette espèce est d'un superbe effet, par ses larges touffes d'un vert-pré; elle fructifie en hiver.

28. Hyp. strié, *Hyp. striatum,* Schreb., Hedw., Dec. fl. fr. 1366, De Breb. Mous. de la Normandie, Hook.

Hypnum longirostrum, Ehr., Brid., Dill.

Habite les bois et les pâturages des gorges de La Vall, Sorède, La Roca, Maureillas, Céret. etc., sur la terre et au pied des arbres, où cette Mousse forme de larges touffes d'un vert jaunâtre; elle fructifie au printemps.

29. Hyp. pointu, *Hyp. cuspidatum,* Lin., Hedw., Dec. fl. fr. 1339, De Brebis. Mous. de la Normandie.

Hypnum stereodon cuspidatum, Brid., Dill.

Habite les bords des rigoles et des fossés humides, les prairies de tous les bas-fonds des vallées. Cette espèce est partout très-commune; ses tiges, droites et hautes de 12 à 15 centimètres, d'un vert glauque, bien feuillées et à rameaux étalés, la rendent fort jolie; elle fructifie au printemps.

30. Hyp. en cœur, *Hyp. cordifolium,* Hedw., Dec. fl. fr. 1340, De Brebis. Mous. de la Normandie.

Hypnum stereodon cordifolium, Brid.

Cette Mousse habite les mêmes parages que l'espèce précédente, avec laquelle elle a beaucoup de rapports, ce qui peut les faire confondre. Elle est dans toute sa beauté au printemps, et fructifie rarement.

31. Hyp. en cœur, var. fasciculé, *Hyp. cordifolium,* var. *fasciculatum,* De Breb. Mous. de la Normandie.

Cette espèce vit avec les deux précédentes; mais toujours dans les fossés près des eaux. Elle se distingue par sa tige très-longue, flexueuse et feuillée, d'un vert obscur. Cette variété est toujours stérile; examinée dans toutes les saisons, jamais nous n'avons trouvé ses fruits.

32. Hyp. courroie, *Hyp. loreum.* Lin., Hedw., Brid., Dec. fl. fr. 1361, De Brebis. Mous. de la Normandie.

Habite les parties basses des vallées; dans les bois et sur les rochers ombragés des environs de Vernet-les-Bains, Sahorre, Fulhà, la vallée de Rigarda, etc. Fructifie au printemps.

33. Hyp. étoilé, *Hyp. stellatum,* Schreb., Dec. fl. fr. 1364, De Brebis. Mous. de la Normandie, Dicks., Hedw., Brid., Lamk. dict., Dill., Vaill.

Habite les prairies tourbeuses et les pâturages humides du premier plateau de la vallée de Nohèdes; le long du ruisseau qui traverse le bois de Boucheville; les pâturages qui avoisinent le bois des Fanges. Fructifie très-rarement.

34. Hyp. de Haller, *Hyp. Halleri,* Lin., Dec. fl. fr. 1363, Hedw., Brid., Hall.

Habite sur la terre, sur les vieux murs, les lieux ombragés, à La Roca, à Maureillas. Cette Mousse est très-petite et forme des touffes d'un vert glauque, parmi lesquelles on distingue difficilement les fruits; c'est au printemps surtout qu'elle fructifie.

35. Hyp. hérissé, *Hyp. squarrosum,* Dec. fl. fr. 1362, Lin., Hedw., De Brebis. Mous. de la Normandie.

Hypnum squarrosum minus, Brid., Lamk. dict., Dill.

Habite les prairies humides, les bois des basses montagnes; sur la terre et au pied des arbres, à Arles, Castell, aux environs de Finestret, dans la gorge. Cette espèce forme des touffes, d'où partent des rameaux rougeâtres, qui sont remarquables au milieu de la mousse, qui est d'un vert jaunâtre. Fructifie au printemps.

36. Hyp. à court bec, *Hyp. brevi rostrum,* Ehrh., Brid., Schw., Dec. fl. fr. suppl. 1367, Vaill., De Brebis. Mous. de la Normandie.

Habite les forêts arides des gorges des Albères, au pied des arbres, sur la terre sablonneuse, sur les rochers, où cette Mousse forme de fortes touffes serrées, mais les rameaux sont grêles. Fructifie en hiver.

37. Hyp. triangulaire, *Hyp. triquetrum,* Lin., Hedw., Brid., Dec. fl. fr. 1367, Dill., Vaill., De Brebis. Mous. de la Normandie.

Habite les coteaux calcaires, à *Cases-de-Pena;* les lieux couverts, à Saint-Antoine-de-Galamus, où cette espèce est commune. Ses tiges sont longues de 12 à 15 centimètres, très-touffues et d'un vert jaunâtre. Fructifie au printemps.

38. Hyp. médian, *Hyp. medium,* Dicks., Dill., n. esp.

Leskea polycarpa, Dec. fl. fr. 1350, Ehrh., Hedw., Brid.; *Hypnum polycarpon*, Hoffm.

Habite les bois fourrés, au pied des arbres et sur les troncs;

au *Bac de Bolquère;* à *Madres;* sur les flancs du Canigou, dans la gorge de *las Bagues d'en Barnet.* Cette Mousse est toute petite et difficile à trouver; elle fructifie en automne.

39. Hyp. des marécages, *Hyp. paludosum,* Arn., Disp.

Leskea paludosa, Hedw., Brid., Dicks., Sm.

Habite les prairies très-humides des bas-fonds de nos vallées, à Arles, Cortsavi, Rigarda, Vernet-les-Bains, dans les prairies de l'établissement des Commandants. Cette espèce est très-minime, et difficile à découvrir parmi les graminées; elle fructifie en été.

40. Hyp. fougère, *Hyp. filicinum,* Dec. fl. fr. 1347, Lin., Hedw., Lamk. dict., Dill., Vaill.

Habite les prairies, les bois humides, le bord des fossés des environs de La Preste et de Prats-de-Molló; les prairies humides de la gorge de Canaveilles. Fructifie en été.

41. Hyp. changeant, *Hyp. commutatum,* Hedw., Brid.

Hyp. glaucum, Lamk., Dec. fl. fr. 1545, Brid., Dill.

Habite le bois de Saint-Antoine-de-Galamus, près de la rivière, sur la terre humide. Cette Mousse est commune dans le bois des Fanges, et à Boucheville, le long des ruisseaux. Elle forme de belles touffes vertes, assez élevées et feuillées; nous n'avons jamais trouvé ses fruits.

42. Hyp. des marais, *Hyp. palustre,* Lin., Dec. fl. fr. 1354.

Hypnum luridum, Hedw.; *Hyp. molendinarium,* Dec. fl. fr., 2, p. 538; *Hyp. subsphærocarpon,* Brid.; *Hyp. adnatum,* Enc., Rot., Dill.

Habite les bords des marécages et des ruisseaux des plateaux supérieurs, à Nohèdes, Carença, à la vallée d'Eyne, toujours dans les lieux tourbeux. Cette espèce varie beaucoup de forme, et fructifie très-rarement.

43. Hyp. à bec, *Hyp. aduncum,* Lin., Dec. fl. fr. 1356, Hedw., Lamk. dict., Brid., Dill., Vaill.

Habite les prairies marécageuses des plateaux supérieurs; le bord des fossés, et les bois ombragés, sur la terre humide; au Canigou, à *Cady*, au *Pla Guillem*, à Carença, à la *Borde-Girvés* et au *Pla dels Abellans*. Fructifie en été.

44. Hyp. flottant, *Hyp. fluitans,* Lin., Dec. fl. fr. 1355, Hedw., Brid., Dill., Vaill.

Habite les mares, les eaux limpides, les lieux souvent inondés, le bord des rigoles, à Boucheville, à Salvanère, à la vallée de Jau. Fructifie très-rarement.

45. Hyp. toujours vert, *Hyp. viride,* Lamk. dict., De Brebis. Mous. de la Normandie.

Habite les prairies humides, sur la terre, sur les rochers, les endroits couverts des basses montagnes; dans la vallée du Réart, à Llinas et ses environs, à *Notre-Dame-du-Coll.* Fructifie en été.

46. Hyp. en crochet, *Hyp. uncinatum,* Dec. fl. fr. 1351, Hedw., Brid.

Habite dans les bois, au pied des arbres et sur le bord des torrents de la partie supérieure de la vallée de Carença, et à Prats-Balaguer. Fructifie en hiver.

47. Hyp. ridé, *Hyp. rugosum,* Hedw., Dec. fl. fr. 1360.

Hypnum rugulosum, Web. et Mohr.

Habite les bois des régions alpines du Canigou; les vallées d'Eyne et de Lló; la *Coma de la Tet.* Cette Mousse est rare et difficile à trouver; elle fructifie très-rarement.

48. Hyp. rampant, *Hyp. repens,* Pall., Dec. fl. fr. 1381.

Hypnum silesianum, Pal., De Beauv., Schw.; *Leskea seligeri,* Brid.

Habite les lieux couverts, les bois ombragés, sur les troncs pourris des arbres des bois des Fanges, de Boucheville et du Vivier. Cette espèce est fine et peu élevée; elle fructifie au printemps.

49. Hyp. cyprès, *Hyp. cupresiforme,* Hedw., Lin , Vaill., Dill., Dec. fl. fr. 1352.

Habite les bois des basses montagnes; sur la terre et sur les troncs d'arbres, à La Bastide, Arles et Saint-Laurent-de-Cerdans. Fructifie en automne.

Genre Leucode, *Leucodon,* Schew., Hook.

1. Leuc. à queue d'écureuil, *Leuc. sciuroïdes,* Schwager.

Dicranum sciuroïdes, Swartz., Dec. fl. fr. 1254; *Fissidens sciuroïdes,* Hedw., Dill., Vaill.; *Hypnum sciuroïdes,* Lin.

Habite les forêts qui avoisinent Formiguères, en Capcir; les environs de Font-Romeu, sur les arbres qui tombent en vétusté. Fructifie au printemps.

Genre Ptérogone, *Pterigynandrum,* Hedw.

1. Pter. délié, *Pter. gracile,* Hedw., Dec. fl. fr. 1217.

Pterogonium gracile, Sw., Hook.; *Hypnum gracile,* Lin., Dill.

Habite les forêts des basses montagnes, sur le tronc des arbres, sur les rochers. Cette Mousse a un aspect luisant, de couleur vert jaunâtre à la forge de Llech et dans les forêts de la vallée de Finestret. Fructifie en hiver.

Genre Fabronie, *Fabronia,* Raddi.

1. Fab. petite, *Fab. pusilla,* Raddi.

Habite les cavités des roches, à gauche du chemin, en allant de Vernet-les-Bains à Saint-Martin-du-Canigou.

Cette intéressante et rare Mousse fut découverte par le docteur Montagne, en 1829. En nous donnant la liste des cryptogames qu'il a recueillis en Roussillon, et parlant de cette espèce, il dit: « Plante rare; forme des tapis du plus beau vert dans les cavités des rochers, à gauche du chemin qui conduit de Vernet-les-Bains à Saint-Martin-du-Canigou; elle est en fruit au mois d'août. »

Genre Tortule, *Tortula,* Schreb., Hook et Tayl.

1. Tort. des murs, *Tortula muralis,* Brid.

Habite sur les vieux murs et sur les tertres des vignes de la vallée de La Vall, vers l'ermitage de Notre-Dame-de-Vie. Cette Mousse forme, au printemps, de petites touffes, qui paraissent rouges, à cause des petits filaments de cette couleur qui se développent alors. Fructifie en été.

2. Tort. des murs, *Tort. muralis,* var. *Estiva,* Brid.

Habite les mêmes localités et a le même aspect que l'espèce précédente; on les distingue très-difficilement l'une de l'autre. Fructifie au printemps.

3. Tort. jaune-verdâtre, *Tort. chloronotos,* Brid.

Habite les environs de Collioure, sur les hauteurs de Consolation. Trouvée par M. Montagne. Commune.

4. Tort. blanchâtre, *Tort. canescens,* Montag., esp. nouv.

Habite les sentiers couverts qui avoisinent Collioure, à la hauteur de Consolation. Découverte par M. Montagne, en 1829. Rare.

Cette Mousse avait été découverte en Bretagne, en 1824, par M. Montagne, qui l'a retrouvée en Roussillon, près de Collioure, mêlée à la *Tortula cuneifolia,* Roth., dont elle est fort distincte. Cette nouvelle espèce est figurée, f. 158 de la *Bryologia Europea* de Br. et Œhin.—Montagne *in Littr.*

5. Tort. inclinée, *Tort. inclinata,* Brigd.

Tortula nervosa, Brigd., Mérat., f. Pars.

Habite le bord des eaux stagnantes, sur la terre, dans les parties basses de nos vallées; les environs d'Arles et d'Amélie-les-Bains, dans les prairies qui sont souvent inondées. Cette espèce est très-petite et fructifie en été.

6. Tortule des gazons, *Tortula cæspitosa,* Montag. Arch. (nom Hook. et Grev.) est maintenant la *Tortula marginata,* Br. et Schm., Bryol. Euro. table 158.

Au sujet de cette espèce, M. Montagne me dit : « C'est Bruch qui m'avait induit en erreur, et qui, aidé de Schimper, ayant reconnu la sienne, lui donna le nom qu'elle porte aujourd'hui, sans citer mon synonyme, qui aurait montré l'erreur où il était tombé. »

J'ai trouvé cette plante dans l'enceinte de l'ermitage de Saint-Antoine-de-Galamus.

7. Tort. très-grande, *Tort. maxima,* Montag., nouv. esp.

Découverte par M. Montagne dans les fentes des rochers, à *Notre-Dame-de-Pena.* Rare

8. Tort. à feuilles d'orme, *Tort. ormeofolia,* Roth.

Trouvée, par M. Montagne, avec la *Tortula maxima,* dans les fentes des rochers, à *Notre-Dame-de-Pena,* en Roussillon. Commune.

M. Montagne a découvert une Mousse, qu'il nomme *Syntrichia inermis,* nouv. esp. Montag. Figurée Bryo. Europæa, t. 161, f. 167 et arch. bot. I, t. IV, fig. 4, qu'il a séparée des *Tortula.*

« Je l'ai découverte, dit-il (*in Litt.*), à *Notre-Dame-de-Pena,* dans les fentes des rochers, qui forment un amphithéâtre, exposés au nord, tout près de la grotte des Bergers.

Genre Didymodon, *Didymodon,* Sw., Hook.

1. Did. pâle, *Did. pallidum,* Arn., Dis., Meth.

Trichostomum pallidum, Hedw., Dec. II. fr. 1227, Dill., Schw.

Habite les forêts de la partie supérieure de la vallée de La Vall, sur le sol rocailleux. Cette Mousse est petite et échappe facilement à l'observateur ; elle fructifie au commencement de l'été.

2. Did. à trois formes, *Did. triformis,* Brid.

Trouvé par M. Montagne, à la *Tour de la Massane,* sur les Albères, vallée d'Argelès. Commun.

3. Did. purpurin, *Did. purpureum,* Hook et Tayl.

Dicranum purpureum, Hedw., Dec. fl. fr. 1248; *Ceratodon purpureum,* Brid., Dill.

Habite les forêts très-touffues des gorges des Albères, sur la terre, les troncs pourris, les rochers. On reconnaît cette Mousse sans peine à la couleur brillante et rougeâtre de ses pédicelles; elle fructifie en été.

4. Did. unilatéral, *Did. homomallum,* Hedw., Dec. fl. fr. 1225, Mong. et Nestl.

Habite les parties les plus élevées de nos montagnes; le Canigou, à l'extrémité du vallon de *Cady;* la *Collada de Nuria,* vallée d'Eyne. Cette espèce est petite, et forme sur la terre de petites touffes très-serrées; elle fructifie en automne.

5. Did. raide, *Did. nervosum,* Hook et Tayl.

Trouvé par M. Montagne, à La Tour-de-Carol, au *Pla de Sorroco.* Commun.

GENRE DICRANE, *Dicranum,* Schreb., Hook.

1. Dic. unilatéral, *Dic. heteromallum,* Hedw., Dec. fl. fr. 1237, Brid.

Bryum heteromallum, Lin., Vaill., Dill.

Habite les forêts du premier plateau de la *Font de Comps;* celles de la vallée de Nohèdes, sur la terre et au pied des arbres. Cette Mousse est petite; ses touffes sont d'un jaune doré; elle fructifie à la fin de l'été.

2. Dic. glauque, *Dic. glaucum,* Hedw., Dec. fl. fr. 1247, Schw., Dill., Vaill.

Habite les bois, les prairies humides ou marécageuses au pied de nos montagnes; le vallon de Vernet-les-Bains; les prairies du premier plateau de la vallée de Nohèdes et d'Urbanya. Les touffes de cette Mousse, assez grandes et glauques, la font facilement reconnaître; elle fructifie en automne.

3. Dic. de Schreber, *Dic. Schreberianum,* Hedw., Mong. et Nestl.

Dic. Schreberi, Swartz., Dec. fl. fr. 1245, Brid.

Habite les bords de la rivière de Rigarda, vers le *Gourg-Colomer,* sur la terre argileuse, où cette espèce forme de petites touffes, qui sont rougeâtres quand elle est en fruit. Fructifie à la fin de l'été.

4. Dic. changeant, *Dic. varium,* Hedw., Dill., Dec. fl. fr. 1239.

Bryum simplex, Lin.

Habite les forêts de Mont-Louis à Font-Romeu, sur la terre; sur les rochers, au vieux Mont-Louis et à la *Motte de Planès.* Sa tige est longue et rameuse. Cette espèce fructifie en automne.

5. Dic. majeur, *Dic. majus,* Turn., Sm., Schw., Dic. fl. fr. suppl. 1235.

Dic. longisetum, Brid., Sw., Dill.

Habite les forêts du Capcir, sur la terre et les rochers couverts. Cette Mousse forme des touffes assez fortes, d'un vert très-sombre, et fructifie rarement.

6. Dic. à plusieurs pédicelles, *Dic. polysetum,* Sw., Dec. fl. fr. suppl. 1235.

Dic. undulatum, Sw.; *Dic. rugosum,* Brid.

Habite les forêts arides de Céret, au bois de la ville; les forêts sous Bellegarde et sur la chaîne des Albères, sur le sol et au pied des arbres. Fructifie au printemps.

GENRE TRÉMATODON *Trematodon,* Rich. *in Mich.*

Ce genre se compose d'une seule espèce, *Trem. ambiguum,* Schw. Cette plante n'a pas été trouvée dans ce département.

GENRE WEISSIE, *Weissia,* Hedw., Brid.

1. Weiss. lancéolée, *Weiss. lanceolata,* Hook , Brid.

Leersia lanceolata, Hedw.; *Grimmia Lanceolata,* Dec. fl. fr. 1210; *Cossinodon aciphyllus* et *connatus,* Brid., Meth.

Habite sur la terre, sur les vieilles murailles, sur le bord des fossés, dans les gorges des vallées, à Prats-de-Molló, La Preste, Castell. Cette Mousse forme des gazons serrés, de couleur roussâtre; elle fructifie au printemps.

2. Weiss. crispée, *Weiss. crispata,* Brid., Dec. fl. fr. 1203.

Bryum crispatum, Diks., Hoffm., Germ.

Habite les pâturages et les bois marécageux; au pied des arbres et près des mares, à Castell; sur le premier plateau de Nohèdes; les pâturages de Salvanère. Fructifie en automne.

Cette espèce a été trouvée par M. Montagne aux sommets du Canigou et à la vallée d'Eyne.

3. Weiss. Miélichoferi, *Weiss. Mielichoferi,* Hornsch.

M. Montagne s'exprime ainsi à l'égard de cette Mousse : « La *Weissia mielichoferi* est une Mousse très-rare, dont Hornschuch a fait le genre *Mielichoferio.* Il a nommé l'espèce *Miel. nitida,* figurée Bryol. Europ. tab. 329. Nos échantillons ont été cueillis dans la vallée d'Eyne, sur les rochers à gauche de la *Collada de Nuria,* là où vient confluer la vallée de Lló. »

GENRE THÉSANOMITRION, *Thesanomitrion,* Schw.

Ce genre se compose d'une espèce , *Thes. flexuosum,* Arn., qui n'a pas été observée dans ce département.

Genre Éteignoir, *Encalypta*, Schreb., Hedw.

1. Éteig. pilifère, *Enc. pilifera*, Lemch.

Espèce rare, trouvée par M. Montagne dans le centre de la vallée d'Eyne.

Genre Cinclidote, *Cinclidotus*, Pol., De Beauv., Hooker.

1. Cin. fontinale, *Cin. fontinaloïdes*, Pol., De Beauv.

Trichostoma fontinaloïdes, Hedw., Dec. fl. fr. 1234, Hook., Brid.

Cette superbe Mousse est très-rare dans notre contrée. Je ne l'ai observée que dans la rivière de Cabrils, vallée d'Évol, attachée à des pieux plantés pour former un barrage. Sa tige, flottante et rameuse, a de 18 à 20 centimètres de long. Fructifie en été.

Genre Trichostome, *Trichostomum*, Hook.

1. Trich. courbé, *Trich. incurvinum*, Hornsch.

Espèce rare. Trouvée par M. Montagne sur les rochers du Canigou et dans la vallée de Taurinya.

Genre Grimmie, *Grimmia*, Schreb., Hedw.

1. Grim. à crins blancs, *Grim. crinita*, Web. et Moohr., Schw., Mong. et Nestl., Dec. fl. f. suppl. 1216.

Habite sur les roches calcaires et sur les éboulis de roches, à Opol, *Cases-de-Pena*, *Força-Real*. Cette Mousse est fort petite, et fructifie en été.

2. Grim. sessile, *Grim. apocarpa*, Hedw. Brid., Dec. fl. fr. 1211.

Bryum apocarpum, var. α Lin.; *Fontinalis apocarpa*, Web., Gott., Dill.

Habite les forêts, sur le tronc des arbres, le bord des chemins, dans les lieux humides et ombragés, à la vallée de Fillols, Sahorre, Saint-Martin-du-Canigou. Fructifie en automne.

3. Grim. noire, *Grim. atrata,* Hornsch.

Espèce rare. Trouvée par M. Montagne sur les rochers du Canigou, près du village de Taurinya.

4. Grim. leucophée, *Grim. leucophæa,* Grev.

Trouvée par M. Montagne sur les rochers près de Vernet-les-Bains. Commune.

GENRE ORTHOTRIC, *Orthotrichum,* Hedw., Hook.

1. Orth. crépu, *Orth. crispum,* Hedw., Dec. fl. fr. 1288.

Orth. Bruchii, et *crispulum,* Mong. et Nestl.; *Ulota crispa,* Brid., Dill.

Habite sur les troncs d'arbres des forêts des plateaux qui avoisinent Mont-Louis, vers Font-Romeu; le bois de la *Mata,* en Capcir et à *Madres.* Croît en touffes serrées, arrondies, d'un aspect rougeâtre. Fructifie en été.

2. Orth. hutchinsie, *Orth. hutchensiæ,* Eng., Bot., Hook., Mong. et Nestl., De Brebis. Mous. de la Normandie.

Habite sur les roches, dans les lieux arides, à Saint-Antoine-de-Galamus, et les montagnes voisines. Fructifie au printemps.

3. Orth. hémisphérique, *Orth. cupulatum,* Hoffm., Brid., Dec. fl. fr. 1284.

Orth. nudum, Dicks.; *Bryum striatum,* Var. β Lin.

Habite sur la terre, sur les troncs d'arbres; mais surtout sur le bois pourri, où cette plante forme des groupes lâches; se ramifie beaucoup. Commun au bois dit des *Moines,* après Saint-Martin-du-Canigou. Fructifie au printemps.

4. Orth. irrégulier, *Orth. anomalum,* Hedw., Dec. fl. fr. 1283.

Orth. saxatile, Brid.

Habite sur les rochers, les vieux murs, les toits des vieilles masures, où cette Mousse croît par touffes larges, arrondies, d'un vert brunâtre. Commun à l'entrée de toutes nos vallées. Fructifie au printemps.

5. Orth. de Sturm, *Orth. Sturmii,* Hornsch.

Espèce rare. Trouvée par M. Montagne aux environs de Saint-Martin-du-Canigou; à la vallée d'Eyne, et sur les Albères, près la *Tour de la Massane.*

Genre Tétraphis, *Tetraphis,* Schreb., Hedw.

1. Tét. pellucide, *Tet. pellucida,* Hedw., Dec. fl. fr. 1192, Brid., Hook.

Mnium pellucidum, Lin , Vail , Dill.

Habite les collines de la vallée du Réart, parmi les bruyères, les bois touffus et le bord des ravins, à *Notre-Dame-del-Coll,* près de Llinas. Fructifie au printemps.

Genre Dissodon, *Dissodon,* Grev. et Arn.

Ce genre se compose d'une seule espèce, *Diss. frœlichianum,* Arn., qui n'a pas été observée dans le département des Pyrénées-Orientales.

Genre Splachnum, *Splachnum,* Lin., Hedw.

Ce genre, qui se compose de quatre espèces d'Europe, n'a pas de représentant dans notre pays.

Genre Buxbaumia, *Buxbaumia,* Hall., Brid.

1. Bux. sans feuilles, *Bux. aphylla,* Lin., Hedv., Dec. fl. fr. 1322.

Bux. caulescens, Schmiedy, Dill.

Cette toute petite Mousse croît sur la terre, le long des chemins, dans les bois touffus de l'entrée de nos vallées, à Cornella-du-Conflent, Fulha, Sahorre. Fructifie en été.

Genre Diphyscium, *Diphyscium*, Mohr., Brid.

1. Diph. feuillé, *Diph. foliosum*, Mohr.

Buxb. foliosa, Hedw., Dill., Dec. fl. fr. 1322; *Phasum Allerianum*, Poll.

Cette Mousse habite les mêmes localités que l'espèce précédente; elle est aussi très-petite, et sont difficiles à différencier. Fructifie en été.

Genre Hedwigia, *Hedwigia*, Erhr., Hedw.

Ce genre se compose d'une seule espèce, *Hedwigia aquatica*, Hedw., qui n'a pas été observée dans le département des Pyrénées-Orientales.

Genre Anictangium, *Anictangium*, Turn., Hook.

Ce genre se compose de deux espèces, qui n'ont pas été trouvées dans ce département.

Genre Gymnostome, *Gymnostomum*, Schreb.

1. Gym. pyriforme, *Gym. pyriforme*, Hedw., Brid., Dec. fl. fr. 1185; Hook.

Bryum pyriforme, Lin., Dill., Vaill.

Habite les terres argileuses des coteaux Saint-Sauveur, à Perpignan, et les jardins Saint-Jacques, près des briqueteries surtout. Fructifie en été.

2. Gym. en faisceau, *Gym. fasciculare*, Turn., Dec. fl. fr. suppl. 1185.

Bryum fasciculare, Dicks.

Habite parmi les rocailles des mêmes terrains que l'espèce précédente. Il y a beaucoup de rapports entre elles, et on les distingue très-difficilement. Fructifie en été.

3. Gym. intermédiaire, *Gym. intermedium,* Turn., Dec. fl. fr. suppl. 1187, Tchwægcr., Moug. et Nestl.

Habite les parties basses de nos vallées, sur la terre limoneuse, sur les vieux murs, à Prades et ses environs; Vernet-les-Bains; Fillols, etc. Fructifie en été.

4. Gym. tronqué, *Gym. truncatulum,* Hoffm. Dec. fl. fr. 1189.

Gym. truncatum, Hedw.; *Bryum truncatulum,* Lin., Dill.

Habite les champs, les murs, les jardins, le bord des chemins, partout dans les trois bassins. Cette Mousse croît par petites touffes très-basses et d'un aspect rougeâtre. Fructifie en été.

5. Gym. ovoïde, *Gym. ovatum,* Hedw., Brid., Dec. fl. fr. 1190.

Bryum ovatum, Dicks.

Habite sur les vieux murs, les rochers couverts de terre, le bord des fossés ombragés; à Prades, Vernet-les-Bains, Saint-Martin-du-Canigou. Fructifie en hiver.

Genre Sphaigne, *Sphagnum,* Hedw.

1. Sph. à large feuille, *Sph. latifolium,* Hedw., Dec. fl. fr. 1178.

Sph. cymbilifolium, Sw; *Sph. obtusifolium,* Hoffm., Hook.; *Sph. palustre,* var. α Lin., Dill., Vaill.

Habite les parties humides des prairies; les fossés où se forme de la vase; les pâturages tourbeux, à *Costa-Bona;* au *Bac de Bolquère;* aux environs de Boucheville. Cette Mousse forme de grosses touffes d'un vert glauque, quelquefois rougeâtre. Fructifie en été.

2. Sph. compact, *Sph. compactum,* Dec. fl. fr. 1181, Schwægr., Brid.

Sph. condensatum, Schleich.

Habite les bords des torrents, près leur embouchure, dans le vallon de Banyuls-sur-Mer; les bruyères humides de cette région. Cette espèce, qui est très-petite, croît par touffes peu élevées, et de couleur glauque. Fructifie très-rarement.

Genre Voitia, *Voitia,* Hornsch.

Ce genre se compose d'une seule espèce, *V. vogesiaca,* Horn., qui n'a pas été trouvée dans ce département.

Genre Phasque, *Phascum,* Lin., Hedw.

1. Phas. faux-bry, *Phas. bryoïdes,* Dicks., Schwægr., Dec. fl. fr. suppl. 1177.

Phas. gymnostomoïdes, Brid.

Habite sur la terre humide, entre les roches, sur les basses montagnes, où cette plante forme de fortes touffes assez élevées; les environs d'Arles; Saint-Laurent-de-Cerdans; le vallon d'Estober; Saint-Martin-du-Canigou; Molitg et Mosset. Fructifie en été.

2. Phas. patens, *Phas. patens,* Hedw., Brid., Mong. et Nestl., De Brebis. Mous. de la Normandie.

Habite sur la terre humide, aux endroits où l'eau a séjourné pendant l'hiver; au *Pla de Barrés;* aux environs des Bouillouses. Fructifie en été.

3. Phas. courbé, *Phas. curvicollum,* Hedw., Brid., Dec. fl. fr. 1173.

Phas. cernucum, Gmel.

Habite les parties arides, sur la terre sablonneuse, les murs et les fossés des fortifications de Mont-Louis; les ravins de la *Motte de Planès.* Fructifie au printemps.

4. Phas. droit, *Phas. rectum,* With., Hook., Brid., Mong. et Nestl.

Habite sur la terre, dans les champs et les fossés, à l'entrée des vallées de Fuilha, Sahorre, Vernet-les-Bains, Taurinya. Fructifie au printemps.

5. Phas. sans pointe, *Phas. muticum,* Schreb., Hedw., Dec. fl. fr. 1171.

Phas. acaulon, var. β Lin.

Habite, par petites touffes, au bord des champs, des fossés, sur les vieux murs, aux environs de Vinça, Rigarda, Finestret, et sur la route de la forge de Llech. Fructifie au printemps.

6. Phas. pointu, *Phas. cuspidatum,* Schreb., Hedw., Dec. fl. fr. 1172.

Phas. acaulon, var. α Lin., Dill.

Cette espèce, qui est aussi très-petite, est beaucoup plus commune que la précédente, et on la trouve dans les mêmes localités. Fructifie en hiver.

GENRE ANDRÉE, *Andræa,* Ehr., Hedw.

1. And. de Roth, *And. Rothii,* Hook., Dec. fl. fr. suppl. 1194, Web. et Mohr., Schwægr.

Habite sur les roches nues des parties supérieures de nos montagnes; au Canigou, à *Tretzevents* et à la *Comelada;* les parties supérieures des vallées d'Eyne et de Lló. Son feuillage est très-noir; ses feuilles assez grandes. Fructifie au printemps.

Les Mousses, relativement à leurs usages, peuvent être considérées sous plusieurs points de vue différents. Dans l'économie de la nature, c'est à leur détritus qu'on doit l'*humus*, ou cette terre végétale sans laquelle les plantes supérieures ne pourraient se développer; elles contribuent, comme les *phanérogames*, à répandre dans l'atmosphère le gaz oxygène indispensable à la respiration des animaux. Celles qui végètent sur les hauts plateaux et dans les bois, et elles y sont fort nombreuses, forment cette masse spongieuse qui retient les eaux, et leur permet, petit à petit, de s'infiltrer dans la terre; pour y former ces réservoirs naturels qui alimentent nos sources; elles sont bonnes encore pour préserver les demeures des régions froides d'être envahies par les frimas, en calfeutrant les parois des chaumières. La marine en fait un grand usage pour calfater les vaisseaux.

L'industrie les met à profit, et fait un grand commerce du *Polytric commun,* qui sert à faire des brosses pour donner l'apprêt aux étoffes. Dans l'extrême Nord, on emploie certaines Mousses, qu'on mêle à du poil de Renne, pour faire des matelas. La grande élasticité de quelques-unes, les rend propres à emballer la porcelaine et toute sorte de choses fragiles. Les plus fines servent à décorer nos tables et à préparer nos desserts.

152me FAMILLE.—LICHENS, *Lichenes,* HOFFM.

Les *Lichens* sont des végétaux agames, très-avides d'humidité, vivaces, complétement dépourvus de vaisseaux, et n'ont ni racines, ni tige, ni feuilles. Ce sont de vrais protées; ils affectent toutes les formes, et, souvent, les plus bizarres.

La consistance des Lichens est coriace, membraneuse, crustacée ou grenue, sèche et opaque, rarement gélatineuse. Leur couleur est triste; elle devient verdâtre lorsqu'elle est humectée. D'une organisation fort simple, ces singuliers végétaux forment, sur les corps où ils vivent une croûte pulvérulente plus ou moins épaisse, tantôt foliacée, formant des rosaces de dimensions très-variables; quelquefois ils s'élèvent comme de petits arbustes; souvent ils pendent en faisceaux à l'extrémité des branches d'arbre.

Les Lichens végètent en absorbant l'humidité répandue dans l'atmosphère : la sécheresse suspend leur vie. On les voit, pendant un temps sec et chaud, dans un état de mort apparente; cependant, malgré cela, ils conservent la faculté de végéter, et dès que les pluies et un temps frais arrivent, ils recouvrent leur vie.

Les Lichens croissent sur tous les corps de la nature : les arbres, la terre, les rochers, les pierres, tout leur est bon, pourvu qu'ils y trouvent un point d'appui. Ils vivent sous tous les climats, dans les lieux bas, comme sur les plus hautes montagnes, près des neiges éternelles; et là où aucune autre plante ne peut végéter, on y trouve un Lichen.

L'économie domestique et la médecine retirent de ces plantes des bienfaits inappréciables. Le *Lichen d'Islande* est employé comme aliment dans certains pays où les céréales ne peuvent prospérer. Ce Lichen, réduit en poudre et mêlé à de la farine, sert à faire des galettes, qui sont d'un grand avantage comme aliment; on le mêle même, dans diverses proportions, au pain ordinaire.

La médecine s'est emparée du *Lichen d'Islande*, et son succès est incontestable dans les affections graves du poumon. Sa décoction fournit un mucilage, qui, mêlé au lait, peut servir comme aliment doux et restaurant tout à la fois, dans les longues convalescences.

La Laponie serait condamnée à la plus affreuse solitude; elle deviendrait inhabitable, si la Providence n'avait semé à profusion près du pôle, là où toute autre végétation est arrêtée, le Lichen des Rennes (*Cenomice Rangiferina*). Ce Lichen est l'unique aliment des Rennes, pendant les longs hivers de la Laponie.

Le thalle du *Cladonia sanguinea*, trituré avec un peu d'eau et du sucre, est employé avec succès contre les aphtes des nouveaux-nés.

Sous le point de vue industriel, les Lichens sont d'une utilité incontestable. Depuis un temps immémorial, on connaît les propriétés colorantes de certaines espèces de cette famille. C'est surtout aux savants travaux de M. Robiquet qu'on doit la connaissance de l'*orcine*, ce principe tinctorial à l'état cristallin, qu'on retire des *Rocella tinctoria*, *fussiformis Montagnei*, et de plusieurs autres espèces.

GENRE ENDOCARPE, *Endocarpon*, Hedw.

1. End. rougeâtre, *End. miniatum*, Dec. fl. fr. 1120.

Lichen miniatus, Lin., Ach., Jacq., Lamk. dict., Dill., Hall.

Habite sur les rochers de la montagne de Céret, au bois de la ville, et à Cortsavi, où il forme de larges plaques grisâtres, qu'on détache avec difficulté. Fructifie en hiver.

2. End. fluviatile, *End. fluviatile*, Dec. fl. fr. 1118.

Lich. fluviatilis, Weber., Sm.; *Platisma aquatica*, Hoffm.

Ce Lichen est attaché aux pierres des ruisseaux d'eau courante qui avoisinent Saint-Martin-du-Canigou et de tous ceux de cette région, où il forme des touffes assez grandes. Fructifie en hiver.

3. End. de Guépin, *End. Guepini*, Montagne.

Habite sur les rochers du plateau de la *Font de Comps*, où il fut découvert par M. Montagne, qui le trouva aussi sur les rochers du sommet du Canigou. Rare.

Genre Ombilicaire, *Umbilicaria*, Hoffm.

1. Omb. à pustule, *Umb. pustulata,* Hoffm., Lich., Dec. fl. fr. 1212.

Gyrophora pustulata, Ach.

Ce Lichen habite sur les rochers des montagnes, à Urbanya, Nohèdes, la *Font de Comps,* où il forme de larges plaques, noirâtres, parsemées de petits points noirs; il se détache avec facilité, et fructifie en été.

2. Omb. à trompes, *Umb. proboscidea,* Dec. fl. fr. 1110.

Lichen proboscideus, Lamk. dict , Hedw.; *Lichen crinitus,* Lighlf.

Habite sur les rochers de la partie supérieure des montagnes, au Canigou, *Costa-Bona,* la vallée d'Eyne. Fructifie en hiver.

3. Omb. polyphyle, *Umb. polyphylla,* Hoffm.

Umbilicaria glabra, Dec. fl. fr. 1117; *Gyrophora glabra*, Ach.; *Lichen polyphyllus,* Lin.; *Umb. œnea,* var. β *hyperborea,* Scherrer.

Habite sur les rochers des basses montagnes, d'où il se détache facilement; à Arles, à Saint-Laurent-de-Cerdans, à Prades et ses environs. Fructifie au printemps.

4. Omb. noirâtre, *Umb. atro-pruinosa,* Scherrer.

Cette rare espèce est remarquable parce que les scutelles sont lindéennes et n'offrent point les circonvolutions des gyrophores. M. Montagne l'a trouvée au Canigou, près des *Jasses de Cady.*

5. Omb. déprimé, *Umb. depressa,* Scherrer.

Umbilicaria murina, Dec. fl. fr. 1115; *Gyrophora murina,* Scherrer.

Habite les rochers humides, à l'entrée des vallées de Nohèdes, Taurinya, Fillols et Vernet-les-Bains. Fructifie en hiver.

6. Omb. déprimé, *Umb. depresa,* var. β *pellita,* Dub.

Umbilicaria pellita et *spadochroa,* Dec. fl. fr. 1107.

Habite sur les rochers qui avoisinent les lacs de Nohèdes, d'Évol et de Carença. Fructifie en hiver.

Genre Peltigère, *Peltigera*, Will.

1. Pelt. à pochettes, *Pelt. saccata,* Dec. fl. fr. 1104.

Lichen saccatus, Lin., Ach., Lamk. dict., Dill., Mich.

Habite sur la terre, contre les mousses près des roches, et au pied des arbres, sur les hautes montagnes, au Canigou; à *Costa-Bona;* au *Cambres-d'Aze.* Fructifie en été.

2. Pelt. orangée, *Pelt. crocea,* Dec. fl. fr. 1103, Hoffm.

Lichen croceus, Lin., Lamk. dict.

Habite sur les roches couvertes de terre, au sommet de nos vallées, à Carença; au *Cambres-d'Aze;* les vallées d'Eyne et de Lló. Fructifie en été.

3. Pelt. renversée, *Pelt. resupinata,* Dec. fl. fr. 1102.

Lichen resupinatus, Lin., Ach., Lamk. dict., Wulff.; *Nephroma resupinata,* Ach.

Habite sur la terre, parmi les feuilles, dans les bois des montagnes moyennes, à Estoher; à Llech; à Saint-Martin-du-Canigou. Fructifie au printemps.

4. Pelt. horizontale, *Pelt. horizontalis,* Dec. fl. fr. 1098.

Lichen horizontalis, Lin., Ach., Lamk. dict., Dill., Mich.

Habite les bois, parmi les mousses et les feuilles amassées au pied des arbres des régions moyennes des montagnes; à Nohèdes, sur le premier plateau; dans les bois de la *Font de Comps.* Fructifie au printemps.

5. Pelt. aux aphtes, *Pelt. aphtosa,* Dec. fl. fr. 1100, Hoff.

Lichen aphtosus, Lin., Ach., Lamk. dict., Jacq.

Habite sur la terre, dans les bois de pins, sur nos basses

montagnes, à Llech, Fillols, Saint-Martin-du-Canigou. Fructifie en été.

Dans l'extrême Nord, on fait infuser ce Lichen dans du lait, et on le fait prendre aux personnes sujettes à des aphtes dans la bouche. C'est, dit-on, un excellent moyen pour les guérir.

6. Pelt. canine, *Pelt. canina,* Hoffm., Germ., Dec. fl. fr. 1099; var. α *vulgaris.*

Lichen caninus, Lin., Lamk. dict., Jacq.

Habite sur la terre, par grandes plaques gris-jaunâtre, toutes façonnées et faciles à détacher; dans les bois des basses montagnes, à Céret, Arles, Saint-Laurent-de-Cerdans, Costujes. Fructifie au printemps.

GENRE STICTA, *Sticta,* Schreb.

1. Stic. fuligineuse, *Stic. fuliginosa,* Dec. fl. fr. 1094.

Lichen fuliginosus, Dicks., Ach., Dill.

Habite sur le tronc des arbres des vallées des Albères, à Sorède, La Roca, Montesquiu et les bois sous Bellegarde.

2. Stic. à fossettes, *Stic. scrobiculata,* Ach.

Lobaria scrobiculata, Dec. fl. fr. 1089; *Lichen srcobiculatus,* Scop., Ach., Lamk. dict.

Habite sur la terre, parmi les mousses, et sur les arbres, dans les forêts des Albères, comme l'espèce précédente; sa feuille est large, étalée, avec des bosselures irrégulières d'un vert glauque. Fructifie en été.

3. Stic. pulmonaire, *Stic. pulmonacea,* Ach.

Lobaria pulmonaria, Dec. fl fr. 1090; *Lichen pulmonarius,* Lin., Lam.; *Pulmonaria reticulata,* Hoffm, Dill.

Habite les vieux troncs des forêts touffues, dans les gorges des Albères, à La Massane et le long de La Vall, particulièrement sur les chênes, ce qui lui a fait donner le nom de *Pulmonaire des chênes.* Elle est préconisée pour les maladies des poumons.

GENRE PARMÉLIE, *Parmelia,* Délise.

1. Par. perlée, *Par. pullata,* Leh.

Lobaria perlata, Dec. fl. fr. 1091; *Lichen perlatus,* Lin., Jacq., Ach.

Habite sur la terre, parmi la mousse et les feuilles sèches et sur le tronc des arbres, à l'entrée des vallées de Castell, près Saint-Martin-du-Canigou; à Taurinya; à Fillols. Fructifie en été.

2. Par. ciboire, *Par. acetabulum,* Dub.

Imbricaria acetabulum, Dec. fl. fr. 1062; *Lichen corrugatus,* Ach.; *Lich. acetabulum,* Jacq., Lam,, Dill., Vaill.

Habite sur l'écorce des arbres des environs d'Olette, particulièrement sur les chênes, les érables, les frênes, dans les gorges de Marians, Nyer, d'En. Fructifie en été.

3. Par. froncée, *Par. caperata,* Ach.

Imbricaria caperata, Dec. fl. fr. 1063; *Lichen caperatus,* Lin., Ach., Lamk. dict.

Habite, par larges plaques d'un gris jaunâtre, sur les rochers et sur le tronc des arbres, d'où on la détache facilement; commune sur toutes nos basses montagnes, vallée du Réart; Céret; Arles; Vernet-les-Bains, etc. Fructifie en été.

4. Par. des rochers, *Par. saxatilis,* Ach.

Imbricaria retiruga, Dec. fl. fr. 1054 ; *Lichen saxatilis,* var. Lin., Lam., Wulff., Vaill.

Habite sur les rochers et sur les troncs des arbres, dans les mêmes localités que l'espèce précédente; elle est aussi très-commune. Fructifie en été.

5. Par. brûlée, *Par. omphalodes,* Ach.

Imbricaria adusta, Dec. fl. fr. 1055; *Lichen omphalodes,* Lamk. dict.; *Lobaria adusta,* Hoffm., Vaill.

Habite les rochers et le tronc des arbres, aux environs de Llauró,

Oms, et presque dans toutes les gorges de la vallée du Réart. Fructifie en hiver.

6. Par. olivâtre, *Par. olivacea,* Ach.

Imbricaria olivacea, Dec. fl. fr. 1061; *Lichen olivaceus,* Lin., Ach., Lamk. dict., Dill., Vaill.

Habite sur le tronc des arbres et sur les pierres, à *Malloles,* à la *Passion-Vieille,* au *Moulin d'en Vinyals,* près Perpignan, etc. Fructifie en été.

7. Par. ponctuée, *Par. conspersa,* Ach., Meth.

Imbricaria conspersa, Dec. fl. fr. 1064; *Lichen conspersus,* Lin.; *Lichen centrifugus,* Hoffm.; *Lichen tiliaceus,* var. Lamk. dict.

Habite sur les rochers, où elle forme des rosettes assez larges; ses feuilles imbriquées, d'un jaune verdâtre, sont parsemées en dessus de points noirs; on la trouve aux environs de Fourques et de Llauró, parmi les bois de chênes-liéges. Fructifie en été.

8. Par. renflée, *Par. physodes,* Ach., Meth.

Imbricaria physodes, Dec. fl. fr. 1065; *Lichen physodes,* Jacq.

Habite sur les rochers et sur les troncs des arbres, parmi la mousse; très-commune dans les forêts de chênes-liéges qui longent la chaîne de *Sant-Lluch,* près Le Boulou, vers Saint-Ferréol, Oms et Llauró. Fructifie en été.

9. Par. charbonnée, *Par. encausta,* Ach., Meth.

Imbricaria encausta, Dec. fl. fr. 1069; *Lichen encaustus,* Hoffm.

Habite sur la terre, dans les parties supérieures de nos montagnes, près la *Jasse de Cady* et aux environs des *Jasses* de Carença. Ses feuilles sont nombreuses, réticulées, d'un noir violâtre et disposées en coussinet. Fructifie en hiver.

10. Par. de Styx, *Par. Stygia,* Ach.

Imbricaria stygia, Dec. fl. fr. 1070; *Lichen stygius,* Lin., Hoffm.; *Lich. Alpinus atro inunctus,* Vill.

Habite sur les rochers des parties élevées de nos montagnes: au Canigou, à *Cady;* au *Cambres-d'Aze;* à la vallée d'Eyne. Fructifie en hiver.

11. Par. pulvérulente, *Par. pulverulenta,* Ach.

Imbricaria pulverulenta, Dec. fl. fr. 1049; *Lichen pulverulentus*, Schreb.; *Lobaria pulverulenta*, Hoffm.; *Lichen omphalodes*, Wulff.

Habite sur les troncs des arbres des forêts de nos basses montagnes: vallées de Cornella-du-Conflent, Fillols, Sahorre, Mosset. Fructifie en hiver.

12. Par. barbe de chèvre, *Par. aipolia,* Ach.

Imbricaria aipolia, Dec. fl. fr. 1048; *Lichen aipolius*, Ehrh.

Habite sur le tronc des arbres; très-commune aux environs de Perpignan, dans les jardins et les propriétés des coteaux Saint-Sauveur, etc. Fructifie en hiver.

13. Par. étoilée, *Par. stellaris,* Ach.

Imbricaria stellaris, Dec. fl. fr. 1047; *Lichen stellaris*, Lin., Lamk. dict., Hoffm., Dill.

Habite sur le tronc des arbres des forêts des basses vallées: à Arles, Céret, le long des Albères. Ce Lichen couvre de grandes parties de l'écorce. Il est grisâtre et parsemé de petites étoiles. Fructifie en été.

14. Par. bleuâtre, *Par. cæsia,* Ach.

Imbricaria cæsia, Dec. fl. fr. 1046; *Lichen cæsius*, Hoffm., Ach.

Habite sur les pierres, sur le sol, parmi les mousses et sur les troncs à demi pourris, dans les mêmes localités que l'espèce précédente, avec laquelle ce Lichen a beaucoup de rapports. Fructifie en été.

15. Par. des parois, *Par. parietina,* Ach.

Imbricaria parietina, Dec. fl. fr. 1060; *Lichen parietinus*, Lin., Ach., Lam., Hoff., Dill.

Habite sur les parois des murs, le tronc des arbres, sur le sol et sur les toits. Ce Lichen est très-commun partout; il se fait remarquer par ses grandes plaques d'un beau jaune-d'or; il est dans toute sa beauté au printemps.

16. Par. jaune, *Par. candelaria,* Ach.

Placodium candelarium, Dec. fl. fr. 1024; *Leonaria candelaria*, Ach.; *Lichen concolor*, Dicks.

Habite sur les rochers, les murs et les troncs d'arbres, dans la vallée de Vernet-les-Bains, Castell, Saint-Martin-du-Canigou, etc.

17. Par. ouverte, *Par. repanda,* Fries.

Habite les rochers de *Cases-de-Pena.* Cette rare espèce a été trouvée dans cette localité par M. Montagne. La *Par. répanda,* nous dit ce savant, est devenue, pour Fries, le type de son genre *Dirina;* l'espèce a été aussi nommée, par Léon Dufour, *Dirina massiliensis.*

18. Par. cendrée, *Par. cinerea,* Fries.

Habite sur les rochers de toutes nos basses montagnes, où elle a été signalée et récoltée par M. Montagne.

19. Par. de Schleicher, *Par. Schleicheri,* Fries.

Habite les bords sablonneux d'un fossé près de Canet.

A l'égard de cette espèce, M. Montagne nous écrit: « C'est une espèce fort rare, qu'on ne trouve presque jamais qu'à l'état de parasitisme sur des croûtes stériles d'autres Lichens stériles. C'est ainsi que je l'avais observée à Montpellier; mais, à Canet, sur une terre sablonneuse, non loin du rivage, j'en ai recueilli plus de cent vingt plaques, larges comme la paume de la main, de façon à en approvisionner les principaux herbiers de l'Europe et des États-Unis. C'est une fort jolie espèce, qui, sur un thalle jaune, porte des scutelles d'un bai-brun. »

20. Par. bleuâtre, *Par. chalybea,* Fries.

Cette rare espèce a été recueillie par M. Montagne près de la métairie de M. Xatart, à Prats-de-Molló.

21. Par. jaunâtre, *Par. chlorophana,* Fries.

Habite les rochers qui avoisinent la chapelle de *Força-Real,* et dans les environs de Millas, où M. Montagne l'a trouvée ; elle y est assez abondante. Ce savant nous écrit « La *Par. chlorophana,* Fries, est le *Squammaria electrina*, Dec. fl. fr. Selon son âge d'évolution, elle revêt des formes qui la rendent dissemblable à elle-même. C'est encore le *Placodium oxitonum* de la flore française. On recueille le type à *Força-Real.* La var. γ tierce, que j'ai trouvée à Olette, à Vernet-les-Bains et même à Collioure, sur les roches, paraît fort différente. Hochsset et Stendel en avaient fait une *Urceolaria Montagnei,* et Sprengel en a fait (*in Litt.*) un *Endocarpon Montagnei;* mais c'est à tort. »

22. Par. oreina, *Par. oreina,* Fries.

Cette rare et nouvelle espèce a été récoltée par M. Montagne sur la rive gauche de l'Agly, à *Cases-de-Pena*, sur les schistes qui bordent la rivière, à fleur de terre. Il la décrit et en donne la figure dans les *Archives Botaniques*, t. XI, fig. 3.

23. Par. chrysolanca, *Par. chrysolanca,* Ach.

Habite sur les roches du Canigou; le *Cambres-d'Aze,* et dans les environs de Cortsavi, où M. Montagne l'a récoltée. Rare.

24. Par. cartifaginea, *Par. cartifaginea,* Fries.

Habite sur les roches de la colline de Fulha, près Vernet-les-Bains, où cette rare espèce a été récoltée par M. Montagne.

25. Par. diffracta, *Par. diffracta,* Montagne.

M. Montagne l'a découverte sur les roches, en descendant de la tour de Caroch, vers *Can Campa,* vallon de Banyuls-sur-Mer.

26. Par. charme, *Par. carphinea,* Fries.

Cette rare et nouvelle espèce a été découverte par M. Montagne sur les roches qui se trouvent aux alentours de *Força-Real.* Ce Lichen est figuré dans les *Arch. Bot.*, t. XI, fig. 2.

27. Par. de Scherrer, *Par. Scherreri,* Fries.

Espèce rare, que M. Montagne a découverte sur les roches qui avoisinent Saint-Martin-du-Canigou.

M. Montagne dit sur ce Lichen : « A le port et l'organisation d'un *Endocarpon;* de là le nom d'*Endoc. calcareum,* Scherrer, parce qu'il croît toujours sur des roches calcaires. »

28. Par. du gypse, *Par. gypsacea,* Fries.

Cette rare espèce, qui a été découverte par M. Montagne, se trouve sur les rochers des environs de *Notre-Dame-de-Pena.*

GENRE PANNAIRE, *Pannaria,* Delise.

1. Pan. conoplée, *Pan. conoplea,* Delise.

Lichen conopleus, Ach.; *Pannelia conoplea,* Ach., Mong. et Nestl.

Habite sur le tronc des arbres des régions alpines, à la *Font de Comps,* aux environs de Mont-Louis, à *Madres.* Fructifie en hiver.

GENRE COLLÈME, *Collema,* Hoffm., Schreb.

1. Col. plombé, *Col. saturninum?* Dec. fl. fr. 1045.

Lichen saturninus, Diks., Ach.; *Col. tomentosum,* Hoffm.

Ce Lichen habite sur le tronc des arbres, du noyer surtout, où il forme de larges plaques d'un vert foncé lorsqu'elles sont fraîches et d'un gris plombé lorsqu'elles sont sèches. Commun partout où cet arbre abonde. Fructifie en été.

2. Col. noircissant, *Col. nigrescens,* Dec. fl. fr. 1043, var. *β microcarpa?*

Lichen nigrescens, Lin.; *Lich. papiraceus,* Jacq.; *Collema vespertilio,* Hoff.

Habite sur le tronc des arbres; de préférence sur ceux où il y a de la mousse. On le trouve dans les bois touffus, à Nohèdes, à la *Font de Comps*, toujours attaché aux mousses. Fructifie au printemps.

3. Col. vert de bouteille, *Col. furvum*, Dec. fl. fr. 1044.

Lichen furvus, Ach., Lin.

Habite sur le tronc des arbres, à l'entrée des vallées de Valmanya, Fillols, Urbanya; de préférence sur les peupliers, où il forme des plaques noires très-étendues. Fructifie en été.

4. Col. découpé, *Col. lacerum*, Dec. fl. fr. 1041.

Lichen lacerus, Ach., Lich.; *Lichen tremelloïdes*, Litf., *Tremella tremelloïdes*, Lin., Dill.

Habite sur la terre et parmi les mousses, au pied des arbres des forêts des montagnes moyennes : à Oms, Llauró, Tordères, et toute la partie haute de la vallée du Réart. Fructifie en hiver.

5. Col. crépu, *Col. crispum*, Dec. fl. fr. 1038.

Lichen crispus, Lin., Ach.; *Col. crispum*, Hoffm., Dill.

Cette espèce habite les mêmes localités que la précédente, et on la trouve aussi sur les mousses qui sont au pied des arbres; les feuilles sont imbriquées, ce qui les fait aisément distinguer. Fructifie en hiver.

6. Col. prasinum, *Col. prasinum*, Leers.

Col. crispum, Hoffm.

Habite sur la terre et parmi les mousses, dans les mêmes localités que les deux espèces précédentes. Ce Lichen paraît être une var. γ du *Col. crispum*, d'après Ach. Fructifie en hiver.

7. Col. très-petit, *Col. tenuissimum*, Ach.

Lichen granosus, Scop.; *Col. granosum*, Dec. fl. fr. 1035.

Habite au pied des roches humides, à l'entrée des vallées : à Estoher, Fillols, Vernet-les-Bains. Fructifie en hiver.

Genre Physcie, *Physcia*, Dec. fl. fr.

1. Phy. divariquée, *Phy. divaricata*, Dub.

Usnea flaccida, Dec. fl. fr. 904.

Habite sur les arbres des forêts de pins et de sapins de nos montages: au Canigou, à Carença, à Prats-Balaguer et au *Cambres-d'Aze*. Ce Lichen est d'un jaune pâle, et ses filaments pendent le long de la souche et des branches des arbres. Fructifie en hiver.

2. Phy. du prunelier, *Phy. prunastri*, Dec. fl. fr. 1075.

Lichen prunastri, Lin., Ach., Lam., Dill., Vaill.

Habite sur le tronc des arbres des forêts des basses montagnes de la vallée du Réart, sur lesquels il forme des rosettes saillantes jaunâtres, à feuilles très-découpées. Fructifie en été.

3. Phy. grenue, *Phy. furfuracea*, Dec. fl. fr. 1074.

Borrea furfuracea, Ach.; *Lichen furfuraceus*, Lin., Ach., Lamk. dict.

Habite sur le tronc des arbres des forêts de chêne et de chêne-vert des Albères. Cette espèce est très-commune dans le vallon de Saint-Michel-de-Llotes. Fructifie en été.

4. Phy. aux yeux d'or, *Phy. chrysophthalma*, Dec. fl. fr. 1085.

Lichen chrysophthalmus, Lin., Ach., Lamk. dict.

Cette espèce habite sur le tronc des arbres et sur le granit, dans les mêmes vallées que la précedente. On la reconnaît à ses feuilles d'un jaune orangé, découpées en lobes très-nombreux. Fructifie en été.

5. Phy. jaunâtre, *Phy. flavicans*, Dec. fl. fr. 1074 suppl.

Parmelia flavicans, Ach.; *Borrea flavicans*, Lin.

Habite sur le tronc des arbres, à Prats-de-Molló, La Preste et ses environs. Sa rosette est jaunâtre et très-divariquée. Fructifie en été.

6. Phy. ciliée, *Phy. ciliaris,* Dec. fl. fr. 1073.

Lichen ciliaris, Lin., Ach., Lam., Jacq.; *Lichenoïdes ciliaris*, Hoffm., Vaill., Dill., Tournef.

Habite sur le tronc des arbres des forêts des Albères : à Sorède, à la vallée de La Vall, aux environs de La Massane et à Banyuls-sur-Mer. Fructifie en hiver.

7. Phy. délicate, *Phy. tenella,* Dec. fl. fr. 1072.

Borrea tenella, Jacq.; *Lichen tenellus*, Web., Ach.

Habite sur l'écorce des arbres et sur les branches même; elle y forme des touffes très-larges, très peu élevées, d'un gris cendré, et parsemées de petits points jaunes. Fructifie en hiver.

8. Phy. d'Islande, *Phy. Islandica,* Dec. fl. fr. 1080.

Lichen Islandicus, Lin., Ach., Lam., Jacq.; *Lichenoïdes Islandicum*, Hoffm., Dill.

Habite sur la terre et sur les roches de nos montagnes supérieures : à Prats-de-Molló, à La Preste, au Canigou et partout dans les régions alpines. Sa décoction est très-mucilagineuse et bonne dans les affections catarrhales. Fructifie en hiver.

9. Phy. des pins, *Phy. pinastri,* Dec. fl. fr. 1084.

Lichen pinastri, Scop., Lam., Ach., Lin.; *Squammaria pinastri*, Hoffm.

Habite sur le tronc des arbres, dans les bois de la *Font de Comps;* à Nohèdes, sur le premier plateau; sur les genévriers des garrigues, avant d'entrer dans cette vallée. Fructifie en hiver.

10. Phy. glauque, *Phy. glauca,* Dec. fl. fr. 1087.

Lichen glaucus, Lin., Ach., Jacq., Dill.

Habite sur le tronc des arbres et les rochers des forêts de la vallée du Réart et des gorges des Albères, où cette espèce forme des touffes assez fortes. Fructifie en hiver.

Genre Ramaline, *Ramalina,* Ach., Meth.

1. Ram. des frênes, *Ram. fraxinea,* Lich., Ach.

Physcia fraxinea, Dec. fl. fr. 1078; *Lichen fraxineus,* Lin., Ach., Lam.; *Lobaria fraxinea,* Hoff., Dill., Tournef.

Habite sur le tronc des arbres des forêts de nos basses montagnes, sur les frênes surtout: aux environs d'Olette; aux Graus de Thuès. Ce Lichen forme de grandes touffes saillantes, d'un brun obscur. Fructifie en hiver.

2. Ram. variable, *Ram. polymorpha,* Ach.

Physcia polymorpha, Dec. fl. fr. suppl. 1077; *Lichen tinctorius,* Web.; *Lichen capitatus,* Schleich.

Habite les parties les plus élevées de nos montagnes; les rochers à l'extrémité de la vallée d'Eyne; au *Pic-Mal,* vallée de Lló, et les roches près de La Nous, vallée de Carol. Fructifie en hiver.

3. Ram. raboteuse, *Ram. pollinaria,* Ach.

Physcia squarrosa, Dec. fl. fr. 1077; *Lichen pollinarius,* Ach.; *Lichen squarrosus,* Pers., Ust., Vaill.

Habite sur les troncs d'arbres et dans les bois des montagnes moyennes: au vallon de Llech et à Sahille, entrée de la vallée d'Estoher. Fructifie au printemps.

4. Ram. nivelée, *Ram. fastigiata,* Ach.

Physcia fastigiata, Dec. fl. fr. 1079; *Lichen cœlicaris,* Lamk. dict., Dill., Vaill.

Habite à l'entrée de nos vallées, sur les arbres. Cette plante paraît être une variété de la *Physcia fraxinea,* Dec. On trouve des sujets qui ont les caractères de l'une et de l'autre; elle mérite d'être étudiée.

5. Ram. farineuse, *Ram. farinacea,* Ach.

Physcia farinacea, Dec. fl. fr. 1076; *Lichen farinaceus,* Lin., Ach., Lam., Dill., Vaill.

Habite sur le tronc des arbres des forêts de chênes-verts et de chênes-liége de la montagne des Albères; dans les bois de Vivés et de Llauró. Ce Lichen forme des rosettes saillantes, à branches dichotomes, de couleur grisâtre. Fructifie en hiver.

Genre Orseille, *Roccella,* Dec. fl. fr.

1. Ors. faux-varec, *Roc. phycopsis,* Dec. fl. fr. suppl. 906. Ach.

Lichen fucoïdes, Diks., Dill.

Habite sur les roches maritimes, à Port-Vendres, et le long de la côte de Banyuls-sur-Mer. Fructifie en hiver.

2. Ors. des teinturiers, *Roc. tinctoria,* Dec. fl. fr. 906.

Lichen roccella, Lin., Ach., Lamk. dict., Dill.

Habite sur les rochers de nos hautes montagnes, dans les environs de Prats-de-Molló; La Preste; les gorges de la forge de Llech, et sur les rochers au-dessus de Saint-Martin-du-Canigou. Ce Lichen était très-recherché pour la teinture; on en expédiait autrefois des masses dans les pays de fabriques. Fructifie en été.

Genre Usnéa, *Usnea,* Ach.

1. Usn. barbue, *Usn. barbata,* Dec. fl. fr. 905.

Lichen barbatus, Lin., Ach., Lamk. dict., Dill.

Habite sur les troncs et sur les branches des vieux arbres des forêts de la vallée du Réart, à *Notre-Dame-du-Coll;* à Llinas, et les bois de la métairie Casamajor, etc. Ce Lichen forme des guirlandes, qui pendent des branches auxquelles il s'attache. Fructifie en hiver.

2. Usn. articulée, *Usn. articulata,* Dec. fl. fr. 905, var. γ *articulata.*

Lichen articulatus, With.; *Usnea articulata,* Hoffm., Dill., Mich.

Cette espèce habite les mêmes localités que la précédente; elle pend aussi aux branches, et elle est d'un gris très-sombre; ses filaments sont beaucoup plus longs. Fructifie en hiver.

3. Usn. articulée, *Usn. plicata,* Dec. fl. fr. 902.

Lichen plicatus, Lin., Ach.; *Lichen implexus,* Lam., Dill.

Habite sur le tronc et sur les branches des vieux pins et sapins de nos hautes montagnes. On la trouve, parfois, attachée à la souche, ras de terre; elle y forme des rameaux longs et touffus, d'un vert glauque. Fructifie en hiver.

4. Usn. fleurie, *Usn. florida,* Dec. fl. fr. 901, Hoff., Dill.

Lichen floridus, Lin., Ach., Lamk. dict.

Habite sur l'écorce des vieux arbres, sur les rochers, au milieu des bois des basses montagnes. Sa tige est droite, divisée en branches capillaires, divergentes, hérissées de petites fibriles, au bout desquelles naissent des scutelles planes, larges de 12 à 15 millimètres, d'un blanc jaunâtre, bordées de cils rayonnants, qui donnent à cette plante l'aspect d'une fleur. Elle est fort belle au printemps.

Genre Corniculaire, *Cornicularia,* Dec. fl. fr.

1. Cor. crinière, *Cor. jubata,* Dec. fl. fr. 900.

Alectoria jubata, Ach.; *Lichen jubatus,* Lin., Lamk. dict., Dill.

Habite sur le tronc des arbres très-vieux des forêts de nos montagnes moyennes. Sa tige est dure, couverte de filaments capillaires très-longs et pendants, d'un vert sombre, attachée aux mélèzes du bois communal de Céret, et de la forge de Llech. Frucifie en hiver.

2. Cor. rusée, *Cor. vulpina,* Dec. fl. fr. 894.

Evernia vulpina, Ach., var. *flava; Lichen aureus,* Lam.; *Lichen auratus,* Vill., Dill.

Habite les vieux troncs et les rochers des parties supérieures de la vallée de Nohèdes et de *Madres*. Ce Lichen est rude, et d'un jaune citron. Fructifie en hiver.

3. Cor. bicolore, *Cor. bicolor,* Ach., Dec. fl. fr. 896.

Lichen bicolor, Ehr.; *Usnea bicolor,* Hoffm.

Cette plante habite sur les rochers et parmi les mousses, desquelles on la distingue facilement à sa longue tige noire, d'où partent des filaments capillaires cendrés ou jaunâtres, qui contrastent avec la couleur de la tige. Je l'ai récoltée à la *Font de Comps*. Fructifie en été.

4. Cor. laineuse, *Cor. lanata,* Dec. fl. fr. 898, Ach.

Lichen lanatus, Lin., Dill.; *Lichen pubescens,* Wulf., Jacq.

Habite sur les rochers, sur les pierres et sur le sol, dans les parties les plus élevées de nos montagnes : Prats-de-Balaguer, l'extrémité de la vallée de Lló, près la source du Sègre. Cette espèce ressemble à une mousse; elle fructifie en hiver.

5. Cor. piquante, *Cor. aculeata,* Dec. fl. fr. 893.

Lichen aculeatus, Web., Lam., Ach.; *Lichen spadiceus,* Roth., Vaill.

Habite le pied des roches, sur la terre, parmi les mousses et les feuilles, dans les gorges de Llech, en montant à la *Font de Comps,* par Conat. Elle forme une sorte de petit buisson, garni de piquants. Fructifie en été.

6. Cor. triste, *Cor. tristis,* Dec. fl. fr. 892.

Lichen tristis, Web., Lin.; *Lichen rigidus,* Wulf., Jacq.

Habite la vallée de Saint-Laurent-de-Cerdans et de Costujes, sur les roches granitiques en décomposition. Ce Lichen forme de petites touffes noires, qui ont réellement un aspect triste. Fructifie en hiver.

Genre Sphérophore, *Sphærophorus*, Pers. *in Ust.*

1. Sphé. gazonnant, *Sph. cæspitosus*, Dec. fl. fr. 890.

Lichen fragilis, Lin., Lamk. dict.; *Coralloïdes fragilis*, Hoffm.

Habite sur la terre, parmi les bruyères, dans les lieux montueux de la vallée du Réart. Ce Lichen forme de petites touffes noires, à superficie dorée. Fructifie en hiver.

2. Sphé. à globules, *Sph. globiferus*, Dec. fl. fr. 889.

Sphærophorus coralloïdes, Ach.; *Lichen globiferus*, Lin., Lamk. dict.

Habite sur le sol des lieux pierreux de la partie supérieure de la vallée du Réart, aux environs d'Oms, et sur le chemin de ce village à Saint-Marsal. Fructifie en hiver.

3. Sphé. comprimé, *Sph. compressus*, Dec. fl. fr. suppl. 890.

Lichen compressus, Ach., Schleich.

Habite la partie supérieure du *Cambres-d'Aze*, au pied des roches, parmi les mousses, où il forme de petites touffes serrées, d'un gris cendré. Nous l'avons toujours trouvé sec : c'est une plante d'hiver.

Genre Stéréocaule, *Stereocolon*, Schr.

1. Stér. paschal, *Ster. paschale*, Ach., Meth., Dec. fl. fr. 891.

Lichen paschalis, Lin., Lamk. dict.; *Coralloïdes paschale*, Hoffm., Dill.

Habite sur les roches et sur la terre sablonneuse de la vallée de Costujes, de Serrallongue et de La Manère. Ce Lichen est très-petit et par conséquent difficile à trouver. Fructifie en été.

Genre Siphula, *Siphula*, Fries.

Ce genre, qui se compose d'une seule espèce, *Siph. madreporiformis*, Fries, n'a pas été trouvé dans le département des Pyrénées-Orientales.

GENRE CÉNOMYCE, *Cenomyce,* Ach., Meth.

1. Cén. des rennes, *Cen. rangiferina,* Ach.

Cladonia rangiferina, Dec. fl. fr. 910; *Lichen rangiferinus,* Lin., Lam., Dill.; *Lichen sylvaticus,* β *Allion. pedem.*

Habite les pâturages des hauts plateaux, au *Pla Guillem,* à Prats-Balaguer; les plateaux de la Nous et de Carlite. Fructifie en hiver.

2. Cén. pointue, *Cen. furcata,* Ach.

Cladonia subulata, Dec. fl. fr. 909; *Lichen furcatus,* Huds., Hoff., Dill.

Habite les lieux stériles et les bois des montagnes, parmi les mousses, sur la terre ou au pied des arbres, et dans les buissons. Ses tiges sont plus fortes et moins branchues que dans l'espèce précédente; elle offre plusieurs variétés et fructifie en hiver.

3. Cén. rameuse, *Cen. racemosa,* Ach.

Cladonia subulata, Dec. fl. fr. 909; *Cladonia furcata subulata,* var. γ Hoffm , Vaill.

Habite sur la terre, dans les bois de la partie supérieure de la vallée du Réart et sur les terres en friche, parmi les steppes de cette région. Fructifie en hiver.

4. Cén. très-rude, *Cen. sparossa,* Ach.

Cen. cæspitosa, Duf.

Habite les mêmes localités que l'espèce précédente, par touffes très-rudes, d'un gris cendré. Fructifie en hiver.

5. Cén. délicate, *Cen. delicata,* Ach., Lich.

Helopodium delicatum, Dec. fl. fr. 918; *Lichen parasitum,* Hoffm.

Habite sur les troncs pourris des vieux arbres, dans les forêts montueuses et touffues. Ce Lichen est très-petit; il croît par petites touffes verdâtres, avec l'extrémité des frondes noires. Fructifie en hiver.

6. Cén. de Dufour, *Cen. Dufourii,* Delise.

Cen. axillaris, Duf. rev. n° 14.

Habite sur la terre, parmi les bruyères et les terres en friche, à Llauró et toute cette chaîne, jusqu'à Vivès et Saint-Luch. Fructifie en hiver.

7. Cén. cornue, *Cen. cornuta,* var. *radiola,* Duf.

Scyphophorus cornutus, Dec. fl. fr. 917; *Lichen cornutus,* Lin., Ach., Hoffm., Dill.

Habite sur la terre, au milieu des bois de la *Font de Comps* et du *Pla de l'Ours.* Sa tige, longue et très-ramifiée, est grisâtre. Fructifie en hiver.

8. Cén. à feuille Dandive, *Cen. endiviæfolia,* Ach.

Scyphophorus convolutus, Dec. fl. fr. 915; *Lichen foliaceus,* Schreb.; *Lichen sterilis,* Gouan.; *Lichen indiviæfolius,* Dicks.

Habite sur la terre des terrains arides et en friche de nos basses montagnes : environs de *Notre-Dame-du-Coll,* vallée du Réart.

Genre Isidium, *Isidium,* Ach.

1. Isid. coccodes, *Isid. coccodes,* Ach.

Lepra obscura, Dec. fl. fr. 879.

Habite sur l'écorce des vieux bois en décomposition, où il forme des lignes avec des protubérances jaunes sur un fond noir. Il est très-petit; mais sa couleur jaune le fait facilement distinguer. Fructifie en hiver.

2. Isid. corallin, *Isid. corallinum,* Ach., Dec. fl. fr. 887.

Lichen corallinus, Lin., Lamk. dict., Ach., Jacq., Hoffm.

Habite sur les rochers, où il forme une croûte dure, épaisse, d'un gris cendré : *Força-Real,* garrigues de Baixas, et *Cases-de-Pena.* Fructifie en été.

GENRE BÉOMYCES, *Bæomyces*, Pers. *in Ust.*

1. Béo. rougeâtre, *Bæo. roseus*, Leers.

Bæomices ericetorum, Dec. fl. fr. 919; *Lichen ericetorum*, Lin.

Habite sur la terre, parmi les bruyères du premier plateau de la vallée du Réart, entre Terrats et l'*Hostalet*. Fructifie en hiver.

2. Béo. des rochers, *Bæo. rupestris*, Pers.

Lichen fungiformis, Scop., Lamk. dict.

Habite dans les fentes des rochers, et les terres graveleuses des bois des parties supérieures de la vallée du Réart. Fructifie en hiver.

GENRE CALYCIUM, *Calycium*, Pers. *in Ust.*

1. Cal. chanterelle, *Cal. cantharellum*, Dec. fl. fr. suppl. 927, Ach.

Cal. pallidum, Pers.; *Trichia nivea*, Hoffm.

Habite sur l'écorce des vieux chênes, dans les environs de Saint-Génis, de la Grange, et de toute cette contrée. Ce Lichen est très-petit et d'un noir violet; il fructifie au printemps.

GENRE OPÉGRAPHE, *Opegrapha*, Pers. *in Ust.*

1. Opé. vulvelle, *Ope. vulvella*, Dec. fl. fr. suppl. 837.

Opegrapha diaphora, Dec. fl. fr.; *Lichen pulicaris*, Hoffm.

Habite sur les peupliers et sur l'écorce des noyers de tous les environs de Perpignan. Ce Lichen forme des plaques très-larges, noires, veloutées, mais peu élevées; il fructifie au printemps.

2. Opé. à taches, *Ope. macularis*, Ach., Meth.

Var. A *faginea*, Dub.; *Opegrapha faginea*, Dec. fl. fr. 831.

Habite sur l'écorce des jeunes chênes et dans les taillis de cette essence à Oms et à Saint-Laurent-de-Cerdans. Ce Lichen, de couleur noire, peu élevé, couvre ces jeunes arbres de taches isolées, mais très-rapprochées. Fructifie au printemps.

3. Opé. du chêne, *Ope. macularis,* var. β *quercina,* Dub., Bat., Gal.

Opeg. quercina, Dec. fl. fr. 850.

Habite les mêmes localités que l'espèce précédentè, sur les jeunes branches des chênes, par petites plaques grises, parsemées de points blancs et noirs. Fructifie au printemps.

4. Opé. noir, *Ope. atra,* Dec. fl. fr. 840, Pers.

Lichen denigratus, Ach.; *Lichen scriptus,* var. α Hoffm.

Habite sur l'écorce du hêtre, du frêne et du chêne. Sa croûte est blanchâtre, très-mince, au point qu'on la prend souvent pour une altération de l'épiderme de ces arbres. De petits points noirs, presque imperceptibles, le font distinguer. Fructifie au printemps.

5. Opé. roussâtre, *Ope. rufescens,* Pers., Dec. fl. fr. 842.

Lichen siderellus, Ach.; *Opeg. rusella* et *œnea,* Dec. fl. fr.

Habite sur l'écorce lisse des jeunes arbres, où il occupe de larges espaces. Sa croûte est très-mince, verdâtre, avec les lyrelles noires, peu proéminentes. Fructifie au printemps.

6. Opé. écrite, *Ope. scripta,* Ach., Meth., var. α *limitata,* Ach.

Opeg. limitata, Dec. fl. fr. 845, Pers.

Habite sur l'écorce lisse de différents arbres de nos montagnes de la vallée du Réart, dans les bois de la métairie Coste et ses environs. Fructifie en été.

7. Opé. du cerisier, *Ope. scripta,* var. β *cerasi,* Pers.

Opeg. cerasi, Dec. fl. fr. 841; *Lichen cerasi,* Ach.

Habite sur l'écorce des cerisiers sauvages du vallon de Reynès, sur les jeunes sauvageons surtout qui bordent les vignes de cette localité. Fructifie en été.

GENRE STIGMATIDIE. *Stigmatidium*, Meyer.

1. Stig. épaisse, *Stig. crassum*, Dub.

Stigmatidium obscurum, Spreng.; *Opegrapha obscura*, Dec. fl. fr. 846.

Habite les bois de la vallée du Réart, sur divers arbres, mais de préférence sur ceux à écorce lisse. Fructifie en été.

GENRE VERRUCAIRE, *Verrucaria*, Pers. *in Ust.*

1. Verr. blanc de lait, *Verr. galactites*, Dec. fl. fr. 859.

Arthonia punctiformis, var. β *galactina*, Ach.

Habite sur l'écorce lisse du peuplier noir et du peuplier d'Italie. Sa croûte est mince, assez étendue, portant des réceptacles noirs luisants, ce qui fait aussitôt distinguer la plante. Fructifie en été.

2. Verr. de l'épiderme, *Verr. epidermidea*, Dec. fl. fr. 851.

Lichen epidermidis, Ach.

Habite les parties moyennes de nos montagnes, sur l'écorce du bouleau, route de la forge de Llech, où cette espèce abonde. Il faut faire une grande attention pour distinguer ce Lichen; il semble soulever légèrement l'épiderme, et s'il n'avait une couleur un peu jaunâtre, on ne pourrait pas le distinguer, tant sa croûte est mince. Fructifie en été.

3. Verr. de l'épiderme, *Verr. epidermidea*, Ach., var. β *cerasi*, Ach.

Verr. cerasi, Dec. fl. fr. 896, Schrad., Kryst.; *Lichen ellipticum*, Ach.

Cette variété se trouve sur les jeunes cerisiers; elle se distingue par des points elliptiques noirs, qui sont parsemés sur sa croûte. Fructifie en été.

4. Verr. ponctuée, *Verr. punctiformis*, Pers. *in Ust.*, var. β *atomaria*, Ach.

Verr. atomaria, Dec. fl. fr. 852; *Lichen atomaria*, Ach.

Habite sur l'écorce lisse du frêne, du peuplier et autres espèces. Sa croûte est très-mince, glauque, pointillée de noir; mais ces points sont si petits, qu'ils sont à peine visibles à l'œil. Fructifie au printemps.

5. Verr. luisante, *Verr. nitida*, Schrad.

Verr. maxima et *nitida*, Dec. fl. fr. 861; *Lichen nitidus*, Ach.; *Sphæria nitida*, Web.; *Pyrenula nitida*, Ach.

Habite sur l'écorce de divers arbustes, surtout sur le charme, à Saint-Antoine-de-Galamus et lieux environnants. Sa croûte est jaune, avec des points noirs très-rapprochés. Fructifie en été.

6. Verr. des rochers, *Verr. rupestris*, Schrad., Dec. fl. fr. 864, var. α *Schrederi*, Scherrer.

Habite sur les roches calcaires, à *Cases-de-Pena* et à *Força-Real*. Sa croûte est blanchâtre, très-adhérente au rocher; il faut, avec un ciseau, enlever le morceau du roc où est attaché ce Lichen. Fructifie en hiver.

7. Verr. noirâtre, *Verr. nigrescens*, Dec. fl. fr. 872.

Pyrenula nigrescens, Ach.; *Verr. nigrescens*, Pers.

Habite sur les rochers et sur les pierres dans les bois de la vallée du Réart, à Oms et à Llauró. Sa croûte noire et mince est très-adhérente; il faut enlever le morceau de la roche. Fructifie en hiver.

8. Verr. conoïde, *Verr. conoïdea*, Fries.

Habite dans l'enceinte de Saint-Antoine-de-Galamus, où cette espèce a été trouvée par M. Montagne.

Genre Patellaire, *Patellaria*, Hoffm.

1. Pat. des pierres, *Pat. petræa*, Dec. fl. fr. 940.

Lichen lapicida, Ach., Lich.; *Verrucaria petræa*, Hoffm., Germ.

Habite sur toute nature de roches. Sa croûte est grisâtre, fendillée, et prend des formes très bizarres. Ce Lichen abonde sur les rochers du plateau d'Oms à Llauró, et dans toute la partie supérieure de la vallée du Réart. Fructifie en hiver.

2. Pat. noire, *Pat. nigra,* Spreng.

Collema nigrum, Dec. fl. fr. 1032; *Lichen niger,* Lin., Ach., Hoffm.

Ce Lichen habite sur les roches calcaires à Opol et le long des Corbières, à *Cases-de-Pena,* où il forme de grandes taches noires très-adhérentes. Il faut prendre des précautions pour l'enlever. Fructifie en hiver.

3. Pat. enfumée, *Pat. fumosa,* Dec. fl. fr. 942.

Lecidea fumosa, Ach.; *Verrucaria fumosa,* Hoffm.

Habite sur les roches du plateau supérieur de la vallée du Réart, et aux environs de Saint-Marsal. Sa croûte est grumeleuse, d'un gris enfumé, et couvre les roches sur de grands espaces. Fructifie en hiver.

4. Pat. blanche, *Pat. alba,* Dub.

Lepra lactea, Dec. fl. fr. 876; *Byssus lactea,* Lam.; *Lichen lacteus,* Hoff.

Cette espèce habite sur le tronc des arbres, sur les mousses, qu'elle couvre d'une croûte blanche farineuse, dans les gorges de la vallée d'Estoher et sur le chemin de la forge de Llech. Fructifie au printemps et en été.

5. Pat. distinguée, *Pat. parasema,* Dec. fl. fr. 936.

Lichen parasemus, Ach.; *Lichen sanguinaria,* Lam., Wulf.; *Lichen punctata,* Hoffm., Dill.

Habite sur l'écorce des arbres, dans les forêts de la *Font de Comps* et sur les arbres du plateau moyen de la vallée de Nohèdes. Ce Lichen a une croûte d'un blanc jaunâtre, peu élevée et très-circonscrite. Fructifie en été.

6. Pat. distinguée, *Pat. parasema,* Dec. fl. fr. 936, var. α *Non. limitata.*

Lichen parasemus, Ach.; *Lichen punctatus,* Hoffm., Dill.

Habite sur l'écorce des arbres des forêts de la *Font de Comps,* et du plateau moyen de la vallée de Nohèdes. Fructifie en hiver.

7. Pat. distinguée, *Pat. parasema,* Dec. fl. fr. 936, var. β *limitata.*

Verrucaria limitata, Hoffm., Germ.

Cette variété habite les mêmes localités que l'espèce précédente. On la distingue à ses scutelles plus éparses, à sa couleur plus blanchâtre, à sa croûte moins élevée. Fructifie en été.

8. Pat. des mousses, *Pat. subuletorum,* Spreng.

Pat. muscorum, Dec. fl. fr. 943; *Lichen vernalis,* Ach.

Ce Lichen habite dans les bois, au pied des arbres, sur les mousses, qu'il couvre d'une croûte blanchâtre et pulvérulente, à Saint-Martin-du-Canigou et dans ses environs; ses scutelles noires le font aussitôt distinguer. Fructifie en été.

9. Pat. enfoncée, *Pat. immersa,* Dec. fl. fr. 930.

Lichen immersa, Web., Ach., Hoffm.

Habite sur les calcaires de Baixas, *Cases-de-Pena,* Estagel. Sa croûte est blanchâtre, unie, peu apparente, avec des points noirs, très-adhérente à la pierre. Fructifie en été.

10. Pat. blanchâtre, *Pat. incana,* Spreng.

Lepra incana, Dec. fl fr. 876, Ach., Lin., Hoffm.

Ce Lichen habite les lieux frais et ombragés, sur les vieilles souches, sur les mousses, sur la terre et sur les rochers, où il forme une croûte blanchâtre, assez épaisse; on le trouve dans les bois au-dessus de la forêt dite des *Moines,* près Saint-Martin-du-Canigou. Fructifie en été.

11. Pat. du printemps, *Pat. vernalis*, Spreng.

Patellaria rubella, Dec. fl. fr. 965; *Lichen rubellus*, Ehrh., var. β Lin.; *Lecidea ruteola*, Ach.

Habite sur l'écorce des arbres de la vallée de Vernet-les-Bains et de Fillols. Sa croûte est d'un vert grisâtre, grenue, avec les bords un peu rougeâtres. Fructifie en été.

12. Pat. vert de gris, *Pat. æruginosa*, Spreng.

Beomyces elveloïdes, Dec. fl. fr. 923; *Lichen eruginosus*, var. Ach.; *Lich. elveloïdes*, Web., Gmel.

Habite les plateaux élevés de nos montagnes, sur les tourbières de *Cady*, à Carença, à la Nous, aussi sur les mousses et sur le bois pourri. Sa croûte est vert de gris, avec des points roses. Fr. en été.

13. Pat. à petites feuilles, *Pat. microphylla*, Dub.

Lecidea microphylla, Ach.; *Psora microphylla*, Hoffm.

Habite sur l'écorce des arbustes et sur le sol des lieux montueux de la vallée du Réart, entre Terrats, Fourques et Llinas. Fructifie en hiver.

14. Pat. ferrugineuse, *Pat. ferruginea*, Dec. fl. fr. 971.

Lecidea cinereo-fusca, Ach., Web.; *Lichen vernalis*, var. β Lamk. dict.

Habite sur l'écorce des arbres de la vallée du Réart. Sa croûte est mince, cendrée, avec les bords orange. On trouve aussi ce Lichen sur les pierres. Fructifie en hiver.

15. Pat. géographique, *Pat. geographica*, Dub.

Risocarpon geographicum, Dec. fl. fr. 992; *Lichen geographicus*, Lin., Ach., Lamk. dict., Dill.

Ce Lichen habite sur les pierres calcaires, sur lesquelles il adhère fortement, et y forme des taches très-étendues, bigarrées de noir et de vert, à *Cases-de-Pena*, Estagel, Saint-Antoine-de-Galamus. Fructifie en hiver.

Genre Psora, *Psora*, Dec. fl. fr.

1. Pso. vésiculaire, *Pso. vesicularis*, Dec. fl. fr. 999.

Patellaria vesicularis, Hoffm.; *Lichen vesicularis*, var. α Ach.; *Lichen radiatus*, Vill.

Habite sur la terre, parmi les mousses des parties moyennes de nos montagnes; dans la vallée d'Estoher, vers le chemin de la forge de Llech. Fructifie au printemps.

2. Pso. blanche, *Pso. candida*, Hoffm., Dec. fl. fr. 1001.

Lichen candidus, Ach., Web., Lamk. dict.

Habite sur la terre, parmi les mousses, à l'entrée des vallées de Fillols, Saint-Martin-du-Canigou, Taurinya. Sa croûte est recouverte d'une poussière rose. Fructifie au printemps.

3. Pso. couleur de cuir, *Pso. lurida*, Dec. fl. fr. 1003.

Lichen luridus, Eng. bot.; *Lichen squammatus*, Vill., Dill.

Habite les vallées de Vernet-les-Bains et de Sahorre, sur les rochers couverts de terre et sur les mousses en putréfaction. Ce Lichen y forme des croûtes assez larges, d'une couleur brune bronzée. Fructifie en hiver.

4. Pso. trompeuse, *Pso. decipiens*, Dec. fl. fr. 1002.

Lichen decipiens, Hedw., Lamk. dict.; *Lichen dispermus*, Vill.

Habite sur la terre des plateaux supérieurs: à la *Coma du Tech*, au *Pla Guillem*, à la vallée d'Eyne, au *Pla de la Baguda*, où ce Lichen abonde; il a une couleur de brique; sa croûte est entourée d'une bordure blanche. Fructifie en hiver.

Genre Écaillère, *Squammaria*, Dec. fl. fr.

1 Écaill. épaisse, *Squam. crassa*, Dec. fl. fr. 1017.

Lichen crassus, Huds., Ach.; *Lichen cartilagineus*, Lamk. dict.; *Lichen cespitosus*, Vill., Dill.

Habite sur la terre, aux environs des Graus d'Olette, et sur la montagne de Canaveilles à Thuès, près l'établissement de M. Bouis. Ce Lichen forme de larges plaques, épaisses, irrégulières, d'un vert glauque, bigarrées de blanc. Fr. au printemps.

2. Écaill. de Smith, *Squam. Smithii*, Dec. fl. fr. 1016.

Lichen Smithii, Ach.; *Lichen fragilis*, Scop.

Habite sur les roches calcaires, sur la terre, dans les anfractuosités des roches. Nous avons trouvé ce Lichen dans le bois de Boucheville et ses environs. Fructifie en été.

3. Écaill. lentille, *Squam. lentigera,* Dec. fl. fr. 1018.

Lichen lentigerus, Web., Ach., Lieb., Lamk. dict.; *Psora lentigera*, Hoff.

Habite sur la terre, dans les friches des parties moyennes de nos montagnes, à Arles, et sur la route de Saint-Laurent-de-Cerdans à Costujes. Ce Lichen forme des rosettes blanchâtres. Fruct. en été.

Genre Placode, *Placodium,* Dec. fl. fr.

1. Plac. jaunâtre, *Plac. ochroleucum,* Dec. fl. fr. 1027.

Lecanora saxicola, Ach.; *L. muralis*, Hoff.; *L. ochroleucus*, Wulf, Jacq.

Habite sur les roches des montagnes moyennes, à Finestret, Serdinya et Olette, où ce Lichen forme des plaques très-serrées, d'un vert jaunâtre. Fructifie en été.

2. Plac. rayonnant, *Plac. radiosum,* Dec. fl. fr. 1031.

Lecanora circinata et *myrrhina*, Ach.; *Lichen radiosus*, Hoffm.

Habite sur les murs et sur les pierres calcaires, à Salses, Opol, *Cases-de-Pena,* Baixas. Sa croûte forme de larges plaques arrondies, peu élevées, noires au centre et grises au tour. Fructifie en hiver.

3. Plac. pâle. *Plac. albescens,* Dec. fl. fr. 1029.

Lecanora galactina, Ach.; *Psora albescens*, Hoffm.

Habite, comme l'espèce précédente, sur les murs et les roches calcaires des mêmes localités, où il forme des plaques grisâtres, entourées d'un rebord blanchâtre. Fructifie en hiver.

4. Plac. à yeux bordés, *Plac. ocellatum,* Dub.

Urceolaria ocellata, Dec. fl. fr. 1009; *Lichen ocellatus,* Vill.; *Lecanora Villarsii,* Ach.

Habite sur les roches calcaires, à Villefranche, *Cases-de-Pena* et Saint-Antoine-de-Galamus. Sa croûte est blanche, comme boursoufflée, verruqueuse, avec des points couleur de chair. Fructifie en hiver.

5. Plac. épigeum, *Plac. epigeum,* Cheval. fl. paris.

Lecanora epigea, Ach., Dicks.; *Lichen epigeus,* Pers.

Habite sur la terre, parmi les mousses, où il forme de petites rosettes blanchâtres, entourées d'un cercle noirâtre; dans les bruyères du plateau de Terrats, vers l'*Hostalet,* vallée du Réart. Fructifie en hiver.

6. Plac. blanchâtre, *Plac. canescens,* Dec. fl. fr. 1028.

Lichen canescens, Diks., Germ., Dill.

Habite *Cases-de-Pena* et la *Trencada d'Ambulla,* sur le tronc des arbres et sur les pierres calcaires, où il forme une croûte blanchâtre très-étendue, comme boursoufflée sur les calcaires; sur les arbres, sa croûte est unie et un peu jaunâtre. Fructifie en hiver.

7. Plac. brillant, *Plac. fulgens,* Dec. fl. fr. 1023.

Lichen fulgens, Ach.; *Lichen friabilis,* Vill.; *Lichen citrinus,* Hedw.; *Psora citrina,* Hoffm.

Habite sur la terre et parmi les mousses, à Villefranche et aux environs de Cornella-du-Conflent, vallée de Vernet-les-Bains. Sa croûte est orbiculaire, d'un jaune citron, avec de petites taches de couleur cannelle. Fructifie en été.

8. Plac. callopismum, *Plac. callopismum,* Mer. fl. paris.

Lecanora callopisma, Ach.

Habite Arles, Cortsavi, Costujes, sur les murs et sur les terres sablonneuses, où il forme une croûte assez épaisse, en rosettes régulières, de couleur cannelle. Fructifie en hiver.

9. Plac. des murs, *Plac. murorum,* Dec. fl. fr. 1025.

Lecanora murorum, Ach.; *Lichen murorum,* Hoff., Wulf.

Habite les roches calcaires, les murs, les toits, sur les briques, où il forme de larges plaques d'un jaune brillant, un peu relevées sur les bords; très-commun partout. Fructifie en été.

10. Plac. élégant, *Plac. elegans,* Dec. fl. fr. 1026.

Lichen elegans, Ach.; *Lichen miniatus,* Hoffm., Dill.

Habite sur les roches calcaires, où il forme des rosettes arrondies, assez larges, de couleur orange foncée, très-adhérentes: *Trencada d'Ambulla,* vallée de Conat, et à Saint-Antoine-de-Galamus, sur les calcaires du bois. Très-brillant au printemps.

11. Plac. jaune, *Plac. candelarium,* Dec. fl. fr. 1024.

Lichen candelarius, Lin., Lamk. dict., Hoffm., Dill.

Habite, dans les environs de Perpignan, Château-Roussillon, la *Passion-Vieille, Malloles,* le *Moulin d'en Vinyals,* etc., sur les pierres, les murs, les troncs des arbres, où il forme de larges plaques arrondies, souvent irrégulières, très-adhérentes, d'un jaune pâle. Sa forme et sa couleur varient beaucoup. Fructifie au printemps.

GENRE LÉCANORE, *Lecanora,* Ach.

1. Léc. blanc-jaunâtre, *Lec. luteo-alba,* Dub.

Patellaria ulmicola, Dec. fl. fr. 975.

Habite les troncs des vieux ormeaux, sur lesquels ce Lichen forme de larges plaques grisâtres, difficiles à distinguer de l'écorce de l'arbre, si ses scutelles, d'un jaune orangé, ne la faisaient remarquer; il est peu proéminent. Fructifie en hiver.

2. Léc. couleur de cire, *Lec. cerina,* Ach.

Patellaria cerina, Dec. fl. fr. 978; *Lichen cerinus,* Hedw.

Habite Vernet-les-Bains, Fillols, Sahorre, sur l'écorce des arbres, les peupliers, les noyers, quelquefois sur la terre. Sa croûte est mince, à peine sensible, d'un blanc bleuâtre, très-adhérente. Fructifie en été.

3. Léc. brunâtre, *Lec. subfusca*, Ach.

Patellaria subfusca, Dec. fl. fr. 984; *Lichen subfuscus*, Lin.; Lamk dict., Dill., Hoffm.

Habite sur le tronc des arbres. On trouve ce Lichen partout, indistinctement et sur toutes les essences; sa croûte est d'un blanc grisâtre, souvent fort mince et lisse, quelquefois grenue et un peu farineuse; il varie beaucoup par sa forme. Fructifie en hiver.

4. Léc. étendue, *Lec. effusa*, Ach.

Patell. effusa, Dec. fl. fr. 966; *Lichen effusus*, Ach.; *L. salignus*, Schrad.

Habite les vieux saules, dans les creux des vieilles souches. Ce Lichen est très-étendu; sa croûte est mince, d'un gris verdâtre, pulvérulente; ses scutelles sont roussâtres. Fructifie en été.

5. Léc. variable, *Lec. varia*, Ach.

Patellaria varia, Dec. fl. fr. 977, Hoffm.; *Lichen varius*, Ach.

Habite sur les vieux bois morts et exposés à l'air, dans les jardins particulièrement. Sa croûte varie beaucoup; elle est d'un gris verdâtre, jaune plus ou moins foncé, très-mince, à peine sensible. Fructifie en hiver.

6. Léc. à fruit rouge, *Lec. hæmatomma*, Ach.

Patellaria hæmatomma, Dec. fl. fr. 961; *Lichen hæmatomma*, Ach.; *Lichen coccinus*, Dicks.

Habite sur les roches calcaires, sur les murs, à *Cases-de-Pena* et Estagel. Sa croûte est très-étendue, d'un jaune plus ou moins pâle; ses scutelles sont rouges, ce qui la fait sussitôt distinguer. Fructifie en été.

7. Léc. en coupe, *Lec. cupularis,* Dub.

Patellaria cupularis, Dec. fl. fr. 964; *Lichen cupularis*, Hedw., Ach.; *Lichen fusco-rubeus*, Wulf.; *Peziza jenensis*, Batsch.

Habite sur les pierres calcaires et sur le terreau qui les couvre, à *Cases-de-Pena*, Baixas, *Força-Real*. Sa croûte est fort mince et rougeâtre. Fructifie en hiver.

8. Léc. brune, *Lec. brunea,* Ach.

Patellaria brunea, Dec. fl. fr. 946; *Lichen bruneus*, Ach.; *Lichen pezizoïdes*, Web., Gott., Dicks.

Habite à Saint-Martin-du-Canigou et à Taurinya, sur la terre et sur les vieilles murailles. Sa croûte est d'un vert foncé; ses scutelles d'un brun olivâtre. Fructifie en hiver.

9. Léc. rougeâtre, *Lec. rufa,* Ach.

Patellaria rufa, Pers.

Cette espèce, qui est très-petite et à croûte rougeâtre, habite sur les pierres humides, près des torrents, dans nos basses vallées, et particulièrement dans les environs des établissements thermaux de Vernet-les-Bains. Fructifie en hiver.

10. Léc. parelle, *Lec. parella,* Ach.

Patellaria parella, Dec. fl. fr. 991; *Lichen parellus*, Lin.

Habite sur les rochers des environs de Banyuls-sur-Mer et sur les montagnes de cette région, où cette espèce forme une croûte blanchâtre assez épaisse, verruqueuse et assez large; elle vit aussi sur les arbres. Ce Lichen sert à la teinture, sous le nom de *Parelle* ou *Orseille*. Fructifie en hiver.

11. Léc. tartre, *Lec. tartarea,* Ach.

Patellaria tartarea, Dec, fl. fr. 989; *Lichen tartareus*, Lightf., Lin., Dill.

Habite les forêts de pins de la *Font de Comps* et de Nohèdes, sur le tronc des arbres, sur la terre et parmi les mousses. Cette espèce forme une croûte assez épaisse, blanchâtre et irrégulière. Fructifie en hiver.

12. Léc. d'Hagen, *Lec. Hageni,* Ach.

Patellaria dispersa, Dec. fl. fr. 986 ; *Barborea lichen nigro virens,* Ach.; *Lichen cœrulescens,* Hagen.

Habite sur l'écorce des arbres et sur les murs, dans les jardins Saint-Jacques, près Perpignan, où elle abonde. Sa croûte est très-adhérente, mince, grisâtre. Fructifie en hiver.

13. Léc. noire, *Lec. atra,* Ach.

Patellaria tephromelas, Dec. fl. fr. 985 ; *Verrucaria atra,* Hoffm.

Habite partout, sur tous les troncs des arbres indistinctement. Sa croûte est orbiculaire, blanchâtre, un peu ridée; ses scutelles sont noires. Fructifie en été.

Genre Lécidéa, *Lecidea,* Ach.

1. Lécid. conglomérée, *Lecid. conglomerata,* Ach.

Cette rare espèce a été trouvée par M. Montagne sur les rochers au sommet du Canigou.

2. Lécid. squalide, *Lecid. squalida,* Ach.

Habite les rochers de la Tour de Carol, où M. Montagne l'a trouvée. Rare.

3. Lécid. brun-rougeâtre, *Lecid. atro-brunea,* Dufour.

Habite les rochers au sommet du *Cambres-d'Aze.* Cette rare espèce a été récoltée dans cette localité par M. Montagne.

4. Lécid. morio, *Lecid. morio,* Scherrer.

Cette rare espèce a été trouvée par M. Montagne sur les rochers du Canigou.

5. Lécid. couleur d'abricot, *Lecid. armeniaca,* Fries.

Cette espèce a été trouvée par M. Montagne sur les roches au sommet du *Cambres-d'Aze.* Rare.

Genre Biatore, *Biatora*, Fries.

1. Biat. des rivages, *Biat. rivulosa*, Fries.

Cette plante vit sur les roches du *Salt de l'Aygua*, près Cortsavi, où M. Montagne l'a récoltée. Commune.

Genre Urcéolaire, *Urceolaria*, Ach., Meth.

1. Urcéo. gravuleuse, *Urceo. scruposa*, Dec. fl. fr. 1008, var. α.

Lichen scruposus, Lin., Ach., Lam.; *Patellaria scruposa*, Hoffm., Hall.

Habite sur les rochers, sur lesquels ce Lichen forme une croûte épaisse et blanchâtre. Il donne deux variétés : la var. β, qui croît sur la terre; la var. γ, qui croît sur les mousses ou sur les autres lichens; peu de différence les distingue. On récolte ce Lichen pour la teinture rouge, qu'il fournit par la macération dans l'urine. Fructifie en été.

2. Urcéo. marron, *Urceo. castanea*, Dec. fl. fr. 1005.

Lichen castaneus, Ramond.

Ce Lichen habite sur les roches schisteuses des environs de Serdinya. Il est très-petit; mais facile à trouver par sa couleur d'un brun marron, qui ressort sur les schistes. Fruct. en hiver.

Genre Chiodecton, *Chiodecton*, Ach.

Ce genre, qui se compose d'une seule espèce, *Chiod. myrticola*, Fée, ne se trouve pas dans ce département.

Genre Pertusaire, *Pertusaria*, Dec. fl. fr.

1. Pert. commune, *Pert. communis*, Dec. fl. fr. 873.

Lichen pertusus, Lin., Ach., Lamk. dict.

Habite sur l'écorce des arbes; on trouve aussi ce Lichen sur les rochers à Saint-Antoine-de-Galamus et à Caudiès. Il forme une croûte compacte, verdâtre, assez étendue. Fructifie au printemps.

2. Pert. de Wulfen, *Pert. Wulfenii,* Dec. fl. fr. 874.

Lichen pertusus, Wulf., Schrad.; *Lichen hymenius,* Ach.

Ce Lichen habite sur les troncs d'arbres; il forme une croûte grisâtre, étalée, peu visible; ses réceptacles offrent de petits points noirs. Cette plante est si petite, qu'elle passerait inaperçue sans ces points noirs qui la font distinguer. Fructifie en hiver.

M. Montagne a recueilli cette espèce à La Tour-de-Carol.

Genre Thélotrème, *Thelotrema,* Ach., Meth.

1. Thél. épanouie, *Thel. exanthematica,* Ach.

Vulvaria exanthematica, Dec. fl. fr. 1012; *Lichen clausus;* Hoffm.; *Lichen volvatus,* Vill.; *Lichen exanthematicus,* Smith., Lin.

Habite sur les pierres calcaires, à la *Trencada d'Ambulla,* à Estagel, aux environs de Saint-Antoine-de-Galamus. Ce Lichen forme une croûte grise, mince, peu visible, adhérente à la pierre. Fructifie en hiver.

Genre Variolaire, *Variolaria,* Pers. *in Ust.*

1. Var. commune, *Var. communis,* Ach., var. β *faginea,* Dec. fl. fr. 883.

Ce Lichen habite sur l'écorce des arbres, à Saint-Martin-du-Canigou et dans les bois environnants. Il forme des plaques très-étendues, grises, à peine visibles, entourées d'une ligne noire. Il offre trois variétés, qui diffèrent peu les unes des autres. Fructifie en hiver.

2. Var. en disque, *Var. discoïdea,* Dec. fl. fr. suppl. 883.

Variola discoïdea, Pers.; *Lichen discoïdeus.* Ach.

Habite Céret, Arles, Saint-Laurent-de-Cerdans, sur le tronc des vieux chênes et des vieux châtaigniers, où ce Lichen forme de larges croûtes blanchâtres, grenues, prenant par la suite une couleur plombée. Fructifie en hiver.

Genre Coniocarpe, *Coniocarpon*, Dec. fl. fr.

1. Con. olivâtre, *Con. olivaceum*, Dec. fl. fr. 881.

Ce Lichen vit sur l'écorce des vieux saules, où il forme une plaque blanchâtre, peu visible, couverte de pustules arrondies, d'un brun olivâtre. Fructifie en hiver.

2. Con. noir, *Con. nigrum*, Dec. fl. fr. 882.

Trachylea melaleuca, Fries.

Habite aux environs de Baixas et d'Estagel, sur l'écorce des arbustes, où il forme une croûte blanc de lait, couverte de pustules noires. Fructifie au printemps.

Genre Lèpre, *Lepra*, Hall., Helv.

1. Lèp. verte, *Lep. botryoïdes*, Dec. fl. fr. 877.

Bissus botryoïdes, Lin ; *Lichen botryoïdes*, Hoffm., Ach., Dill.

Ce Lichen habite le bois, la terre et les murs humides, dans la vallée de Vernet-les-Bains; il forme des plaques d'un vert jaunâtre, plus ou moins foncé; il varie beaucoup selon le degré d'humidité. Fructifie en hiver.

2. Lèp. rougeâtre, *Lep. rubens*, Ach., Meth.

Lepra odorata, Dec. fl. fr. 878 ; *Lichen rubens*, Hoff.; *L. odoratus*, Roth.

Cette espèce vit sur l'écorce des vieux arbres, aux environs de Céret, et au *Mas de la Guardia*, à Arles; elle forme une croûte purpurine, mince, inégale, un peu floconneuse lorsqu'elle est fraîche. Cette plante exhale une odeur de violette. Fruct. en été.

3. Lèp. lactée, *Lep. lactea*, Dec. fl. fr. 876.

Bissus lactea, Lin.; *Lichen lacteus*, Hoffm.

Ce Lichen habite sur les mousses et les troncs d'arbres; il forme une croûte blanche, farineuse; il est très-commun dans les gorges de nos basses vallées, et on le trouve en toute saison.

153me Famille. — Hypoxylons, *Hypoxyla*, Dec. fl. fr.

Les *Hypoxylons* sont des plantes qui vivent presque toutes sur d'autres végétaux, et particulièrement lorsque ces végétaux sont dans un état de souffrance ou qu'ils sont morts. On a prétendu même qu'un certain nombre de ces Hypoxylons n'étaient point des plantes, mais bien une maladie de la plante sur laquelle ils vivent, maladie qui détermine une modification dans les principes constituants de son tissu.

Les Hypoxylons ont une consistance coriace, subéreuse ou cornée. Ce sont des plantes, en général, de couleur sombre, presque toujours noires, qui vivent sur l'écorce des arbres ou sur les feuilles, et y forment de petites taches noires, de figure variable, et plus ou moins proéminentes. Chaque genre de cette famille habite un lieu de prédilection : les unes se montrent toujours sur la face des feuilles; d'autres sur le tronc des arbres, et paraissent sortir à travers l'écorce; quelques-unes sur la terre, mais elles sont en petit nombre. La plus grande partie de ces végétaux est désignée par le nom de la plante sur laquelle il a fixé son habitation, et il est peu de plantes d'un ordre supérieur qui ne portent un ou deux Hypoxylons. C'est dire assez que cette famille est très-nombreuse. On en découvre tous les jours de nouvelles espèces; mais comme ce sont des plantes de peu d'importance, nous nous bornerons à n'en désigner que quelques-unes.

Genre Sphérie, *Sphæria,* Haller.

1. Sph. militaire, *Sph. militaris,* Ehr.

Clavaris militaris, Lin.

Habite sur la terre. Sa couleur, d'un beau jaune citron, la fait distinguer facilement. On la trouve partout.

2. Sph. digitée, *Sph. digitata,* Ehr.

Clavaris digitata, Lin., Bull.

Habite sur le bois pourri. Elle est coriace et subéreuse. Sa couleur est noire; son intérieur est blanc. Commune.

3. Sph. hypoxylon, *Sph. hypoxylon,* Ehr.

Sphæria cornuta, Hoffm.; *Clavaris hypoxylon,* Lin., Bull , Mich.

Habite sur la face supérieure des feuilles des ormeaux, où elle forme des taches proéminentes noires.

4. Sph. concentrique, *Sph. concentrica,* Bott.

Sphæria fraxinea, Soweb.

Habite sur les saules. Elle est noire, ovoïde, grosse, arrondie. Son intérieur présente des couches concentriques très-blanches.

5. Sph. granulée, *Sph. granulata,* Sow.

Sphæria peltata, Dec. fl. fr. p. 287.

Habite sur le tronc des arbres morts. Elle est grosse, noire, ondulée, couverte de globules granuleux.

6. Sph. du noisetier, *Sph. coryli,* Batsch.

Sphæria fimbriata, Dec. fl. fr. suppl. 129.

Habite sur l'écorce des noisetiers; elle y forme des boutons d'un rouge brunâtre.

7. Sph. prorumpens, *Sph. prorumpens,* Wallr.

Cette rare espèce a été découverte par M. Montagne aux alentours de Perpignan, sur le *Paliurus aculeatus.*

Toutes les espèces de ce genre qui vont suivre, ont été découvertes dans les Pyrénées-Orientales par M. le docteur Montagne, membre de l'Académie des Sciences, et décrites dans la deuxième série des *Annales des Sciences naturelles,* tom. I, p. 295.

8. Sph. de la vigne, *Sph. viticola,* Sohivim.

Cette espèce habite aux environs de Notre-Dame-de-Consolation, où M. Montagne l'a découverte; elle est très-commune.

9. Sph. du grenadier, *Sph. granati,* Fries *in Litt.*

Cette rare espèce habite sur les rameaux de grenadier tombés à terre. M. Montagne l'a découverte aux environs de Perpignan, dans les haies des champs bordés de cet arbuste.

10. Sph. décorticans, *Sph. decorticans,* Fries.

Cette espèce habite sur les arbres, dont elle détruit l'épiderme; elle est commune aux environs de Perpignan, où M. Montagne l'a découverte.

11. Sph. linéaire, *Sph. linearis,* Fries.

Habite sur les tiges du fenouil, dans les fossés de la place et de la citadelle de Perpignan, où M. Montagne a découvert cette espèce; elle est très-commune.

12. Sph. de l'Aneth, *Sph. Anethi,* Pers.

Cette espèce habite la même localité que la précédente. M. Montagne dit qu'elle y est commune.

13. Sph. nébuleuse, *Sph. nebulosa,* Pers.

Cette espèce habite sur l'*Asphodelus microcarpus,* Viv., à *Cases-de-Pena, Força-Real* et Collioure, où M. Montagne l'a découvrrte; elle y est commune.

14. Sph. très-longue, *Sph. longissima,* Pers.

Habite les environs de Perpignan, où M. Montagne l'a découverte sur le *Chenopodium rubrum;* elle est très-commune.

15. Sph. géante, *Sph. gigantea*, nouv. esp., Montagne

Cette rare espèce se trouve sur l'*Agave Americana*, aux environs de Perpignan, où M. Montagne l'a découverte; elle est figurée, pl. II, fig. 2, de l'ouvrage cité.

16. Sph. calva, *Sph. calva*, Tod.

Habite sur les souches des mûriers des environs de Perpignan, où cette espèce a été trouvée par M. Montagne. Rare.

17. Sph. cingulata, *Sph. cingulata*, nouv. esp., Montag.

Habite sur le *Lonicera Pyrenaïca*, à la *Trencada d'Ambulla*, où cette espèce a été trouvée par M. Montagne, qui l'a figurée tab. XII, fig. 3, de l'ouvrage cité.

18. Sph. excavata, *Sph. excavata*, Fries.

Cette espèce habite la même localité que la précédente; elle a été trouvée par M. Montagne. Rare.

19. Sph. noirâtre, *Sph. nigrella*, Fries.

Trouvée par M. Montagne sur l'*Eryngium campestre*, aux environs de Perpignan, où elle est commune.

20. Sph. punica, *Sph. punica*, nouv. esp., Montagne.

Trouvée par M. Montagne aux alentours de Perpignan, sur les feuilles tombées du grenadier; commune là seulement.

21. Sph. agavé, *Sph. agave*, nouv. esp., Montagne.

Habite sur les feuilles mourantes de l'*Agave Americana*, aux environs de Perpignan, où M. Montagne l'a découverte.

Genre Dothidéa, *Dothidea*, Fries.

1. Dot. réticulée, *Dot. reticulata*, Fries.

Habite sur l'*Eryngium campestre*, tout le long du bassin du Tech, où M. Montagne l'a découverte. Commune.

Genre Hysterinum, *Hysterinum,* Pers.

1. Hyst. élevé, *Hyst. elevatum,* Pers.

Cette rare espèce habite les roches de la *Fou*, à Cortsavi, où M. Montagne l'a découverte.

2. Hyst. opégraphe, *Hyst. opegraphoïdes,* Pers.

Habite sur le bois à demi pourri; ses tubercules sont noirs, très-rapprochés, enfoncés dans le bois. Commun partout où l'on trouve du bois en cet état.

Genre Cytispore, *Cytispora,* Mont.

1. Cytis. aurore, *Cytis. aurora,* Mont.

Cette espèce habite sur les branches du saule, dans les environs de Perpignan, où M. Montagne l'a découverte.

154me Famille. — Champignons, *Fungi,* Ad. Brongn.

Pendant longtemps l'étude des *Champignons* avait été négligée. Les idées qu'avaient les anciens sur leur nature et leur mode de reproduction, étaient peu propres à encourager les naturalistes qui auraient désiré se livrer à cette étude. Ce n'est que dans le dix-septième siècle que les champignons ont été considérés comme de vraies plantes, et décrits comme elles.

Les anciens ne connaissaient que les Truffes, l'Agaric et quelques Bolets, parce qu'ils les employaient comme aliments et comme médicaments. Pline, en parlant des Champignons, dit qu'on en faisait une grande consommation, et que, souvent même, on avait des accidents à déplorer, ainsi que l'indique le passage suivant : *Quæ tanta voluptas ancipitis cibi.* Recommandation, dont on n'a pas tenu toujours compte; car, dans les contrées où l'on fait usage de ces végétaux, on a trop souvent quelque cas d'empoisonnement à constater.

Aujourd'hui, la Mycétologie a fait d'immenses progrès. A l'aide des microscopes perfectionnés, on a découvert l'admirable structure de ces êtres, dont les formes sont si bizarres et si variées. Dans l'intérêt de la santé publique, chaque département devrait avoir un relevé exact des espèces alimentaires bienfaisantes, et des espèces suspectes ou vénéneuses qui croissent sur son territoire; mais, pour rendre cette étude utile, il serait essentiel que la description des espèces, fût accompagnée de la figure des champignons.

Je ne m'étendrai pas sur les généralités de cette intéressante famille; les ouvrages mycétologiques sont assez répandus, et ont traité cette matière *in extenso.* Je me bornerai à faire connaître les espèces qui sont connues dans les Pyrénées-Orientales, comme propres à la nourriture de l'homme, et je mettrai en regard les caractères qui distinguent les Champignons alimentaires des Champignons vénéneux. Je signalerai aussi les espèces qui sont utiles à l'industrie et celles qui nuisent à nos récoltes.

Les Champignons sont très-nombreux dans le département des Pyrénées-Orientales. On en fait une consommation extraordinaire, et il est rare que des accidents soient occasionnés par leur usage. C'est que, chez nous, les bons et les mauvais sont connus des paysans qui les portent sur nos marchés.

Il est prudent de faire choix de Champignons jeunes; trop avancés en âge, ils se couvrent d'une quantité de larves qui en rendent l'emploi dangereux. Il faut, en outre, modérer son appétit; car, le champignon comestible ingéré dans l'estomac, s'y gonfle comme une éponge, et pourrait occasionner des indigestions et amener de graves accidents.

Les Champignons habitent partout à la surface de la terre; quelques-uns vivent même à une certaine profondeur; des milliers de petites espèces vivent, en parasites, sur l'écorce, le bois, les feuilles et les fruits des végétaux. On les trouve également en grande quantité, sur les matières animales ou végétales en décomposition. Quant à leur station, ils vivent dans des altitudes très-élevées; mais toujours subordonnés à cette règle générale, que les Lichens sont les plantes que l'on rencontre aux plus grandes élévations; au-dessous viennent les Mousses, et au-dessous des Mousses croissent les Champignons. Enfin, pour que la végétation de ces derniers puisse se développer, il faut de l'humidité et un certain degré de chaleur. Leur quantité est subordonnée à ces deux circonstances climatériques.

Genre Helvelle, *Helvella,* Lin.

Champignons pédiculés charnus; chapeau irrégulier, libre ou adhérent, formé de plusieurs lobes ou replis, ayant ses gongyles sur sa face inférieure, dépourvu, tant en dessus qu'en dessous, de veines, pores ou feuillets.

1. Helv. mitre, *Helv. mitra,* Lin.;
en catalan *Morilla petite.*

Helvella crispa, Fries; *Helv. mitra,* Bull.; *Helv. leucophœa,* Pers.

Pédicule lisse, blanc, sillonné, demi-transparent, ventru vers la base, haut de 7 à 8 cent., surmonté d'un chapeau d'un brun fuligineux, qui tranche avec la couleur du pédicule; il a deux ou trois lobes réfléchis, et on le voit souvent avec de petits lobes verticaux, qui le font paraître comme feuilleté; sa marge est bordée d'une ligne blanchâtre.

Les diverses teintes que présente la surface du chapeau de ce Champignon, passant du blanc sale au gris fauve, ont donné lieu à trois variétés :

Var. α Helv. Mitre blanche;

Var. β Helv. Mitre grise;

Var. γ Helv. Mitre fauve.

Ces trois variétés se trouvent réunies souvent ensemble.

Ce Champignon habite la lisière des champs sablonneux et les bois des basses montagnes; on le trouve aussi dans les taillis qui longent les cours d'eau de la plaine; il paraît en automne; il est assez abondant, et son goût est celui de la *Morille.* C'est un bon champignon comestible.

2. Helv. comestible, *Helv. cibaria,* Michel.

Ce Champignon a la même forme que l'*Helv. mitre;* son pied est plus renflé; sa taille est plus grande, et sa couleur en général est plus noire.

Habite les mêmes localités que le précédent, et il est aussi recherché pour ses qualités alimentaires. On trouve sur le même terrain des *Helvelles* de différentes grandeurs et de couleurs plus ou moins claires; elles n'offrent point de caractères généraux distincts : ce sont probablement de jeunes sujets.

Genre Morille, *Morchella,* Dill., Dec. fl. fr.;

en catalan *Morilla, Barrets de Capella, Marigoule.*

Les *Morilles* sont dépourvues de volva; un pédoncule cylindrique porte un chapeau ovoïde non percé au sommet, relevé en dessus de nervures anostomosées, qui forment des cellules polygones, dans lesquelles les graines sont cachées.

Le nom catalan de *Barrets de Capella,* leur a été donné par nos paysans, à cause d'une certaine ressemblance qu'elles ont avec le bonet conique, surmonté d'une houppe ronde, que portaient autrefois les prêtres pendant les fonctions de l'église. En Cerdagne, on le nomme *Morille* ou *Mourille*; en Conflent, *Marigoule.*

1. Morille comestible, *Morchella esculenta,* Pers., Dec. fl. fr.

Phallus esculentus, Lin., Bull.

Pédoncule cylindrique, blanc, uni, long de 5 à 6 centimètres, quelquefois creux à l'intérieur, surmonté d'un chapeau ovoïde, adhérent au pédoncule, imperforé au sommet, couvert de cellules polygones. Ce Champignon est de couleur brunâtre, jaunâtre ou grisâtre, souvent ces trois couleurs sont fondues ensemble sur le même sujet.

Habite sur la terre, dans les forêts de nos montagnes et sur la lisière des champs. Il paraît de fort bonne heure, au printemps. Ce délicieux champignon n'est pas rare dans le département. Les débordements des rivières en portent les germes dans les taillis et les champs de la plaine. Lorsque les pluies du printemps sont fréquentes, on les voit croître en abondance, même dans la pépinière de la ville de Perpignan.

2. Morille délicieuse, *Morchella deliciosa,* Fries.

Cette espèce se distingue de la précédente par son pilier grêle; son chapeau plus petit, moins charnu, cylindrique, marqué de côtes longitudinales et portant des alvéoles moins prononcés.

Cette espèce habite les mêmes localités que la précédente; mais elle est moins abondante. Ses qualités alimentaires sont les mêmes.

Les *Morilles* ont une saveur et un arôme particulier, qui ne le cèdent à aucun autre champignon; fraîches, elles sont d'un goût exquis; sèches, elles communiquent aux ragoûts un arôme très-agréable : il y a des gourmets de *Morilles* comme il y en a de *Truffes*. Les bêtes à laine en sont friandes. La forme des *Morilles* est si bien caractérisée, qu'on ne peut les confondre avec tout autre champignon.

Genre Clavaire, *Clavaria*, Vaill., Fries;

en catalan *Manetes, Potes de Rat.*

Champignon simple ou rameux, ordinairement charnu, rarement coriace, n'ayant rien qui ressemble à un chapeau, répandant les gongyles par tous les points de la surface.

Nos paysans nomment ces champignons *Manetes, Potes de Rat,* à cause de leurs formes digitées.

1. Clav. améthyste, *Clav. amethystea,* Bull., Dec. fl. fr. 264, Nées.;

en catalan *Manetes violettes.*

Clavaria purpurea, Schœff.

Point de chapeau distinct du pédicule, qui est large et très-charnu, glabre, fragile; surmonté d'expansions rameuses cylindriques, pleines, unies à leur base, prenant une couleur violette. Ce champignon, qui s'élève de 8 à 10 cent., paraît, au premier abord, être une branche de corail. Sa chair, quoique un peu filandreuse, est bonne à manger, d'un blanc rosé, et répandant l'odeur générale des champignons.

Habite sur la terre, dans les bois ombragés de nos montagnes moyennes, où cette espèce est commune si les pluies de la fin de l'été sont abondantes. On porte ce Champignon sur nos marchés, sous le nom de *Manetes violettes.*

2. Clav. corail, *Clav. coralloïdes,* Lin., Bull., Dec. fl. fr. 262;

en catalan *Manetes grogas.*

Pédicule large, épais, plein, surmonté d'un nombre considérable de rameaux, formant deux ou trois divisions principales, se tenant par la base, et se divisant ensuite en petites branches cylindriques, pleines, à surface ondulée; sa couleur est tantôt blanche ou légèrement jaunâtre ou orangée; sa chair est bonne, tendre, d'un bon goût et d'une saveur exquise.

Habite sur la terre, dans les bruyères de toutes nos basses montagnes.

Cette espèce produit trois variétés, qui n'ont de différence que la couleur extérieure de la plante, et en particulier, la variété jaune est employée comme aliment; c'est un des champignons les plus sûrs.

3. Clav. cendrée, *Clav. cinerea,* Vill., Bull., Dec. fl. fr. 263, Fries, Gre.

en catalan *Manetes grises, Potes de Rat.*

Clavaria grisea, Pers.

Forme un tronc fort épais, surmonté de plusieurs rameaux verticaux, branchus, épais, aplatis à leur sommet, sinueux à leurs bords, de couleur cendrée, longs de 8 à 10 centimètres; sa chair est fragile, blanche, agréable au goût, d'une saveur douce. Ce Champignon est tout-à-fait inoffensif; on peut le manger avec toute sécurité.

Habite sur la terre, dans les forêts des basses montagnes; il paraît se plaire dans les terrains rocailleux. On le porte sur nos marchés, sous le nom de *Manetes grises;* plus particulièrement sous celui de *Potes de Rat.*

Nous signalons ces trois espèces, à cause de leur importance alimentaire. Nous passons sous silence les autres espèces de ce genre qui, quoique inoffensives, ne sont d'aucune utilité. Leur forme bizarre et très-caractérisée, ne permet pas de les confondre avec d'autres espèces dangereuses. Elles méritent d'être préférées par les personnes qui redoutent les effets des champignons. Il faut, cependant, faire attention de ne pas employer des *Clavaires* trop âgées; alors leur chair est mollasse, les larves y sont en nombre, et leur usage dans cet état amènerait de graves indigestions. « Dans la contrée de Céret, m'écrit M. Companyo, juge au tribunal civil et bon observateur, ces trois espèces sont également comestibles; cependant, on dédaigne assez la *violette*, non pour son goût, mais à cause de sa couleur. Dans notre pays, les champignons trop vivement colorés inspirent toujours de la défiance; ce n'est peut-être pas sans raison, quoiqu'il y en ait d'excellents dans cette catégorie. »

GENRE HYDNE, *Hydnum*, Lin., Dinck, Dec.

Les espèces de ce genre, ont la surface inférieure ou quelquefois la supérieure hérissée de pointes ou de lames longues, gongylifères, dirigées vers la terre; les graines sont situées vers l'extrémité de ces pointes.

1. Hyd. tête de Méduse, *Hyd. caput Medusa,* Pers., Dec. fl. fr. 281, Nées.;

en catalan *Barbes, Barba de Baca, Baquetes.*

Clavaria caput Medusæ, Bull.

Tronc épais, charnu, court, terminé par une multitude de divisions simples, allongées, grêles, pointues, rapprochées en touffes très-serrées; ces divisions de verticales, dans leur principe, se courbent en divers sens et deviennent tout-à-fait pendantes. Sa chair a une saveur et une odeur agréables. Toute la plante est d'un blanc de lait, prenant par l'âge une teinte de gris bistre-clair.

Ce Champignon, très-commun à *Font-Romeu,* où il est connu sous le nom de *Baquetes,* se trouve d'habitude sur le bois mort, dans les forêts des montagnes; on ne le voit jamais sur la terre. Nous en avons récolté plusieurs fois dans les bois de la forge de Llech. Cette espèce, quoique très-bonne, ne se mange pas dans le pays.

2. Hyd. hérisson, *Hyd. herinaceus,* Bull., Dec. fl. fr. 282.

Hericinum herinaceus, Pers., Bocc., Buxb.

Plante ordinairement sessile; corps charnu, trapu, émettant de son sommet une multitude d'aiguillons minces, qui pendent et se terminent par étages; sa chair est tendre, jaunâtre, d'un fort bon goût, son odeur est agréable.

Habite sur la souche des vieux chênes, dans les gorges des montagnes: aux Albères; vers la partie supérieure de la vallée du Réart, et dans les bois de la montagne de Rigarda. Je l'ai trouvé dans la vallée de La Vall.

3. Hyd. corail, *Hyd. coralloïdes*, Scopol., Schœff., Dec. fl. fr. 283, Sow.

Hyduum ramosum, Bull.; *Hericinum coralloïdes*, Pers., Mich.

Ce Champignon a, dans sa jeunesse, l'aspect d'une tête de chou-fleur; il est le plus grand du genre; sa base est large, blanche, avec une légère teinte de jaune, charnue, tendre. Il émet un nombre considérable de rameaux, dont la partie inférieure est hérissée de longues pointes, d'abord droites, puis pendantes.

Habite sur les vieilles souches mortes ou sur les arbres très-âgés des gorges des montagnes : aux Albères; Céret; Vivès; les parties hautes de la vallée du Réart; les bois de la forge de Llech, etc.

Ce genre offre plusieurs espèces; aucune n'est malfaisante. Si nous n'en citons pas davantage, c'est qu'elles n'ont pas le même intérêt alimentaire. Aucun autre champignon n'affecte la même forme; il est donc impossible de confondre les Hydnes avec d'autres espèces; ils sont recherchés par leur goût délicat, et ils offrent, en effet, un aliment agréable. En général, il faut toujours choisir les champignons comestibles jeunes; trop faits, ils sont envahis par les larves qui leur communiquent de mauvaises qualités, sans leur donner, toutefois, des propriétés vénéneuses.

GENRE FISTULINE, *Fistulina,* Bull., Pers., Fries.

Le *Boletus hepaticus* présentant des caractères qui le distinguent des autres *Bolets,* Bulliard établit, pour ce Champignon, un genre nouveau, qu'il a désigné sous le nom de *Fistulina :* chapeau lobé polymorphe, sessile ou obliquement stipité, mou, visqueux, traversé par des fibres résistantes. L'unique caractère de ce genre, consiste dans les tubes non soudés entre eux.

1. Fist. foie, *Fist. hepatica,* Fries;

en catalan *Bolet, Llenga de Bou.*

Boletus hepaticus, Schœff., Pers., Dec. fl. fr. 297; *Fistulina buglossoïdes,* Bull.

Vulg. *Foie de Bœuf, Glu de Chêne.*

Entièrement sessile, ou attachée par un très-petit pédicule. Chapeau parsemé de petites protubérances, qui paraissent des rosettes pédicellées, se détachant avec facilité, et, alors, la surface du chapeau est lisse, d'un rouge de brique plus ou moins foncé; chair mollasse, charnue, juteuse, et comme zonée d'un rouge plus ou moins foncé; odeur du champignon de couche; saveur agréable; tubes grêles, inégaux, blancs, non soudés ensemble, distincts et séparés, qui deviennent jaunâtres ou roussâtres à la maturité du champignon.

Habite à fleur de terre, sur les vieilles souches de chênes et de châtaigniers, au pied de nos basses montagnes. Ce Champignon comestible acquiert, quelquefois, de grandes dimensions; mais il ne doit être mangé que quand il est jeune et qu'il a encore la forme d'un foie, d'où le nom de *Bolet Hépatique;* il devient ligneux à sa maturité. Je l'ai trouvé assez fréquemment sur les vieux chênes des environs de Thuir, où jadis on voyait cet arbre, dans des proportions gigantesques, entourer les propriétés.

GENRE BOLET, *Boletus*, Pers., Fries.

Champignons de grande taille, qui ont quelquefois le port des *Agarics*; mais que l'on distingue facilement en ce que leur face inférieure est garnie de tubes parallèles soudés entre eux, au lieu de feuillets.

1. Bol. comestible, *Bol. edulis*, Bull., Sow., Dec. fl. fr. 330; en catalan *Ceps*.

Boletus esculentus, Pers., Mich., Buxb.; *Bol. bovinus*, Lin.

Vulg. *Ceps franc à tête rousse, Potiron, Girolle.*

Pédicule gros, cylindrique, quelquefois ventru, blanchâtre ou fauve, avec des lignes noires en réseau, haut de 10 à 12 cent. Chapeau ordinairement très-large, voûté, de couleur ferrugineuse brunâtre, varie d'un rouge de brique rembruni ou d'un rouge cendré, et quelquefois blanc ou jaunâtre. Sa chair est blanche, épaisse, ferme, quelquefois blanc jaunâtre, avec une teinte vineuse sous la peau; elle ne change pas de couleur par la cassure. Tubes blancs, allongés, qui deviennent jaunâtres et même verdâtres avec le temps.

Habite sur la terre, dans les bois et les lieux couverts, près des ravins, parmi les broussailles, dans toutes nos basses collines. On porte en grande quantité ce Champignon sur nos marchés, et on en fait une grande consommation; il est très-recherché, tant à cause de sa saveur agréable et de son délicieux arôme, que de son innocuité bien constatée. A l'état frais, sa chair est délicieuse; desséché, on l'emploie comme assaisonnement.

2. Bol. bronzé, *Bol. æreus*, Bull., Dec. fl. fr. 329; en catalan *Ceps baca*.

Pédicule cylindrique, jaunâtre, fauve ou brun, marqué de nervures réticulées, long de 6 à 7 cent. Chapeau orbiculaire, convexe, fort épais, d'un brun noirâtre, tirant sur le rouge. Chair moins ferme que dans l'espèce précédente, d'un beau blanc, un peu vineuse sous la peau du chapeau, ne changeant jamais de couleur par la cassure. Ses tubes sont courts, d'un jaune sulfurin.

Nous avons deux variétés de cette espèce : une à tubes jaunes et l'autre à tubes blancs ; cette dernière est fort rare dans nos contrées. Toutes deux sont alimentaires et inoffensives.

Ce Champignon habite les mêmes localités et dans les mêmes conditions que l'espèce précédente ; il est aussi abondant et très-estimé. Pourquoi faut-il, qu'à ces deux espèces de *Bolets*, qui rendent de si grands services à l'homme, en lui fournissant une substance alimentaire saine, il s'en trouve, à côté, deux autres espèces très-dangereuses ? Mais la nature, prévoyante en tout ce qu'elle fait, a donné le moyen de les reconnaître au premier abord.

3. Bol. indigotier vénéneux, *Bol. cyanescens,* Bull., Dec. fl. fr. 333;

en catalan *Ceps foll.*

Boletus constrictus, Pers.

Pédicule très-épais à la base, charnu, d'un gris bistré, plus mince à la partie supérieure, qui est blanche, long de 7 à 8 cent. Chapeau épais, orbiculaire, convexe, large de 12 à 15 cent. Sa chair blanche, devient d'un bleu foncé aussitôt qu'on l'entame, et elle change même de couleur en la froissant : elle est visqueuse, cotonneuse et d'une odeur fétide. Tubes, d'un blanc de lait, devenant, avec l'âge, d'un blanc sale.

Habite sur la terre, dans les bois humides de nos montagnes.

4. Bol. à tubes rouges ou pernicieux, *Bol. rubeolarius,* Bull., Dec. fl. fr. 328;

en catalan *Ceps foll.*

Boletus luridus, Schæff.

Pédicule jaune, réticulé, gros et renflé à la base, long de 4 à 6 cent. Chapeau voûté, orbiculaire, très-large, couleur d'un roux bistré, quelquefois blanchâtre ou grisâtre. Chair très-épaisse, répandant une odeur fétide et nauséeuse ; quand on la casse, elle prend diverses couleurs : verte, rouge, bleue. Tubes, d'un rouge de cynabre, surtout à leur orifice ; ils deviennent jaunes avec l'âge.

Habite sur la terre, dans les bois des mêmes montagnes que l'espèce précédente.

Nous allons tracer et mettre en parallèle les traits qui font distinguer les espèces alimentaires des espèces vénéneuses ; l'œil le moins exercé en saisira la différence :

Bolet comestible et *Bol. bronzé*, ou *Ceps alimentaires*	*Bolet indigotier* et *B. pernicieux*, ou *Ceps vénéneux* (Ceps folls).
1° Pédicule gros, cylindrique, blanchâtre ou fauve ; lignes noires en réseau.	1° Pédicule épais à la base, d'un gris bistré, mince et blanc à la partie supérieure.
2° Hauteur du pilier, 10 à 12 cent.	2° Hauteur du pilier, 4 à 6 cent.
3° Chapeau très-large, voûté, couleur ferrugineuse, brunâtre ou cendrée, et quelquefois blanc jaunâtre.	3° Chapeau épais, orbiculaire, voûté, de couleur roux bistré, blanchâtre ou grisâtre.
4° Tubes, blancs, allongés, jaunâtres ou verdâtres avec l'âge.	4° Tubes d'un rouge de brique, ou carmin, ou d'un jaune safrané.
5° Chair, blanche, épaisse, ferme, ne changeant pas de couleur par la cassure ou l'incision ; ayant une teinte légèrement vineuse sous la peau du chapeau.	5° Chair blanche, visqueuse, cotonneuse, se dénaturant au toucher et se teignant, dans toutes ses parties, en vert, jaune et bleu à la moindre pression ou incision.
6° Odeur des plus suaves ; saveur très-agréable.	6° Odeur fétide et repoussante ; saveur âcre et piquante.

5. Bol. rude, *Bol. scaber*, Bull., Dec. fl. fr. 336 ; en catalan *Bolet*.

Boletus bovinus, Schæff.

Pédicule plein, cylindrique, renflé à la base, hérissé de crochets qui ressemblent à une râpe, haut de 10 à 12 cent. Chapeau charnu, orbiculaire, convexe, d'un bistre très-cendré ou d'un brun de rouille. Chair d'un blanc grisâtre, prenant une légère teinte rosée lorsqu'on la casse; elle est ferme; son odeur est suave. Tubes blancs, prenant quelquefois une couleur de chair ou jaunâtres.

Habite sur la terre, dans les bois ombragés des parties supérieures de la vallée du Réart, à Camelles, Taillet et aux environs de Saint-Marsal.

Ce champignon est comestible; on le porte sur le marché à la fin de l'été et en automne; il est moins estimé que les autres *Bolets*.

6. Bol. orangé, *Bol. aurantiacus,* Bull., Dec. fl. fr. 337.

Boletus rufus, Schœff.

Pédicule cylindrique un peu renflé dans le milieu, hérissé de pointes blanchâtres, tâché de rouge ou de brun, long de 6 à 8 c. Chapeau demi-orbiculaire, large, épais, d'un rouge orangé ou fauve. Chair blanche, ferme, prenant une teinte vineuse. Tubes étroits, allongés et blancs.

Habite sur la terre, parmi les bruyères des collines et dans les bois des basses montagnes : les Albères, Oms, Llauró, etc.

Ce Champignon, pour être bon à manger, doit être cueilli jeune; alors il a de l'arôme. En vieillissant, sa chair devient mollasse et insipide; les larves s'y développent et le dévorent. Dans cet état, il serait dangereux d'en faire usage.

Genre Polypore, *Polyporus,* Mich., Fries.

On distingue les *Polypores* du genre *Bolet,* parce que les tubes sont formés de parois distinctes et adhèrent au chapeau. Le pilier est nul ou très-court.

1. Pol. écailleux, *Pol. squammosus,* Schœff.;
en catalan *Camparol, Bolet del Noguer.*

Boletus juglandis, Bull , Dec. fl. fr. 320; *Bol. platiporus*, Pers.

Vulg. *Oreille d'Orme*, *Miellin*.

Pédicule latéral très-court, épais, souvent crevassé près de la base, roussâtre. Chapeau attaché par le côté, convexe, d'un jaune orangé ou fauve bistré, ordinairement écailleux ou crevassé, ayant de 12 à 15 cent. Chair blanche, ferme, coriace même, lorsque ce champignon est vieux; ne change pas de couleur par la cassure; répand une odeur fade; sa saveur est analogue à celle de la farine de froment. Tubes courts, larges, blancs et souvent de la couleur du chapeau.

Habite à l'entrée de plusieurs de nos vallées, sur le tronc de divers arbres: peuplier, saule, orme, mais particulièrement sur le noyer; il varie beaucoup par sa forme, ses dimensions et sa couleur.

En 1861, on me porta de Sorède un de ces champignons d'une grosseur énorme; il était ovalaire, et mesurait 33 cent. sur 22; il remplissait une grande terrine. Comme il était très-avancé en maturité, je le conservai pendant quelques jours, et il en sortit le *Mycetophagus quadri-maculatus* en très-grande quantité.

2. Pol. géant, *Pol. giganteus,* Fries, Pers.;
en catalan *Bolet camparol.*

Boletus acanthoïdes, Bull., Dec. fl. fr. 322; *Bol. mesentericus*, Schæff.

Le pédicule, cylindrique à sa base, s'évase d'un côté en un demi chapeau, sinué, ondulé, irrégulier, zoné en dessus, réticulé en dessous, très-mince, surtout vers le bord. Ce Champignon, de couleur rouge de brique tirant sur la rouille, est mollasse et fragile; ses tubes, courts, se prolongent jusque sur le pédicule. Il atteint quelquefois une grandeur extraordinaire.

Habite dans les bois, sur les vieilles souches, où il forme des touffes quelquefois très-considérables. Sa chair, sans être de mauvaise qualité ni malfaisante, n'est pas très-estimée ni recherchée. Nos paysans, sous le nom de *Bolet-Camparol,* désignent ainsi les champignons à très-larges bords.

3. Pol. oblique, *Pol. obliquus,* Fries.

Boletus obliquus, Pers.

Pédicule inséré sur le bord du chapeau, cylindrique, un peu bosselé, brunâtre, simple, quelquefois rameux à la base, ordinairement très-court. Chapeau blanc ou jaunâtre, rougeâtre ou marron selon l'âge, arrondi, un peu sinueux, épais, marqué en dessus de zones parallèles au bord. Chair sèche, coriace, subéreuse, pas désagréable au goût ni à l'odorat. Tubes courts, blancs et couleur de rouille avec l'âge.

Habite les bois des basses montagnes, sur les vieilles souches de divers arbres. Ce Champignon n'est pas malfaisant, mais de difficile digestion s'il n'est pas cueilli jeune; car, aussitôt qu'il vieillit, sa chair est un peu coriace, et est envahie par les larves d'insectes qui se nourrissent de sa pulpe.

4. Pol. en bouquet, *Pol. frondosus,* Pers., Fries;
en catalan *Bolet bassou* (jumeau).

Bol. frondosus, Schram ; *Bol. ramosissimus,* Schæff.; *B. cristatus,* Gouan.
Vulg. *Poule des Bois, la Couveuse.*

Pédicule presque nul et rugueux. Chapeau d'un brun grisâtre, ridé, fuligineux, couvert de verrues, qui se détachent au moindre frottement. Chair un peu molle, grisâtre, ne changeant point de couleur en la froissant, répandant une odeur d'anis agréable et une saveur douce, qui font que ce champignon est estimé. Tubes blancs dans la jeunesse, et devenant grisâtres avec l'âge; se détachant facilement de la pulpe. Ces champignons naissent plusieurs ensemble, comme imbriqués les uns dans les autres.

Habite les Albères et les montagnes médianes de la vallée du Réart, au pied des vieux arbres de chêne et de chêne-liége, où il forme des agglomérations qui ont quelquefois 60 centimètres d'étendue. Il naît à la fin de l'été, si les pluies viennent à cette époque; mais plus généralement en automne.

5. Pol. faux-amadouvier, *Bol. pseudo-iquarius,* Bull.
6. Pol. ongulé, *Bol. ungulatus,* Bull.
7. Pol. obtus, *Bol. obtusus,* Pers.

Avec ces trois champignons l'on fait aussi de l'amadou. Ils sont tous les trois communs sur divers arbres de nos forêts.

GENRE CHANTERELLE, *Cantharellus,* Adans., Juss.

Chapeau charnu ou membraneux, garni en dessous de veines ou de plis disposés en rayons rameux; le pilier est nu ou nul; il n'y a ni voile ni volva.

1. Chant. comestible, *Cantha. cibarius,* Fries;

en catalan *Roubellous, Ginestroles.*

Merulius cantharellus, Pers., Dec. fl. fr. 541; *Agaricus cantharellus,* Lin., Schœff., Bull.

Vulg. *Manne terrestre, Oreille de lièvre, Roussette.*

Pédicule plein, charnu, épais, se dilatant en chapeau irrégulier, arrondi et convexe, ensuite sinueux et souvent en entonnoir, plus prolongé d'un côté que de l'autre; couleur d'un jaune plus ou moins pâle, ou plus ou moins orangé; le dessous du chapeau marqué de veines ou nervures qui ressemblent à de vrais feuillets. Ces plis sont continus avec le chapeau, bifurqués et décurrents sur le pédoncule. Sa chair est un peu coriace lorsque le champignon est âgé; jeune, elle est excellente et d'un goût fort agréable.

Ce Champignon habite les bois des hautes régions, dans les *pinouses* du haut de la vallée de *Jau;* il est très-abondant dans le bois de Salvanère. On le porte en quantité sur nos marchés.

Nos paysans ont donné le nom de *Roubellou* à ce champignon, probablement à cause de sa couleur jaune d'œuf, en catalan *roubell;* et *Ginestrole,* parce qu'il abonde sur les terrains couverts de genêts, quoiqu'on le trouve aussi partout ailleurs dans les bois.

2. Chant. orangée, *Cantha. aurantiacus,* Fries.

Boletus aurantiacus. Dec. fl. fr. 537; *Merulius aurantiacus*, Pers.; *Agaricus cantharelloïdes*, Bull.

Pédicule cylindrique, un peu renflé au milieu, long de 8 à 10 centimètres, moucheté de rouge ou de brun, souvent noirâtre. Chapeau orbiculaire, de 6 à 7 cent. de diamètre, sinueux sur les bords, qui sont roulés en dessous; épais, convexe, à son jeune âge; sa surface supérieure orangée ou fauve. Chair mollasse, d'une odeur fade, nauséeuse, et d'un goût âcre et piquant. Tubes blancs, étroits, allongés, bifurqués au sommet, se détachant du chapeau.

Habite sur la terre des bois très-humides de nos montagnes. Nous avons recueilli cette variété dans le bois des *Fanges*, près Caudiès, et dans les parties basses du bois de Saint-Martin et de Fosse : la couleur noire du pédicule suffit pour la distinguer.

Bien que certains auteurs prétendent qu'on peut manger ce champignon quand il est jeune, nous pensons qu'il doit être rejeté de l'alimentation à cause de son goût âcre et piquant, qualités qui ne plaident pas en sa faveur; aussi le regardons-nous comme suspect.

CARACTÈRES DISTINCTIFS DES DEUX CHANTERELLES.

Chanterelle comestible, alimentaire.	*Chanterelle orangée, douteuse sinon vénéneuse.*
1° Pédicule plein, court, charnu, épais, jaunâtre, se dilatant et se confondant avec le chapeau.	1° Pédicule cylindrique, renflé au milieu, long de 8 à 10 cent., moucheté de rouge et de brun, souvent noirâtre.
2° Chapeau irrégulier, convexe, sinueux, plus prolongé d'un côté que de l'autre, jaune ou orangé plus ou moins pâle; dessous du chapeau marqué de veines ou nervures, qui ressemblent à de vrais feuillets.	2° Chapeau orbiculaire, de 6 à 7 centimètres de diamètre, sinueux sur les bords, qui sont roulés en dessous; la surface supérieure orangée ou fauve.
3° Chair un peu coriace, mais d'un goût et odeur agréables.	3° Chair mollasse, d'une odeur fade, nauséeuse et d'un goût piquant.
4° Tubes jaunes, continus avec le chapeau, bifurqués et décurrents sous le pédoncule.	4° Tubes blancs, étroits et allongés au sommet, se détachant du chapeau.

Genre Agaric, *Agaricus*, Lin., Dec. fl. fr.

Le genre *Agaric*, établi par Linné et adopté par tous les botanistes, est caractérisé par un réceptacle charnu en forme de chapeau, ayant, à sa face inférieure, des lames ou feuillets minces, égaux ou inégaux entre eux, portant l'*hymenium*, et rayonnant du centre à la circonférence. Comme ce genre est très-nombreux en espèces, tous les auteurs ont senti la nécessité de le subdiviser en sections pour en faciliter l'étude, et presque tous ont suivi une marche différente. Quant à nous, nous avons suivi la classification établie par De Candole dans sa flore française, pour ce genre seulement.

1re Section.—Pleurope, *Pleuropus*, Pers.

Point de volva; pédicule nul, latéral ou excentrique.

Les Pleuropes sessiles sont en général coriaces; ceux qui ont un pédicule sont charnus, et ont un chapeau irrégulier, souvent concave.

Nous citerons dans les Agarics sessiles de cette section : l'*Agaricus quercinus*, Lin.; *Agar. abietinus*, Bull.; *Agar. coriaceus*, Bul., assez communs dans le département. Ils sont très-coriaces, subéreux, et ne peuvent servir qu'à faire de l'amadou.

1. Agar. palmé, *Agar. palmatus*, Bull., Sæwar., Dec. fl. fr. 365;

en catalan *Bolet*.

Pédicule nu, plein, charnu, blanc, un peu renflé à la base, continu avec le chapeau, long de 10 à 12 cent. Chapeau convexe, arrondi lorsqu'il est jeune, excentrique et sinué dans ses bords à la maturité, de couleur jaunâtre ou brunâtre, 10 à 12 cent.

de diamètre. Chair mollasse, jaunâtre ou brune; odeur fade, saveur piquante; feuillets peu nombreux, irréguliers, de la même couleur que le chapeau.

Habite les régions élevées de nos montagnes, sur le bois mort, par groupes assez nombreux, dans les bois de la *Font de Comps*, d'Évol et de Prats-Balaguer.

Ce Champignon n'est pas utilisé à cause de ses petites proportions, de son odeur fade et de sa saveur piquante.

2. Agar. d'orme, *Agar. ulmarius*, Bull., Sowerb, Dec. fl. fr. 368;

en catalan *Bolet d'Um* (Orme), *Camparol d'Um*.

Vulg. *Oreille d'Orme*.

Pédicule nu, plein, charnu, cylindrique, arqué, d'un blanc sale, long de 10 à 12 cent. Chapeau arrondi, convexe, presque orbiculaire, puis aplati, devient ovale en se développant; d'un jaune terreux, tacheté de petites jaspures noires et rouges quand il est mûr; il atteint alors de 25 à 30 cent. de diamètre. Chair d'une consistance ferme, blanche, exhalant une ordeur agréable, d'une saveur un peu aigrelette; lames larges, nombreuses, inégales, blanches ou jaunâtres, échancrées à leur base.

Habite par groupes nombreux, disposés par étages sur les souches languissantes de divers arbres, dans nos basses vallées: Fillols, Sahorre, Finestret, Rigarda. Il ne se trouve pas constamment sur l'orme, comme son nom paraît l'indiquer; nous l'avons vu sur les pommiers, les peupliers, les chênes. Cet Agaric n'est pas malfaisant; on le mange bien que sa chair ne soit pas savoureuse. Ce champignon est susceptible de varier beaucoup par sa forme et ses dimensions, selon son âge et les lieux qu'il habite.

3. Agar. orcelle, *Agar. orcellus*, Bull., Dec. fl. fr. 367.

Pédicule central, tantôt excentrique, nu, court, plein, glabre, jaunâtre, ordinairement courbé, long de 4 à 6 cent. Chapeau convexe, ensuite plan, d'un blanc jaunâtre, presque toujours sinueux, zoné, ou tacheté d'une couleur plus foncée, long de 5 à 6 cent. de diamètre. Chair ferme, cassante, jaunâtre, ne changeant pas de couleur; odeur de farine, goût agréable, un peu herbassé; feuillets inégaux, étroits, pointus aux deux extrémités, un peu décurrents. La peau du chapeau se détache facilement.

Habite les clairières herbeuses des forêts de nos montagnes; les prairies des hautes régions; les bords des ravins humides; on le trouve souvent par groupes assez nombreux au pied du tronc des vieux arbres. Son aspect ne prévient pas en sa faveur; cependant, il n'est pas malfaisant, et on peut le manger sans crainte, quoiqu'il rende une eau noire par la cuisson.

4. Agar. styptique, *Agar. stypticus,* Bull., Dec. fl. fr. 361; en catalan *Bolet agra* (acide).

Agaricus semipetiolatus, Schæff.

Pédicule nu, plein, continu avec le chapeau, très-court. Chapeau hémisphérique, prolongé et arrondi à ses extrémités, bords roulés en dessous; son grand diamètre dépasse rarement 3 cent.; couleur cannelle plus ou moins foncée; surface sèche, couverte d'une efflorescence farineuse qui s'attache aux doigts. Chair peu épaisse, jaunâtre, mollasse, se déchirant facilement, coriace à sa maturité; odeur peu prononcée; saveur fade, nauséeuse, âcre et astringente; feuillets étroits, entiers, se détachant facilement de la chair et se terminant en une ligne demi-circulaire, régulière.

Habite, en automne et pendant l'hiver, par groupes, sur les souches des vieux arbres abattus depuis longtemps, dans les bois des basses montagnes et de la plaine.

Cet Agaric est regardé généralement comme malfaisant. Mais, comme il est petit et qu'il est peu charnu, on n'est guère tenté de le cueillir pour l'usage alimentaire; toutefois, il pourrait être confondu avec d'autres espèces et mêlé avec les champignons qu'on mange habituellement; alors il produirait quelque mauvais effet.

MM. Noulet et Dassier ont donné cet Agaric à des animaux, à des doses assez fortes ; ils ont été purgés violemment, et n'ont pas été tués. Or, comme toute substance qui amène de fortes purgations, peut produire des accidents graves, cela suffit pour nous tenir en garde contre ce champignon et le ranger dans la catégorie des suspects.

5. Agar. de l'olivier, *Agar. olearius*, Dec. fl. fr. suppl. 368; en catalan *Bolet de l'Oliu*.

Oreille de l'Olivier, Paul., Mich.

Pédicule latéral, excentrique ou rarement central, plein, courbé, très-rarement droit, court ou long de 4 à 8 centimètres. Chapeau mince, plan, avec les bords un peu roulés en-dessous; couleur d'un roux doré, un peu brun en dessus. Chair coriace, filandreuse, de la même couleur que la peau, répandant une odeur vireuse, d'une saveur âcre et piquante. Feuillets inégaux, très-décurrents, d'un jaune doré.

Habite au pied des oliviers, sur les racines à fleur de terre, par groupes de plusieurs individus. Très-commun partout, à *Malloles*, la *Passion-Vieille*, *Orle*, et dans les olivettes de tout le département. Il est considéré comme vénéneux, et nos paysans se gardent bien d'y toucher.

M. De Candole, qui l'a décrit, dit : « On m'a assuré que lorsqu'il se gâte, il jette une lumière phosphorique. »

M. Montagne découvrit sur l'*Agaric de l'Olivier* un parasite, que Fries a nommé *Cladasporium umbrinum*. Ce naturaliste pense que c'est à ce parasite que l'Agaric doit sa phosphorescence; ce qui est fort douteux, dit M. Montagne, *in Litt.*

2me Section. — Russule, *Russula*, Pers.

Point de volva. Pédicule central, portant un chapeau charnu et comprimé. Feuillets égaux entre eux, et non terminés sur un bourrelet annulaire.

1. Agar. à dents de peigne, *Agar. pectinaceus,* Bull., Dec. fl. fr. 369;

Agaricus integer, Lin.; *Agar. emeticus,* Roq.

Pédicule, blanc, nu, cylindrique, plein, épais, long de 3 à 4 centimètres. Chapeau convexe, ensuite plan, avec le centre déprimé, les bords irrégulièrement relevés, son diamètre est de 10 à 12 cent.; la superficie du chapeau est blanche, verdâtre ou légèrement bleuâtre; elle varie extraordinairement; le pourtour de la face supérieure du chapeau présente autant de dentelures qu'il y a de feuillets en dessous. Chair, blanche, ferme, un peu friable, conservant sa couleur sans altération au contact de l'air; son odeur est agréable; saveur légèrement piquante, qui disparaît par la cuisson.

Habite sur la terre, dans les bois des basses montagnes; toujours solitaire; mais abondant dans toutes les localités où il paraît. On le porte sur nos marchés; il est très-estimé.

Les auteurs ont fait cinq variétés de ce champignon. Nous en avons remarqué trois dans ce département; ce sont les suivantes:

Var. α Agar. pectinacé blanc, *Agar. lacteus,* Pers.

Tout le champignon est d'un blanc de lait.

Var. γ Agar. pectinacé jaunâtre, *Agar. fulvus,* Bull.; *Agar. ochroleucus,* Pers.

Chapeau d'un roux plus ou moins foncé.

Var. δ Agar. pectinacé brunâtre, *Agar. fuliginosus,* Nob., Bull.

Chapeau d'un roux ou d'un rouge fuligineux.

Ces trois variétés sont constantes; nous n'avons jamais vu la var. Verte, *Agar. virescens,* Pers., ni la var. Rougeâtre, *Agar. rosaceus,* Bull.

Toutes les variétés de ce champignon ont les mêmes caractères; la couleur seule les distingue. Toutes sont comestibles et recherchées par leur bon goût et leur facile digestion, surtout dans leur jeune âge.

3me Section. — Lactaire, *Lactarius*, Pers.

Point de volva. Pédicule court et central. Feuillets inégaux, répandant, ainsi que la chair du chapeau, lorsqu'on les rompt, un suc laiteux, ordinairement blanc, quelquefois jaune ou rouge, ayant, dans la plupart des espèces, une saveur âcre, poivrée et brûlante.

Cette section se compose de plusieurs espèces, qui ont, toutes, quelque chose de pernicieux et doivent être rejetées. On doit toujours se méfier d'un Champignon, lorsqu'en le brisant il laisse couler une liqueur laiteuse plus ou moins abondante. Il y a toujours dans cette liqueur un principe plus ou moins âcre, capable de produire sur l'économie les plus mauvais effets.

1. Agar. âcre, *Agar. acris*, Bull., Dec. fl. fr. 373.

Agaricus piperatus, var. β Pers.

Cette espèce, entièrement blanche, a sa chair cassante et ferme, qui répand, quand on la casse, un suc abondant, laiteux et âcre, qui jaunit au contact de l'air. Quelques auteurs prétendent qu'on mange ce champignon en Allemagne et en Russie. Les habitants des Vosges en font aussi une grande consommation; mais, dans le Midi, on lui attribue, non sans raison, des qualités délétères, et il est rejeté.

Nous avons trouvé ce champignon, en été, dans les taillis du bois de Boucheville, et dans les prairies ombragées de Vira et de Saint-Martin. Il est tout-à-fait rejeté, et connu comme délétère par nos paysans, qui l'appellent *Bollet foll*, nom généralement donné à tous les champignons vénéneux.

2. Agar. meurtrier, *Agar. necator*, Bull., Dec. fl. fr. 380.

Agaricus torminosus, Schæff., Pers.; *Amanita venenata*, Lamk. dict.

Le chapeau de ce champignon affecte plusieurs formes; il se couvre de peluchures, et finit par prendre la figure d'un entonnoir. Il est d'un blanc jaunâtre avec des zones de couleur ferrugineuse.

Le nom seul de ce champignon épouvante; il passe, avec raison, pour être très-dangereux. Cependant, M. Weinman dit qu'on le mange en Russie. Sans douter de la bonne foi de ce naturaliste, il faudrait savoir si on ne confond pas deux espèces voisines, dont l'une serait comestible et l'autre vénéneuse, comme nous l'avons fait remarquer pour des espèces précédentes.

Habite ras de terre, en été et en automne, dans les bois des montagnes des hautes régions, dans les parties les plus touffues et ombragées. Nous l'avons trouvé dans les vastes forêts qui couvrent les montagnes entre la *Font de Comps*, le *Pla de l'Ours* et la vallée d'Évol. Il n'a jamais été porté sur nos marchés; il est trop connu de nos paysans, qui le considèrent comme très-dangereux, et qui n'osent même pas le toucher; ils lui donnent le nom de *Bolet amarg*.

2. Agar. délicieux, *Agar. deliciosus,* Schœff., Dec. fl. fr. 379.

Amanita sanguinea, Lamk. dict ; *Lactarius lateritius,* Pers.

Comme le nom du précédent champignon effraye, celui de *Délicieux* devrait réjouir l'âme des gourmets. Il n'en est, cependant, pas ainsi; car, on ne fait jamais de ce champignon un met délicat, et rien ne confirme l'idée que fait naître son nom scientifique. Sa chair, coriace et blanche, rougit dès qu'on la déchire; elle laisse couler un suc jaune orangé ou rougeâtre, d'une saveur âcre et désagréable, qui disparaît, dit-on, par la cuisson. Mais, cela seul doit le faire considérer comme suspect, sinon vénéneux. Dans un pays où les bonnes espèces abondent, il faut savoir sacrifier celles sur lesquelles plane le moindre doute.

Habite sur la terre, les forêts des hautes régions de la vallée du Réart, dans les gorges de Calmeilles et de Taillet; nous l'avons trouvé dans les gorges des Albères, au vallon de Sorède et dans les bois de La Vall. Il est toujours par groupes de plusieurs individus, et quoique son aspect ne soit pas repoussant, on a, non sans raison, sur son compte, une prévention qui le fait rejeter.

3. Agar. caustique, *Agar. pyrogalus,* Bull., Dec. fl. fr. 377.

Le suc de ce Champignon a une saveur brûlante, comme son nom l'indique; on le regarde comme vénéneux. Lorsqu'on divise sa chair épaisse, ferme et blanche, il répand un suc laiteux, abondant et âcre, qui, appliqué sur la langue, lui cause une sensation désagréable.

Habite sur la terre, vers la fin de l'été et en automne, les environs de Mont-Louis, les gorges humides du *Bac de Bolquère,* et les pelouses de *Font-Romeu.* Les paysans, qui le connaissent fort bien, se gardent de le cueillir; car il a produit de graves accidents chez quelques imprudents qui en ont fait usage.

4. Agar. sans zones, *Agar. azonites,* Bull., Dec. fl. fr. 378.

Cette espèce ne mérite pas plus que les autres de la section, d'être classée parmi les alimentaires. Sa chair, ferme, cassante, blanche d'abord, répand, quand on la froisse ou qu'on la déchire, une liqueur laiteuse, âcre, ocracée, qui passe bientôt au rouge.

Ce champignon n'est pas très-grand; la couleur blafarde de son chapeau, les feuillets jaunâtres qui en garnissent le dessous, la teinte que prend sa chair quand on la déchire, sont des caractères suffisants pour le faire ranger dans la classe des suspects.

Habite sur la terre, dans les terrains humides de nos basses vallées; sur les friches et les pelouses. Il est ordinairement solitaire et peu abondant; il paraît en été et en automne. Nous l'avons trouvé aux environs de Sahorre et de Saint-Martin-du-Canigou, et dans le vallon de Rigarda.

5. Agar. plombé, *Agar. plumbeus,* Bull., Dec. fl. fr. 382.

Amanita eruginea, var. β Lamk. dict.

Chapeau convexe, n'offrant aucune zone, centre déprimé et bords déjetés en bas. Pédicule épais, long et jaunâtre. Chair blanche, cassante, rendant un peu de lait âcre en la déchirant; mais le gardant entre ses feuillets, où il se concrète. Feuillets nombreux et jaunâtres.

La couleur noirâtre de ce champignon, enfumé ou plombé, et son aspect général, ne sont pas faits pour rassurer les personnes qui voudraient en user comme substance alimentaire; aussi est-il tout-à-fait rejeté.

Habite sur la terre, dans les bois humides et les ravins, parmi les mousses et les feuilles en décomposition des environs de Saint-Marsal et du vallon de Valmanya, où nous l'avons trouvé à la fin de l'été

6. Agar. à zones, *Agar. zonarius,* Bull., Dec. fl. fr. 375.

Agaricus flexuosus, Pers.; *Amanita zonaria,* Lamk. dict.

Pilier large auprès des feuillets, mince à la base, d'un blanc jaunâtre, surmonté d'un chapeau de couleur jaunâtre, marqué de zones ou lignes d'une couleur plus foncée; d'une taille ordinaire. Sa chair, mince, blanche, ne change pas de couleur quand on la déchire; mais le suc laiteux quelle répand est très-âcre, et ce dernier caractère doit faire considérer cet Agaric comme dangereux; nos paysans le connaissent bien, et le nomment *Bolet llatrese* (Champignon euphorbe); ils emploient son suc pour faire disparaître les verrues.

Habite sur la terre humide des forêts des basses montagnes, parmi les mousses ou les feuilles qui commencent à entrer en putréfaction. Nous l'avons trouvé dans les bois de Flagells qui avoisinent Taurinya.

Les espèces comestibles qui composent cette section sont assez difficiles à distinguer des espèces vénéneuses, et c'est peut-être de cette difficulté que vient la différence d'opinions des auteurs sur leurs propriétés alimentaires. On ne saurait prendre assez de précautions quand on veut en faire usage; car, malgré l'opinion de ceux qui affirment que l'ébullition dans l'eau ou l'infusion dans le vinaigre détruit le principe vénéneux, nous pensons que la prudence, en pareil cas, doit toujours servir de guide.

4me Section. — Coprin, *Coprinus,* Pers.

Point de volva. Pédicule central, nu ou muni d'un collier. Feuillets inégaux qui, dans leur vieillesse, se fondent en une eau noire. Chapeau membraneux.

Cette section renferme des champignons qui n'ont aucune valeur. Tous sont repoussés par leur ténuité, et par la prompte décomposition qu'ils éprouvent; aucun n'est propre à la nourriture de l'homme; tous sont ternes, dégoûtants, et personne, à leur aspect, n'est tenté de les cueillir. Leur chapeau est presque toujours en cloche; leurs feuillets finissent par devenir noirs, et se résolvent, avec leur chapeau, en une liqueur noire comme de l'encre. Ils ont une existence très-éphémère; elle ne dépasse pas deux, trois et au plus quatre jours. Ils viennent tous sur des matières putressibles : le fumier, le terreau, les excréments. Nous en désignerons quelques espèces, qu'on trouve généralement partout :

1° Agar. massette, *Agar. typhoïdes*, Bull.

2° Agar. faux éphémère, *Agar. ephemeroïdes,* Bull.

3° Agar. pie, *Agar. picaceus*. Bull.

4° Agar. à encre, *Agar. atramentarius,* Bull. Ce naturaliste, à l'égard de ce champignon, dit : « En vieillissant, il prend une odeur de pourri; se fond en une eau noire, avec laquelle j'ai fait une très-bonne encre pour le lavis; elle porte sa gomme avec elle, mais il faut la filtrer. »

5° Agar. à forme de dé, *Agar. digitaliformis,* Bull.
6° Agar. déliquescent, *Agar. deliquescens,* Bull.
7° Agar. des fumiers, *Agar. stercorarius,* Bull.
8° Agar. du terreau, *Agar. fimiputris,* Bull.
9° Agar. bulleux, *Agar. bullaceus,* Bull., etc., etc.

5me Section. — Pratelle, *Pratella,* Pers.

Point de volva. Pédicule central, nu ou muni d'un collier. Feuillets qui noircissent, sans se fondre en une eau noire dans leur vieillesse. Chapeau charnu.

1. Agar. strié, *Agar. striatus,* Bull., Dec. fl. fr. 404.

Agaricus plicatus, Schœff.; *Amanita plicata,* Lamk. dict.

Pédicule nu, fistuleux, blanchâtre, long de 8 à 10 centimètres. Chapeau conique, puis plan, marqué de stries profondes; couleur rousse, jaunâtre ou blanchâtre. Chair blanc-rosée, ferme, odeur d'anis, saveur doucâtre. Feuillets inégaux, libres, de couleur pâle, puis d'un brun bistré.

Habite dans les clairières des bois des basses montagnes; les prairies; les jardins; commun partout. Il est solitaire et pas malfaisant. La diversité de la couleur du chapeau de ce champignon a donné lieu à deux variétés qu'on trouve toujours avec le type.

2. Agar. demi-orbiculaire, *Agar. semi-orbicularis,* Bull., Dec. fl. fr. 410.

Pédicule jaunâtre, nu, ferme, long de 4 à 5 cent. Chapeau semi-sphérique, quelquefois concave, large de 2 à 3 cent.; sa surface est lisse, luisante, jaunâtre. Chair blanche, fine. Feuillets nombreux, larges, inégaux, d'un blanc grisâtre, prenant une teinte jaunâtre à la maturité. Il se dessèche facilement; odeur et goût agréable.

Habite sur les pelouses, le long des haies et des chemins, dans la montagne et en plaine. Très-commun partout et en toute saison, lorsque les pluies sont fréquentes.

3. Agar. amer, *Agar. amarus,* Bull., Dec. fl. fr. 412.

Agaricus lateritius, Schœff., Pers.; *Agar. auratus,* fl. dan.; *Amanita amara,* Lamk. dict.

Pédicule un peu tortueux, fistuleux, jaune, avec des peluchures noires, long de 6 à 7 cent. Chapeau hémisphérique, puis plan ou même un peu concave; de couleur jaune, plus foncé au centre; 4 cent. de diamètre. Feuillets d'un gris verdâtre. Ce champignon a peu de chair; son odeur n'est pas désagréable, mais sa saveur est très-amère et nauséabonde.

Habite, à la fin de l'été et en automne, par groupes très-nombreux, dans les bois humides de nos basses montagnes, sur les souches qui se décomposent, dans les vallées de Fillols, de Vernet-les-Bains, de Rigarda, et dans quelques gorges de la vallée du Réart.

Nos paysans ne font aucun cas de ce champignon; ils le disent, avec raison, vénéneux. Les expériences qui ont été faites sur des animaux confirment parfaitement leur opinion. La couleur verdâtre des feuillets et sa saveur amère, sont des caractères très-faciles à saisir, qui le feront toujours distinguer de toute espèce comestible.

4. Agar. bulbeux, *Agar. bulbosus,* Dec. fl. fr. 564; en catalan *Bolet foll, Peu llarg.*

Amanita bulbosa, Lamk. dict; *Agar. bulbosus,* Bull., Schœff.

Pédicule cylindrique, renflé à la base, couvert par les débris du volva, souvent courbe à sa vieillesse, long de 15 à 18 cent. Chapeau plus ou moins convexe, ne devenant jamais concave; sa surface est visqueuse, d'un blanc verdâtre et couverte de plaques adhérentes produites par les débris du volva. Chair mollasse, qu'on ne peut point peler. Feuillets nombreux, inégaux, blancs, quel que soit l'âge du champignon, n'atteignant qu'à deux millimètres du pédicule ; odeur vireuse ; saveur très-âcre.

Habite, en automne, les bois humides des basses montagnes. Nous l'avons trouvé dans les forêts de la vallée de La Vall ; assez fréquent dans les bois de la vallée d'Esthoer. Connu par nos paysans sous le nom de *Bolet foll, Peu llarg.*

C'est le seul champignon qui, au premier abord, surtout lorsqu'il est jeune, peut être confondu avec l'Agaric comestible. Nous donnons à la suite les caractères qui peuvent les faire distinguer.

5. Agar. comestible, *Agar. edulis,* Bull., Dec. fl. fr. 418; en catalan *Cougounelle blanca.*

Agaricus arvensis, Schœff. ; *Agar. campestris,* Lin.

Vulg. *Champignon de pré, Champig. de couche, Potiron boule de neige.*

Pédicule cylindrique, long, plein, charnu, blanc ou rose, selon la variété, continu avec le chapeau ; quelquefois tubéreux à la base ; long de 4 à 6 cent., portant en haut une collerette blanche. Chapeau sphérique d'abord, qui devient convexe ensuite, lisse, d'un jaune pâle et quelquefois terne, de 8 à 10 cent. de diamètre. Chair ferme, cassante, pouvant être pelée facilement ; saveur agéable ; odeur très-prononcée d'anis et de fenouil. Feuillets rougeâtres ou blancs, violacés ensuite, prenant à la fin une couleur de suie.

Habite les bois, les prairies, les jardins, les friches, les pacages ; il est souvent solitaire ; d'autres fois on le trouve en nombre dans un espace très-circonscrit, aussi bien dans la plaine que dans les hauts plateaux de nos montagnes ; il est partout très-parfumé et fort estimé. On le mange sans le moindre inconvénient.

Ce Champignon produit ordinairement trois variétés : la blanche, la rose et la grise ; elles sont différenciées par la couleur que prend le chapeau ou les feuillets. Toutes les trois sont bonnes et abondent au printemps, en été et en automne dans les localités que nous avons désignées. Il se recommande par une chair tendre, une saveur aromatique, et surtout par cette innocuité incontestable que quelques auteurs prétendent lui contester. Néanmoins, il est un fait qu'il ne faut jamais oublier, c'est que tout champignon devient malfaisant quand il est mangé trop vieux.

L'*Agaric comestible* est jusqu'ici le seul champignon qu'on ait réussi à cultiver et à multiplier à volonté ; c'est le *champignon de couche* qu'on mange à Paris en toute saison, et qui a donné lieu à une véritabe industrie commerciale.

CARACTÈRES DISTINCTIFS DE L'AGARIC COMESTIBLE ET DE L'AGARIC VÉNÉNEUX.

Agaric comestible, alimentaire.	*Agaric bulbeux, vénéneux.*
1° Pédicule s'élevant de 4 à 6 cent., plein, charnu, blanc, quelquefois aminci, quelquefois tubéreux à la base ; collerette en haut du pédicule.	1° Pédicule s'élevant à 15 et 18 c., cylindrique, renflé à la base, qui est couverte par les débris du volva.
2° Pas de traces de volva sur le chapeau.	2° Plaques du volva adhérant au chapeau.
3° Chapeau d'abord sphérique, ensuite convexe ; surface sèche, lisse et d'un jaune pâle.	3° Chapeau plus ou moins convexe, jamais concave ; surface visqueuse, d'un blanc verdâtre.
4° Feuillets ordinairement blancs, rougeâtres ou violacés, inégaux, étroits, distincts du pédicule.	4° Feuillets nombreux, inégaux, n'atteignant qu'à 2 millim. du pédicule ; restant toujours blancs, quel que soit l'âge du champignon.
5° Chair ferme, cassante, qu'on peut peler très-aisément.	5° Chair mollasse, qu'on ne peut pas peler.
6° Odeur aromatique qu'on peut rapporter à celle de l'anis ; saveur agréable.	6° Odeur vireuse ; saveur très-âcre.

Il nous paraît impossible que les gens les moins expérimentés, en faisant un peu d'attention aux caractères assignés à ces deux espèces, qui se ressemblent au premier coup-d'œil, puissent faire erreur et les confondre.

6. Agar. atténué, *Agar. attenuatus,* Dec. fl. fr. suppl. 547; en catalan *Bolet de Salse.*

Pédicule cylindrique, un peu courbé, mince à la base, s'évasant insensiblement jusqu'au sommet; collier rabattu, placé très-près des feuillets, long de 10 centimètres, quelquefois central, quelquefois excentrique. Chapeau convexe, charnu, sec, d'un blanc un peu roussâtre. Chair blanche, un peu filandreuse, d'une odeur agréable et d'un goût de noisette. Feuillets d'un brun fauve, inégaux, adhérents au pédicule.

Habite par touffes assez nombreuses quelquefois, au pied des vieux troncs de saule ou de peuplier; partout, dans la plaine et au pied des montagnes.

Ce champignon est fort bon, et on le mange sans le moindre inconvénient; l'odeur aromatique qu'il exhale, et la saveur agréable qu'il laisse à la bouche, le font considérer comme une excellente espèce alimentaire; il est très-commun au printemps, en été, s'il est pluvieux, et en automne.

6me Section. — Rotule, *Rotula,* Pers.

Cette section se compose de deux espèces qui n'ont pas la moindre importance.

7me Section. — Mycène, *Mycena,* Pers.

Point de volva ni de collier. Pédicule central, fistuleux. Chapeau non ombiliqué. Feuillets qui ne noircissent pas en vieillissant.

Cette section ne renferme que de petits champignons dont le chapeau est presque membraneux; ils sont d'une très-faible ressource comme substance alimentaire. Ils sont assez nombreux dans nos vallées; nous ne citerons que deux espèces, une comestible et l'autre suspecte.

1. Agar. en roseau, *Agar. arundinaceus*, Bull., Dec. fl. fr. 421.

Agaricus collinus, Pers., Schæff.; *Agar. pratensis*, Sowerb.

Pédicule creux, nu, presque toujours aplati, ou marqué d'un large sillon, un peu velu à la base, glabre, lisse, luisant dans toute sa longueur, qui est de 10 à 12 cent. Chapeau blanchâtre, avec des stries rousses; conique; un peu mamelonné au centre; large de 4 à 5 cent. Chair blanche, répandant une bonne odeur; ne changeant pas de couleur lorsqu'on la casse. Feuillets fauves, inégaux, distincts du pédicule. Ce champignon est bon à manger malgré sa petitesse.

Habite les prairies alpines du canigou, par groupes assez nombreux; nous l'avons aussi trouvé, en automne, dans les pâturages de la *Motte de Planès*, et dans les environs de Mont-Louis.

2. Agar. alliacé, *Agar. alliaceus*, Bull., Lin., Dec. fl. fr. 423;

en catalan *Girboule d'Ail*.

Agaricus porreus, Pers.

Pédicule nu, grêle, cylindrique, pubescent, pâle, mince au sommet, long de 8 à 10 cent. Chapeau plan ou convexe, sinué sur les bords; blanc ou jaunâtre, prenant une teinte roussâtre à sa maturité; large de 5 à 6 cent. Chair blanche; prend bientôt une couleur bleuâtre lorsqu'on la casse; exhale une odeur repoussante d'ail. Feuillets peu nombreux, inégaux, roussâtres, terminés en pointe du côté du pédicule.

Habite sur la terre, parmi les feuilles en putréfaction, dans les bois humides de nos vallées, les gorges qui avoisinent le *Gourg Colomer*, rivière de Rigarda. Nous l'avons vu dans les bois du second plateau de Nohèdes.

Nos paysans connaissent ce champignon sous le nom de *Girboule d'ail*, et lui attribuent des qualités vénéneuses; du reste, son odeur seule le ferait rejeter, et le distingue suffisamment de l'*Agaric en roseau*, qui est comestible.

8me Section.—Omphalie, *Omphalia,* Pers.

Point de volva ni de collier. Pédicule central, fistuleux ou plein. Chapeau ombiliqué. Feuillets qui ne noircissent point dans leur vieillesse, et qui sont presque toujours décurrents.

On ne connaît dans cette section aucune espèce vénéneuse. Ce sont de très-petits champignons qui n'ont ni odeur ni saveur désagréables ; cependant, il n'y en a qu'un très-petit nombre d'employés; les autres espèces étant trop petites.

1. Agar. virginal, *Agar. virgineus,* Jacq., Pers., Dec. fl. fr. 448;

en catalan *Petit Bolet blanc.*

Agaricus ericeus, Bull.: *Agar. niveus,* Schœff.

Pédicule nu, cylindrique, plein, long de 3 à 4 cent. Chapeau convexe, ensuite plan ou concave, avec les bords rabaissés et souvent demi transparents; diamètre de 5 à 6 cent. Chair blanche; ne change pas par la cassure; elle répand une odeur fort agréable. Feuillets peu nombreux, entremêlés de demi-feuillets, décurrents sur le pédoncule.

Habite les coteaux, parmi les bruyères, les friches, les pelouses de nos basses montagnes; il vient à la fin de l'été et en automne, sur les Albères, dans la vallée du Réart, dans les environs de Prades; il est toujours par groupes de plusieurs individus.

On mange ce champignon comme le *Mousseron,* auquel il ressemble beaucoup, et on le fait sécher pour en faire usage en hiver.

2. Agar. tigré, *Agar. tigrinus,* Bull., Dec. fl. fr. 452; Pers., Sowerb.

Amanita tigrina, Lamk. dict.

Pédicule nu, plein, tortueux, long de 3 à 5 cent. Chapeau

arrondi, blanc, tacheté de petites peluchures brunes, ayant toujours un petit enfoncement au milieu, et ses bords plus ou moins rabattus; son diamètre est de 6 à 8 cent. Chair, quoique en très-petite quantité, bonne, agréable au goût et à l'odorat. Feuillets très-nombreux, inégaux, difficiles à détacher du pédoncule.

Habite, en été et en automne, par groupes assez nombreux, les vieux troncs des arbres, dans les bois de chêne, chêne-vert et chêne-liége des Albères, de la vallée du Réart, sur les pentes du vallon de Sahilla et de la forge de Llech. Ce champignon est facile à dessécher; on le conserve pour l'hiver.

3. Agar. en entonnoir, *Agar. infundibuliformis,* Bull.

Agaricus cyathiformis, Vahl.; *Agar. gilvus,* Pers.

Pédicule plein, cylindrique, fibreux, évasé à sa partie supérieure, long de 5 à 6 cent. Chapeau mince, fragile, plus ou moins sinué sur les bords, toujours creusé en coupe ou en entonnoir, de 8 à 10 cent. de diamètre; d'un blanc jaunâtre. Chair blanche, agréable au goût et à l'odorat. Feuillets minces, étroits, terminés en pointe et décurrents.

Ce champignon habite, en automne, dans les bois humides, toujours sur les tas de feuilles en décomposition; il est isolé, mais toujours assez abondant dans les localités où il vit, la forge de Llech, Nohèdes, Évol. Sa chair est très-maigre, et nonobstant sa bonne odeur, on n'en fait pas un grand cas.

9me Section.—Gymnope, *Gymnopus,* Pers.

Point de volva ni de collier. Pédicule plein. Chapeau charnu. Feuillets qui ne noircissent point en vieillissant.

Cette section fournit le plus grand nombre de champignons comestibles, « et s'il y en a quelques-uns de vénéneux, a dit M. Léveillé, ils ont été problablement mal déterminés. »

1. Agar. blanc d'ivoire, *Agar. eburneus*, Bull., Pers., Dec. fl. fr. 466.

Agaricus nitens, Sow.; *Agar. jozzolus*, Scop.; *Amanita alba*, Lamk. dict.

Pédicule nu, plein, long de 5 à 8 cent., souvent chargé au sommet de petites écailles noirâtres. Chapeau remarquable par sa couleur blanc-d'ivoire très-lisse; hémisphérique d'abord, puis plan et même concave; de 7 à 8 cent. de diamètre. Chair blanche, cassante, charnue, très-agréable au goût et à l'odorat. Feuillets étroits, inégaux, un peu décurrents sur le pédicule. On trouve quelquefois ce champignon couvert d'une liqueur visqueuse.

Habite sur la terre, isolé, mais pas très-rare, dans les bruyères, les garrigues, les friches, à *Cases-de-Pena*, Saint-Antoine-de-Galamus, etc. Quand il paraît après les pluies à la fin de l'été et en automne, on dirait un œuf qui sort de terre. Il est très-bon, fort estimé, et on le porte en abondance sur nos marchés.

Il fournit une variété plus petite, à pédicule plus allongé, qui est aussi fort estimée.

2. Agar. des bruyères, *Agar. ericetorum*, Bull., Dec. fl. fr. 467.

Au premier abord on confondrait cette espèce avec la précédente; mais, en l'examinant de plus près, on s'aperçoit que son pédicule n'est jamais chargé d'écailles au sommet. Son chapeau est plus convexe, et il a toujours une teinte un peu jaunâtre. Sa chair est très-agréable. Vit en abondance dans les mêmes localités.

3. Agar. odorant, *Agar. odorus*, Bull., Pers., Sowerb.

Pédicule plein, charnu, cylindrique, un peu dilaté au sommet, blanc, long de 6 cent. Chapeau convexe dans sa jeunesse, puis plan, de couleur verdâtre, quelquefois bleuâtre, large de 8 à 10 cent. Chair blanche, très-parfumée, cassante, susceptible d'être pelée, répandant une odeur musquée très-forte, mêlée à celle du girofle ou de l'anis. Feuillets blancs, inégaux, un peu décurrents sur le pédoncule.

Habite, à la fin de l'été et de l'automne, par groupes de six à huit individus, dans les bois des régions alpines : au Canigou, gorges de la *Jasse de las Bagues d'en Barnet;* à la *Font de Comps,* dans les *Pinouses,* et aux parties élevées de Nohèdes. Son odeur se fait sentir à une certaine distance, ce qui le fait découvrir facilement ; il est fort estimé.

4. Agar. mousseron, *Agar. albellus,* Sh., Dec. fl.fr. 470; en catalan *Courioulettes.*

Agaricus mousseron, Bull.; *Amanita albella,* Lamk. dict.

Pédicule nu, plein, charnu, souvent un peu velu vers le pied, long de 4 à 5 cent. Chapeau sphérique, puis en cloche, charnu, de 5 à 6 cent. de diamètre; bords un peu repliés en dessous; couleur d'un blanc jaunâtre, ressemblant à la peau d'un gant. Chair cassante, fibreuse, difficile à peler, d'une saveur agréable. Feuillets nombreux, inégaux, très-étroits, terminés en pointe aux deux extrémités.

Habite, en automne, par masses et larges bandes, dans les friches, les prairies, les bords des bois et des chemins. Lorsque le printemps est humide, il commence à paraître dans cette saison. On en fait une grande consommation, et quoique petit, lorsqu'il est frais, sa chair est agréable au goût et sa saveur délicate; on l'accommode de diverses manières. On le fait sécher pour s'en servir dans les ragoûts en hiver.

5. Agar. faux-mousseron, *Agar. tortilis,* Dec. fl. fr. 525; en catalan *Cama sec.*

Agaricus pseudo-mousseron, Bull.

Ce champignon ressemble au *Mousseron;* il a moins de chair et est un peu plus petit. Sa chair est molle; elle se déchire avec peine. Sa superficie est parcheminée. Il a presque la même saveur que le Mousseron; mais il est moins délicat et moins estimé. On le fait sécher, et son pédicule se tort sur lui-même en séchant.

Habite, en automne, sur les friches et sur les prairies, par groupes nombreux, mais non par traînées comme le Mousseron. On le mange sans inconvénient.

6. Agar. du panicaut, *Agar. eryngii,* Dec. fl. fr. suppl. 462; en catalan *Girboule de panicau.*

Fungus eryngii, Magn.; *Fun. esculentus è Griseo rufescens,* Mich.; *Oreille de chardon,* Paulet.

Pédicule court, plein, blanc, quelquefois excentrique, d'autres fois central. Chapeau irrégulier ou arrondi, un peu convexe, puis plan, avec les bords un peu roulés en dessous, d'un gris pâle et sale. Chair blanche, cassante, ayant peu d'odeur, mais très-bonne à manger et pas malfaisante. Feuillets blancs, inégaux, décurrents.

Habite les plateaux calcaires et les vignes, sur les racines de l'*Eryngium campestre* ou Panicaut, à Salses, Opol, *Cases-de-Pena,* Baixas, Cortsavi, la *Fou.* On porte en abondance ce champignon sur nos marchés sous le nom de *Girboule de panicau.* Il est très-estimé; on le fait sécher pour l'utiliser en hiver.

7. Agar. social, *Agar. socialis,* Dec. fl. fr. suppl. 473.

Pédicule plein ou irrégulièrement fistuleux, pâle, roussâtre ou noirâtre à sa base, tortillé sur lui-même, long de 8 à 10 cent. Chapeau presque plan, à bords un peu roulés en dessous; fauve ou roussâtre; le centre un peu plus foncé; diamètre de 4 à 6 c. Chair blanche, ferme, d'une odeur agréable et d'une saveur douce. Feuillets roux, très-décurrents et inégaux.

Habite, par touffes de douze à quinze sujets, dans les champs de la plaine, et dans les vignes au pied des ceps, des vieux arbres et des chênes. On trouve souvent ce champignon au pied des vieux figuiers. Il n'est pas malfaisant, mais il n'est pas très-estimé.

8. Agar. de l'yeuse, *Agar. illicinus,* Dec. fl. fr. suppl. 473; en catalan *Bolet d'alzina.*

Pédicule aminci à la base, renflé au-dessus, cylindrique à la partie supérieure, roussâtre, coriace, contourné sur lui-même, sans collier. Chapeau très-convexe, puis plan, de 5 à 6 cent. de diamètre, d'un roux fauve, sec, non peluché, divisé presque toujours sur ses bords. Chair blanche, d'un bon goût, odeur agréable, excellent pour la table quoique un peu dur; le pédicule n'est pas mangeable. Feuillets d'un roux pâle, adhérents, mais non décurrents sur le pédicule.

Habite par touffes de quinze à vingt individus, sur les vieilles souches des chênes, chênes-verts et chênes-liéges, dans les bois des Albères et dans la vallée du Réart. Nous avons récolté ce champignon dans les bois de Saint-Michel-de-Llotes et à Saint-Antoine-de-Galamus. On le porte sur nos marchés; on le mange frais, et on le fait sécher pour l'utiliser en hiver.

9. Agar. gris de souris, *Agar. murinaceus,* Bull., Dec. fl. fr. 505.

Agaricus nitratus, var. β Pers.

Pédicule nu, plein, sillonné, grisâtre, avec de petites taches noirâtres, long de 6 à 8 cent. Chapeau orbiculaire, grisâtre, avec des stries noirâtres, sinué et souvent fendu, large de 10 à 12 cent. Chair blanche, fragile, répandant une odeur d'anis, ne changeant pas de couleur par la cassure. Feuillets nombreux, gris, libres, larges et très-épais

Ce champignon habite sur la terre, dans les bois à la base des montagnes; à *Força-Real,* dans le bois de *Couchoux,* où il est commun en automne. On le porte sur nos marchés; il est très-estimé.

10. Agar. argenté, *Agar. argyraceus,* Bull., Dec. fl. fr. 515.

Agaricus myomices, var. β Pers.

Pédicule nu, plein, blanc, continu avec la chair du chapeau, long de 4 à 6 cent. Chapeau conique, s'aplatissant avec l'âge, légèrement fendu, large de 8 à 10 cent., d'un fond blanc et luisant. Chair tendre et cassante, n'ayant pas d'odeur bien prononcée, ne changeant pas de couleur. Feuillets nombreux, blancs, libres, irrégulièrement crénelés.

Ce champignon habite sur les pelouses, les prairies, les friches et les bois des basses montagnes; isolé, mais en nombre dans les localités où il croît : vallée du Réart, les Albères, le vallon de Saint-Michel-de-Llotes et de Finestret. On le porte sur nos marchés à la fin de l'été et en automne ; il est fort estimé.

10me Section.—Cortinaire, *Cortinaria,* Pers.

Les Champignons de cette section n'offrent rien de bien remarquable comme alimentaires; la plus grande partie sont très-petits. Les auteurs ne citent aucune espèce vénéneuse, et un très-petit nombre pourraient être utilisés.

11me Section.—Lépiote, *Lepiota,* Pers.

Point de volva. Pédicule central. Feuillets qui ne noircissent pas en vieillissant; recouverts, dans leur jeunesse, par une membrane, qui se déchire ordinairement et laisse un collier sur le pédoncule.

1. Agar. annulaire, *Agar. annularius,* Bull., Dec. fl. fr. 548.

Agaricus polymices, Pers.; *Agar. melleus,* fl. dan.

Pédicule charnu, cylindrique, un peu courbé à sa base, muni d'un collier entier, redressé en forme de godet; long de 8 à 10 c. Chapeau convexe, proéminent vers le centre; les bords entiers un peu sinueux; couleur fauve ou rousse; acquiert de 8 à 10 c. de diamètre. Chair d'un blanc jaunâtre, ferme, mince, susceptible d'être pelée; odeur un peu forte; saveur agréable. Feuillets blancs ou jaunâtres, inégaux, descendant sur le haut du pédicule.

Cette espèce offre deux variétés, différenciées par de petites taches écailleuses, noirâtres sur le chapeau dans la var. α, et par le chapeau glabre, dans la var. β.

Habite, en été et en automne, par groupes de douze à quinze individus, réunis par la base, sur les souches pourries de divers arbres, dans les gorges ombragées de nos montagnes, à La Manère; Saint-Laurent-de-Cerdans; la vallée de Valmanya, etc.; est alimentaire.

2. Agar. élevé, *Agar. procerus,* Schœff., Dec. fl. fr. 558.

Agaricus colubrinus, Bull.; *Agar. variegatus,* Lamk. dict.

Pédicule renflé à sa base, haut de 4 à 5 cent.; panaché de blanc et de brun. Chapeau ovoïde dans sa jeunesse; puis les bords se relèvent, et il devient convexe; la peau se gerce, ce qui la fait paraître écailleuse; diamètre de 10 à 12 cent.; sa couleur est roussâtre. Sa chair est délicate et a la même odeur que celle du *Champignon de Couche.*

Habite les parties sablonneuses des friches et des bois vers Calmeilles, vallée du Réart. On porte ce champignon sur notre marché en abondance; il est recherché. Coupé par morceaux, il se dessèche fort bien, et sert pour les ragoûts en hiver.

3. Agar. doré, *Agar. aureus,* Bull., Dec. fl. fr. 549.

Pédicule cylindrique, plein, long de 6 à 7 cent., collier entier, peu apparent. Chapeau d'un fauve doré, charnu, globuleux, large de 4 à 5 cent., moucheté de petites peluchures. Chair blanc-jaunâtre, ferme, répandant une odeur d'anis ou de fenouil, ne changeant pas par la cassure; saveur agréable. Feuillets blancs, inégaux, très-étroits, couverts par une membrane qui reste adhérente au pédicule.

Habite les bois ombragés et humides des basses montagnes;

solitaire, mais commun dans les lieux qu'il habite : vallée de Vernet-les-Bains et de Castell ; les bois de Saint-Martin-du-Canigou. Vient à la fin de l'été et en automne ; très-estimé.

12me Section.—Amanite, *Amanita,* Pers.

Un volva enveloppe le champignon tout entier dans sa jeunesse, et laisse quelquefois des lambeaux sur le chapeau.

1. Agar. oronge, *Agar. aurantiacus,* Lamk. dict., Dec. fl. fr. 562 ;

en catalan *Oriol.*

Vulg. *Oronge vraie, Oronge jaune, Nourriture des dieux.*

Pédicule plein, très-épais, un peu spongieux, long de 8 à 10 c. Chapeau d'un rouge orangé pâle, couvert par un volva membraneux, épais, blanc, qui le recouvre en entier, et qui, en se déchirant par l'accroissement du chapeau, ne laisse pas de traces sur lui ; le chapeau se développe et atteint de 12 à 20 cent. de diamètre. Chair jaune, cassante, répandant une odeur agréable et d'une saveur exquise ; la superficie est sèche, susceptible d'être pelée ; elle est remarquable par autant de raies sur ses bords qu'il y a de feuillets ; ceux-ci sont nombreux, un peu frangés, de couleur jaunâtre, ainsi que le pédoncule, qui porte un collier, produit par la membrane qui couvre les feuillets, quand le champignon est dans son jeune âge.

Habite les bois de chêne, de chêne-vert, de chêne-liége, les châtaigneraies de tous les coteaux des montagnes moyennes du département ; très-commun partout. Lorsque les pluies sont fréquentes au commencement de l'été, l'Oronge paraît en juillet ; autrement ce beau champignon ne se montre qu'à la suite des orages des mois d'août et de septembre, et on le trouve alors à profusion. C'est le meilleur et le plus nourrissant de tous les champignons ; on l'accommode de diverses manières ; il prend, quelquefois, des proportions énormes.

2. Agar. moucheté, *Agar. muscarius,* Dec. fl. fr. 561; en catalan *Oriol foll.*

Agaricus muscarius, Lin.; *Agar. pseudo-muscarius,* Bull.; *Amanita muscaria,* Pers.

Vulg. *Fausse Oronge, Oronge vénéneuse.*

Pédicule épais à sa base, puis cylindrique, plein, blanc et couvert de quelques écailles, produites par les débris du volva; long de 9 à 12 cent. Chapeau remarquable par sa beauté, d'une belle couleur écarlate, plus foncé au centre, un peu rayé sur le bord et taché ou moucheté de peaux blanches, qui sont formées par les lambeaux du volva; convexe d'abord, il devient horizontal avec l'âge; diamètre, 15 à 18 cent. Chair blanche, devenant violette quand on la casse; son odeur n'est pas désagréable; sa saveur est piquante, et a quelque chose d'astringent qui se fait sentir à la gorge sitôt qu'on en a mis un morceau sur la langue. Feuillets blancs, inégaux, recouverts dans leur jeunesse d'une membrane qui se déchire et se rabat sur le pédicule pour y former le collier.

Habite les bois humides des montagnes, et bien que cette espèce ne soit pas rare, elle est loin d'être aussi commune que la *Vraie Oronge,* dont il est très-facile de la distinguer.

CARACTÈRES QUI DISTINGUENT LES DEUX ORONGES.

Oronge vraie, alimentaire.	*Oronge fausse, vénéneuse.*
1° Chapeau ordinairement lisse, couleur orange pâle, à bords rayés.	1° Chapeau d'une belle couleur écarlate ou sang de bœuf, plus sombre au centre, tout pailleté de pellicules blanches, débris du volva.
2° Volva très-épais et complet, qui tombe à la base du pédicule.	2° Volva très-mince et incomplet, dont il ne reste rien à la base du pédicule.

3° Feuillets nombreux, de couleur jaune-doré; collerette et pédicule de la même couleur.

4° Odeur agréable, d'un parfum suave, qu'on ne trouve pas aux autres champignons; saveur douce.

5° Habite sous les châtaigniers, les chênes, chênes-verts et chênes-liéges ou leur voisinage, sur nos basses et moyennes montagnes.

3° Feuillets blancs; collerette blanche; pédicule blanc, taché de quelques stries de noir.

4° Odeur fade, repoussante, surtout si on ouvre le bulbe du pédicule; saveur âcre, stiptique.

5° Habite les forêts des hautes régions, les pins, sapins, bouleaux, toujours sur des parties plus élevées que l'*Oronge comestible.*

3. Agar. oronge blanche, *Agar. ovoïdeus,* Dec. fl. fr. suppl. 562;

en catalan *Oriol cougoumelle.*

Agaricus ovoïdes-albus, Bull.; *Fungus albus,* Mag.

Vulg. *Champignon blanc.*

Pédicule plein, cylindrique, blanc, un peu velu, long de 5 à 6 c. Chapeau d'un blanc parfait dans son jeune âge, diamètre de 10 à 12 cent.; la couleur blanche devient un peu rosée. Chair blanche, cassante, répandant une odeur fort agréable. Feuillets blancs, rosés, adhérents au pédoncule.

Habite les forêts, les pelouses et les prairies des hauts plateaux, où il est assez abondant. Cet Agaric est inoffensif; on le mange avec plaisir, et il n'y a pas une grande différence avec l'*Oronge comestible.*

4. Agar. engaîné, *Agar. vaginatus,* Bull., Dec. fl. fr. 568.

Pédicule, plein, cylindrique ou un peu conique en vieillissant, blanc, légèrement strié de roux, long de 10 à 12 cent. Chapeau convexe, puis plan, et même quelquefois concave, de couleur jaunâtre ou roussâtre, souvent chargé des débris du volva. Chair d'un blanc-grisâtre, ferme, mince, répandant une odeur agréable et d'un très-bon goût. Les feuillets, blancs ou grisâtres, sont inégaux, rétrécis à la base et peu distants du pédicule.

Cette espèce donne trois variétés, qu'on désigne par la couleur que prend le chapeau, qui varie par sa forme et ses dimensions. Les trois variétés sont alimentaires et de facile digestion.

Habite, solitaire, en été et en automne, sur la terre, au bord des forêts des montagnes. On le porte sur nos marchés, et il est très-estimé.

Nous aurions pu citer bon nombre d'autres champignons qui vivent dans le département; mais cela aurait dépassé notre cadre.

Lycoperdaceæ de Brong.

3me Sous-Tribu. — Truffes, *Tubereæ,* Fries.

Genre Truffe, *Tuber,* Fries.

Les Truffes sont des fongosités charnues, arrondies, souterraines, dont l'intérieur est marbré par des veines diversement disposées; sporules difficilement visibles.

Tout le monde connaît ce tubercule, et l'appréciation qu'en font les gourmets; aussi, tous les ans, voit-on augmenter son prix qui, à certaines époques, devient fabuleux. Il est alors peu propre à l'alimentation du pauvre; il n'y a que les tables somptueuses qui ont le privilége d'en faire usage.

1. Truffe musquée, *Tub. moschatus,* Saint-Amans.

Il n'est pas bien constaté que cette espèce, qui ressemble beaucoup à la *Truffe comestible,* se produise sur le sol du département; mais elle y est très-voisine. C'est sur les pentes méridionales qui nous séparent de l'Espagne, qu'on la trouve en abondance, au point que l'industrie la mélange aux Truffes récoltées dans le bassin du Roussillon.

2. Truffe comestible, *Tub. cibarium,* Bull., Dec., fl. fr. 747.

Lycoperdon tuber, Lin.; *Lycop. gulosorum,* Scop.

Vulg. *Truffe noire.*

Habite sur les pentes argilo-sableuses des bois de châtaigniers et de chêne des environs de Cortsavi, de Montferrer et de La Bastide. Ces localités produisent les truffes noires les plus parfumées. Un des industriels qui se livrent à cette récolte, m'a assuré que les truffes prises au pied du *Rosa canina* (églantier) étaient celles dont le parfum était le plus suave. Ce tubercule ne se trouve pas cantonné dans les seules localités que nous avons désignées; il en est d'autres dans ce pays, telles que les montagnes d'Oms, de Taillet, de Céret, etc., etc., mais elles n'ont pas la valeur des truffes de Montferrer.

3. Truffe grise, *Tub. griseum,* Pers.

Habite les terres sablonneuses de Costujes et de La Manère; elle est beaucoup plus abondante sur le versant espagnol. Elle exhale une forte odeur d'ail; malgré cela elle est très-estimée.

4. Truffe blanche, *Tuber album,* Bull.

Très-commune sur les pentes méridionales de l'Espagne. On la porte en abondance; mais elle n'est pas aussi estimée, car elle n'a jamais de parfum. Elle vient dans quelques localités du département: dans les bois de la partie supérieure du vallon de La Vall; on la récolte aussi, mais en petite quantité, dans les environs d'Oms.

Champignons parasites.

Les Champignons parasites sont microscopiques, à quelques exceptions près. Leur nombre est très-considérable, et, tous les jours, de nouvelles espèces viennent s'ajouter à celles déjà connues. Il nous serait impossible de désigner toutes les espèces qui vivent dans ce département; nous nous bornerons à faire connaître les plus intéressantes, soit par les dégâts qu'elles font à nos récoltes, soit par le mal qu'elles font à nos forêts.

L'étude de ces champignons ne peut se faire qu'à l'aide du microscope.

2me Tribu. — *Funginecæ*, Ad. Brong.

Cette tribu renferme, entre autres genres très-nuisibles, le genre Mérule, *Merulius*, Fries.

Ce genre fournit le *Merul. lacrymans*, Dec., et le *Merul. destruens*, Pers.

L'un de ces champignons naît et se propage sur le bois mort, et sur les corps environnants.

L'autre attaque le bois travaillé, et fait un ravage immense dans la cale des navires, en détruisant, en très-peu de temps, de fortes pièces de bois. L'aérage arrête son action; mais ce moyen n'est pas toujours facile à mettre en pratique à bord. Le seul préservatif efficace serait d'imprégner de sels métalliques les bois travaillés.

ORDRE DES UREDINÉS, Ad. Brong.

Les champignons de cet ordre sont les plus anciennement connus, parce qu'ils intéressent l'homme par les ravages qu'ils occasionnent aux récoltes, en général, par la rouille dont ils couvrent les céréales quand le printemps est humide et chaud. Moïse en avait une connaissance parfaite, puisqu'il menaçait le peuple de Dieu de la rouille lorsqu'il n'obéissait pas à ses volontés.

Chez les Romains, cette plaie des récoltes était considérée comme l'ennemi le plus redoutable des agriculteurs; aussi, avaient-ils élevé un temple au Dieu et à la Déesse *Rubigo*. Le jour de la *fête des Rubigales*, fixée au 15 avril, on immolait une brebis; pendant le sacrifice, l'encens fumait dans le temple et le vin coulait abondamment.

La fête des Rubigales n'existe plus; elle paraît remplacée dans le culte catholique par les Rogations, qui ne se célèbrent pas seulement pour préserver les blés de la rouille, mais pour obtenir de Dieu la conservation de tous les biens de la terre en général.

2me Tribu. — *Melanconiceæ*, Fries.

Genre Puccinie, *Puccinia*, Link.

Les espèces de ce genre sont communes sur les céréales. Ces parasites, sous forme de tubercules, sont composés d'une base compacte et gélatineuse; ils naissent sur les feuilles, sur les jeunes pousses vivantes, sur l'épiderme et même *sous l'épiderme*, qu'ils percent pour parvenir à l'air libre. Ces espèces sont toujours mêlées à celles qui affectent nos céréales sous le nom de *rouille*, et produisent des dommages incalculables.

On a décrit un nombre prodigieux de *Puccinia*; le nom de chaque espèce est tiré de la plante sur laquelle elle vit. Malgré leur grand nômbre, on en découvre tous les jours de nouvelles.

Genre Urédo, *Uredo*, Pers.

Pline se sert de ce mot pour désigner la brûlure des plantes. Persoon l'a conservé, et sous ce nom, il a décrit un nombre considérable de petits champignons parasites, dont les spores n'ont qu'une seule loge.

Ces parasites croissent tous sous l'épiderme des tiges des végétaux. Les premiers *Uredo* qu'on a remarqués, ont été nommés d'après leur forme et leur couleur. Les espèces devenant plus nombreuses, on a été obligé de les désigner par le nom de la plante sur laquelle ils vivent.

C'est à ce groupe qu'appartiennent l'*Uredo linearis* et l'*Uredo rubigo*.

1. Urédo linéaire, *Uredo linearis*, Pers.

Cette espèce croît sur les feuilles de plusieurs graminées; elle y forme des taches linéaires visibles de l'un et de l'autre côté.

2. Urédo rouille, *Uredo rubigo*, Dec.; en catalan *Robill.*

Vulg. *Rouille des céréales.*

C'est l'espèce qui nous est la plus funeste, parce qu'elle épuise particulièrement les graminées qu'elle attaque, au point de diminuer les récoltes d'une manière marquée. Quand elle est en petite quantité, on ne s'aperçoit pas de ses effets. Quand, au contraire, elle est très-abondante, les feuilles pâlissent, deviennent jaunes, se fanent; souvent même il arrive que les chaumes qui naissent sont maigres, les épis petits, peu fournis en fleurs. Si elle s'est propagée aux glumes, elle en amène souvent la stérilité. Il n'y a pas de remède.

Le nom de *Rouille* lui vient de ce que son épiderme, en se fendant longitudinalement, laisse échapper une poussière de couleur jaune-orangé, qui s'attache aux doigts.

Genre Ustilago, *Ustilago*, Tulos.

1. Ustilago charbon, *Ustilago carbo*, Tul.; en catalan *Carbonat.*

Ustilago segetum, Tul.; *Reticularia segetum*, Bull.; *Uredo segetum*, Dec.

Vulg. *Charbon des céréales.*

Cette espèce cause de grands ravages dans les moissons; elle attaque indistinctement le froment, l'orge, l'avoine, le millet, et probablement bien d'autres graminées.

Ce champignon cause, le plus souvent, la stérilité de la plante, soit qu'il se développe dans le réceptacle des fleurs ou dans les étamines, soit qu'il affecte la graine elle-même.

Parmi les champignons qui attaquent les grains, l'*Uredo segetum* ou *ergot du Seigle*, est le plus dangereux, parce qu'il leur communique une propriété vénéneuse. Pendant longtemps, ce n'a été que sur le Seigle qu'on avait observé ce parasite ; mais on a remarqué qu'il se développe sur beaucoup de graminées. L'ergot n'est que le micélium du champignon ; on l'a pris pendant longtemps pour la plante entière ; on l'appelle *ergot* parce que sa forme ressemble à celle de l'ergot du coq. L'*Uredo segetum* est abondant dans les années où le printemps est très-humide. Lorsque ce parasite est en trop grande quantité dans nos récoltes, la farine qui en provient peut causer des accidents très-graves.

Le *Seigle ergoté* joue un rôle important en médecine ; mais il doit être manié par une main prudente et exercée. Il n'entre pas dans notre sujet de parler plus amplement du *Seigle ergoté ;* ces détails sont du ressort de la thérapeutique.

Genre Æcidium, *Æcidium,* Pers.

Les Champignons parasites de ce genre sont les plus nombreux ; ils croissent sur les feuilles vivantes d'un grand nombre de végétaux, où ils forment de petites taches diversement colorées, qui changent entièrement le faciès de la plante sur laquelle ils habitent.

Le temps n'est pas éloigné où ces trois genres : *Puccinia, Uredo, Æcidium,* fourniront plus d'espèces que n'en présentent les plantes fanérogames, leur nombre augmentant tous les jours.

ORDRE DES MUCÉDINÉES.

2me TRIBU. — MUCORÉES, AD. BRONG.

Le genre *Mucor* est le type du groupe des Mucédinées, dans lequel la plupart des anciens avaient réuni toutes les espèces de Cryptogames qui, sous le nom de *Moisissures,* se développent sur les substances en décomposition.

Ce genre est nombreux.

1. Moisissure rameuse, *Mucor ramosus,* Bull.

Ce champignon forme de larges touffes sur les substances qu'il attaque; on le distingue sans peine, même à l'œil nu.

2. Moisissure vulgaire, *Mucor mucedo,* Lin.

Cette espèce est la plus commune de toutes; elle forme de larges touffes sur toutes les substances fermentescibles; les confitures qui ne sont pas bien cuites, etc., etc.

Il paraît que les sporules de ces champignons sont suspendues dans l'air, et que ces dernières se développent aussitôt qu'elles trouvent une circonstance favorable.

3me TRIBU.—BOTRYTIDÉES. AD. BRONG.

GENRE BOTRYTIS, *Botrytis*, Fries.

Ces Champignons ressemblent beaucoup aux Moisissures; ils s'en distinguent par des sporidies subglobuleuses simples partant du sommet ou des ramules des filaments cloisonnés et rassemblés autour d'eux; ils croissent ordinairement sur les corps en putréfaction.

L'action du Botrytis n'est pas toujours la même; on voit souvent des plantes qui sont couvertes de cette mucédinée et qui ne paraissent pas affectées de leur présence. On a cru que la maladie des pommes de terre était occasionnée par ce parasite; cependant, on a vu des plantes couvertes de ce Botrytis qui n'en portaient pas moins des tubercules sains. Quelquefois, on en trouvait de sains et de malades; mais ces derniers étaient indépendants du Botrytis des feuilles, et, d'après les expériences de M. Decaisne, on voit que les pommes de terre exposées à l'air, se couvrent d'un si grand nombre de champignons, qu'il est impossible de dire à quelle espèce de *micelium* ils appartiennent.

Le *Botrytis bassiana*, ou la *Muscardine*, attaque le ver à soie. Ce champignon, d'une nature très-délicate, se fixe d'abord sur le tissu graisseux du ver à soie, végète dans son intérieur, se développe avec lui, l'enserre, l'étreint dans son réseau, le tue, le dessèche, le rend blanc, raide, cassant comme de la craie. Malheur à la magnanerie où cette cruelle maladie se développe; les vers qui en sont atteints dès leur premier âge, vivent, remplissent leurs fonctions comme s'ils n'étaient point malades, et arrivent ainsi à la quatrième mue. Alors, tous les frais de l'éducation sont accomplis, et au moment où le propriétaire croit recueillir le fruit de ses travaux, il se voit frustré des bénéfices qu'il espérait réaliser. Dans l'espace de deux jours tous les vers périssent, au moment de leur monte pour filer leur cocon.

Tout ce qu'on a essayé jusqu'ici pour détruire cette terrible maladie des vers à soie, a été sans résultat.

L'homme même n'échappe pas à l'action malfaisante des Mucédinées.

Le *Trichophyton tonsurans*, Ch. R., vient sur la racine des cheveux dans la teigne tondante.

L'*Achorion Schœnleinii,* Ch. R., attaque la racine des poils, à la tête surtout, dans la teigne faveuse.

Le *Microsporon mentagrophites,* vient sur la racine des poils de la barbe.

Le *Sporendonema muscæ,* Fr., croît sur les mouches mortes.

4me TRIBU. — *Bissacæ,* AD. BRONG.

GENRE ANTENNARIA, Link. *in Schrad.*

1. *Antennaria olæophila,* Montagne.

Ce champignon a envahi depuis longtemps les oliviers de notre département; il les couvre (branches, rameaux et feuilles) d'une matière noire, qui les rend malades et empêche cet arbre de fructifier. Cette même maladie avait déjà fait beaucoup de mal aux oliviers de la Catalogne; la Provence en avait été infestée, et, maintenant elle exerce ses ravages sur les oliviers du Languedoc.

M. le docteur Montagne se trouvait à Perpignan, en 1829; il avait observé ce champignon sur les oliviers de nos environs; il en rendit compte, dans un savant mémoire, à la Société Impériale et centrale d'Agriculture de Paris, tom. IV, 2e série, p. 187.

Nous même avons publié en 1856 un mémoire sur les insectes nuisibles aux oliviers, inséré dans le XIe bulletin de la Société Agricole, Scientifique et Littéraire des Pyrénées-Orientales. Dans ce travail, nous avons parlé de ce Cryptogame; nous avons fait connaître la cause qui le fait végéter sur l'olivier, et nous avons prouvé que cette végétation est due à la présence d'une cochenille. Nous y donnons les moyens de combattre ce fléau, et d'éviter la destruction de nos olivettes, que les propriétaires découragés faisaient tomber sous la cognée.

GENRE MACROSPORIUM, Berkley.

1. *Macrosporium sarcinula,* Berkley.

Depuis quelques années on voit ce Cryptogame sur les figuiers de notre département; il y développe sur les branches et sur les feuilles la même matière noire des oliviers. La présence de ce champignon sur les figuiers est due aussi à une cochenille.

Genre Oïdium, Link.

1. *Oïdium albicans* ou *Champignon du Muguet des enfants;* en catalan *Alcansa.*

Ce champignon se développe dans la bouche et le pharynx des enfants; il se propage même dans l'estomac et les intestins, et occasionne une maladie trop souvent mortelle.

2. Oïdium de Tucher, *Oïdium Tucheri,* Berckley.

Ce champignon, véritable fléau de nos vignobles, attaque toutes les parties du ceps, souches, sarments, feuilles et fruits; il amènerait rapidement le dépérissement de la plante, si le génie de l'homme n'était parvenu à arrêter ses ravages. De tout ce que l'on a essayé jusqu'ici, le Soufre sublimé seul a été l'agent le plus énergique pour enrayer ses effets destructeurs. Employé aux époques convenables, ce minéral s'oppose à son développement et sauve le raisin.

Le raisin abandonné à l'oïdium, voit bientôt ses grains enveloppés par les filaments de ce parasite; ils s'étiolent, se gercent, laissent répandre leur suc à terre, et la récolte se réduit à rien.

L'Oïdium, dans nos contrées, paraît au printemps; il se développe sur la vigne lorsque l'atmosphère est chaude et humide; mais il faut que le thermomètre monte à 22 degrés centigrades pour qu'il exerce ses ravages. Avec une température plus basse, il végète mal; mais aussitôt que la chaleur arrive à 22 degrés, il se propage d'une manière effrayante, si le soufre n'est-là pour l'empêcher de se développer.

Genre Byssus, Humb., Ad. Brong.

Ce genre est très-étendu. Ce sont des champignons filamenteux, simples, rameux, anastomosés ou entre-croisés, de couleur blanche, jaune, rougeâtre ou brune, dont il est bien difficile de déterminer les formes. Ils habitent les lieux humides, obscurs, et attaquent tous les corps.

M. Montagne nous ayant communiqué la liste des espèces rares ou peu connues des champignons parasites qu'il a récoltés en Roussillon, nous nous faisons un devoir d'en donner ci-après la nomenclature.

1. *Peziza triformis,* Fries, et fl. dan. avec le *Sphærias clava.*

Habite sur les mûriers des fortifications de la ville de Perpignan. *Ann. des Sci. Nat.,* tom. V, p. 280.

2. *Peziza arundinis,* Fries.

Habite sur l'*Arundo donax,* dans les environs de Perpignan. Même volume, p. 337.

Genre Polyporus, Fries.

1. *Polyporus arcularius,* Fries (rare); Mich., nouv. genre, tab. 8, fig. 5.

Habite sur les branches des chênes verts, au *Roc de las Abeilles,* près Collioure.

2. *Polyporus lonicera,* Weim. *Ann. des Sci. Nat.,* p. 341, tab. 12, fig. 6.

Habite sur les troncs et les rameaux morts du *Lonicera Pyrenaïca,* à la *Trencada d'Ambulla,* près Villefranche.

Genre Hexagonia, Duri.

1. *Hexagonia nitida,* nouv. esp., Duri. et Mont., fl. alg., p. 170. Pris d'abord pour l'*Hexagonia gallica,* Fries, mais il en diffère.

Habite sur les chênes verts, en compagnie du *Polyporus arcularius,* au *Roc de las Abeilles,* près Collioure.

Genre Tubercularia, Dec.

1. *Tubercularia concentrica,* Mont. et Fries, nouv. esp.

Habite sur les feuilles languissantes de l'*Agave Americana,* L., dans les environs de Perpignan.

Genre Myriangium, Berk.

1. *Myriangium Duriei,* Berk. et Mont.

Je ne puis m'empêcher de rapporter en entier un passage de la lettre de M. Montagne, du 18 janvier 1862, au sujet du *Myriangium Duriei,* qu'il découvrit, en descendant de La Massane, sur l'écorce d'un mûrier, au *Roc de las Abeilles,* en 1829 :

« Voici le fond du sac; c'est-à-dire, la fin de mes observations sur les plantes que j'ai recueillies dans les Pyrénées-Orientales, dont je vous ai envoyé la liste. Outre ces observations, qui pourront vous servir pour accompagner le nom des espèces nouvelles ou rares, je me suis décidé à vous adresser ci-inclus un décalque de la plante cryptogame la plus remarquable, non-seulement de votre département, mais de France, puisqu'elle forme à elle seule une tribu dans les Colimacées. Je veux parler du *Myriangium Duriei,* qui s'est retrouvé, depuis que j'en fis la découverte au *Roc de las Abeilles,* tout à la fois dans l'Australie, l'Algérie et en Amérique. Excusez l'imperfection du calque; j'aurais fait mieux il y a deux ans, mais mes attaques m'ont fait perdre la solidité de la main. Au reste, je joins aussi un exemplaire de la plante en nature, qui peut vous servir, soit à une nouvelle analyse microscopique, soit à aller la rechercher sur l'écorce des mûriers de la localité indiquée. »

Cette plante, décrite par M. Montagne, est figurée dans l'*Atlas de la Flore de l'Algérie,* pl. 19, fig. 2.

Genre Cladosporium, Link.

1. *Cladosporium umbrinum,* Fries, nouv. esp.

M. Montagne découvrit ce champignon parasite sur l'*Agaric de l'olivier;* il est commun dans les olivettes des environs de Perpignan. Fries pense que c'est à ce parasite que l'Agaric doit sa phosphorescence. Cela me paraît fort douteux, dit M. Montagne, *in Litt.*

Genre Actinocladium, Fries.

1. *Actinocladium minimum,* Fries, nouv. esp.; rare.

Cette nouvelle espèce a été découverte par M. Montagne sur les feuilles vivantes de l'*Arum Italicum,* plante commune dans les environs de Perpignan.

Il nous resterait à parler des *Algues;* mais ces plantes, de l'aveu même de M. Montagne, n'offrent rien d'important sur nos plages.

APPENDICE.

Plantes étrangères acclimatées ou cultivées en plein air dans les Pyrénées-Orientales.

RENONCULACÉES.... *Clematis lanuginosa; —Pallida; —Louisa; — Sophia; — Hellena.*

LÉGUMINEUSES..... *Acacia dealbata* (Nouvelle-Hollande).
Erytrina (Cochinchine).
Gymnocladus Canadensis(Amérique-Boréale).
Robinia pseudo acacia pyramidata pendula; — viscosa; — hispida; — umbraculifera (Virginie).
Sophora Japonica pendula (Japon).
Virgilia lutea.
Indigofera elegans (Indes-Orientales).
Dioclea glycinoïdes (Amérique, sous les Tropiques).
Glycina sinensis alba (Chine).
Mimosa julibrisin (Orient).
Amorpha (Amérique-Septentrionale).

ROSACÉES......... *Sorbus aucuparia pendula.*
Amigdalus flora pleno albo.
Amigdalus flora pleno rosea.
Cydonia Japonica rosea; — nivea; — monstruosa; —gigantea; — fastigiata; —aurantiaca.
Cotoneaster afinis.

ROSACÉES......... *Persica cameliæflora;—radiata;—flore pleno albo.*

Prunus lauro-cerasus; — variegata; — lusitanica.

Spirea grandi-flora;—Hookerii;—Regeliana.

LAURACÉES....... *Laurus sassafras* (Floride). — *Champhorata* (Japon).—*Indica* (Indes-Orientales).

AURANTIACÉES.... Toutes les variétés de Citroniers, d'Orangers, de Cédras, etc., sont cultivées en pleine terre et en plein vent; elles supportent bien notre climat. Lorsque la température descend à 6 degrés sous zéro, ces arbres sont un peu châtiés, mais ils ne meurent point; on doit tailler quelques branches, elles repoussent avec vigueur, aussitôt que le beau temps se fait sentir.

ACÉRINÉES........ *Marronnier d'Inde* à feuilles laciniées; — à fleurs rouges; — à feuilles panachées (Asie).

Érable à feuilles pourpre (Amérique); — cotonneux; — à feuilles de frêne panachées; — à feuilles de frêne violet.

Sycomore à feuilles pourpre; — à feuilles panachées (Amérique).

JASMINÉES........ *Fraxinus excelsior pendula; — aurea; — floribunda.*

Ligustrum Japonicum foliis aureis;—lucidum (Japon).

CAPRIFOLIACÉES.... *Lonicera brachipoda; — aurea reticulata;*

Viburnum macrocephalum; — plicatum; — awafuski;—chinensis; —suspensum (Asie).

BERBÉRIDÉES...... *Mahonia Japonica tenuifolia* (Japon).

AMENTACÉES...... *Betula laciniata* (Nouvelle-Zélande).
Broussonetia papirifera (Japon).
Maclura aurantiaca (Missouri).

BIGNONIACÉES..... *Bignonia catalpa* (Caroline).
Bignonia sinensis (Chine). La graine de ce bel arbre me fut envoyée par le Ministre de l'Agriculture; semée à la pépinière de la ville, elle a donné de superbes sujets, qui forment diverses allées. Cet arbre se reproduit spontanément; il est acclimaté.

PLATANÉES........ *Platanus pyramidata;—Orientalis* (Orient).
Platanus sinensis (Chine).

MAGNOLIACÉES..... *Liriodendron tulipifera* (Amér.-Septentr.).
Magnolia grandiflora;—acuminata;—glauca;—hybrida speciosa;—soulangiana umbrella (Amérique-Septentrionale).

SCROPHULARIACÉES. *Paulownia Imperialis* (Japon).

CÉLASTRINÉES..... *Evonimus fimbriatus;—Americanus;—latifolius;—radicans;—variegatus;—aureus* (Amérique).

EUPHORBIACÉES.... *Stillingia sebifera* ou *Croton sebiferum* (arbre à suif). La graine de cet arbre, envoyée par le Ministre de l'Agriculture et semée à la pépinière de la ville, a donné un bel arbre, qui a supporté nos plus rigoureux hivers sans en être incommodé. Il a pris le même développement que dans son pays natal et il se propage par ses graines, qui se répandent dans les carrés : il est tout-à-fait acclimaté.

STERCULIACÉES.... *Sterculia platanifolia* (Chine et Japon).

TILLÉACÉES....... *Tillia Americana argentea* ; — *heterophylla* (Amérique).
Tillia Europæa pendula.

CUPULIFÈRES...... *Quercus Americana Banisterii* ; — *bicolor* ; — *imbricaria* ; — *macrocarpa* ; — *rubra* (Amér.) *Mexicana rugosa* (Mexique). — *Indica* ; — *glabra* (Inde).

HYPPOCASTANÉES... *Pavia Michauxii* ; — *rubra* (Amér.-Mérid.).

ULMACÉES........ *Planera crenata* ; — *carpinifolia* (Amérique du Nord).

JUGLANDÉES....... *Juglans regia laciniata* ; — *Chinensis* (Chine).

ILLICINÉES........ *Ilex aquifolium altaclarense* ; — *calanustrata* ; — *excelsa* ; — *ferox* ; — *flammea aurea* ; — *argentea* ; — *fructus lutea* ; — *hybridum* ; — *latifolium* ; — *purpurescens* ; — *callinefolia* ; *castaneafolia* ; — *corallina* ; — *ligustrina* ; — *latifolia japonica* ; — *myrtifolia* ; — *phyllirœfolia.*

MYRTACÉES....... *Gouyavier de Catley* ; — *de la Chine* (Antilles).
Punica granatum. Cultivé dans nos jardins, cet arbuste donne des fruits excellents. A l'état sauvage, il borde les champs, et sert de défense aux propriétés.
Grenadier à fleur double ; — *nain.*

CONIFÈRES........ *Taxus baccata erecta* (Canada) ; — *ericoïdes* ; — *foliis aureis* ; — *linearis* ; — *monstruosus* ; — *hibernica.*
Cephalotaxus fortunei ; — *drupacea.*
Dacrydium franklinii (Nouvelle-Zélande).
Ginkgo biloba pendula.

CONIFÈRES........ *Podocarpus coriacea;* — *elongata* (Cap de Bonne-Espérance); — *lanceolata;* — *latifolia;* — *longifolia* (Nouvelle-Zélande); *Macrophylla neriifolia.*

Juniperus berduniana;—*chinensis;*—*dealbata;* —*drupacea;* — *excelsa;* — *macrocarpa;* — *oxicedrus;* — *Phœnicea;* — *prostrata;* — *pyramidalis;* — *squammata;* — *Virginiana pendula* (Virginie).

Cupressus corneyana; — *elegans;* — *funebris;* —*Goveniana;*—*Lawsoniana;*—*Mac nobiana;* -- *torulosa;* — *viridis* (Orient).

Thuia gigantea;--lobbii;--plicata;--variegata (Amérique-Septentrionale).

Biota Orientalis aurea;--compacta;--variegata (États-Unis d'Amérique).

Thuiopsis borealis (Japon).

Libocedrus Chinensis;—*viridis* (Chine).

Taxodium sempervirens (Amér.-Septentr.).

Welingtonia gigantea (Amér.-Septentr.).

Larix Americana (Amérique).

Cedrus Libanii (Orient).

Cedrus deodora (himalaya); — *crassifolia;* — *robusta;* —*viridis* (Orient).

Abies amabilis; — *Apollinis;* — *balsamea;* — *cephalonica;* — *cilicica;* — *fraseri;* — *pinsapo;* — *pichta;* — *pectinata;* — *pindrow;* — *spectabilis;* — *morinda;* — *Orientalis.*

Pinus Austriaca;—*Laricio Corsica;*—*Canariensis;*—*insignis;*—*patula;*—*ponderosa;* —*excelsa* (Chine).

Caninghania sinensis (Chine).

Araucaria Brasiliensis;--excelsa;--imbricata (Brésil).

LILIACÉES......... *Agave Americana*. Elle fleurit et fructifie; supporte les hivers les plus rudes; sa hampe s'élève de six à huit mètres, avec des bractées en forme de candélabres. Sert de clôture aux propriétés.

Aloès panachés; espèces diverses.

Yucca aloifolia;--flaccida;--gloriosa (Mexiq.).

RHODODENDRON..... Plusieurs variétés (Asie).

SAXIFRAGÉES...... *Hydrangea (Hortensia)*. Plusieurs espèces.

MALVACÉES....... *Hibiscus* (Chine, Syrie). Plusieurs espèces.

HALÉSIÉES........ *Halesia* (Amérique-Boréale).

PHILADELPHACÉES. . *Deutzia* (Japon).

OLÉACÉES......... *Chionanthus* (Amérique-Boréale).

CAMÉLINÉES....... *Camelias* (Japon). Variétés.

PALMIERS......... *Phenix dactilifera*. Le Palmier-Dattier est cultivé depuis longtemps dans le pays; il y a des sujets qui ont un siècle d'existence et qui ont acquis un développement extraordinaire. Ils fleurissent, et leurs régimes portent des dattes, mais elles ne mûrissent pas.

Chamerops humilis (Arabie)*; — excelsa; — palmetto; — tomentosa (Hymalaya).*

GRAMINÉES,....... *Bambusa mitis; — nigra; — variegata; — verticillata; — arundinacea; — arundinaria falcata.*

Ces plantes réussissent parfaitement dans notre climat.

Plantes aquatiques étrangères.

Nelumbium speciosum roseum (Asie).

Thalia dealbata (Amérique).

Nymphea alba. Fleurs doubles.

Calla palustris; — *Ethiopica*.

Cyperus papirus antiquorum; — *Pontederia* (Égypte).

Caladium esculentum; -*bicolor*, marbré blanc; — *tricolor*, marbré bleu et rouge (Amérique).

Ces plantes aquatiques végètent dans la grande pièce d'eau du jardin de M. Amédée Jaume; elles s'y propagent admirablement, et n'ont pas souffert d'un hiver de 8 degrés sous zéro.

Le *Nelumbium* couvre une grande partie de cette pièce d'eau il a en ce moment (juillet 1864) plus de trois cents fleurs épanouies, et le double de boutons à fleurs.

M. Jaume et les frères Robin ont eu la complaisance de me fournir la liste de plusieurs plantes étrangères qu'ils cultivent en plein air; je les remercie de leur complaisance.

FIN DU DEUXIÈME VOLUME.

ERRATA

DU PREMIER VOLUME.

Page 15, ligne 16, lisez : *leporina*, au lieu de *lepolina*.

Page 49, ligne 29, lisez : *Sibbaldia*, au lieu de *Cibbaldia*.

Page 152, ligne 24, lisez : *Clausilia rugosa*, Drap.

Page 163, ligne 27, lisez : *de Larouzé*.

Page 176, ligne 13, lisez : *Centranthus calcitrapa*, Dec.

Page 179, ligne 11, lisez : *Datura tatula*, Lin.

Page 208, ligne 5, lisez : *pureté*, au lieu de *pente*.

TABLE

DES MATIÈRES CONTENUES DANS CE VOLUME.

CHAPITRE III.

CHAPITRE V.

Deuxième embranchement.

Endogènes phanérogames, ou Monocotylédonées....... 619

APPENDICE.

FIN DE LA TABLE.

ERRATA.

Page 73, ligne 4, lisez : *Cardamine,* au lieu de *Cardamina.*
Page 590, ligne 6, lisez : *Characias.*
Page 619, ligne 4, lisez : *Monocotylédonées.*
Page 767, ligne 2, *Genre Isoète,* ajoutez : *Isoetes.*
Page 776, ligne 4, lisez : *Genre Polytric.*
Page 922, ligne 22, lisez : *Cardamine.*
Page 924, ligne 12, lisez : *Ziziphus.*